La **derivada** de la función f es la función denotada
definido por el número

$$f'(x) = \lim_{h \to 0} \frac{f(x + h) - f(x)}{h},$$

siempre que este límite exista.

REGLAS PARA DERIVADAS

Suponga que todas las derivadas indicadas existen.

Función constante Si $f(x) = k$, donde k es cualquier número real, entonces

$$f'(x) = 0.$$

Regla de las potencias Si $f(x) = x^n$, para cualquier número real n, entonces

$$f'(x) = n \cdot x^{n-1}.$$

Constante por una función Sea k un número real. La derivada de $y = k \cdot f(x)$ es entonces

$$y' = k \cdot f'(x).$$

Regla de la suma o la diferencia Si $y = f(x) \pm g(x)$, entonces

$$y' = f'(x) \pm g'(x).$$

Regla del producto Si $f(x) = g(x) \cdot k(x)$, entonces

$$f'(x) = g(x) \cdot k'(x) + k(x) \cdot g'(x).$$

Regla del cociente Si $f(x) = \dfrac{g(x)}{k(x)}$ y $k(x) \neq 0$, entonces

$$f'(x) = \frac{k(x) \cdot g'(x) - g(x) \cdot k'(x)}{[k(x)]^2}.$$

Regla de la cadena Sea $y = f[g(x)]$. Entonces

$$y' = f'[g(x)] \cdot g'(x).$$

Regla de la cadena (forma alternativa) Si y es una función de u, digamos $y = f(u)$, y si u es una función de x, digamos $u = g(x)$, entonces $y = f[g(x)]$ y

$$\frac{dy}{dx} = \frac{dy}{du} \cdot \frac{du}{dx}.$$

Regla generalizada de potencias Sea u una función de x y sea $y = u^n$ para cualquier número real n. Entonces

$$y' = n \cdot u^{n-1} \cdot u'.$$

Función exponencial Si $y = e^{g(x)}$, entonces

$$y' = g'(x) \cdot e^{g(x)}.$$

Función logaritmo natural Si $y = \ln |g(x)|$, entonces

$$y' = \frac{g'(x)}{g(x)}.$$

Matemáticas para administración y economía

7a. EDICIÓN

Matemáticas para administración y economía

En las ciencias sociales, naturales y de administración

Margaret L. Lial
American River College

Thomas W. Hungerford
Cleveland State University

TRADUCCIÓN: **Ing. José Enrique de la Cera Alonso**
Ingeniero Civil, Universidad Nacional Autónoma de México
Diplomado en Ingeniería, Universidad Técnica de Münich, Alemania
Profesor titular, Universidad Autónoma Metropolitana, Unidad Azcapotzalco, México

REVISIÓN TÉCNICA: **Dra. Ma. del Carmen López Laiseca**
Instituto Tecnológico Autónomo de México

MÉXICO • ARGENTINA • BRASIL • COLOMBIA • COSTA RICA • CHILE
ESPAÑA • GUATEMALA • PERÚ • PUERTO RICO • VENEZUELA

Datos de catalogación bibliográfica

Lial, Margaret L.
Matemáticas para administración y economía,
7a. ed.
Pearson Educación, México, 2000

ISBN 968-444-377-3

Formato: 20 × 25.5 cm Páginas 720

Versión en español de la obra titulada *Mathematics with applications: in the management, natural and social sciences, Seventh Edition*, de Margaret L. Lial y Thomas W. Hungerford, publicada originalmente en inglés por Addison-Wesley Educational Publishers Inc., Reading, Massachusetts, U.S.A.

Esta edición en español es la única autorizada

Published by arrangement with the original publisher, Addison-Wesley Educational Publishers, Inc.,
a Pearson Education Company
ISBN 0-321-02294-7

Edición en español:
Editor: Guillermo Trujano Mendoza
e-mail: guillermo.trujano.pearsoned.com
Supervisora de traducción: Catalina Pelayo Rojas
Supervisor de producción: Alejandro A. Gómez Ruiz

Edición en inglés:
Publisher: Greg Tobin
Editorial Project Manager: Christine O'Brien
Developmental Editor: Sandi Goldstein
Managing Editor: Karen Guardino
Production Supervisor: Rebecca Malone
Marketing Manager: Carter Fenton
Marketing Coordinator: Michael Boezi
Cover Designer: Jeannet Leendertse
Cover Photography: © SuperStock

JUL
LITOGRAFICA INGRAMEX, S.A. DE C.V.
CENTENO NO. 162-1
MEXICO, D.F.
C.P. 09810
2000

SÉPTIMA EDICIÓN, 2000

Cámara Nacional de la Industria Editorial Mexicana Reg. Núm. 1031.

ISBN 968-444-377-3

Impreso en México. *Printed in Mexico.*
1 2 3 4 5 6 7 8 9 0 - 03 02 01 00

Contenido

Prefacio xi
Al estudiante xv

CAPÍTULO 1
Fundamentos del álgebra 1

1.1 Los números reales 1
1.2 Ecuaciones de primer grado 11
1.3 Polinomios 22
1.4 Factorización 28
1.5 Expresiones racionales 33
1.6 Exponentes y radicales 39

Capítulo 1 Resumen 47
Capítulo 1 Ejercicios de repaso 49

Caso 1 Los consumidores a menudo desafían al sentido común 51

CAPÍTULO 2
Gráficas, ecuaciones y desigualdades 53

2.1 Gráficas 53
2.2 Pendiente y ecuaciones de una recta 61
2.3 Aplicaciones de las ecuaciones lineales 74
2.4 Ecuaciones cuadráticas 85
2.5 Desigualdades lineales 95
2.6 Desigualdades polinomiales y racionales 103

Capítulo 2 Resumen 109
Capítulo 2 Ejercicios de repaso 110

Caso 2 Depreciación 113

CAPÍTULO 3
Funciones y gráficas 116

3.1 Funciones 116
3.2 Gráficas de funciones 124
3.3 Aplicaciones de las funciones lineales 136

Capítulo 3 Resumen 146
Capítulo 3 Ejercicios de repaso 146

Caso 3 Costo marginal: Booz, Allen y Hamilton 148

CAPÍTULO 4

Funciones polinomiales y racionales 149

4.1 Funciones cuadráticas 149
4.2 Aplicaciones de las funciones cuadráticas 157
4.3 Funciones polinomiales 164
4.4 Funciones racionales 172

Capítulo 4 Resumen 181
Capítulo 4 Ejercicios de repaso 181

Caso 4 Códigos correctores de errores 183

CAPÍTULO 5

Funciones exponenciales y logarítmicas 185

5.1 Funciones exponenciales 185
5.2 Aplicaciones de las funciones exponenciales 193
5.3 Funciones logarítmicas 200
5.4 Aplicaciones de las funciones logarítmicas 211

Capítulo 5 Resumen 219
Capítulo 5 Ejercicios de repaso 220

Caso 5 Características del pez Monkeyface 223

CAPÍTULO 6

Matemáticas de finanzas 225

6.1 Interés simple y descuento 225
6.2 Interés compuesto 231
6.3 Anualidades 240
6.4 Valor presente de una anualidad; amortización 250
6.5 Aplicación de fórmulas financieras 256

Capítulo 6 Resumen 259
Capítulo 6 Ejercicios de repaso 260

Caso 6 Tiempo, dinero y polinomios 263

CAPÍTULO 7

Sistemas de ecuaciones lineales y matrices 265

7.1 Sistemas de ecuaciones lineales 265
7.2 El método de Gauss-Jordan 279
7.3 Operaciones básicas de matrices 287
7.4 Productos e inversas de matrices 295
7.5 Aplicaciones de las matrices 307

Capítulo 7 Resumen 316
Capítulo 7 Ejercicios de repaso 318

Caso 7 Modelo de Leontief de la economía estadounidense 321

CAPÍTULO 8

Programación lineal 324

8.1 Graficación de desigualdades lineales con dos variables 324
8.2 Programación lineal: el método gráfico 332
8.3 Aplicaciones de la programación lineal 340
8.4 El método simplex: maximización 347
8.5 Aplicaciones de la maximización 360
8.6 El método simplex: dualidad y minimización 365
8.7 El método simplex: problemas no estándar 374

Capítulo 8 Resumen 385
Capítulo 8 Ejercicios de repaso 386

Caso 8 Una mezcla balanceada de fertilizantes orgánicos de costo mínimo 390

CAPÍTULO 9

Cálculo diferencial 391

9.1 Límites 391
9.2 Razones de cambio 402
9.3 Rectas tangentes y derivadas 411
9.4 Procedimientos para encontrar derivadas 426
9.5 Derivadas de productos y cocientes 438
9.6 La regla de la cadena 445
9.7 Derivadas de funciones exponenciales y logarítmicas 455
9.8 Continuidad y diferenciabilidad 462

Capítulo 9 Resumen 470
Capítulo 9 Ejercicios de repaso 472

Caso 9 Elasticidad-precio de la demanda 475

CAPÍTULO 10

Aplicaciones de la derivada 477

10.1 Derivadas y gráficas 477
10.2 La segunda derivada 492
10.3 Aplicaciones de la optimización 503
10.4 Dibujo de curvas (opcional) 517

Capítulo 10 Resumen 525
Capítulo 10 Ejercicios de repaso 526

Caso 10 Un modelo de costo total para un programa de capacitación 527

CAPÍTULO 11 Cálculo integral 529

11.1 Antiderivadas 529
11.2 Integración por sustitución 538
11.3 Área y la integral definida 546
11.4 El teorema fundamental del cálculo 555
11.5 Aplicaciones de las integrales 566
11.6 Tablas de integrales (opcional) 576
11.7 Ecuaciones diferenciales 578

Capítulo 11 Resumen 586
Capítulo 11 Ejercicios de repaso 587

Caso 11 Estimación de las fechas de agotamiento para minerales 589

CAPÍTULO 12 Cálculo en varias variables 591

12.1 Funciones de varias variables 591
12.2 Derivadas parciales 600
12.3 Extremos de funciones de varias variables 609

Capítulo 12 Resumen 616
Capítulo 12 Ejercicios de repaso 618

Apéndice A Calculadoras graficadoras 619
Parte 1: Introducción 619
Parte 2: Apéndice de programas 625

Apéndice B Tabla 645

Respuestas a ejercicios seleccionados R-1
Índice de aplicaciones I-1
Índice I-7

Prefacio

La séptima edición de *Matemáticas para administración y economía* está diseñada para proporcionar los temas matemáticos que necesitan los estudiantes en los campos de negocios, administración, ciencias sociales y ciencias naturales. Hemos tratado de presentar matemáticas sólidas con un estilo informal que insiste en motivación significativa, explicaciones cuidadosas y numerosos ejemplos, centrándonos continuamente en la resolución de problemas del mundo real.

Este libro está escrito al nivel apropiado de nuestro público previsto. Los temas se presentan a partir de lo que ya se sabe hacia el material nuevo, de ejemplos concretos a reglas y fórmulas generales. Casi toda sección incluye aplicaciones pertinentes. El único prerrequisito para usar este libro es un curso de álgebra. Los capítulos 1 y 2 proporcionan un repaso del álgebra para estudiantes que lo necesitan.

TECNOLOGÍA DE REPRESENTACIÓN GRÁFICA

El uso de tecnología para la elaboración de gráficas es una característica opcional de este libro. A lo largo de todo el texto hay numerosas *Sugerencias tecnológicas* para informar a los estudiantes sobre las diversas características de sus calculadoras de dibujo de gráficas y guiarlos en la aplicación de tales características. Algunos ejercicios están diseñados especialmente para el uso de tecnología de elaboración de gráficas.

NUEVOS ASPECTOS DEL CONTENIDO

Algunos temas se tratan en forma diferente a como se analizaron en la sexta edición:

- El material de introducción al álgebra que antes constituía un primer capítulo muy largo, se reorganizó en dos capítulos más cortos. El material de repaso elemental está en el capítulo 1. El trazado de gráficas básico se presenta al principio del capítulo 2, de modo que pueda usarse más adelante en dicho capítulo para explicar los procedimientos algebraicos usados en la resolución desigualdades con polinomios y racionales.
- El capítulo 10 sobre aplicaciones de la derivada se reordenó considerablemente en aras de un análisis con mayor cohesión y mejor organización, de la primera y segunda derivadas y de su uso en aplicaciones de optimización.

CARACTERÍSTICAS PEDAGÓGICAS

Hemos mantenido algunas características de las ediciones anteriores de este texto: extensos ejemplos; ejercicios con clave insertada en el texto (muchos de ellos nuevos); ejercicios conceptuales y por escrito; aplicaciones realistas y oportunas, muchas basadas en datos reales; estudios de caso al final de cada capítulo; problemas en los márgenes de la página; reglas, definiciones y resúmenes resaltados; y ejercicios de enlace (marcados con un ◆) que contienen material de secciones anteriores.

Para el beneficio de los estudiantes que usan calculadoras graficadoras se incluye un apéndice de programas que contiene programas de dos tipos: programas para actualizar calculadoras de modelo anterior (por ejemplo, un programa tabla para la TI-85 y un programa localizador de raíces para la TI-81 y modelos anteriores de las Casio) y programas para efectuar tareas específicas analizadas en el texto (por ejemplo, programas para elaborar tablas de amortización, para desarrollar el método simplex y para aproximar una integral definida usando las áreas de rectángulos). Dependiendo de qué partes del texto quiera cubrir el profesor, algunos de los programas serán en extremo útiles.

FLEXIBILIDAD DEL CURSO

Este libro puede usarse para diversos cursos, entre ellos los siguientes:

Matemáticas finitas y cálculo (un año o menos). Use todo el libro; cubra temas de los capítulos 1-5 según sea necesario antes de proceder con los temas adicionales.

Matemáticas finitas (un semestre o dos trimestres). Use tanto de los capítulos 1-5 como sea necesario y luego pase a los capítulos 6-8 según lo permita el tiempo y las necesidades locales lo requieran.

Cálculo (un semestre o trimestre). Cubra los temas de precálculo en los capítulos 1-5 según sea necesario y luego use los capítulos 9-12.

Álgebra universitaria con aplicaciones (un semestre o trimestre). Use los capítulos 1-8, con los temas en el capítulo 8 como opcionales.

La interdependencia entre los capítulos es la siguiente:

	Capítulo	*Prerrequisito*
1	Fundamentos del álgebra	Ninguno
2	Gráficas, ecuaciones y desigualdades	Capítulo 1
3	Funciones y gráficas	Capítulos 1 y 2
4	Funciones polinomiales y racionales	Capítulo 3
5	Funciones exponenciales y logarítmicas	Capítulo 3
6	Matemáticas financieras	Capítulo 5
7	Sistemas de ecuaciones lineales y matrices	Capítulos 1 y 2
8	Programación lineal	Capítulos 3 y 7
9	Cálculo diferencial	Capítulos 1-5
10	Aplicaciones de la derivada	Capítulo 9
11	Cálculo integral	Capítulos 9 y 10
12	Cálculo en varias variables	Capítulos 9-11

Sitio en la red (Web Site) Un sitio en la red que acompaña a este texto contiene problemas de aplicación adicionales (y sus respuestas) y los programas de la calculadora de dibujo de gráficas TI-83 que pueden descargarse a una computadora y transferirse a una calculadora TI-83 usando el eslabón gráfico TI (TI-Graph Link).
http://hepg.awl.com Clave: CalcZone o FiniteZone
www.aw/online.com/aw

RECONOCIMIENTOS

Damos las gracias a los siguientes profesores, que revisaron el manuscrito e hicieron valiosas sugerencias para mejorar este texto.

Jean Davis, *Southwest Texas State University*
J. Franklin Fitzgerald, *Boston University*
Leland J. Fry, *Kirkwood Community College*
Joseph A. Guthrie, *University of Texas–El Paso*
Alec Ingraham, *New Hampshire College*
Jeffrey Lee, *Texas Tech University*
Arthur M. Lieberman, *Cleveland State University*
Norman Lindquist, *Western Washington University*
C.G. Mendez, *Metropolitan State College of Denver*
Kandasamy Muthuvel, *University of Wisconsin–Oshkosh*
Michael I. Ratliff, *Northern Arizona University*
Bhushan Wadhwa, *Cleveland State University*

Queremos también dar las gracias a nuestros revisores, quienes hicieron un excelente trabajo al verificar todas las respuestas de los ejercicios: Jean Davis, *Southwest Texas State University* y Michael I. Ratliff, *Northern Arizona University*.

Nuestro especial agradecimiento a Laurel Technical Services y a Paula Young, que hicieron un trabajo extraordinario al preparar los suplementos para la imprenta; a Terry McGinnis, por leer cuidadosamente las pruebas y ayudar a eliminar los errores del texto; a Paul Van Erden, quien elaboró un índice fiel y completo para nosotros; y a Becky Troutman, por compilar cuidadosamente el índice de aplicaciones.

Queremos agradecer al personal de Addison Wesley Longman su apoyo y contribuciones a este libro, particularmente a Greg Tobin, Christine O' Brien y Becky Malone. Finalmente expresamos nuestro profundo agradecimiento al editor Sandi Goldstein por llevar nuestro trabajo de acuerdo al programa y mantenernos centrados en el objetivo, así como a Cathy Wacaser de Elm Street Publishing Services quien hizo su acostumbrado excelente trabajo de producción.

Margaret L. Lial
Thomas W. Hungerford

Al estudiante

Varios aspectos del texto están diseñados para ayudarle a entender los conceptos y aprender los procedimientos matemáticos abarcados. Para ayudarlo a aprender nuevos conceptos y reforzar su entendimiento, se tienen numerosos *problemas laterales* en el margen de las páginas. En el texto se hace referencia a ellos mediante números entre cuadros, como [2]. Cuando encuentre ese símbolo, resuelva el problema indicado en el margen antes de seguir adelante.

Las calculadoras graficadoras no son necesarias para este libro. Sin embargo, para los estudiantes que las poseen, se tienen *Sugerencias tecnológicas* a lo largo de todo el texto. Esas sugerencias describen los menús o teclas apropiados para llevar a cabo un procedimiento particular en calculadoras específicas. Cuando esas sugerencias no sean suficientes, consulte el manual de instrucciones de su calculadora. Se tienen también algunos ejercicios opcionales que requieren una calculadora de dibujo de gráficas.

La clave para tener éxito en este curso es recordar que

las matemáticas no son un deporte para espectadores.

Usted no puede esperar aprender matemáticas sin *hacer* matemáticas, de la misma manera que no puede aprender a nadar sin mojarse. Tiene que participar activamente usando todos los recursos a su disposición: su instructor, sus compañeros estudiantes y este libro.

No es posible que su profesor cubra todos los aspectos de un tema durante la sesión de clase. Simplemente usted no desarrollará el nivel de entendimiento necesario para tener éxito, a menos que lea el texto cuidadosamente. En particular, debería leer el texto *antes* de empezar a resolver los ejercicios. Sin embargo, no puede leer un libro de matemáticas en la misma forma en que lee una novela. Debe tener un lápiz, papel y una calculadora a mano para resolver los problemas laterales, resolver los enunciados que no entienda y tomar notas sobre las cosas que necesita preguntar a sus compañeros o a su profesor.

Finalmente, recuerde las palabras del gran Hillel: "los tímidos no aprenden". No existe una "pregunta tonta" (suponiendo, claro está, que usted leyó el libro y sus notas de clase, y ha intentado hacer la tarea). Su profesor recibirá con agrado las preguntas que surjan de un serio esfuerzo de su parte. Así entonces, recupere su inversión: haga preguntas.

CAPÍTULO 1

Fundamentos del álgebra

1.1 Los números reales
1.2 Ecuaciones de primer grado
1.3 Polinomios
1.4 Factorización
1.5 Expresiones racionales
1.6 Exponentes y radicales
CASO 1 Los consumidores a menudo desafían al sentido común

Este libro trata la aplicación de las matemáticas a los negocios, a las ciencias sociales y a la biología. Como el álgebra es vital para entender esas aplicaciones, comenzaremos con un repaso de las ideas fundamentales del álgebra. Si durante algún tiempo no ha recurrido al álgebra, es importante que estudie cuidadosamente el material de repaso en este capítulo; el éxito al cubrir el material que sigue dependerá de sus habilidades algebraicas.

1.1 LOS NÚMEROS REALES

Sólo se usarán números reales en este libro.* A continuación se dan los nombres de los tipos más comunes de números reales.

LOS NÚMEROS REALES

Números naturales (usados para contar)	1, 2, 3, 4, . . .
Enteros no negativos	0, 1, 2, 3, 4, . . .
Enteros	. . . , −3, −2, −1, 0, 1, 2, 3, . . .
Números racionales	Todos los números de la forma p/q, donde p y q son enteros, con $q \neq 0$
Números irracionales	Números reales que no son racionales

Las relaciones entre esos tipos de números se muestran en la figura 1.1. Nótese, por ejemplo, que los enteros también son números racionales y números reales, pero los enteros no son números irracionales.

*No todos los números son números reales. Un ejemplo de un número que no es número real es $\sqrt{-1}$.

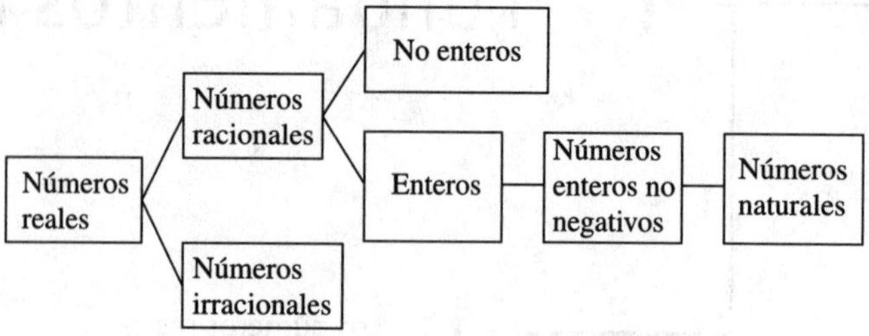

No enteros
Números racionales
Enteros
Números enteros no negativos
Números naturales
Números reales
Números irracionales

FIGURA 1.1

Un ejemplo de número irracional es π, que es la razón de la circunferencia de un círculo a su diámetro. El número π puede aproximarse escribiendo $\pi \approx 3.14159$ ($\approx$ significa "aproximadamente igual a"), pero no existe un número racional que sea exactamente igual a π.

[1] Clasifique los siguientes números.

(a) -2

(b) $-5/8$

(c) $\pi/5$

Respuestas:

(a) Entero, racional, real

(b) Racional, real

(c) Irracional, real

EJEMPLO 1 ¿Qué clase de números son los siguientes?

(a) 6

El número 6 es un número natural, un número no negativo, un número entero, un número racional y un número real.

(b) 3/4

Este número es racional y real.

(c) 3π

Como π no es un número racional, 3π es irracional y real. ■ [1]*

Todos los números pueden escribirse en forma decimal. Un número racional es decimal finito cuando se escribe en forma decimal, como .5 o .128, o es decimal periódico cuando eventualmente algún bloque de dígitos se repite de manera indefinida, como 1.3333. . . o 4.7234234234. . .† Los números irracionales son decimales cuya forma no es finita ni periódica.

Los únicos números reales que pueden entrar exactamente en una calculadora son los racionales, que son decimales finitos de no más de 10 o 12 dígitos (dependiendo de la calculadora). Del mismo modo, las respuestas que proporciona una calculadora son a menudo *aproximaciones* de 10 a 12 dígitos decimales, suficientemente precisos para la mayoría de las aplicaciones. Como regla general, *no se debe redondear ningún número al hacer un cálculo largo con calculadora*, de manera que la respuesta final sea tan exacta como sea posible. Sin embargo, por conveniencia, se suele redondear la respuesta final a tres o cuatro lugares decimales.

Damos a continuación las propiedades básicas importantes de los números reales.

*El uso de problemas en el margen es explicado en la sección "Al estudiante" que precede a este capítulo.

†Algunas calculadoras tienen una tecla FRAC que automáticamente convierte algunos decimales repetitivos a forma fraccionaria.

PROPIEDADES DE LOS NÚMEROS REALES

Para todos los números reales a, b y c, se cumplen las siguientes propiedades.

Propiedades conmutativas $\quad a + b = b + a \qquad ab = ba$

Propiedades asociativas $\quad (a + b) + c = a + (b + c) \qquad (ab)c = a(bc)$

Propiedades de identidad Existe un único número real 0. Llamamos a esto **identidad aditiva o número neutro**, tal que

$$a + 0 = a \quad \text{y} \quad 0 + a = a.$$

Existe un único número real 1, llamado **identidad o neutro multiplicativo**, tal que

$$a \cdot 1 = a \quad \text{y} \quad 1 \cdot a = a.$$

Propiedades inversas Para cada número real a, existe un único número real $-a$, llamado el **inverso aditivo** de a, tal que

$$a + (-a) = 0 \quad \text{y} \quad (-a) + a = 0.$$

Si $a \neq 0$, existe un único número real $1/a$, llamado el **inverso multiplicativo** de a, tal que

$$a \cdot \frac{1}{a} = 1 \quad \text{y} \quad \frac{1}{a} \cdot a = 1.$$

Propiedad distributiva $\quad a(b + c) = ab + ac$

2 Nombre la propiedad ilustrada en cada uno de los siguientes ejemplos.

(a) $(2 + 3) + 9 = (3 + 2) + 9$

(b) $(2 + 3) + 9 = 2 + (3 + 9)$

(c) $(2 + 3) + 9 = 9 + (2 + 3)$

(d) $(4 \cdot 6)p = (6 \cdot 4)p$

(e) $4(6p) = (4 \cdot 6)p$

Respuestas:

(a) Propiedad conmutativa

(b) Propiedad asociativa

(c) Propiedad conmutativa

(d) Propiedad conmutativa

(e) Propiedad asociativa

EJEMPLO 2 Las siguientes expresiones son ejemplos de propiedades conmutativas. Observe que el orden de los números cambia de un lado del símbolo de igualdad al otro, de manera que el orden en que dos números se suman o se multiplican no es importante.

(a) $(6 + x) + 9 = (x + 6) + 9$

(b) $(6 + x) + 9 = 9 + (6 + x)$

(c) $5 \cdot (9 \cdot 8) = (9 \cdot 8) \cdot 5$

(d) $5 \cdot (9 \cdot 8) = 5 \cdot (8 \cdot 9)$ ■

EJEMPLO 3 Las siguientes expresiones son ejemplos de las propiedades asociativas. Aquí no cambia el orden de los números, pero la colocación de los paréntesis sí. Esto significa que cuando se suman tres números se puede encontrar la suma de dos cualesquiera de ellos y luego sumarse al resultado el número restante.

(a) $4 + (9 + 8) = (4 + 9) + 8$

(b) $3(9x) = (3 \cdot 9)x$ ■ **2**

EJEMPLO 4 Por las propiedades de identidad,

(a) $-8 + 0 = -8$, **(b)** $(-9)1 = -9$. ■

EJEMPLO 5 Por las propiedades inversas, las expresiones en los incisos (a) al (d) son ciertas.

(a) $9 + (-9) = 0$ **(b)** $-15 + 15 = 0$

(c) $-8 \cdot \left(\frac{1}{-8}\right) = 1$ **(d)** $\frac{1}{\sqrt{5}} \cdot \sqrt{5} = 1$ ■

NOTA No hay ningún número real x tal que $0 \cdot x = 1$, por lo que el 0 no tiene inverso en la multiplicación. ◆ 3

Una de las propiedades más importantes de los números reales, y la única en que intervienen la suma y la multiplicación, es la propiedad distributiva. El siguiente ejemplo muestra cómo se aplica esta propiedad.

EJEMPLO 6 Por la propiedad distributiva,

(a) $9(6 + 4) = 9 \cdot 6 + 9 \cdot 4$

(b) $3(x + y) = 3x + 3y$

(c) $-8(m + 2) = (-8)(m) + (-8)(2) = -8m - 16$

(d) $(5 + x)y = 5y + xy$. ■

NOTA Como se muestra en el ejemplo 6(d), por la propiedad conmutativa, la propiedad distributiva puede también escribirse como $(a + b)c = ac + bc$. ◆ 4

ORDEN DE OPERACIONES Evitamos posibles ambigüedades al tratar con problemas de números reales si usamos el siguiente *orden de operaciones*, que se ha convenido en ser el más útil. Las computadoras y las calculadoras graficadoras funcionan con este orden de operaciones.

ORDEN DE OPERACIONES

Si se tienen paréntesis o corchetes:

1. Trabaje por separado arriba y abajo de cualquier raya de quebrado.
2. Use las reglas dadas a continuación dentro de cualquier grupo de paréntesis o corchetes. Comience con el más interior y proceda hacia el exterior.

Si no se tienen paréntesis o corchetes:

1. Encuentre todas las potencias y raíces, trabajando de izquierda a derecha.
2. Efectúe las multiplicaciones o divisiones en el orden en que aparecen, trabajando de izquierda a derecha.
3. Efectúe las sumas o restas en el orden en que aparecen, trabajando de izquierda a derecha.

---

3 Nombre las propiedades ilustradas en cada uno de los siguientes ejemplos.

(a) $2 + 0 = 2$

(b) $-\frac{1}{4} \cdot (-4) = 1$

(c) $-\frac{1}{4} + \frac{1}{4} = 0$

(d) $1 \cdot \frac{2}{3} = \frac{2}{3}$

Respuestas:

(a) Propiedad de identidad
(b) Propiedad inversa
(c) Propiedad inversa
(d) Propiedad de identidad

4 Use la propiedad distributiva para completar cada una de las siguientes expresiones.

(a) $4(-2 + 5)$

(b) $2(a + b)$

(c) $-3(p + 1)$

(d) $(8 - k)m$

(e) $5x + 3x$

Respuestas:

(a) $4(-2) + 4(5) = 12$
(b) $2a + 2b$
(c) $-3p - 3$
(d) $8m - km$
(e) $(5 + 3)x = 8x$

EJEMPLO 7 Use el orden de operaciones para evaluar cada expresión si $x = -2$, $y = 5$ y $z = -3$.

(a) $-4x^2 - 7y + 4z$

Use paréntesis cuando reemplace letras por números.

$$\begin{aligned} -4x^2 - 7y + 4z &= -4(\mathbf{-2})^2 - 7(\mathbf{5}) + 4(\mathbf{-3}) \\ &= -4(\mathbf{4}) - 7(5) + 4(-3) \\ &= \mathbf{-16 - 35 - 12} \\ &= -63 \end{aligned}$$

(b)
$$\begin{aligned} \frac{2(x-y)^2 + 4y}{z+4} &= \frac{2(\mathbf{-2} - \mathbf{5})^2 + 4(\mathbf{5})}{\mathbf{-3} + 4} \\ &= \frac{2(\mathbf{-7})^2 + 20}{1} \\ &= 2(\mathbf{49}) + 20 \\ &= 118 \end{aligned}$$
■ [5] [6]

5 Evalúe las siguientes expresiones si $m = -5$ y $n = 8$.

(a) $-2mn - 2m^2$

(b) $\dfrac{4(n-5)^2 - m}{m+n}$

Respuestas:

(a) 30

(b) $\dfrac{41}{3}$

6 Simplifique las siguientes expresiones.

(a) $4^2 \div 8 + 3^2 \div 3$

(b) $[-7 + (-9)](-4) - 8(3)$

(c) $\dfrac{-11 - (-12) - 4 \cdot 5}{4(-2) - (-6)(-5)}$

(d) $\dfrac{36 \div 4 \cdot 3 \div 9 + 1}{9 \div (-6) \cdot 8 - 4}$

Respuestas:

(a) 5

(b) 40

(c) $\dfrac{19}{38} = \dfrac{1}{2} = .5$

(d) $-\dfrac{1}{4} = -.25$

RAÍCES CUADRADAS Hay dos números cuyo cuadrado es 16, que son 4 y -4. El positivo, 4, se llama la *raíz cuadrada* de 16. De la misma manera, la raíz cuadrada de un número no negativo d se define como el número *no negativo* cuyo cuadrado es d; se denota por $\sqrt{d}$. Por ejemplo,

$$\sqrt{36} = 6 \text{ porque } 6^2 = 36 \quad \text{y} \quad \sqrt{1.44} = 1.2 \text{ porque } (1.2)^2 = 1.44.$$

Ningún número negativo tiene una raíz cuadrada en los números reales. Por ejemplo, no hay ningún número real cuyo cuadrado sea -4, por lo que -4 no tiene raíz cuadrada.

Todo número real no negativo tiene una raíz cuadrada. A menos que un entero sea un cuadrado perfecto (tal como $64 = 8^2$), su raíz cuadrada es un número irracional. Puede usarse una calculadora para obtener una aproximación racional de esas raíces cuadradas.

EJEMPLO 8 Estime cada una de las siguientes cantidades. Verifique su estimación con una calculadora.

(a) $\sqrt{40}$

Como $6^2 = 36$ y $7^2 = 49$, $\sqrt{40}$ debe ser un número entre 6 y 7. Una calculadora típica muestra que $\sqrt{40} \approx 6.32455532$.

(b) $5\sqrt{7}$

$\sqrt{7}$ está entre 2 y 3 porque $2^2 = 4$ y $3^2 = 9$, por lo que $5\sqrt{7}$ debe ser un número entre $5 \cdot 2 = 10$ y $5 \cdot 3 = 15$. Una calculadora muestra que $5\sqrt{7} \approx 13.22875656$.
■ [7]

7 Estime cada una de las siguientes cantidades.

(a) $\sqrt{73}$

(b) $\sqrt{22} + 3$

(c) Confirme sus estimaciones en los incisos (a) y (b) con una calculadora.

Respuestas:

(a) Entre 8 y 9

(b) Entre 7 y 8

(c) 8.5440; 7.6904

PRECAUCIÓN Si c y d son números reales positivos, entonces $\sqrt{c+d}$ *no* es igual a $\sqrt{c} + \sqrt{d}$. Por ejemplo, $\sqrt{9+16} = \sqrt{25} = 5$, pero $\sqrt{9} + \sqrt{16} = 3 + 4 = 7$. ◆

8 Dibuje un eje numérico y sobre él grafique los números $-4, -1, 0, 1, 2.5$ y $13/4$.

Respuesta:

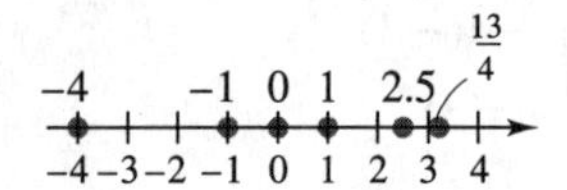

EL EJE NUMÉRICO Los números reales pueden ilustrarse geométricamente con un diagrama llamado **eje numérico**. Cada número real corresponde exactamente a un punto sobre el eje y viceversa. En la figura 1.2 se muestra un eje numérico con varios números de muestra localizados (o **graficados**) sobre él. ■ 8

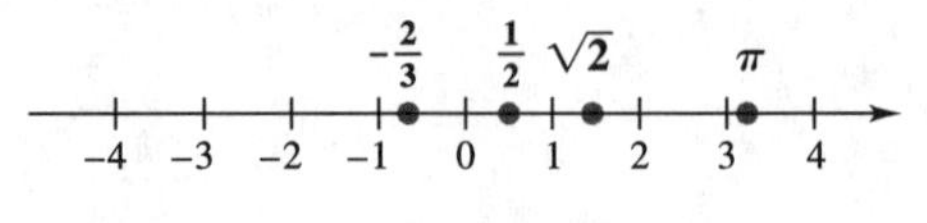

FIGURA 1.2

La comparación de dos números reales requiere símbolos que indiquen su orden sobre el eje numérico. Los siguientes símbolos se usan para indicar que un número es mayor o menor que otro número.

$<$ significa *es menor que*	$\leq$ significa *es menor que o igual a*
$>$ significa *es mayor que*	$\geq$ significa *es mayor que o igual a*

Las siguientes definiciones muestran cómo se usa el eje numérico para decidir cuál de dos números es el mayor.

> Para números reales a y b,
> si a está a la izquierda de b sobre un eje numérico, entonces $a < b$;
> si a está a la derecha de b sobre un eje numérico, entonces $a > b$.

EJEMPLO 9 Diga si es *cierto* o *falso* cada uno de los siguientes enunciados.

(a) $8 < 12$

Este enunciado dice que 8 es menor que 12, lo que es cierto.

(b) $-6 > -3$

La gráfica de la figura 1.3 muestra que -6 está a la *izquierda* de -3. Entonces, $-6 < -3$, y el enunciado dado es falso.

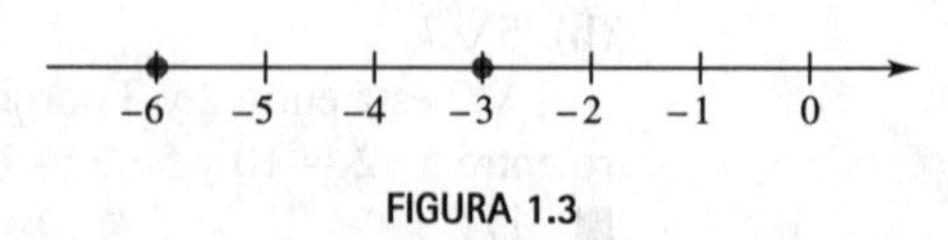

FIGURA 1.3

(c) $-2 \leq -2$

Como $-2 = -2$, este enunciado es cierto. ■ 9

9 ¿Son *ciertos* o *falsos* los siguientes enunciados?

(a) $-9 \leq -2$

(b) $8 > -3$

(c) $-14 \leq -20$

Respuestas:

(a) Cierto

(b) Cierto

(c) Falso

Un eje numérico puede usarse para dibujar la gráfica de un conjunto de números, como se muestra en los siguiente ejemplos.

EJEMPLO 10 Grafique todos los enteros x tales que $1 < x < 5$.

Los únicos enteros entre 1 y 5 son 2, 3 y 4. Esos enteros están dibujados sobre el eje numérico en la figura 1.4. ■ 10

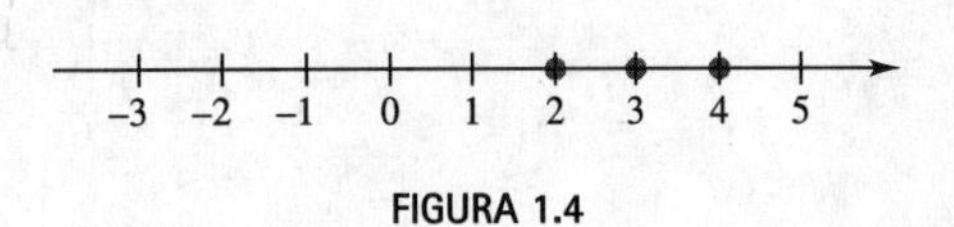

FIGURA 1.4

10 Grafique todos los enteros x tales que

(a) $-3 < x < 5$

(b) $1 \le x \le 5$.

Respuestas:

(a)

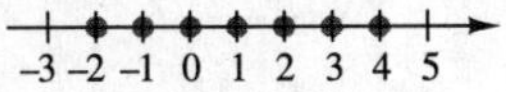

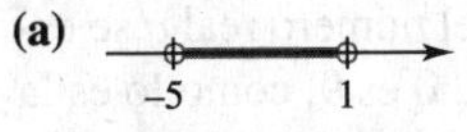

(b)

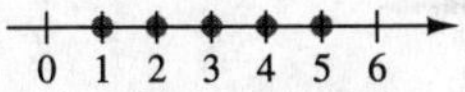

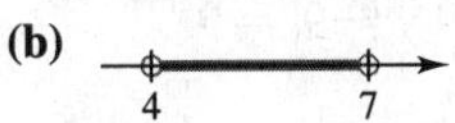

11 Grafique todos los números reales x tales que

(a) $-5 < x < 1$

(b) $4 < x < 7$.

Respuestas:

(a) (−5, 1)

(b) (4, 7)

EJEMPLO 11 Grafique todos los números reales x tales que $1 < x < 5$.

La gráfica abarca todos los números reales entre 1 y 5 y no sólo los enteros. Grafique esos números dibujando una línea gruesa de 1 a 5 sobre el eje numérico, como en la figura 1.5. Los círculos huecos en 1 y 5 indican que ninguno de esos dos puntos pertenece a la gráfica. ■ 11

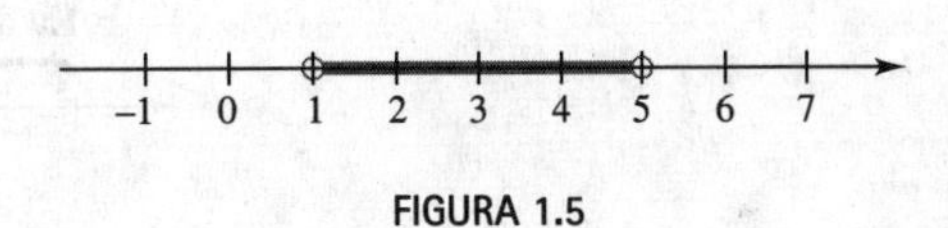

FIGURA 1.5

Un conjunto que consiste en todos los números reales entre dos puntos, tal como $1 < x < 5$ en el ejemplo 11, se llama **intervalo**. Una notación especial llamada **notación de intervalo** se usa para indicar un intervalo sobre el eje numérico. Por ejemplo, el intervalo que incluye todos los números x, donde $-2 < x < 3$, se escribe como $(-2, 3)$. El paréntesis indica que los números -2 y 3 *no* están incluidos. Si -2 y 3 deben incluirse en el intervalo, se usan corchetes, como en $[-2, 3]$. La siguiente tabla muestra varios intervalos típicos, donde $a < b$.

Desigualdad	*Notación de intervalos*	*Explicación*
$a \le x \le b$	$[a, b]$	Tanto a como b están incluidos.
$a \le x < b$	$[a, b)$	a está incluido, b no lo está.
$a < x \le b$	$(a, b]$	b está incluido, a no lo está.
$a < x < b$	(a, b)	Ni a ni b están incluidos.

La notación de intervalo se usa también para describir conjuntos como el conjunto de todos los números x, con $x \ge -2$. Este intervalo se escribe $[-2, \infty)$.

12 Grafique todos los números reales x en el intervalo.

(a) $[4, \infty)$

(b) $[-2, 1]$

Respuestas:

(a) 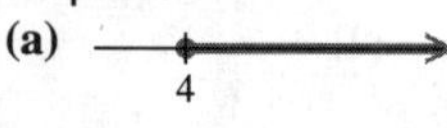

(b) 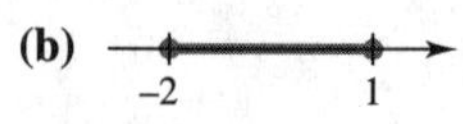

EJEMPLO 12 Grafique el intervalo $[-2, \infty)$.

Comience en -2 y dibuje una línea gruesa hacia la derecha, como en la figura 1.6. Use un círculo lleno en -2 para mostrar que -2 es parte de la gráfica. El símbolo ∞ llamado "infinito" *no* representa un número. Esta notación simplemente indica que *todos* los números mayores que -2 están en el intervalo. Asimismo, la notación $(-\infty, 2)$ indica el conjunto de todos los números x con $x < 2$. ■ 12

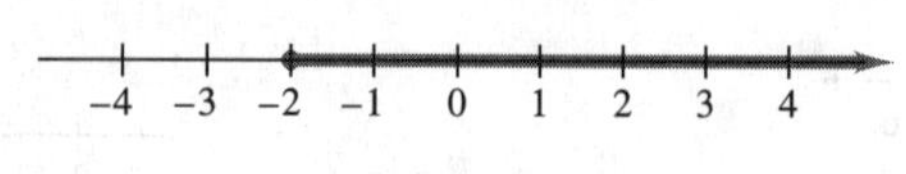

FIGURA 1.6

VALOR ABSOLUTO La distancia es siempre un número no negativo. Por ejemplo, la distancia de 0 a -2 sobre un eje numérico es 2, igual que la distancia de 0 a 2. El **valor absoluto** de un número a da la distancia sobre el eje numérico de a a 0. Así entonces, el valor absoluto de 2 y de -2 es 2. El valor absoluto del número real a se escribe $|a|$. Por ejemplo, la distancia sobre el eje numérico de 9 a 0 es 9, como lo es la distancia de -9 a 0 (véase la figura 1.7). Por definición, $|9| = 9$ y $|-9| = 9$.

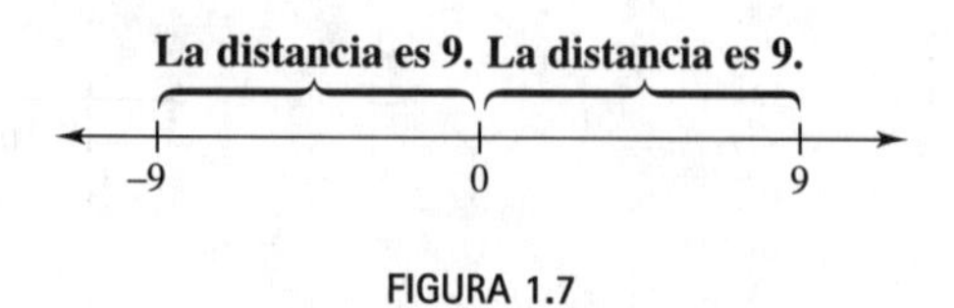

FIGURA 1.7

El hecho de que $|9| = 9$ y de que $|-9| = 9 = -(-9)$ sugiere la siguiente definición algebraica del valor absoluto.

VALOR ABSOLUTO

Para cualquier número real a,

$$|a| = a \quad \text{si } a \geq 0$$
$$|a| = -a \quad \text{si } a < 0.$$

13 Encuentre el valor de las siguientes expresiones.

(a) $|-6|$

(b) $-|7|$

(c) $-|-2|$

(d) $|-3-4|$

(e) $|2-7|$

Respuestas:

(a) 6

(b) -7

(c) -2

(d) 7

(e) 5

Observe la segunda parte de la definición: para un número negativo, digamos -5, el negativo de -5 es el número positivo $-(-5) = 5$. Del mismo modo, si a es cualquier número negativo, entonces $-a$ es un número *positivo*. Entonces, *para todo número real a, $|a|$ es no negativo.*

EJEMPLO 13 Para evaluar $|8-9|$ primero se debe simplificar la expresión dentro de las barras de valor absoluto:

$$|8-9| = |-1| = 1.$$

De la misma forma, $-|-5-8| = -|-13| = -13$. ■ 13

1.1 EJERCICIOS

Clasifique cada uno de los siguientes enunciados como verdadero o falso.

1. Todo entero es un número racional.

2. Todo entero es un número entero no negativo.

3. Todo número entero no negativo es un entero.

4. Ningún número entero no negativo es racional.

Identifique las propiedades que se ilustran en cada uno de los siguientes ejercicios. Algunos pueden requerir más de una propiedad. Suponga que todas las variables representan números reales (véanse los ejemplos 2-6).

5. $-7 + 0 = -7$

6. $3 + (-3) = (-3) + 3$

7. $0 + (-7) = -7 + 0$

8. $8 + (12 + 6) = (8 + 12) + 6$

9. $[5(-8)](-3) = 5[(-8)(-3)]$

10. $8(m + 4) = 8m + 8 \cdot 4$

11. $x(y + 2) = xy + 2x$

12. $8(4 + 2) = (2 + 4)8$

13. ¿Cómo se relaciona la propiedad aditiva inversa con la propiedad de identidad aditiva? ¿Cómo se relacionan la propiedad inversa multiplicativa y la propiedad de identidad multiplicativa?

14. Explique la diferencia entre las propiedades conmutativa y asociativa.

Evalúe cada una de las siguientes expresiones si $p = -2$, $q = 4$ y $r = -5$ (véase el ejemplo 7).

15. $-3(p + 5q)$

16. $2(q - r)$

17. $\dfrac{q + r}{q + p}$

18. $\dfrac{3q}{3p - 2r}$

19. $\dfrac{\dfrac{q}{r} - \dfrac{r}{5}}{\dfrac{p}{2} + \dfrac{q}{2}}$

20. $\dfrac{\dfrac{3r}{10} - \dfrac{5p}{2}}{q + \dfrac{2r}{5}}$

Evalúe cada expresión usando el orden de operaciones que se dio en el texto.

21. $8 - 4^2 - (-12)$

22. $8 - (-4)^2 - (-12)$

23. $-(3 - 5) - [2 - (3^2 - 13)]$

24. $\dfrac{2(3 - 7) + 4(8)}{4(-3) + (-3)(-2)}$

25. $\dfrac{2(-3) + 3/(-2) - 2/(-\sqrt{16})}{\sqrt{64} - 1}$

26. $\dfrac{6^2 - 3\sqrt{25}}{\sqrt{6^2 + 13}}$

Establezca si cada uno de los siguientes números es racional *o* irracional. *Si el número es irracional, aproxímelo a cuatro lugares decimales.*

27. 3π

28. $2/\pi$

29. $\sqrt{3}$

30. $\sqrt{4^2 - 3^2}$

31. $-\sqrt{4 + 5^2 - 13}$

32. $\dfrac{\sqrt{4} - 6}{3^2 + 7}$

Exprese cada uno de los siguientes enunciados con símbolos, usando $<$, $>$, $\leq$ o $\geq$.

33. 5 es menor que 7.

34. -4 es mayor que -9.

35. y es menor que o igual a 8.3.

36. z es mayor que o igual a -3.

37. t es positiva.

38. c es cuando más igual a 14.

Grafique cada uno de los siguientes enunciados sobre un eje numérico (véanse los ejemplos 10 y 11).

39. Todos los enteros x tales que $-4 < x < 4$

40. Todos los enteros x tales que $-4 \leq x < 2$

41. Todos los números naturales x tales que $-2 < x < 5$

42. Todos los números naturales x tales que $x \leq 2$

43. Todos los números reales x tales que $-2 < x \leq 3$

44. Todos los números reales x tales que $x \geq -3$

Grafique los siguientes intervalos (véase el ejemplo 12).

45. $(3, \infty)$ **46.** $(-\infty, 5)$ **47.** $(-\infty, -2]$

48. $[-4, \infty)$ **49.** $(-8, -1)$ **50.** $[-1, 10]$

51. $[-2, 2)$ **52.** $(3, 7]$

Física *El factor de enfriamiento por el aire es una medida del efecto refrigerante que el viento ejerce sobre la piel de una persona. Con él se calcula la temperatura equivalente de enfriamiento como si no hubiese viento. La siguiente tabla da el factor de enfriamiento por el aire para varias velocidades del viento y varias temperaturas.**

°F\Viento	*5 mph*	*10 mph*	*15 mph*	*20 mph*	*25 mph*	*30 mph*	*35 mph*	*40 mph*
40°	37	28	22	18	16	13	11	10
30°	27	16	9	4	0	−2	−4	−6
20°	16	4	−5	−10	−15	−18	−20	−21
10°	6	−9	−18	−25	−29	−33	−35	−37
0°	−5	−21	−36	−39	−44	−48	−49	−53
−10°	−15	−33	−45	−53	−59	−63	−67	−69
−20°	−26	−46	−58	−67	−74	−79	−82	−85
−30°	−36	−58	−72	−82	−88	−94	−98	−100
−40°	−47	−70	−85	−96	−104	−109	−113	−116
−50°	−57	−83	−99	−110	−118	−125	−129	−132

Suponga que deseamos determinar la diferencia entre dos de esos valores y que nos interesa sólo la magnitud o valor absoluto de esa diferencia. Restamos entonces los dos valores y encontramos su valor absoluto. Por ejemplo, la diferencia entre los factores de enfriamiento por el aire para viento a 20 millas por hora con temperatura de 20° y viento a 30 millas por hora con temperatura de 40° es $|-10° - 13°| = 23°$, *o equivalentemente,* $|13° - (-10°)| = 23°$.

Encuentre el valor absoluto de la diferencia de los dos factores indicados de enfriamiento por el aire.

53. Viento a 15 millas por hora con 30° de temperatura y viento a 10 millas por hora con −10° de temperatura

54. Viento a 20 millas por hora con −20° de temperatura y viento a 5 millas por hora con 30° de temperatura

55. Viento a 30 millas por hora con −30° de temperatura y viento a 15 millas por hora con −20° de temperatura

56. Viento a 40 millas por hora con 40° de temperatura y viento a 25 millas por hora con −30° de temperatura

Efectúe cada una de las siguientes operaciones (véase el ejemplo 13).

57. $|8| - |-4|$

58. $|-9| - |-12|$

59. $-|-4| - |-1 - 14|$

60. $-|6| - |-12 - 4|$

En cada uno de los siguientes problemas, llene el espacio en blanco con =, < o > de manera que el enunciado resultante sea cierto.

61. $|5|$ ____ $|-5|$

62. $-|-4|$ ____ $|4|$

63. $|10 - 3|$ ____ $|3 - 10|$

64. $|6 - (-4)|$ ____ $|-4 - 6|$

65. $|-2 + 8|$ ____ $|2 - 8|$

66. $|3 + 1|$ ____ $|-3 - 1|$

67. $|3| \cdot |-5|$ ____ $|3(-5)|$

68. $|3| \cdot |2|$ ____ $|3(2)|$

69. $|3 - 2|$ ____ $|3| - |2|$

70. $|5 - 1|$ ____ $|5| - |1|$

Escriba la expresión sin usar la notación de valor absoluto.

71. $|a - 7|$ si $a < 7$

72. $|b - c|$ si $b \geq c$

73. En general, si a y b son números reales cualesquiera del mismo signo (ambos negativos o ambos positivos), ¿es siempre cierto que $|a + b| = |a| + |b|$? Explique su respuesta.

74. Si a y b son dos números reales cualesquiera, ¿es siempre cierto que $|a - b| = |b - a|$? Explique su respuesta.

75. Si a y b son números reales cualesquiera, ¿es siempre cierto que $|a + b| = |a| + |b|$? Explique su respuesta.

76. ¿Para qué números reales b es $|2 - b| = |2 + b|$? Explique su respuesta.

Ciencias sociales *Con los símbolos de desigualdades vuelva a escribir cada uno de los siguientes enunciados, que se basan en un artículo del periódico* Sacramento Bee.* *Use x como la variable, describa qué representa x en cada ejercicio y luego escriba una desigualdad. Ejemplo: Por lo menos 4000 estudiantes extranjeros asisten a la Universidad del Sur de California (USC). Si x representa el número de estudiantes extranjeros que asisten a la USC, entonces* $x \geq 4000$.

77. Los estudiantes extranjeros contribuyen con más de 1000 millones de dólares anualmente a la economía de California.

*Miller, A. y J. Thompson, *Elements of Meteorology*, 2a. edición, Charles E. Merrill Publishing Co., 1975.

*"State Colleges Drawing Foreigners Despite Cuts" de Lisa Lapin en *The Sacramento Bee*, diciembre 2 de 1992. Copyright, The Sacramento Bee, 1994. Reproducido con autorización.

78. Más de 60% de los estudiantes internacionales provienen de países asiáticos.

79. Menos de 7.5% de los estudiantes extranjeros en Estados Unidos provienen ahora de los países del Medio Oriente.

80. No más de 10% de los estudiantes extranjeros en Estados Unidos provienen de Japón.

81. California tiene más de 13% de todos los estudiantes extranjeros en Estados Unidos.

82. Los estudiantes extranjeros deben probar que tienen por lo menos $22,000 en efectivo para gastar cada año en Estados Unidos.

Ciencias sociales *Los sociólogos miden la posición de un individuo dentro de una sociedad evaluando para ese individuo el número x, que da el porcentaje de la población con menos ingresos que la persona dada y el número y, que es el porcentaje de la población con menos educación. La posición social promedio se define como $(x + y)/2$, mientras que la incongruencia de la posición social del individuo se define como $|(x - y)/2|$. Entre las personas con una gran incongruencia de posición alta se encuentran las desempleadas con grados de doctorado (baja x, alta y) y millonarios que no pasaron del segundo año escolar (alta x, baja y).*

83. ¿Cuál es la posición social promedio más alta posible para un individuo? ¿Cuál es la más baja?

84. ¿Cuál es la incongruencia de la posición social más alta posible para un individuo? ¿Cuál es la más baja?

85. Julia Romo gana más dinero que 56% de la población y tiene más educación que 78%. Encuentre su posición económica promedio y la incongruencia de su posición social.

86. Un popular artista de cine gana más dinero que 97% de la población y tiene mejor educación que 12%. Encuentre su posición social promedio y la incongruencia de su posición social.

1.2 ECUACIONES DE PRIMER GRADO

Uno de los usos principales del álgebra es la resolución de ecuaciones. Una **ecuación** es el enunciado de que dos expresiones matemáticas son iguales; por ejemplo,

$$3x^2 - 2x + 4 = 7x - 2, \quad 4y^3 + 8 = 12, \quad 2z + 6 = -9.$$

La letra en cada ecuación se llama **variable**.

En esta sección nos centraremos en las **ecuaciones de primer grado**, que son ecuaciones que pueden escribirse en la forma $ax + b = c$, donde a, b y c son constantes (números reales) y $a \neq 0$. Ejemplos de ecuaciones de primer grado son

$$5x - 3 = 13, \quad 8y = 4, \quad -3p + 5 = -8.$$

Ejemplos de ecuaciones que *no* son de primer grado son: $x^3 = 15$, $2x^2 = 5x + 6$ y $\sqrt{x + 2} = 4$ (debido al radical).

La **solución** de una ecuación es un número que puede sustituir a la variable en la ecuación para producir un enunciado verdadero. Por ejemplo, sustituyendo x con el número 9 en la ecuación $2x + 1 = 19$, resulta

$$2x + 1 = 19$$
$$2(\mathbf{9}) + 1 = 19 \qquad \text{Sea } x = 9.$$
$$18 + 1 = 19. \qquad \text{Verdadero}$$

Este enunciado verdadero indica que 9 es una solución de $2x + 1 = 19$. [1]

[1] ¿Es -4 una solución de las siguientes ecuaciones?

(a) $3x + 5 = -7$

(b) $2x - 3 = 5$

(c) ¿Hay más de una solución para la ecuación en el inciso (a)?

Respuestas:

(a) Sí

(b) No

(c) No

Las siguientes propiedades se usan para resolver ecuaciones.

PROPIEDADES DE LA IGUALDAD

1. El mismo número puede sumarse o restarse en ambos lados de una ecuación:

$$\text{Si } a = b, \text{ entonces } a + c = b + c \quad \text{y} \quad a - c = b - c.$$

2. Ambos lados de una ecuación pueden multiplicarse o dividirse por el mismo número no cero:

$$\text{Si } a = b \text{ y } c \neq 0, \text{ entonces } ac = bc \quad \text{y} \quad \frac{a}{c} = \frac{b}{c}.$$

EJEMPLO 1 Resuelva la ecuación $5x - 3 = 12$.

Usando la primera propiedad de la igualdad, sume 3 en ambos lados. Esto aísla el término que contiene la variable a un lado del símbolo de igualdad.

$$5x - 3 = 12$$
$$5x - 3 + \mathbf{3} = 12 + \mathbf{3} \qquad \text{Sume 3 en ambos lados.}$$
$$5x = 15$$

Ahora haga que el coeficiente de x sea 1 usando la segunda propiedad de la igualdad.

$$5x = 15$$
$$\frac{5x}{5} = \frac{15}{5} \qquad \text{Divida ambos lados entre 5.}$$
$$x = 3$$

La solución de la ecuación original $5x - 3 = 12$, es 3. Verifique la solución sustituyendo x con 3 en la ecuación original. ■ 2

2 Resuelva las siguientes ecuaciones.

(a) $3p - 5 = 19$

(b) $4y + 3 = -5$

(c) $-2k + 6 = 2$

Respuestas:

(a) 8

(b) -2

(c) 2

EJEMPLO 2 Resuelva $2k + 3(k - 4) = 2(k - 3)$.

Primero simplifique la ecuación usando la propiedad distributiva en el término del lado izquierdo $3(k - 4)$ y en el término del lado derecho $2(k - 3)$:

$$2k + 3(k - 4) = 2(k - 3)$$
$$2k + 3k - 12 = 2k - 6.$$

En el lado izquierdo, $2k + 3k = (2 + 3)k = 5k$, de nuevo usando la propiedad distributiva, lo que da

$$5k - 12 = 2k - 6.$$

Una manera de proceder es sumar $-2k$ en ambos lados.

$$5k - 12 + (\mathbf{-2k}) = 2k - 6 + (\mathbf{-2k}) \quad \text{Sume } -2k \text{ en ambos lados.}$$
$$3k - 12 = -6$$
$$3k - 12 + \mathbf{12} = -6 + \mathbf{12} \quad \text{Sume 12 en ambos lados.}$$
$$3k = 6$$
$$\frac{\mathbf{1}}{\mathbf{3}}(3k) = \frac{\mathbf{1}}{\mathbf{3}}(6) \quad \text{Multiplique ambos lados por } \frac{1}{3}.$$
$$k = 2$$

La solución es 2. Verifique este resultado sustituyendo k con 2 en la ecuación original. ■ [3]

[3] Resuelva la siguiente ecuación.

(a) $3(m - 6) + 2(m + 4) = 4m - 2$

(b) $-2(y + 3) + 4y = 3(y + 1) - 6$

Respuestas:

(a) 8

(b) -3

EJEMPLO 3 Use una calculadora para resolver $42.19x + 121.34 = 16.83x + 19.15$.

Para evitar errores de redondeo en los pasos intermedios, haga toda el álgebra primero, sin usar la calculadora.

$$42.19x = 16.83x + 19.15 - 121.34 \quad \text{Reste 121.34 de ambos lados.}$$
$$42.19x - 16.83x = 19.15 - 121.34 \quad \text{Reste } 16.83x \text{ de ambos lados.}$$
$$(42.19 - 16.83)x = 19.15 - 121.34 \quad \text{Aplique la propiedad distributiva.}$$
$$x = \frac{19.15 - 121.34}{42.19 - 16.83} \quad \text{Divida ambos lados entre } (42.19 - 16.83).$$

Ahora use la calculadora y determine que $x \approx -4.0296$. Como esta respuesta es aproximada, no corresponde exactamente al sustituirse en la ecuación original. ■

Los siguientes tres ejemplos muestran cómo simplificar la solución de las ecuaciones de primer grado que contienen fracciones. Resolvemos esas ecuaciones multiplicando ambos lados de la ecuación por un **denominador común**, es decir, por un número que puede dividirse (con residuo cero) entre cada denominador de la ecuación. Este paso elimina las fracciones.

PRECAUCIÓN Como ésta es una aplicación de la propiedad multiplicativa de una *igualdad*, puede efectuarse *sólo en ecuaciones*. ◆

EJEMPLO 4 Resuelva $\frac{r}{10} - \frac{2}{15} = \frac{3r}{20} - \frac{1}{5}$.

Aquí los denominadores son 10, 15, 20 y 5. Cada uno de esos números es divisor de 60; por lo tanto, 60 es un denominador común. Multiplique ambos lados de la ecuación por 60.

$$\mathbf{60}\left(\frac{r}{10} - \frac{2}{15}\right) = \mathbf{60}\left(\frac{3r}{20} - \frac{1}{5}\right)$$

Use la propiedad distributiva para eliminar los denominadores.

$$\mathbf{60}\left(\frac{r}{10}\right) - \mathbf{60}\left(\frac{2}{15}\right) = \mathbf{60}\left(\frac{3r}{20}\right) - \mathbf{60}\left(\frac{1}{5}\right)$$

$$6r - 8 = 9r - 12$$

Sume $-6r$ y 12 en ambos lados.

$$6r - 8 + (-6r) + 12 = 9r - 12 + (-6r) + 12$$

$$4 = 3r$$

Multiplique ambos lados por 1/3 para obtener la solución.

$$r = \frac{4}{3}$$

Verifique esta solución en la ecuación original. ■ 4

4 Resuelva las siguientes ecuaciones.

(a) $\frac{x}{2} - \frac{x}{4} = 6$

(b) $\frac{2x}{3} + \frac{1}{2} = \frac{x}{4} - \frac{9}{2}$

Respuestas:
(a) 24
(b) -12

EJEMPLO 5 Resuelva $\frac{4}{3(k+2)} - \frac{k}{3(k+2)} = \frac{5}{3}$.

Multiplique ambos lados de la ecuación por el denominador común $3(k+2)$. Aquí $k \neq -2$, puesto que $k = -2$ daría un denominador 0, haciendo indefinida la fracción.

$$\mathbf{3(k+2)} \cdot \frac{4}{3(k+2)} - \mathbf{3(k+2)} \cdot \frac{k}{3(k+2)} = \mathbf{3(k+2)} \cdot \frac{5}{3}$$

Simplifique cada lado y despeje k.

$$4 - k = 5(k+2)$$

$$4 - k = 5k + 10 \qquad \text{Propiedad distributiva.}$$

$$4 - k + k = 5k + 10 + k \qquad \text{Sume } k \text{ en ambos lados.}$$

$$4 = 6k + 10$$

$$4 + (-10) = 6k + 10 + (-10) \qquad \text{Sume } -10 \text{ en ambos lados.}$$

$$-6 = 6k$$

$$-1 = k \qquad \text{Multiplique por } \frac{1}{6}.$$

La solución es -1. Sustituya k con -1 como verificación.

$$\frac{4}{3(-1+2)} - \frac{-1}{3(-1+2)} \stackrel{?}{=} \frac{5}{3}$$

$$\frac{4}{3} - \frac{-1}{3} \stackrel{?}{=} \frac{5}{3}$$

$$\frac{5}{3} = \frac{5}{3}$$

La verificación muestra que -1 es la solución. ■ 5

5 Resuelva la ecuación

$$\frac{5p+1}{3(p+1)} = \frac{3p-3}{3(p+1)} + \frac{9p-3}{3(p+1)}.$$

Respuesta:
1

PRECAUCIÓN Como la ecuación en el ejemplo 5 tiene una restricción sobre k, es *esencial* revisar la solución. ◆

EJEMPLO 6 Resuelva $\dfrac{x}{x-2} = \dfrac{2}{x-2} + 2.$

Multiplique ambos lados de la ecuación por $x - 2$, suponiendo que $x - 2 \neq 0$. Esto da

$$x = 2 + 2(x - 2)$$
$$x = 2 + 2x - 4$$
$$x = 2.$$

Recuerde que se supuso que $x - 2 \neq 0$. Como $x = 2$, tenemos $x - 2 = 0$ y la propiedad de multiplicación en la igualdad no es aplicable. Para ver esto, sustituya x por 2 en la ecuación original; esta sustitución produce un denominador 0. Como la división entre cero no está definida, no hay solución para la ecuación dada. ■ [6]

[6] Resuelva las ecuaciones:

(a) $\dfrac{3p}{p+1} = 1 - \dfrac{3}{p+1}$

(b) $\dfrac{8y}{y-4} = \dfrac{32}{y-4} - 3$

Respuesta:
Ninguna de las ecuaciones tiene una solución.

En ocasiones, una ecuación con varias variables debe resolverse para una de las variables. Este proceso se llama **resolución de una variable específica.**

EJEMPLO 7 Resuelva para x la ecuación: $3(ax - 5a) + 4b = 4x - 2.$

Use la propiedad distributiva para obtener

$$3ax - 15a + 4b = 4x - 2.$$

Trate x como la variable y las otras letras como constantes. Ponga todos los términos con x a un lado del símbolo de igualdad y todos los términos sin x del otro lado.

$$3ax - 4x = 15a - 4b - 2 \quad \text{Aísle los términos con } x \text{ a la izquierda.}$$
$$(3a - 4)x = 15a - 4b - 2 \quad \text{Propiedad distributiva.}$$
$$x = \frac{15a - 4b - 2}{3a - 4} \quad \text{Multiplique por } \frac{1}{3a-4}.$$

La ecuación final se resolvió para x, tal como se requirió. ■ [7]

[7] Despeje x.

(a) $2x - 7y = 3xk$

(b) $8(4 - x) + 6p = -5k - 11yx$

Respuestas:

(a) $x = \dfrac{7y}{2 - 3k}$

(b) $x = \dfrac{5k + 32 + 6p}{8 - 11y}$

Recuerde de la sección 1.1 que el valor absoluto del número a, escrito $|a|$, da la distancia sobre un eje numérico de a a 0. Por ejemplo, $|4| = 4$ y $|-7| = 7$.

EJEMPLO 8 Resuelva la ecuación $|x| = 3$.

Hay dos números cuyo valor absoluto es 3, que son 3 y -3. Las soluciones de la ecuación dada son 3 y -3. ■

EJEMPLO 9 Resuelva $|p - 4| = 2$.

Los únicos números con valor absoluto igual a 2 son 2 y -2. Esta ecuación se cumplirá si la expresión dentro de las barras de valor absoluto, $p - 4$, es igual a 2 o a -2:

$$p - 4 = 2 \quad \text{o} \quad p - 4 = -2.$$

Resolviendo esas dos ecuaciones se obtiene

$$p = 6 \quad \text{o} \quad p = 2,$$

por lo que 6 y 2 son soluciones de la ecuación original. Igual que antes, verifique las soluciones sustituyéndolas en la ecuación original. ■ [8]

[8] Resuelva cada ecuación.

(a) $|y| = 9$

(b) $|r + 3| = 1$

(c) $|2k - 3| = 7$

Respuestas:

(a) 9, -9

(b) -2, -4

(c) 5, -2

EJEMPLO 10 Resuelva $|4m - 3| = |m + 6|$.

Las cantidades dentro de las barras de valor absoluto deben ser iguales o una el negativo de la otra para satisfacer la ecuación. Es decir,

$$\begin{aligned} 4m - 3 &= m + 6 &\quad \text{o} \quad 4m - 3 &= -(m + 6) \\ 3m &= 9 & 4m - 3 &= -m - 6 \\ m &= 3 & 5m &= -3 \\ & & m &= -\frac{3}{5}. \end{aligned}$$

Verifique que las soluciones de la ecuación original son 3 y $-3/5$. ■ [9]

[9] Resuelva las ecuaciones.

(a) $|r + 6| = |2r + 1|$

(b) $|5k - 7| = |10k - 2|$

Respuestas:

(a) 5, $-7/3$

(b) -1, $3/5$

PROBLEMAS DE APLICACIÓN Una de las razones principales para aprender matemáticas es poder usarlas para resolver problemas prácticos. No hay reglas rápidas e infalibles para tratar con las aplicaciones del mundo real, excepto quizás, usar el sentido común. Sin embargo, le será mucho más fácil trabajar tales problemas si no trata de hacer todo al mismo tiempo. Después de leer el problema cuidadosamente, atáquelo por etapas, como se sugiere en las siguientes directrices.

RESOLUCIÓN DE PROBLEMAS DE APLICACIÓN

1. Escoja la incógnita. Desígnela con alguna variable y *escríbala*. Muchos estudiantes pasan por alto este paso, pues están ansiosos por escribir la ecuación. Pero éste es un paso importante. Si no sabe qué representa la variable, ¿cómo podrá escribir una ecuación con sentido o interpretar un resultado?
2. Dibuje un croquis o haga un diagrama, si es lo apropiado, que muestre la información dada en el problema.
3. Determine una expresión variable para representar cualesquiera otras incógnitas del problema. Por ejemplo, si x representa el ancho de un rectángulo y sabe que la longitud es una unidad mayor que dos veces el ancho, *escriba* entonces que la longitud es $1 + 2x$.

continúa

4. Usando los resultados de los pasos 1 al 3, escriba una ecuación que exprese una condición que debe cumplirse.
5. Resuelva la ecuación.
6. Verifique la solución con el enunciado del *problema original*, no sólo en la ecuación que escribió.

Los siguientes ejemplos ilustran este enfoque.

EJEMPLO 11 Si la longitud de un lado de un cuadrado se incrementa 3 centímetros, el nuevo perímetro es 40 centímetros mayor que dos veces la longitud del lado del cuadrado original. Encuentre la longitud de un lado del cuadrado original.

Paso 1 ¿Qué va a representar la variable? Para encontrar la longitud de un lado del cuadrado original, haga

$$x = \text{longitud de un lado del cuadrado original.}$$

Paso 2 Dibuje un croquis, como en la figura 1.8.

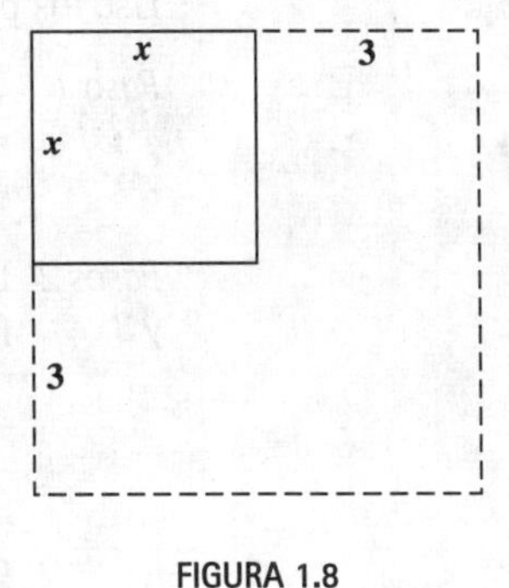

FIGURA 1.8

Paso 3 La longitud de un lado del nuevo cuadrado es 3 centímetros mayor que la longitud de un lado del cuadrado original, por lo que

$$x + 3 = \text{longitud de un lado del cuadrado nuevo.}$$

Ahora escriba un expresión variable para el nuevo perímetro. Como el perímetro de un cuadrado es cuatro veces la longitud de un lado,

$$4(x + 3) = \text{perímetro del nuevo cuadrado.}$$

Paso 4 Escriba una ecuación fijándose de nuevo en la información del problema. El nuevo perímetro es 40 unidades mayor que dos veces la longitud de un lado del cuadrado original, por lo que la ecuación es

$$\begin{pmatrix}\text{el nuevo}\\ \text{perímetro}\end{pmatrix} \quad \text{es} \quad 40 \quad \begin{pmatrix}\text{unidades}\\ \text{mayor que}\end{pmatrix} \quad \begin{pmatrix}\text{dos veces el lado del}\\ \text{cuadrado original}\end{pmatrix}$$

$$4(x + 3) \quad = \quad 40 \quad + \quad 2x.$$

Paso 5 Resuelva la ecuación.

$$4(x + 3) = 40 + 2x$$
$$4x + 12 = 40 + 2x$$
$$2x = 28$$
$$x = 14$$

Paso 6 Verifique la solución con el enunciado del problema original. La longitud de un lado del nuevo cuadrado será $14 + 3 = 17$ centímetros; su perímetro será $4(17) = 68$ centímetros. Dos veces la longitud del lado del cuadrado original es $2(14) = 28$ centímetros. Como $40 + 28 = 68$ centímetros, la solución concuerda con el enunciado del problema original. ■ 10

10 **(a)** Un triángulo tiene un perímetro de 45 centímetros. Dos de los lados del triángulo son iguales en longitud y el tercer lado es 9 centímetros mayor que cualquiera de los dos lados iguales. Encuentre las longitudes de los lados del triángulo.

(b) Un rectángulo tiene un perímetro que es igual a cinco veces su ancho. El largo es 4 unidades mayor que el ancho. Encuentre el largo y ancho del rectángulo.

Respuestas:

(a) 12 centímetros, 12 centímetros, 21 centímetros

(b) El largo es 12, el ancho es 8

EJEMPLO 12 Carlos recorre 80 kilómetros al mismo tiempo que María viaja 180 kilómetros. María viaja 50 kilómetros por hora más rápido que Carlos. Encuentre la velocidad en que viaja cada persona.

Use los pasos antes indicados.

Paso 1 Use x para representar la velocidad de Carlos y $x + 50$ para representar la velocidad de María, que es 50 kilómetros por hora más rápida que la de Carlos.

Pasos 2 y 3 Los problemas de velocidad constante de este tipo requieren la fórmula de la distancia

$$d = rt,$$

donde d es la distancia recorrida en t horas a velocidad constante r. La distancia que cada persona recorrió es dada, junto con el hecho que el tiempo que viajó cada persona es el mismo. Despeje t en la fórmula $d = rt$.

$$d = rt$$
$$\frac{\mathbf{1}}{\boldsymbol{r}} \cdot d = \frac{\mathbf{1}}{\boldsymbol{r}} \cdot rt$$
$$\frac{d}{r} = t$$

Para Carlos, $d = 80$ y $r = x$, por lo que $t = 80/x$. Para María, $d = 180$, $r = x + 50$ y $t = 180/(x + 50)$. Use estos datos para escribir una tabla que organice la información dada en el problema.

	d	r	t
Carlos	80	x	$\frac{80}{x}$
María	180	$x + 50$	$\frac{180}{x + 50}$

Paso 4 Como ambas personas viajan el *mismo tiempo*, la ecuación es

$$\frac{80}{x} = \frac{180}{x + 50}.$$

Paso 5 Multiplique ambos lados de la ecuación por $x(x + 50)$.

$$x(x + 50)\frac{80}{x} = x(x + 50)\frac{180}{x + 50}$$

$$80(x + 50) = 180x$$

$$80x + 4000 = 180x$$

$$4000 = 100x$$

$$40 = x$$

Paso 6 Como x representa la velocidad de Carlos, Carlos viajó a 40 kilómetros por hora. La velocidad de María es $x + 50$ o $40 + 50 = 90$ kilómetros por hora. Verifique estos resultados en el enunciado del problema original. ■ 11

11 **(a)** Tomás y Pablo participan en una carrera de beneficencia. Tomás corre a 7 mph y Pablo corre a 5 mph. Si ambos parten al mismo tiempo, ¿cuánto tiempo pasará para que estén a una distancia de 1/2 milla?

(b) En la parte (a), suponga que parten en momentos distintos. Si Pablo parte primero y Tomás parte 10 minutos después, ¿cuánto tiempo pasará para que coincidan?

Respuestas:

(a) 15 minutos (1/4 hora)

(b) Después que Tomás ha corrido 25 minutos

EJEMPLO 13 Un empresario tiene que invertir \$14,000. Planea invertir parte del dinero en bonos libres de impuestos con un interés de 6% y el resto en bonos sujetos a impuestos con un interés de 9%. Desea ganar \$1005 por año en intereses de la inversión. Encuentre la cantidad que debe invertir a cada tasa.

Sea x la cantidad invertida al 6%, de modo que $14{,}000 - x$ es la cantidad invertida al 9%. El interés (i) es dado por el producto del capital (p), tasa (r) y tiempo (t) en años ($i = prt$). Resuma esta información en una tabla.

Inversión	*Cantidad invertida*	*Tasa de interés*	*Interés ganado en 1 año*
Bonos libres de impuesto	x	$6\% = .06$	$.06x$
Bonos sujetos a impuesto	$14{,}000 - x$	$9\% = .09$	$.09(14{,}000 - x)$
Totales	14,000		1005

Como el interés total va a ser de \$1005,

$$.06x + .09(14{,}000 - x) = 1005.$$

12 Un inversionista posee dos propiedades. Una de ellas, que vale el doble que la otra, le da 6% de interés anual y la otra 4%. Encuentre el valor de cada propiedad si el interés total anual ganado es de $8000.

Respuesta:
Dividendos al 6%: $100,000; dividendos al 4%: $50,000

Resuelva esta ecuación.

$$\begin{aligned} .06x + 1260 - .09x &= 1005 \\ -.03x &= -255 \\ x &= 8500 \end{aligned}$$

El empresario debe invertir $8500 al 6% y $14,000 − $8500 = $5500 al 9%. ■ 12

1.2 EJERCICIOS

Resuelva cada ecuación (véanse los ejemplos 1-6).

1. $3x + 5 = 20$

2. $4 - 5y = 9$

3. $.6k - .3 = .5k + .4$

4. $2.5 + 5.04m = 8.5 - .06m$

5. $\frac{2}{5}r + \frac{1}{4} - 3r = \frac{6}{5}$

6. $\frac{2}{3} - \frac{1}{4}p = \frac{3}{2} + \frac{1}{3}p$

7. $2a - 1 = 3(a + 1) + 7a + 5$

8. $3(k - 2) - 6 = 4k - (3k - 1)$

9. $2[x - (3 + 2x) + 9] = 2x + 4$

10. $-2[4(k + 2) - 3(k + 1)] = 14 + 2k$

11. $\frac{3x}{5} - \frac{4}{5}(x + 1) = 2 - \frac{3}{10}(3x - 4)$

12. $\frac{4}{3}(x - 2) - \frac{1}{2} = 2\left(\frac{3}{4}x - 1\right)$

13. $\frac{5y}{6} - 8 = 5 - \frac{2y}{3}$

14. $\frac{x}{2} - 3 = \frac{3x}{5} + 1$

15. $\frac{m}{2} - \frac{1}{m} = \frac{6m + 5}{12}$

16. $-\frac{3k}{2} + \frac{9k - 5}{6} = \frac{11k + 8}{k}$

17. $\frac{4}{x - 3} - \frac{8}{2x + 5} + \frac{3}{x - 3} = 0$

18. $\frac{5}{2p + 3} - \frac{3}{p - 2} = \frac{4}{2p + 3}$

19. $\frac{3}{2m + 4} = \frac{1}{m + 2} - 2$

20. $\frac{8}{3k - 9} - \frac{5}{k - 3} = 4$

Use una calculadora para resolver cada una de las siguientes ecuaciones. Redondee su respuesta al centésimo más cercano (véase el ejemplo 3).

21. $9.06x + 3.59(8x - 5) = 12.07x + .5612$

22. $-5.74(3.1 - 2.7p) = 1.09p + 5.2588$

23. $\frac{2.63r - 8.99}{1.25} - \frac{3.90r - 1.77}{2.45} = r$

24. $\frac{8.19m + 2.55}{4.34} - \frac{8.17m - 9.94}{1.04} = 4m$

Despeje x de cada ecuación (véase el ejemplo 7; en los ejercicios 29 y 30, recuerde que $a^2 = a \cdot a$).

25. $4(a - x) = b - a + 2x$

26. $(3a + b) - bx = a(x - 2)$

27. $5(b - x) = 2b + ax$

28. $bx - 2b = 2a - ax$

29. $x = a^2x + ax - 3a + 3$

30. $a^2x - 2a^2 = 3x$

Despeje en cada ecuación la variable especificada. Suponga que todos los denominadores son diferentes de cero (véase el ejemplo 7).

31. $PV = k$ despeje V

32. $i = prt$ despeje p

33. $V = V_0 + gt$ despeje g

34. $S = S_0 + gt^2 + k$ despeje g

35. $A = \frac{1}{2}(B + b)h$ despeje B

36. $C = \frac{5}{9}(F - 32)$ despeje F

37. $\frac{1}{R} = \frac{1}{r_1} + \frac{1}{r_2}$ despeje R

38. $m = \frac{Ft}{v_1 - v_2}$ despeje v_2

Resuelva cada ecuación (véanse los ejemplos 8-10).

39. $|2h + 1| = 5$

40. $|4m - 3| = 12$

41. $|6 - 2p| = 10$

42. $|-5x + 7| = 15$

43. $\left|\frac{5}{r - 3}\right| = 10$

44. $\left|\frac{3}{2h - 1}\right| = 4$

45. $\left|\frac{6y + 1}{y - 1}\right| = 3$

46. $\left|\frac{3a - 4}{2a + 3}\right| = 1$

47. $|3y - 2| = |4y + 5|$

48. $|1 - 3z| = |z + 2|$

49. Ciencias naturales El riesgo adicional de cáncer R es una medida de la probabilidad de que un individuo adquiera cáncer por un contaminante particular. Por ejemplo, si $R = 0.01$, entonces una persona tiene 1% más de probabilidad de adquirir cáncer durante su vida. El valor de R para el formaldehído puede calcularse usando la ecuación lineal $R = kd$, donde k es una constante y d es la dosis diaria en partes por millón. La constante k para el formaldehído puede calcularse usando la fórmula $k = .132(\frac{B}{W})$, donde B es el número total de metros cúbicos de aire que una persona respira en un día y W es el peso de una persona en kilogramos.*

(a) Encuentre k para una persona que respira 20 metros cúbicos de aire por día y pesa 75 kilogramos.

(b) Se encontró que las casas móviles en Minnesota tienen una dosis media diaria d de 0.42 partes por millón. Calcule R.†

(c) Para cada 5000 personas, ¿cuántos casos de cáncer podrían esperarse cada año debido a esos niveles de formaldehído? Suponga una vida promedio esperada de 72 años.

*Hines, A., Ghosh, T., Layalka, S. y Warder, R., *Indoor Air Quality & Control*, Prentice Hall, 1993. (TD 883.1.I476 1993.)

†Ritchie, I. y R. Lehnen, "An Analysis of Formaldehyde Concentration in Mobile and Conventional Homes", *J. Env. Health* 47: 300−305.

50. Vaya al ejercicio 29. Suponga que alguien le dice que no es necesario despejar x porque el lado izquierdo de la ecuación ya es igual a x. ¿Es esto correcto? Justifique su respuesta.

Administración *La tasa de interés anual aproximada de un préstamo pagado mensualmente está dada por*

$$A = \frac{24f}{b(p + 1)},$$

donde f es el cargo financiero sobre el préstamo, p es el número total de pagos y b es el saldo original del préstamo. Use la fórmula para encontrar el valor requerido en los ejercicios siguientes. Redondee A al porcentaje más cercano y redondee las otras variables a los números enteros más cercanos. (Esta fórmula no es suficientemente exacta para los requisitos de la ley federal.)

51. $f = \$800$, $b = \$4000$, $p = 36$; encuentre A

52. $A = 5\%$, $b = \$1500$, $p = 24$; encuentre f

53. $A = 6\%$, $f = \$370$, $p = 36$; encuentre b

54. $A = 10\%$, $f = \$490$, $p = 48$; encuentre b.

Administración *Cuando un préstamo se paga antes de su vencimiento, una porción del cargo financiero debe devolverse al prestatario. Según un método para calcular el cargo financiero (llamado* regla de 78*), la cantidad de interés no ganado (cargo financiero por devolverse) está dada por*

$$u = f \cdot \frac{n(n + 1)}{q(q + 1)},$$

donde u representa el interés no ganado, f es el cargo financiero original, n es el número de pagos pendientes cuando el préstamo es liquidado y q es el número original de pagos por efectuar. Encuentre la cantidad de interés no ganado en cada uno de los casos siguientes.

55. Cargo financiero original = \$800; préstamo a 36 meses, liquidado cuando restaban 18 pagos.

56. Cargo financiero original = \$1400; préstamo a 48 meses, liquidado cuando restaban 12 pagos.

Resuelva cada problema de aplicación (véanse los ejemplos 11-13).

57. Un recipiente cerrado tiene la forma de un paralelepípedo. Encuentre la altura del recipiente si su longitud es de 18 pies, su ancho es de 8 pies y su área superficial es de 496 pies cuadrados.

(a) Escoja una variable y escriba lo que representa.

(b) Escriba una ecuación que relacione la altura, la longitud y el ancho del recipiente con su área superficial.

(c) Resuelva la ecuación y verifique la solución en el enunciado del problema original.

58. La longitud de una etiqueta rectangular es 3 centímetros menor que dos veces su ancho. El perímetro es de 54 centímetros. Encuentre el ancho. Siga los pasos delineados en el ejercicio 57.

59. Una pieza de rompecabezas de forma triangular tiene un perímetro de 30 centímetros. Dos lados del triángulo son cada uno dos veces el largo del lado más corto. Encuentre la longitud del lado más corto.

60. Un triángulo tiene un perímetro de 27 centímetros. Un lado es dos veces el largo del lado más corto. El tercer lado es siete centímetros más largo que el lado más corto. Encuentre la longitud del lado más corto.

61. Un avión vuela directamente de Nueva York a Londres, que están a una distancia de 3500 millas. Después de una hora y seis minutos en el aire, el avión pasa sobre Halifax, Nueva Escocia, que está a 600 millas de Nueva York. Estime el tiempo de vuelo de Nueva York a Londres.

62. En vacaciones, el Sr. Mario Ortiz viajó a una velocidad promedio de 50 mph de Denver a Minneapolis. Al retornar por una ruta diferente con el mismo número de millas, la velocidad promedio alcanzada fue de 55 mph. ¿Cuál es la distancia entre las dos ciudades, si su tiempo total de viaje fue de 32 horas?

63. Rubén y Alma están participando en una carrera. Rubén corre a 7 mph y Janet a 5 mph. Si parten al mismo tiempo, ¿cuánto tiempo transcurrirá para que estén a una distancia de 2/3 de milla?

64. Si en la carrera del ejercicio 63 Alma parte primero y Rubén 15 minutos después, ¿cuánto tiempo transcurrirá para que él la alcance?

65. José González recibió $52,000 por la venta de un terreno. Invirtió una parte al 5% de interés y el resto al 4% de interés. Ganó un total de $2290 en intereses en un año. ¿Cuánto invirtió al 5%?

66. Carmen Luján invirtió $20,000 de dos maneras: una parte al 6% y otra al 4%. En total ganó $1040 en intereses en un año. ¿Cuánto invirtió al 4%?

67. María Martínez compró dos terrenos por $120,000. Con el primero tuvo una ganancia de 15% y con el segundo perdió 10%. Su ganancia total fue de $5500. ¿Cuánto pagó por cada terreno?

68. Suponga que se invierten $20,000 al 5%. ¿Cuánto dinero adicional debe invertirse al 4% para producir 4.8% de la cantidad total invertida?

69. Catalina Valle recibe como sueldo un cheque por $592 cada semana. Si sus deducciones por impuestos, retiro, cuota sindical y seguro médico constituyen 26% de su salario, ¿cuál es su salario semanal antes de las deducciones?

70. Lorena Díaz da 10% de sus entradas netas a la iglesia. Esto suma $80 mensuales. Además, las deducciones en el cheque que recibe son 24% de sus ingresos mensuales totales. ¿Cuál es su ingreso mensual total?

Ciencias naturales *Los ejercicios 71 y 72 tienen que ver con el octanaje de la gasolina, que es una medida de su calidad antidetonante. Las mezclas reales de gasolina se comparan con combustibles estándar. En una medida del octanaje, un combustible estándar se hace con sólo dos ingredientes: heptano e isooctano. Para este combustible, el octanaje es el porcentaje de isooctano; es decir, una gasolina con un octanaje de 98 tiene las mismas propiedades antidetonantes que un combustible estándar que es 98% isooctano.*

71. ¿Cuántos litros de gasolina de 94 octanos deben mezclarse con 200 litros de gasolina de 99 octanos para obtener una mezcla de 97 octanos?

72. Una gasolinera tiene gasolina de 92 octanos y de 98 octanos. ¿Cuántos litros de cada gasolina deben mezclarse para obtener 12 litros de gasolina de 96 octanos para un experimento de química?

1.3 POLINOMIOS

Comenzamos con los exponentes, cuyas propiedades son esenciales para entender los polinomios. Usted ya está familiarizado con la notación usual para cuadrados y cubos:

$$5^2 = 5 \cdot 5 \quad \text{y} \quad 6^3 = 6 \cdot 6 \cdot 6.$$

Ahora extenderemos esta notación a otros casos.

Si n es un número natural y a es cualquier número real, entonces

$$a^n \quad \text{denota el producto} \quad a \cdot a \cdots a \ (n \text{ factores}).$$

El número a es la **base** y n es el **exponente.**

EJEMPLO 1 4^6, que se lee "cuatro a la sexta", es el número

$$4 \cdot 4 \cdot 4 \cdot 4 \cdot 4 \cdot 4 = 4096.$$

Del mismo modo, $(-5)^3 = (-5)(-5)(-5) = -125$ y

$$\left(\frac{3}{2}\right)^4 = \frac{3}{2} \cdot \frac{3}{2} \cdot \frac{3}{2} \cdot \frac{3}{2} = \frac{81}{16}. \quad \blacksquare$$

[1] Evalúe lo siguiente.

(a) 6^3

(b) 5^{12}

(c) 1^9

(d) $\left(\frac{7}{5}\right)^8$

Respuestas:

(a) 216

(b) 244,140,625

(c) 1

(d) 14.75789056

EJEMPLO 2 Use una calculadora para aproximar las siguientes cantidades.

(a) $(1.2)^8$

Teclee 1.2, luego use la tecla designada x^y (marcada con $\wedge$ en algunas calculadoras) y finalmente teclee el exponente 8. La calculadora exhibe la respuesta (exacta) de 4.29981696.

(b) $\left(\frac{12}{7}\right)^{23}$

No calcule por separado 12/7. Use paréntesis y anote (12/7), seguido de la tecla x^y y del exponente 23 para obtener la respuesta aproximada 242,054.822. ■ [1]

PRECAUCIÓN Un error común al usar exponentes ocurre con expresiones como $4 \cdot 3^2$. El exponente de 2 se aplica sólo a la base 3, por lo que

$$4 \cdot \mathbf{3^2} = 4 \cdot \mathbf{3} \cdot \mathbf{3} = 36.$$

Por otra parte,

$$(\mathbf{4 \cdot 3})^2 = (\mathbf{4 \cdot 3})(\mathbf{4 \cdot 3}) = 12 \cdot 12 = 144,$$

y entonces

$$4 \cdot 3^2 \neq (4 \cdot 3)^2.$$

Tenga cuidado en distinguir expresiones como -2^4 y $(-2)^4$.

$$-2^4 = -(2^4) = -(2 \cdot 2 \cdot 2 \cdot 2) = -16$$

$$(-2)^4 = (-2)(-2)(-2)(-2) = 16$$

y entonces

$$-2^4 \neq (-2)^4. \blacklozenge$$ [2]

[2] Evalúe lo siguiente.

(a) $3 \cdot 6^2$

(b) $5 \cdot 4^3$

(c) -3^6

(d) $(-3)^6$

(e) $-2 \cdot (-3)^5$

Respuestas:

(a) 108

(b) 320

(c) −729

(d) 729

(e) 486

Por la definición de un exponente,

$$3^4 \cdot 3^2 = (3 \cdot 3 \cdot 3 \cdot 3)(3 \cdot 3) = 3^6.$$

Esto sugiere la siguiente propiedad para el producto de dos potencias de un número.

> Si m y n son números naturales y a es un número real, entonces
>
> $$a^m \cdot a^n = a^{m+n}.$$

[3] Simplifique lo siguiente.

(a) $5^3 \cdot 5^6$

(b) $(-3)^4 \cdot (-3)^{10}$

(c) $(5p)^2 \cdot (5p)^8$

Respuestas:

(a) 5^9

(b) $(-3)^{14}$

(c) $(5p)^{10}$

EJEMPLO 3 Simplifique lo siguiente.

(a) $7^4 \cdot 7^6 = 7^{4+6} = 7^{10}$

(b) $(-2)^3 \cdot (-2)^5 = (-2)^{3+5} = (-2)^8$

(c) $(3k)^2 \cdot (3k)^3 = (3k)^5$

(d) $(m+n)^2 \cdot (m+n)^5 = (m+n)^7$ ■ [3]

POLINOMIOS Un polinomio es una expresión algebraica como

$$5x^4 + 2x^3 + 6x, \quad 8m^3 + 9m^2 - 6m + 3, \quad 10p \quad \text{o} \quad -9.$$

Más formalmente, un **polinomio** en una variable es una expresión de la forma

$$a_n x^n + a_{n-1}x^{n-1} + \cdots + a_1 x + a_0, \tag{1}$$

donde n es un entero positivo, x es una **variable** y $a_0, a_1, a_2, \ldots, a_n$ son números reales (llamados los **coeficientes** del polinomio). Por ejemplo, el polinomio

$$8x^3 + 9x^2 - 6x + 3$$

es de la forma

$$a_n x^n + a_{n-1}x^{n-1} + \cdots + a_1 x + a_0,$$

con $n = 3$, $a_n = a_3 = 8$, $a_{n-1} = a_2 = 9$, $a_1 = -6$ y $a_0 = 3$. Cada una de las expresiones $8x^3$, $9x^2$, $-6x$ y 3 se denomina un **término** del polinomio $8x^3 + 9x^2 - 6x + 3$. El coeficiente a_0 de un polinomio (por ejemplo 3 en el polinomio $8x^3 + 9x^2 - 6x + 3$) se llama el **término constante**. Pueden usarse letras diferentes a x para la variable de un polinomio.

Sólo expresiones que pueden ponerse en la forma (1) son polinomios. En consecuencia, las siguientes expresiones *no* son polinomios:

$$8x^3 + \frac{6}{x}, \quad \frac{9+x}{2-x} \quad \text{y} \quad \frac{-p^2 + 5p + 3}{2p - 1}.$$

El **grado de un término no nulo** con una sola variable es el exponente sobre la variable. Por ejemplo, el término $9p^4$ es de grado 4. El **grado de un polinomio** es el grado más alto de cualquiera de sus términos no nulos. El grado de $-p^2 + 5p + 3$ es entonces de 2. El **polinomio cero** consiste en el término constante 0 y ningún otro término. No se asigna ningún grado al polinomio cero porque no tiene términos diferentes de cero. Un polinomio con dos términos, tal como $5x + 2$ o $x^3 + 7$, se llama **binomio** y un polinomio con tres términos, tal como $3x^2 - 4x + 7$, se llama **trinomio**.

SUMA Y RESTA Dos términos que tienen la misma variable con el mismo exponente se llaman **términos semejantes**; los demás términos se llaman **términos no semejantes.** Los polinomios pueden sumarse o restarse usando la propiedad distributiva para combinar términos semejantes. Sólo los términos semejantes pueden combinarse. Por ejemplo,

$$12y^4 + 6y^4 = (12 + 6)y^4 = 18y^4$$

y

$$-2\mathbf{m^2} + 8\mathbf{m^2} = (-2 + 8)\mathbf{m^2} = 6m^2.$$

El polinomio $8y^4 + 2y^5$ tiene términos no semejantes, por lo que no puede simplificarse más. Los polinomios se restan usando el hecho de que $a - b = a + (-b)$. El siguiente ejemplo muestra cómo sumar y restar polinomios combinando sus términos.

EJEMPLO 4 Sume o reste según se indique.

(a) $(8x^3 - 4x^2 + 6x) + (3x^3 + 5x^2 - 9x + 8)$

Combine términos semejantes.

$(8x^3 - 4x^2 + 6x) + (3x^3 + 5x^2 - 9x + 8)$ — Propiedades conmutativa y asociativa

$= (8x^3 + 3x^3) + (-4x^2 + 5x^2) + (6x - 9x) + 8$

$= 11x^3 + x^2 - 3x + 8$ — Propiedad distributiva

(b) $(-4x^4 + 6x^3 - 9x^2 - 12) + (-3x^3 + 8x^2 - 11x + 7)$

$= -4x^4 + 3x^3 - x^2 - 11x - 5$

(c) $(2x^2 - 11x + 8) - (7x^2 - 6x + 2)$

Use la definición de resta: $a - b = a + (-b)$. Aquí, a y b son polinomios, y $-b$ es

$$-(7x^2 - 6x + 2) = -7x^2 + 6x - 2.$$

Ahora lleve a cabo la resta.

$$(2x^2 - 11x + 8) - (7x^2 - 6x + 2)$$
$$= (2x^2 - 11x + 8) + (-7x^2 + 6x - 2)$$
$$= -5x^2 - 5x + 6 \quad \blacksquare \quad \boxed{4}$$

$\boxed{4}$ Sume o reste.

(a) $(-2x^2 + 7x + 9) + (3x^2 + 2x - 7)$

(b) $(4x + 6) - (13x - 9)$

(c) $(9x^3 - 8x^2 + 2x) - (9x^3 - 2x^2 - 10)$

Respuestas:

(a) $x^2 + 9x + 2$

(b) $-9x + 15$

(c) $-6x^2 + 2x + 10$

MULTIPLICACIÓN La propiedad distributiva también puede usarse para multiplicar polinomios. Por ejemplo, el producto de $8x$ y $6x - 4$ se encuentra como sigue.

$\mathbf{8x}(6x - 4) = \mathbf{8x}(6x) - \mathbf{8x}(4)$ — Propiedad distributiva

$= 48x^2 - 32x$ — $x \cdot x = x^2$

EJEMPLO 5 Encuentre cada producto.

(a) $2p^3(3p^2 - 2p + 5) = \mathbf{2p^3}(3p^2) + \mathbf{2p^3}(-2p) + \mathbf{2p^3}(5)$

$= 6p^5 - 4p^4 + 10p^3$

(b) $(3k - 2)(k^2 + 5k - 4) = 3k(k^2 + 5k - 4) - 2(k^2 + 5k - 4)$

$= 3k^3 + 15k^2 - 12k - 2k^2 - 10k + 8$

$= 3k^3 + 13k^2 - 22k + 8 \quad \blacksquare \quad \boxed{5}$

$\boxed{5}$ Encuentre los siguientes productos.

(a) $-6r(2r - 5)$

(b) $(8m + 3)(m^4 - 2m^2 + 6m)$

Respuestas:

(a) $-12r^2 + 30r$

(b) $8m^5 + 3m^4 - 16m^3 + 42m^2 + 18m$

EJEMPLO 6 El producto $(2x - 5)(3x + 4)$ puede encontrarse usando dos veces la propiedad distributiva.

$$\begin{aligned}(2x - 5)(3x + 4) &= 2x(3x + 4) - 5(3x + 4) \\ &= 2x \cdot 3x + 2x \cdot 4 + (-5) \cdot 3x + (-5) \cdot 4 \\ &= 6x^2 + \underbrace{8x - 15x}_{} - 20 \\ &= 6x^2 - \quad 7x \quad - 20 \end{aligned}$$ ■

Observe el patrón de la segunda línea del ejemplo 6 y la relación que guarda con los términos que se están multiplicando.

$$(\mathbf{2x} - 5)(\mathbf{3x} + 4) = 2x \cdot 3x + 2x \cdot 4 + (-5) \cdot 3x + (-5) \cdot 4$$

Primeros: $(\mathbf{2x} - 5)(\mathbf{3x} + 4)$ → $2x \cdot 3x$

Exteriores: $(\mathbf{2x} - 5)(3x + \mathbf{4})$ → $2x \cdot 4$

Interiores: $(2x - \mathbf{5})(\mathbf{3x} + 4)$ → $(-5) \cdot 3x$

Últimos: $(2x - \mathbf{5})(3x + \mathbf{4})$ → $(-5) \cdot 4$

Es fácil recordar este patrón mediante el acrónimo **PEIU** (**P**rimeros, **E**xteriores, **I**nteriores, **Ú**ltimos). El método PEIU facilita encontrar productos como éste en forma mental, sin tener que escribir los pasos intermedios.

[6] Encuentre los siguientes productos mediante el método PEIU.

(a) $(5k - 1)(2k + 3)$

(b) $(7z - 3)(2z + 5)$

Respuestas:

(a) $10k^2 + 13k - 3$

(b) $14z^2 + 29z - 15$

EJEMPLO 7

$$(3x + 2)(x + 5) = \underset{\text{Primeros}}{3x^2} + \underset{\text{Exteriores}}{15x} + \underset{\text{Interiores}}{2x} + \underset{\text{Últimos}}{10} = 3x^2 + 17x + 10$$ ■ [6]

La ganancia en la venta de un artículo es la diferencia entre el ingreso R recibido por la venta y el costo C de vender el artículo. La ganancia P se encuentra entonces con la ecuación $P = R - C$.

EJEMPLO 8 Suponga que el costo de vender x discos compactos es $2x^2 - 2x + 10$ y que el ingreso por la venta de x discos es $5x^2 + 12x - 1$. Escriba una expresión para la ganancia.

Como la ganancia es igual al ingreso menos el costo o $P = R - C$, la ganancia es

$$\begin{aligned} P &= (5x^2 + 12x - 1) - (2x^2 - 2x + 10) \\ &= 3x^2 + 14x - 11. \end{aligned}$$ ■ [7]

[7] Escriba una expresión para la ganancia si el ingreso es $7x^2 - 3x + 8$ y el costo es $3x^2 + 5x - 2$.

Respuesta:

$4x^2 - 8x + 10$

1.3 EJERCICIOS

Use una calculadora para evaluar las siguientes expresiones, aproximándolas cuando sea necesario.

1. 17^9

2. $(-6.54)^{11}$

3. $(-18/7)^6$

4. $(7/9)^8$

5. Explique en qué difiere el valor de -3^2 del valor $(-3)^2$. ¿Difieren de la misma manera -3^3 y $(-3)^3$? ¿Por qué sí o por qué no?

6. Describa los pasos para multiplicar 4^3 y 4^5. ¿Se encuentra de la misma manera el producto de 4^3 y 3^4? Explíquelo.

Simplifique cada una de las expresiones siguientes. Deje las respuestas con exponentes (véase el ejemplo 3).

7. $2^4 \cdot 2^3$

8. $3^8 \cdot 3^3$

9. $(-5)^2 \cdot (-5)^5$

10. $(-4)^4 \cdot (-4)^6$

11. $(-3)^5 \cdot 3^4$

12. $8^2 \cdot (-8)^3$

13. $(2z)^5 \cdot (2z)^6$

14. $(6y)^3 \cdot (6y)^5$

Sume o reste tal como se indica (véase el ejemplo 4).

15. $(3x^3 + 2x^2 - 5x) + (-4x^3 - x^2 + 8x)$

16. $(-2p^3 - 5p + 7) + (-4p^2 + 8p + 2)$

17. $(-4y^2 - 3y + 8) - (2y^2 - 6y - 2)$

18. $(7b^2 + 2b - 5) - (3b^2 + 2b - 6)$

19. $(2x^3 - 2x^2 + 4x - 3) - (2x^3 + 8x^2 - 1)$

20. $(3y^3 + 9y^2 - 11y + 8) - (-4y^2 + 10y - 6)$

Encuentre cada uno de los siguientes productos y sumas (véanse los ejemplos 5-7).

21. $-9m(2m^2 + 3m - 1)$

22. $2a(4a^2 - 6a + 3)$

23. $(3z + 5)(4z^2 - 2z + 1)$

24. $(2k + 3)(4k^3 - 3k^2 + k)$

25. $(6k - 1)(2k - 3)$

26. $(8r + 3)(r - 1)$

27. $(3y + 5)(2y - 1)$

28. $(5r - 3s)(5r + 4s)$

29. $(9k + q)(2k - q)$

30. $(.012x - .17)(.3x + .54)$

31. $(6.2m - 3.4)(.7m + 1.3)$

32. $2p - 3[4p - (3p + 1)]$

33. $5k - [k + (-3 + 5k)]$

34. $(3x - 1)(x + 2) - (2x + 5)^2$

35. $(4x + 3)(2x - 1) - (x + 3)^2$

Administración *La siguiente gráfica de barras muestra el número, en millones, de usuarios en América del Norte de servicios en línea, según informes de Forrester Research, Inc. Con esas cifras puede determinarse que el polinomio*

$$.035x^4 - .266x^3 + 1.005x^2 + .509x + 2.986$$

da una buena aproximación del número de usuarios en el año x, donde x = 0 corresponde a 1992, x = 1 corresponde a 1993 y así sucesivamente. Para el año dado **(a)** *use la gráfica de barras para determinar el número de usuarios y luego* **(b)** *use el polinomio para determinar el número de usuarios.*

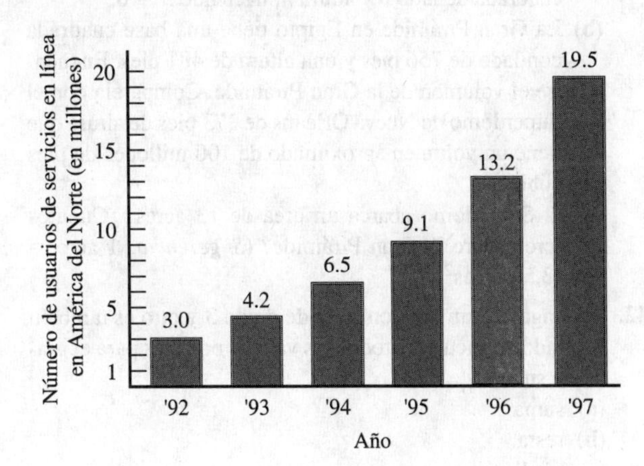

36. 1992

37. 1993

38. 1994

39. 1997

40. Física Una de las fórmulas más sorprendentes de toda la matemática de la antigüedad es la fórmula descubierta por los egipcios para encontrar el volumen de una pirámide cuadrada truncada, como la que se muestra en la figura. Su volumen está dado por $(1/3)h(a^2 + ab + b^2)$, donde b es la longitud de la base, a es la longitud de la parte superior y h es la altura.*

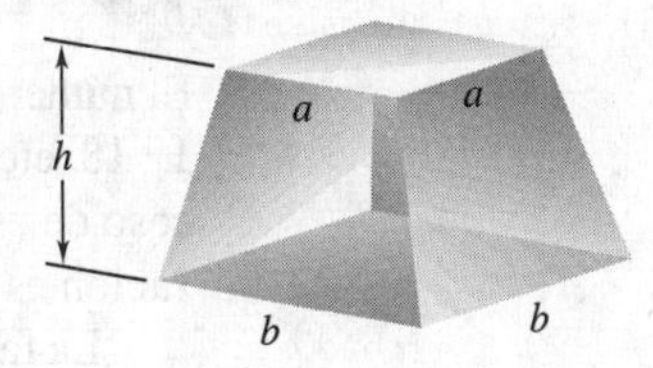

(a) Cuando la Gran Pirámide en Egipto estaba parcialmente terminada a una altura h de 200 pies, b era de 756 pies y a de 314 pies. Calcule su volumen en esta etapa de construcción.

(b) Trate de visualizar la figura si $a = b$. ¿Cuál es la forma resultante? Encuentre su volumen.

(c) Haga $a = b$ en la fórmula egipcia y simplifíquela. ¿Son iguales los resultados?

*Freebury, H. A., *A History of Mathematics*, Nueva York, MacMillan Company, 1968.

41. Física Con base en la fórmula y el análisis del ejercicio 40.
(a) Use la expresión $(1/3)h(a^2 + ab + b^2)$ para determinar una fórmula para el volumen de una pirámide con base cuadrada de lado b y altura h, haciendo $a = 0$.
(b) La Gran Pirámide en Egipto tiene una base cuadrada con lado de 756 pies y una altura de 481 pies. Encuentre el volumen de la Gran Pirámide. Compárela con el Superdomo de Nueva Orleans de 273 pies de altura que tiene un volumen aproximado de 100 millones de pies cúbicos.*
(c) El Superdomo abarca un área de 13 acres. ¿Cuántos acres cubre la Gran Pirámide? (*Sugerencia:* 1 acre = 43,560 pies^2).

42. Suponga que un polinomio es de grado 3 y otro es también de grado 3. Encuentre todos los valores posibles para el grado de su
(a) suma
(b) resta
(c) producto.

The Guinness Book of Records 1995.

43. Si un polinomio es de grado 3 y otro es de grado 4, encuentre todos los valores posibles para el grado de su
(a) suma
(b) resta
(c) producto.

44. Generalice los resultados del ejercicio 43: suponga que un polinomio es de grado m y otro es de grado n, donde m y n son números naturales con $n < m$. Encuentre todos los valores posibles para el grado de su
(a) suma
(b) resta
(c) producto.

45. Encuentre $(a + b)(a - b)$. Luego exprese con palabras una fórmula para el resultado del producto $(3x + 2y)(3x - 2y)$.

46. Encuentre $(a - b)^2$. Luego exprese con palabras una fórmula para encontrar $(2x - 5)^2$.

Administración *Escriba una expresión para la ganancia dadas las siguientes expresiones para el ingreso y el costo (véase el ejemplo 8).*

47. Ingreso: $5x^3 - 3x + 1$; costo: $4x^2 + 5x$

48. Ingreso: $3x^3 + 2x^2$; costo: $x^3 - x^2 + x + 10$

49. Ingreso: $2x^2 - 4x + 50$; costo: $x^2 + 3x + 10$

50. Ingreso: $10x^2 + 8x + 12$; costo: $2x^2 - 3x + 20$

1.4 FACTORIZACIÓN

El número 18 puede escribirse como un producto de varias maneras: $9 \cdot 2$, $(-3)(-6)$, $1 \cdot 18$, etc. Los números en cada producto (9, 2, −3, etc.) se llaman **factores** y el proceso de escribir 18 como un producto de factores se llama **factorización**. La factorización es entonces lo opuesto de la multiplicación.

La factorización de polinomios también es importante. Proporciona un medio de simplificar muchas situaciones y de resolver ciertos tipos de ecuaciones. Ya que así se acostumbra, la factorización de polinomios en este libro se restringirá a encontrar factores con coeficientes *enteros* (de otra manera hay un número infinito de posibles factores).

MÁXIMO FACTOR COMÚN La expresión algebraica $15m + 45$ está formada por dos términos, $15m$ y 45. Cada uno de esos términos puede dividirse entre 15. De hecho, $15m = 15 \cdot m$ y $45 = 15 \cdot 3$. Por la propiedad distributiva,

$$15m + 45 = \mathbf{15} \cdot m + \mathbf{15} \cdot 3 = \mathbf{15}(m + 3).$$

Tanto 15 como $m + 3$ son factores de $15m + 45$. Como 15 divide todos los términos de $15m + 45$ y es el mayor número que los divide, se le llama **máximo factor común** para el polinomio $15m + 45$. El proceso de escribir $15m + 45$ como $15(m + 3)$ se llama **factorización** del máximo factor común.

EJEMPLO 1 Factorice el máximo factor común.

(a) $12p - 18q$

Tanto $12p$ como $18q$ son divisibles entre 6, por lo que

$$12p - 18q = \mathbf{6} \cdot 2p - \mathbf{6} \cdot 3q$$
$$= \mathbf{6}(2p - 3q).$$

(b) $8x^3 - 9x^2 + 15x$

Cada uno de esos términos es divisible entre x.

$$8x^3 - 9x^2 + 15x = (8x^2) \cdot \boldsymbol{x} - (9x) \cdot \boldsymbol{x} + 15 \cdot \boldsymbol{x}$$
$$= \boldsymbol{x}(8x^2 - 9x + 15)$$

(c) $5(4x - 3)^3 + 2(4x - 3)^2$

La cantidad $(4x - 3)^2$ es un factor común. La factorización da

$$5(4x - 3)^3 + 2(4x - 3)^2 = (4x - 3)^2[5(4x - 3) + 2]$$
$$= (4x - 3)^2(20x - 15 + 2)$$
$$= (4x - 3)^2(20x - 13).$$ ■ [1]

[1] Factorice el máximo factor común.

(a) $12r + 9k$

(b) $75m^2 + 100n^2$

(c) $6m^4 - 9m^3 + 12m^2$

(d) $3(2k + 1)^3 + 4(2k + 1)^4$

Respuestas:

(a) $3(4r + 3k)$

(b) $25(3m^2 + 4n^2)$

(c) $3m^2(2m^2 - 3m + 4)$

(d) $(2k + 1)^3(7 + 8k)$

FACTORIZACIÓN DE TRINOMIOS La factorización es lo opuesto de la multiplicación. Como el producto de dos binomios es usualmente un trinomio, podemos esperar que los trinomios factorizables (que tienen términos con ningún factor común) tengan dos binomios como factores. Así entonces, es necesario usar PEIU hacia atrás para la factorización de trinomios.

EJEMPLO 2 Factorice cada trinomio.

(a) $4y^2 - 11y + 6$

Para factorizar este trinomio, debemos encontrar enteros a, b, c y d tales que

$$4y^2 - 11y + 6 = (ay + b)(cy + d)$$
$$= acy^2 + ady + bcy + bd$$
$$= acy^2 + (ad + bc)y + bd.$$

Como los coeficientes de y^2 deben ser los mismos en ambos lados, vemos que $ac = 4$. Similarmente, los términos constantes muestran que $bd = 6$. Los factores positivos de 4 son 4 y 1 o 2 y 2. Como el término medio es negativo, consideramos sólo factores negativos de 6. Las posibilidades son -2 y -3 o -1 y -6. Ahora ensayamos varios arreglos de esos factores hasta que encontramos el que da el coeficiente correcto de y.

$$(2y - 1)(2y - 6) = 4y^2 - \mathbf{14y} + 6 \qquad \text{Incorrecto}$$
$$(2y - 2)(2y - 3) = 4y^2 - \mathbf{10y} + 6 \qquad \text{Incorrecto}$$
$$(y - 2)(4y - 3) = 4y^2 - \mathbf{11y} + 6 \qquad \text{Correcto}$$

El último ensayo da la factorización correcta.

2 Factorice lo siguiente.

(a) $r^2 - 5r - 14$

(b) $3m^2 + 5m - 2$

(c) $6p^2 + 13pq - 5q^2$

Respuestas:

(a) $(r - 7)(r + 2)$

(b) $(3m - 1)(m + 2)$

(c) $(2p + 5q)(3p - q)$

(b) $6p^2 - 7pq - 5q^2$

De nuevo, ensayamos varias opciones. Los factores positivos de 6 podrían ser 2 y 3 o 1 y 6. Como factores de -5 tenemos sólo -1 y 5 o -5 y 1. Ensayamos diferentes combinaciones de esos factores hasta encontrar la correcta.

$$(2p - 5q)(3p + q) = 6p^2 - \mathbf{13pq} - 5q^2 \qquad \text{Incorrecto}$$
$$(3p - 5q)(2p + q) = 6p^2 - \mathbf{7pq} - 5q^2 \qquad \text{Correcto}$$

Finalmente, $6p^2 - 7pq - 5q^2$ se factoriza como $(3p - 5q)(2p + q)$. ■ **2**

N O T A En el ejemplo 2, escogimos factores positivos del primer término positivo. Por supuesto, podríamos haber usado dos factores negativos, pero el trabajo se facilita si se usan factores positivos. ◆

El método antes mostrado puede usarse para factorizar un **trinomio cuadrado perfecto**, es decir, el que es el cuadrado de un binomio. El binomio puede predecirse observando los siguientes patrones que siempre se aplican a un trinomio cuadrado perfecto.

$$\left.\begin{aligned} x^2 + 2xy + y^2 &= (x + y)^2 \\ x^2 - 2xy + y^2 &= (x - y)^2 \end{aligned}\right\} \quad \text{Trinomios cuadrados perfectos}$$

EJEMPLO 3 Factorice cada trinomio.

(a) $16p^2 - 40pq + 25q^2$

Como $16p^2 = (4p)^2$ y $25q^2 = (5q)^2$, use el segundo patrón mostrado arriba con $4p$ reemplazando x y $5q$ reemplazando y para obtener

$$\begin{aligned} 16p^2 - 40pq + 25q^2 &= (\mathbf{4p})^2 - 2(\mathbf{4p})(\mathbf{5q}) + (\mathbf{5q})^2 \\ &= (4p - 5q)^2. \end{aligned}$$

Asegúrese de que el término medio $-40pq$ del trinomio sea dos veces el producto de los dos términos en el binomio $4p - 5q$.

$$-40pq = 2(\mathbf{4p})(-\mathbf{5q})$$

(b) $169x^2 + 104xy^2 + 16y^4 = (13x + 4y^2)^2$, ya que $2(13x)(4y^2) = 104xy^2$. ■ **3**

3 Factorice cada trinomio.

(a) $4m^2 + 4m + 1$

(b) $25z^2 - 80zt + 64t^2$

Respuestas:

(a) $(2m + 1)^2$

(b) $(5z - 8t)^2$

FACTORIZACIÓN DE BINOMIOS Abajo se muestran tres patrones especiales de factorización. Cada uno puede verificarse efectuando la multiplicación en el lado derecho de la ecuación. Conviene memorizar estas fórmulas.

$x^2 - y^2 = (x + y)(x - y)$	Diferencia de dos cuadrados
$x^3 - y^3 = (x - y)(x^2 + xy + y^2)$	Diferencia de dos cubos
$x^3 + y^3 = (x + y)(x^2 - xy + y^2)$	Suma de dos cubos

EJEMPLO 4 Factorice cada una de las siguientes expresiones.

(a) $4m^2 - 9$

Observe que $4m^2 - 9$ es la diferencia de dos cuadrados, ya que $4m^2 = (2m)^2$ y $9 = 3^2$. Use el patrón para la diferencia de dos cuadrados, reemplazando x por $2m$ y y por 3. El patrón $x^2 - y^2 = (x + y)(x - y)$ conduce entonces a

$$\begin{aligned} 4m^2 - 9 &= (\mathbf{2m})^2 - \mathbf{3}^2 \\ &= (2m + 3)(2m - 3). \end{aligned}$$

(b) $128p^2 - 98q^2$

Primero factorice el factor común 2.

$$\begin{aligned} 128p^2 - 98q^2 &= 2(64p^2 - 49q^2) \\ &= 2[(\mathbf{8p})^2 - (\mathbf{7q})^2] \\ &= 2(8p + 7q)(8p - 7q) \end{aligned}$$

(c) $x^2 + 36$

Por lo común, la *suma* de dos cuadrados no puede factorizarse. Para ver esto, consideremos algunas posibilidades.

$$\begin{aligned} (x + 6)(x + 6) &= (x + 6)^2 = x^2 + 12x + 36 \\ (x + 4)(x + 9) &= x^2 + 13x + 36 \end{aligned}$$

Cualquier producto de dos binomios tendrá siempre un término medio, a menos que sea la *diferencia* de dos cuadrados.

(d) $4z^2 + 12z + 9 - w^2$

Advierta que los primeros tres términos pueden factorizarse como un cuadrado perfecto.

$$\mathbf{4z^2 + 12z + 9} - w^2 = \mathbf{(2z + 3)^2} - w^2$$

Escrita de esta forma, la expresión es la diferencia de cuadrados, que puede factorizarse como

$$\begin{aligned} (2z + 3)^2 - w^2 &= [(2z + 3) + w][(2z + 3) - w] \\ &= (2z + 3 + w)(2z + 3 - w). \end{aligned}$$

(e) $256k^4 - 625m^4$

Use dos veces el patrón de la diferencia de dos cuadrados, como sigue:

$$\begin{aligned} 256k^4 - 625m^4 &= (\mathbf{16k^2})^2 - (\mathbf{25m^2})^2 \\ &= (16k^2 + 25m^2)(16k^2 - 25m^2) \\ &= (16k^2 + 25m^2)(4k + 5m)(4k - 5m). \end{aligned}$$ ■ 4

4 Factorice lo siguiente.

(a) $9p^2 - 49$

(b) $y^2 + 100$

(c) $9r^2 + 12r + 4 - t^2$

(d) $81x^4 - 16y^4$

Respuestas:

(a) $(3p + 7)(3p - 7)$

(b) No puede factorizarse

(c) $(3r + 2 + t)(3r + 2 - t)$

(d) $(9x^2 + 4y^2)(3x + 2y) \cdot (3x - 2y)$

EJEMPLO 5 Factorice cada una de las siguientes expresiones.

(a) $k^3 - 8$

Use el patrón para la diferencia de dos cubos, ya que $k^3 = (k)^3$ y $8 = (2)^3$, para obtener

$$k^3 - 8 = \mathbf{k}^3 - \mathbf{2}^3 = (k - 2)(k^2 + 2k + 4).$$

5 Factorice lo siguiente.

(a) $a^3 + 1000$

(b) $z^3 - 64$

(c) $100m^3 - 27z^3$

Respuestas:

(a) $(a + 10)(a^2 - 10a + 100)$

(b) $(z - 4)(z^2 + 4z + 16)$

(c) $(10m - 3z) \cdot (100m^2 + 30mz + 9z^2)$

(b) $m^3 + 125 = m^3 + 5^3 = (m + 5)(m^2 - 5m + 25)$

(c) $8k^3 - 27z^3 = (2k)^3 - (3z)^3 = (2k - 3z)(4k^2 + 6kz + 9z^2)$ ■ 5

EJEMPLO 6 Factorice cada una de las siguientes expresiones.

(a) $12x^2 - 26x - 10$

Busque primero un factor común. Un factor común aquí es 2: $12x^2 - 26x - 10 = \mathbf{2}(6x^2 - 13x - 5)$. Ahora intente factorizar $6x^2 - 13x - 5$. Factores posibles de 6 son 3 y 2 o 6 y 1. Los únicos factores de -5 son -5 y 1 o 5 y -1. Ensaye varias combinaciones. Encontrará que los factores del trinomio son $(3x + 1)(2x - 5)$. Así entonces,

$$12x^2 - 26x - 10 = 2(3x + 1)(2x - 5).$$

(b) $16a^2 - 100 - 48ac + 36c^2$

Factorice primero el factor común 4.

$$16a^2 - 100 - 48ac + 36c^2 = \mathbf{4}[4a^2 - 25 - 12ac + 9c^2]$$

$= 4[(\mathbf{4a^2 - 12ac + 9c^2}) - 25]$ Reordene y agrupe términos.

$= 4[(\mathbf{2a - 3c})^2 - 25]$ Factorice el trinomio.

$= 4(2a - 3c + 5)(2a - 3c - 5)$ Factorice la diferencia de cuadrados. ■

6 Factorice.

(a) $6x^2 - 27x - 15$

(b) $18 - 8xy - 2y^2 - 8x^2$

Respuestas:

(a) $3(2x + 1)(x - 5)$

(b) $2(3 - 2x - y)(3 + 2x + y)$

PRECAUCIÓN Recuerde siempre buscar primero un factor común. ◆ 6

1.4 EJERCICIOS

Factorice el máximo factor común en cada uno de los siguientes ejercicios (véase el ejemplo 1).

1. $12x^2 - 24x$
2. $5y - 25xy$
3. $r^3 - 5r^2 + r$
4. $t^3 + 3t^2 + 8t$
5. $2m - 5n + p$
6. $4k + 6h - 5c$
7. $6z^3 - 12z^2 + 18z$
8. $5x^3 + 35x^2 + 10x$
9. $25p^4 - 20p^3q + 100p^2q^2$
10. $60m^4 - 120m^3n + 50m^2n^2$
11. $3(2y - 1)^2 + 5(2y - 1)^3$
12. $(3x + 7)^5 - 2(3x + 7)^3$
13. $3(x + 5)^4 + (x + 5)^6$
14. $3(x + 6)^2 + 2(x + 6)^4$

Factorice completamente cada una de las siguientes expresiones. Factorice el máximo factor común según sea necesario (véanse los ejemplos 2-4 y 6).

15. $2a^2 + 3a - 5$
16. $6a^2 - 48a - 120$
17. $x^2 - 64$
18. $x^2 + 17xy + 72y^2$
19. $9p^2 - 24p + 16$
20. $3r^2 - r - 2$
21. $r^2 - 3rt - 10t^2$
22. $2a^2 + ab - 6b^2$
23. $m^2 - 6mn + 9n^2$
24. $8k^2 - 16k - 10$
25. $4p^2 - 9$
26. $8r^2 + r + 6$
27. $3x^2 - 24xz + 48z^2$
28. $9m^2 - 25$
29. $a^2 + 4ab + 5b^2$
30. $6y^2 - 11y - 7$
31. $-x^2 + 7x - 12$
32. $4y^2 + y - 3$
33. $3a^2 - 13a - 30$
34. $3k^2 + 2k - 8$
35. $21m^2 + 13mn + 2n^2$
36. $81y^2 - 100$
37. $20y^2 + 39yx - 11x^2$
38. $12s^2 + 11st - 5t^2$
39. $64z^2 + 25$
40. $p^2q^2 - 10 - 2q^2 + 5p^2$
41. $y^2 - 4yz - 21z^2$
42. $49a^2 + 9$
43. $3n^2 - 4m^2 + m^2n^2 - 12$
44. $y^2 + 20yx + 100x^2$
45. $121x^2 - 64$
46. $4z^2 + 56zy + 196y^2$
47. $24a^4 + 10a^3b - 4a^2b^2$
48. $10x^2 + 34x + 12$
49. $18x^5 + 15x^4z - 75x^3z^2$
50. $16m^2 + 40m + 25$
51. $5m^3(m^3 - 1)^2 - 3m^5(m^3 - 1)^3$
52. $9(x - 4)^5 - (x - 4)^3$

53. Al pedírsele que factorizara completamente la expresión $6x^4 - 3x^2 - 3$, un estudiante dio el siguiente resultado:

$$6x^4 - 3x^2 - 3 = (2x^2 + 1)(3x^2 - 3).$$

¿Es correcta esta respuesta? Explique por qué.

54. ¿Cuándo puede la suma de dos cuadrados factorizarse? Dé ejemplos.

Factorice las siguientes expresiones (véase el ejemplo 5).

55. $a^3 - 216$ **56.** $b^3 + 125$

57. $8r^3 - 27s^3$ **58.** $1000p^3 + 27q^3$

59. $64m^3 + 125$ **60.** $216y^3 - 343$

61. $1000y^3 - z^3$ **62.** $125p^3 + 8q^3$

63. Explique por qué $(x + 2)^3$ no es la factorización correcta de $x^3 + 8$ y dé la factorización correcta.

64. Describa cómo están relacionadas entre sí la factorización y la multiplicación. Dé ejemplos.

1.5 EXPRESIONES RACIONALES

[1] ¿Qué valores de la variable hacen a cada denominador igual a 0?

(a) $\frac{5}{x-3}$

(b) $\frac{2x-3}{4x-1}$

(c) $\frac{x+2}{x}$

(d) ¿Por qué tenemos que determinar esos valores?

Respuestas:

(a) 3

(b) 1/4

(c) 0

(d) Porque la división entre 0 no está definida.

Consideraremos ahora **expresiones racionales**, tales como

$$\frac{8}{x-1}, \quad \frac{3x^2+4x}{5x-6} \quad \text{y} \quad \frac{2+\frac{1}{y}}{y}.$$

Como las expresiones racionales implican cocientes, es importante recordar los valores de las variables que hacen a los denominadores igual a 0. Por ejemplo, 1 no puede reemplazar a x en la primera expresión racional anterior y 6/5 no puede usarse en la segunda, ya que esos valores hacen a los respectivos denominadores igual a 0. [1]

OPERACIONES CON EXPRESIONES RACIONALES Las reglas de las operaciones con expresiones racionales son las reglas de las fracciones.

OPERACIONES CON EXPRESIONES RACIONALES

Para todas las expresiones matemáticas P, $Q \neq 0$, R y $S \neq 0$

(a) $\frac{P}{Q} = \frac{PS}{QS}$ Propiedad fundamental

(b) $\frac{P}{Q} \cdot \frac{R}{S} = \frac{PR}{QS}$ Multiplicación

(c) $\frac{P}{Q} + \frac{R}{Q} = \frac{P+R}{Q}$ Suma

(d) $\frac{P}{Q} - \frac{R}{Q} = \frac{P-R}{Q}$ Resta

(e) $\frac{P}{Q} \div \frac{R}{S} = \frac{P}{Q} \cdot \frac{S}{R}, R \neq 0.$ División

Los ejemplos siguientes ilustran esas operaciones.

EJEMPLO 1 Escriba cada una de las siguientes expresiones racionales en los términos más simples (de manera que el numerador y el denominador no tengan factor común con coeficientes enteros excepto el 1 o el -1).

(a) $\frac{12m}{-18}$

2 Escriba las siguientes expresiones en los términos más simples.

(a) $\dfrac{12k + 36}{18}$

(b) $\dfrac{15m + 30m^2}{5m}$

(c) $\dfrac{2p^2 + 3p + 1}{p^2 + 3p + 2}$

Respuestas:

(a) $\dfrac{2(k + 3)}{3}$ o $\dfrac{2k + 6}{3}$

(b) $3(1 + 2m)$ o $3 + 6m$

(c) $\dfrac{2p + 1}{p + 2}$

Tanto $12m$ como -18 son divisibles entre 6. Por la operación (a) anterior,

$$\frac{12m}{-18} = \frac{2m \cdot \mathbf{6}}{-3 \cdot \mathbf{6}} = \frac{2m}{-3} = -\frac{2m}{3}.$$

(b) $\dfrac{8x + 16}{4} = \dfrac{8(x + 2)}{4} = \dfrac{\mathbf{4} \cdot 2(x + 2)}{\mathbf{4}} = \dfrac{2(x + 2)}{1} = 2(x + 2)$

El numerador, $8x + 16$, se factorizó, de manera que el factor común pudiera identificarse. Si se desea, la respuesta podría también escribirse como $2x + 4$.

(c) $\dfrac{k^2 + 7k + 12}{k^2 + 2k - 3} = \dfrac{(k + 4)(\mathbf{k + 3})}{(k - 1)(\mathbf{k + 3})} = \dfrac{k + 4}{k - 1}$ ■ **2**

Los valores de k en el ejemplo 1(c) están restringidos a $k \neq 1$ y $k \neq -3$. De ahora en adelante, se supondrán tales restricciones al trabajar con expresiones racionales.

EJEMPLO 2 **(a)** Multiplique $\dfrac{2}{3} \cdot \dfrac{y}{5}$.

Multiplique los numeradores y luego los denominadores.

$$\frac{2}{3} \cdot \frac{y}{5} = \frac{2 \cdot y}{3 \cdot 5} = \frac{2y}{15}$$

El resultado, $2y/15$, se expresa en los términos más simples.

(b) $\dfrac{3y + 9}{6} \cdot \dfrac{18}{5y + 15}$

Factorice donde sea posible.

$$\frac{3y + 9}{6} \cdot \frac{18}{5y + 15} = \frac{3(y + 3)}{6} \cdot \frac{18}{5(y + 3)}$$

$$= \frac{3 \cdot 18(y + 3)}{6 \cdot 5(y + 3)} \quad \text{Multiplique numeradores y denominadores.}$$

$$= \frac{3 \cdot \mathbf{6} \cdot 3(\mathbf{y + 3})}{\mathbf{6} \cdot 5(\mathbf{y + 3})} \quad 18 = 6 \cdot 3$$

$$= \frac{3 \cdot 3}{5} \quad \text{Escriba en los términos más simples.}$$

$$= \frac{9}{5}$$

(c) $\dfrac{m^2 + 5m + 6}{m + 3} \cdot \dfrac{m^2 + m - 6}{m^2 + 3m + 2}$

$$= \frac{(m + 2)(m + 3)}{m + 3} \cdot \frac{(m - 2)(m + 3)}{(m + 2)(m + 1)} \quad \text{Factorice.}$$

$$= \frac{(m+2)(m+3)(m-2)(m+3)}{(m+3)(m+2)(m+1)}$$ Multiplique.

$$= \frac{(m-2)(m+3)}{m+1}$$ Términos más simples

$$= \frac{m^2+m-6}{m+1}$$ ■ [3]

[3] Multiplique.

(a) $\frac{3r^2}{5} \cdot \frac{20}{9r}$

(b) $\frac{y-4}{y^2-2y-8} \cdot \frac{y^2-4}{3y}$

Respuestas:

(a) $\frac{4r}{3}$

(b) $\frac{y-2}{3y}$

EJEMPLO 3 (a) Divide $\frac{8x}{5} \div \frac{11x^2}{20}$.

Invierta la segunda expresión y multiplique.

$$\frac{8x}{5} \div \frac{11x^2}{20} = \frac{8x}{5} \cdot \frac{20}{11x^2}$$ Invierta y multiplique.

$$= \frac{8x \cdot 20}{5 \cdot 11x^2}$$ Multiplique.

$$= \frac{32}{11x}$$ Términos más simples

(b) $\frac{9p-36}{12} \div \frac{5(p-4)}{18}$

$$= \frac{9p-36}{12} \cdot \frac{18}{5(p-4)}$$ Invierta y multiplique.

$$= \frac{9(p-4)}{12} \cdot \frac{18}{5(p-4)}$$ Factorice.

$$= \frac{27}{10}$$ Multiplique y escriba en los términos más simples. ■ [4]

[4] Divida.

(a) $\frac{5m}{16} \div \frac{m^2}{10}$

(b) $\frac{2y-8}{6} \div \frac{5y-20}{3}$

(c) $\frac{m^2-2m-3}{m(m+1)} \div \frac{m+4}{5m}$

Respuestas:

(a) $\frac{25}{8m}$

(b) $\frac{1}{5}$

(c) $\frac{5(m-3)}{m+4}$

EJEMPLO 4 Sume o reste según se indique.

(a) $\frac{4}{5k} - \frac{11}{5k}$

Cuando dos expresiones racionales tienen los mismos denominadores, reste sustrayendo los numeradores y manteniendo el denominador común.

$$\frac{4}{5k} - \frac{11}{5k} = \frac{4-11}{5k} = -\frac{7}{5k}$$

(b) $\frac{7}{p} + \frac{9}{2p} + \frac{1}{3p}$

Estos tres denominadores son diferentes; la suma requiere los mismos denominadores. Encuentre un denominador común, o sea, uno que pueda dividirse entre p, $2p$ y $3p$. Un denominador común aquí es $6p$. Vuelva a escribir cada expresión racional, usando la operación (a), con un denominador igual a $6p$. Luego, usando la operación (c), sume los numeradores y mantenga el denominador común.

$$\frac{7}{p}+\frac{9}{2p}+\frac{1}{3p}=\frac{\mathbf{6}\cdot 7}{\mathbf{6}\cdot p}+\frac{\mathbf{3}\cdot 9}{\mathbf{3}\cdot 2p}+\frac{\mathbf{2}\cdot 1}{\mathbf{2}\cdot 3p} \qquad \text{Operación (a)}$$
$$=\frac{42}{6p}+\frac{27}{6p}+\frac{2}{6p}$$
$$=\frac{42+27+2}{6p} \qquad \text{Operación (c)}$$
$$=\frac{71}{6p}$$

(c) $\dfrac{k^2}{k^2-1}-\dfrac{2k^2-k-3}{k^2+3k+2}$

Factorice los denominadores para encontrar un denominador común.

$$\frac{k^2}{k^2-1}-\frac{2k^2-k-3}{k^2+3k+2}=\frac{k^2}{(k+1)(k-1)}-\frac{2k^2-k-3}{(k+1)(k+2)}$$

El denominador común es $(k+1)(k-1)(k+2)$. Escriba cada fracción con el denominador común.

$$\frac{k^2}{(k+1)(k-1)}-\frac{2k^2-k-3}{(k+1)(k+2)}$$
$$=\frac{k^2(\mathbf{k+2})}{(k+1)(k-1)(\mathbf{k+2})}-\frac{(2k^2-k-3)(\mathbf{k-1})}{(k+1)(\mathbf{k-1})(k+2)}$$
$$=\frac{k^3+2k^2-(2k^2-k-3)(k-1)}{(k+1)(k-1)(k+2)} \qquad \text{Reste las fracciones.}$$
$$=\frac{k^3+2k^2-(2k^3-3k^2-2k+3)}{(k+1)(k-1)(k+2)} \qquad \text{Multiplique } (2k^2-k-3)(k-1).$$
$$=\frac{k^3+2k^2-2k^3+3k^2+2k-3}{(k+1)(k-1)(k+2)} \qquad \text{Reste los polinomios}$$
$$=\frac{-k^3+5k^2+2k-3}{(k+1)(k-1)(k+2)} \qquad \text{Combine términos.}$$ ■ 5

5 Sume o reste.

(a) $\dfrac{3}{4r}+\dfrac{8}{3r}$

(b) $\dfrac{1}{m-2}-\dfrac{3}{2(m-2)}$

(c) $\dfrac{p+1}{p^2-p}-\dfrac{p^2-1}{p^2+p-2}$

Respuestas:

(a) $\dfrac{41}{12r}$

(b) $\dfrac{-1}{2(m-2)}$

(c) $\dfrac{-p^3+p^2+4p+2}{p(p-1)(p+2)}$

FRACCIONES COMPLEJAS Cualquier cociente de dos expresiones racionales se llama **fracción compleja**. Las fracciones complejas pueden simplificarse con los métodos que se mostrarán en los siguientes ejemplos.

EJEMPLO 5 Simplifique cada fracción compleja.

(a) $\dfrac{6-\dfrac{5}{k}}{1+\dfrac{5}{k}}$

Multiplique el numerador y el denominador por el denominador común k.

$$\frac{6-\frac{5}{k}}{1+\frac{5}{k}} = \frac{\boldsymbol{k}\left(6-\frac{5}{k}\right)}{\boldsymbol{k}\left(1+\frac{5}{k}\right)} \qquad \text{Multiplique por } \frac{k}{k}.$$

$$= \frac{6\boldsymbol{k} - \boldsymbol{k}\left(\frac{5}{k}\right)}{\boldsymbol{k} + \boldsymbol{k}\left(\frac{5}{k}\right)} \qquad \text{Propiedad distributiva}$$

$$= \frac{6k-5}{k+5} \qquad \text{Simplifique.}$$

(b) $\dfrac{\frac{a}{a+1}+\frac{1}{a}}{\frac{1}{a}+\frac{1}{a+1}}$

Multiplique el numerador y el denominador por un denominador común de todas las fracciones, en este caso $a(a+1)$. Resulta

$$\frac{\frac{a}{a+1}+\frac{1}{a}}{\frac{1}{a}+\frac{1}{a+1}} = \frac{\left(\frac{a}{a+1}+\frac{1}{a}\right)\boldsymbol{a(a+1)}}{\left(\frac{1}{a}+\frac{1}{a+1}\right)\boldsymbol{a(a+1)}}$$

$$= \frac{a^2+(a+1)}{(a+1)+a} = \frac{a^2+a+1}{2a+1}.$$

Como segundo método alternativo de solución, efectúe primero las sumas indicadas en el numerador y en el denominador, y luego divida.

$$\frac{\frac{a}{a+1}+\frac{1}{a}}{\frac{1}{a}+\frac{1}{a+1}} = \frac{\frac{a^2+1(a+1)}{a(a+1)}}{\frac{1(a+1)+1(a)}{a(a+1)}} = \frac{\frac{a^2+a+1}{a(a+1)}}{\frac{2a+1}{a(a+1)}}$$

$$= \frac{a^2+a+1}{a(a+1)} \cdot \frac{a(a+1)}{2a+1} = \frac{a^2+a+1}{2a+1} \qquad ■ \quad \boxed{6}$$

$\boxed{6}$ Simplifique cada fracción compleja.

(a) $\dfrac{t-\frac{1}{t}}{2t+\frac{3}{t}}$

(b) $\dfrac{\frac{m}{m+2}+\frac{1}{m}}{\frac{1}{m}-\frac{1}{m+2}}$

Respuestas:

(a) $\dfrac{t^2-1}{2t^2+3}$

(b) $\dfrac{m^2+m+2}{2}$

1.5 EJERCICIOS

Escriba las siguientes expresiones con sus términos más simples. Factorice según sea necesario (véase el ejemplo 1).

1. $\dfrac{8x^2}{40x}$ **2.** $\dfrac{27m}{81m^3}$ **3.** $\dfrac{20p^2}{35p^3}$ **4.** $\dfrac{18y^4}{27y^2}$

5. $\dfrac{5m+15}{4m+12}$ **6.** $\dfrac{10z+5}{20z+10}$

7. $\dfrac{4(w-3)}{(w-3)(w+3)}$ **8.** $\dfrac{-6(x+2)}{(x-4)(x+2)}$

9. $\dfrac{3y^2-12y}{9y^3}$ **10.** $\dfrac{15k^2+45k}{9k^2}$

11. $\dfrac{8x^2 + 16x}{4x^2}$

12. $\dfrac{36y^2 + 72y}{9y}$

13. $\dfrac{m^2 - 4m + 4}{m^2 + m - 6}$

14. $\dfrac{r^2 - r - 6}{r^2 + r - 12}$

15. $\dfrac{x^2 + 3x - 4}{x^2 - 1}$

16. $\dfrac{z^2 - 5z + 6}{z^2 - 4}$

Multiplique o divida como se indica en cada uno de los siguientes ejercicios. Escriba todas las respuestas con sus términos más simples (véanse los ejemplos 2 y 3).

17. $\dfrac{4p^3}{49} \cdot \dfrac{7}{2p^2}$

18. $\dfrac{24n^4}{6n^2} \cdot \dfrac{18n^2}{9n}$

19. $\dfrac{21a^5}{14a^3} \div \dfrac{8a}{12a^2}$

20. $\dfrac{2x^3}{6x^2} \div \dfrac{10x^2}{15x}$

21. $\dfrac{2a + b}{2c} \cdot \dfrac{15}{4(2a + b)}$

22. $\dfrac{4(x + 2)}{w} \cdot \dfrac{3w}{8(x + 2)}$

23. $\dfrac{15p - 3}{6} \div \dfrac{10p - 2}{3}$

24. $\dfrac{6m - 18}{18} \cdot \dfrac{20}{4m - 12}$

25. $\dfrac{2k + 8}{6} \div \dfrac{3k + 12}{2}$

26. $\dfrac{5m + 25}{10} \cdot \dfrac{12}{6m + 30}$

27. $\dfrac{9y - 18}{6y + 12} \cdot \dfrac{3y + 6}{15y - 30}$

28. $\dfrac{12r + 24}{36r - 36} \div \dfrac{6r + 12}{8r - 8}$

29. $\dfrac{4a + 12}{2a - 10} \div \dfrac{a^2 - 9}{a^2 - a - 20}$

30. $\dfrac{6r - 18}{9r^2 + 6r - 24} \cdot \dfrac{12r - 16}{4r - 12}$

31. $\dfrac{k^2 - k - 6}{k^2 + k - 12} \cdot \dfrac{k^2 + 3k - 4}{k^2 + 2k - 3}$

32. $\dfrac{n^2 - n - 6}{n^2 - 2n - 8} \div \dfrac{n^2 - 9}{n^2 + 7n + 12}$

33. Con sus propias palabras, explique cómo encontrar el mínimo denominador común de dos fracciones.

34. Describa los pasos requeridos para sumar tres expresiones racionales. Use un ejemplo como ilustración.

Sume o reste como se indica en cada uno de los siguientes ejercicios. Escriba todas las respuestas con sus términos más simples (véase el ejemplo 4).

35. $\dfrac{3}{5z} - \dfrac{2}{3z}$

36. $\dfrac{7}{4z} - \dfrac{5}{3z}$

37. $\dfrac{r + 2}{3} - \dfrac{r - 2}{3}$

38. $\dfrac{3y - 1}{8} - \dfrac{3y + 1}{8}$

39. $\dfrac{4}{x} + \dfrac{1}{3}$

40. $\dfrac{6}{r} - \dfrac{3}{4}$

41. $\dfrac{2}{y} - \dfrac{1}{4}$

42. $\dfrac{6}{11} + \dfrac{3}{a}$

43. $\dfrac{1}{6m} + \dfrac{2}{5m} + \dfrac{4}{m}$

44. $\dfrac{8}{3p} + \dfrac{5}{4p} + \dfrac{9}{2p}$

45. $\dfrac{1}{m - 1} + \dfrac{2}{m}$

46. $\dfrac{8}{y + 2} - \dfrac{3}{y}$

47. $\dfrac{8}{3(a - 1)} + \dfrac{2}{a - 1}$

48. $\dfrac{5}{2(k + 3)} + \dfrac{2}{k + 3}$

49. $\dfrac{2}{5(k - 2)} + \dfrac{3}{4(k - 2)}$

50. $\dfrac{11}{3(p + 4)} - \dfrac{5}{6(p + 4)}$

51. $\dfrac{2}{x^2 - 2x - 3} + \dfrac{5}{x^2 - x - 6}$

52. $\dfrac{3}{m^2 - 3m - 10} + \dfrac{5}{m^2 - m - 20}$

53. $\dfrac{2y}{y^2 + 7y + 12} - \dfrac{y}{y^2 + 5y + 6}$

54. $\dfrac{-r}{r^2 - 10r + 16} - \dfrac{3r}{r^2 + 2r - 8}$

55. $\dfrac{3k}{2k^2 + 3k - 2} - \dfrac{2k}{2k^2 - 7k + 3}$

56. $\dfrac{4m}{3m^2 + 7m - 6} - \dfrac{m}{3m^2 - 14m + 8}$

En cada uno de los siguientes ejercicios simplifique la fracción compleja (véase el ejemplo 5).

57. $\dfrac{1 + \dfrac{1}{x}}{1 - \dfrac{1}{x}}$

58. $\dfrac{2 - \dfrac{2}{y}}{2 + \dfrac{2}{y}}$

59. $\dfrac{\dfrac{1}{x + h} - \dfrac{1}{x}}{h}$

60. $\dfrac{\dfrac{1}{(x + h)^2} - \dfrac{1}{x^2}}{h}$

61. $\dfrac{1 + \dfrac{1}{1 - b}}{1 - \dfrac{1}{1 + b}}$

62. $\dfrac{m - \dfrac{1}{m^2 - 4}}{\dfrac{1}{m + 2}}$

1.6 EXPONENTES Y RADICALES

En la sección 1.3 se presentaron los exponentes. En esta sección, la definición de exponente se ampliará para incluir exponentes negativos y exponentes con números racionales, tales como 1/2 y 7/3.

EXPONENTES ENTEROS En la sección 1.3 definimos los exponentes enteros positivos y mostramos que $a^m \cdot a^n = a^{m+n}$ para valores enteros positivos de m y n. Ahora desarrollaremos una propiedad análoga para cocientes. Por definición,

$$\frac{6^5}{6^2} = \frac{6 \cdot 6 \cdot 6 \cdot 6 \cdot 6}{6 \cdot 6} = 6 \cdot 6 \cdot 6 = 6^3.$$

Como hay 5 factores de 6 en el numerador y 2 factores de 6 en el denominador, el cociente tiene $5 - 2 = 3$ factores de 6. En general,

> Si a es un número real diferente de cero y m y n son enteros positivos con $m > n$, entonces
>
> $$\frac{a^m}{a^n} = a^{m-n}.$$

A continuación queremos dar un significado a expresiones como 3^0. Para que la antes mencionada propiedad del cociente continúe siendo válida, debemos definir 3^0 de manera que

$$\frac{3^5}{3^5} = 3^{5-5} = 3^0.$$

Como $3^5/3^5 = 1$, es razonable definir $3^0 = 1$ y similarmente en el caso general. El símbolo 0^0 no está definido.

1 Evalúe las siguientes expresiones.

(a) 17^0

(b) 30^0

(c) $(-10)^0$

(d) $-(12)^0$

Respuestas:

(a) 1

(b) 1

(c) 1

(d) -1

> **EXPONENTE CERO**
>
> Si a es cualquier número real diferente de cero, entonces
>
> $$a^0 = 1.$$

EJEMPLO 1 Evalúe las siguientes expresiones.

(a) $6^0 = 1$

(b) $(-9)^0 = 1$

(c) $-(4)^0 = -(1) = -1$ ■ 1

El siguiente paso es definir los exponentes enteros negativos. Si se van a definir de manera que la antes mencionada regla del cociente siga siendo válida, entonces debemos tener, por ejemplo

$$\frac{3^2}{3^4} = 3^{2-4} = 3^{-2}.$$

Sin embargo,

$$\frac{3^2}{3^4} = \frac{3 \cdot 3}{3 \cdot 3 \cdot 3 \cdot 3} = \frac{1}{3^2},$$

lo cual sugiere que 3^{-2} debe definirse como $1/3^2$. Tenemos entonces la siguiente definición de un exponente negativo.

EXPONENTE NEGATIVO

Si n es un número natural, y si $a \neq 0$, entonces

$$a^{-n} = \frac{1}{a^n}.$$

EJEMPLO 2 Evalúe las siguientes expresiones.

(a) $3^{-2} = \frac{1}{3^2} = \frac{1}{9}$

(b) $5^{-4} = \frac{1}{5^4} = \frac{1}{625}$

(c) $9^{-1} = \frac{1}{9^1} = \frac{1}{9}$

(d) $-4^{-2} = -\frac{1}{4^2} = -\frac{1}{16}$

(e) $\left(\frac{3}{4}\right)^{-1} = \frac{1}{\left(\frac{3}{4}\right)^1} = \frac{1}{\frac{3}{4}} = \frac{4}{3}$

(f) $\left(\frac{2}{3}\right)^{-3} = \frac{1}{\left(\frac{2}{3}\right)^3} = \frac{1}{\left(\frac{2^3}{3^3}\right)} = 1 \cdot \frac{3^3}{2^3} = \frac{3^3}{2^3} = \frac{27}{8}$ ■

[2] Evalúe las siguientes expresiones.

(a) 6^{-2}

(b) -6^{-3}

(c) -3^{-4}

(d) $\left(\frac{5}{8}\right)^{-1}$

(e) $\left(\frac{1}{2}\right)^{-4}$

(f) $\left(\frac{7}{3}\right)^{-2}$

Respuestas:

(a) 1/36

(b) −1/216

(c) −1/81

(d) 8/5

(e) 16

(f) 9/49

Las partes (e) y (f) del ejemplo 2 implican trabajo con fracciones que pueden propiciar un error. Un útil camino corto para trabajar con tales fracciones es usar las propiedades de la división de números racionales y la definición de un exponente negativo para obtener

$$\left(\frac{a}{b}\right)^{-n} = \frac{1}{\left(\frac{a}{b}\right)^n} = \frac{1}{\left(\frac{a^n}{b^n}\right)} = 1 \cdot \frac{b^n}{a^n} = \frac{b^n}{a^n} = \left(\frac{b}{a}\right)^n. \quad [2]$$

RAÍCES Y EXPONENTES RACIONALES Ahora se ampliará la definición de a^n para que incluya valores racionales de n, tales como 1/2 y 7/3. Para ello tenemos que definir algunos términos.

Hay dos números cuyo cuadrado es 16, 4 y -4. El positivo, 4, se llama la **raíz cuadrada** de 16.* De la misma manera, hay dos números cuya cuarta potencia es 16, 2 y -2. Llamamos a 2 la **raíz cuarta** de 16. Esto sugiere la siguiente generalización.

> Si n es par, la **raíz enésima de a** es el número real positivo cuya enésima potencia es a.

Todos los números no negativos tienen raíces enésimas para cada número natural n, pero *ningún número negativo tiene una raíz enésima par.* Por ejemplo, no existe un número real cuyo cuadrado es -16, por lo que -16 no tiene raíz cuadrada.

Decimos que la **raíz cúbica** de 8 es 2 porque $2^3 = 8$. Del mismo modo, como $(-2)^3 = -8$, decimos que -2 es la raíz cúbica de -8. De nuevo, podemos hacer una generalización.

> Si n es impar, la **raíz enésima de a** es el número real cuya enésima potencia es a.

Todo número real tiene una raíz enésima para cada número natural *impar* n.

Ahora podemos definir los exponentes racionales. Si van a tener las mismas propiedades que los exponentes enteros, queremos que $a^{1/2}$ sea un número tal que

$$(a^{1/2})^2 = a^{1/2} \cdot a^{1/2} = a^{1/2 + 1/2} = a^1 = a.$$

Así entonces, $a^{1/2}$ debe ser un número cuyo cuadrado sea a y es razonable *definir* $a^{1/2}$ como la raíz cuadrada de a (si ésta existe). De igual forma, $a^{1/3}$ se define como la raíz cúbica de a y tenemos la siguiente definición.

> Si a es un número real y n es un entero positivo, entonces
>
> $a^{1/n}$ se define como la raíz enésima de a (si ésta existe).

3 Evalúe las siguientes raíces.

(a) $16^{1/2}$

(b) $16^{1/4}$

(c) $-256^{1/2}$

(d) $(-256)^{1/2}$

(e) $-8^{1/3}$

(f) $243^{1/5}$

Respuestas:

(a) 4

(b) 2

(c) -16

(d) No es un número real

(e) -2

(f) 3

EJEMPLO 3 Evalúe las siguientes raíces.

(a) $36^{1/2} = 6$ porque $6^2 = 36$.

(b) $-100^{1/2} = -10$

(c) $-(225^{1/2}) = -15$

(d) $625^{1/4} = 5$ porque $5^4 = 625$.

(e) $(-1296)^{1/4}$ no es un número real, pero $-1296^{1/4} = -6$ porque $6^4 = 1296$.

(f) $(-27)^{1/3} = -3$

(g) $-32^{1/5} = -2$ ■ 3

Puede usarse una calculadora para evaluar exponentes fraccionarios. Siempre que sea fácil hacerlo, anote los exponentes fraccionarios en su forma decimal equivalente. Por ejemplo, para encontrar $625^{1/4}$, anote $625^{.25}$ en la calculadora. Sin em-

---

*A veces la raíz cuadrada positiva se llama la raíz cuadrada *principal*.

bargo, cuando el decimal equivalente de una fracción es un decimal periódico, es mejor anotar el exponente fraccionario directamente usando paréntesis. Por ejemplo, $17^{1/3}$ se anota como $17^{(1 \div 3)}$. Si usted omite el paréntesis o usa una aproximación decimal abreviada (como .33 para 1/3), *no* obtendrá la respuesta correcta.

Para exponentes racionales más generales, el símbolo $a^{m/n}$ debe definirse de manera que las propiedades de los exponentes sigan siendo válidas. Por ejemplo,

$$(a^{1/n})^m \text{ debe ser igual a } a^{m/n}.$$

Esto sugiere la siguiente definición.

Para todos los enteros m y todos los enteros positivos n, y para todos los números reales a para los cuales $a^{1/n}$ es un número real,

$$a^{m/n} = (a^{1/n})^m.$$

4 Evalúe las siguientes raíces.

(a) $16^{3/4}$

(b) $25^{5/2}$

(c) $32^{7/5}$

(d) $100^{3/2}$

Respuestas:

(a) 8

(b) 3125

(c) 128

(d) 1000

EJEMPLO 4 Evalúe las siguientes expresiones.

(a) $27^{2/3} = (27^{1/3})^2$
$= 3^2 = 9$

(b) $32^{2/5} = (32^{1/5})^2$
$= 2^2 = 4$

(c) $64^{4/3} = (64^{1/3})^4$
$= 4^4 = 256$

(d) $25^{3/2} = (25^{1/2})^3$
$= 5^3 = 125$ ■ **4**

Las definiciones y propiedades antes vistas se resumen a continuación, junto con tres reglas de potenciación que se derivan de la definición de un exponente. Estas reglas y definiciones deben memorizarse.

DEFINICIONES Y PROPIEDADES DE LOS EXPONENTES

Para cualesquiera números racionales m y n y números reales a y b para los que esté definida la operación, se tiene

(a) $a^m \cdot a^n = a^{m+n}$ — Propiedad de los productos

(b) $\dfrac{a^m}{a^n} = a^{m-n}$ — Propiedad de los cocientes

(c) $(a^m)^n = a^{mn}$

(d) $(ab)^m = a^m \cdot b^m$

(e) $\left(\dfrac{a}{b}\right)^m = \dfrac{a^m}{b^m}$

(c)–(e): Propiedad de las potencias

(f) $a^0 = 1$

(g) $a^{-n} = \dfrac{1}{a^n}$

(h) $\left(\dfrac{a}{b}\right)^{-n} = \left(\dfrac{b}{a}\right)^n.$

5 Simplifique las siguientes expresiones.

(a) $9^6 \cdot 9^{-4}$

(b) $\dfrac{8^7}{8^{-3}}$

(c) $(13^4)^{-3}$

(d) $6^{2/5} \cdot 6^{3/5}$

(e) $\dfrac{8^{2/3} \cdot 8^{-4/3}}{8^2}$

Respuestas:

(a) 9^2

(b) 8^{10}

(c) $1/13^{12}$

(d) 6

(e) $1/8^{8/3}$ o $1/2^8$

6 Simplifique las expresiones siguientes. Dé respuestas sólo con exponentes positivos. Suponga que todas las variables representan números reales positivos.

(a) $\dfrac{(t^{-1})^2}{t^{-5}}$

(b) $\dfrac{(3z)^{-1}z^4}{z^2}$

(c) $3x^{1/4} \cdot 5x^{5/4}$

(d) $\left(\dfrac{2k^{1/3}}{p^{5/4}}\right)^2 \cdot \left(\dfrac{4k^{-2}}{p^5}\right)^{3/2}$

(e) $a^{5/8}(2a^{3/8} + a^{-1/8})$

Respuestas:

(a) t^3

(b) $z/3$

(c) $15x^{3/2}$

(d) $32/(p^{10}k^{7/3})$

(e) $2a + a^{1/2}$

7 Simplifique.

(a) $\sqrt[3]{27}$

(b) $\sqrt[4]{625}$

(c) $\sqrt[6]{64}$

(d) $\sqrt[3]{\dfrac{64}{125}}$

Respuestas:

(a) 3

(b) 5

(c) 2

(d) 4/5

EJEMPLO 5 Use las propiedades de los exponentes para simplificar cada una de las siguientes expresiones. Escriba las respuestas con exponentes positivos.

(a) $7^{-4} \cdot 7^6 = 7^2$ Propiedad (a)

(b) $\dfrac{9^{14}}{9^{-6}} = 9^{14-(-6)} = 9^{20}$ Propiedad (b)

(c) $(2^{-3})^{-4} = 2^{(-3)(-4)} = 2^{12}$ Propiedad (c)

(d) $\dfrac{27^{1/3} \cdot 27^{5/3}}{27^3} = \dfrac{27^{1/3+5/3}}{27^3}$ Propiedad de los productos

$= \dfrac{27^2}{27^3} = 27^{2-3}$ Propiedad de los cocientes

$= 27^{-1} = \dfrac{1}{27}$ Definición de exponente negativo ■ 5

Puede usar una calculadora para verificar los cálculos, como los del ejemplo 5, calculando los lados izquierdo y derecho por separado y confirmando que las respuestas sean las mismas en ambos casos.

EJEMPLO 6 Simplifique cada expresión. Dé respuestas sólo con exponentes positivos. Suponga que todas las variables representan números reales positivos.

(a) $\dfrac{(m^3)^{-2}}{m^4} = \dfrac{m^{-6}}{m^4} = m^{-6-4} = m^{-10} = \dfrac{1}{m^{10}}$

(b) $6y^{2/3} \cdot 2y^{-1/2} = 12y^{2/3-1/2} = 12y^{1/6}$

(c) $\left(\dfrac{3m^{5/6}}{y^{3/4}}\right)^2 = \dfrac{3^2m^{5/3}}{y^{3/2}} = \dfrac{9m^{5/3}}{y^{3/2}}$

(d) $m^{2/3}(m^{7/3} + 2m^{1/3}) = (m^{2/3+7/3} + 2m^{2/3+1/3}) = m^3 + 2m$ ■ 6

RADICALES La raíz ésima de a se denotó antes con $a^{1/n}$. Una notación alternativa para raíces enésimas son los **radicales.**

> Si n es un número natural par y $a \geq 0$, o n es un número natural impar,
>
> $$a^{1/n} = \sqrt[n]{a}.$$

En la expresión radical $\sqrt[n]{a}$, a se llama **radicando** y n se llama **índice.** Cuando $n = 2$, el conocido símbolo de raíz cuadrada $\sqrt{a}$ se usa en vez de $\sqrt[2]{a}$.

EJEMPLO 7 Simplifique las siguientes expresiones.

(a) $\sqrt[4]{16} = 16^{1/4} = 2$

(b) $\sqrt[5]{-32} = -2$

(c) $\sqrt[3]{1000} = 10$

(d) $\sqrt[6]{\dfrac{64}{729}} = \dfrac{2}{3}$ ■ 7

El símbolo $a^{m/n}$ también puede escribirse en una notación alternativa usando radicales.

Para todos los números racionales m/n y todos los números reales a para los cuales $\sqrt[n]{a}$ existe,

$$a^{m/n} = (\sqrt[n]{a})^m \quad \text{o} \quad a^{m/n} = \sqrt[n]{a^m}.$$

Observe que $\sqrt[n]{x^n}$ no puede escribirse simplemente como x cuando n es par. Por ejemplo, si $x = -5$,

$$\sqrt{x^2} = \sqrt{(-5)^2} = \sqrt{25} = 5 \neq x.$$

Sin embargo, $|-5| = 5$, por lo que $\sqrt{x^2} = |x|$ cuando x es -5. Esto es cierto en general.

Para cualquier número real a y cualquier número natural n,

$$\sqrt[n]{a^n} = |a| \text{ si } n \text{ es par}$$

y

$$\sqrt[n]{a^n} = a \text{ si } n \text{ es impar.}$$

Para evitar la dificultad de que $\sqrt[n]{a^n}$ no es necesariamente igual a a, supondremos que todas las variables en radicandos representan sólo números no negativos, como sucede usualmente en las aplicaciones.

Las propiedades de los exponentes pueden escribirse con radicales como se muestra a continuación.

Para todos los números reales a y b y enteros positivos m y n para los cuales existen las raíces indicadas,

(a) $\sqrt[n]{a} \cdot \sqrt[n]{b} = \sqrt[n]{ab}$ **(b)** $\dfrac{\sqrt[n]{a}}{\sqrt[n]{b}} = \sqrt[n]{\dfrac{a}{b}} \quad (b \neq 0)$

8 Simplifique.

(a) $\sqrt{3} \cdot \sqrt{27}$

(b) $\sqrt{\dfrac{3}{49}}$

(c) $\sqrt{25 - 4}$

(d) $\sqrt{25} - \sqrt{4}$

Respuestas:

(a) 9

(b) $\dfrac{\sqrt{3}}{7}$

(c) $\sqrt{21}$

(d) 3

EJEMPLO 8 Simplifique las siguientes expresiones.

(a) $\sqrt{6} \cdot \sqrt{54} = \sqrt{6 \cdot 54} = \sqrt{324} = 18$

Alternativamente, simplifique primero $\sqrt{54}$.

$$\begin{aligned}\sqrt{6} \cdot \sqrt{54} &= \sqrt{6} \cdot \sqrt{9 \cdot 6} \\ &= \sqrt{6} \cdot 3\sqrt{6} = 3 \cdot 6 = 18\end{aligned}$$

(b) $\sqrt{\dfrac{7}{64}} = \dfrac{\sqrt{7}}{\sqrt{64}} = \dfrac{\sqrt{7}}{8}$ ■

PRECAUCIÓN $\sqrt[n]{a + b} \neq \sqrt[n]{a} + \sqrt[n]{b}$. Por ejemplo, $\sqrt{9 + 16} = \sqrt{25} = 5$, pero $\sqrt{9} + \sqrt{16} = 3 + 4 = 7$. ◆ **8**

La multiplicación de expresiones radicales es muy parecida a la multiplicación de polinomios.

EJEMPLO 9 Multiplique las siguientes expresiones.

(a) $(\sqrt{2}+3)(\sqrt{8}-5) = \sqrt{2}(\sqrt{8}) - \sqrt{2}(5) + 3\sqrt{8} - 3(5)$ PEIU

$= \sqrt{16} - 5\sqrt{2} + 3(2\sqrt{2}) - 15$

$= 4 - 5\sqrt{2} + 6\sqrt{2} - 15$

$= -11 + \sqrt{2}$

(b) $(\sqrt{7}-\sqrt{10})(\sqrt{7}+\sqrt{10}) = (\sqrt{7})^2 - (\sqrt{10})^2$

$= 7 - 10 = -3$ ■ [9]

[9] Multiplique.

(a) $(\sqrt{5}-\sqrt{2})(3+\sqrt{2})$

(b) $(\sqrt{3}+\sqrt{7})(\sqrt{3}-\sqrt{7})$

Respuestas:

(a) $3\sqrt{5}+\sqrt{10}-3\sqrt{2}-2$

(b) -4

RACIONALIZACIÓN DEL DENOMINADOR Antes de la aparición de las calculadoras, era conveniente **racionalizar los denominadores** (es decir, escribir los denominadores sin radicales), porque era fácil calcular resultados como $\sqrt{2}/2 \approx 1.414/2 = .707$ mentalmente, pero más difícil calcular $1/\sqrt{2} \approx 1/1.414$ sin papel ni lápiz. Sin embargo, hay otras buenas razones para racionalizar los denominadores (y a veces los numeradores). El proceso de racionalizar el denominador se explica en el siguiente ejemplo.

EJEMPLO 10 Racionalice cada denominador.

(a) $\dfrac{4}{\sqrt{3}}$

Para racionalizar el denominador, multiplique por 1 en la forma $\sqrt{3}/\sqrt{3}$ de manera que el denominador es $\sqrt{3}\cdot\sqrt{3} = 3$, es decir, un número racional.

$$\frac{4}{\sqrt{3}}\cdot\frac{\sqrt{3}}{\sqrt{3}} = \frac{4\sqrt{3}}{3}$$

(b) $\dfrac{1}{1-\sqrt{2}}$

Un procedimiento útil aquí es multiplicar el numerador y el denominador por el **conjugado*** del denominador, en este caso $1+\sqrt{2}$. Como lo sugiere el ejemplo 9(b), el producto $(1-\sqrt{2})(1+\sqrt{2})$ es racional.

$$\frac{1}{1-\sqrt{2}} = \frac{1(1+\sqrt{2})}{(1-\sqrt{2})(1+\sqrt{2})} = \frac{1+\sqrt{2}}{1-2}$$

$$= \frac{1+\sqrt{2}}{-1} = -1-\sqrt{2}$$ ■ [10]

[10] Racionalice el denominador.

(a) $\dfrac{2}{\sqrt{5}}$

(b) $\sqrt{\dfrac{1}{2+\sqrt{3}}}$

Respuestas:

(a) $\dfrac{2\sqrt{5}}{5}$

(b) $2-\sqrt{3}$

*El conjugado de $a\sqrt{m}+b\sqrt{n}$ es $a\sqrt{m}-b\sqrt{n}$.

1.6 EJERCICIOS

Evalúe cada expresión. Escriba todas las respuestas sin exponentes (véanse los ejemplos 1 y 2).

1. 5^0 **2.** 8^0 **3.** 6^{-1}

4. 10^{-3} **5.** 2^{-5} **6.** 5^{-2}

7. -4^{-3} **8.** -7^{-4} **9.** $(7.94)^{-3}$

10. $(12.5)^{-2}$ **11.** $\left(\dfrac{1}{3}\right)^{-2}$ **12.** $\left(\dfrac{1}{6}\right)^{-3}$

13. $\left(\dfrac{2}{5}\right)^{-4}$ **14.** $\left(\dfrac{4}{3}\right)^{-2}$

15. Explique por qué $-2^{-4} = -1/16$, pero $(-2)^{-4} = 1/16$.

16. Explique por qué un exponente negativo se define como un recíproco: $a^{-n} = 1/a^n$.

Evalúe cada expresión. Escriba todas las respuestas sin exponentes. Escriba respuestas decimales al décimo más cercano (véanse los ejemplos 3 y 4).

17. $49^{1/2}$ **18.** $8^{1/3}$ **19.** $(7.51)^{1/4}$

20. $(68.93)^{1/5}$ **21.** $27^{2/3}$ **22.** $24^{3/2}$

23. $(947)^{2/5}$ **24.** $(58.1)^{3/4}$ **25.** $-64^{2/3}$

26. $-64^{3/2}$ **27.** $(9/25)^{1/2}$ **28.** $(2401/16)^{1/4}$

29. $(16/9)^{-3/2}$ **30.** $(8/27)^{-4/3}$ **31.** $(27/64)^{-1/3}$

Simplifique cada expresión. Escriba todas las respuestas usando sólo exponentes positivos (véase el ejemplo 5).

32. $\frac{4^{-2}}{4^3}$ **33.** $\frac{9^{-4}}{9^{-3}}$

34. $4^{-3} \cdot 4^6$ **35.** $5^{-9} \cdot 5^{10}$

36. $8^{2/3} \cdot 8^{-1/3}$ **37.** $12^{-3/4} \cdot 12^{1/4}$

38. $\frac{8^9 \cdot 8^{-7}}{8^{-3}}$ **39.** $\frac{5^{-4} \cdot 5^6}{5^{-1}}$

40. $\frac{9^{-5/3}}{9^{2/3} \cdot 9^{-1/5}}$ **41.** $\frac{3^{5/3} \cdot 3^{-3/4}}{3^{-1/4}}$

Simplifique cada expresión. Suponga que todas las variables representan números reales positivos. Escriba las respuestas sólo con exponentes positivos (véase el ejemplo 6).

42. $\frac{z^5 \cdot z^2}{z^4}$ **43.** $\frac{k^6 \cdot k^9}{k^{12}}$

44. $\frac{2^{-1}(p^{-1})^3}{2p^{-4}}$ **45.** $\frac{(5x^3)^{-2}}{x^4}$

46. $(q^{-5}r^2)^{-1}$ **47.** $(2y^2z^{-2})^{-3}$

48. $(2p^{-1})^3 \cdot (5p^2)^{-2}$ **49.** $(5^{-1}m^2)^{-3} \cdot (3m^{-2})^4$

50. $(2p)^{1/2} \cdot (2p^3)^{1/3}$ **51.** $(5k^2)^{3/2} \cdot (5k^{1/3})^{3/4}$

52. $p^{2/3}(2p^{1/3} + 5p)$ **53.** $2z^{1/2}(3z^{-1/2} + z^{1/2})$

Asocie la expresión exponencial racional en la columna I con la expresión radical equivalente en la columna II. Suponga que x no es cero.

I	II
54. $(-3x)^{1/3}$	**(a)** $\frac{3}{\sqrt[3]{x}}$
55. $-3x^{1/3}$	**(b)** $-3\sqrt[3]{x}$
56. $(-3x)^{-1/3}$	**(c)** $\frac{1}{\sqrt[3]{3x}}$
57. $-3x^{-1/3}$	**(d)** $\frac{-3}{\sqrt[3]{x}}$
58. $(3x)^{1/3}$	**(e)** $3\sqrt[3]{x}$
59. $3x^{-1/3}$	**(f)** $\sqrt[3]{-3x}$
60. $(3x)^{-1/3}$	**(g)** $\sqrt[3]{3x}$
61. $3x^{1/3}$	**(h)** $\frac{1}{\sqrt[3]{-3x}}$

62. Algunas calculadoras no encuentran un valor para expresiones como $(-8)^{2/3}$ que tiene una base negativa y un exponente racional con un denominador impar y un numerador par. Revise si su modelo es una de esas calculadoras. Si es así, use el hecho de que $(-8)^{2/3} = [(-8)^{1/3}]^2$ para calcular la expresión dada. ¿Qué regla de los exponentes se aplica aquí?

Simplifique cada una de las siguientes expresiones (véanse los ejemplos 7-9).

63. $\sqrt[3]{64}$ **64.** $\sqrt[6]{64}$

65. $\sqrt[4]{625}$ **66.** $\sqrt[5]{-243}$

67. $\sqrt[7]{-128}$ **68.** $\sqrt{44} \cdot \sqrt{11}$

69. $\sqrt[3]{81} \cdot \sqrt[3]{9}$ **70.** $\sqrt{49 - 16}$

71. $\sqrt{81 - 4}$ **72.** $\sqrt{49} - \sqrt{16}$

73. $\sqrt{81} - \sqrt{4}$

74. $(\sqrt{2} + 3)(\sqrt{2} - 3)$

75. $(\sqrt{5} + \sqrt{2})(\sqrt{5} - \sqrt{2})$

76. $(3\sqrt{2} + \sqrt{3})(2\sqrt{3} - \sqrt{2})$

77. $(4\sqrt{5} - 1)(3\sqrt{5} + 2)$

Racionalice el denominador de cada una de las siguientes expresiones (véase el ejemplo 10).

78. $\frac{3}{1 - \sqrt{2}}$ **79.** $\frac{2}{1 + \sqrt{5}}$

80. $\frac{4 - \sqrt{2}}{2 - \sqrt{2}}$ **81.** $\frac{\sqrt{3} - 1}{\sqrt{3} - 2}$

82. ¿Qué error hay en la expresión $\sqrt[3]{4} \cdot \sqrt[3]{4} = 4$?

Los siguientes ejercicios son aplicaciones de exponenciación y radicales.

83. Administración La teoría de la dimensión de lote económico muestra que, bajo ciertas circunstancias, el número de unidades por ordenar para minimizar el costo total es

$$x = \sqrt{\frac{kM}{f}}.$$

Aquí k es el costo de almacenar una unidad un año, f es el costo (constante) de manufactura del producto y M es el número total de unidades producidas anualmente (véase la sección 13.3). Encuentre x para los siguientes valores de f, k y M.

(a) $k = \$1,\ f = \$500,\ M = 100{,}000$

(b) $k = \$3,\ f = \$7,\ M = 16{,}700$

(c) $k = \$1,\ f = \$5,\ M = 16{,}800$

84. Ciencias sociales El peso umbral T para una persona es el peso arriba del cual el riesgo de muerte aumenta considerablemente. Un investigador encontró que el peso umbral en libras para hombres entre 40 y 49 años de edad se relaciona con la estatura en pulgadas mediante la ecuación $h = 12.3T^{1/3}$. ¿Qué estatura corresponde a un peso umbral de 216 libras para un hombre en este grupo de edades?

85. Ciencias sociales La longitud L de un animal se relaciona con su área superficial S por la ecuación

$$L = \left(\frac{S}{a}\right)^{1/2},$$

donde a es una constante que depende del tipo de animal. Encuentre la longitud de un animal con un área superficial de 1000 centímetros cuadrados si $a = 2/5$.

86. Administración Un billonario excéntrico le ofrece un trabajo durante el mes de septiembre. Usted puede escoger un pago de $300,000 por día o un pago de 2 centavos el primer día, 4 centavos el segundo día, 8 centavos el tercer día, etc., de manera que su pago se duplique cada día sucesivo.

(a) Escriba la ecuación que expresa su salario (en centavos) en el día t si usted escoge la segunda opción.

(b) ¿Qué opción de pago le dará a usted el mayor ingreso total en el mes? (*Sugerencia:* Con la segunda opción, ¿cuánto recibe el día 30 de septiembre?)

Ciencias naturales *El factor de enfriamiento por el aire es una medida del efecto refrigerante que el viento tiene sobre la piel de una persona. Con él se calcula la temperatura equivalente como si no hubiese viento. La tabla da el factor de enfriamiento por el aire para varias velocidades y temperaturas del viento.**

87. Un modelo del factor de enfriamiento por el aire es

$$C = T - \left(\frac{v}{4} + 7\sqrt{v}\right)\left(1 - \frac{T}{90}\right),$$

donde T representa la temperatura y v representa la velocidad del viento. Evalúe C para **(a)** $T = -10$ y $v = 30$ y **(b)** $T = -40$ y $v = 5$.

88. Otro modelo del factor de frío del aire es

$$C = 91.4 - (91.4 - T)(.478 + .301\sqrt{v} - .02v).$$

Repita las partes (a) y (b) del ejercicio 87 usando este modelo.

°F\Viento	*5 mph*	*10 mph*	*15 mph*	*20 mph*	*25 mph*	*30 mph*
40°	37	28	22	18	16	13
30°	27	16	9	4	0	−2
20°	16	4	−5	−10	−15	−18
10°	6	−9	−18	−25	−29	−33
0°	−5	−21	−36	−39	−44	−48
−10°	−15	−33	−45	−53	−59	−63
−20°	−26	−46	−58	−67	−74	−79
−30°	−36	−58	−72	−82	−88	−94
−40°	−47	−70	−85	−96	−104	−109
−50°	−57	−83	−99	−110	−118	−125

89. Use la tabla anterior para encontrar el factor de enfriamiento por el aire para la información en las partes (a) y (b) del ejercicio 87.

(c) ¿Qué expresión en los ejercicios 87 y 88 modela mejor el factor de enfriamiento por el aire?

90. Administración Usando un procedimiento de la estadística llamado *regresión exponencial*, puede demostrarse que la ecuación $y = 386(1.18)^x$ representa un modelo bastante bueno para la venta de productos generada por comerciales publicitarios, donde y está en millones de dólares y $x = 0$ corresponde al año 1988, $x = 1$ corresponde a 1989, y así sucesivamente hasta el año 1993.* Use una calculadora para estimar, al millón de dólares más cercano, la cantidad generada durante los siguientes años.

(a) 1988

(b) 1990

(c) 1992

*Miller, A. y J. Thompson, *Elements of Meteorology*, 2a. edición, Charles E. Merrill Publishing Co., 1975.

*National Infomercial Marketing Association.

CAPÍTULO 1 RESUMEN

Términos clave y símbolos

1.1 ≈ aproximadamente igual a
π pi
$|a|$ valor absoluto de a
número real
número natural (usados para contar)
número entero no negativo
entero
número racional
número irracional
propiedades de los números reales
inverso aditivo
inverso multiplicativo

orden de operaciones
eje numérico
intervalo
notación de intervalos
valor absoluto

1.2 variable
ecuación de primer grado
propiedades de la igualdad
resolución para una variable específica

1.3 a^n a la potencia n
exponente o potencia
base
polinomio
coeficiente
término
término constante
grado de un término no cero
grado de un polinomio
polinomio cero
binomio
trinomio
términos semejantes
PEIU

1.4 factor
factorización
máximo factor común
trinomio cuadrado perfecto
diferencia de dos cuadrados
suma y diferencia de dos cubos

1.5 expresión racional
operaciones con expresiones racionales
fracciones complejas

1.6 $a^{1/n}$ raíz enésima de a
$\sqrt{a}$ raíz cuadrada de a
$\sqrt[n]{a}$ raíz enésima de a
exponente cero
propiedades de los exponentes
radical
radicando
índice
racionalización del denominador

Conceptos clave

Valor absoluto

Suponga que a y b son números reales con $b > 0$.

Las soluciones de $|a| = b$ o $|a| = |b|$ son $a = b$ o $a = -b$.

Las soluciones de $|a| < b$ son $-b < a < b$.

Las soluciones de $|a| > b$ son $a < -b$ o $a > b$.

Factorización

$x^2 + 2xy + y^2 = (x + y)^2$ $\quad$ $x^3 - y^3 = (x - y)(x^2 + xy + y^2)$

$x^2 - 2xy + y^2 = (x - y)^2$ $\quad$ $x^3 + y^3 = (x + y)(x^2 - xy + y^2)$

$x^2 - y^2 = (x + y)(x - y)$

Reglas de los radicales

Sean a y b números reales, n un entero positivo y m cualquier entero para los cuales existe lo siguiente:

$a^{m/n} = \sqrt[n]{a^m} = (\sqrt[n]{a})^m$ $\quad$ $\sqrt[n]{a^n} = |a|$ si n es par $\quad$ $\sqrt[n]{a^n} = a$ si n es impar

$\sqrt[n]{a} \cdot \sqrt[n]{b} = \sqrt[n]{ab}$ $\quad$ $\dfrac{\sqrt[n]{a}}{\sqrt[n]{b}} = \sqrt[n]{\dfrac{a}{b}}$ $\quad (b \neq 0)$

Reglas de los exponentes

Sean a, b, r y s números reales cualesquiera para los cuales existe lo siguiente:

$a^{-r} = \dfrac{1}{a^r}$ $\quad$ $a^0 = 1$ $\quad$ $\left(\dfrac{a}{b}\right)^r = \dfrac{a^r}{b^r}$

$a^r \cdot a^s = a^{r+s}$ $\quad$ $(a^r)^s = a^{rs}$ $\quad$ $a^{1/r} = \sqrt[r]{a}$

$\dfrac{a^r}{a^s} = a^{r-s}$ $\quad$ $(ab)^r = a^r b^r$ $\quad$ $\left(\dfrac{a}{b}\right)^{-r} = \left(\dfrac{b}{a}\right)^r$

Capítulo 1 Ejercicios de repaso

Indique qué números de la lista $-12, -6, -9/10, -\sqrt{7}, -\sqrt{4}, 0, 1/8, \pi/4, 6, \sqrt{11}$ *son*

1. números enteros no negativos;

2. números enteros;

3. números racionales;

4. números irracionales.

Identifique las propiedades de los números reales que se ilustran en cada una de las siguientes expresiones.

5. $7[(-3)4] = 7[4(-3)]$

6. $9(4 + 5) = (4 + 5)9$

7. $6(x + y - 3) = 6x + 6y + 6(-3)$

8. $11 + (8 + 3) = (11 + 8) + 3$

Exprese cada enunciado con símbolos.

9. x es por lo menos igual a 6.

10. x es negativo.

Escriba los siguientes números en orden del menor al mayor.

11. $-7, -3, 8, \pi, -2, 0$

12. $\frac{5}{6}, \frac{1}{2}, -\frac{2}{3}, -\frac{5}{4}, -\frac{3}{8}$

13. $|6 - 4|, -|-2|, |8 + 1|, -|3 - (-2)|$

14. $\sqrt{7}, -\sqrt{8}, -|\sqrt{16}|, |-\sqrt{12}|$

Escriba las siguientes expresiones sin barras de valor absoluto.

15. $-|-6| + |3|$

16. $|-5| + |-9|$

17. $7 - |-8|$

18. $|-2| - |-7 + 3|$

Dibuje la gráfica de cada una de las siguientes expresiones sobre un eje numérico.

19. $x \geq -3$

20. $-4 < x \leq 6$

21. $x < -2$

22. $x \leq 1$

Use el orden de las operaciones para simplificar.

23. $(-6 + 2 \cdot 5)(-2)$

24. $-4(-7 - 9 \div 3)$

25. $\dfrac{-8 + (-6)(-3) \div 9}{6 - (-2)}$

26. $\dfrac{20 \div 4 \cdot 2 \div 5 - 1}{-9 - (-3) - 12 \div 3}$

Resuelva cada ecuación.

27. $2x - 5(x - 4) = 3x + 2$

28. $5y + 6 = -2(1 - 3y) + 4$

29. $\dfrac{2z}{5} - \dfrac{4z - 3}{10} = \dfrac{-z + 1}{10}$

30. $\dfrac{p}{p + 2} - \dfrac{3}{4} = \dfrac{2}{p + 2}$

31. $\dfrac{2m}{m - 3} = \dfrac{6}{m - 3} + 4$

32. $\dfrac{15}{k + 5} = 4 - \dfrac{3k}{k + 5}$

Despeje x.

33. $5ax - 1 = x$

34. $6x - 3y = 4bx$

35. $\dfrac{2x}{3 - c} = ax + 1$

36. $b^2x - 2x = 4b^2$

Resuelva cada ecuación.

37. $|m - 3| = 9$

38. $|6 - x| = 12$

39. $\left|\dfrac{2 - y}{5}\right| = 8$

40. $\left|\dfrac{3m + 5}{7}\right| = 15$

41. $|4k + 1| = |6k - 3|$

Administración *Resuelva cada uno de los siguientes problemas.*

42. Una impresora de computadora se vende con una rebaja de 15%. El precio de venta es de $425. ¿Cuál era el precio original?

43. Para hacer una mezcla especial para el día de San Valentín, el propietario de una tienda de dulces quiere combinar corazones de chocolate que se venden a $5 por libra con besos de dulce que se venden a $3.50 por libra. ¿Cuántas libras de cada variedad debe usar para obtener 30 libras de una mezcla que pueda venderse a $4.50 por libra?

44. Una empresa de bienes raíces invierte $100,000 de una venta de dos maneras. La primera porción se invierte en un centro comercial que proporciona dividendos anuales de 8%. El resto se invierte en un pequeño edificio de departamentos con dividendos anuales de 5%. La empresa quiere tener ingresos anuales de $6800 de su inversión. ¿Cuánto debe asignar la empresa a cada inversión?

Efectúe cada una de las operaciones indicadas.

45. $(3x^4 - x^2 + 5x) - (-x^4 + 3x^2 - 8x)$

46. $(-8y^3 + 8y^2 - 3y) - (2y^3 - 4y^2 - 10)$

47. $-2(q^4 - 3q^3 + 4q^2) + 4(q^4 + 2q^3 + q^2)$

48. $5(3y^4 - 4y^5 + y^6) - 3(2y^4 + y^5 - 3y^6)$

49. $(5z + 2)(3z - 2)$

50. $(8p - 4)(5p + 3)$

51. $(4k - 3h)(4k + 3h)$

52. $(2r - 5y)(2r + 5y)$

53. $(6x + 3y)^2$

54. $(2a - 5b)^2$

Factorice tan completamente como sea posible.

55. $2kh^2 - 4kh + 5k$

56. $2m^2n^2 + 6mn^2 + 16n^2$

57. $3a^4 + 13a^3 + 4a^2$

58. $24x^3 + 4x^2 - 4x$

59. $10y^2 - 11y + 3$

60. $8q^2 + 3m + 4qm + 6q$

61. $4a^2 - 20a + 25$

62. $36p^2 + 12p + 1$

63. $144p^2 - 169q^2$

64. $81z^2 - 25x^2$

65. $8y^3 - 1$

66. $125a^3 + 216$

Efectúe cada operación.

67. $\frac{4x}{5} \cdot \frac{35x}{12}$

68. $\frac{5k^2}{24} - \frac{75k}{36}$

69. $\frac{c^2 - 3c + 2}{2c(c - 1)} \div \frac{c - 2}{8c}$

70. $\frac{p^3 - 2p^2 - 8p}{3p(p^2 - 16)} \div \frac{p^2 + 4p + 4}{9p^2}$

71. $\frac{2y - 10}{5y} \cdot \frac{20y - 25}{12}$

72. $\frac{m^2 - 2m}{15m^3} \cdot \frac{5}{m^2 - 4}$

73. $\frac{2m^2 - 4m + 2}{m^2 - 1} \div \frac{6m + 18}{m^2 + 2m - 3}$

74. $\frac{x^2 + 6x + 5}{4(x^2 + 1)} \cdot \frac{2x(x + 1)}{x^2 - 25}$

75. $\frac{6}{15z} + \frac{2}{3z} - \frac{9}{10z}$

76. $\frac{5}{y - 2} - \frac{4}{y}$

77. $\frac{2}{5q} + \frac{10}{7q}$

78. $\dfrac{\frac{1}{x} - \frac{2}{y}}{3 - \frac{1}{xy}}$

79. Describa los pasos necesarios para encontrar la suma de la siguiente expresión:

$$\frac{2a + b}{4a^2 - b^2} + \frac{5a}{2a - b}.$$

80. Dé algunos ejemplos de reglas correspondientes para exponentes y radicales, y explique cómo están relacionadas.

81. Dé dos maneras de evaluar $125^{2/3}$ y luego compárelas. ¿Cuál es preferible? ¿Por qué?

Simplifique cada una de las siguientes expresiones. En los ejercicios 82-103, escriba todas las respuestas sin exponentes negativos. Suponga que todas las variables representan números reales positivos.

82. 5^{-3}

83. 10^{-2}

84. -7^0

85. -3^{-1}

86. $\left(-\frac{6}{5}\right)^{-2}$

87. $\left(\frac{2}{3}\right)^{-3}$

88. $4^6 \cdot 4^{-3}$

89. $7^{-5} \cdot 7^{-1}$

90. $\frac{9^{-4}}{9^{-3}}$

91. $\frac{6^{-2}}{6^3}$

92. $\frac{9^4 \cdot 9^{-5}}{(9^{-2})^2}$

93. $\frac{k^4 . k^{-3}}{(k^{-2})^{-3}}$

94. $4^{-1} + 2^{-1}$

95. $3^{-2} + 3^{-1}$

96. $125^{2/3}$

97. $128^{3/7}$

98. $9^{-5/2}$

99. $\left(\frac{144}{49}\right)^{-1/2}$

100. $\frac{5^{1/3} \cdot 5^{1/2}}{5^{3/2}}$

101. $\frac{2^{3/4} \cdot 2^{-1/2}}{2^{1/4}}$

102. $(3a^2)^{1/2} \cdot (3^2a)^{3/2}$

103. $(4p)^{2/3} \cdot (2p^3)^{3/2}$

104. $\sqrt[3]{27}$

105. $\sqrt[4]{625}$

106. $\sqrt[5]{-32}$

107. $\sqrt[6]{-64}$

108. $\sqrt{24}$

109. $\sqrt{63}$

110. $\sqrt[3]{54p^3q^5}$

111. $\sqrt[4]{64a^5b^3}$

112. $\sqrt{\frac{5n^2}{6m}}$

113. $\sqrt{\frac{3x^3}{2z}}$

114. $2\sqrt{3} - 5\sqrt{12}$

115. $8\sqrt{7} + 2\sqrt{28}$

116. $(\sqrt{5} - 1)(\sqrt{5} + 1)$

117. $(\sqrt{7} - \sqrt{3})(\sqrt{7} + \sqrt{3})$

118. $(2\sqrt{5} - \sqrt{3})(\sqrt{5} + 2\sqrt{3})$

119. $(4\sqrt{7} + \sqrt{2})(3\sqrt{7} - \sqrt{2})$

120. $\dfrac{\sqrt{2}}{1 + \sqrt{3}}$

121. $\dfrac{4 + \sqrt{2}}{4 - \sqrt{5}}$

Ciencias sociales *En el sistema de gobierno de Estados Unidos, el presidente es elegido por el colegio electoral, y no por los votantes individuales. Debido a esto, los estados pequeños tienen una mayor voz en la selección de un presidente que la que tendrían si no fuera así. Dos analistas políticos han estudiado los problemas de las campañas presidenciales bajo el actual sistema y concluyeron que los candidatos deben asignar su dinero de acuerdo con la siguiente fórmula:*

$$\text{Cantidad para un estado grande} = \left(\frac{E_{\text{grande}}}{E_{\text{pequeño}}}\right)^{3/2} \times \text{cantidad para un estado pequeño.}$$

Aquí E_{grande} representa el voto electoral del estado grande y $E_{\text{pequeño}}$ representa el voto electoral del estado pequeño. Encuentre la cantidad que debe gastarse en cada uno de los siguientes estados grandes si se gastan $1,000,000 en el estado pequeño y los siguientes enunciados son verdaderos.

122. El estado grande tiene 48 votos electorales y el estado pequeño tiene 4.

123. El estado grande tiene 36 votos electorales y el estado pequeño tiene 3.

124. 6 votos en un estado pequeño; 28 en uno grande

125. 9 votos en un estado pequeño; 32 en uno grande

CASO 1

Los consumidores a menudo desafían al sentido común*

Considere dos refrigeradores de la sección de línea blanca de un gran almacén. Uno se vende en $700 y consume $85 de electricidad al año. El otro es $100 más caro pero su consumo de energía eléctrica cuesta sólo $25 al año. Como cualquiera de los dos refrigeradores debe durar por lo menos 10 años sin reparaciones, la mayor parte de los consumidores comprarán irresistiblemente el segundo modelo, ¿cierto?

Sin embargo, se ha visto que éste no es el caso. Muchos estudios de economistas han mostrado que en un amplio rango de decisiones sobre dinero, desde el pago de impuestos hasta la compra de grandes aparatos domésticos, los consumidores toman decisiones en forma consistente que desafían al sentido común.

En algunos casos, como en el ejemplo del refrigerador, esto significa que la gente no está dispuesta a pagar un poco más de dinero al principio para ahorrar una buena cantidad a largo plazo. En ocasiones, estudios psicológicos han mostrado que aparentemente los consumidores asignan valores enteramente caprichosos al dinero, valores que dependen del tiempo y de las circunstancias.

En años recientes, esos patrones aparentemente irracionales del comportamiento humano han sido el tema de un intenso interés por parte de los economistas y los psicólogos, tanto por lo que esto dice acerca de cómo trabaja la mente humana como por sus implicaciones en la política pública.

Por ejemplo, ¿cómo puede Estados Unidos tender hacia un uso más eficiente de la electricidad si tantos consumidores se rehúsan a comprar aparatos de consumo eficiente de la energía, cuando incluso tal comportamiento es en su propio beneficio?

Un concepto muy importante en la investigación del comportamiento económico de los consumidores es el conocido como tasa de descuento. Se trata de una medida de cómo los consumidores comparan el valor de un dólar recibido hoy con uno recibido mañana.

Por ejemplo, considere que gana $1000 en una lotería. ¿Cuánto dinero más tendrían que darle los organizadores antes de que aceptara posponer el cobro del cheque por un año?

Algunas personas podrían insistir en por lo menos otros $100 o 10%, ya que esa cantidad aproximadamente equivaldría a compensar los efectos combinados de la inflación de un año y de la pérdida de los intereses.

Pero los estudios muestran que alguien que quiere satisfacción inmediata quizá no desearía el aplazamiento de recibir los $1000 por 20 o 30% o aun 40% más de dinero.

En el lenguaje de los economistas, este tipo de persona tiene una alta tasa de descuento: descuenta tanto el valor de $1000 a lo largo de un año, que se necesitarían cientos de dólares extra para hacer la espera tan atractiva como obtener el dinero inmediatamente.

*"Consumers often defy common sense" de Malcolm Gladwell en *The Washington Post*.

De las dos alternativas, esperar un año por más dinero es claramente más racional que tomar el cheque ahora. ¿Por qué rechazarían las personas $1400 el año próximo en favor de $1000 ahora? Incluso si necesitasen los $1000 inmediatamente, les convendría más pedirlos prestados de un banco, aun a 20 o 30% de interés. Entonces, un año después, podrían pagar el préstamo más los intereses con los $1400 y embolsarse la diferencia.

Sin embargo, el hecho es que los economistas encuentran numerosos ejemplos de estas altas tasas de descuento implícitas en el comportamiento de los consumidores.

En tanto que los consumidores estaban muy conscientes del ahorro potencial en el momento de la compra, no consideraron el valor de los costos eléctricos mensuales a pagar durante la vida útil de sus secadores o congeladores e hicieron a un lado la posibilidad de mayores ahorros.

Por ejemplo, se encontró que los calentadores de agua por gas, tenían una tasa de descuento implícita de 100%. Esto significa que al decidir qué modelo era más barato a largo plazo, los consumidores actuaban como si estimaran una cuenta de gas de $100 para el primer año como si en realidad fuese de $50. Luego, en el segundo año, estimarían la siguiente cuenta de gas de $100 como si fuese en realidad de $25, y así sucesivamente durante la vida del aparato.

Por supuesto, pocos consumidores hacen realmente este cálculo formal. Pero se tiene claramente un patrón de comportamiento extraño en evidencia.

Por ejemplo, algunos experimentos han mostrado que la manera en que los consumidores toman decisiones acerca del dinero depende en gran medida de cuánto dinero está en juego. Pocas personas están dispuestas a rechazar $10 ahora por $15 el año próximo. Pero sí aceptarían si la elección está entre $100 ahora y $150 el año entrante, hecho que explicaría por qué los consumidores parecen preocuparse menos por pequeñas cuentas de electricidad (incluso si suman una cantidad considerable) que por una grande como pago inicial.

EJERCICIOS

1. Suponga que un refrigerador que cuesta $700 consume $85 de electricidad al año. Escriba una expresión para el costo de compra y costo de funcionamiento del refrigerador durante x años.
2. Suponga que otro refrigerador cuesta $1000 más $25 de electricidad al año. Escriba una expresión para el costo total de este refrigerador durante x años.
3. ¿Qué refrigerador cuesta más durante 10 años? ¿Cuánto más?
4. ¿En cuántos años serán iguales los costos de los dos refrigeradores?

CAPÍTULO 2

Gráficas, ecuaciones y desigualdades

2.1 Gráficas
2.2 Pendiente y ecuaciones de una recta
2.3 Aplicaciones de las ecuaciones lineales
2.4 Ecuaciones cuadráticas
2.5 Desigualdades lineales
2.6 Desigualdades polinomiales y racionales
CASO 2 Depreciación

La solución de muchos problemas de aplicación abarca ecuaciones y desigualdades. Este capítulo presenta métodos algebraicos y gráficos para tratar tales situaciones.

2.1 GRÁFICAS

De la misma manera en que un eje numérico asocia los puntos sobre una línea con números reales, una construcción similar en dos dimensiones asocia puntos en el plano con *pares ordenados* de números reales. Un **sistema coordenado cartesiano**, como se muestra en la figura 2.1, consiste en un eje numérico horizontal (usualmente llamado el **eje *x***) y en un eje numérico vertical (usualmente llamado el **eje *y***). El punto donde se encuentran los ejes numéricos se llama el **origen**. Cada punto en un sistema coordenado cartesiano se designa con un **par ordenado** de números reales, como (−2, 4) o (3, 2). En la figura 2.1 se muestran varios puntos y sus correspondientes pares ordenados.

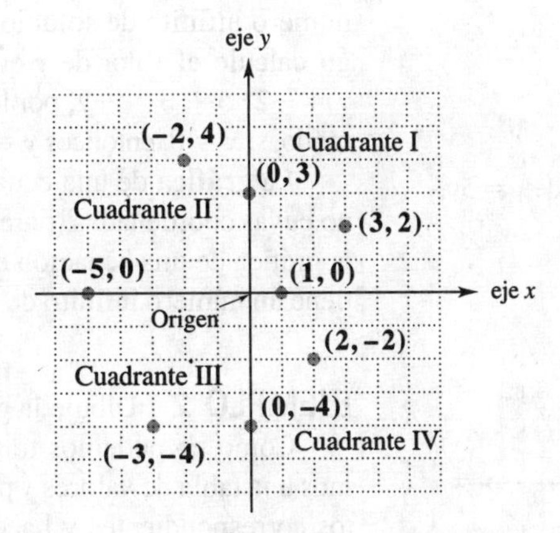

FIGURA 2.1

1 Localice $(-1, 6)$, $(-3, -5)$, $(4, -3)$, $(0, 2)$ y $(-5, 0)$ sobre un sistema coordenado.

Respuesta:

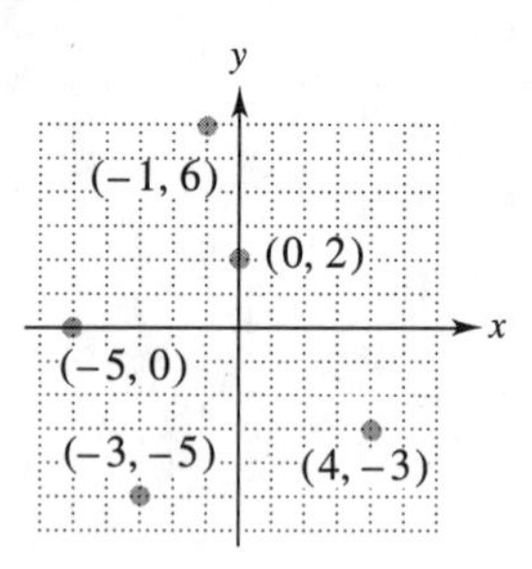

Por ejemplo, para el punto $(-2, 4)$, -2 es la **coordenada** x y 4 es la **coordenada** y. Puede pensarse que esas coordenadas son direcciones que dicen cómo llegar a este punto desde el origen: avance 2 unidades horizontales hacia la izquierda (coordenada x) y 4 unidades verticales hacia arriba (coordenada y). De ahora en adelante, en vez de referirnos a "el punto designado por el par ordenado $(-2, 4)$", diremos "el punto $(-2, 4)$". 1

El eje x y el eje y dividen el plano en cuatro regiones, o **cuadrantes**, que se numeran como se muestra en la figura 2.1. Los puntos sobre los ejes coordenados no pertenecen a ningún cuadrante.

ECUACIONES Y GRÁFICAS Una **solución de una ecuación** en dos variables, tal como

$$y = -2x + 3$$

o

$$y = x^2 + 7x - 2,$$

es un par ordenado de números tales que la sustitución del primer número en x y el segundo en y produce un enunciado verdadero.

2 ¿Cuál de las siguientes son soluciones de $y = x^2 + 7x - 2$?

(a) $(1, 6)$

(b) $(-2, -20)$

(c) $(-1, -8)$

Respuesta:
Incisos (a) y (c)

EJEMPLO 1 ¿Cuáles de las siguientes son soluciones de $y = -2x + 3$?

(a) $(2, -1)$

Esta es una solución de $y = -2x + 3$ porque "$-1 = -2 \cdot 2 + 3$" es un enunciado verdadero.

(b) $(4, 7)$

Como $-2 \cdot 4 + 3 = -5$ y no 7, el par ordenado $(4, 7)$ no es una solución de $y = -2x + 3$. ■ 2

Las ecuaciones en dos variables, como $y = -2x + 3$, tienen típicamente un número infinito de soluciones. Para encontrar una, escoja un número para x y luego calcule el valor de y que produce una solución. Por ejemplo, si $x = 5$, entonces $y = -2 \cdot 5 + 3 = -7$, por lo que $(5, -7)$ es una solución de $y = -2x + 3$. Del mismo modo, si $x = 0$, entonces $y = -2 \cdot 0 + 3 = 3$, por lo que $(0, 3)$ es también una solución.

La **gráfica** de una ecuación en dos variables es el conjunto de puntos en el plano cuyas coordenadas (pares ordenados) son soluciones de la ecuación. Así entonces, la gráfica de una ecuación es un dibujo de sus soluciones. Como una ecuación típica tiene un número infinito de soluciones, su gráfica tiene un número infinito de puntos.

3 Dibuje la gráfica de $x = 5y$.

Respuesta:

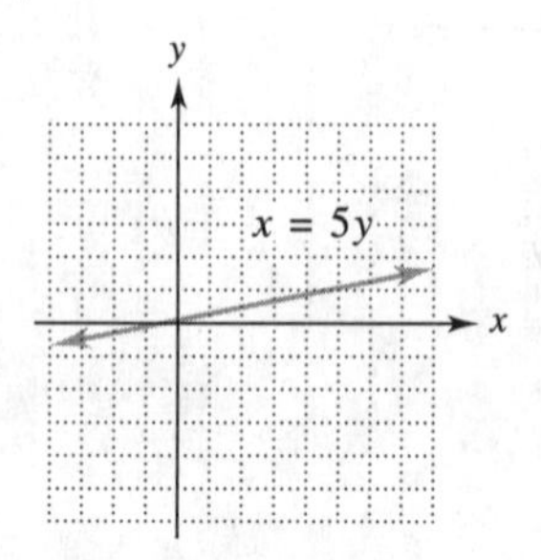

EJEMPLO 2 Dibuje la gráfica de $y = -2x + 5$.

Como no podemos trazar la gráfica de un número infinito de puntos, construimos una tabla de valores y para un número razonable de valores x, marcamos los puntos correspondientes y hacemos una "conjetura sensata" sobre el resto. La tabla de valores y puntos en la figura 2.2 sugieren que la gráfica es una línea recta, como se muestra en la figura 2.3. ■ 3

x	$-2x + 5$
-1	7
0	5
2	1
4	-3
5	-5

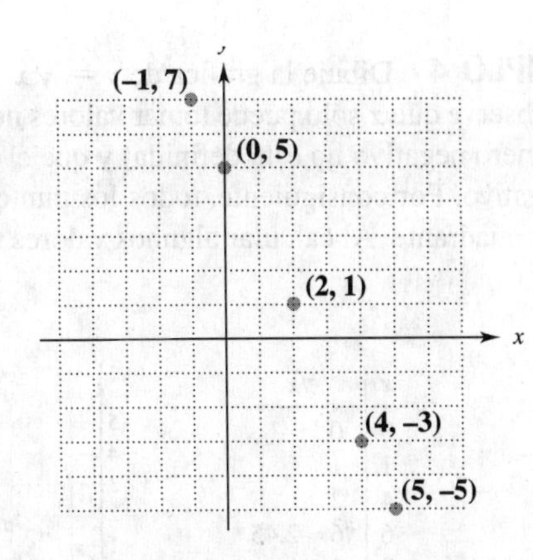

FIGURA 2.2

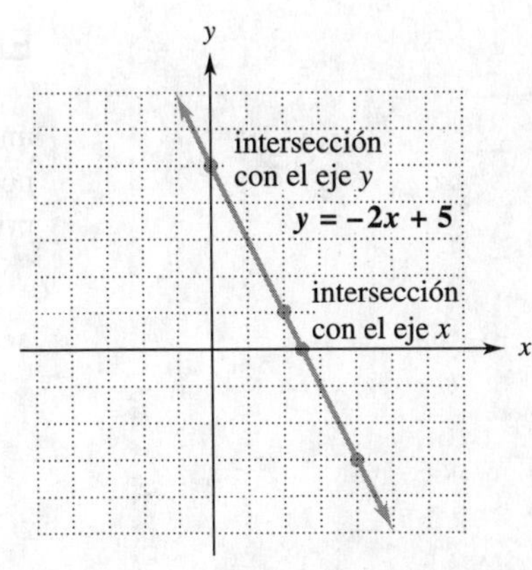

FIGURA 2.3

La **intersección** de una gráfica **con el eje** x es la coordenada x del punto en que la gráfica corta al eje x (la coordenada y de este punto es 0 ya que está sobre el eje). En consecuencia, para encontrar las intersecciones de la gráfica de una ecuación con el eje x, haga $y = 0$ y despeje x. En el ejemplo 2, la intersección con el eje x de la gráfica de $y = -2x + 5$ (véase la figura 2.3) se encuentra haciendo $y = 0$ y despejando x.

$$0 = -2x + 5$$
$$2x = 5$$
$$x = \frac{5}{2}$$

De igual forma, una **intersección** de una gráfica **con el eje** y es la coordenada y de un punto en que la gráfica corta al eje y (la coordenada de este punto es 0, ¿por qué?). Las intersecciones con el eje y se encuentran haciendo $x = 0$ y despejando y. Por ejemplo, la gráfica de $y = -2x + 5$ en la figura 2.3 tiene la intersección con el eje y en 5. **4**

4 Encuentre las intersecciones de las gráficas de las siguientes ecuaciones con los ejes x y y.

(a) $3x + 4y = 12$

(b) $5x - 2y = 8$

Respuestas:

(a) Intersección con el eje x: 4, intersección con el eje y: 3

(b) Intersección con el eje x: 8/5, intersección con el eje y: -4

EJEMPLO 3

Encuentre las intersecciones de la gráfica de $y = 4 - x^2$ con los ejes x y y, y dibuje la gráfica.

Si hacemos $x = 0$ en $y = 4 - x^2$, vemos que la intersección con el eje y es $y = 4$. Del mismo modo, haciendo $y = 0$, obtenemos $x^2 = 4$. Así, las intersecciones con el eje x son entonces $x = 2$ y $x = -2$. Ahora elaboramos una tabla, tomando valores positivos y negativos para x y trazamos los puntos correspondientes, como en la figura 2.4. Esos puntos sugieren que toda la gráfica es como la de la figura 2.5. ■

x	$4 - x^2$
-3	-5
-2	0
-1	3
0	4
1	3
2	0
3	-5

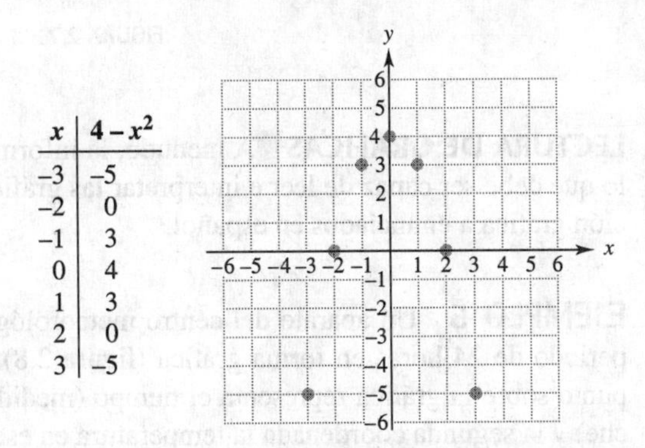

FIGURA 2.4

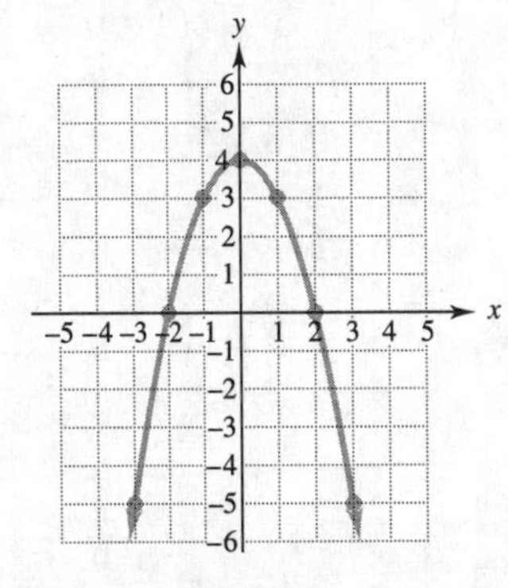

FIGURA 2.5

EJEMPLO 4 Dibuje la gráfica de $y = \sqrt{x}$.

Observe que x sólo puede tomar valores no negativos (ya que la raíz cuadrada de un número negativo no está definida) y que el correspondiente valor de y es también no negativo. Por consiguiente, todos los puntos sobre la gráfica se encuentran en el primer cuadrante. Al calcular algunos valores típicos obtenemos la figura 2.6. ■

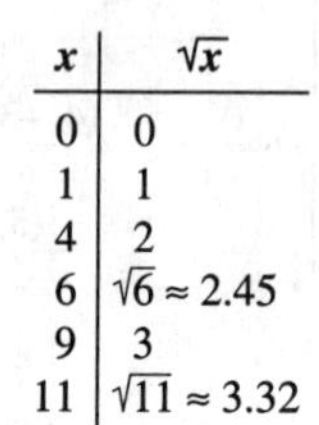

x	$\sqrt{x}$
0	0
1	1
4	2
6	$\sqrt{6} \approx 2.45$
9	3
11	$\sqrt{11} \approx 3.32$

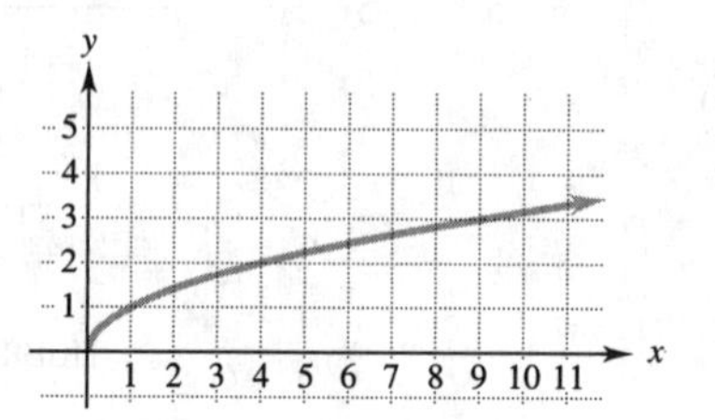

FIGURA 2.6

Una calculadora graficadora o un programa de trazado de gráficas por computadora, sigue esencialmente el mismo procedimiento de los ejemplos precedentes: la calculadora selecciona un gran número de valores x (95 o más), separados uniformemente a lo largo del eje x y marca los puntos correspondientes, conectándolos simultáneamente con segmentos de línea. Las gráficas generadas con calculadora son en general bastante exactas, aunque su trazo se ve más entrecortado que en las dibujadas a mano. Por ejemplo, la figura 2.7 muestra la gráfica de $y = x^3 - 5x + 1$. Si tiene una calculadora gráfica, aprenda a usarla.

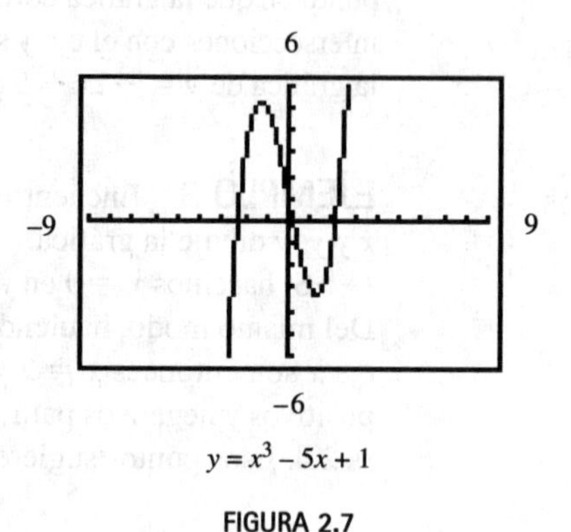

$y = x^3 - 5x + 1$

FIGURA 2.7

LECTURA DE GRÁFICAS A menudo, la información se da en forma gráfica, por lo que debe ser capaz de leer e interpretar las gráficas, es decir, trasladar la información gráfica a enunciados en español.

EJEMPLO 5 Un aparato del centro meteorológico registra la temperatura en un periodo de 24 horas en forma gráfica (figura 2.8). La primera coordenada de cada punto sobre la gráfica representa el tiempo (medido en horas después de media noche) y la segunda coordenada la temperatura en ese tiempo.

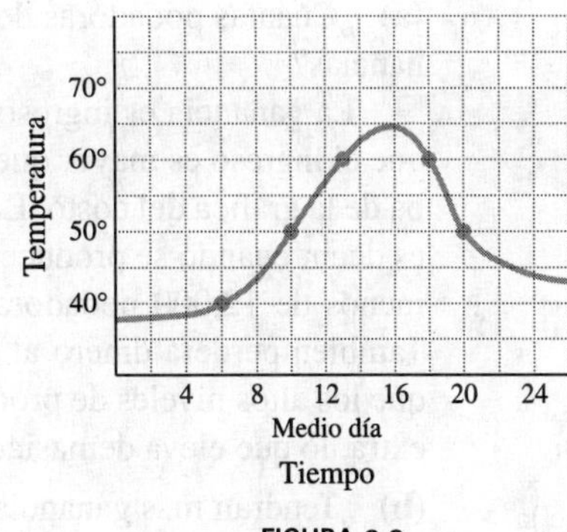

FIGURA 2.8

(a) ¿Cuál fue la temperatura a las 6 A.M. y a las 6 P.M.?

El punto (6, 40) está sobre la gráfica, lo que significa que la temperatura a las 6 A.M. era de 40°. Ahora, las 6 P.M. son 18 horas después de media noche y el punto sobre la gráfica con primera coordenada de 18 es (18, 60). La temperatura a las 6 P.M. era entonces de 60°.

(b) ¿A qué horas del día era la temperatura inferior a 50°?

Busque los puntos cuyas segundas coordenadas son menores que 50, es decir, los puntos que se encuentran debajo de la línea horizontal que pasa por 50°. Las primeras coordenadas de esos puntos son las horas en que la temperatura estaba por debajo de 50°. La figura 2.8 muestra que ésos son los puntos con primera coordenada menor que 10 o mayor que 20. Como las 20 horas corresponden a las 8 P.M., vemos que la temperatura era inferior a 50° de la media noche a las 10 A.M. y de las 8 P.M. a la media noche.

5 En el ejemplo 5, ¿cuál es la temperatura más alta y la más baja durante el día? ¿Cuándo ocurren?

Respuesta:

La más alta es de aproximadamente 64°, cerca de las 4 P.M.; la más baja es de aproximadamente 37°, a media noche, cuando comienza el día.

(c) ¿Durante qué periodo *antes* de las 4 P.M. era la temperatura por lo menos de 60°?

Como las 4 P.M. son 16 horas después de la media noche, buscamos puntos con primera coordenada menor que 16 y segunda coordenada mayor que 60. La figura 2.8 muestra que ésos son los puntos con primera coordenada entre 13 y 16. Por tanto, la temperatura era por lo menos de 60° de la 1 P.M. a las 4 P.M. ■ 5

EJEMPLO 6 Los ingresos y costos mensuales de Lange Lawnmower Company están determinados por el número t de podadoras de césped que produce, como se muestra en la figura 2.9.

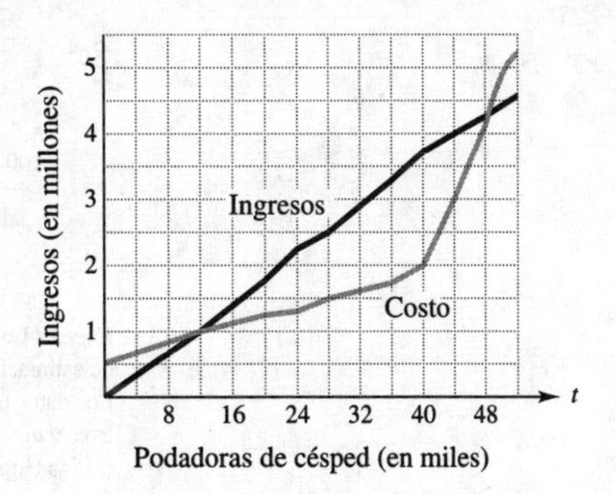

FIGURA 2.9

(a) ¿Cuántas podadoras deben producirse cada mes para que la compañía tenga ganancias?

La ganancia es ingreso − costo, por lo que la empresa tiene ganancias siempre que el ingreso es mayor que el costo, es decir, cuando la gráfica del ingreso está arriba de la gráfica del costo. La figura 2.9 muestra que esto ocurre entre $t = 12$ y $t = 48$, es decir, cuando se producen entre 12,000 y 48,000 podadoras. Si la empresa fabrica menos de 12,000 podadoras, perderá dinero (el costo será mayor que el ingreso). También perderá dinero al fabricar más de 48,000 podadoras (una razón podría ser que los altos niveles de producción requieren grandes cantidades de pago por tiempo extra, lo que eleva demasiado el costo).

(b) ¿Tendrán más ganancias al fabricar 40,000 podadoras o al fabricar 44,000?

Sobre la gráfica de ingresos, el punto con primera coordenada de 40 tiene una segunda coordenada de aproximadamente 3.7, lo que significa que el ingreso de 40,000 podadoras es de cerca de 3.7 millones de dólares. El punto con primera coordenada de 40 sobre la gráfica de costo es (40, 2), lo que significa que el costo de producir 40,000 podadoras es de 2 millones de dólares. Por lo tanto, la ganancia de 40,000 podadoras es aproximadamente $3.7 - 2 = 1.7$ millones de dólares. Para 44,000 podadoras, tenemos los puntos aproximados (44, 4) sobre la gráfica de ingresos y (44, 3) sobre la gráfica de costo. Por tanto, la ganancia en 44,000 podadoras es $4 - 3 = 1$ millón de dólares. En consecuencia, producir 40,000 podadoras generará más ganancias. ■ 6

6 En el ejemplo 6, encuentre la ganancia al producir

(a) 32,000 podadoras;

(b) 4000 podadoras.

Respuestas:

(a) Aproximadamente $1,000,000 (redondeado)

(b) Aproximadamente −$500,000 (es decir, una pérdida de $500,000)

EJEMPLO 7 La gráfica de la figura 2.10, que apareció en la edición de marzo de 1997 de *Scientific American*, muestra cifras reales y proyectadas de población de varias partes del mundo en un periodo de 200 años. Para Estados Unidos se dan dos proyecciones: la gráfica A supone que la inmigración y tasa de fertilidad presentes se mantendrán, en tanto que la gráfica B supone que una o ambas disminuirán.

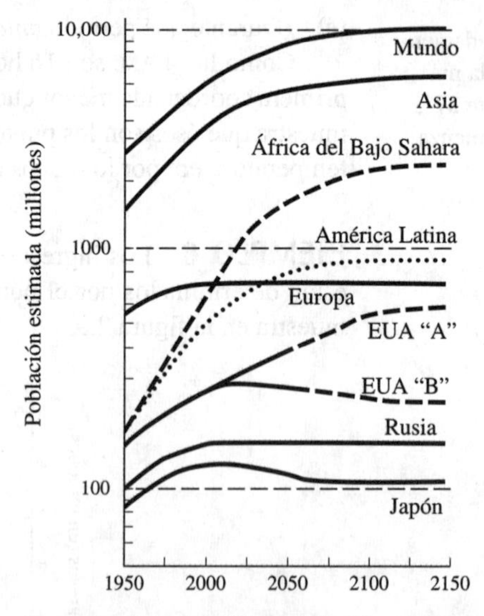

Fuente: Los datos sobre EUA, están basados en la serie de estimaciones de la Oficina del Censo hasta el año 2050. Los datos para las demás zonas se tomaron de Eduard Bos *et al., World Population Projections, edición 1994-95.* (Johns Hopkins University Press para el Banco Mundial, 1994.)

FIGURA 2.10

(a) Aproximadamente, ¿cuándo excederá la población de América Latina a la población de Europa?

En el año 2030 aproximadamente, ya que la figura 2.10 muestra que la gráfica para América Latina se encuentra debajo de la gráfica para Europa hasta entonces y arriba de ella después.

(b) ¿Qué región crecerá más rápidamente entre la actualidad y el año 2050?

La región del Bajo Sahara en África, porque su gráfica se eleva con mayor pendiente que la de cualquier otra región entre los años 2000 y 2050.

(c) ¿Qué regiones tendrán el mismo o menor número de gente en 2150 que en 2000?

Hay tres regiones cuyas gráficas no se elevan entre 2000 y 2150; éstas son Japón, Rusia, Europa y posiblemente Estados Unidos (si la gráfica B es exacta). ■

2.1 EJERCICIOS

Determine si el par ordenado dado es una solución de la ecuación dada (véase el ejemplo 1).

1. $(1, -2)$; $3x - y - 5 = 0$

2. $(2, -1)$; $x^2 + y^2 - 6x + 8y = -15$

3. $(3, 4)$; $(x - 2)^2 + (y + 5)^2 = 4$

4. $(1, -1)$; $\frac{x^2}{2} + \frac{y^2}{3} = 1$

Esboce la gráfica de cada una de las siguientes ecuaciones (véase el ejemplo 2).

5. $4y + 3x = 12$ **6.** $2x + 7y = 14$

7. $8x + 3y = 12$ **8.** $9y - 4x = 12$

9. $x = 2y + 3$ **10.** $x - 3y = 0$

Dé las intersecciones de cada gráfica con los ejes x y y.

11.

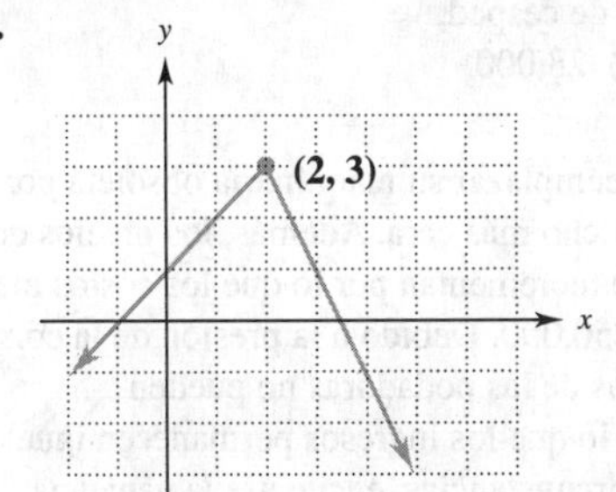

12.

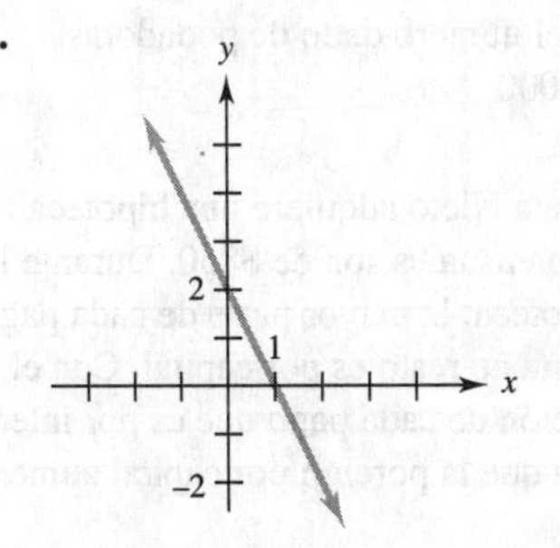

13.

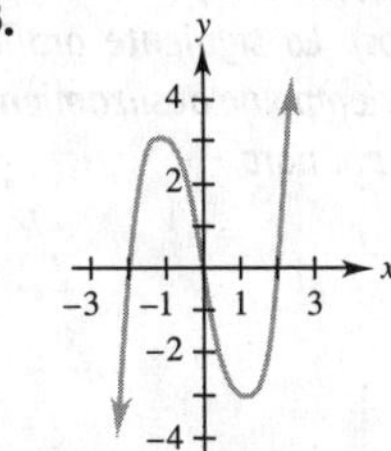

14.

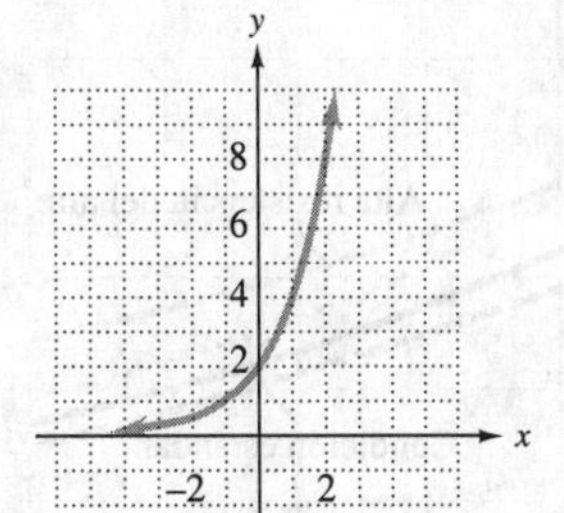

Encuentre las intersecciones de la gráfica de cada ecuación con los ejes x y y. No esboce la gráfica (véase el ejemplo 3).

15. $3x + 4y = 24$

16. $x - 2y = 3$

17. $2x - 3y = 6$

18. $3x + y = 4$

19. $y = x^2 - 9$

20. $y = x^2 + 4$

Esboce la gráfica de cada ecuación siguiente (véanse los ejemplos 2-4).

21. $y = x^2$

22. $y = x^2 + 2$

23. $y = x^2 - 3$

24. $y = 2x^2$

25. $y = x^3$

26. $y = x^3 - 3$

27. $y = x^3 + 1$

28. $y = x^3/2$

29. $y = \sqrt{x + 2}$

30. $y = \sqrt{x - 2}$

31. $y = \sqrt{4 - x^2}$

32. $y = \sqrt{9 - x^2}$

Física *De acuerdo con un artículo en la edición de diciembre de 1994 de* Scientific American, *el tiempo de deslizamiento para un automóvil típico del año 1993, cuando éste desciende 10 millas por hora desde una velocidad inicial, depende de variaciones de la condición estándar (automóvil en punto muerto; promedio de resistencia al avance y presión en los neumáticos). La siguiente gráfica ilustra algunas de esas condiciones con el tiempo de deslizamiento en segundos y la velocidad inicial en millas por hora.*

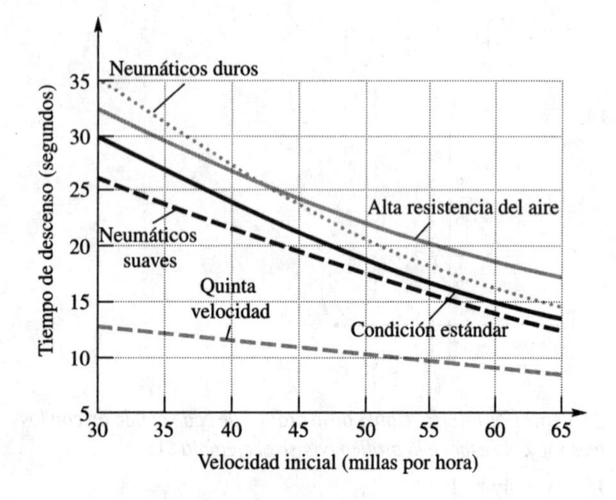

Use la gráfica para contestar las siguientes preguntas.

33. ¿Cuál es el tiempo aproximado de deslizamiento en quinta velocidad si la velocidad inicial es de 40 millas por hora?

34. ¿A qué velocidad el tiempo de deslizamiento es el mismo para las condiciones de alta resistencia del aire que de neumáticos duros?

Física *Las gráficas de temperatura para Fargo y Seattle en el mismo día se muestran en la siguiente figura anexa. Úselas para resolver los siguientes ejercicios (véase el ejemplo 5).*

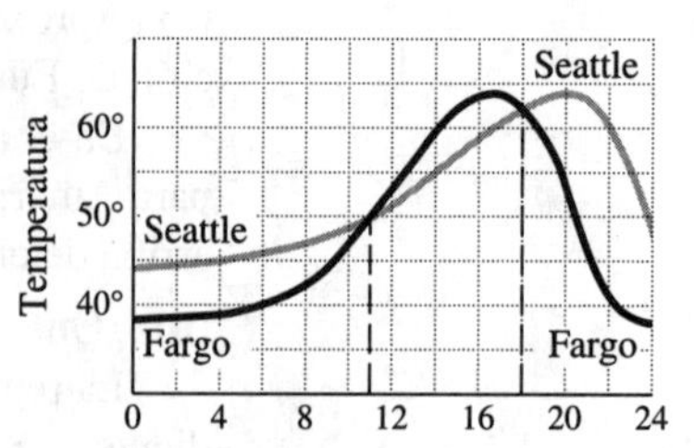

35. Aproximadamente, ¿cuándo se alcanzó primero la temperatura de 60° en Fargo? ¿Cuándo en Seattle?

36. ¿A qué horas del día tenían las dos ciudades la misma temperatura?

37. ¿A qué horas del día hacía más calor en Fargo que en Seattle?

38. ¿Hubo alguna hora en que era por lo menos 10° más caliente en Seattle que en Fargo?

Administración *Use las gráficas de ingresos y costos de Lange Lawnmower Company (figura 2.9) para resolver los ejercicios 39-42.*

39. Encuentre el costo aproximado de fabricar el número de podadoras de césped indicado en cada inciso.
(a) 20,000 **(b)** 36,000
(c) 48,000

40. Encuentre el ingreso aproximado por la venta del número indicado de podadoras de césped.
(a) 12,000 **(b)** 24,000
(c) 36,000

41. Use la relación ganancia = ingreso − costo para encontrar la ganancia aproximada en la fabricación del número indicado de podadoras de césped.
(a) 20,000 **(b)** 28,000
(c) 36,000

42. La empresa debe reemplazar su maquinaria obsoleta por otra mejor, pero mucho más cara. Además, los precios de la materia prima se incrementan por lo que los costos mensuales se elevan $250,000. Debido a la presión de la competencia, los precios de las podadoras no pueden incrementarse, por lo que los ingresos permanecen iguales. Bajo esas nuevas circunstancias, encuentre la ganancia aproximada al fabricar el número dado de podadoras.
(a) 20,000 **(b)** 36,000
(c) 40,000

43. **Administración** Susana Nieto adquiere una hipoteca a 30 años cuyos pagos mensuales son de $850. Durante los primeros años de la hipoteca, la mayor parte de cada pago es por intereses y el pequeño resto es por capital. Con el paso del tiempo, la porción de cada pago que es por intereses disminuye, mientras que la porción por capital aumenta, como se muestra en la gráfica anexa.

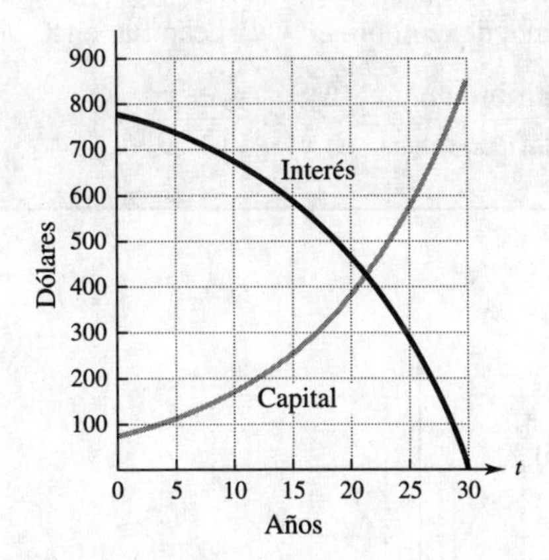

(a) Aproximadamente, ¿cuánto de los $850 mensuales corresponde a intereses en el 5o. año? ¿En el 15o. año? ¿En el 25o.?

(b) ¿En qué año estarán los pagos mensuales divididos entre intereses y capital en partes iguales?

Administración *La gráfica anexa, que muestra el empleo no agrícola en Estados Unidos, apareció en un informe económico reciente (U.S. Territory 1997, publicado por Economics Department of U.S. Bancorp). Con la gráfica responda las siguientes preguntas.*

44. ¿Cuánta gente tenía empleo al principio de 1990? ¿Cuánta al principio de 1995?

45. ¿Durante qué periodo estaba el empleo debajo de 109,000,000?

46. Aproximadamente, ¿cuándo estaba el empleo en su punto más bajo?

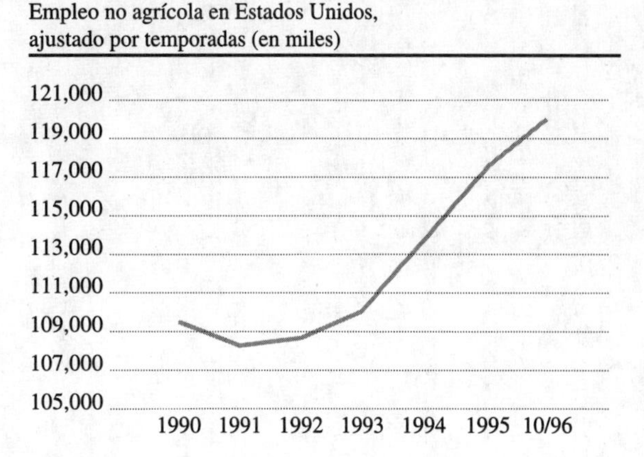

Fuente: Department of Labor, Bureau of Labor Statistics.

2.2 PENDIENTE Y ECUACIONES DE UNA RECTA

Las líneas rectas, que son las gráficas más simples, tienen un papel importante en una gran variedad de aplicaciones. Aquí se consideran desde el punto de vista geométrico y algebraico.

La característica geométrica clave de una recta no vertical es qué tan inclinada se levanta o se cae al moverse uno de izquierda a derecha. Lo "inclinado" de una recta puede representarse numéricamente con un número llamado la *pendiente* de la línea.

Para ver cómo se define la pendiente, comenzamos con la figura 2.11, que muestra una recta que pasa por los dos puntos diferentes $(x_1, y_1) = (-3, 5)$ y $(x_2, y_2) = (2, -4)$. La diferencia en los dos valores x,

$$x_2 - x_1 = 2 - (-3) = 5$$

en este ejemplo, se denomina el **cambio en *x***. La letra griega Δ se usa para denotar cambio. El símbolo Δx (léase "delta x") representa el cambio en x. De la misma manera, Δy representa el **cambio en *y***. En este ejemplo,

$$\Delta y = y_2 - y_1 = -4 - 5 = -9.$$

La **pendiente** de la recta que pasa por los dos puntos (x_1, y_1) y (x_2, y_2), donde $x_1 \neq x_2$, se define como el cociente del cambio en y y el cambio en x, o

$$\textbf{pendiente} = \frac{\textbf{cambio en } y}{\textbf{cambio en } x} = \frac{\Delta y}{\Delta x} = \frac{y_2 - y_1}{x_2 - x_1}.$$

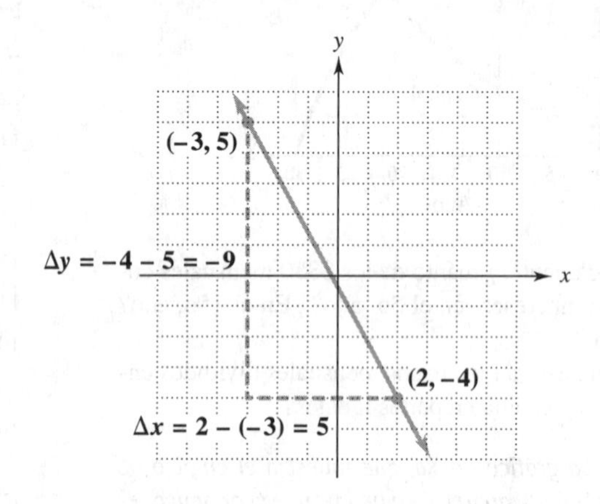

FIGURA 2.11

La pendiente de la recta en la figura 2.11 es

$$\text{pendiente} = \frac{\Delta y}{\Delta x} = \frac{-4 - 5}{2 - (-3)} = -\frac{9}{5}.$$

Con triángulos semejantes puede mostrarse que la pendiente es independiente de la selección de los puntos sobre la recta. Es decir, el mismo valor de la pendiente se obtendrá para *cualquier* selección de dos puntos diferentes sobre la recta.

EJEMPLO 1 Encuentre la pendiente de la recta que pasa por los puntos $(-7, 6)$ y $(4, 5)$.

Sea $(x_1, y_1) = (-7, 6)$. Entonces $(x_2, y_2) = (4, 5)$. Use la definición de pendiente.

$$\text{pendiente} = \frac{\Delta y}{\Delta x} = \frac{5 - 6}{4 - (-7)} = -\frac{1}{11}$$

La pendiente puede también encontrarse haciendo $(x_1, y_1) = (4, 5)$ y $(x_2, y_2) = (-7, 6)$. En ese caso,

$$\text{pendiente} = \frac{6 - 5}{-7 - 4} = \frac{1}{-11} = -\frac{1}{11},$$

que es la misma respuesta. ■ [1]

[1] Encuentre la pendiente de la línea que pasa por

(a) $(6, 11), (-4, -3)$;

(b) $(-3, 5), (-2, 8)$.

Respuestas:

(a) 7/5

(b) 3

PRECAUCIÓN Al encontrar la pendiente de una recta, sea cuidadoso al restar los valores de x y los valores de y en el mismo orden. Por ejemplo, con los puntos (4, 3) y (2, 9), si usa $9 - 3$ para el numerador, deberá usar $2 - 4$ (*no* $4 - 2$) para el denominador. ◆

EJEMPLO 2 Encuentre la pendiente de la recta horizontal en la figura 2.12.

Todo punto sobre la recta tiene la misma coordenada y, o sea, -5. Escoja dos cualesquiera de ellos para calcular la pendiente, digamos $(x_1, y_1) = (-3, -5)$ y $(x_2, y_2) = (2, -5)$:

$$\text{pendiente} = \frac{-5 - (-5)}{2 - (-3)} = \frac{0}{5} = 0. \quad \blacksquare$$

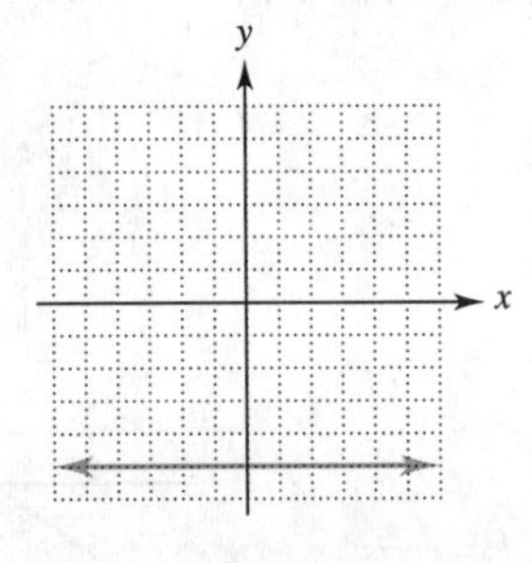

FIGURA 2.12

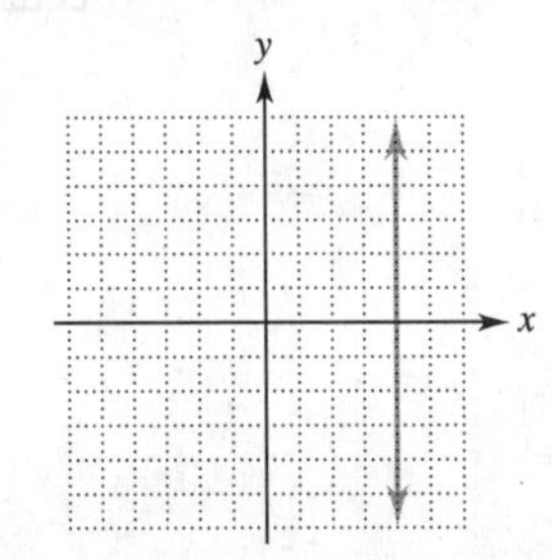

FIGURA 2.13

EJEMPLO 3 ¿Cuál es la pendiente de la recta vertical en la figura 2.13?

Todo punto sobre la recta tiene la misma coordenada x igual a 4. Si intenta calcular la pendiente con dos de esos puntos, digamos $(x_1, y_1) = (4, -2)$ y $(x_2, y_2) = (4, 1)$, obtendrá

$$\text{pendiente} = \frac{1 - (-2)}{4 - 4} = \frac{3}{0}.$$

La división entre 0 no está definida, por lo que la pendiente de esta recta no está definida. ■

Los argumentos de los ejemplos 2 y 3 son válidos en general y conducen a la siguiente conclusión.

> La pendiente de toda recta horizontal es 0.
>
> La pendiente de toda línea recta no está definida.

FORMA PENDIENTE-INTERSECCIÓN La pendiente puede usarse para desarrollar una descripción algebraica de las rectas no verticales. Suponga que una línea con pendiente m tiene intersección con el eje y en b, por lo que pasa por el punto $(0, b)$ (véase la figura 2.14). Sea (x, y) cualquier punto sobre la recta diferente a $(0, b)$. Si se usa la definición de pendiente con los puntos $(0, b)$ y (x, y) obtenemos

$$m = \frac{y - b}{x - 0}$$

$$m = \frac{y - b}{x}$$

$$mx = y - b \qquad \text{Multiplique } x.$$

de donde

$$y = mx + b \qquad \text{Sume } b\text{. Invierta la ecuación.}$$

En otras palabras, las coordenadas de cualquier punto sobre la recta satisfacen la ecuación $y = mx + b$.

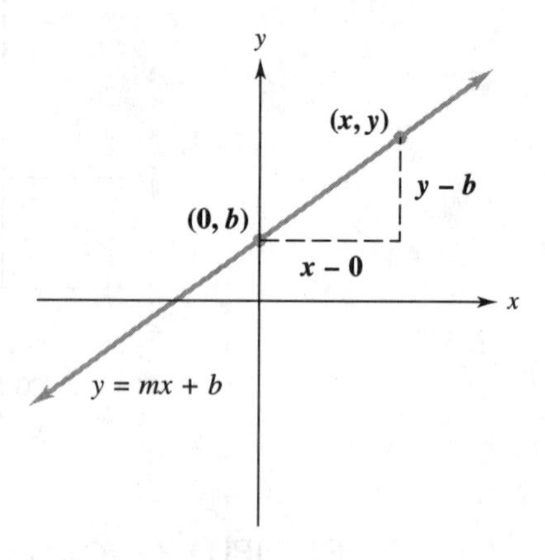

FIGURA 2.14

FORMA PENDIENTE-INTERSECCIÓN

Si una recta tiene pendiente m e intersección con el eje y en b, entonces es la gráfica de la ecuación

$$\boldsymbol{y = mx + b}.$$

Esta ecuación se llama **forma pendiente-intersección** de la ecuación de la línea.

EJEMPLO 4 Encuentre una ecuación para la recta con intersección con el eje y en $7/2$ y pendiente de $-5/2$.

Use la forma pendiente-intersección con $b = 7/2$ y $m = -5/2$.

$$y = mx + b$$

$$y = -\frac{5}{2}x + \frac{7}{2} \quad \blacksquare$$

2 Encuentre una ecuación para la recta con

(a) intersección con el eje y en -3 y pendiente de $2/3$;

(b) intersección con el eje y en $1/4$ y pendiente de $-3/2$.

Respuestas:

(a) $y = \frac{2}{3}x - 3$

(b) $y = -\frac{3}{2}x + \frac{1}{4}$

3 Encuentre la pendiente y la intersección con el eje y para

(a) $x + 4y = 6$;

(b) $3x - 2y = 1$.

Respuestas:

(a) Pendiente: $-1/4$; intersección con el eje y: $3/2$

(b) Pendiente: $3/2$; intersección con el eje y: $-1/2$

4 **(a)** Dé las pendientes de las siguientes rectas:

E: $y = -.3x$, F: $y = -x$,

G: $y = -2x$, H: $y = -5x$.

(b) Dibuje la gráfica de las cuatro rectas sobre el mismo conjunto de ejes.

(c) ¿Cómo son las pendientes de las rectas en relación a su inclinación?

Respuestas:

(a) Pendiente E $= -.3$; pendiente F $= -1$; pendiente G $= -2$; pendiente H $= -5$.

(b)

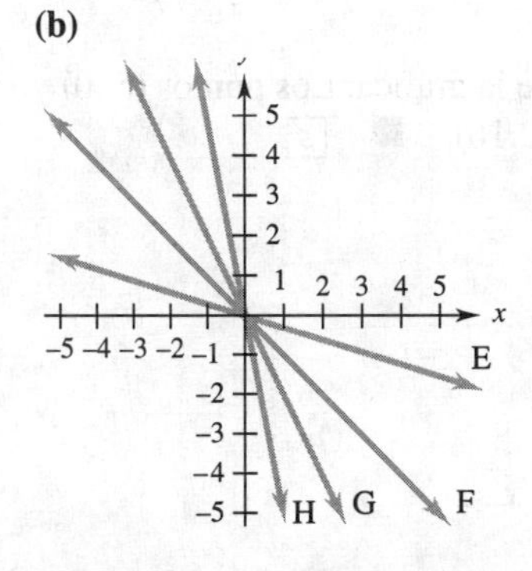

(c) Cuanto mayor es la pendiente en valor absoluto, tanto más inclinada está la recta de izquierda a derecha.

EJEMPLO 5 Encuentre la ecuación de la recta horizontal con intersección con el eje y en 3.

La pendiente de la recta es 0 (¿por qué?) y su intersección con el eje y es 3, por lo que la ecuación es

$$y = mx + b$$
$$y = 0x + 3$$
$$y = 3 \quad ■ \quad \boxed{2}$$

El argumento en el ejemplo 5 también es válido en el caso general.

> Si k es una constante, entonces la gráfica de la ecuación $y = k$ es la recta horizontal con intersección con el eje y igual a k.

EJEMPLO 6 Encuentre la pendiente y la intersección con el eje y para cada una de las siguientes rectas.

(a) $5x - 3y = 1$

Despeje y.

$$5x - 3y = 1$$
$$-3y = -5x + 1$$
$$y = \frac{5}{3}x - \frac{1}{3}$$

Esta ecuación está en la forma $y = mx + b$, con $m = 5/3$ y $b = -1/3$. La pendiente es entonces $5/3$ y la intersección con el eje y es $-1/3$.

(b) $-9x + 6y = 2$

Despeje y.

$$-9x + 6y = 2$$
$$6y = 9x + 2$$
$$y = \frac{3}{2}x + \frac{1}{3}$$

La pendiente es $3/2$ (coeficiente de x) y la intersección con el eje y es $1/3$. ■ **3**

La forma pendiente-intersección puede usarse para mostrar cómo la pendiente mide la inclinación de una recta. Considere las líneas rectas A, B, C y D dadas por las siguientes ecuaciones; cada una tiene intersección con el eje y 0 y la pendiente indicada.

A: $y = .5x$,	B: $y = x$,	C: $y = 3x$,	D: $y = 7x$
Pendiente .5	Pendiente 1	Pendiente 3	Pendiente 7

Para estas líneas, la figura 2.15 muestra que entre mayor es la pendiente, más se inclina la recta de izquierda a derecha. **4**

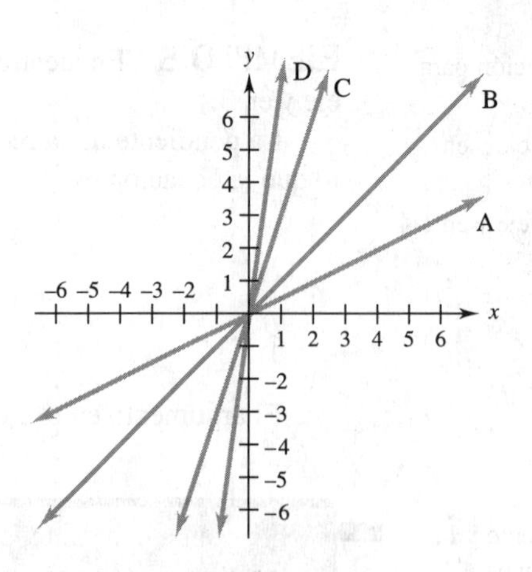

FIGURA 2.15

5 Dibuje la gráfica de las rectas y marque las intersecciones con los ejes.

(a) $3x + 4y = 12$

(b) $5x - 2y = 8$

Respuestas:

(a)

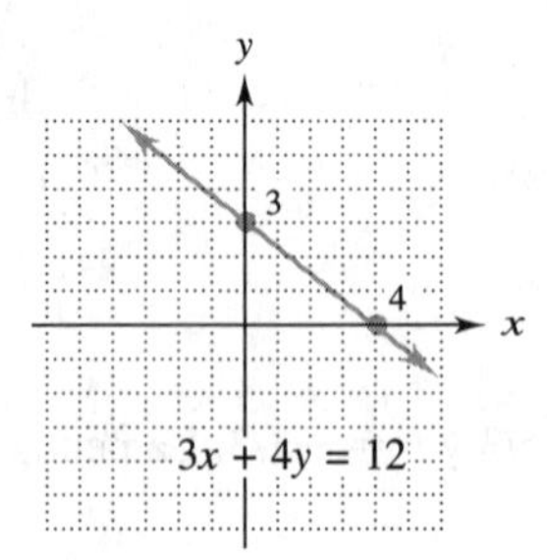

(b)

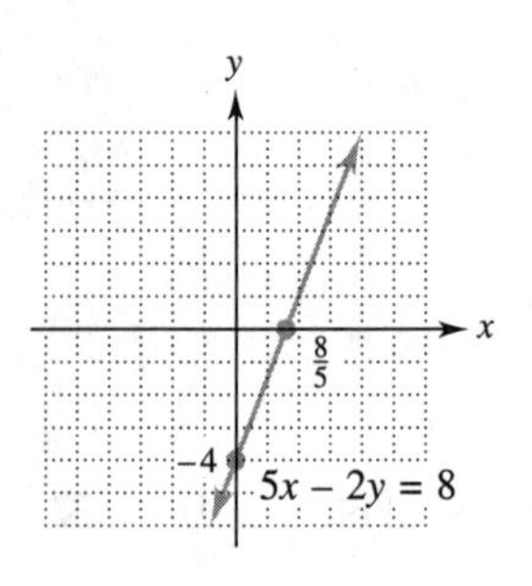

El análisis anterior y el problema 4 en el margen pueden resumirse como sigue.

Dirección de la línea (de izquierda a derecha)	*Pendiente*
Hacia arriba	**Positiva** (mayor para rectas más inclinadas)
Horizontal	**0**
Hacia abajo	**Negativa** (mayor en valor absoluto para rectas más inclinadas)
Vertical	**No definida**

EJEMPLO 7 Dibuje la gráfica de $x + 2y = 5$ y marque las intersecciones con los ejes.

Encuentre la intersección con el eje x haciendo $y = 0$ y despejando x.

$$x + 2 \cdot 0 = 5$$
$$x = 5$$

La intersección con el eje x es 5 y (5, 0) está sobre la gráfica. La intersección con el eje y se encuentra similarmente, haciendo $x = 0$ y despejando y.

$$0 + 2y = 5$$
$$y = 5/2$$

La intersección con el eje y es 5/2 y (0, 5/2) está sobre la gráfica. Los puntos (5, 0) y (0, 5/2) pueden usarse para dibujar la gráfica (figura 2.16). ■ 5

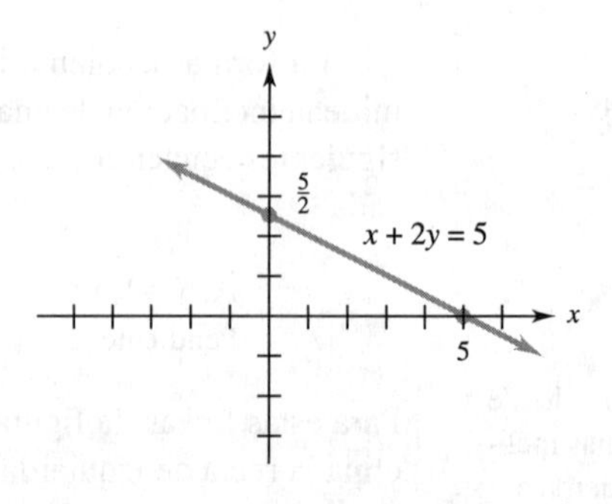

FIGURA 2.16

SUGERENCIA TECNOLÓGICA Para trazar la gráfica de una ecuación lineal en una calculadora graficadora, primero debe poner la ecuación en la forma pendiente-intersección $y = mx + b$ de manera que pueda ponerse ésta en la memoria (llamada la Y = list en algunas calculadoras). Las rectas verticales no pueden trazarse en la mayoría de las calculadoras. ✔

RECTAS PARALELAS Y PERPENDICULARES Supondremos los siguientes hechos sin demostración. El primero es una consecuencia de que la pendiente mide la inclinación y que las rectas paralelas tienen la misma inclinación.

> Dos líneas no verticales son paralelas siempre que tengan la misma pendiente.
> Dos líneas no verticales son perpendiculares entre sí siempre que el producto de sus pendientes sea -1.

EJEMPLO 8 Determine si cada uno de los siguientes pares de rectas son *paralelas, perpendiculares* o *ninguna de las dos cosas.*

(a) $2x + 3y = 5$ y $4x + 5 = -6y$

Ponga cada ecuación en la forma pendiente-intersección despejando y.

$$3y = -2x + 5 \qquad -6y = 4x + 5$$

$$y = -\frac{2}{3}x + \frac{5}{3} \qquad y = -\frac{2}{3}x - \frac{5}{6}$$

En cada caso la pendiente (coeficiente de x) es $-2/3$, por lo que las rectas son paralelas.

(b) $3x = y + 7$ y $x + 3y = 4$

La pendiente de $3x = y + 7$ es 3 (¿por qué?). Verifique que la pendiente de $x + 3y = 4$ es $-1/3$. Como $3(-1/3) = -1$, esas rectas son perpendiculares.

(c) $x + y = 4$ y $x - 2y = 3$

Verifique que la pendiente de la primera recta es -1 y la pendiente de la segunda es $1/2$. Las pendientes no son iguales y su producto no es -1, por lo que las líneas no son paralelas ni perpendiculares. ■ 6

6 Diga si las rectas en cada uno de los siguientes incisos son *paralelas, perpendiculares* o *ninguna de éstas*.

(a) $x - 2y = 6$ y $2x + y = 5$

(b) $3x + 4y = 8$ y $x + 3y = 2$

(c) $2x - y = 7$ y $2y = 4x - 5$

Respuestas:

(a) Perpendiculares

(b) Ninguna de éstas

(c) Paralelas

SUGERENCIA TECNOLÓGICA Es posible que rectas perpendiculares no se vean así en una calculadora graficadora, a menos que use usted una *ventana cuadrada*, es decir, una donde un segmento de una unidad sobre el eje *y* sea de la misma longitud que un segmento de una unidad sobre el eje *x*. Para obtener una tal ventana en la mayoría de las calculadoras, use una ventana de observación donde el eje *y* es aproximadamente 2/3 tan largo como el eje *x*. ✔

FORMA PUNTO-PENDIENTE La forma pendiente-intersección de la ecuación de una recta implica la pendiente y la intersección con el eje *y*. Sin embargo, a veces se conoce la pendiente de una recta, y un punto sobre la recta (tal vez *no* la intersección con el eje y). La *forma punto-pendiente* de la ecuación de una recta se usa para encontrar una ecuación en este caso. Sea (x_1, y_1) un punto fijo cualquiera sobre la recta y sea (x, y) otro punto cualquiera sobre la recta. Si m es la pendiente de la recta, entonces, por la definición de pendiente,

$$\frac{y - y_1}{x - x_1} = m.$$

Multiplicando ambos lados por $x - x_1$, resulta

$$y - y_1 = m(x - x_1).$$

FORMA PUNTO-PENDIENTE

Si una recta tiene pendiente m y pasa por el punto (x_1, y_1), entonces

$$\mathbf{y - y_1 = m(x - x_1)}$$

es la **forma punto-pendiente** de la ecuación de la recta.

EJEMPLO 9 Encuentre una ecuación de la recta con la pendiente dada que pasa por el punto dado.

(a) $(-4, 1), m = -3$

Use la forma punto-pendiente porque se conoce un punto sobre la recta, junto con la pendiente de ésta. Sustituya los valores $x_1 = -4$, $y_1 = 1$ y $m = -3$ en la forma punto-pendiente.

$$y - y_1 = m(x - x_1)$$

$$y - 1 = -3[x - (-4)] \qquad \text{Forma punto-pendiente}$$

Usando álgebra obtenemos la forma pendiente-intersección de esta ecuación.

$$y - 1 = -3(x + 4)$$

$$y - 1 = -3x - 12 \qquad \text{Propiedad distributiva}$$

$$y = -3x - 11 \qquad \text{Forma pendiente-intersección}$$

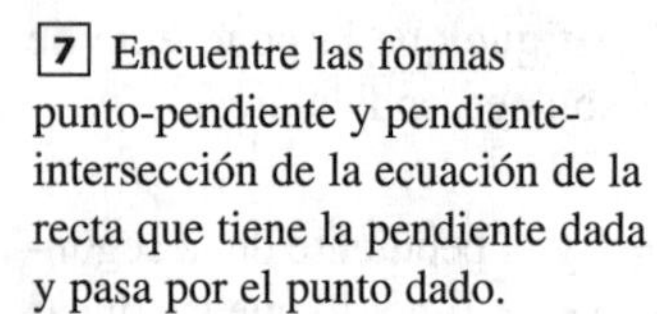

7 Encuentre las formas punto-pendiente y pendiente-intersección de la ecuación de la recta que tiene la pendiente dada y pasa por el punto dado.

(a) $m = -3/5, (5, -2)$

(b) $m = 1/3, (6, 8)$

Respuestas:

(a) $y + 2 = -\frac{3}{5}(x - 5)$; $y = -\frac{3}{5}x + 1$.

(b) $y - 8 = \frac{1}{3}(x - 6)$; $y = \frac{1}{3}x + 6$.

(b) $(3, -7), m = 5/4$

$$y - y_1 = m(x - x_1)$$

$$y - (-7) = \frac{5}{4}(x - 3) \qquad \text{Haga } y_1 = -7, m = \frac{5}{4}, x_1 = 3.$$

$$y + 7 = \frac{5}{4}(x - 3) \qquad \text{Forma punto-pendiente}$$

$$y + 7 = \frac{5}{4}x - \frac{15}{4}$$

$$y = \frac{5}{4}x - \frac{43}{4} \qquad \text{Forma pendiente-intersección}$$

■ 7

La forma punto-pendiente también puede usarse para encontrar una ecuación de una recta dados dos puntos diferentes sobre la recta. El procedimiento para esto se muestra en el siguiente ejemplo.

EJEMPLO 10 Encuentre una ecuación de la recta que pasa por $(5, 4)$ y $(-10, -2)$.

Comience usando la definición de pendiente para encontrar la pendiente de la recta que pasa por los dos puntos.

$$\text{pendiente} = m = \frac{-2-4}{-10-5} = \frac{-6}{-15} = \frac{2}{5}$$

Use $m = 2/5$ y cualquiera de los puntos dados en la forma punto-pendiente. Si $(x_1, y_1) = (5, 4)$, entonces

$$\begin{aligned} y - y_1 &= m(x - x_1) \\ y - 4 &= \frac{2}{5}(x-5) && \text{Haga } y_1 = 4,\ m = \frac{2}{5},\ x_1 = 5. \\ 5(y-4) &= 2(x-5) && \text{Multiplique ambos lados por 5.} \\ 5y - 20 &= 2x - 10 && \text{Propiedad distributiva} \\ 5y &= 2x + 10. \end{aligned}$$

Verifique que el resultado sea el mismo cuando $(x_1, y_1) = (-10, -2)$. ■ [8]

[8] Encuentre una ecuación de la recta que pasa por
(a) $(2, 3)$ y $(-4, 6)$;
(b) $(-8, 2)$ y $(3, -6)$.

Respuestas:
(a) $2y = -x + 8$
(b) $11y = -8x - 42$

EJEMPLO 11 En un experimento efectuado para determinar el tiempo y de reacción de una persona (en segundos) después de estar sometida durante horas a una gran actividad, se encontró que la ecuación lineal $y = 0.1957x + 0.1243$ es una buena aproximación de la relación entre el esfuerzo y el tiempo de reacción durante las primeras cinco horas.

(a) Suponiendo que los tiempos de reacción continúan siguiendo este patrón, ¿cuál será el tiempo aproximado de reacción después de ocho y media horas?

Sustituya $x = 8.5$ en la ecuación y use una calculadora para evaluar y.

$$\begin{aligned} y &= .1957x + .1243 \\ y &= .1957(8.5) + .1243 = 1.78775 \end{aligned}$$

El tiempo de reacción es aproximadamente de 1.8 segundos.

(b) Cuando el tiempo de reacción es de 1.5 segundos, ¿qué tiempo ha estado la persona sometida a una gran actividad?

Sustituya $y = 1.5$ en la ecuación y despeje x.

$$\begin{aligned} 1.5 &= .1957x + .1243 \\ 1.5 - .1243 &= .1957x \\ x &= \frac{1.5 - .1243}{.1957} \approx 7.0296 \end{aligned}$$

Por consiguiente, la persona ha estado sometida a una gran actividad durante algo más de 7 horas. ■

RECTAS VERTICALES Las formas de las ecuaciones desarrolladas arriba no son aplicables a rectas verticales porque la pendiente no está definida para tales rectas. Sin embargo, las rectas verticales pueden describirse fácilmente como gráficas de ecuaciones.

EJEMPLO 12 Encuentre la ecuación cuya gráfica es la recta vertical en la figura 2.17.

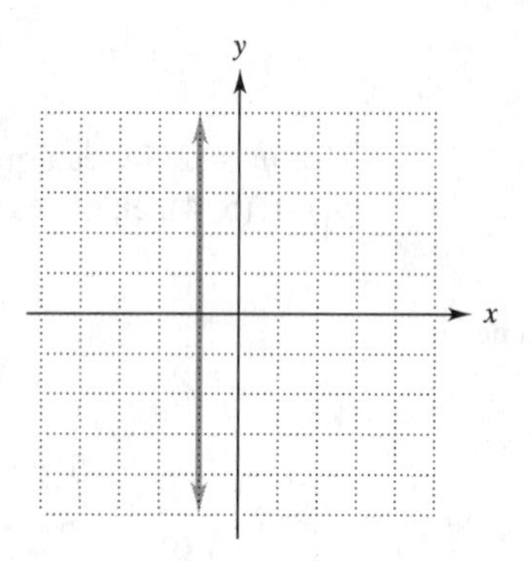

FIGURA 2.17

Todo punto sobre la recta tiene coordenada x de -1 y por consiguiente tiene la forma $(-1, y)$. Así entonces, todo punto es una solución de la ecuación $x + 0y = -1$, la cual usualmente se escribe simplemente como $x = -1$. Advierta que -1 es la intersección de la recta con el eje x. ■

El argumento en el ejemplo 12 también es válido en el caso general.

> Si k es una constante, entonces la gráfica de la ecuación $x = k$ es la recta vertical con intersección con el eje x igual a k.

Una **ecuación lineal** es una ecuación en dos variables que puede ponerse en la forma $ax + by = c$ para algunas constantes a, b, c, con por lo menos una de a y b diferentes de cero. Esas ecuaciones se llaman así porque sus gráficas son siempre una línea recta. Por ejemplo, cuando $b \neq 0$, entonces $ax + by = c$ puede escribirse

$$by = -ax + c$$

$$y = -\frac{a}{b}x + \frac{c}{b},$$

que es la ecuación de una recta con pendiente $-a/b$ e intersección con el eje y con valor de c/b. Del mismo modo, cuando $b = 0$, entonces $a \neq 0$ y $ax + by = c$ se vuelve $x = c/a$, cuya gráfica es una recta vertical. Inversamente, la ecuación de toda recta es una ecuación lineal. Por ejemplo, la recta con pendiente de -3 e intersección con el eje y de 5 tiene la ecuación $y = -3x + 5$ (¿por qué?), que puede escribirse $3x + 1y = 5$. En la siguiente tabla se da un resumen de los hechos básicos de las ecuaciones lineales y de sus gráficas.

Ecuación	*Descripción*
$ax + by = c$	Si $a \neq 0$ y $b \neq 0$, la recta tiene intersección con el eje x en c/a e intersección con el eje y en c/b.
$x = k$	**Recta vertical**, intersección con el eje x en k, ninguna intersección con el eje y, pendiente no definida
$y = k$	**Recta horizontal**, intersección con el eje y en k, ninguna intersección con el eje x, pendiente 0
$y = mx + b$	**Forma pendiente-intersección**, pendiente m, intersección con el eje y en b
$y - y_1 = m(x - x_1)$	**Forma punto-pendiente**, pendiente m, la recta pasa por (x_1, y_1).

2.2 EJERCICIOS

Encuentre la pendiente de la recta (véanse los ejemplos 1-3).

1. Pasa por $(2, 5)$ y $(0, 6)$

2. Pasa por $(9, 0)$ y $(12, 15)$

3. Pasa por $(-4, 7)$ y $(3, 0)$

4. Pasa por $(-5, -2)$ y $(-4, 11)$

5. Pasa por el origen y $(-4, 6)$

6. Pasa por el origen y $(8, -2)$

7. Pasa por $(-1, 4)$ y $(-1, 8)$

8. Pasa por $(-3, 5)$ y $(2, 5)$

Encuentre una ecuación de la recta con la intersección con el eje y y la pendiente m dados (véanse los ejemplos 4 y 5).

9. $5, m = 3$

10. $-3, m = -7$

11. $1.5, m = -2.3$

12. $-4.5, m = 1.5$

13. $4, m = -3/4$

14. $-3, m = 2/3$

Encuentre la pendiente y la intersección de la recta con el eje y cuya ecuación es dada (véase el ejemplo 6).

15. $2x - y = 7$

16. $x + 2y = 7$

17. $6x = 2y + 4$

18. $4x + 3y = 12$

19. $6x - 9y = 14$

20. $4x + 2y = 0$

21. $2x - 3y = 0$

22. $y = 5$

23. $x = y - 5$

24. Sobre una gráfica, dibuje seis líneas rectas que se encuentren en un mismo punto y satisfagan esta condición: una recta con pendiente 0, dos rectas con pendiente positiva, dos rectas con pendiente negativa y una recta con pendiente no definida.

25. ¿Para cuál de los segmentos de recta en la figura anexa la pendiente es

(a) la más grande?
(b) la más pequeña?
(c) la más grande en valor absoluto?
(d) la más cercana a 0?

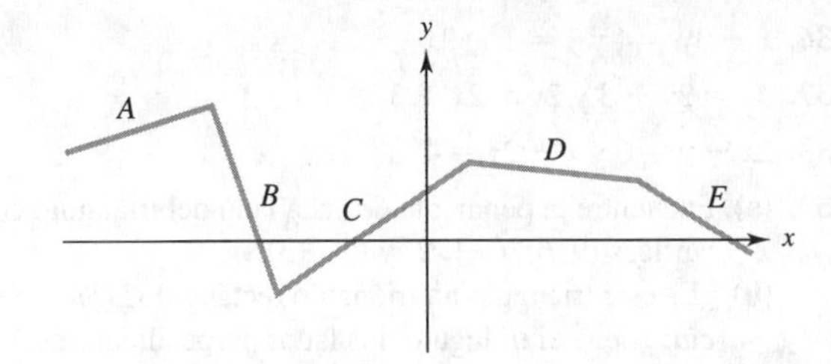

26. Asocie cada ecuación con la recta que más se parece a su gráfica. (*Sugerencia*: considere los signos de m y b en la forma pendiente-intersección.)

(a) $y = 3x + 2$
(b) $y = -3x + 2$
(c) $y = 3x - 2$
(d) $y = -3x - 2$

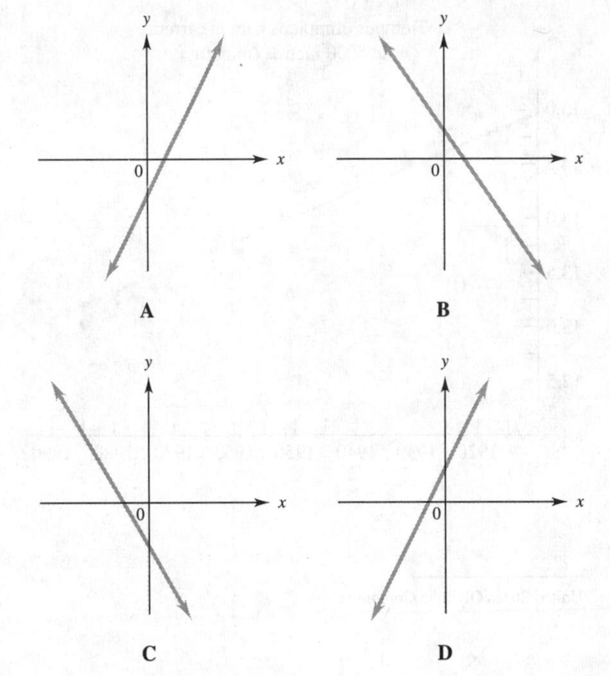

Esboce la gráfica de la ecuación y designe sus intersecciones con los ejes (véase el ejemplo 7).

27. $2x - y = -2$

28. $2y + x = 4$

29. $2x + 3y = 4$

30. $-5x + 4y = 3$

31. $4x - 5y = 2$

32. $3x + 2y = 8$

Determine si cada par de rectas representa rectas paralelas, perpendiculares *o* ninguna de las dos *(véase el ejemplo 8).*

33. $4x - 3y = 6$ y $3x + 4y = 8$

34. $2x - 5y = 7$ y $15y - 5 = 6x$

35. $3x + 2y = 8$ y $6y = 5 - 9x$

36. $x - 3y = 4$ y $y = 1 - 3x$

37. $4x = 2y + 3$ y $2y = 2x + 3$

38. $2x - y = 6$ y $x - 2y = 4$

39. **(a)** Encuentre la pendiente de cada lado del triángulo con vértices $(9, 6)$, $(-1, 2)$ y $(1, -3)$.
(b) ¿Es este triángulo un triángulo rectángulo? (*Sugerencia*: ¿tiene el triángulo dos lados perpendiculares?)

40. **(a)** Encuentre la pendiente de cada lado del cuadrilátero con vértices $(-5, -2)$, $(-3, 1)$, $(3, 0)$ y $(1, -3)$.
(b) ¿Es este cuadrilátero un paralelogramo?

41. **Física** La gráfica muestra los tiempos logrados (en minutos) en los Juegos Olímpicos en la carrera de 5000 metros, junto con una aproximación lineal de los datos.*

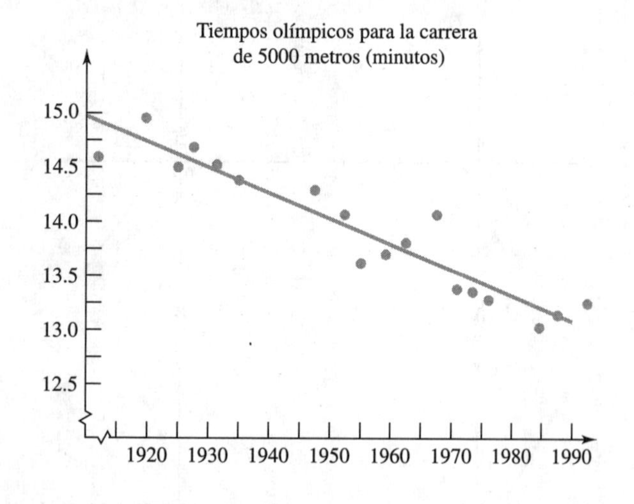

(a) La ecuación para la aproximación lineal es $y = -0.0221x + 57.14$. ¿Qué representa la pendiente de esta recta? ¿Por qué es negativa la pendiente?
(b) ¿Por qué no hay datos para los años 1940 y 1944?

42. **Administración** La gráfica muestra el número de estaciones de radio en el aire en Estados Unidos, junto con una aproximación lineal de los datos.*

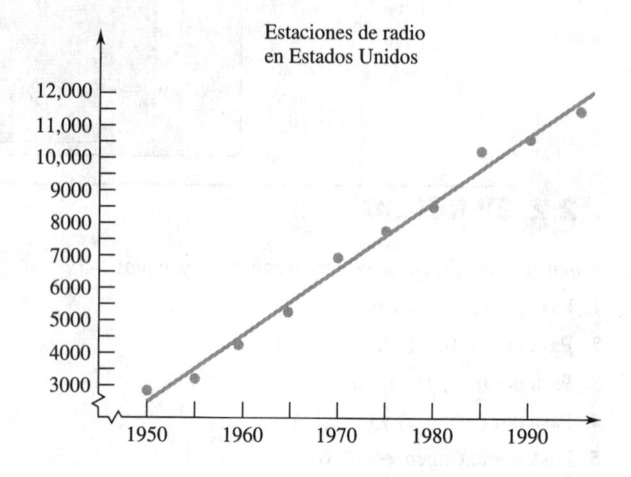

(a) Analice la exactitud de la aproximación lineal.
(b) Use los dos puntos dados (1950, 2773) y (1994, 11600) para encontrar la pendiente aproximada de la recta mostrada. Interprete este número.

Encuentre una ecuación de la recta que pasa por el punto dado y tiene la pendiente dada (véanse los ejemplos 9 y 12).

43. $(-1, 2)$, $m = -2/3$

44. $(-4, -3)$, $m = 5/4$

45. $(-2, -2)$, $m = 2$

46. $(-2, 3)$, $m = -1/2$

47. $(8, 2)$, $m = 0$

48. $(2, -4)$, $m = 0$

49. $(6, -5)$, pendiente no definida

50. $(-8, 9)$, pendiente no definida

Encuentre una ecuación de la línea que pasa por los puntos dados (véase el ejemplo 10).

51. $(-1, 1)$ y $(2, 5)$

52. $(2, 5)$ y $(0, 6)$

*United States Olympic Committee

*National Association of Broadcasters

53. (1, 2) y (3, 7)

54. $(-1, -2)$ y $(2, -1)$

Encuentre una ecuación de la recta que satisfaga las condiciones dadas.

55. Pasa por el origen con pendiente 7

56. Pasa por el origen y es horizontal

57. Pasa por (5, 8) y es vertical

58. Pasa por (7, 11) y es paralela a $y = 6$

59. Pasa por (3, 4) y es paralela a $4x - 2y = 5$

60. Pasa por (6, 8) y es perpendicular a $y = 2x - 3$

61. Tiene intersección con el eje x en 5 e intersección con el eje y en -5

62. Pasa por $(-5, 2)$ y es paralela a la recta que pasa por (1, 2) y (4, 3)

63. Pasa por $(-1, 3)$ y es perpendicular a la recta que pasa por (0, 1) y (2, 3)

64. Tiene intersección con el eje y en 3 y es perpendicular a $2x - y + 6 = 0$

65. **Administración** Ral Corp. tiene un plan de incentivos bajo el cual un director de sucursal recibe 10% de la entrada de la sucursal después de la deducción del bono pero antes de la deducción del impuesto.* La entrada de la sucursal en 1988 antes del bono y el impuesto fue de $165,000. La tasa de impuesto fue del 30%. El bono de 1988 fue de
(a) $12,600 **(b)** $15,000
(c) $16,500 **(d)** $18,000.

Administración *El valor perdido de un equipo sobre un periodo de tiempo se llama* depreciación. *El método más simple para calcularla es la* depreciación lineal. *La depreciación lineal anual de un artículo que cuesta x dólares con una vida útil de n años es D = (1/n)x. Encuentre la depreciación para artículos con las siguientes características.*

66. Costo: $12,482; vida: 10 años

67. Costo: $39,700; vida: 12 años

68. Costo: $145,000; vida: 28 años

69. **Administración** En una edición reciente de *Business Week*, el presidente de la cadena InstaTune de talleres de afinación dados en franquicia, afirma que la gente que compra una franquicia y abre un taller, paga una cuota semanal (en dólares) de

$$y = .07x + \$135$$

a la empresa. Aquí y es la cuota y x es la cantidad total de dinero recibido durante la semana por el taller de afinación. Encuentre la cuota semanal si x es
(a) $0; **(b)** $1000; **(c)** $2000;
(d) $3000, **(e)** Grafique y.

*Uniform CPA Examination, mayo, 1989, American Institute of Certified Public Accountants.

70. **Administración** En una edición reciente de *The Wall Street Journal* se afirma que la relación entre la cantidad de dinero que una familia promedio gasta en comer en casa x y la cantidad de dinero que gasta en comer fuera y, está dada aproximadamente por el modelo $y = 0.36x$. Encuentre y si x es
(a) $40; **(b)** $80; **(c)** $120. **(d)** Grafique y.

Use una calculadora para contestar lo siguiente (véase el ejemplo 11).

71. **Física** Las estufas de gas para cocinas son una fuente de contaminantes interiores como el monóxido de carbono y el bióxido de nitrógeno. Una de las maneras más eficaces de eliminar los contaminantes del aire mientras se cocina es usar una campana *de ventilación*. Si una campana de ventilación elimina F litros de aire por segundo, el porcentaje P de contaminantes que también se eliminan del aire alrededor está dado por $P = 1.06F + 7.18$, donde $10 \le F \le 75$.* Por ejemplo, si $F = 10$, entonces $1.06(10) + 7.18 = 17.78$ por ciento de los contaminantes se remueven. Al litro más cercano, ¿qué F se necesita para eliminar por lo menos 58 por ciento de los contaminantes del aire?

72. **Administración** Una compañía de seguros determina que la cantidad de daño y que sufre un edificio en un incendio se relaciona con la distancia x del edificio a la más cercana estación de bomberos y está dada por la ecuación $y = 9.879x + 5.117$, donde x está en millas y y en miles de dólares. Al décimo de milla más cercano, ¿a qué distancia de la estación de bomberos está un edificio que sufre más de $60,000 de daños?

73. **Ciencias sociales** El capital que los gobiernos estatal y local invirtieron en la educación durante el periodo de 1985 a 1992 puede aproximarse por la ecuación $y = 2480x + 12{,}726$, donde $x = 0$ corresponde a 1985 y y está en millones de dólares.† Con base en este modelo, ¿en qué año excedió primero esta cantidad los 22,600 millones de dólares?

74. **Ciencias sociales** El número de granjas con vacas lecheras en Estados Unidos ha disminuido constantemente desde 1985. La ecuación $y = -13.5x + 261.5$ da una buena aproximación del número de tales granjas en cada año desde 1985 hasta 1992, con $x = 0$ representando 1985 y con y en miles.‡ Si continúa esa tendencia, ¿en qué año será el número de tales granjas inferior a 150,000?

*Rezvan, R. L., "Effectiveness of Local Ventilation in Removing Simulated Pollutants from Point Sources" en *Proceedings of the Third International Conference on Indoor Air Quality and Climate*, 1984.

†U.S. Bureau of the Census, *Historical Statistics on Governmental Finances and Employment*, y *Government Finance*, Series GF, anual.

‡U. S. Dept. of Agriculture, National Agricultural Statistics Service, *Dairy Products*, anual; y *Milk: Production, Disposition, and Income*, anual.

75. Administración La ecuación lineal $y = 1.082x + 16.882$ proporciona el precio aproximado promedio mensual para los suscriptores a cable de televisión entre los años 1990 y 1993, donde $x = 0$ corresponde a 1990, $x = 1$ corresponde a 1991, etc. y y está en dólares. Use esta ecuación para contestar las siguientes preguntas.

(a) ¿Cuál es el precio aproximado promedio mensual en 1991?

(b) ¿Cuál es el precio aproximado promedio mensual en 1993?

(c) Durante 1994, el precio se redujo considerablemente a \$18.86. El modelo anterior se basa en datos de 1990 a 1993. Si usted usara el modelo en 1994, ¿cuál sería el precio?

(d) ¿Por qué cree que hay tal discrepancia entre el precio real y el precio basado en el modelo en el inciso (c)? Analice los riesgos de usar el modelo para predecir los precios después de 1993.

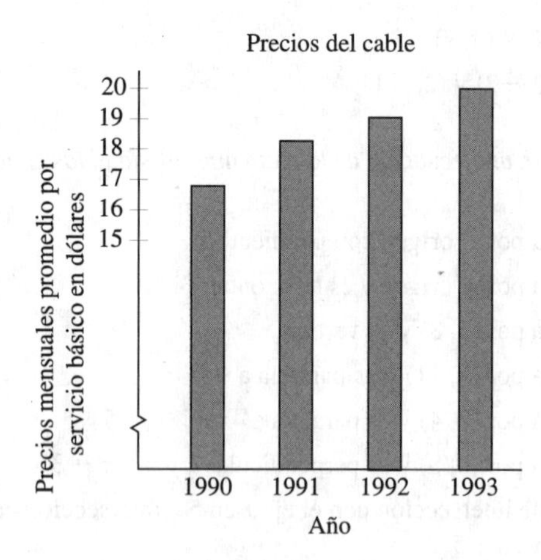

Fuente: National Cable Television Association; Nations Bank; Paul Kagan Associates

2.3 APLICACIONES DE LAS ECUACIONES LINEALES

Cuando se usan las matemáticas para resolver problemas del mundo real, no hay reglas rígidas y rápidas que puedan usarse en todos los casos. Debe usar la información dada, su sentido común y las matemáticas a su alcance para construir un *modelo matemático* (como una ecuación o una desigualdad) que describa la situación. Los ejemplos en esta sección, que se restringen a modelos dados por ecuaciones lineales, ilustran este proceso en varias situaciones.

En la mayoría de los casos, las ecuaciones lineales (u otras razonablemente simples) proporcionan sólo *aproximaciones* a las situaciones del mundo real. No obstante esto, esas aproximaciones son a menudo extraordinariamente útiles. Además, los conceptos y procedimientos aquí presentados se aplican a situaciones más complicadas, como lo veremos después.

Comenzamos con una relación común en situaciones de cada día. Recuerde que el agua se congela a una temperatura de 32° Fahrenheit, que son 0° Celsius, mientras que hierve a 212° Fahrenheit (100° Celsius).

EJEMPLO 1 Sabemos que la relación entre las escalas de temperatura Celsius y Fahrenheit es lineal.

(a) Encuentre la ecuación que relaciona la temperatura Celsius y con la correspondiente temperatura Fahrenheit x y dibuje su gráfica.

El hecho que 32° Fahrenheit corresponde a 0° Celsius significa que el punto (32, 0) está sobre la gráfica. Del mismo modo, (212, 100) está también sobre la gráfica. La gráfica es una línea recta cuya pendiente puede encontrarse a partir de esos dos puntos.

$$\text{pendiente} = m = \frac{100 - 0}{212 - 32} = \frac{100}{180} = \frac{5}{9}$$

Usando $m = 5/9$ y $(x_1, y_1) = (32, 0)$ en la forma punto-pendiente, encontramos que la ecuación de esta recta es

$$y - y_1 = m(x - x_1)$$

$$y - 0 = \frac{5}{9}(x - 32)$$

$$y = \frac{5}{9}(x - 32).$$

La gráfica de esta ecuación se muestra en la figura 2.18.

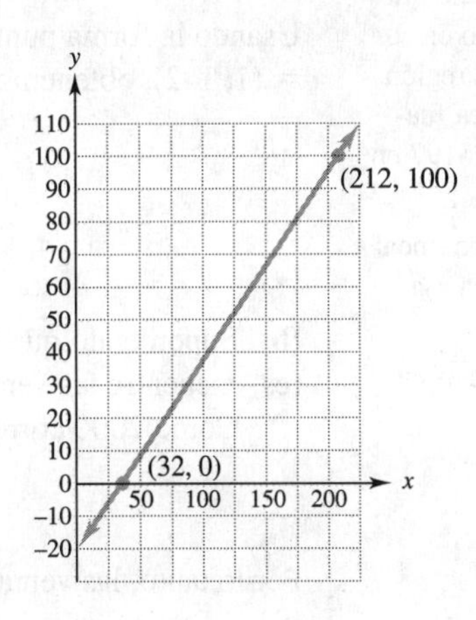

FIGURA 2.18

(b) Use la gráfica para encontrar la temperatura Celsius correspondiente a 50° Fahrenheit.

La figura 2.18 muestra que el punto sobre la gráfica con primera coordenada de 50 es (50, 10), lo que significa que 50° Fahrenheit es 10° Celsius.

(c) Encuentre la temperatura Celsius correspondiente a 75° Fahrenheit.

La gráfica en la figura 2.18 sugiere que la segunda coordenada del punto con primera coordenada de 75 es un poco menor que 25. Podemos confirmar esto algebraicamente y obtener una respuesta exacta sustituyendo $x = 75$ en la ecuación $y = \frac{5}{9}(x - 32)$ y despejando y.

$$y = \frac{5}{9}(75 - 32)$$

$$= \frac{5}{9} \cdot 43$$

$$\approx 23.89$$

Por lo tanto, 75° Fahrenheit es equivalente a 23.89° Celsius. ■ [1]

[1] Encuentre la temperatura Celsius correspondiente a 23° Fahrenheit.

Respuesta:
−5° Celsius

EJEMPLO 2 De acuerdo con un artículo en el *New York Times* del 15 de noviembre de 1995, las ventas por pie cuadrado en tiendas de descuento de Nueva Inglaterra fueron de \$142 en 1991 y de \$175 en 1994 (en dólares constantes de 1994). Los registros de varios años indican que las ventas han crecido según un patrón lineal.

(a) Encuentre una ecuación lineal que describa las ventas y en el año x.

Por conveniencia en los cálculos, sea el año 1990 el correspondiente a $x = 0$, 1991 a $x = 1$, etc., de manera que 1994 corresponde a $x = 4$. Si y representa las ventas en el año x, entonces los puntos (1, 142) y (4, 175) están sobre la gráfica. La pendiente de la recta que pasa por esos puntos es

$$m = \frac{175 - 142}{4 - 1} = \frac{33}{3} = 11.$$

Usando la forma punto-pendiente de la ecuación de una recta, con $m = 11$ y $(x_1, y_1) = (1, 142)$, obtenemos lo siguiente.

$$y - 142 = 11(x - 1)$$
$$y - 142 = 11x - 11$$
$$y = 11x + 131$$

(b) Suponiendo que la ecuación en la parte (a) permanece válida en años posteriores, encuentre las ventas en el año 2000.

Como 2000 corresponde a $x = 10$, sustituya $x = 10$ en la ecuación.

$$y = 11x + 131 = 11(10) + 131 = 241$$

Por lo tanto, las ventas en el año 2000 serán de \$241 por pie cuadrado. ■ [2]

[2] El artículo mencionado en el ejemplo 2 también estableció que las ventas por pie cuadrado en tiendas de descuento en la región central de la costa Atlántica fueron de \$131 en 1991 y de \$197 en 1994.

(a) Encuentre una ecuación lineal que describa las ventas y en esa región en el año x.

(b) ¿Cuáles fueron las ventas en 1996?

Respuestas:

(a) $y = 22x + 109$

(b) \$241

ANÁLISIS POR PUNTO DE EQUILIBRIO En una situación de fabricación y ventas, la relación básica es

Ganancia = Ingreso − Costo.

El ingreso y el costo pueden describirse en términos de ecuaciones. Aquí, como en muchas aplicaciones, usamos como variables letras que sugieren lo que representan (siglas inglesas), en vez de las letras x o y: r para ingresos, c para costo y p para ganancia.

EJEMPLO 3 El costo c (en dólares) de fabricar x fuelles de hojas está dado por la ecuación $c = 45x + 6000$. Cada fuelle puede venderse en \$60.

(a) Encuentre una ecuación que exprese el ingreso r por vender x fuelles.

El ingreso r por vender x fuelles es el producto del precio por artículo, \$60, y el número de unidades vendidas (demanda) x. Entonces, $r = 60x$.

(b) ¿Cuál es el ingreso por vender 500 fuelles?

Usando la ecuación del ingreso del inciso (a) con $x = 500$, tenemos

$$r = 60 \cdot 500 = \$30{,}000.$$

(c) Encuentre una ecuación que exprese la ganancia p por vender x fuelles.

La ganancia es la diferencia entre el ingreso y el costo, es decir,

$$p = r - c = 60x - (45x + 6000) = 15x - 6000.$$

(d) ¿Cuál es la ganancia por vender 500 fuelles?
Usando la ecuación de la ganancia de la parte (c) con $x = 500$, tenemos

$$p = 15 \cdot 500 - 6000 = 7500 - 6000 = \$1500. \quad \blacksquare$$

Una empresa puede tener ganancias sólo si el ingreso recibido de sus clientes excede el costo de producir sus bienes y servicios. El número de unidades para el cual el ingreso iguala al costo (es decir, ganancia $= 0$) es el **punto de equilibrio**.

EJEMPLO 4 Una empresa que produce alimentos para pollos encuentra que el costo total c de producir x unidades está dado por

$$c = 20x + 100.$$

La gerencia planea cobrar \$24 por unidad. ¿Cuántas unidades deben venderse para que se alcance el punto de equilibrio?

La ecuación de ingresos es $r = 24x$ (precio por unidad $\times$ número de unidades). La empresa alcanzará el punto de equilibrio (ganancia 0) en tanto que los ingresos igualen a los costos, es decir, cuando

$$r = c.$$
$$24x = 20x + 100$$
$$4x = 100$$
$$x = 25$$

3 Para una cierta revista, la ecuación de costo es $c = 0.70x + 1200$, donde x es el número de revistas vendidas. Las revistas se venden a \$1 cada una. Encuentre el punto de equilibrio.

Respuesta:
4000 revistas

La empresa alcanza el punto de equilibrio al vender 25 unidades. Las gráficas de las ecuaciones de ingresos y costo se muestran en la figura 2.19. El punto de equilibrio (donde $x = 25$) se muestra sobre la gráfica. Si la empresa produce más de 25 unidades ($x > 25$), se tendrá una ganancia. Si produce menos de 25 unidades, se perderá dinero (es decir, la ganancia será negativa). $\blacksquare$ 3

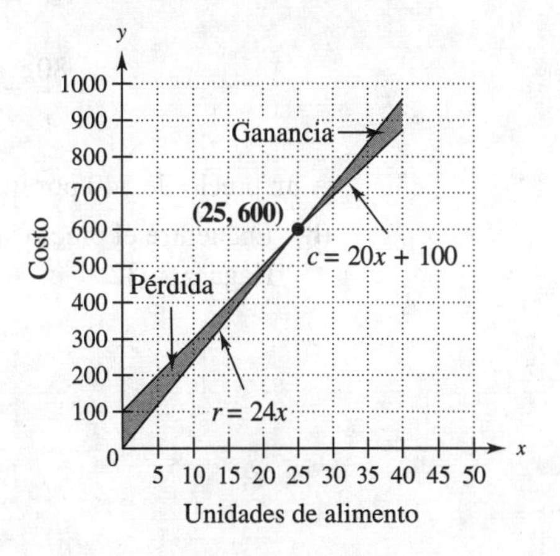

FIGURA 2.19

SUGERENCIA TECNOLÓGICA El punto de equilibrio puede encontrarse sobre una calculadora graficadora trazando la gráfica de las ecuaciones de costo e ingresos sobre la misma pantalla y usando el localizador de intersecciones de la calculadora para encontrar su punto de intersección. Dependiendo de la calculadora, el localizador de intersecciones está en alguno de los menús CALC o MATH o FCN o G−SOLVE o JUMP; consulte su manual de instrucciones para ver cómo usarlo. ✔

OFERTA Y DEMANDA La oferta y la demanda para un artículo están usualmente relacionadas con su precio. Los productores ofrecerán grandes cantidades del artículo a un alto precio, pero la demanda de los consumidores será baja. Cuando el precio del artículo disminuye, la demanda de los consumidores aumenta, pero los productores están menos dispuestos a suministrar grandes cantidades del artículo. Las curvas que muestran la cantidad que se dará a un precio dado y la cantidad que se demandará a un precio dado se llaman **curvas de la oferta y la demanda**. Las curvas de la oferta y la demanda son a menudo líneas rectas, como en el siguiente ejemplo. En problemas de oferta y demanda, usamos p para precio y q para cantidad. Estudiaremos los conceptos económicos de la oferta y la demanda con más detalle en capítulos posteriores.

EJEMPLO 5 Pablo Reyes, economista, ha estudiado la oferta y la demanda para chapas de aluminio y ha determinado que el precio por unidad* p, y la cantidad demandada q, se relacionan por la ecuación lineal

$$p = 60 - \frac{3}{4}q.$$

(a) Encuentre la demanda a un precio de $40 por unidad.
Haga $p = 40$.

$$p = 60 - \frac{3}{4}q$$

$$\mathbf{40} = 60 - \frac{3}{4}q \qquad \text{Haga } p = 40.$$

$$-20 = -\frac{3}{4}q \qquad \text{Sume } -60 \text{ en ambos lados.}$$

$$\frac{80}{3} = q \qquad \text{Multiplique ambos lados por } -\frac{4}{3}.$$

A un precio de $40 por unidad, 80/3 (o $26\frac{2}{3}$) unidades serán demandadas.

(b) Encuentre el precio si la demanda es de 32 unidades.
Haga $q = 32$.

$$p = 60 - \frac{3}{4}q$$

$$p = 60 - \frac{3}{4}(\mathbf{32}) \qquad \text{Haga } q = 32.$$

$$p = 60 - 24$$

$$p = 36$$

Con una demanda de 32 unidades, el precio es de $36.

*Una unidad apropiada aquí podría ser, por ejemplo, mil pies cuadrados de chapas.

4 Suponga que el precio y la demanda están relacionados por $p = 100 - 4q$.

(a) Encuentre el precio si la demanda es de 10 unidades.

(b) Encuentre la demanda si el precio es de $80.

(c) Escriba los pares ordenados correspondientes.

Respuestas:

(a) $60

(b) 5 unidades

(c) (10, 60); (5, 80)

(c) Grafique $p = 60 - \frac{3}{4}q$.

Es costumbre usar el eje horizontal para la cantidad q y el eje vertical para el precio p. En el inciso (a) vimos que 80/3 unidades serían demandadas a un precio de $40 por unidad: esto da el par ordenado (80/3, 40). El inciso (b) muestra que con una demanda de 32 unidades, el precio es $36, lo que da el par ordenado (32, 36). Use los puntos (80/3, 40) y (32, 36) para obtener la gráfica de demanda mostrada en la figura 2.20. Sólo se muestra la porción de la gráfica en el cuadrante I, porque la oferta y la demanda tienen sentido sólo para valores positivos de p y q. **4**

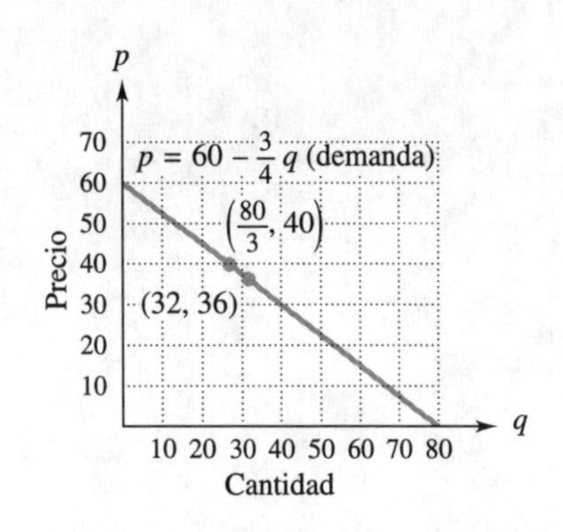

FIGURA 2.20

(d) De la figura 2.20, a un precio de $30, ¿qué cantidad se demanda?

El precio se localiza en el eje vertical. Busque 30 sobre el eje p y lea dónde la línea $p = 30$ cruza la gráfica de demanda. Como lo muestra la gráfica, esto ocurre donde la demanda es de 40.

(e) ¿A qué precio se demandarán 60 unidades?

La cantidad se localiza sobre el eje horizontal. Encuentre 60 sobre el eje q y lea dónde la línea vertical $q = 60$ cruza la gráfica de demanda. Esto ocurre donde el precio es aproximadamente de $15 por unidad.

(f) ¿Qué cantidad se demanda a un precio de $60 por unidad?

El punto (0, 60) sobre la gráfica de demanda muestra que la demanda es 0 a un precio de $60 (es decir, no hay demanda a un precio tan alto). ■

EJEMPLO 6 Suponga que el economista del ejemplo 5 concluye que la oferta q de chapas se relaciona con su precio p por la ecuación

$$p = .85q.$$

(a) Encuentre la oferta si el precio es $51 por unidad.

$$51 = .85q \qquad \text{Haga } p = 51.$$
$$60 = q$$

Si el precio es de $51 por unidad, entonces se ofrecerán 60 unidades al mercado.

(b) Encuentre el precio por unidad si la oferta es de 20 unidades.

$$p = .85(20) = 17 \qquad \text{Haga } q = 20.$$

Si la oferta es de 20 unidades, entonces el precio es de \$17 por unidad.

(c) Trace la gráfica de la ecuación de la oferta $p = .85q$.

Igual que con la demanda, cada punto sobre la gráfica tiene la cantidad q como su primera coordenada y el precio correspondiente p como su segunda coordenada. El inciso (a) muestra que el par ordenado (60, 51) está sobre la gráfica de la ecuación de la oferta y el inciso (b) muestra que (20, 17) está sobre la gráfica. Con estos puntos obtenemos la gráfica de la oferta en la figura 2.21.

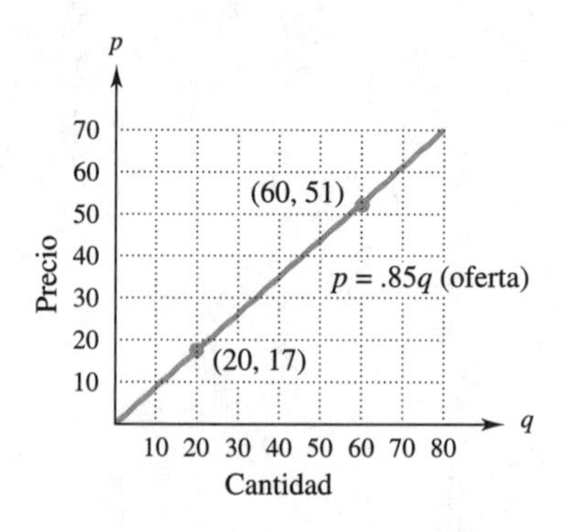

FIGURA 2.21

(d) Use la gráfica en la figura 2.21 para encontrar el precio aproximado para el cual se ofrecerán 35 unidades. Luego use el álgebra para encontrar el precio exacto.

El punto sobre la gráfica con primera coordenada $q = 35$ es aproximadamente (35, 30). Por lo tanto, se ofrecerán 35 unidades cuando el precio sea aproximadamente de \$30. Para determinar el precio exacto algebraicamente, sustituya $q = 35$ en la ecuación de la oferta:

$$p = .85q = .85(35) = \$29.75. \quad \blacksquare$$

EJEMPLO 7 Las curvas de la oferta y la demanda de los ejemplos 5 y 6 se muestran en la figura 2.22. Determine gráficamente si se tiene un exceso o una escasez de oferta a un precio de \$40 por unidad.

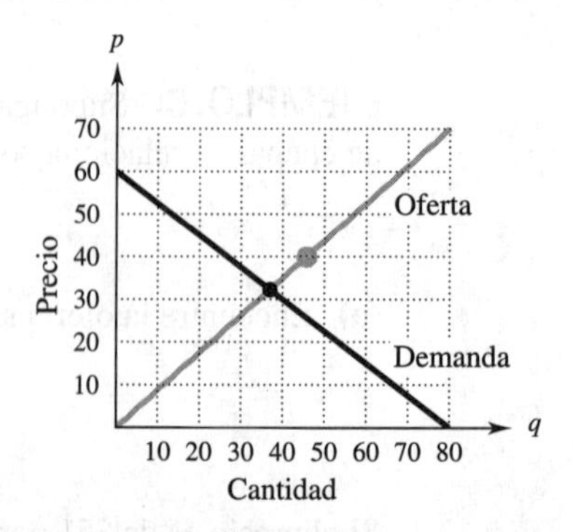

FIGURA 2.22

Busque 40 sobre el eje vertical en la figura 2.22 y lea donde la recta horizontal $p = 40$ cruza la gráfica de la oferta (es decir, el punto correspondiente al precio de \$40). Este punto se encuentra arriba de la gráfica de la demanda, por lo que la oferta es mayor que la demanda a un precio de \$40 y se tiene un exceso de oferta. ■

La oferta y la demanda son iguales en el punto en que la curva de la oferta intersecta la curva de la demanda. Éste es el **punto de equilibrio**. Su segunda coordenada es el **precio de equilibrio**, o sea, el precio en el que la misma cantidad que se demanda se ofrecerá. Su primera coordenada es la cantidad que se demandará y se ofrecerá en el precio de equilibrio; este número se llama la **demanda de equilibrio** o la **oferta de equilibrio**.

EJEMPLO 8 En la situación descrita en los ejemplos 5–7, ¿cuál es la demanda de equilibrio? ¿Cuál es el precio de equilibrio?

El punto de equilibrio está donde las curvas de la oferta y de la demanda en la figura 2.22 se intersectan. Para encontrar la cantidad q para la que el precio dado por la ecuación de la oferta $p = 60 - 0.75q$ (ejemplo 5) es la misma que la dada por la ecuación de la demanda $p = 0.85q$ (ejemplo 6), efectúe esas dos expresiones para p iguales y resuelva la ecuación resultante.

$$60 - .75q = .85q$$
$$60 = 1.6q$$
$$37.5 = q$$

Por lo tanto, la demanda de equilibrio es de 37.5 unidades, o sea el número de unidades para el cual la oferta igualará a la demanda. Sustituyendo $q = 37.5$ en la ecuación de la oferta o en la ecuación de la demanda, vemos que

$$p = 60 - .75(37.5) = 31.875 \quad \text{o} \quad p = .85(37.5) = 31.875.$$

El precio de equilibrio es entonces de \$31.875 (o \$31.88 redondeado). (Para evitar errores, es una buena idea sustituir en ambas ecuaciones, como lo hicimos aquí, para estar seguros de que resulta el mismo valor para p; si no se obtiene el mismo resultado, se habrá cometido un error.) En este caso, el punto de equilibrio, o sea el punto cuyas coordenadas son la demanda y el precio de equilibrio, es (37.5, 31.875). ■ 5

5 La demanda para cierto artículo está relacionada con su precio por $p = 80 - (2/3)q$. La oferta está relacionada con el precio por $p = (4/3)q$. Encuentre

(a) la demanda de equilibrio;

(b) el precio de equilibrio.

Respuestas:

(a) 40

(b) $160/3 \approx \$53.33$

SUGERENCIA TECNOLÓGICA El punto de equilibrio (37.5, 31.875) puede encontrarse con una calculadora graficadora mediante el trazado de las curvas de la oferta y la demanda sobre la misma pantalla y el localizador de intersecciones de la calculadora para encontrar su punto de intersección. ✔

2.3 EJERCICIOS

Física *Use la ecuación obtenida en el ejemplo 1 para hacer conversiones entre temperaturas Fahrenheit y Celsius.*

1. Convierta cada temperatura.

(a) 58°F a Celsius **(b)** 50°C a Fahrenheit

(c) −10°C a Fahrenheit **(d)** −20°F a Celsius

2. Según el *Libro Guinness de Records de 1995*, Venus es el planeta más caliente, con una temperatura superficial de 864° Fahrenheit. ¿Cuál es esta temperatura en Celsius?

3. Encuentre la temperatura a la que las temperaturas Celsius y Fahrenheit son numéricamente iguales.

4. Habrá usted oído que la temperatura promedio del cuerpo humano es de 98.6°. Experimentos recientes muestran que tal temperatura es más bien de 98.2°.* La cifra de 98.6 proviene de experimentos hechos por Carl Wunderlich en 1868. Pero Wunderlich midió las temperaturas en grados Celsius y redondeó el promedio al grado más cercano, obteniendo 37°C como temperatura promedio.
   (a) ¿Cuál es la temperatura Fahrenheit equivalente a 37°C?
   (b) Puesto que Wunderlich redondeó al grado Celsius más cercano, sus experimentos nos dicen que la temperatura promedio verdadera del cuerpo humano está entre 36.5°C y 37.5°C. Encuentre a qué corresponde este intervalo en grados Fahrenheit.

5. **Administración** Suponga que las ventas de un comerciante son aproximadas por una ecuación lineal. Suponga que las ventas fueron de $850,000 en 1987 y de $1,265,500 en 1992. Considere que $x = 0$ representa 1987.
   (a) Encuentre una ecuación que dé las ventas anuales del comerciante.
   (b) Use esta ecuación para aproximar las ventas en 1999.
   (c) El comerciante estima que una nueva tienda será necesaria cuando las ventas excedan $2,170,000. ¿Cuándo ocurrirá esto?

6. **Administración** Suponga que las ventas de una empresa son aproximadas por una ecuación lineal. Suponga que las ventas fueron de $200,000 en 1985 y de $1,000,000 en 1992. Considere que $x = 0$ representa 1985 y $x = 7$ representa 1992.
   (a) Encuentre la ecuación que da las ventas anuales de la empresa.
   (b) Use esta ecuación para aproximar las ventas en 1996.
   (c) La empresa quiere negociar un nuevo contrato cuando las ventas sean de $2,000,000. ¿Cuándo ocurrirá esto?

En cada uno de los siguientes problemas suponga que los datos pueden representarse aproximadamente por medio de una línea recta. Encuentre la ecuación de la recta y luego responda las preguntas (véanse los ejemplos 1-2).

7. **Ciencias sociales** La gráfica, en la que $x = 0$ corresponde a 1980, muestra una relación lineal idealizada para el pago familiar mensual promedio a familias con niños dependientes en dólares de 1994.† Con base en esta información, ¿cuál fue el pago promedio en 1987? (*Sugerencia:* use la gráfica para encontrar dos puntos a partir de los cuales puede encontrarse la ecuación.)

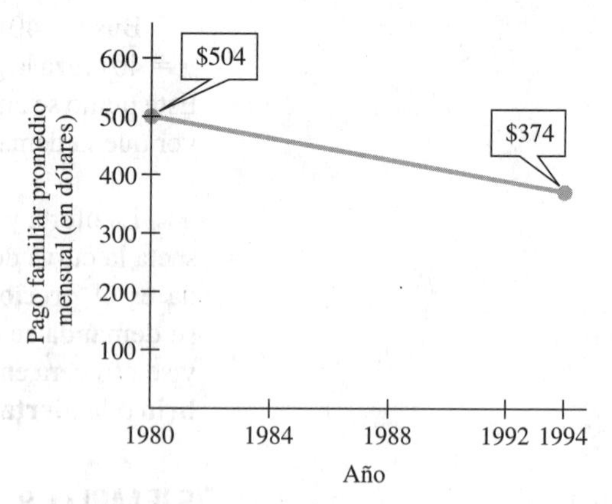

Fuente: Office of Financial Management, Administration for Children and Families.

8. **Administración** Los precios al consumidor en Estados Unidos a principios de cada año, medidos como porcentaje del promedio de 1967, dan una gráfica que es aproximadamente lineal. En 1984, el índice de precios al consumidor fue de 300% y en 1987 fue de 333%. Sea y el índice de precios al consumidor en el año x, donde $x = 0$ corresponde a 1980. ¿En qué año fue el índice de 350%?

9. **Física** Suponga que se lanza una pelota de béisbol a 85 millas por hora. La pelota viaja 320 pies cuando la golpean con un bate que se mueve a 50 millas por hora y recorre 440 pies cuando la golpean con un bate que se mueve a 80 millas por hora. Sea y el número de pies que viaja la pelota cuando la golpean con un bate que se mueve a x millas por hora. (*Nota*: esto es válido para $50 \leq x \leq 90$, donde el bate tiene 35 pulgadas de largo, pesa 32 onzas y golpea a la pelota formando un ángulo de 10° con la diagonal.)* ¿Qué tan lejos viajará la pelota por cada milla por hora de incremento en la velocidad del bate?

10. **Ciencias naturales** La cantidad de bosques de lluvia tropical en Centroamérica decreció de 130,000 millas cuadradas a cerca de 80,000 millas cuadradas de 1969 a 1985. Sea y la cantidad (en diez miles de millas cuadradas) x años después de 1965. ¿Qué tan grandes eran los bosques en 1997?

11. **Física** Los parques para esquiar requieren grandes cantidades de agua para hacer nieve. El parque Snowmass en Colorado planea bombear por lo menos 1120 galones de agua por minuto durante por lo menos 12 horas diarias desde el arroyo Snowmass, entre mediados de octubre y finales de diciembre.† Los ambientalistas están preocupados sobre los efectos en el ecosistema. Encuentre la cantidad mínima de

**Science News*, noviembre 7 de 1992, pág. 399.

†Office of Financial Management, Administration for Children and Families.

*Adair, Robert K. *The Physics of Baseball*; Harper & Row, 1990.

†York Snow Incorporated.

agua bombeada en 30 días. (*Sugerencia*: sea y el número total de galones bombeados x días después de que empezó el bombeo. Observe que (0, 0) está sobre la gráfica de la ecuación.)

12. Física Suponga que en vez de hacer nieve en el ejercicio 11, el agua bombeada del arroyo Snowmass se usa para llenar albercas. Si la alberca promedio contiene 20,000 galones de agua, ¿cuántas albercas podrían llenarse cada día? ¿En cuántos días podrían llenarse por lo menos 1000 albercas? (*Sugerencia:* haga y igual al número de albercas llenas después de x días.)

13. Física En 1994 Leroy Burrell (EUA.) estableció una marca mundial en la carrera de 100 metros con un tiempo de 9.85 segundos.* Si este paso pudiese mantenerse en un maratón de 26 millas 385 yardas, ¿cómo se compararía este tiempo con el tiempo del maratón más rápidamente corrido de 2 horas, 6 minutos y 50 segundos? (*Sugerencia*: sea x la distancia en metros y y el tiempo en segundos. Use el punto (0, 0) y el punto obtenido con los datos del problema para obtener la ecuación de una recta. Para responder la pregunta, recuerde que 1 metro $\approx$ 3.281 pies.)

14. Ciencias naturales En 1990, la Comisión Internacional para Cambios en el Clima predijo que la temperatura promedio sobre la Tierra se elevaría 0.3°C por década en ausencia de controles internacionales sobre las emisiones por efecto invernadero.† La temperatura promedio global fue de 15°C en 1970. Sea y la temperatura promedio global, t años después de 1970. Los científicos han estimado que el nivel del mar se elevará 65 centímetros si la temperatura promedio global se eleva a 19°C. Según su ecuación, ¿cuándo ocurrirá esto?

15. Física La ventilación es un método efectivo para eliminar contaminantes del aire. De acuerdo con American Society of Heating, Refrigerating and Air-Conditioning Engineers, Inc., un salón de clase debe tener una tasa de ventilación de 15 pies cúbicos por minuto por cada persona en el salón. ¿Cuánta ventilación y (en pies cúbicos por hora) se requiere para un salón de clase con 30 personas en él?

16. Física Una unidad común de ventilación es un cambio de aire por hora (ach). 1 ach es equivalente a reemplazar todo el aire en un cuarto cada hora. Si un salón de clase con volumen de 15,000 pies cúbicos tiene 40 personas en él, ¿cuántos cambios de aire por hora son necesarios para mantener el salón apropiadamente ventilado? (*Sugerencia:* sea x el número de personas y y el número de ach. Use la información obtenida en el ejercicio 15.)

17. Administración Estados Unidos es el mercado de exportación más grande de China. Las importaciones desde China han crecido de aproximadamente 8 mil millones de dólares en 1988 a 39 mil millones de dólares en 1995. * Este crecimiento ha sido aproximadamente lineal. Use los pares de datos dados para escribir una ecuación lineal que describa este crecimiento en importaciones a lo largo de los años. Considere que $x = 88$ representa a 1988 y $x = 95$ representa a 1995.

18. Administración Las exportaciones de Estados Unidos a China han crecido (aunque a una tasa menor que las importaciones) desde 1988. En 1988, cerca de 8 mil millones de dólares de bienes se exportaron a China. En 1995, esta cantidad ascendió a 15.9 mil millones de dólares.* Escriba una ecuación lineal que describa el número de exportaciones en cada año, con $x = 88$ representando a 1988 y $x = 95$ representando a 1995.

Use el álgebra para encontrar los puntos de intersección de las gráficas de las ecuaciones dadas (véanse los ejemplos 4 y 8).

19. $2x - y = 7$ y $y = 8 - 3x$

20. $6x - y = 2$ y $y = 4x + 7$

21. $y = 3x - 7$ y $y = 7x + 4$

22. $y = 3x + 5$ y $y = 12 - 2x$

Use una calculadora graficadora para encontrar los puntos de intersección de las gráficas de las ecuaciones dadas.

23. $y = x^2 + x - 3$ y $y = x^3$

24. $y = .2x^2 + .5x - 3$ y $y = -x^5 + 2x + 1$

25. $y = .2x^2 + .5x - 3$ y $9x - 2y = 6$

26. $y = \sqrt{x^2 + 1}$ y $y = x^3 - 15x^2 + .8x - 6$

Administración *Resuelva los siguientes problemas (véanse los ejemplos 3 y 4).*

27. Para x mil pólizas, una compañía de seguros afirma que su ingreso mensual en dólares está dado por $R = 125x$ y su costo mensual en dólares está dado por $C = 100x + 5000$.
(a) Encuentre el punto de equilibrio.
(b) Trace la gráfica de las ecuaciones de ingresos y costo sobre los mismos ejes.
(c) A partir de la gráfica, estime el ingreso y el costo cuando $x = 100$ (100 mil pólizas).

28. Los propietarios de un estacionamiento han determinado que su ingreso semanal y costo en dólares están dados por $R = 80x$ y $C = 50x + 2400$, donde x es el número de autos estacionados durante periodos largos.
(a) Encuentre el punto de equilibrio.
(b) Trace la gráfica de R y C sobre los mismos ejes.
(c) A partir de la gráfica, estime el ingreso y costo cuando se tienen 60 autos estacionados durante periodos largos.

29. Los ingresos (en millones de dólares) por la venta de x unidades en una tienda de artículos para el hogar están dados por $r = 0.21x$. La ganancia (en millones de dólares) por la venta de x unidades está dada por $p = 0.084x - 1.5$.

*International Amateur Athletic Association.

†*Science News*, junio 23 de 1990, pág. 391.

*Los ejercicios 17 y 18 se tomaron de *Economist*, U.S.-China Business Council, *China Business Review*, U.S. Commerce Department.

(a) Encuentre la ecuación del costo.
(b) ¿Cuál es el costo de producir 7 unidades?
(c) ¿Cuál es el punto de equilibrio?

30. La ganancia (en millones de dólares) de la venta de x millones de unidades de Blue Glue está dada por $p = 0.7x - 25.5$. El costo está dado por $c = 0.9x + 25.5$.
(a) Encuentre la ecuación de ingresos.
(b) ¿Cuál es el ingreso al vender 10 millones de unidades?
(c) ¿Cuál es el punto de equilibrio?

Administración *Suponga que usted es el gerente de una empresa. El departamento de contabilidad le ha proporcionado estimaciones de costos y el departamento de ventas estimaciones de ventas sobre un nuevo producto. Usted debe analizar los datos que le dan, determinar qué será necesario hacer para alcanzar el punto de equilibrio, y decidir si siguen o no adelante con la manufactura del nuevo producto (véanse los ejemplos 3 y 4).*

31. La estimación del costo está dada por $c = 80x + 7000$ y la estimación de los ingresos por $r = 95x$; no pueden venderse más de 400 unidades.

32. El costo es $c = 140x + 3000$ y el ingreso es $r = 125x$.

33. El costo es $c = 125x + 42{,}000$ y el ingreso es $r = 165.5x$; no pueden venderse más de 2000 unidades.

34. El costo es $c = 1750x + 95{,}000$ y el ingreso es $r = 1975x$; no pueden venderse más de 600 unidades.

35. Administración La gráfica muestra la productividad de trabajadores estadounidenses y japoneses en unidades apropiadas en un periodo de 35 años. Estime el punto de equilibrio (el punto en que los trabajadores de los dos países produjeron las mismas cantidades).*

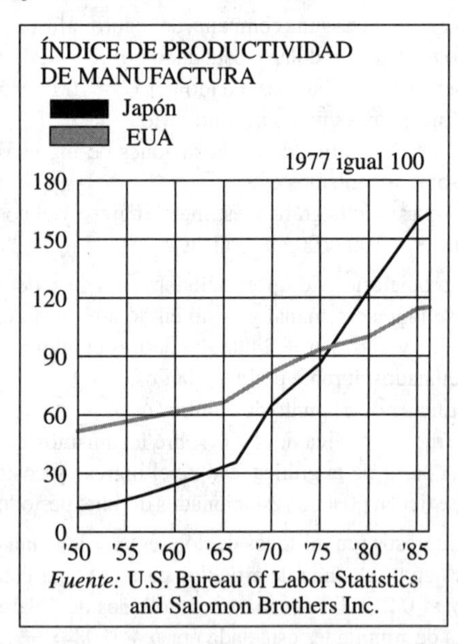

Fuente: U.S. Bureau of Labor Statistics and Salomon Brothers Inc.

36. Administración La gráfica muestra las importaciones y exportaciones de Estados Unidos en miles de millones de dólares en un periodo de cinco años. Estime el punto de equilibrio.

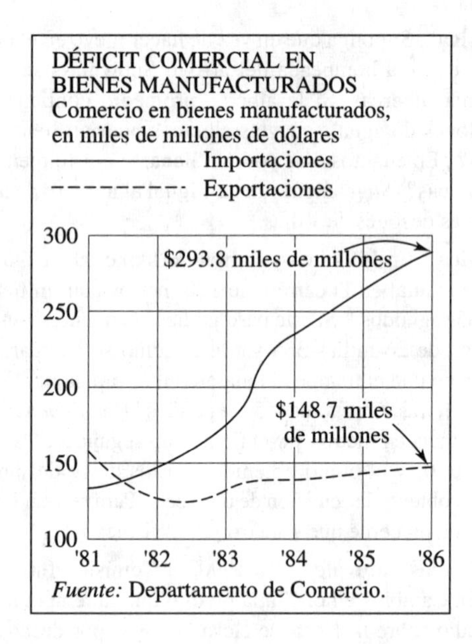

Fuente: Departamento de Comercio.

37. Administración Las inversiones canadienses y japonesas en Estados Unidos, en miles de millones de dólares, durante 1980 y 1990 se dan en la siguiente tabla.*

	1980	*1990*
Canadá	12.1	27.7
Japón	4.7	108.1

(a) Suponga que el cambio en las inversiones en cada caso es lineal y escriba una ecuación que dé la inversión en el año x para cada país. Sea x el número de años desde 1980.
(b) Trace la gráfica de las ecuaciones del inciso (a) sobre los mismos ejes coordenados.
(c) Encuentre el punto de intersección donde se cortan las gráficas del inciso (b) e interprete su respuesta.

38. Ciencias sociales El ingreso medio familiar (en miles de dólares) para la población blanca en Estados Unidos está dado por $y = (4/3)x + 8$, donde x es el número de años desde 1973. El ingreso medio familiar (en miles de dólares) para la población de raza negra en Estados Unidos está dado por $y = (2/3)x + 6$.

*Las cifras para los ejercicios 35 y 36 aparecieron en *The Sacramento Bee*, diciembre 21 de 1987. Reimpreso con autorización de The Associated Press.

*Datos reimpresos con autorización de *The World Almanac and Book of Facts*, 1992. Copyright © 1991. Todos los derechos reservados. *The World Almanac* es una publicación de Funk & Wagnalls Corporation.

(a) Trace la gráfica de ambas ecuaciones sobre los mismos ejes coordenados.
(b) ¿Se intersecan las gráficas? Si es así, ¿en qué año fue igual el ingreso medio familiar de las poblaciones de raza blanca y de raza negra?
(c) ¿Qué puede inferir de las dos gráficas en el inciso (a)?

Administración *Use las curvas de oferta y demanda trazadas en la figura anexa para resolver los ejercicios 39-42 (véanse los ejemplos 5-8).*

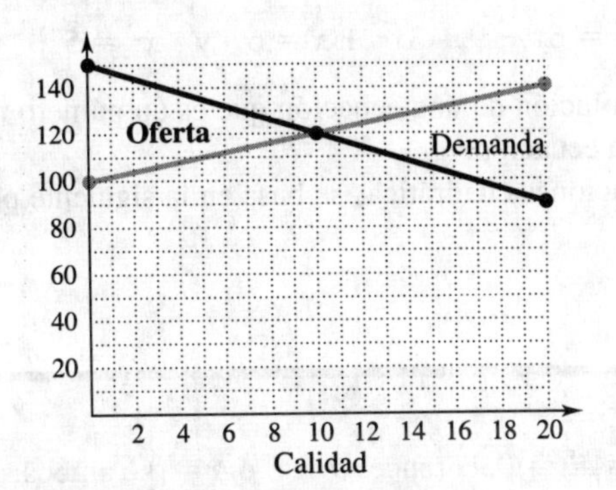

39. ¿A qué precio se ofrecen 20 artículos?

40. ¿A qué precio se demandan 20 artículos?

41. Encuentre la oferta de equilibrio y la demanda de equilibrio.

42. Encuentre el precio de equilibrio.

Administración *Resuelva los siguientes ejercicios (véanse los ejemplos 5-8).*

43. Suponga que la demanda y el precio de una cierta marca de champú están relacionados por

$$p = 16 - \frac{5}{4}q,$$

donde p es el precio, en dólares, y q es la demanda. Encuentre el precio para una demanda de
(a) 0 unidades; **(b)** 4 unidades; **(c)** 8 unidades
Encuentre la demanda para el champú a un precio de
(d) \$6; **(e)** \$11; **(f)** \$16.
(g) Trace la gráfica de $p = 16 - (5/4)q$. Suponga que el precio y la oferta del champú están relacionados por

$$p = \frac{3}{4}q,$$

donde q representa la oferta y p el precio. Encuentre la oferta cuando el precio es
(h) \$0; **(i)** \$10; **(j)** \$20.
(k) Trace la gráfica de $p = (3/4)q$ sobre los mismos ejes para el inciso (g).
(l) Encuentre la oferta de equilibrio.
(m) Encuentre el precio de equilibrio.

44. La oferta y la demanda para neumáticos radiales en dólares está dada por

$$\text{oferta: } p = \frac{3}{2}q \quad \text{y} \quad \text{demanda: } p = 81 - \frac{3}{4}q.$$

(a) Trácelas sobre los mismos ejes.
(b) Encuentre la demanda de equilibrio.
(c) Encuentre el precio de equilibrio.

45. La oferta y la demanda de plátanos en centavos por libra está dada por

$$\text{oferta: } p = \frac{2}{5}q \quad \text{y} \quad \text{demanda: } p = 100 - \frac{2}{5}q.$$

(a) Trace sus gráficas sobre los mismos ejes.
(b) Encuentre la demanda de equilibrio.
(c) Encuentre el precio de equilibrio.
(d) ¿Sobre qué intervalo excede la demanda a la oferta?

46. La oferta y la demanda de azúcar está dada por

$$\text{oferta: } p = 1.4q - .6$$

y

$$\text{demanda: } p = -2q + 3.2,$$

donde p está en dólares.
(a) Trace sus gráficas sobre los mismos ejes.
(b) Encuentre la demanda de equilibrio.
(c) Encuentre el precio de equilibrio.
(d) ¿Sobre qué intervalo excede la oferta a la demanda?

2.4 ECUACIONES CUADRÁTICAS

En la primera parte de este capítulo estudiamos las gráficas de ecuaciones con dos variables, como $y = x^2$ y $y = 2x - 5$. En el resto del capítulo veremos ecuaciones y desigualdades con una variable, tales como

$$9x^2 - 12x = 1, \quad 3x + 5 > 11 \quad \text{y} \quad z^3 - 4z < 0.$$

Muchos problemas de aplicación se reducen a resolver tales ecuaciones y desigualdades. Aunque el énfasis se pondrá en los métodos algebraicos de solución, veremos algunos detalles gráficos sobre las ecuaciones con dos variables para poder entender por qué funcionan esos métodos algebraicos.

En la sección 1.2 consideramos ecuaciones de primer grado, tales como $3x + 7 = 15$. En esta sección consideraremos ecuaciones de segundo grado o cuadráticas. Una ecuación que puede ponerse en la forma

$$ax^2 + bx + c = 0,$$

donde a, b y c son números reales con $a \neq 0$, se llama una **ecuación cuadrática**. Por ejemplo, cada una de

$$2x^2 + 3x + 4 = 0, \quad x^2 = 6x - 9, \quad 3x^2 + x = 6 \quad \text{y} \quad x^2 = 5$$

es una ecuación cuadrática. Una solución de una ecuación que es un número real se dice que es una **solución real** de la ecuación.

Un método para resolver ecuaciones cuadráticas se basa en la siguiente propiedad de los números reales.

PROPIEDAD DEL FACTOR CERO

Si a y b son números reales, con $ab = 0$, entonces $a = 0$ o $b = 0$ o ambos.

EJEMPLO 1 Resuelva la ecuación $(x - 4)(3x + 7) = 0$.

Por la propiedad de factor cero, el producto $(x - 4)(3x + 7)$ puede ser 0 sólo si por lo menos uno de los factores es igual a 0. Es decir, el producto es igual a cero sólo si $x - 4 = 0$ o $3x + 7 = 0$. Resolviendo por separado cada una de esas ecuaciones obtendremos las soluciones de la ecuación original.

$$x - 4 = 0 \quad \text{o} \quad 3x + 7 = 0$$
$$x = 4 \quad \text{o} \quad 3x = -7$$
$$x = -\frac{7}{3}$$

Las soluciones de la ecuación $(x - 4)(3x + 7) = 0$ son 4 y $-7/3$. Verifique esas soluciones por sustitución en la ecuación original. ■ [1]

[1] Resuelva las siguientes ecuaciones.

(a) $(y - 6)(y + 2) = 0$

(b) $(5k - 3)(k + 5) = 0$

(c) $(2r - 9)(3r + 5)(r + 3) = 0$

Respuestas:

(a) 6, −2

(b) 3/5, −5

(c) 9/2, −5/3, −3

EJEMPLO 2 Resuelva $6r^2 + 7r = 3$.

Vuelva a escribir la ecuación como

$$6r^2 + 7r - 3 = 0.$$

Ahora factorice $6r^2 + 7r - 3$ para obtener

$$(3r - 1)(2r + 3) = 0.$$

Por la propiedad del factor cero, el producto $(3r - 1)(2r + 3)$ puede ser igual a 0 sólo si

$$3r - 1 = 0 \quad \text{o} \quad 2r + 3 = 0.$$

[2] Resuelva cada ecuación por factorización.

(a) $y^2 + 3y = 10$

(b) $2r^2 + 9r = 5$

(c) $4k^2 = 9k$

Respuestas:

(a) 2, −5

(b) 1/2, −5

(c) 9/4, 0

Resolviendo cada una de estas ecuaciones por separado, se obtienen las soluciones de la ecuación original.

$$3r = 1 \quad \text{o} \quad 2r = -3$$
$$r = \frac{1}{3} \qquad r = -\frac{3}{2}$$

Verifique que 1/3 y −3/2 son soluciones al sustituirlas en la ecuación original. ■ [2]

Una ecuación tal como $x^2 = 5$ tiene dos soluciones, $\sqrt{5}$ y $-\sqrt{5}$. La misma idea es cierta en general.

PROPIEDAD DE LA RAÍZ CUADRADA

Si $b > 0$, entonces las soluciones de $\boldsymbol{x^2 = b}$ son $\sqrt{b}$ y $-\sqrt{b}$.

Las dos soluciones suelen abreviarse como $\pm\sqrt{b}$.

[3] Resuelva cada ecuación usando la propiedad de la raíz cuadrada.

(a) $p^2 = 21$

(b) $(m + 7)^2 = 15$

(c) $(2k - 3)^2 = 5$

Respuestas:

(a) $\pm\sqrt{21}$

(b) $-7 \pm \sqrt{15}$

(c) $(3 \pm \sqrt{5})/2$

EJEMPLO 3 Resuelva cada ecuación.

(a) $m^2 = 17$

Por la propiedad de la raíz cuadrada, las soluciones son $\sqrt{17}$ y $-\sqrt{17}$, abreviadas $\pm\sqrt{17}$.

(b) $(y - 4)^2 = 11$

Use una generalización de la propiedad de la raíz cuadrada, de la siguiente manera:

$$(y - 4)^2 = 11$$
$$y - 4 = \sqrt{11} \quad \text{o} \quad y - 4 = -\sqrt{11}$$
$$y = 4 + \sqrt{11} \qquad y = 4 - \sqrt{11}.$$

Abrevie la escritura de las soluciones con la expresión $4 \pm \sqrt{11}$. ■ [3]

Como lo sugiere el ejemplo 3(b), cualquier ecuación cuadrática puede resolverse usando la propiedad de raíz cuadrada si la ecuación puede escribirse en la forma $(x + n)^2 = k$. Por ejemplo, para escribir $4x^2 - 24x + 19 = 0$ en esta forma, necesitamos escribir el lado izquierdo como un cuadrado perfecto, $(x + n)^2$. Para obtener un trinomio cuadrado perfecto, primero sumamos −19 a ambos lados de la ecuación y luego multiplicamos ambos lados por 1/4, de manera que x^2 tenga un coeficiente de 1.

$$4x^2 - 24x + 19 = 0$$
$$4x^2 - 24x = -19$$
$$x^2 - 6x = -\frac{19}{4} \qquad (*)$$

Sumando 9 a ambos lados tendremos un cuadrado perfecto, por lo que la ecuación puede escribirse en la forma deseada.

$$x^2 - 6x + 9 = -\frac{19}{4} + 9$$

$$(x - 3)^2 = \frac{17}{4}$$

Use la propiedad de la raíz cuadrada para completar la solución.

$$x - 3 = \pm\sqrt{\frac{17}{4}} = \pm\frac{\sqrt{17}}{2}$$

$$x = 3 \pm \frac{\sqrt{17}}{2} = \frac{6 \pm \sqrt{17}}{2}$$

Las dos soluciones son $\frac{6 + \sqrt{17}}{2}$ y $\frac{6 - \sqrt{17}}{2}$.

Observe que el número 9 sumado a ambos lados de una ecuación (*) se encuentra tomando $(1/2)(6) = 3$ y elevándolo al cuadrado: $3^2 = 9$. Esto siempre funciona porque

$$\left(x + \frac{b}{2}\right)^2 = x^2 + 2\left(\frac{b}{2}\right)x + \left(\frac{b}{2}\right)^2 = x^2 + bx + \left(\frac{b}{2}\right)^2.$$

El proceso de cambiar $4x^2 - 24x + 19 = 0$ a $(x - 3)^2 = 17/4$ se llama **completar el cuadrado.**†

El método de completar el cuadrado puede usarse en la ecuación cuadrática general,

$$ax^2 + bx + c = 0 \quad (a \neq 0),$$

para convertirla a otra cuyas soluciones puedan encontrarse por la propiedad de la raíz cuadrada. Esto dará una fórmula general para resolver cualquier ecuación cuadrática. Al llevar a cabo las operaciones algebraicas necesarias se obtiene el siguiente importante resultado.

FÓRMULA CUADRÁTICA

Las soluciones de la ecuación cuadrática $ax^2 + bx + c = 0$, donde $a \neq 0$, son dadas por

$$x = \frac{-b \pm \sqrt{b^2 - 4ac}}{2a}.$$

PRECAUCIÓN Al usar la fórmula cuadrática, recuerde que la ecuación debe estar en la forma $ax^2 + bx + c = 0$. Advierta también que la fracción en la fórmula cuadrática se extiende bajo *ambos* términos del numerador. Asegúrese de sumar $-b$ a $\pm\sqrt{b^2 - 4ac}$ *antes* de dividir entre $2a$. ◆

†El tema de completar el cuadrado se continúa estudiando en la sección 3.1.

EJEMPLO 4 Resuelva $x^2 + 1 = 4x$.

Primero sume $-4x$ en ambos lados para obtener un 0 sólo en el lado derecho.

$$x^2 - 4x + 1 = 0$$

Ahora identifique las letras a, b y c. Aquí $a = 1$, $b = -4$ y $c = 1$. Sustituya esos números en la fórmula cuadrática

$$x = \frac{-(-4) \pm \sqrt{(-4)^2 - 4(1)(1)}}{2(1)}$$

$$= \frac{4 \pm \sqrt{16 - 4}}{2}$$

$$= \frac{4 \pm \sqrt{12}}{2}$$

$$= \frac{4 \pm 2\sqrt{3}}{2} \qquad \sqrt{12} = \sqrt{4 \cdot 3} = \sqrt{4} \cdot \sqrt{3} = 2\sqrt{3}$$

$$= \frac{2(2 \pm \sqrt{3})}{2} \qquad \text{Factor } 4 \pm 2\sqrt{3}.$$

$$x = 2 \pm \sqrt{3}.$$

El signo $\pm$ representa las dos soluciones de la ecuación. Primero use $+$ y luego use $-$ para encontrar cada una de las soluciones: $2 + \sqrt{3}$ y $2 - \sqrt{3}$. ■ 4

4 Use la fórmula cuadrática para resolver cada ecuación.

(a) $x^2 - 2x = 2$

(b) $u^2 - 6u + 4 = 0$

Respuestas:

(a) $x = 1 + \sqrt{3}$ o $1 - \sqrt{3}$

(b) $u = 3 + \sqrt{5}$ o $3 - \sqrt{5}$

El ejemplo 4 muestra que la fórmula cuadrática da soluciones exactas de ecuaciones cuadráticas que no se factorizan fácilmente. Sin embargo, en muchas situaciones reales, son necesarias aproximaciones decimales precisas de las soluciones. Una calculadora es ideal para esto. Por ejemplo, en el ejemplo 4 podemos usar una calculadora para determinar soluciones aproximadas (precisas a siete cifras decimales) que son

$$x = 2 + \sqrt{3} \approx 3.7320508 \quad \text{y} \quad x = 2 - \sqrt{3} \approx .2679492.$$

Experimente con su calculadora para encontrar la secuencia más eficiente de oprimir las teclas al usar la fórmula cuadrática.

EJEMPLO 5 Use la fórmula cuadrática y una calculadora para resolver

$$3.2x^2 + 15.93x - 7.1 = 0.$$

Calcule $\sqrt{b^2 - 4ac} = \sqrt{15.93^2 - 4(3.2)(-7.1)} \approx 18.56461419$ y almacene el resultado en la memoria. Este número puede insertarse en cualquier cálculo usando la tecla de memoria que denotaremos aquí con MR (quizá se represente en forma diferente en su calculadora). Las soluciones de la ecuación están dadas por

$$x = (-15.93 + \text{MR})/(2 \cdot 3.2) \approx .411658467$$

y

$$x = (-15.93 - \text{MR})/(2 \cdot 3.2) \approx -5.38978347.$$

5 Encuentre soluciones aproximadas para $5.1x^2 - 3.3x - 240.624 = 0$.

Respuesta:
$x = 7.2$ o $x \approx -6.5529$

Observe el uso de paréntesis en esos cálculos; omitir los paréntesis conduce a respuestas equivocadas. Recuerde también que esas respuestas son *aproximaciones*, por lo que pueden no concordar exactamente al ser sustituidas en la ecuación original. ■ 5

SUGERENCIA TECNOLÓGICA Puede aproximar las soluciones de las ecuaciones cuadráticas en una calculadora graficadora usando un programa para la fórmula cuadrática (véase el apéndice de programas) o usando un resolvedor integrado de ecuaciones cuadráticas en su calculadora. En tal caso, sólo tiene que introducir los coeficientes *a*, *b* y *c* para obtener las soluciones aproximadas. Vea los detalles en su manual de instrucciones. ✔

EJEMPLO 6 Resuelva $9x^2 - 30x + 25 = 0$.

Aplicando la fórmula cuadrática con $a = 9$, $b = -30$ y $c = 25$, tenemos

$$x = \frac{-(\mathbf{-30}) \pm \sqrt{(\mathbf{-30})^2 - 4(\mathbf{9})(\mathbf{25})}}{2(\mathbf{9})}$$

$$= \frac{30 \pm \sqrt{900 - 900}}{18} = \frac{30 \pm 0}{18} = \frac{30}{18} = \frac{5}{3}.$$

Por lo tanto, la ecuación dada tiene sólo una solución real. El hecho de que la solución es un número racional indica que esta ecuación podría haberse resuelto por factorización. ■

EJEMPLO 7 Resuelva $x^2 - 6x + 10 = 0$.

Aplique la fórmula cuadrática con $a = 1$, $b = -6$ y $c = 10$.

$$x = \frac{-(\mathbf{-6}) \pm \sqrt{(\mathbf{-6})^2 - 4(\mathbf{1})(\mathbf{10})}}{2(\mathbf{1})}$$

$$= \frac{6 \pm \sqrt{36 - 40}}{2}$$

$$= \frac{6 \pm \sqrt{-4}}{2}$$

Como ningún número negativo tiene una raíz cuadrada en el sistema de los números reales, $\sqrt{-4}$ no es un número real. Por consiguiente, la ecuación no tiene soluciones reales. ■ 6

6 Resuelva cada ecuación.

(a) $9k^2 - 6k + 1 = 0$

(b) $4m^2 + 28m + 49 = 0$

(c) $2x^2 - 5x + 5 = 0$

Respuestas:

(a) 1/3

(b) −7/2

(c) Ninguna solución en los números reales

Como se ilustra en los ejemplos 4−7,

Toda ecuación cuadrática tiene dos, una o ninguna solución real.

Esos ejemplos también muestran que $b^2 - 4ac$, la cantidad bajo el radical en la fórmula cuadrática, determina el número de soluciones reales de la ecuación como sigue.

Si $b^2 - 4ac > 0$ (como en los ejemplos 4 y 5), hay dos soluciones reales.

Si $b^2 - 4ac = 0$ (como en el ejemplo 6), hay una solución real.

Si $b^2 - 4ac < 0$ (como en el ejemplo 7), no hay soluciones reales.

El número $b^2 - 4ac$ se llama el **discriminante** de la ecuación cuadrática $ax^2 + bx + c = 0$. 7

7 Use el discriminante para determinar el número de soluciones reales de cada ecuación.

(a) $x^2 + 8x + 3 = 0$

(b) $2x^2 + x + 3 = 0$

(c) $x^2 - 194x + 9409 = 0$

Respuestas:

(a) 2

(b) 0

(c) 1

SUGERENCIA TECNOLÓGICA Las soluciones en números reales de una ecuación con una variable tal como $x^2 - 6x + 10 = 0$ son las intersecciones con el eje x de la gráfica de la ecuación con dos variables $y = x^2 - 6x + 10$. Entonces puede usar una calculadora graficadora para determinar el número de soluciones de la ecuación trazando la gráfica de $y = x^2 - 6x + 10$ y contando el número de intersecciones con el eje x. También puede encontrar esas soluciones gráficamente con el amplificador (*zoom-in*) o un localizador gráfico de raíces (si tiene uno su calculadora) para encontrar las intersecciones de la gráfica con el eje x. Busque los detalles en su manual de instrucciones. ✔

EJEMPLO 8 Un arquitecto de paisajes quiere hacer un borde de ancho uniforme con grava aparente alrededor de una pequeña cabaña detrás de una fábrica. La cabaña tiene una planta de 10 pies por 6 pies. Se cuenta con suficiente grava para cubrir 36 pies cuadrados. ¿Qué ancho puede tener el borde?

Siga los pasos de la sección 1.2 para resolver problemas de aplicación. En la figura 2.23 se da un croquis de la cabaña con el borde. Sea x el ancho del borde.

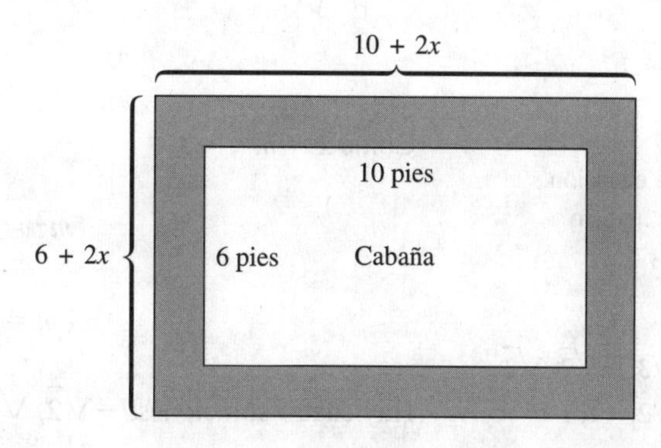

FIGURA 2.23

El ancho del rectángulo grande es entonces $6 + 2x$ y su longitud es $10 + 2x$. Tenemos que escribir una ecuación que relacione las áreas y dimensiones dadas. El área del rectángulo grande es $(6 + 2x)(10 + 2x)$. El área de la cabaña es $6 \cdot 10 = 60$. El área del borde se encuentra restando el área de la cabaña del área del rectángulo grande. Esta diferencia debe ser de 36 pies cuadrados, lo que conduce a la ecuación

$$(6 + 2x)(10 + 2x) - 60 = 36.$$

Resuelva esta ecuación con la siguiente secuencia de pasos.

$$60 + 32x + 4x^2 - 60 = 36$$
$$4x^2 + 32x - 36 = 0$$
$$x^2 + 8x - 9 = 0$$
$$(x + 9)(x - 1) = 0$$

Las soluciones son -9 y 1. El número -9 no puede ser el ancho del borde, por lo que la solución es hacer el borde de 1 pie de ancho. ■ [8]

[8] La longitud de una pintura es 2 pulgadas mayor que su ancho. Está montada sobre un cartón que se extiende 2 pulgadas más allá de la pintura en todos los lados. ¿Cuáles son las dimensiones de la pintura si el área del cartón es de 99 pulgadas cuadradas?

Respuesta:
5 pulgadas por 7 pulgadas

Algunas ecuaciones que no son cuadráticas pueden resolverse como ecuaciones cuadráticas haciendo una sustitución apropiada. Tales ecuaciones se llaman **de forma cuadrática**.

EJEMPLO 9 Resuelva $4m^4 - 9m^2 + 2 = 0$.

Use las sustituciones

$$x = m^2 \quad \text{y} \quad x^2 = m^4$$

para volver a escribir la ecuación como

$$4\mathbf{x^2} - 9\mathbf{x} + 2 = 0.$$

Esta ecuación cuadrática puede resolverse por factorización.

$$4x^2 - 9x + 2 = 0$$
$$(x - 2)(4x - 1) = 0$$
$$x - 2 = 0 \quad \text{o} \quad 4x - 1 = 0$$
$$x = 2 \quad \text{o} \quad 4x = 1$$
$$x = \frac{1}{4}$$

Como $x = m^2$,

$$m^2 = 2 \quad \text{o} \quad m^2 = \frac{1}{4}$$

$$m = \pm\sqrt{2} \quad \text{o} \quad m = \pm\frac{1}{2}.$$

Hay cuatro soluciones: $-\sqrt{2}$, $\sqrt{2}$, $-1/2$ y $1/2$. ■ 9

9 Resuelva cada ecuación.

(a) $9x^4 - 23x^2 + 10 = 0$

(b) $4x^4 = 7x^2 - 3$

Respuestas:

(a) $-\sqrt{5}/3, \sqrt{5}/3, -\sqrt{2}, \sqrt{2}$

(b) $-\sqrt{3}/2, \sqrt{3}/2, -1, 1$

EJEMPLO 10 Resuelva $4 + \frac{1}{z-2} = \frac{3}{2(z-2)^2}$.

Primero sustituya $z - 2$ por u para obtener

$$4 + \frac{1}{\mathbf{z-2}} = \frac{3}{2(\mathbf{z-2})^2}$$

$$4 + \frac{1}{\mathbf{u}} = \frac{3}{2\mathbf{u}^2}.$$

Ahora multiplique ambos lados de la ecuación por el denominador común $2u^2$; luego resuelva la ecuación cuadrática resultante.

$$2u^2\left(4 + \frac{1}{u}\right) = 2u^2\left(\frac{3}{2u^2}\right)$$
$$8u^2 + 2u = 3$$
$$8u^2 + 2u - 3 = 0$$
$$(4u + 3)(2u - 1) = 0$$

$$4u + 3 = 0 \quad \text{o} \quad 2u - 1 = 0$$
$$u = -\frac{3}{4} \quad \text{o} \quad u = \frac{1}{2}$$
$$z - 2 = -\frac{3}{4} \quad \text{o} \quad z - 2 = \frac{1}{2} \qquad \text{Reemplace } u \text{ por } z - 2.$$
$$z = -\frac{3}{4} + 2 \qquad z = \frac{1}{2} + 2$$
$$z = \frac{5}{4} \quad \text{o} \quad z = \frac{5}{2}.$$

Las soluciones son 5/4 y 5/2. Verifique ambas soluciones en la ecuación original. ■ 10

10 Resuelva cada ecuación.

(a) $\frac{13}{3(p+1)} + \frac{5}{3(p+1)^2} = 2$

(b) $1 + \frac{1}{a} = \frac{5}{a^2}$

Respuestas:
(a) $-4/3, 3/2$
(b) $(-1 + \sqrt{21})/2$, $(-1 - \sqrt{21})/2$

El siguiente ejemplo muestra cómo resolver una ecuación para una variable específica cuando la ecuación es cuadrática en esa variable.

EJEMPLO 11 Despeje x en $v = mx^2 + x$. (Suponga $m \neq 0$.)

La ecuación es cuadrática en x debido al término x^2. Use la fórmula cuadrática, escribiendo primero la ecuación en forma estándar.

$$v = mx^2 + x$$
$$0 = mx^2 + x - v$$

Sea $a = m$, $b = 1$ y $c = -v$. La fórmula cuadrática da entonces

$$x = \frac{-1 \pm \sqrt{1^2 - 4(m)(-v)}}{2m}$$
$$x = \frac{-1 \pm \sqrt{1 + 4mv}}{2m}. \quad ■ \; 11$$

11 Resuelva cada una de las siguientes ecuaciones para la variable indicada. Suponga que todas las variables son positivas.

(a) $k = mp^2 - bp$ para p

(b) $r = \frac{APk^2}{3}$ para k

Respuestas:
(a) $p = \frac{b \pm \sqrt{b^2 + 4mk}}{2m}$
(b) $k = \pm\sqrt{\frac{3r}{AP}}$ o $\frac{\pm\sqrt{3rAP}}{AP}$

2.4 EJERCICIOS

Use la factorización para resolver cada ecuación (véanse los ejemplos 1 y 2).

1. $(x + 3)(x - 12) = 0$
2. $(p - 16)(p - 5) = 0$
3. $x(x + 5) = 0$
4. $x^2 - 2x = 0$
5. $3z^2 = 6z$
6. $x^2 - 81 = 0$
7. $y^2 + 15y + 56 = 0$
8. $k^2 - 4k - 5 = 0$
9. $2x^2 = 5x - 3$
10. $2 = 12z^2 + 5z$
11. $6r^2 + r = 1$
12. $3y^2 = 16y - 5$
13. $2m^2 + 20 = 13m$
14. $10a^2 + 17a + 3 = 0$
15. $m(m - 7) = -10$
16. $z(2z + 7) = 4$
17. $9x^2 - 16 = 0$
18. $25y^2 - 64 = 0$
19. $16x^2 - 16x = 0$
20. $12y^2 - 48y = 0$

Resuelva cada ecuación por la propiedad de la raíz cuadrada (véase el ejemplo 3).

21. $(r - 2)^2 = 7$
22. $(b + 5)^2 = 8$
23. $(4x - 1)^2 = 20$
24. $(3t + 5)^2 = 11$

Use la fórmula cuadrática para resolver cada ecuación. Si las soluciones implican raíces cuadradas, dé las soluciones exactas y aproximadas (véanse los ejemplos 4-7).

25. $2x^2 + 5x + 1 = 0$

26. $3x^2 - x - 7 = 0$

27. $4k^2 + 2k = 1$

28. $r^2 = 3r + 5$

29. $5y^2 + 6y = 2$

30. $2z^2 + 3 = 8z$

31. $6x^2 + 6x + 5 = 0$

32. $3a^2 - 2a + 2 = 0$

33. $2r^2 - 7r + 5 = 0$

34. $8x^2 = 8x - 3$

35. $6k^2 - 11k + 4 = 0$

36. $8m^2 - 10m + 3 = 0$

37. $2x^2 - 7x + 30 = 0$

38. $3k^2 + k = 6$

Use el discriminante para determinar el número de soluciones reales de cada ecuación. No tiene que resolver las ecuaciones.

39. $25t^2 + 49 = 70t$

40. $9z^2 - 12z = 1$

41. $13x^2 + 24x - 6 = 0$

42. $22x^2 + 19x + 5 = 0$

Use una calculadora y la fórmula cuadrática para encontrar las soluciones aproximadas de la ecuación (véase el ejemplo 5).

43. $4.42x^2 - 10.14x + 3.79 = 0$

44. $3x^2 - 82.74x + 570.4923 = 0$

45. $7.63x^2 + 2.79x = 5.32$

46. $8.06x^2 + 25.8726x = 25.047256$

Dé todas las soluciones reales de las siguientes ecuaciones (véanse los ejemplos 9 y 10). (Sugerencia: *En el ejercicio 51, haga $u = p - 3$.*)

47. $z^4 - 2z^2 = 15$

48. $6p^4 = p^2 + 2$

49. $2q^4 + 3q^2 - 9 = 0$

50. $4a^4 = 2 - 7a^2$

51. $6(p - 3)^2 + 5(p - 3) - 6 = 0$

52. $12(q + 4)^2 - 13(q + 4) - 4 = 0$

53. $1 + \frac{7}{2a} = \frac{15}{2a^2}$

54. $5 - \frac{4}{k} - \frac{1}{k^2} = 0$

55. $-\frac{2}{3z^2} + \frac{1}{3} + \frac{8}{3z} = 0$

56. $2 + \frac{5}{x} + \frac{1}{x^2} = 0$

Los estudiantes a menudo confunden expresiones con ecuaciones. En el inciso (a) sume o reste las expresiones tal como se indica. En el inciso (b) resuelva la ecuación. Compare los resultados.

57. (a) $\frac{6}{r} - \frac{5}{r-2} - 1$ **(b)** $\frac{6}{r} = \frac{5}{r-2} - 1$

58. (a) $\frac{8}{z-1} - \frac{5}{z} - \frac{2z}{z-1}$ **(b)** $\frac{8}{z-1} = \frac{5}{z} + \frac{2z}{z-1}$

Resuelva los siguientes problemas (véase el ejemplo 8).

59. Un centro ecológico va a construir un jardín experimental. Se tienen 300 metros de alambre para encerrar un área rectangular de 5000 metros cuadrados. Encuentre la longitud y el ancho del rectángulo.

(a) Haga $x =$ la longitud y escriba una expresión para el ancho.

(b) Escriba una ecuación que relacione la longitud, el ancho y el área, usando el resultado del inciso (a).

(c) Resuelva el problema.

60. Un centro comercial tiene un área rectangular de 40,000 yardas cuadradas encerrada por tres lados por un estacionamiento. La longitud es 200 yardas mayor que dos veces el ancho. Encuentre la longitud y el ancho del terreno. Haga x igual al ancho y siga los pasos similares a los del ejercicio 59.

61. Un arquitecto incluyó una cama rectangular de flores que mide 9 pies por 5 pies en sus planes para un nuevo edificio. Quiere usar dos colores de flores, uno en el centro y el otro para un borde del mismo ancho en los cuatro lados. Si sólo consigue 24 pies cuadrados de flores para el borde, ¿qué ancho debe tener éste?

62. Joan quiere comprar una alfombra para un cuarto que mide 12 pies por 15 pies. Quiere tener una franja uniforme de piso alrededor de la alfombra. Sólo puede comprar 108 pies cuadrados de alfombra. ¿Qué dimensiones debe tener la alfombra?

63. En 1991 Rick Mears ganó la carrera de las 500 millas de Indianápolis. Su velocidad fue 100 mph (al mph más cercano) más rápida que la del ganador de 1911, Ray Harroun. Mears completó la carrera en 3.74 horas menos que Harroun. Encuentre la velocidad de Mears al número entero más cercano.

64. César y Jaime recibieron radioteléfonos portátiles como regalo de Navidad. Si parten del mismo punto al mismo tiempo, César caminando hacia el norte a 2.5 mph y Jaime caminando hacia el este a 3 mph, ¿durante cuánto tiempo podrán hablarse entre sí, si el alcance de los radioteléfonos es de 4 millas? Redondee su respuesta al minuto más cercano.

65. Administración El gerente de una tienda de bicicletas sabe que el costo de vender x bicicletas es $C = 20x + 60$ y el ingreso de vender x bicicletas es $R = x^2 - 8x$. Encuentre el punto de equilibrio de x (punto de ingresos y costos iguales).

66. Administración Una empresa que produce cereal para desayunos encontró que su costo de operación en dólares es $C = 40x + 150$ y sus ingresos en dólares son $R = 65x - x^2$. Para qué valor o valores de x serán iguales los costos y los ingresos.

67. Física Si una pelota se lanza hacia arriba con una velocidad inicial de 64 pies por segundo, entonces su altura después de t segundos es $h = 64t - 16t^2$. ¿En cuántos segundos alcanzará la pelota

(a) 64 pies? **(b)** 28 pies?

(c) ¿Por qué hay dos posibles respuestas?

68. Física Una partícula se mueve horizontalmente guardando una distancia desde su punto de partida en centímetros a los t segundos dada por $d = 11t^2 - 10t$.

(a) ¿Qué tiempo le tomará a la partícula retornar al punto de partida?

(b) ¿Cuándo estará la partícula a 100 centímetros de su punto de partida?

Despeje la variable indicada en cada una de las siguientes ecuaciones. Suponga que todos los denominadores son diferentes de cero y que todas las variables representan números reales positivos (véase el ejemplo 11).

69. $S = \frac{1}{2}gt^2$ despeje t

70. $a = \pi r^2$ despeje r

71. $L = \frac{d^4k}{h^2}$ despeje h

72. $F = \frac{kMv^2}{r}$ despeje v

73. $P = \frac{E^2R}{(r + R)^2}$ despeje R

74. $S = 2\pi rh + 2\pi r^2$ despeje r

2.5 DESIGUALDADES LINEALES

La **desigualdad** es un enunciado en el que una expresión matemática es mayor que (o menor que) otra. Las desigualdades son muy importantes en las aplicaciones. Por ejemplo, una empresa quiere tener ingresos *mayores que* los costos y no debe usar *más que* la cantidad total de capital o mano de obra disponible.

Las desigualdades pueden resolverse usando métodos algebraicos o geométricos. En esta sección nos concentraremos en los métodos algebraicos para resolver **desigualdades lineales**, tales como

$$4 - 3x \leq 7 + 2x \quad \text{y} \quad -2 < 5 + 3m < 20,$$

y desigualdades de valor absoluto, tales como $|x - 2| < 5$. Las siguientes propiedades son las herramientas básicas para trabajar con desigualdades.

PROPIEDADES DE LAS DESIGUALDADES

Para los números reales a, b y c,

(a) si $a < b$, entonces $a + c < b + c$

(b) si $a < b$, y si $c > 0$, entonces $ac < bc$

(c) si $a < b$, y si $c < 0$, entonces $ac > bc$.

En toda esta sección, las definiciones se dan sólo para $<$; pero son igualmente válidas para $>$, $\leq$ o $\geq$.

PRECAUCIÓN Ponga atención en el inciso (c): si ambos lados de una desigualdad se multiplican por un número negativo, la dirección del símbolo de desigualdad debe invertirse. Por ejemplo, comenzando con el enunciado verdadero $-3 < 5$ y multiplicando ambos lados por el número positivo da

$$-3 \cdot \mathbf{2} < 5 \cdot \mathbf{2},$$

o

$$-6 < 10,$$

que es aún un enunciado verdadero. Por otra parte, comenzando con $-3 < 5$ y multiplicando ambos lados por el número negativo -2 se tiene un resultado verdadero sólo si la dirección del símbolo de desigualdad se invierte:

$$-3(\mathbf{-2}) > 5(\mathbf{-2})$$
$$6 > -10.$$ ◆ [1]

[1] **(a)** Multiplique primero ambos lados de $-6 < -1$ por 4 y luego multiplique ambos lados de $-6 < -1$ por -7.

(b) Multiplique primero ambos lados de $9 \geq -4$ por 2 y luego multiplique ambos lados de $9 \geq -4$ por -5.

(c) Sume primero 4 a ambos lados de $-3 < -1$ y luego sume -6 a ambos lados de $-3 < -1$.

Respuestas:

(a) $-24 < -4$; $42 > 7$

(b) $18 \geq -8$; $-45 \leq 20$

(c) $1 < 3$; $-9 < -7$

EJEMPLO 1 Resuelva $3x + 5 > 11$. Trace la gráfica de la solución.

Primero sume -5 a ambos lados.

$$3x + 5 + (\mathbf{-5}) > 11 + (\mathbf{-5})$$
$$3x > 6$$

Ahora multiplique ambos lados por 1/3.

$$\frac{\mathbf{1}}{\mathbf{3}}(3x) > \frac{\mathbf{1}}{\mathbf{3}}(6)$$
$$x > 2$$

(¿Por qué no cambió la dirección del símbolo de la desigualdad?) Como verificación, observe que 0, que no es parte de la solución, hace falsa a la desigualdad, mientras que 3, que sí es parte de la solución, la hace verdadera.

$3(0) + 5 > 11$		$3(3) + 5 > 11$	
$5 > 11$	Falsa	$14 > 11$	Verdadera

En la notación de intervalos (presentada en la sección 1.1), la solución es el intervalo $(2, \infty)$, cuya gráfica está en el eje numérico en la figura 2.24. Un círculo vacío en 2 muestra que 2 no está incluido. ■ [2]

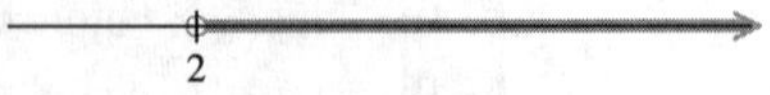

FIGURA 2.24

[2] Resuelva las siguientes desigualdades. Trace la gráfica de cada solución.

(a) $5z - 11 < 14$

(b) $-3k \leq -12$

(c) $-8y \geq 32$

Respuestas:

(a) $z < 5$

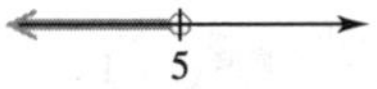

(b) $k \geq 4$

(c) $y \leq -4$

EJEMPLO 2 Resuelva $4 - 3x \leq 7 + 2x$.

$$4 - 3x \leq 7 + 2x$$
$$4 - 3x + (\mathbf{-4}) \leq 7 + 2x + (\mathbf{-4})$$
$$-3x \leq 3 + 2x$$

Sume $-2x$ a ambos lados. (Recuerde que *sumar* a ambos lados nunca cambia la dirección del símbolo de desigualdad.)

$$-3x + (-2x) \leq 3 + 2x + (-2x)$$
$$-5x \leq 3$$

Multiplique ambos lados por $-1/5$. Como $-1/5$ es negativo, cambie la dirección del símbolo de desigualdad.

$$-\frac{1}{5}(-5x) \geq -\frac{1}{5}(3)$$
$$x \geq -\frac{3}{5}$$

La figura 2.25 muestra una gráfica de la solución $[-3/5, \infty)$. El círculo lleno en la figura 2.25 muestra que $-3/5$ está incluido en la solución. ■ 3

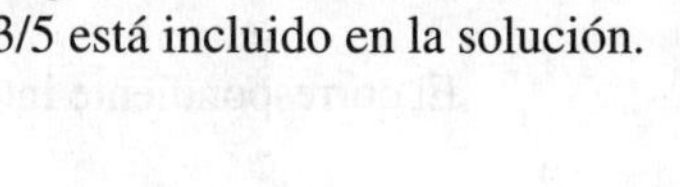

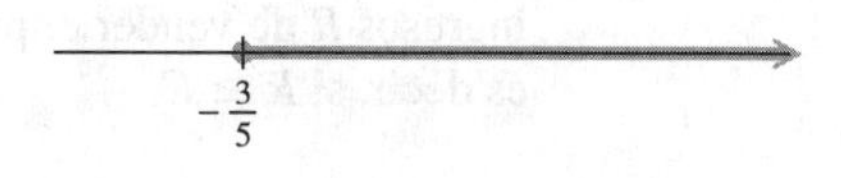

FIGURA 2.25

3 Resuelva las siguientes desigualdades. Trace la gráfica de cada solución.

(a) $8 - 6t \geq 2t + 24$

(b) $-4r + 3(r + 1) < 2r$

Respuestas:

(a) $t \leq -2$

(b) $r > 1$

EJEMPLO 3 Resuelva $-2 < 5 + 3m < 20$. Trace la gráfica de la solución.

La desigualdad $-2 < 5 + 3m < 20$ dice que $5 + 3m$ está *entre* -2 y 20. Podemos resolver esta desigualdad con una ampliación de las propiedades antes dadas. Proceda como sigue, sumando primero -5 a cada parte.

$$-2 + (-5) < 5 + 3m + (-5) < 20 + (-5)$$
$$-7 < 3m < 15$$

Ahora multiplique cada parte por 1/3.

$$-\frac{7}{3} < m < 5$$

Una gráfica de la solución, $(-7/3, 5)$, se muestra en la figura 2.26. ■ 4

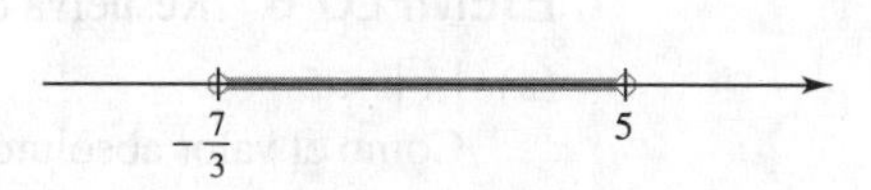

FIGURA 2.26

4 Resuelva cada una de las siguientes desigualdades. Trace la gráfica de cada solución.

(a) $9 < k + 5 < 13$

(b) $-6 \leq 2z + 4 \leq 12$

Respuestas:

(a) $4 < k < 8$

(b) $-5 \leq z \leq 4$

EJEMPLO 4 La fórmula para convertir temperaturas Celsius a Fahrenheit es

$$F = \frac{9}{5}C + 32.$$

¿Qué intervalo de temperaturas Celsius corresponde al intervalo de 32°F a 77°F?

El intervalo de temperaturas Fahrenheit es $32 < F < 77$. Como $F = (9/5)C + 32$,

$$32 < \frac{9}{5}C + 32 < 77.$$

Despeje C de la desigualdad.

$$32 < \frac{9}{5}C + 32 < 77$$

$$0 < \frac{9}{5}C < 45$$

$$0 < C < \frac{5}{9} \cdot 45$$

$$0 < C < 25$$

El correspondiente intervalo de temperaturas Celsius es 0°C a 25°C. ■ 5

5 En el ejemplo 4, ¿qué temperaturas Celsius corresponden a temperaturas entre 5°F y 95°F?

Respuesta:
−15°C a 35°C

Un producto llegará al punto de equilibrio, o producirá una ganancia, sólo si los ingresos R de vender el producto son iguales por lo menos al costo C de producirlo, es decir, si $R \geq C$.

EJEMPLO 5 El analista de una empresa ha determinado que el costo de producir y vender x unidades de cierto producto es $C = 20x + 1000$. El ingreso para ese producto es $R = 70x$. Encuentre los valores de x para los que la empresa alcanzará el punto de equilibrio o tendrá una ganancia por el producto.

Resuelva la desigualdad $R \geq C$.

$$R \geq C$$

$$70x \geq 20x + 1000 \qquad \text{Haga } R = 70x,\ C = 20x + 1000.$$

$$50x \geq 1000$$

$$x \geq 20$$

La empresa debe producir y vender 20 artículos para alcanzar el punto de equilibrio y más de 20 para tener una ganancia. ■

Los siguientes ejemplos muestran cómo resolver desigualdades con valor absoluto.

EJEMPLO 6 Resuelva cada desigualdad.

(a) $|x| < 5$

Como el valor absoluto da la distancia de un número al 0, la desigualdad $|x| < 5$ es verdadera para todos los números reales cuya distancia a 0 sea menor que 5. Esto incluye todos los números de −5 a 5, o números en el intervalo (−5, 5). Una gráfica de la solución se muestra en la figura 2.27.

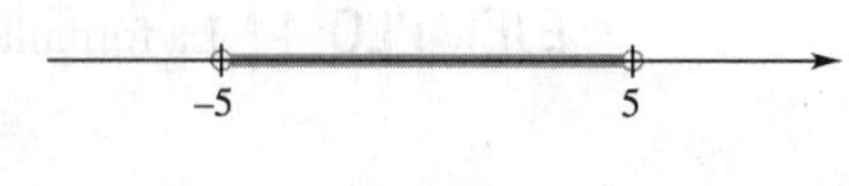

FIGURA 2.27

(b) $|x| > 5$

De manera similar, la solución de $|x| > 5$ está dada por todos aquellos números cuya distancia a 0 es *mayor* que 5. Esto incluye los números que satisfacen $x < -5$ o $x > 5$. Una gráfica de la solución, o sea todos los números en

$$(-\infty, -5) \quad \text{o} \quad (5, \infty),$$

se muestra en la figura 2.28. ■ [6]

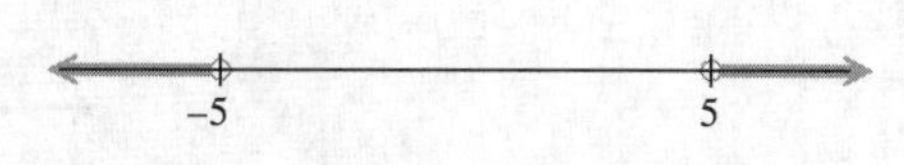

FIGURA 2.28

[6] Resuelva cada desigualdad. Trace la gráfica de cada solución.

(a) $|x| \leq 1$

(b) $|y| \geq 3$

Respuestas:

(a) $[-1, 1]$

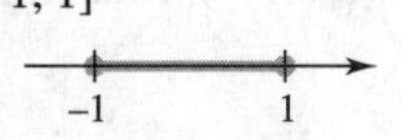

(b) Todos los números en $(-\infty, -3]$ o $[3, \infty)$

–3 3

Los ejemplos anteriores sugieren las siguientes generalizaciones.

> Suponga que a y b son números reales con b positivo.
>
> **1.** Resuelva $|a| = |b|$ resolviendo $a = b$ o $a = -b$.
>
> **2.** Resuelva $|a| < b$ resolviendo $-b < a < b$.
>
> **3.** Resuelva $|a| > b$ resolviendo $a < -b$ o $a > b$.

EJEMPLO 7 Resuelva $|x - 2| < 5$.

Reemplace a por $x - 2$ y b por 5 en la propiedad (2) dada arriba. Ahora resuelva $|x - 2| < 5$ resolviendo la desigualdad

$$-5 < x - 2 < 5.$$

Sume 2 a cada parte; se obtiene

$$-3 < x < 7,$$

cuya gráfica está en la figura 2.29. ■ [7]

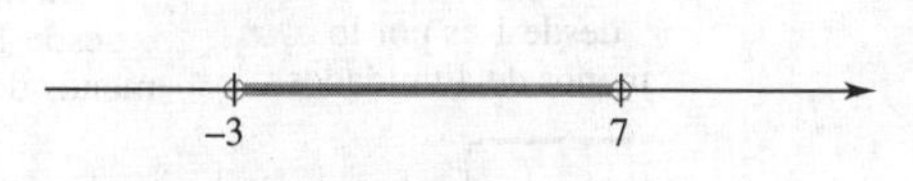

FIGURA 2.29

[7] Resuelva cada desigualdad. Trace la gráfica de cada solución.

(a) $|p + 3| < 4$

(b) $|2k - 1| \leq 7$

Respuestas:

(a) $(-7, 1)$

–7 1

(b) $[-3, 4]$

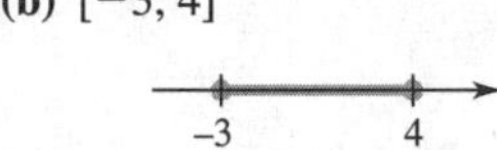

EJEMPLO 8 Resuelva $|2 - 7m| - 1 > 4$.

Primero sume 1 en ambos lados.

$$|2 - 7m| > 5$$

Ahora use la propiedad (3) para resolver $|2 - 7m| > 5$ resolviendo la desigualdad

$$2 - 7m < -5 \quad \text{o} \quad 2 - 7m > 5.$$

8 Resuelva cada desigualdad. Trace la gráfica de cada solución.

(a) $|y - 2| > 5$

(b) $|3k - 1| \geq 2$

(c) $|2 + 5r| - 4 \geq 1$

Respuestas:

(a) Todos los números en $(-\infty, -3)$ o $(7, \infty)$

(b) Todos los números en $\left(-\infty, -\frac{1}{3}\right]$ o $[1, \infty)$

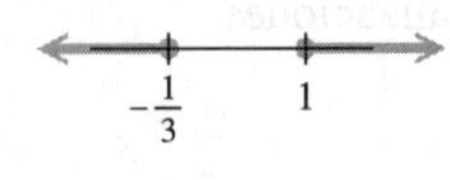

(c) Todos los números en $\left(-\infty, -\frac{7}{5}\right]$ o $\left[\frac{3}{5}, \infty\right)$

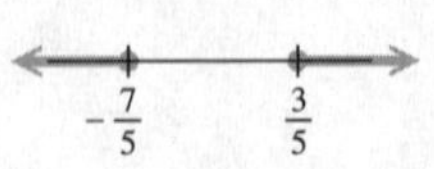

9 Resuelva cada desigualdad.

(a) $|5m - 2| > -1$

(b) $|2 + 3a| < -3$

(c) $|6 + r| > 0$

Respuestas:

(a) Todos los números reales

(b) Ninguna solución

(c) Todos los números reales excepto -6

10 Escriba cada enunciado usando valor absoluto.

(a) m está por lo menos a 3 unidades de 5.

(b) t está a lo más a 0.01 de 4.

Respuestas:

(a) $|m - 5| \geq 3$

(b) $|t - 4| \leq .01$

Resuelva cada parte por separado.

$$-7m < -7 \quad \text{o} \quad -7m > 3$$

$$m > 1 \quad \text{o} \quad m < -\frac{3}{7}$$

La gráfica de la solución, todos los números en $\left(-\infty, -\frac{3}{7}\right)$ o $(1, \infty)$, está en la figura 2.30. ■ 8

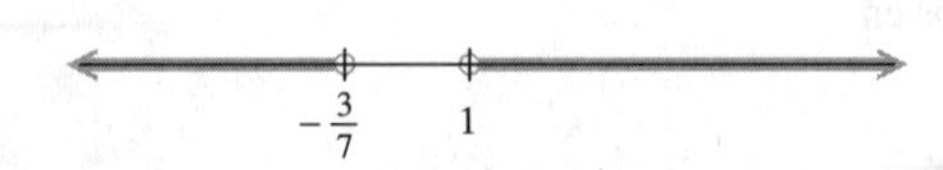

FIGURA 2.30

EJEMPLO 9 Resuelva $|2 - 5x| \geq -4$.

El valor absoluto de un número es siempre no negativo. Por lo tanto, $|2 - 5x| \geq -4$ es siempre cierta, por lo que la solución es el conjunto de todos los números reales. Advierta que la desigualdad $|2 - 5x| < -4$ no tiene solución, porque el valor absoluto de una cantidad nunca puede ser menor que un número negativo. ■ 9

Las desigualdades con valor absoluto pueden usarse para indicar qué tan lejos está un número de un número dado. El siguiente ejemplo ilustra este uso del valor absoluto.

EJEMPLO 10 Escriba cada enunciado usando valor absoluto.

(a) k está por lo menos a 4 unidades de 1.

Si k está por lo menos a 4 unidades de 1, entonces la distancia de k a 1 es mayor que o igual a 4. Véase la figura 2.31(a). Como k puede estar a cualquier lado de 1 sobre el eje numérico, k puede ser menor que -3 o mayor que 5. Escriba este enunciado usando valor absoluto como

$$|k - 1| \geq 4.$$

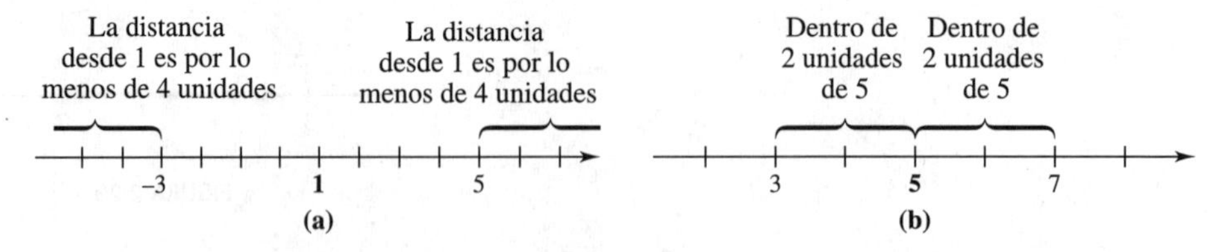

FIGURA 2.31

(b) p está a lo más a 2 unidades de 5.

Esto significa que la distancia entre p y 5 debe ser menor que o igual a 2. Vea la figura 2.31(b). Usando la notación de valor absoluto, el enunciado se escribe como

$$|p - 5| \leq 2. \quad ■ \quad 10$$

2.5 EJERCICIOS

1. Explique cómo determinar si se usa un círculo vacío o un círculo lleno al trazar la gráfica de la solución de una desigualdad lineal.
2. La desigualdad de tres partes $p < x < q$ significa que "p es menor que x y que x es menor que q". ¿Cuál de las siguientes desigualdades no es satisfecha por ningún número real x? Explique por qué.
   (a) $-3 < x < 5$ (b) $0 < x < 4$
   (c) $-7 < x < -10$ (d) $-3 < x < -2$

Resuelva cada desigualdad. Trace la gráfica de cada solución en los ejercicios 3-32 (véanse los ejemplos 1-3).

3. $-8k \leq 32$
4. $-6a \leq 36$
5. $-2b > 0$
6. $6 - 6z < 0$
7. $3x + 4 \leq 12$
8. $2y - 5 < 9$
9. $-4 - p \geq 3$
10. $5 - 3r \leq -4$
11. $7m - 5 < 2m + 10$
12. $6x - 2 > 4x - 8$
13. $m - (4 + 2m) + 3 < 2m + 2$
14. $2p - (3 - p) \leq -7p - 2$
15. $-2(3y - 8) \geq 5(4y - 2)$
16. $5r - (r + 2) \geq 3(r - 1) + 5$
17. $3p - 1 < 6p + 2(p - 1)$
18. $x + 5(x + 1) > 4(2 - x) + x$
19. $-7 < y - 2 < 4$
20. $-3 < m + 6 < 2$
21. $8 \leq 3r + 1 \leq 13$
22. $-6 < 2p - 3 \leq 5$
23. $-4 \leq \frac{2k - 1}{3} \leq 2$
24. $-1 \leq \frac{5y + 2}{3} \leq 4$
25. $\frac{3}{5}(2p + 3) \geq \frac{1}{10}(5p + 1)$
26. $\frac{8}{3}(z - 4) \leq \frac{2}{9}(3z + 2)$
27. $42.75x > 7.460$
28. $15.79y < 6.054$
29. $8.04z - 9.72 < 1.72z - .25$
30. $3.25 + 5.08k > .76k + 6.28$
31. $-(1.42m + 7.63) + 3(3.7m - 1.12) \leq 4.81m - 8.55$
32. $3(8.14a - 6.32) - (4.31a - 4.84) > .34a + 9.49$
33. **Ciencias naturales** Las directrices federales requieren que el agua potable tenga menos de 0.050 miligramos de plomo por litro. Una prueba que usó 21 muestras de agua en una ciudad del medio oeste encontró que la cantidad promedio de plomo en las muestras era de 0.040 miligramos por litro. Todas las muestras tuvieron un contenido de plomo dentro del 5% del promedio. ¿Cumplieron todas las muestras el requisito federal?
    (a) Seleccione una variable y escriba lo que representa.
    (b) Escriba una desigualdad de tres partes para expresar los resultados de las muestras.
    (c) Responda la pregunta.
34. **Administración** El impuesto federal para un ingreso de \$24,651 a \$59,750 es 28% veces (ingreso neto − 24,650) + \$3697.50.
    (a) Establezca qué representan las variables.
    (b) Escriba este intervalo de ingresos como una desigualdad.
    (c) Escriba el intervalo de impuestos en dólares para este intervalo de ingresos como una desigualdad.
35. **Ciencias naturales** La exposición al gas radón es un conocido riesgo de cáncer de pulmón. De acuerdo con la Environmental Protection Agency (EPA), el riesgo adicional R de cáncer en el pulmón durante la vida de un individuo por exposición al radón está entre 0.0015 y 0.006, donde $R = 0.01$ representa un incremento de 1% en el riesgo de desarrollar cáncer.*
    (a) Escriba la información anterior como una desigualdad.
    (b) Determine el intervalo del riesgo anual del individuo dividiendo R entre un promedio de vida esperado de 75 años.

Resuelva cada desigualdad. Trace la gráfica de cada solución (véanse los ejemplos 6-9).

36. $|p| > 7$
37. $|m| < 1$
38. $|r| \leq 4$
39. $|a| < -2$
40. $|b| > -5$
41. $|2x + 5| < 3$
42. $\left|x - \frac{1}{2}\right| < 2$
43. $|3z + 1| \geq 7$

**Indoor-Air-Assessment: A Review of Indoor Air Quality Risk Characterization Studies*, Reporte No. EPA/600/8−90/044, Environmental Protection Agency, 1991.

44. $|8b + 5| \geq 7$

45. $\left|5x + \frac{1}{2}\right| - 2 < 5$

46. $\left|x + \frac{2}{3}\right| + 1 < 4$

47. Física Las temperaturas sobre la superficie de Marte en grados Celsius satisfacen aproximadamente la desigualdad $|C - 84| \leq 56$. ¿Qué intervalo de temperaturas corresponden a esta desigualdad?

48. Ciencias naturales El Dr. Tydings encontró que, a lo largo de varios años, 95% de los bebés que ha ayudado a nacer pesaban y libras, donde $|y - 8.0| \leq 1.5$. ¿Qué intervalo de pesos corresponde a esta desigualdad?

49. Física El proceso industrial que se usa para convertir metanol en gasolina se lleva a cabo a una temperatura entre 680°F y 780°F. Usando F como variable, escriba una desigualdad de valor absoluto que corresponda a este intervalo.

50. Física Cuando una cometa modelo se lanzó a volar por medio del viento en pruebas para determinar sus límites de extracción de energía alcanzó velocidades de 98 a 148 pies por segundo en vientos de 16 a 26 pies por segundo. Usando x como la variable en cada caso, escriba desigualdades de valor absoluto que correspondan a esos intervalos.

51. Ciencias naturales Los seres humanos emiten bióxido de carbono al respirar. En un estudio, se midieron las tasas de emisión de bióxido de carbono de estudiantes universitarios durante clases y durante exámenes. La tasa promedio individual R_L (en gramos por hora) durante una clase cumplió con la desigualdad $|R_L - 26.75| \leq 1.42$, mientras que durante un examen la tasa R_E satisfizo la desigualdad $|R_E - 38.75| \leq 2.17$.*

(a) Encuentre el rango de valores para R_L y R_E.

(b) La clase tenía 225 estudiantes. Si T_L y T_E representan las cantidades totales de bióxido de carbono (en gramos) emitidas durante una clase de una hora y un examen de una hora, respectivamente, escriba desigualdades que describan los rangos para T_L y T_E.

52. Ciencias sociales Al aplicar una prueba estándar de inteligencia, esperamos que aproximadamente 1/3 de los resultados estén más de 12 unidades arriba de 100 o más de 12 unidades abajo de 100. Describa esta situación escribiendo una desigualdad con valor absoluto.

Administración *Resuelva los siguientes problemas (véase el ejemplo 4).*

53. En 1993 Pacific Bell cobraba \$0.15 por el primer minuto más \$0.14 por cada minuto adicional (o parte de un minuto) por una llamada directa de Sacramento a North Highland, California.* ¿Cuántos minutos podía una persona hablar por no más de \$2.00?

54. Un estudiante tiene un total de 970 puntos antes del examen final en su clase de álgebra. Debe tener 81% de los 1300 puntos posibles para obtener una calificación de B. ¿Cuál es el puntaje más bajo que puede obtener sobre los 100 puntos del examen final para recibir una calificación de B?

55. Pedro Beltrán asistió a una conferencia en Montreal, Canadá, durante una semana. Decidió rentar un auto y consultó los precios de dos empresas. Avery pedía \$56 diarios, sin cuota de kilometraje. Hart pedía \$216 por semana y \$0.28 por milla (o fracción de milla). ¿Cuántas millas debe Beltrán manejar para que un auto de Avery sea la mejor opción?

56. Después de considerar la situación en el ejercicio 55, Beltrán se puso en contacto con Lowcost Rental Cars y le ofrecieron un auto de \$198 por semana más \$0.30 por milla (o fracción de una milla). Con esta oferta, ¿puede viajar más millas por el mismo precio que cobra Avery? ¿Cuántas millas más o menos?

Administración *En los ejercicios 57-62, encuentre todos los valores de x donde los siguientes productos por lo menos alcanzarán el punto de equilibrio (véase el ejemplo 5).*

57. El costo de producir x unidades de alambre es $C = 50x + 5000$, mientras que el ingreso es $R = 60x$.

58. El costo de producir x unidades de jugo de fruta es $C = 100x + 6000$, mientras que el ingreso es $R = 500x$.

59. $C = 85x + 900$; $R = 105x$

60. $C = 70x + 500$; $R = 60x$

61. $C = 1000x + 5000$; $R = 900x$

62. $C = 2500x + 10{,}000$; $R = 102{,}500x$

Escriba cada uno de los siguientes enunciados usando valor absoluto (véase el ejemplo 10).

63. x está a lo más a 4 unidades de 2.

64. m está a no más de 8 unidades de 9.

65. z está a no menos de 2 unidades de 12.

66. p está por lo menos a 5 unidades de 9.

67. Si x está dentro de 0.0004 unidades de 2, entonces y está a lo más a 0.00001 unidades de 7.

68. y está a lo más a 0.001 unidad de 10 siempre que x está a lo más a 0.02 unidades de 5.

*Wang, T. C., *ASHRAE Transactions* 81 (Parte 1), 32 (1975).

*Pacific Bell White Pages, enero 1996–enero 1997.

2.6 DESIGUALDADES POLINOMIALES Y RACIONALES

Esta sección trata sobre la solución de desigualdades polinomiales y racionales, tales como

$$r^2 + 3r - 4 \geq 0, \quad x^3 - x \leq 0 \quad \text{y} \quad \frac{2x - 1}{3x + 4} < 5.$$

Nos concentraremos en los métodos de soluciones algebraicas, pero para entender por qué funcionan esos métodos, debemos primero estudiar tales desigualdades desde un punto de vista gráfico.

Considere la desigualdad $6x^2 + x - 15 < 0$ y suponga que conocemos la gráfica de la ecuación con dos variables $y = 6x^2 + x - 15$ (véase la figura 2.32). Un punto típico sobre la gráfica tiene coordenadas $(x, 6x^2 + x - 15)$. El número x es una solución de la desigualdad $6x^2 + x - 15 < 0$ precisamente cuando la segunda coordenada de este punto es *negativa*, es decir, cuando este punto se encuentra *debajo* del eje x. Entonces, para resolver la desigualdad, necesitamos sólo encontrar las primeras coordenadas de los puntos sobre la gráfica que están debajo del eje x. Esta información puede leerse en la gráfica de la figura 2.32: la gráfica está debajo del eje x cuando x se encuentra entre las dos intersecciones con el eje x c y d.

1 **(a)** Determine las intersecciones con el eje x c y d de $y = 6x^2 + x - 15$ en la figura 2.32 haciendo $y = 0$ y despejando x; en otras palabras, resuelva
$6x^2 + x - 15 = 0.$

(b) Encuentre las soluciones de $6x^2 + x - 15 < 0$.

(c) Encuentre las soluciones de $6x^2 + x - 15 > 0$.

Respuestas:

(a) $c = -5/3$ y $d = 3/2$

(b) Los números x entre las intersecciones, es decir,
$-5/3 < x < 3/2.$

(c) Los números x a la izquierda de c o a la derecha de d, esto es,
$x < -5/3$ o $x > 3/2$.

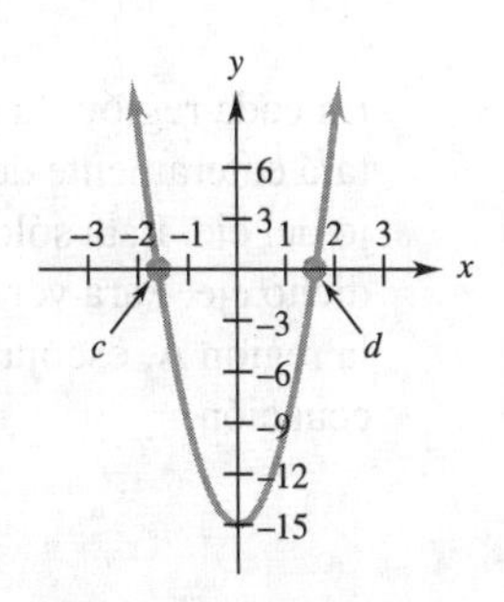

FIGURA 2.32

La gráfica en la figura 2.32 nos permite también resolver la desigualdad

$$6x^2 + x - 15 > 0.$$

Las soluciones de esta desigualdad son las primeras coordenadas de los puntos sobre la gráfica que se encuentran *arriba* del eje x, es decir, a la izquierda de la intersección con el eje x c o a la derecha de la intersección con el eje x d. Para completar la solución de esas dos desigualdades, sólo se tienen que determinar las intersecciones con el eje x c y d. 1

El siguiente ejemplo muestra cómo el método de la solución precedente puede implementarse aún si no se conoce la gráfica. Esto se basa en el hecho de que la gráfica es una curva continua; la única manera en que ella puede pasar de arriba a abajo del eje x es a través de una intersección con el eje x.

EJEMPLO 1 Resuelva cada una de las siguientes desigualdades cuadráticas.

(a) $x^2 - x < 12$

Primero vuelva a escribir la desigualdad como $x^2 - x - 12 < 0$. No sabemos cómo es la gráfica de $y = x^2 - x - 12$, pero podemos encontrar sus intersecciones con el eje x resolviendo la ecuación

$$x^2 - x - 12 = 0$$
$$(x + 3)(x - 4) = 0.$$
$$x + 3 = 0 \quad \text{o} \quad x - 4 = 0$$
$$x = -3 \quad \text{o} \quad x = 4$$

Estos números dividen el eje x en tres regiones, como se indica en la figura 2.33.

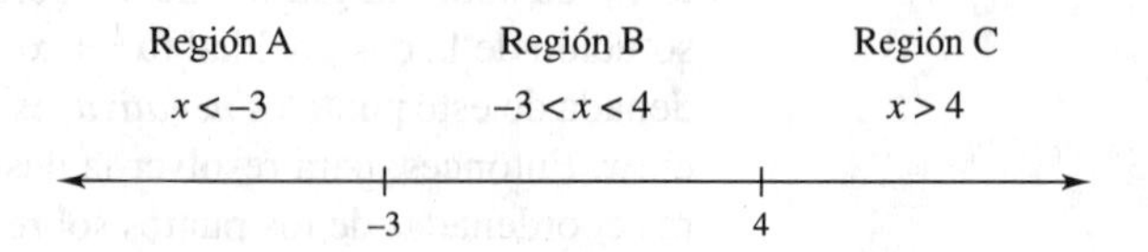

FIGURA 2.33

En cada región, la gráfica de $y = x^2 - x - 12$ es una curva continua, por lo que estará enteramente de un lado del eje x, es decir, enteramente arriba o enteramente abajo del eje. Ésta sólo puede pasar de arriba a abajo del eje x por las intersecciones con dicho eje. Para ver si la gráfica está por arriba o por debajo del eje x cuando x está en la región A, escoja un valor de x en la región A, digamos $x = -5$ y sustitúyalo en la ecuación.

$$y = x^2 - x - 12 = (-5)^2 - (-5) - 12 = 18$$

Por lo tanto, el punto $(-5, 18)$ está sobre la gráfica. Como su coordenada y es igual a 18 es positiva, este punto se encuentra arriba del eje x y por tanto toda la gráfica se encuentra por arriba del eje x en la región A.

Del mismo modo, podemos escoger un valor de x en la región B, digamos $x = 0$. Entonces

$$y = x^2 - x - 12 = 0^2 - 0 - 12 = -12,$$

por lo que $(0, -12)$ está sobre la gráfica. Como este punto está debajo del eje x, toda la gráfica en la región B debe estar debajo del eje x. Finalmente, en la región C, sea $x = 5$. Entonces $y = 5^2 - 5 - 12 = 8$, por lo que $(5, 8)$ está sobre la gráfica y toda la gráfica en la región C se encuentra arriba del eje x. Podemos resumir los resultados como sigue

Región	*Gráfica*	*Conclusión*
A: $x < -3$	Arriba del eje x	$x^2 - x - 12 > 0$
B: $-3 < x < 4$	Debajo del eje x	$x^2 - x - 12 < 0$
C: $x > 4$	Arriba del eje x	$x^2 - x - 12 > 0$

2 Resuelva cada desigualdad. Trace la gráfica de la solución sobre un eje numérico.

(a) $x^2 + 2x - 3 < 0$

(b) $2p^2 + 3p - 2 < 0$

Respuestas:

(a) $(-3, 1)$

−3 1

(b) $(-2, 1/2)$

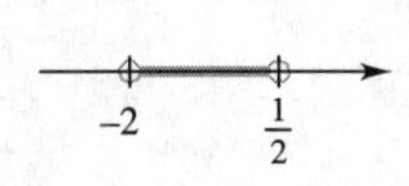

La última columna muestra que la única región donde $x^2 - x - 12 < 0$ es la región B, por lo que las soluciones de la desigualdad son todos los números con $-3 < x < 4$, es decir, el intervalo $(-3, 4)$, como se muestra en el eje numérico en la figura 2.34.

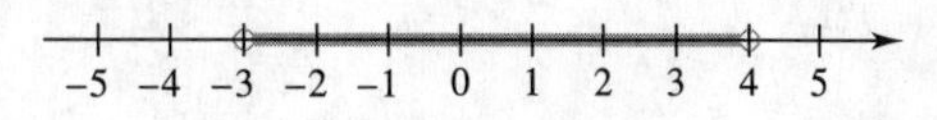

FIGURA 2.34

(b) $x^2 - x - 12 > 0$

Use la tabla de la parte (a). La última columna muestra que $x^2 - x - 12 > 0$ sólo cuando x está en la región A o en la región C. Por consiguiente, las soluciones de la desigualdad son todos los números x con $x < -3$ o $x > 4$, es decir, todos los números en los intervalos $(-\infty, -3)$ o $(4, \infty)$. ■ 2

SUGERENCIA TECNOLÓGICA Si tiene una calculadora graficadora, no tiene que escoger un número en cada región para resolver la desigualdad. Una vez que haya encontrado las intersecciones con el eje x al resolver la ecuación apropiada, trace la gráfica de la ecuación de dos variables correspondiente y verifique visualmente las regiones donde la gráfica está arriba o abajo del eje x, como en el ejemplo introductorio que precede al ejemplo 1. ✔

3 Resuelva cada desigualdad. Trace la gráfica de cada solución.

(a) $k^2 + 2k - 15 \geq 0$

(b) $3m^2 + 7m \geq 6$

Respuestas:

(a) Todos los números en $(-\infty, -5]$ o $[3, \infty)$

−5 3

(b) Todos los números en $(-\infty, -3]$ o $[2/3, \infty)$

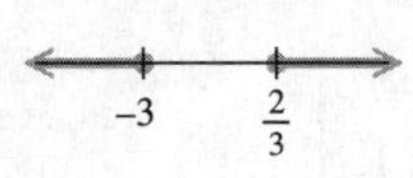

EJEMPLO 2 Resuelva la desigualdad cuadrática $r^2 + 3r \geq 4$.

Primero vuelva a escribir la desigualdad de modo que un lado sea 0.

$$r^2 + 3r \geq 4$$

$$r^2 + 3r - 4 \geq 0 \qquad \text{Sume } -4 \text{ a ambos lados.}$$

Ahora resuelva la ecuación correspondiente.

$$r^2 + 3r - 4 = 0$$

$$(r - 1)(r + 4) = 0$$

$$r = 1 \quad \text{o} \quad r = -4$$

Esos números separan el eje numérico en tres regiones, como se muestra en la figura 2.35. Pruebe un número de cada región.

Sea $x = -5$ de la región **A:** $(-5)^2 + 3(-5) - 4 = 6 > \mathbf{0}$.

Sea $x = 0$ de la región B: $(0)^2 + 3(0) - 4 = -4 < 0$.

Sea $x = 2$ de la región **C:** $(2)^2 + 3(2) - 4 = 6 > \mathbf{0}$.

Queremos que la desigualdad sea ≥ 0, es decir, positiva o 0. La solución incluye números en la región A y en la región C, así como -4 y 1, que son los puntos extremos. La gráfica de la solución, que incluye todos los números en los intervalos $(-\infty, -4]$ o $[1, \infty)$, está en la figura 2.35. ■ 3

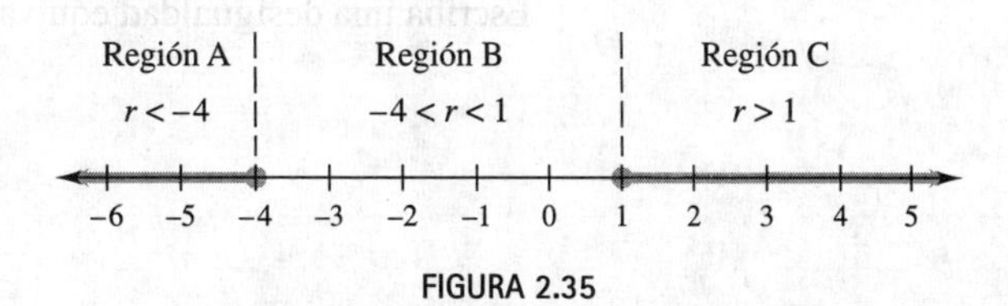

FIGURA 2.35

EJEMPLO 3 Resuelva $q^3 - 4q > 0$.

Resuelva la ecuación correspondiente por factorización.

$$q^3 - 4q = 0$$
$$q(q^2 - 4) = 0$$
$$q(q + 2)(q - 2) = 0$$
$$q = 0 \quad \text{o} \quad q + 2 = 0 \quad \text{o} \quad q - 2 = 0$$
$$q = 0 \qquad q = -2 \qquad q = 2$$

Estos tres números separan el eje numérico en las cuatro regiones mostradas en la figura 2.36.

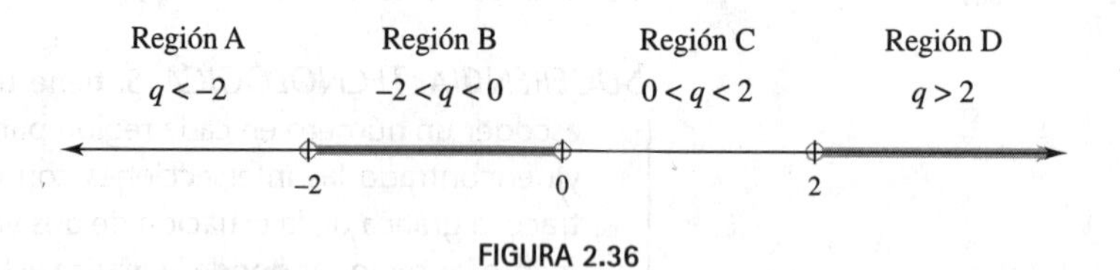

FIGURA 2.36

4 Resuelva cada desigualdad. Trace la gráfica de cada solución.

(a) $m^3 - 9m > 0$

(b) $2k^3 - 50k \leq 0$

Respuestas:

(a) Todos los números en $(-3, 0)$ o $(3, \infty)$

−3 0 3

(b) Todos los números en $(-\infty, -5]$ o $[0, 5]$

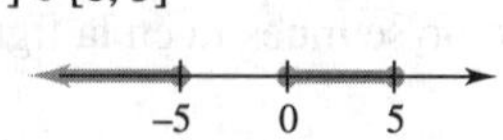

Pruebe un número de cada región.

A: Si $q = -3$, $(-3)^3 - 4(-3) = -15 < 0$.

B: Si $q = -1$, $(-1)^3 - 4(-1) = 3 > \mathbf{0}$.

C: Si $q = 1$, $(1)^3 - 4(1) = -3 < 0$.

D: Si $q = 3$, $(3)^3 - 4(3) = 15 > \mathbf{0}$.

Los números que hacen al polinomio > 0, o positivo, están en los intervalos

$$(-2, 0) \quad \text{o} \quad (2, \infty),$$

tal como están sus gráficas en la figura 2.36. ■ **4**

DESIGUALDADES RACIONALES Las desigualdades con cocientes de expresiones algebraicas se llaman **desigualdades racionales**. Esas desigualdades pueden resolverse de manera muy parecida a como se resuelven las desigualdades polinomiales.

EJEMPLO 4 Resuelva la desigualdad racional $\dfrac{5}{x + 4} \geq 1$.

Escriba una desigualdad equivalente con un lado igual a 0.

$$\frac{5}{x + 4} \geq 1$$
$$\frac{5}{x + 4} - 1 \geq 0$$

Escriba el lado izquierdo como una fracción simple.

$$\frac{5}{x+4} - \frac{x+4}{x+4} \geq 0 \quad \text{Obtenga un denominador común.}$$

$$\frac{5-(x+4)}{x+4} \geq 0 \quad \text{Reste las fracciones.}$$

$$\frac{5-x-4}{x+4} \geq 0 \quad \text{Aplique la propiedad distributiva}$$

$$\frac{1-x}{x+4} \geq 0$$

El cociente puede cambiar de signo sólo cuando el denominador es 0 o cuando el numerador es 0. (En términos gráficos, ésos son los únicos lugares donde la gráfica de $y = \dfrac{1-x}{x+4}$ puede cambiar de arriba del eje x a abajo del mismo.) Esto sucede cuando

$$1 - x = 0 \quad \text{o} \quad x + 4 = 0$$

$$x = 1 \quad \text{o} \quad x = -4.$$

Igual que en los ejemplos anteriores, pruebe un número de cada una de las regiones determinadas por 1 y -4 en la nueva forma de la desigualdad.

$$\text{Haga } x = -5: \quad \frac{1-(-5)}{-5+4} = -6 \leq 0.$$

$$\text{Haga } x = 0: \quad \frac{1-0}{0+4} = \frac{1}{4} \mathbf{\geq 0}.$$

$$\text{Haga } x = 2: \quad \frac{1-2}{2+4} = -\frac{1}{6} \leq 0.$$

La prueba muestra que los números en $(-4, 1)$ satisfacen la desigualdad. Con un cociente, los puntos extremos deben considerarse individualmente para poder estar seguros que ningún denominador sea 0. En esta desigualdad, -4 hace 0 al denominador, mientras que 1 satisface la desigualdad dada. Escriba la solución como $(-4, 1]$. ■

PRECAUCIÓN Como lo sugiere el ejemplo 4, sea muy cuidadoso con los puntos extremos de los intervalos en la solución de desigualdades racionales. ◆ 5

5 Resuelva cada desigualdad.

(a) $\dfrac{3}{x-2} \geq 4$

(b) $\dfrac{p}{1-p} < 3$

(c) ¿Por qué está 2 excluido de la solución en el inciso (a)?

Respuestas:

(a) $(2, 11/4]$

(b) Todos los números en $(-\infty, 3/4)$ o $(1, \infty)$

(c) Cuando $x = 2$, la fracción no está definida.

EJEMPLO 5 Resuelva $\dfrac{2x-1}{3x+4} < 5$.

Escriba una desigualdad equivalente con 0 en un lado. Comience restando 5 de ambos lados y combinando los términos a la izquierda en una sola fracción.

$$\frac{2x-1}{3x+4} < 5$$

$$\frac{2x-1}{3x+4} - 5 < 0 \quad \text{Ponga 0 en un lado.}$$

$$\frac{2x-1-5(3x+4)}{3x+4} < 0 \quad \text{Reste.}$$

$$\frac{-13x-21}{3x+4} < 0 \quad \text{Combine términos.}$$

Haga el numerador y el denominador por separado igual a 0 y resuelva las dos ecuaciones.

$$-13x - 21 = 0 \quad \text{o} \quad 3x + 4 = 0$$

$$x = -\frac{21}{13} \quad \text{o} \quad x = -\frac{4}{3}$$

Use los valores $-21/13$ y $-4/3$ para dividir el eje numérico en tres intervalos. Pruebe un número de cada intervalo en la desigualdad. El cociente es negativo para números en $(-\infty, -21/13)$ o en $(-4/3, \infty)$. Ningún punto extremo satisface la desigualdad dada. ■

6 Resuelva cada desigualdad racional.

(a) $\dfrac{3y - 2}{2y + 5} < 1$

(b) $\dfrac{3c - 4}{2 - c} \geq -5$

Respuestas:

(a) $(-5/2, 7)$

(b) Todos los números en $(-\infty, 2)$ o $[3, \infty)$

PRECAUCIÓN En problemas como los ejemplos 4 y 5, no podemos comenzar multiplicando ambos lados por el denominador para simplificar la desigualdad, porque no sabemos si el denominador variable es positivo o negativo. ◆ **6**

2.6 EJERCICIOS

Resuelva cada una de las siguientes desigualdades. Trace la gráfica de las soluciones sobre el eje numérico (véanse los ejemplos 1 y 2).

1. $(x + 5)(2x - 3) \leq 0$

2. $(5y - 1)(y + 4) > 0$

3. $r^2 + 4r > -3$

4. $z^2 + 6z < -8$

5. $4m^2 + 7m - 2 \leq 0$

6. $6p^2 - 11p + 3 \geq 0$

7. $4x^2 + 3x - 1 > 0$

8. $3x^2 - 5x > 2$

9. $x^2 \leq 25$

10. $y^2 \geq 4$

11. $p^2 - 16p > 0$

12. $r^2 - 9r < 0$

Resuelva las siguientes desigualdades (véase el ejemplo 3).

13. $x^3 - 9x \geq 0$

14. $p^3 - 25p \leq 0$

15. $(x + 6)(x + 1)(x - 4) \geq 0$

16. $(2x + 5)(x^2 - 1) \leq 0$

17. $(x + 4)(x^2 - 2x - 3) < 0$

18. $x^3 - 2x^2 - 3x \geq 0$

19. $6k^3 - 5k^2 < 4k$

20. $2m^3 + 7m^2 > 4m$

21. Un estudiante resolvió la desigualdad $p^2 < 16$ tomando la raíz cuadrada de ambos lados para obtener $p < 4$ y escribió la solución como $(-\infty, 4)$. ¿Es correcta su solución?

Resuelva las siguientes desigualdades racionales (véanse los ejemplos 4 y 5).

22. $\dfrac{y + 2}{y - 4} \leq 0$

23. $\dfrac{r - 3}{r - 1} \geq 0$

24. $\dfrac{z + 6}{z + 3} > 1$

25. $\dfrac{a - 2}{a - 5} < -1$

26. $\dfrac{1}{3k - 5} < \dfrac{1}{3}$

27. $\dfrac{1}{p - 2} < \dfrac{1}{3}$

28. $\dfrac{7}{k + 2} \geq \dfrac{1}{k + 2}$

29. $\dfrac{5}{p + 1} > \dfrac{12}{p + 1}$

30. $\dfrac{x^2 - 4}{x} > 0$

31. $\dfrac{x^2 - x - 6}{x} < 0$

32. $\dfrac{x^2 + x - 2}{x^2 - 2x - 3} < 0$

Use una calculadora graficadora para resolver las siguientes desigualdades (véase la sugerencia tecnológica después del ejemplo 1. Tal vez tenga que aproximar las intersecciones de la gráfica con el eje x por amplificación o usando un detector gráfico de raíces).

33. $3x^2 + 4x > 5$

34. $3x + 7 < 2x^2$

35. $.5x^2 - 1.2x < .1$

36. $3.1x^2 - 7.4x + 3.2 > 0$

37. $x^3 - 2x^2 - 5x + 7 \geq 2x + 1$

38. $x^4 - 6x^3 + 2x^2 < 5x - 2$

39. $2x^4 + 3x^3 < 2x^2 + 4x - 2$

40. $x^5 + 5x^4 > 4x^3 - 3x^2 - 2$

41. $\dfrac{2x^2 + x - 1}{x^2 - 4x + 4} \leq 0$

42. $\dfrac{x^3 - 3x^2 + 5x - 29}{x^2 - 7} > 3$

Resuelva los siguientes problemas.

Administración *Un producto alcanzará el punto de equilibrio o producirá una ganancia sólo si el ingreso por la venta del producto es igual por lo menos al costo de producirlo. Encuentre todos los valores de x para los cuales el producto alcanzará por lo menos el punto de equilibrio.*

43. El costo de producir x platos es $C = 5x + 350$; el ingreso es $R = 50x - x^2$.

44. El costo de producir x archiveros es $C = 10x + 600$; el ingreso es $R = 80x - x^2$.

45. **Administración** Un analista encontró que las ganancias de su empresa, en cientos de miles de dólares, están dadas por $P = 3x^2 - 35x + 50$, donde x es la cantidad, en cientos de dólares, gastado en publicidad. ¿Para qué valores de x tiene ganancias la empresa?

46. **Administración** El mercado de productos básicos es muy inestable; puede ganarse o perderse dinero muy rápidamente en inversiones en frijol de soya, trigo, etc. Suponga que un inversionista lleva un control de sus ganancias totales P en el tiempo t, en meses, después de que comenzó a invertir y encuentra que $P = 4t^2 - 29t + 30$. Encuentre los intervalos de tiempo en que estaba ganando.

47. **Administración** El administrador de un gran complejo de departamentos encontró que la ganancia está dada por $P = -x^2 + 250x - 15{,}000$, donde x es el número de departamentos rentados. ¿Para qué valor de x tiene ganancias el complejo?

48. **Física** Un físico encontró que la velocidad de una partícula en movimiento está dada por $2t^2 - 5t - 12$, donde t es el tiempo en segundos desde que él comenzó sus observaciones (aquí, t puede ser positivo o negativo; considere t segundos antes de que comenzaron las observaciones). Encuentre los intervalos de tiempo en que la velocidad ha sido negativa.

49. **Física** Se dispara un proyectil desde el nivel del suelo. Después de t segundos, su altura sobre el suelo es $220t - 16t^2$ pies. ¿Durante cuánto tiempo está el proyectil por lo menos a 624 pies arriba del suelo?

CAPÍTULO 2 RESUMEN

Términos y símbolos clave

2.1 Sistema coordenado cartesiano
eje x
eje y
origen
par ordenado
coordenada x
coordenada y
cuadrantes
solución de una ecuación
gráfica
intersección con el eje x
intersección con el eje y
lectura de gráficas

2.2 Δx cambio en x
Δy cambio en y
pendiente
forma pendiente-intersección
rectas paralelas y perpendiculares
forma punto-pendiente
ecuación lineal

2.3 modelo matemático
ingreso
ganancia
punto de equilibrio
curvas de la oferta y la demanda
precio de equilibrio
oferta/demanda de equilibrio

2.4 ecuación cuadrática
solución real
propiedad del factor cero
propiedad de la raíz cuadrada
completar el cuadrado
fórmula cuadrática
discriminante

2.5 $<$ es menor que
$\leq$ es menor que o igual a
$>$ es mayor que
$\geq$ es mayor que o igual a
desigualdad lineal
propiedades de las desigualdades
desigualdad con valor absoluto

2.6 desigualdad polinomial
métodos de solución gráfica
métodos de solución algebraica
desigualdades racionales

Conceptos clave

La **pendiente** de la recta que pasa por los puntos (x_1, y_1) y (x_2, y_2), donde $x_1 \neq x_2$ es $m = \dfrac{y_2 - y_1}{x_2 - x_1}$. **Rectas paralelas** no verticales tienen la misma pendiente y **rectas perpendiculares**, si ninguna de las dos es vertical, tienen pendientes con un producto de -1.

La recta con ecuación $\boldsymbol{ax + by = c}$ (con $a \neq 0$, $b \neq 0$) tiene intersección con el eje x en c/a e intersección con el eje y en c/b.
La recta con ecuación $\boldsymbol{x = k}$ es vertical con intersección con el eje x en k, ninguna intersección con el eje y y pendiente no definida.
La recta con ecuación $\boldsymbol{y = k}$ es horizontal, con intersección con el eje y en k, ninguna intersección con el eje x y pendiente 0.
La recta con ecuación $\boldsymbol{y = mx + b}$ tiene pendiente m e intersección con el eje y en b.
La recta con ecuación $\boldsymbol{y - y_1 = m(x - x_1)}$ tiene pendiente m y pasa por (x_1, y_1).

Si $p = f(q)$ da el precio por unidad cuando se pueden ofrecer x unidades, y $p = g(q)$ da el precio por unidad cuando se demandan q unidades, entonces el **precio**, la **oferta** y la **demanda de equilibrio** ocurren en el valor-q tal que $f(q) = g(q)$.

Conceptos para resolver ecuaciones cuadráticas (en donde a, b y c son números reales):
Factorización: si $ab = 0$, entonces $a = 0$ o $b = 0$ o ambos.
Propiedad de la raíz cuadrada: si $b > 0$, entonces las soluciones de $x^2 = b$ son $\sqrt{b}$ y $-\sqrt{b}$.
Fórmula cuadrática: las soluciones de $ax^2 + bx + c = 0$ $(a \neq 0)$ son

$$x = \frac{-b \pm \sqrt{b^2 - 4ac}}{2a}.$$

Discriminante: hay dos soluciones reales si $b^2 - 4ac > 0$, una solución real si $b^2 - 4ac = 0$ y ninguna solución real si $b^2 - 4ac < 0$.

$$ax^2 + bx + c = 0$$

Capítulo 2 Ejercicios de repaso

¿Cuáles de los pares ordenados $(-2, 3)$, $(0, -5)$, $(2, -3)$, $(3, -2)$, $(4, 3)$, $(7, 2)$ son soluciones de la ecuación dada?

1. $y = x^2 - 2x - 5$

2. $x - y = 5$

Dibuje la gráfica de cada ecuación.

3. $5x - 3y = 15$

4. $2x + 7y - 21 = 0$

5. $y + 3 = 0$

6. $y - 2x = 0$

7. $y = .25x^2 + 1$

8. $y = \sqrt{x + 4}$

9. La siguiente gráfica de temperaturas se registró en Bratenahl, Ohio.

(a) ¿A qué horas durante el día fue la temperatura superior a 55°?

(b) ¿Cuándo fue la temperatura inferior a 40°?

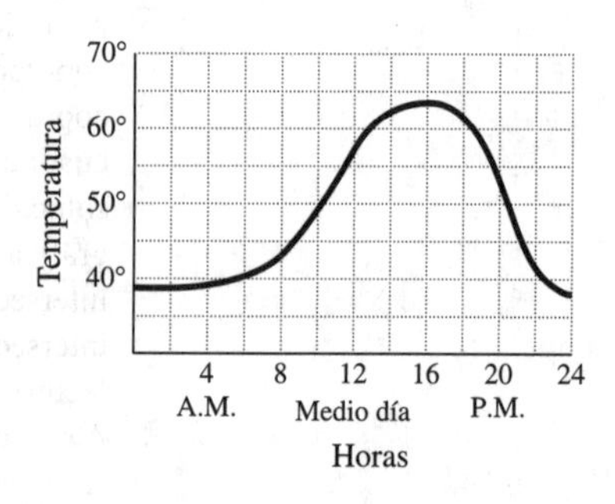

10. Greenville en Carolina del Sur está 500 millas al sur de Bratenahl, Ohio, y su temperatura es 7° mayor a lo largo de todo el día (véase la gráfica en el ejercicio 9). ¿A qué hora es la temperatura en Greenville igual a la temperatura de medio día en Bratenahl?

11. Con sus propias palabras, defina pendiente de una recta.

En los ejercicios 12-21, encuentre la pendiente de la recta.

12. Pasa por $(-1, 4)$ y $(2, 3)$

13. Pasa por $(5, -3)$ y $(-1, 2)$

14. Pasa por $(7, -2)$ y el origen

15. Pasa por $(8, 5)$ y $(0, 3)$

16. $2x + 3y = 30$

17. $4x - y = 7$

18. $x + 5 = 0$

19. $y = 3$

20. Paralela a $3x + 8y = 0$

21. Perpendicular a $x = 3y$

22. Trace la gráfica de la recta que pasa por $(0, 5)$ con $m = -2/3$.

23. Trace la gráfica de la recta que pasa por $(-4, 1)$ con $m = 3$.

24. ¿Qué información se requiere para determinar la ecuación de una recta?

Encuentre una ecuación para cada una de las siguientes rectas.

25. Pasa por $(5, -1)$, pendiente $2/3$

26. Pasa por $(8, 0)$, pendiente $-1/4$

27. Pasa por $(5, -2)$ y $(1, 3)$

28. Pasa por $(2, -3)$ y $(-3, 4)$

29. Pendiente no definida, y pasa por $(-1, 4)$

30. Pendiente 0, pasa por $(-2, 5)$

31. Intersección con el eje x igual a -3, intersección con el eje y igual a 5.

32. Intersección con el eje x igual a $-2/3$, intersección con el eje y igual a $1/2$.

33. Ciencias sociales El porcentaje de niños que viven con un padre que nunca se ha casado fue de 4.2 en 1960 y de 30.6 en 1990.

(a) Suponiendo que este crecimiento fue lineal, escriba una ecuación que relacione el porcentaje y y el año x. Sea $x = 0$ el año correspondiente a 1960, $x = 1$ el año correspondiente a 1961, etc.

(b) Trace la gráfica de la ecuación para los años de 1960 a 2000.

(c) ¿Es positiva o negativa la pendiente de la recta?

34. Ciencias sociales En 1960, el porcentaje de niños que vivían con dos padres era de 87.7 y en 1990 era de 72.5.

(a) Suponiendo que el decremento fue lineal, escriba una ecuación que relacione el porcentaje y con el año x, con 1960 correspondiendo a $x = 0$.

(b) Trace la gráfica de la ecuación para los años de 1960 a 2000.

(c) ¿Es positiva o negativa la pendiente de la recta? ¿Por qué?

35. Administración El costo c de producir x unidades de un producto está dado por la ecuación $c = 20x + 100$. El producto se vende a $40 por unidad.

(a) ¿Cuál es la ecuación del ingreso?

(b) Encuentre el punto de equilibrio.

(c) Si la compañía vende exactamente el número de unidades necesarias para alcanzar el punto de equilibrio, ¿cuáles serán sus ingresos?

(d) Encuentre la ecuación que relaciona la ganancia p obtenida al vender x unidades.

36. Administración Un producto puede venderse a $25 por unidad. El costo c de producir x unidades en la planta de Zanesville está dado por $c = 24x + 5000$.

(a) ¿Cuál es la ecuación de ingresos?

(b) ¿Cuántas unidades deben venderse para alcanzar el punto de equilibrio?

37. Administración Para producir x toneladas de roca triturada, una cantera tiene costos promedio mensuales dados por la ecuación $c = 56.75x + 192.44$. La roca puede venderse a $102.50 por tonelada. ¿Cuántas toneladas deben venderse cada mes para alcanzar el punto de equilibrio?

38. Ciencias naturales El plomo es una neurotoxina encontrada en el agua potable, en las pinturas viejas y en el aire. Es particularmente peligroso para las personas porque no se elimina fácilmente del cuerpo. De acuerdo con el "*Safe Drinking Water Act*" de 1974, la EPA propuso un nivel máximo de plomo en el agua potable para el público de 0.05 miligramos por litro. Esta norma supone que un individuo consume dos litros de agua al día.*

(a) Si se acatan las normas de la EPA, escriba una ecuación que exprese la cantidad máxima y de plomo que podría ingerirse en x años. Suponga que hay 365.25 días en un año.

(b) Si la vida esperada promedio es de 75 años, ¿cuál es la cantidad máxima de plomo, de acuerdo con la EPA, ingerida con el agua en una vida esperada promedio?

39. Ciencias naturales El ozono a nivel del suelo es tóxico a las plantas y a los animales y causa problemas respiratorios así como irritación en los ojos de los seres humanos. Los gases del escape de los automóviles son una fuente principal de este tipo de ozono, que a menudo se presenta cuando los niveles de contaminación (*smog*) son altos. El ozono del aire exterior puede entrar a los edificios a través de los sistemas de ventilación. Los niveles recomendados para el ozono en interiores es menos de 50 partes por mil millones (ppmm). En un estudio científico se encontró que un filtro *purafil* de aire elimina 43% del ozono.†

(a) Escriba una ecuación que exprese la cantidad y de ozono que permanece de una concentración inicial de x ppmm cuando se usa este filtro.

(b) Si la concentración inicial es de 140 ppmm, ¿reduce este tipo de filtro el ozono a niveles aceptables?

(c) ¿Cuál es la concentración inicial máxima de ozono que este filtro reducirá a un nivel aceptable?

---

*Nemerow, N. y Dasgupta, A., *Industrial and Hazardous Waste Treatment*, Nueva York: Van Nostrand Reinhold, 1991.

† Parmar y Grosjean, *Removal of Air Pollutants from Museum Display Cases*, Marina del Rey, CA: Getty Conservation Institute, 1989.

40. Administración La oferta y la demanda para un cierto artículo están relacionadas por

oferta: $p = 6q + 3$ demanda: $p = 19 - 2q$,

donde p representa el precio bajo una oferta o una demanda de q unidades. Encuentre la oferta y la demanda cuando el precio es.

(a) \$10
(b) \$15
(c) \$18
(d) Encuentre el precio de equilibrio.
(e) Encuentre la cantidad de equilibrio (oferta/demanda).

41. Administración De un producto particular, se ofrecen 72 unidades a un precio de \$34, mientras que se ofrecen 16 unidades a un precio de \$6.

(a) Escriba una ecuación lineal de la oferta de este producto.
(b) La demanda de este producto está dada por la ecuación $p = 12 - 0.5q$. Encuentre el precio y cantidad de equilibrio.

Determine el número de soluciones reales de la ecuación cuadrática.

42. $x^2 - 6x = 4$
43. $-3x^2 + 5x + 2 = 0$
44. $4x^2 - 12x + 9 = 0$
45. $5x^2 + 2x + 1 = 0$
46. $x^2 + 3x + 5 = 0$

Encuentre todas las soluciones reales de la ecuación.

47. $(b + 7)^2 = 5$
48. $(2p + 1)^2 = 7$
49. $2p^2 + 3p = 2$
50. $2y^2 = 15 + y$
51. $x^2 - 2x = 2$
52. $r^2 + 4r = 1$
53. $2m^2 - 12m = 11$
54. $9k^2 + 6k = 2$
55. $2a^2 + a - 15 = 0$
56. $12x^2 = 8x - 1$
57. $2q^2 - 11q = 21$
58. $3x^2 + 2x = 16$
59. $6k^4 + k^2 = 1$
60. $21p^4 = 2 + p^2$
61. $2x^4 = 7x^2 + 15$
62. $3m^4 + 20m^2 = 7$
63. $3 = \frac{13}{z} + \frac{10}{z^2}$
64. $1 + \frac{13}{p} + \frac{40}{p^2} = 0$
65. $\frac{15}{x - 1} + \frac{18}{(x - 1)^2} = -2$
66. $\frac{5}{(2t + 1)^2} = 2 - \frac{9}{2t + 1}$

Resuelva cada ecuación para la variable especificada.

67. $p = \frac{E^2R}{(r + R)^2}$ para r
68. $p = \frac{E^2R}{(r + R)^2}$ para E
69. $K = s(s - a)$ para s
70. $kz^2 - hz - t = 0$ para z

71. Administración Un arquitecto quiere construir un andador de cemento de ancho uniforme alrededor de un jardín rectangular que mide 24 × 40 pies. Cuenta con suficiente cemento para cubrir 740 pies cuadrados. Al décimo de pie más cercano, ¿qué ancho debe tener el andador para usar todo el cemento?

72. Administración Un lote en esquina mide 25 × 40 yardas. Las autoridades de la ciudad planean tomar una franja de ancho uniforme a lo largo de los dos lados que dan a las calles para ampliar éstas. Al décimo de yarda más cercano, ¿qué ancho debe tener la franja para que el resto del lote tenga un área de 814 yardas cuadradas?

73. Administración El director de una escuela quiere bardar una zona rectangular de recreo junto a un edificio de departamentos. El edificio forma un lindero, por lo que el director tiene que bardar sólo los otros tres lados. El área de recreo debe ser de 11,250 metros cuadrados. Él tiene suficiente material para erigir 325 metros de barda. Encuentre la longitud y el ancho de la zona de recreo.

74. Dos automóviles parten de una intersección al mismo tiempo. Uno viaja hacia el norte y el otro hacia el oeste a 10 mph más rápidamente. Después de una hora se encuentran a 50 millas de distancia. ¿Cuáles eran sus velocidades?

Resuelva cada desigualdad.

75. $-6x + 3 < 2x$
76. $12z \geq 5z - 7$
77. $2(3 - 2m) \geq 8m + 3$
78. $6p - 5 > -(2p + 3)$
79. $-3 \leq 4x - 1 \leq 7$
80. $0 \leq 3 - 2a \leq 15$

Resuelva cada desigualdad.

81. $|b| \leq 8$
82. $|a| > 7$
83. $|2x - 7| \geq 3$
84. $|4m + 9| \leq 16$
85. $|5k + 2| - 3 \leq 4$

86. $|3z - 5| + 2 \geq 10$

87. **Ciencias naturales** El doctor Rosas encontró a lo largo de varios años que 95% de los bebés que ha traído al mundo pesaban y libras, donde $|y - 7.5| \leq 2$. ¿Qué rango de pesos corresponde a esta desigualdad?

88. **Ciencias naturales** El número de miligramos de una cierta sustancia por litro en muestras de agua potable estaba dentro de 0.05 de 40 miligramos por litro. Escriba esta información como una desigualdad, usando valor absoluto.

89. **Administración** Una empresa que renta automóviles cobra $75 por fin de semana (viernes en la tarde hasta lunes por la mañana) con kilometraje ilimitado. Una segunda empresa cobra $50 más 5 centavos por milla. ¿Para qué rango de millas recorridas es más barata la segunda empresa?

90. **Administración** Una universidad cobra una inscripción anual de $6400. Juan planea ahorrar $150 mensualmente del cheque que recibe al final de cada mes. ¿Cuál es el número mínimo de meses que necesitará ahorrar para el pago de la inscripción anual?

Resuelva cada desigualdad.

91. $r^2 + r - 6 < 0$

92. $y^2 + 4y - 5 \geq 0$

93. $2z^2 + 7z \geq 15$

94. $3k^2 \leq k + 14$

95. $(x - 3)(x^2 + 7x + 10) \leq 0$

96. $(x + 4)(x^2 - 1) \geq 0$

97. $\dfrac{m + 2}{m} \leq 0$

98. $\dfrac{q - 4}{q + 3} > 0$

99. $\dfrac{5}{p + 1} > 2$

100. $\dfrac{6}{a - 2} \leq -3$

101. $\dfrac{2}{r + 5} \leq \dfrac{3}{r - 2}$

102. $\dfrac{1}{z - 1} > \dfrac{2}{z + 1}$

CASO 2

Depreciación

Depreciación lineal Debido a que las máquinas y el equipo se desgastan o se vuelven obsoletos con el tiempo, las empresas de negocios deben tomar en cuenta el valor que el equipo ha perdido durante cada año de su vida útil. Este valor perdido, llamado **depreciación**, puede calcularse de varias maneras.

Históricamente, para encontrar la depreciación lineal anual, se encontraba primero el costo neto deduciendo cualquier valor residuario estimado o **valor de recuperación**. La depreciación se dividía entonces entre el número de años de vida útil. Por ejemplo, un artículo de $10,000, con un valor de recuperación de $2000 y una vida útil de 4 años tenía una depreciación anual de

$$\frac{\$10{,}000 - \$2000}{4} = \$2000.$$

La diferencia de $8000 en el numerador se llama la **base depreciable**. Sin embargo, desde un punto de vista práctico, a menudo es difícil determinar el valor de recuperación cuando el artículo es nuevo. Además, para muchos artículos, como las computadoras, no se tiene un valor residuario en dólares al final de la vida útil debido a la obsolescencia.

La tendencia moderna es no tomar en cuenta el valor de recuperación. En el presente es costumbre determinar la depreciación anual en línea recta dividiendo simplemente el costo entre el número de años de vida útil.* En el ejemplo anterior, la depreciación lineal anual sería entonces

$$\frac{\$10{,}000}{4} = \$2500.$$

En general, la depreciación lineal anual está dada por

$$D = \frac{1}{n}x.$$

Suponga que una copiadora cuesta $4500 y que tiene una vida útil de 3 años. Como la vida útil es de 3 años, 1/3 del costo de la copiadora se deprecia cada año.

$$D = \frac{1}{3}(\$4500) = \$1500$$

*Joel E. Halle, CPA.

La depreciación lineal es el método más fácil de depreciación, pero a menudo no refleja exactamente la razón a la que los bienes pierden su valor realmente. Algunos bienes, como los automóviles nuevos, pierden más valor anualmente al principio de su vida útil que al final. Por esta razón, el Internal Revenue Service permite otros dos métodos de estimación de la depreciación: el método de la *suma de los dígitos de años* y el método del *balance de doble declinación* (método no lineal).

Depreciación por suma de los dígitos de año Con la depreciación por suma de los dígitos de años, una fracción sucesivamente más pequeña se aplica al costo del bien cada año. El denominador de la fracción, que permanece constante, es la "suma de los dígitos de los años", lo que da su nombre al método. Por ejemplo, si el bien tiene una vida de 5 años, el denominador es $5 + 4 + 3 + 2 + 1 = 15$. El numerador de la fracción, que cambia cada año, es el número de años de vida que quedan. Para el primer año, el numerador es 5, para el segundo año es 4, etc. Por ejemplo, para un bien con costo de \$15,000 y una vida de 5 años, la depreciación en cada año se muestra en la siguiente tabla.

Año	*Fracción*	*Depreciación*	*Depreciación acumulada*
1	5/15	\$5000	\$ 5,000
2	4/15	\$4000	\$ 9,000
3	3/15	\$3000	\$12,000
4	2/15	\$2000	\$14,000
5	1/15	\$1000	\$15,000

Ahora desarrollaremos un modelo (o fórmula) para la depreciación D en el año j de un bien con costo de x dólares y una vida de n años. El denominador constante será la suma

$$n + (n - 1) + (n - 2) + \cdots + 2 + 1.$$

Podemos simplificar esta expresión para la suma de la siguiente manera.

$$\begin{array}{r} S = 1 + 2 + 3 + \cdots + (n - 1) + n \\ S = n + (n - 1) + \cdots + 3 + 2 + 1 \\ \hline 2S = (n + 1) + (n + 1) + \cdots + (n + 1) \end{array}$$

Hay n términos, por lo que sumando término con término, obtenemos n sumas de $n + 1$.

$$2S = n(n + 1)$$
$$S = \frac{n(n + 1)}{2}$$

Como el numerador es el número de años de vida que quedan, en el primer año (cuando $j = 1$), el numerador es n; cuando $j = 2$, el numerador es $n - 1$; cuando $j = 3$, el numerador es $n - 2$; etc. En cada caso, el valor de j más el numerador es $n + 1$, por lo que el numerador puede escribirse como $n + 1 - j$. La fracción para el año j es entonces

$$\frac{n + 1 - j}{\frac{n(n + 1)}{2}} = \frac{2(n + 1 - j)}{n(n + 1)},$$

y la depreciación en el año j (denotada por D_j) es

$$D_j = \frac{2(n + 1 - j)}{n(n + 1)}x.$$

Depreciación de balance de doble declinación Otro método común es la depreciación de balance de doble declinación. En el primer año, la depreciación se encuentra multiplicando el costo x por $2/n$, el doble de la cantidad de valor perdido cada año. Entonces, la depreciación en el año 1 es

$$\frac{2}{n}x.$$

La depreciación en los últimos años de la vida de un bien puede encontrarse al multiplicar la depreciación del año previo por $1 - 2/n$. Por ejemplo, un bien que cuesta \$5000 con una vida de 5 años tendría una depreciación de \$5000(2/5), o \$2000, durante el primer año de su vida. Para encontrar la depreciación en el año 2, multiplique la depreciación en el año 1 por $1 - 2/5$, como sigue.

$$\begin{aligned} \text{depreciación en el año 2} &= (\text{depreciación en el año 1}) \times \left(1 - \frac{2}{n}\right) \\ &= 2000\left(1 - \frac{2}{5}\right) \qquad \text{Haga } n = 5. \\ &= 2000\left(\frac{3}{5}\right) \\ &= 1200, \end{aligned}$$

o \$1200. Para encontrar la depreciación en el año 3, multiplique este resultado por $1 - 2/5$ o $3/5$, para obtener \$720.

La depreciación por el método del balance de doble declinación en cada uno de los cuatro primeros años de la vida de un bien, se muestra en la siguiente tabla.

Año	Cantidad de depreciación
1	$\frac{2}{n} \cdot x$
2	$\frac{2}{n} \cdot x\left(1 - \frac{2}{n}\right)$
3	$\frac{2}{n} \cdot x\left(1 - \frac{2}{n}\right)^2$
4	$\frac{2}{n} \cdot x\left(1 - \frac{2}{n}\right)^3$

Como lo sugiere la tabla, cada entrada se encuentra al multiplicar la entrada precedente por $1 - 2/n$. Con base en esto, la depreciación en el año j, escrita D_j, es la cantidad

$$D_j = \frac{2}{n} \cdot x \cdot \left(1 - \frac{2}{n}\right)^{j-1}.$$

Este resultado es una fórmula general para las entradas en la tabla anterior. Se trata de un modelo matemático para la depreciación por balance de doble declinación. Si se usara para cada año de la vida de un bien la depreciación por balance de doble declinación, la depreciación total sería menor que el costo neto del bien. Por esta razón, es permitido cambiar a la depreciación lineal hacia el final de la vida útil del bien.

En el ejemplo anterior, la cantidad total depreciada después de 3 años es $2000 + 1200 + 720 = 3920$, dejando un balance no depreciado de $5000 - 3920 = 1080$. Si cambiamos a la depreciación lineal después de 3 años, depreciaríamos $1080/2 = \$540$ en cada uno de los dos últimos años.

EJERCICIOS

1. Una máquina cuesta $55,000 y tiene una vida útil de 5 años. Con cada uno de los métodos analizados, encuentre la depreciación en cada año. La depreciación total al final de los 5 años debe ser de $55,000 en cada método. Con el método del balance por doble declinación, cambie a la depreciación lineal en los 2 últimos años.
2. Un avión nuevo cuesta $600,000 y tiene una vida útil de 10 años. Encuentre la depreciación en los años 1 y 4 por medio de cada uno de los tres métodos vistos.
3. ¿Qué método da las deducciones más grandes en los primeros años?

CAPÍTULO 3

Funciones y gráficas

3.1 Funciones
3.2 Gráficas de funciones
3.3 Aplicaciones de las funciones lineales
CASO 3 Costo marginal: Booz, Allen y Hamilton

Las funciones son una manera sumamente útil de describir muchas situaciones del mundo real en las que el valor de una cantidad varía con, depende de, o determina el valor de otra. En este capítulo se presentarán las funciones, aprenderemos cómo usar la notación funcional, desarrollaremos habilidades para construir e interpretar las gráficas de funciones y, finalmente, aprenderemos a aplicar este conocimiento a una gran variedad de situaciones.

3.1 FUNCIONES

Para entender el origen del concepto de función, consideraremos algunas situaciones de la "vida real" en las que una cantidad numérica depende de, corresponde a, o determina otra.

EJEMPLO 1 La cantidad de impuestos que paga depende de la cantidad de sus ingresos. La manera en que los ingresos determinan los impuestos se rige por la ley de impuestos. ■

EJEMPLO 2 La oficina meteorológica registra la temperatura en un periodo de 24 horas en forma de gráfica (véase la figura 3.1). La gráfica muestra la temperatura que corresponde a cada hora dada. ■

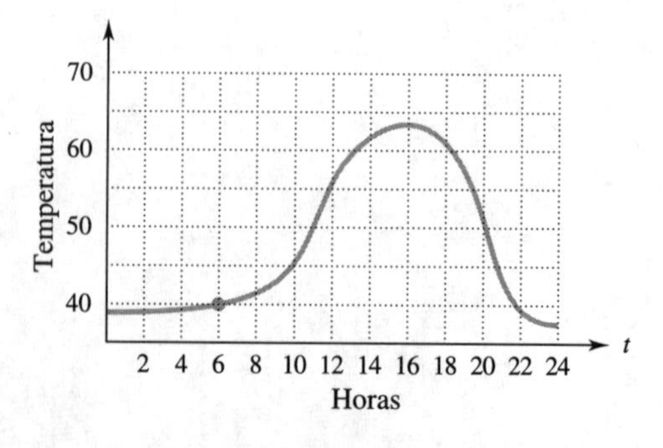

FIGURA 3.1

EJEMPLO 3 Suponga que una roca se deja caer desde un punto alto. Por la física sabemos que la distancia recorrida por la roca en t segundos es $16t^2$ pies. La distancia depende entonces del tiempo. ■

La primera característica común en esos ejemplos es que en cada uno se encuentran dos conjuntos de números, que podemos imaginar como un conjunto de entradas y un conjunto de salidas.

	Conjunto de entradas	*Conjunto de salidas*
Ejemplo 1	Todos los ingresos	Todos los impuestos
Ejemplo 2	Horas desde media noche	Temperaturas durante el día
Ejemplo 3	Segundos transcurridos después de soltada la roca	Distancias que recorre la roca

La segunda característica común es que en cada ejemplo hay una *regla* definida, según la cual cada entrada determina una salida. En el ejemplo 1 la regla está dada por la ley de impuestos, que especifica cómo cada ingreso (entrada) determina una cantidad de impuesto (salida). Del mismo modo, en el ejemplo 2 la regla está dada por la gráfica tiempo/temperatura, y por la fórmula (distancia = $16t^2$) en el ejemplo 3.

Cada uno de esos ejemplos podría representarse por una calculadora ideal que tuviese una sola tecla de operación y que pudiese recibir o mostrar cualquier número real. Cuando se escribe un número (*entrada*) y se oprime la "tecla de la regla", se muestra una respuesta (*salida*) (véase la figura 3.2). La definición formal de función tiene esas mismas características (entrada/regla/salida), con un ligero cambio de terminología.

FIGURA 3.2

> Una **función** consiste en un conjunto de números de entrada llamado el **dominio**, en un conjunto de números de salida llamado el **rango**, y en una regla por la que cada entrada (número en el dominio) determina exactamente una salida (número en el rango).

El dominio en el ejemplo 1 consiste en todas las cantidades posibles de ingreso; la regla está dada por la ley de impuestos y el rango consiste en todas las cantidades posibles de impuesto. En el ejemplo 2, el dominio es el conjunto de horas en el día (es decir, todos los números reales de 0 a 24); la regla está dada por la gráfica tiempo/temperatura, que muestra la temperatura en cada momento. La gráfica muestra también que el rango (las temperaturas que hay realmente durante el día) abarca todos los números de 38 a 63.

En el ejemplo 2, para cada hora del día (número en el dominio) hay una y sólo una temperatura (número en el rango). Sin embargo, nótese que es posible tener la misma temperatura (número en el rango) correspondiente a dos horas diferentes (números en el dominio).

Por la regla de una función, cada número en el dominio determina *uno y sólo un número* en el rango. Pero varios números diferentes en el dominio pueden determinar el mismo número en el rango.

En otras palabras, para cada entrada se produce exactamente una salida, pero diferentes entradas pueden producir la misma salida.

EJEMPLO 4 ¿Cuál de las siguientes reglas describe funciones?

(a) Use el lector óptico en el mostrador de cobro de un supermercado para convertir códigos de barras a precios.

Para cada código, el lector produce exactamente un precio, por lo que esto es una función.

(b) Anote un número en una calculadora y oprima la tecla x^2.

Esto es una función porque la calculadora produce sólo un número x^2 para cada número x tecleado.

(c) Asigne a cada número x el número y dado por la siguiente tabla.

x	1	1	2	2	3	3
y	3	−3	5	−5	8	−8

Como por lo menos un valor x corresponde a más de un valor y, esta tabla no define una función.

(d) Asigne a cada número x el número y dado por la ecuación $y = 3x - 5$.

Como la ecuación determina un valor único de y para cada valor de x, ésta define una función. ■ [1]

[1] ¿Definen funciones las siguientes expresiones?

(a) La correspondencia definida por la regla $y = x^2 + 5$

(b) La tecla [1/x] de una calculadora

(c) La correspondencia entre una computadora x y varios usuarios y de la computadora.

Respuestas:

(a) Sí

(b) Sí

(c) No

Los ejemplos anteriores muestran que hay muchas maneras de definir una función. Casi todas las funciones de este libro se definirán por medio de ecuaciones, como en el inciso (d) del ejemplo 4, y *se supondrá que x representa la variable de entrada*.

El dominio y rango puede o no ser el mismo conjunto. Por ejemplo, en la función dada por la tecla x^2 de una calculadora el dominio consiste en todos los números (positivos, negativos, o cero) que pueden teclearse en la calculadora, pero el rango consiste sólo en números *no negativos* (ya que $x^2 \geq 0$ para toda x). En la función dada por la ecuación $y = 3x - 5$, tanto el dominio como el rango son el conjunto de todos los números reales debido al siguiente *acuerdo sobre dominios*.

> A menos que se establezca otra cosa, suponga que el dominio de cualquier función definida por una ecuación es el conjunto más grande de números reales con los que se puede reemplazar significativamente la variable de entrada.

Por ejemplo, suponga

$$y = \frac{-4x}{2x - 3}.$$

Cualquier número real puede usarse para x excepto $x = 3/2$, ya que éste hace nulo al denominador. Por el acuerdo sobre dominios, el dominio de esta función es el conjunto de todos los números reales excepto 3/2.

2 ¿Define lo siguiente a y como una función de x?

(a) $y = -6x + 1$

(b) $y = x^2$

(c) $x = y^2 - 1$

(d) $y < x + 2$

Respuestas:

(a) Sí

(b) Sí

(c) No

(d) No

EJEMPLO 5 Determine si cada una de las siguientes ecuaciones define a y como una función de x. Dé el dominio de las que sean funciones.

(a) $y = -4x + 11$

Para un valor dado de x, el cálculo de $-4x + 11$ produce exactamente un valor de y (por ejemplo, si $x = -7$, entonces $y = -4(-7) + 11 = 39$). Como un valor de la variable de entrada conduce a exactamente un valor de la variable de salida, $y = -4x + 11$ define una función. Como x puede tomar cualquier valor real, el dominio es el conjunto de todos los números reales, lo que se escribe $(-\infty, \infty)$.

(b) $y^2 = x$

Suponga $x = 36$. Entonces $y^2 = x$ resulta $y^2 = 36$, de donde $y = 6$ o $y = -6$. Como un valor de x puede conducir a dos valores de y, $y^2 = x$ no define a y como una función de x. ■ **2**

3 Dé el dominio.

(a) $y = 3x + 1$

(b) $y = x^2$

(c) $y = \sqrt{-x}$

Respuestas:

(a) $(-\infty, \infty)$

(b) $(-\infty, \infty)$

(c) $(-\infty, 0]$

EJEMPLO 6 Encuentre el dominio de cada una de las siguientes funciones.

(a) $y = x^4$

Cualquier número puede elevarse a la cuarta potencia por lo que el dominio es $(-\infty, \infty)$.

(b) $y = \sqrt{6 - x}$

Para que y sea un número real, $6 - x$ debe ser no negativo. Esto sucede sólo cuando $6 - x \geq 0$ o $6 \geq x$, lo que hace que el dominio sea $(-\infty, 6]$.

(c) $y = \dfrac{1}{x + 3}$

Como el denominador no puede ser 0, $x \neq -3$, y el dominio consiste en todos los números en los intervalos,

$$(-\infty, -3) \quad \text{o} \quad (-3, \infty).$$ ■ **3**

PRECAUCIÓN Advierta la diferencia entre la regla $y = \sqrt{6 - x}$ en el ejemplo 6(b) y la regla $y^2 = 6 - x$. Para un valor x particular, digamos 2, la expresión radical en la primera regla representa un solo número positivo. Sin embargo, la segunda regla, cuando $x = 2$, produce *dos* números, $y = 2$ o $y = -2$. ◆

NOTACIÓN FUNCIONAL En la práctica, las funciones rara vez se representan en el lenguaje de dominio, regla y rango, como lo hemos hecho aquí. Las funciones suelen denotarse con una letra (se usa con frecuencia la f). Si x es una entrada (número en el dominio), entonces $f(x)$ denota el número de salida que la función f produce con la entrada x. El símbolo $f(x)$ se lee "f de x". La regla suele darse por una fórmula, como $f(x) = \sqrt{x^2 + 1}$. Esta fórmula puede considerarse un conjunto de instrucciones.

Nombre de la función — Número de entrada

$$\underbrace{f(\mathbf{x})}_{} = \underbrace{\sqrt{\mathbf{x}^2+1}}_{}$$

Número de salida — Instrucciones que dicen qué hacer con la entrada x para producir la salida correspondiente $f(x)$; esto es, "elevarla al cuadrado, sumarle 1 y sacarle raíz cuadrada al resultado".

Por ejemplo, para encontrar $f(3)$ (el número de salida producido por la entrada 3), simplemente reemplace x con 3 en la fórmula:

$$\begin{aligned} f(\mathbf{3}) &= \sqrt{\mathbf{3}^2+1} \\ &= \sqrt{10}. \end{aligned}$$

Así mismo, reemplazando x por -5 y 0 se ve que

$$\begin{aligned} f(-5) &= \sqrt{(-5)^2 + 1} \\ &= \sqrt{26} \end{aligned} \quad \text{y} \quad \begin{aligned} f(0) &= \sqrt{0^2 + 1} \\ &= 1. \end{aligned}$$

Esas instrucciones pueden aplicarse a cualquier cantidad, como $a + b$ o c^4 (donde a, b y c son números reales). Entonces, para calcular $f(a + b)$, la salida correspondiente a la entrada $a + b$, elevamos al cuadrado la entrada [obtenemos $(a + b)^2$], sumamos 1 [obtenemos $(a + b)^2 + 1$] y extraemos la raíz cuadrada del resultado:

$$\begin{aligned} f(\boldsymbol{a} + \boldsymbol{b}) &= \sqrt{(\boldsymbol{a} + \boldsymbol{b})^2 + 1} \\ &= \sqrt{a^2 + 2ab + b^2 + 1}. \end{aligned}$$

De la misma manera, la salida $f(c^4)$ correspondiente a la entrada c^4 se calcula elevando al cuadrado la entrada $[(c^4)^2]$, sumando 1 $[(c^4)^2 + 1]$ y extrayendo la raíz cuadrada del resultado:

$$\begin{aligned} f(c^4) &= \sqrt{(c^4)^2 + 1} \\ &= \sqrt{c^8 + 1}. \end{aligned}$$

EJEMPLO 7 Sea $g(x) = -x^2 + 4x - 5$. Encuentre cada uno de los siguientes valores.

(a) $g(-2)$

Reemplace x por -2.

$$\begin{aligned} g(\mathbf{-2}) &= -(\mathbf{-2})^2 + 4(\mathbf{-2}) - 5 \\ &= -4 - 8 - 5 \\ &= -17 \end{aligned}$$

(b) $g(x+h)$
Reemplace x por la cantidad $x+h$ en la regla para g.

$$\begin{aligned} g(\boldsymbol{x}+\boldsymbol{h}) &= -(\boldsymbol{x}+\boldsymbol{h})^2 + 4(\boldsymbol{x}+\boldsymbol{h}) - 5 \\ &= -(x^2 + 2xh + h^2) + (4x + 4h) - 5 \\ &= -x^2 - 2xh - h^2 + 4x + 4h - 5 \end{aligned}$$

(c) $g(x+h) - g(x)$
Use el resultado de el inciso (b) y la regla para $g(x)$.

$$\begin{aligned} g(x+h) - g(x) &= (-x^2 - 2xh - h^2 + 4x + 4h - 5) - (-x^2 + 4x - 5) \\ &= -2xh - h^2 + 4h \end{aligned}$$

(d) $\dfrac{g(x+h) - g(x)}{h}$ (suponiendo $h \neq 0$)

El numerador se encontró en el inciso (c). Divídalo entre h como sigue.

$$\begin{aligned} \frac{g(x+h) - g(x)}{h} &= \frac{-2xh - h^2 + 4h}{h} \\ &= \frac{h(-2x - h + 4)}{h} \\ &= -2x - h + 4 \quad \blacksquare \end{aligned}$$

El cociente encontrado en el ejemplo 7(d)

$$\frac{g(x+h) - g(x)}{h}$$

es importante en el cálculo, como lo veremos de nuevo en el capítulo 12. [4]

[4] Sea $f(x) = 5x^2 - 2x + 1$. Encuentre lo siguiente.

(a) $f(1)$
(b) $f(3)$
(c) $f(1+3)$
(d) $f(1) + f(3)$
(e) $f(m)$
(f) $f(x+h) - f(x)$

Respuestas:
(a) 4
(b) 40
(c) 73
(d) 44
(e) $5m^2 - 2m + 1$
(f) $10xh + 5h^2 - 2h$

PRECAUCIÓN La notación funcional *no* es la misma que la notación algebraica ordinaria. No se puede simplificar una expresión como $f(x+h)$ escribiendo $f(x) + f(h)$. Para ver por qué no se puede, considere las respuestas a los problemas 4(c) y (d) en el margen, que muestran que

$$f(1+3) \neq f(1) + f(3). \ \blacklozenge$$

EJEMPLO 8 Suponga que la venta esperada (en miles de dólares) de una pequeña compañía para los próximos diez años está aproximada por la función

$$S(x) = .08x^4 - .04x^3 + x^2 + 9x + 54.$$

(a) ¿Cuál es la venta esperada este año?
El año presente corresponde a $x = 0$ y la venta este año está dada por $S(0)$. Sustituyendo x con 0 en la regla para S, vemos que $S(0) = 54$. La venta esperada es entonces $54,000.

(b) ¿Cuál será la venta en tres años?

La venta en tres años a partir de ahora está dada por $S(3)$, que puede calcularse a mano o con una calculadora:

$$S(x) = .08x^4 - .04x^3 + x^2 + 9x + 54$$
$$S(3) = .08(3)^4 - .04(3)^3 + (3)^2 + 9(3) + 54 \qquad \text{Haga } x = 3.$$
$$= 95.4,$$

lo que significa que la venta esperada es de $95,400. ■ 5

5 Un contratista estima que el costo total de construir x grupos de departamentos en un año está aproximado por

$$A(x) = x^2 + 80x + 60,$$

donde $A(x)$ representa el costo en cientos de miles de dólares. Encuentre el costo de construir

(a) 4 grupos;

(b) 10 grupos.

Respuestas:

(a) $39,600,000

(b) $96,000,000

SUGERENCIA TECNOLÓGICA Muchas calculadoras graficadoras tienen una opción de tabular que muestra una tabla de valores para una función. Algunas calculadoras graficadoras, pero no todas, también permiten usar notación funcional. Consulte el manual de instrucciones para ver si su calculadora tiene esas características, y si las tiene, aprenda a usarlas. ✔

3.1 EJERCICIOS

¿Cuál de las reglas siguientes definen y como función de x? (véanse los ejemplos 1-5).

1.

x	3	2	1	0	−1	−2	−3
y	9	4	1	0	1	4	9

2.

x	9	4	1	0	1	4	9
y	3	2	1	0	−1	−2	−3

3. $y = x^3$

4. $y = \sqrt{x - 1}$

5. $x = |y + 2|$

6. $x = y^2 + 3$

7. $y = \dfrac{-1}{x - 1}$

8. $y = \dfrac{4}{2x + 3}$

Establezca el dominio de cada función (véanse los ejemplos 5 y 6).

9. $f(x) = 4x - 1$

10. $f(x) = 2x + 7$

11. $f(x) = x^4 - 1$

12. $f(x) = (2x + 5)^2$

13. $f(x) = \sqrt{-x} + 3$

14. $f(x) = \sqrt{4 - x}$

15. $f(x) = \dfrac{1}{x - 1}$

16. $f(x) = \dfrac{1}{x - 3}$

17. $f(x) = |5 - 4x|$

18. $f(x) = |-x - 6|$

Para cada una de las siguientes funciones, encuentre

(a) $f(4)$,

(b) $f(-3)$,

(c) $f(2.7)$,

(d) $f(-4.9)$,

(véase el ejemplo 7).

19. $f(x) = 6$

20. $f(x) = 0$

21. $f(x) = 2x^2 + 4x$

22. $f(x) = x^2 - 2x$

23. $f(x) = \sqrt{x + 3}$

24. $f(x) = \sqrt{5 - x}$

25. $f(x) = x^3 - 6.2x^2 + 4.5x - 1$

26. $f(x) = x^4 + 5.5x^2 - .3x$

27. $f(x) = |x^2 - 6x - 4|$

28. $f(x) = |x^3 - x^2 + x - 1|$

29. $f(x) = \dfrac{\sqrt{x - 1}}{x^2 - 1}$

30. $f(x) = \sqrt{-x} + \dfrac{2}{x + 1}$

Si tiene una calculadora graficadora con capacidad para elaborar tablas, haga una que muestre los valores (aproximados) de cada una de las funciones dadas en 3.5, 3.9, 4.3, 4.7, 5.1 *y* 5.5.

31. $g(x) = 3x^4 - x^3 + 2x$

32. $f(x) = \sqrt{x^2 - 2.4x + 8}$

Para cada una de las siguientes funciones, encuentre
(a) $f(p)$,
(b) $f(-r)$, y
(c) $f(m+3)$,
(véase el ejemplo 7).

33. $f(x) = 5 - x$

34. $f(x) = 3x + 7$

35. $f(x) = \sqrt{4 - x}$

36. $f(x) = \sqrt{-2x}$

37. $f(x) = x^3 + 1$

38. $f(x) = 2 - x^3$

39. $f(x) = \dfrac{3}{x - 1}$

40. $f(x) = \dfrac{-1}{2 + x}$

Para cada una de las funciones siguientes, encuentre

$$\frac{f(x+h) - f(x)}{h}.$$

41. $f(x) = 2x - 4$

42. $f(x) = 2 - 3x$

43. $f(x) = x^2 + 1$

44. $f(x) = x^2 - x$

Use una calculadora para resolver estos ejercicios (véase el ejemplo 8).

45. Ciencias naturales La tabla contiene razones de incidencia por edades para muertes por enfermedad de la coronaria (CDH) y por cáncer pulmonar (LC) al comparar fumadores (21 a 39 cigarros por día) con no fumadores.*

Edad	*CHD*	*LC*
55–64	1.9	10
65–74	1.7	9

Una razón de incidencia de 10 significa que los fumadores son 10 veces más propensos que los no fumadores a morir de cáncer de pulmón entre las edades de 55 y 64. Si la razón de incidencia es x, entonces el porcentaje P (expresado como decimal) de muertes causadas por fumar está dado por la función $P(x) = \dfrac{x - 1}{x}$.

(a) ¿Cuál es el porcentaje de muertes por cáncer de pulmón que puede atribuirse a fumar entre las edades de 65 y 74?
(b) ¿Cuál es el porcentaje de muertes por enfermedad de la coronaria que pueden atribuirse a fumar entre las edades de 55 y 64?

46. Administración El número de pasajeros en aerolíneas conmutadoras (10 a 30 asientos) entre los años 1975 y 2010 es aproximado por la función $g(x) = 0.0138x^2 - 0.172x + 1.4$ (donde $x = 0$ corresponde a 1975 y $g(x)$ está en millones).*
(a) ¿Cuántos pasajeros hubo en 1975 y en 1994?
(b) ¿Cuántos pasajeros se esperan en 2006?

47. Ciencias sociales El número de estadounidenses (en miles) que tienen o se espera que tengan más de 100 años en el año x puede ser aproximado por la función $h(x) = 0.4018x^2 + 2.039x + 50$ (donde $x = 0$ corresponde a 1994).†
(a) ¿Cuántos estadounidenses tenían más de 100 años en 1994? ¿Cuántos en 1996?
(b) Prediga el número de estadounidenses que tendrán más de 100 años en el año 2008.

48. Administración La cantidad total anual (en millones de dólares) de préstamos garantizados por el gobierno a los estudiantes de 1986 a 1994 se aproxima por la función $f(x) = 1.088(x - 1986) + 8.6$.‡
(a) ¿Cuánto se gastó en 1986? ¿Cuánto en 1989?
(b) Si esta función sigue siendo válida para años posteriores, ¿cuánto se gastará en 1999?

Resuelva estos ejercicios.

49. Física La distancia de Chicago a Seattle es aproximadamente de 2000 millas. Un avión que vuela directamente a Seattle pasa sobre Chicago al medio día. Si el avión vuela a 475 mph, encuentre la regla de la función $f(t)$ que da la distancia del avión a Seattle en el tiempo t en horas (con $t = 0$ correspondiente al medio día).

50. Administración Una fábrica de frituras tiene costos fijos diarios de $1800. Además, cuesta 50 centavos producir cada bolsa de frituras. Una bolsa de frituras se vende a $1.20.
(a) Encuentre la regla de la función de costo $c(x)$ que da el costo diario total de producir x bolsas de frituras.
(b) Encuentre la regla de la función de ingreso $r(x)$ que da el ingreso diario por vender x bolsas de frituras.
(c) Encuentre la regla de la función de ganancia $p(x)$ que da la ganancia diaria al vender x bolsas de frituras.

*Walker, A., *Observations and Inference: An Introduction to the Methods of Epidemiology*, Newton Lower Falls, MA: Epidemiology Resources, Inc., 1991.

*Basado en datos de Federal Aviation Administration (en *USA Today*, 27 de marzo de 1995).

†Basado en datos de la oficina del censo de EUA.

‡Basado en datos de *USA Today*.

3.2 GRÁFICAS DE FUNCIONES

La **gráfica** de una función $f(x)$ se define como la gráfica de la *ecuación* $y = f(x)$. Por ejemplo, la gráfica de $f(x) = x^3 + x + 5$ es la gráfica de la ecuación $y = x^3 + x + 5$. Así entonces, la gráfica consiste en todos los puntos en el plano coordenado cuyas coordenadas son de la forma $(x, x^3 + x + 5)$, es decir, todos los puntos $(x, f(x))$. Lo mismo es cierto en el caso general: cada punto sobre la gráfica de una función f es un par ordenado cuya primera coordenada es un número de entrada del dominio de f y cuya segunda coordenada es el correspondiente número de salida.

Comenzamos con las gráficas más simples de funciones. En la sección 2.2 vimos que la gráfica de una ecuación de la forma $y = ax + b$ es una línea recta. Esta ecuación también define y como función de x, lo que conduce a la siguiente terminología.

> Una **función lineal** es una función cuya regla puede escribirse en la forma
>
> $$f(x) = ax + b$$
>
> para algunas constantes a y b.

EJEMPLO 1 La gráfica de la función lineal $g(x) = 0.5x - 3$ es la gráfica de la ecuación $y = 0.5x - 3$. La gráfica es entonces una recta con pendiente 0.5 e intersección con el eje y igual a -3, como se muestra en la figura 3.3. ■

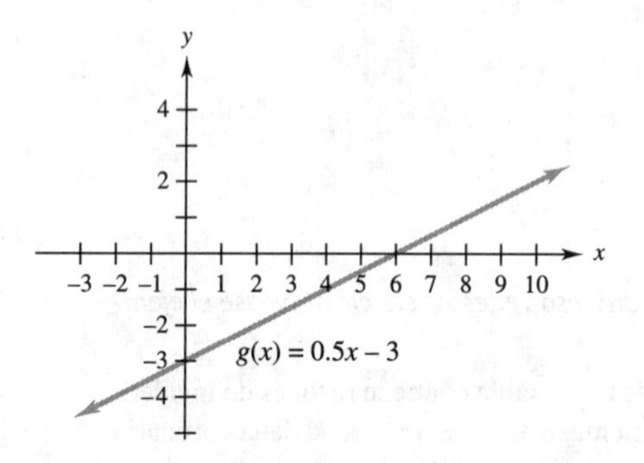

FIGURA 3.3

FUNCIONES LINEALES POR TRAMO Ahora consideraremos funciones cuyas gráficas consisten en segmentos de recta. Tales funciones se llaman **funciones lineales por tramos** y se definen típicamente con ecuaciones diferentes para diferentes partes del dominio.

EJEMPLO 2 Dibuje la gráfica de la siguiente función.

$$f(x) = \begin{cases} x + 1 & \text{si } x \leq 2 \\ -2x + 7 & \text{si } x > 2 \end{cases}$$

Cuando $x \leq 2$, la gráfica consiste en la parte de la recta $y = x + 1$ que se encuentra a la izquierda de $x = 2$. Cuando $x > 2$, la gráfica consiste en la parte de la recta $y = -2x + 7$ que se encuentra a la derecha de $x = 2$. Esos segmentos de recta pueden trazarse marcando los puntos determinados por las siguientes tablas.

$x \leq 2$

x	-2	0	2
$y = x + 1$	-1	1	3

$x > 2$

x	2	3	4
$y = -2x + 7$	3	1	-1

Observe que aunque 2 no está en el intervalo $x > 2$, encontramos el par ordenado para ese punto extremo porque la gráfica se extenderá justo hasta ese punto. Como este punto extremo (2, 3) concuerda con el punto extremo para el intervalo $x \leq 2$, las dos partes de la gráfica están unidas en ese punto como se muestra en la figura 3.4. ■

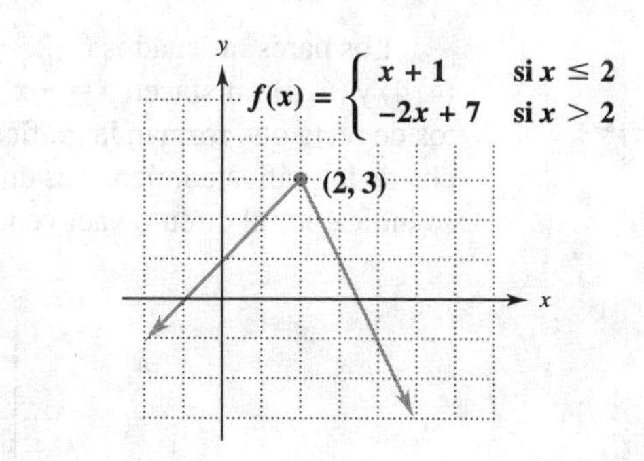

FIGURA 3.4

1 Trace la gráfica de cada función.

(a) $f(x) = 2 - |x|$

(b) $f(x) = |5x - 7|$

Respuestas:

(a)

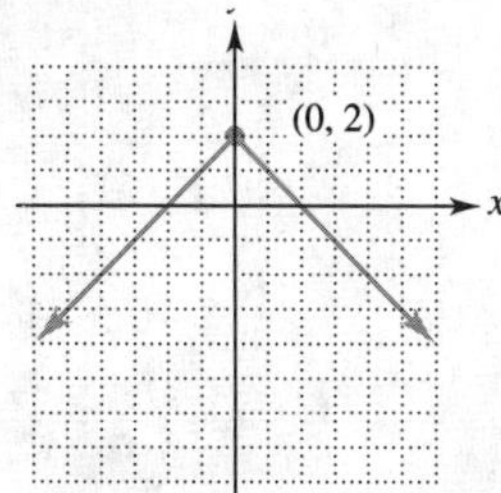

(b)

$(\frac{7}{5}, 0)$

PRECAUCIÓN En el ejemplo 2, observe que no hicimos la gráfica de las rectas enteras sino sólo aquellas porciones con los dominios dados. Las gráficas de esas funciones *no* deben ser dos rectas que se intersecan. ◆

EJEMPLO 3 Haga la gráfica de la **función de valor absoluto** cuya regla es $f(x) = |x|$.

La función f es una función lineal por tramos debido a la definición de $|x|$,

$$f(x) = \begin{cases} x & \text{si } x \geq 0 \\ -x & \text{si } x < 0. \end{cases}$$

La mitad derecha de la gráfica (es decir, donde $x \geq 0$) consistirá en una porción de la recta $y = x$. Ésta puede trazarse marcando dos puntos, digamos (0, 0) y (1, 1). La mitad izquierda de la gráfica (donde $x < 0$) consistirá en una porción de la recta $y = -x$, que puede trazarse marcando $(-2, 2)$ y $(-1, 1)$, como se muestra en la figura 3.5. ■ **1**

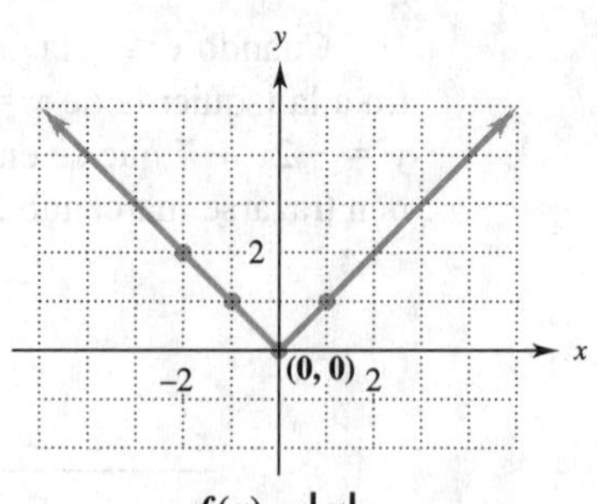

$f(x) = |x|$

FIGURA 3.5

2 Trace la gráfica de $f(x)$, donde

$$f(x) = \begin{cases} -2x + 5 & \text{si } x < 2 \\ x - 4 & \text{si } x \geq 2. \end{cases}$$

Respuesta:

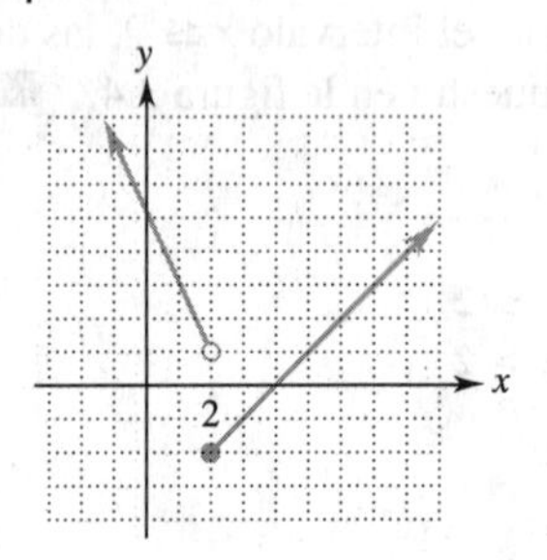

EJEMPLO 4 Trace la gráfica de la función

$$f(x) = \begin{cases} x - 2 & \text{si } x \leq 3 \\ -x + 8 & \text{si } x > 3. \end{cases}$$

Los pares ordenados $(-2, -4)$, $(0, -2)$ y $(3, 1)$ satisfacen $y = x - 2$ y los pares $(4, 4)$ y $(6, 2)$ satisfacen $y = -x + 8$. Úselos para trazar la gráfica de los dos segmentos de recta que forman la gráfica de la función. El punto $(3, 5)$, donde la mitad derecha de la gráfica comienza es un punto extremo, pero *no* es parte de la gráfica, como se indica por el círculo vacío en la figura 3.6. ■ 2

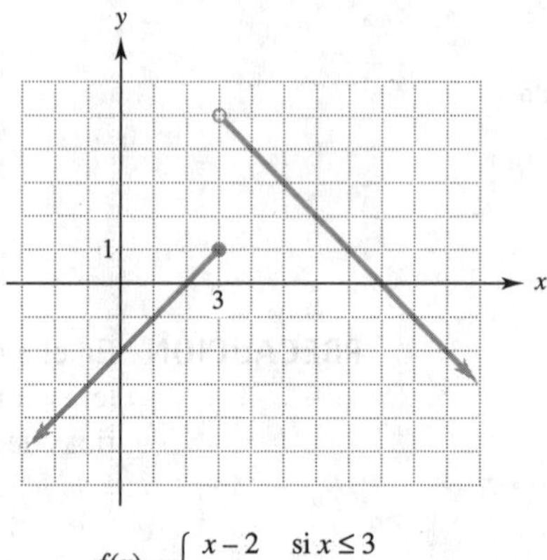

$$f(x) = \begin{cases} x-2 & \text{si } x \leq 3 \\ -x+8 & \text{si } x > 3 \end{cases}$$

FIGURA 3.6

SUGERENCIA TECNOLÓGICA Para trazar la gráfica de la mayor parte de las funciones por tramos en una calculadora graficadora debe usarse una sintaxis especial. Por ejemplo, sobre calculadoras TI y HP-38, la mejor manera de obtener la gráfica del ejemplo 4 es trazar dos ecuaciones separadas sobre la misma pantalla:

$$y_1 = (x - 2)/(x \leq 3) \quad \text{y} \quad y_2 = (-x + 8)/(x > 3);$$

los símbolos de desigualdad están en el menú TEST (o CHAR). Sin embargo, la mayoría de las calculadoras trazan directamente la gráfica de las funciones de valor absoluto. Por ejemplo, para trazar $f(x) = |x + 2|$, haga la gráfica de la ecuación $y = \text{abs}(x + 2)$. "Abs" (para valor absoluto) está en el teclado o en el menú MATH. ✔

Las gráficas para negocios y economía son a menudo gráficas de funciones lineales por tramos. Es tan importante saber *leer* tales gráficas como poder construirlas.

EJEMPLO 5 La gráfica en la figura 3.7 muestra el ingreso personal per capita en el área metropolitana de Sacramento entre 1980 y 1992. ¿Qué dice acerca de la tasa de crecimiento del ingreso?

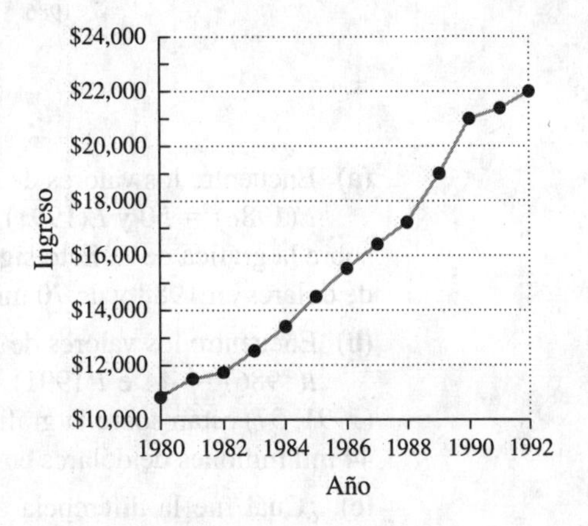

La gráfica muestra el ingreso personal per capita en el área metropolitana de Sacramento, *Economic Profile Greater Sacramento Area* del Sacramento Area Commerce and Trade Organization, verano de 1992. Reproducido con autorización.

FIGURA 3.7

Después de incrementarse ligeramente de 1980 a 1982, el ingreso creció aproximadamente con la misma tasa uniforme de 1982 a 1988, lo que se indica por el hecho de que una recta que conecte esos dos puntos sería prácticamente idéntica a la gráfica para este periodo. El ingreso creció considerablemente de 1988 a 1990 y luego tendió a nivelarse, creciendo mucho más lentamente de 1990 a 1992. ■

EJEMPLO 6 La economía de China floreció durante los últimos años de la década de 1980 y los primeros años de 1990. La figura 3.8 muestra las gráficas de dos funciones lineales por tramos que representan las exportaciones e importaciones de

China (en miles de millones de dólares) durante este periodo.* Las reglas de esas funciones son

$E(x)$ = exportaciones totales en el año x (en miles de millones de dólares)
$I(x)$ = importaciones totales en el año x (en miles de millones de dólares)

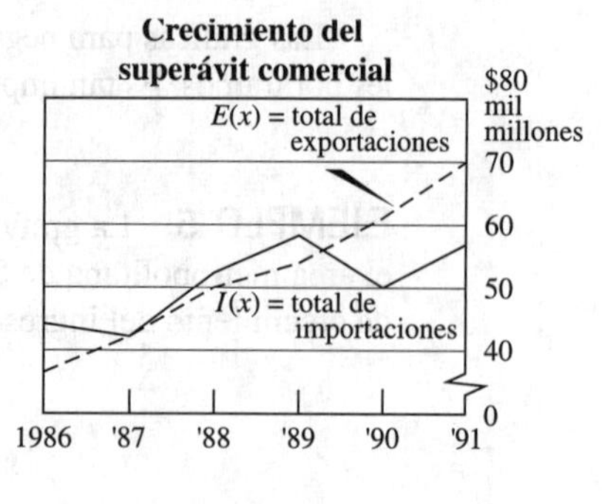

FIGURA 3.8

(a) Encuentre los valores de la función $E(1988)$ y $E(1991)$ e interprételas.

$E(1988) = 50$ y $E(1991) \approx 70$, porque los puntos (1988, 50) y (1991, 70) están sobre la gráfica de E. Esto significa que las exportaciones fueron de 50 mil millones de dólares en 1988 y de 70 mil millones de dólares en 1991.

(b) Encuentre los valores de la función $I(1986)$ e $I(1991)$ e interprételas.

$I(1986) \approx 44$ e $I(1991) \approx 57$, porque los puntos (aproximados) (1986, 44) y (1991, 57) están sobre la gráfica de I. Esto significa que las importaciones fueron de 44 mil millones de dólares en 1986 y de 57 mil millones de dólares en 1991.

(c) ¿Cuál fue la diferencia entre las exportaciones y las importaciones en 1991? ¿Qué significa esto?

En notación funcional, debemos encontrar $E(1991) - I(1991)$. Usando los incisos (a) y (b), tenemos $E(1991) - I(1991) = 70 - 57 = 13$. Por lo tanto, China tuvo un balance neto positivo de comercio de 13 mil millones de dólares. ■

FUNCIONES ESCALÓN La **función máximo entero**, que suele escribirse $f(x) = [x]$, se define diciendo que $[x]$ denota el mayor entero que es menor o igual a x. Por ejemplo, $[8] = 8$, $[7.45] = 7$, $[\pi] = 3$, $[-1] = -1$, $[-2.6] = -3$, etc.

EJEMPLO 7 Trace la gráfica de $f(x) = [x]$.

Si $-1 \leq x < 0$, entonces $[x] = -1$. Si $0 \leq x < 1$, entonces $[x] = 0$. Si $1 \leq x < 2$, entonces $[x] = 1$, etc. La gráfica, como se muestra en la figura 3.9, consiste entonces

*La gráfica es de "China's Booming Economy" en *U.S. News and Vorld Report*, 19 de octubre de 1992. Copyright © 1992 por U.S. News and World Report. Reproducido con autorización.

en una serie de segmentos de recta horizontales. En cada uno, el punto extremo izquierdo está incluido y el punto extremo derecho está excluido. La forma de la gráfica es la razón de que esta función se llame **función escalón**. ■ 3

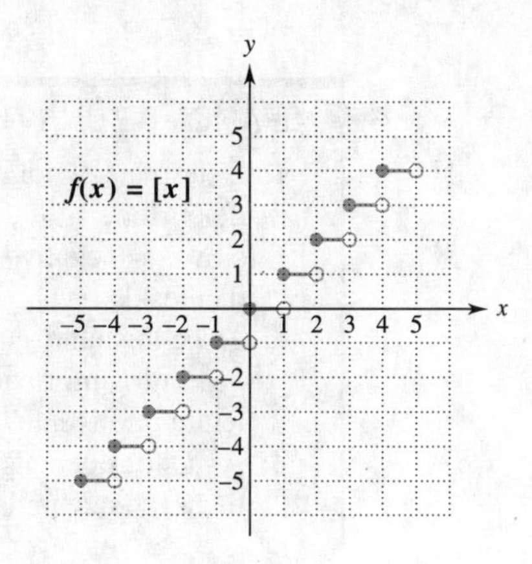

FIGURA 3.9

3 Trace la gráfica de $y = [\frac{1}{2}x + 1]$.

Respuesta:

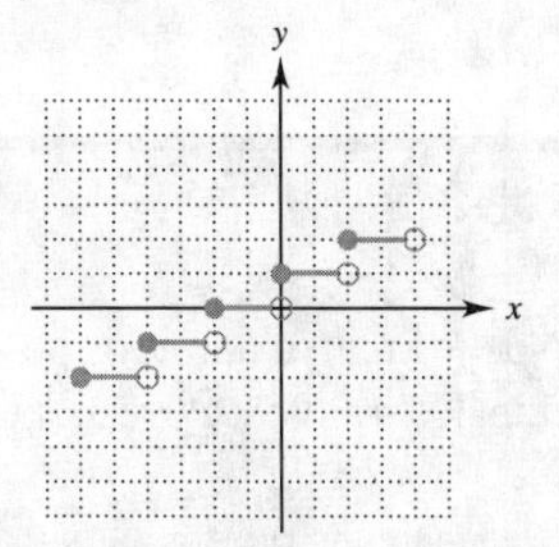

4 Suponga que la oficina de correos cobra 30¢ por onza o fracción de onza, por enviar una carta. Trace la gráfica de los pares ordenados (onza, costo).

Respuesta:

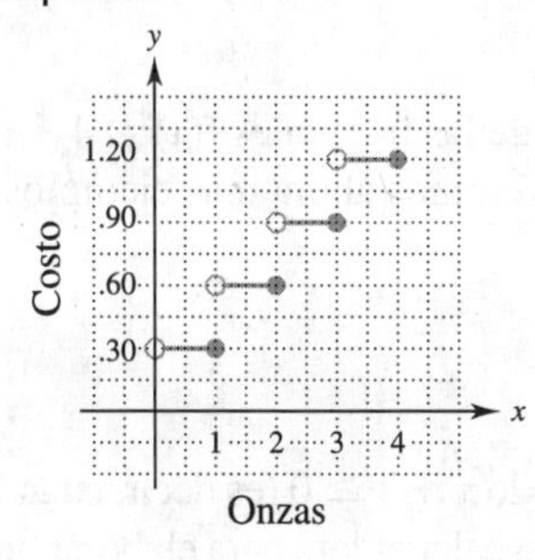

EJEMPLO 8 Un servicio de entregas nocturnas cobra \$25 por un paquete que pese hasta 2 libras. Por cada libra adicional o fracción de una libra se cobran \$3. Sea $D(x)$ el costo de enviar un paquete que pese x libras. Trace la gráfica de $D(x)$ para x en el intervalo $(0, 6]$.

Para x en el intervalo $(0, 2]$, $y = 25$. Para x en $(2, 3]$, $y = 25 + 3 = 28$. Para x en $(3, 4]$, $y = 28 + 3 = 31$, etc. La gráfica, que es la de una función escalón, se muestra en la figura 3.10. ■ 4

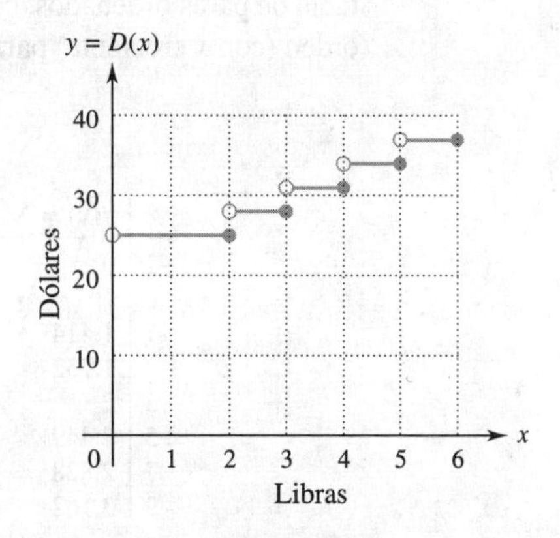

FIGURA 3.10

SUGERENCIA TECNOLÓGICA En la mayoría de las calculadoras graficadoras la función máximo entero se denota INT o FLOOR (vea su menú MATH o su submenú NUM). Las calculadoras Casio usan INTG para la función máximo entero e INT para una función diferente. Cuando trace la gráfica de esas funciones, ponga su calculadora en modo graficador "dot" en vez del modo usual "conectado" para evitar segmentos erróneos de rectas verticales en la gráfica. ✔

OTRAS FUNCIONES Las gráficas de muchas funciones no consisten sólo en segmentos de rectas. Como regla general, al trazar gráficas de funciones a mano, siga el procedimiento presentado en la sección 2.1.

GRÁFICA DE UNA FUNCIÓN TRAZANDO LOS PUNTOS

1. Determine el dominio de la función.
2. Seleccione unos cuantos números en el dominio de f (incluya números positivos y negativos cuando sea posible) y calcule los valores correspondientes de $f(x)$.
3. Trace los puntos $(x, f(x))$ calculados en el paso 2. Use esos puntos y cualquier otra información que tenga acerca de la función para hacer una "conjetura inteligente" sobre la forma de toda la gráfica.
4. A menos que tenga información diferente, suponga que la gráfica es continua (no quebrada) en los lugares donde esté definida.

[5] Haga la gráfica de $f(x) = \sqrt{4 - x}$.

Respuesta:

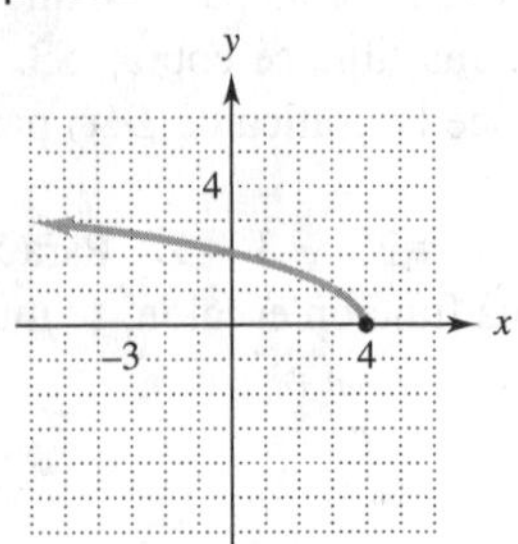

Este método fue usado para encontrar las gráficas de las funciones $f(x) = 4 - x^2$ y $g(x) = \sqrt{x}$ en los ejemplos 3 y 4 de la sección 2.1. Veremos ahora más ejemplos.

EJEMPLO 9 Haga la gráfica de $g(x) = \sqrt{x + 1}$.

Como la regla de la función está definida sólo cuando $x + 1 \geq 0$ (es decir, cuando $x \geq -1$), el dominio de g es el intervalo $[-1, \infty)$. Use una calculadora para elaborar una tabla de pares ordenados, como la de la figura 3.11. Marque los puntos y conéctelos en orden (con x creciente) para obtener la gráfica en la figura 3.11. ■ [5]

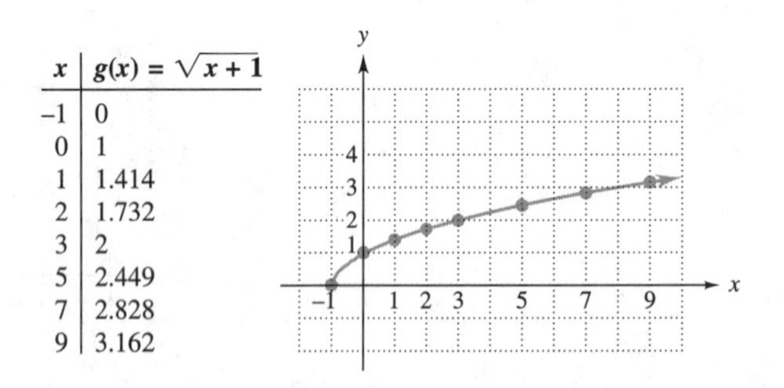

x	$g(x) = \sqrt{x + 1}$
−1	0
0	1
1	1.414
2	1.732
3	2
5	2.449
7	2.828
9	3.162

FIGURA 3.11

EJEMPLO 10 Haga la gráfica de la función cuya regla es $f(x) = 2 - x^3/5$.

Elabore una tabla de valores y marque los puntos correspondientes. Éstos sugieren la gráfica en la figura 3.12. ■

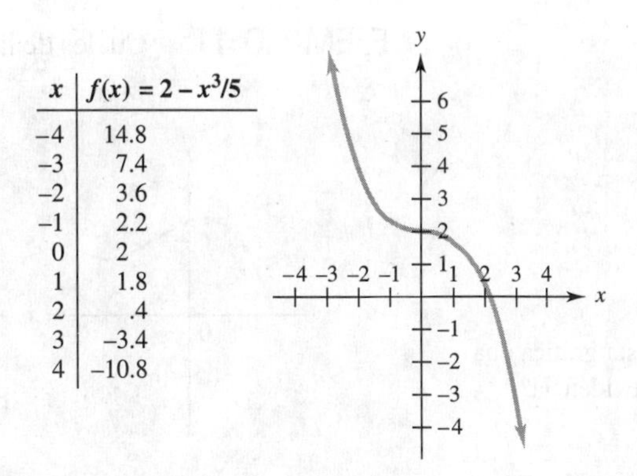

x	$f(x) = 2 - x^3/5$
−4	14.8
−3	7.4
−2	3.6
−1	2.2
0	2
1	1.8
2	.4
3	−3.4
4	−10.8

FIGURA 3.12

El método que se usó en los ejemplos 9 y 10 es satisfactorio para funciones con reglas algebraicas simples. En capítulos posteriores consideraremos las gráficas de funciones con reglas más complicadas. El siguiente hecho, que distingue las gráficas de funciones de otras gráficas, es a veces útil para identificar gráficas de funciones.

PRUEBA DE LA RECTA VERTICAL

Ninguna recta vertical interseca la gráfica de una función más de una vez.

En otras palabras, si una recta vertical interseca una gráfica en más de un punto, ésta no es la gráfica de una función. Para ver por qué esto es cierto, considere la gráfica en la figura 3.13. La recta vertical $x = 3$ interseca la gráfica en dos puntos. Si ésta fuera la gráfica de una función f, esto significaría que $f(3) = 2$ (porque (3, 2) está sobre la gráfica) y que $f(3) = -1$ (porque (3, −1) está sobre la gráfica). Esto es imposible porque una *función* puede tener sólo un valor cuando $x = 3$ (cada entrada determina exactamente una salida). Por lo tanto, ésta no puede ser la gráfica de una función. Un argumento similar es válido para la generalidad.

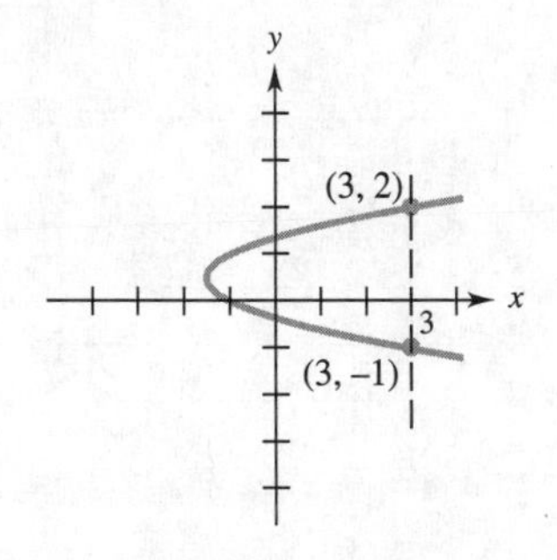

FIGURA 3.13

EJEMPLO 11 ¿Cuáles de las gráficas en la figura 3.14 son gráficas de funciones?

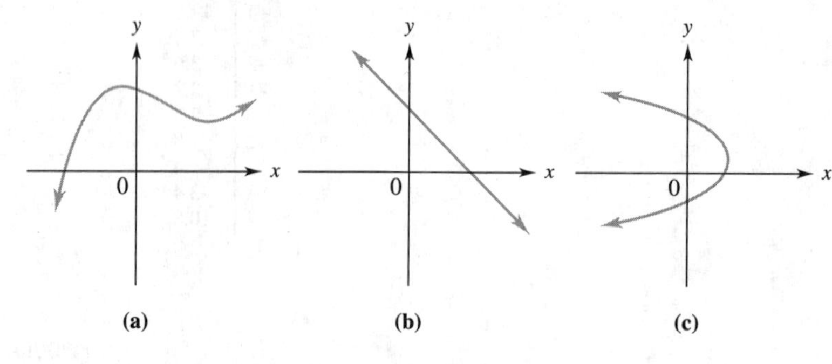

FIGURA 3.14

(a) Toda recta vertical interseca a esta gráfica cuando más en un punto, por lo que es la gráfica de una función.

(b) De nuevo, toda recta vertical interseca la gráfica cuando más en un punto, lo que muestra que es la gráfica de una función.

(c) Es posible que una recta vertical interseque la gráfica (c) dos veces. Ésta no es la gráfica de una función. ■ 6

6 ¿Representa esta gráfica una función? ¿Qué lo evidencia?

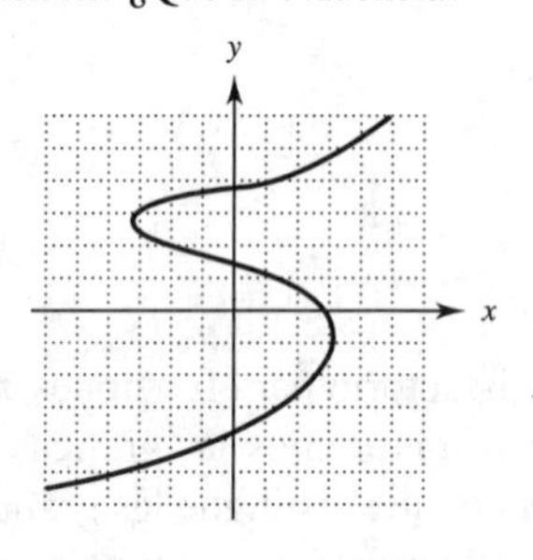

Respuesta:
No; una recta vertical cruza la gráfica en más de un punto.

3.2 EJERCICIOS

Trace la gráfica de cada función (véanse los ejemplos 1-4).

1. $f(x) = -.5x + 2$

2. $g(x) = 3 - x$

3. $f(x) = \begin{cases} x + 2 & \text{si } x \leq 1 \\ 3 & \text{si } x > 1 \end{cases}$

4. $g(x) = \begin{cases} 2x - 1 & \text{si } x < 0 \\ -1 & \text{si } x \geq 0 \end{cases}$

5. $y = \begin{cases} 3 - x & \text{si } x \leq 0 \\ 2x + 3 & \text{si } x > 0 \end{cases}$

6. $y = \begin{cases} x + 5 & \text{si } x \leq 1 \\ 2 - 3x & \text{si } x > 1 \end{cases}$

7. $f(x) = \begin{cases} |x| & \text{si } x \leq 2 \\ -x & \text{si } x > 2 \end{cases}$

8. $g(x) = \begin{cases} -|x| & \text{si } x \leq 1 \\ 2x & \text{si } x > 1 \end{cases}$

9. $f(x) = |x - 4|$

10. $g(x) = |4 - x|$

11. $f(x) = |3 - 4x|$

12. $g(x) = -|x|$

13. $y = -|x - 1|$

14. $f(x) = |x| - 2$

15. $y = |x| + 3$

16. $|x| + |y| = 1$. (*Sugerencia*: ésta no es la gráfica de una función, pero está formada por cuatro segmentos de línea recta. Encuéntrelos usando la definición de valor absoluto en estos cuatro casos: $x \geq 0$ y $y \geq 0$; $x \geq 0$ y $y < 0$; $x < 0$ y $y \geq 0$; $x < 0$ y $y < 0$.)

Trace la gráfica de cada una de las siguientes funciones (véanse los ejemplos 7 y 8).

17. $f(x) = [x - 3]$

18. $g(x) = [x + 2]$

19. $g(x) = [-x]$

20. $f(x) = -[x]$

21. $f(x) = [x] + [-x]$ (La gráfica contiene segmentos horizontales, pero *no* es una recta horizontal.)

22. Suponga que el precio de las estampillas de correo es de 32¢ para la primera onza, más 23¢ por cada onza adicional y que cada carta lleva una estampilla de 32¢ y tantas estampillas de 23¢ como sea necesario. Trace la gráfica de la *función estampilla de correo* cuya regla es

$p(x) =$ número de estampillas en una carta que pesa x onzas.

Trace la gráfica de cada función (véanse los ejemplos 9 y 10).

23. $f(x) = 3 - 2x^2$
24. $g(x) = 2 - x^2$
25. $h(x) = x^3/10 + 2$
26. $f(x) = x^3/20 - 3$
27. $g(x) = \sqrt{-x}$
28. $h(x) = \sqrt{x} - 1$
29. $f(x) = \sqrt[3]{x}$
30. $g(x) = \sqrt[3]{x - 4}$

¿Cuáles de las siguientes son gráficas de funciones? (véase el ejemplo 11).

31.

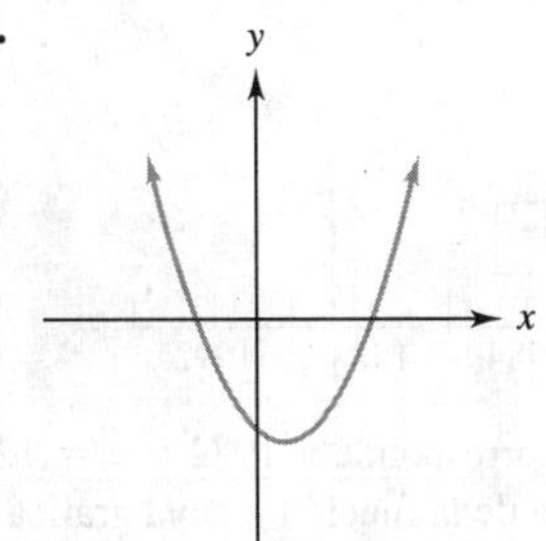

32.

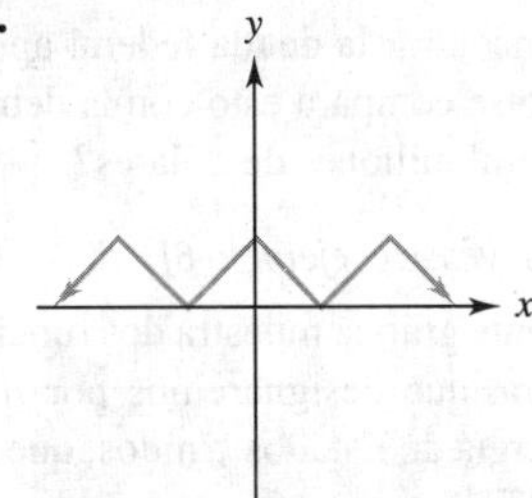

33.

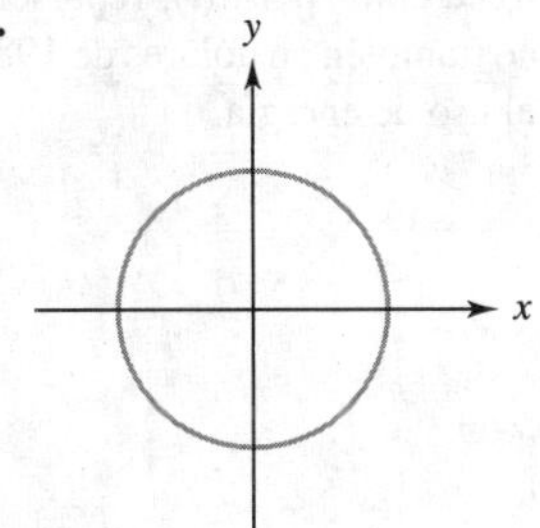

34.

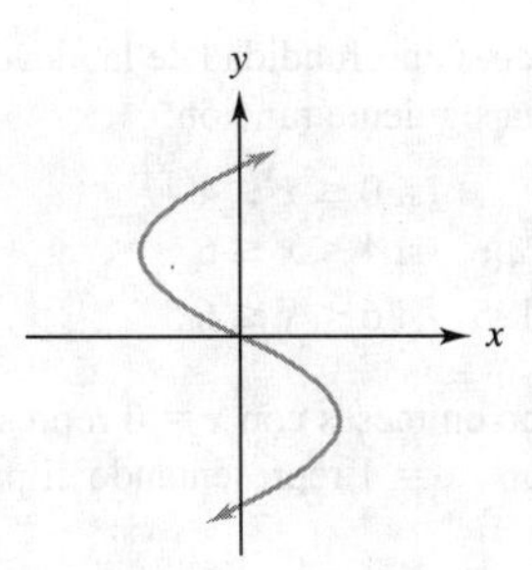

35.

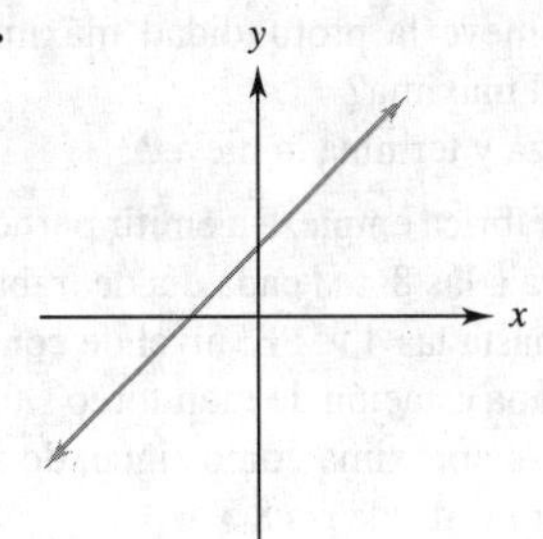

36.

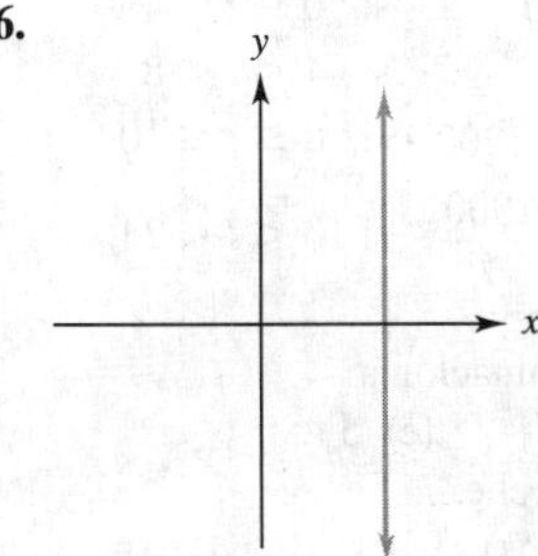

Resuelva los siguientes problemas (véanse los ejemplos 2-5).

37. **Ciencias sociales** El costo por cuidados de salud en Estados Unidos, como porcentaje del producto nacional bruto entre 1960 y 1992, está dado por

$$y = \begin{cases} .22x + 5.5 & \text{para 1960 a 1985} \\ .29x + 3.75 & \text{para 1985 a 1992.} \end{cases}$$

Haga la gráfica de esta función si $x = 0$ representa 1960. ¿Qué sugiere la gráfica respecto al costo de los cuidados por salud?

38. **Ciencias sociales** Los impuestos personales en Estados Unidos entre 1960 y 1990 son aproximados por

$$f(x) = \begin{cases} 7.9x + 50.4 & \text{de 1960 a 1975} \\ 35.4x - 361.6 & \text{de 1975 a 1990.} \end{cases}$$

Trace la gráfica de la función si $x = 0$ representa 1960. ¿Qué sucedió a los impuestos personales en 1975?

39. **Ciencias naturales** La profundidad de la nieve en el parque nacional Isle Royale en Michigan varía a lo largo del in-

vierno. En un invierno típico, la profundidad de la nieve en pulgadas se aproxima por la siguiente función.

$$f(x) = \begin{cases} 6.5x & \text{si } 0 \leq x \leq 4 \\ -5.5x + 48 & \text{si } 4 < x \leq 6 \\ -30x + 195 & \text{si } 6 < x \leq 6.5 \end{cases}$$

Aquí, x representa el tiempo en meses con $x = 0$ representando el principio de octubre, $x = 1$ representando el principio de noviembre, etc.

(a) Trace la gráfica de $f(x)$.
(b) ¿En qué mes tiene la nieve la profundidad máxima? ¿Cuál es la profundidad máxima?
(c) ¿En qué meses comienza y termina la nieve?

40. Ciencias naturales Una fábrica empieza a emitir partículas de materia a la atmósfera a las 8 A.M cada día de trabajo y las emisiones continúan hasta las 4 P.M El nivel de contaminantes $P(t)$, medido por una estación de monitoreo situada a 1/2 milla de distancia se aproxima como sigue, donde t representa el número de horas desde las 8 A.M.

$$P(t) = \begin{cases} 75t + 100 & \text{si } 0 \leq t \leq 4 \\ 400 & \text{si } 4 < t < 8 \\ -100t + 1200 & \text{si } 8 \leq t \leq 10 \\ -\dfrac{50}{7}t + \dfrac{1900}{7} & \text{si } 10 < t < 24 \end{cases}$$

Encuentre el nivel de contaminación a
(a) 9 A.M. **(b)** 11 A.M. **(c)** 5 P.M.
(d) 7 P.M. **(e)** Media noche.
(f) Trace la gráfica de $y = P(t)$.
(g) De la gráfica en el inciso (f), ¿a qué hora se tiene el nivel de contaminación más alto?, ¿a qué hora se tiene el más bajo?

41. Ciencias naturales La tabla muestra el porcentaje de bebés nacidos por operación cesárea en 1970, 1980 y 1990.*

Año	*Porcentaje*
1970	5%
1980	17%
1990	23%

(a) Considere que $x = 0$ corresponde a 1970 y $x = 20$ a 1990. Encuentre la regla de una función f lineal por tramos que modele estos datos, es decir, una función lineal por tramos con $f(0) = 0.05$, $f(10) = 0.17$ y $f(20) = 0.23$.
(b) Trace la gráfica de la función f cuando $0 \leq x \leq 20$.
(c) Use la función f para estimar el porcentaje de operaciones cesáreas en 1975 y en 1982.

42. Administración La siguiente gráfica (del Ministerio de administración y presupuesto) muestra la deuda federal total de 1982 a 1994 (en miles de millones de dólares). Advierta que el segmento de recta que une los puntos extremos de esta gráfica lineal por tramos es una muy buena aproximación de la gráfica.

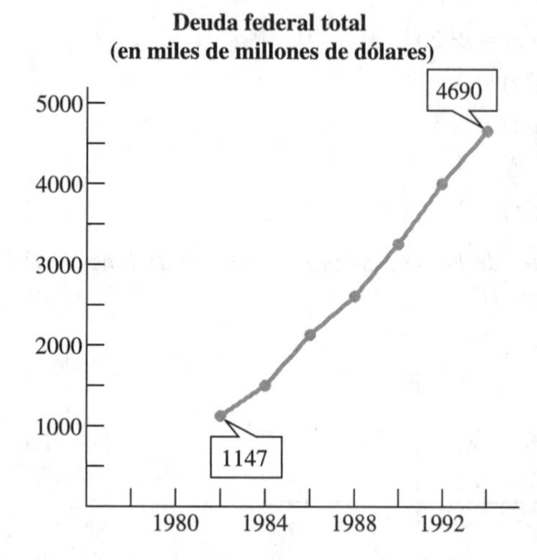

(a) Considere que $x = 0$ corresponde a 1982 y $x = 12$ a 1994. Encuentre la regla de la función g cuya gráfica es la recta que aproxima la gráfica de la deuda federal cuando $0 \leq x \leq 12$.
(b) Use la función g para encontrar la deuda federal aproximada en 1990. ¿Cómo se compara esto con la deuda real de ese año de 3190 mil millones de dólares?

Resuelva los siguientes problemas (véase el ejemplo 6).

43. Administración La siguiente gráfica muestra dos funciones del tiempo.* La primera, que designaremos por $I(t)$, muestra la intensidad de energía de Estados Unidos, que se define como los miles de BTU de energía consumida por dólar del Producto Nacional Bruto en el año t (en dólares de 1982). La segunda, que designaremos por $S(t)$, representa los ahorros nacionales por año (también en dólares de 1982) debido a un decremento en el uso de energía.

*Teutsch, S. y R. Churchill, *Principles and Practice of Public Health Surveillance*, Nueva York, Oxford University Press, 1994.

*Gráfica "Energy Use Down, Savings Up" de "The Greenhouse Effect" de Union of Concerned Scientists. Reimpreso con autorización.

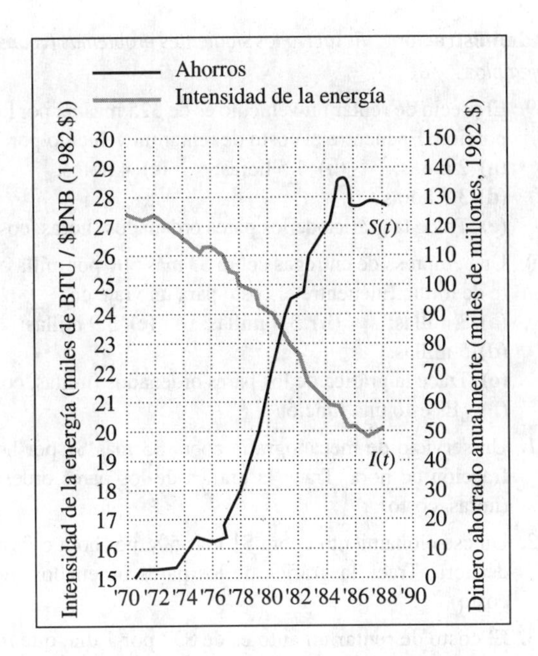

(a) Encuentre $I(1976)$. **(b)** Encuentre $S(1984)$.

(c) Encuentre $I(t)$ y $S(t)$ en el tiempo en que las dos gráficas se cruzan. ¿En qué año ocurre esto?

(d) ¿Qué significado tiene, si es el caso, el punto donde las dos gráficas se cruzan?

44. Administración Una empresa que renta sierras de cadena cobra $7 por día o fracción por rentar una sierra, más un cargo fijo de $4 por volver a afilar la hoja. Sea $S(x)$ el costo de rentar una sierra durante x días. Encuentre cada una de las siguientes cantidades.

(a) $S\left(\frac{1}{2}\right)$ **(b)** $S(1)$ **(c)** $S\left(1\frac{1}{4}\right)$ **(d)** $S\left(3\frac{1}{2}\right)$

(e) ¿Cuánto cuesta rentar una sierra durante $4\frac{9}{10}$ días?

(f) Se muestra una porción de la gráfica de $y = S(x)$. Explique cómo podría continuarse la gráfica.

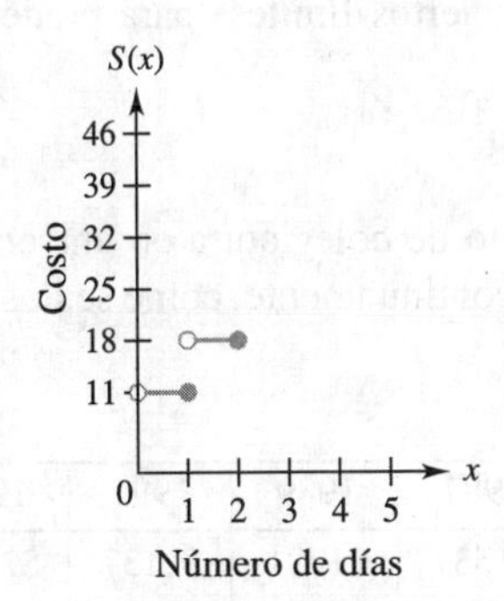

(g) ¿Cuál es la variable del dominio?

(h) ¿Cuál es la variable del rango?

(i) Escriba una o dos oraciones explicando qué representan el inciso (c) y su respuesta.

(j) Hemos dejado $x = 0$ fuera de la gráfica. Explique por qué debe o no ser incluida. Si fuese incluida, ¿cómo definiría usted $S(0)$?

45. Ciencias naturales La siguiente tabla da estimaciones del porcentaje de cambio de ozono desde 1985 para varios años en el futuro, si la producción de clorofluorocarbono se reduce 80% en todo el mundo.

Año	*Porcentaje*
1985	0
2005	1.5
2025	3
2065	4
2085	5

(a) Marque estos pares ordenados en una gráfica.

(b) Los puntos del inciso (a) deben encontrarse aproximadamente sobre una línea recta. Use los pares (2005, 1.5) y (2085, 5) para escribir una ecuación de la recta.

(c) Si $f(x)$ representa el cambio de porcentaje de ozono y x representa el año, escriba su ecuación del inciso (b) como una regla que defina una función.

(d) Encuentre $f(2065)$. ¿Concuerda bastante bien este valor con el número en la tabla que corresponde a 2065? ¿Cree que la expresión del inciso (c) describe adecuadamente esta función?

46. Administración La siguiente gráfica, basada en datos dados en la revista *Business Week*, muestra el número de aviones con teléfonos celulares desde 1984.*

(a) ¿Es ésta la gráfica de una función?

(b) ¿Qué representa el dominio?

(c) Estime el rango.

*"Airfones Everywhere" reimpreso de la edición del 15 de febrero de 1990 de *Business Week* con autorización especial; copyright © 1990 por McGraw-Hill, Inc.

47. Ciencias naturales Un cultivo de laboratorio contiene aproximadamente un millón de bacterias a media noche. El cultivo crece muy rápidamente hasta medio día; es entonces que se introduce un bactericida y la población de bacterias se abate. Hacia las 4 P.M., las bacterias se han adaptado al bactericida y la población del cultivo crece lentamente hasta las 9 P.M.; a esa hora el personal de limpieza destruye accidentalmente el cultivo. Llame $g(t)$ la población de bacterias en el tiempo t (con $t = 0$ correspondiendo a la media noche) y dibuje una gráfica razonable de la función g. (Son posibles muchas respuestas correctas.)

48. Administración Un avión vuela 1200 millas de Austin, Texas a Cleveland, Ohio. Sea f la función cuya regla es:

$f(t)$ = distancia (en millas) desde Austin en el tiempo t horas,

con $t = 0$ correspondiendo al despegue a las 4 P.M. En cada uno de los siguientes incisos, dibuje una gráfica razonable de f bajo las circunstancias indicadas. (Hay varias respuestas correctas para cada parte.)

(a) El vuelo es sin escalas y se lleva entre 3.5 y 4 horas.

(b) El mal tiempo obliga al avión a aterrizar en Dallas (aproximadamente a 200 millas de Austin) a las 5 P.M., pasar ahí la noche, partir de nuevo a las 8 A.M. de la siguiente mañana y continuar el vuelo sin escalas a Cleveland.

(c) El avión vuela sin escalas, pero debido al pesado tránsito debe mantenerse volando sobre Cincinnati (aproximadamente a 200 millas de Cleveland) durante una hora y luego continuar el vuelo a Cleveland.

Administración *Resuelva los siguientes problemas (véanse los ejemplos 7 y 8).*

49. El precio de rentar un vehículo es de \$25 más \$2 por hora o porción. Encuentre el costo de rentar un vehículo por
(a) 2 horas; **(b)** 1.5 horas; **(c)** 4 horas;
(d) 3.7 horas.
(e) Trace la gráfica de los pares ordenados (horas, costo).

50. Una empresa de entregas cobra \$3 más 50¢ por milla o parte de milla. Encuentre el costo para un viaje de
(a) 3 millas; **(b)** 3.4 millas; **(c)** 3.9 millas;
(d) 5 millas.
(e) Trace la gráfica de los pares ordenados (millas, costo).
(f) ¿Es esto una función?

51. Un servicio de mecanografía cobra \$3 más \$7 por hora o fracción de hora. Trace la gráfica de los pares ordenados (horas, costo).

52. Un estacionamiento cobra \$1 más 50¢ por hora o fracción de hora. Trace la gráfica de los pares ordenados (horas, costo).

53. El costo de rentar un auto es de \$37 por 1 día, que incluye 50 millas libres. Cada 25 millas adicionales, o parte de ellas, cuesta \$10. Trace la gráfica de los pares ordenados (millas, costo).

54. La renta de una grúa por no más de 3 días cuesta \$300. Se cargan \$75 adicionales por cada día o parte de un día después del tercer día. Trace la gráfica de los pares ordenados (días, costo).

3.3 APLICACIONES DE LAS FUNCIONES LINEALES

En esta sección, las funciones lineales se aplican a diversas situaciones reales. Uno de los casos más comunes es cuando se usan datos discretos para construir una función lineal que aproxima los datos. Tal función proporciona un **modelo lineal** de la situación, que puede usarse (dentro de ciertos límites) para predecir el comportamiento futuro.

EJEMPLO 1 El costo anual promedio de colegiatura en universidades públicas con planes de cuatro años se ha elevado continuamente, como se ilustra en la siguiente tabla.

Año	1981	1983	1985	1987	1989	1991	1993	1995
Costo	\$909	\$1148	\$1318	\$1537	\$1781	\$2137	\$2527	\$2686

(a) Muestre esta información en forma gráfica.

Considere que $x = 0$ representa 1980, $x = 1$ representa 1981, etc. Marque entonces los puntos dados por la tabla: (1, 909), (3, 1148), (5, 1318), etc. (figura 3.15).

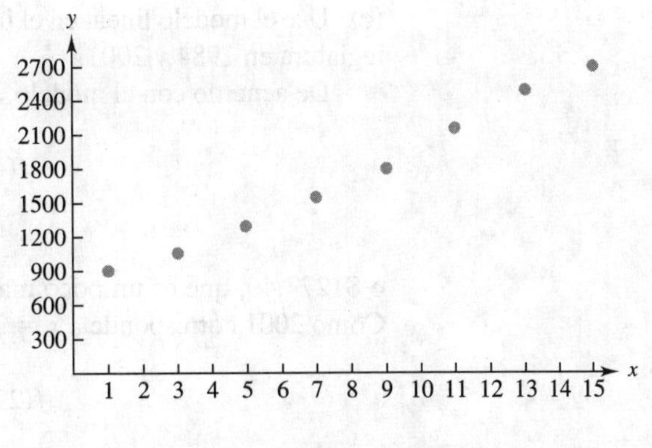

FIGURA 3.15

(b) Los puntos en la figura 3.15 no se encuentran sobre una recta, pero se acercan bastante a una. Encuentre un modelo lineal para esos datos.

Existen varios métodos para encontrar una recta de "mejor ajuste" para los datos. Usaremos un enfoque simple. Escoja dos de los puntos en la figura 3.15, digamos (1, 909) y (11, 2137) y dibuje la recta que determinan. Todos los puntos dato se encuentran razonablemente cerca de esta recta (figura 3.16).

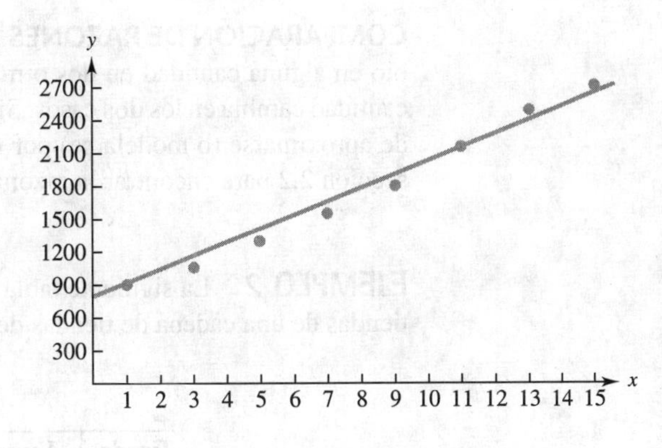

FIGURA 3.16

La recta que pasa por (1, 909) y (11, 2137) tiene pendiente

$$\frac{y_2 - y_1}{x_2 - x_1} = \frac{2137 - 909}{11 - 1} = \frac{1228}{10} = 122.8.$$

Su ecuación puede encontrarse mediante la forma punto-pendiente (véase la sección 2.2).

$$y - y_1 = m(x - x_1)$$
$$y - 909 = 122.8(x - 1)$$
$$y = 122.8x + 786.2$$

Por lo tanto, la función $f(x) = 122.8x + 786.2$ proporciona un modelo lineal de la situación.

(c) Use el modelo lineal en el inciso (b) para estimar el costo anual promedio de colegiatura en 1984 y 2001.

De acuerdo con el modelo, el costo promedio en 1984 (es decir, $x = 4$) fue

$$f(4) = 122.8(4) + 786.2$$
$$= 1277.4$$

o \$1277.40, que es un poco mayor que el costo verdadero de \$1228 para ese año. Como 2001 corresponde a $x = 21$, el costo promedio en 2001 está dado por

$$f(21) = 122.8(21) + 786.2$$
$$= \$3365. \quad \blacksquare$$

PRECAUCIÓN Un modelo lineal no tiene que ser exacto para todos los valores de x. Por ejemplo, el modelo en el ejemplo 1 sugiere que el costo promedio en 1970 (correspondiente a $x = -10$) es el número negativo $f(-10) = -441.8$, que claramente no tiene sentido. Del mismo modo, este modelo tal vez no pronostica adecuadamente los costos en un futuro lejano. ◆

COMPARACIÓN DE RAZONES DE CAMBIO Una manera de comparar el cambio en alguna cantidad en dos o más situaciones es comparar las razones en que la cantidad cambia en los dos casos. Si el incremento o decremento en una cantidad puede aproximarse (o modelarse) por una función lineal, podemos usar el trabajo de la sección 2.2 para encontrar la razón del cambio de cantidad con respecto al tiempo.

EJEMPLO 2 La siguiente tabla muestra las ventas en dos años diferentes en dos tiendas de una cadena de tiendas de descuento.

Tienda	*Ventas en 1992*	*Ventas en 1995*
A	\$100,000	\$160,000
B	50,000	140,000

Un estudio de los libros de la empresa sugiere que las ventas de ambas tiendas han crecido linealmente (es decir, las ventas pueden aproximarse por una función lineal con bastante precisión). Encuentre una ecuación lineal que describa las ventas de la tienda A.

Para encontrar una ecuación lineal que describa las ventas, considere que $x = 0$ representa 1992, por lo que 1995 corresponde a $x = 3$. Entonces, por la tabla anterior, la recta que representa las ventas de la tienda A pasa por los puntos (0, 100000) y (3, 160000). La pendiente de la recta que pasa por esos puntos es

$$\frac{160{,}000 - 100{,}000}{3 - 0} = 20{,}000.$$

[1] Encuentre una ecuación lineal que describa las ventas de la tienda B del ejemplo 2.

Respuesta:
$y = 30{,}000x + 50{,}000$

Usando la forma punto-pendiente de la ecuación de una recta, resulta

$$y - 100{,}000 = 20{,}000(x - 0)$$
$$y = 20{,}000x + 100{,}000$$

como ecuación que describe las ventas de la tienda A. ■ [1]

RAZÓN DE CAMBIO PROMEDIO Advierta que las ventas de la tienda A en el ejemplo 2 crecieron de \$100,000 a \$160,000 en el periodo de 1992 a 1995, representando un incremento total de \$60,000 en 3 años.

$$\text{Razón de cambio promedio en ventas} = \frac{\$60{,}000}{3} = \$20{,}000 \text{ por año}$$

Ésta es la misma que la pendiente encontrada en el ejemplo 2. Verifique que la razón de cambio promedio anual en ventas para la tienda B en el periodo de 3 años también concuerda con la pendiente de la ecuación encontrada en el problema 1 en el margen. La gerencia necesita observar muy de cerca la razón de cambio en ventas para estar consciente de cualquier tendencia desfavorable. Si la razón de cambio es decreciente, entonces el crecimiento de las ventas está disminuyendo y esta tendencia puede requerir de alguna respuesta.

El ejemplo 2 ilustra un hecho útil acerca de las funciones lineales. Si $f(x) = mx + b$ es una función *lineal*, entonces la **razón de cambio promedio** de y con respecto a x (el cambio en y dividido entre el cambio correspondiente en x) es la pendiente de la recta $y = mx + b$. En particular, la razón de cambio promedio de una función lineal es constante. (Véanse los ejercicios 12 y 13 de esta sección para ejemplos de funciones donde la razón de cambio promedio no es constante.)

[2] Un nuevo medicamento para el colesterol está relacionado con el nivel de colesterol en la sangre mediante el modelo lineal

$$y = 280 - 3x,$$

donde x es la dosis del medicamento (en gramos) y y es el nivel de colesterol en la sangre.

(a) Encuentre el nivel de colesterol en la sangre si se administran 12 gramos del medicamento.

(b) En general, ¿qué cambio en el nivel de colesterol en la sangre causa un incremento de 1 gramo en la dosis?

Respuestas:
(a) 244
(b) Un decremento de 3 unidades

EJEMPLO 3 Los costos de los gastos médicos de una familia promedio en dólares y en el intervalo de 10 años de la década de 1990 se espera que crezcan cada año de acuerdo con

$$y = 510x + 4300,$$

donde x es el número de años desde 1990. Según esta estimación, ¿cuánto costaron los cuidados médicos de una familia promedio en 1996? ¿Cuál es la razón de crecimiento promedio?

Haga $x = 1996 - 1990 = 6$. Los costos de salud fueron

$$y = 510(6) + 4300 = 7360 \quad \text{o} \quad \$7360.$$

La razón de crecimiento promedio del costo se da por la pendiente de la recta. La pendiente es 510, por lo que este modelo indica que los costos de cada año se incrementarán \$510. ■ [2]

ANÁLISIS DE COSTO El costo de fabricar un artículo consta comúnmente de dos partes. La primera es un **costo fijo** para diseñar el producto, erigir una fábrica, capacitar a los trabajadores, etc. Dentro de amplios límites, el costo fijo es constante para un producto particular y no cambia cuando se fabrican más artículos. La segunda parte es un *costo por artículo* por trabajo, materiales, empaque, envío, etc. El valor total de este segundo costo *depende* del número de artículos fabricados.

EJEMPLO 4 Suponga que el costo de producir radios-reloj puede aproximarse mediante el modelo lineal

$$C(x) = 12x + 100,$$

donde $C(x)$ es el costo en dólares para producir x radios. El costo de producir 0 radios es

$$C(0) = 12(0) + 100 = 100,$$

o \$100. Esta cantidad, \$100, es el costo fijo.

Una vez que la empresa ha invertido el costo fijo en el proyecto de los radios-reloj, ¿cuál es el costo adicional por radio? Para encontrarlo, encuentre primero el costo de un total de 5 radios:

$$C(5) = 12(5) + 100 = 160,$$

o \$160. El costo de 6 radios es

$$C(6) = 12(6) + 100 = 172,$$

o \$172. Producir el sexto radio cuesta \$172 − \$160 = \$12. De la misma manera, producir el radio número 81 cuesta $C(81) - C(80) = \$1072 - \$1060 = \$12$. De hecho producir el radio $(n + 1)$ cuesta

$$C(n + 1) - C(n) = [12(n + 1) + 100] - [12n + 100] = 12,$$

o \$12. Como producir cada radio adicional cuesta \$12, ése es el costo variable por radio. El número 12 es también la pendiente de la función costo, $C(x) = 12x + 100$. ■

3 El costo en dólares de producir x kilogramos de dulce de chocolate está dado por $C(x)$, donde

$$C(x) = 3.5x + 800.$$

Encuentre lo siguiente.

(a) El costo fijo

(b) El costo total de 12 kilogramos

(c) El costo marginal por kilogramo

(d) El costo marginal del kilogramo 40

Respuestas:

(a) \$800

(b) \$842

(c) \$3.50

(d) \$3.50

El ejemplo 4 puede generalizarse fácilmente. Suponga que el costo total de fabricar x artículos se da por la función lineal de costo $C(x) = mx + b$. Entonces el costo fijo (el costo que ocurre aún si ningún artículo es producido) se encuentra haciendo $x = 0$.

$$C(0) = m \cdot 0 + b = b$$

Así entonces, el costo fijo es la intersección de la función costo con el eje y.

En economía, el **costo marginal** es la razón de cambio del costo. El costo marginal es importante en la administración al tomar decisiones en áreas como control de costos, fijación de precios y planeación de la producción. Si la función costo es $C(x) = mx + b$, entonces su gráfica es una recta con pendiente m. Como la pendiente representa la razón de cambio promedio, el costo marginal es el número m. 3

En el ejemplo 4, el costo marginal (pendiente) fue también el costo de producir un radio más. Mostrâmos ahora que lo mismo es cierto para cualquier función de costo lineal $C(x) = mx + b$. Si se han producido n artículos, el costo del $(n + 1)$ésimo artículo es la diferencia entre el costo de producir $n + 1$ artículos y el costo de producir n artículos, es decir, $C(n + 1) - C(n)$. Como $C(x) = mx + b$,

$$\begin{aligned}\text{Costo de un artículo más} &= C(n + 1) - C(n)\\ &= [m(n + 1) + b] - [mn + b]\\ &= mn + m + b - mn - b = m\\ &= \text{costo marginal.}\end{aligned}$$

Este análisis se resume como sigue.

En una **función de costo lineal** $C(x) = mx + b$, m representa el costo marginal y b es el costo fijo. El costo marginal es el costo de producir un artículo más.

Inversamente, si el costo fijo es b y el costo marginal es siempre la misma constante m, entonces la función de costo por producir x artículos es $C(x) = mx + b$.

EJEMPLO 5 El costo marginal de producir un medicamento es de \$10 por unidad, mientras que el costo de producir 100 unidades es de \$1500. Encuentre la función de costo $C(x)$, suponiendo que es lineal.

Como la función de costo es lineal, puede escribirse en la forma $C(x) = mx + b$. El costo marginal es de \$10 por unidad, lo que da el valor de m; entonces $C(x) = 10x + b$. Para encontrar b, use el hecho de que el costo de producir 100 unidades del medicamento es de \$1500, o $C(100) = 1500$. Sustituyendo $x = 100$ y $C(x) = 1500$ en $C(x) = 10x + b$, se obtiene

$$\begin{aligned} C(x) &= 10x + b \\ 1500 &= 10(100) + b \\ 1500 &= 1000 + b \\ 500 &= b. \end{aligned}$$

La función de costo es $C(x) = 10x + 500$, donde el costo fijo es \$500. ■ 4

4 El costo total de producir 10 unidades de una calculadora es de \$100. El costo marginal por calculadora es \$4. Encuentre la función de costo, $C(x)$, si es lineal.

Respuesta:
$C(x) = 4x + 60$

Si $C(x)$ es costo total de fabricar x artículos, entonces el **costo promedio** por artículo está dado por

$$\overline{C}(x) = \frac{C(x)}{x}.$$

En el ejemplo 4, el costo promedio por radio-reloj es

$$\overline{C}(x) = \frac{C(x)}{x} = \frac{12x + 100}{x} = 12 + \frac{100}{x}.$$

Observe lo que sucede al término $100/x$ cuando x se vuelve mayor.

$$\overline{C}(100) = 12 + \frac{100}{100} = 12 + 1 = \$13$$

$$\overline{C}(500) = 12 + \frac{100}{500} = 12 + \frac{1}{5} = \$12.20$$

$$\overline{C}(1000) = 12 + \frac{100}{1000} = 12 + \frac{1}{10} = \$12.10$$

Entre más artículos se producen, $100/x$ se vuelve menor y el costo promedio por artículo decrece. Sin embargo, el costo promedio nunca es menor que \$12.

EJEMPLO 6 Encuentre el costo promedio por unidad al producir 50 unidades y 500 unidades del medicamento en el ejemplo 5.

La función de costo del ejemplo 5 es $C(x) = 10x + 500$, por lo que el costo promedio por unidad es

$$\overline{C}(x) = \frac{C(x)}{x} = \frac{10x + 500}{x} = 10 + \frac{500}{x}.$$

Si se producen 50 unidades del medicamento, el costo promedio es

$$\overline{C}(50) = 10 + \frac{500}{50} = 20,$$

o \$20 por unidad. Producir 500 unidades del medicamento conduce a un costo promedio de

$$\overline{C}(500) = 10 + \frac{500}{500} = 11,$$

o \$11 por unidad. ■ 5

5 En el problema 4, en el margen, encuentre el costo promedio por calculadora para fabricar 100 calculadoras.

Respuesta:
\$4.60

3.3 EJERCICIOS

1. **Ciencias sociales** El número de niños en Estados Unidos entre 5 y 13 años de edad decreció de 31.2 millones en 1980 a 30.3 millones en 1986.
   (a) Escriba una función lineal que describa esta población y en términos del año x para el periodo dado.
   (b) ¿Cuál fue la razón de cambio promedio en esta población en el periodo de 1980 a 1986?

2. **Ciencias sociales** De acuerdo con el U.S. Census Bureau, el ingreso de nivel de pobreza para una familia de cuatro fue de \$5500 en 1975, \$8414 en 1980 y de \$13,359 en 1990.
   (a) Considere que $x = 0$ corresponde a 1975 y use los puntos (0, 5500) y (15, 13359) para encontrar un modelo lineal para esos datos.
   (b) Compare el nivel de pobreza dado por el modelo para 1985 con el nivel real de \$10,989. ¿Qué tan adecuado es el modelo?
   (c) ¿Qué tan exacto es el nivel que da el modelo para 1970, cuando el nivel real de pobreza fue de \$3968?
   (d) De acuerdo con este modelo, ¿cuál será el ingreso de nivel de pobreza en el año 2000?

3. **Física** La siguiente tabla da las distancias (en megaparsecs) y velocidades (en km/s) de cuatro galaxias que se alejan rápidamente de la Tierra.*

Galaxia	*Distancia*	*Velocidad*
Virgo	15	1600
Osa Menor	200	15,000
Corona Boreal	290	24,000
Boyero	520	40,000

   (a) Marque los datos usando distancia para los valores x y velocidad para los valores y. ¿Qué tipo de relación parece tenerse para esos datos?
   (b) Use los puntos (0, 0) y (520, 40000) para encontrar una función lineal de la forma $f(x) = mx$ que modele esos datos.
   (c) La galaxia Hidra tiene una velocidad de 60,000 km/s. ¿Qué tan lejos está?
   (d) La constante m en la regla de la función se llama **constante de Hubble.** La constante de Hubble puede usarse para estimar la edad del universo A (en años), con la fórmula

$$A = \frac{9.5 \times 10^{11}}{m}.$$

   Aproxime A usando el valor que usted tiene de m.

4. **Ciencias sociales** La siguiente tabla da el costo anual promedio (en dólares) de colegiatura en universidades privadas con planes de cuatro años, para años seleccionados.*

*Acker, A. y C. Jaschek, *Astronomical Methods and Calculations*, John Wiley & Sons, 1986. Karttunen, H. (editor), *Fundamental Astronomy*, Springer-Verlag, 1994.

*The College Board.

Año	*Colegiatura*
1981	4,113
1983	5,093
1985	6,121
1987	7,116
1989	8,446
1991	10,017
1993	11,025

Considere que $x = 1$ corresponde a 1981 y sea $f(x)$ la colegiatura en el año x.

(a) Determine una función lineal $f(x) = mx + b$ que modele los datos, usando los puntos (1, 4113) y (13, 11025).

(b) Trace la gráfica de f y los datos sobre los mismos ejes coordenados.

(c) ¿Qué indica la pendiente de la gráfica de f?

(d) Use esta función para aproximar la colegiatura en el año 1990. Compárela con el valor verdadero de $9340.

5. Ciencias naturales En un estudio de pacientes HIV que se infectaron por el uso de drogas intravenosas, se encontró que después de cuatro años, 17% de los pacientes tenían SIDA y que después de siete años, 33% lo tenían.*

(a) Use los puntos (4, 0.17) y (7, 0.33) para encontrar una función lineal que modele la relación entre el intervalo de tiempo y el porcentaje de pacientes con SIDA.

(b) Pronostique el número de años hasta que la mitad de esos pacientes tengan SIDA.

6. Administración La tabla da la deuda federal total (en miles de millones de dólares) entre 1985 y 1989.†

Año	*Deuda federal*
1985	1.828
1986	2.130
1987	2.354
1988	2.615
1989	2.881

(a) Trace la gráfica de los datos considerando que $x = 0$ corresponde a 1985. Analice la tendencia de la deuda federal en este periodo.

(b) Encuentre una función lineal $f(x) = mx + b$ que aproxime los datos, usando los puntos (0, 1828) y (4, 2881). ¿Qué representa la pendiente de la gráfica de f?

(c) Use f para predecir la deuda federal en los años 1984 y 1990. Compare sus resultados a los valores reales de 1.577 y 3.191 billones de dólares.

(d) Use ahora f para predecir la deuda federal en los años 1980 y 1994. Compare sus resultados con los valores verdaderos de 914 mil millones y 4690 billones de dólares.

7. Ciencias naturales Para lograr el beneficio máximo para el corazón al hacer ejercicio, su pulso cardiaco (en pulsos por minuto) debe estar en la zona objetivo de pulso cardiaco. El límite inferior de esta zona se encuentra tomando el 70% de la diferencia entre 220 y su edad. El límite superior se encuentra usando el 85%.*

(a) Encuentre fórmulas para los límites superior e inferior ($u(x)$ y $l(x)$) como función de la edad x.

(b) ¿Cuál es la zona objetivo de pulso cardiaco para una persona de 20 años de edad?

(c) ¿Cuál es la zona blanco de pulso cardiaco para una persona de 40 años de edad?

(d) Dos mujeres en una clase de *aerobics* se detienen para tomar sus pulsos, y se sorprenden cuando encuentran que tienen el mismo pulso. Una mujer es 36 años mayor que la otra y está trabajando en el límite superior de su zona objetivo de pulso cardiaco. La mujer más joven está trabajando en el límite inferior de su zona objetivo. ¿Cuáles son las edades de las dos mujeres, y cuáles son sus pulsos?

(e) Corra durante 10 minutos, tome su pulso y vea si está en su zona objetivo de pulso cardiaco.

8. Administración Al decidir sobre abrir una nueva planta de fabricación, los analistas de la empresa han establecido que una función razonable para el costo total de producir x artículos es

$$C(x) = 500{,}000 + 4.75x.$$

(a) Encuentre el costo total de producir 100,000 artículos.

(b) Encuentre la razón de cambio del costo de los artículos por producirse en esta planta.

9. Administración Suponga que las ventas de una guitarra eléctrica satisfacen la relación

$$S(x) = 300x + 2000,$$

donde $S(x)$ representa el número de guitarras vendidas en el año x, con $x = 0$ correspondiente al año 1987.

Encuentre las ventas en cada uno de los siguientes años.

(a) 1987 **(b)** 1990 **(c)** 1991

(d) El fabricante necesitaba vender 4000 guitarras para el año 1996 a fin de pagar un préstamo. ¿Alcanzaron las ventas esa meta?

(e) Encuentre la razón de cambio anual de las ventas.

*Alcabes, P., A. Muñoz, D. Vlahov y G. Friedland, "Incubation Period of Human Immunodeficiency Virus", en *Epidemiologic Review*, vol. 15, No. 2, The Johns Hopkins University School of Hygiene and Public Health, 1993.

†U.S. Office of Management and Budget.

**The New York Times*, 17 de agosto de 1994, pág. B9.

10. Administración En los primeros años de la década de 1990, el Ministerio de Administración y Presupuesto hizo estimaciones para los futuros costos de medicina social (en miles de millones de dólares) que se muestran en la tabla.

Año	*Costos*
1995	157
1996	178
1997	194
1998	211
1999	229
2000	247

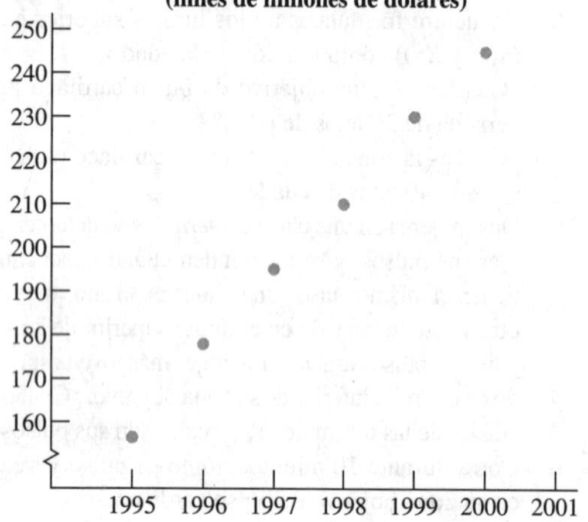

(a) La gráfica muestra que los datos son aproximadamente lineales. Use los datos de 1995 a 2000 para encontrar una función lineal $f(x)$ que aproxime el costo en el año x.

(b) De acuerdo con esta función f, ¿a qué razón están creciendo los costos? ¿Cómo se relaciona este número con la gráfica de la función?

11. Administración Las "superagencias" de autos usados que compiten en el mercado de autos usados con las agencias de autos nuevos son un fenómeno reciente.*

(a) La figura muestra el número total, en miles, de nuevos agentes de autos que venden autos usados. Describa qué dice la gráfica acerca del número de agentes que venden autos usados en este periodo. A partir de los datos en la figura, ¿cuál fue la razón de cambio promedio en agentes de 1990 a 1995?

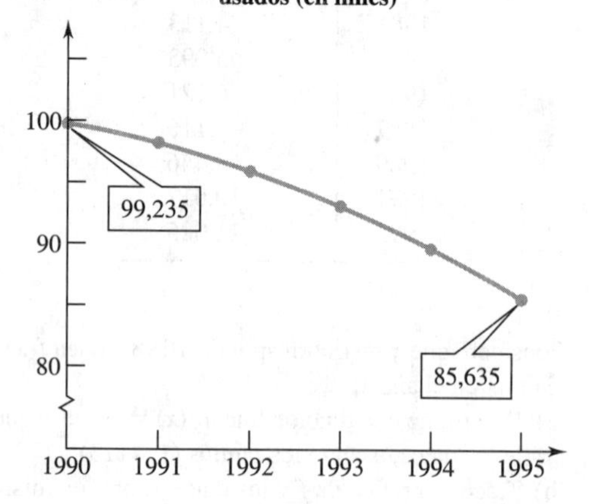

(b) La gráfica de ventas que muestra el número de vehículos usados (en millones) vendidos por "superagencias" de autos usados, es aproximadamente lineal, como se muestra en la figura. ¿Qué indica la pendiente de esta recta acerca de las ventas de esas "superagencias"?

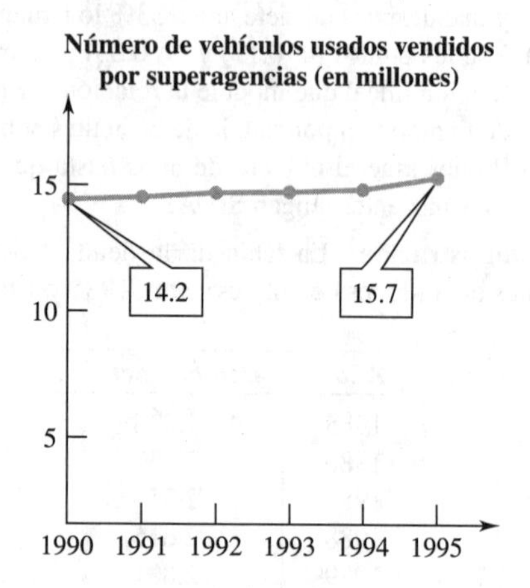

(c) Compare las gráficas de los incisos (a) y (b). Describa una posible relación entre el número de nuevos agentes que venden autos usados y el número de autos usados vendidos en "superagencias".

12. Administración La siguiente gráfica muestra las ventas totales y en miles de dólares de la distribución de x mil catálogos. Encuentre la razón de cambio promedio de ventas con respecto al número de catálogos distribuidos para los siguientes cambios en x.

(a) 10 a 20 **(b)** 10 a 40
(c) 20 a 30 **(d)** 30 a 40

*"A Revolution in Car Buying", en *Chicago Tribune*, 18 de febrero de 1996.

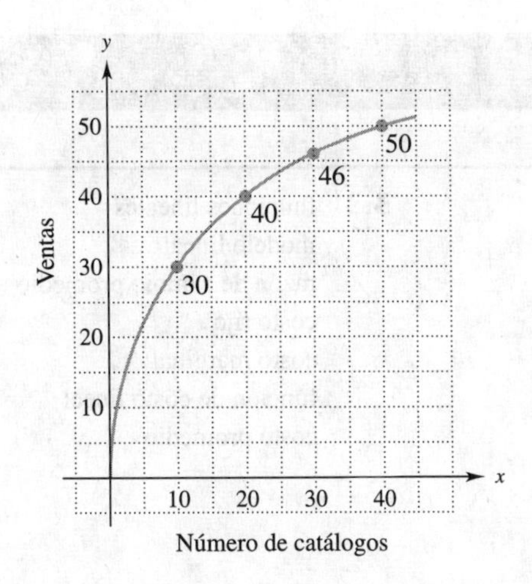

13. **Administración** La siguiente gráfica muestra las ventas anuales (en unidades) de un producto típico. Las ventas crecen primero lentamente hasta un pico, se mantienen constantes durante cierto tiempo y luego declinan cuando el artículo pasa de moda. Encuentre la razón de cambio promedio anual en las ventas para los siguientes cambios en años.
(a) 1 a 3 **(b)** 2 a 4 **(c)** 3 a 6
(d) 5 a 7 **(e)** 7 a 9 **(f)** 8 a 11
(g) 9 a 10 **(h)** 10 a 12

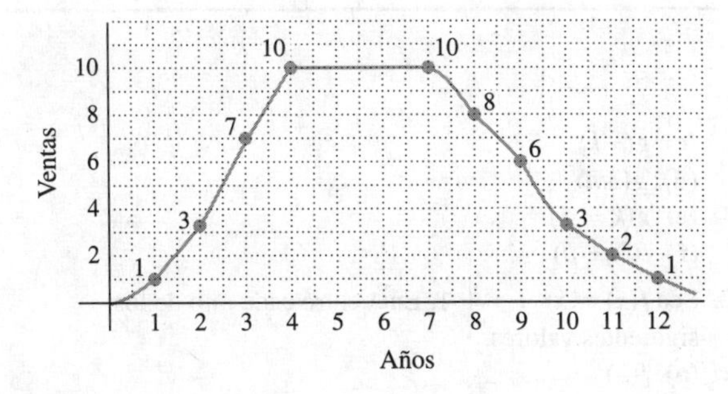

14. ¿Qué significan el costo marginal y el costo fijo de un producto?

Administración *Escriba una función de costo para cada uno de los siguientes casos. Identifique todas las variables usadas (véase el ejemplo 5).*

15. Una empresa que renta sierras de cadena cobra $12 más $1 por hora.
16. Un servicio de transporte que cobra $45 más $2 por milla.
17. Un estacionamiento que cobra 35¢ más 30¢ por media hora.
18. Por un 1 día de renta, una empresa cobra $14 más 6¢ por milla.

Administración *Suponga que cada uno de los siguientes casos puede expresarse como una función de costo lineal. Encuentre la función de costo apropiada en cada caso (véase el ejemplo 5).*

19. Costo fijo, $100; cuesta $1600 producir 50 artículos.
20. Costo fijo, $1000; cuesta $2000 producir 40 artículos.
21. Costo marginal, $120; cuesta $15,800 producir 100 artículos.
22. Costo marginal, $90; cuesta $16,000 producir 150 artículos.
23. **Administración** El costo total (en dólares) de producir x libros de álgebra es $C(x) = 5.25x + 40{,}000$.
(a) ¿Cuál es el costo marginal por libro?
(b) ¿Cuál es el costo total de producir 5000 libros?
24. **Administración** En el ejercicio 8, nos dieron la siguiente función para el costo total en dólares de producir x artículos.

$$C(x) = 500{,}000 + 4.75x$$

(a) Encuentre el costo marginal por artículo de los artículos por producirse en esta planta.
(b) Encuentre el costo promedio por artículo.

Administración *Suponga que cada uno de los siguientes casos puede expresarse como una función de costo lineal. Encuentre* (a) *la función de costo;* (b) *la función de ingreso.*

	Costo fijo	*Costo marginal por artículo*	*Artículo vendido a*
25.	$500	$10	$35
26.	$180	$11	$20
27.	$250	$18	$28
28.	$1500	$30	$80

29. **Administración** En la siguiente carta ganancia-volumen, EF y GH representan las gráficas ganancia-volumen de una empresa que fabrica un solo producto para los años 1989 y 1990, respectivamente.*

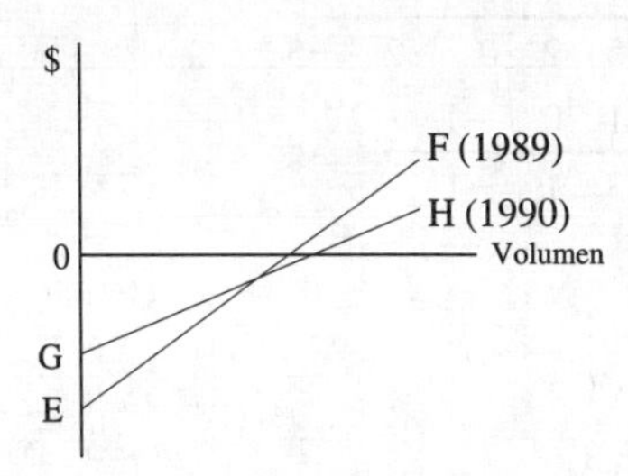

Si los precios de venta por unidad en 1989 y 1990 son idénticos, ¿cómo cambiaron los costos fijos totales y los costos variables por unidad en 1990 respecto a los de 1989?

	Costos fijos totales en 1990	*Costos variables por unidad en 1990*
(a)	Decremento	Incremento
(b)	Decremento	Decremento
(c)	Incremento	Incremento
(d)	Incremento	Decremento

*Uniform CPA Examination, mayo de 1991, American Institute of Certified Public Accountants.

CAPÍTULO 3 RESUMEN

Términos clave y símbolos

3.1 función
dominio
rango
notación funcional

3.2 gráfica
función lineal
funciones lineales por tramo
función de valor absoluto
función máximo entero
función escalón
prueba de la recta vertical

3.3 funciones lineales
modelo lineal
razón de cambio promedio
costo fijo
costo marginal
función de costo lineal
costo promedio

Conceptos clave

Una **función** consiste en un conjunto de números de entrada llamado el **dominio**, en un conjunto de números de salida llamado el **rango** y en una regla por la cual cada número en el dominio determina exactamente un número en el rango.

Si una recta vertical, interseca una gráfica en más de un punto, la gráfica no es la de una función.

Una **función de costo lineal** tiene la ecuación $C(x) = mx + b$ donde m es el **costo marginal** (el costo de producir un artículo más) y b es el **costo fijo**.

Capítulo 3 Ejercicios de repaso

¿Cuáles de las siguientes reglas define una función?

1.

x	3	2	1	0	1	2
y	8	5	2	0	−2	−5

2.

x	2	1	0	−1	−2
y	5	3	1	−1	−3

3. $y = \sqrt{x}$

4. $x = |y|$

5. $x = y^2 + 1$

6. $y = 5x - 2$

Para cada función, encuentre
(a) $f(6)$,
(b) $f(-2)$,
(c) $f(p)$,
(d) $f(r + 1)$.

7. $f(x) = 4x - 1$

8. $f(x) = 3 - 4x$

9. $f(x) = -x^2 + 2x - 4$

10. $f(x) = 8 - x - x^2$

11. Sea $f(x) = 5x - 3$ y $g(x) = -x^2 + 4x$. Encuentre cada uno de los siguientes valores.
(a) $f(-2)$
(b) $g(3)$
(c) $g(-k)$
(d) $g(3m)$
(e) $g(k - 5)$
(f) $f(3 - p)$

12. Sea $f(x) = x^2 + x + 1$. Encuentre cada uno de los siguientes valores.
(a) $f(3)$
(b) $f(1)$
(c) $f(4)$
(d) Con base en sus respuestas en los incisos (a), (b), (c), ¿es cierto que $f(a + b) = f(a) + f(b)$ para todos los números reales a y b?

Trace la gráfica de cada función.

13. $f(x) = |x| - 3$

14. $f(x) = -|x| - 2$

15. $f(x) = -|x + 1| + 3$

16. $f(x) = 2|x - 3| - 4$

17. $f(x) = [x - 3]$

18. $f(x) = \left[\frac{1}{2}x - 2\right]$

19. $f(x) = \begin{cases} -4x + 2 & \text{si } x \leq 1 \\ 3x - 5 & \text{si } x > 1 \end{cases}$

20. $f(x) = \begin{cases} 3x + 1 & \text{si } x < 2 \\ -x + 4 & \text{si } x \geq 2 \end{cases}$

21. $f(x) = \begin{cases} |x| & \text{si } x < 3 \\ 6 - x & \text{si } x \geq 3 \end{cases}$

22. $f(x) = \sqrt{x^2}$

23. $g(x) = x^2/8 - 3$

24. $h(x) = \sqrt{x} + 2$

Administración *En los ejercicios 25-28, encuentre lo siguiente.*
(a) *la función de costo lineal*
(b) *el costo marginal*
(c) *el costo promedio por unidad para producir 100 unidades*

25. Ocho unidades cuestan \$300; el costo fijo es \$60.

26. El costo fijo es \$2000; 36 unidades cuestan \$8480.

27. Doce unidades cuestan \$445; 50 unidades cuestan \$1585.

28. Treinta unidades cuestan \$1500; 120 unidades cuestan \$5640.

29. Administración La gráfica muestra el porcentaje de propietarios de autos extranjeros desde 1975. Estime la razón de cambio promedio en el porcentaje en los siguientes intervalos.
(a) 1975 a 1983 **(b)** 1983 a 1987
(c) 1975 a 1991 **(d)** 1987 a 1991

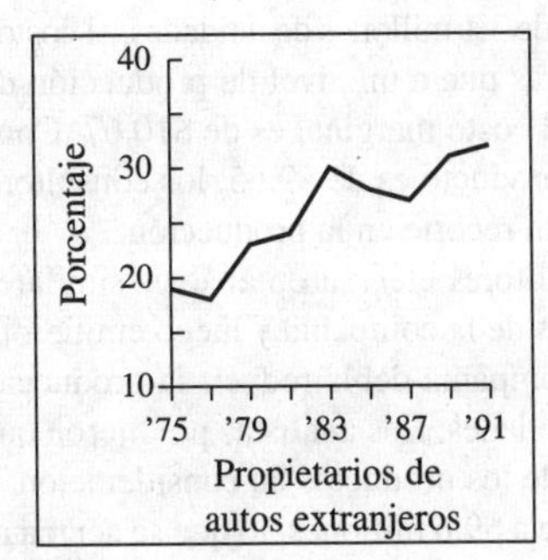

Propietarios de autos extranjeros

30. Administración Sea f una función que da el costo de rentar una pulidora de piso durante x horas. El costo de transporte es de \$3 por rentar la pulidora más \$4 por día o fracción de día por usar la pulidora.
(a) Trace la gráfica de f.
(b) Dé el dominio y rango de f.
(c) David Fleming quiere rentar una pulidora, pero no puede gastar más de \$15. ¿Cuántos días puede usarla como máximo?

31. Administración Un servicio de transporte cobra \$45 más \$2 por milla o parte de milla.
(a) ¿Es \$90 suficiente para un transporte de 20 millas?
(b) Trace la gráfica de los pares ordenados (millas, costo).
(c) Dé el dominio y el rango.

32. Ciencias sociales La tasa de nacimientos por mil en países en vías de desarrollo, para 1775-1977, puede aproximarse por

$$f(x) = \begin{cases} 42 & \text{de 1775 a 1925} \\ 67.5 - .17x & \text{de 1925 a 1977.} \end{cases}$$

Trace la gráfica de la función. Considere que $x = 0$ corresponde a 1775. ¿Qué sugiere la gráfica acerca de la tasa de nacimientos en países en vías de desarrollo?

33. Ciencias sociales El consumo per capita de carne roja en Estados Unidos ha decrecido de 131.7 libras en 1970 a 114.1 libras en 1992.* Suponga que una función lineal describe el decremento. Escriba una ecuación lineal que defina la función. Sea x el número de años desde 1900 y y el número de libras de carne roja consumida.

34. Ciencias sociales Más personas permanecen solteras por más tiempo en Estados Unidos. En 1970, el número de adultos que nunca se han casado, con edades de 18 y mayores, fue de 21.4 millones. En 1993, fue de 42.3 millones.† Suponga que los datos crecen linealmente y escriba una ecuación que defina una función lineal para los datos. Considere que x representa el número de años desde 1900.

35. Ciencias sociales La tasa de natalidad en Estados Unidos fue de 14.0 (por millar) en 1975 y de 16.7 en 1990.‡ Suponga que la tasa de natalidad cambia linealmente.
(a) Encuentre una ecuación para la tasa de natalidad en Estados Unidos como una función lineal del tiempo t, donde t se mida en años desde 1975.
(b) La tasa de natalidad en Israel en 1990 fue de 22.2. ¿En qué año será la tasa en Estados Unidos por lo menos tan grande (suponiendo que continúa la tendencia lineal)?

36. Ciencias sociales El porcentaje de estudiantes universitarios de 35 años de edad y mayores ha crecido aproximadamente según una tasa lineal. En 1972, fue 9% y en 1992 fue 17%.§
(a) Encuentre el porcentaje de estudiantes universitarios de 35 años de edad y mayores como función del tiempo t, donde t representa el número de años desde 1970.
(b) Si esta tendencia lineal continúa, ¿qué porcentaje de estudiantes universitarios tendrán 35 años de edad o más en el año 2010?
(c) Si esta tendencia lineal continúa, ¿en qué año será el porcentaje de estudiantes universitarios de 35 años y mayores igual a 31%?

---

*U.S. Department of Agriculture, Economic Research Service, *Food Consumption, Price, and Expenditures*, anual.

†U.S. Bureau of the Census, *1970 Census of Population*, vol. 1, parte 1, y *Current Population Reports*, págs. 20, 450.

‡Statistical Abstract of the United States 1994, U.S. Department of Commerce, Economics and Statistics Division, Bureau of the Census.

§*Physical Fitness: The Pathway to Healthful Living*, Robert V. Hockey; Times Mirror/Mosby College Publishing, 1989, págs. 85-87.

CASO 3

Costo marginal: Booz, Allen y Hamilton*

Booz, Allen y Hamilton es una empresa de consultores. Uno de los servicios que proporciona a compañías clientes es el estudio de ganancias que muestra las maneras en que el cliente puede incrementar sus niveles de ganancias. La compañía cliente que requiere el análisis presentado en este caso es un gran productor de alimentos básicos. La compañía compra a agricultores y luego procesa el alimento en sus molinos, lo cual da como resultado un producto terminado. La compañía vende al menudeo bajo sus propias marcas y al mayoreo a otras compañías que usan el producto en la fabricación de otros alimentos.

La compañía cliente ha tenido ganancias razonables en años recientes, pero la gerencia contrató a Booz, Allen y Hamilton para ver si sus consultores podían sugerir maneras de incrementar las ganancias de la compañía. La gerencia de la compañía operó por largo tiempo con el enfoque de procesar y vender su producto tanto como fuese posible, ya que pensaba que esto bajaría el costo promedio de procesamiento por unidad vendida. Sin embargo, los consultores encontraron que los costos fijos del cliente eran bastante bajos y que, de hecho, procesar unidades extras hacía que el costo por unidad comenzase a incrementarse. (Había varias razones para esto: la compañía debía trabajar con tres turnos, la maquinaria se descomponía con mayor frecuencia, etc.)

En este caso analizaremos el costo marginal de dos de los productos de la compañía. Los consultores encontraron que el costo marginal (costo de producir una unidad adicional) de producción para el producto A era aproximado por la función lineal

$$y = .133x + 10.09,$$

donde x es el número de unidades producidas (en millones) y y es el costo marginal.

Por ejemplo, a un nivel de producción de 3.1 millones de unidades, una unidad adicional de producto A costaría aproximadamente

$$y = .133(3.1) + 10.09$$
$$\approx \$10.50.\dagger$$

A un nivel de producción de 5.7 millones de unidades, una unidad adicional costaría $10.85. La figura 1 muestra una gráfica de la función de costo marginal de $x = 3.1$ a $x = 5.7$, que es el dominio para el cual la función anterior se encontró aplicable.

El precio de venta para el producto A es de $10.73 por unidad, de manera que, como se muestra en la gráfica de la figura 1, la compañía estaba perdiendo dinero en muchas unidades del producto vendido. Como el precio de venta no podía elevarse si la compañía debía permanecer dentro de la competencia, los consultores recomendaron que la producción del producto A se redujese.

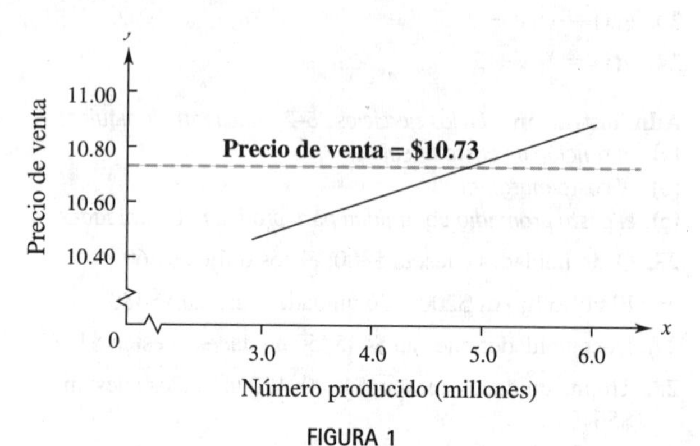

FIGURA 1

Para el producto B, los consultores de Booz, Allen y Hamilton encontraron una función de costo marginal dada por

$$y = .0667x + 10.29,$$

con x y y definidas igual que antes. Verifique que a un nivel de producción de 3.1 millones de unidades, el costo marginal es de $10.50, mientras que a un nivel de producción de 5.7 millones de unidades, el costo marginal es de $10.67. Como el precio de venta de este producto es de $9.65, los consultores recomendaron de nuevo un recorte en la producción.

Los consultores efectuaron análisis similares de costos de otros productos de la compañía y luego emitieron sus recomendaciones: la compañía debía reducir la producción total en 2.1 millones de unidades. Los analistas predijeron que esto elevaría las ganancias de los productos en consideración, de $8.3 millones anualmente a $9.6 millones, lo que se acerca mucho a lo que realmente pasó cuando el cliente siguió este consejo.

EJERCICIOS

1. ¿A qué nivel de producción x fue igual el costo marginal de una unidad de producto A al precio de venta?
2. Trace la gráfica de la función de costo marginal para el producto B de $x = 3.1$ millones de unidades a $x = 5.7$ millones de unidades.
3. Encuentre el número de unidades para el cual el costo marginal es igual al precio de venta para el producto B.
4. Para el producto C, el costo marginal de producción es
$$y = .133x + 9.46.$$
   (a) Encuentre el costo marginal a un nivel de producción de 3.1 millones de unidades; también de 5.7 millones de unidades.
   (b) Trace la gráfica de la función de costo marginal.
   (c) Para un precio de venta de $9.57, encuentre el nivel de producción para el cual el costo iguala al precio de venta.

*Estudio de caso, "Marginal Cost: Booz, Allen and Hamilton" proporcionado por John R. Dowdle de Booz, Allen & Mamilton, Inc. Reimpreso con autorización.

†El símbolo "≈" significa *es aproximadamente igual a*.

CAPÍTULO 4

Funciones polinomiales y racionales

4.1 Funciones cuadráticas
4.2 Aplicaciones de las funciones cuadráticas
4.3 Funciones polinomiales
4.4 Funciones racionales
CASO 4 Códigos correctores de errores

Las funciones polinomiales (es decir, funciones definidas por expresiones polinomiales) aparecen en forma natural en muchas aplicaciones cotidianas. También son útiles para aproximar muchas funciones complicadas en la Matemática aplicada. En los capítulos 2 y 3 vimos las funciones polinomiales lineales. En este capítulo examinaremos las funciones polinomiales de grado superior, así como las funciones racionales (cuyas reglas están dadas por cocientes de polinomios).

4.1 FUNCIONES CUADRÁTICAS

Una **función cuadrática** es una función cuya regla está dada por un polinomio cuadrático, tal como

$$f(x) = x^2, \quad g(x) = 3x^2 + 30x + 67 \quad \text{y} \quad h(x) = -x^2 + 4x.$$

Una función cuadrática es entonces una cuya regla puede escribirse en la forma

$$\boldsymbol{f(x) = ax^2 + bx + c}$$

para algunas constantes a, b, c, con $a \neq 0$.

La función cuadrática $f(x) = 4 - x^2$ se trazó en la figura 2.5. Veremos ahora algunas otras gráficas cuadráticas.

EJEMPLO 1 Dibuje la gráfica de cada una de las siguientes funciones cuadráticas.

(a) $f(x) = x^2$

Escoja varios valores negativos, cero y positivos de x, encuentre los valores $f(x)$ y marque los puntos correspondientes. Conectando esos puntos con una curva suave, obtenemos la figura 4.1.

1 Trace la gráfica de cada una de las siguientes funciones cuadráticas.

(a) $f(x) = x^2 - 4$

(b) $f(x) = -(x - 3)^2$

Respuestas:

(a)

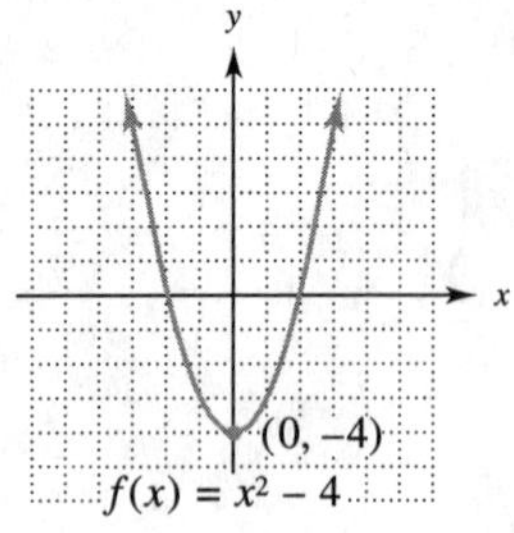

(b)

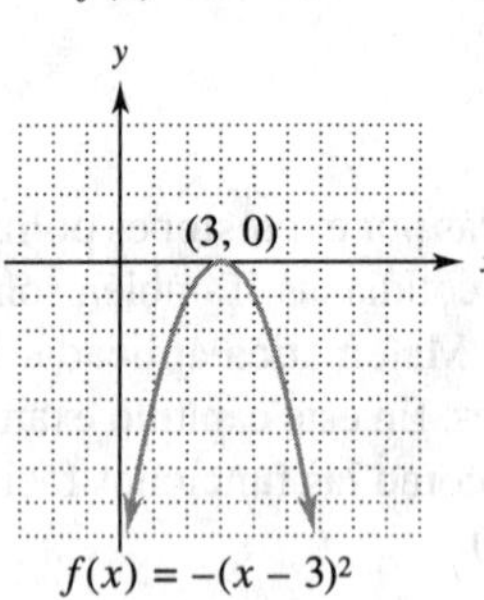

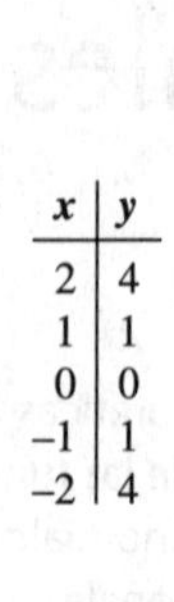

x	y
2	4
1	1
0	0
–1	1
–2	4

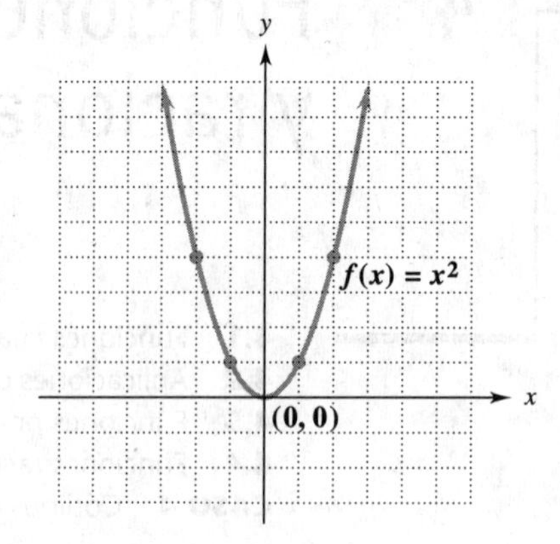

FIGURA 4.1

(b) $h(x) = -(x + 2)^2$

Como $h(x) = -(x + 2)^2 = -(x^2 + 4x + 4) = -x^2 - 4x - 4$, vemos que h es realmente una función cuadrática. Cuando $x = -2$, entonces

$$h(x) = h(-2) = -(-2 + 2)^2 = 0.$$

Por lo tanto, $(-2, 0)$ está sobre la gráfica. Cuando $x \neq -2$, entonces $x + 2 \neq 0$, por lo que $(x + 2)^2$ es positivo y por consiguiente, $h(x) = -(x + 2)^2$ es negativa. La gráfica se encuentra entonces abajo del eje x siempre que $x \neq -2$. Usando estos hechos y marcando algunos puntos obtenemos la figura 4.2. ■ 1

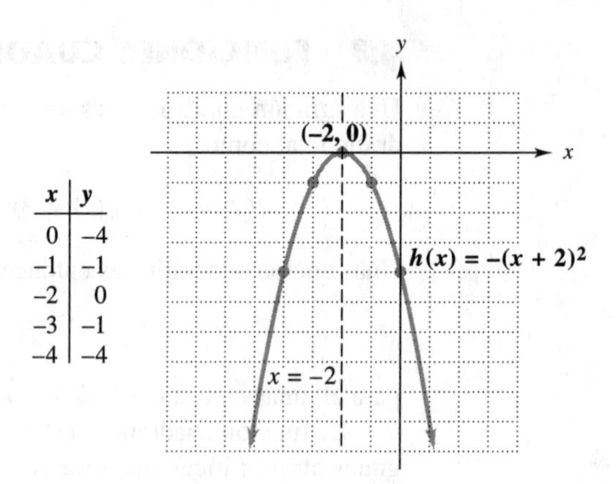

x	y
0	–4
–1	–1
–2	0
–3	–1
–4	–4

FIGURA 4.2

Las curvas en las figuras 2.5, 4.1, 4.2 y en el problema 1 del margen se llaman **parábolas**. Puede demostrarse que la gráfica de toda función cuadrática es una parábola. Todas las parábolas tienen la misma forma básica "cóncava", aunque la concavidad puede ser ancha o estrecha. La parábola se abre hacia arriba cuando el coeficiente de x^2 es positivo (como en la figura 4.1) y hacia abajo cuando este coeficiente es negativo (como en la figura 4.2).

Las parábolas tienen muchas propiedades útiles. Las secciones transversales de las antenas de radar y de los reflectores son parábolas. Los discos que con frecuencia se ven en los bordes del campo de juego de fútbol por televisión son micrófonos con reflectores con sección transversal parabólica. Esos micrófonos sirven a las cadenas de televisión para recoger las señales que dan los mariscales de campo.

Cuando una parábola se abre hacia arriba (como en la figura 4.1), su punto más bajo se llama el **vértice**. Cuando una parábola se abre hacia abajo (como en la figura 4.2), su punto más alto se llama el **vértice**. La recta vertical que pasa por el vértice de una parábola se llama el **eje de la parábola**. Por ejemplo, (0, 0) es el vértice de la parábola en la figura 4.1 y su eje es el eje y. Si se pliega esta gráfica a lo largo de su eje, las dos mitades de la parábola coincidirán exactamente. Esto significa que una parábola es *simétrica* respecto a su eje.

El vértice de una parábola puede aproximarse burdamente usando la característica de trazado o puede aproximarse en forma más precisa con el localizador de mínimos o máximos de una calculadora graficadora. Sin embargo, hay procedimientos algebraicos para encontrar el vértice con exactitud.

EJEMPLO 2 La función $g(x) = 2(x - 3)^2 + 1$ es cuadrática porque su regla puede escribirse en la forma requerida:

$$g(x) = 2(x - 3)^2 + 1 = 2(x^2 - 6x + 9) + 1 = 2x^2 - 12x + 19.$$

Su gráfica será una parábola que se abre hacia arriba. Advierta que

$$g(3) = 2(3 - 3)^2 + 1 = 1,$$

por lo que (3, 1) está sobre la gráfica. Afirmamos que (3, 1) es el vértice, o sea el punto más bajo sobre la gráfica. Para demostrar esto, advierta que cuando $x \neq 3$, la cantidad $2(x - 3)^2$ es positiva y por consiguiente

$$g(x) = 2(x - 3)^2 + 1 = (\text{un número positivo}) + 1,$$

de manera que $g(x) > 1$. Por lo tanto, todo punto $(x, g(x))$ sobre la gráfica con $x \neq 3$ tiene una segunda coordenada $g(x)$ mayor que 1 y se encuentra entonces *arriba* del punto (3, 1). En otras palabras, (3, 1) es el punto más bajo sobre la gráfica, o sea el vértice de la parábola. Conocido esto, resulta fácil marcar algunos puntos a ambos lados del vértice y obtener la gráfica en la figura 4.3. Como el vértice es (3, 1), la recta vertical $x = 3$ es el eje de la parábola. ■

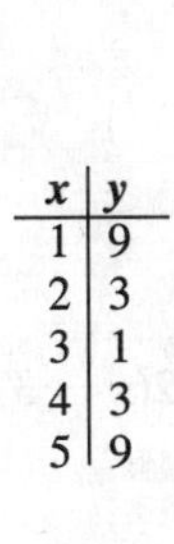

x	y
1	9
2	3
3	1
4	3
5	9

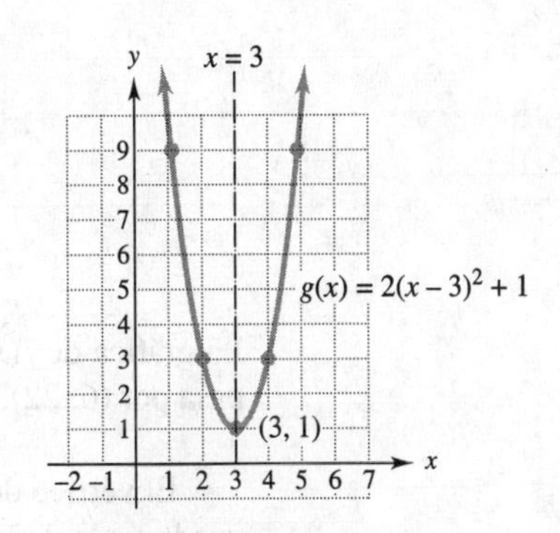

FIGURA 4.3

El ejemplo 2 ilustra algunos de los siguientes hechos, cuyas demostraciones se omiten.

2 Determine algebraicamente el vértice de la parábola y haga su gráfica.

(a) $f(x) = (x + 4)^2 - 3$

(b) $f(x) = -2(x - 3)^2 + 1$

Respuestas:

(a)

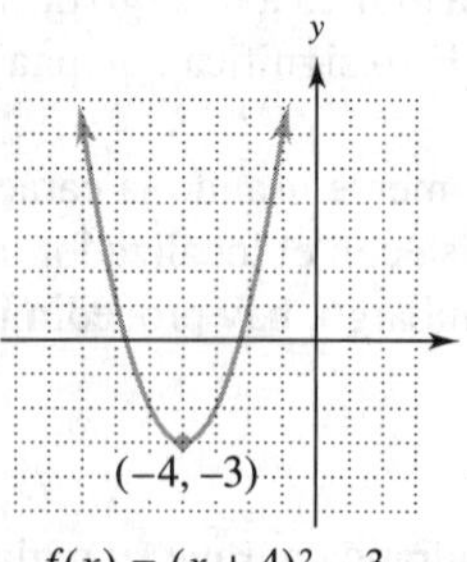

$f(x) = (x + 4)^2 - 3$

(b)

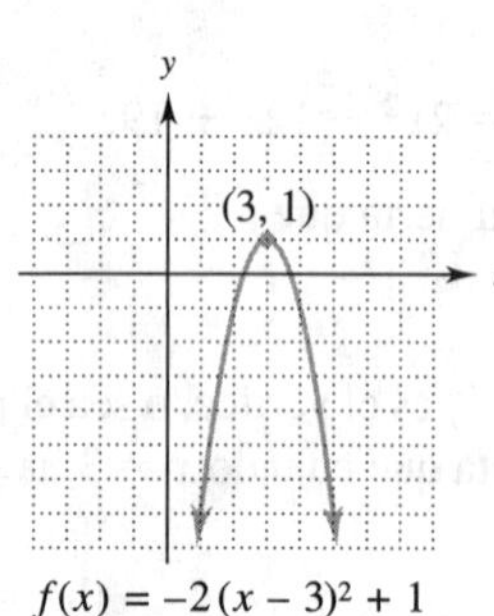

$f(x) = -2(x - 3)^2 + 1$

> Si f es una función cuadrática definida por $y = a(x - h)^2 + k$, entonces la gráfica de la función f es una parábola con vértice en (h, k) y eje de simetría $x = h$.
>
> Si $a > 0$, la parábola se abre hacia arriba; si $a < 0$, se abre hacia abajo.
>
> Si $0 < |a| < 1$, la parábola es "más ancha" que $y = x^2$, mientras que si $|a| > 1$, la parábola es "más estrecha" que $y = x^2$.

EJEMPLO 3 Determine algebraicamente si la parábola se abre hacia arriba o hacia abajo y encuentre su vértice.

(a) $f(x) = -3(x - 4)^2 - 7$

La regla de la función es de la forma $f(x) = a(x - h)^2 + k$ (con $a = -3$, $h = 4$ y $k = -7$). La parábola se abre hacia abajo ($a < 0$) y su vértice es $(h, k) = (4, -7)$.

(b) $g(x) = 2(x + 3)^2 + 5$

Tenga cuidado aquí; el vértice *no* es (3, 5). Para poner la regla de $g(x)$ en la forma $a(x - h)^2 + k$, debemos reescribir la función de manera que se tenga un signo menos dentro del paréntesis:

$$\begin{aligned} g(x) &= 2(x + 3)^2 + 5 \\ &= 2(x - (-3))^2 + 5. \end{aligned}$$

Ésta es la forma requerida con $a = 2$, $h = -3$ y $k = 5$. La parábola se abre hacia arriba y su vértice es $(-3, 5)$. ■ 2

EJEMPLO 4 Encuentre la regla de una función cuadrática cuya gráfica tiene el vértice (3, 4) y pasa por el punto (6, 22).

La gráfica de $f(x) = a(x - h)^2 + k$ tiene vértice (h, k). Queremos $h = 3$ y $k = 4$, por lo que $f(x) = a(x - 3)^2 + 4$. Como (6, 22) está sobre la gráfica, debemos tener $f(6) = 22$. Por lo tanto

$$\begin{aligned} f(x) &= a(x - 3)^2 + 4 \\ f(6) &= a(6 - 3)^2 + 4 \\ 22 &= a(3)^2 + 4 \\ 9a &= 18 \\ a &= 2. \end{aligned}$$

La gráfica de $f(x) = 2(x - 3)^2 + 4$ es entonces una parábola con vértice (3, 4) que pasa por (6, 22). ■

El vértice de cada parábola en los ejemplos 2 y 3 se determinó fácilmente porque la regla de la función tenía la forma

$$f(x) = a(x - h)^2 + k.$$

La regla de *cualquier* función cuadrática puede ponerse en esta forma usando el procedimiento de completar el cuadrado, que se vio en la sección 2.4.

EJEMPLO 5 Completando el cuadrado, determine el vértice de la gráfica de $f(x) = x^2 - 2x + 3$. Luego dibuje la gráfica de la parábola.

Reescriba la ecuación en la forma $f(x) = a(x - h)^2 + k$ escribiendo primero $f(x) = x^2 - 2x + 3$ como

$$f(x) = (x^2 - 2x) + 3.$$

Ahora complete el cuadrado para la expresión en paréntesis. Tome la mitad del coeficiente de x, es decir, $(\frac{1}{2})(-2) = -1$ y eleve al cuadrado el resultado: $(-1)^2 = 1$. Para completar el cuadrado debemos añadir 1 dentro del paréntesis, pero para no cambiar la regla de la función debemos también restar 1:

$$f(x) = (x^2 - 2x + \mathbf{1} - \mathbf{1}) + 3.$$

Por la propiedad asociativa,

$$f(x) = (x^2 - 2x + \mathbf{1}) + (\mathbf{-1} + 3).$$

Factorice $x^2 - 2x + 1$ como $(x - 1)^2$, para obtener

$$f(x) = (x - 1)^2 + 2.$$

Con la regla en esta forma, vemos que la gráfica es una parábola que se abre hacia arriba con vértice (1, 2), como se muestra en la figura 4.4. ■ [3]

[3] Reescriba la regla de la función completando el cuadrado y use esta forma para encontrar el vértice de la gráfica.

(a) $f(x) = x^2 - 6x + 11$

(b) $g(x) = x^2 + 8x + 18$

Respuestas:

(a) $f(x) = (x - 3)^2 + 2$; (3, 2)

(b) $g(x) = (x + 4)^2 + 2$; (−4, 2)

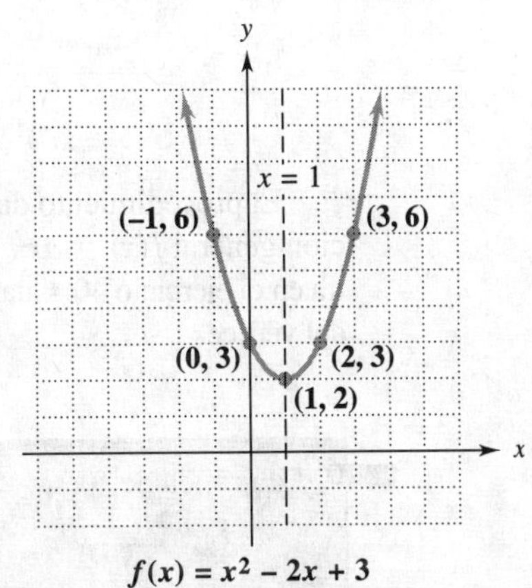

FIGURA 4.4

EJEMPLO 6 Encuentre el vértice de la gráfica de $f(x) = -2x^2 + 12x - 19$ y trace la gráfica de la parábola.

Ponga $f(x)$ en la forma $f(x) = a(x - h)^2 + k$ factorizando primero -2 en $-2x^2 + 12x$.

$$f(x) = -2x^2 + 12x - 19 = -2(x^2 - 6x) - 19$$

Trabajando dentro del paréntesis, tome la mitad de -6 (el coeficiente de x): $(1/2)(-6) = -3$. Eleve al cuadrado este resultado: $(-3)^2 = 9$. Sume y reste 9 dentro del paréntesis.

$$y = -2(x^2 - 6x + 9 - 9) - 19$$
$$y = \mathbf{-2}(x^2 - 6x + 9) + (\mathbf{-2})(-9) - 19 \qquad \text{Propiedad distributiva}$$

Simplifique y factorice para obtener

$$y = -2(x - 3)^2 - 1.$$

Como $a = -2$ es negativa, la parábola se abre hacia abajo. El vértice está en $(3, -1)$ y la parábola es más estrecha que $y = x^2$. Use esos resultados y marque pares ordenados adicionales según se necesiten para obtener la gráfica en la figura 4.5. ■ 4

4 Complete el cuadrado, encuentre el vértice y haga la gráfica de las siguientes funciones.

(a) $f(x) = 3x^2 - 12x + 14$

(b) $f(x) = -x^2 + 6x - 12$

Respuestas:

(a) $f(x) = 3(x - 2)^2 + 2$

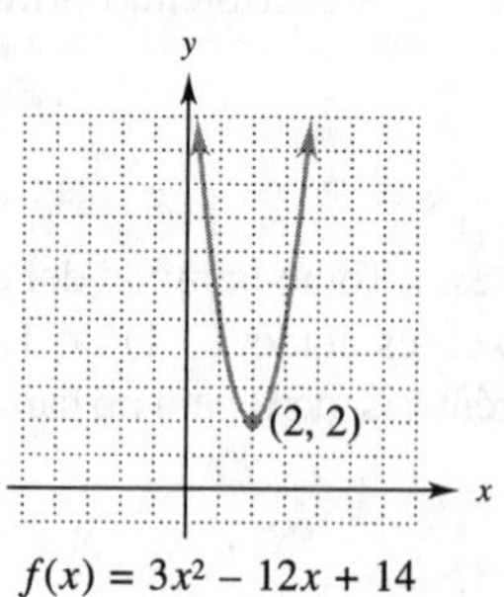

$f(x) = 3x^2 - 12x + 14$

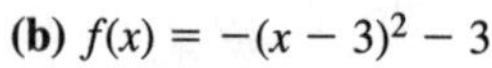
(b) $f(x) = -(x - 3)^2 - 3$

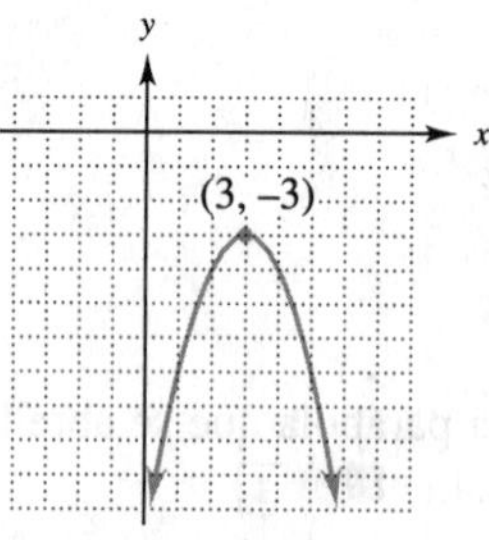

$f(x) = -x^2 + 6x - 12$

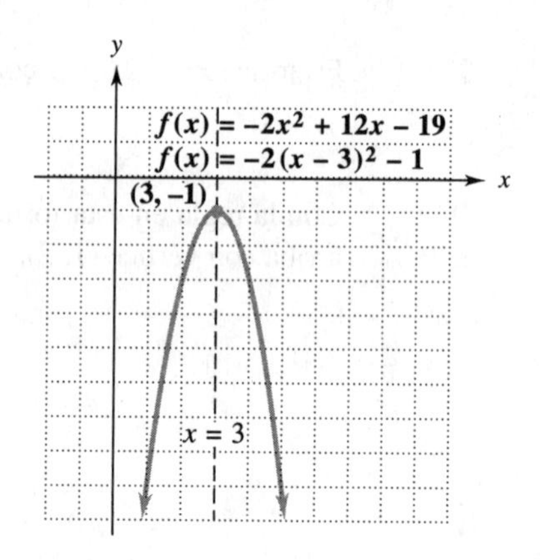

FIGURA 4.5

El procedimiento de completar el cuadrado puede usarse para reescribir la ecuación general $f(x) = ax^2 + bx + c$ en la forma $f(x) = a(x - h)^2 + k$, como se muestra en el ejercicio 40. Cuando se hace esto, obtenemos una fórmula para las coordenadas del vértice.

> La gráfica de $f(x) = ax^2 + bx + c$ es una parábola con vértice (h, k), donde
>
> $$h = \frac{-b}{2a} \quad \text{y} \quad k = f(h).$$

EJEMPLO 7 Encuentre el vértice, el eje y las intersecciones de la gráfica de $f(x) = x^2 - x - 6$ con los ejes x y y.

Como $a = 1$ y $b = -1$, el valor x del vértice es

$$\frac{-b}{2a} = \frac{-(-1)}{2 \cdot 1} = \frac{1}{2}.$$

El valor y del vértice es

$$f\left(\frac{1}{2}\right) = \left(\frac{1}{2}\right)^2 - \frac{1}{2} - 6 = -\frac{25}{4}.$$

El vértice es $(1/2, -25/4)$ y el eje de la parábola es $x = 1/2$, como se muestra en la figura 4.6. Las intersecciones con los ejes se encuentran haciendo cada variable igual a 0.

Haga $f(x) = y = 0$:

$$\mathbf{0} = x^2 - x - 6$$
$$0 = (x + 2)(x - 3)$$
$$x + 2 = 0 \quad \text{o} \quad x - 3 = 0$$
$$x = -2 \qquad x = 3$$

Las intersecciones con el eje x son -2 y 3.

Haga $x = 0$:

$$f(x) = y = \mathbf{0}^2 - \mathbf{0} - 6 = -6$$

La intersección con el eje y es -6. ■ 5

5 Encuentre el vértice de la gráfica.

(a) $f(x) = 2x^2 - 7x + 12$

(b) $k(x) = -.4x^2 + 1.6x + 5$

Respuestas:

(a) (7/4, 47/8)

(b) (2, 6.6)

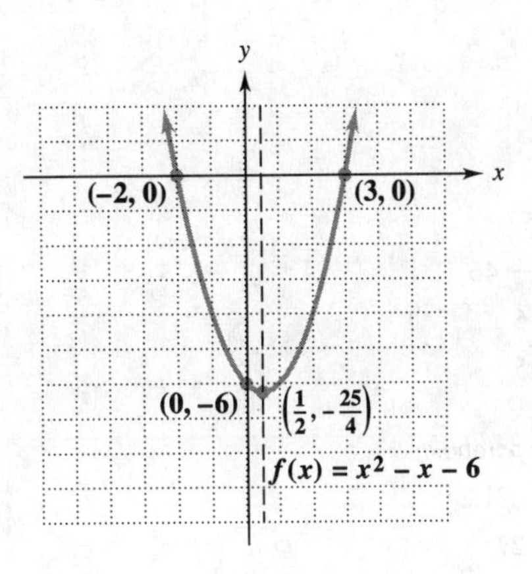

FIGURA 4.6

4.1 EJERCICIOS

Sin hacer una gráfica, determine el vértice de cada una de las siguientes parábolas y establezca si se abren hacia arriba o hacia abajo (véanse los ejemplos 2, 3, 5-7).

1. $f(x) = 3(x - 5)^2 + 2$

2. $g(x) = -6(x - 2)^2 - 5$

3. $f(x) = -(x - 1)^2 + 2$

4. $g(x) = x^2 + 1$

5. $f(x) = x^2 + 12x + 1$

6. $g(x) = x^2 - 10x + 3$

7. $f(x) = 2x^2 + 4x + 1$

8. $g(x) = -3x^2 + 6x + 5$

Sin trazar una gráfica, determine las intersecciones de cada una de las siguientes parábolas con los ejes x y y (véase el ejemplo 7).

9. $f(x) = 3(x - 2)^2 - 3$

10. $f(x) = x^2 - 4x - 1$

11. $g(x) = 2x^2 + 8x + 6$

12. $g(x) = x^2 - 10x + 20$

Encuentre la regla de una función cuadrática cuya gráfica tiene el vértice dado y pasa por el punto dado (véase el ejemplo 4).

13. Vértice $(3, -5)$; punto $(5, -9)$

14. Vértice $(2, 4)$; punto $(0, -8)$

15. Vértice $(1, 2)$; punto $(5, 6)$

16. Vértice $(-3, 2)$; punto $(2, 1)$

17. Vértice $(-1, -2)$; punto $(1, 2)$

18. Vértice $(2, -4)$; punto $(5, 2)$

Dibuje la gráfica de cada una de las siguientes parábolas. Encuentre el vértice y el eje de simetría de cada una (véanse los ejemplos 1-7).

19. $f(x) = (x + 2)^2$

20. $f(x) = -(x + 5)^2$

21. $f(x) = (x - 1)^2 - 3$

22. $f(x) = (x - 2)^2 + 1$

23. $f(x) = x^2 - 4x + 6$

24. $f(x) = x^2 + 6x + 3$

25. $f(x) = 2x^2 - 4x + 5$

26. $f(x) = -3x^2 + 24x - 46$

27. $f(x) = -x^2 + 6x - 6$

28. $f(x) = -x^2 + 2x + 5$

Determine el vértice de la parábola.

29. $f(x) = 5x^2 - 72x + 271.2$

30. $f(x) = 3x^2 - 30x + 27$

31. $f(x) = .3x^2 - 57x + 12$

32. $f(x) = .005x^2 - .002x + .16$

En los ejercicios 33-38 trace la gráfica de las funciones en las partes (a)-(d) sobre el mismo conjunto de ejes; luego responda el inciso (e).

33. **(a)** $k(x) = x^2$
(b) $f(x) = 2x^2$
(c) $g(x) = 3x^2$
(d) $h(x) = 3.5x^2$
(e) Explique cómo el coeficiente a en la función dada por $f(x) = ax^2$ afecta la forma de la gráfica, en comparación con la gráfica de $k(x) = x^2$, cuando $a > 1$.

34. **(a)** $k(x) = x^2$
(b) $f(x) = .8x^2$
(c) $g(x) = .5x^2$
(d) $h(x) = .3x^2$
(e) Explique cómo el coeficiente a en la función dada por $f(x) = ax^2$ afecta la forma de la gráfica, en comparación con la gráfica de $k(x) = x^2$, cuando $0 < a < 1$.

35. **(a)** $k(x) = -x^2$
(b) $f(x) = -2x^2$
(c) $g(x) = -3x^2$
(d) $h(x) = -3.5x^2$
(e) Compare estas gráficas con las del ejercicio 33 y explique cómo el cambio del signo del coeficiente a en la función dada por $f(x) = ax^2$ afecta a la gráfica.

36. **(a)** $k(x) = x^2$
(b) $f(x) = x^2 + 2$
(c) $g(x) = x^2 + 3$
(d) $h(x) = x^2 + 5$
(e) Explique cómo la gráfica de $f(x) = x^2 + c$ (donde c es una constante positiva) puede obtenerse de la gráfica de $k(x) = x^2$.

37. **(a)** $k(x) = x^2$
(b) $f(x) = x^2 - 1$
(c) $g(x) = x^2 - 2$
(d) $h(x) = x^2 - 4$
(e) Explique cómo la gráfica de $f(x) = x^2 - c$ (donde c es constante positiva) puede obtenerse de la gráfica de $k(x) = x^2$.

38. **(a)** $k(x) = x^2$
(b) $f(x) = (x + 2)^2$
(c) $g(x) = (x - 2)^2$
(d) $h(x) = (x - 4)^2$
(e) Explique cómo la gráfica de $f(x) = (x + c)^2$ y $f(x) = (x - c)^2$ (donde c es una constante positiva) puede obtenerse de la gráfica de $k(x) = x^2$.

39. Encuentre la regla de una función cuadrática cuya gráfica es una parábola con vértice $(0, 0)$ e incluye al punto $(2, 12)$.

40. Verifique que el lado derecho de la ecuación $ax^2 + bx + c = a\left(x - \left(\frac{-b}{2a}\right)\right)^2 + \left(c - \frac{b^2}{4a}\right)$ es igual al lado izquierdo. Como el lado derecho tiene la forma $a(x - h)^2 + k$, concluimos que el vértice de la parábola $f(x) = ax^2 + bx + c$ tiene coordenada x igual a $h = -b/(2a)$.

4.2 APLICACIONES DE LAS FUNCIONES CUADRÁTICAS

El hecho que el vértice de una parábola $y = ax^2 + bx + c$ es el punto más alto o más bajo sobre la gráfica puede usarse en las aplicaciones para encontrar un valor máximo o un valor mínimo. Cuando $a > 0$, la gráfica se abre hacia arriba, por lo que la función tiene un mínimo. Cuando $a < 0$, la gráfica se abre hacia abajo, produciéndose un máximo.

EJEMPLO 1 Laura López atiende y es la dueña de la pastelería Tía Ema. Contrató un consultor para analizar las operaciones del negocio. El consultor dice que sus ganancias $P(x)$ de la venta de x unidades de pasteles, están dadas por

$$P(x) = 120x - x^2.$$

¿Cuántos pasteles debe vender para maximizar las ganancias? ¿Cuál es la ganancia máxima?

La función de ganancia puede reescribirse como $P(x) = -x^2 + 120x$. Su gráfica es una parábola que se abre hacia abajo (figura 4.7). Su vértice, que puede encontrarse como en la sección 4.1, es (60, 3600). Para cada punto sobre la gráfica,

la coordenada x es el número de pasteles;

la coordenada y es la ganancia con ese número de pasteles.

Sólo la porción de la gráfica en el cuadrante I (donde ambas coordenadas son positivas) es importante aquí porque no puede vender un número negativo de pasteles y no tiene interés en una ganancia negativa. La ganancia *máxima* ocurre en el punto con la mayor coordenada y, es decir, el vértice, como se muestra en la figura 4.7. La ganancia máxima de \$3600 se obtiene cuando se venden 60 pasteles. ■ [1]

[1] Cuando una empresa vende x unidades de un producto, sus ganancias son
$P(x) = -2x^2 + 40x + 280$.
Encuentre:

(a) el número de unidades que deben venderse para que la ganancia sea máxima;

(b) la ganancia máxima.

Respuestas:

(a) 10 unidades

(b) \$480

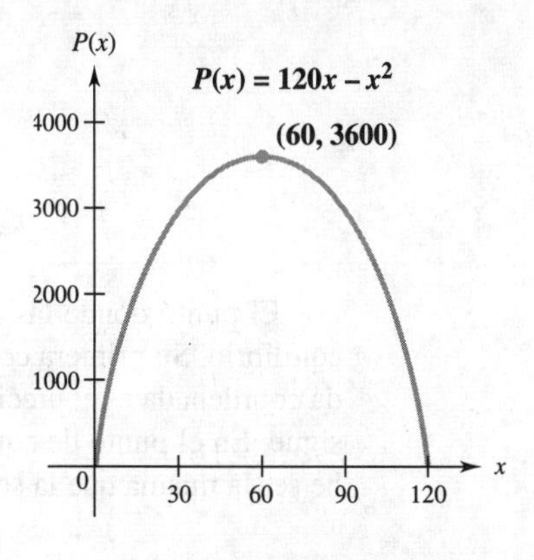

FIGURA 4.7

Las curvas de la oferta y la demanda se vieron en la sección 2.3. Veremos ahora un ejemplo cuadrático.

EJEMPLO 2 Suponga que el precio y la demanda para un artículo están relacionados por

$$p = 150 - 6q^2, \qquad \text{Función de demanda}$$

donde p es el precio (en dólares) y q es el número de artículos demandados (en cientos). El precio y la oferta están relacionados por

$$p = 10q^2 + 2q, \qquad \text{Función de oferta}$$

donde q es el número de artículos ofrecidos (en cientos). Encuentre la demanda (y oferta) de equilibrio y el precio de equilibrio.

Las gráficas de ambas ecuaciones son parábolas (figura 4.8). Se incluyen sólo aquellas porciones de las gráficas que se encuentran en el primer cuadrante, porque ni la oferta, ni la demanda, ni el precio pueden ser negativos.

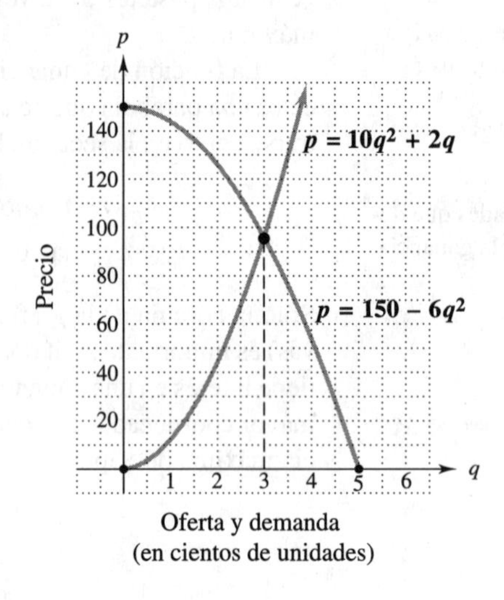

FIGURA 4.8

El punto donde las curvas de demanda y de oferta se intersecan es el punto de equilibrio. Su primera coordenada es la demanda (y oferta) de equilibrio y su segunda coordenada es el precio de equilibrio. Esas coordenadas pueden encontrarse como sigue. En el punto de equilibrio, la segunda coordenada de la curva de demanda debe ser la misma que la segunda coordenada de la curva de oferta, por lo que

$$150 - 6q^2 = 10q^2 + 2q.$$

Escriba esta ecuación cuadrática en forma estándar, como sigue.

$$0 = 16q^2 + 2q - 150 \qquad \text{Sume } -150 \text{ y } 6q^2 \text{ en ambos lados.}$$

$$0 = 8q^2 + q - 75 \qquad \text{Multiplique ambos lados por } \frac{1}{2}.$$

Esta ecuación puede resolverse con ayuda de la fórmula cuadrática dada en la sección 2.4. Aquí $a = 8$, $b = 1$ y $c = -75$.

$$q = \frac{-1 \pm \sqrt{1 - 4(8)(-75)}}{2(8)}$$

$$= \frac{-1 \pm \sqrt{1 + 2400}}{16} \qquad -4(8)(-75) = 2400$$

$$= \frac{-1 \pm 49}{16} \qquad \sqrt{1 + 2400} = \sqrt{2401} = 49$$

$$q = \frac{-1 + 49}{16} = \frac{48}{16} = 3 \quad \text{o} \quad q = \frac{-1 - 49}{16} = -\frac{50}{16} = -\frac{25}{8}$$

2 El precio y la demanda de un artículo están relacionados por $p = 32 - x^2$, mientras que el precio y la oferta están relacionados por $p = x^2$. Encuentre:

(a) la oferta de equilibrio;
(b) el precio de equilibrio.

Respuestas:
(a) 4
(b) 16

No es posible hacer $-25/8$ unidades; descarte entonces esa respuesta y use sólo $q = 3$. Por consiguiente, la demanda (y oferta) de equilibrio es 300. Encuentre el precio de equilibrio sustituyendo 3 por q en la función de oferta o en la de demanda (y revise su respuesta usando la otra). Al usar la función de oferta se obtiene

$$p = 10q^2 + 2q$$

$$p = 10 \cdot \mathbf{3}^2 + 2 \cdot \mathbf{3} \qquad \text{Haga } q = 3.$$

$$= 10 \cdot 9 + 6$$

$$p = 96. \quad ■ \quad \boxed{2}$$

EJEMPLO 3 El administrador de un edificio con 16 departamentos descubrió que cada incremento de \$40 en la renta mensual trae como consecuencia un departamento vacío. Todos los departamentos se rentarán a \$500 mensuales. ¿Cuántos incrementos de \$40 producirán un ingreso máximo mensual para el edificio?

Sea x el número de incrementos de \$40. El número de departamentos rentados será $16 - x$. La renta mensual por departamento será $500 + 40x$ (hay x incrementos de \$40 para un incremento total de $40x$). El ingreso mensual $I(x)$ está dado por el número de departamentos rentados multiplicado por la renta de cada departamento, por lo que

$$I(x) = (16 - x)(500 + 40x)$$

$$= 8000 + 640x - 500x - 40x^2$$

$$= 8000 + 140x - 40x^2.$$

Como x representa el número de incrementos de \$40 y cada incremento de \$40 conduce a un departamento vacío, x debe ser un número entero no negativo. Como hay sólo 16 departamentos, $0 \leq x \leq 16$. Como se tiene un pequeño número de posibilidades, el valor de x que produce un ingreso máximo puede encontrarse de dos maneras.

Método de la fuerza bruta Encuentre los dieciséis valores de $I(x)$ cuando $x = 1, 2, \ldots, 16$ y determine el mayor. (Si tiene una calculadora graficadora, use la opción de tabular para hacer esto rápidamente.)

Método algebraico La gráfica de $I(x) = 8000 + 140x - 40x^2$ es una parábola que se abre hacia abajo y el valor de x que produce un ingreso máximo ocurre en el vértice. El método de la sección 4.1 muestra que el vértice es (1.75, 8122.50). Como x debe ser un número entero, evalúe $I(x)$ en $x = 1$ y $x = 2$ para ver cuál da el mejor resultado.

$$\text{Si } x = 1, \text{ entonces } I(1) = -40(1)^2 + 140(1) + 8000 = 8100.$$
$$\text{Si } x = 2, \text{ entonces } I(2) = -40(2)^2 + 140(2) + 8000 = 8120.$$

El ingreso máximo ocurre cuando $x = 2$. El administrador debe rentar los departamentos a $500 + 2(40) = \$580$ y dejar 2 departamentos vacíos. ■

MODELOS CUADRÁTICOS Los datos del mundo real pueden a veces usarse para construir una función cuadrática que aproxime los datos. Tales **modelos cuadráticos** pueden entonces usarse (sujetos a limitaciones) para predecir el comportamiento futuro.

EJEMPLO 4 La siguiente tabla da el número acumulado de casos de SIDA diagnosticados en los Estados Unidos durante 1982-1993.* Ahí se muestra, por ejemplo, que 22,620 casos fueron diagnosticados en 1982-1985.

Año	*Casos de SIDA*	*Año*	*Casos de SIDA*
1982	1,563	1988	105,489
1983	4,647	1989	147,170
1984	10,845	1990	193,245
1985	22,620	1991	248,023
1986	41,662	1992	315,329
1987	70,222	1993	361,509

(a) Muestre esta información gráficamente.

Considere que $x = 0$ representa al año 1980, $x = 1$ representa 1981, etc. Marque entonces los puntos dados en la tabla: (2, 1563), (3, 4647), etc. (figura 4.9).

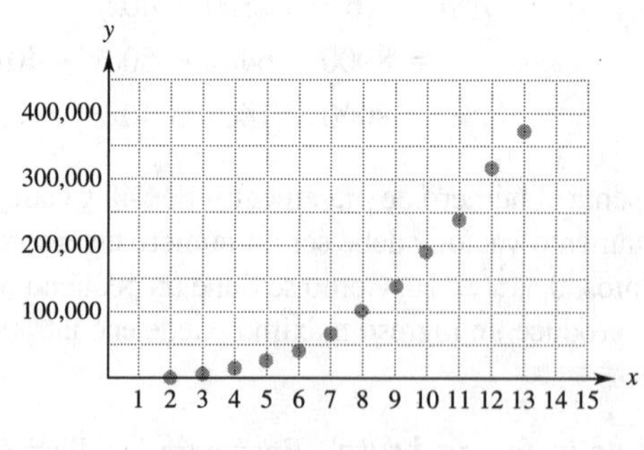

FIGURA 4.9

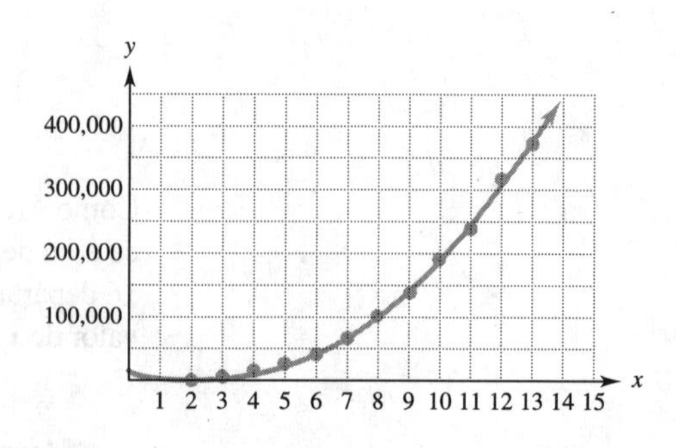

FIGURA 4.10

*U.S. Dept. of Health and Human Services, Centers for Disease Control and Prevention, *HIV/AIDS Surveillance*, marzo de 1994.

(b) La forma de los puntos dato en la figura 4.9 se parece a la mitad derecha de una parábola que se abre hacia arriba. Encuentre un modelo cuadrático $f(x) = a(x - h)^2 + k$ para esos datos.

Con base en la figura 4.9 hacemos que (2, 1563) sea el vértice de la parábola, de modo que $f(x) = a(x - 2)^2 + 1563$. Use otro punto, digamos (13, 361509), para encontrar a (otra opción conduciría a un modelo cuadrático diferente).

$$f(x) = a(x - 2)^2 + 1563$$
$$361{,}509 = a(13 - 2)^2 + 1563$$
$$121a = 359{,}946$$
$$a \approx 2974.76$$

Por lo tanto, $f(x) = 2974.76(x - 2)^2 + 1563$ es un modelo cuadrático para los datos. La gráfica de $f(x)$ en la figura 4.10 parece ser una aproximación razonable de los datos.

(c) Use el modelo cuadrático del inciso (b) para estimar el número total de casos de SIDA diagnosticados para el año 2000.

El año 2000 corresponde a $x = 20$, por lo que el número es aproximadamente

$$f(20) = 2974.76(20 - 2)^2 + 1563 \approx 965{,}385. \quad \blacksquare \quad \boxed{3}$$

3 Encuentre otro modelo cuadrático en el ejemplo 4(b) usando (2, 1563) como vértice y (11, 248023) como el otro punto.

Respuesta:
$f(x) = 3042.72(x - 2)^2 + 1563$

SUGERENCIA TECNOLÓGICA El localizador de máximos y mínimos de una calculadora graficadora puede aproximar el vértice de una parábola con un alto grado de exactitud. Asimismo, el localizador de raíces de una calculadora graficadora puede aproximar las intersecciones con el eje *x*. Consulte los detalles en su manual de instrucciones. ✔

4.2 EJERCICIOS

Resuelva los siguientes problemas (véase el ejemplo 1).

1. Administración Sandra Lara hace dulces y los vende. Encontró que el costo por caja para hacer x cajas de dulces está dado por

$$C(x) = x^2 - 10x + 32.$$

(a) ¿Cuánto cuesta por caja hacer 2 cajas? ¿4 cajas? ¿10 cajas?

(b) Trace la gráfica de la función de costo $C(x)$ y marque los puntos correspondientes a 2, 4 y 10 cajas.

(c) ¿Qué punto sobre la gráfica corresponde al número de cajas que hará el costo por caja tan pequeño como sea posible?

(d) ¿Cuántas cajas debe hacer para mantener el costo por caja en un mínimo? ¿Cuál es el costo mínimo por caja?

2. Administración Rubén Valle vende agua embotellada. Descubrió que la cantidad promedio de tiempo que emplea con cada cliente está relacionada con su volumen semanal de ventas por medio de la función

$$f(x) = x(60 - x),$$

donde x es el número de minutos por cliente y $f(x)$ es el número de cajas vendidas por semana.

(a) ¿Cuántas cajas vende si emplea 10 minutos con cada cliente? ¿20 minutos? ¿45 minutos?

(b) Escoja una escala apropiada para los ejes y dibuje la gráfica de $f(x)$. Marque los puntos sobre la gráfica correspondiente a 10, 20 y 45 minutos.

(c) Explique qué representa el vértice de la gráfica.

(d) ¿Cuánto tiempo debe emplear Rubén con cada cliente para vender cada semana el máximo número de cajas posible? En este caso, ¿cuántas cajas venderá?

3. Administración Las papas fritas generan una ganancia enorme (150 a 300%) en muchos restaurantes de comida rápida. La gerencia desea, por lo tanto, maximizar el número de bolsas vendidas. Suponga que un modelo matemático que conecta p, la ganancia por día de la venta de papas fritas (en decenas de dólares) y x, el precio por bolsa (en décimos de dólar), es $p = -2x^2 + 24x + 8$.

(a) Encuentre el precio por bolsa que conduce a la ganancia máxima.

(b) ¿Cuál es la ganancia máxima?

4. **Ciencias naturales** Un investigador en fisiología ha decidido que un buen modelo matemático para el número de impulsos disparados después que un nervio ha sido estimulado, está dado por $y = -x^2 + 20x - 60$, donde y es el número de respuestas por milisegundo y x es el número de milisegundos desde que el nervio fue estimulado.
   (a) ¿Cuándo se alcanzará la razón máxima de disparos?
   (b) ¿Cuál es la razón máxima de disparos?
5. **Física** Si un objeto se lanza hacia arriba con una velocidad inicial de 32 pies por segundos, entonces su altura, en pies, sobre el terreno después de t segundos está dada por
$$h = 32t - 16t^2.$$
Encuentre la altura máxima alcanzada por el objeto. Encuentre el número de segundos que le toma al objeto tocar el piso.
6. **Administración** Claudia Dávila es la dueña de una fábrica de cadenas. Su ganancia semanal (en cientos de dólares) está dada por $P(x) = -2x^2 + 60x - 120$, donde x es el número de cajas de cadenas vendidas.
   (a) ¿Cuál es el mayor número de cajas que puede vender y aún obtener una ganancia?
   (b) Explique cómo es posible que pierda dinero si vende más cajas que la respuesta obtenida en el inciso (a).
   (c) ¿Cuántas cajas debe fabricar y vender para maximizar su ganancia?
7. **Administración** El gerente de una tienda de bicicletas ha encontrado que, a un precio (en dólares) de $p(x) = 150 - \frac{x}{4}$ por bicicleta, se venden x bicicletas.
   (a) Encuentre una expresión para el ingreso total de la venta de x bicicletas. (*Sugerencia:* ingreso = demanda × precio.)
   (b) Encuentre el número de bicicletas vendidas que conduce a un ingreso máximo.
   (c) Encuentre el ingreso máximo.
8. **Administración** Si el precio (en dólares) de una videocinta es $p(x) = 40 - \frac{x}{10}$, entonces se venderán x cintas.
   (a) Encuentre una expresión para el ingreso total por la venta de x cintas.
   (b) Encuentre el número de cintas que producirán un ingreso máximo.
   (c) Encuentre el ingreso máximo.
9. **Administración** La demanda para un cierto tipo de cosmético está dada por
$$p = 500 - x,$$
donde p es el precio cuando se demandan x unidades.
   (a) Encuentre el ingreso $R(x)$ que se obtiene para una demanda x.
   (b) Dibuje la gráfica de la función de ingreso $R(x)$.
   (c) De la gráfica de la función ingreso, estime el precio que dará el ingreso máximo.
   (d) ¿Cuál es el ingreso máximo?

Resuelva los siguientes problemas (véase el ejemplo 2).

10. **Administración** Suponga que el precio p de ciertos artículos está relacionado con la cantidad q demandada por
$$p = 640 - 5q^2,$$
donde q se mide en cientos de artículos. Encuentre el precio cuando el número de artículos demandados es
   (a) 0; **(b)** 5; **(c)** 10.
   Suponga que la función de oferta de los artículos está dada por $p = 5q^2$, donde q es el número de artículos (en cientos) que son ofrecidos al precio p.
   (d) Haga la gráfica de la función de demanda $p = 640 - 5q^2$ y la función de oferta $p = 5q^2$ sobre los mismos ejes.
   (e) Encuentre la oferta de equilibrio.
   (f) Encuentre el precio de equilibrio.

Administración *Suponga que la oferta y la demanda para un cierto libro de texto están dadas por:*
$$\text{oferta: } p = \frac{1}{5}q^2; \quad \text{demanda: } p = -\frac{1}{5}q^2 + 40,$$
donde p es el precio y q es la cantidad.

11. ¿Cuántos libros se demandan a un precio de
   (a) 10? **(b)** 20?
   (c) 30? **(d)** 40?
   ¿Cuantos libros se ofrecen a un precio de
   (e) 5? **(f)** 10?
   (g) 20? **(h)** 30?
   (i) Dibuje la gráfica de las funciones de oferta y demanda sobre los mismos ejes.
12. Encuentre la demanda de equilibrio y el precio de equilibrio en el ejercicio 11.

Administración *Resuelva cada problema (véase el ejemplo 3).*

13. Un vuelo charter cobra $200 por persona, más $4 por persona por cada asiento no vendido del avión. Si el avión tiene capacidad para 100 pasajeros y si x representa el número de asientos no vendidos, encuentre lo siguiente.
   (a) Una expresión para el ingreso total recibido por el vuelo. (*Sugerencia:* multiplique el número de gente que vuela, $100 - x$, por el precio de cada boleto.)
   (b) La gráfica para la expresión del inciso (a).
   (c) El número de asientos no vendidos que producirá el ingreso máximo.
   (d) El ingreso máximo.

14. El ingreso de una empresa de autobuses depende del número de asientos no vendidos. Si se venden 100 asientos, el precio es de \$50. Cada asiento no vendido incrementa el precio por asiento en \$1. Sea x el número de asientos no vendidos.
(a) Escriba una expresión para el número de asientos que son vendidos.
(b) Escriba una expresión para el precio por asiento.
(c) Escriba una expresión para el ingreso.
(d) Encuentre el número de asientos no vendidos que producirá el ingreso máximo.
(e) Encuentre el ingreso máximo.

15. La señora Linares quiere encontrar el mejor tiempo para llevar sus cerdos al mercado. El precio actual es de 88 centavos por libra y sus cerdos pesan en promedio 90 libras. Los cerdos ganan 5 libras por semana y el precio en el mercado para los cerdos está disminuyendo cada semana 2 centavos por libra. ¿Cuántas semanas debe la señora Linares esperar antes de llevar sus cerdos al mercado para recibir la máxima cantidad de dinero posible? En tal tiempo, ¿cuánto dinero (por cerdo) obtendrá?

Resuelva los siguientes problemas (véase el ejemplo 4).

16. Administración En la tabla siguiente se muestran los ingresos del gobierno federal (en miles de millones de dólares) para algunos años seleccionados.*

Año	*Ingreso*
1960	92.5
1965	116.8
1970	192.8
1975	279.1
1980	517.1
1985	734.1

(a) Considere que $x = 0$ corresponde a 1960. Use (0, 92.5) como vértice y los datos desde 1985 para encontrar una función cuadrática $f(x) = a(x - h)^2 + k$ que modele a estos datos.
(b) Use el modelo cuadrático para estimar los ingresos del gobierno en los años 1981, 1988 y 1991. ¿Qué tan bien se comparan las estimaciones con los ingresos reales de 599.3, 909 y 1119.1? ¿Es razonable este modelo?
(c) Estime los ingresos del gobierno en 1999.

*Economic Report of the President, 1960-1991.

17. Ciencias naturales La siguiente tabla da el número total acumulado de muertes en Estado Unidos que se sabe han sido causadas por SIDA.*

Año	*Muertes*
1982	620
1983	2,122
1984	5,600
1985	12,529
1986	24,550
1987	40,820
1988	61,723
1989	89,172
1990	119,821
1991	154,567
1992	191,508
1993	220,592

(a) Considere que $x = 0$ corresponde a 1980 y marque los puntos dato.
(b) Use (2, 620) como vértice y (13, 220592) como el otro punto para encontrar un modelo cuadrático $g(x) = a(x - h)^2 + k$ para esos datos.
(c) Use g para estimar el número de muertes hacia el año 2000.

18. Administración El producto nacional bruto (PNB) de Estados Unidos en miles de millones de dólares (de 1982) fue de 2416.2 en 1970, 3187.1 en 1980 y 4155.8 en 1990.†
(a) Use los puntos correspondientes a 1970 (vértice) y 1990 para construir un modelo cuadrático para esos datos, con $x = 0$ correspondiente a 1970.
(b) Estime el PNB en 1980, 1985, 1995 y 2000. ¿Qué tan buena es la estimación para 1980?

Resuelva los siguientes problemas.

19. Un terreno limitado a un lado por un río va a bardarse por tres lados para formar un recinto rectangular. Se tienen 320 pies de material para la barda. ¿Cuáles deben ser las dimensiones para tener un recinto con la máxima área posible?

20. Un jardín rectangular limitado por un lado por un río va a bardarse por los otros tres lados. La barda para el lado paralelo al río cuesta \$30 por pie y para los otros dos lados cuesta \$10 por pie. ¿Cuáles son las dimensiones del jardín de máxima área posible, si van a gastarse \$1200 para la barda?

*U.S. Dept. of Health and Human Services, Centers for Disease Control and Prevention, *HIV/AIDS Surveillance*, marzo de 1994.

†Economic Reports of the President, 1970-1991.

21. Un canalón se fabrica doblando una pieza metálica plana a lo largo y dándole forma rectangular; la pieza tiene 10 pulgadas de ancho. ¿Qué profundidad debe tener el canalón para que el área de su sección transversal sea la máxima posible?

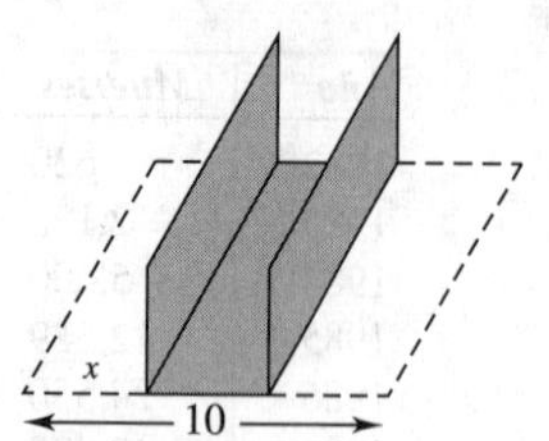

22. Una alcantarilla tiene forma de parábola, con 18 centímetros a través de su parte superior y con 12 centímetros de profundidad. ¿Qué tan ancha es la alcantarilla a 8 centímetros de su parte superior?

Administración *Recuerde que la ganancia es igual al ingreso menos el costo. En los ejercicios 23 y 24 encuentre lo siguiente.*

(a) *El punto umbral de rentabilidad (al décimo más cercano)*
(b) *El valor x que hace máximo al ingreso*
(c) *El valor x que hace máxima la ganancia*
(d) *La ganancia máxima*
(e) *¿Para qué valores x se tendrá una pérdida?*
(f) *¿Para qué valores x se tendrán ganancias?*

23. $R(x) = 60x - 2x^2$; $C(x) = 20x + 80$

24. $R(x) = 75x - 3x^2$; $C(x) = 21x + 65$

4.3 FUNCIONES POLINOMIALES

Una **función polinomial de grado *n*** es una función cuya regla está dada por un polinomio de grado n.* Por ejemplo, las funciones lineales, tales como

$$f(x) = 3x - 2 \quad \text{y} \quad g(x) = 7x + 5,$$

son funciones polinomiales de grado 1 y funciones cuadráticas, como

$$f(x) = 3x^2 + 4x - 6 \quad \text{y} \quad g(x) = -2x^2 + 9$$

son funciones polinomiales de grado 2. De la misma manera, la función dada por

$$f(x) = 2x^4 + 5x^3 - 6x^2 + x - 3$$

es una función polinomial de grado 4.

Las funciones polinomiales más simples son aquellas cuyas reglas son de la forma $f(x) = ax^n$ (donde a es una constante).

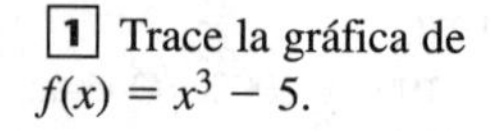

[1] Trace la gráfica de $f(x) = x^3 - 5$.

Respuesta:

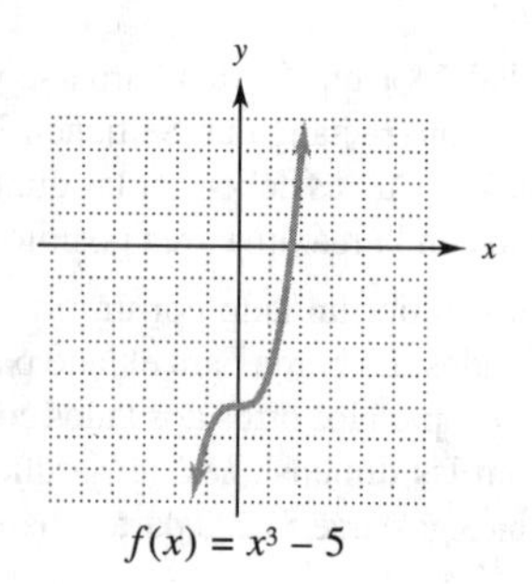

$f(x) = x^3 - 5$

EJEMPLO 1 Trace la gráfica de $f(x) = x^3$.

Encuentre primero varios pares ordenados que pertenezcan a la gráfica. Asegúrese de escoger algunos valores negativos, $x = 0$ y algunos valores positivos para obtener pares ordenados representativos. Encuentre tantos pares ordenados como sea necesario para ver la forma de la gráfica. Luego marque los pares ordenados y dibuje una curva suave que pase por ellos para obtener la curva en la figura 4.11. ■ [1]

*El grado de un polinomio se definió en la página 24.

 Haga la gráfica de las siguientes funciones.

(a) $f(x) = -.25x^5 - 2$

(b) $f(x) = -x^4 + 3$

Respuestas:

(a)

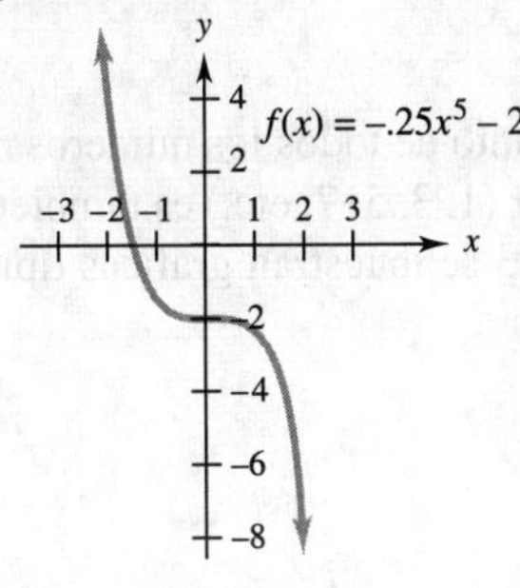

(b)

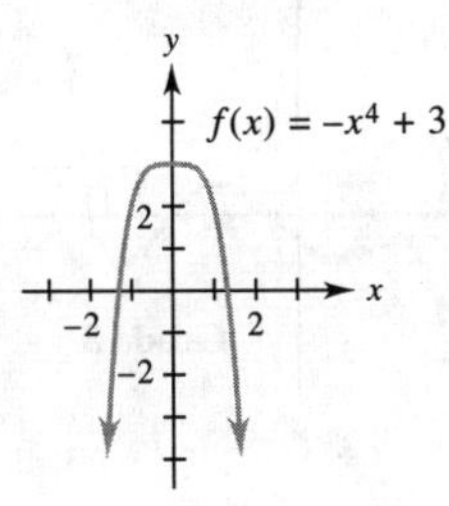

x	y
2	8
1	1
0	0
−1	−1
−2	−8

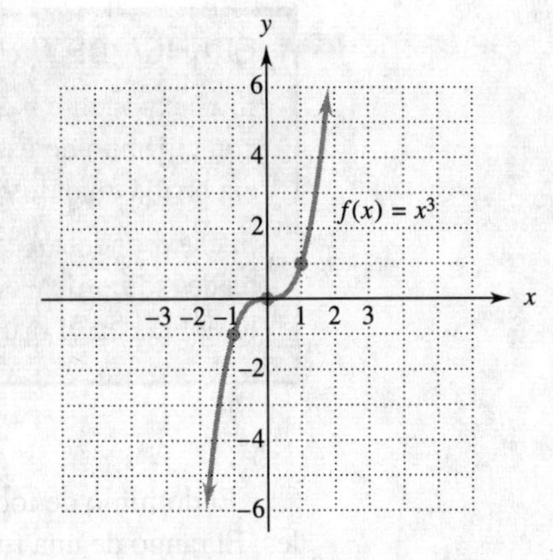

FIGURA 4.11

EJEMPLO 2 Haga la gráfica de $f(x) = (3/2)x^4$.

La siguiente tabla da algunos pares ordenados.

x	−2	−1	0	1	2
y	24	3/2	0	3/2	24

La gráfica se muestra en la figura 4.12. ■ [2]

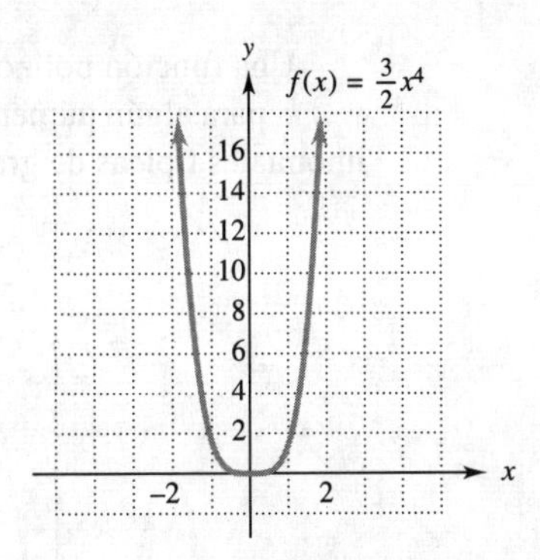

FIGURA 4.12

La gráfica de $f(x) = ax^n$ tiene la misma forma general que una de las gráficas en las figuras 4.11 o 4.12 o del problema 2 en el margen.

GRÁFICA DE $f(x) = ax^n$

Si el exponente n es par, entonces la gráfica de $f(x) = ax^n$ tiene forma cóncava con el fondo de ésta en el origen y el eje y pasa por en medio; ésta se abre hacia arriba cuando $a > 0$ y hacia abajo cuando $a < 0$.

Si el exponente n es impar, entonces la gráfica de $f(x) = ax^n$ se mueve hacia arriba de izquierda a derecha cuando $a > 0$ y hacia abajo cuando $a < 0$, con un solo doblez en el origen.

El dominio de toda función polinomial es el conjunto de todos los números reales. El rango de una función polinomial de grado impar (1, 3, 5, 7, etc.) es también el conjunto de todos los números reales. En la figura 4.13 se muestran gráficas típicas de funciones polinomiales de grado impar.

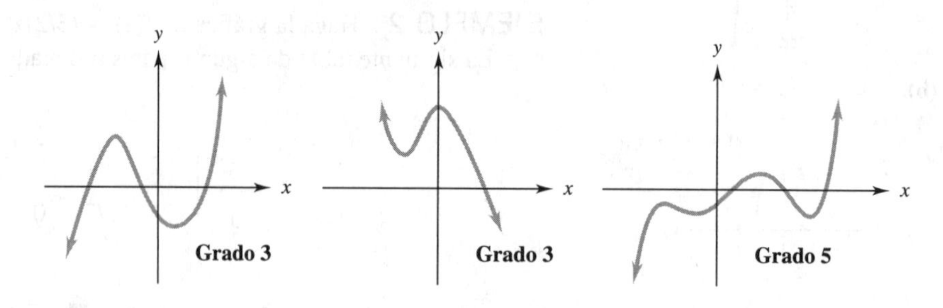

FIGURA 4.13

Una función polinomial de grado par tiene un rango que toma la forma $y \leq k$ o $y \geq k$, para algún número real k. La figura 4.14 muestra dos gráficas de funciones polinomiales típicas de grado par.

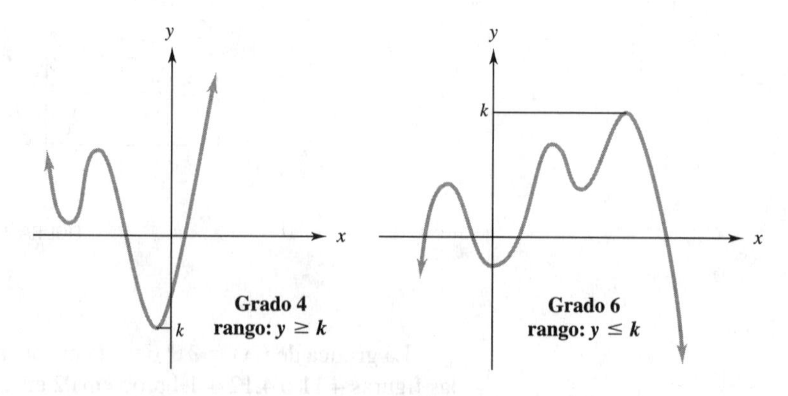

FIGURA 4.14

Como se ilustra en las figuras precedentes, la gráfica de una función polinomial típica puede tener varias "crestas" y "valles". Por ejemplo, la gráfica a la derecha en la figura 4.14 tiene 3 crestas y 2 valles. Advierta que ésta es la gráfica de un polinomio de grado 6 y que hay un total de 5 crestas y valles. La posición de crestas y valles sobre una gráfica puede ser aproximada con un alto grado de precisión por un localizador de máximos y mínimos en una calculadora graficadora. Se requiere del cálculo para determinar las posiciones exactas.

Como el dominio de una función polinomial es el conjunto de todos los números reales, toda gráfica polinomial se extiende desde el extremo izquierdo hasta el derecho del eje. Como se muestra en las figuras 4.13 y 4.14, la gráfica se aleja rápidamente del eje x en los extremos izquierdo y derecho. Por ejemplo, advierta que la gráfica de la función polinomial de cuarto grado a la izquierda en la figura 4.14 se mueve hacia arriba en ambos extremos, justo como lo hace la gráfica de $f(x) = (3/2)x^4$ en la figura 4.12.

El análisis anterior ilustra los siguientes hechos, que requieren cálculo para su demostración.

 Identifique las intersecciones de cada gráfica con el eje x.

(a)

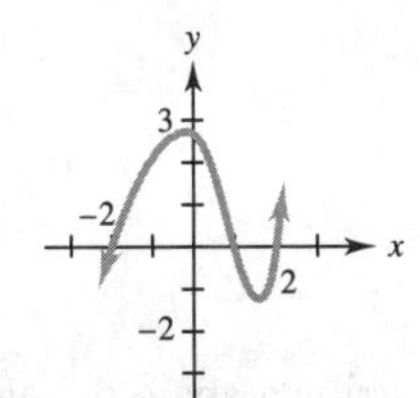

(b)

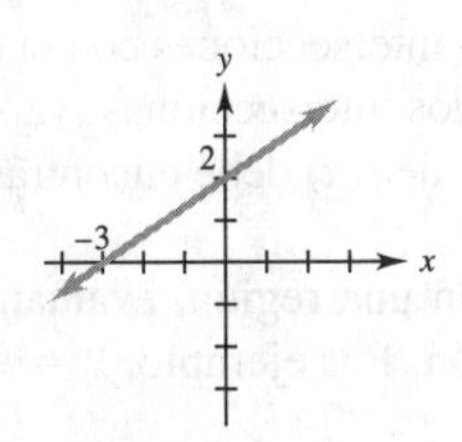

Respuestas:

(a) $-2, 1, 2$

(b) -3

GRÁFICAS POLINOMIALES

La gráfica de una función polinomial $f(x)$ es una curva suave, continua que se extiende desde el extremo izquierdo del eje hasta el derecho.

Cuando $|x|$ es grande, la gráfica de $f(x)$ se parece a la gráfica de su término de grado más alto y se aleja rápidamente del eje x.

Si $f(x)$ tiene grado n, entonces

el número de intersecciones de su gráfica con el eje x es $\leq n$ y

el número total de crestas y valles sobre su gráfica es $\leq n - 1$.

Cuando un polinomio puede ser completamente factorizado, la forma general de su gráfica puede ser determinada usando los hechos indicados en la caja anterior y algo de álgebra. Aunque determinar la posición exacta de crestas y valles requiere del cálculo, este enfoque es una manera razonable de trazar la gráfica de los polinomios a mano. Este método requiere que encuentre las intersecciones de la gráfica con el eje x. 3

EJEMPLO 3 Dibuje la gráfica de $f(x) = (2x + 3)(x - 1)(x + 2)$.

Multiplicando la expresión a la derecha se ve que $f(x)$ es el polinomio cúbico (de tercer grado)

$$f(x) = 2x^3 + 5x^2 - x - 6.$$

Comience usando la forma factorizada de f para encontrar cualquier intersección con el eje x; haga esto con $f(x) = 0$.

$$f(x) = 0$$

$$(2x + 3)(x - 1)(x + 2) = 0$$

Resuelva esta ecuación haciendo cada uno de los tres factores igual a 0.

$$2x + 3 = 0 \quad \text{o} \quad x - 1 = 0 \quad \text{o} \quad x + 2 = 0$$

$$x = -\frac{3}{2} \qquad x = 1 \qquad x = -2$$

Los tres números, $-3/2$, 1 y -2 dividen el eje x en cuatro regiones:

$$x < -2, \quad -2 < x < -\frac{3}{2}, \quad -\frac{3}{2} < x < 1 \quad \text{y} \quad 1 < x.$$

Esas regiones se muestran en la figura 4.15.

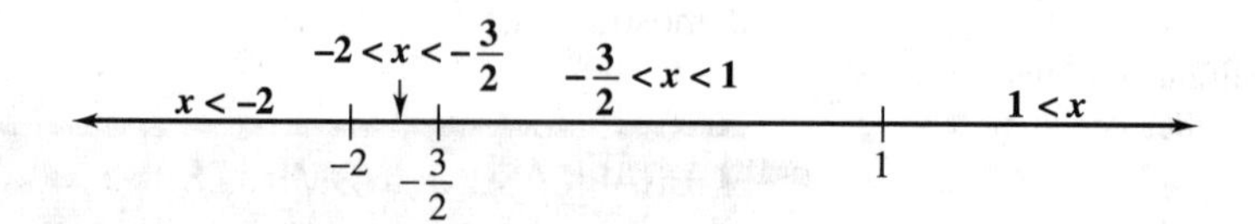

FIGURA 4.15

Como la gráfica es una curva continua, sólo puede pasar de arriba a abajo del eje x cruzando a éste. Como hemos visto, esto ocurre sólo en las intersecciones con el eje x, $x = -2, -3/2$ y 1. En consecuencia, en la región entre dos intersecciones (ya sea a la izquierda de $x = -2$ o a la derecha de $x = 1$), la gráfica de $f(x)$ debe encontrarse enteramente arriba o enteramente abajo del eje x.

Podemos determinar dónde se encuentra la gráfica en una región, evaluando $f(x) = (2x + 3)(x - 1)(x + 2)$ en un número de esa región. Por ejemplo, $x = -3$ está en la región donde $x < -2$ y

$$\begin{aligned} f(-3) &= (2(-3) + 3)(-3 - 1)(-3 + 2) \\ &= -12. \end{aligned}$$

Por lo tanto, $(-3, -12)$ está sobre la gráfica. Como este punto se encuentra debajo del eje x, todos los puntos en esta región (es decir, todos los puntos con $x < -2$) deben encontrarse debajo del eje x. Ensayando números en los otros intervalos, obtenemos la siguiente tabla.

Región	*Número de prueba*	*Valor de $f(x)$*	*Signo de $f(x)$*	*Gráfica*
$x < -2$	-3	-12	negativo	abajo del eje x
$-2 < x < -3/2$	$-7/4$	11/32	positivo	arriba del eje x
$-3/2 < x < 1$	0	-6	negativo	abajo del eje x
$1 < x$	2	28	positivo	arriba del eje x

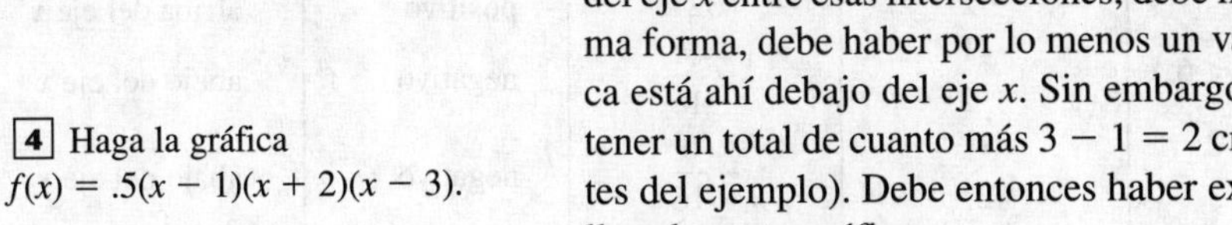

Como la gráfica toca el eje x en las intersecciones $x = -2$ y $x = -3/2$ y está arriba del eje x entre esas intersecciones, debe haber por lo menos una cresta ahí. De la misma forma, debe haber por lo menos un valle entre $x = -3/2$ y $x = 1$ porque la gráfica está ahí debajo del eje x. Sin embargo, una función polinomial de grado 3 puede tener un total de cuanto más $3 - 1 = 2$ crestas y valles (como se indicó en la caja antes del ejemplo). Debe entonces haber exactamente una cresta y exactamente un valle sobre esta gráfica.

Además, cuando $|x|$ es grande, la gráfica debe parecerse a la gráfica de $y = 2x^3$ (el término de mayor grado). La gráfica de $y = 2x^3$, así como la gráfica de $y = x^3$ en la figura 4.11, se mueve hacia arriba a la derecha y hacia abajo a la izquierda. Usando esos hechos y marcando las intersecciones con el eje x, se ve que la gráfica debe tener la forma general mostrada en la figura 4.16. Marcando puntos adicionales se obtiene una gráfica razonablemente exacta, la figura 4.17. Decimos "razonablemente exacta" porque no podemos estar seguros de las posiciones exactas de las crestas y valles sobre la gráfica sin usar el cálculo. ■ 4

4 Haga la gráfica $f(x) = .5(x - 1)(x + 2)(x - 3)$.

Respuesta:

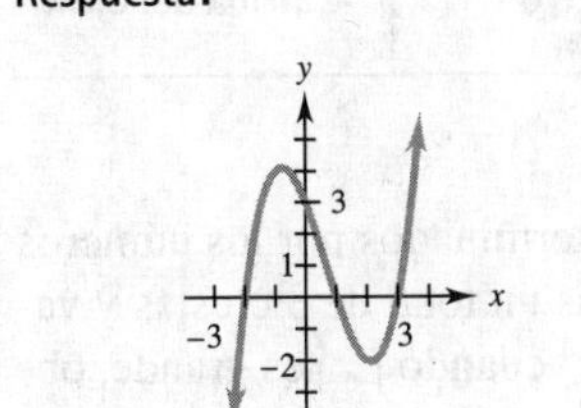

$f(x) = .5(x - 1)(x + 2)(x - 3)$

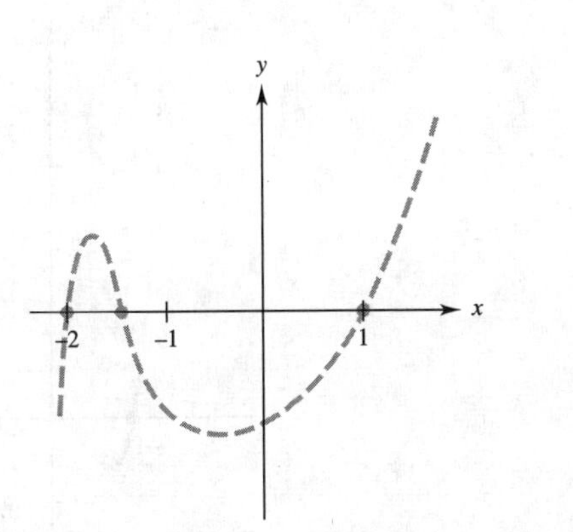

FIGURA 4.16

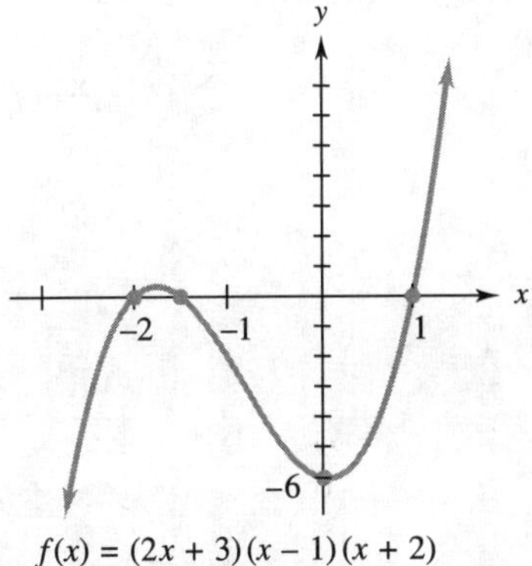

$f(x) = (2x + 3)(x - 1)(x + 2)$

FIGURA 4.17

EJEMPLO 4 Dibuje la gráfica de $f(x) = 3x^4 + x^3 - 2x^2$.

El polinomio puede factorizarse como sigue:

$$\begin{aligned} 3x^4 + x^3 - 2x^2 &= x^2(3x^2 + x - 2) \\ &= x^2(3x - 2)(x + 1). \end{aligned}$$

Haciendo $f(x) = 0$, encontramos que las intersecciones con el eje x están en $x = 0$, $x = 2/3$ y $x = -1$. Entre dos intersecciones adyacentes cualquiera, la gráfica debe estar enteramente arriba o enteramente abajo del eje x. Podemos determinar si la gráfica está arriba o abajo del eje x en cada intervalo evaluando la función en un "número de prueba" en cada intervalo, como se resume en la siguiente tabla.

5 Trace la gráfica de $f(x) = x^3 - 4x$.

Respuesta:

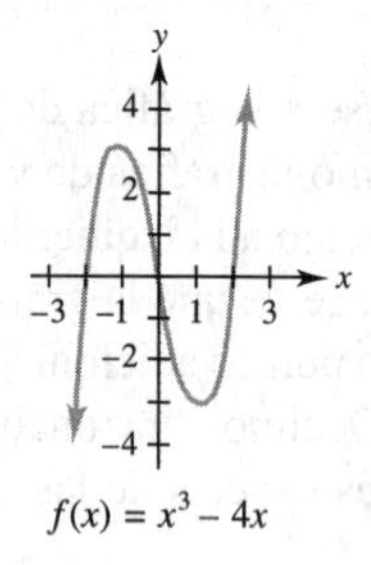

Región	Número de prueba	Valor de f(x)	Signo de f(x)	Gráfica
$x < -1$	-2	32	positivo	arriba del eje x
$-1 < x < 0$	$-\frac{1}{2}$	$-\frac{7}{16}$	negativo	abajo del eje x
$0 < x < \frac{2}{3}$	$\frac{1}{2}$	$-\frac{3}{16}$	negativo	abajo del eje x
$\frac{2}{3} < x$	1	2	positivo	arriba del eje x

Marcando las intersecciones con el eje x y los puntos determinados por los números de prueba y con el hecho de que puede haber cuando más un total de 3 crestas y valles y que la gráfica debe parecerse a la gráfica de $y = 3x^4$ cuando $|x|$ es grande, obtenemos la gráfica en la figura 4.18. ■ 5

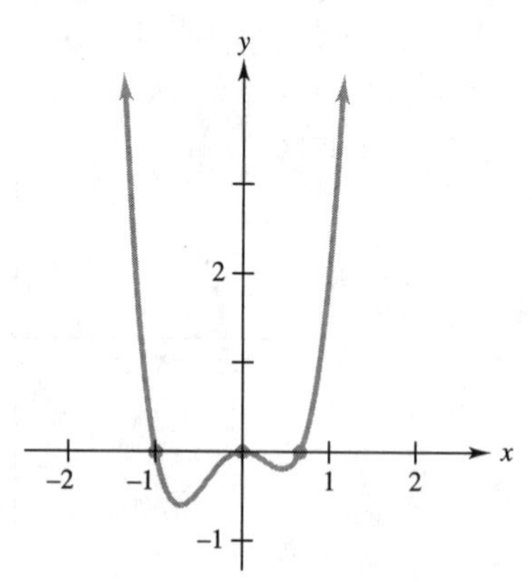

$f(x) = 3x^4 + x^3 - 2x^2$

FIGURA 4.18

4.3 EJERCICIOS

Dibuje la gráfica de cada una de las siguientes funciones polinomiales (véanse los ejemplos 1 y 2).

1. $f(x) = x^4$
2. $g(x) = -.5x^6$
3. $h(x) = -.2x^5$
4. $f(x) = x^7$

En los ejercicios 5-12, establezca si la gráfica podría ser la gráfica de (a) *alguna función polinomial;* (b) *una función polinomial de grado 3;* (c) *una función polinomial de grado 4;* (d) *una función polinomial de grado 5 (véase la caja que precede al ejemplo 3).*

5.

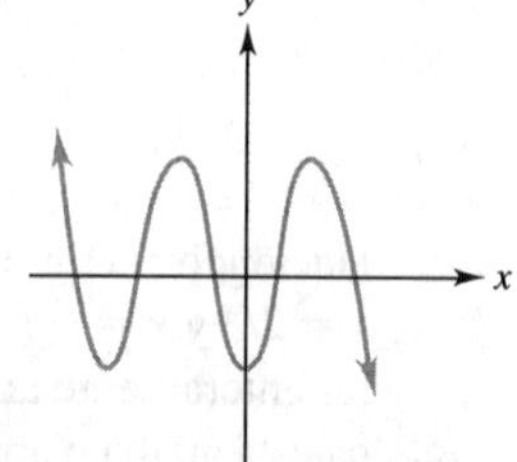

6.

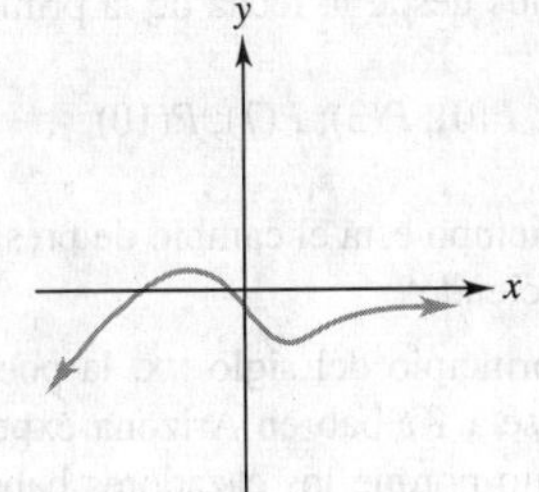

7.

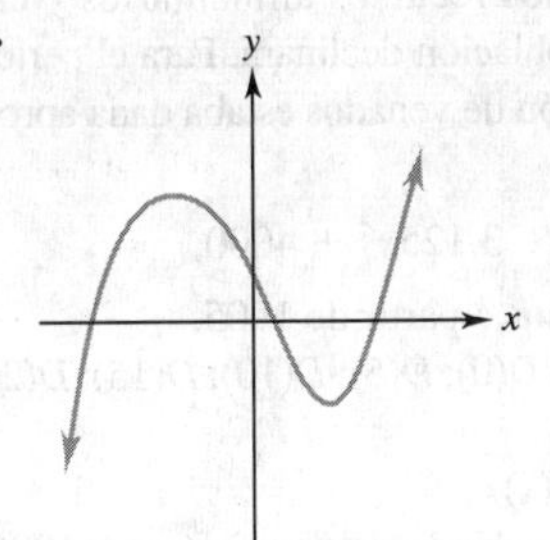

8.

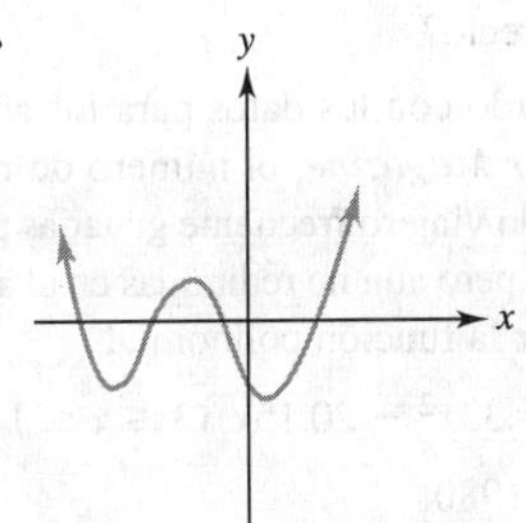

9.

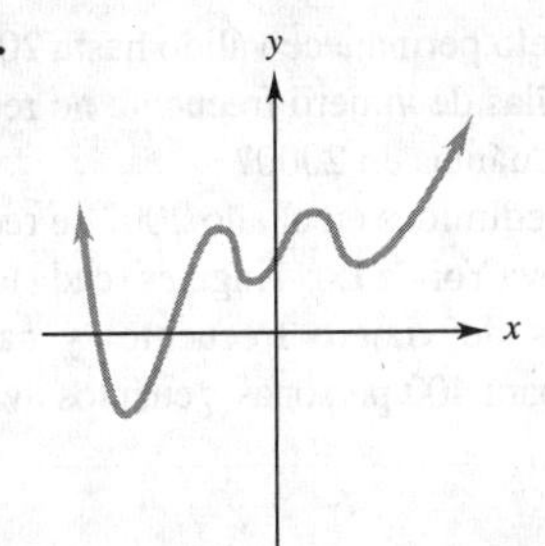

10.

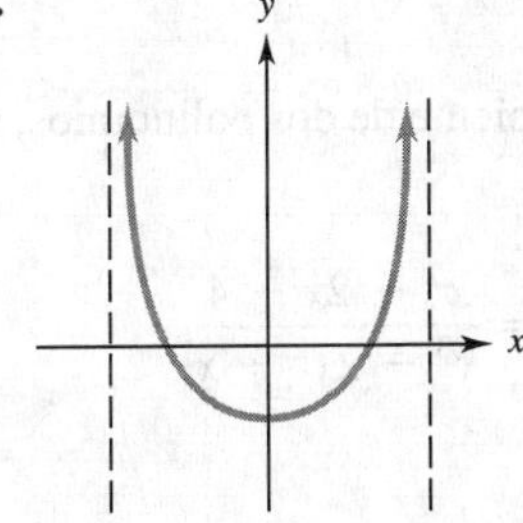

11.

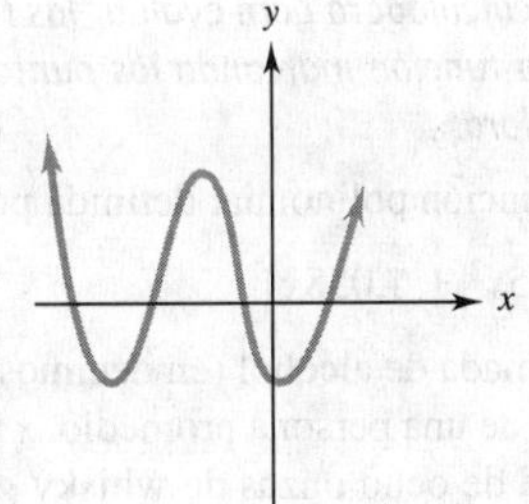

12.

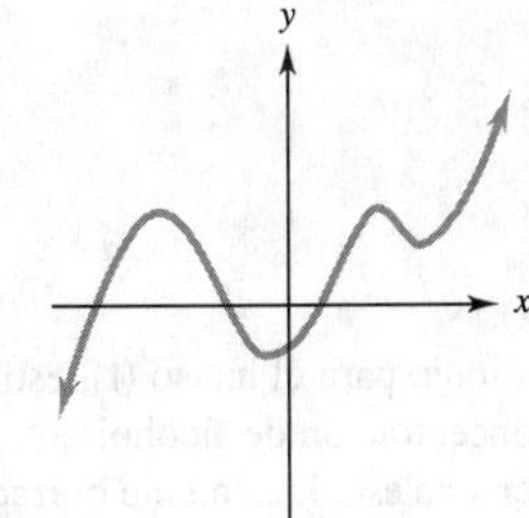

Haga la gráfica de cada una de las siguientes funciones polinomiales (véanse los ejemplos 3 y 4).

13. $f(x) = (x + 2)(x - 3)(x + 4)$

14. $f(x) = (x - 3)(x - 1)(x + 1)$

15. $f(x) = x^2(x - 2)(x + 3)$

16. $f(x) = x^2(x + 1)(x - 1)$

17. $f(x) = x^3 + x^2 - 6x$

18. $f(x) = x^3 - 2x^2 - 8x$

19. $f(x) = x^3 + 3x^2 - 4x$

20. $f(x) = x^4 - 5x^2$

21. $f(x) = x^4 - 2x^2$

22. $f(x) = x^4 - 7x^2 + 12$

Los ejercicios 23-26 requieren una calculadora graficadora. Encuentre una ventana de observación que muestre una gráfica completa de la función polinomial (es decir, una gráfica que incluya todas las crestas y valles e indique cómo la curva se aleja del eje x en los extremos izquierdo y derecho). Hay muchas respuestas correctas posibles. Considere su respuesta como correcta si muestra todas las características que aparecen en la ventana dada en las respuestas (véase la caja que precede al ejemplo 3).

23. $g(x) = x^3 - 3x^2 - 4x - 5$

24. $f(x) = x^4 - 10x^3 + 35x^2 - 50x + 24$

25. $f(x) = 2x^5 - 3.5x^4 - 10x^3 + 5x^2 + 12x + 6$

26. $g(x) = x^5 + 8x^4 + 20x^3 + 9x^2 - 27x - 7$

En los ejercicios 27-31, use una calculadora para evaluar las funciones. Dibuje la gráfica de cada función marcando los puntos o usando una calculadora graficadora.

27. Ciencias naturales La función polinomial definida por

$$A(x) = -.015x^3 + 1.058x$$

da la concentración aproximada de alcohol (en décimos de un porcentaje) en la sangre de una persona promedio, x horas después de tomar cerca de ocho onzas de whisky grado 100. La función es aproximadamente válida para $0 \leq x < 8$. Encuentre los siguientes valores.

(a) $A(1)$
(b) $A(2)$
(c) $A(4)$
(d) $A(6)$
(e) $A(8)$
(f) Dibuje la gráfica de $A(x)$.
(g) Usando la gráfica que dibujó para el inciso (f), estime el tiempo de máxima concentración de alcohol.
(h) En cierto estado, una persona está legalmente borracha si la concentración de alcohol en la sangre excede de 0.15%. Use la gráfica del inciso (f) para estimar el periodo en que esta persona promedio está legalmente borracha.

28. Ciencias naturales Un procedimiento para medir el rendimiento cardiaco depende de la concentración de una tintura después de que una cantidad conocida es inyectada en una vena cerca del corazón. En un corazón normal, la concentración de la tintura en el tiempo x (en segundos) está dada por la función

$$g(x) = -.006x^4 + .140x^3 - .053x^2 + 1.79x.$$

(a) Encuentre lo siguiente: $g(0)$; $g(1)$; $g(2)$; $g(3)$.
(b) Trace la gráfica de $g(x)$ para $x \geq 0$.

29. Ciencias naturales La presión del aceite en un recipiente tiende a disminuir con el tiempo. Tomando lecturas de la presión en un recipiente particular, los ingenieros petroleros han encontrado que el cambio de presión está dado por

$$P(t) = t^3 - 18t^2 + 81t,$$

donde t es el tiempo en años desde la fecha de la primera lectura.

(a) Encuentre lo siguiente: $P(0)$; $P(3)$; $P(7)$; $P(10)$
(b) Haga la gráfica de $P(t)$.
(c) ¿Para qué período de tiempo está el cambio de presión creciendo o bien decreciendo?

30. Ciencias naturales Al principio del siglo XX, la población de venados en la meseta Kaibab en Arizona experimentó un rápido incremento porque los cazadores habían reducido el número de predadores naturales. El incremento de la población agotó los recursos alimentarios y causó eventualmente que la población declinara. Para el periodo de 1905 a 1930, la población de venados estaba dada aproximadamente por

$$D(x) = -.125x^5 + 3.125x^4 + 4000,$$

donde x es el tiempo en años a partir de 1905.

(a) Encuentre lo siguiente: $D(0)$; $D(5)$; $D(10)$; $D(15)$; $D(20)$; $D(25)$.
(b) Dibuje la gráfica de $D(x)$.
(c) De la gráfica, ¿en qué periodo de tiempo (entre 1905 y 1930) creció la población?, ¿cuándo era relativamente estable? y ¿cuándo decreció?

31. Administración De acuerdo con los datos para los años 1983-1994 en *Insider Flyer Magazine*, el número de millas (en miles de millones) de viajero frecuente ganadas por clientes de varias aerolíneas, pero aún no redimidas en el año x, puede ser aproximado por la función polinomial

$$f(x) = .015x^4 - .68x^3 + 11.33x^2 - 20.15x \quad (3 \leq x \leq 14),$$

donde $x = 0$ corresponde a 1980.

(a) ¿Cuántas millas no redimidas había en 1985? ¿Cuántas en 1990?
(b) Suponga que este modelo permanece válido hasta 2003 ($x = 23$). ¿Cuántas millas de viajero frecuente no redimidas hay en 1998? ¿Cuántas en 2000?
(c) Si todas las millas no redimidas en el año 2002 se rediman con vuelos de Nueva York a Los Ángeles (cada uno requiere 30,000 millas de viajero frecuente) y cada avión tiene capacidad para 400 personas, ¿cuántos aviones se necesitarían?

4.4 FUNCIONES RACIONALES

Una **función racional** es una función cuya regla es el cociente de dos polinomios, tales como

$$f(x) = \frac{2}{1 + x}, \qquad g(x) = \frac{3x + 2}{2x + 4}, \qquad h(x) = \frac{x^2 - 2x - 4}{x^3 - 2x^2 + x}.$$

Una función racional es entonces una cuya regla puede escribirse en la forma

$$f(x) = \frac{P(x)}{Q(x)},$$

donde $P(x)$ y $Q(x)$ son polinomios, con $Q(x) \neq 0$. La función no está definida para valores de x que hacen $Q(x) = 0$, por lo que se tienen interrupciones en la gráfica en esos números.

FUNCIONES RACIONALES LINEALES Comenzamos con funciones racionales en las que el numerador y el denominador son polinomios constantes o de primer grado. Estas funciones en ocasiones se llaman **funciones racionales lineales.**

EJEMPLO 1 Haga la gráfica de la función racional definida por $y = \dfrac{2}{1 + x}$.

Esta función no esta definida para $x = -1$, ya que -1 conduce a un denominador 0. Por esta razón, la gráfica de esta función no interseca la recta vertical $x = -1$. Como x puede tomar cualquier valor excepto -1, los valores de x pueden aproximarse a -1 tanto como se quiera desde cualquier lado de -1, como se muestra en la siguiente tabla de valores.

x tiende a -1 ↓

x	-1.5	-1.2	-1.1	-1.01	$-.99$	$-.9$	$-.8$	$-.5$
$1 + x$	$-.5$	$-.2$	$-.1$	$-.01$	$.01$	$.1$	$.2$	$.5$
$\dfrac{2}{1 + x}$	-4	-10	-20	-200	200	20	10	4

↑ $|f(x)|$ se vuelve cada vez más grande

La tabla anterior sugiere que conforme x se acerca cada vez más a -1 desde cualquier lado, el denominador $1 + x$ se acerca cada vez más a 0, y $|2/(1 + x)|$ se vuelve cada vez más grande. La parte de la gráfica cerca de $x = -1$ en la figura 4.19 muestra este comportamiento. La recta vertical $x = -1$ a la que se acerca la curva se llama *asíntota vertical.* Por conveniencia, una línea punteada indica la asíntota vertical en la figura 4.19, pero esta línea *no* es parte de la gráfica de la función.

Conforme $|x|$ se vuelve cada vez más grande, lo mismo pasa con el valor absoluto del denominador $1 + x$. Por consiguiente, $y = 2/(1 + x)$ se acerca cada vez más a 0, como se muestra en la siguiente tabla.

x	-101	-11	-2	0	9	99
$1 + x$	-100	-10	-1	1	10	100
$\dfrac{2}{1 + x}$	$-.02$	$-.2$	-2	2	$.2$	$.02$

 Trace la gráfica de las siguientes funciones.

(a) $f(x) = \dfrac{3}{5 - x}$

(b) $f(x) = \dfrac{-4}{x + 4}$

Respuestas:

(a)

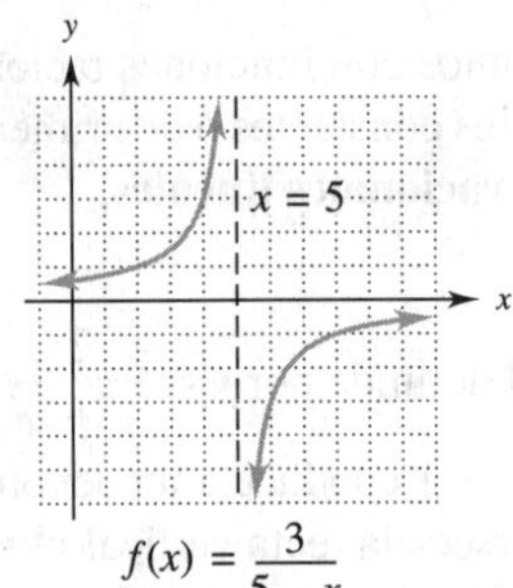

(b)

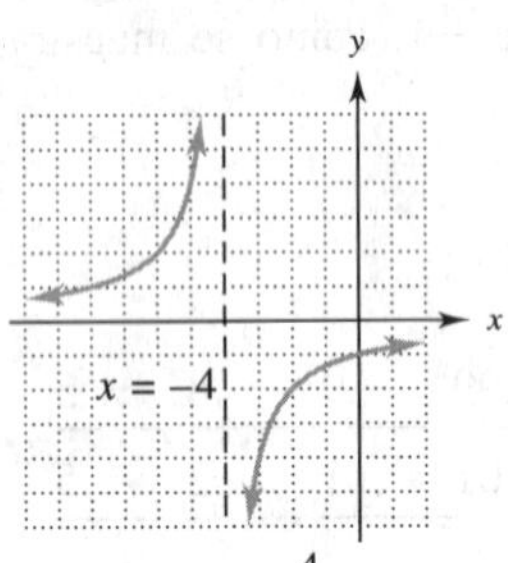

$f(x) = \dfrac{-4}{x + 4}$

La recta horizontal $y = 0$ se llama *asíntota horizontal* para esta gráfica. Usando las asíntotas y marcando las intersecciones con los ejes y otros puntos se obtiene la gráfica de la figura 4.19. ■ [1]

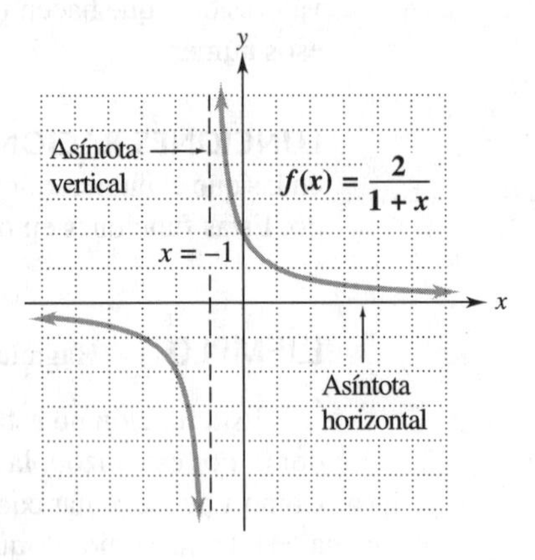

FIGURA 4.19

El ejemplo 1 sugiere la siguiente conclusión.

> Si un número c hace al denominador 0 pero hace al numerador no cero en la expresión que define a una función racional, entonces la recta $x = c$ es una **asíntota vertical** para la gráfica de la función.
>
> Además, siempre que los valores de y se acercan sin llegar a ser iguales a algún número k cuando $|x|$ se vuelve cada vez más grande, la línea $y = k$ es una **asíntota horizontal** para la gráfica.

EJEMPLO 2 Dibuje la gráfica de $f(x) = \dfrac{3x + 2}{2x + 4}$.

Encuentre la asíntota vertical haciendo el denominador igual a 0 y luego despeje x.

$$2x + 4 = 0$$
$$x = -2$$

Para ver el aspecto de la gráfica cuando $|x|$ es muy grande, reescribimos la regla de la función. Cuando $x \neq 0$, al dividir el numerador y el denominador entre x no cambia el valor de la función:

2 Haga la gráfica de las siguientes funciones.

(a) $f(x) = \dfrac{3x+5}{x-3}$

(b) $f(x) = \dfrac{2-x}{x+3}$

Respuestas:

(a)

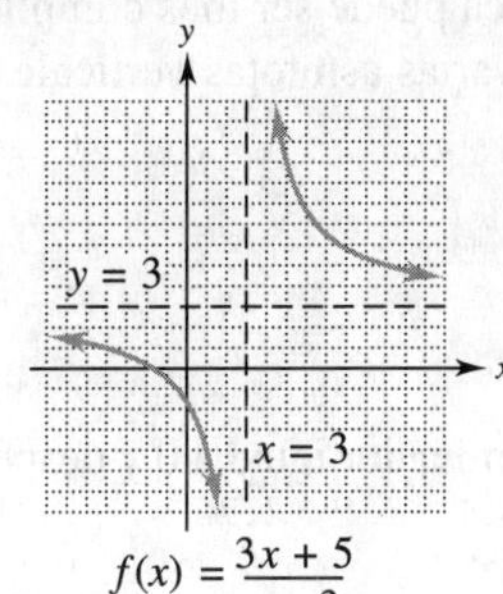

$f(x) = \dfrac{3x+5}{x-3}$

(b)

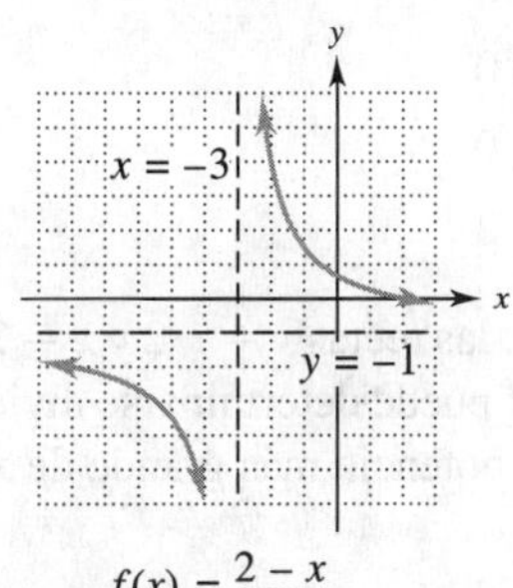

$f(x) = \dfrac{2-x}{x+3}$

$$f(x) = \frac{3x+2}{2x+4} = \frac{\dfrac{3x+2}{x}}{\dfrac{2x+4}{x}}$$

$$= \frac{\dfrac{3x}{x} + \dfrac{2}{x}}{\dfrac{2x}{x} + \dfrac{4}{x}} = \frac{3 + \dfrac{2}{x}}{2 + \dfrac{4}{x}}.$$

Ahora, cuando $|x|$ es muy grande, las fracciones $2/x$ y $4/x$ son muy cercanas a 0 (por ejemplo, cuando $x = 200$, $4/x = 4/200 = 0.02$). Por tanto, el numerador de $f(x)$ es muy cercano a $3 + 0 = 3$ y el denominador es muy cercano a $2 + 0 = 2$. Por consiguiente, $f(x)$ es muy cercana a $3/2$ cuando $|x|$ es grande, y la recta $y = 3/2$ es la asíntota horizontal de la gráfica, como se muestra en la figura 4.20. ■ **2**

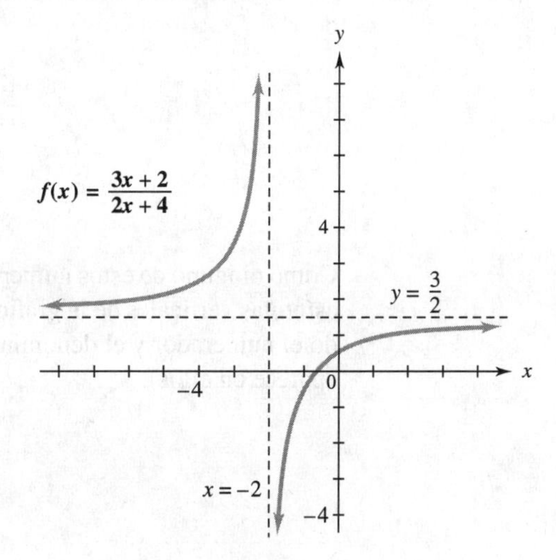

FIGURA 4.20

SUGERENCIA TECNOLÓGICA Dependiendo de la ventana de observación, una calculadora graficadora puede no representar exactamente la gráfica de una función racional, particularmente cerca de una asíntota vertical. Este problema a menudo puede evitarse usando una ventana que tenga la asíntota vertical en el centro del eje *x*. ✔

En los ejemplos 1 y 2, cada gráfica tiene una sola asíntota vertical, determinada por la raíz del denominador y una asíntota horizontal determinada por los coeficientes de *x*. Por ejemplo, en el ejemplo 2, $f(x) = \dfrac{3x+2}{2x+4}$ tiene la asíntota horizontal $y = \dfrac{3}{2}$, y en el ejemplo 1, $f(x) = \dfrac{2}{1+x} = \dfrac{0x+2}{1x+1}$ tiene la asíntota horizontal $y = \dfrac{0}{1} = 0$ (el eje *x*). Argumentos similares son válidos para cualquier función racional.

La gráfica de $f(x) = \dfrac{ax + b}{cx + d}$ (donde $c \neq 0$ y $ad \neq bc$) tiene una asíntota vertical en la raíz del denominador y una asíntota horizontal $y = \dfrac{a}{c}$.

OTRAS FUNCIONES RACIONALES Cuando el numerador o denominador de una función racional es de grado mayor que 1, su gráfica puede ser más complicada que las de los ejemplos 1 y 2. La gráfica puede tener varias asíntotas verticales, así como crestas y valles.

EJEMPLO 3 Trace la gráfica de $f(x) = \dfrac{2x^2}{x^2 - 4}$.

Encuentre las asíntotas verticales haciendo el denominador igual a 0 y despejando x.

$$x^2 - 4 = 0$$
$$(x + 2)(x - 2) = 0$$
$$x + 2 = 0 \quad \text{o} \quad x - 2 = 0$$
$$x = -2 \qquad\qquad x = 2$$

Como ninguno de estos números hacen 0 al numerador, las rectas $x = -2$ y $x = 2$ son asíntotas verticales de la gráfica. La asíntota horizontal puede determinarse dividiendo el numerador y el denominador de $f(x)$ entre x^2 (la potencia más grande de x que aparece en ellos).

$$f(x) = \frac{2x^2}{x^2 - 4} = \frac{\frac{2x^2}{x^2}}{\frac{x^2 - 4}{x^2}} = \frac{\frac{2x^2}{x^2}}{\frac{x^2}{x^2} - \frac{4}{x^2}} = \frac{2}{1 - \frac{4}{x^2}}$$

Cuando $|x|$ es muy grande, la fracción $4/x^2$ es muy cercana a 0, por lo que el denominador es muy cercano a 1 y $f(x)$ es muy cercana a 2. Por consiguiente, la recta $y = 2$ es la asíntota horizontal de la gráfica. Usando esta información y marcando varios puntos en cada una de las tres regiones determinadas por las asíntotas verticales, obtenemos la figura 4.21. ■ [3]

[3] Determine las asíntotas verticales y horizontales de las siguientes funciones.

(a) $f(x) = \dfrac{3x + 5}{x + 5}$

(b) $g(x) = \dfrac{2 - x^2}{x^2 - 4}$

Respuestas:

(a) Vertical, $x = -5$; horizontal, $y = 3$.

(b) Vertical, $x = -2$ y $x = 2$; horizontal, $y = -1$.

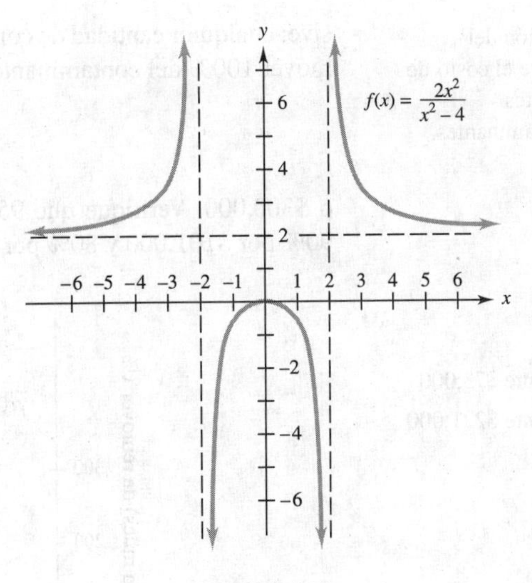

FIGURA 4.21

Los argumentos usados para encontrar las asíntotas horizontales en los ejemplos 1-3 son válidos en el caso general y conducen a la siguiente conclusión.

> Si el numerador de la función racional $f(x)$ tiene un grado *menor* que el denominador, entonces el eje x (la recta $y = 0$) es la asíntota horizontal de la gráfica. Si el numerador y denominador tienen el *mismo* grado, digamos $f(x) = \dfrac{ax^n + \cdots}{cx^n + \cdots}$, entonces la línea $y = \dfrac{a}{c}$ es la asíntota horizontal.*

APLICACIONES Las funciones racionales tienen una variedad de aplicaciones, algunas de la cuales se explorarán aquí.

EJEMPLO 4 En muchas situaciones que implican la contaminación ambiental, gran parte de los contaminantes puede eliminarse del aire o agua a un costo bastante razonable, pero tal vez sea muy caro eliminar la última, pequeña parte del contaminante.

El costo como función del porcentaje de contaminante removido del ambiente puede calcularse para varios porcentajes de remoción, con una curva ajustada a través de los puntos dato resultantes. Esta curva conduce entonces a una función que aproxima la situación. Las funciones racionales son a menudo una buena opción para esas **funciones de costo-beneficio**.

Por ejemplo, suponga que una función de costo-beneficio está dada por

$$f(x) = \frac{18x}{106 - x},$$

donde $f(x)$ o y es el costo (en miles de dólares) de remover x porcentaje de un cierto contaminante. El dominio de x es el conjunto de todos los números de 0 a 100, inclu-

*Cuando el numerador tiene un grado mayor que el denominador, la gráfica no tiene asíntota horizontal, pero puede tener rectas no horizontales u otras curvas como asíntotas; vea los ejercicios 30 y 31 como ejemplos.

4 Usando la función del ejemplo 4, encuentre el costo de remover los siguientes porcentajes de contaminantes.

(a) 70%

(b) 85%

(c) 98%

Respuestas:

(a) $35,000

(b) Aproximadamente $73,000

(c) Aproximadamente $221,000

sive; cualquier cantidad de contaminante entre 0 y 100% puede ser removida. Para remover 100% del contaminante aquí, costaría

$$y = \frac{18(100)}{106 - 100} = 300,$$

o $300,000. Verifique que 95% del contaminante puede eliminarse por $155,000, 90% por $101,000 y 80% por $55,000, como se muestra en la figura 4.22. ■ 4

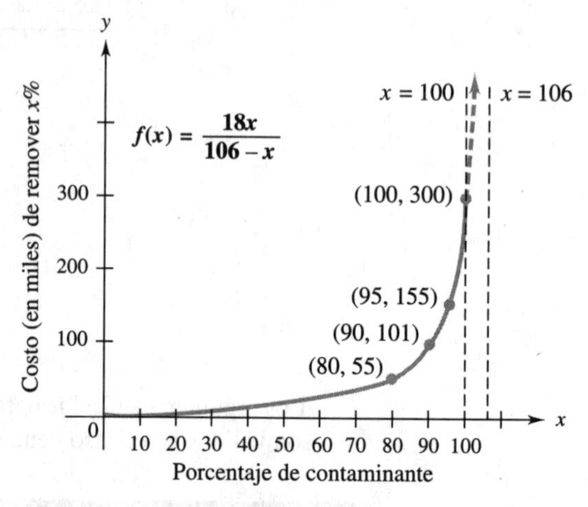

FIGURA 4.22

En Administración, las **funciones de producto-intercambio** dan la relación entre cantidades de dos artículos que pueden ser producidos por la misma máquina o fábrica. Por ejemplo, una refinería de petróleo puede producir gasolina, aceite calefactor o una combinación de los dos; una vinatería puede producir vino rojo, vino blanco o una combinación de los dos. El siguiente ejemplo analiza una función de producto-intercambio.

EJEMPLO 5 La función de producto-intercambio para la vinícola Uva Dorada para vino rojo x y vino blanco y, en toneladas, es

$$y = \frac{100{,}000 - 50x}{1000 + x}.$$

Trace la gráfica de la función y encuentre la cantidad máxima de cada tipo de vino que puede ser producido.

Sólo valores no negativos de x y y tienen sentido en esta situación, por lo que trazamos la gráfica de la función en el primer cuadrante (figura 4.23). Advierta que la intersección de la gráfica con el eje y (encontrada haciendo $x = 0$) es de 100 y que la intersección con el eje x (encontrado haciendo $y = 0$ y despejando x) es de 2000. Como estamos interesados sólo en la porción de la gráfica correspondiente de dicho cuadrante, podemos encontrar unos cuantos puntos más en el cuadrante I y completar la gráfica como se muestra en la figura 4.23.

El valor máximo de y ocurre cuando $x = 0$, por lo que la cantidad máxima de vino blanco que puede producirse es de 100 toneladas, dado por la intersección con el eje y. La intersección con el eje x da la cantidad máxima de vino rojo que puede procudirse, esto es, 2000 toneladas. ■ 5

5 Resuelva el ejemplo 5 con la función producto-intercambio

$$y = \frac{60{,}000 - 10x}{60 + x}$$

para encontrar la cantidad máxima de cada vino que puede producirse.

Respuesta:

6000 toneladas de rojo y 1000 toneladas de blanco

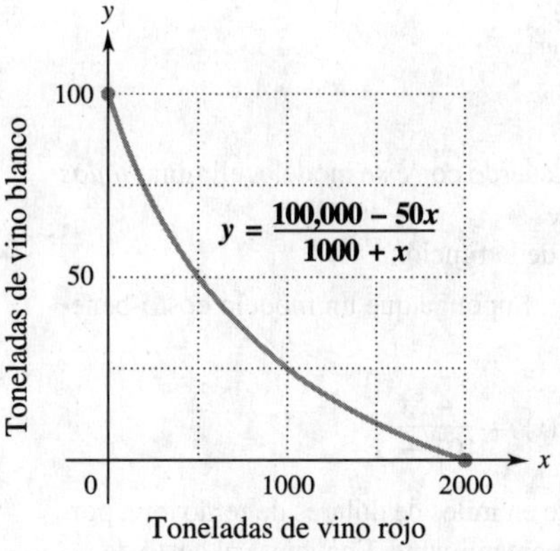

FIGURA 4.23

4.4 EJERCICIOS

Dibuje la gráfica de cada función. Dé las ecuaciones de las asíntotas verticales y horizontales (véanse los ejemplos 1-3).

1. $f(x) = \frac{1}{x + 5}$

2. $g(x) = \frac{-7}{x - 6}$

3. $f(x) = \frac{-3}{2x + 5}$

4. $h(x) = \frac{-4}{2 - x}$

5. $f(x) = \frac{3x}{x - 1}$

6. $g(x) = \frac{x - 2}{x}$

7. $f(x) = \frac{x + 1}{x - 4}$

8. $f(x) = \frac{x - 3}{x + 5}$

9. $f(x) = \frac{2 - x}{x - 3}$

10. $g(x) = \frac{3x - 2}{x + 3}$

11. $f(x) = \frac{2x - 1}{4x + 2}$

12. $f(x) = \frac{3x - 6}{6x - 1}$

13. $h(x) = \frac{x + 1}{x^2 + 3x - 4}$

14. $g(x) = \frac{1}{x(x + 1)^2}$

15. $f(x) = \frac{x^2 + 1}{x^2 - 1}$

16. $f(x) = \frac{x - 1}{x^2 - x - 6}$

Encuentre las ecuaciones de las asíntotas verticales de cada una de las siguientes funciones racionales.

17. $f(x) = \frac{x - 3}{x^2 + x - 2}$

18. $g(x) = \frac{x + 2}{x^2 - 1}$

19. $g(x) = \frac{x^2 + 2x}{x^2 - 4x - 5}$

20. $f(x) = \frac{x^2 - 2x - 4}{x^3 - 2x^2 + x}$

Resuelva estos problemas (véase el ejemplo 4).

21. Ciencias naturales Suponga que un modelo costo-beneficio (véase el ejemplo 4) está dado por

$$f(x) = \frac{4.3x}{100 - x},$$

donde $f(x)$ es el costo en miles de dólares de remover x porcentaje de un contaminante dado. Encuentre el costo de remover cada uno de los siguientes porcentajes de contaminantes.

(continúan ejercicios)

(a) 50% **(b)** 70%
(c) 80% **(d)** 90%
(e) 95% **(f)** 98%
(g) 99%
(h) ¿Es posible, de acuerdo con este modelo, eliminar *todos* los contaminantes?
(i) Trace la gráfica de la función.

22. Ciencias naturales Suponga que un modelo costo-beneficio está dado por

$$f(x) = \frac{4.5x}{101 - x},$$

donde $f(x)$ es el costo en miles de dólares de remover x porcentaje de un cierto contaminante. Encuentre el costo de remover los siguientes porcentajes de contaminantes.
(a) 0% **(b)** 50%
(c) 80% **(d)** 90%
(e) 95% **(f)** 99%
(g) 100%
(h) Trace la gráfica de la función.

23. Administración La empresa SuperStar Cablevision comenzó recientemente a dar servicio a la ciudad de Megapolis. Con base en experiencias pasadas, se estimó que el número $N(x)$ de subscriptores (en miles) al final de x meses es

$$N(x) = \frac{250x}{x + 6}.$$

Encuentre el número de subscriptores al final de
(a) 6 meses
(b) 18 meses
(c) dos años.
(d) Dibuje la gráfica de $N(x)$.
(e) ¿Qué parte de la gráfica es importante para esta situación?
(f) ¿Qué es la asíntota horizontal de la gráfica? ¿Qué sugiere esto acerca del número máximo posible de subscriptores que se tendrán?

24. Ciencias sociales El tiempo de espera promedio en fila para ser atendido está dado por

$$W = \frac{S(S - A)}{A},$$

donde A es la razón promedio con que la gente llega a formarse en la fila y S es el tiempo promedio de servicio. En un cierto restaurante de comida rápida, el tiempo promedio de servicio es de 3 minutos. Encuentre W para cada uno de los siguientes tiempos promedio de arribo.
(a) 1 minuto
(b) 2 minutos
(c) 2.5 minutos
(d) ¿Qué representa la asíntota vertical?
(e) Haga la gráfica de la ecuación sobre el intervalo (0, 3].
(f) ¿Qué pasa a W cuando $A > 3$? ¿Qué significa esto?

25. Administración En la tienda de ropa Ernesto, las ventas diarias de camisas (en dólares) después de x días de publicidad en los periódicos están dadas por

$$S = \frac{600x + 3800}{x + 1}.$$

(a) Trace la gráfica de la porción de la función de ventas del primer cuadrante.
(b) Suponiendo que la publicidad se mantendrá, ¿tenderán las ventas a nivelarse? ¿Cuál es la cantidad mínima de ventas esperada? ¿Qué parte de la gráfica da esta información?
(c) Si la publicidad cuesta $1000 diarios, ¿en qué punto debe suspenderse? ¿Por qué?

Administración *Dibuje la porción del cuadrante I de la gráfica de cada una de las funciones definidas como sigue, y luego estime las cantidades máximas de cada producto que pueden ser producidas (véase el ejemplo 5).*

26. La función de producto-intercambio para gasolina x y aceite calefactor y, en cientos de galones por día, es

$$y = \frac{125{,}000 - 25x}{125 + 2x}.$$

27. Una fábrica de medicamentos encontró que la función de producto-intercambio para un tranquilizador rojo x y un tranquilizador azul y, es

$$y = \frac{900{,}000{,}000 - 30{,}000x}{x + 90{,}000}.$$

28. Física La falla de varios anillos-O en las juntas de campo fue la causa del fatal accidente de la nave espacial *Challenger* en 1986. Los datos de la NASA de 24 lanzamientos con éxito previos al *Challenger* sugieren que la falla de los anillos-O tuvo que ver con la temperatura durante el lanzamiento por medio de una función similar a

$$N(t) = \frac{600 - 7t}{4t - 100} \quad (50 \le t \le 85),$$

donde t es la temperatura (en °F) durante el lanzamiento y N es el número aproximado de anillos-O que fallaron. Suponga que esta función modela exactamente el número de fallas de anillos-O que ocurrirán a temperaturas inferiores de lanzamiento (hipótesis que la NASA no hizo).
(a) ¿Tiene $N(t)$ una asíntota vertical? ¿A qué valor de t se presenta ésta?
(b) Sin dibujarla, ¿cómo cree que se vería la gráfica a la derecha de la asíntota vertical? ¿Qué sugiere esto acerca del número de fallas de anillos-O que podrían esperarse cerca de esa temperatura? (La temperatura durante el lanzamiento del *Challenger* fue de 31°F.)
(c) Confirme su conjetura trazando la gráfica de $N(t)$ entre la asíntota vertical y $t = 85$.

29. Administración Una compañía tiene costos fijos de $40,000 y costo marginal de $2.60 por unidad.

(a) Encuentre la función lineal de costo.

(b) Encuentre la función de costo promedio. (El costo promedio fue definido después del ejemplo 5 de la sección 3.3.)

(c) Encuentre la asíntota horizontal de la gráfica de la función costo promedio. Explique qué significa la asíntota en esta situación (¿cuán bajo puede ser el costo promedio?).

Use una calculadora graficadora para resolver los ejercicios 30 y 31.

30. (a) Trace la gráfica de $f(x) = \dfrac{x^3 + 3x^2 + x + 1}{x^2 + 2x + 1}$.

(b) ¿Parece tener una asíntota horizontal la gráfica? ¿Parece tener la gráfica alguna recta no horizontal como asíntota?

(c) Haga la gráfica de $f(x)$ y la recta $y = x + 1$ sobre la misma pantalla. ¿Parece ser esta recta una asíntota de la gráfica de $f(x)$?

31. (a) Trace la gráfica de $g(x) = \dfrac{x^3 - 2}{x - 1}$ en la ventana con $-4 \leq x \leq 6$ y $-6 \leq y \leq 12$.

(b) Dibuje la gráfica de $g(x)$ y de la parábola $y = x^2 + x + 1$ sobre la misma pantalla. ¿Cómo se comparan las dos gráficas cuando $|x| \geq 2$?

CAPÍTULO 4 RESUMEN

Términos clave y símbolos

4.1 función cuadrática
parábola
vértice
eje

4.2 modelo cuadrático

4.3 función polinomial
gráfica de $f(x) = ax^n$
propiedades de las gráficas polinomiales

4.4 función racional
función racional lineal
asíntota vertical
asíntota horizontal

Conceptos clave

La **función cuadrática** definida por $y = a(x - h)^2 + k$ tiene una gráfica que es una **parábola** con vértice (h, k) y eje de simetría $x = h$. La parábola se abre hacia arriba si $a > 0$, hacia abajo si $a < 0$. Si la ecuación es de la forma $f(x) = ax^2 + bx + c$, el vértice es $\left(-\dfrac{b}{2a}, f\left(-\dfrac{b}{2a}\right)\right)$.

Si un número c hace 0 al denominador de una **función racional**, pero el numerador es diferente de cero, entonces la recta $x = c$ es una **asíntota vertical** de la gráfica.

Siempre que los valores de y tiendan, pero nunca sean iguales, a algún número k cuando $|x|$ sea cada vez más grande, la recta $y = k$ es una **asíntota horizontal** de la gráfica.

Capítulo 4 Ejercicios de repaso

Sin trazar la gráfica, determine si cada una de las siguientes parábolas se abre hacia arriba o hacia abajo y encuentre su vértice.

1. $f(x) = 3(x - 2)^2 + 6$

2. $f(x) = 2(x + 3)^2 - 5$

3. $g(x) = -4(x + 1)^2 + 8$

4. $g(x) = -5(x - 4)^2 - 6$

Dibuje la gráfica de cada una de las siguientes funciones e indique su vértice.

5. $f(x) = x^2 - 4$

6. $f(x) = 6 - x^2$

7. $f(x) = x^2 + 2x - 3$

8. $f(x) = -x^2 + 6x - 3$

9. $f(x) = -x^2 - 4x + 1$

10. $f(x) = 4x^2 - 8x + 3$

11. $f(x) = 2x^2 + 4x - 3$

12. $f(x) = -3x^2 - 12x - 8$

Determine si cada una de las siguientes funciones tiene un valor mínimo o máximo y encuentre ese valor.

13. $f(x) = x^2 + 6x - 2$

14. $f(x) = x^2 + 4x + 5$

15. $g(x) = -4x^2 + 8x + 3$

16. $g(x) = -3x^2 - 6x + 3$

Resuelva los siguientes problemas.

17. Administración El mercado de productos es muy inestable; puede ganarse o perderse dinero rápidamente al invertir en soya, trigo, carne de cerdo, etc. Suponga que un inversionista encontró que $P = -4t^2 + 32t - 20$, en que P es la ganancia total en el tiempo t, medido éste en meses, después de que empezó a invertir. ¿En qué tiempo tuvo lugar su máxima ganancia? (*Sugerencia:* en este caso, $t > 0$.)

18. Física La altura h (en pies) de un cohete en el tiempo t segundos está dada por $h = -16t^2 + 800t$.

(a) ¿Qué tiempo le toma al cohete alcanzar 3200 pies?

(b) ¿Cuál es la altura máxima del cohete?

19. Administración Las ganancias de la empresa Hopkins en miles de dólares están dadas por $P = -4x^2 + 88x - 259$, donde x es el número de cientos de cajas producidas. ¿Cuántas cajas deben producirse para que la empresa tenga ganancias?

20. Administración El administrador de un conjunto de departamentos encontró que la ganancia está dada por $P = -x^2 + 250x - 15{,}000$, donde x es el número de departamentos rentados. ¿Para qué valor de x produce el conjunto la ganancia máxima?

21. Administración Un recinto rectangular va a construirse con tres lados hechos de barda de madera que cuesta \$15 por pie lineal y el cuarto lado se hará de bloques de mampostería que cuestan \$30 por pie lineal. Se disponen de \$900 para el proyecto. ¿Cuáles son las dimensiones de este recinto con área máxima posible y cuál es esta área?

22. Encuentre las dimensiones de la región rectangular de área máxima que puede encerrarse con 200 metros de barda.

23. Administración La siguiente tabla muestra los gastos del gobierno federal (en miles de millones de dólares) en medicina social en años seleccionados.

Año	1981	1985	1989	1993
Gastos	40	70	90	140

(a) Considere que $x = 0$ corresponde a 1980. Considerando los puntos dato (1, 40), (5, 70), etc., ajuste un modelo cuadrático, encuentre una función cuadrática $f(x) = a(x - h)^2 + k$ que modele los datos usando (1, 40) como vértice y (13, 140) para determinar a.

(b) Suponiendo que este modelo permanece válido, ¿cuáles son los gastos por medicina social (al mil millones más cercano) en 1999 y en 2000?

Trace la gráfica de cada una de las siguientes funciones polinomiales.

24. $f(x) = x^4 - 2$

25. $g(x) = x^3 - x$

26. $g(x) = x^4 - x^2$

27. $f(x) = x(x - 2)(x + 3)$

28. $f(x) = (x - 1)(x + 2)(x - 3)$

29. $f(x) = x(2x - 1)(x + 2)$

30. $f(x) = 3x(3x + 2)(x - 1)$

31. $f(x) = 2x^3 - 3x^2 - 2x$

32. $f(x) = x^3 - 3x^2 - 4x$

33. $f(x) = x^4 - 5x^2 - 6$

34. $f(x) = x^4 - 7x^2 - 8$

Dé las asíntotas verticales y horizontales de cada función y dibuje su gráfica.

35. $f(x) = \dfrac{1}{x - 3}$

36. $f(x) = \dfrac{-2}{x + 4}$

37. $f(x) = \dfrac{-3}{2x - 4}$

38. $f(x) = \dfrac{5}{3x + 7}$

39. $g(x) = \dfrac{5x - 2}{4x^2 - 4x - 3}$

40. $g(x) = \dfrac{x^2}{x^2 - 1}$

41. Administración El costo promedio por unidad de producir x cartones de cocoa está dado por

$$C(x) = \frac{650}{2x + 40}.$$

Encuentre el costo promedio por cartón para hacer los siguientes números de cartones.
(a) 10 cartones
(b) 50 cartones
(c) 70 cartones
(d) 100 cartones
(e) Trace la gráfica de $C(x)$.

42. Administración Las funciones de costo e ingreso (en dólares) para una tienda de yoghurt congelado están dadas por

$$C(x) = \frac{400x + 400}{x + 4} \quad \text{y} \quad R(x) = 100x,$$

donde x se mide en cientos de unidades.
(a) Dibuje la gráfica de $C(x)$ y $R(x)$ sobre los mismos ejes.
(b) ¿Cuál es el punto de equilibrio para esta tienda?
(c) Si la función de ganancia está dada por $P(x)$, ¿$P(1)$ representa una ganancia o una pérdida?
(d) ¿$P(4)$ representa una ganancia o una pérdida?

43. Administración Las funciones de oferta y demanda para la tienda de yoghurt en el ejercicio 42 son las siguientes:

$$\text{oferta: } p = \frac{q^2}{4} + 25; \quad \text{demanda: } p = \frac{500}{q},$$

donde p es el precio en dólares de q cientos de unidades de yoghurt.
(a) Trace la gráfica de ambas funciones sobre los mismos ejes y de la gráfica estime el punto de equilibrio.
(b) Dé los intervalos q donde la oferta excede a la demanda.
(c) Dé los intervalos q donde la demanda excede a la oferta.

44. Administración Una curva costo-beneficio para control de contaminantes está dada por

$$y = \frac{9.2x}{106 - x},$$

donde y es el costo en miles de dólares de eliminar x porcentaje de un contaminante industrial específico. Encuentre y para cada uno de los siguientes valores de x.
(a) $x = 50$
(b) $x = 98$
(c) ¿Qué porcentaje del contaminante puede eliminarse por $22,000?

CASO 4

Códigos correctores de errores*

Tanto el satélite *Voyager* como los discos compactos de música envían datos sobre canales "ruidosos", por lo que se necesitan procedimientos de corrección de errores para obtener la información original. Para ver cómo trabajan esos procedimientos, considere un mensaje simple de 2 palabras codificado como los números 2.6 y 5.7. Esta información será interpretada como los pares ordenados (1, 2.6) y (2, 5.7), donde los primeros números indican la posición de la palabra en el mensaje.

Esos dos pares determinan una recta, cuya ecuación es $y = 3.1x - 0.5$. Esta ecuación puede usarse para encontrar más pares, por ejemplo: (3, 8.8), (4, 11.9), (5, 15.0) y (6, 18.1). Ahora el mensaje se envía codificado como (2.6, 5.7, 8.8, 11.9, 15.0, 18.1). Esto establece un fuerte patrón que hace posible recuperar cualesquiera datos que se hayan recibido incorrectamente. Por ejemplo, si los datos se recibieron como (5.7, 2.6, 8.8, 11.9, 15.0, 18.1), después de marcar los puntos, los cuatro puntos colineales podrían usarse para determinar la ecuación de la recta que los contiene. Entonces, sustituyendo las coordenadas x de los puntos que no ajustan, los valores y correctos pueden determinarse.

*Linda Kurz, "Error-Correcting Codes", publicado en *Snapshots of Applications in Mathematics*, editado por Dennis Callas y David J. Hildreth en el *AMATYC Review*, otoño de 1995.

Mensajes con más palabras requieren polinomios de orden superior, pero el mismo procedimiento puede usarse. Una calculadora graficadora con la opción de regresión polinomial puede usarse para encontrar un polinomio que pase por los puntos. (Para la sintaxis correcta, busque "regresión" en el índice de su manual de instrucciones.)

EJERCICIOS

1. Use el método analizado aquí para determinar el mensaje correcto de 2 palabras si se recibe (2.9, 14.1, 8.5, 11.3, 5.7, 16.9).
2. Un mensaje de 3 palabras requiere una ecuación cuadrática. Suponga que el mensaje por enviar es (1.2, 2.5, 3.7). Use regresión cuadrática en una calculadora para encontrar una ecuación cuadrática que satisfaga los correspondientes pares ordenados (1, 1.2), (2, 2.5), (3, 3.7). Encuentre los puntos $(4, y)$, $(5, y)$, $(6, y)$ y $(7, y)$. ¿Qué mensaje se enviaría?
3. Si su calculadora puede efectuar regresión cúbica, genere un fuerte patrón con ocho puntos para enviar el siguiente mensaje: (2.3, 1.1, 1.7, 2.4).

CAPÍTULO 5

Funciones exponenciales y logarítmicas

5.1 Funciones exponenciales
5.2 Aplicaciones de las funciones exponenciales
5.3 Funciones logarítmicas
5.4 Aplicaciones de las funciones logarítmicas
CASO 5 Características del pez monkeyface

Las funciones exponenciales y logarítmicas juegan un papel clave en Administración, Economía, Ciencias sociales, Física e Ingeniería. Se usan para estudiar el crecimiento de dinero y organizaciones; curvas de aprendizaje, el crecimiento de poblaciones humanas, de animales y de bacterias; la difusión de enfermedades y el decaimiento radiactivo. Los ejemplos específicos de aplicaciones que implican expresiones con exponentes variables se dan en los ejercicios a lo largo de todo el capítulo.

5.1 FUNCIONES EXPONENCIALES

En las funciones polinomiales, la variable está elevada a varios exponentes constantes; por ejemplo, $f(x) = x^2 + 3x - 5$. En las *funciones exponenciales*, como

$$f(x) = 10^x \quad \text{o} \quad g(x) = 2^{-x^2} \quad \text{o} \quad h(x) = 3^{.6x},$$

la variable está en el exponente y la base es una constante positiva. Las funciones exponenciales pueden usarse para modelar situaciones tales como el robo de vehículos en Estados Unidos, como veremos en el ejercicio 53. Comenzamos con el tipo más simple de función exponencial.

Si a es una constante positiva diferente de 1, entonces la función definida por

$$f(x) = a^x$$

se llama **función exponencial con base *a*.**

La función $f(x) = 1^x$ es la función constante $f(x) = 1^x = 1$. Las funciones exponenciales con bases negativas no son de interés porque cuando a es negativa, a^x puede no estar definida para algunos valores de x; por ejemplo, $(-4)^{1/2} = \sqrt{-4}$ no es un número real.

EJEMPLO 1 Haga la gráfica de cada función exponencial y describa sus características.

(a) $f(x) = 2^x$

Comience haciendo una tabla de valores de x y y, como se muestra en la figura 5.1. Marque los puntos y dibuje una curva suave a través de ellos. De la gráfica podemos ver que $f(x)$ (o y) crece conforme x se incrementa. Sin embargo, no hay una asíntota vertical. La gráfica se acerca al eje x negativo, pero nunca lo tocará porque *toda* potencia de 2 es positiva. El eje x es entonces una asíntota horizontal. Como x puede tomar cualquier número real, el dominio es el conjunto de todos los números reales. Como 2^x es siempre positivo, el rango es el conjunto de los números reales positivos.

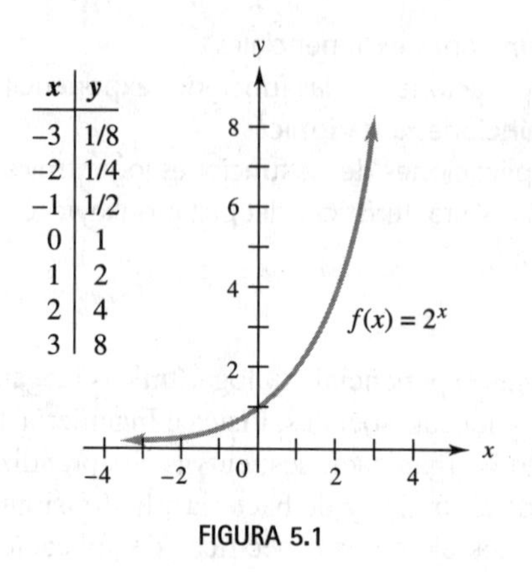

x	y
−3	1/8
−2	1/4
−1	1/2
0	1
1	2
2	4
3	8

FIGURA 5.1

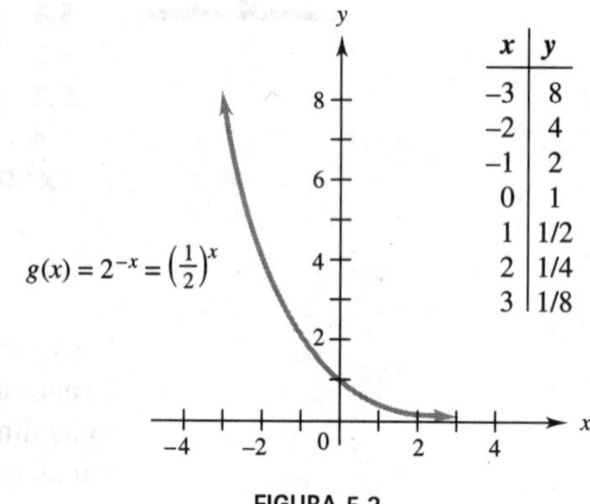

x	y
−3	8
−2	4
−1	2
0	1
1	1/2
2	1/4
3	1/8

FIGURA 5.2

1 Trace la gráfica de

$f(x) = \left(\dfrac{1}{3}\right)^x$.

Respuesta:

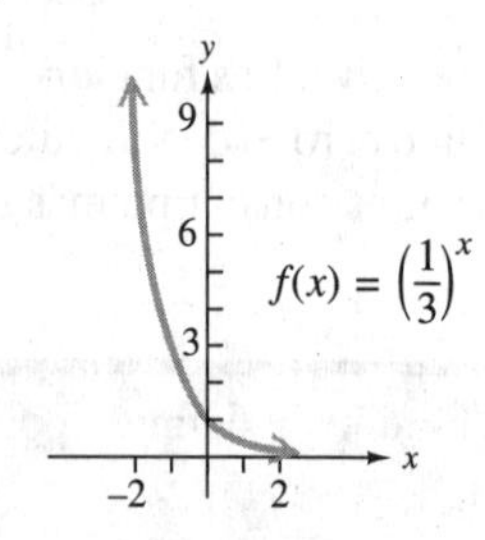

(b) $g(x) = 2^{-x}$

De nuevo construimos una tabla de valores y dibujamos una curva suave a través de los puntos resultantes. Esta gráfica, en la figura 5.2, se acerca al eje x positivo conforme x se incrementa, por lo que el eje x es de nuevo una asíntota horizontal. La gráfica indica que $g(x)$ decrece cuando x crece. Advierta que

$$2^{-x} = \frac{1}{2^x} = \left(\frac{1}{2}\right)^x,$$

por las propiedades de los exponentes. La gráfica de $g(x) = (1/2)^x$ es imagen especular de la gráfica de $f(x) = 2^x$, con el eje y como espejo. El dominio y rango son los mismos que para $f(x)$. ■ 1

La gráfica de $f(x) = 2^x$ en la figura 5.1 ilustra el **crecimiento exponencial**, que es más explosivo que el crecimiento polinomial. Por ejemplo, si la gráfica en la figura 5.1 se extendiese sobre la misma escala para incluir el punto $(50, 2^{50})$, la gráfica tendría más de 1500 millones de *millas* de altura. Asimismo, la gráfica de $g(x) = 2^{-x} = (1/2)^x$ ilustra el **decaimiento exponencial**.

Cuando $a > 1$, la gráfica de la función exponencial $h(x) = a^x$ tiene la misma forma básica que la gráfica de $f(x) = 2^x$ en la figura 5.1. Tiene el eje x negativo como asíntota horizontal hacia la izquierda, cruza el eje y en 1, y se eleva en forma muy empinada hacia la derecha. Entre mayor es la base a, más empinada es la gráfica, como se ilustra en la figura 5.3(a).

Cuando $0 < a < 1$, la gráfica de $h(x) = a^x$ tiene la misma forma básica que la gráfica de $g(x) = (1/2)^x$ en la figura 5.2. En la figura 5.3(b) se muestran gráficas de algunas funciones exponenciales típicas con $0 < a < 1$.

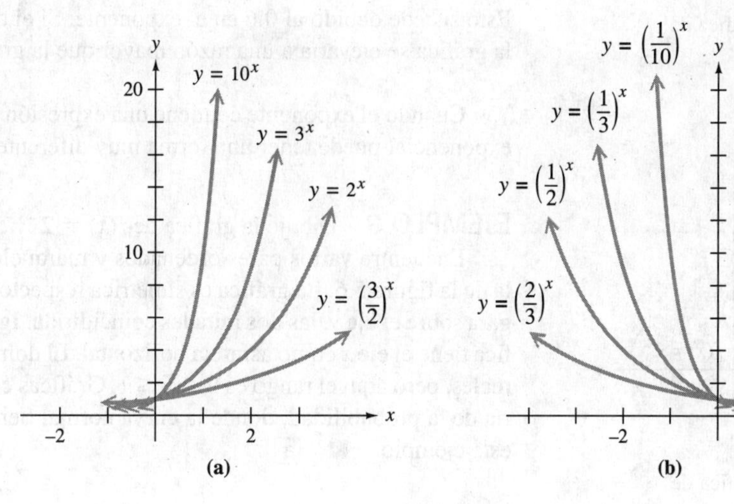

FIGURA 5.3

Las gráficas de funciones exponenciales como $f(x) = 3^{1-x}$ o $g(x) = 2^{.6x}$ o $h(x) = 3 \cdot 10^{2x+1}$ tienen la misma forma general que las gráficas exponenciales anteriores. Las únicas diferencias son que la gráfica puede subir o descender a una razón diferente o que toda la gráfica puede estar desplazada vertical u horizontalmente.

EJEMPLO 2 Dibuje la gráfica de $f(x)$ y $g(x)$ como se definen abajo y explique cómo están relacionadas las dos gráficas.

(a) $f(x) = 3^{1-x}$ y $g(x) = 3^{-x}$

Escoja valores de x que hagan al exponente positivo, cero y negativo, y marque los puntos correspondientes. Las gráficas se muestran en la figura 5.4. La gráfica de $f(x) = 3^{1-x}$ tiene la misma forma que la gráfica de $g(x) = 3^{-x}$, pero está desplazada 1 unidad hacia la derecha, lo que hace que la intersección con el eje y sea (0, 3) en vez de (0,1).

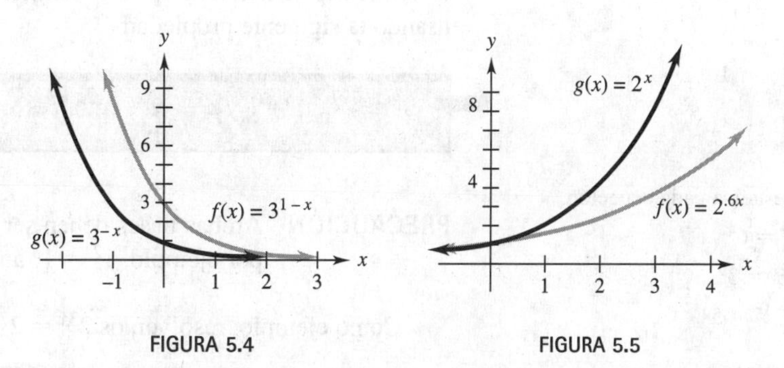

FIGURA 5.4

FIGURA 5.5

(b) $f(x) = 2^{.6x}$ y $g(x) = 2^x$

Comparando las gráficas de $f(x) = 2^{.6x}$ y $g(x) = 2^x$ en la figura 5.5, vemos que las gráficas son ambas crecientes, pero la gráfica de $f(x)$ se eleva a una razón menor.

2 Trace la gráfica de $f(x) = 2^{x+1}$.

Respuesta:

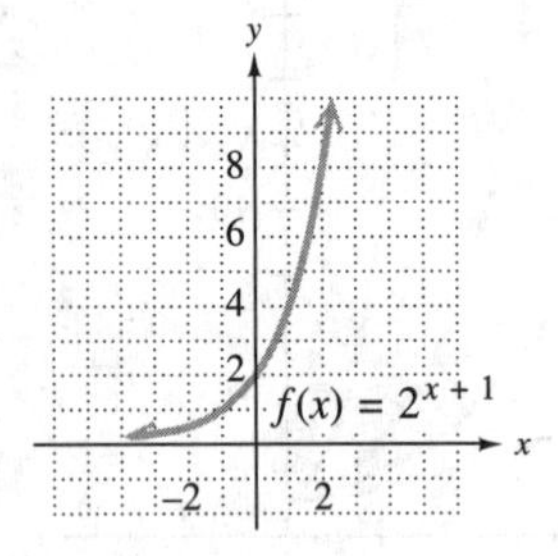

Esto sucede debido al 0.6 en el exponente. Si el coeficiente de x fuese mayor que 1, la gráfica se elevaría a una razón mayor que la gráfica de $f(x) = 2^x$. ■ **2**

Cuando el exponente contiene una expresión no lineal en x, la gráfica de función exponencial puede tener una forma muy diferente a las anteriores.

EJEMPLO 3 Dibuje la gráfica de $f(x) = 2^{-x^2}$.

Encuentre varios pares ordenados y márquelos. Debe obtener una gráfica como la de la figura 5.6. La gráfica es simétrica respecto al eje y, es decir, si la figura se plegara sobre el eje y, las dos mitades coincidirían. Igual que la gráfica anterior, esta gráfica tiene el eje x como asíntota horizontal. El dominio es aún el de todos los números reales, pero aquí el rango es $0 < y \leq 1$. Gráficas como ésta son importantes en la teoría de la probabilidad, donde la curva normal tiene una ecuación similar a la $f(x)$ en este ejemplo. ■ **3**

3 Haga la gráfica de $f(x) = \left(\frac{1}{2}\right)^{-x^2}$.

Respuesta:

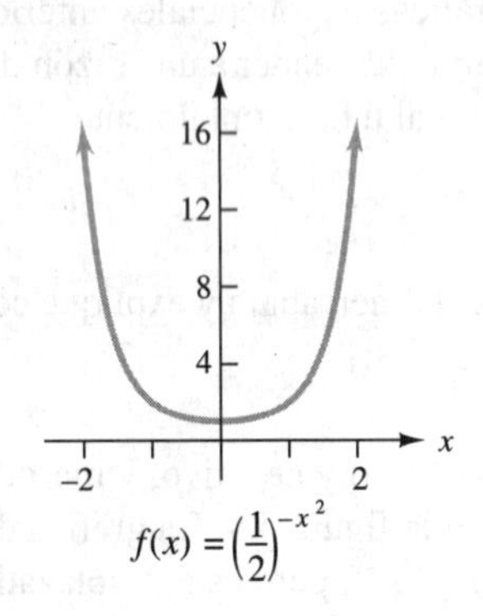

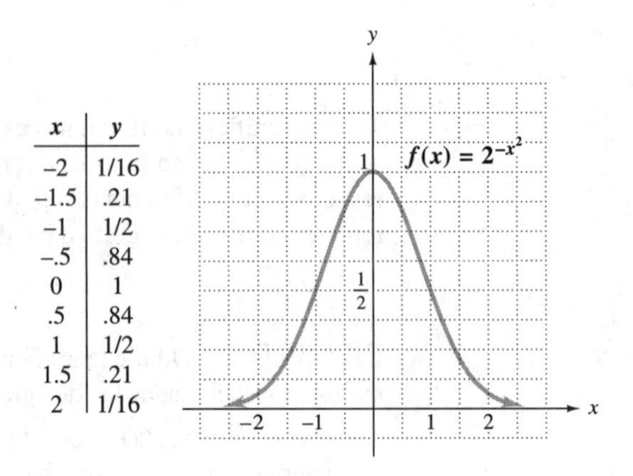

x	y
−2	1/16
−1.5	.21
−1	1/2
−.5	.84
0	1
.5	.84
1	1/2
1.5	.21
2	1/16

FIGURA 5.6

Las gráficas de funciones exponenciales típicas $y = a^x$ en la figura 5.3, sugieren que un valor dado de x conduce a exactamente un valor de a^x y que cada valor de a^x corresponde exactamente a un valor de x. Debido a esto, una ecuación con una variable en el exponente, llamada una **ecuación exponencial**, puede a menudo resolverse usando la siguiente propiedad.

> Si $a > 0$, $a \neq 1$ y $a^x = a^y$, entonces $x = y$.

PRECAUCIÓN Ambas bases deben ser iguales. El valor $a = 1$ se excluye porque, por ejemplo, $1^2 = 1^3$ aun cuando $2 \neq 3$. ◆

Como ejemplo, resolvemos $2^{3x} = 2^7$ usando esta propiedad, como sigue:

$$2^{3x} = 2^7$$

$$3x = 7$$

$$x = \frac{7}{3}. \quad \boxed{4}$$

4 Resuelva cada ecuación.

(a) $6^x = 6^4$

(b) $3^{2x} = 3^9$

(c) $5^{-4x} = 5^3$

Respuestas:

(a) 4

(b) 9/2

(c) −3/4

[5] Resuelva cada ecuación.

(a) $8^{2x} = 4$

(b) $5^{3x} = 25^4$

(c) $36^{-2x} = 6$

Respuestas:

(a) 1/3

(b) 8/3

(c) −1/4

EJEMPLO 4 Resuelva $9^x = 27$.

Primero reescriba ambos lados de la ecuación de manera que las bases sean las mismas. Como $9 = 3^2$ y $27 = 3^3$,

$$(3^2)^x = 3^3$$
$$3^{2x} = 3^3$$
$$2x = 3$$
$$x = \frac{3}{2}. \quad \blacksquare \quad \boxed{5}$$

Las funciones exponenciales tienen muchas aplicaciones prácticas. Por ejemplo, en situaciones que implican crecimiento o decaimiento de una cantidad, la cantidad presente en un tiempo dado t es a menudo determinada por una función exponencial de t.

EJEMPLO 5 El Panel Internacional sobre Cambio en el Clima encontró en 1990 que si la tendencia de quema de combustibles fósiles y deforestación continúa, entonces las cantidades futuras de bióxido de carbono en partes por millón (ppm), se incrementarán como se muestra en la tabla.

Año	*Bióxido de carbono*
1990	353
2000	375
2075	590
2175	1090
2275	2000

(a) Marque los datos. ¿Parecen crecer exponencialmente (siguen una curva exponencial) los niveles de bióxido de carbono?

En la figura 5.7(a) mostramos una gráfica generada por calculadora de los datos. Éstos parecen tener la forma de la gráfica de una función exponencial creciente.

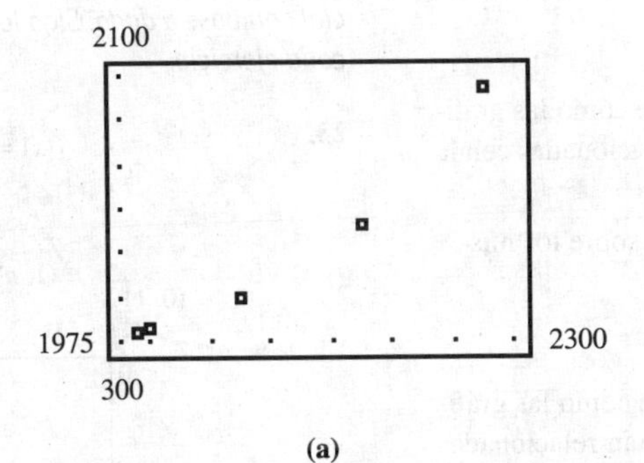

(a)

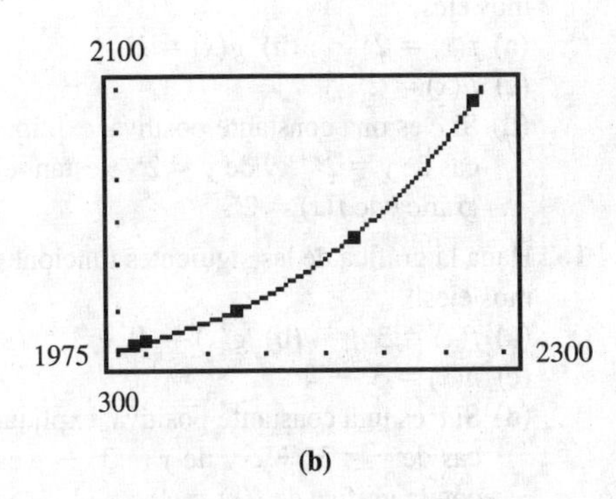

(b)

FIGURA 5.7

6 El número de organismos presentes en el tiempo t está dado por $f(t) = 75(2.5)^{.5t}$.

(a) ¿Es ésta una función de crecimiento o una función de decaimiento?

Encuentre el número de organismos presentes en

(b) $t = 0$;

(c) $t = 2$;

(d) $t = 4$.

Respuestas:

(a) Una función de crecimiento

(b) 75

(c) Aproximadamente 188

(d) Aproximadamente 469

(b) Un buen modelo para los datos está dado por

$$y = 353(1.0061)^{t-1990}.$$

La gráfica de la calculadora para esta función en la figura 5.7(b) muestra que ajusta bastante bien los puntos dato. Use el modelo para encontrar el nivel de bióxido de carbono en el año 2005.

Haga $t = 2005$ y evalúe y.

$$y = 353(1.0061)^{t-1990}$$
$$y = 353(1.0061)^{2005-1990}$$
$$y = 353(1.0061)^{15} \approx 387$$

En el año 2005 el modelo muestra que el nivel de bióxido de carbono será de 387 ppm. ■ 6

5.1 EJERCICIOS

Clasifique cada función como lineal, cuadrática o exponencial.

1. $f(x) = 2x^2 + x - 3$ **2.** $g(x) = 5^{x-3}$

3. $h(x) = 3 \cdot 6^{2x^2+4}$ **4.** $f(x) = 3x + 1$

Sin trazarla, **(a)** *describa la forma de la gráfica de cada función, y* **(b)** *complete los pares ordenados (0,) y (1,) para cada función (véanse los ejemplos 1-2).*

5. $f(x) = .8^x$ **6.** $g(x) = 6^{-x}$

7. $f(x) = 5^{.4x}$ **8.** $g(x) = -(2^x)$

Dibuje la gráfica de cada función (véanse los ejemplos 1-2).

9. $f(x) = 3^x$ **10.** $g(x) = 3^{.5x}$

11. $f(x) = 2^{x/2}$ **12.** $g(x) = 4^{-x}$

13. $f(x) = (1/5)^x$ **14.** $g(x) = 2^{3x}$

15. Trace la gráfica de las siguientes funciones sobre los mismos ejes.

(a) $f(x) = 2^x$ **(b)** $g(x) = 2^{x+3}$

(c) $h(x) = 2^{x-4}$

(d) Si c es una constante positiva, explique cómo las gráficas de $y = 2^{x+c}$ y de $y = 2^{x-c}$ están relacionadas con la gráfica de $f(x) = 2^x$.

16. Haga la gráfica de las siguientes funciones sobre los mismos ejes.

(a) $f(x) = 3^x$ **(b)** $g(x) = 3^x + 2$

(c) $h(x) = 3^x - 4$

(d) Si c es una constante positiva, explique cómo las gráficas de $y = 3^x + c$ y de $y = 3^x - c$ están relacionadas con la gráfica de $f(x) = 3^x$.

La figura muestra las gráficas de $y = a^x$ para $a = 1.8, 2.3, 3.2, 0.4, 0.75$ y 0.31. Están identificadas por letras, pero no necesariamente en el mismo orden que los valores antes dados. Use su conocimiento de cómo se comporta la función exponencial para varias potencias de a para asociar la letra de cada gráfica con el valor correcto de a.

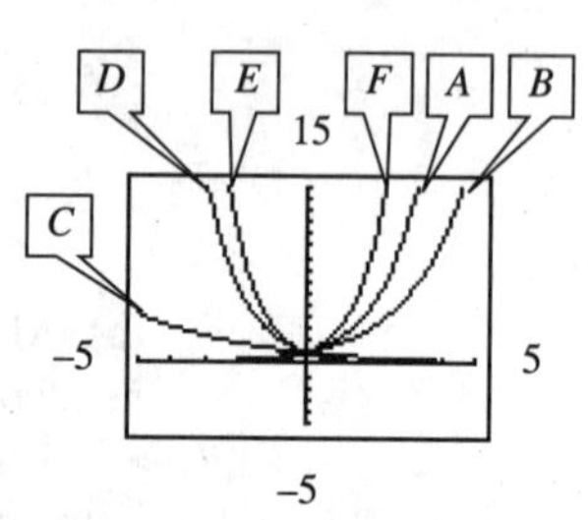

17. *A* **18.** *B* **19.** *C* **20.** *D* **21.** *E* **22.** *F*

En los ejercicios 23 y 24, se da la gráfica de una función exponencial con base a dada. Siga las instrucciones en las partes (a)-(f) en cada ejercicio.

23.

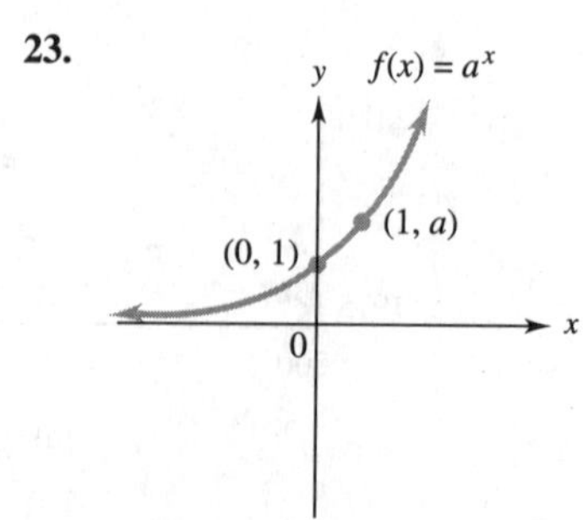

(a) ¿Es $a > 1$ o es $0 < a < 1$?
(b) Dé el dominio y el rango de f.
(c) Dibuje la gráfica de $g(x) = -a^x$.
(d) Dé el dominio y rango de g.
(e) Dibuje la gráfica de $h(x) = a^{-x}$.
(f) Dé el dominio y rango de h.

24.

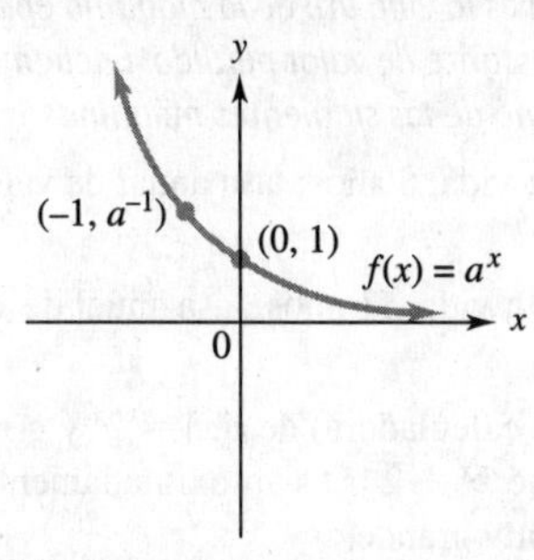

(a) ¿Es $a > 1$ o es $0 < a < 1$?
(b) Dé el dominio y rango de f.
(c) Dibuje la gráfica de $g(x) = a^x + 2$.
(d) Dé el dominio y rango de g.
(e) Dibuje la gráfica de $h(x) = a^{x+2}$.
(f) Dé el dominio y rango de h.

25. Si $f(x) = a^x$ y $f(3) = 27$, encuentre los siguientes valores de $f(x)$.
(a) $f(1)$
(b) $f(-1)$
(c) $f(2)$
(d) $f(0)$

26. Dé una ecuación de la forma $f(x) = a^x$ para definir la función exponencial cuya gráfica contiene el punto dado.
(a) (3, 8)
(b) (−3, 64)

Dibuje la gráfica de cada función (véase el ejemplo 3).

27. $f(x) = 2^{-x^2+2}$

28. $g(x) = 2^{x^2-2}$

29. $f(x) = x \cdot 2^x$

30. $f(x) = x^2 \cdot 2^x$

Resuelva cada ecuación (véase el ejemplo 4).

31. $5^x = 25$

32. $3^x = \dfrac{1}{9}$

33. $4^x = 64$

34. $a^x = a^2 \quad (a > 0)$

35. $16^x = 64$

36. $\left(\dfrac{3}{4}\right)^x = \dfrac{16}{9}$

37. $5^{-2x} = \dfrac{1}{25}$

38. $3^{x-1} = 9$

39. $16^{-x+1} = 8$

40. $25^{-2x} = 3125$

41. $81^{-2x} = 3^{x-1}$

42. $7^{-x} = 49^{x+3}$

43. $2^{|x|} = 16$

44. $5^{-|x|} = \dfrac{1}{25}$

45. $2^{x^2-4x} = \dfrac{1}{16}$

46. $5^{x^2+x} = 1$

47. Use una calculadora y la gráfica de $f(x) = 2^x$ para explicar por qué la solución de $2^x = 12$ debe ser un número entre 3.5 y 3.6.

48. Explique por qué la ecuación $4^{x^2+1} = 2$ no tiene soluciones.

Resuelva los siguientes ejercicios.

49. Administración Si se deposita $1 en una cuenta que da un interés compuesto anualmente del 6%, entonces después de t años la cuenta contendrá

$$y = (1 + .06)^t = (1.06)^t$$

dólares.
(a) Use una calculadora para completar la siguiente tabla.

t	0	1	2	3	4	5	6	7	8	9	10
y	1					1.34					1.79

(b) Trace la gráfica de $y = (1.06)^t$.

50. Administración Si el dinero pierde valor a razón de 3% por año, el valor de $1 en t años está dado por

$$y = (1 - .03)^t = (.97)^t.$$

(a) Use calculadora para completar la siguiente tabla.

t	0	1	2	3	4	5	6	7	8	9	10
y	1					.86					.74

(b) Trace la gráfica de $y = (.97)^t$.

51. Administración Si el dinero pierde valor, entonces se necesitan más dólares para comprar el mismo artículo. Use los resultados del ejercicio 50(a) para responder las siguientes preguntas.
(a) Suponga que una casa cuesta hoy $105,000. Estime el costo de una casa similar en 10 años. (*Sugerencia:* resuelva la ecuación $0.74t = \$105{,}000$.)
(b) Estime el costo de un libro de texto de $50 en 8 años.

52. Ciencias naturales Los biólogos que estudian el salmón han encontrado que el consumo de oxígeno del salmón añal está dado por $100(3)^{.6x}$, donde x es la velocidad en pies por segundo. Halle lo siguiente:
(a) El consumo de oxígeno cuando el pez está en reposo.
(b) El consumo de oxígeno a una velocidad de 2 pies por segundo.

53. Ciencias sociales El robo de vehículos en Estados Unidos se ha elevado exponencialmente desde 1972. El número de vehículos robados (en millones) puede aproximarse por $f(x) = 0.88(1.03)^x$, donde $x = 0$ representa el año 1972. Use esta función para estimar el número de vehículos robados en los siguientes años.
(a) 1980
(b) 1990
(c) 2000

54. Ciencias naturales La cantidad (en centímetros cúbicos) de una tintura indicadora inyectada en la corriente sanguínea decrece exponencialmente según la función $f(x) = 6(3^{-0.03x})$, donde x es el número de minutos desde que la tintura se inyectó. ¿Cuánta tintura queda después de 10 minutos?

55. Ciencias sociales El número de personas en una empresa que han oído un rumor después de t días está dado por $f(t) = (2.7)^{0.8t}$. ¿Cuántas personas habrán oído el rumor después de
(a) 3 días?
(b) 5 días?
(c) 8 días?

56. Ciencias sociales Si la población del mundo continúa creciendo con la tasa presente, la población en miles de millones en el año t estará dada por la función $P(t) = 4.2(2^{0.0285(t-1980)})$.
(a) Había menos de mil millones de gente en la Tierra cuando Thomas Jefferson murió en 1826. ¿Cuál era la población del mundo en 1980? Si este modelo es exacto, ¿cuál será la población del mundo en los años
(b) 2000?
(c) 2010?
(d) 2040?

57. Ciencias sociales Usando la función en el ejercicio 56 y experimentando con una calculadora, estime cuántos años pasarán para que la población del mundo en el año 2000 se triplique. ¿Es probable que usted esté vivo aún?

58. Ciencias naturales La cantidad de plutonio que queda de un kilogramo después de x años está dada por la función $W(x) = 2^{-x/24360}$. ¿Cuánto queda después de
(a) 1000 años?
(b) 10,000 años?
(c) 15,000 años?
(d) Estime cuánto tiempo se requiere para que un kilogramo decaiga a la mitad de su peso original. Esto puede ayudar a explicar por qué la eliminación del desecho nuclear es un serio problema.

Administración *El valor de desecho de una máquina es el valor de la máquina al final de su vida útil. Según un método de calcular el valor de desecho, donde se supone que se pierde anualmente un porcentaje constante de valor, el valor de desecho S está dado por*

$$S = C(1 - r)^n,$$

donde C es el costo original, n es la vida útil de la máquina en años y r es el porcentaje anual constante de valor perdido. Encuentre el valor de desecho para cada una de las siguientes máquinas.

59. Costo original, \$54,000; vida, 8 años; tasa anual de valor perdido, 12%.

60. Costo original, \$178,000; vida, 11 años; tasa anual de valor perdido, 14%.

61. Use las gráficas (no una calculadora) de $f(x) = 2^x$ y $g(x) = 2^{-x}$ para explicar por qué $2^x + 2^{-x}$ es aproximadamente igual a 2^x cuando x es muy grande.

62. Administración El número de usuarios de Internet se estimó igual a 1.6 millones en octubre de 1989 e igual a 39 millones en octubre de 1994.* Este crecimiento puede aproximarse por una función exponencial.
(a) Escriba dos pares ordenados que satisfagan la función. Considere que 0 representa octubre de 1989, 1 representa octubre de 1990, etc.
(b) Encuentre una función exponencial de la forma $f(x) = b \cdot a^x$. (*Sugerencia:* escriba dos ecuaciones usando los pares ordenados del inciso (a) y úselos para determinar b y a.)
(c) Use el resultado del inciso (b) para determinar $f(3)$. Interprete su resultado.

Use una calculadora graficadora para los ejercicios 63 y 64.

63. Ciencias naturales El número de moscas presentes después de t días de un experimento está dado por $p(t) = 100 \cdot 3^{t/10}$. ¿Cuántas moscas estarán presentes después de
(a) 15 días? **(b)** 25 días?
(c) ¿Cuándo será de 3500 la población de moscas? (*Sugerencia:* ¿dónde corta la gráfica de p a la recta horizontal $y = 3500$?)

64. Ciencias naturales La población de peces en un cierto lago en el tiempo t meses está dada por la función

$$p(t) = \frac{20,000}{1 + 24(2^{-.36t})}.$$

(a) Haga la gráfica de la función de población de $t = 0$ a $t = 48$ (un periodo de cuatro años).
(b) ¿Cuál es la población al principio?
(c) Use la gráfica para estimar el periodo de un año en el que la población crece más rápidamente.
(d) ¿Cuándo será la población de 25,000? ¿Qué factores de la naturaleza podrían explicar su respuesta?

*Genesis Corporation.

5.2 APLICACIONES DE LAS FUNCIONES EXPONENCIALES

[1] Evalúe las siguientes potencias de e.

(a) $e^{.06}$

(b) $e^{-.06}$

(c) $e^{2.30}$

(d) $e^{-2.30}$

Respuestas:

(a) 1.06184

(b) .94176

(c) 9.97418

(d) .10026

Un cierto número irracional, denotado por e, surge naturalmente en varias situaciones matemáticas (de la misma manera en que el número π aparece cuando se considera el área de un círculo). Con nueve cifras decimales,

$$e = 2.718281828.$$

Tal vez la función exponencial más útil es la función definida por $f(x) = e^x$.

SUGERENCIA TECNOLÓGICA Para evaluar las potencias de e con una calculadora, use la tecla [e^x]. En algunas calculadoras, tendrá que usar las dos teclas [INV] [LN] o [2nd] [LN]. Por ejemplo, su calculadora debe mostrar que $e^{.14} = 1.150273799$ con 8 cifras decimales. Si esas teclas no funcionan, consulte el manual de instrucciones de su calculadora. ✔ [1]

N O T A Para que su calculadora exhiba el desarrollo decimal de e, calcule e^1. ◆

En la figura 5.8, las funciones definidas por

$$g(x) = 2^x, \quad f(x) = e^x \quad \text{y} \quad h(x) = 3^x$$

cuyas gráficas están trazadas para su comparación.

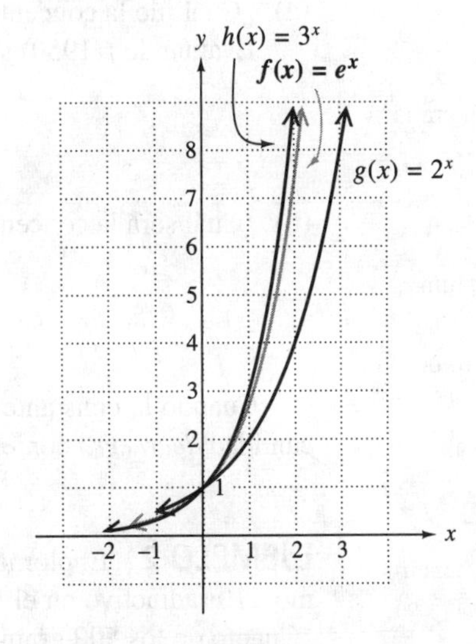

FIGURA 5.8

En muchas situaciones en biología, economía y ciencias sociales, una cantidad cambia según una razón proporcional a la cantidad presente. En tales casos, la cantidad presente en el tiempo t es una función de t llamada *función exponencial de crecimiento.*

FUNCIÓN DE CRECIMIENTO EXPONENCIAL

Bajo condiciones normales, el crecimiento es descrito por la función

$$f(t) = y_0 e^{kt},$$

donde $f(t)$ es la cantidad presente en el tiempo t, y_0 es la cantidad presente en el tiempo $t = 0$ y k es una constante que depende de la razón de crecimiento.

Se entiende en este contexto que "crecimiento" puede implicar un crecimiento positivo o un crecimiento negativo. El siguiente es un ejemplo de crecimiento positivo.

EJEMPLO 1 Los clorofluorocarobonos (CFCs) son gases de invernadero que se generaron con varios productos después de 1930. Los CFCs se encuentran en unidades de refrigeración, agentes espumantes y aerosoles. Ellos tienen gran potencial para destruir la capa de ozono. En consecuencia, los gobiernos han acordado terminar su producción hacia el año 2000. El CFC-11 es un CFC que ha crecido más rápido que cualquier otro gas de invernadero. La función exponencial

$$f(x) = .05e^{.03922(x-1950)}$$

modela la concentración del CFC-11 atmosférico en partes por mil millones (ppmm) de 1950 a 2000, donde x es el año.* Éste es un ejemplo de una función exponencial creciente con $k = 0.03922$ y $y_0 = 0.05$.

(a) ¿Cuál fue la concentración del CFC-11 atmosférico en 1950?
Evaluando $f(1950)$ se obtiene

$$f(1950) = .05e^{.03922(1950-1950)}$$
$$= .05e^0 = .05 \text{ ppmm.}$$

(b) ¿Cuál será la concentración en el año 2000?

$$f(2000) = .05e^{.03922(2000-1950)}$$
$$\approx .355 \text{ ppmm}$$ ■ [2]

Cuando la constante k en la función de crecimiento exponencial es negativa, la cantidad *decrecerá* con el tiempo, es decir, se volverá más pequeña.

EJEMPLO 2 El plomo-210 radiactivo decae a polonio-210. La cantidad y de plomo-210 radiactivo en el tiempo t está dada por $y = y_0 e^{-.032t}$, donde t está en años. ¿Cuánto de los 500 gramos iniciales de plomo-210 quedan después de 5 años?

Como la cantidad inicial es de 500 gramos, $y_0 = 500$. Sustituya 500 por y_0 y 5 por t en la definición de la función

$$y = 500e^{-.032(5)} \approx 426$$

Quedan aproximadamente 426 gramos. ■ [3]

[2] En el ejemplo 1, ¿cuál era la concentración del CFC-11 atmosférico en 1990?

Respuesta:
Aproximadamente 0.24 ppmm

[3] Suponga que el número de bacterias en un cultivo en el tiempo t es

$$y = 500e^{.4t},$$

donde t se mide en horas.

(a) ¿Cuántas bacterias se tienen inicialmente?

(b) ¿Cuántas bacterias se tienen después de 10 horas?

Respuestas:
(a) 500
(b) Aproximadamente 27,300

*Nilsson, A., *Greenhouse Earth*, John Wiley & Sons, Nueva York, 1992.

La función de crecimiento exponencial trata con cantidades que eventualmente se vuelven muy grandes o disminuyen prácticamente a 0. Otras funciones exponenciales se necesitan para tratar con patrones diferentes de crecimiento.

4 Suponga que el valor de los bienes (en miles de dólares) de una cierta compañía después de t años está dado por

$$V(t) = 100 - 75e^{-.2t}.$$

(a) ¿Cuál es el valor inicial de los bienes?

(b) ¿Cuál es el valor límite de los bienes?

(c) Encuentre el valor después de 10 años.

(d) Trace la gráfica de $V(t)$.

Respuestas:

(a) \$25,000

(b) \$100,000

(c) \$89,850

(d)

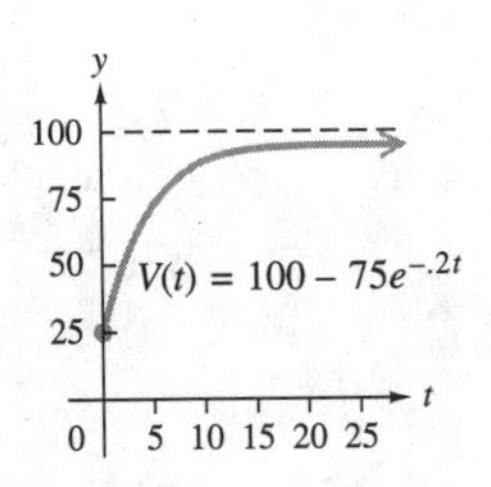

EJEMPLO 3 Las ventas de un producto nuevo crecen a menudo muy rápidamente al principio y luego se nivelan con el tiempo. Por ejemplo, suponga que las ventas $S(x)$, en alguna unidad apropiada, de un nuevo modelo de calculadora están aproximadas por

$$S(x) = 1000 - 800e^{-x},$$

donde x representa el número de años que la calculadora ha estado en el mercado. Calcule $S(0)$, $S(1)$, $S(2)$ y $S(4)$. Dibuje la gráfica $S(x)$.

Encuentre $S(0)$ haciendo $x = 0$.

$$S(0) = 1000 - 800 \cdot 1 = 200 \qquad e^{-x} = e^{-0} = 1$$

Usando una de esas calculadoras,

$$S(1) = 1000 - 800e^{-1} \approx 1000 - 294.3 = 705.7,$$

que se redondea a 706.

De la misma manera, verifique que $S(2) \approx 892$ y $S(4) \approx 985$. Marcando varios de esos puntos se obtiene la gráfica mostrada en la figura 5.9. Advierta que cuando x crece, e^{-x} decrece y tiende a 0. Entonces, $S(x) = 1000 - 800e^{-x}$ tiende a $S(x) = 1000 - 0 = 1000$. Esto significa que la gráfica tiende a la asíntota horizontal $y = 1000$. Como lo sugiere la gráfica, las ventas tienden a nivelarse con el paso del tiempo y tienden gradualmente a un nivel de 1000 unidades. ■ 4

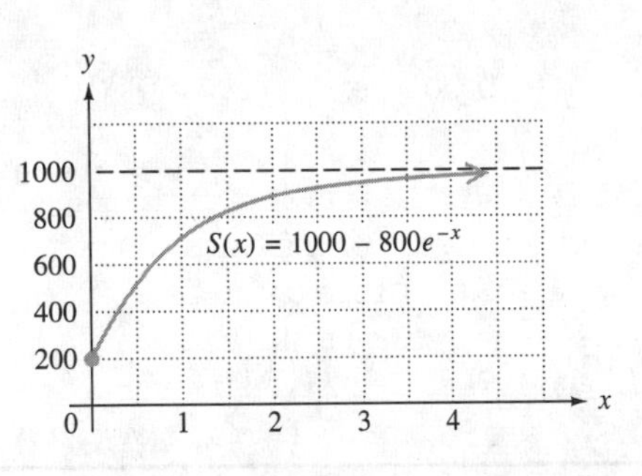

FIGURA 5.9

La gráfica de ventas en la figura 5.9 es típica de las gráficas de *funciones de crecimiento limitado*. Otro ejemplo de una función de crecimiento limitado es una **curva de aprendizaje**. Ciertos tipos de habilidades que implican la ejecución repetida de la misma tarea mejoran característicamente en forma muy rápida, pero luego lo aprendido disminuye progresivamente y tiende a algún límite superior. (Véanse los ejercicios 12 y 13.) El siguiente ejemplo muestra una **curva de olvido**.

EJEMPLO 4 Los sicólogos han medido la capacidad de la gente de recordar hechos que han memorizado. En un experimento se encontró que el número de hechos $N(t)$ recordados después de t días está dado por

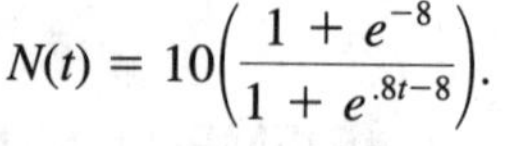

$$N(t) = 10\left(\frac{1 + e^{-8}}{1 + e^{.8t-8}}\right).$$

Al principio del experimento, $t = 0$ y

$$N(0) = 10\left(\frac{1 + e^{-8}}{1 + e^{.8(0)-8}}\right) = 10\left(\frac{1 + e^{-8}}{1 + e^{-8}}\right) = 10.$$

Así entonces, 10 hechos eran conocidos al principio. Después de 7 días, el número recordado fue de

$$N(7) = 10\left(\frac{1 + e^{-8}}{1 + e^{(.8)(7)-8}}\right) = 10\left(\frac{1 + e^{-8}}{1 + e^{-2.4}}\right) \approx 9.17.$$

Haciendo la gráfica de varios de tales puntos (véase el problema en el margen) se obtiene la figura 5.10. En la expresión para $N(t)$, cuando t crece, el denominador se incrementa y la fracción decrece, por lo que menos hechos se recuerdan con el paso del tiempo. La gráfica de $N(t)$ ilustra la situación. ■ 5

5 En el ejemplo 4,

(a) encuentre el número de hechos recordados después de 10 días.

(b) use la gráfica para estimar cuándo será recordado justamente 1 hecho.

Respuestas:

(a) 5

(b) Después de aproximadamente 12 días

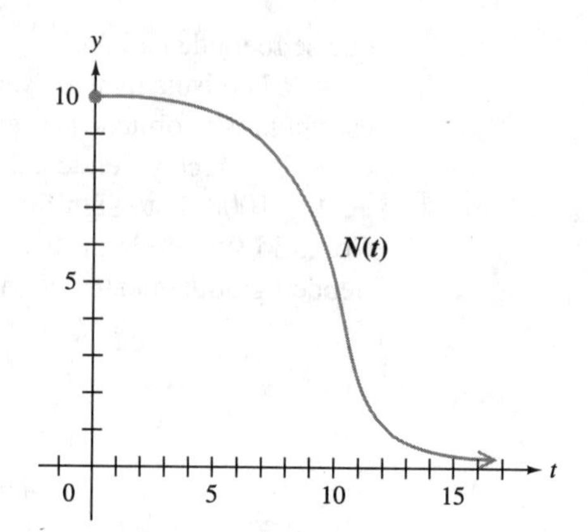

FIGURA 5.10

5.2 EJERCICIOS

1. **Ciencias sociales** Un reporte reciente del U.S. Census Bureau predice que la población latinoamericana en Estados Unidos crecerá de 26.7 millones en 1995 a 96.5 millones en 2050.* Suponiendo un patrón exponencial de crecimiento, la población puede aproximarse por $f(t) = 26.7e^{.023t}$, donde t es el número de años desde 1995. ¿Cuál es la población en el año 2000?

2. **Ciencias sociales** (Consulte el ejercicio 1.) El reporte también predice que la población afroamericana de Estados Unidos crecerá de 31.4 millones en 1995 a 53.6 millones en 2050.* Encuentre la población en el año 2010, si el crecimiento de la población es aproximado por $f(t) = 31.4e^{.009t}$.

*_Population Projections of the U.S. by Age, Race, and Hispanic Origin: 1995 to 2050_, U.S. Census Bureau.

3. Ciencias naturales Una caja sellada contiene radio. El número de gramos presentes en el tiempo t está dado por

$$Q(t) = 100e^{-.00043t},$$

donde t se mide en años. Encuentre la cantidad de radio en la caja en los siguientes tiempos.

(a) $t = 0$
(b) $t = 800$
(c) $t = 1600$
(d) $t = 5000$

4. Ciencias naturales La cantidad en gramos de un producto químico que se disolverá en una solución está dada por

$$C(t) = 10e^{.02t},$$

donde t es la temperatura de la solución. Encuentre cada una de las siguientes cantidades.

(a) $C(0°)$
(b) $C(10°)$
(c) $C(30°)$
(d) $C(100°)$

5. Ciencias naturales Cuando un bactericida se introduce en un cierto cultivo, el número de bacterias presentes $D(t)$ está dado por

$$D(t) = 50{,}000e^{-.01t},$$

donde t es el tiempo medido en horas. Encuentre el número de bacterias presentes en cada uno de los siguientes tiempos.

(a) $t = 0$
(b) $t = 5$
(c) $t = 20$
(d) $t = 50$

6. Administración El número estimado de unidades que serán vendidas por la empresa Goldstein en t meses a partir de ahora está dado por

$$N(t) = 100{,}000e^{-.09t}.$$

(a) ¿Cuáles son las ventas presentes ($t = 0$)?
(b) ¿Cuáles serán las ventas en 2 meses? ¿En 6 meses?
(c) ¿Recuperarán las ventas su nivel presente? (¿Qué aspecto tiene la gráfica de $N(t)$?)

Ciencias naturales *La presión $p(h)$ de la atmósfera, en libras por pulgada cuadrada, está dada por*

$$p(h) = p_0e^{-kh},$$

donde h es la altura sobre el nivel del mar y p_0 y k son constantes. La presión al nivel del mar es de 15 libras por pulgada cuadrada y la presión es de 9 libras por pulgada cuadrada a una altura de 12,000 pies.

7. Encuentre la presión a una altura de 6000 pies.

8. ¿Cuál sería la presión encontrada por una nave espacial a una altura de 150,000 pies?

9. Administración En el capítulo 6 se muestra que P dólares compuestos continuamente (cada instante) con una tasa de interés anual i se convierten en

$$A = Pe^{ni}$$

al final de n años. ¿En cuánto se convertirán $20,000 compuestos continuamente al 8% para los siguientes números de años?

(a) 1 año
(b) 5 años
(c) 10 años
(d) Experimentando con su calculadora, estime qué tiempo toma para que los $20,000 iniciales se tripliquen.

10. Ciencias naturales La gráfica muestra cómo el riesgo de una anormalidad cromosómica en un niño crece con la edad de la madre.*

(a) Lea en la gráfica el riesgo de anormalidad cromosómica (por 1000) a las edades 20, 35, 42 y 49.
(b) Verifique por sustitución que la ecuación exponencial $y = 0.590e^{0.061t}$ "se ajusta" a la gráfica para las edades de 20 y 35 años.
(c) La ecuación en el inciso (b), ¿se ajusta también a la gráfica para las edades de 42 y 49 años? ¿Qué significa esto?

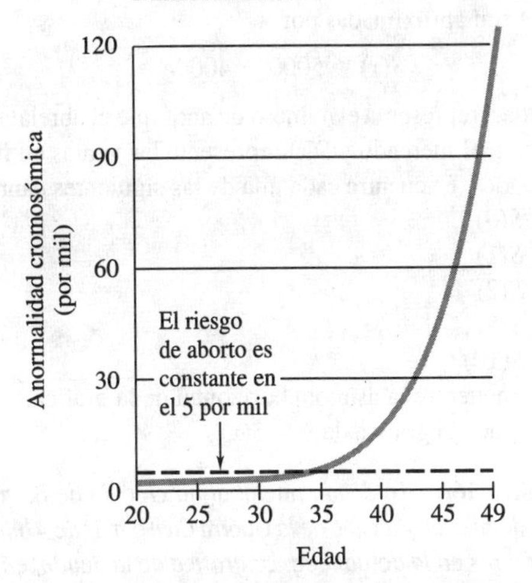

Fuente: American College of Obstetricians and Gynecologists.

11. Ciencias naturales El número (en cientos) de peces en un pequeño estanque comercial está dado por

$$F(t) = 27 - 15e^{-.8t},$$

donde t está en años. Encuentre cada uno de los siguientes valores.

(a) $F(0)$ **(b)** $F(1)$ **(c)** $F(5)$ **(d)** $F(10)$

**The New York Times*, febrero 5, 1994, pág. 24.

12. Ciencias sociales El número de palabras por minuto que una secretaria promedio puede mecanografiar está dado por

$$W(t) = 60 - 30e^{-.5t},$$

donde t es el tiempo en meses después del principio de una clase de mecanografía. Encuentre cada una de las siguientes cantidades.

(a) $W(0)$
(b) $W(1)$
(c) $W(4)$
(d) $W(6)$

13. Administración Las operaciones de línea de montaje tienden a tener una alta rotación de empleados, lo que obliga a las compañías implicadas a gastar mucho tiempo y esfuerzo en entrenar nuevos trabajadores. Se ha encontrado que un trabajador nuevo a la operación de una cierta tarea en la línea de montaje producirá $P(t)$ artículos en el día t, donde

$$P(t) = 25 - 25e^{-.3t}.$$

(a) ¿Cuántos artículos producirá en el primer día?
(b) ¿Cuántos artículos producirá en el octavo día?
(c) ¿Cuál es el número máximo de artículos que el trabajador puede producir de acuerdo con la función?

14. Administración Las ventas de un nuevo modelo de abrelatas son aproximadas por

$$S(x) = 5000 - 4000e^{-x},$$

donde x representa el número de años que el abrelatas ha estado en el mercado y $S(x)$ representa las ventas en miles de unidades. Encuentre cada una de las siguientes cantidades.

(a) $S(0)$
(b) $S(1)$
(c) $S(2)$
(d) $S(5)$
(e) $S(10)$
(f) Encuentre la asíntota horizontal de la gráfica.
(g) Trace la gráfica de $y = S(x)$.

Administración *La deuda nacional ha crecido de 65 millones de dólares al principio de la Guerra Civil a más de 4 billones de dólares en la actualidad. La gráfica de la deuda, en la que el eje horizontal representa el tiempo y el eje vertical dólares, tiene la forma aproximada de una función exponencial creciente.* En los últimos treinta años, la deuda (en miles de millones de dólares) está dada aproximadamente por la función*

$$D(t) = e^{.1293(t+36)} + 150,$$

donde t se mide en años con $t = 0$ representando el año 1964. Use esta función en los ejercicios 15 y 16.

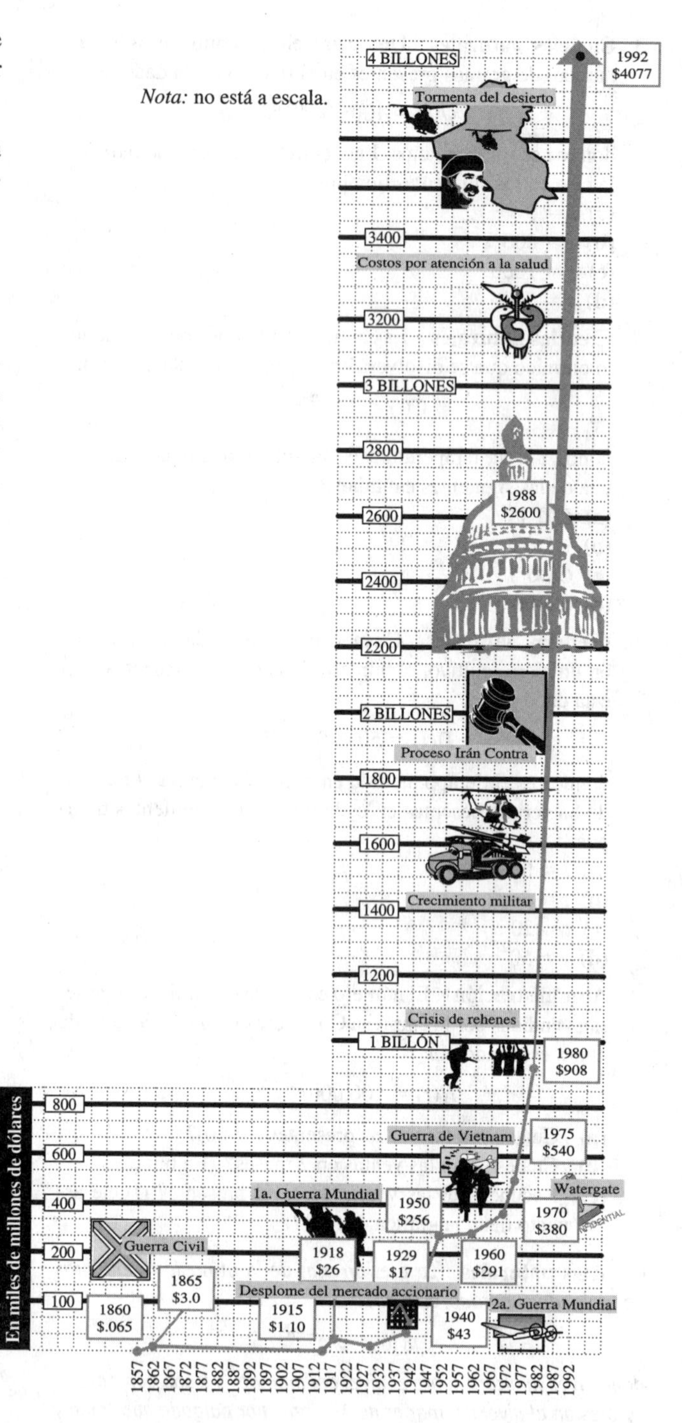

*Gráfica de "Debt Dwarfs Deficit" por Sam Hodges como apareció en *The Mobile Register*. Reimpreso con autorización de Newhouse News Service.

15. Use la función D para estimar la deuda en cada uno de los siguientes años. Compare sus resultados con la gráfica.
(a) 1972
(b) 1982
(c) 1992

16. (a) La Congressional Budget Office estimó que la deuda nacional sería de menos de 6 billones de dólares a la vuelta del siglo. ¿Cómo se compara esta cifra con la predicha por la función D? ¿Qué podría explicar la diferencia?
(b) Experimente con su calculadora con varias funciones exponenciales para ver si puede encontrar un modelo para deuda nacional para la década 1992-2002. Su modelo debería indicar una deuda aproximada de 4077 billones en 1992 y de aproximadamente 6 billones en 2002.

Ciencias naturales *La ley de Newton sobre el enfriamiento dice que la razón a la que un cuerpo se enfría es proporcional a la diferencia en temperatura entre el cuerpo y el medio ambiente en el que el cuerpo se introduce. Usando cálculo, la temperatura $F(t)$ del cuerpo en el tiempo t después de ponerse en el medio ambiente de temperatura constante T_0 es*

$$F(t) = T_0 + Ce^{-kt},$$

donde C y k son constantes. Use este resultado en los ejercicios 17 y 18.

17. Se pone agua hirviendo a 100° Celsius en un congelador a 0° Celsius. La temperatura del agua es de 50° Celsius después de 24 minutos. Encuentre la temperatura del agua después de 96 minutos.

18. Paisley rehúsa beber café a menos de 95°F. Prepara café a una temperatura de 170°F en una habitación que está a una temperatura de 70°F. El café se enfría a 120°F en 10 minutos. ¿Cuál es el tiempo máximo que debe esperar antes de beber el café?

19. Ciencias naturales La población de castores en un cierto lago en el año t es aproximadamente

$$p(t) = \frac{2000}{1 + e^{-.5544t}}.$$

(a) ¿Cuál es la población ahora ($t = 0$)?
(b) ¿Cuál será la población en cinco años?

20. Ciencias sociales A un grupo de estudiantes de tibetano elemental se les pone un examen final que vale 100 puntos. Luego, como parte de un experimento, ellos son examinados semanalmente para ver cuánto recuerdan. La calificación promedio en el examen tomado después de t semanas está dado por

$$T(x) = 77\left(\frac{1 + e^{-1}}{1 + e^{.08x-1}}\right).$$

(a) ¿Cuál es la calificación promedio en el examen original?
(b) ¿Cuál es la calificación promedio en el examen después de 3 semanas? ¿Después de 8 semanas?
(c) ¿Recuerdan los estudiantes mucho tibetano después de un año?

21. Ciencias sociales Un sociólogo ha mostrado que la fracción $y(t)$ de gente en un grupo que han oído un rumor después de t días está aproximada por

$$y(t) = \frac{y_0e^{kt}}{1 - y_0(1 - e^{kt})},$$

donde y_0 es la fracción de gente que ha oído el rumor en el tiempo $t = 0$ y k es una constante. Una gráfica de $y(t)$ para un valor particular de k se muestra en la figura.
(a) Si $k = .1$ y $y_0 = .05$, encuentre $y(10)$.
(b) Si $k = .2$ y $y_0 = .10$, encuentre $y(5)$.

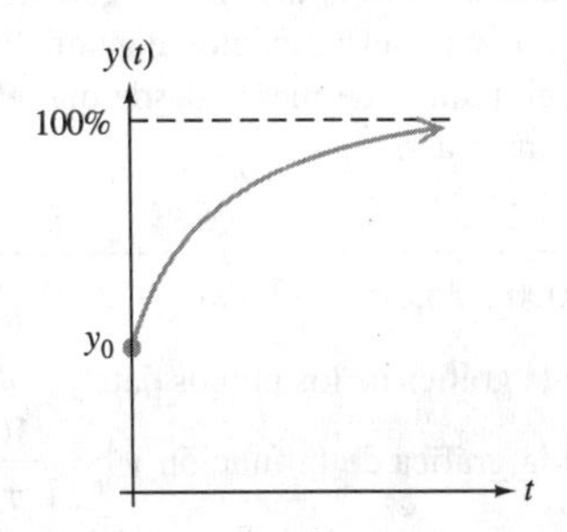

22. Ciencias sociales Datos de la National Highway Traffic Safety Administration para el periodo 1982-1992 indican que el porcentaje aproximado de gente que usa cinturones de seguridad al manejar está dado por

$$f(t) = \frac{880}{11 + 69e^{-.3(t-1982)}}.$$

¿Qué porcentaje usó cinturones en
(a) 1982?
(b) 1989?
(c) 1992?
Suponiendo que esta función es exacta después de 1992, ¿qué porcentaje de gente usará cinturones en
(d) 1997?
(e) 2000?
(f) 2005?
(g) Si esta función permanece exacta en el futuro, ¿habrá un momento en que 95% de la gente use cinturones de seguridad?

Use una calculadora graficadora para los ejercicios 23-26.

23. Ciencias sociales El porcentaje de probabilidad P de tener un accidente automovilístico está relacionado con el contenido de alcohol t en la sangre del conductor por la función $P(t) = e^{21.459t}$.

(a) Trace la gráfica de $P(t)$ en una ventana de observación con $0 \leq t \leq 0.2$ y $0 \leq P(t) \leq 100$.

(b) ¿Para qué contenido de alcohol en la sangre es la probabilidad de un accidente por lo menos del 50%? ¿Cuál es el contenido de alcohol en la sangre legal en su estado?

El modelo logístico de crecimiento,

$$y = \frac{N}{1 + be^{-kx}},$$

describe un crecimiento que está limitado (por ejemplo, por factores ambientales) a un tamaño máximo N.

24. Administración Los datos en la siguiente tabla reflejan las ventas y de un nuevo modelo de automóvil, en donde x representa el número de meses desde que el automóvil se introdujo al mercado.

x	0	2	4	6	8	10	12
y	1000	7000	35,000	80,000	97,000	99,500	99,900

(a) Dibuje la gráfica de los puntos dato.

(b) Dibuje la gráfica de la función $y = \dfrac{100{,}060}{1 + 101e^{-x}}$ en la misma ventana que lo puntos del inciso (a). ¿Modela bien los datos esta función? ¿Se trata de un modelo logístico?

(c) Use la función del inciso (b) para encontrar las ventas 5 meses después de que el modelo se introdujo al mercado.

(d) ¿Indica la gráfica un límite en las ventas? Si es así, ¿cuál es este límite?

25. Ciencias naturales La siguiente tabla muestra el número de ácaros y en una población bajo estudio en un laboratorio después de t semanas.

t	0	40	80	120	160	200
y	99	690	3530	8010	9680	9950

(a) Marque los pares ordenados y decida si ellos se ajustan o no a un modelo logístico.

(b) Dibuje la gráfica de la función definida por $y = \dfrac{10{,}000}{1 + 100e^{-.05t}}$ en la misma ventana que los puntos en el inciso (a). ¿Es la función un modelo apropiado para los datos?

(c) Use la función para encontrar el número de ácaros después de 100 semanas.

(d) ¿Hay un límite para la población? Si es así, ¿cuál es este límite?

26. Administración Midwest Creations encuentra que sus ventas totales $T(x)$, en miles, a raíz de la distribución de x catálogos, donde x se mide en miles, se aproximan por

$$T(x) = \frac{2500}{1 + 24 \cdot 2^{-x/4}}.$$

(a) Trace la gráfica de $T(x)$ sobre el intervalo [0, 50] por [0, 3000].

(b) Use la gráfica para encontrar las ventas totales si 0 catálogos son distribuidos.

(c) Encuentre las ventas totales si 20,000 catálogos son distribuidos.

(d) De la gráfica, ¿qué sucede a las ventas totales cuando el número de catálogos tiende a 50,000 ($x = 50$)?

5.3 FUNCIONES LOGARÍTMICAS

Hasta el advenimiento de las computadoras y calculadoras, los logaritmos eran la sola herramienta efectiva para efectuar cálculos numéricos a gran escala. Ya no se requieren ellos, pero las funciones logarítmicas aún juegan un papel crucial en el cálculo y en muchas aplicaciones.

Los logaritmos son simplemente un *nuevo lenguaje para viejas ideas*, esencialmente un caso especial de los exponentes.

DEFINICIÓN DE LOGARITMOS COMUNES (BASE 10)

$$y = \log x \quad \text{significa} \quad 10^y = x.$$

"Log x", que se lee "el logaritmo de x", es la respuesta a la pregunta

¿A qué exponente debe elevarse 10 para producir x?

1 Encuentre cada uno de los siguientes logaritmos comunes.

(a) log 100

(b) log 1000

(c) log .1

Respuestas:

(a) 2

(b) 3

(c) −1

EJEMPLO 1 Para encontrar log 10,000, pregúntese, "¿A qué exponente debe elevarse 10 para producir 10,000?" Como $10^4 = 10{,}000$, vemos que $\log 10{,}000 = 4$. Asimismo,

$$\log 1 = 0 \quad \text{porque} \quad 10^0 = 1;$$

$$\log .01 = -2 \quad \text{porque} \quad 10^{-2} = \frac{1}{10^2} = \frac{1}{100} = .01;$$

$$\log \sqrt{10} = 1/2 \quad \text{porque} \quad 10^{1/2} = \sqrt{10}.$$

■ 1

EJEMPLO 2 Log (−25) es el exponente al que hay que elevar 10 para producir −25. Pero toda potencia de 10 es positiva. Entonces no hay ningún exponente que produzca −25. *Los logaritmos de números negativos y de 0 no están definidos.* ■

2 Encuentre cada uno de los siguientes logaritmos comunes.

(a) log 27

(b) log 1089

(c) log .00426

Respuestas:

(a) 1.4314

(b) 3.0370

(c) −2.3706

EJEMPLO 3 **(a)** Sabemos que log 359 debe ser un número entre 2 y 3 porque $10^2 = 100$ y $10^3 = 1000$. Usando la tecla log, encontramos que log 359 (con cuatro cifras decimales) es 2.5551. Puede verificar esto calculando $10^{2.5551}$; el resultado (redondeado) es 359.

(b) Cuando 10 es elevado a un exponente negativo, el resultado es un número menor que 1. En consecuencia, los logaritmos de números entre 0 y 1 son negativos. Por ejemplo, $\log 0.026 = -1.5850$. ■ 2

Aunque los logaritmos comunes aún tienen algunos usos (uno de los cuales se ve en la sección 5.4), los logaritmos más ampliamente usados hoy en día se definen en términos del número e (cuyo desarrollo decimal comienza 2.71828 . . .) en vez de 10. Ellos tienen un nombre y notación especial.

DEFINICIÓN DE LOS LOGARITMOS NATURALES (BASE e)

$$y = \ln x \quad \text{significa} \quad e^y = x.$$

El número **ln x** es entonces el exponente al que debe elevarse e para producir el número x. Por ejemplo, $\ln 1 = 0$ porque $e^0 = 1$. Aunque los logaritmos de base e pue-

3 Encuentre lo siguiente.

(a) ln 6.1

(b) ln 20

(c) ln .8

(d) ln .1

Respuestas:

(a) 1.8083

(b) 2.9957

(c) −.2231

(d) −2.3026

den no parecer tan "naturales" como los logaritmos comunes, hay varias razones para usarlos, algunas de las cuales se verán en la sección 5.4.

EJEMPLO 4 **(a)** Para encontrar ln 85 use la tecla LN de su calculadora. El resultado es 4.4427. Así entonces, 4.4427 es el exponente (con cuatro cifras decimales) al que hay que elevar e para producir 85. Puede verificar esto calculando $e^{4.4427}$; la respuesta (redondeada) es 85.

(b) Una calculadora muestra que $\ln .38 = -.9676$ (redondeado), lo que significa que $e^{-.9676} \approx .38$. ■ 3

EJEMPLO 5 No necesita una calculadora para encontrar $\ln e^8$. Sólo pregúntese, "¿A qué exponente debe elevarse e para producir e^8?" La respuesta, obviamente, es 8. Entonces, $\ln e^8 = 8$. ■

El ejemplo 5 es una ilustración del siguiente hecho.

$\ln e^k = k$ para todo número real k.

El procedimiento para definir los logaritmos comunes y naturales puede emplearse con cualquier número positivo $a \neq 1$ como base (en vez de 10 o e).

DEFINICIÓN DE LOGARITMOS DE BASE a

$$y = \log_a x \quad \text{significa} \quad a^y = x.$$

Lea $y = \log_a x$ como "y es el logaritmo base a de x". Por ejemplo, el enunciado exponencial $2^4 = 16$ puede traducirse al equivalente enunciado logarítmico $4 = \log_2 16$. Entonces, $\log_a x$ es un *exponente*; es la respuesta a la pregunta

¿A qué potencia debe elevarse a para producir x?

Esta definición clave debe memorizarse. Es importante recordar la posición de la base y del exponente en cada parte de la definición.

Exponente
↓
Forma logarítmica: $y = \log_a x$
↑
Base

Exponente
↓
Forma exponencial: $a^y = x$
↑
Base

4 Escriba la forma logarítmica de

(a) $5^3 = 125$;

(b) $3^{-4} = 1/81$;

(c) $8^{2/3} = 4$.

Respuestas:

(a) $\log_5 125 = 3$

(b) $\log_3(1/81) = -4$

(c) $\log_8 4 = 2/3$

Los logaritmos comunes y naturales son los casos especiales cuando $a = 10$ y cuando $a = e$, respectivamente. Tanto $\log u$ como $\log_{10} u$ significan lo mismo. Asimismo, $\ln u$ y $\log_e u$ significan lo mismo.

5 Escriba la forma exponencial de

(a) $\log_{16} 4 = 1/2$;

(b) $\log_3(1/9) = -2$;

(c) $\log_{16} 8 = 3/4$.

Respuestas:

(a) $16^{1/2} = 4$

(b) $3^{-2} = 1/9$

(c) $16^{3/4} = 8$

EJEMPLO 6 Este ejemplo muestra varios enunciados escritos en formas exponencial y logarítmica.

Forma exponencial	*Forma logarítmica*
(a) $3^2 = 9$	$\log_3 9 = 2$
(b) $(1/5)^{-2} = 25$	$\log_{1/5} 25 = -2$
(c) $10^5 = 100{,}000$	$\log_{10} 100{,}000$ (o $\log 100{,}000$) $= 5$
(d) $4^{-3} = 1/64$	$\log_4(1/64) = -3$
(e) $2^{-4} = 1/16$	$\log_2(1/16) = -4$
(f) $e^0 = 1$	$\log_e 1$ (o $\ln 1$) $= 0$

■ 4 5

PROPIEDADES DE LOS LOGARITMOS La utilidad de las funciones logarítmicas depende en gran parte de las siguientes *propiedades de los logaritmos*. Esas propiedades serán necesarias para resolver ecuaciones exponenciales y logarítmicas en la siguiente sección.

PROPIEDADES DE LOS LOGARITMOS

Sean x y y números reales positivos cualquiera y r cualquier número real. Sea a un número real positivo, $a \neq 1$. Entonces

(a) $\log_a xy = \log_a x + \log_a y$;

(b) $\log_a \frac{x}{y} = \log_a x - \log_a y$;

(c) $\log_a x^r = r \log_a x$;

(d) $\log_a a = 1$;

(e) $\log_a 1 = 0$;

(f) $\log_a a^r = r$;

(g) $a^{\log_a x} = x$.

NOTA Como esas propiedades son tan útiles, deberían memorizarse. ◆

Para probar la propiedad (a), sea

$$m = \log_a x \quad \text{y} \quad n = \log_a y.$$

Entonces, por definición de logaritmo,

$$a^m = x \quad \text{y} \quad a^n = y.$$

Multiplique para obtener

$$a^m \cdot a^n = x \cdot y,$$

o, por una propiedad de los exponentes,

$$a^{m+n} = xy.$$

Use la definición de logaritmo para reescribir este último enunciado como

$$\log_a xy = m + n.$$

Reemplace m por $\log_a x$ y n por $\log_a y$ para obtener

$$\log_a xy = \log_a x + \log_a y.$$

Las propiedades (b) y (c) pueden probarse de manera similar. Como $a^1 = a$ y $a^0 = 1$, las propiedades (d) y (e) resultan de la definición de logaritmo.

6 Reescriba, usando las propiedades de los logaritmos.

(a) $\log_a 5x + \log_a 3x^4$

(b) $\log_a 3p - \log_a 5q$

(c) $4 \log_a k - 3 \log_a m$

Respuestas:

(a) $\log_a 15x^5$

(b) $\log_a(3p/5q)$

(c) $\log_a(k^4/m^3)$

EJEMPLO 7 Si todas las siguientes expresiones variables representan números positivos, entonces para $a > 0$, $a \neq 1$,

(a) $\log_a x + \log_a(x - 1) = \log_a x(x - 1)$;

(b) $\log_a \dfrac{x^2 + 4}{x + 6} = \log_a(x^2 + 4) - \log_a(x + 6)$;

(c) $\log_a 9x^5 = \log_a 9 + \log_a x^5 = \log_a 9 + 5 \log_a x$. ■ 6

PRECAUCIÓN No existe una propiedad de los logaritmos que permita simplificar el logaritmo de una suma, tal como $\log_a(x^2 + 4)$. En particular, $\log_a(x^2 + 4)$ *no* es igual a $\log_a x^2 + \log_a 4$. La propiedad (a) de los logaritmos en la caja anterior muestra que $\log_a x^2 + \log_a 4 = \log_a 4x^2$. ◆

EJEMPLO 8 Usando las propiedades de los logaritmos, si $\log_6 7 \approx 1.09$ y $\log_6 5 \approx 0.90$,

(a) $\log_6 35 = \log_6(7 \cdot 5) = \log_6 7 + \log_6 5 \approx 1.09 + .90 = 1.99$;

(b) $\log_6 5/7 = \log_6 5 - \log_6 7 \approx .90 - 1.09 = -.19$;

(c) $\log_6 5^3 = 3 \log_6 5 \approx 3(.90) = 2.70$;

7 Use las propiedades de los logaritmos para reescribir y evaluar las siguientes cantidades, dado que $\log_3 7 \approx 1.77$ y $\log_3 5 \approx 1.46$.

(a) $\log_3 35$

(b) $\log_3 7/5$

(c) $\log_3 25$

(d) $\log_3 3$

(e) $\log_3 1$

Respuestas:

(a) 3.23

(b) .31

(c) 2.92

(d) 1

(e) 0

(d) $\log_6 6 = 1$;

(e) $\log_6 1 = 0$. ■ 7

En el ejemplo 8 se dieron varios logaritmos de base 6. Sin embargo, éstos podrían haberse encontrado usando una calculadora y la siguiente fórmula.

TEOREMA DEL CAMBIO DE BASE

Para cualesquiera números positivos a y x (con $a \neq 1$),

$$\log_a x = \frac{\ln x}{\ln a}.$$

EJEMPLO 9 Para encontrar $\log_7 3$, use el teorema con $a = 7$ y $x = 3$:

$$\log_7 3 = \frac{\ln 3}{\ln 7} \approx \frac{1.0986}{1.9459} \approx .5646.$$

Puede comprobar esto en su calculadora verificando que $7^{.5646} \approx 3$. ■

ECUACIONES LOGARÍTMICAS Las ecuaciones que contienen logaritmos a menudo se resuelven usando el hecho de que una ecuación logarítmica puede reescribirse (con la definición de logaritmo) como una ecuación exponencial. En otros casos, las propiedades de los logaritmos pueden ser útiles para simplificar una ecuación que contenga logaritmos.

EJEMPLO 10 Resuelva cada una de las siguientes ecuaciones.

(a) $\log_x 8/27 = 3$

Primero use la definición de logaritmo y escriba la ecuación en forma exponencial.

$$x^3 = \frac{8}{27} \qquad \text{Definición de logaritmo}$$

$$x^3 = \left(\frac{2}{3}\right)^3 \qquad \text{Escriba } \frac{8}{27} \text{ como un cubo.}$$

$$x = \frac{2}{3} \qquad \text{Iguale las bases.}$$

La solución es 2/3.

8 Resuelva cada ecuación.

(a) $\log_x 6 = 1$

(b) $\log_5 25 = m$

(c) $\log_{27} x = 2/3$

Respuestas:

(a) 6

(b) 2

(c) 9

(b) $\log_4 x = 5/2$

En forma exponencial, el enunciado dado toma la forma

$$4^{5/2} = x \quad \text{Definición de logaritmo}$$
$$(4^{1/2})^5 = x \quad \text{Definición de exponente racional}$$
$$2^5 = x$$
$$32 = x.$$

La solución es 32. ■ **8**

En el siguiente ejemplo, las propiedades de los logaritmos se necesitan para resolver las ecuaciones.

EJEMPLO 11 Resuelva cada ecuación.

(a) $\log_2 x - \log_2 (x - 1) = 1$

Por una propiedad de los logaritmos, el lado izquierdo puede simplificarse como

$$\log_2 x - \log_2(x - 1) = \log_2 \frac{x}{x - 1}.$$

La ecuación original toma entonces la forma

$$\log_2 \frac{x}{x - 1} = 1.$$

Use la definición de logaritmo para escribir este último resultado en forma exponencial.

$$\frac{x}{x - 1} = 2^1 = 2$$

Resuelva esta ecuación.

$$\frac{x}{x - 1} \cdot (x - 1) = 2(x - 1)$$
$$x = 2(x - 1)$$
$$x = 2x - 2$$
$$-x = -2$$
$$x = 2$$

El dominio de las funciones logarítmicas incluye sólo números reales positivos, por lo que es *necesario* verificar esta solución propuesta en la ecuación original.

$$\log_2 x - \log_2(x - 1) \stackrel{?}{=} 1$$
$$\log_2 2 - \log_2(2 - 1) \stackrel{?}{=} 1 \quad \text{Haga } x = 2.$$
$$1 - 0 = 1 \quad \text{Definición de logaritmo}$$

La solución $x = 2$ queda comprobada.

(b) $\log x - \log 8 = 1$

Use una propiedad de los logaritmos para combinar los términos en el lado izquierdo.

$$\log x - \log 8 = \log \frac{x}{8}$$

La ecuación toma la forma

$$\log \frac{x}{8} = 1.$$

Recuerde que $\log x$ significa $\log_{10} x$, por lo que

$$\log \frac{x}{8} = \log_{10} \frac{x}{8} = 1$$

$$\frac{x}{8} = 10^1 = 10 \qquad \text{Definición de logaritmo}$$

$$x = 80.$$

Como $x = 80$ está en el dominio de $\log x$, la solución es 80.

(c) Resuelva $\log x + \log (x + 1) = \log 2$.

Primero use una propiedad de los logaritmos para reescribir el lado izquierdo de la ecuación.

$$\log x(x + 1) = \log 2$$

$$\log x(x + 1) - \log 2 = 0$$

$$\log \frac{x(x + 1)}{2} = 0$$

$$\frac{x(x + 1)}{2} = 10^0 \qquad \text{Escríbala en forma exponencial.}$$

$$x^2 + x = 2(1) \qquad 10^0 = 1$$

$$x^2 + x - 2 = 0$$

$$(x + 2)(x - 1) = 0$$

$$x = -2 \quad \text{o} \quad x = 1$$

Como $x = -2$ hace a $\log x$ (así como a $\log(x + 1)$) indefinido, la única solución es $x = 1$. Verifique que $x = 1$ satisface la ecuación dada. ■ 9

9 Resuelva cada ecuación.

(a) $\log_5 x + 2 \log_5 x = 3$

(b) $\log_6(a + 2) - \log_6 \frac{a - 7}{5} = 1$

Respuestas:

(a) 5

(b) 52

FUNCIONES LOGARÍTMICAS Para un valor *positivo* dado de x, la definición de logaritmo conduce a exactamente un valor de y, por lo que $y = \log_a x$ define una función logaritmo de base a. (La base a debe ser positiva, con $a \neq 1$.)

Si $a > 0$ y $a \neq 1$, la **función logaritmo** con base a se define como

$$f(x) = \log_a x.$$

La función logarítmica más importante es la función logaritmo natural.

EJEMPLO 12 Dibuje la gráfica de $f(x) = \ln x$ y $g(x) = e^x$ sobre los mismos ejes.

Para cada función, use una calculadora para estimar algunos pares ordenados. Luego marque los puntos correspondientes y únalos con una curva para obtener las gráficas de la figura 5.11.

10 Trace la gráfica de $f(x) = \log x$ y $g(x) = 10^x$ sobre los mismos ejes.

Respuesta:

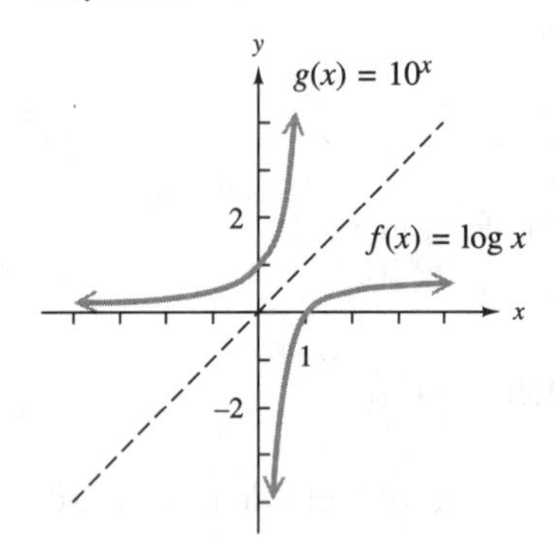

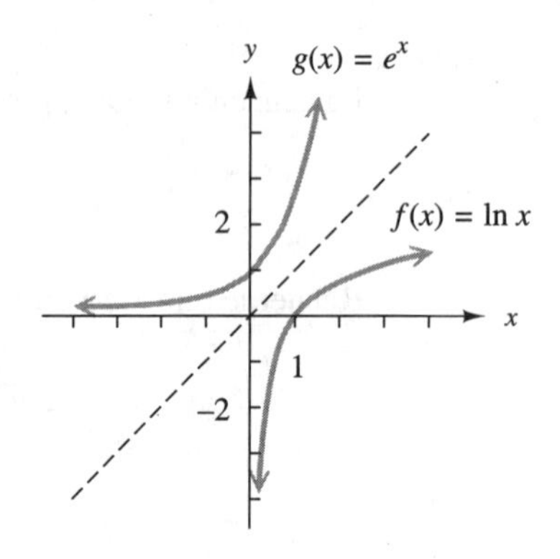

FIGURA 5.11

En la figura 5.11, la recta punteada es la gráfica de $y = x$. Observe que la gráfica de $f(x) = \ln x$ es la imagen especular de la gráfica de $g(x) = e^x$, con la recta $y = x$ como espejo. ■ **10**

Cuando la base $a > 1$, la gráfica de $f(x) = \log_a x$ tiene la misma forma básica que la gráfica de la función logaritmo natural en la figura 5.11, como se resume a continuación.

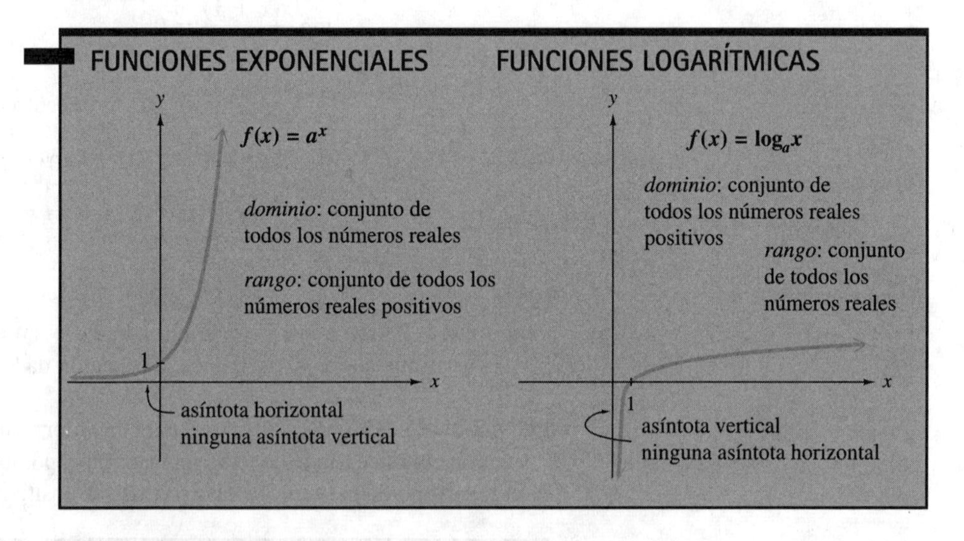

Finalmente, la gráfica de $f(x) = \log_a x$ es la imagen especular de la gráfica de $g(x) = a^x$, con la recta $y = x$ jugando el papel de espejo. Las funciones cuyas gráficas están relacionadas de esta manera se llaman **inversas** entre sí. Un análisis más completo de las funciones inversas se da en la mayoría de los libros de álgebra universitaria.

5.3 EJERCICIOS

Complete cada enunciado en los ejercicios 1-4.

1. $y = \log_a x$ significa $x =$ ________.

2. El enunciado $\log_5 125 = 3$ nos dice que ________ es la potencia de ________ que es igual a ________.

3. ¿Qué está mal con la expresión $y = \log_b$?

4. Los logaritmos de números negativos no están definidos porque ________.

Transforme cada enunciado logarítmico en un enunciado exponencial equivalente (véanse los ejemplos 1, 5 y 6).

5. $\log 100{,}000 = 5$

6. $\log .001 = -3$

7. $\log_3 81 = 4$

8. $\log_2(1/4) = -2$

Transforme cada enunciado exponencial en un enunciado logarítmico equivalente (véanse los ejemplos 5-6).

9. $10^{1.8751} = 75$

10. $e^{3.2189} = 25$

11. $3^{-2} = 1/9$

12. $16^{1/2} = 4$

Sin usar una calculadora, evalúe cada una de las siguientes cantidades (véanse los ejemplos 1, 5 y 6).

13. $\log 1000$

14. $\log .0001$

15. $\log_5 25$

16. $\log_9 81$

17. $\log_4 64$

18. $\log_6 216$

19. $\log_2 \dfrac{1}{4}$

20. $\log_3 \dfrac{1}{27}$

21. $\ln \sqrt{e}$

22. $\ln(1/e)$

23. $\ln e^{3.78}$

24. $\log 10^{56.9}$

Use una calculadora para evaluar cada logaritmo con tres cifras decimales (véanse los ejemplos 3 y 4).

25. $\log 47$

26. $\log .004$

27. $\ln .351$

28. $\ln 2160$

29. ¿Por qué $\log_a 1$ es siempre igual a 0 para cualquier base válida a?

Escriba cada expresión como el logaritmo de un solo número o expresión. Suponga que todas las variables representan números positivos (véase el ejemplo 7).

30. $\log 15 - \log 3$

31. $\log 4 + \log 8 - \log 2$

32. $3 \ln 2 + 2 \ln 3$

33. $2 \ln 5 - \frac{1}{2} \ln 25$

34. $3 \log x - 2 \log y$

35. $2 \log u + 3 \log w - 6 \log v$

36. $\ln(3x + 2) + \ln(x + 4)$

37. $2 \ln(x + 1) - \ln(x + 2)$

Escriba cada expresión como una suma y/o una diferencia de logaritmos con todas las variables de primer grado.

38. $\log 5x^2y^3$

39. $\ln \sqrt{6m^4n^2}$

40. $\ln \dfrac{3x}{5y}$

41. $\log \dfrac{\sqrt{xz}}{z^3}$

42. La tabla generada por calculadora en la figura es para $y_1 = \log(4 - x)$. ¿Por qué los valores en la columna y_1 muestran ERROR para $x \geq 4$?

Exprese cada uno de los siguientes logaritmos en términos de u y v, donde $u = \ln x$ y $v = \ln y$. Por ejemplo, $\ln x^3 = 3(\ln x) = 3u$.

43. $\ln(x^2y^5)$

44. $\ln(\sqrt{x} \cdot y^2)$

45. $\ln(x^3/y^2)$

46. $\ln(\sqrt{x}/y)$

Evalúe cada expresión (véase el ejemplo 9).

47. $\log_6 543$

48. $\log_{20} 97$

49. $\log_{35} 6874$

50. $\log_5 50 - \log_{50} 5$

Encuentre valores numéricos para b y c para los cuales el enunciado dado es falso.

51. $\log(b + c) = \log b + \log c$

52. $\dfrac{\ln b}{\ln c} = \ln\left(\dfrac{b}{c}\right)$

Resuelva cada ecuación (véanse los ejemplos 10 y 11).

53. $\log_x 25 = -2$

54. $\log_x \dfrac{1}{16} = -2$

55. $\log_9 27 = m$

56. $\log_8 4 = z$

57. $\log_y 8 = \dfrac{3}{4}$

58. $\log_r 7 = \dfrac{1}{2}$

59. $\log_3(5x + 1) = 2$

60. $\log_5(9x - 4) = 1$

61. $\log x - \log(x + 3) = -1$

62. $\log m - \log(m - 4) = -2$

63. $\log_3(y + 2) = \log_3(y - 7) + \log_3 4$

64. $\log_8(z - 6) = 2 - \log_8(z + 15)$

65. $\ln(x + 9) - \ln x = 1$

66. $\ln(2x + 1) - 1 = \ln(x - 2)$

67. $\log x + \log(x - 3) = 1$

68. $\log(x - 1) + \log(x + 2) = 1$

69. Suponga que oye la siguiente afirmación: "yo debo rechazar cualquier número negativo como resultado cuando resuelvo una ecuación que contiene logaritmos". ¿Es esto correcto? Escriba una explicación de por qué es esto correcto o incorrecto.

70. ¿Qué valores de x no podrían ser soluciones de la siguiente ecuación?

$$\log_a(4x - 7) + \log_a(x^2 + 4) = 0$$

Dibuje la gráfica de las siguientes funcione (véase el ejemplo 12).

71. $y = \ln(x + 2)$

72. $y = \ln x + 2$

73. $y = \log(x - 3)$

74. $y = \log x - 3$

75. Trace la gráfica de $f(x) = \log x$ y $g(x) = \log(x/4)$ para $-2 \le x \le 8$. ¿Cómo se relacionan estas gráficas entre sí? ¿Cómo soporta su respuesta la regla del cociente?

En los ejercicios 76 y 77, las coordenadas de un punto sobre la gráfica de la función indicada se muestran en la parte inferior de la pantalla. Escriba las ecuaciones logarítmicas y exponenciales asociadas con lo exhibido.

76.

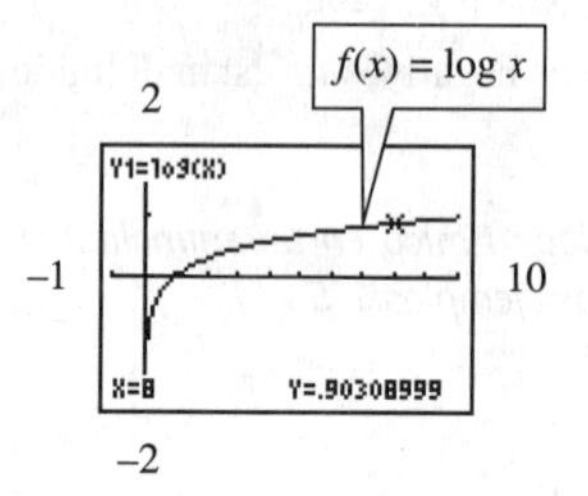

77.

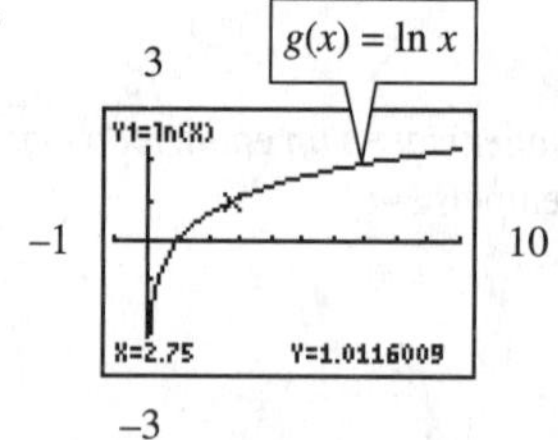

78. Asocie cada ecuación con su gráfica. Cada marca representa una unidad.

(a) $y = \log x$

(b) $y = 10^x$

(c) $y = \ln x$

(d) $y = e^x$

A.

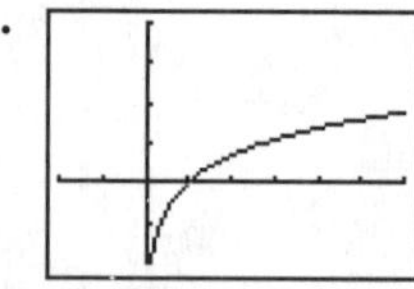

B.

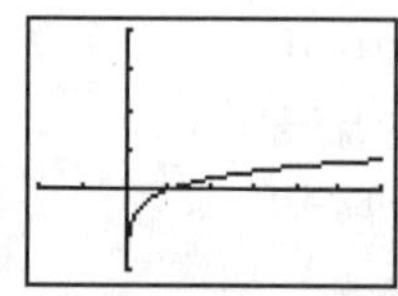

C.

D.

79. Administración La función duplicación

$$D(r) = \frac{\ln 2}{\ln(1 + r)}$$

da el número de años requeridos para duplicar su dinero cuando éste se invierte a un interés r (expresado como decimal) compuesto anualmente. ¿Qué tiempo toma duplicar su dinero con cada uno de los siguientes intereses?

(a) 4%
(b) 8%
(c) 18%
(d) 36%
(e) Redondee cada una de sus respuestas en las partes (a)-(d) al año más cercano y compárelas con los números: 72/4, 72/8, 72/18, 72/36. Use esta evidencia para establecer una regla empírica para determinar aproximadamente el tiempo de duplicación sin usar la función D. Esta regla, que ha sido usada largo tiempo por banqueros, se llama la *regla del 72*.

80. Administración Suponga que las ventas de un cierto producto son aproximadas por

$$S(t) = 125 + 83 \log(5t + 1),$$

donde $S(t)$ son ventas en miles de dólares t años después de que el producto se introdujo al mercado. Encuentre
(a) $S(0)$;
(b) $S(2)$;
(c) $S(4)$;
(d) $S(31)$.
(e) Trace la gráfica de $y = S(t)$.
(f) ¿Se acerca la gráfica a una asíntota horizontal? Explíquelo.

81. Ciencias naturales Dos personas con gripa visitaron el campus de una Universidad. El número de días T que tomó para que el virus de la gripa infectara n personas está dado por

$$T = -1.43 \ln\left(\frac{10{,}000 - n}{4998n}\right).$$

¿Cuántos días se requieren para que el virus infecte
(a) 500 personas?
(b) 5000 personas?

82. Ciencias naturales (a) Use una calculadora graficadora para trazar la gráfica de la "función gripa" del ejercicio 81 en una ventana de observación con $0 \le n \le 11{,}000$.
(b) ¿Cuánta gente está infectada el decimosexto día?
(c) Explique por qué este modelo no es realista cuando hay grandes números de personas implicados.

83. Administración La gráfica muestra el incremento porcentual en rentas comerciales en California de 1992 a 1999 (las cifras de 1997 a 1999 son estimadas). En el periodo de dos años de 1990 a 1992, las rentas comerciales decrecieron aproximadamente 6%. Comenzaron a incrementarse en 1992 cuando el estado finalmente comenzó a recuperarse económicamente.
(a) Describa el crecimiento en rentas durante el periodo mostrado en la gráfica.
(b) La gráfica puede aproximarse por la ecuación $f(x) = -650 + 143 \ln x$, donde x es el número de años desde 1990 y y es el cambio porcentual correspondiente en rentas. Encuentre $f(92)$ y $f(99)$. Compare sus resultados con los valores y correspondientes de la gráfica.

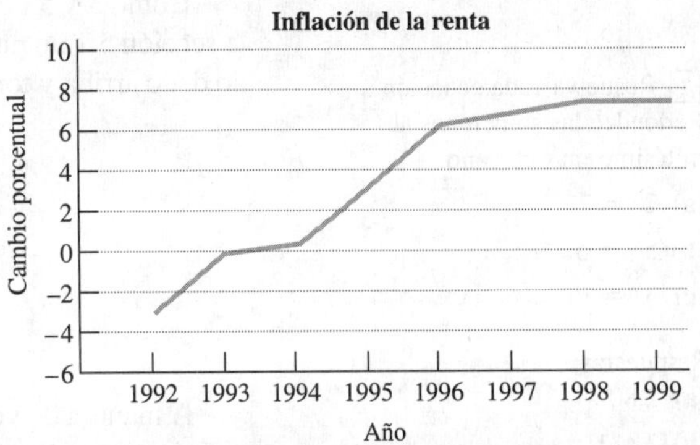

Fuente: CB Commercial/Torto Wheaton Research.

84. Ciencias sociales Los datos en la tabla dan el número de visitantes a los parques nacionales de Estados Unidos de 1950 a 1994 (en millones).*

1950	1960	1970	1980	1990	1993
14	28	46	47	57	60

Suponga que x representa el número de años desde 1900; entonces 1950 es representado por 50, 1960 por 60, etc. La función logarítmica definida por $f(x) = -266 + 72 \ln x$ aproxima bastante bien los datos. Use esta función para estimar el número de visitantes en el año 2000. ¿Qué hipótesis debemos hacer para estimar el número de visitantes más allá de 1993?

**Statistical Abstract of the United States 1995.*

5.4 APLICACIONES DE LAS FUNCIONES LOGARÍTMICAS

Comenzamos esta sección presentando e ilustrando un poderoso método para resolver ecuaciones exponenciales y logarítmicas. Luego mostramos algunas aplicaciones que requieren este método de solución. El método depende del siguiente hecho.

Sean x y y números positivos. Sea a un número positivo, $a \neq 1$.

Si $x = y$, entonces $\log_a x = \log_a y$.

Si $\log_a x = \log_a y$, entonces $x = y$.

Por conveniencia, usaremos la base e en la mayoría de los ejemplos.

EJEMPLO 1 Resuelva $3^x = 5$.

Como 3 y 5 no pueden escribirse fácilmente con la misma base, los métodos de la sección 5.1 no pueden usarse para resolver esta ecuación. Más bien, use el resultado dado arriba y tome logaritmos naturales de ambos lados.

$$3^x = 5$$
$$\ln 3^x = \ln 5$$
$$x \ln 3 = \ln 5 \quad \text{Propiedad (c) de los logaritmos}$$
$$x = \frac{\ln 5}{\ln 3} \approx 1.465$$

A manera de verificación, evalúe $3^{1.465}$; la respuesta debe ser aproximadamente 5, lo que indica que la solución de la ecuación dada es 1.465 al milésimo más cercano. ■ 1

1 Resuelva cada ecuación. Redondee las soluciones al milésimo más cercano.

(a) $2^x = 7$

(b) $5^m = 50$

(c) $3^y = 17$

Respuestas:

(a) 2.807

(b) 2.431

(c) 2.579

PRECAUCIÓN Sea cuidadoso; $\frac{\ln 5}{\ln 3}$ *no* es igual a $\ln\left(\frac{5}{3}\right)$ o $\ln 5 - \ln 3$. (Sin embargo, por el teorema de cambio de base, $\frac{\ln 5}{\ln 3}$ puede escribirse como $\log_5 3$.) ◆

EJEMPLO 2 Resuelva $3^{2x-1} = 4^{x+2}$.

Tomando logaritmos naturales en ambos lados resulta

$$\ln 3^{2x-1} = \ln 4^{x+2}.$$

Ahora use la propiedad (c) de los logaritmos y el hecho de que ln 3 y ln 4 son constantes para reescribir la ecuación.

$$(2x - 1)(\ln 3) = (x + 2)(\ln 4) \quad \text{Propiedad (c)}$$
$$2x(\ln 3) - 1(\ln 3) = x(\ln 4) + 2(\ln 4) \quad \text{Propiedad distributiva}$$
$$2x(\ln 3) - x(\ln 4) = 2(\ln 4) + 1(\ln 3) \quad \text{Agrupe términos con } x \text{ de un lado.}$$

Factorice x en el lado izquierdo para obtener

$$[2(\ln 3) - \ln 4]x = 2(\ln 4) + \ln 3.$$

2 Resuelva cada ecuación. Redondee las soluciones al milésimo más cercano.

(a) $6^m = 3^{2m-1}$

(b) $5^{6a-3} = 2^{4a+1}$

Respuestas:

(a) 2.710

(b) .802

Divida ambos lados por el coeficiente de x:

$$x = \frac{2(\ln 4) + \ln 3}{2(\ln 3) - \ln 4}.$$

Usando una calculadora para evaluar esta última expresión, encontramos que

$$x = \frac{2 \ln 4 + \ln 3}{2 \ln 3 - \ln 4} \approx 4.774. \quad \blacksquare \quad \boxed{2}$$

Recuerde que $\ln e = 1$ (porque 1 es el exponente al que e debe elevarse para producir e). Este hecho simplifica la solución de ecuaciones que contienen potencias de e.

EJEMPLO 3 Resuelva $3e^{x^2} = 600$.

Primero divida cada lado entre 3 para obtener

$$e^{x^2} = 200.$$

Ahora tome logaritmos naturales en ambos lados; luego use propiedades de los logaritmos.

3 Resuelva cada ecuación. Redondee las soluciones al milésimo más cercano.

(a) $e^{.1x} = 11$

(b) $e^{3+x} = .893$

(c) $e^{2x^2-3} = 9$

Respuestas:

(a) 23.979

(b) -3.113

(c) ± 1.612

$$\begin{aligned} e^{x^2} &= 200 & \\ \ln e^{x^2} &= \ln 200 & \\ x^2 \ln e &= \ln 200 & \text{Propiedad (c)} \\ x^2 &= \ln 200 & \ln e = 1 \\ x &= \pm\sqrt{\ln 200} & \\ x &\approx \pm 2.302 & \end{aligned}$$

Las soluciones son ± 2.302, redondeadas al milésimo más cercano. (El símbolo $\pm$ se usa para escribir en forma abreviada las dos soluciones, 2.302 y -2.302.) $\blacksquare$ $\boxed{3}$

El hecho dado al principio de esta sección, junto con las propiedades de los logaritmos de la sección 5.3, es útil al resolver ecuaciones logarítmicas, como se muestra en los siguientes ejemplos.

EJEMPLO 4 Resuelva la ecuación $\log(x + 4) - \log(x + 2) = \log x$.

Usando la propiedad (b) de los logaritmos, reescriba la ecuación como

$$\log \frac{x + 4}{x + 2} = \log x.$$

Entonces

$$\frac{x + 4}{x + 2} = x$$

$$x + 4 = x(x + 2)$$
$$x + 4 = x^2 + 2x$$
$$x^2 + x - 4 = 0.$$

Por la fórmula cuadrática,

$$x = \frac{-1 \pm \sqrt{1 + 16}}{2},$$

de modo que

$$x = \frac{-1 + \sqrt{17}}{2} \quad \text{o} \quad x = \frac{-1 - \sqrt{17}}{2}.$$

Log x no puede evaluarse para $x = (-1 - \sqrt{17})/2$, porque este número es negativo y no está en el dominio de log x. Por sustitución, verifique que $(-1 + \sqrt{17})/2$ es una solución. ■ 4

4 Resuelva cada ecuación.

(a) $\log_2(p + 9) - \log_2 p = \log_2(p + 1)$

(b) $\log_3(m + 1) - \log_3(m - 1) = \log_3 m$

Respuestas:

(a) 3

(b) $1 + \sqrt{2} \approx 2.414$

Una sustancia radiactiva decae de acuerdo con una función de la forma $y = y_0e^{-kt}$, donde y_0 es la cantidad presente inicialmente (en el tiempo $t = 0$) y k es un número positivo. La **vida media** de una substancia radiactiva es el tiempo requerido para que exactamente la mitad de la substancia decaiga. Encontramos la vida media hallando el valor de t tal que $y = (1/2)y_0$. Asimismo, podemos hallar el tiempo para que quede cualquier proporción de y_0.

EJEMPLO 5 El carbono 14, también conocido como radiocarbono, es una forma radiactiva del carbono que se encuentra en todas las plantas y animales vivos. Después de que una planta o animal muere, el radiocarbono se desintegra con una vida media de aproximadamente 5600 años. Los científicos pueden determinar la edad de los restos comparando la cantidad de radiocarbono con las cantidades presentes en las plantas y animales vivos. Esta técnica se llama *fechado por carbono*. La cantidad de radiocarbono presente después de t años está dada por

$$y = y_0e^{-(\ln 2)(1/5600)t},$$

donde y_0 es la cantidad presente en las plantas y animales vivos.

Se afirma que una mesa redonda que cuelga en el Castillo Winchester (Inglaterra) perteneció al Rey Arturo, quien vivió en el siglo V. Un análisis químico reciente mostró que la mesa tenía 91% de la cantidad de radiocarbono presente en la madera viva. ¿Qué edad tiene la mesa?

La cantidad de radiocarbono presente en la mesa redonda después de y años es $0.91y_0$. Por lo tanto, en la ecuación

$$y = y_0e^{-(\ln 2)(1/5600)t}$$

reemplace y por $0.91y_0$ y despeje t.

$$
\begin{aligned}
.91y_0 &= y_0e^{-(\ln 2)(1/5600)t} \\
.91 &= e^{-(\ln 2)(1/5600)t} && \text{Divida ambos lados entre } y_0. \\
\ln .91 &= \ln e^{-(\ln 2)(1/5600)t} && \text{Tome logaritmos en ambos lados.} \\
\ln .91 &= -(\ln 2)(1/5600)t && \text{Propiedad (c) de los logaritmos y } \ln e = 1 \\
t &= \frac{(5600)\ln .91}{-\ln 2} \approx 761.94
\end{aligned}
$$

La mesa tiene aproximadamente 762 años y por tanto no pudo haber pertenecido al Rey Arturo. ■ 5

5 ¿Cuál es la edad de un espécimen en el que $y = (1/3)y_0$?

Respuesta:
Aproximadamente 8880 años

Nuestro siguiente ejemplo usa logaritmos comunes (base 10).

EJEMPLO 6 La intensidad $R(i)$ de un sismo, medida sobre la **escala de Richter**, está dada por

$$R(i) = \log\left(\frac{i}{i_0}\right),$$

donde i es la intensidad del movimiento del terreno durante el sismo e i_0 es la intensidad del movimiento del terreno del llamado *sismo cero* (el sismo detectable más pequeño, respecto al cual se miden los otros). El sismo de San Francisco en 1989 registró 7.1 en la escala de Richter.

(a) ¿Cómo se comparó el movimiento del terreno de este sismo con el sismo cero?

En este caso, $R(i) = 7.1$, es decir, $\log(i/i_0) = 7.1$. Entonces 7.1 es el exponente al que hay que elevar 10 para producir i/i_0. En otras palabras,

$$10^{7.1} = \frac{i}{i_0}, \quad \text{o equivalentemente,} \quad i = 10^{7.1}i_0.$$

Este sismo tuvo entonces $10^{7.1}$ (aproximadamente 12.6 millones) veces más movimiento del terreno que el sismo cero.

(b) ¿Cuál es la intensidad en la escala de Richter de un sismo con 10 veces más movimiento del terreno que el sismo de San Francisco en 1989?

Usando el resultado de la parte (a), el movimiento del terreno de un tal sismo sería

$$i = 10(10^{7.1}i_0) = 10^1 \cdot 10^{7.1}i_0 = 10^{8.1}i_0$$

por lo que la intensidad en la escala de Richter sería

$$R(i) = \log\left(\frac{i}{i_0}\right) = \log\left(\frac{10^{8.1}i_0}{i_0}\right) = \log 10^{8.1} = 8.1.$$

6 Encuentre la intensidad en la escala de Richter de un sismo cuyo movimiento del terreno es 100 veces mayor que el movimiento del terreno del sismo de San Francisco en 1989 analizado en el ejemplo 6.

Respuesta:
9.1

Por lo tanto, un incremento de 10 veces en el movimiento del terreno incrementa la intensidad en la escala de Richter en sólo 1. ■ 6

En capítulos anteriores vimos cómo las funciones racionales describían funciones de costo-beneficio. El último ejemplo ilustra otro tipo de función costo-beneficio.

EJEMPLO 7 Una acción que el gobierno podría emprender para reducir las emisiones de carbono a la atmósfera sería imponer un impuesto sobre combustibles fósiles. Este impuesto se basaría en la cantidad de bióxido de carbono que es emitido al aire cuando el combustible se quema. La ecuación *costo-beneficio* $\ln(1 - P) = -0.0034 - 0.0053T$ describe la relación aproximada entre un impuesto de T dólares por tonelada de bióxido de carbono y la correspondiente reducción en porcentaje P (en decimales) de emisiones de bióxido de carbono.*

(a) Escriba P como función de T.

Comenzamos escribiendo la ecuación costo-beneficio en forma exponencial.

$$\ln(1 - P) = -.0034 - .0053T$$
$$1 - P = e^{-.0034 - .0053T}$$
$$P = P(T) = 1 - e^{-.0034 - .0053T}$$

Una gráfica de $P(T)$ generada por calculadora se muestra en la figura 5.12.

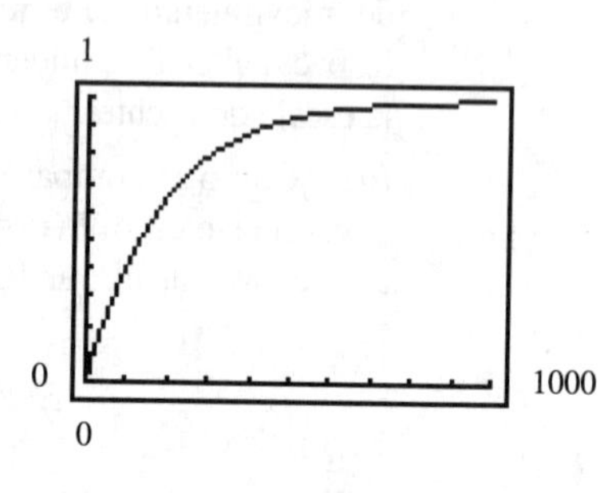

FIGURA 5.12

(b) Analice el beneficio de continuar elevando los impuestos sobre las emisiones de bióxido de carbono.

En la gráfica vemos que inicialmente hay una rápida reducción de emisiones de bióxido de carbono. Sin embargo, después de poco tiempo se ve que se tiene poco beneficio en elevar los impuestos más aún. ■

Las más importantes aplicaciones de las funciones exponenciales y logarítmicas en los campos de administración y economía son consideradas en el capítulo 6 (Matemáticas f nancieras).

*Nordhause, W., "To Slow or Not to Slow: The Economics of the Greenhouse Effect". Yale University, New Haven, Connecticut.

5.4 EJERCICIOS

Resuelva cada ecuación exponencial. Redondee al milésimo más cercano (véanse los ejemplos 1-3).

1. $3^x = 5$
2. $5^x = 4$
3. $2^x = 3^{x-1}$
4. $4^{x+2} = 2^{x-1}$
5. $3^{1-2x} = 5^{x+5}$
6. $4^{3x-1} = 3^{x-2}$
7. $e^{2x} = 5$
8. $e^{-3x} = 2$
9. $2e^{5a+2} = 8$
10. $10e^{3z-7} = 5$
11. $2^{x^2-1} = 12$
12. $3^{2-x^2} = 4$
13. $2(e^x + 1) = 10$
14. $5(e^{2x} - 2) = 15$

Despeje c en cada ecuación.

15. $10^{4c-3} = d$
16. $3 \cdot 10^{2c+1} = 4d$
17. $e^{2c-1} = b$
18. $3e^{5c-7} = b$

Resuelva cada ecuación logarítmica (véase el ejemplo 4).

19. $\ln(3x - 1) - \ln(2 + x) = \ln 2$
20. $\ln(8k - 7) - \ln(3 + 4k) = \ln(9/11)$
21. $\ln x + 1 = \ln(x - 4)$
22. $\ln(4x - 2) = \ln 4 - \ln(x - 2)$
23. $2 \ln(x - 3) = \ln(x + 5) + \ln 4$
24. $\ln(k + 5) + \ln(k + 2) = \ln 14k$
25. $\log_5(r + 2) + \log_5(r - 2) = 1$
26. $\log_4(z + 3) + \log_4(z - 3) = 1$
27. $\log_3(a - 3) = 1 + \log_3(a + 1)$
28. $\log w + \log(3w - 13) = 1$
29. $\log_2 \sqrt{2y^2} - 1 = 1/2$
30. $\log_2(\log_2 x) = 1$
31. $\log z = \sqrt{\log z}$
32. $\log x^2 = (\log x)^2$

Despeje c en cada ecuación.

33. $\log(3 + b) = \log(4c - 1)$
34. $\ln(b + 7) = \ln(6c + 8)$
35. $2 - b = \log(6c + 5)$
36. $8b + 6 = \ln(2c) + \ln c$
37. Explique por qué la ecuación $3^x = -4$ no tiene soluciones.
38. Explique por qué la ecuación $\log(-x) = -4$ tiene solución y encuéntrela.

Resuelva los siguientes ejercicios (véase el ejemplo 5).

39. Ciencias naturales La cantidad de cobalto-60 (en gramos) en un depósito de almacenamiento en el tiempo t está dada por

$$C(t) = 25e^{-.14t},$$

donde el tiempo se mide en años.
(a) ¿Cuánto cobalto-60 se tenía inicialmente?
(b) ¿Cuál es la vida media del cobalto-60?

40. Ciencias naturales Una momia india americana se encontró recientemente. Tenía 73.6% de la cantidad de radiocarbono presente en seres vivos. ¿Cuándo murió aproximadamente esta persona?

41. Ciencias naturales ¿Qué edad tiene una pieza de marfil que ha perdido 36% de su radiocarbono?

42. Ciencias naturales Una muestra de un depósito de desechos cerca del Estrecho de Magallanes tenía 60% del carbono 14 de una muestra viva contemporánea. ¿Qué edad tenía la muestra?

43. Ciencias naturales Una gran nube de residuos radiactivos de una explosión nuclear ha flotado sobre la región noroeste del país, contaminando gran parte de la cosecha de heno. En consecuencia, los agricultores de la región temen que las vacas que coman este heno den leche contaminada. (El nivel tolerado para iodo radiactivo en la leche es 0.) El porcentaje de la cantidad inicial de iodo radiactivo aún presente en el heno después de t días es aproximado por $P(t)$, que está dado por

$$P(t) = 100e^{-.1t}.$$

(a) Algunos científicos consideran que el heno es seguro después que el porcentaje de iodo radiactivo ha declinado al 10% de la cantidad original. Resuelva la ecuación $10 = 100e^{-.1t}$ para encontrar el número de días antes de que el heno pueda usarse.
(b) Otros científicos creen que el heno no es seguro sino hasta que el nivel de iodo radiactivo ha declinado a sólo 1% del nivel original. Encuentre el número de días que esto tomará.

Ciencias naturales *Para los ejercicios 44-47, refiérase al ejemplo 6.*

44. Encuentre la intensidad en la escala Richter de sismos cuyos movimientos del terreno son
(a) $1000i_0$
(b) $100{,}000i_0$
(c) $10{,}000{,}000i_0$.
(d) Llene el espacio en blanco en este enunciado: al incrementarse el movimiento del terreno por un factor de 10^k, la intensidad Richter se incrementa _____ unidades.

45. El gran sismo de San Francisco en 1906 registró 8.3 en la escala Richter. ¿Qué tanto más grande fue el movimiento del terreno en 1906 que en el sismo de 1989 que registró 7.1 en la escala Richter?

46. La intensidad del sonido se mide en unidades llamadas decibeles. La clasificación en decibeles de un sonido está dada por

$$D(i) = 10 \cdot \log\left(\frac{i}{i_0}\right),$$

donde i es la intensidad del sonido e i_0 es la intensidad mínima detectable por el oído humano (el llamado *sonido umbral*). Encuentre la clasificación en decibeles de cada uno de los siguientes sonidos cuyas intensidades se dan. Redondee las respuestas al número entero más cercano.

(a) Murmullo, $115i_0$
(b) Calle bulliciosa, $9{,}500{,}000i_0$
(c) Música rock, $895{,}000{,}000{,}000i_0$
(d) Avión al despegar, $109{,}000{,}000{,}000{,}000i_0$

47. **(a)** ¿Cuánto más intenso es un sonido que registra 100 decibeles que el sonido umbral?
(b) ¿Cuánto más intenso es un sonido que registra 50 decibeles que el sonido umbral?
(c) ¿Cuánto más intenso es un sonido que registra 100 decibeles que otro que registra 50 decibeles?

48. Ciencias naturales Consulte el ejemplo 7.
(a) Determine la reducción en porcentaje de bióxido de carbono cuando el impuesto es de $60.
(b) ¿Qué impuesto causará una reducción del 50% en las emisiones de bióxido de carbono?

Ciencias naturales *Para encontrar los niveles máximos permitidos de ciertos contaminantes en el agua, la EPA ha establecido las funciones definidas en los ejercicios 49-50, donde M(h) es el nivel máximo permitido de contaminante para una dureza del agua de h miligramos por litro. Encuentre M(h) en cada caso. (Esos resultados dan la concentración promedio máxima permitida en microgramos por litro para un periodo de 24 horas.)*

49. Cobre: $M(h) = e^r$, donde $r = 0.65 \ln h - 1.94$ y $h = 9.7$.

50. Plomo: $M(h) = e^r$, donde $r = 1.51 \ln h - 3.37$ y $h = 8.4$.

51. Ciencias sociales El número de años $N(r)$ desde que dos lenguajes que se han desarrollado independientemente se separaron de un lenguaje ancestral común, es aproximado por

$$N(r) = -5000 \ln r,$$

donde r es la proporción de las palabras del lenguaje ancestral que es común a ambas lenguas actualmente. Encuentre lo siguiente.

(a) $N(.9)$ **(b)** $N(.5)$ **(c)** $N(.3)$
(d) ¿Cuántos años han transcurrido desde la separación si el 70% de las palabras del lenguaje ancestral son comunes a ambas lenguas actualmente?
(e) Si dos lenguas se separaron de un lenguaje ancestral común hace aproximadamente 1000 años, encuentre r.

52. Ciencias sociales En la parte central de la Sierra Nevada de California, el porcentaje de humedad que cae como nieve en vez de lluvia, es aproximado razonablemente por

$$p = 86.3 \ln h - 680,$$

donde p es el porcentaje de humedad como nieve a una altitud de h pies (con $3000 \le h < 8500$).
(a) Dibuje la gráfica de p.
(b) ¿A qué altitud es el 50% de la humedad debido a la nieve?

53. Ciencias sociales En los ejercicios de la sección 5.3, vimos que el número de visitantes (en millones) a los Parques Nacionales de Estados Unidos de 1950 a 1993, puede aproximarse por la función logarítmica $f(x) = -266 + 72 \ln x$.* Aquí x representa el número de años desde 1900. De acuerdo con la función, ¿en qué año será el número de visitantes igual a 70 millones?

54. Ciencias naturales El crecimiento de casos de cirugía en pacientes externos como porcentaje de los casos de cirugía en hospitales es aproximado por $f(x) = -1317 + 304 \ln x$, donde x representa el número de años desde 1900.†
(a) ¿Qué predice esta función para el porcentaje de cirugía en pacientes externos en 1998?
(b) ¿Cuándo se alcanzó el 50% de casos de cirugía en pacientes externos?

55. Ciencias naturales La efectividad de un medicamento decrece con el tiempo. Si cada hora un medicamento tiene sólo el 90% de efectividad que la hora previa, en algún momento el paciente no estará recibiendo suficiente medicina y debe recibir otra dosis. Esta situación puede modelarse por una función exponencial con $y = y_0(.90)^{t-1}$. En esta ecuación, y_0 es la cantidad de la dosis inicial y y es el porcentaje de medicina aún presente t horas después que la medicina se administró. Suponga que 200 mg de medicina son administrados. ¿Cuánto tiempo tomará para que esta dosis inicial alcance el peligroso nivel de 50 mg?

56. Física La tabla da algunas de las distancias promedio D de los planetas al Sol y sus periodos P de revolución alrededor del Sol en años. Las distancias han sido normalizadas de manera que la Tierra está a una unidad del Sol. La distancia de Júpiter de 5.2 significa que la distancia de Júpiter al Sol es 5.2 veces la de la Tierra. ‡

Planeta	*D*	*P*
Tierra	1	1
Júpiter	5.2	11.9
Saturno	9.54	29.5
Urano	19.2	84.0

**Statistical Abstract of the United States 1994*, pág. 249.

†American Hospital Association, Chicago.

‡Ronan, C. *The Natural History of the Universe*, MacMillan Publishing Co., Nueva York, 1991.

(a) Marque los puntos (D, P) para esos planetas. ¿Se ajustaría mejor una recta o una curva exponencial a esos puntos?
(b) Marque los puntos $(\ln D, \ln P)$ para esos planetas. ¿Parecen estar en una recta esos puntos?
(c) Determine una ecuación lineal que aproxime los puntos dato con $x = \ln D$ y $y = \ln P$. Use los puntos dato $(0, 0)$ y $(2.95, 4.43)$. Dibuje la gráfica de su recta y los datos sobre los mismos ejes coordenados.
(d) Use la ecuación lineal para predecir el periodo del planeta Plutón si su distancia es 39.5. Compare su respuesta con el valor verdadero de 248.5 años.

57. Ciencias sociales La gráfica muestra que el porcentaje y de niños americanos que crecen sin un padre se ha incrementado rápidamente desde 1950.* Si x representa el número de años desde 1900, la función definida por

$$y = \frac{25}{1 + 1364.3e^{-x/9.316}}$$

modela los datos bastante bien.

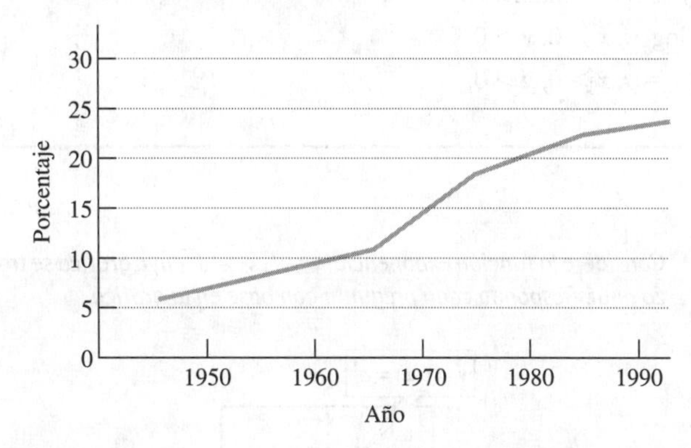

*National Longitudinal Survey of Youth, U.S. Department of Commerce, Bureau of the Census.

(a) ¿En qué año vivían 20% de esos niños sin un padre?
(b) Si el porcentaje continúa creciendo de la misma manera, ¿en qué año vivirán 30% de los niños americanos en un hogar sin un padre?

Necesitará una calculadora graficadora para el ejercicio 58.

58. Ciencias naturales Muchas situaciones ambientales imponen límites efectivos al tamaño de una población en un área. Como se mencionó en la sección 5.2, muchas de tales situaciones de crecimiento limitado están descritas por la *función logística*, más específicamente definidas como

$$G(t) = \frac{MG_0}{G_0 + (M - G_0)e^{-kMt}},$$

donde G_0 es el número inicial presente, M es el tamaño máximo posible de la población y k es una constante positiva. (La función definida en el ejercicio 57 es un ejemplo de una función logística.) Suponga que $G_0 = 100$, $M = 2500$, $k = 0.0004$ y t es el tiempo en décadas (periodos de 10 años).
(a) Use una calculadora graficadora para hacer la gráfica de la función usando $0 \leq t \leq 8$, $0 \leq y \leq 2500$.
(b) Con su calculadora encuentre $G(2)$. ¿Qué representa este número?
(c) Encuentre la coordenada x de la intersección de la curva con la línea horizontal $y = 1000$. Interprete su respuesta.
(d) Use logaritmos para resolver la ecuación $G(t) = 1000$.

CAPÍTULO 5 RESUMEN

Términos clave y símbolos

5.1 función exponencial
crecimiento y decaimiento exponencial
ecuación exponencial

5.2 el número $e \approx 2.71828\ldots$
curva de aprendizaje
curva de olvido

5.3 $\log x$ logaritmo común (logaritmo de base 10) de x
$\ln x$ logaritmo natural (logaritmo de base e) de x
$\log_a x$ logaritmo de base a de x
ecuación logarítmica
función logarítmica
inversas

5.4 vida media
escala de Richter

Conceptos clave

Una importante aplicación de los exponentes es la **función de crecimiento exponencial**, definida por $f(t) = y_0e^{kt}$, donde y_0 es la magnitud de una cantidad presente en el tiempo $t = 0$, $e \approx 2.71828$ y k es una constante.

El **logaritmo** de x con base a se define como sigue. Para $a > 0$ y $a \neq 1$, $y = \log_a x$ significa $a^y = x$. Así entonces, $\log_a x$ es un *exponente*, es decir, la potencia a la que hay que elevar a para producir x.

Propiedades de los logaritmos

Sean x, y y a números reales positivos, $a \neq 1$ y sea r cualquier número real.

$\log_a xy = \log_a x + \log_a y$ $\qquad \log_a \frac{x}{y} = \log_a x - \log_a y$

$\log_a x^r = r \log_a x$ $\qquad \log_a 1 = 0$

$\log_a a = 1$ $\qquad a^{\log_a x} = x$

$\log_a a^r = r$

Resolución de ecuaciones exponenciales y logarítmicas

Sea $a > 0$, $a \neq 1$.

Si $a^x = a^y$, entonces $x = y$ y si $x = y$, entonces $a^x = a^y$.

Si $x = y$, entonces $\log_a x = \log_a y$, $x > 0$, $y > 0$.

Si $\log_a x = \log_a y$, entonces $x = y$, $x > 0$, $y > 0$.

Capítulo 5 Ejercicios de repaso

Asocie cada ecuación con la letra de la gráfica que más se parezca a su gráfica. Suponga que $a > 1$.

1. $y = a^{x+2}$ **2.** $y = a^x + 2$

3. $y = -a^x + 2$ **4.** $y = a^{-x} + 2$

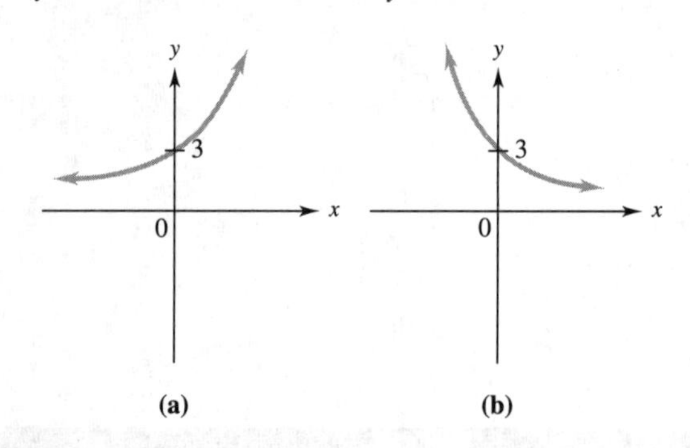

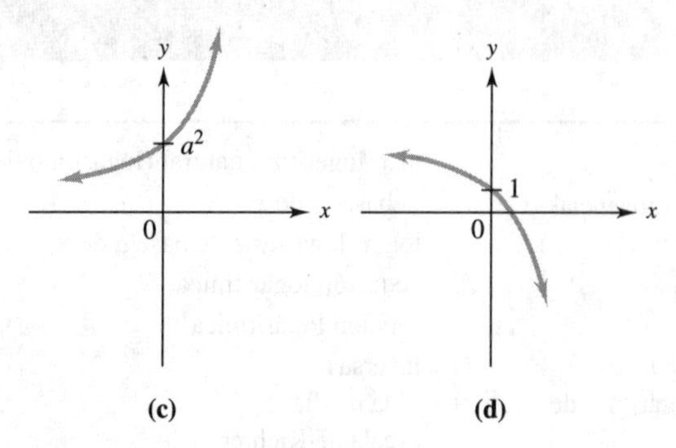

Considere la función exponencial $y = f(x) = a^x$ cuya gráfica se traza aquí. Responda cada pregunta con base en la gráfica.

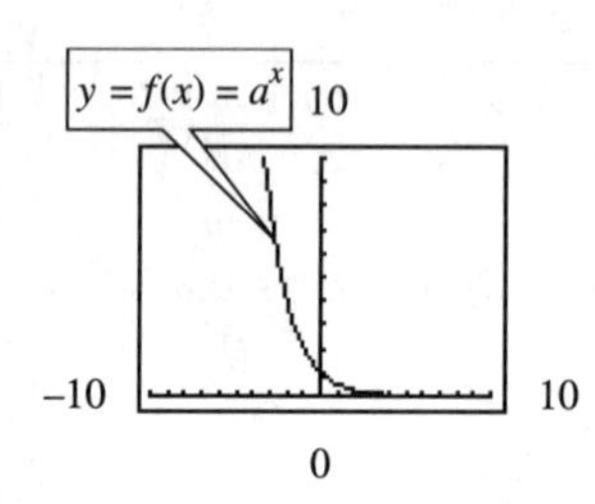

5. ¿Qué es cierto acerca del valor de a en comparación con 1?

6. ¿Cuál es el dominio de f?

7. ¿Cuál es el rango de f?

8. ¿Cuál es el valor de $f(0)$?

Resuelva cada ecuación.

9. $2^{3x} = \frac{1}{8}$ **10.** $\left(\frac{9}{16}\right)^x = \frac{3}{4}$

11. $9^{2y-1} = 27^y$ **12.** $\frac{1}{2} = \left(\frac{b}{4}\right)^{1/4}$

Dibuje la gráfica de cada función.

13. $f(x) = 4^x$ **14.** $g(x) = 4^{-x}$

15. $f(x) = \ln x + 5$ **16.** $g(x) = \log x - 3$

Resuelva los siguientes problemas.

17. Administración Una persona que aprende ciertas habilidades que implican repeticiones, tiende a aprender muy rápido al principio. Luego el aprendizaje disminuye y tiende a cierto límite superior. Suponga que el número de símbolos por minuto que un tipógrafo puede producir está dado por $p(t) = 250 - 120(2.8)^{-.5t}$, donde t es el número de meses que el tipógrafo ha sido entrenado. Encuentre lo siguiente:

(a) $p(2)$

(b) $p(4)$

(c) $p(10)$.

(d) Haga la gráfica de $y = p(t)$.

18. Ciencias naturales El aumento del bióxido de carbono atmosférico es modelado por la función exponencial $y = 353e^{.00609t}$, donde t es el número de años desde 1990.* Use este modelo para estimar el año en que el nivel de bióxido de carbono en el aire será el doble del nivel preindustrial de 280 ppm, suponiendo que no tiene lugar ningún cambio.

Transforme cada enunciado exponencial en uno logarítmico equivalente.

19. $10^{1.6721} = 47$ **20.** $5^4 = 625$

21. $e^{3.6636} = 39$ **22.** $5^{1/2} = \sqrt{5}$

Transforme cada enunciado logarítmico en uno exponencial equivalente.

23. $\log 1000 = 3$

24. $\log 16.6 = 1.2201$

25. $\ln 95.4 = 4.5581$

26. $\log_2 64 = 6$

Evalúe cada expresión sin usar una calculadora.

27. $\ln e^3$ **28.** $\log \sqrt{10}$

29. $10^{\log 7.4}$ **30.** $\ln e^{4k}$

31. $\log_8 16$ **32.** $\log_{25} 5$

Escriba cada expresión como un logaritmo simple. Suponga que todas las variables representan cantidades positivas.

33. $\log 4k + \log 5k^3$ **34.** $4 \log x - 2 \log x^3$

35. $2 \log b - 3 \log c$ **36.** $4 \ln x - 2(\ln x^3 + 4 \ln x)$

Resuelva cada ecuación. Redondee al milésimo más cercano.

37. $8^p = 19$ **38.** $3^z = 11$

39. $5 \cdot 2^{-m} = 35$ **40.** $2 \cdot 15^{-k} = 18$

41. $e^{-5-2x} = 5$ **42.** $e^{3x-1} = 12$

43. $6^{2-m} = 2^{3m+1}$

44. $5^{3r-1} = 6^{2r+5}$

45. $(1 + .003)^k = 1.089$

46. $(1 + .094)^z = 2.387$

47. $\log(m + 2) = 1$

48. $\log x^2 = 2$

49. $\log_2(3k - 2) = 4$

50. $\log_5\left(\dfrac{5z}{z - 2}\right) = 2$

51. $\log x + \log(x + 3) = 1$

52. $\log_2 r + \log_2(r - 2) = 3$

53. $\ln(m + 3) - \ln m = \ln 2$

54. $2 \ln(y + 1) = \ln(y^2 - 1) + \ln 5$

Resuelva los siguientes problemas.

55. Administración Suponga que el producto nacional bruto (PNB) de un pequeño país (en millones de dólares) es aproximado por $G(t) = 15 + 2 \log t$, donde t es tiempo en años, para $1 \le t \le 6$. Encuentre el PNB en los siguientes tiempos.

(a) 1 año

(b) 2 años

(c) 5 años

56. Ciencias naturales Una población está creciendo de acuerdo con la ley de crecimiento $y = 2e^{.02t}$, donde y está en millones y t en años. Asocie cada una de las preguntas (a), (b), (c) y (d) con una de las soluciones (A), (B), (C) o (D).

(a) ¿Cuánto tiempo tomará para que la población se triplique?	**(A)** Evalúe $2e^{.02(1/3)}$.
(b) ¿Cuándo será la población de 3 millones?	**(B)** Resuelva $2e^{.02t} = 3 \cdot 2$ para t.
(c) ¿Qué tan grande será la población en 3 años?	**(C)** Evalúe $2e^{.02(3)}$.
(d) ¿Qué tan grande será la población en 4 meses?	**(D)** Resuelva $2e^{.02t} = 3$ para t.

57. Ciencias naturales La cantidad de polonio (en gramos) presente después de t días está dada por

$$A(t) = 10e^{-.00495t}.$$

(a) ¿Cuánto polonio se tenía inicialmente?

(b) ¿Cuál es la vida media del polonio?

(c) ¿Qué tiempo pasará hasta que la cantidad de polonio decaiga a 3 gramos?

58. Ciencias naturales Un sismo registra 4.6 sobre la escala Richter. Un segundo sismo tiene un movimiento del terreno 1000 veces mayor que el primero. ¿Cuánto registra el segundo sismo en la escala Richter?

*International Panel on Climate Change (IPCC), 1990.

Ciencias naturales *Refiérase a la Ley de Enfriamiento de Newton:* $F(t) = T_0 + Ce^{-kt}$*, dada en los ejercicios 17 y 18 de la sección 5.2, donde C y k son constantes.*

59. Una pieza de metal se calienta a 300° Celsius y luego se coloca en un líquido enfriador a 50° Celsius. Después de 4 minutos, el metal se ha enfriado a 175° Celsius. Encuentre su temperatura después de 12 minutos.

60. Una pizza congelada tiene una temperatura de 3.4° Celsius cuando se saca del congelador y se deja en un cuarto a temperatura ambiente de 18° Celsius. Después de media hora su temperatura es de 7.2° Celsius. ¿Cuánto tiempo pasará hasta que la pizza se encuentre a 10° Celsius?

61. Administración La India se ha convertido en un importante exportador de software a los Estados Unidos. La siguiente tabla muestra las exportaciones y de la India (en millones de dólares) en los años desde 1985. La figura para 1997 es una estimación.

Año (x)	1985	1987	1989	1991	1993	1995	1997
$ (y)	6	39	67	128	225	483	1000

Si x representa el número de años desde 1900, la función

$$f(x) = 6.2(10)^{-12}(1.4)^x$$

aproxima los datos razonablemente bien. De acuerdo con esta función, ¿cuándo duplicarán las exportaciones de software el valor correspondiente a 1997?

62. Administración La Aerolínea Southwest ha crecido exponencialmente desde que comenzó a dar servicio en 1971. Esta empresa ha sido clasificada como la mejor aerolínea del país por más de un sistema de clasificación. El número de pasajeros de la Aerolínea Southwest y en millones en años seleccionados desde 1987 se muestra en la tabla, donde x representa el número de años desde 1900. Los pares ordenados correspondientes están marcados en la figura.

x	y
88	14.9
90	19.8
92	27.8
94	42.7
96	49.6

55

85 100

0

La función definida por $f(x) = 2.757 \cdot 10^{-5}e^{.150x}$, también mostrada en la figura, se ajusta muy bien a los datos.

(a) Use la función para estimar el número de pasajeros de la aerolínea Southwest en el año 2000.

(b) De acuerdo con la función, ¿cuándo será el número de pasajeros igual a 100 millones?

En los ejercicios 63 y 64 será de ayuda una calculadora graficadora.

63. Física La presión atmosférica (en milibares) a una altitud dada (en metros) se da en la siguiente tabla.

Altura	0	2000	4000	6000	8000	10,000
Presión	1013	795	617	472	357	265

(a) Marque los datos para la presión atmosférica P a una altitud x.

(b) ¿Ajustarían mejor los datos una función lineal o una función exponencial?

(c) Dibuje la gráfica de la función definida por

$$P(x) = 1013(2.78)^{-.0001341x}$$

sobre los mismos ejes que los datos en el inciso (a). ¿Ajusta esta gráfica los puntos dato?

(d) Use $P(x)$ para predecir la presión a 1500 m y a 11,000 m y compare los resultados con los valores reales de 846 milibares y 227 milibares.

64. Física La capacidad de las computadoras personales ha crecido considerablemente como resultado de poder colocar un número creciente de transistores en un solo chip procesador. La tabla muestra el número de transistores en algunos chips de una computadora Intel.*

Año	*Chip*	*Transistores*
1971	4004	2,300
1986	386DX	275,000
1989	486DX	1,200,000
1993	Pentium	3,300,000
1995	P6	5,500,000

(a) Sea x el año, donde $x = 0$ corresponde a 1971 y y el número de transistores. Marque los datos.

(b) ¿Ajustaría mejor los datos una función lineal, una exponencial o una logarítmica?

(c) Use los pares ordenados (0, 2300) y (24, 5500000) para obtener una ecuación en la forma $y = ae^{kx}$, encontrando valores de a y k que ajusten los datos en 1971 y 1995.

(d) Trace la gráfica de la función del inciso (c) con los puntos dato. ¿Ajusta la función los datos?

*Datos proporcionados por Intel.

CASO 5

Características del pez monkeyface*

El pez *monkeyface* (*Cebidichthys violaceus*), conocido entre los pescadores como la "anguila" *monkeyface*, vive en los litorales rocosos desde la bahía de San Quintín, Baja California, hasta Brookings, Oregon. Poco se conoce sobre la vida de esta especie. Los resultados de un estudio sobre la longitud, peso y edad de esta especie se estudiarán en este caso.

Se recolectaron datos sobre la longitud estándar (*SL*) y la longitud total (*TL*). Al principio del estudio sólo se midió la *TL*, por lo que una conversión a *SL* fue necesaria. La ecuación que relaciona las dos longitudes, obtenida de 177 observaciones en las cuales ambas longitudes se midieron, es

$$SL = TL(.931) + 1.416.$$

Las edades (determinadas por procedimientos estándar de envejecimiento) se usaron para estimar parámetros del modelo de crecimiento de von Bertanfany

$$L_t = L_x(1 - e^{-kt}), \quad (1)$$

donde

L_t = longitud en la edad t,
L_x = edad asintótica de la especie,
k = razón de crecimiento completo, y
t_0 = edad teórica en la longitud cero.

Las constantes a y b en el modelo

$$W = aL^b, \quad (2)$$

donde

W = peso en gramos,
L = longitud estándar en cm,

se determinaron usando 139 peces que variaban entre 27 cm y 145 gramos y 60 cm y 195 gramos.

Las curvas de crecimiento, que dan la longitud como función de la edad, se muestran en la figura 1. Para los datos marcados opérculo, las longitudes se calcularon a partir de las edades usando la ecuación (1).

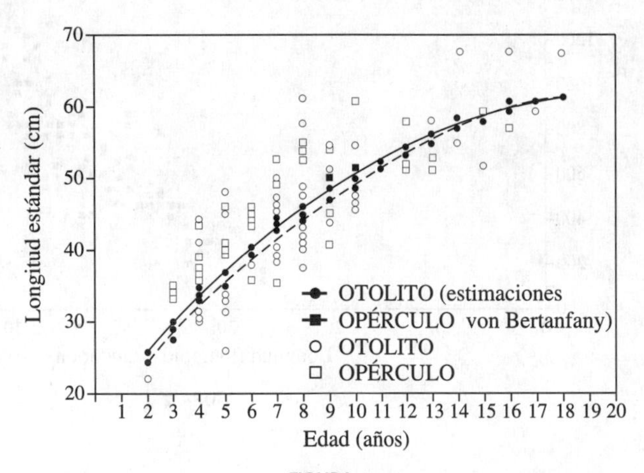

FIGURA 1

La longitud estimada con la ecuación (1) a una edad dada fue mayor para machos que para hembras después de los ocho años de edad. Vea la tabla. Las relaciones peso/longitud encontradas con la ecuación (2) se muestran en la figura 2, junto con datos de otros estudios.

Estructura /Sexo	*Edad (años)*	*Longitud (cm)*	L_x	k	t_0	n
Otolito						
Est.	2–18	23–67	72	.10	−1.89	91
S.D.			8	.03	1.08	
Opérculo						
Est.	2–18	23–67	71	.10	−2.63	91
S.D.			8	.04	1.31	
Opérculos hembras						
Est.	0–18	15–62	62	.14	−1.95	115
S.D.			2	.02	.28	
Opérculos machos						
Est.	0–18	13–67	70	.12	−1.91	74
S.D.			5	.02	.29	

**Characteristics of the Monkeyface Prickleback*, por William H. Marshall y Tina Wyllie Echeverría, como apareció publicado en *California Fish & Game*, vol. 78, primavera de 1992, número 2.

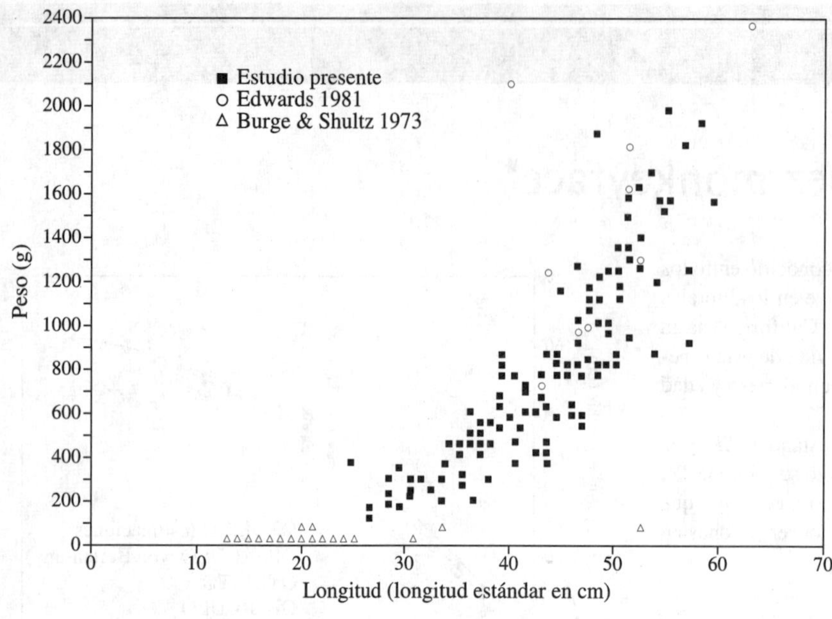

FIGURA 2

EJERCICIOS

1. Use la ecuación (1) para estimar las longitudes para las edades de 4, 11 y 17 años. Sea $L_x = 71.5$ y $k = 0.1$. Compare sus respuestas con los resultados en la figura 1. ¿Qué encuentra?
2. Use la ecuación (2) con $a = 0.01289$ y $b = 2.9$ para estimar los pesos para las longitudes de 25 cm, 40 cm y 60 cm. Compárelos con los resultados en la figura 2. ¿Son sus resultados razonablemente iguales a los de la curva?

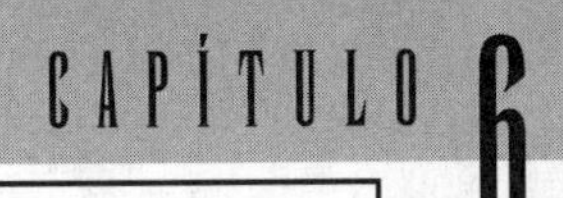

CAPÍTULO 6 Matemáticas de finanzas

6.1 Interés simple y descuento
6.2 Interés compuesto
6.3 Anualidades
6.4 Valor presente de una anualidad; amortización
6.5 Aplicación de fórmulas financieras
CASO 6 Tiempo, dinero y polinomios

Ya sea que esté en posición de invertir dinero o de pedir un préstamo, es importante tanto para los administradores de negocios como para los consumidores entender el concepto de *interés*. Las fórmulas del interés se desarrollan en este capítulo.

6.1 INTERÉS SIMPLE Y DESCUENTO

Interés son los honorarios que se pagan por el uso del dinero de alguien más. Por ejemplo, podría pagar interés a un banco por un préstamo o el banco podría pagarle interés por el dinero en su cuenta de ahorros. La cantidad de dinero que se toma en préstamo o se deposita se llama el **capital**. Los honorarios que se pagan como interés dependen de la **tasa** de interés y del **tiempo** que use el dinero. A menos que se indique otra cosa, el tiempo t se mide en años y la tasa de interés r en porcentaje anual, expresado éste como decimal; por ejemplo, $8\% = 0.08$ o $9.5\% = 0.095$.

Hay dos maneras comunes de calcular el interés, una de las cuales estudiaremos en esta sección. El **interés simple** es interés pagado sólo sobre la cantidad depositada y no sobre el interés pasado.

> El **interés simple**, I, sobre una cantidad de P dólares a una tasa de interés r anual durante t años es
>
> $$I = Prt.$$

(El interés se redondea al centavo más cercano, como es costumbre en problemas financieros.)

EJEMPLO 1 Silvia Suárez pidió un préstamo de \$5000 a un interés del 11% por 11 meses. ¿Cuánto interés tendrá que pagar?

A partir de la fórmula $I = Prt$, con $P = 5000$, $r = 0.11$ y $t = 11/12$ (en años). El interés total que pagará es

$$I = 5000(.11)(11/12) = 504.17,$$

o \$504.17. ■ [1]

[1] Encuentre el interés simple para lo siguiente.

(a) \$1000 al 8% por 2 años

(b) \$5500 al 10.5% por $1\frac{1}{2}$ años

Respuestas:

(a) \$160

(b) \$866.25

Un depósito de P dólares hoy a una tasa de interés r por t años produce interés de $I = Prt$. El interés, sumado al capital original P da

$$P + Prt = P(1 + rt).$$

Esta cantidad se llama el **valor futuro** de P dólares a una tasa de interés r por el tiempo t en años. Cuando hay préstamos implicados, el valor futuro suele llamarse el **valor al vencimiento** del préstamo. Esta idea se resume como sigue.

El **valor futuro** o **valor al vencimiento** A, de P dólares por t años a una tasa de interés r por año es

$$\mathbf{A = P(1 + rt).}$$

EJEMPLO 2 Encuentre el valor al vencimiento para cada uno de los siguientes préstamos a interés simple.

(a) Un préstamo de \$2500 por pagarse en 9 meses con interés de 12.1%

El préstamo es por 9 meses, o 9/12 = 0.75 de un año. El valor al vencimiento es

$$A = P(1 + rt)$$
$$A = 2500[1 + .121(.75)]$$
$$\approx 2500(1.09075) = 2726.875,$$

o \$2726.88. Debido a que el valor al vencimiento es la suma del capital y del interés, el interés pagado sobre este préstamo es

$$\$2726.88 - \$2500 = \$226.88.$$

(b) Un préstamo de \$11,280 por 85 días al 11% de interés

Es común suponer 360 días en un año al trabajar con interés simple. En general, partiremos de esta suposición en este libro. El valor al vencimiento en el ejemplo es

$$A = 11{,}280\left[1 + .11\left(\frac{85}{360}\right)\right] \approx 11{,}280[1.0259722] \approx 11{,}572.97,$$

u \$11,572.97. ■ [2]

[2] Encuentre el valor al vencimiento de cada préstamo.

(a) \$10,000 al 10% por 6 meses

(b) \$8970 al 11% por 9 meses

(c) \$95,106 al 9.8% por 76 días

Respuestas:

(a) \$10,500

(b) \$9710.03

(c) \$97,073.64

SUGERENCIA TECNOLÓGICA La capacidad tabuladora de una calculadora graficadora permite comparar el efecto sobre el valor al vencimiento de un préstamo debido a una diferencia pequeña en la tasa de interés. La pantalla en la figura 6.1 muestra la porción de un año en la columna X y el valor al vencimiento del préstamo en el ejemplo 2(a) con tasas de interés de 12.1% en la columna Y_1 y de 11.6% en la columna Y_2. En la tabla vemos que cuando X = 0.75, el valor al vencimiento es \$9.40 menos al 11.6% que al 12.1%. ✔

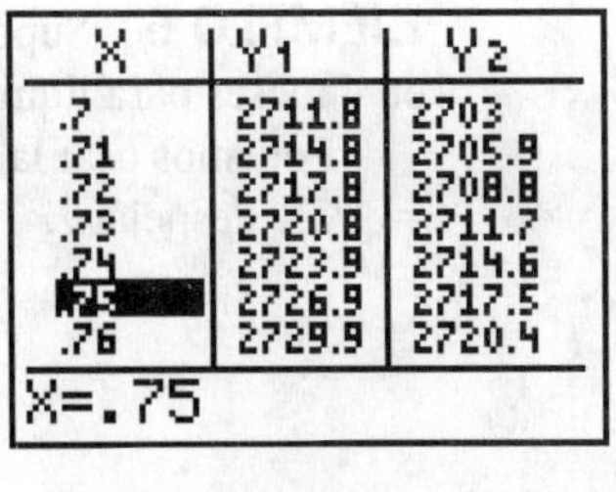

X	Y_1	Y_2
.7	2711.8	2703
.71	2714.8	2705.9
.72	2717.8	2708.8
.73	2720.8	2711.7
.74	2723.9	2714.6
.75	2726.9	2717.5
.76	2729.9	2720.4

X=.75

FIGURA 6.1

VALOR PRESENTE Una suma de dinero que puede depositarse hoy para producir una cantidad mayor en el futuro se llama el **valor presente** de esa cantidad futura. El valor presente se refiere al capital por invertir o prestar, por lo que usamos la misma variable P que para el capital. En problemas de interés, P siempre representa la cantidad al principio del periodo y A siempre representa la cantidad al final del periodo. Para encontrar una fórmula para P, comenzamos con la fórmula para el valor futuro

$$A = P(1 + rt).$$

Dividiendo cada lado entre $1 + rt$ obtenemos la siguiente fórmula para el valor presente.

$$P = \frac{A}{1 + rt}$$

> El **valor presente** P de una cantidad futura de A dólares a una tasa de interés simple r por t años es
>
> $$P = \frac{A}{1 + rt}.$$

3 Encuentre el valor presente de las siguientes cantidades futuras. Suponga un interés del 12%.

(a) \$7500 en 1 año

(b) \$89,000 en 5 meses

(c) \$164,200 en 125 días

Respuestas:

(a) \$6696.43

(b) \$84,761.90

(c) \$157,632.00

EJEMPLO 3 Encuentre el valor presente de \$32,000 en 4 meses a 9% de interés.

$$P = \frac{32{,}000}{1 + (.09)\left(\frac{4}{12}\right)} = \frac{32{,}000}{1.03} = 31{,}067.96$$

Un depósito de \$31,067.96 hoy, a 9% de interés, producirá \$32,000 en 4 meses. Esas dos sumas, \$31,067.96 hoy y \$32,000.00 en 4 meses, son equivalentes (al 9%) porque la primera cantidad se convierte en la segunda cantidad en 4 meses. ■ **3**

4 Cristina Barrera debe \$19,500 a Javier Díaz. El dinero se pagará en 11 meses sin interés. Si la tasa actual de interés es de 10%, ¿cuánto debe aceptar Díaz hoy como liquidación de la deuda?

Respuesta:
\$17,862.60

EJEMPLO 4 Por una orden de la corte, Carlos Ramírez debe pagar \$5000 a Jorge Pozos. El dinero debe pagarse en 10 meses sin interés. Suponga que Ramírez desea pagar el dinero hoy. ¿Qué cantidad debe aceptar Pozos? Suponga una tasa de interés de 5%.

La cantidad que Pozos debería aceptar se da por el valor presente:

$$P = \frac{5000}{1 + (.05)\left(\frac{10}{12}\right)} = 4800.00.$$

Pozos debería estar dispuesto a aceptar \$4800.00 como liquidación de la obligación. ■ **4**

EJEMPLO 5 Suponga que hoy pide un préstamo de $40,000 y debe pagar $41,400 en 4 meses para liquidar el préstamo y el interés. ¿Cuál es la tasa de interés simple?

Podemos usar la fórmula de valor futuro, con $P = 40{,}000$, $A = 41{,}400$ y $t = 4/12 = 1/3$ y despejar r.

$$A = P(1 + rt)$$

$$41{,}400 = 40{,}000\left(1 + r \cdot \frac{1}{3}\right)$$

$$41{,}400 = 40{,}000 + \frac{40{,}000r}{3}$$

$$1400 = \frac{40{,}000r}{3}$$

$$40{,}000r = 3 \cdot 1400 = 4200$$

$$r = \frac{4200}{40{,}000} = .105$$

Por lo tanto, la tasa de interés es del 10.5%. ■

PAGARÉS DE DESCUENTO SIMPLE Los préstamos vistos hasta ahora se llaman **pagarés de interés simple**, en los que el interés sobre el valor nominal del préstamo se suma al préstamo mismo y se paga todo al vencimiento. En otro tipo común de pagaré, llamado **pagaré de descuento simple**, el interés se deduce de antemano de la cantidad del préstamo, antes de entregar el *balance* o *resto* al prestatario. El valor *total* del pagaré debe pagarse al vencimiento. El dinero que se deduce se llama el **descuento bancario** o meramente el **descuento**, y el dinero que recibe el prestatario se llama el **beneficio neto**.

Por ejemplo, considere un préstamo de $3000 a 6% de interés por 9 meses. Podemos comparar los dos tipos de préstamos como sigue.

	Pagaré de interés simple	*Pagaré con descuento bancario*
Interés sobre el pagaré	3000(.06)(9/12) = $135	3000(.06)(9/12) = $135
El prestatario recibe	**$3000**	$2865
El prestatario paga	$3135	**$3000**

EJEMPLO 6 Teresa DePalo necesita un préstamo de su banco y conviene en pagar $8500 a su banquero en 9 meses. El banquero resta un descuento de 12% y entrega a DePalo el resto. Encuentre el monto del descuento y el beneficio neto.

Como se mostró arriba, el descuento se encuentra de la misma manera que el interés simple, excepto que la operación se basa en la cantidad por pagar.

$$\textbf{Descuento} = 8500(.12)\left(\frac{9}{12}\right) = \mathbf{765.00}$$

El beneficio neto se encuentra restando el descuento de la cantidad original.

$$\textbf{Beneficio neto} = \$8500 - \$765.00 = \mathbf{\$7735.00} \quad ■ \quad \boxed{5}$$

$\boxed{5}$ Carla Benítez firma un convenio con su banco para pagar a éste $25,000 en 5 meses. El banco carga una tasa de descuento del 13%. Encuentre el monto del descuento y del beneficio neto (cantidad que Benítez realmente recibe).

Respuesta:
$1354.17; $23,645.83

En el ejemplo 6, al prestatario se le cargó un descuento del 12%. Sin embargo, 12% *no* es la tasa de interés pagada ya que 12% se aplica a los $8500, mientras que el prestatario en realidad recibió sólo $7735. En el siguiente ejemplo, encontramos la tasa de interés que realmente pagó el prestatario.

EJEMPLO 7 Encuentre la tasa de interés real que pagó DePalo en el ejemplo 6.

Use la fórmula para el interés simple $I = Prt$, con r como incógnita. Como el prestatario recibió sólo $7735 y debe pagar $8500, $I = 8500 - 7735 = 765$. Aquí, $P = 7735$ y $t = 9/12 = 0.75$. Sustituya esos valores en $I = Prt$.

$$I = Prt$$
$$765 = 7735(r)(.75)$$
$$\frac{765}{7735(.75)} = r$$
$$.132 \approx r$$

La tasa de interés que realmente pagó el prestatario es aproximadamente 13.2%. ■ 6

6 Regrese al problema 5 y encuentre la tasa de interés real que pagó Benítez.

Respuesta:
13.7% (al décimo más cercano)

Sea D la cantidad de descuento en un préstamo. Entonces $D = Art$, donde A es el valor al vencimiento del préstamo (la cantidad tomada en préstamo más interés) y r es la tasa nominal de interés. La cantidad en realidad recibida, el beneficio neto, puede escribirse como $P = A - D$ o $P = A - Art = A(1 - rt)$.

Las fórmulas para el descuento se resumen a continuación.

DESCUENTO

Si D es el descuento sobre un préstamo con valor A al vencimiento con tasa de interés r por t años y si P representa el beneficio neto, entonces

$$\boldsymbol{P = A - D \quad \text{o} \quad P = A(1 - rt).}$$

EJEMPLO 8 Juan Yáñez debe $4250 a Mariana Hierro. El préstamo se pagará en 1 año a 10% de interés. Hierro necesita dinero para comprar un auto nuevo, por lo que 3 meses antes del vencimiento del préstamo va al banco para que le descuenten el préstamo. Es decir, vende el préstamo (pagaré) al banco. El banco cobra 11% como honorarios por el descuento. Encuentre la cantidad que recibirá del banco.

Encuentre primero el valor al vencimiento del préstamo, o sea la cantidad (con interés) que Yáñez debe pagar a Hierro. Por la fórmula del valor al vencimiento,

$$\begin{aligned} A &= P(1 + rt) \\ &= 4250[1 + (.10)(1)] \\ &= 4250(1.10) = 4675 \end{aligned}$$

o $4675.00.

7 Una compañía acepta un pagaré por $21,000 con vencimiento en 7 meses y con interés de 10.5%. Suponga que la empresa descuenta el pagaré en un banco 75 días antes de su vencimiento. Encuentre la cantidad que la compañía recibe si el banco cobra una tasa de descuento de 12.4%. (Use 360 días en un año.)

Respuesta:
$21,710.52

El banco aplica su tasa de descuento a este total:

$$\text{Monto del descuento} = 4675(.11)(3/12) \approx 128.56.$$

(Recuerde que el préstamo se descontó 3 meses antes de su vencimiento.) Hierro recibe

$$\$4675 - \$128.56 = \$4546.44$$

en efectivo del banco. Tres meses después, el banco obtendrá $4675.00 por parte de Yáñez. ■ 7

6.1 EJERCICIOS

1. ¿Qué factores determinan la cantidad de interés ganado sobre un capital fijo?

Encuentre el interés simple en los ejercicios 2-5 (véase el ejemplo 1).

2. $25,000 al 7% por 9 meses

3. $3850 al 9% por 8 meses

4. $1974 al 6.3% por 7 meses

5. $3724 al 8.4% por 11 meses

Encuentre el interés simple. Suponga un año de 360 días y meses de 30 días.

6. $5147.18 al 10.1% por 58 días

7. $2930.42 al 11.9% por 123 días

8. $7980 al 10%; el préstamo se hace el 7 de mayo y vence el 19 de septiembre

9. $5408 al 12%; el préstamo se hace el 16 de agosto y vence el 30 de diciembre

Encuentre el interés simple. Suponga 365 días en un año y use el número exacto de días en un mes. (Suponga 28 días en febrero.)

10. $7800 al 11%; efectuado el 7 de julio y vencimiento el 25 de octubre

11. $11,000 al 10%; efectuado el 19 de febrero y vencimiento el 31 de mayo

12. $2579 al 9.6%; efectuado en octubre 4 y vencimiento el 15 de marzo

13. $37,098 al 11.2%; efectuado en septiembre 12 y vencimiento el 30 de julio

14. En sus propias palabras, describa el *valor al vencimiento* de un préstamo.

15. ¿Qué significa *valor presente* del dinero?

Encuentre el valor presente de cada una de las cantidades futuras en los ejercicios 16-19. Suponga 360 días en un año (véase el ejemplo 3).

16. $15,000 por 8 meses; el dinero gana 6%

17. $48,000 por 9 meses; el dinero gana 5%

18. $15,402 por 125 días; el dinero gana 6.3%

19. 29,764 por 310 días; el dinero gana 7.2%

Encuentre el beneficio neto para las cantidades en los ejercicios 20-23. Suponga 360 días en un año (véase el ejemplo 6).

20. $7150; tasa de descuento 12%; duración del préstamo 11 meses

21. $9450; tasa de descuento 10%; duración del préstamo 7 meses

22. $35,800; tasa de descuento 9.1%; duración del préstamo 183 días

23. $50,900; tasa de descuento 8.2%; duración del préstamo 283 días

24. ¿Por qué la tasa de descuento cargada en un pagaré de descuento simple es diferente a la tasa de interés real pagada sobre el beneficio neto?

Encuentre la tasa de interés al décimo más cercano sobre el beneficio neto para los siguientes pagarés de descuento simple (véase el ejemplo 7).

25. $6200; tasa de descuento 10%; duración del préstamo 8 meses

26. $5000; tasa de descuento 8.1%; duración del préstamo 6 meses

27. $58,000; tasa de descuento 10.8%; duración del préstamo 9 meses

28. $43,000; tasa de descuento 9%; duración del préstamo 4 meses

Administración *Resuelva los siguientes problemas.*

29. Linda Dávila pidió un préstamo de $25,900 a su padre para poner una florería. Pagó después de 11 meses con interés de 8.4%. Encuentre la cantidad total que le pagó.

30. Una compañía de contadores olvidó pagar el impuesto de $725,896.15 a tiempo. El gobierno impuso una multa de 12.7% de interés por los 34 días de retraso en el pago. Encuentre el monto total (impuesto y multa) que se pagó. (Use un año de 365 días.)

31. Un certificado de depósito de $100,000 mantenido durante 60 días vale $101,133.33. Al décimo de porciento más cercano, ¿qué tasa de interés se obtuvo?

32. Un estudiante deberá pagar una colegiatura de $1769 dentro de cuatro meses. ¿Qué cantidad debe depositar hoy, a 6.25%, a fin de tener suficiente para pagar la colegiatura?

33. Una empresa ordenó 7 computadoras nuevas con un costo cada una de $5104. Las computadoras se entregarán dentro de 7 meses. ¿Qué cantidad debe depositar la empresa en una cuenta que paga 6.42% para tener suficiente dinero para el pago de las computadoras?

34. Sergio Cruz necesita $5196 para pagar la remodelación de su casa. Planea pagar el préstamo en 10 meses. Su banco le presta el dinero con una tasa de descuento de 13%. Encuentre el monto de su préstamo.

35. Isabel Méndez decide volver a la universidad. Para esto, compra un auto en $6100 y decide pedir el dinero a un banco, que carga una tasa de descuento de 11.8%. Si Isabel pagará el préstamo en 7 meses, encuentre el monto del préstamo.

36. Felipe Martínez firma un pagaré por $4200 en el banco. El banco carga una tasa de descuento de 12.2%. Encuentre el beneficio neto si el pagaré es por 10 meses. Encuentre la tasa de interés real (al centésimo más cercano) que cargó el banco.

37. Una acción que se vendió a $22 al principio del año se estaba vendiendo a $24 al final del año. Si cada acción pagó un dividendo de $0.50, ¿cuál es la tasa de interés simple para una inversión en estas acciones? (*Sugerencia:* considere el interés igual al incremento en valor más el dividendo.)

38. Un bono con valor nominal de $10,000 en 10 años puede comprarse ahora en $5988.02. ¿Cuál es la tasa de interés simple?

39. Un contratista da un pagaré por $13,500 a un plomero (el plomero presta $13,500 al contratista). El pagaré vence en 9 meses, con interés de 9%. Tres meses después de firmado el pagaré, el plomero lo descuenta en el banco. El banco cobra una tasa de descuento del 10.1%. ¿Cuánto recibirá el plomero? ¿Será esto suficiente para pagar una deuda de $13,582?

40. María López debe $7000 a la tienda Eastside Music Shop. Ha convenido pagar esta deuda en 7 meses con una tasa de interés de 10%. Dos meses antes del vencimiento del préstamo, la tienda necesita $7350 para pagar a un mayorista. El banco descontará el pagaré con una tasa de 10.5%. ¿Cuánto recibirá la tienda? ¿Es esto suficiente para pagar al mayorista?

41. Fay, Inc., recibió un pagaré por $30,000 a seis meses con 12% de interés de uno de sus clientes.* El pagaré se descontó el mismo día por Carr National Bank al 15%. La cantidad en efectivo que recibió Fay, Inc. del banco fue
(a) $30,000 **(b)** $29,550
(c) $29,415 **(d)** $27,750.

*Uniform CPA Examination, mayo de 1989, American Institute of Certified Public Accountants.

6.2 INTERÉS COMPUESTO

El interés simple se usa normalmente para préstamos o inversiones de un año o menos. Para periodos mayores se usa el *interés compuesto*. Con **interés compuesto**, el interés se carga (o se paga) al interés así como al capital. Por ejemplo, si $1000 se depositan al 5% compuesto anualmente, entonces el interés en el primer año es $1000(0.05) = $50, igual que con interés simple, por lo que el balance de la cuenta es de $1050 al final del año. Durante el segundo año se paga interés sobre los $1050 (no sólo sobre los originales $1000, como en el caso del interés simple), por lo que la cantidad en la cuenta al final del segundo año es de $1050 + 1050(0.05) = $1102.50. Esto es más de lo que el interés simple produce. [1]

[1] Use la fórmula
$$A = P(1 + rt)$$
para encontrar la cantidad en la cuenta después de 2 años a 5% de interés simple.

Respuesta:
$1100

Para encontrar una fórmula para el interés compuesto, suponga que P dólares se depositan a un interés r por año. La cantidad A en depósito después de 1 año se encuentra con la fórmula del interés simple.

$$A = P[1 + r(1)] = P(\mathbf{1 + r})$$

Si el depósito gana interés compuesto, el interés para el segundo año se paga sobre la cantidad total en el depósito al final del primer año, $P(1 + r)$. Con la fórmula $A = P(1 + rt)$ de nuevo, con $P = P(1 + r)$ y $t = 1$, se obtiene la cantidad total en depósito al final del segundo año.

$$A = [P(1 + r)](1 + r \cdot 1) = P(\mathbf{1 + r})^2$$

De la misma manera, la cantidad total en depósito al final del tercer año es

$$P\,(\mathbf{1 + r})^3.$$

Continuando de esta manera, la cantidad total en depósito después de t años es

$$A = P\,(\mathbf{1 + r})^t,$$

llamado el **capital compuesto.**

NOTA Compare esta fórmula para el interés compuesto con la fórmula para el interés simple de la sección previa.

Interés compuesto $A = P(1 + r)^t$

Interés simple $A = P(1 + rt)$

La diferencia importante entre las dos fórmulas es que en la del interés compuesto, el número de años t es un *exponente*, por lo que el dinero crece mucho más rápido cuando el interés es compuesto. ◆

La figura 6.2 muestra gráficas generadas con calculadora a partir de esas dos fórmulas con $P = 1000$ y $r = 10\%$ de 0 a 20 años. El valor futuro después de 15 años se muestra para cada gráfica. Después de 15 años a interés compuesto, \$1000 crece a \$4177.25, mientras que con interés simple, crece a \$2500.00, una diferencia de \$1677.25.

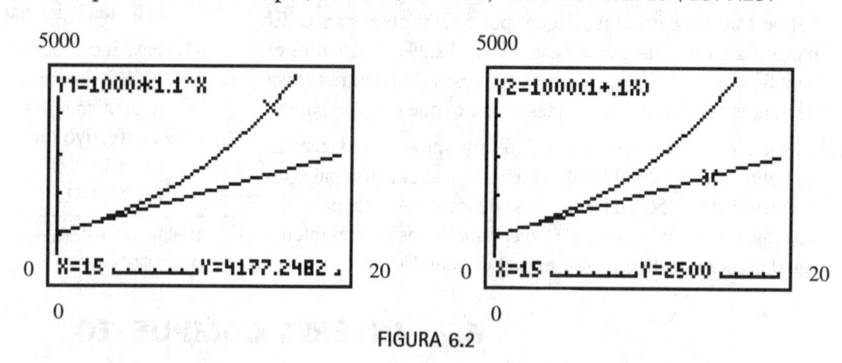

FIGURA 6.2

El interés puede componerse más de una vez al año. Los **periodos de composición** comunes son el *semestral* (dos periodos por año), el *trimestral* (cuatro periodos por año), el *mensual* (doce periodos) y el *diario* (suelen ser 365 periodos por año). Para encontrar la *tasa de interés por periodo i, dividimos* la tasa de interés anual r entre el número de periodos de composición m por año. El número total de periodos de composición n se encuentra *multiplicando* el número de años t por el número de periodos de composición m por año. La fórmula general puede entonces obtenerse de manera muy parecida a como se encontró la fórmula dada arriba.

FÓRMULA DEL INTERÉS COMPUESTO

Si P dólares se depositan por n periodos de composición a una tasa de interés i por periodo, el capital compuesto (o valor futuro) A es

$$A = P(1 + i)^n.$$

En particular, si la tasa de interés anual r es compuesta m veces por año y el número de años es t, entonces $i = r/m$ y $n = mt$.

EJEMPLO 1 Suponga que se depositan \$1000 por 6 años en una cuenta que paga 8.31% por año compuesto anualmente.

(a) Encuentre el capital compuesto.

En la fórmula anterior, $P = 1000$, $i = 0.0831$ y $n = 6$. El capital compuesto es

$$A = P(1 + i)^n$$
$$A = 1000(1.0831)^6$$
$$A = \$1614.40.$$

3 Suponga que se depositan $17,000 al 4% compuesto semestralmente por 11 años.

(a) Encuentre el capital compuesto.

(b) Encuentre la cantidad de interés que se ganó.

Respuestas:

(a) $26,281.65

(b) $9281.65

3 Encuentre el capital compuesto.

(a) $10,000 al 8% compuesto trimestralmente por 7 años

(b) $36,000 al 6% compuesto mensualmente por 2 años

Respuestas:

(a) $17,410.24

(b) $40,577.75

(b) Encuentre la cantidad de interés que se ganó.
Reste el depósito inicial del capital compuesto.

$$\text{Cantidad de interés} = \$1614.40 - \$1000 = \$614.40 \quad \blacksquare \quad \boxed{2}$$

EJEMPLO 2 Encuentre la cantidad de interés que se ganó con un depósito de $2450 por 6.5 años a 5.25% compuesto trimestralmente.

El interés compuesto trimestralmente se compone 4 veces en un año. En 6.5 años, hay $6.5(4) = 26$ periodos. Entonces, $n = 26$. El interés de 5.25% por año es 5.25/4 por trimestre, por lo que $i = 0.0525/4$. Ahora use la fórmula para el capital compuesto.

$$A = P(1 + i)^n$$
$$A = 2450(1 + .0525/4)^{26} = 3438.78$$

Redondeado al centavo más cercano, el capital compuesto es $3438.78, por lo que el interés es $3438.78 − $2450 = $998.78. ■ 3

PRECAUCIÓN Como se mostró en el ejemplo 2, los problemas de interés compuesto implican dos tasas, la tasa anual r nominal y la tasa por periodo de composición i. Asegúrese de entender la distinción entre ellas. Cuando el interés se compone anualmente, esas tasas son iguales. En todos los otros casos $i \neq r$. ◆

Cuanto más frecuentemente se compone el interés dentro de un periodo dado, tanto más interés ganará. Sin embargo, en forma sorprendente hay un límite para la cantidad de interés, independientemente de la frecuencia en que se componga. Por ejemplo, suponga que $1 se invierte a 100% de interés por año, compuesto n veces por año. Entonces la tasa de interés (en forma decimal) es 1.00 y la tasa de interés por periodo es $1/n$. De acuerdo con la fórmula (con $P = 1$), el capital compuesto al final de 1 año será $A = \left(1 + \frac{1}{n}\right)^n$. Una computadora da los siguientes resultados para varios valores de n.

El interés se compone	*n*	$\left(1 + \frac{1}{n}\right)^n$
Anualmente	1	$\left(1 + \frac{1}{1}\right)^1 = 2$
Semestralmente	2	$\left(1 + \frac{1}{2}\right)^2 = 2.25$
Trimestralmente	4	$\left(1 + \frac{1}{4}\right)^4 \approx 2.4414$
Mensualmente	12	$\left(1 + \frac{1}{12}\right)^{12} \approx 2.6130$
Diariamente	365	$\left(1 + \frac{1}{365}\right)^{365} \approx 2.71457$
Cada hora	8760	$\left(1 + \frac{1}{8760}\right)^{8760} \approx 2.718127$
Cada minuto	525,600	$\left(1 + \frac{1}{525{,}600}\right)^{525{,}600} \approx 2.7182792$
Cada segundo	31,536,000	$\left(1 + \frac{1}{31{,}536{,}000}\right)^{31{,}536{,}000} \approx 2.7182818$

Como el interés se redondea al centavo más cercano, el capital compuesto nunca excede de \$2.72, sin importar qué tan grande sea n.

NOTA Trate de calcular los valores en la tabla con su calculadora. Notará que sus respuestas no concuerdan exactamente. Esto se debe al error por redondeo. ◆

La tabla anterior sugiere que cuando n toma valores cada vez más grandes, entonces los correspondientes valores de $\left(1 + \frac{1}{n}\right)^n$ se acerca cada vez más a un número real específico, cuyo desarrollo decimal empieza con 2.71828. . . . Esto es ciertamente el caso, como se demuestra en cálculo, y el número 2.71828. . . se denota con la letra e.

Lo anterior es un ejemplo típico de lo que sucede cuando el interés es compuesto n veces por año, con valores cada vez mayores de n. Puede demostrarse que, sin importar qué tasa de interés o capital se use, hay siempre un límite superior para el capital compuesto que se llama la cantidad compuesta de una **composición continua**.

COMPOSICIÓN CONTINUA

El capital compuesto A para un depósito de P dólares a la tasa de interés r por año compuesta continuamente por t años, está dada por

$$A = Pe^{rt}.*$$

Muchas calculadoras tienen una tecla e^x para calcular potencias de e. Véase el capítulo 5 para más detalles sobre cómo usar una calculadora para evaluar e^x.

EJEMPLO 3 Suponga que se invierten \$5000 a una tasa anual de 4% compuesta continuamente por 5 años. Encuentre el capital compuesto.

En la fórmula de composición continua, sea $P = 5000$, $r = 0.04$ y $t = 5$. Una calculadora con tecla e^x mostrará que

$$A = 5000e^{(.04)5} = 5000e^{.2} = \$6107.01.$$

Puede verificar con facilidad que una composición diaria habría producido un capital compuesto aproximadamente 6¢ menor. ■ [4]

[4] Encuentre el capital compuesto, suponiendo composición continua.

(a) \$12,000 al 10% por 5 años

(b) \$22,867 al 7.2% por 9 años

Respuestas:

(a) \$19,784.66

(b) \$43,715.15

TASA EFECTIVA Si se deposita \$1 al 4% compuesto trimestralmente, puede usarse una calculadora para encontrar que al final de un año el capital compuesto es de \$1.0406, un incremento de 4.06% sobre el \$1 original. El incremento real de 4.06% en el dinero es algo mayor que el incremento nominal de 4%. Para diferenciar entre esos dos números, 4% se llama la **tasa nominal** o **establecida** de interés, mientras que 4.06% se llama la **tasa efectiva**. Para evitar confusión entre la tasa nominal y la tasa efectiva, continuaremos usando r para la tasa nominal y usaremos r_e para la tasa efectiva.

EJEMPLO 4 Encuentre la tasa efectiva correspondiente a una tasa nominal de 6% compuesta semestralmente.

---

*Otras aplicaciones de la función exponencial $f(x) = e^x$ se ven en el capítulo 5.

[5] Encuentre la tasa efectiva correspondiente a una tasa nominal de

(a) 12% compuesta mensualmente;

(b) 8% compuesta trimestralmente.

Respuestas:
(a) 12.68%
(b) 8.24%

Una calculadora muestra que $100 al 6% compuesto semestralmente crecerán a

$$A = 100\left(1 + \frac{.06}{2}\right)^2 = 100(1.03)^2 = \$106.09.$$

La cantidad real de interés compuesto es entonces $106.09 − $100 = $6.09. Ahora, si usted gana $6.09 de interés en $100 en 1 año con composición anual, su tasa es de 6.09/100 = 0.0609 = 6.09%. La tasa efectiva es entonces $r_e = 6.09\%$. ■ [5]

En el ejemplo anterior encontramos la tasa efectiva dividiendo el interés compuesto por 1 año entre el capital original. Lo mismo puede hacerse con cualquier capital *P* y tasa *r* compuesta *m* veces por año.

$$\text{Tasa efectiva} = \frac{\text{interés compuesto}}{\text{capital}}$$

$$r_e = \frac{\text{capital compuesto} - \text{capital}}{\text{capital}}$$

$$= \frac{P\left(1 + \frac{r}{m}\right)^m - P}{P} = \frac{P\left[\left(1 + \frac{r}{m}\right)^m - 1\right]}{P}$$

$$r_e = \left(1 + \frac{r}{m}\right)^m - 1$$

La **tasa efectiva** correspondiente a una tasa de interés nominal *r* por año compuesta *m* veces al año es

$$r_e = \left(1 + \frac{r}{m}\right)^m - 1.*$$

Con la fórmula de la tasa efectiva una calculadora graficadora generó la tabla en la figura 6.3, en donde la tasa de interés *r* es de 10%, Y_1 denota la tasa efectiva y X el número de composiciones.

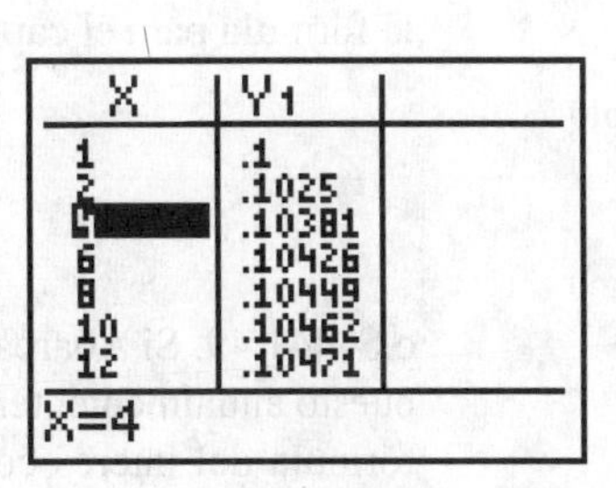

FIGURA 6.3

*Cuando se aplica a las finanzas del consumidor, la tasa efectiva se llama la tasa anual porcentual, APR, o rendimiento anual porcentual, APY.

6 Encuentre la tasa efectiva correspondiente a una tasa nominal de

(a) 15% compuesta mensualmente;

(b) 10% compuesta trimestralmente.

Respuestas:
(a) 16.08%
(b) 10.38%

EJEMPLO 5 Un banco paga interés de 4.9% compuesto mensualmente. Encuentre la tasa efectiva.

Use la fórmula que se dio antes con $r = 0.049$ y $m = 12$. La tasa efectiva es

$$\begin{aligned} r_e &= \left(1 + \frac{.049}{12}\right)^{12} - 1 \\ &= 1.050115575 - 1 \approx .0501, \end{aligned}$$

o 5.01%. ■ 6

EJEMPLO 6 El banco A está prestando dinero con interés del 13.2% compuesto anualmente. La tasa del banco B es de 12.6% compuesta mensualmente y la tasa del banco C es de 12.7% compuesta trimestralmente. Si tiene que pedir prestado, ¿en qué banco pagaría el menor interés?

Compare las tasas efectivas.

$$\text{Banco A:} \quad \left(1 + \frac{.132}{1}\right)^{1} - 1 = .132 = 13.2\%$$

$$\text{Banco B:} \quad \left(1 + \frac{.126}{12}\right)^{12} - 1 \approx .13354 = 13.354\%$$

$$\text{Banco C:} \quad \left(1 + \frac{.127}{4}\right)^{4} - 1 \approx .13318 = 13.318\%$$

La tasa de interés efectivo más baja es la del banco A, que tiene la tasa nominal más alta. ■

VALOR PRESENTE CON INTERÉS COMPUESTO La fórmula para interés compuesto, $A = P(1 + i)^n$, tiene cuatro variables, A, P, i y n. Dados los valores de tres variables cualquiera de ésas, el valor de la cuarta puede encontrarse. En particular, si A (la cantidad futura), i y n son conocidas, entonces P puede encontrarse. Aquí P es la cantidad que debe depositarse hoy para producir A dólares en n periodos.

EJEMPLO 7 Diana Abarca debe pagar una suma global de \$6000 en 5 años. ¿Qué cantidad depositada hoy al 6.2% compuesto anualmente dará \$6000 en 5 años?

Aquí $A = 6000$, $i = 0.062$, $n = 5$ y P no se conoce. Sustituyendo esos valores en la fórmula para el capital compuesto da

$$6000 = P(1.062)^5$$

$$P = \frac{6000}{(1.062)^5} = 4441.49,$$

o \$4441.49. Si Abarca deja \$4441.49 por 5 años en una cuenta que paga 6.2% compuesto anualmente, tendrá \$6000 cuando los necesita. Para verificar su trabajo, use la fórmula del interés compuesto con $P = \$4441.49$, $i = 0.062$ y $n = 5$. Usted debe obtener $A = \$6000.00$. ■ 7

7 Encuentre P en el ejemplo 7 si la tasa de interés es

(a) 6%;

(b) 10%.

Respuestas:
(a) \$4483.55
(b) \$3725.53

Como lo muestra el ejemplo 7, \$6000 en 5 años es igual que \$4441.49 hoy (si el dinero puede depositarse al 6.2% de interés anual). Una cantidad que puede depositarse hoy para dar una cantidad mayor en el futuro se llama *valor presente* de la cantidad futura. Resolviendo $A = P(1 + i)^n$ para P, obtenemos la siguiente fórmula para el valor presente.

El **valor presente** de A dólares compuesto a una tasa de interés i por periodo durante n periodos es

$$P = \frac{A}{(1+i)^n} \quad \text{o} \quad P = A(1+i)^{-n}.$$

Compare esto con el valor presente de una cantidad a interés simple r por t años que se dio en la sección previa:

$$P = \frac{A}{1+rt}.$$

NOTA Ésta es justamente la fórmula del interés compuesto resuelta para P. No es necesario recordar una nueva fórmula para el valor presente. Puede usar la fórmula del interés compuesto si entiende qué representa cada una de las variables. ◆

EJEMPLO 8 Encuentre el valor presente de $16,000 en 9 años si el dinero puede depositarse al 6% compuesto semestral.

En 9 años hay $2 \cdot 9 = 18$ periodos semestrales. Una tasa de 6% por año es de 3% en cada periodo semestral. Aplique la fórmula con $A = 16{,}000$, $i = 0.03$ y $n = 18$.

$$P = \frac{A}{(1+i)^n} = \frac{16{,}000}{(1+.03)^{18}} \approx \frac{16{,}000}{1.702433} \approx 9398.31$$

Un depósito de $9398.31 hoy, al 6% compuesto semestralmente, producirá un total de $16,000 en 9 años. ■ 8

8 Encuentre el valor presente en el ejemplo 8 si el dinero se deposita al 10% compuesto semestralmente.

Respuesta:
$6648.33

La fórmula para el capital compuesto también puede resolverse para n.

EJEMPLO 9 Suponga que el nivel general de inflación en la economía promedia 8% por año. Encuentre el número de años necesarios para que el nivel global de precios se duplique.

Para encontrar el número de años que se necesitan para que $1 de bienes o servicios cueste $2, debemos resolver para n la ecuación

$$2 = 1(1+.08)^n,$$

donde $A = 2$, $P = 1$ e $i = 0.08$. Esta ecuación se simplifica a

$$2 = (1.08)^n.$$

Para despejar n, usaremos logaritmos de base 10, como en el capítulo 5.

$\log 2 = \log (1.08)^n$	Tome logaritmos en cada lado.
$\log 2 = n \log 1.08$	Propiedad (c) de los logaritmos
$n = \dfrac{\log 2}{\log 1.08}$	Divida ambos lados entre log 1.08.
$n \approx 9.01$	

Para verificar, use una calculadora para obtener $1.08^{9.01} = 2.00$ al centésimo más cercano. ■ 9

9 Con una calculadora encuentre el número de años que pasarán para que $500 se incrementen a $750 en una cuenta que paga 6% de interés compuesto semestralmente.

Respuesta:
Aproximadamente 7 años

Cuando el interés es compuesto continuamente, el valor presente puede encontrarse despejando P de la fórmula de composición continua $A = Pe^{rt}$.

EJEMPLO 10 ¿Cuánto debe depositarse hoy en una cuenta que paga 7.5% de interés compuesto continuamente para tener $10,000 en 4 años?

El valor futuro aquí es $A = 10{,}000$, la tasa de interés es $r = 0.075$ y el número de años es $t = 4$. El valor presente P se encuentra como sigue.

$$A = Pe^{rt}$$
$$10{,}000 = Pe^{(.075)4}$$
$$10{,}000 = Pe^{.3}$$
$$P = \frac{10{,}000}{e^{.3}} \approx \$7408.18 \quad \blacksquare$$

En este momento conviene resumir la notación y las fórmulas más importantes del interés simple y del interés compuesto. Usamos las siguientes variables.

P = capital o valor presente
A = valor futuro o valor al vencimiento
r = tasa de interés anual (nominal o establecida)
t = número de años
m = número de periodos de composición por año
i = tasa de interés por periodo ($i = r/m$)
r_e = tasa efectiva
n = número total de periodos de composición ($n = tm$)

Interés simple	*Interés compuesto*	*Compuesto continuamente*
$A = P(1 + rt)$	$A = P(1 + i)^n$	$A = Pe^{rt}$
$P = \frac{A}{1 + rt}$	$P = \frac{A}{(1 + i)^n} = A(1 + i)^{-n}$	$P = \frac{A}{e^{rt}}$
	$r_e = \left(1 + \frac{r}{m}\right)^m - 1$	

6.2 EJERCICIOS

1. Explique la diferencia entre interés simple e interés compuesto.
2. En la fórmula del interés compuesto, ¿en qué difieren r e i? ¿En qué difieren t y n?

Encuentre el capital compuesto para cada uno de los siguientes depósitos (véanse los ejemplos 1-2).

3. $1000 al 6% compuesto anualmente por 8 años
4. $1000 al 7% compuesto anualmente por 10 años
5. $470 al 10% compuesto semestralmente por 12 años
6. $15,000 al 6% compuesto semestralmente por 11 años
7. $6500 al 12% compuesto trimestralmente por 6 años
8. $9100 al 8% compuesto trimestralmente por 4 años

Encuentre la cantidad de interés que se ganó con cada uno de los siguientes depósitos (véanse los ejemplos 1-2).

9. $26,000 al 7% compuesto anualmente por 5 años
10. $32,000 al 5% compuesto anualmente por 10 años
11. $8000 al 4% compuesto semestralmente por 6.4 años
12. $2500 al 4.5% compuesto semestralmente por 8 años
13. $5124.98 al 6.3% compuesto trimestralmente por 5.2 años
14. $27,630.35 al 7.1% compuesto trimestralmente por 3.7 años

Encuentre el capital compuesto si se invierten $25,000 al 6% compuesto continuamente por el siguiente número de años (véase el ejemplo 3).

15. 1 **16.** 5

17. 10 **18.** 15

19. En la figura 6.2, una gráfica es una línea recta y la otra es curva. Explique por qué es así y cuál representa cada tipo de interés (simple o compuesto).

20. ¿En qué difieren la tasa de interés nominal o establecida y la tasa de interés efectiva?

Encuentre la tasa efectiva correspondiente a las siguientes tasas nominales (véanse los ejemplos 4-6).

21. 4% compuesto semestralmente

22. 8% compuesto trimestralmente

23. 8% compuesto semestralmente

24. 10% compuesto semestralmente

25. 12% compuesto semestralmente

26. 12 % compuesto trimestralmente

Encuentre el valor presente de las siguientes cantidades futuras (véanse los ejemplos 7 y 8).

27. $12,000 al 5% compuesto anualmente por 6 años

28. $8500 al 6% compuesto anualmente por 9 años

29. $4253.91 al 6.8% compuesto semestralmente por 4 años

30. $27,692.53 al 4.6% compuesto semestralmente por 5 años

31. $17,230 al 4% compuesto trimestralmente por 10 años

32. $5240 al 8% compuesto trimestralmente por 8 años

33. Si una cantidad de dinero puede invertirse al 8% compuesto trimestralmente, ¿qué es mayor: $1000 ahora o $1210 en 5 años? Use el valor presente para decidirlo.

34. Si una cantidad de dinero puede invertirse al 6% compuesto anualmente, ¿qué es mayor: $10,000 ahora o $15,000 en 10 años? Use el valor presente para decidirlo.

Encuentre el valor presente de $17,200 para el siguiente número de años, si el dinero puede depositarse al 11.4% compuesto continuamente.

35. 2 **36.** 4

37. 7 **38.** 10

Bajo ciertas condiciones, los bancos suizos pagan interés negativo, o sea, cobran. (¿Pensaba usted que el secreto bancario era gratis?) Suponga que un banco "paga" −2.4% de interés compuesto anualmente. Con una calculadora encuentre el capital compuesto para un depósito de $150,000 después de lo siguiente.

39. 2 años **40.** 4 años

41. 8 años **42.** 12 años

Administración *Resuelva los siguientes problemas.*

43. Un banco de Nueva York ofreció las siguientes tasas en certificados de depósito (C.D.). Las tasas son de rendimiento porcentual anual (APY), o tasas efectivas, que son mayores que las tasas nominales correspondientes. Suponga una composición trimestral. Resuelva para r para aproximar las tasas nominales correspondientes al centésimo más cercano.

Término	6 meses	1 año	18 meses	2 años	3 años
APY (%)	5.00	5.30	5.45	5.68	5.75

44. La gráfica de sectores muestra el porcentaje de personas nacidas entre 1946 y 1960, con edades entre 46 y 49 años, que dijeron tener inversiones con un valor total como se muestra en cada categoría.* Advierta que 30% dijo haber ahorrado menos de $10,000 y 28% no lo sabía o no dio respuesta. Suponga que el dinero se invierte con una tasa promedio de 8% compuesto trimestralmente por 20 años, cuando este grupo generacional esté a punto de retirarse. Encuentre el rango de cantidades que cada grupo (excepto el grupo "no supo o no dio respuesta") en la gráfica habrá ahorrado para retiro si no se añade ninguna cantidad adicional.

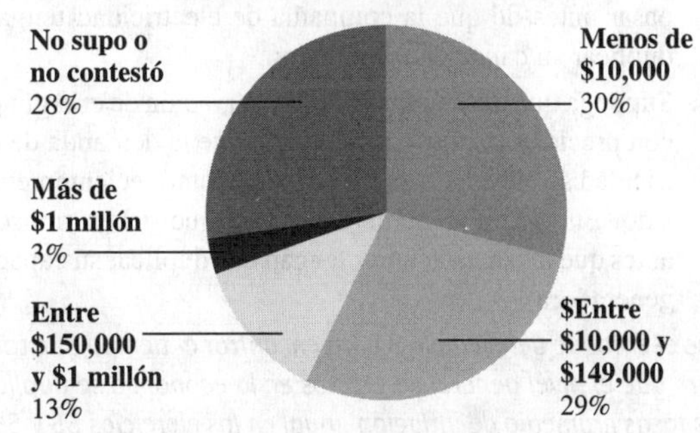

Nota: Las cifras suman más de 100% debido al redondeo.

Fuentes: Census Bureau (distribución de edades); Merrill Lynch Baby Boom Retirement Index (inversiones); William M. Mercer Inc. (esperanza de vida).

45. Cuando Laura Barrón nació, su abuelo hizo un depósito inicial de $3000 en una cuenta para sus estudios universitarios. Suponiendo una tasa de interés del 6% compuesto trimestralmente, ¿cuánto recibirá en 18 años?

46. Francisco Capelo tiene $10,000 en una cuenta de retiro individual. Debido a las nuevas leyes sobre impuestos, decide no hacer ningún depósito adicional. La cuenta gana 6% de interés compuesto semestralmente. Encuentre la cantidad en depósito en 15 años.

47. Un pequeño negocio pide un préstamo de $50,000 para ampliarse al 12% compuesto mensualmente. El préstamo vence en 4 años. ¿Cuánto interés pagará el negocio?

48. Un empresario de bienes raíces necesita $80,000 para comprar terrenos. Puede obtener el dinero prestado al 10% por año compuesto trimestralmente. ¿Cuánto será el monto del interés si paga el préstamo en 5 años?

49. Una compañía ha convenido en pagar $2.9 millones en 5 años para liquidar una deuda. ¿Cuánto debe invertir ahora en una cuenta que dé 8% de interés compuesto mensualmente para tener esa cantidad en su vencimiento?

*Tomado de *The New York Times*, 31 de diciembre de 1995, sección 3, pág. 5.

50. Guillermo Palacios quiere disponer de $20,000 en 5 años para el enganche de una casa. Recibió una herencia de $15,000. ¿Cuánto de la herencia debería invertir ahora para acumular los $20,000, si puede obtener una tasa de interés del 8% compuesto trimestralmente?

51. Dos socios acuerdan invertir cantidades iguales en su negocio. Uno contribuirá con $10,000 inmediatamente. El otro planea contribuir con una cantidad equivalente en 3 años, cuando espera adquirir una gran suma de dinero. ¿Cuánto debe éste contribuir en ese tiempo para equiparar la inversión de su socio ahora, suponiendo una tasa de interés del 6% compuesto semestralmente?

52. Como premio en una competencia, se le ofrecen $1000 ahora o $1210 en 5 años. Si el dinero puede invertirse al 6% compuesto anualmente, ¿qué cantidad es mayor?

53. El consumo de electricidad se ha incrementado históricamente al 6% por año. Si continúa el incremento a esta tasa indefinidamente, encuentre el número de años que deben pasar antes de que la compañía de electricidad tenga que duplicar su capacidad generadora.

54. Suponga que una campaña de conservación de energía junto con precios más altos ocasionaron que la demanda de electricidad se elevara sólo 2% por año, como recientemente ha sido. Encuentre el número de años que deben transcurrir antes que las instalaciones tengan que duplicar su capacidad generadora.

Use el enfoque del ejemplo 9 para encontrar el tiempo que tomará para que el nivel general de precios en la economía se duplique a las tasas promedio de inflación anual en los ejercicios 55 y 56.

55. 4% **56.** 5%

57. En 1955, O. G. McClain de Houston, Texas, envió un cheque por correo a un descendiente de Sam Houston, héroe de la independencia de Texas, para pagar a Sam Houston una deuda de $100 del tatarabuelo de McClain, quien murió en 1835.* Un banco estimó que el interés sobre el préstamo es de $420 millones por los 160 años que ha estado vencido. Encuentre la tasa de interés que el banco usó, suponiendo que el interés se compuso anualmente.

**The New York Times*, 30 de marzo de 1995.

58. En el Nuevo Testamento, Jesús alaba a una viuda que da 2 centavos de caridad al templo (Marcos 12:42−44). Un centavo de entonces era aproximadamente equivalente a 1/8 de un centavo actual. Suponga que el templo invirtió esos dos centavos con 4% de interés compuesto trimestralmente. ¿Cuánto sería ese dinero 2000 años después?

59. En enero 1o. de 1980, José depositó $1000 en el banco X para ganar interés con tasa anual j compuesta semestralmente. En enero 1o. de 1985, transfirió su cuenta al banco Y para ganar interés con tasa anual k compuesta trimestralmente. En enero 1o. de 1988, su saldo en el banco Y era de $1990.76. Si José pudo haber ganado interés con tasa anual k compuesta trimestralmente desde enero 1o. de 1980 hasta enero 1o. de 1988, su saldo habría sido de $2203.76. ¿Cuál de los siguientes valores representa la razón k/j?*

(a) 1.25 **(b)** 1.30 **(c)** 1.35 **(d)** 1.40
(e) 1.45

60. En enero 1 de 1987, la compañía Tone recibió un pagaré por $200,000 sin intereses con vencimiento el 1o. de enero de 1990. La tasa de interés para un pagaré de este tipo en enero 1o. de 1987 era de 10%. El valor presente de $1 al 10% por tres periodos es de 0.75. ¿Qué cantidad de ingreso por intereses debe incluirse en la declaración de ingresos de Tone en 1988?†

(a) $7500 **(b)** $15,000 **(c)** $16,500
(d) $20,000

*Problema de "Course 140 Examination, Mathematics of Compound Interest" de Education and Examination Committee de la Sociedad de Actuarios. Reimpreso con autorización de la Sociedad de Actuarios.

†Uniform CPA Examination, mayo de 1989, American Institute of Certified Public Accountants.

6.3 ANUALIDADES

Hasta ahora, en este capítulo hemos visto sólo sumas globales de depósitos y pagos. Pero muchas situaciones financieras implican una sucesión de pagos iguales a intervalos regulares, como depósitos semanales en una cuenta de ahorro o pagos mensuales de una hipoteca o de un automóvil. Para desarrollar fórmulas que traten con pagos periódicos como ésos, debemos primero analizar el tema de las sucesiones.

PROGRESIONES GEOMÉTRICAS Si a y r son números fijos no iguales a cero, entonces la lista infinita de números $a, ar, ar^2, ar^3, ar^4, \ldots$ se llama una **sucesión geométrica** o **progresión geométrica**. Por ejemplo, si $a = 5$ y $r = 2$, tenemos la sucesión

$$5, 5 \cdot 2, 5 \cdot 2^2, 5 \cdot 2^3, 5 \cdot 2^4, \ldots,$$

o

$$5, 10, 20, 40, 80, \ldots.$$

En la sucesión $a, ar, ar^2, ar^3, ar^4, \ldots$, el número a es el primer término de la sucesión, ar el segundo término, ar^2 el tercer término, ar^3 el cuarto término, etc. Entonces, para cualquier $n \geq 1$,

$$ar^{n-1} \text{ es el término } n\text{ésimo de la sucesión.}$$

Cada término en la sucesión es r veces el término precedente. El número r se llama la **razón común** de la sucesión.

EJEMPLO 1 Encuentre el séptimo término de la progresión geométrica con $a = 6$ y $r = 4$. Usando ar^{n-1}, con $n = 7$, el **séptimo** término es

$$ar^6 = 6(4)^6 = 6(4096) = 24{,}576. \quad \blacksquare$$

SUGERENCIA TECNOLÓGICA Algunas calculadoras graficadoras pueden producir una lista de los términos de una sucesión, dada la expresión para el término *n*ésimo. Con otras calculadoras puede usar la característica TABLE anotando la expresión para el *n*ésimo término como función. Los primeros cuatro términos de la sucesión que se vio en el ejemplo 1 se muestran en la figura 6.4. ✔

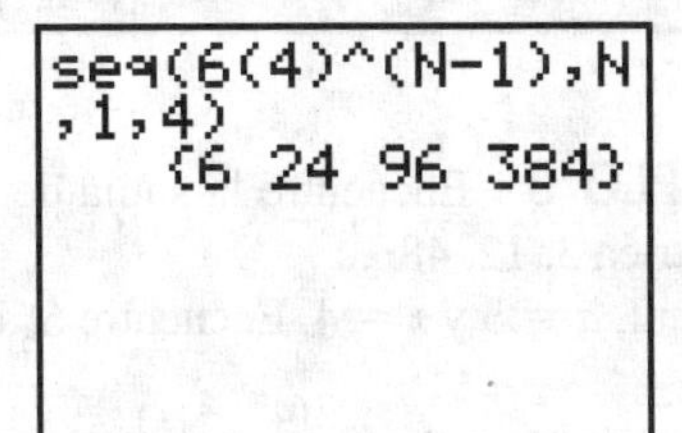

X	Y1
0	1.5
1	6
2	24
3	96
4	384
5	1536
6	6144

Y1=6(4^(X-1))

FIGURA 6.4

EJEMPLO 2 \$100 se depositan en una cuenta que paga interés de 10% compuesto anualmente. ¿Cuánto hay en la cuenta al principio de cada uno de los primeros cinco años?

De acuerdo con la fórmula para el interés compuesto (con $P = 100$ e $i = 0.01$), el valor de la cuenta al principio de cada uno de los primeros cinco años está dado por los primeros cinco términos de la progresión geométrica con $a = 100$ y $r = 1.1$. Los cinco primeros términos son

$$100, \quad 100(1.1), \quad 100(1.1)^2, \quad 100(1.1)^3, \quad 100(1.1)^4,$$

por lo que el valor de la cuenta al principio de cada uno de los cinco años es

$$\$100, \quad \$110, \quad \$121, \quad \$133.10, \quad \$146.41. \quad \blacksquare \quad \boxed{1}$$

$\boxed{1}$ Escriba los primeros cuatro términos de la progresión geométrica con $a = 5$ y $r = -2$. Luego encuentre el séptimo término.

Respuesta:
5, −10, 20, −40; 320

A continuación encontramos la suma S_n de los primeros n términos de una progresión geométrica. Es decir, buscamos S_n, donde

$$S_n = a + ar + ar^2 + ar^3 + \cdots + ar^{n-1}. \tag{1}$$

Si $r = 1$, esto es fácil porque

$$S_n = \underbrace{a + a + a + \cdots + a}_{n \text{ términos}} = na.$$

Si $r \neq 1$, multiplique ambos lados de la ecuación (1) por r y obtenga

$$rS_n = ar + ar^2 + ar^3 + ar^4 + \cdots + ar^n. \qquad (2)$$

Ahora restando los lados correspondientes de la ecuación (1) de la ecuación (2):

$$\begin{aligned} rS_n &= \phantom{-(a + {}} ar + ar^2 + ar^3 + \cdots + ar^{n-1} + ar^n \\ -S_n &= -(a + ar + ar^2 + ar^3 + \cdots + ar^{n-1}) \\ \hline rS_n - S_n &= ar^n - a \\ S_n(r-1) &= a(r^n - 1) \\ S_n &= \frac{a(r^n-1)}{r-1}. \end{aligned}$$

Por consiguiente, tenemos la siguiente fórmula de gran utilidad.

> Si una progresión geométrica tiene a como primer término y r como razón común, entonces la **suma de los primeros n términos** se da por
>
> $$S_n = \frac{a(r^n-1)}{r-1}, \quad r \neq 1.$$

2 (a) Encuentre S_4 y S_7 para la sucesión geométrica 5, 15, 45, 135, ...

(b) Encuentre S_5 para la sucesión geométrica que tiene $a = -3$ y $r = -5$.

Respuestas:

(a) $S_4 = 200$, $S_7 = 5465$

(b) $S_5 = -1563$

EJEMPLO 3 Encuentre la suma de los primeros seis términos de la progresión geométrica 3, 12, 48, ...

Aquí, $a = 3$ y $r = 4$. Encuentre S_6 con la fórmula anterior.

$$S_6 = \frac{3(4^6 - 1)}{4 - 1} \qquad \text{Haga } n = 6,\ a = 3,\ r = 4.$$

$$= \frac{3(4096 - 1)}{3}$$

$$= 4095 \quad ■ \quad \boxed{2}$$

SUGERENCIA TECNOLÓGICA Las calculadoras graficadoras con capacidad para calcular sucesiones pueden también encontrar la suma de los primeros n términos de una sucesión, dada la expresión para el término $n$ésimo. ✔

ANUALIDADES ORDINARIAS Una sucesión de pagos iguales que se hacen en periodos iguales se llama **anualidad**. Si los pagos se hacen al final del periodo y si la frecuencia de los pagos es la misma que la frecuencia de la composición, la anualidad se llama una **anualidad ordinaria**. El tiempo entre un pago y otro es el **periodo de pago**, y el tiempo desde el principio del primer periodo de pago hasta el final del último periodo se llama el **término de la anualidad**. El **valor futuro de la anualidad**, o suma final en depósito, se define como la suma de los capitales compuestos de todos los pagos, compuestos al final del término.

Dos usos comunes de las anualidades son acumular fondos para algún fin o retirar fondos de una cuenta. Por ejemplo, una anualidad puede usarse para ahorrar dinero para una compra grande, como un automóvil, un viaje caro o un enganche para una casa. Una anualidad también puede usarse para proporcionar pagos mensuales de retiro. Veremos estos casos en ésta y en la siguiente sección.

Por ejemplo, suponga que se depositan $1500 al final del año durante los siguientes 6 años en una cuenta que paga 8% por año compuesto anualmente. La figura 6.5 muestra esta anualidad esquemáticamente.

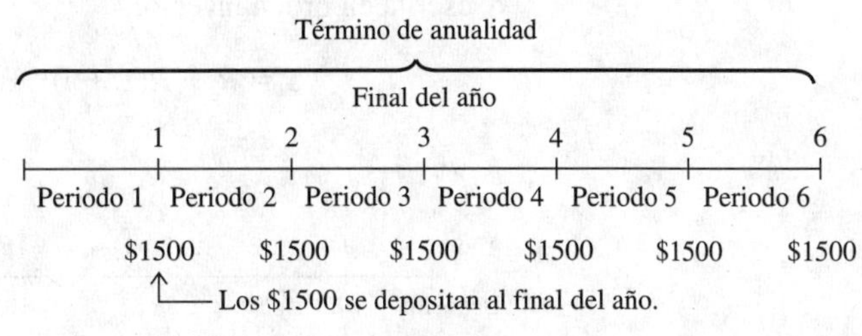

FIGURA 6.5

3 Complete estos pasos para una anualidad de $2000 que se paga al final de cada año durante 3 años. Suponga un interés de 8% compuesto anualmente.

(a) El primer depósito de $2000 produce un total de ______.

(b) El segundo depósito produce ______.

(c) El tercer depósito no gana interés, por lo que el total en la cuenta es de ______.

Respuestas:

(a) $2332.80

(b) $2160.00

(c) $6492.80

Para encontrar el valor futuro de esta anualidad, considere por separado cada uno de los pagos de $1500. El primero de esos pagos producirá un capital compuesto de

$$1500(1 + .08)^5 = 1500(1.08)^5.$$

Use 5 como el exponente en vez de 6 ya que el dinero se deposita al *final* del primer año y gana interés por sólo 5 años. El segundo pago de $1500 producirá un capital compuesto de $1500(1.08)^4$. Como se muestra en la figura 6.6, el valor futuro de la anualidad es

$$1500(1.08)^5 + 1500(1.08)^4 + 1500(1.08)^3 + 1500(1.08)^2 + 1500(1.08)^1 + 1500.$$

(El último pago no gana interés.) Leyendo esto en orden inverso, vemos que se trata justamente de los primeros seis términos de una progresión geométrica con $a = 1500$, $r = 1.08$ y $n = 6$. Por lo tanto, la suma es

$$\frac{a(r^n - 1)}{r - 1} = \frac{1500[(1.08)^6 - 1]}{1.08 - 1} = \$11{,}003.89. \quad \boxed{3}$$

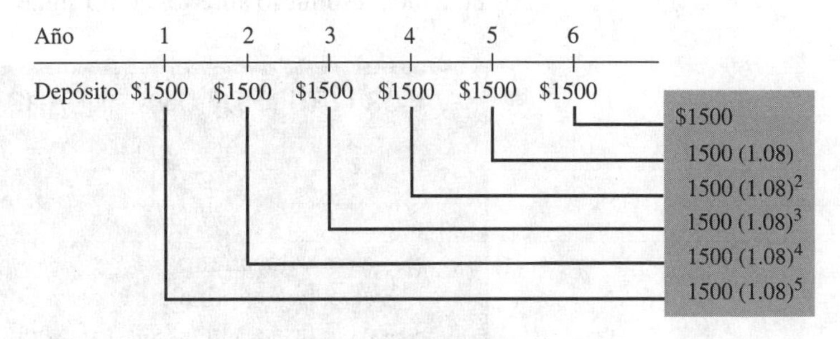

FIGURA 6.6

Para generalizar este resultado, suponga que pagos de R dólares cada uno se depositan en una cuenta al *final de cada periodo* durante *n periodos*, a una tasa de interés *i por periodo*. El primer pago de R dólares producirá un capital compuesto de $R(1 + i)^{n-1}$ dólares, el segundo pago producirá $R(1 + i)^{n-2}$ dólares, etc.; el pago final no gana interés y contribuye sólo R dólares al total. Si S representa el valor futuro de la anualidad, entonces (como se muestra en la figura 6.7),

$$S = R(1+i)^{n-1} + R(1+i)^{n-2} + R(1+i)^{n-3} + \cdots + R(1+i) + R$$

o, escrita en orden inverso,

$$S = R + R(1+i)^1 + R(1+i)^2 + \cdots + R(1+i)^{n-1}.$$

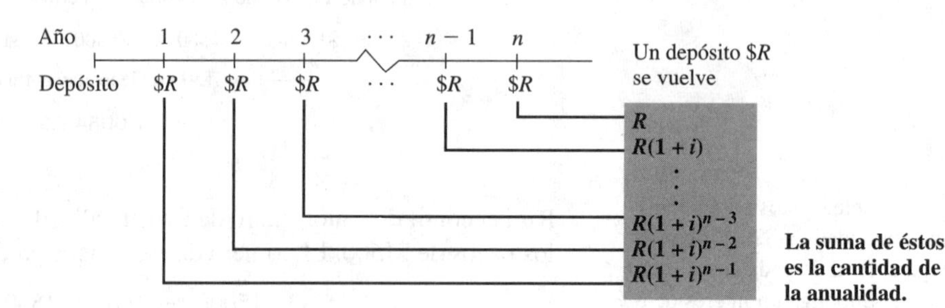

FIGURA 6.7

Este resultado es la suma de los primeros n términos de la sucesión geométrica que tiene como primer término R y una razón común de $1 + i$. Usando la fórmula para la suma de los n primeros términos de una sucesión geométrica,

$$S = \frac{R[(1+i)^n - 1]}{(1+i) - 1} = \frac{R[(1+i)^n - 1]}{i} = R\left[\frac{(1+i)^n - 1}{i}\right].$$

La cantidad en corchetes se escribe comúnmente como $s_{\overline{n}|i}$ (léase "s ángulo n en i"), por lo que

$$S = R \cdot s_{\overline{n}|i}.$$

Podemos resumir lo anterior como sigue.*

VALOR FUTURO DE UNA ANUALIDAD ORDINARIA

$$\mathbf{S = R\left[\frac{(1+i)^n - 1}{i}\right]} \quad \text{o} \quad \mathbf{S = R \cdot s_{\overline{n}|i}}$$

donde

S es el valor futuro,
R es el pago al final de cada periodo,
i es la tasa de interés por periodo,
n es el número de periodos.

*Usamos aquí S para el valor futuro, en vez de A como en la fórmula del interés compuesto, para evitar confusiones entre las dos fórmulas.

SUGERENCIA TECNOLÓGICA Una calculadora es de gran ayuda al estimar anualidades. La calculadora graficadora TI-83 tiene un menú financiero especial diseñado para dar cualquier resultado deseado después de anotar la información básica. Si su calculadora no tiene esta característica, tal vez puede programarse para evaluar las fórmulas que se presentan en ésta y en la próxima sección. Esos programas se encuentran en el apéndice de programas. ✔

EJEMPLO 4 Roberto Villanueva es un atleta que considera que su carrera durará 7 años. Para prepararse para su futuro, deposita $22,000 al final de cada año por 7 años en una cuenta que paga 6% compuesto anualmente. ¿Cuánto tendrá en su cuenta después de 7 años?

Sus pagos forman una anualidad ordinaria con $R = 22{,}000$, $n = 7$ e $i = 0.06$. El valor futuro de esta anualidad (por la fórmula anterior) es

$$S = 22{,}000\left[\frac{(1.06)^7 - 1}{.06}\right] = \$184{,}664.43. \quad ■ \quad \boxed{4}$$

4 Johnson Building Materials deposita $2500 al final de cada año en una cuenta que paga 8% por año compuesto anualmente. Encuentre la cantidad total en depósito después de

(a) 6 años;

(b) 10 años.

Respuestas:

(a) $18,339.82

(b) $36,216.41

EJEMPLO 5 Los expertos dicen que la generación nacida entre 1946 y 1960 no puede contar con la pensión de alguna empresa o de seguridad social para obtener un retiro cómodo, como en el caso de sus padres. Se les recomienda que empiecen a ahorrar pronto y en forma regular. Miguel Gómez, un miembro de esa generación, ha decidido depositar $200 al final de cada mes en una cuenta que paga interés de 7.2% compuesto mensualmente para su retiro en 20 años.

(a) ¿Cuánto tendrá en su cuenta para entonces?

Este plan de ahorro es una anualidad con $R = 200$, $i = 0.072/12$ y $n = 12(20)$. El valor futuro es

$$S = 200\left[\frac{1 + (.072/12)^{12(20)} - 1}{.072/12}\right] = 106{,}752.47,$$

o $106,752.47.

(b) Miguel piensa que necesita acumular $130,000 en el periodo de 20 años a fin de tener suficiente para retirarse. ¿Qué tasa de interés le dará esa cantidad?

Tenemos de nuevo una anualidad con $R = 200$ y $n = 12(20)$. Ahora se da el valor futuro $S = 130{,}000$ y debemos encontrar la tasa de interés. Si x es la tasa de interés anual, entonces la tasa de interés por mes es $i = x/12$ y tenemos

$$R\left[\frac{(1 + i)^n - 1}{i}\right] = S$$

$$200\left[\frac{(1 + x/12)^{12(20)} - 1}{x/12}\right] = 130{,}000. \quad (1)$$

Esta última ecuación es difícil de resolver algebraicamente. Podemos obtener una aproximación burda usando una calculadora para trabajar con el lado izquierdo de la ecuación para varios valores de x y ver cuál se acerca más para producir $130,000. Por ejemplo, $x = 0.08$ produce 117,804 y $x = 0.09$ produce 133,577, por lo que la solución se halla entre 0.08 y 0.09. Más tanteos de este tipo conducen a la solución aproximada $x = 0.0879$, es decir, 8.79%. Una aproximación más exacta puede obtenerse con una calculadora graficadora (véase la siguiente sugerencia tecnológica). ■ **5**

5 Torre's Dry Goods deposita $5800 al final de cada trimestre por 4 años.

(a) Encuentre la cantidad final en depósito si el dinero gana 6.4% compuesto trimestralmente.

(b) El Sr. Torre quiere acumular $110,000 en el periodo de cuatro años. ¿Qué tasa de interés (al décimo más cercano) se requerirá?

Respuestas:

(a) $104,812.44

(b) 8.9%

SUGERENCIA TECNOLÓGICA Para resolver la ecuación (1) en el ejemplo 5 con una calculadora graficadora, haga la gráfica de las ecuaciones

$$y = 200\left[\frac{[(1 + x/12)^{12(20)} - 1]}{x/12}\right] \quad \text{y} \quad y = 130{,}000$$

sobre la misma pantalla y encuentre la intersección de sus gráficas, como en la figura 6.8. El mismo resultado puede obtenerse con la TI-83, usando el solucionador TVM del menú FINANCE. ✔

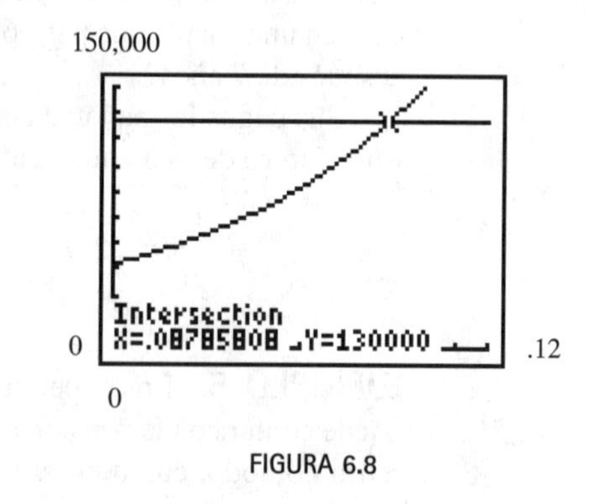

FIGURA 6.8

ANUALIDADES ANTICIPADAS La fórmula que se desarrolló anteriormente es para *anualidades ordinarias,* es decir las que se pagan al *final* de cada periodo. Esos resultados pueden modificarse ligeramente para aplicarlos a **anualidades anticipadas**; es decir, cuando los pagos se hacen al *principio* de cada periodo.

Para encontrar el valor futuro de una anualidad anticipada, trate cada pago como si se hiciera al final del periodo *precedente*; es decir, encuentre $s_{\overline{n}|i}$ para *un periodo adicional.* Ningún pago se hace al final del último periodo, por lo que para compensar esto, reste la cantidad de un pago. Así entonces, el **valor futuro de una anualidad anticipada** de n pagos de R dólares cada uno al principio de periodos consecutivos de interés con interés compuesto a la tasa i por periodo es

$$S = R\left[\frac{(1 + i)^{n+1} - 1}{i}\right] - R \quad \text{o} \quad S = R \cdot s_{\overline{n+1}|i} - R.$$

EJEMPLO 6 Se hacen pagos de \$500 al principio de cada trimestre por 7 años en una cuenta que paga 12% compuesto trimestralmente.

(a) Encuentre el valor futuro de esta anualidad anticipada.

En 7 años hay 28 periodos trimestrales. Agregue un periodo para obtener $n = 29$ y use la fórmula con $i = 12\%/4 = 3\%$.

$$S = 500\left[\frac{(1.03)^{29} - 1}{.03}\right] - 500$$

$$S \approx 500(45.21885) - 500 = \$22{,}109.43$$

La cuenta contendrá un total de \$22,109.43 después de 7 años.

6 (a) La Sra. Barrios deposita \$800 al principio de cada periodo de 6 meses por 5 años. Encuentre la cantidad final si la cuenta paga 6% compuesto semestralmente.

(b) Encuentre la cantidad final si esta cuenta fuese una anualidad ordinaria.

Respuestas:

(a) \$9446.24

(b) \$9171.10

(b) Compare el resultado del inciso (a) con el valor futuro de una anualidad ordinaria. En este caso, el valor futuro está dado por

$$S = 500\left[\frac{1.03^{28} - 1}{.03}\right] = \$21,465.46.$$

El valor futuro es un poco menor porque los pagos se hacen un mes después que los pagos de una anualidad anticipada. ■ 6

FONDOS DE AMORTIZACIÓN Un fondo establecido para recibir pagos periódicos se llama un **fondo de amortización**. Los pagos periódicos, junto con el interés ganado por los pagos, están diseñados para producir una suma dada en algún momento del futuro. Por ejemplo, un fondo de amortización podría abrirse para recibir dinero que se necesitará para liquidar el capital de un préstamo en el futuro. Si los pagos son todos de la misma magnitud y se hacen al final de un periodo regular, forman una anualidad ordinaria.

EJEMPLO 7 El matrimonio Chávez está a punto de retirarse. Deciden vender una urna antigua al museo local por \$17,000. Su asesor fiscal les sugiere que difieran el recibo de este dinero hasta que se retiren dentro de 5 años (en ese entonces, estarán en un renglón de impuestos más favorable). Encuentre la cantidad de cada pago que el museo debe hacer en un fondo de amortización para tener los \$17,000 en 5 años. Suponga que el museo puede ganar 6% compuesto anualmente con su dinero y que los pagos se hacen anualmente.

Ésos son los pagos periódicos en una anualidad ordinaria. La anualidad valdrá \$17,000 en 5 años a 6% compuesto anualmente. Usando la fórmula y una calculadora,

$$17,000 = R\left[\frac{(1.06)^5 - 1}{.06}\right]$$

$$17,000 \approx R(5.637093)$$

$$R \approx \frac{17,000}{5.637093} = 3015.74$$

o \$3015.74. Si la administración del museo deposita \$3015.74 al final de cada año por 5 años en una cuenta que pague 6% compuesto anualmente, el museo tendrá la cantidad total requerida. Este resultado se muestra en la siguiente tabla de fondo de amortización. En estas tablas, el último pago puede diferir ligeramente de las otras debido al redondeo en las líneas precedentes.

Número de pago	*Monto del depósito*	*Interés ganado*	*Total en la cuenta*
1	\$3015.74	\$0	\$3,015.74
2	3015.74	180.94	6,212.42
3	3015.74	372.75	9,600.91
4	3015.74	576.05	13,192.70
5	3015.74	791.56	17,000.00

Para construir la tabla, advierta que el primer pago no gana interés hasta que se hace el segundo pago. La línea 2 de la tabla muestra el segundo pago, el 6% de interés de \$180.94 sobre el primer pago y la suma de esas cantidades agregadas al total en la línea 1. La línea 3 muestra el tercer pago, el 6% de interés de \$372.75 sobre el total de la línea 2 y el nuevo total encontrado sumando esas cantidades al total en la línea 2. Este procedimiento se continúa hasta completar la tabla. ■ 7

7 Francisco Arce necesita \$8000 en 6 años para participar en una excavación arqueológica. Quiere depositar pagos iguales al final de cada trimestre para juntar esa cantidad. Encuentre el monto de cada pago si el banco paga

(a) 12% compuesto trimestralmente;

(b) 8% compuesto trimestralmente.

Respuestas:

(a) \$232.38

(b) \$262.97

6.3 EJERCICIOS

Encuentre el cuarto término de cada una de las siguientes sucesiones geométricas (véase el ejemplo 1).

1. $a = 5, r = 3$ **2.** $a = 20, r = 2$

3. $a = 48, r = .5$ **4.** $a = 80, r = .1$

5. $a = 2000, r = 1.05$ **6.** $a = 10{,}000, r = 1.01$

Encuentre la suma de los primeros cuatro términos para cada una de las siguientes sucesiones geométricas (véase el ejemplo 3).

7. $a = 1, r = 2$ **8.** $a = 3, r = 3$

9. $a = 5, r = .2$ **10.** $a = 6, r = .5$

11. $a = 128, r = 1.1$ **12.** $a = 100, r = 1.05$

Encuentre cada uno de los siguientes valores.

13. $s_{\overline{12}|.05}$ **14.** $s_{\overline{20}|.06}$ **15.** $s_{\overline{16}|.04}$

16. $s_{\overline{40}|.02}$ **17.** $s_{\overline{20}|.01}$ **18.** $s_{\overline{18}|.015}$

19. Explique la diferencia entre una anualidad ordinaria y una anualidad anticipada.

Encuentre el valor futuro de las siguientes anualidades ordinarias. Los pagos se hacen y el interés es compuesto como se indica (véanse los ejemplos 4 y 5).

20. $R = \$1500$, 4% de interés compuesto anualmente por 8 años

21. $R = \$680$, 5% de interés compuesto anualmente por 6 años

22. $R = \$20{,}000$, 6.2% de interés compuesto anualmente por 10 años

23. $R = \$20{,}000$, 5.5% de interés compuesto anualmente por 12 años

24. $R = \$865$, 6% de interés compuesto semestralmente por 8 años

25. $R = \$7300$, 9% de interés compuesto semestralmente por 6 años

26. $R = \$1200$, 8% de interés compuesto trimestralmente por 10 años

27. $R = \$20{,}000$, 6% de interés compuesto trimestralmente por 12 años

Encuentre el valor futuro de cada anualidad anticipada (véase el ejemplo 6).

28. Pagos de \$500 por 10 años al 5% compuesto anualmente

29. Pagos de \$1050 por 6 años al 3.5% compuesto anualmente

30. Pagos de \$16,000 por 8 años al 4.7% compuesto anualmente

31. Pagos de \$25,000 por 12 años al 6% compuesto anualmente

32. Pagos de \$1000 por 9 años al 8% compuesto semestralmente

33. Pagos de \$750 por 15 años al 6% compuesto semestralmente

34. Pagos de \$100 por 7 años al 12% compuesto trimestralmente

35. Pagos de \$1500 por 11 años al 12% compuesto trimestralmente

Encuentre el pago periódico que será igual a las sumas dadas bajo las condiciones indicadas, si los pagos se hacen al final de cada periodo (véase el ejemplo 7).

36. $S = \$14{,}500$, interés del 5% compuesto semestralmente por 8 años

37. $S = \$43{,}000$, interés del 6% compuesto semestralmente por 5 años

38. $S = \$62{,}000$, interés del 8% compuesto trimestralmente por 6 años

39. $S = \$12{,}800$, interés del 6% compuesto mensualmente por 4 años

40. ¿Qué es un fondo de amortización? Dé un ejemplo de un fondo de amortización.

Encuentre la cantidad de cada pago por hacerse en un fondo de amortización para acumular las siguientes cantidades. Los pagos se hacen al final de cada periodo (véase el ejemplo 7).

41. \$11,000, el dinero gana 6% compuesto semestralmente, por 6 años

42. \$75,000, el dinero gana 6% compuesto semestralmente, por 4 años y medio

43. \$50,000, el dinero gana 10% compuesto trimestralmente, por $2\frac{1}{2}$ años

44. \$25,000, el dinero gana 12% compuesto trimestralmente, por $3\frac{1}{2}$ años

45. \$6000, el dinero gana 8% compuesto mensualmente, por 3 años

46. \$9000, el dinero gana 12% compuesto mensualmente, por $2\frac{1}{2}$ años

Administración *Resuelva los siguientes problemas de aplicación.*

47. Un fumador típico gasta aproximadamente \$55 por mes en cigarros. Suponga que el fumador invierte esa cantidad al final de cada mes en una cuenta de ahorros que da 4.8% compuesto mensualmente. ¿Cuánto tendría en la cuenta después de 40 años?

48. Patricia Quintero deposita \$6000 al final de cada año por 4 años en una cuenta que paga 5% de interés compuesto anualmente.

(a) Encuentre la cantidad final que tendrá en depósito.

(b) El cuñado de Patricia trabaja en un banco que paga 4.8% compuesto anualmente. Si deposita su dinero en este banco en vez del anterior, ¿cuánto tendrá en su cuenta?

(c) ¿Cuánto perderá Patricia en 5 años si acude al banco de su cuñado?

49. Un padre abre una cuenta de ahorros para su hija cuando nace, depositando $1000. En cada cumpleaños de la niña deposita otros $1000, haciendo el último depósito cuando ella cumple 21 años. Si la cuenta paga 9.5% de interés compuesto anualmente, ¿cuánto hay en la cuenta al final del día en que su hija cumple 21 años?

50. Una persona de 45 años de edad pone $1000 en una cuenta de retiro al final de cada trimestre hasta que cumple 60 años y luego no deposita nada más. Si la cuenta paga 11% de interés compuesto trimestralmente, ¿cuánto habrá en la cuenta cuando esta persona se retire a la edad de 65 años?

51. Al final de cada trimestre, una señora de 50 años deposita $1200 en una cuenta de retiro que paga 7% de interés compuesto trimestralmente. Cuando cumple 60 años, retira toda la cantidad y la pone en un fondo mutualista que paga 9% de interés compuesto mensualmente. Desde ese momento, deposita $300 en el fondo mutualista al final de cada mes. ¿Cuánto tiene en su cuenta al cumplir 65 años de edad?

52. Jazmín Uribe deposita $2435 al principio de cada periodo semestral por 8 años en una cuenta que paga 6% compuesto semestralmente. Deja entonces ese dinero en el banco sin hacer ningún depósito adicional por 5 años. Encuentre la cantidad final en depósito después del periodo de 13 años.

53. Jesús Herrera deposita $10,000 al principio de cada año por 12 años en una cuenta que paga 5% compuesto anualmente. Luego pone la cantidad total en depósito en otra cuenta que paga 6% compuesto semestralmente por otros 9 años. Encuentre la cantidad final en depósito después del periodo total de 21 años.

54. David Islas necesita $10,000 en 8 años.

(a) ¿Qué cantidad debería depositar al final de cada trimestre al 8% compuesto trimestralmente para llegar a tener sus $10,000?

(b) Encuentre el depósito trimestral del Sr. Islas si el dinero se deposita al 6% compuesto trimestralmente.

55. Harv's Meats tiene que comprar una nueva máquina deshuesadora en 4 años. La máquina cuesta $12,000. Para acumular suficiente dinero para pagar la máquina, el dueño decide depositar una suma de dinero al final de cada 6 meses en una cuenta que paga 6% compuesto semestralmente. ¿De cuánto debe ser cada pago?

56. Carmen Sánchez quiere comprar un auto de $18,000 en 6 años. ¿Cuánto dinero debe depositar al final de cada trimestre en una cuenta que paga 12% compuesto trimestralmente a fin de tener suficiente para pagar el auto?

En los ejercicios 57 y 58, use una calculadora graficadora para encontrar el valor de i que produce el valor dado de S (véase el ejemplo 5(b)).

57. Como ahorro para su retiro, Karla Miranda puso $300 cada mes en una anualidad ordinaria por 20 años. El interés se compuso mensualmente. Al final de los 20 años, la anualidad valía $147,126. ¿Qué tasa de interés anual recibió?

58. Lucía Castro hizo pagos de $250 por mes al final de cada mes para comprar una casa. Al final de 30 años, era la dueña de propiedad, que vendió en $330,000. ¿Qué tasa de interéz anual tendría que ganar en una anualidad ordinaria para tener una tasa de rendimiento comparable?

59. En una lotería del año 1992 en el estado de Virginia, el premio mayor fue de $27 millones. Una compañía de inversiones de Australia trató de comprar todas las posibles combinaciones de números, que habría costado $7 millones. De hecho, la compañía no tuvo el tiempo suficiente y no pudo comprar todas las combinaciones, pero de todas maneras acertó con el único boleto ganador. La compañía recibió el premio en 20 pagos anuales iguales de $1.35 millones.* Suponga que esos pagos satisfacen las condiciones de una anualidad ordinaria.

(a) Suponga que la compañía puede invertir dinero al 8% de interés compuesto anualmente. ¿Cuántos años tomaría hasta que los inversionistas estuvieran por delante del caso en que hubieran invertido los $7 millones a la misma tasa? (*Sugerencia:* experimente con valores diferentes del número de años *n* o use una calculadora graficadora para trazar la gráfica del valor de ambas inversiones como función del número de años.)

(b) ¿Cuántos años serían necesarios en el inciso (a) con un interés de 12%?

60. Diana Gray vende un terreno en Nevada. Se le pagará una suma global de $60,000 en 7 años. Hasta entonces, el comprador paga 8% de interés simple trimestralmente.

(a) Encuentre la cantidad de cada pago de interés trimestral.

(b) El comprador abre un fondo de amortización para tener dinero suficiente para liquidar los $60,000. El comprador quiere hacer pagos semestrales al fondo de amortización; la cuenta paga 6% compuesto semestralmente. Encuentre la cantidad de cada pago al fondo.

(c) Prepare una tabla que muestre la cantidad en el fondo de amortización después de cada depósito.

61. Manuel Serrano compró una estampilla rara para su colección. Convino en pagar una suma global de $4000 después de 5 años. Hasta entonces, pagará 6% de interés simple semestralmente.

(a) Encuentre la cantidad de cada pago semestral de interés.

(b) Serrano abre un fondo de amortización para poder liquidar los $4000. Quiere hacer pagos anuales al fondo. La cuenta paga 8% compuesto anualmente. Encuentre la cantidad de cada pago.

(c) Prepare una tabla que muestre la cantidad en el fondo de amortización después de cada depósito.

**The Washington Post*, 10 de marzo de 1992, pág. A1.

6.4 VALOR PRESENTE DE UNA ANUALIDAD; AMORTIZACIÓN

Suponga que al final de cada año, por los próximos 10 años, \$500 se depositan en una cuenta de ahorros que paga 7% de interés compuesto anualmente. Éste es un ejemplo de una anualidad ordinaria. El **valor presente** de esta anualidad es la cantidad que tendrá que depositarse en una suma global hoy (con la misma tasa de interés compuesto) para producir exactamente la misma cantidad al final de 10 años. Podemos encontrar una fórmula para el valor presente de una anualidad como sigue.

Suponga que depósitos de R dólares se hacen al final de cada periodo por n periodos a una tasa de interés i por periodo. Entonces la cantidad en la cuenta después de n periodos es el valor futuro de esta anualidad:

$$S = R\left[\frac{(1+i)^n - 1}{i}\right].$$

Por otra parte, si P dólares se depositan hoy con la misma tasa de interés compuesta i, entonces al final de n periodos, la cantidad en la cuenta es $P(1+i)^n$. Esta cantidad debe ser la misma que la cantidad S en la fórmula de arriba, es decir,

$$P(1+i)^n = R\left[\frac{(1+i)^n - 1}{i}\right].$$

Para despejar P de esta ecuación, multiplique ambos lados por $(1+i)^{-n}$.

$$P = R\,\mathbf{(1+i)^{-n}}\left[\frac{(1+i)^n - 1}{i}\right]$$

Use la propiedad distributiva; recuerde también que $(1+i)^{-n}(1+i)^n = (1+i)^0 = 1$.

$$P = R\left[\frac{\mathbf{(1+i)^{-n}}(1+i)^n - \mathbf{(1+i)^{-n}}}{i}\right]$$

$$P = R\left[\frac{1-(1+i)^{-n}}{i}\right]$$

La cantidad P se llama el **valor presente de la anualidad**. La cantidad entre corchetes se abrevia como $a_{\overline{n}|i}$, (léase "*a* ángulo *n* en *i*"), por lo que

$$a_{\overline{n}|i} = \frac{1-(1+i)^{-n}}{i}.$$

Compare esta cantidad con $s_{\overline{n}|i}$ de la sección anterior.

Damos ahora un resumen de lo que hemos hecho.

VALOR PRESENTE DE UNA ANUALIDAD

El valor presente P de una anualidad de n pagos de R dólares cada uno al final de periodos de interés consecutivos con interés compuesto a una tasa de interés i por periodo es

$$\boldsymbol{P = R\left[\frac{1-(1+i)^{-n}}{i}\right]} \quad \text{o} \quad \boldsymbol{P = R \cdot a_{\overline{n}|i}}.$$

PRECAUCIÓN No confunda la fórmula para el valor presente de una anualidad con la del valor futuro de una anualidad. Advierta la diferencia: el numerador de la fracción en la fórmula del valor presente es $1 - (1 + i)^{-n}$, pero en la fórmula del valor futuro es $(1 + i)^n - 1$. ◆

EJEMPLO 1 Pablo Carrillo y María González se graduaron del Instituto de Tecnología de Forestvire. Ambos prometieron contribuir al fondo de ayuda del ITF. Pablo dice que dará \$500 al final de cada año por 9 años. María prefiere dar una suma global ahora. ¿Qué suma global puede dar que iguale el valor presente de los donativos anuales de Pablo, si el fondo de ayuda gana 7.5% compuesto anualmente?

En este caso $R = 500$, $n = 9$ e $i = 0.075$, por lo que

$$P = 500\left[\frac{1 - (1.075)^{-9}}{.075}\right]$$
$$= 3189.44.$$

María debe entonces donar ahora una suma global de \$3189.44. ■ [1]

[1] ¿Qué suma global depositada hoy sería equivalente a pagos iguales de

(a) \$650 al final de cada año por 9 años a 4% compuesto anualmente?

(b) \$1000 al final de cada trimestre por 4 años a 4% compuesto trimestralmente?

Respuestas:

(a) \$4832.97

(b) \$14,717.87

SUGERENCIA TECNOLÓGICA Sería útil almacenar un programa para encontrar el valor presente en su calculadora (si no contiene ya uno); consulte el apéndice de programas. ✔

EJEMPLO 2 Un automóvil cuesta \$12,000. Después de un enganche de \$2000, el saldo se pagará en 36 pagos mensuales iguales con interés de 12% por año sobre el saldo insoluto. Encuentre el monto de cada pago.

Una sola suma global de \$10,000 liquidaría el préstamo. Entonces, \$10,000 es el valor presente de una anualidad de 36 pagos mensuales con interés de $12\%/12 = 1\%$ por mes. Se tiene entonces, $P = 10{,}000$, $n = 36$, $i = 0.01$ y tenemos que encontrar el pago R mensual en la fórmula

$$P = R\left[\frac{1 - (1 + i)^{-n}}{i}\right]$$
$$10{,}000 = R\left[\frac{1 - (1.01)^{-36}}{.01}\right]$$
$$R \approx 332.1430981.$$

Será necesario un pago mensual de \$332.14. ■ [2]

[2] Ana Munguía compra un pequeño negocio en \$174,000. Conviene en liquidar el costo en pagos al final de cada periodo semestral durante 7 años, con interés de 10% compuesto semestralmente sobre el saldo insoluto. Encuentre el monto de cada pago.

Respuesta:
\$17,578.17

AMORTIZACIÓN Un préstamo se **amortiza** si el capital y los intereses se pagan según una sucesión de pagos periódicos iguales. En el ejemplo 2 anterior, un préstamo de \$10,000 al 12% de interés compuesto mensualmente podría amortizarse pagando \$332.14 mensuales durante 36 meses.

El pago periódico necesario para amortizar un préstamo puede encontrarse, como en el ejemplo 2, despejando R en la ecuación del valor presente.

PAGOS DE AMORTIZACIÓN

Un préstamo de P dólares a una tasa de interés i por periodo puede amortizarse en n pagos periódicos iguales de R dólares al final de cada periodo, donde

$$R = \frac{P}{a_{\overline{n}|i}} = \frac{P}{\left[\frac{1-(1+i)^{-n}}{i}\right]} = \frac{Pi}{1-(1+i)^{-n}}.$$

EJEMPLO 3 La familia Beristáin compra una casa en \$94,000 con un enganche de \$16,000. La familia toma una hipoteca de 30 años por \$78,000 con tasa de interés anual del 9.6%.

(a) Encuentre la cantidad de los pagos mensuales necesarios para amortizar este préstamo.

En este caso $P = 78{,}000$ y la tasa de interés mensual es $9.6\%/12 = 0.096/12 = 0.008$.* El número de pagos mensuales es $12 \cdot 30 = 360$. Por lo tanto,

$$R = \frac{78{,}000}{a_{\overline{360}|.008}} = \frac{78{,}000}{\left[\frac{1-(1.008)^{-360}}{.008}\right]} \approx \frac{78{,}000}{117.90229} = 661.56.$$

Se requieren pagos mensuales de \$661.56 para amortizar el préstamo.

(b) Encuentre la cantidad total de interés que se paga cuando el préstamo se amortiza en 30 años.

La familia Beristáin hace 360 pagos de \$661.56 cada uno, por un total de \$238,161.60. Como el préstamo fue de \$78,000, el interés total pagado es de

$$\$238{,}161.60 - \$78{,}000 = \$160{,}161.60.$$

Esta gran cantidad de interés es típica de lo que ocurre con una hipoteca de larga duración. Una hipoteca a 15 años implicaría pagos más altos pero intereses considerablemente menores. [3]

> [3] Si la hipoteca en el ejemplo 3 dura 15 años, encuentre
> **(a)** los pagos mensuales;
> **(b)** la cantidad total de interés pagado.
>
> **Respuestas:**
> **(a)** \$819.21
> **(b)** \$69,457.80

(c) Encuentre la parte del primer pago que es interés y la parte que se aplica a reducir la deuda.

Como vimos en el inciso (a), la tasa de interés mensual es de 0.008. Durante el primer mes, se deben todos los \$78,000. El interés sobre esta cantidad por 1 mes se encuentra con la fórmula del interés simple.

$$I = Prt = 78{,}000(.008)(1) = 624$$

Al final del mes se hace un pago de \$661.56; como \$624 de esta cantidad es interés, un total de

$$\$661.56 - \$624 = \$37.56$$

se aplica a la reducción de la deuda original. ■

PROGRAMA DE AMORTIZACIÓN En el ejemplo 3, se hacen 360 pagos para amortizar un préstamo de \$78,000. El saldo del préstamo después del primer pago se reduce sólo \$37.56, que es mucho menor que $(1/360)(78{,}000) \approx \$216.67$. Por lo tanto, aun cuando se hacen *pagos* iguales para amortizar un préstamo, el *saldo* del préstamo no decrece uniformemente. Este hecho es muy importante si un préstamo se liquida antes de su vencimiento.

---

*Las tasas hipotecarias se citan en términos de interés anual, pero se entiende siempre que la tasa mensual es de 1/12 de la tasa anual y que el interés es compuesto mensualmente.

EJEMPLO 4 Mariana Romero pidió un préstamo de $1000 por 1 año a 12% de interés anual compuesto mensualmente.

(a) ¿Cuál es su pago mensual del préstamo?

La tasa de interés mensual es 12%/12 = 1% = 0.01, por lo que su pago es

$$R = \frac{1000}{a_{\overline{12}|.01}} = \frac{1000}{\left[\frac{1-(1.01)^{-12}}{.01}\right]} \approx \frac{1000}{11.25508} = \$88.85.$$

(b) Después de hacer tres pagos, decide liquidar el saldo en seguida. ¿Cuánto tiene que pagar?

Como restan nueve pagos por hacer, pueden considerarse como una anualidad de nueve pagos de $88.25 al 1% de interés por periodo. El valor presente de esta anualidad es

$$88.85\left[\frac{1-(1.01)^{-9}}{.01}\right] = 761.09.$$

El saldo restante de Mariana, calculado con este método, es entonces de $761.09.

Un método alternativo para calcular el saldo es considerar los pagos ya hechos como una anualidad de tres pagos. Al principio, el valor presente de esta anualidad era

$$88.85\left[\frac{1-(1.01)^{-3}}{.01}\right] = 261.31.$$

Es decir, si hubiese pedido sólo $261.31, el préstamo se liquidaría después de esos 3 pagos. Considerado de esta manera, no ha pagado nada respecto al resto de su préstamo, por lo que aún debe la diferencia $1000 − $261.31 = $738.69. Además, Mariana debe el interés sobre esta cantidad por 3 meses, para un total de

$$(738.69)(1.01)^3 = \$761.07.$$

Este saldo difiere del obtenido con el primer método en 2¢ debido a que el pago mensual y los otros cálculos se redondearon al centavo más cercano. ■ 4

4 Encuentre lo siguiente para un préstamo para la compra de un auto de $10,000 por 48 meses a 9% de interés compuesto mensualmente.

(a) el pago mensual

(b) ¿Cuánto se debe aún después de efectuar 12 pagos?

Respuestas:

(a) $248.85

(b) $7825.54 o $7825.56

Aunque a mucha gente no le importaría una diferencia de 2¢ en el saldo del ejemplo 4, la diferencia en otros casos (mayores cantidades o términos más largos) podría ser mayor. Un banco o negocio debe llevar sus libros exactamente al centavo más cercano, por lo que debe determinar el saldo en casos como éste sin ambigüedades y exactamente. Esto se hace por medio de un **programa de amortización**, que indica cuánto de cada pago es interés, cuánto va a reducir el saldo y cuánto se debe después de *cada* pago.

EJEMPLO 5 Determine la cantidad exacta que Mariana Romero en el ejemplo 4 debe después de tres pagos mensuales.

Una tabla de amortización para el préstamo se muestra abajo. Ésta se obtiene de la siguiente manera. La tasa anual de interés es de 12% compuesta mensualmente por lo que la tasa de interés por mes es de 12%/12 = 1% = 0.01. Cuando se hace el primer pago, se debe 1 mes de interés, es decir, 0.01(1000) = $10. Restando esto del pago de $88.85 deja $78.85 aplicable a la reducción del capital. Por consiguiente,el capital al final del primer periodo de pago es 1000 − 78.85 = $921.15, como se muestra en la línea "pago 1" de la tabla.

Cuando se hace el pago 2, se debe 1 mes de interés sobre \$921.15, es decir, 0.01(921.15) = \$9.21. Restando esto del pago de \$88.85 deja \$79.64 para reducir el capital. Por consiguiente, el capital al final del pago 2 es 921.15 − 79.64 = \$841.51. La porción de interés del pago 3 se basa en esta cantidad y los renglones restantes de la tabla se encuentran de manera similar.

Número de pago	*Monto del pago*	*Interés por periodo*	*Porción al capital*	*Capital al final del periodo*
0	—	—	—	\$1000.00
1	\$88.85	\$10.00	\$78.85	921.15
2	88.85	9.21	79.64	841.51
3	88.85	8.42	80.43	761.08
4	88.85	7.61	81.24	679.84
5	88.85	6.80	82.05	597.79
6	88.85	5.98	82.87	514.92
7	88.85	5.15	83.70	431.22
8	88.85	4.31	84.54	346.68
9	88.85	3.47	85.38	261.30
10	88.85	2.61	86.24	175.06
11	88.85	1.75	87.10	87.96
12	88.84	.88	87.96	0

El programa muestra que después de tres pagos, Mariana debe aún \$761.08, cantidad que difiere ligeramente de la obtenida en el ejemplo 4. ■

El programa de amortización del ejemplo 5 es típico. En particular, advierta que todos los pagos son iguales excepto el último. A menudo es necesario ajustar el monto del pago final para tomar en cuenta los redondeos anteriores y hacer que el saldo final sea exactamente igual a 0.

Un programa de amortización muestra también cómo se aplican los pagos periódicos al interés y al capital. La cantidad que va a interés decrece con cada pago, mientras que la cantidad que va a reducir el capital crece con cada pago.

SUGERENCIA TECNOLÓGICA En el apéndice de programas se encuentran programas para producir calendarios de amortización. ✔

6.4 EJERCICIOS

1. ¿Cuál de las siguientes opciones se representa con $a_{\overline{n}|i}$?

(a) $\dfrac{(1+i)^{-n}-1}{i}$ **(b)** $\dfrac{(1+i)^{n}-1}{i}$

(c) $\dfrac{1-(1+i)^{-n}}{i}$ **(d)** $\dfrac{1-(1+i)^{n}}{i}$

2. ¿Cuál de las opciones en el ejercicio 1 representa $s_{\overline{n}|i}$?

Encuentre lo siguiente.

3. $a_{\overline{15}|.06}$ **4.** $a_{\overline{10}|.03}$ **5.** $a_{\overline{18}|.04}$

6. $a_{\overline{30}|.01}$ **7.** $a_{\overline{16}|.01}$ **8.** $a_{\overline{32}|.02}$

9. Explique la diferencia entre el valor presente de una anualidad y el valor futuro de una anualidad. Para una anualidad dada, ¿cuál es mayor?

Encuentre el valor presente de cada anualidad ordinaria (véase el ejemplo 1).

10. Se hacen pagos de \$5200 anualmente por 6 años al 5% compuesto anualmente.

11. Se hacen pagos de \$1250 anualmente por 8 años al 4% compuesto anualmente.

12. Se hacen pagos de $675 semestralmente por 10 años al 6% compuesto semestralmente.
13. Se hacen pagos de $750 semestralmente por 8 años al 6% compuesto semestralmente.
14. Se hacen pagos de $16,908 trimestralmente por 3 años al 4.4% compuesto trimestralmente.
15. Se hacen pagos de $12,125 trimestralmente por 5 años al 5.6% compuesto trimestralmente.

Encuentre la suma global depositada hoy que dará la misma cantidad total que los pagos de $10,000 al final de cada año durante 15 años, a cada una de las siguientes tasas de interés (véase el ejemplo 1).

16. 4% compuesto anualmente
17. 5% compuesto anualmente
18. 6% compuesto anualmente
19. ¿Qué significa amortizar un préstamo?

Encuentre el pago necesario para amortizar cada uno de los siguientes préstamos (véase el ejemplo 2).

20. $800, 10 pagos anuales al 5%
21. $12,000, 8 pagos trimestrales al 6%
22. $25,000, 8 pagos trimestrales al 6%
23. $35,000, 12 pagos trimestrales al 4%
24. $5000, 36 pagos mensuales al 12%
25. $472, 48 pagos mensuales al 12%

Encuentre los pagos mensuales de una casa para amortizar los siguientes préstamos. El interés se calcula sobre la base del saldo no pagado (véanse los ejemplos 3 y 4).

26. $49,560 al 10.75% por 25 años
27. $70,892 al 11.11% por 30 años
28. $53,762 al 12.45% por 30 años
29. $96,511 al 10.57% por 25 años

Use la tabla de amortización en el ejemplo 5 para responder las preguntas en los ejercicios 30-33.

30. ¿Cuánto del quinto pago es interés?
31. ¿Cuánto del décimo pago se usa para reducir la deuda?
32. ¿Cuánto interés se paga en los primeros 5 meses del préstamo?
33. ¿Cuánto interés se paga en los últimos 5 meses del préstamo?
34. ¿Qué suma depositada hoy al 5% compuesto anualmente por 8 años dará la misma cantidad que $1000 depositados al final de cada año por 8 años al 6% compuesto anualmente?
35. ¿Qué suma global depositada hoy al 8% compuesto trimestralmente por 10 años dará la misma cantidad final que depósitos de $4000 al final de cada periodo de seis meses por 10 años al 6% compuesto semestralmente?

Administración *Resuelva los siguientes problemas de aplicación.*

36. Stereo Shack vende un sistema estéreo por $600 de enganche y pagos mensuales de $30 por los próximos 3 años. Si la tasa de interés es de 1.25% por mes sobre el saldo, encuentre
    (a) el costo del sistema estéreo;
    (b) la cantidad total de interés pagado.
37. Humberto Casas compra un auto que cuesta $6000. Conviene en hacer pagos al final de cada periodo mensual por 4 años. Paga 12% de interés compuesto mensualmente.
    (a) ¿De cuánto es cada pago?
    (b) Encuentre la cantidad total de intereses que Humberto pagará.
38. Un especulador conviene en pagar $15,000 por un terreno; esta cantidad, con interés, se pagará en 4 años con pagos semestrales con una tasa de interés del 10% compuesto semestralmente. Encuentre el monto de cada pago.
39. En la lotería del millón de dólares, a un ganador se le paga un millón de dólares a razón de $50,000 por año durante 20 años. Suponga que esos pagos forman una anualidad ordinaria y que los administradores de la lotería pueden invertir dinero al 6% compuesto anualmente. Encuentre la suma global que los administradores deben depositar para pagar al ganador del millón de dólares.
40. La familia Arroyo compró una casa en $81,000. Pagó $20,000 de enganche y tomó una hipoteca por 30 años por el resto al 11%. Use uno de los métodos en el ejemplo 4 para estimar el saldo hipotecario después de 100 pagos.
41. Después de hacer 180 pagos de su hipoteca, la familia Arroyo del ejercicio 40 vende su casa por $136,000. Deben pagar costos de cierre por $3700 más 2.5% del precio de venta de la casa. ¿Cuánto dinero recibirán aproximadamente por la venta después de haber pagado la hipoteca y deducido los costos de cierre?

En los ejercicios 42-45, prepare un programa de amortización que muestre los primeros 4 pagos para cada préstamo (véase el ejemplo 5).

42. Una compañía de seguros paga $4000 por una nueva impresora para su computadora. Amortiza el préstamo para la impresora en 4 pagos anuales al 8% compuesto anualmente.
43. Un camión remolcador cuesta $72,000. Transportes Unidos compra ese camión y conviene en pagarlo con un préstamo que se amortizará por 9 pagos semestrales al 6% compuesto semestralmente.
44. Un comerciante cobra $1048 por un monitor de computadora. Una compañía de contadores compra 8 de esos monitores. Pagan un enganche de $1200 y convienen en amortizar el saldo con pagos mensuales al 12% compuesto mensualmente por 4 años.
45. Josefina Varosa pide un préstamo de $20,000 para abastecer su pequeña *boutique*. Pagará el préstamo con pagos semestrales por 5 años al 7% compuesto semestralmente.

Los estudiantes que piden préstamos tienen ahora más opciones en sus planes de pago. El plan estándar paga el préstamo en 10 años con pagos mensuales iguales. El plan ampliado permite pagar el préstamo en un periodo de 12 a 30 años. Un estudiante pide un préstamo de $35,000 a 7.43% compuesto mensualmente.*

46. Encuentre el pago mensual y el interés total pagado según el plan estándar.

47. Encuentre el pago mensual y el interés total pagado bajo el plan ampliado en 20 años para liquidar el préstamo.

48. Cuando Teresa Flores abrió su oficina, gastó $14,000 en libros de leyes y $7200 en muebles. Dio $1200 de enganche y convino en amortizar el saldo con pagos semestrales por 5 años al 12% compuesto semestralmente.

(a) Encuentre la cantidad de cada pago.

(b) Cuando su préstamo se había reducido por debajo de $5000, Flores recibió un reembolso por impuestos pagados y decidió liquidar el préstamo. ¿Cuántos pagos quedaban pendientes en ese momento?

49. Laura Arroyo compra una casa en $285,000. Da $60,000 de enganche y toma una hipoteca al 9.5% sobre el saldo. Encuentre sus pagos mensuales y la cantidad total de interés que pagará si el término de la hipoteca es de

(a) 15 años; **(b)** 20 años; **(c)** 25 años.

(d) ¿Cuándo estará pagada la mitad del préstamo a 20 años?

50. Sandra Godínez heredó $25,000 de su abuelo. Depositó el dinero en una cuenta que da 6% de interés compuesto anualmente. Quiere hacer retiros anuales iguales de esa cuenta, de manera que el dinero (capital e intereses) dure exactamente 8 años.

(a) Encuentre la cantidad de cada retiro.

(b) Encuentre la cantidad de cada retiro si el dinero debe durar 12 años.

**The New York Times*, abril 2, 1995, "Money and College", Saul Hansell, pág. 28.

51. El matrimonio Ortega planea comprar una casa en $212,000. Pagarán el 20% de enganche y financiarán el resto por 30 años al 8.9% de interés compuesto mensualmente.*

(a) ¿De cuánto serán sus pagos mensuales?

(b) ¿Cuál será su saldo después que hayan hecho su pago 96?

(c) ¿Cuánto interés pagarán durante el séptimo año del préstamo?

(d) Si incrementan sus pagos mensuales en $150, ¿cuánto tiempo se necesitará para liquidar el préstamo?

52. Gabriela Ramírez planea retirarse en 20 años. Hará 240 contribuciones mensuales iguales a su cuenta de retiro. Un mes después de su última contribución hará el primero de 120 retiros mensuales de la cuenta. Espera retirar $3500 por mes. ¿De cuánto deben ser sus contribuciones mensuales para alcanzar su meta si la cuenta gana un interés de 10.5%, compuesto mensualmente?

53. Rodolfo Páez también planea retirarse en 20 años. Rodolfo hará 120 contribuciones mensuales iguales a su cuenta. Diez años después de su última contribución (120 meses) hará el primero de 120 retiros mensuales de su cuenta. Rodolfo también espera retirar $3500 cada mes. Su cuenta también gana 10.5% de interés compuesto mensualmente. ¿De qué tamaño deben ser las contribuciones mensuales de Rodolfo para que alcance su objetivo?

54. Magdalena y Nicolás Rosas tomaron una hipoteca de 30 años por $160,000 con 9.8% de interés compuesto mensualmente. Después de pagar durante 12 años (144 pagos), decidieron refinanciar el saldo del préstamo por 25 años con 7.2% de interés compuesto mensualmente. ¿Cuál será el saldo de su préstamo 5 años después del refinanciamiento?

*Norman Lindquist de Western Washington University proporcionó los ejercicios 51-54.

6.5 APLICACIÓN DE FÓRMULAS FINANCIERAS

Hemos presentado una buena cantidad de nuevas fórmulas en este capítulo. Respondiendo las siguientes preguntas, usted puede decidir qué fórmula usar para un problema particular.

1. ¿Está implicado un interés simple o uno compuesto?
El interés simple se usa normalmente para inversiones o préstamos a un año o menos; el interés compuesto se usa normalmente en todos los demás casos.

2. Si se está usando interés simple, ¿qué se busca: cantidad de interés, valor futuro, valor presente o descuento?

3. Si se está usando interés compuesto, ¿está implicada una suma global (pago único) o una anualidad (sucesión de pagos)?

(a) Para una suma global,

(i) ¿Está implicado un interés compuesto ordinario o un interés compuesto continuo?

(ii) ¿Qué se busca: valor presente, valor futuro, número de periodos o tasa efectiva?

(b) Para una anualidad,

(i) ¿Se trata de una anualidad ordinaria (pago al final de cada periodo) o de una anualidad anticipada (pago al principio de cada periodo)?

(ii) ¿Qué se busca: valor presente, valor futuro o cantidad de pago?

Una vez que haya respondido esas preguntas, escoja la fórmula apropiada del resumen del capítulo, como en los siguientes ejemplos.

EJEMPLO 1 Amalia de la Fuente debe pagar $27,000 para liquidar una deuda en 3 años. ¿Qué cantidad debe depositar hoy, al 4% compuesto mensualmente, para tener dinero suficiente?

En este problema, el valor futuro de $27,000 se conoce y el valor presente debe hallarse. Como el tiempo es de más de un año, debemos usar la fórmula para el valor presente de interés compuesto. ■

EJEMPLO 2 Un bono se vende a $800 y paga intereses de 7.5%. ¿Cuánto interés se gana en 6 meses?

El periodo es de menos de un año, por lo que debe usarse la fórmula de interés simple. El costo del bono es el capital P, por lo que $P = 800$, $i = 0.075$ y $t = 6/12 = 1/2$ año. ■

EJEMPLO 3 Un auto nuevo cuesta $11,000. El comprador debe pagar $3000 de enganche y pagar el resto en 48 pagos mensuales a 12% compuesto mensualmente. Encuentre el valor de cada pago.

Los pagos forman una anualidad ordinaria con un valor presente de $11,000 - 3000 = 8000$. Use la fórmula para el valor presente de una anualidad con $P = 8000$, $i = 0.01$ y $n = 48$ para encontrar el valor R de cada pago. ■

EJEMPLO 4 El Sr. Arellano recibe un pago a principio de cada mes; de su salario deducen automáticamente $80 y le depositan esta cantidad en una cuenta de ahorros. Si la cuenta paga 4.5% de interés compuesto mensualmente, ¿cuánto tendrá en su cuenta después de 3 años y 9 meses?

El periodo es mayor de un año, por lo que usamos interés compuesto. Habrá $3(12) + 9 = 45$ depósitos mensuales de $80 y ésta es una anualidad anticipada (los pagos son al principio de cada mes). Buscamos el valor futuro de la anualidad. Use la fórmula para una anualidad anticipada con $R = 80$, $i = 0.045$ y $n = 45$. ■

Después que haya analizado la situación y escogido la fórmula correcta, como en los ejemplos previos, resuelva el problema. Como paso final, considere si la respuesta que usted obtiene tiene sentido. Por ejemplo, el valor presente siempre debe ser menor que el valor futuro. De la misma manera, el valor futuro de una anualidad (que incluye interés) debe ser mayor que la suma de los pagos.

6.5 EJERCICIOS

Para los ejercicios en esta sección, redondee las cantidades de dinero al centavo más cercano, los tiempos al día más cercano y las tasas al décimo de porcentaje más cercano.

Encuentre el valor presente de $82,000 para los siguientes números de años, si el dinero puede depositarse al 12% compuesto trimestralmente.

1. 5 años

2. 7 años

Encuentre la cantidad de los pagos necesarios para amortizar las siguientes cantidades.

3. \$4250, 13 pagos trimestrales al 4%

4. \$58,000, 23 pagos trimestrales al 6%

Encuentre el capital compuesto para cada uno de los siguientes casos.

5. \$4792.35 al 4% compuesto semestralmente por $5\frac{1}{2}$ años

6. \$2500 al 6% compuesto trimestralmente por $3\frac{3}{4}$ años

Encuentre el interés simple para cada uno de los siguientes casos. Suponga años de 360 días.

7. \$42,500 al 5.75% por 10 meses

8. \$32,662 al 6.882% por 225 días

Encuentre la cantidad de interés ganado por cada uno de los siguientes depósitos.

9. \$22,500 al 6% compuesto trimestralmente por $5\frac{1}{4}$ años

10. \$53,142 al 8% compuesto mensualmente por 32 meses

Encuentre el capital compuesto y la cantidad de interés que se ganó por un depósito de \$32,750 al 5% compuesto continuo por el siguiente número de años.

11. $7\frac{1}{2}$ años

12. 9.2 años

Encuentre el valor presente de las siguientes cantidades futuras. Suponga años de 360 días y use interés simple.

13. \$17,320 por 9 meses; el dinero gana 3.5%

14. \$122,300 por 138 días; el dinero gana 4.75%

Encuentre el beneficio neto en los siguientes casos. Suponga años de 360 días y use interés simple.

15. \$23,561 por 112 días; tasa de descuento = 4.33%

16. \$267,100 por 271 días; tasa de descuento = 5.72%

Encuentre el valor futuro de cada una de las siguientes anualidades.

17. \$2500 se depositan al final de cada periodo semestral por $5\frac{1}{2}$ años; el dinero gana 7% compuesto semestralmente

18. \$800 se depositan al final de cada mes por $1\frac{1}{4}$ años; el dinero gana 8% compuesto mensualmente

19. \$250 se depositan al final de cada trimestre por $7\frac{1}{4}$ años; el dinero gana 4% compuesto trimestralmente

20. \$100 se depositan al principio de cada año por 5 años; el dinero gana 8% compuesto anualmente

Encuentre la cantidad de cada pago por hacer a un fondo de amortización para acumular las cantidades indicadas.

21. \$10,000; el dinero gana 5% compuesto anualmente; 7 pagos anuales al final de cada año

22. \$42,000; el dinero gana 4% compuesto trimestralmente; 13 pagos trimestrales al final de cada trimestre

23. \$100,000; el dinero gana 6% compuesto semestralmente; 9 pagos semestrales al final de cada periodo semestral

24. \$53,000; el dinero gana 6% compuesto mensualmente; 35 pagos mensuales al final de cada mes

Encuentre el valor presente de cada anualidad ordinaria.

25. Pagos de \$1200 efectuados anualmente durante 7 años al 5% compuesto anualmente

26. Pagos de \$500 efectuados semestralmente al 4% compuesto semestralmente durante $3\frac{1}{2}$ años

27. Pagos de \$1500 efectuados trimestralmente durante $5\frac{1}{4}$ años al 6% compuesto trimestralmente

28. Pagos de \$905.43 efectuados mensualmente durante $2\frac{11}{12}$ años al 8% compuesto mensualmente

Prepare un programa de amortización para cada uno de los siguientes préstamos. El interés se calcula sobre el saldo insoluto.

29. Préstamo de \$8500 en pagos semestrales durante $3\frac{1}{2}$ años al 8%

30. Préstamo de \$40,000 en pagos trimestrales durante $1\frac{3}{4}$ años al 9%

Administración *Resuelva los siguientes problemas de aplicación.*

31. Un préstamo a 10 meses de \$42,000 a interés simple produce \$1785 de intereses. Encuentre la tasa de interés.

32. Rebeca Montiel deposita \$803.47 al final de cada trimestre durante $3\frac{3}{4}$ años en una cuenta que paga 4% compuesto trimestralmente. Encuentre la cantidad final en la cuenta y los intereses ganados.

33. Miguel León debe \$7850 a un pariente. Ha convenido en pagar el dinero en 5 meses a un interés simple de 7%. Un mes antes que el préstamo vence, el pariente descuenta el préstamo en el banco. El banco carga una tasa de descuento de 9.2%. ¿Cuánto dinero recibe el pariente?

34. Un pequeño parque de recreo debe construir una alberca para competir con otro parque cercano. La alberca costará \$28,000. El parque pide prestado el dinero y acuerda pagarlo con pagos iguales al final de cada trimestre por $6\frac{1}{2}$ años a una tasa de interés de 6% compuesto trimestralmente. Encuentre la cantidad de cada pago.

35. De acuerdo con los términos de un divorcio, un cónyuge debe pagar al otro una suma global de \$2800 en 17 meses. ¿Qué suma global debe invertirse hoy al 6% compuesto mensualmente, para tener suficiente dinero disponible para hacer el pago?

36. Un contador presta \$28,000 con interés simple a su negocio. El préstamo es al 9% y gana \$3255 en intereses. Encuentre el tiempo del préstamo en meses.

37. Una compañía de abogados deposita \$5000 al final de cada periodo semestral por $7\frac{1}{2}$ años. Encuentre la cantidad final en la cuenta si el depósito gana 5% compuesto semestralmente. Encuentre el monto ganado en intereses.

38. Encuentre el capital que debe invertirse al 5.25% de interés simple para ganar $937.50 de intereses en 8 meses.

39. En 3 años la Sra. Támez debe pagar $7500 prometidos al fondo de construcción de su universidad. ¿Qué suma global debe depositar hoy al 4% compuesto semestralmente, de manera que tenga suficiente dinero para pagar lo prometido?

40. El propietario de Eastside Hallmark pide un préstamo de $48,000 para ampliar su negocio. El dinero se pagará en pagos iguales al final de cada año durante 7 años. El interés es del 8%. Encuentre la cantidad de cada pago.

41. Para comprar una computadora nueva, Mario Ortiz pide un préstamo de $3250 a un amigo al 9% de interés compuesto anualmente por 4 años. Encuentre el capital compuesto que debe pagar al final de los 4 años.

42. Un pequeño negocio invierte cierta cantidad de dinero por 3 meses a una tasa de 5.2% de interés simple y gana $244 en intereses. Encuentre el monto de la inversión.

43. Cuando la familia Larios compró su casa, pidió un préstamo de $115,700 al 10.5% compuesto mensualmente por 25 años. Si hizo los 300 pagos del préstamo puntualmente, ¿cuánto interés pagó? Suponga que el último pago fue igual que los pagos previos.

44. Suponga que se depositan $84,720 durante 7 meses y ganan $2372.16 en intereses. Encuentre la tasa de interés.

CAPÍTULO 6 RESUMEN

Términos clave y símbolos

6.1 interés
capital
tasa
tiempo
interés simple
valor futuro (valor al vencimiento)
valor presente
descuento (descuento bancario)
beneficio neto

6.2 interés compuesto
capital compuesto
periodo de composición
composición continua
tasa nominal (tasa establecida)
tasa efectiva

6.3 sucesión geométrica o progresión geométrica
razón común
anualidad
anualidad ordinaria
periodo de pago
término de una anualidad
valor futuro de una anualidad
anualidad anticipada
fondo de amortización

6.4 valor presente de una anualidad
amortización de un préstamo
programa de amortización

Conceptos clave

Interés simple

El **interés simple** I de una cantidad P de dólares por t años a una tasa de interés r por año es $\boldsymbol{I = Prt}$.

El **valor futuro** A de P dólares a una tasa de interés simple r por t años es $\boldsymbol{A = P(1 + rt)}$.

El **valor presente** P de una cantidad futura de A dólares a una tasa r de interés simple por t años es

$$P = \frac{A}{1 + rt}.$$

Si D es el **descuento** sobre un préstamo con valor al vencimiento A a una tasa de interés simple r por t años, entonces $\boldsymbol{D = Art}$. Si D es el descuento y P es el **beneficio neto** de un préstamo con valor al vencimiento A a una tasa de interés simple r por t años, entonces $\boldsymbol{P = A - D}$ o $\boldsymbol{P = A(1 - rt)}$.

Interés compuesto

Si P dólares se depositan por n periodos a una tasa de interés compuesto i por periodo, el **capital compuesto (valor futuro)** A es $A = P(1 + i)^n$.

El **valor presente** P de A dólares a una tasa de interés compuesto i por periodo por n periodos es

$$P = \frac{A}{(1 + i)^n} = A(1 + i)^{-n}.$$

La **tasa efectiva** correspondiente a una tasa de interés nominal r por año, compuesta m veces por año, es

$$r_e = \left(1 + \frac{r}{m}\right)^m - 1.$$

Interés compuesto continuamente

Si P dólares se depositan por t años a una tasa de interés r por año, compuesta continuamente, **el capital compuesto (valor futuro)** A es $A = Pe^{rt}$.

El **valor presente** P de A dólares a una tasa de interés r por año compuesta continuamente por t años es

$$P = \frac{A}{e^{rt}}.$$

Anualidades

El **valor futuro** S **de una anualidad ordinaria** de n pagos de R dólares cada uno al final de periodos consecutivos de interés con interés compuesto con tasa i por periodo es

$$S = R\left[\frac{(1 + i)^n - 1}{i}\right] \quad \text{o} \quad S = R \cdot s_{\overline{n}|i}.$$

El **valor presente** P **de una anualidad ordinaria** de n pagos de R dólares cada uno al final de periodos consecutivos de interés con interés compuesto con tasa i por periodo es

$$P = R\left[\frac{1 - (1 + i)^{-n}}{i}\right] \quad \text{o} \quad P = R \cdot a_{\overline{n}|i}.$$

Para encontrar el pago, resuelva la fórmula para R.

El **valor futuro** S **de una anualidad anticipada** de n pagos de R dólares cada uno al principio de periodos consecutivos de interés con interés compuesto con tasa i por periodo es

$$S = R\left[\frac{(1 + i)^{n+1} - 1}{i}\right] - R \quad \text{o} \quad S = R \cdot s_{\overline{n+1}|i} - R.$$

Capítulo 6 Ejercicios de repaso

Encuentre el interés simple para los siguientes préstamos.

1. \$4902 al 9.5% por 11 meses
2. \$42,368 al 15.22% por 5 meses
3. \$3478 al 7.4% por 88 días (suponga un año de 360 días)
4. \$2390 al 18.7% de mayo 3 a julio 28 (suponga año de 365 días)
5. ¿Qué significa valor presente de una cantidad A?

Encuentre el valor presente de las siguientes cantidades futuras. Suponga 360 días en un año; use interés simple.

6. \$459.57 en 7 meses; el dinero gana 8.5%
7. \$80,612 en 128 días; el dinero gana 6.77%
8. Explique qué pasa cuando a un prestamista se la carga un descuento. ¿Qué es el beneficio neto?

Encuentre el beneficio neto en los ejercicios 9 y 10. Suponga 360 días en un año.

9. \$802.34; tasa de descuento 8.6%; duración del préstamo 11 meses

10. \$12,000; tasa de descuento 7.09%; duración del préstamo 145 días

11. Para una cantidad dada de dinero depositada a una tasa dada de interés durante un periodo dado mayor que 1 año, ¿produce más interés el interés simple o el interés compuesto? Explíquelo.

Encuentre el capital compuesto y la cantidad de interés que se ganan en cada uno de los siguientes casos.

12. \$2800 al 6% compuesto anualmente por 10 años

13. \$57,809.34 al 4% compuesto trimestralmente por 5 años

14. \$12,903.45 al 6.37% compuesto trimestralmente por 29 trimestres

15. \$4677.23 al 4.57% compuesto mensualmente por 32 meses

Encuentre el valor presente de las siguientes cantidades.

16. \$42,000 en 7 años, con 12% compuesto mensualmente

17. \$17,650 en 4 años, con 8% compuesto trimestralmente

18. \$1347.89 en 3.5 años, con 6.77% compuesto semestralmente

19. \$2388.90 en 44 meses, con 5.93% compuesto mensualmente

20. Escriba los primeros cinco términos de la sucesión geométrica con $a = 2$ y $r = 3$.

21. Escriba los primeros cuatro términos de la sucesión geométrica con $a = 4$ y $r = 1/2$.

22. Encuentre el sexto término de la sucesión geométrica con $a = -3$ y $r = 2$.

23. Encuentre el quinto término de la sucesión geométrica con $a = -2$ y $r = -2$.

24. Encuentre la suma de los primeros cuatro términos de la sucesión geométrica con $a = -3$ y $r = 3$.

25. Encuentre la suma de los primeros cinco términos de la sucesión geométrica con $a = 8000$ y $r = -1/2$.

26. Encuentre $s_{\overline{30}|.01}$.

27. ¿Qué significa valor futuro de una anualidad?

Encuentre el valor futuro de cada anualidad.

28. \$1288 depositados al final de cada año por 14 años; el dinero gana 8% compuesto anualmente

29. \$4000 depositados al final de cada trimestre por 7 años; el dinero gana 6% compuesto trimestralmente

30. \$233 depositados al final de cada mes por 4 años; el dinero gana 12% compuesto mensualmente

31. \$672 depositados al principio de cada trimestre por 7 años; el dinero gana 8% compuesto trimestralmente

32. \$11,900 depositados al principio de cada mes por 13 meses; el dinero gana 12% compuesto mensualmente

33. ¿Cuál es el propósito de un fondo de amortización?

Encuentre el monto de cada pago que debe hacerse en un fondo de amortización para acumular las siguientes cantidades. Suponga que los pagos se hacen al final de cada periodo.

34. \$6500; el dinero gana 5% compuesto anualmente; 6 pagos anuales

35. \$57,000; el dinero gana 6% compuesto semestralmente por $8\frac{1}{2}$ años

36. \$233,188; el dinero gana 5.7% compuesto trimestralmente por $7\frac{3}{4}$ años

37. \$56,788; el dinero gana 6.12% compuesto mensualmente por $4\frac{1}{2}$ años

Encuentre el valor presente de cada anualidad ordinaria.

38. Pagos de \$850 anualmente por 4 años a 5% compuesto anualmente

39. Pagos de \$1500 trimestralmente por 7 años a 8% compuesto trimestralmente

40. Pagos de \$4210 semestralmente por 8 años a 8.6% compuesto semestralmente

41. Pagos de \$877.34 mensualmente por 17 meses a 6.4% compuesto mensualmente

42. Dé dos ejemplos de los tipos de préstamos que comúnmente se amortizan

Encuentre el monto del pago necesario para amortizar cada uno de los siguientes préstamos.

43. \$32,000 al 9.4% compuesto trimestralmente, 10 pagos trimestrales

44. \$5607 al 7.6% compuesto mensualmente, 32 pagos mensuales

Encuentre los pagos mensuales para las siguientes hipotecas.

45. \$56,890 al 10.74% por 25 años

46. \$77,110 al 8.45% por 30 años

Se da a continuación una porción de una tabla de amortización para un préstamo de \$127,000 al 8.5% de interés compuesto mensualmente por 25 años.

Número de pago	*Monto de pago*	*Interés por periodo*	*Porción al capital*	*Capital al final del periodo*
0	—	—	—	\$127,000.00
1	\$1022.64	\$899.58	\$123.06	126,876.94
2	1022.64	898.71	123.93	126,753.02
3	1022.64	897.83	124.80	126,628.21
4	1022.64	896.95	125.69	126,502.53
5	1022.64	896.06	126.58	126,375.95
6	1022.64	895.16	127.48	126,248.47

Use la tabla para responder las siguientes preguntas.

47. ¿Cuánto del quinto pago es interés?

48. ¿Cuánto del sexto pago se usa para reducir la deuda?

49. ¿Cuánto interés se paga en los primeros 3 meses del préstamo?

50. ¿Cuánto se redujo la deuda al final de los primeros 6 meses?

Administración *Resuelva los siguientes problemas de aplicación.*

51. Leonardo Vargas necesita $9812 para comprar equipo nuevo para su negocio. El banco carga una tasa de descuento del 12%. Encuentre la cantidad del préstamo a Vargas si el plazo de éste es de 7 meses.

52. Un florista pide prestado $1400 a interés simple para pagar sus impuestos. El préstamo es al 11.5% y cuesta $120.75 en intereses. Encuentre el plazo del préstamo en meses.

53. Un constructor deposita $84,720 durante 7 meses y gana $4055.46 en intereses. Encuentre la tasa de interés.

54. Antonio Guerra debe $5800 a su mamá. Ha convenido en pagar el dinero en 10 meses con una tasa de interés de 10%. Tres meses antes del vencimiento del préstamo, la mamá de Antonio descuenta el préstamo en el banco para obtener $6000 para la compra de muebles nuevos. El banco carga una tasa de descuento de 13.45%. ¿Cuánto dinero recibe la mamá de Antonio? ¿Es suficiente para comprar los muebles?

55. En 3 años, la Sra. Flores debe pagar una promesa de $7500 a su institución de caridad favorita. ¿Qué suma global debe depositar hoy, al 10% compuesto semestralmente, para tener suficiente para pagar la promesa?.

56. Cada año una empresa debe apartar fondos suficientes para tener beneficios de retiro para sus empleados de $52,000 en 20 años. Si la empresa puede invertir dinero a 7.5% compuesto mensualmente, ¿qué cantidad debe invertir al final de cada mes para este fin?

57. Carlos Puente deposita pagos semestrales de $3200, recibidos en pago de una deuda, en una anualidad ordinaria al 6.8% compuesto semestralmente. Encuentre la cantidad final en la cuenta y el interés ganado al término de 3.5 años.

58. Para financiar el costo de $15,000 para la remodelación de su cocina, el matrimonio Madrigal hará pagos iguales al final de cada mes por 36 meses. Pagarán interés de 7.2% compuesto mensualmente. Encuentre la cantidad de cada pago.

59. Para ampliar su negocio, la propietaria de un pequeño restaurante solicita $40,000. Pagará el dinero en pagos iguales al final de cada periodo semestral durante 8 años al 9% de interés compuesto semestralmente. ¿Qué pagos debe hacer?

60. Expertos en asuntos de pensiones recomiendan que usted comience a retirar por lo menos 40% de su pensión total tan pronto como sea posible.* Suponga que ha acumulado una pensión con pagos anuales de $12,000 trabajando 10 años para una compañía y usted renuncia para aceptar un mejor trabajo. La compañía le da la opción de retirar la mitad de la pensión cuando cumpla 55 años o la pensión total cuando cumpla 65. Suponga una tasa de interés de 8% compuesto anualmente. Cuando tenga 75 años, ¿cuánto habrá producido cada plan? ¿Qué plan producirá la mayor cantidad?

**Smart Money*, octubre de 1994, "Pocket That Pension", pág. 33.

61. La familia Mejía compró una casa en $91,000. Dio $20,000 de enganche y tomó una hipoteca por 30 años sobre el resto al 9%.

(a) Encuentre sus pagos mensuales.

(b) ¿Cuánto del primer pago es interés?

Después de 180 pagos, la familia vende su casa por $136,000. Debe pagar costos de cierre de $3700 más 2.5% del precio de venta.

(c) Estime el saldo hipotecario al tiempo de la venta usando uno de los métodos del ejemplo 4 en la sección 6.4.

(d) Encuentre los costos totales de cierre.

(e) Encuentre la cantidad de dinero que la familia recibe por la venta después de liquidar la hipoteca.

62. El beneficio neto de un seguro de vida por $10,000 se dejan en depósito con una compañía de seguros por 7 años con una tasa efectiva de interés anual de 5%.* El saldo al final de 7 años se paga al beneficiario en 120 pagos mensuales iguales X, con el primer pago hecho inmediatamente. Durante el periodo de pagos, el interés se acredita con una tasa de interés anual efectiva de 3%. Calcule X.

(a) 117 **(b)** 118 **(c)** 129 **(d)** 135 **(e)** 158

63. Genaro deposita $500 cada trimestre en su cuenta. La cuenta gana interés de 9%, compuesto trimestralmente. Después de que Genaro hace su depósito 16, pierde su trabajo y deja de hacer depósitos durante los siguientes 5 años (20 trimestres). Eventualmente Genaro consigue otro trabajo y empieza de nuevo a hacer depósitos en su cuenta. Como dejó de hacer depósitos mientras no tenía trabajo, deposita ahora $750 por trimestre. Su primer depósito de $750 lo hace exactamente 20 trimestres después de su último depósito de $500. ¿Cuánto tendrá Genaro en su cuenta justo después de hacer su depósito 32 de $750?†

64. Rosa quiere retirarse con $55,000 por año durante su vida esperada de 20 años. Estima que podrá ganar 9% de interés compuesto anualmente, por el resto de su vida. Para alcanzar su meta, Rosa hará contribuciones anuales a su cuenta por los próximos 25 años. Un año después de hacer su última contribución, retirará su primer cheque. ¿De cuánto deben ser sus contribuciones anuales?

*Problema de "Course 140 Examination, Mathematics of Compound Interest" de Education and Examination Committee de la Sociedad de Actuarios. Reimpreso con autorización de la Sociedad de Actuarios.

†Norman Lindquist de Western Washington University proporcionó los ejercicios 63 y 64.

CASO 6

Tiempo, dinero y polinomios*

Una *línea de tiempo* es a menudo útil para evaluar inversiones complejas. Por ejemplo, suponga que compra un certificado de depósito (CD) de $1000 en el tiempo t_0. Después de un año, $2500 se agregan al certificado en t_1. En el tiempo t_2, después de otro año, su dinero ha crecido a $3851 con el interés. ¿Qué tasa de interés, llamado *rendimiento al vencimiento* (*YTM*), ganó su dinero? Una línea de tiempo para esta situación se muestra en la figura 1.

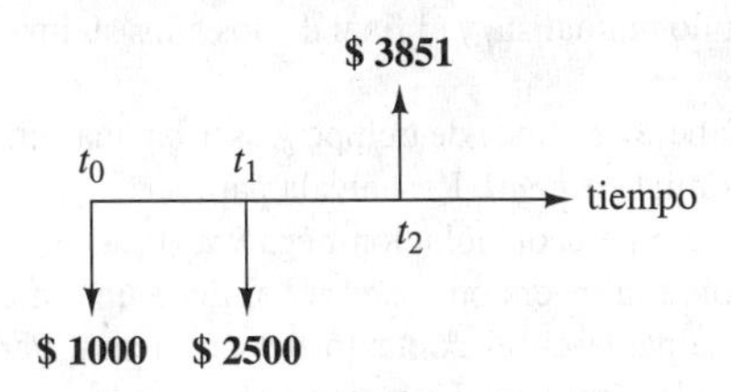

FIGURA 1

Suponiendo que el interés es compuesto anualmente con tasa i, y usando la fórmula del interés compuesto, se obtiene la siguiente descripción del rendimiento al vencimiento.

$$1000(1 + i)^2 + 2500(1 + i) = 3851$$

Para determinar el rendimiento al vencimiento, tenemos que resolver esta ecuación para i. Como la cantidad $1 + i$ está repetida, sea $x = 1 + i$ y primero resolvemos la ecuación polinomial de segundo grado para x.

$$1000x^2 + 2500x - 3851 = 0$$

Podemos usar la fórmula cuadrática con $a = 1000$, $b = 2500$ y $c = -3851$.

$$x = \frac{-2500 \pm \sqrt{2500^2 - 4(1000)(-3851)}}{2(1000)}$$

Obtenemos $x = 1.0767$ y $x = -3.5767$. Como $x = 1 + i$, los dos valores para i son $0.0767 = 7.67\%$ y $-4.5767 = -457.67\%$. Rechazamos el valor negativo porque la acumulación final es mayor que la suma de los depósitos. Sin embargo, en algunas aplicaciones las tasas negativas pueden tener sentido. Revisando la primera ecuación, vemos que el rendimiento al vencimiento para el CD es de 7.67%.

Consideremos ahora un problema más complejo pero realista. Suponga que César Reyes ha contribuido durante cuatro años a un fondo de retiro. Contribuyó con $6000 al principio del primer año. Al principio de los siguientes tres años, contribuyó con $5840, $4000 y $5200, respectivamente. Al final del cuarto año, tenía $29,912.38 en su fondo. La tasa de interés que ganó el fondo varió entre 21% y −3%, por lo que Reyes quisiera saber el YTM = i para sus dólares de retiro. A partir de una línea de tiempo (véase la figura 2), establecemos la siguiente ecuación en $1 + i$ para el programa de ahorro de Reyes.

$$6000(1 + i)^4 + 5840(1 + i)^3 + 4000(1 + i)^2 + 5200(1 + i) = 29{,}912.38$$

Sea $x = 1 + i$. Tenemos que resolver la ecuación polinomial de cuarto grado

$$f(x) = 6000x^4 + 5840x^3 + 4000x^2 + 5200x - 29{,}912.38 = 0.$$

No hay manera simple de resolver una ecuación polinomial de cuarto grado, por lo que usaremos un método de tanteos y comprobación.

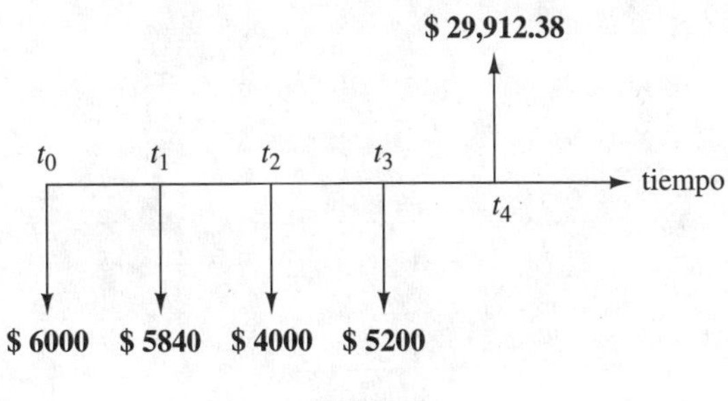

FIGURA 2

Esperamos que $0 < i < 1$, por lo que $1 < x < 2$. Calculemos $f(1)$ y $f(2)$. Si hay un cambio de signo, sabremos que hay una solución para $f(x) = 0$ entre 1 y 2. Encontramos que

$$f(1) = -8872.38 \text{ y } f(2) = 139{,}207.62.$$

Hay un cambio de signo como esperábamos. Ahora encontramos $f(1.1), f(1.2), f(1.3)$, etc., y buscamos otro cambio de signo. (Un programa de computadora o calculadora sería aquí de ayuda para ensayar valores de x entre 1 y 2.) Encontramos en seguida que

$$f(1.1) = -2794.74 \quad \text{y} \quad f(1.2) = 4620.74.$$

Este proceso puede repetirse para valores de x entre 1.1 y 1.2, para obtener $f(1.11) = -2116.59$, $f(1.12) = -1424.88$, $f(1.13) = -719.42$ y $f(1.14) = 0$. Tuvimos suerte; la solución para $f(x) = 0$ es exactamente 1.14, por lo que $i = \text{YTM} = 0.14 = 14\%$.

*De *Time, Money, and Polynomials*, COMAP.

EJERCICIOS

1. Lucinda Turín recibió \$50 al cumplir 16 años y \$70 al cumplir 17, cantidades que inmediatamente invirtió en el banco con interés compuesto anualmente. Al cumplir 18 años, tenía \$127.40 en su cuenta. Dibuje una línea de tiempo, establezca una ecuación polinomial y calcule el YTM.

2. Al principio del año, Jaime Béjar invirtió \$10,000 al 5% en el primer año. Al principio del segundo año, agregó \$12,000 a la cuenta. La cantidad total ganó 4.5% en el segundo año.
   (a) Dibuje una línea de tiempo para esta inversión.
   (b) ¿Cuánto dinero había en la cuenta al final del segundo año?
   (c) Establezca y resuelva una ecuación polinomial y determine el YTM. ¿Qué nota usted acerca del YTM?

3. El 2 de enero de cada año durante tres años, Emilio Cabal depositó bonos de \$1025, \$2200 y \$1850, respectivamente, en una cuenta. No recibió bono el siguiente año, por lo que no hizo ningún depósito. Al final del cuarto año había \$5864.17 en la cuenta.
   (a) Dibuje una línea de tiempo para esas inversiones.
   (b) Escriba una ecuación polinomial en x ($x = 1 + i$) y use el método de conjetura y revisión para encontrar el YTM para esas inversiones.

4. Paty Cuevas invirtió anualmente en un fondo para la educación universitaria de sus hijos. Al principio del primer año, invirtió \$1000; al principio del segundo año, \$2000; del tercero al sexto, \$2500 al principio de cada año y al principio del séptimo, invirtió \$5000. Al principio del octavo año había \$21,259 en el fondo.
   (a) Dibuje una línea de tiempo para este programa de inversión.
   (b) Escriba una ecuación polinomial de séptimo grado en $1 + i$ que dé el YTM para este programa de inversión.
   (c) Use una calculadora graficadora para mostrar que el YTM es menor que 5.07% y mayor que 5.05%.
   (d) Use una calculadora graficadora para calcular la solución para $1 + i$ y encuentre el YTM.

5. Hay gente que a menudo pierde dinero en inversiones. Jorge Carrillo invirtió \$50 al principio de cada uno de dos años en un fondo mutualista y al final de dos años su inversión valía \$90.
   (a) Dibuje una línea de tiempo y escriba una ecuación polinomial en $1 + i$. Resuélvala para i.
   (b) Examine cada solución negativa (tasa de rendimiento sobre la inversión) para ver si tiene una interpretación razonable en el contexto del problema. Para hacerlo, use la fórmula del interés compuesto para cada valor de i para seguir cada pago de \$50 hasta su vencimiento.

CAPÍTULO 7

Sistemas de ecuaciones lineales y matrices

7.1 Sistemas de ecuaciones lineales
7.2 El método de Gauss-Jordan
7.3 Operaciones básicas de matrices
7.4 Productos e inversas de matrices
7.5 Aplicaciones de las matrices
CASO 7 Modelo de Leontief de la economía estadounidense

Muchas aplicaciones de las matemáticas requieren encontrar la solución de un *sistema* de ecuaciones de primer grado. Este capítulo presenta métodos para resolver tales sistemas, incluyendo los métodos matriciales. Se estudian también el álgebra matricial y otras aplicaciones de las matrices.

7.1 SISTEMAS DE ECUACIONES LINEALES

Esta sección trata con **ecuaciones lineales** (o **de primer grado**), como

$$2x + 3y = 14 \quad \text{ecuación lineal con dos variables,}$$

$$4x - 2y + 5z = 8 \quad \text{ecuación lineal con tres variables,}$$

y así sucesivamente. Una **solución** de esta clase de ecuaciones es una n-ada ordenada de números que al ser sustituidos por las variables en el orden en que aparecen, produce un enunciado verdadero. Por ejemplo, (1, 4) es una solución de la ecuación $2x + 3y = 14$ porque al sustituir $x = 1$ y $y = 4$ se obtiene el enunciado verdadero $2(1) + 3(4) = 14$. De la misma manera, $(0, -4, 0)$ es una solución de $4x - 2y + 5z = 8$ porque $4(0) - 2(-4) + 5(0) = 8$.

Muchas aplicaciones implican **sistemas de ecuaciones lineales**, como los dos siguientes:

Dos ecuaciones con dos variables

$$\begin{aligned} 5x - 3y &= 7 \\ 2x + 4y &= 8 \end{aligned}$$

Tres ecuaciones con cuatro variables

$$\begin{aligned} 2x + y + z \quad\;\; &= 3 \\ x + y + z + w &= 5 \\ -4x + \quad\;\; z + w &= 0 \end{aligned}$$

1 ¿Cuál de las siguientes, $(-8, 3, 0)$, $(8, -2, -2)$, $(-6, 5, -2)$, son soluciones del sistema

$$\begin{aligned} x + 2y + 3z &= -2 \\ 2x + 6y + z &= 2 \\ 3x + 3y + 10z &= -2? \end{aligned}$$

Respuesta:
Sólo $(8, -2, -2)$

La **solución de un sistema** es una solución que satisface *todas* las ecuaciones del sistema. Por ejemplo, en el sistema de ecuaciones anterior a la derecha, (1, 0, 1, 3) es una solución de las tres ecuaciones (verifíquelo) y por consiguiente es una solución del sistema. Por otra parte, (1, 1, 0, 3) es una solución de las primeras dos ecuaciones pero no de la tercera. Por lo tanto, (1, 1, 0, 3) no es una solución del sistema. 1

SISTEMAS DE DOS ECUACIONES CON DOS VARIABLES La gráfica de una ecuación lineal con dos variables es una línea recta. Vimos antes que las coordenadas de cada punto sobre la gráfica representa una solución de la ecuación. La solución de un sistema de dos ecuaciones así se representa entonces con el punto o puntos donde las dos rectas se intersecan. Hay exactamente tres posibilidades geométricas para dos rectas: se intersecan en un solo punto, coinciden o son distintas y paralelas. Como se ilustra en la figura 7.1, cada una de esas posibilidades geométricas corresponde a un resultado algebraico para el cual se usa una terminología especial.

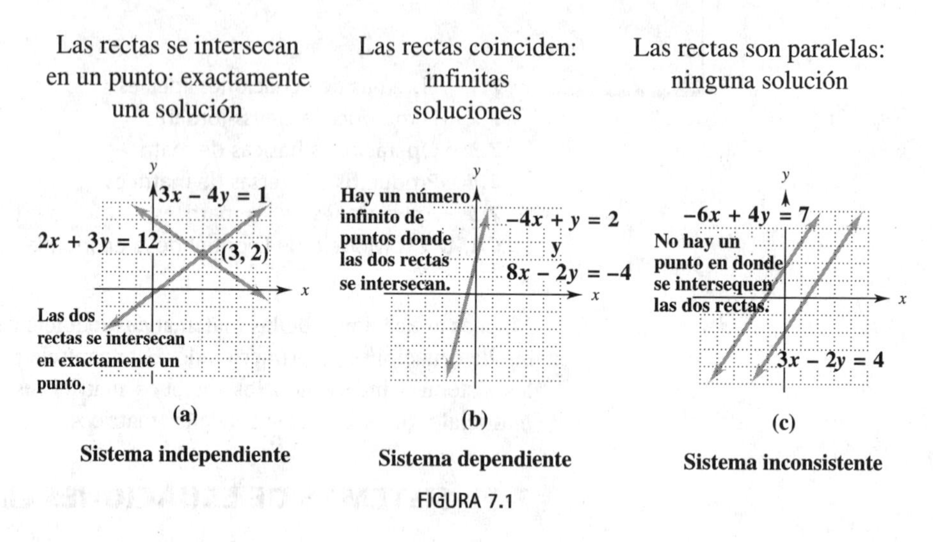
Las rectas se intersecan en un punto: exactamente una solución
Las rectas coinciden: infinitas soluciones
Las rectas son paralelas: ninguna solución
y
x
3x − 4y = 1
2x + 3y = 12
(3, 2)
Las dos rectas se intersecan en exactamente un punto.
(a)
Sistema independiente
Hay un número infinito de puntos donde las dos rectas se intersecan.
−4x + y = 2
8x − 2y = −4
(b)
Sistema dependiente
−6x + 4y = 7
No hay un punto en donde se intersequen las dos rectas.
3x − 2y = 4
(c)
Sistema inconsistente

FIGURA 7.1

En teoría, todo sistema de dos ecuaciones con dos variables puede resolverse trazando la gráfica de las rectas y encontrando sus puntos de intersección (en caso de que existan). Sin embargo, en la práctica suelen requerirse procedimientos algebraicos para determinar las soluciones con precisión. Tales sistemas pueden ser resueltos por el **método de eliminación**, como se ilustra en los siguientes ejemplos.

EJEMPLO 1 Resuelva el sistema

$$3x - 4y = 1 \quad (1)$$
$$2x + 3y = 12. \quad (2)$$

Para eliminar una variable por suma de las dos ecuaciones, los coeficientes de x o y en las dos ecuaciones deben ser inversos aditivos. Por ejemplo, eliminemos x. Multiplicamos ambos lados de la ecuación (1) por 2 y ambos lados de la ecuación (2) por -3 y obtenemos

$$6x - 8y = 2$$
$$-6x - 9y = -36.$$

Sumando esas ecuaciones obtenemos una nueva ecuación con sólo la variable y. De esta ecuación podemos despejar y.

$$\begin{array}{r} 6x - 8y = 2 \\ -6x - 9y = -36 \\ \hline -17y = -34 \end{array} \quad \text{La variable } x \text{ se elimina.}$$

$$y = 2$$

2 Resuelva el sistema de ecuaciones

$$3x + 2y = -1$$
$$5x - 3y = 11.$$

Dibuje la gráfica de cada ecuación sobre los mismos ejes.

Respuesta:
(1, −2)

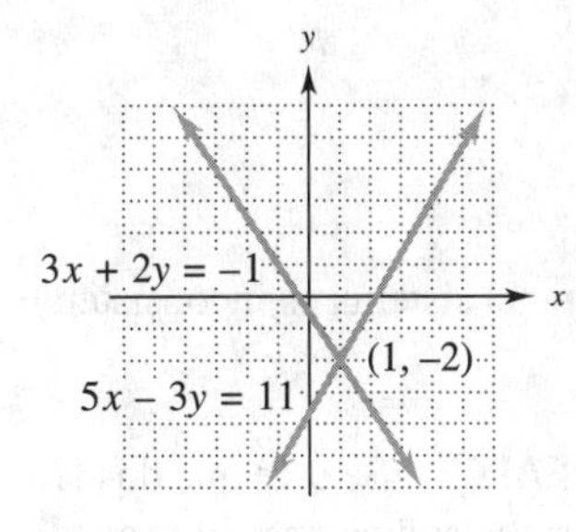

Para encontrar el valor correspondiente de x, sustituya 2 por y en la ecuación (1) o en la (2). Escogemos la ecuación (1).

$$3x - 4(2) = 1$$
$$3x - 8 = 1$$
$$x = 3$$

Por lo tanto, la solución del sistema es (3, 2). Las gráficas de ecuaciones del sistema se muestran en la figura 7.1(a). Se intersecan en el punto (3, 2), que es la solución del sistema. ■ 2

SUGERENCIA TECNOLÓGICA Para encontrar soluciones aproximadas de un sistema de dos ecuaciones con dos variables con una calculadora graficadora, despeje y en cada ecuación y trace la gráfica de ambas sobre la misma pantalla. En el ejemplo 1, por ejemplo, dibujaríamos la gráfica

$$y_1 = \frac{3x - 1}{4} \quad \text{y} \quad y_2 = \frac{12 - 2x}{3}.$$

El punto donde las gráficas se intersecan (la solución del sistema) puede entonces hallarse usando el localizador de intersecciones de la calculadora, como se muestra en la figura 7.2. ✔

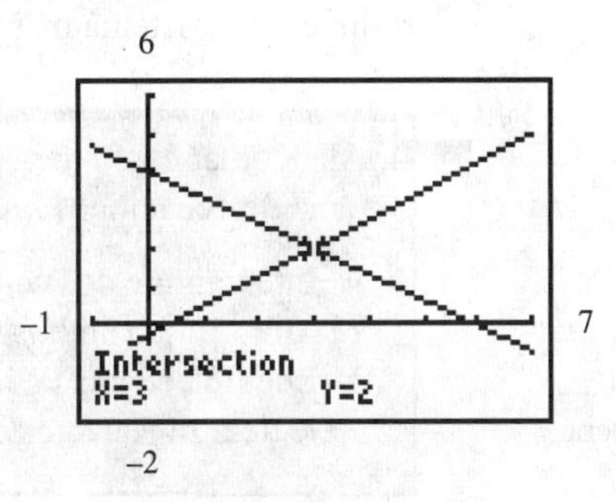

FIGURA 7.2

EJEMPLO 2 Resuelva el sistema

$$-4x + y = 2$$
$$8x - 2y = -4.$$

Elimine x multiplicando ambos lados de la primera ecuación por 2 y sumando los resultados a la segunda ecuación.

$$\begin{aligned} -8x + 2y &= 4 \\ 8x - 2y &= -4 \\ \hline 0 &= 0 \end{aligned} \quad \text{Ambas variables se eliminan.}$$

Aunque ambas variables han sido eliminadas, el enunciado resultante "0 = 0" es verdadero, que es la indicación algebraica de que las dos ecuaciones tienen la misma gráfica, como se muestra en la figura 7.1(b). Por lo tanto, el sistema es dependiente y tiene un número infinito de soluciones; cada par ordenado que es una solución de la ecuación $-4x + y = 2$, es una solución del sistema. ■ 3

3 Resuelva el siguiente sistema.

$$3x - 4y = 13$$
$$12x - 16y = 52$$

Respuesta:
Todos los pares ordenados que satisfacen la ecuación $3x - 4y = 13$ (o $12x - 16y = 52$)

[4] Resuelva el sistema

$$x - y = 4$$
$$2x - 2y = 3.$$

Dibuje la gráfica de cada ecuación sobre los mismos ejes.

Respuesta:
Ninguna solución

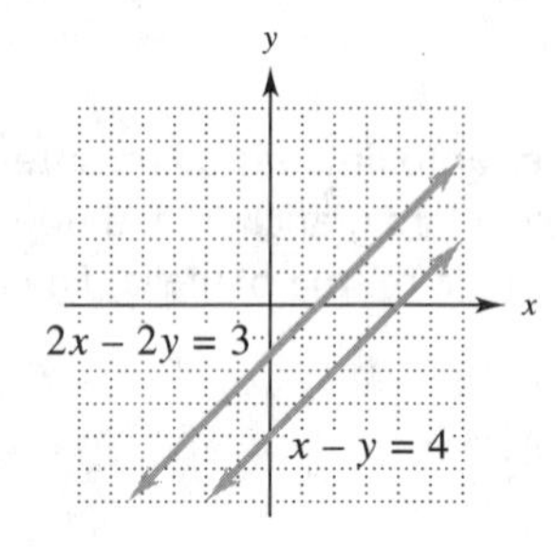

EJEMPLO 3 Resuelva el sistema

$$3x - 2y = 4$$
$$-6x + 4y = 7.$$

Las gráficas de estas ecuaciones son rectas paralelas (cada una tiene pendiente 3/2), como se muestra en la figura 7.1(c). Por lo tanto, el sistema no tiene solución. Sin embargo, no necesita las gráficas para descubrir este hecho. Si trata de resolver el sistema algebraicamente multiplicando ambos lados de la primera ecuación por 2 y sumando los resultados a la segunda ecuación, obtendrá

$$\begin{array}{r} 6x - 4y = 8 \\ -6x + 4y = 7 \\ \hline 0 = 15. \end{array}$$

El enunciado falso "0 = 15" es la señal algebraica de que el sistema es inconsistente y de que no tiene solución. ■ [4]

SISTEMAS MÁS GRANDES DE ECUACIONES LINEALES Se dice que dos sistemas de ecuaciones son **equivalentes** si tienen las mismas soluciones. El procedimiento básico para resolver un sistema grande de ecuaciones es usar propiedades del álgebra para transformar el sistema en un sistema más simple, equivalente, y luego resolver este sistema más simple.

[5] Verifique que $x = 2$, $y = 1$ es la solución del sistema

$$x - 3y = -1$$
$$3x + 2y = 8.$$

(a) Reemplace la segunda ecuación por la suma de ella misma y −3 veces la primera ecuación.

(b) ¿Cuál es la solución del sistema en el inciso (a)?

Respuestas:
(a) El sistema toma la forma

$$x - 3y = -1$$
$$11y = 11.$$

(b) $x = 2$, $y = 1$

Al efectuar cualquiera de las siguientes **operaciones elementales** sobre un sistema de ecuaciones lineales se produce un sistema equivalente.

1. Intercambie dos ecuaciones cualquiera.
2. Multiplique ambos lados de una ecuación por una constante no nula.
3. Reemplace una ecuación por la suma de ella misma y un múltiplo constante de otra ecuación del sistema.

Efectuar cualquiera de las dos primeras operaciones elementales produce un sistema equivalente porque rearreglar el orden de las ecuaciones o multiplicar ambos lados de una ecuación por una constante no afecta las soluciones de las ecuaciones individuales y por consiguiente no afecta las soluciones del sistema. No se dará aquí una prueba formal de que al efectuar la tercera operación elemental se genera un sistema equivalente, pero el problema 5 en el margen ilustra este hecho. [5]

El ejemplo 4 muestra cómo usar operaciones elementales sobre un sistema para eliminar ciertas variables y producir un sistema equivalente más fácil de resolver. Los enunciados en cursivas delinean el procedimiento.

EJEMPLO 4 Use el método de eliminación para resolver el sistema

$$2x + y - z = 2$$
$$x + 3y + 2z = 1$$
$$x + y + z = 2.$$

Primero, *use operaciones elementales para producir un sistema equivalente en el que 1 sea el coeficiente de x en la primera ecuación.* Una manera de hacer esto es intercambiar las primeras dos ecuaciones (otra sería multiplicar ambos lados de la primera ecuación por 1/2).

$$\begin{aligned} x + 3y + 2z &= 1 \qquad \text{Intercambie } R_1, R_2. \\ 2x + y - z &= 2 \\ x + y + z &= 2 \end{aligned}$$

Aquí y más adelante usamos R_1 para denotar la primera ecuación en un sistema, R_2 la segunda ecuación, etc.

A continuación, *usamos operaciones elementales para producir un sistema equivalente en el que el término x ha sido eliminado de las segunda y tercera ecuaciones.* Para eliminar el término x de la segunda ecuación, reemplazamos la segunda ecuación por la suma de sí misma y -2 veces la primera ecuación.

$$\begin{array}{rr} -2R_1 & -2x - 6y - 4z = -2 \\ R_2 & 2x + y - z = 2 \\ \hline -2R_1 + R_2 & -5y - 5z = 0 \end{array}$$

$$\begin{aligned} x + 3y + 2z &= 1 \\ -5y - 5z &= 0 \qquad -2R_1 + R_2 \\ x + y + z &= 2 \end{aligned}$$

Para eliminar el término x de la tercera ecuación de este último sistema, reemplace la tercera ecuación por la suma de sí misma y -1 veces la primera ecuación.

$$\begin{array}{rr} -1R_1 & -x - 3y - 2z = -1 \\ R_3 & x + y + z = 2 \\ \hline -1R_1 + R_3 & -2y - z = 1 \end{array}$$

$$\begin{aligned} x + 3y + 2z &= 1 \\ -5y - 5z &= 0 \\ -2y - z &= 1 \qquad -1R_1 + R_3 \end{aligned}$$

Ahora que x se ha eliminado de todas excepto de la primera ecuación, ignoramos la primera ecuación y trabajamos con las restantes. *Use operaciones elementales para producir un sistema equivalente en el que 1 es el coeficiente de y en la segunda ecuación.* Esto puede hacerse multiplicando la segunda ecuación en el sistema anterior por $-1/5$.

$$\begin{aligned} x + 3y + 2z &= 1 \\ y + z &= 0 \qquad -\frac{1}{5}R_2 \\ -2y - z &= 1 \end{aligned}$$

Luego, *use operaciones elementales para obtener un sistema equivalente en el que y ha sido eliminada de la tercera ecuación:* reemplace la tercera ecuación por la suma de sí misma y 2 veces la segunda ecuación:

$$\begin{aligned} x + 3y + 2z &= 1 \\ y + z &= 0 \\ z &= 1. \qquad 2R_2 + R_3 \end{aligned}$$

Se dice que este último sistema está en **forma triangular**, una forma en la que la solución de la tercera ecuación es obvia: $z = 1$. Ahora procedemos hacia atrás en el sistema. Sustituya 1 en z en la segunda ecuación y despeje y, obteniendo $y = -1$. Finalmente, sustituya 1 en z y -1 en y en la primera ecuación y despeje x, obteniendo $x = 2$. Este proceso se conoce como **sustitución hacia atrás**. Cuando se ha completado, tenemos la solución del sistema original, o sea, $(2, -1, 1)$. Es siempre conveniente revisar la solución sustituyendo los valores de x, y y z en todas las ecuaciones del sistema original. ■

El procedimiento usado en el ejemplo 4 para eliminar variables y producir un sistema en el que la sustitución hacia atrás funciona, puede llevarse a cabo con cualquier sistema, como se resume abajo. En este resumen, la primera variable que aparece en una ecuación con coeficiente diferente de cero se llama **variable guía** de esa ecuación y su coeficiente no nulo se llama **coeficiente guía**.

EL MÉTODO DE ELIMINACIÓN PARA RESOLVER SISTEMAS GRANDES DE ECUACIONES LINEALES

Use operaciones elementales para transformar el sistema dado en otro equivalente en el que el coeficiente guía de cada ecuación sea 1 y la variable guía en cada ecuación no aparezca en ninguna ecuación posterior. Esto puede hacerse sistemáticamente como sigue:

1. Haga igual a 1 el coeficiente guía de la primera ecuación.
2. Elimine la variable guía de la primera ecuación de cada ecuación posterior reemplazando la ecuación posterior por la suma de ella misma y un múltiplo apropiado de la primera ecuación.
3. Repita los pasos 1 y 2 para la segunda ecuación: haga su coeficiente guía igual a 1 y elimine su variable guía de cada ecuación posterior reemplazando la ecuación posterior por la suma de ella misma y un múltiplo apropiado de la segunda ecuación.
4. Repita los pasos 1 y 2 para la tercera ecuación, cuarta ecuación, etc., hasta que no sea posible seguir adelante.

Luego resuelva el sistema resultante por sustitución hacia atrás.

6 Use el método de eliminación para resolver cada sistema.

(a) $2x + y = -1$
$x + 3y = 2$

(b) $2x - y + 3z = 2$
$x + 2y - z = 6$
$-x - y + z = -5$

Respuestas:

(a) $(-1, 1)$

(b) $(3, 1, -1)$

En varias etapas del proceso de eliminación, tendrá varias opciones respecto a qué operaciones elementales usar. En tanto que el resultado final sea un sistema en que pueda usarse sustitución hacia atrás, no es importante cuál opción escoja. Para evitar errores innecesarios, escoja operaciones elementales que minimicen la cantidad de cálculo y, en tanto como sea posible, evite fracciones complicadas. 6

MÉTODOS MATRICIALES Habrá notado que las variables en un sistema de ecuaciones permanecen sin cambio durante el proceso de solución. En realidad, sólo tenemos que tener control de los coeficientes y de las constantes.* Por ejemplo, considere el sistema en el ejemplo 4:

$$\begin{aligned} 2x + y - z &= 2 \\ x + 3y + 2z &= 1 \\ x + y + z &= 2. \end{aligned}$$

* En general, en los sistemas de ecuaciones los términos que no llevan variable se conocen como términos independientes ya que los coeficientes de las variables también son constantes. (*Nota de la R. T.*)

Este sistema puede escribirse en una forma abreviada como

$$\begin{bmatrix} 2 & 1 & -1 & 2 \\ 1 & 3 & 2 & 1 \\ 1 & 1 & 1 & 2 \end{bmatrix}.$$

Un arreglo rectangular de números como éste, que consiste en **renglones** horizontales y **columnas** verticales, se llama una **matriz**. Cada número en el arreglo es un **elemento** o **entrada**. Para separar las constantes en la última columna de la matriz de los coeficientes de las variables, podemos usar una recta vertical, lo que produce la siguiente **matriz aumentada**.

$$\left[\begin{array}{ccc|c} 2 & 1 & -1 & 2 \\ 1 & 3 & 2 & 1 \\ 1 & 1 & 1 & 2 \end{array}\right] \quad \boxed{7}$$

Los renglones de la matriz aumentada pueden transformarse de la misma manera que las ecuaciones del sistema, ya que la matriz es sólo una forma abreviada del sistema. Las siguientes **operaciones sobre renglones** en la matriz aumentada corresponden a las operaciones elementales usadas en sistemas de ecuaciones.

> Al efectuar cualquiera de las siguientes **operaciones sobre renglones** en la matriz aumentada de un sistema de ecuaciones lineales, se obtiene la matriz aumentada de un sistema equivalente.
>
> 1. Intercambiar dos renglones cualesquiera.
> 2. Multiplicar cada elemento de un renglón por una constante diferente de cero.
> 3. Reemplazar un renglón por la suma de sí mismo y un múltiplo constante de otro renglón de la matriz.

Las operaciones sobre renglones de una matriz se indican con la misma notación que usamos para las operaciones elementales en un sistema de ecuaciones. Por ejemplo, $2R_3 + R_1$ indica la suma de 2 veces el renglón 3 y el renglón 1. [8]

EJEMPLO 5 Use matrices para resolver el sistema

$$\begin{aligned} x - 2y &= 6 - 4z \\ x + 13z &= 6 - y \\ -2x + 6y - z &= -10. \end{aligned}$$

Primero, ponga el sistema en la forma requerida, con las constantes en el lado derecho de los signos de igual y los términos con variables en el mismo orden en cada ecuación en el lado izquierdo de los signos de igual. Luego escriba la matriz aumentada del sistema.

$$\begin{aligned} x - 2y + 4z &= 6 \\ x + y + 13z &= 6 \\ -2x + 6y - z &= -10 \end{aligned} \qquad \left[\begin{array}{ccc|c} 1 & -2 & 4 & 6 \\ 1 & 1 & 13 & 6 \\ -2 & 6 & -1 & -10 \end{array}\right]$$

---

[7] **(a)** Escriba la matriz aumentada de este sistema.

$$\begin{aligned} 4x - 2y + 3z &= 4 \\ 3x + 5y + z &= -7 \\ 5x - y + 4z &= 6 \end{aligned}$$

(b) Escriba el sistema de ecuaciones asociado con esta matriz aumentada.

$$\left[\begin{array}{cc|c} 2 & -2 & -2 \\ 1 & 1 & 4 \\ 3 & 5 & 8 \end{array}\right]$$

Respuestas:

(a) $\left[\begin{array}{ccc|c} 4 & -2 & 3 & 4 \\ 3 & 5 & 1 & -7 \\ 5 & -1 & 4 & 6 \end{array}\right]$

(b) $\begin{aligned} 2x - 2y &= -2 \\ x + y &= 4 \\ 3x + 5y &= 8 \end{aligned}$

[8] Efectúe las siguientes operaciones sobre renglones en la matriz

$$\begin{bmatrix} -1 & 5 \\ 3 & -2 \end{bmatrix}.$$

(a) Intercambie R_1 y R_2.

(b) $2R_1$

(c) Reemplace R_2 por $-3R_1 + R_2$.

(d) Reemplace R_1 por $2R_2 + R_1$.

Respuestas:

(a) $\begin{bmatrix} 3 & -2 \\ -1 & 5 \end{bmatrix}$

(b) $\begin{bmatrix} -2 & 10 \\ 3 & -2 \end{bmatrix}$

(c) $\begin{bmatrix} -1 & 5 \\ 6 & -17 \end{bmatrix}$

(d) $\begin{bmatrix} 5 & 1 \\ 3 & -2 \end{bmatrix}$

El método matricial es el mismo que el método de eliminación, excepto que las operaciones sobre renglones se usan en la matriz aumentada en vez de las operaciones elementales sobre el sistema equivalente de ecuaciones, como se muestra en la siguiente comparación lado a lado.

Método de ecuaciones	*Método matricial*
Reemplace la segunda ecuación por l suma de sí misma y −1 veces la primera ecuación.	Reemplace el segundo renglón por la suma de sí mismo y −1 veces el primer renglón.

$$\begin{aligned} x - 2y + 4z &= 6 \\ 3y + 9z &= 0 \\ -2x + 6y - z &= -10 \end{aligned} \quad \xleftarrow{\;-1R_1 + R_2\;}\!\!\rightarrow \quad \left[\begin{array}{rrr|r} 1 & -2 & 4 & 6 \\ 0 & 3 & 9 & 0 \\ -2 & 6 & -1 & -10 \end{array}\right]$$

Reemplace la tercera ecuación por la suma de sí misma y 2 veces la primera ecuación.	Reemplace el tercer renglón por la suma de sí mismo y 2 veces el primer renglón.

$$\begin{aligned} x - 2y + 4z &= 6 \\ 3y + 9z &= 0 \\ 2y + 7z &= 2 \end{aligned} \quad \xleftarrow{\;2R_1 + R_3\;}\!\!\rightarrow \quad \left[\begin{array}{rrr|r} 1 & -2 & 4 & 6 \\ 0 & 3 & 9 & 0 \\ 0 & 2 & 7 & 2 \end{array}\right]$$

Multiplique ambos lados de la segunda ecuación por 1/3.	Multiplique cada elemento del renglón 2 por 1/3.

$$\begin{aligned} x - 2y + 4z &= 6 \\ y + 3z &= 0 \\ 2y + 7z &= 2 \end{aligned} \quad \xleftarrow{\;\frac{1}{3}R_2\;}\!\!\rightarrow \quad \left[\begin{array}{rrr|r} 1 & -2 & 4 & 6 \\ 0 & 1 & 3 & 0 \\ 0 & 2 & 7 & 2 \end{array}\right]$$

9 Complete la solución matricial del sistema con esta matriz aumentada.

$$\left[\begin{array}{rrr|r} 1 & 1 & 1 & 2 \\ 1 & -2 & 1 & -1 \\ 0 & 3 & 1 & 5 \end{array}\right]$$

Respuesta:
$(-1, 1, 2)$

Reemplace la tercera ecuación por la suma de sí misma y −2 veces la segunda ecuación.	Reemplace el tercer renglón por la suma de sí mismo y −2 veces el segundo renglón.

$$\begin{aligned} x - 2y + 4z &= 6 \\ y + 3z &= 0 \\ z &= 2 \end{aligned} \quad \xleftarrow{\;-2R_2 + R_3\;}\!\!\rightarrow \quad \left[\begin{array}{rrr|r} 1 & -2 & 4 & 6 \\ 0 & 1 & 3 & 0 \\ 0 & 0 & 1 & 2 \end{array}\right]$$

El sistema está ahora en forma triangular. Usando sustitución hacia atrás se ve que la solución del sistema es $(-14, -6, 2)$. ■ 9

SUGERENCIA TECNOLÓGICA Virtualmente todas las calculadoras graficadoras tienen la capacidad de trabajar con matrices. Consulte su manual de instrucciones para aprender cómo introducir una matriz y efectuar operaciones sobre renglones. En la mayoría de las calculadoras, tendrá que dar las dimensiones de la matriz (el número de renglones y columnas). Por ejemplo, una matriz con tres renglones y cuatro columnas tiene dimensiones de 3×4.

Una matriz puede ponerse en forma triangular en un solo paso en calculadoras TI-83/85/86/92 usando REF (en el submenú MATH u OPS del menú MATRIX). "REF" significa "Row Echelon Form", que es la forma triangular en la que 1 es la primera entrada no nula en cada renglón. ✔

SISTEMAS DEPENDIENTES E INCONSISTENTES El número posible de soluciones de un sistema con más de dos variables o ecuaciones es el mismo que para sistemas más pequeños. Un sistema así tiene exactamente una solución (sistema independiente);

o un número infinito de soluciones (sistema dependiente); o ninguna solución (sistema inconsistente). Tanto el método de ecuaciones o el método matricial siempre producen la solución única de un sistema independiente. El método matricial también proporciona una manera útil de describir las infinitas soluciones de un sistema dependiente, como veremos ahora.

EJEMPLO 6 Resuelva el sistema

$$\begin{aligned} 2x - 3y + 4z &= 6 \\ x - 2y + z &= 9. \end{aligned}$$

Use los pasos del método matricial tanto como sea posible. La matriz aumentada es

$$\left[\begin{array}{ccc|c} 2 & -3 & 4 & 6 \\ 1 & -2 & 1 & 9 \end{array}\right].$$

$$\left[\begin{array}{ccc|c} 1 & -2 & 1 & 9 \\ 2 & -3 & 4 & 6 \end{array}\right] \qquad \text{Intercambie } R_1 \text{ y } R_2.$$

$$\left[\begin{array}{ccc|c} 1 & -2 & 1 & 9 \\ 0 & 1 & 2 & -12 \end{array}\right] \qquad -2R_1 + R_2 \qquad \begin{aligned} x - 2y + z &= 9 \\ y + 2z &= -12 \end{aligned}$$

La última matriz aumentada representa el sistema mostrado a su derecha. Como sólo hay dos renglones en la matriz, no es posible continuar el proceso. El hecho de que el sistema correspondiente tiene una variable (es decir, z) que no es la variable guía de una ecuación, indica que se trata de un sistema dependiente. Sus soluciones pueden encontrarse como sigue. Despeje y en la segunda ecuación.

$$y = -2z - 12$$

Sustituya ahora el valor encontrado para y en la primera ecuación y despeje x.

$$\begin{aligned} x - 2y + z &= 9 \\ x - 2(\mathbf{-2z - 12}) + z &= 9 \\ x + 4z + 24 + z &= 9 \\ x + 5z &= -15 \\ x &= -5z - 15 \end{aligned}$$

Cada valor escogido para z conduce a valores de x y y. Por ejemplo,

si $z = 1$, entonces $x = -20$ y $y = -14$;
si $z = -6$, entonces $x = 15$ y $y = 0$;
si $z = 0$, entonces $x = -15$ y $y = -12$.

Hay un número infinito de soluciones para el sistema original, ya que z puede tomar un número infinito de valores. Las soluciones son todas las tríadas ordenadas en la forma

$$(-5z - 15, -2z - 12, z),$$

donde z es cualquier número real. ■ 10

10 Use los siguientes valores de z para encontrar soluciones adicionales para el sistema del ejemplo 6.

(a) $z = 7$

(b) $z = -14$

(c) $z = 5$

Respuestas:

(a) $(-50, -26, 7)$

(b) $(55, 16, -14)$

(c) $(-40, -22, 5)$

Como tanto x como y en el ejemplo 6 se expresaron en términos de z, la variable z se llama **parámetro**. Si resolvemos el sistema de manera diferente, x o y podrían ser los parámetros. El sistema en el ejemplo 6 tenía una variable más que ecuaciones. Si se tienen dos variables más que ecuaciones, habrá usualmente dos parámetros, etc.

Siempre que haya más variables que ecuaciones, como en el ejemplo 6, entonces el sistema no puede tener una solución única. Debe ser dependiente (un número infinito de soluciones) o bien inconsistente (ninguna solución).

Cuando un sistema es inconsistente, el método matricial también indicará esto, como en el siguiente ejemplo.

EJEMPLO 7 Resuelva el sistema

$$\begin{aligned} 4x + 12y + 8z &= -4 \\ 2x + 8y + 5z &= 0 \\ 3x + 9y + 6z &= 2 \\ 3x + 2y - z &= 6. \end{aligned}$$

Escriba la matriz aumentada y siga los pasos del método matricial.

$$\left[\begin{array}{ccc|c} 4 & 12 & 8 & -4 \\ 2 & 8 & 5 & 0 \\ 3 & 9 & 6 & 2 \\ 3 & 2 & -1 & 6 \end{array}\right]$$

$$\left[\begin{array}{ccc|c} 1 & 3 & 2 & -1 \\ 2 & 8 & 5 & 0 \\ 3 & 9 & 6 & 2 \\ 3 & 2 & -1 & 6 \end{array}\right] \quad (1/4)R_1$$

$$\left[\begin{array}{ccc|c} 1 & 3 & 2 & -1 \\ 0 & 2 & 1 & 2 \\ 3 & 9 & 6 & 2 \\ 3 & 2 & -1 & 6 \end{array}\right] \quad -2R_1 + R_2$$

$$\left[\begin{array}{ccc|c} 1 & 3 & 2 & -1 \\ 0 & 2 & 1 & 2 \\ 0 & 0 & 0 & 5 \\ 3 & 2 & -1 & 6 \end{array}\right] \quad -3R_1 + R_3$$

Alto. El tercer renglón tiene sólo ceros a la izquierda de la barra vertical, por lo que la correspondiente ecuación es $0x + 0y + 0z = 5$. Esta ecuación no tiene solución porque su lado izquierdo es 0 y su lado derecho es 5, resultando el enunciado falso "$0 = 5$". Por consiguiente, el sistema no puede tener ninguna solución y es inconsistente. ■ 11

11 Complete la solución matricial del sistema

$$\left[\begin{array}{ccc|c} -1 & 3 & -2 & -1 \\ 1 & -2 & 3 & 1 \\ 2 & -4 & 6 & 5 \end{array}\right]$$

Respuesta:
Ninguna solución

PRECAUCIÓN Es posible que el método de eliminación conduzca a una ecuación que sea 0 en *ambos* lados, tal como $0x + 0y + 0z = 0$. A diferencia de la situación en el ejemplo 7, esa ecuación tiene infinitas soluciones, por lo que un sistema que la contenga puede también tener soluciones.

Como regla general, no hay manera de determinar de antemano si un sistema es independiente, dependiente o inconsistente. Debe entonces llevarse a cabo el proceso de eliminación tan lejos como sea necesario. Si obtiene una ecuación de la forma $0 = c$ para una c no nula (como en el ejemplo 7), entonces el sistema es inconsistente y no tiene soluciones. De otra manera, el sistema será independiente con una solución única (ejemplo 4) o dependiente con un número infinito de soluciones (ejemplo 6). ◆

APLICACIONES Los procedimientos matemáticos en este texto serán de utilidad sólo si usted es capaz de aplicarlos a problemas prácticos. Para esto, siempre comience por leer el problema cuidadosamente. Luego, identifique lo que debe encontrarse. Represente cada cantidad desconocida por medio de una variable. (Es una buena idea *escribir* exactamente lo que cada variable representa.) Ahora relea el problema, buscando todos los datos necesarios. También escríbalos. Finalmente, vea si una o más oraciones conducen a ecuaciones o desigualdades.

EJEMPLO 8 Kelly Karpet Kleaners vende máquinas limpiadoras de alfombras. El modelo EZ pesa 10 libras y viene en una caja de 10 pies cúbicos. El modelo compacto pesa 20 libras y viene en una caja de 8 pies cúbicos. El modelo comercial pesa 60 libras y viene en una caja de 28 pies cúbicos. Cada uno de sus camiones de entregas tiene 248 pies cúbicos de espacio y puede contener un máximo de 440 libras. Para que un camión esté totalmente cargado, ¿cuántas cajas de cada modelo debe llevar?

Sea x el número de EZ, y el número de compactos y z el número de modelos comerciales transportados por el camión. En la tabla siguiente resumimos la información al respecto.

Modelo	*Número*	*Peso*	*Volumen*
EZ	x	10	10
Compacto	y	20	8
Comercial	z	60	28
Total para una carga		440	248

Como un camión totalmente cargado puede llevar 440 libras y 248 pies cúbicos, debemos resolver el siguiente sistema de ecuaciones.

$$\begin{aligned} 10x + 20y + 60z &= 440 \quad \text{Ecuación para el peso} \\ 10x + 8y + 28z &= 248 \quad \text{Ecuación para el volumen} \end{aligned}$$ [12]

Como se muestra en el problema 12 en el margen, este sistema es equivalente al siguiente.

$$\begin{aligned} x + 2y + 6z &= 44 \\ y + \frac{8}{3}z &= 16 \end{aligned}$$

Resolviendo este sistema dependiente por sustitución hacia atrás, tenemos

$$y = 16 - \frac{8}{3}z$$

$$x = 44 - 2y - 6z = 44 - 2\left(16 - \frac{8}{3}z\right) - 6z = 12 - \frac{2}{3}z,$$

de manera que todas las soluciones del sistema están dadas por $\left(12 - \frac{2}{3}z, 16 - \frac{8}{3}z, z\right)$.

[12] **(a)** Escriba la matriz aumentada para el sistema de ecuaciones en el ejemplo 8.

(b) Prepare una secuencia de operaciones sobre renglones que transformen la matriz en el inciso (a) a una forma triangular y dé la forma triangular.

Respuestas:

(a) $\left[\begin{array}{ccc|c} 10 & 20 & 60 & 440 \\ 10 & 8 & 28 & 248 \end{array}\right]$

(b) Muchas secuencias son posibles, incluida la siguiente:
reemplace R_1 por $\frac{1}{10}R_1$;
reemplace R_2 por $\frac{1}{2}R_2$;
reemplace R_2 por $-5R_1 + R_2$;
reemplace R_2 por $-\frac{1}{6}R_2$.

$\left[\begin{array}{ccc|c} 1 & 2 & 6 & 44 \\ 0 & 1 & \frac{8}{3} & 16 \end{array}\right]$

Sin embargo, las únicas soluciones aplicables en esta situación, son aquellas dadas por $z = 0$, 3 ó 6, porque todos los otros valores de z conducen a fracciones o a números negativos (no se puede entregar un número negativo de cajas o parte de una caja). Por consiguiente, hay tres maneras de llenar totalmente un camión.

Solución	*Carga en el camión*
(12, 16, 0)	12 EZ, 16 compactos, 0 comerciales
(10, 8, 3)	10 EZ, 8 compactos, 3 comerciales
(8, 0, 6)	8 EZ, 0 compactos, 6 comerciales ■

7.1 EJERCICIOS

Determine si el conjunto ordenado de números, dado en cada caso, es una solución del sistema de ecuaciones.

1. $(-1, 3)$
$$2x + y = 1$$
$$-3x + 2y = 9$$

2. $(2, 1.5, -.5)$
$$3x + 4y - 2z = -.5$$
$$.5x + 8z = -3$$
$$x - 3y + 5z = -5$$

Resuelva cada uno de los siguientes sistemas de dos ecuaciones con dos variable (véanse los ejemplos 1-3).

3. $x - 2y = 5$, $2x + y = 3$

4. $3x - y = 1$, $-x + 2y = 4$

5. $2x - 2y = 12$, $-2x + 3y = 10$

6. $3x + 2y = -4$, $4x - 2y = -10$

7. $x + 3y = -1$, $2x - y = 5$

8. $4x - 3y = -1$, $x + 2y = 19$

9. $2x + 3y = 15$, $8x + 12y = 40$

10. $2x + 5y = 8$, $6x + 15y = 18$

11. $2x - 8y = 2$, $3x - 12y = 3$

12. $3x - 2y = 4$, $6x - 4y = 8$

13. $3x + 2y = 5$, $6x + 4y = 8$

14. $9x - 5y = 1$, $-18x + 10y = 1$

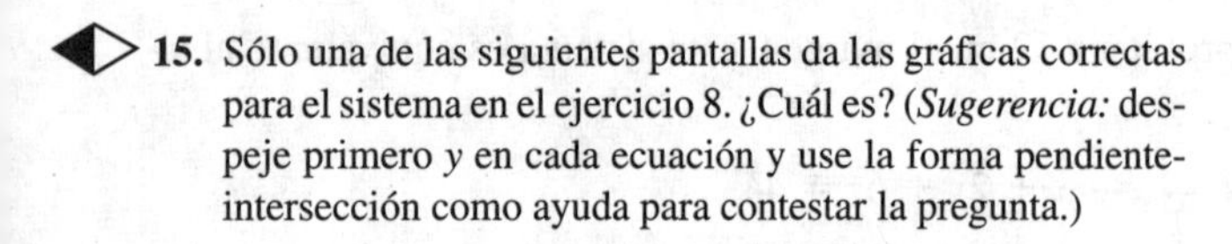

15. Sólo una de las siguientes pantallas da las gráficas correctas para el sistema en el ejercicio 8. ¿Cuál es? (*Sugerencia:* despeje primero y en cada ecuación y use la forma pendiente-intersección como ayuda para contestar la pregunta.)

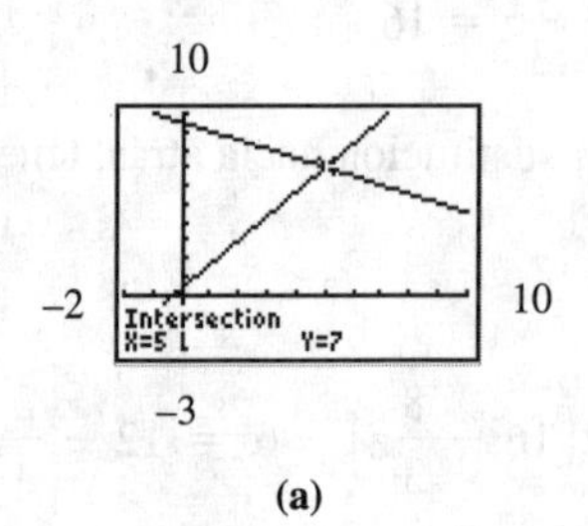

(a)

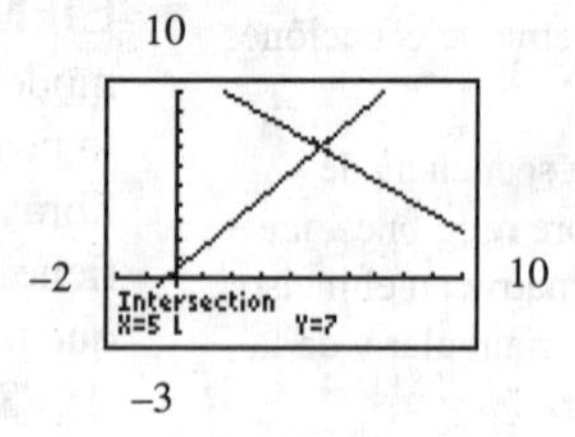

(b)

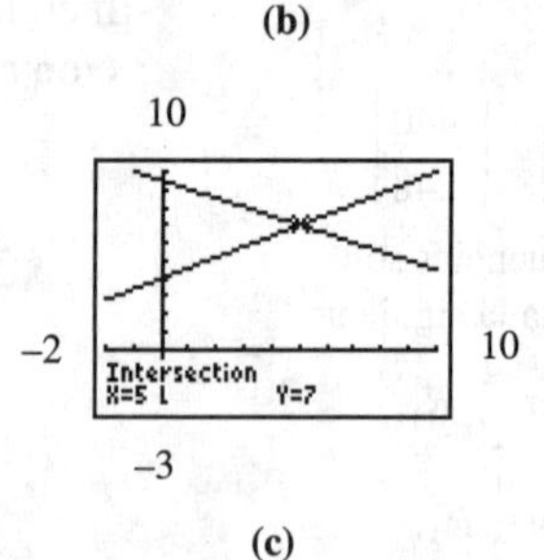

(c)

En los ejercicios 16-19, multiplique ambos lados de cada ecuación por un denominador común para eliminar las fracciones. Luego resuelva el sistema.

16. $\dfrac{x}{2} + \dfrac{y}{3} = 8$, $\dfrac{2x}{3} + \dfrac{3y}{2} = 17$

17. $\dfrac{x}{5} + 3y = 31$, $2x - \dfrac{y}{5} = 8$

18. $\dfrac{x}{2} + y = \dfrac{3}{2}$, $\dfrac{x}{3} + y = \dfrac{1}{3}$

19. $x + \dfrac{y}{3} = -6$, $\dfrac{x}{5} + \dfrac{y}{4} = -\dfrac{7}{4}$

En los ejercicios 20-25 efectúe operaciones sobre renglones en la matriz aumentada, tanto como sea necesario para determinar si el sistema es independiente, dependiente *o* inconsistente *(véanse los ejemplos 6 y 7).*

20.
$$x + 2y = 0$$
$$y - z = 2$$
$$x + y + z = -2$$

21.
$$x + 2y + z = 0$$
$$y + 2z = 0$$
$$x + y - z = 0$$

22.
$$\begin{aligned} x + 2y + 4z &= 6 \\ y + z &= 1 \\ x + 3y + 5z &= 10 \end{aligned}$$

23.
$$\begin{aligned} x + y + 2z + 3w &= 1 \\ 2x + y + 3z + 4w &= 1 \\ 3x + y + 4z + 5w &= 2 \end{aligned}$$

24.
$$\begin{aligned} a - 3b - 2c &= -3 \\ 3a + 2b - c &= 12 \\ -a - b + 4c &= 3 \end{aligned}$$

25.
$$\begin{aligned} 2x + 2y + 2z &= 6 \\ 3x - 3y - 4z &= -1 \\ x + y + 3z &= 11 \end{aligned}$$

Escriba la matriz aumentada del sistema y use el método matricial para resolver el sistema. Si el sistema es dependiente, exprese las soluciones en términos del parámetro z (véanse los ejemplos 4-7).

26.
$$\begin{aligned} x + y + z &= 2 \\ 2x + y - z &= 5 \\ x - y + z &= -2 \end{aligned}$$

27.
$$\begin{aligned} 2x + y + z &= 9 \\ -x - y + z &= 1 \\ 3x - y + z &= 9 \end{aligned}$$

28.
$$\begin{aligned} x + 3y + 4z &= 14 \\ 2x - 3y + 2z &= 10 \\ 3x - y + z &= 9 \end{aligned}$$

29.
$$\begin{aligned} 4x - y + 3z &= -2 \\ 3x + 5y - z &= 15 \\ -2x + y + 4z &= 14 \end{aligned}$$

30.
$$\begin{aligned} x + 2y + 3z &= 8 \\ 3x - y + 2z &= 5 \\ -2x - 4y - 6z &= 5 \end{aligned}$$

31.
$$\begin{aligned} 3x - 2y - 8z &= 1 \\ 9x - 6y - 24z &= -2 \\ x - y + z &= 1 \end{aligned}$$

32.
$$\begin{aligned} 2x - 4y + z &= -4 \\ x + 2y - z &= 0 \\ -x + y + z &= 6 \end{aligned}$$

33.
$$\begin{aligned} 4x - 3y + z &= 9 \\ 3x + 2y - 2z &= 4 \\ x - y + 3z &= 5 \end{aligned}$$

34.
$$\begin{aligned} 5x + 3y + 4z &= 19 \\ 3x - y + z &= -4 \end{aligned}$$

35.
$$\begin{aligned} 3x + y - z &= 0 \\ 2x - y + 3z &= -7 \end{aligned}$$

36.
$$\begin{aligned} 11x + 10y + 9z &= 5 \\ x + 2y + 3z &= 1 \\ 3x + 2y + z &= 1 \end{aligned}$$

37.
$$\begin{aligned} x + y &= 3 \\ 5x - y &= 3 \\ 9x - 4y &= 1 \end{aligned}$$

38. Encuentre constantes a, b, c tales que los puntos $(2, 3)$, $(-1, 0)$ y $(-2, 2)$ se encuentren sobre la gráfica de la ecuación $y = ax^2 + bx + c$. (*Sugerencia:* como $(2, 3)$ está sobre la gráfica, se debe tener $3 = a(2^2) + b(2) + c$, es decir, $4a + 2b + c = 3$. De la misma manera, los otros dos puntos conducen a dos más ecuaciones. Resuelva el sistema resultante en a, b y c.)

39. **(a)** Encuentre la ecuación de la recta que pasa por $(1, 2)$ y $(3, 4)$.

(b) Encuentre la ecuación de la recta que pasa por $(-1, 1)$ con pendiente 3.

(c) Encuentre un punto que se encuentre sobre las dos rectas de (a) y (b).

40. Trace la gráfica de las ecuaciones del siguiente sistema. Luego explique por qué las gráficas muestran que el sistema es inconsistente.

$$\begin{aligned} 2x + 3y &= 8 \\ x - y &= 4 \\ 5x + y &= 7 \end{aligned}$$

41. Explique por qué un sistema con más variables que ecuaciones no puede tener una solución única (es decir, ser un sistema independiente). (*Sugerencia:* cuando aplica el método de eliminación a un sistema así, ¿qué debe necesariamente ocurrir?)

Resuelva los siguientes problemas escribiendo y resolviendo un sistema de ecuaciones (véase el ejemplo 8).

42. Física Sistemas lineales ocurren en el diseño de armaduras de techos para casas y edificios. El tipo de armadura de techo más simple es un triángulo. La armadura mostrada en la figura se usa para estructurar techos de edificios pequeños. Si se aplica una fuerza de 100 libras a la parte superior de la armadura, entonces las fuerzas W_1 y W_2 ejercidas paralelamente a cada viga de sostén de la armadura se determinan con el siguiente conjunto de ecuaciones lineales.

$$\begin{aligned} \frac{\sqrt{3}}{2}(W_1 + W_2) &= 100 \\ W_1 - W_2 &= 0 \end{aligned}$$

Resuelva el sistema para encontrar W_1 y W_2.*

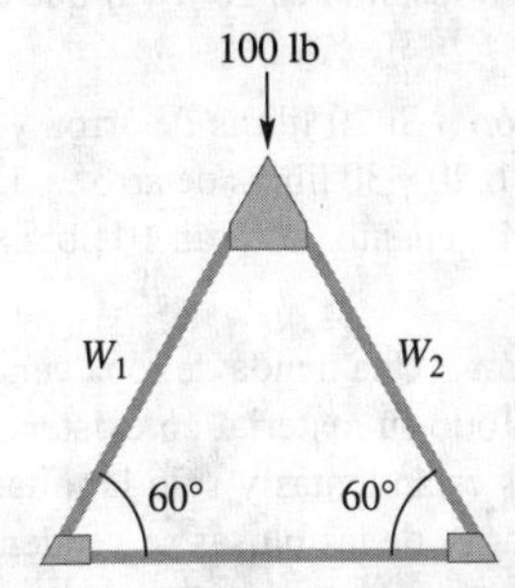

43. Física (Regrese al ejercicio 42.) Use el siguiente sistema de ecuaciones para determinar las fuerzas W_1 y W_2 ejercidas sobre cada miembro inclinado de la armadura mostrada en la figura.

$$\begin{aligned} W_1 + \sqrt{2}W_2 &= 300 \\ \sqrt{3}W_1 - \sqrt{2}W_2 &= 0 \end{aligned}$$

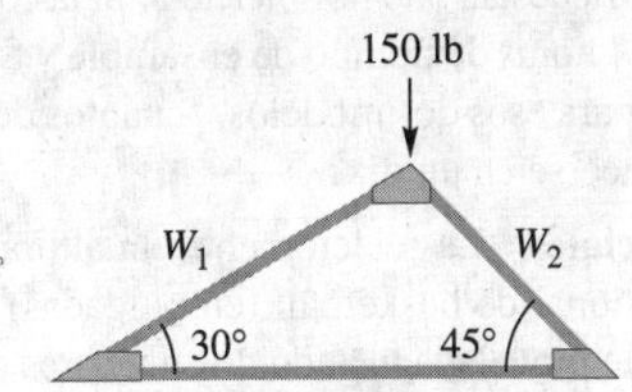

44. Administración Susana Cicero ha invertido $16,000 en acciones Boeing y GE. Las acciones Boeing se venden actualmente a $30 por acción y las acciones GE se venden a $70 por acción. Si las acciones GE se triplican en su valor y las acciones Boeing suben 50%, sus acciones valdrán $34,500. ¿Cuántas acciones de cada empresa tiene?

45. Administración Un vuelo parte de Nueva York a las 8 P.M. y llega a París a las 9 A.M. (tiempo de París). Esta diferencia de 13 horas incluye el tiempo de vuelo más el cambio de horario. El vuelo de regreso sale de París a la 1 P.M. y llega a Nueva York a las 3 P.M. (tiempo de Nueva York). Esta diferencia

---

*Hibbeler R., *Structural Analysis*, Prentice-Hall, Englewood Cliffs, 1995.

de 2 horas incluye el tiempo de vuelo *menos* el cambio de horario, más una hora adicional debido al hecho de que volar hacia el oeste implica volar contra el viento. Encuentre el tiempo real de vuelo hacia el este y la diferencia de horario.

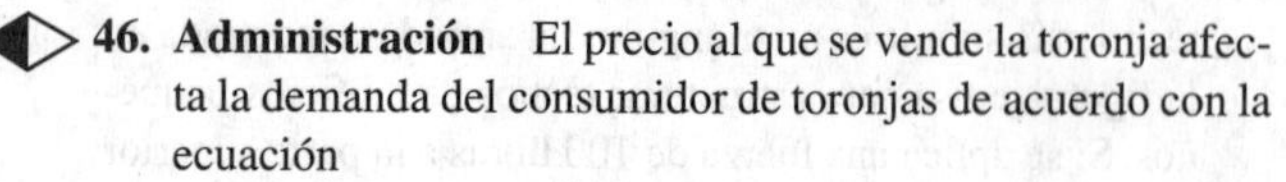

46. Administración El precio al que se vende la toronja afecta la demanda del consumidor de toronjas de acuerdo con la ecuación

$$2p = -.2q + 5,$$

donde p es el precio por libra (en dólares) al que los consumidores demandarán q miles de libras de toronjas. La cantidad q de toronjas que los productores suministrarán al precio p se rige por la ecuación $5p = 0.3q + 5.3$. Encuentre la cantidad de equilibrio y el precio de equilibrio. (Es decir, encuentre la cantidad y el precio en que la oferta es igual a la demanda, o los valores de p y q que satisfacen ambas ecuaciones.)

47. Administración Si 20 libras de arroz y 10 libras de papas cuestan \$16.20 y 30 libras de arroz y 12 libras de papas cuestan \$23.04, ¿cuánto costarán 10 libras de arroz y 50 libras de papas?

48. Administración Una tienda de ropa vende faldas a \$45 y blusas a \$35. Todo su material en existencia vale \$51,750. Pero las ventas están lentas y sólo la mitad de las faldas y dos terceras partes de las blusas se venden, por un total de \$36,000. ¿Cuántas faldas y blusas quedan en la tienda?

49. Administración Una compañía produce dos modelos de bicicletas, el modelo 201 y el modelo 301. El modelo 201 requiere 2 horas de tiempo de ensamble y el modelo 301 requiere 3 horas de tiempo de ensamble. Las partes para el modelo 201 cuestan \$25 por bicicleta y las partes para el modelo 301 cuestan \$30 por bicicleta. Si la compañía tiene un total de 34 horas de tiempo de ensamble y \$365 disponibles por día para esos dos modelos, ¿cuántos de cada modelo pueden hacerse en un día?

50. Ciencias sociales La relación entre la altura H de un jugador profesional de basketball (en pulgadas) y el peso W (en libras) fue modelada usando dos muestras diferentes de jugadores. Las ecuaciones resultantes que modelaron cada muestra fueron $W = 7.46H - 374$ y $W = 7.93H - 405$.

(a) Use ambas ecuaciones para predecir el peso de un jugador profesional de basketball de $6'11''$.

(b) De acuerdo con cada modelo, ¿qué cambio en peso está asociado con un incremento de 1 pulgada en altura?

(c) Determine el peso y la altura en que los dos modelos concuerdan.

51. Administración Juanita invierte \$10,000 de tres maneras distintas. Con una parte del dinero, compra fondos mutualistas que ofrecen un rendimiento del 8% al año. La segunda parte, que es el doble de la primera, lo usa para comprar bonos federales al 9% anual. Pone el resto en el banco con interés del 5% anual. El primer año sus inversiones le dan una ganancia de \$830. ¿Cuánto invirtió de cada manera?

52. Administración Para obtener los fondos necesarios para una ampliación, una pequeña compañía pidió tres préstamos cuya suma total fue de \$25,000. La compañía pudo pedir un préstamo para una parte del dinero al 16%; pidió un préstamo de \$2000 más que la mitad de la cantidad del préstamo al 16% con un interés del 20%; y el resto al 18%. El interés anual total fue de \$4440. ¿Cuánto pidió prestado a cada tasa de interés?

53. Ciencias naturales Se dispone de tres marcas de fertilizante que proporcionan nitrógeno, ácido fosfórico y potasio soluble al suelo. Una bolsa de cada marca proporciona las siguientes unidades de cada nutriente.

	NUTRIENTES		
Marca	*Nitrógeno*	*Ácido fosfórico*	*Potasio*
A	1	3	2
B	2	1	0
C	3	2	1

Para un crecimiento ideal, el suelo en cierto país necesita 18 unidades de nitrógeno, 23 unidades de ácido fosfórico y 13 unidades de potasio por acre. ¿Cuántas bolsas de cada marca de fertilizante deben usarse por acre para lograr un crecimiento ideal?

54. Administración Una compañía produce tres tipos de televisores a color: los modelos X, Y y Z. Cada modelo X requiere 2 horas de trabajo electrónico y 2 horas de trabajo de ensamble. Cada modelo Y requiere 1 hora de trabajo electrónico y 3 horas de trabajo de ensamble. Cada modelo Z requiere 3 horas de trabajo electrónico y 2 horas de trabajo de ensamble. Se dispone de 100 horas para cada tipo de trabajo, electrónico y de ensamble, por semana. ¿Cuántos televisores de cada modelo deben producirse cada semana si debe usarse todo el tiempo disponible?

55. Administración El dueño de un restaurante ordena reemplazar cuchillos, tenedores y cucharas. Una caja llega con 40 utensilios pesando 141.3 onzas (excluido el peso de la caja). Un cuchillo, un tenedor y una cuchara pesan 3.9 onzas, 3.6 onzas y 3.0 onzas, respectivamente.

(a) ¿Cuántas soluciones hay para el número de cuchillos, tenedores y cucharas en la caja? ¿Cuál es el número posible de cucharas?

(b) ¿Qué solución tiene el menor número de cucharas?

56. Administración Turley Tailor Inc. fabrica blusas de manga larga, de manga corta y sin mangas. Una blusa sin mangas requiere .5 horas de corte y .6 horas de costura. Una blusa de manga corta requiere 1 hora de corte y .9 horas de costura. Una blusa de manga larga requiere 1.5 horas de corte y 1.2 horas de costura. Se dispone de 380 horas de trabajo en el departamento de corte cada día y de 330 horas en el departamento de costura. Si la fábrica debe funcionar a plena capacidad, ¿cuántas blusas de cada tipo deben hacerse cada día?

7.2 EL MÉTODO DE GAUSS-JORDAN

En el ejemplo 5 de la sección previa, usamos métodos matriciales para reescribir el sistema

$$\begin{aligned} x - 2y &= 6 - 4z \\ x + 13z &= 6 - y \\ -2x + 6y - z &= -10 \end{aligned}$$

como una matriz aumentada. Efectuamos los pasos del método matricial hasta que la matriz final fue

$$\left[\begin{array}{ccc|c} 1 & -2 & 4 & 6 \\ 0 & 1 & 3 & 0 \\ 0 & 0 & 1 & 2 \end{array}\right].$$

Luego usamos sustitución hacia atrás para resolverla. En el **método de Gauss-Jordan**, continuamos el proceso con eliminación adicional de variables, reemplazando la sustitución hacia atrás, como sigue.

$$\left[\begin{array}{ccc|c} 1 & -2 & 4 & 6 \\ 0 & 1 & 0 & -6 \\ 0 & 0 & 1 & 2 \end{array}\right] \quad -3R_3 + R_2$$

$$\left[\begin{array}{ccc|c} 1 & -2 & 0 & -2 \\ 0 & 1 & 0 & -6 \\ 0 & 0 & 1 & 2 \end{array}\right] \quad -4R_3 + R_1$$

$$\left[\begin{array}{ccc|c} 1 & 0 & 0 & -14 \\ 0 & 1 & 0 & -6 \\ 0 & 0 & 1 & 2 \end{array}\right] \quad 2R_2 + R_1$$

La solución del sistema es ahora obvia; ésta es $(-14, -6, 2)$. Advierta que esta solución es la última columna de la matriz aumentada final.

En el método Gauss-Jordan, las operaciones de renglones pueden efectuarse en cualquier orden, siempre que eventualmente conduzcan a la matriz aumentada de un sistema en el que la variable guía de cada ecuación no sea la variable guía en ninguna otra ecuación del sistema. Cuando se tiene una solución única, como en el ejemplo anterior, este sistema final será de la forma $x =$ constante, $y =$ constante, $z =$ constante, etc. [1]

Es mejor transformar la matriz sistemáticamente. Siga el procedimiento en el ejemplo (que primero pone el sistema en una forma en que puede usarse la sustitución hacia atrás y luego elimina los coeficientes de las variables adicionales) o proceda columna tras columna de izquierda a derecha, como en el siguiente ejemplo.

[1] Use el método de Gauss-Jordan para resolver el sistema

$$\begin{aligned} x + 2y &= 11 \\ -4x + y &= -8, \end{aligned}$$

como sigue. Use la notación abreviada y la nueva matriz en (b)-(d).

(a) Establezca la matriz aumentada.

(b) Obtenga 0 en el renglón dos, columna uno.

(c) Obtenga 1 en el renglón dos, columna dos.

(d) Finalmente, obtenga 0 en el renglón uno, columna dos.

(e) La solución del sistema es ______.

Respuestas:

(a) $\left[\begin{array}{cc|c} 1 & 2 & 11 \\ -4 & 1 & -8 \end{array}\right]$

(b) $4R_1 + R_2$; $\left[\begin{array}{cc|c} 1 & 2 & 11 \\ 0 & 9 & 36 \end{array}\right]$

(c) $\frac{1}{9}R_2$; $\left[\begin{array}{cc|c} 1 & 2 & 11 \\ 0 & 1 & 4 \end{array}\right]$

(d) $-2R_2 + R_1$; $\left[\begin{array}{cc|c} 1 & 0 & 3 \\ 0 & 1 & 4 \end{array}\right]$

(e) $(3, 4)$

EJEMPLO 1 Use el método Gauss-Jordan para resolver el sistema

$$\begin{aligned} x \qquad + 5z &= -6 + y \\ 3x + 3y \qquad &= 10 + z \\ x + 3y + 2z &= 5. \end{aligned}$$

El sistema debe primero reescribirse en forma apropiada como sigue.

$$\begin{aligned} x - y + 5z &= -6 \\ 3x + 3y - z &= 10 \\ x + 3y + 2z &= 5 \end{aligned}$$

Comience con la solución escribiendo la matriz aumentada del sistema lineal.

$$\left[\begin{array}{rrr|r} 1 & -1 & 5 & -6 \\ 3 & 3 & -1 & 10 \\ 1 & 3 & 2 & 5 \end{array}\right]$$

El primer elemento de la columna uno es ya igual a 1. Obtenga 0 para el segundo elemento de la columna uno multiplicando cada elemento en el primer renglón por -3 y sumando los resultados a los elementos correspondientes del renglón dos.

$$\left[\begin{array}{rrr|r} 1 & -1 & 5 & -6 \\ 0 & 6 & -16 & 28 \\ 1 & 3 & 2 & 5 \end{array}\right] \quad -3R_1 + R_2$$

Ahora cambie el primer elemento del renglón tres por 0 multiplicando cada elemento del primer renglón por -1 y sumando los resultados a los elementos correspondientes del tercer renglón.

$$\left[\begin{array}{rrr|r} 1 & -1 & 5 & -6 \\ 0 & 6 & -16 & 28 \\ 0 & 4 & -3 & 11 \end{array}\right] \quad -1R_1 + R_3$$

Esto transforma la primera columna. Transforme la segunda columna de manera similar, como se indica en el problema 2 en el margen. **2**

2 Continúe la solución del sistema en el ejemplo 1 como sigue. Dé la notación abreviada y la matriz para cada paso.

(a) Obtenga 1 en el renglón dos, columna dos.

(b) Obtenga 0 en el renglón uno, columna dos.

(c) Ahora obtenga 0 en el renglón tres, columna dos.

Respuestas:

(a) $\frac{1}{6}R_2$;

$$\left[\begin{array}{rrr|r} 1 & -1 & 5 & -6 \\ 0 & 1 & -\frac{8}{3} & \frac{14}{3} \\ 0 & 4 & -3 & 11 \end{array}\right]$$

(b) $R_2 + R_1$;

$$\left[\begin{array}{rrr|r} 1 & 0 & \frac{7}{3} & -\frac{4}{3} \\ 0 & 1 & -\frac{8}{3} & \frac{14}{3} \\ 0 & 4 & -3 & 11 \end{array}\right]$$

(c) $-4R_2 + R_3$;

$$\left[\begin{array}{rrr|r} 1 & 0 & \frac{7}{3} & -\frac{4}{3} \\ 0 & 1 & -\frac{8}{3} & \frac{14}{3} \\ 0 & 0 & \frac{23}{3} & -\frac{23}{3} \end{array}\right]$$

(La solución continúa en el texto.)

Complete la solución transformando la tercera columna de la matriz en el inciso (c) del problema 2 en el margen.

$$\left[\begin{array}{rrr|r} 1 & 0 & \frac{7}{3} & -\frac{4}{3} \\ 0 & 1 & -\frac{8}{3} & \frac{14}{3} \\ 0 & 0 & 1 & -1 \end{array}\right] \quad \frac{3}{23}R_3$$

$$\left[\begin{array}{rrr|r} 1 & 0 & 0 & 1 \\ 0 & 1 & -\frac{8}{3} & \frac{14}{3} \\ 0 & 0 & 1 & -1 \end{array}\right] \quad -\frac{7}{3}R_3 + R_1$$

$$\left[\begin{array}{rrr|r} 1 & 0 & 0 & 1 \\ 0 & 1 & 0 & 2 \\ 0 & 0 & 1 & -1 \end{array}\right] \quad \frac{8}{3}R_3 + R_2$$

El sistema lineal asociado con esta última matriz aumentada es

$$\begin{aligned} x \qquad &= 1 \\ y \quad &= 2 \\ z &= -1, \end{aligned}$$

y la solución es $(1, 2, -1)$. ■

N O T A Observe que las dos primeras operaciones sobre renglones se usan para obtener los unos y la tercera operación se usa para obtener los ceros. ◆ 3

3 Use el método de Gauss-Jordan para resolver

$$\begin{aligned} x + y - z &= 6 \\ 2x - y + z &= 3 \\ -x + y + z &= -4. \end{aligned}$$

Respuesta:
(3, 1, −2)

EJEMPLO 2 Use el método de Gauss-Jordan para resolver el sistema

$$\begin{aligned} 2x + 4y &= 4 \\ 3x + 6y &= 8 \\ 2x + \ \ y &= 7. \end{aligned}$$

Escriba la matriz aumentada y efectúe operaciones sobre renglones para obtener una primera columna cuyos elementos (de arriba a abajo) sean 1, 0, 0.

$$\left[\begin{array}{cc|c} 2 & 4 & 4 \\ 3 & 6 & 8 \\ 2 & 1 & 7 \end{array}\right]$$

$$\left[\begin{array}{cc|c} 1 & 2 & 2 \\ 3 & 6 & 8 \\ 2 & 1 & 7 \end{array}\right] \quad \frac{1}{2}R_1$$

$$\left[\begin{array}{cc|c} 1 & 2 & 2 \\ 0 & 0 & 2 \\ 2 & 1 & 7 \end{array}\right] \quad -3R_1 + R_2$$

Alto. El segundo renglón de esta matriz aumentada denota la ecuación $0x + 0y = 2$. Como el lado izquierdo de esta ecuación es siempre 0 y el lado derecho es 2, no tiene soluciones. Por consiguiente, el sistema original no tiene solución. ■ 4

4 Resuelva cada sistema

(a) $x - y = 4$
$-2x + 2y = 1$

(b) $3x - 4y = 0$
$2x + y = 0$

Respuestas:
(a) Ninguna solución
(b) (0, 0)

Siempre que el método de Gauss-Jordan produce un renglón cuyos elementos son todos 0 excepto el último, tal como [0 0 | 2] en el ejemplo 2, el sistema es inconsistente y no tiene solución. Por otra parte, si se produce un renglón con *todo* elemento igual a 0, el sistema puede tener solución. En tal caso, continúe con el método de Gauss-Jordan. 5

5 Use el método de Gauss-Jordan para resolver el sistema

$$\begin{aligned} x + 3y &= 4 \\ 4x + 8y &= 4 \\ 6x + 12y &= 6 \end{aligned}$$

Respuesta:
(−5, 3)

EJEMPLO 3 Use el método de Gauss-Jordan para resolver el sistema

$$\begin{aligned} x + 2y - z &= 0 \\ 3x - \ \ y + z &= 6. \end{aligned}$$

Comience con la matriz aumentada y use operaciones sobre renglones para obtener una primera columna cuyos elementos (de arriba a abajo) sean 1, 0.

$$\left[\begin{array}{ccc|c} 1 & 2 & -1 & 0 \\ 3 & -1 & 1 & 6 \end{array}\right]$$

$$\left[\begin{array}{ccc|c} 1 & 2 & -1 & 0 \\ 0 & -7 & 4 & 6 \end{array}\right] \quad -3R_1 + R_2$$

Ahora use operaciones sobre renglones para obtener una segunda columna cuyos elementos (de arriba a abajo) sean 0, 1.

$$\left[\begin{array}{ccc|c} 1 & 2 & -1 & 0 \\ 0 & 1 & -\frac{4}{7} & -\frac{6}{7} \end{array}\right] \quad -\frac{1}{7}R_2$$

$$\left[\begin{array}{ccc|c} 1 & 0 & \frac{1}{7} & \frac{12}{7} \\ 0 & 1 & -\frac{4}{7} & -\frac{6}{7} \end{array}\right] \quad -2R_2 + R_1$$

Esta última matriz es la matriz aumentada del sistema

$$x + \frac{1}{7}z = \frac{12}{7}$$

$$y - \frac{4}{7}z = -\frac{6}{7}.$$

Despejando x de la primera ecuación y y de la segunda, se obtiene la solución

z arbitraria

$$y = -\frac{6}{7} + \frac{4}{7}z$$

$$x = \frac{12}{7} - \frac{1}{7}z,$$

o $(12/7 - z/7, -6/7 + 4z/7, z)$. ■ 6

6 Use el método de Gauss-Jordan para resolver el sistema

(a) $3x + 9y = -6$
$-x - 3y = 2$

(b) $2x + 9y = 12$
$4x + 18y = 5$

Respuestas:

(a) y arbitraria, $x = -3y - 2$ o $(-3y - 2, y)$

(b) Ninguna solución

Los procedimientos usados en los ejemplos 1 al 3 pueden resumirse como sigue.

EL MÉTODO DE GAUSS-JORDAN PARA RESOLVER UN SISTEMA DE ECUACIONES LINEALES

1. Arregle las ecuaciones con los términos variables en el mismo orden a la izquierda del signo de igual y las constantes a la derecha.
2. Escriba la matriz aumentada del sistema.
3. Use operaciones sobre renglones para transformar la matriz aumentada en esta forma:
   (a) Los renglones que consten por completo de ceros se agrupan en la parte de abajo de la matriz.
   (b) En cada renglón que no conste por completo de ceros, el elemento más a la izquierda diferente de cero es 1 (llamado un 1 *guía*).
   (c) Cada columna que contenga un 1 guía tiene ceros en todas las otras entradas.
   (d) El 1 guía en cualquier renglón está a la izquierda de cualesquiera 1 guía en los renglones abajo de él.
4. Detenga el proceso en el paso 3 si se obtiene un renglón cuyos elementos son todos cero excepto el último. En ese caso, el sistema es inconsistente y no tiene solución. Si no, termine el paso 3 y lea las soluciones del sistema en la matriz final.

Al efectuar el paso 3, trate de escoger operaciones sobre renglones de modo que aparezca el menor número posible de fracciones en los cálculos. Esto hace el cálculo más simple al efectuarlo a mano y evita anotar errores por redondeo al usar una calculadora o una computadora.

SUGERENCIA TECNOLÓGICA El método de Gauss-Jordan puede efectuarse en un solo paso en algunas calculadoras usando RREF (en el submenú MATH u OPS del menú MATRIX de las TI-83/85/86/92 y en el submenú MATRIX del menú MATH de la HP-38). ✔

EJEMPLO 4 Un alimento para animales va a producirse a base de maíz, soya y semillas de algodón. Determine cuántas unidades de cada ingrediente son necesarias para producir un alimento que suministre 1800 unidades de fibra, 2800 unidades de grasa y 2200 unidades de proteína, dado que cada unidad de cada ingrediente proporciona los números de unidades mostrados en la siguiente tabla. La tabla establece, por ejemplo, que una unidad de maíz proporciona 10 unidades de fibra, 30 unidades de grasa y 20 unidades de proteína.

	Maíz	*Soya*	*Semilla de algodón*	*Totales*
Unidades de fibra	10	20	30	1800
Unidades de grasa	30	20	40	2800
Unidades de proteína	20	40	25	2200

Considere que x representa el número requerido de unidades de maíz, y el número de unidades de soya y z el número de unidades de semilla de algodón. Como la cantidad total de fibra debe ser 1800,

$$10x + 20y + 30z = 1800.$$

El alimento debe suministrar 2800 unidades de grasa, por lo que

$$30x + 20y + 40z = 2800.$$

Finalmente, como se requieren 2200 unidades de proteína,

$$20x + 40y + 25z = 2200.$$

Tenemos entonces que resolver el siguiente sistema de ecuaciones:

$$\begin{aligned} 10x + 20y + 30z &= 1800 \\ 30x + 20y + 40z &= 2800 \\ 20x + 40y + 25z &= 2200 \end{aligned} \qquad (1)$$

El método de eliminación o un método matricial conduce al siguiente sistema equivalente, como se muestra en el problema 7 en el margen. [7]

$$\begin{aligned} x + 2y + 3z &= 180 \\ y + \frac{5}{4}z &= 65 \\ z &= 40 \end{aligned} \qquad (2)$$

La sustitución hacia atrás muestra ahora que $z = 40$,

$$y = 65 - \frac{5}{4}(40) = 15 \quad \text{y} \quad x = 180 - 2(15) - 3(40) = 30.$$

Así entonces, el alimento debe contener 30 unidades de maíz, 15 unidades de soya y 40 unidades de semilla de algodón. ■

[7] Prepare una secuencia de operaciones sobre renglones que transforme la matriz aumentada del sistema (1) en el ejemplo 4 en la matriz aumentada del sistema (2).

Respuesta:
Muchas secuencias son posibles, incluida la siguiente:
reemplace R_1 por $\frac{1}{10}R_1$;
reemplace R_2 por $\frac{1}{10}R_2$;
reemplace R_3 por $\frac{1}{5}R_3$;
reemplace R_2 por $-3R_1 + R_2$;
reemplace R_3 por $-4R_1 + R_3$;
reemplace R_2 por $-\frac{1}{4}R_2$;
reemplace R_3 por $-\frac{1}{7}R_3$.

EJEMPLO 5 Una empresa de renta de vehículos planea gastar 3 millones de dólares en adquirir 200 nuevos vehículos. Cada camioneta cuesta $10,000, cada camión pequeño cuesta $15,000 y cada camión grande cuesta $25,000. La empresa necesita el doble de camionetas que de camiones pequeños. ¿Cuántos vehículos de cada tipo pueden comprarse?

Sean x el número de camionetas, y el número de camiones pequeños y z el número de camiones grandes. Entonces $x + y + z = 200$. El costo de x camionetas a \$10,000 cada una es de $10{,}000x$, el costo de y camiones pequeños es de $15{,}000y$ y el costo de z camiones grandes es de $25{,}000z$, de manera que $10{,}000x + 15{,}000y + 25{,}000z = 3{,}000{,}000$. Dividiendo esta ecuación entre 5000 la convierte en $2x + 3y + 5z = 600$. Finalmente, el número de camionetas es el doble que el número de camiones pequeños: $x = 2y$, o en forma equivalente, $x - 2y = 0$.

Para resolver el sistema

$$\begin{aligned} x + y + z &= 200 \\ 2x + 3y + 5z &= 600 \\ x - 2y \quad &= 0, \end{aligned}$$

formamos la matriz aumentada y usamos las operaciones sobre renglones indicados.

$$\left[\begin{array}{rrr|r} 1 & 1 & 1 & 200 \\ 2 & 3 & 5 & 600 \\ 1 & -2 & 0 & 0 \end{array}\right]$$

$$\left[\begin{array}{rrr|r} 1 & 1 & 1 & 200 \\ 0 & 1 & 3 & 200 \\ 0 & -3 & -1 & -200 \end{array}\right] \begin{array}{l} -2R_1 + R_2 \\ -R_1 + R_3 \\ \end{array}$$

$$\left[\begin{array}{rrr|r} 1 & 0 & -2 & 0 \\ 0 & 1 & 3 & 200 \\ 0 & 0 & 8 & 400 \end{array}\right] \begin{array}{l} -R_2 + R_1 \\ \\ 3R_2 + R_3 \end{array}$$

$$\left[\begin{array}{rrr|r} 1 & 0 & -2 & 0 \\ 0 & 1 & 3 & 200 \\ 0 & 0 & 1 & 50 \end{array}\right] \begin{array}{l} \\ \\ \frac{1}{8}R_3 \end{array}$$

$$\left[\begin{array}{rrr|r} 1 & 0 & 0 & 100 \\ 0 & 1 & 0 & 50 \\ 0 & 0 & 1 & 50 \end{array}\right] \begin{array}{l} 2R_3 + R_1 \\ -3R_3 + R_2 \\ \end{array}$$

La matriz final corresponde al sistema

$$\begin{aligned} x &= 100 \\ y &= 50 \\ z &= 50. \end{aligned}$$

Por consiguiente, la empresa debería comprar 100 camionetas, 50 camiones pequeños y 50 camiones grandes. ■ 8

8 En el ejemplo 5, suponga que la empresa puede gastar sólo 2 millones de dólares en 150 vehículos nuevos y que se necesitan tres veces más camionetas que camiones pequeños. Escriba un sistema de ecuaciones para expresar esas condiciones.

Respuesta:

$$\begin{aligned} x + y + z &= 150 \\ 2x + 3y + 5z &= 400 \\ x - 3y \quad &= 0 \end{aligned}$$

7.2 EJERCICIOS

Escriba la matriz aumentada de cada uno de los siguientes sistemas. No resuelva los sistemas.

1. $\begin{aligned} 2x + y + z &= 3 \\ 3x - 4y + 2z &= -5 \\ x + y + z &= 2 \end{aligned}$

2. $\begin{aligned} 3x + 4y - 2z - 3w &= 0 \\ x - 3y + 7z + 4w &= 9 \\ 2x \quad + 5z - 6w &= 0 \end{aligned}$

Escriba el sistema de ecuaciones asociadas con las siguientes matrices aumentadas. No resuelva los sistemas.

3. $\left[\begin{array}{rrr|r} 2 & 3 & 8 & 20 \\ 1 & 4 & 6 & 12 \\ 0 & 3 & 5 & 10 \end{array}\right]$

4. $\left[\begin{array}{rrr|r} 3 & 2 & 6 & 18 \\ 2 & -2 & 5 & 7 \\ 1 & 0 & 5 & 20 \end{array}\right]$

Use la operación de renglones indicada para transformar cada matriz.

5. Intercambie R_2 y R_3.

$$\left[\begin{array}{ccc|c} 1 & 2 & 3 & -1 \\ 6 & 5 & 4 & 6 \\ 2 & 0 & 7 & -4 \end{array}\right]$$

6. Reemplace R_3 por $-3R_1 + R_3$.

$$\left[\begin{array}{cccc|c} 1 & 5 & 2 & 0 & -1 \\ 8 & 5 & 4 & 6 & 6 \\ 3 & 0 & 7 & 1 & -4 \end{array}\right]$$

7. Reemplace R_2 por $2R_1 + R_2$.

$$\left[\begin{array}{cccc|c} -4 & -3 & 1 & -1 & 2 \\ 8 & 2 & 5 & 0 & 6 \\ 0 & -2 & 9 & 4 & 5 \end{array}\right]$$

8. Reemplace R_3 por $\frac{1}{4}R_3$.

$$\left[\begin{array}{ccc|c} 2 & 5 & 1 & -1 \\ -4 & 0 & 4 & 6 \\ 6 & 0 & 8 & -4 \end{array}\right]$$

Use el método de Gauss-Jordan para resolver cada uno de los siguientes sistemas de ecuaciones (véanse los ejemplos 1-3).

9. $$\begin{aligned} x + 2y + z &= 5 \\ 2x + y - 3z &= -2 \\ 3x + y + 4z &= -5 \end{aligned}$$

10. $$\begin{aligned} 3x - 2y + z &= 6 \\ 3x + y - z &= -4 \\ -x + 2y - 2z &= -8 \end{aligned}$$

11. $$\begin{aligned} x + 3y - 6z &= 7 \\ 2x - y + 2z &= 0 \\ x + y + 2z &= -1 \end{aligned}$$

12. $$\begin{aligned} x &= 1 - y \\ 2x &= z \\ 2z &= -2 - y \end{aligned}$$

13. $$\begin{aligned} 3x + 5y - z &= 0 \\ 4x - y + 2z &= 1 \\ -6x - 10y + 2z &= 0 \end{aligned}$$

14. $$\begin{aligned} x + y &= -1 \\ y + z &= 4 \\ x + z &= 1 \end{aligned}$$

15. $$\begin{aligned} x + y - z &= 6 \\ 2x - y + z &= -9 \\ x - 2y + 3z &= 1 \end{aligned}$$

16. $$\begin{aligned} y &= x - 1 \\ y &= 6 + z \\ z &= -1 - x \end{aligned}$$

17. $$\begin{aligned} x - 2y + z &= 5 \\ 2x + y - z &= 2 \\ -2x + 4y - 2z &= 2 \end{aligned}$$

18. $$\begin{aligned} 2x + 3y + z &= 9 \\ 4x + y - 3z &= -7 \\ 6x + 2y - 4z &= -8 \end{aligned}$$

19. $$\begin{aligned} -8x - 9y &= 11 \\ 24x + 34y &= 2 \\ 16x + 11y &= -57 \end{aligned}$$

20. $$\begin{aligned} 2x + y &= 7 \\ x - y &= 3 \\ x + 3y &= 4 \end{aligned}$$

21. $$\begin{aligned} x + y - z &= -20 \\ 2x - y + z &= 11 \end{aligned}$$

22. $$\begin{aligned} 4x + 3y + z &= 1 \\ -2x - y + 2z &= 0 \end{aligned}$$

23. $$\begin{aligned} 2x + y + 3z - 2w &= -6 \\ 4x + 3y + z - w &= -2 \\ x + y + z + w &= -5 \\ -2x - 2y + 2z + 2w &= -10 \end{aligned}$$

24. $$\begin{aligned} x + y + z + w &= -1 \\ -x + 4y + z - w &= 0 \\ x - 2y + z - 2w &= 11 \\ -x - 2y + z + 2w &= -3 \end{aligned}$$

25. $$\begin{aligned} x + 2y - z &= 3 \\ 3x + y + w &= 4 \\ 2x - y + z + w &= 2 \end{aligned}$$

26. $$\begin{aligned} x - 2y - z - 3w &= -3 \\ -x + y + z &= 2 \\ 4y + 3z - 6w &= -2 \end{aligned}$$

Establezca un sistema de ecuaciones y use el método de Gauss-Jordan para resolverlo (véanse los ejemplos 4 y 5).

27. Administración Las tiendas McFrugal Snack planea contratar dos compañías de relaciones públicas para encuestar 500 clientes por teléfono, 750 por correo y 250 personalmente. La compañía García tiene personal para hacer 10 encuestas por teléfono, 30 por correo y 5 encuestas personales por hora. La compañía Wong puede efectuar 20 encuestas por teléfono, 10 por correo y 10 personales por hora. ¿Por cuántas horas debe contratarse cada compañía para obtener el número exacto de encuestas requeridas?

28. Administración Una tienda de tejidos ordenó hilaza de tres proveedores, I, II y III. Un mes la tienda ordenó un total de 100 unidades de hilaza de esos proveedores. Los costos de entrega fueron \$80, \$50 y \$65 por unidad para las órdenes de los proveedores I, II y III, respectivamente, con costo total de las entregas de \$5990. La tienda ordenó la misma cantidad de los proveedores I y III. ¿Cuántas unidades fueron ordenadas de cada proveedor?

29. Administración Una compañía de artículos electrónicos produce tres modelos de bocinas, los modelos A, B y C y puede entregarlos por camión, camioneta o vagoneta. Un camión tiene capacidad para 2 cajas del modelo A, 1 del modelo B y 3 del modelo C. Una camioneta tiene capacidad para 1 caja del modelo A, 3 cajas del modelo B y 2 cajas del modelo C. Una vagoneta puede contener 1 caja del modelo A, 3 cajas del modelo B y 1 caja del modelo C. Si deben entregarse 15 cajas del modelo A, 20 cajas del modelo B y 22 cajas del modelo C, ¿cuántos vehículos de cada tipo deben usarse de manera que operen a capacidad plena?

30. Administración Los pretzels cuestan \$3 por libra, la fruta seca \$4 por libra y las nueces \$8 por libra. ¿Cuántas libras de cada artículo deben usarse para producir 140 libras de una mezcla que cueste \$6 por libra en la que haya dos veces más pretzels (por peso) que fruta seca?

31. Administración Un fabricante compra partes para sus dos plantas, una en Canoga Park, California y la otra en Wooster, Ohio. Los proveedores tienen las partes en cantidades limitadas. Cada proveedor tiene 75 unidades disponibles. La planta en Canoga Park necesita 40 unidades y la planta en Wooster requiere 75 unidades. El primer proveedor cobra \$70 por unidad entregada a Canoga Park y \$90 por unidad entregada a Wooster. Los costos correspondientes del segundo proveedor son \$80 y \$120. El fabricante quiere ordenar un total de 75 unidades del primer proveedor, menos caro, y las 40 unidades restantes, del segundo proveedor. Si la compañía gasta \$10,750 para comprar el número de unidades requerido para las dos plantas, encuentre el número de unidades que deben ser compradas de cada proveedor para cada planta de acuerdo a lo siguiente.

(a) Asigne variables a las cuatro incógnitas.

(b) Escriba un sistema de cinco ecuaciones con las cuatro variables. (No todas las ecuaciones implicarán a las cuatro variables.)

(c) Resuelva el sistema de ecuaciones.

32. Administración Un fabricante de autos envía autos desde dos plantas, I y II, a distribuidores A y B localizados en una ciudad del oeste medio. La planta I tiene un total de 28 autos por enviar y la planta II tiene 8. El distribuidor A necesita 20 autos y el distribuidor B necesita 16. Los costos de transporte basados en la distancia de cada distribuidor a cada planta son de $220 de I a A, de $300 de I a B, de $400 de II a A y de $180 de II a B. El fabricante quiere limitar los costos del transporte a $10,640. ¿Cuántos autos debe enviar de cada planta a cada uno de los dos distribuidores?

33. Administración La empresa de artículos electrónicos en el ejercicio 29 no fabrica ya el modelo C. Cada tipo de vehículo de entregas puede ahora llevar una caja más del modelo B y el mismo número de cajas del modelo A. Si deben entregarse 16 cajas del modelo A y 22 cajas del modelo B, ¿cuántos vehículos de cada tipo deben usarse para que todos operen a plena capacidad?

34. Ciencias naturales Un criador de animales puede comprar cuatro tipos de alimento para tigres. Cada caja de la marca A contiene 25 unidades de fibra, 30 unidades de proteína y 30 unidades de grasa. Cada caja de la marca B contiene 50 unidades de fibra, 30 unidades de proteína y 20 unidades de grasa. Cada caja de la marca C contiene 75 unidades de fibra, 30 unidades de proteína y 20 unidades de grasa. Cada caja de la marca D contiene 100 unidades de fibra, 60 unidades de proteína y 30 unidades de grasa. ¿Cuántas cajas de cada marca deben mezclarse para obtener un alimento que proporcione 1200 unidades de fibra, 600 unidades de proteína y 400 unidades de grasa?

35. Administración Un empresa de inversiones recomienda a un cliente que invierta en bonos AAA, A y B. El rendimiento promedio de los bonos AAA es del 6%, el de los bonos A es del 7% y el de los bonos B es del 10%. El cliente quiere invertir dos veces más en bonos AAA que en bonos B. ¿Cuánto debe invertir en cada tipo de bono bajo las siguientes condiciones?

(a) La inversión total es de $25,000 y el inversionista quiere obtener anualmente $1810 con las tres inversiones.

(b) Los valores en el inciso (a) se cambian a $30,000 y $2150, respectivamente.

(c) Los valores en el inciso (a) se cambian a $40,000 y $2900, respectivamente.

36. Administración Una empresa electrónica produce transistores, resistores y chips de computadora. Cada transistor requiere 3 unidades de cobre, 1 unidad de zinc y 2 unidades de vidrio. Cada resistor requiere 3, 2 y 1 unidades de los tres materiales y cada chip requiere 2, 1 y 2 unidades de esos materiales, respectivamente. ¿Cuántos de cada producto pueden fabricarse con las siguientes cantidades de materiales?

(a) 810 unidades de cobre, 410 unidades de zinc y 490 unidades de vidrio

(b) 765 unidades de cobre, 385 unidades de zinc y 470 unidades de vidrio

(c) 1010 unidades de cobre, 500 unidades de zinc y 610 unidades de vidrio

37. Administración En una fábrica de cerámica, el consumo de combustible para calentar los hornos varía con el tamaño de la orden que se cuece. En el pasado, la fábrica registró las siguientes cifras.

x = *Número de bandejas*	y = *Costo del combustible por bandeja*
6	$2.80
8	2.48
10	2.24

(a) Encuentre una ecuación de la forma $y = ax^2 + bx + c$ cuya gráfica contenga los tres puntos correspondientes a los datos en la tabla.

(b) ¿Cuántas bandejas deben cocerse a la vez para minimizar el costo de combustible por bandeja? ¿Cuál es el costo mínimo de combustible por bandeja?

38. Administración Una tienda vendió en una tarde de verano 23 refrescos en vasos de 12, 16 y 20 onzas (pequeño, mediano y grande). El volumen total de refresco vendido fue de 376 onzas.

(a) Suponga que los precios para los refrescos pequeño, mediano y grande son $1, $1.25 y $1.40, respectivamente y que las ventas totales fueron de $28.45. ¿Cuántos vasos de refresco de cada tamaño vendió la tienda?

(b) Suponga que los precios para los refrescos pequeño, mediano y grande se cambian a $1, $2 y $3, respectivamente, pero la demás información sigue siendo la misma. ¿Cuántos refrescos de cada tamaño vendió la tienda?

(c) Suponga que los precios son los mismos que en el inciso (b), pero el ingreso total es de $48. ¿Cuántos de cada tamaño vendió ahora la tienda?

39. Administración De acuerdo con los datos de un reporte agrícola, las cantidades de nitrógeno (en lbs/acre), fosfato (en lbs/acre) y mano de obra (en horas/acre) necesarios para cultivar melones, cebollas y lechuga, se dan en la siguiente tabla.*

	Melones	*Cebollas*	*Lechuga*
Nitrógeno	120	150	180
Fosfato	180	80	80
Mano de obra	4.97	4.45	4.65

(a) Si un agricultor tiene 220 acres, 29,100 lbs de nitrógeno, 32,600 lbs de fosfato y 480 horas de mano de obra, ¿es posible usar todos los recursos completamente? Si es así, ¿cuántos acres debe asignar a cada cosecha?

(b) Suponga que todo es lo mismo como en el inciso (a), excepto que se disponen ahora de 1061 horas de mano de obra. ¿Es posible usar todos los recursos completamente? Si es así, ¿cuántos acres debe asignar a cada cosecha?

40. Administración El analista de negocios de Melcher Manufacturing quiere encontrar una ecuación que pueda usarse para predecir las ventas de un producto relativamente nuevo. Para los años 1995, 1996 y 1997, las ventas fueron $15,000, $32,000 y $123,000, respectivamente.

*Paredes, Miguel, Fatehi, Mohammad y Hinthorn, Richard, "The Transformation of an Inconsistent Linear System into a Consistent System", en *The AMATYC Review*, vol. 13, núm. 2, primavera de 1992.

(a) Grafique las ventas para los años 1995, 1996 y 1997, haciendo el año 1995 igual a 0 sobre el eje x. Considere que los valores sobre el eje vertical estarán en miles. (Por ejemplo, el punto (1996, 32,000) será graficado como (1, 32).)
(b) Encuentre la ecuación de la línea recta $ax + by = c$ que pasa por los puntos para 1995 y 1997.
(c) Encuentre la ecuación de la parábola $y = ax^2 + bx + c$ que pasa por los tres puntos dados.
(d) Encuentre las ventas proyectadas para el año 2000 primero usando la ecuación del inciso (b) y luego usando la ecuación del inciso (c). Si fuera a estimar las ventas del producto en el año 2000, ¿qué resultado escogería? ¿Por qué?

41. Ciencias naturales La determinación de la cantidad de bióxido de carbono en la atmósfera es importante porque se sabe que el bióxido de carbono es un gas de efecto invernadero. Las concentraciones de bióxido de carbono (en partes por millón) se han medido en Mauna Loa, Hawaii en los últimos 30 años. Las concentraciones han crecido cuadráticamente.* La tabla da los registros de tres años.

Año	CO_2
1958	315
1973	325
1988	352

(a) Si la relación entre la concentración C de bióxido de carbono y el año t se expresa como $C = at^2 + bt + c$, donde $t = 0$ corresponde a 1958, use un sistema de ecuaciones lineales para determinar las constantes a, b y c.
(b) Prediga el año en que la cantidad de bióxido de carbono en la atmósfera será el doble que el nivel de 1958.

*Nilsson, A., *Greenhouse Earth*, John Wiley & Sons, Nueva York, 1992.

42. Física Para cierto avión existe una relación cuadrática entre su velocidad máxima S (en nudos) y su techo C, máxima altura de vuelo posible (en miles de pies).* La siguiente tabla enumera tres aviones que cumplen con esta relación.

Avión	*Velocidad máxima*	*Techo*
Hawkeye	320	33
Corsair	600	40
Tomcat	1283	50

(a) Si la relación entre C y S se escribe como $C = aS^2 + bS + c$, use un sistema de ecuaciones lineales para determinar las constantes a, b y c.
(b) Un avión nuevo de este tipo tiene un techo de 45,000 pies. Prediga su velocidad máxima.

*Sanders, D., *Statistics: A First Course*, 5a. edición, McGraw-Hill, Inc., 1995.

7.3 OPERACIONES BÁSICAS DE MATRICES

Hasta ahora hemos usado matrices sólo como una manera abreviada para resolver sistemas de ecuaciones. Sin embargo, las matrices son también importantes en los campos de administración, ciencias naturales, ingeniería y ciencias sociales como manera de organizar datos, como se ve en el ejemplo 1.

EJEMPLO 1 La compañía Life EZ fabrica sofás y sillas en tres modelos, el A, B y C. La compañía tiene almacenes regionales en Nueva York, Chicago y San Francisco. En su embarque de agosto, la compañía envía 10 sofás modelo A, 12 sofás modelo B, 5 sofás modelo C, 15 sillas modelo A, 20 sillas modelo B y 8 sillas modelo C a cada almacén.

Estos datos pueden organizarse preparando primero una lista como la siguiente.

Sofás 10 modelo A 12 modelo B 5 modelo C
Sillas 15 modelo A 20 modelo B 8 modelo C

Alternativamente, podríamos tabular los datos en una tabla.

		MODELO		
		A	**B**	**C**
MUEBLE	**Sofá**	10	12	5
	Silla	15	20	8

[1] Reescriba esta información en una matriz con tres renglones y dos columnas.

Respuesta:

$$\begin{bmatrix} 10 & 15 \\ 12 & 20 \\ 5 & 8 \end{bmatrix}$$

Con el entendimiento de que los números en cada renglón se refieren al tipo de mueble (sofá, silla) y los números en cada columna se refieren al modelo (A, B, C), la misma información puede darse por una matriz, como sigue.

$$M = \begin{bmatrix} 10 & 12 & 5 \\ 15 & 20 & 8 \end{bmatrix}$$ ■ [1]

Una matriz con m renglones y n columnas tiene dimensión o tamaño de $m \times n$. Siempre se da primero el número de renglones.

[2] Dé el tamaño de cada una de las siguientes matrices.

(a) $\begin{bmatrix} 2 & 1 & -5 & 6 \\ 3 & 0 & 7 & -4 \end{bmatrix}$

(b) $\begin{bmatrix} 1 & 2 & 3 \\ 4 & 5 & 6 \\ 9 & 8 & 7 \end{bmatrix}$

Respuestas:

(a) 2×4

(b) 3×3

EJEMPLO 2 (a) La matriz $\begin{bmatrix} 6 & 5 \\ 3 & 4 \\ 5 & -1 \end{bmatrix}$ es una matriz de 3×2.

(b) $\begin{bmatrix} 5 & 8 & 9 \\ 0 & 5 & -3 \\ -4 & 0 & 5 \end{bmatrix}$ es una matriz de 3×3.

(c) $[1 \quad 6 \quad 5 \quad -2 \quad 5]$ es una matriz de 1×5.

(d) Una calculadora graficadora exhibe una matriz de 4×1 de la manera siguiente.

■ [2]

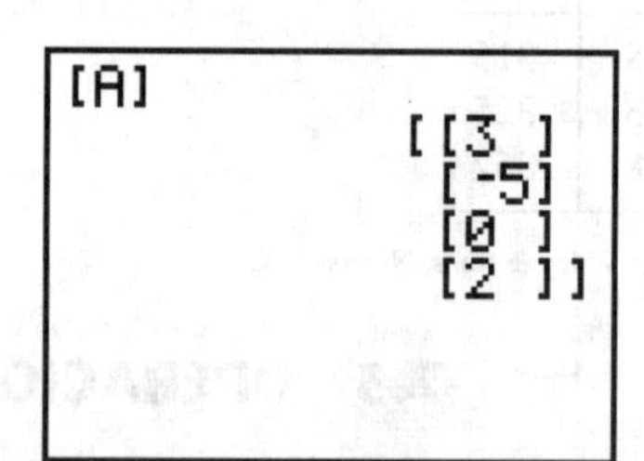

[3] Use los números 2, 5, −8, 4 para escribir

(a) una matriz renglón;

(b) una matriz columna;

(c) una matriz cuadrada.

Respuestas:

(a) $[2 \quad 5 \quad -8 \quad 4]$

(b) $\begin{bmatrix} 2 \\ 5 \\ -8 \\ 4 \end{bmatrix}$

(c) $\begin{bmatrix} 2 & 5 \\ -8 & 4 \end{bmatrix}$ o $\begin{bmatrix} 2 & -8 \\ 5 & 4 \end{bmatrix}$

(Otras respuestas son posibles.)

Una matriz con sólo un renglón, como en el ejemplo 2(c), se llama una **matriz renglón** o **vector renglón**. Una matriz con sólo una columna, como en el ejemplo 2(d), se llama **matriz columna** o **vector columna**. Una matriz con el mismo número de renglones y columnas se llama **matriz cuadrada**. La matriz en el ejemplo 2(b) anterior es una matriz cuadrada, como lo son

$$A = \begin{bmatrix} -5 & 6 \\ 8 & 3 \end{bmatrix} \quad \text{y} \quad B = \begin{bmatrix} 0 & 0 & 0 & 0 \\ -2 & 4 & 1 & 3 \\ 0 & 0 & 0 & 0 \\ -5 & -4 & 1 & 8 \end{bmatrix}.$$ [3]

Cuando una matriz se designa por una sola letra, como la matriz A anterior, entonces el elemento en el renglón i y la columna j es designado a_{ij}. Por ejemplo, $a_{21} = 8$ (el elemento en el renglón 2, columna 1). De igual forma, en la matriz B anterior, $b_{42} = -4$ (el elemento en el renglón 4, columna 2).

ADICIÓN La matriz dada en el ejemplo 1,

$$M = \begin{bmatrix} 10 & 12 & 5 \\ 15 & 20 & 8 \end{bmatrix},$$

muestra los embarques de agosto de la planta EZ Life a cada uno de sus almacenes. Si la matriz N, dada abajo, da el embarque de septiembre al almacén de Nueva York, ¿cuál es el embarque total de cada tipo de mueble al almacén de Nueva York para esos dos meses?

$$N = \begin{bmatrix} 45 & 35 & 20 \\ 65 & 40 & 35 \end{bmatrix}$$

Si 10 sofás modelo A fueron enviados en agosto y 45 en septiembre, entonces 55 sofás modelo A fueron enviados en los 2 meses. Sumando las otras entradas correspondientes se obtiene una nueva matriz Q que representa los envíos totales al almacén de Nueva York en los 2 meses.

$$Q = \begin{bmatrix} 55 & 47 & 25 \\ 80 & 60 & 43 \end{bmatrix}$$

Es conveniente referirnos a Q como la "suma" de M y N.

La manera en que esas dos matrices fueron sumadas ilustra la siguiente definición de la suma de matrices.

La **suma** de dos matrices X y Y de $m \times n$ es la matriz $X + Y$ de $m \times n$ en la que cada elemento es la suma de los elementos correspondientes de X y Y.

Es importante recordar que sólo matrices del mismo tamaño pueden sumarse.

SUGERENCIA TECNOLÓGICA Las sumas (y diferencias) de matrices que tienen las mismas dimensiones pueden encontrarse con una calculadora graficadora que pueda trabajar con matrices. Vea los detalles en su manual de instrucciones. ✔

EJEMPLO 3 Encuentre cada suma cuando ésta sea posible.

(a) $$\begin{bmatrix} 5 & -6 \\ 8 & 9 \end{bmatrix} + \begin{bmatrix} -4 & 6 \\ 8 & -3 \end{bmatrix} = \begin{bmatrix} 5 + (-4) & -6 + 6 \\ 8 + 8 & 9 + (-3) \end{bmatrix} = \begin{bmatrix} 1 & 0 \\ 16 & 6 \end{bmatrix}$$

(b) Las matrices

$$A = \begin{bmatrix} 5 & 8 \\ 6 & 2 \end{bmatrix} \quad y \quad B = \begin{bmatrix} 3 & 9 & 1 \\ 4 & 2 & 5 \end{bmatrix}$$

son de tamaños diferentes, por lo que no es posible encontrar la suma $A + B$. ■ 4

4 Encuentre cada suma cuando ésta sea posible.

(a) $\begin{bmatrix} 2 & 5 & 7 \\ 3 & -1 & 4 \end{bmatrix} + \begin{bmatrix} -1 & 2 & 0 \\ 10 & -4 & 5 \end{bmatrix}$

(b) $\begin{bmatrix} 1 \\ 2 \\ 3 \end{bmatrix} + \begin{bmatrix} 2 & -1 \\ 4 & 5 \\ 6 & 0 \end{bmatrix}$

(c) $[5 \quad 4 \quad -1] + [-5 \quad 2 \quad 3]$

Respuestas:

(a) $\begin{bmatrix} 1 & 7 & 7 \\ 13 & -5 & 9 \end{bmatrix}$

(b) No es posible

(c) $[0 \quad 6 \quad 2]$

EJEMPLO 4 Los embarques de septiembre de los tres modelos de sofás y sillas de la compañía EZ Life a sus almacenes de Nueva York, San Francisco y Chicago, están dados por las siguientes matrices N, S y C.

$$N = \begin{bmatrix} 45 & 35 & 20 \\ 65 & 40 & 35 \end{bmatrix}, \quad S = \begin{bmatrix} 30 & 32 & 28 \\ 43 & 47 & 30 \end{bmatrix}, \quad C = \begin{bmatrix} 22 & 25 & 38 \\ 31 & 34 & 35 \end{bmatrix}$$

¿Cuál fue la cantidad total enviada a los tres almacenes en septiembre?

5 Del resultado del ejemplo 4, encuentre el número total de los siguientes envíos a los tres almacenes.

(a) Sillas modelo A

(b) Sofás modelo B

(c) Sillas modelo C

Respuestas:

(a) 139

(b) 92

(c) 100

El total de envíos en septiembre está representado por la suma de las tres matrices N, S y C.

$$N + S + C = \begin{bmatrix} 45 & 35 & 20 \\ 65 & 40 & 35 \end{bmatrix} + \begin{bmatrix} 30 & 32 & 28 \\ 43 & 47 & 30 \end{bmatrix} + \begin{bmatrix} 22 & 25 & 38 \\ 31 & 34 & 35 \end{bmatrix}$$

$$= \begin{bmatrix} 97 & 92 & 86 \\ 139 & 121 & 100 \end{bmatrix}$$

Por ejemplo, de esta suma, el número total de sofás modelo C enviado a los tres almacenes en septiembre fue de 86. ■ 5

Como se mencionó en la sección 1.1, el inverso aditivo del número real a es $-a$; una definición similar se da para la inversa aditiva de una matriz.

La **inversa aditiva** (o *negativa*) de una matriz X es la matriz $-X$ en la que cada elemento es la inversa aditiva del elemento correspondiente de X.

Si

$$A = \begin{bmatrix} 1 & 2 & 3 \\ 0 & -1 & 5 \end{bmatrix} \quad \text{y} \quad B = \begin{bmatrix} -2 & 3 & 0 \\ 1 & -7 & 2 \end{bmatrix},$$

entonces, por la definición de la inversa aditiva de una matriz,

$$-A = \begin{bmatrix} -1 & -2 & -3 \\ 0 & 1 & -5 \end{bmatrix} \quad \text{y} \quad -B = \begin{bmatrix} 2 & -3 & 0 \\ -1 & 7 & -2 \end{bmatrix}.$$

SUGERENCIA TECNOLÓGICA Una calculadora graficadora con capacidad para manipular matrices da la inversa aditiva de una matriz precediendo la matriz con un signo menos. Vea la figura 7.3. ✔

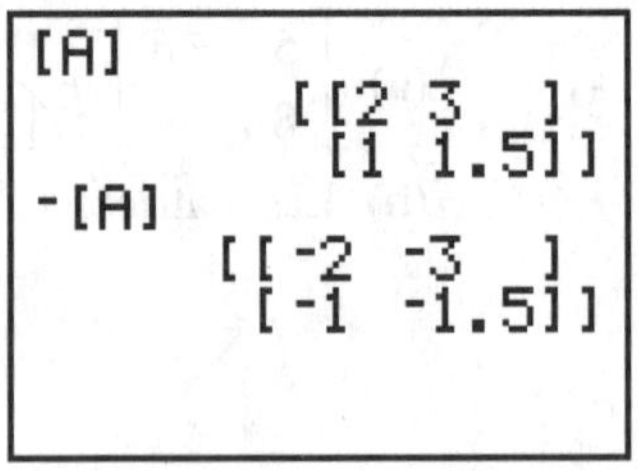

```
[A]
          [[2 3   ]
           [1 1.5]]
-[A]
       [[-2 -3   ]
        [-1 -1.5]]
```

FIGURA 7.3

Por la definición de adición de matrices, para cada matriz X, la suma $X + (-X)$ es una **matriz cero,** O, cuyos elementos son todos ceros. Existe una matriz cero de $m \times n$ para cada par de valores de m y n.

$$\begin{bmatrix} 0 & 0 \\ 0 & 0 \end{bmatrix} \qquad \begin{bmatrix} 0 & 0 & 0 & 0 \\ 0 & 0 & 0 & 0 \end{bmatrix}$$

matriz cero de 2×2; matriz cero de 2×4

Las matrices cero tienen la siguiente *propiedad de identidad.*

> Si O es la matriz cero de $m \times n$ y A es cualquier matriz de $m \times n$, entonces
> $$A + O = O + A = A.$$

Compare esto con la propiedad de identidad para números reales: para cualquier número real a, $a + 0 = 0 + a = a$.

RESTA La **resta** de matrices puede definirse de manera comparable a la resta de números reales.

> Para dos matrices X y Y de $m \times n$, la **diferencia** de X y Y es la matriz $X - Y$ de $m \times n$ en la que cada elemento es la diferencia de los elementos correspondientes de X y Y, o, equivalentemente
> $$X - Y = X + (-Y).$$

De acuerdo con esta definición, la resta de matrices puede efectuarse restando elementos correspondientes. Por ejemplo, usando A y B como se definieron antes,

$$A - B = \begin{bmatrix} 1 & 2 & 3 \\ 0 & -1 & 5 \end{bmatrix} - \begin{bmatrix} -2 & 3 & 0 \\ 1 & -7 & 2 \end{bmatrix}$$
$$= \begin{bmatrix} 1-(-2) & 2-3 & 3-0 \\ 0-1 & -1-(-7) & 5-2 \end{bmatrix}$$
$$= \begin{bmatrix} 3 & -1 & 3 \\ -1 & 6 & 3 \end{bmatrix}.$$

6 Encuentre cada una de las siguientes diferencias cuando esto sea posible.

(a) $\begin{bmatrix} 2 & 5 \\ -1 & 0 \end{bmatrix} - \begin{bmatrix} 6 & 4 \\ 3 & -2 \end{bmatrix}$

(b) $\begin{bmatrix} 1 & 5 & 6 \\ 2 & 4 & 8 \end{bmatrix} - \begin{bmatrix} 2 & 1 \\ 10 & 3 \end{bmatrix}$

(c) $[5 \quad -4 \quad 1] - [6 \quad 0 \quad -3]$

Respuestas:

(a) $\begin{bmatrix} -4 & 1 \\ -4 & 2 \end{bmatrix}$

(b) No es posible

(c) $[-1 \quad -4 \quad 4]$

EJEMPLO 5 **(a)** $[8 \quad 6 \quad -4] - [3 \quad 5 \quad -8] = [5 \quad 1 \quad 4]$

(b) Las matrices

$$\begin{bmatrix} -2 & 5 \\ 0 & 1 \end{bmatrix} \text{ y } \begin{bmatrix} 3 \\ 5 \end{bmatrix}$$

son de tamaños diferentes y no pueden restarse. ■ 6

EJEMPLO 6 Durante septiembre el almacén de Chicago de la compañía Life EZ embarcó los siguientes números de cada modelo.

$$K = \begin{bmatrix} 5 & 10 & 8 \\ 11 & 14 & 15 \end{bmatrix}$$

¿Cuál fue el inventario del almacén de Chicago en octubre 1, tomando en cuenta sólo el número de artículos recibidos y enviados durante el mes?

El número de cada clase de artículo recibido durante septiembre está dado por la matriz C del ejemplo 4; el número de cada modelo enviado durante septiembre está dado por la matriz K anterior. El inventario para octubre 1 estará representado por la matriz $C - K$ como se muestra abajo.

$$\begin{bmatrix} 22 & 25 & 38 \\ 31 & 34 & 35 \end{bmatrix} - \begin{bmatrix} 5 & 10 & 8 \\ 11 & 14 & 15 \end{bmatrix} = \begin{bmatrix} 17 & 15 & 30 \\ 20 & 20 & 20 \end{bmatrix} \quad \blacksquare$$

EJEMPLO 7 Una empresa farmacéutica está probando en 200 pacientes para ver si Painoff (una nueva medicina) es efectiva. La mitad de los pacientes recibe Painoff y la otra mitad recibe un placebo. Los datos sobre los primeros 50 pacientes están resumidos en esta matriz.

	Alivio obtenido Sí	No
Pacientes que tomaron Painoff	22	3
Pacientes que tomaron placebo	8	17

Por ejemplo, el renglón 2 muestra que de la gente que tomó el placebo, 8 se aliviaron, pero 17 no. La prueba fue repetida en tres grupos más de 50 pacientes cada uno, y los resultados se dan en las siguientes matrices.

$$\begin{bmatrix} 21 & 4 \\ 6 & 19 \end{bmatrix} \quad \begin{bmatrix} 19 & 6 \\ 10 & 15 \end{bmatrix} \quad \begin{bmatrix} 23 & 2 \\ 3 & 22 \end{bmatrix}$$

Los resultados totales de la prueba pueden obtenerse sumando esas cuatro matrices.

$$\begin{bmatrix} 22 & 3 \\ 8 & 17 \end{bmatrix} + \begin{bmatrix} 21 & 4 \\ 6 & 19 \end{bmatrix} + \begin{bmatrix} 19 & 6 \\ 10 & 15 \end{bmatrix} + \begin{bmatrix} 23 & 2 \\ 3 & 22 \end{bmatrix} = \begin{bmatrix} 85 & 15 \\ 27 & 73 \end{bmatrix}$$

Como 85 de los 100 pacientes se aliviaron con Painoff y sólo 27 de 100 con el placebo, parece ser que Painoff es efectiva. ■ [7]

[7] Se descubrió luego que los datos del último grupo de 50 pacientes en el ejemplo 7 eran inválidos. Use una matriz para representar los resultados totales de la prueba después que esos datos fueron eliminados.

Respuesta:

$$\begin{bmatrix} 62 & 13 \\ 24 & 51 \end{bmatrix}$$

Suponga que uno de los almacenes de la compañía Life EZ recibe la siguiente orden, escrita en forma matricial, donde los elementos tienen el mismo significado que antes.

$$\begin{bmatrix} 5 & 4 & 1 \\ 3 & 2 & 3 \end{bmatrix}$$

Luego, la tienda que envió la orden pide al almacén enviar seis más de la misma orden. Las nuevas seis órdenes pueden escribirse como una matriz multiplicando cada elemento en la matriz por 6, y se obtiene el producto

$$6\begin{bmatrix} 5 & 4 & 1 \\ 3 & 2 & 3 \end{bmatrix} = \begin{bmatrix} 30 & 24 & 6 \\ 18 & 12 & 18 \end{bmatrix}.$$

Al trabajar con matrices, un número real, como el 6 en la multiplicación anterior, se llama un **escalar**.

> El **producto** de un escalar k y una matriz X es la matriz kX, cada uno de cuyos elementos es k veces el elemento correspondiente de X.

Por ejemplo,

$$(-3)\begin{bmatrix} 2 & -5 \\ 1 & 7 \end{bmatrix} = \begin{bmatrix} -6 & 15 \\ -3 & -21 \end{bmatrix}.$$ **[8]**

[8] Encuentre cada producto.

(a) $-3\begin{bmatrix} 4 & -2 \\ 1 & 5 \end{bmatrix}$

(b) $4\begin{bmatrix} 2 & 4 & 7 \\ 8 & 2 & 1 \\ 5 & 7 & 3 \end{bmatrix}$

Respuestas:

(a) $\begin{bmatrix} -12 & 6 \\ -3 & -15 \end{bmatrix}$

(b) $\begin{bmatrix} 8 & 16 & 28 \\ 32 & 8 & 4 \\ 20 & 28 & 12 \end{bmatrix}$

7.3 EJERCICIOS

Encuentre el tamaño de cada una de las siguientes matrices. Identifique cualquier matriz cuadrada, columna o renglón (véase el ejemplo 2). Dé la inversa aditiva de cada matriz.

1. $\begin{bmatrix} 7 & -8 & 4 \\ 0 & 13 & 9 \end{bmatrix}$ **2.** $\begin{bmatrix} -7 & 23 \\ 5 & -6 \end{bmatrix}$

3. $\begin{bmatrix} -3 & 0 & 11 \\ 1 & \frac{1}{4} & -7 \\ 5 & -3 & 9 \end{bmatrix}$ **4.** $\begin{bmatrix} 6 & -4 & \frac{2}{3} & 12 & 2 \end{bmatrix}$

5. $\begin{bmatrix} 7 \\ 11 \end{bmatrix}$ **6.** $\begin{bmatrix} -5 \end{bmatrix}$

7. Si A es una matriz de 5×3 y $A + B = A$, ¿qué puede decirse acerca de B?

8. Si C es una matriz de 3×3 y D es una matriz de 3×4, entonces $C + D$ es de _____.

Efectúe las operaciones indicadas donde sea posible (véanse los ejemplos 3-6).

9. $\begin{bmatrix} 1 & 2 & 5 & -1 \\ 3 & 0 & 2 & -4 \end{bmatrix} + \begin{bmatrix} 8 & 10 & -5 & 3 \\ -2 & -1 & 0 & 0 \end{bmatrix}$

10. $\begin{bmatrix} 1 & 5 \\ 2 & -3 \\ 3 & 7 \end{bmatrix} + \begin{bmatrix} 2 & 3 \\ 8 & 5 \\ -1 & 9 \end{bmatrix}$

11. $\begin{bmatrix} 1 & 5 & 7 \\ 2 & 2 & 3 \end{bmatrix} + \begin{bmatrix} 4 & 8 & -7 \\ 1 & -1 & 5 \end{bmatrix}$

12. $\begin{bmatrix} 2 & 4 \\ -8 & 1 \end{bmatrix} + \begin{bmatrix} 9 & -3 \\ 8 & 5 \end{bmatrix}$

13. $\begin{bmatrix} 4 & -2 & 5 \\ 3 & 7 & 0 \end{bmatrix} - \begin{bmatrix} 1 & 5 & -2 \\ -1 & 3 & 8 \end{bmatrix}$

14. $\begin{bmatrix} 9 & 1 \\ 0 & -3 \\ 4 & 10 \end{bmatrix} - \begin{bmatrix} 1 & 9 & -4 \\ -1 & 1 & 0 \end{bmatrix}$

Sea $A = \begin{bmatrix} -2 & 4 \\ 0 & 3 \end{bmatrix}$ *y* $B = \begin{bmatrix} -6 & 2 \\ 4 & 0 \end{bmatrix}$. *Efectúe cada una de las siguientes operaciones.*

15. $2A$ **16.** $-3B$ **17.** $-4B$

18. $5A$ **19.** $-4A + 5B$ **20.** $3A - 10B$

Sea $A = \begin{bmatrix} 1 & -2 \\ 4 & 3 \end{bmatrix}$ *y* $B = \begin{bmatrix} 2 & 1 \\ 0 & 5 \end{bmatrix}$. *Encuentre una matriz X que satisfaga la ecuación dada.*

21. $2X = 2A + 3B$ **22.** $3X = A - 3B$

Usando las matrices

$$O = \begin{bmatrix} 0 & 0 \\ 0 & 0 \end{bmatrix},\ P = \begin{bmatrix} m & n \\ p & q \end{bmatrix},\ T = \begin{bmatrix} r & s \\ t & u \end{bmatrix} \text{ y}$$

$$X = \begin{bmatrix} x & y \\ z & w \end{bmatrix},$$

verifique que los enunciados en los ejercicios 23-28 son ciertos.

23. $X + T$ es una matriz de 2×2.

24. $X + T = T + X$ (Propiedad conmutativa de la suma de matrices)

25. $X + (T + P) = (X + T) + P$ (Propiedad asociativa de la suma de matrices)

26. $X + (-X) = O$ (Propiedad inversa de la suma de matrices)

27. $P + O = P$ (Propiedad de identidad (aditiva) de la suma de matrices)

28. ¿Cuáles de las propiedades anteriores son válidas para matrices que no son cuadradas?

29. Administración Un grupo de inversionistas que planean abrir un centro comercial decidieron incluir un supermercado, una peluquería, una tienda miscelánea, una farmacia y una pastelería. Estimaron el costo inicial y la renta garantizada (ambas en dólares por pie cuadrado) para cada tipo de tienda, respectivamente, como sigue: costo inicial: 18, 10, 8, 10 y 10; renta garantizada: 2.7, 1.5, 1.0, 2.0 y 1.7. Escriba esta información primero como una matriz de 5×2 y luego como una matriz de 2×5 (véase el ejemplo 1).

30. Ciencias naturales Un dietista prepara una dieta especificando las cantidades que un paciente debe tomar de cuatro grupos básicos de alimentos: grupo I, carnes; grupo II, frutas y legumbres; grupo III, panes y harinas; grupo IV, productos lácteos. Las cantidades se dan en "intercambios" que representan 1 onza (carne), 1/2 taza (frutas y legumbres), 1 rebanada (pan), 8 onzas (leche), u otras medidas apropiadas.

(a) El número de "intercambios" para el desayuno para cada uno de los cuatro grupos de alimentos, son respectivamente, 2, 1, 2 y 1; para la comida, 3, 2, 2 y 1; y para la cena, 4, 3, 2 y 1. Escriba una matriz de 3×4 usando esta información.

(b) Las cantidades de grasa, carbohidratos y proteínas en cada grupo de alimentos, respectivamente, son como sigue.

Grasas: 5, 0, 0, 10
Carbohidratos: 0, 10, 15, 12
Proteínas: 7, 1, 2, 8

Use esta información para escribir una matriz de 4×3.

(c) Hay 8 calorías por unidad de grasas, 4 calorías por unidad de carbohidratos y 5 calorías por unidad de proteínas; resuma estos datos en una matriz de 3×1.

31. Ciencias naturales Al principio de un experimento en laboratorio, cinco ratas jóvenes midieron 5.6, 6.4, 6.9, 7.6 y 6.1 centímetros de longitud y pesaron 144, 138, 149, 152 y 146 gramos, respectivamente.

(a) Escriba una matriz de 2×5 usando esta información.

(b) Al final de dos semanas, sus longitudes eran de 10.2, 11.4, 11.4, 12.7 y 10.8 centímetros y pesaron 196, 196, 225, 250 y 230 gramos. Escriba una matriz de 2×5 con esta información.

(c) Use resta de matrices con las matrices encontradas en (a) y (b) para escribir una matriz que dé la cantidad de cambio en longitud y peso para cada rata. (Véanse los ejemplos 5, 6 y 7.)

(d) La siguiente semana las ratas crecieron 1.8, 1.5, 2.3, 1.8 y 2.0 centímetros, respectivamente, y ganaron 25, 22, 29, 33 y 20 gramos, respectivamente. Establezca una matriz con esos incrementos y use la adición matricial para encontrar sus longitudes y pesos al final de esa semana.

32. Administración Hay tres tiendas de abarrotes en Gambier. Esta semana, la tienda I vendió 88 paquetes de pan, 48 cuartos de leche, 16 tarros de crema de maní y 112 libras de carnes frías. La tienda II vendió 105 paquetes de pan, 72 cuartos de leche, 21 tarros de crema de maní y 147 libras de carnes frías. La tienda III vendió 60 paquetes de pan, 40 cuartos de leche, nada de crema de maní y 50 libras de carnes frías.

(a) Use una matriz de 3×4 para expresar la información sobre las ventas de las tres tiendas.

(b) Durante la siguiente semana, las ventas de esos productos en la tienda I se incrementaron 25%; las ventas en la tienda II se incrementaron en 1/3 y las ventas en la tienda III se incrementaron 10%. Escriba la matriz de ventas para esa semana.

(c) Escriba una matriz que represente las ventas totales en el periodo de las dos semanas.

33. Administración Una compañía de juguetes tiene plantas en Boston, Chicago y Seattle que fabrican cohetes y robots de juguete. La siguiente matriz da los costos de producción (en dólares) para cada artículo en la planta de Boston:

$$\begin{array}{l} \\ \text{Material} \\ \text{Mano de obra} \end{array} \begin{array}{c} \text{Cohetes} \quad \text{Robots} \\ \begin{bmatrix} 4.27 & 6.94 \\ 3.45 & 3.65 \end{bmatrix} \end{array}$$

(a) En Chicago, un cohete cuesta \$4.05 por materiales y \$3.27 por mano de obra; un robot cuesta \$7.01 por materiales y \$3.51 por mano de obra. En Seattle, los costos por materiales son de \$4.40 para los cohetes y de \$6.90 para los robots; los costos de mano de obra son de \$3.54 para los cohetes y de \$3.76 para los robots. Escriba las matrices de costos de producción para Chicago y Seattle.

(b) Suponga que cada planta hace el mismo número de cada artículo. Escriba una matriz que exprese los costos promedio de producción para las tres plantas.

(c) Suponga que los costos de mano de obra se incrementan en \$.11 por artículo en Chicago y los costos por material se incrementan ahí en \$.37 para un cohete y \$.42 para un robot. ¿Cuál es la nueva matriz de costos de producción para Chicago?

(d) Después de los incrementos en costo en Chicago, la planta en Boston cierra y la producción se divide en partes iguales entre las otras dos plantas. ¿Cuál es la matriz que ahora expresa los costos promedio de producción para todo el país?

34. Ciencias sociales La siguiente tabla da los logros educativos de la población de 25 años de edad y mayores en Estados Unidos.*

	HOMBRES		MUJERES	
	Cuatro años de bachillerato o más	*Cuatro años de universidad o más*	*Cuatro años de bachillerato o más*	*Cuatro años de universidad o más*
1940	22.7%	5.5%	26.3%	3.8%
1950	32.6	7.3	36.0	5.2
1959	42.2	10.3	45.2	6.0
1970	55.0	14.1	55.4	8.2
1980	69.1	20.8	68.1	13.5
1987	76.0	23.6	75.3	16.5
1991	78.5	24.3	78.3	18.8

(a) Escriba una matriz para los logros educativos de los hombres.

(b) Escriba una matriz para los logros educativos de las mujeres.

(c) Use las matrices de las partes (a) y (b) para escribir una matriz que muestre cuánta más (o menos) educación han logrado los hombres que las mujeres.

*"Educational Attainment by Percentage of Population 25+ Years, 1940-91" de "The Universal Almanac, 1993", John W. Wright, editor general, Kansas City, Nueva York, Andrews y McMeel.

7.4 PRODUCTOS E INVERSAS DE MATRICES

En la sección previa mostramos cómo multiplicar una matriz por un escalar. Encontrar el producto de dos matrices es más complicado, pero es importante en la resolución de problemas prácticos. Para entender el razonamiento detrás de la definición de la multiplicación matricial, vea de nuevo el caso de la EZ Life Company. Suponga que sofás y sillas del mismo modelo a menudo se venden como juegos con la matriz W mostrando el número de cada juego modelo en cada tienda.

$$\begin{array}{l} \\ \text{Nueva York} \\ \text{Chicago} \\ \text{San Francisco} \end{array} \begin{array}{c} \begin{array}{ccc} \text{A} & \text{B} & \text{C} \end{array} \\ \begin{bmatrix} 10 & 7 & 3 \\ 5 & 9 & 6 \\ 4 & 8 & 2 \end{bmatrix} \end{array} = W$$

Si el precio de venta del juego modelo A es de \$800, del juego modelo B es de \$1000 y del juego modelo C es de \$1200, encuentre el valor total de los juegos en la tienda de Nueva York como sigue.

1 En este ejemplo de la EZ Life Company, encuentre el valor total de los juegos de Nueva York si el juego modelo A se vende a \$1200, el modelo B a \$1600 y el modelo C a \$1300.

Respuesta:
\$27,100

Tipo	*Número de juego*		*Precio del juego*		*Total*
A	10	×	\$ 800	=	\$ 8,000
B	7	×	1000	=	7,000
C	3	×	1200	=	3,600
			Total para Nueva York		\$18,600

El valor total de los tres tipos de juegos en Nueva York es de \$18,600. 1

El trabajo hecho en la tabla anterior se resume como sigue:

$$10(\$800) + 7(\$1000) + 3(\$1200) = \$18,600.$$

De la misma manera, los juegos de Chicago tienen un valor total de

$$5(\$800) + 9(\$1000) + 6(\$1200) = \$20,200,$$

y en San Francisco, el valor total de los juegos es

$$4(\$800) + 8(\$1000) + 2(\$1200) = \$13,600.$$

Los precios de venta pueden escribirse como una matriz columna P y el valor total en cada localidad como una matriz columna V.

$$\begin{bmatrix} 800 \\ 1000 \\ 1200 \end{bmatrix} = P \quad \text{y} \quad \begin{bmatrix} 18,600 \\ 20,200 \\ 13,600 \end{bmatrix} = V$$

Considere cómo el primer renglón de la matriz W y la columna P conducen al primer elemento de V.

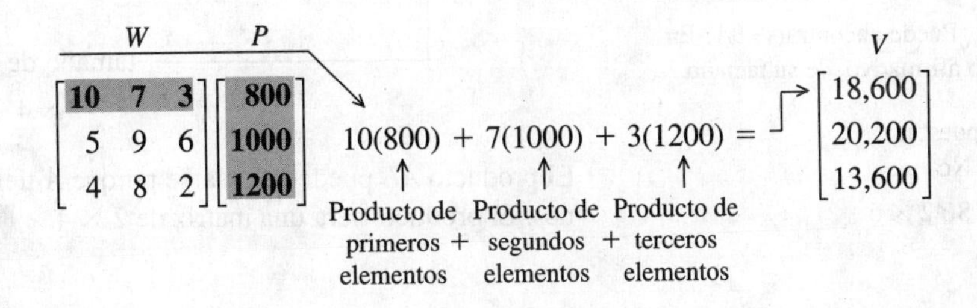

De igual forma, sumando los productos de los correspondientes elementos en el segundo renglón de W y la columna P produce el segundo elemento en V. El tercer elemento en V se obtiene de la misma manera usando el tercer renglón de W y la columna P. Esto sugiere que es razonable *definir* el producto WP igual a V.

$$WP = \begin{bmatrix} 10 & 7 & 3 \\ 5 & 9 & 6 \\ 4 & 8 & 2 \end{bmatrix} \begin{bmatrix} 800 \\ 1000 \\ 1200 \end{bmatrix} = \begin{bmatrix} 18{,}600 \\ 20{,}200 \\ 13{,}600 \end{bmatrix} = V$$

Observe los tamaños de las matrices aquí: el producto de una matriz de 3×3 y una matriz de 3×1 es una matriz de 3×1.

MULTIPLICACIÓN DE MATRICES Definimos primero el **producto de un renglón de una matriz y una columna de una matriz** (con el mismo número de elementos en cada una) como el *número* que se obtiene al multiplicar los elementos correspondientes (primero por primero, segundo por segundo, etc.) y sumando los resultados. Por ejemplo,

$$[3 \quad -2 \quad 1] \cdot \begin{bmatrix} 4 \\ 5 \\ 0 \end{bmatrix} = 3 \cdot 4 + (-2) \cdot 5 + 1 \cdot 0 = 12 - 10 + 0 = 2.$$

Ahora la **multiplicación de matrices** se define como sigue.

> Sea A una matriz de $m \times n$ y sea B una matriz de $n \times k$. La **matriz producto** AB es la matriz de $m \times k$ cuyo elemento en el *i*ésimo renglón y la *j*ésima columna es
>
> el producto del *i*ésimo renglón de A y la *j*ésima columna de B.

PRECAUCIÓN Tenga cuidado al multiplicar matrices. Recuerde que el número de *columnas* de A debe ser igual al número de *renglones* de B para obtener la matriz producto AB. El producto final tendrá tantos renglones como A y tantas columnas como B. ◆

EJEMPLO 1 Suponga que la matriz A es de 2×2 y que la matriz B es de 2×4. ¿Puede calcularse el producto AB? ¿Cuál es el tamaño del producto?

El siguiente diagrama ayuda a decidir las respuestas a esas preguntas.

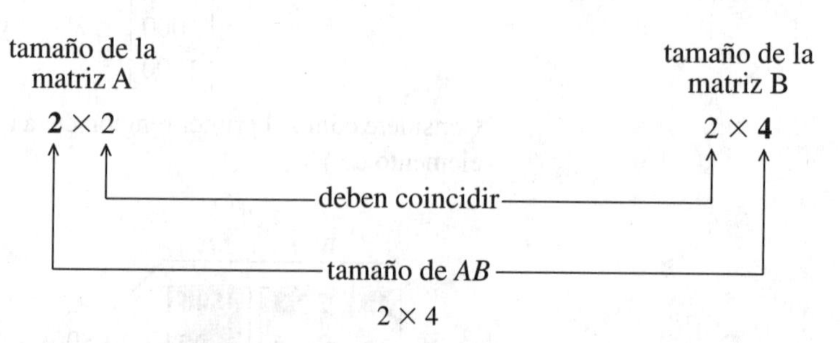

El producto AB puede calcularse porque A tiene dos columnas y B tiene dos renglones. El producto será una matriz de 2×4. ■ [2]

[2] La matriz A es de 4×6 y la matriz B es de 2×4.

(a) ¿Puede encontrarse AB? En caso afirmativo, dé su tamaño.

(b) ¿Puede encontrarse BA? En caso afirmativo, dé su tamaño.

Respuestas:

(a) No

(b) Sí; 2×6

EJEMPLO 2 Encuentre el producto CD si

$$C = \begin{bmatrix} -3 & 4 & 2 \\ 5 & 0 & 4 \end{bmatrix} \quad \text{y} \quad D = \begin{bmatrix} -6 & 4 \\ 2 & 3 \\ 3 & -2 \end{bmatrix}.$$

Aquí, la matriz C es de 2×3 y la matriz D es de 3×2, por lo que la matriz CD puede encontrarse y será de 2×2.

Paso 1

$$\begin{bmatrix} -3 & 4 & 2 \\ 5 & 0 & 4 \end{bmatrix}\begin{bmatrix} -6 & 4 \\ 2 & 3 \\ 3 & -2 \end{bmatrix} \quad (-3) \cdot (-6) + 4 \cdot 2 + 2 \cdot 3 = 32$$

Paso 2

$$\begin{bmatrix} -3 & 4 & 2 \\ 5 & 0 & 4 \end{bmatrix}\begin{bmatrix} -6 & 4 \\ 2 & 3 \\ 3 & -2 \end{bmatrix} \quad (-3) \cdot 4 + 4 \cdot 3 + 2 \cdot (-2) = -4$$

Paso 3

$$\begin{bmatrix} -3 & 4 & 2 \\ 5 & 0 & 4 \end{bmatrix}\begin{bmatrix} -6 & 4 \\ 2 & 3 \\ 3 & -2 \end{bmatrix} \quad 5 \cdot (-6) + 0 \cdot 2 + 4 \cdot 3 = -18$$

Paso 4

$$\begin{bmatrix} -3 & 4 & 2 \\ 5 & 0 & 4 \end{bmatrix}\begin{bmatrix} -6 & 4 \\ 2 & 3 \\ 3 & -2 \end{bmatrix} \quad 5 \cdot 4 + 0 \cdot 3 + 4 \cdot (-2) = 12$$

Paso 5 El producto es

$$CD = \begin{bmatrix} -3 & 4 & 2 \\ 5 & 0 & 4 \end{bmatrix}\begin{bmatrix} -6 & 4 \\ 2 & 3 \\ 3 & -2 \end{bmatrix} = \begin{bmatrix} 32 & -4 \\ -18 & 12 \end{bmatrix}.$$ ■ [3]

[3] Encuentre el producto CD si

$$C = \begin{bmatrix} 1 & 3 & 5 \\ 2 & -4 & -1 \end{bmatrix}$$

y

$$D = \begin{bmatrix} 2 & -1 \\ 4 & 3 \\ 1 & -2 \end{bmatrix}.$$

Respuesta:

$$CD = \begin{bmatrix} 19 & -2 \\ -13 & -12 \end{bmatrix}$$

EJEMPLO 3 Encuentre BA si

$$A = \begin{bmatrix} 1 & -3 \\ 7 & 2 \end{bmatrix} \quad \text{y} \quad B = \begin{bmatrix} 1 & 0 & -1 \\ 3 & 1 & 4 \end{bmatrix}.$$

Como B es una matriz de 2×3 y A es una matriz de 2×2, el producto BA no puede encontrarse. ■ [4]

[4] Dé el tamaño de cada uno de los siguientes productos que puedan ser encontrados.

(a) $\begin{bmatrix} 2 & 4 \\ 6 & 8 \end{bmatrix}\begin{bmatrix} 1 & 2 & 3 \\ 0 & -1 & 2 \end{bmatrix}$

(b) $\begin{bmatrix} 1 & 2 \\ 5 & 10 \\ 12 & 7 \end{bmatrix}\begin{bmatrix} 2 & 4 \\ 3 & 6 \\ 9 & 1 \end{bmatrix}$

(c) $\begin{bmatrix} 5 \\ 2 \\ 4 \end{bmatrix}[1 \quad 0 \quad 6]$

Respuestas:

(a) 2×3

(b) No es posible

(c) 3×3

SUGERENCIA TECNOLÓGICA Las calculadoras graficadoras pueden encontrar productos de matrices. Sin embargo, si usa una calculadora graficadora para encontrar el producto del ejemplo 3, la calculadora exhibirá un mensaje de error. ✔

La multiplicación de matrices tiene algunas similaridades con la multiplicación de números.

Para cualesquiera matrices A, B y C, tales que todas las sumas y productos indicados existen, la multiplicación de matrices es asociativa y distributiva.

$$A(BC) = (AB)C \quad A(B + C) = AB + AC \quad (B + C)A = BA + CA$$

Sin embargo, hay diferencias importantes entre la multiplicación de matrices y la multiplicación de números. (Véanse los ejercicios 19–22 al final de esta sección.) En particular, la multiplicación de matrices *no* es conmutativa.

Si A y B son matrices tales que los productos AB y BA existen,

AB puede no ser igual a BA.

El siguiente ejemplo ilustra la multiplicación de matrices usada en una aplicación.

EJEMPLO 4 Un contratista construye tres tipos de casas, los modelos A, B y C, con opción de dos estilos, el español y el contemporáneo. La matriz P muestra el número de cada tipo de casa planeada para un fraccionamiento nuevo de 100 casas.

$$\begin{array}{l} \\ \text{Modelo A} \\ \text{Modelo B} \\ \text{Modelo C} \end{array} \begin{array}{c} \begin{array}{cc} \text{Español} & \text{Contemporáneo} \end{array} \\ \begin{bmatrix} 0 & 30 \\ 10 & 20 \\ 20 & 20 \end{bmatrix} \end{array} = P$$

Las cantidades de cada uno de los materiales externos usados dependen principalmente del estilo de la casa. Esas cantidades se muestran en la matriz Q. (El concreto está en yardas cúbicas, la madera en unidades de 1000 pie-tablón, ladrillos en miles y las tejas en unidades de 100 pies cuadrados.)

$$\begin{array}{l} \\ \text{Español} \\ \text{Contemporáneo} \end{array} \begin{array}{c} \begin{array}{cccc} \text{Concreto} & \text{Madera} & \text{Ladrillo} & \text{Tejas} \end{array} \\ \begin{bmatrix} 10 & 2 & 0 & 2 \\ 50 & 1 & 20 & 2 \end{bmatrix} \end{array} = Q$$

La matriz R da el costo de cada tipo de material.

$$\begin{array}{l} \text{Concreto} \\ \text{Madera} \\ \text{Ladrillo} \\ \text{Tejas} \end{array} \begin{array}{c} \text{Costo por unidad} \\ \begin{bmatrix} 20 \\ 180 \\ 60 \\ 25 \end{bmatrix} \end{array} = R$$

(a) ¿Cuál es el costo total de cada modelo de casa?

Primero encuentre PQ. El producto PQ muestra la cantidad de cada material necesario para cada modelo.

$$PQ = \begin{bmatrix} 0 & 30 \\ 10 & 20 \\ 20 & 20 \end{bmatrix} \begin{bmatrix} 10 & 2 & 0 & 2 \\ 50 & 1 & 20 & 2 \end{bmatrix}$$

$$PQ = \begin{array}{c} \begin{array}{cccc} \text{Concreto} & \text{Madera} & \text{Ladrillo} & \text{Tejas} \end{array} \\ \begin{bmatrix} 1500 & 30 & 600 & 60 \\ 1100 & 40 & 400 & 60 \\ 1200 & 60 & 400 & 80 \end{bmatrix} \end{array} \begin{array}{l} \\ \text{Modelo A} \\ \text{Modelo B} \\ \text{Modelo C} \end{array}$$

Ahora multiplique PQ por la matriz costo R, para obtener el costo total de cada modelo de casa.

$$\begin{bmatrix} 1500 & 30 & 600 & 60 \\ 1100 & 40 & 400 & 60 \\ 1200 & 60 & 400 & 80 \end{bmatrix} \begin{bmatrix} 20 \\ 180 \\ 60 \\ 25 \end{bmatrix} = \begin{array}{c} \text{Costo} \\ \begin{bmatrix} 72{,}900 \\ 54{,}700 \\ 60{,}800 \end{bmatrix} \end{array} \begin{array}{l} \\ \text{Modelo A} \\ \text{Modelo B} \\ \text{Modelo C} \end{array}$$

(b) ¿Cuánto de cada uno de los cuatro tipos de material debe ordenarse?

Los totales de las columnas de la matriz PQ darán una matriz cuyos elementos representan las cantidades totales de cada material necesario para el fraccionamiento. Llame T a esta matriz y escríbala como una matriz renglón.

$$T = [3800 \quad 130 \quad 1400 \quad 200]$$

(c) ¿Cuál es el costo total del material?

Encuentre el costo total de todos los materiales formando el producto de la matriz T, la matriz que muestra las cantidades totales de cada material y la matriz costo R. (Para multiplicar estas matrices y obtener una matriz de 1×1, que represente el costo total, debemos multiplicar una matriz de 1×4 por una matriz de 4×1. Esta es la razón por la que antes escribimos T como una matriz renglón en (b).)

$$TR = [3800 \quad 130 \quad 1400 \quad 200] \begin{bmatrix} 20 \\ 180 \\ 60 \\ 25 \end{bmatrix} = [188{,}400]$$

(d) Suponga que el contratista construye el mismo número de casas en cinco fraccionamientos. Calcule la cantidad total de cada material para cada modelo en los cinco fraccionamientos.

Multiplique PQ por el escalar 5, como sigue.

$$5 \begin{bmatrix} 1500 & 30 & 600 & 60 \\ 1100 & 40 & 400 & 60 \\ 1200 & 60 & 400 & 80 \end{bmatrix} = \begin{bmatrix} 7500 & 150 & 3000 & 300 \\ 5500 & 200 & 2000 & 300 \\ 6000 & 300 & 2000 & 400 \end{bmatrix} \quad \blacksquare$$

Podemos introducir una notación que nos ayude a llevar el control de las cantidades que una matriz representa. Por ejemplo, podemos decir que la matriz P del ejemplo 4 representa modelos/estilos, la matriz Q representa estilos/materiales y la matriz R representa material/costo. En cada caso, el significado de los renglones se escribe primero y luego el de las columnas. Cuando encontramos el producto PQ en el ejemplo 4, los renglones de la matriz representaron modelos y las columnas representaron materiales. Por lo tanto, podemos decir que la matriz producto PQ representa modelos/materiales. La cantidad común, estilos, tanto en P como en Q se eliminaron en el producto PQ. ¿Ve usted que el producto $(PQ)R$ representa modelos/costo?

En problemas prácticos esta notación ayuda a decidir en qué orden multiplicar dos matrices de manera que los resultados tengan sentido. En el ejemplo 4(c) podríamos haber encontrado el producto RT o el producto TR. Sin embargo, como T representa fraccionamientos/materiales y R representa materiales/costo, el producto TR da fraccionamientos/costo. 5

5 Sea A la matriz

$$\begin{array}{cc} & \textit{Vitamina} \\ & \begin{array}{ccc} \text{C} & \text{E} & \text{K} \end{array} \\ \textit{Marca} \begin{array}{c} \text{X} \\ \text{Y} \end{array} & \begin{bmatrix} 2 & 7 & 5 \\ 4 & 6 & 9 \end{bmatrix} \end{array}$$

y B la matriz

$$\begin{array}{cc} & \textit{Costo} \\ & \begin{array}{cc} \text{X} & \text{Y} \end{array} \\ \textit{Vitamina} \begin{array}{c} \text{C} \\ \text{E} \\ \text{K} \end{array} & \begin{bmatrix} 12 & 14 \\ 18 & 15 \\ 9 & 10 \end{bmatrix} \end{array}.$$

(a) ¿Qué cantidades representan las matrices A y B?

(b) ¿Qué cantidades representa el producto AB?

(c) ¿Qué cantidades representa el producto BA?

Respuestas:

(a) A = marca/vitamina, B = vitamina/costo

(b) AB = marca/costo

(c) No tiene sentido, aunque el producto BA puede ser encontrado

6 Sea $A = \begin{bmatrix} 3 & -2 \\ 4 & -1 \end{bmatrix}$

e $I = \begin{bmatrix} 1 & 0 \\ 0 & 1 \end{bmatrix}$.

Encuentre IA e AI.

Respuesta:

$IA = \begin{bmatrix} 3 & -2 \\ 4 & -1 \end{bmatrix} = A$ y

$AI = \begin{bmatrix} 3 & -2 \\ 4 & -1 \end{bmatrix} = A$

MATRICES DE IDENTIDAD E INVERSA Recuerde de la sección 1.1 que el número real 1 es el neutro para la multiplicación de los números reales: para cualquier número real a, $a \cdot 1 = 1 \cdot a = a$. En esta sección se define una **matriz de identidad** I que tiene propiedades similares a las del número 1.

Si I va a ser la matriz de identidad, los productos AI e IA deben ser ambos iguales a A. La matriz de identidad de 2×2 que satisface esas condiciones es

$$I = \begin{bmatrix} \mathbf{1} & \mathbf{0} \\ \mathbf{0} & \mathbf{1} \end{bmatrix}. \quad \boxed{6}$$

Para verificar que I es realmente la matriz de identidad de 2×2, sea

$$A = \begin{bmatrix} a & b \\ c & d \end{bmatrix}.$$

Entonces AI e IA deben ser ambas iguales a A.

$$AI = \begin{bmatrix} a & b \\ c & d \end{bmatrix}\begin{bmatrix} 1 & 0 \\ 0 & 1 \end{bmatrix} = \begin{bmatrix} a(1) + b(0) & a(0) + b(1) \\ c(1) + d(0) & c(0) + d(1) \end{bmatrix} = \begin{bmatrix} a & b \\ c & d \end{bmatrix} = A$$

$$IA = \begin{bmatrix} 1 & 0 \\ 0 & 1 \end{bmatrix}\begin{bmatrix} a & b \\ c & d \end{bmatrix} = \begin{bmatrix} 1(a) + 0(c) & 1(b) + 0(d) \\ 0(a) + 1(c) & 0(b) + 1(d) \end{bmatrix} = \begin{bmatrix} a & b \\ c & d \end{bmatrix} = A$$

Esto verifica que I ha sido definida correctamente. (También puede demostrarse que I es la única matriz de identidad de 2×2.)

Las matrices de identidad para matrices de 3×3 y matrices de 4×4, son, respectivamente,

$$I = \begin{bmatrix} 1 & 0 & 0 \\ 0 & 1 & 0 \\ 0 & 0 & 1 \end{bmatrix} \quad \text{e} \quad I = \begin{bmatrix} 1 & 0 & 0 & 0 \\ 0 & 1 & 0 & 0 \\ 0 & 0 & 1 & 0 \\ 0 & 0 & 0 & 1 \end{bmatrix}.$$

Generalizando, puede encontrarse una matriz de identidad para cualquier matriz de $n \times n$: esta matriz de identidad tendrá números 1 en la diagonal principal, de arriba a la izquierda a abajo a la derecha, con todos los otros elementos iguales a 0.

SUGERENCIA TECNOLÓGICA En la Casio 9850, HP-38 y mayoría de las calculadoras TI se puede mostrar una matriz de identidad de *n* x *n* usando IDENTITY *n* o IDENT *n* o IDENMAT(*n*). Vea los submenús MATH u OPS del menú TI MATRIX, o el menú OPTN MAT de la Casio 9850, o el submenú MATRIX del menú MATH de la HP-38. ✔

Recuerde que para todo número real diferente de cero a, la ecuación $ax = 1$ tiene una solución, $x = 1/a = a^{-1}$. De igual forma, para una matriz cuadrada A es natural considerar la ecuación matricial $AX = I$. Esta ecuación no siempre tiene solución, pero cuando sí la tiene, usamos una terminología especial. Si existe una matriz A^{-1} que satisfaga

$$AA^{-1} = I,$$

(es decir, A^{-1} es una solución de $AX = I$), entonces A^{-1} es llamada la **matriz inversa** de A. En este caso puede demostrarse que $A^{-1}A = I$ y que A^{-1} es única (es decir, una matriz cuadrada no tiene más de una inversa). Cuando una matriz tiene una inversa, puede encontrarse usando las operaciones sobre renglones vistos en la sección 7.2, como veremos abajo.

PRECAUCIÓN Sólo las matrices cuadradas tienen inversa, pero no toda matriz cuadrada tiene una. Una matriz que no tiene inversa se llama **matriz singular**. Advierta que el símbolo A^{-1} (léase inversa de A) *no* significa $1/A$ ni I/A; el símbolo A^{-1} es sólo la notación para la inversa de la matriz A. No existe tal cosa como la división de matrices. ◆

7 Si

$$A = \begin{bmatrix} 1 & 2 \\ 4 & 6 \end{bmatrix}$$

y

$$B = \begin{bmatrix} -3 & 1 \\ 2 & -\frac{1}{2} \end{bmatrix},$$

decida si ellas son inversas entre sí.

Respuesta:
Sí, porque $AB = BA = I$.

EJEMPLO 5 Se dan a continuación las matrices A y B; decida si ellas son inversas entre sí.

$$A = \begin{bmatrix} 2 & 3 \\ 1 & 8 \end{bmatrix} \qquad B = \begin{bmatrix} -1 & 3 \\ 1 & -2 \end{bmatrix}$$

Las matrices son inversas si AB y BA son iguales a I.

$$AB = \begin{bmatrix} 2 & 3 \\ 1 & 8 \end{bmatrix}\begin{bmatrix} -1 & 3 \\ 1 & -2 \end{bmatrix} = \begin{bmatrix} 1 & 0 \\ 7 & -13 \end{bmatrix} \neq I$$

Como $AB \neq I$, las dos matrices no son inversas entre sí. ■ 7

Para ver cómo encontrar la inversa multiplicativa de una matriz, busquemos la inversa de

$$A = \begin{bmatrix} 2 & 4 \\ 1 & -1 \end{bmatrix}.$$

Consideremos que la matriz inversa desconocida es

$$A^{-1} = \begin{bmatrix} x & y \\ z & w \end{bmatrix}.$$

Por la definición de matriz inversa, $AA^{-1} = I$, o

$$AA^{-1} = \begin{bmatrix} 2 & 4 \\ 1 & -1 \end{bmatrix}\begin{bmatrix} x & y \\ z & w \end{bmatrix} = \begin{bmatrix} 1 & 0 \\ 0 & 1 \end{bmatrix}.$$

Use la multiplicación matricial para obtener

$$\begin{bmatrix} 2x + 4z & 2y + 4w \\ x - z & y - w \end{bmatrix} = \begin{bmatrix} 1 & 0 \\ 0 & 1 \end{bmatrix}.$$

Igualando los elementos correspondientes se obtiene el sistema de ecuaciones

$$2x + 4z = 1 \quad (1)$$
$$2y + 4w = 0 \quad (2)$$
$$x - z = 0 \quad (3)$$
$$y - w = 1. \quad (4)$$

Como las ecuaciones (1) y (3) contienen sólo x y z, mientras que las ecuaciones (2) y (4) contienen sólo y y w, esas cuatro ecuaciones conducen a dos sistemas de ecuaciones,

$$\begin{aligned} 2x + 4z &= 1 \\ x - z &= 0 \end{aligned} \quad \text{y} \quad \begin{aligned} 2y + 4w &= 0 \\ y - w &= 1. \end{aligned}$$

Escribiendo los dos sistemas como matrices aumentadas, resulta

$$\left[\begin{array}{cc|c} 2 & 4 & 1 \\ 1 & -1 & 0 \end{array}\right] \quad \text{y} \quad \left[\begin{array}{cc|c} 2 & 4 & 0 \\ 1 & -1 & 1 \end{array}\right].$$

Cada uno de esos sistemas puede ser resuelto por el método de Gauss-Jordan. Sin embargo, como los elementos a la izquierda de la barra vertical son idénticos, los dos sistemas pueden combinarse en una matriz

$$\left[\begin{array}{rr|rr} 2 & 4 & 1 & 0 \\ 1 & -1 & 0 & 1 \end{array}\right] \tag{5}$$

y resolverse simultáneamente como sigue.

$$\left[\begin{array}{rr|rr} 1 & -1 & 0 & 1 \\ 2 & 4 & 1 & 0 \end{array}\right] \quad \text{Intercambie } R_1, R_2$$

$$\left[\begin{array}{rr|rr} 1 & -1 & 0 & 1 \\ 0 & 6 & 1 & -2 \end{array}\right] \quad -2R_1 + R_2$$

$$\left[\begin{array}{rr|rr} 1 & -1 & 0 & 1 \\ 0 & 1 & \frac{1}{6} & -\frac{1}{3} \end{array}\right] \quad \frac{1}{6}R_2$$

$$\left[\begin{array}{rr|rr} 1 & 0 & \frac{1}{6} & \frac{2}{3} \\ 0 & 1 & \frac{1}{6} & -\frac{1}{3} \end{array}\right] \quad R_2 + R_1 \tag{6}$$

La mitad izquierda de la matriz aumentada (6) es la matriz de identidad, por lo que el proceso de Gauss-Jordan queda terminado y las soluciones pueden leerse en la mitad derecha de la matriz aumentada. Los números en la primera columna a la derecha de la barra vertical dan los valores de x y z. La segunda columna a la derecha de la barra da los valores de y y w. Esto es,

$$\left[\begin{array}{rr|rr} 1 & 0 & x & y \\ 0 & 1 & z & w \end{array}\right] = \left[\begin{array}{rr|rr} 1 & 0 & \frac{1}{6} & \frac{2}{3} \\ 0 & 1 & \frac{1}{6} & -\frac{1}{3} \end{array}\right]$$

de manera que

$$A^{-1} = \begin{bmatrix} x & y \\ z & w \end{bmatrix} = \begin{bmatrix} \frac{1}{6} & \frac{2}{3} \\ \frac{1}{6} & -\frac{1}{3} \end{bmatrix}.$$

La matriz original aumentada (5) tiene entonces A como mitad izquierda y la matriz de identidad como mitad derecha, mientras que la matriz final aumentada (6), al final del proceso Gauss-Jordan, tiene la matriz de identidad como mitad izquierda y la matriz inversa A^{-1} como mitad derecha.

$$[A \mid I] \rightarrow [I \mid A^{-1}]$$

Verifique esto multiplicando A y A^{-1}. El resultado debe ser I.

$$AA^{-1} = \begin{bmatrix} 2 & 4 \\ 1 & -1 \end{bmatrix}\begin{bmatrix} \frac{1}{6} & \frac{2}{3} \\ \frac{1}{6} & -\frac{1}{3} \end{bmatrix} = \begin{bmatrix} \frac{1}{3} + \frac{2}{3} & \frac{4}{3} - \frac{4}{3} \\ \frac{1}{6} - \frac{1}{6} & \frac{2}{3} + \frac{1}{3} \end{bmatrix} = \begin{bmatrix} 1 & 0 \\ 0 & 1 \end{bmatrix} = I \quad \boxed{8}$$

Este procedimiento para encontrar la inversa de una matriz puede generalizarse como sigue.

8 (a) Encuentre A^{-1} si $A = \begin{bmatrix} 2 & 2 \\ 4 & 1 \end{bmatrix}$.

(b) Verifique su respuesta encontrando AA^{-1}.

Respuestas:

(a) $\begin{bmatrix} -\frac{1}{6} & \frac{1}{3} \\ \frac{2}{3} & -\frac{1}{3} \end{bmatrix}$

(b) $\begin{bmatrix} 1 & 0 \\ 0 & 1 \end{bmatrix}$

Para obtener una **matriz inversa** A^{-1} de cualquier matriz A de $n \times n$ para la cual A^{-1} existe, siga estos pasos.

1. Forme la matriz aumentada $[A \mid I]$, donde I es la matriz de identidad de $n \times n$.
2. Efectúe operaciones sobre renglones en $[A \mid I]$, para obtener una matriz de la forma $[I \mid B]$.
3. La matriz B es A^{-1}.

EJEMPLO 6 Encuentre A^{-1} si $A = \begin{bmatrix} 1 & 0 & 1 \\ 2 & -2 & -1 \\ 3 & 0 & 0 \end{bmatrix}$.

Primero escriba la matriz aumentada $[A \mid I]$.

$$[A \mid I] = \left[\begin{array}{ccc|ccc} 1 & 0 & 1 & 1 & 0 & 0 \\ 2 & -2 & -1 & 0 & 1 & 0 \\ 3 & 0 & 0 & 0 & 0 & 1 \end{array}\right]$$

La matriz aumentada tiene ya un 1 en la esquina superior izquierda, como es requerido, por lo que comience seleccionando la operación sobre renglones que dará un 0 para el primer elemento en el renglón dos. Multiplique el renglón uno por -2 y sume el resultado al renglón dos. Esto da

$$\left[\begin{array}{ccc|ccc} 1 & 0 & 1 & 1 & 0 & 0 \\ 0 & -2 & -3 & -2 & 1 & 0 \\ 3 & 0 & 0 & 0 & 0 & 1 \end{array}\right]. \quad -2R_1 + R_2$$

Obtenga 0 para el primer elemento del renglón tres multiplicando el renglón uno por -3 y sumando el resultado al renglón tres, como se indica en el problema 9 en el margen. 9

Obtenga 1 para el segundo elemento en el renglón dos multiplicando el renglón dos de la matriz encontrada en el problema 9 en el margen por $-1/2$; se obtiene así la nueva matriz

$$\left[\begin{array}{ccc|ccc} 1 & 0 & 1 & 1 & 0 & 0 \\ 0 & 1 & \frac{3}{2} & 1 & -\frac{1}{2} & 0 \\ 0 & 0 & -3 & -3 & 0 & 1 \end{array}\right]. \quad -\frac{1}{2}R_2$$

Obtenga 1 para el tercer elemento en el renglón tres multiplicando el renglón tres por $-1/3$; se obtiene entonces

$$\left[\begin{array}{ccc|ccc} 1 & 0 & 1 & 1 & 0 & 0 \\ 0 & 1 & \frac{3}{2} & 1 & -\frac{1}{2} & 0 \\ 0 & 0 & 1 & 1 & 0 & -\frac{1}{3} \end{array}\right]. \quad -\frac{1}{3}R_3$$

Ahora haga el problema 10 para obtener ceros para los terceros elementos en los renglones uno y dos. 10

La respuesta del problema 10(a) en el margen, da la inversa buscada:

$$A^{-1} = \begin{bmatrix} 0 & 0 & \frac{1}{3} \\ -\frac{1}{2} & -\frac{1}{2} & \frac{1}{2} \\ 1 & 0 & -\frac{1}{3} \end{bmatrix}.$$

Verifique que AA^{-1} es igual a I. ■

9 (a) Complete este paso.

(b) Escriba esta transformación de renglón como ______.

Respuestas:

(a)

$$\left[\begin{array}{ccc|ccc} 1 & 0 & 1 & 1 & 0 & 0 \\ 0 & -2 & -3 & -2 & 1 & 0 \\ 0 & 0 & -3 & -3 & 0 & 1 \end{array}\right]$$

(b) $-3R_1 + R_3$

10 (a) Complete esos pasos.

(b) Escriba esas transformaciones de renglones como ______.

Respuestas:

(a)

$$\left[\begin{array}{ccc|ccc} 1 & 0 & 0 & 0 & 0 & \frac{1}{3} \\ 0 & 1 & 0 & -\frac{1}{2} & -\frac{1}{2} & \frac{1}{2} \\ 0 & 0 & 1 & 1 & 0 & -\frac{1}{3} \end{array}\right]$$

(b) $-1R_3 + R_1$; $-\frac{3}{2}R_3 + R_2$

SUGERENCIAS TECNOLÓGICAS **1.** Con matrices de 3×3 o mayores, el uso de una calculadora graficadora es una manera mucho más fácil de encontrar una inversa. Para una matriz cuadrada A, A^{-1} se encuentra definiendo A y usando la tecla x^{-1}. La matriz inversa generada por calculadora para el ejemplo 6 se muestra en la figura 7.4. La inversa se da con aproximaciones decimales para 1/3 y 1/2. Los tres puntos en el extremo de cada renglón indican que puede verse más de la matriz moviendo el cursor hacia la derecha.

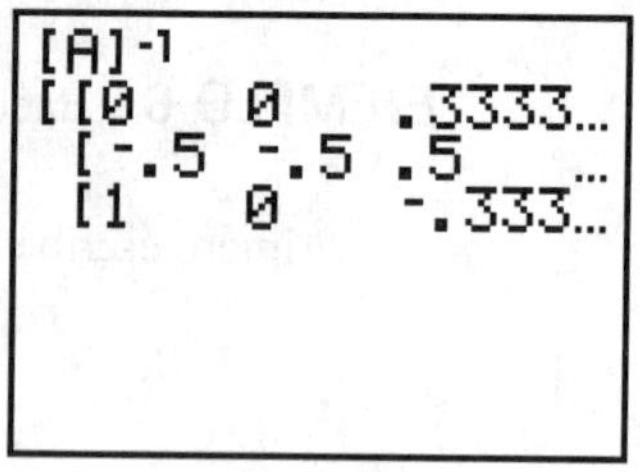

```
[A]-1
[[0  0  .3333...
 [-.5 -.5 .5  ...
 [1  0  -.333...
```

FIGURA 7.4

2. En calculadoras TI, puede usar FRAC (en el menú MATH) para exhibir la matriz A^{-1} mostrada en la figura 7.4 en la forma más convencional mostrada en la figura 7.5. En calculadoras HP puede hacer lo mismo cambiando el "formato numérico" (en el menú MODES) a "fracción".

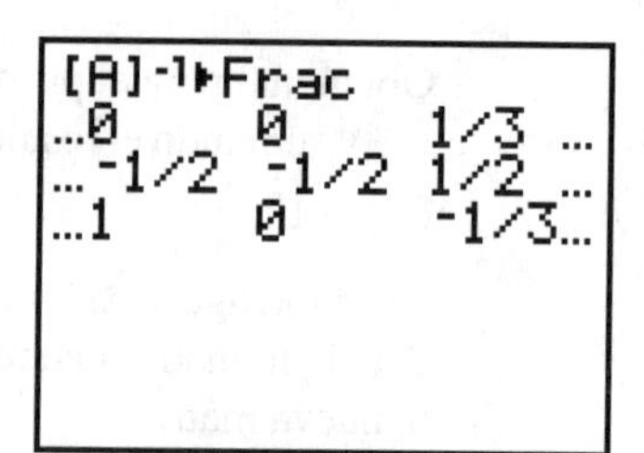

FIGURA 7.5

3. Si intenta encontrar la inversa de una matriz singular (una sin inversa) con una calculadora, aparecerá un mensaje de error. Sin embargo, a veces, debido a un error por redondeo, la calculadora exhibirá una matriz que erróneamente llamará A^{-1}. Para verificarlo, debe multiplicar A por A^{-1} y ver si el producto es la matriz de identidad. Si no lo es, entonces A no tiene una inversa. ✔

7.4 EJERCICIOS

En los ejercicios 1-6, los tamaños de dos matrices A y B son dados. Encuentre los tamaños del producto AB y del producto BA siempre que esos productos existan (véase el ejemplo 1).

1. A es de 2×2 y B es de 2×2.

2. A es de 3×3 y B es de 3×3.

3. A es de 3×5 y B es de 5×2.

4. A es de 4×3 y B es de 3×6.

5. A es de 4×2 y B es de 3×4.

6. A es de 7×3 y B es de 2×7.

7. Para encontrar la matriz producto AB, el número de ______ de A debe ser igual que el número de ______ de B.

8. La matriz producto AB tiene el mismo número de ______ que A y el mismo número de ______ que B.

Encuentre cada uno de los siguientes productos de matrices (véanse los ejemplos 2-4).

9. $\begin{bmatrix} 1 & 2 \\ 3 & 4 \end{bmatrix}\begin{bmatrix} -1 \\ 7 \end{bmatrix}$

10. $\begin{bmatrix} -1 & 5 \\ 7 & 0 \end{bmatrix}\begin{bmatrix} 6 \\ 2 \end{bmatrix}$

11. $\begin{bmatrix} 2 & 2 & -1 \\ 3 & 0 & 1 \end{bmatrix}\begin{bmatrix} 0 & 2 \\ -1 & 4 \\ 0 & 2 \end{bmatrix}$

12. $\begin{bmatrix} -9 & 2 & 1 \\ 3 & 0 & 0 \end{bmatrix}\begin{bmatrix} 2 \\ -1 \\ 4 \end{bmatrix}$

13. $\begin{bmatrix} -4 & 1 \\ 2 & -3 \end{bmatrix}\begin{bmatrix} 1 & 0 \\ 0 & 1 \end{bmatrix}$

14. $\begin{bmatrix} 1 & 0 \\ 0 & 1 \end{bmatrix}\begin{bmatrix} 3 & -2 \\ 1 & -5 \end{bmatrix}$

15. $\begin{bmatrix} 1 & 0 & 0 \\ 0 & 1 & 0 \\ 0 & 0 & 1 \end{bmatrix}\begin{bmatrix} 3 & -5 & 7 \\ -2 & 1 & 6 \\ 0 & -3 & 4 \end{bmatrix}$

16. $\begin{bmatrix} -8 & 9 \\ 3 & -4 \\ -1 & 6 \end{bmatrix}\begin{bmatrix} 1 & 0 & 0 \\ 0 & 1 & 0 \end{bmatrix}$

17. $\begin{bmatrix} 1 & 2 & 3 \\ 4 & 5 & 6 \\ 7 & 8 & 9 \end{bmatrix}\begin{bmatrix} -1 & 5 \\ 7 & 0 \\ 1 & 2 \end{bmatrix}$

18. $\begin{bmatrix} -2 & 0 & 3 \\ 5 & -3 & -1 \end{bmatrix}\begin{bmatrix} 2 & 0 & -1 & 3 \\ 0 & 1 & 0 & -1 \\ 4 & 2 & 5 & -4 \end{bmatrix}$

En los ejercicios 19-21, use las matrices

$$A = \begin{bmatrix} -3 & -9 \\ 2 & 6 \end{bmatrix} \text{ y } B = \begin{bmatrix} 4 & 6 \\ 2 & 3 \end{bmatrix}.$$

19. Demuestre que $AB \neq BA$. Por tanto, la multiplicación de matrices no es conmutativa.

20. Demuestre que $(A + B)^2 \neq A^2 + 2AB + B^2$.

21. Demuestre que $(A + B)(A - B) \neq A^2 - B^2$.

22. Demuestre que $D^2 = D$, donde

$$D = \begin{bmatrix} 1 & 0 & 0 \\ \frac{1}{2} & 0 & \frac{1}{2} \\ 0 & 0 & 1 \end{bmatrix}.$$

Dadas las matrices

$$P = \begin{bmatrix} m & n \\ p & q \end{bmatrix}, \quad X = \begin{bmatrix} x & y \\ z & w \end{bmatrix}, \quad T = \begin{bmatrix} r & s \\ t & u \end{bmatrix},$$

verifique que los enunciados en los ejercicios 23-26 son ciertos.

23. $(PX)T = P(XT)$ (Propiedad asociativa)

24. $P(X + T) = PX + PT$ (Propiedad distributiva)

25. $k(X + T) = kX + kT$ para cualquier número real k

26. $(k + h)P = kP + hP$ para cualesquiera números reales k y h

Determine si las matrices dadas son inversas entre sí, calculando su producto (véase el ejemplo 5).

27. $\begin{bmatrix} 5 & 2 \\ 3 & -1 \end{bmatrix}$ y $\begin{bmatrix} -1 & 2 \\ 3 & -4 \end{bmatrix}$

28. $\begin{bmatrix} 0 & 1 \\ 1 & 0 \end{bmatrix}$ y $\begin{bmatrix} 3 & 5 \\ 7 & 9 \end{bmatrix}$

29. $\begin{bmatrix} 3 & -1 \\ -4 & 2 \end{bmatrix}$ y $\begin{bmatrix} 1 & \frac{1}{2} \\ 2 & \frac{3}{2} \end{bmatrix}$

30. $\begin{bmatrix} 1 & 1 \\ .1 & .2 \end{bmatrix}$ y $\begin{bmatrix} 2 & -10 \\ -1 & 10 \end{bmatrix}$

31. $\begin{bmatrix} 1 & 1 & 1 \\ 2 & 3 & 0 \\ 1 & 2 & 1 \end{bmatrix}$ y $\begin{bmatrix} 1.5 & .5 & -1.5 \\ -1 & 0 & 1 \\ .5 & -2 & 2 \end{bmatrix}$

32. $\begin{bmatrix} 2 & 5 & 4 \\ 1 & 4 & 3 \\ 1 & 3 & 2 \end{bmatrix}$ y $\begin{bmatrix} 1 & 2 & 1 \\ -5 & 8 & 2 \\ 7 & -11 & -3 \end{bmatrix}$

Encuentre la inversa, si existe, de cada una de las siguientes matrices (véase el ejemplo 6).

33. $\begin{bmatrix} 2 & 3 \\ 1 & 2 \end{bmatrix}$

34. $\begin{bmatrix} -1 & 2 \\ 1 & -1 \end{bmatrix}$

35. $\begin{bmatrix} 2 & 4 \\ 3 & 6 \end{bmatrix}$

36. $\begin{bmatrix} -3 & -5 \\ 6 & 10 \end{bmatrix}$

37. $\begin{bmatrix} 2 & 6 \\ 1 & 4 \end{bmatrix}$

38. $\begin{bmatrix} 1 & 2 \\ 3 & 4 \end{bmatrix}$

39. $\begin{bmatrix} 1 & -1 & 1 \\ 0 & 2 & -1 \\ 2 & 3 & 0 \end{bmatrix}$

40. $\begin{bmatrix} 1 & 2 & 3 \\ 1 & 1 & 2 \\ 0 & 1 & 2 \end{bmatrix}$

41. $\begin{bmatrix} 1 & 4 & 3 \\ 1 & -3 & -2 \\ 2 & 5 & 4 \end{bmatrix}$

42. $\begin{bmatrix} 1 & 2 & 0 \\ 3 & -1 & 2 \\ -2 & 3 & -2 \end{bmatrix}$

43. $\begin{bmatrix} 1 & -3 & 4 \\ 2 & -5 & 7 \\ 0 & -1 & 1 \end{bmatrix}$

44. $\begin{bmatrix} 5 & 0 & 2 \\ 2 & 2 & 1 \\ -3 & 1 & -1 \end{bmatrix}$

Use una calculadora graficadora para encontrar la inversa de cada matriz.

45. $\begin{bmatrix} 2 & 4 & 6 \\ -1 & -4 & -3 \\ 0 & 1 & -1 \end{bmatrix}$

46. $\begin{bmatrix} 2 & 2 & -4 \\ 2 & 6 & 0 \\ -3 & -3 & 5 \end{bmatrix}$

47. $\begin{bmatrix} 1 & -2 & 3 & 0 \\ 0 & 1 & -1 & 1 \\ -2 & 2 & -2 & 4 \\ 0 & 2 & -3 & 1 \end{bmatrix}$

48. $\begin{bmatrix} 1 & 1 & 0 & 2 \\ 2 & -1 & 1 & -1 \\ 3 & 3 & 2 & -2 \\ 1 & 2 & 1 & 0 \end{bmatrix}$

49. Administración Los tres locales de Burger Barn venden hamburguesas, papas fritas y refrescos. Barn I vende 900 hamburguesas, 600 órdenes de papas fritas y 750 refrescos diariamente. Barn II vende 1500 hamburguesas diarias y Barn III vende 1150. Las ventas de refrescos son de 900 al día en Barn II y de 825 al día en Barn III. Barn II vende 950 y Barn III vende 800 órdenes de papas fritas al día.

(a) Escriba una matriz S de 3×3 que muestre las ventas diarias de los tres locales.

(b) Las hamburguesas cuestan \$1.50 cada una, las papas fritas \$0.90 por orden y los refrescos \$0.60 cada uno. Escriba una matriz P de 1×3 que muestre los precios.

(c) ¿Qué matriz producto muestra los ingresos diarios en cada uno de los tres locales?

(d) ¿Cuál es el ingreso diario total de los tres locales?

50. Administración Los cuatro departamentos de Stagg Enterprises necesitan ordenar las siguientes cantidades de los mismos productos.

	Papel	*Cinta adhesiva*	*Banda para impresora*	*Bloc de memorándum*	*Bolígrafos*
Departamento 1	10	4	3	5	6
Departamento 2	7	2	2	3	8
Departamento 3	4	5	1	0	10
Departamento 4	0	3	4	5	5

El precio unitario (en dólares) de cada producto está dado abajo para dos proveedores.

	Proveedor A	*Proveedor B*
Papel	2	3
Cinta adhesiva	1	1
Banda para impresora	4	3
Bloc de memorándum	3	3
Bolígrafos	1	2

(a) Use la multiplicación de matrices para obtener una matriz que muestre los costos comparativos de cada departamento para los productos de los dos proveedores.

(b) Encuentre el costo total de comprar los productos con cada proveedor. ¿Con qué proveedor debe hacer la empresa sus compras?

51. Administración La compañía Perulli Candy fabrica tres tipos de dulce de chocolate: Cheery Cherry, Mucho Mocha y Almond Delight. La compañía fabrica sus productos en San Diego, Ciudad de México y Managua usando dos ingredientes principales: chocolate y azúcar.

(a) Cada kilogramo de Cheery Cherry requiere 0.5 kg de azúcar y 0.2 kg de chocolate; cada kilogramo de Mucho Mocha requiere 0.4 kg de azúcar y .3 kg de chocolate; y cada kilogramo de Almond Delight requiere 0.3 kg de azúcar y 0.3 kg de chocolate. Ponga esta información en una matriz de 2×3, indicando el nombre de los renglones y las columnas.

(b) El costo de 1 kg de azúcar es de \$3 en San Diego, \$2 en la Ciudad de México y de \$1 en Managua. El costo de 1 kg de chocolate es de \$3 en San Diego, \$3 en la Ciudad de México y de \$4 en Managua. Ponga esta información en una matriz de forma que cuando la multiplique por la matriz del inciso (a), obtenga una matriz que represente el costo de los ingredientes para producir cada tipo de dulce en cada ciudad.

(c) Multiplique las matrices en las partes (a) y (b), poniéndole nombre a la matriz producto.

(d) De la parte (c), ¿cuál es el costo combinado de azúcar y chocolate para producir 1 kg de Mucho Mocha en Managua?

(e) Perulli Candy necesita producir rápidamente una orden especial de 100 kg de Cheery Cherry, 200 kg de Mucho Mocha y 500 kg de Almond Delight, y decide seleccionar una fábrica para surtir toda la orden. Use multiplicación de matrices para determinar en qué ciudad es más bajo el costo total de azúcar y chocolate para producir la orden.

52. Ciencias naturales A las matrices $\begin{bmatrix} 2 & 1 & 2 & 1 \\ 3 & 2 & 2 & 1 \\ 4 & 3 & 2 & 1 \end{bmatrix}$, $\begin{bmatrix} 5 & 0 & 7 \\ 0 & 10 & 1 \\ 0 & 15 & 2 \\ 10 & 12 & 8 \end{bmatrix}$ y $\begin{bmatrix} 8 \\ 4 \\ 5 \end{bmatrix}$ encontradas en las partes (a), (b) y (c) del ejercicio 30 de la sección 7.3, llámelas X, Y y Z, respectivamente.

(a) Encuentre la matriz producto XY. ¿Qué representan los elementos de esta matriz?

(b) Encuentre la matriz producto YZ. ¿Qué representan los elementos?

(c) Encuentre los productos $(XY)Z$ y $X(YZ)$ y verifique que son iguales. ¿Qué representan los elementos?

53. Ciencias sociales Las tasas promedio de nacimientos y defunciones por millón en varias regiones y la población del mundo (en millones) por región, están dadas a continuación.*

	Nacimientos	*Defunciones*
Asia	.027	.009
América Latina	.030	.007
América del Norte	.015	.009
Europa	.013	.011
Unión Soviética	.019	.011

	Asia	*América Latina*	*América del Norte*	*Europa*	*Unión Soviética*
1960	1596	218	199	425	214
1970	1996	286	226	460	243
1980	2440	365	252	484	266
1990	2906	455	277	499	291

(a) Escriba la información en cada tabla como una matriz.

(b) Use las matrices del inciso (a) para encontrar el número total (en millones) de nacimientos y defunciones en cada año.

(c) Usando los resultados del inciso (b), compare el número de nacimientos en 1960 y en 1990. También compare las tasas de nacimientos del inciso (a). ¿Cuál da mejor información?

(d) Usando los resultados del inciso (b), compare el número de defunciones en 1980 y en 1990. Analice cómo esta comparación difiere de la comparación de las tasas de defunciones del inciso (a).

54. Explique por qué el sistema de ecuaciones

$$x - 3y = 4$$
$$2x + y = 1$$

es equivalente a la ecuación de matrices $AX = B$, donde $A = \begin{bmatrix} 1 & -3 \\ 2 & 1 \end{bmatrix}$, $X = \begin{bmatrix} x \\ y \end{bmatrix}$ y $B = \begin{bmatrix} 4 \\ 1 \end{bmatrix}$. (*Sugerencia:* ¿qué es el producto AX?)

Resuelva la ecuación de matrices $AX = B$ (véase el ejercicio 54).

55. $A = \begin{bmatrix} 1 & 2 \\ 5 & -4 \end{bmatrix}$, $X = \begin{bmatrix} x \\ y \end{bmatrix}$, $B = \begin{bmatrix} 3 \\ -6 \end{bmatrix}$.

56. $A = \begin{bmatrix} 1 & 2 & 3 \\ 2 & 6 & 1 \\ 3 & 3 & 10 \end{bmatrix}$, $X = \begin{bmatrix} x \\ y \\ z \end{bmatrix}$, $B = \begin{bmatrix} -2 \\ 2 \\ -2 \end{bmatrix}$.

*"Vital Events and Rates by Region and Development Category, 1987" y "World Population by Region and Development Category, 1950-2025" del U.S. Bureau of the Census, *World Population Profile: 1987*.

7.5 APLICACIONES DE LAS MATRICES

Esta sección presenta diversas aplicaciones de las matrices.

RESOLUCIÓN DE SISTEMAS CON MATRICES Considere el siguiente sistema de ecuaciones lineales.

$$2x - 3y = 4$$
$$x + 5y = 2$$

Sean $A = \begin{bmatrix} 2 & -3 \\ 1 & 5 \end{bmatrix}$, $X = \begin{bmatrix} x \\ y \end{bmatrix}$, $B = \begin{bmatrix} 4 \\ 2 \end{bmatrix}$.

Como $AX = \begin{bmatrix} 2 & -3 \\ 1 & 5 \end{bmatrix}\begin{bmatrix} x \\ y \end{bmatrix} = \begin{bmatrix} 2x - 3y \\ x + 5y \end{bmatrix}$ y $B = \begin{bmatrix} 4 \\ 2 \end{bmatrix}$,

el sistema original es equivalente a la ecuación de matrices $AX = B$. De igual forma, cualquier sistema de ecuaciones lineales puede escribirse como una ecuación de matrices $AX = B$. La matriz A se llama la **matriz de coeficientes.** [1]

[1] Escriba la matriz de coeficientes, la matriz de variables y la matriz de constantes para el sistema

$$2x + 6y = -14$$
$$-x - 2y = 3.$$

Respuestas:

$A = \begin{bmatrix} 2 & 6 \\ -1 & -2 \end{bmatrix}$,

$X = \begin{bmatrix} x \\ y \end{bmatrix}$,

$B = \begin{bmatrix} -14 \\ 3 \end{bmatrix}$.

Una ecuación de matrices $AX = B$ puede resolverse si A^{-1} existe. Suponiendo que A^{-1} existe y usando los hechos de que $A^{-1}A = I$ e $IX = X$ junto con la propiedad asociativa de la multiplicación de matrices, se tiene

$$AX = B$$

$A^{-1}(AX) = A^{-1}B$	Multiplique ambos lados por A^{-1}.
$(A^{-1}A)X = A^{-1}B$	Propiedad asociativa
$IX = A^{-1}B$	Inversa
$X = A^{-1}B.$	Matriz de identidad

Al multiplicar por matrices en ambos lados de una ecuación de matrices, tenga cuidado de multiplicar en el mismo orden en ambos lados de la ecuación, ya que la multiplicación de matrices no es conmutativa (a diferencia de la multiplicación de números reales). Esto se resume a continuación.

> Un sistema de ecuaciones $AX = B$, donde A es la matriz de coeficientes, X es la matriz de variables y B es la matriz de constantes, se resuelve encontrando primero A^{-1}. Entonces, si A^{-1} existe, $X = A^{-1}B$.

Este método es muy eficiente cuando se dispone de una calculadora graficadora con capacidad para manejar matrices. El método de eliminación (versión matricial) o el método de Gauss-Jordan es la mejor opción al resolver un sistema a mano.

EJEMPLO 1 Use la inversa de la matriz de coeficientes para resolver el sistema

$$-x - 2y + 2z = 9$$
$$2x + y - z = -3$$
$$3x - 2y + z = -6.$$

Usamos el hecho de que $X = A^{-1}B$, con

$$A = \begin{bmatrix} -1 & -2 & 2 \\ 2 & 1 & -1 \\ 3 & -2 & 1 \end{bmatrix} \quad \text{y} \quad B = \begin{bmatrix} 9 \\ -3 \\ -6 \end{bmatrix}.$$

Usando el método explicado en la sección 7.4 o una calculadora graficadora,

$$A^{-1} = \begin{bmatrix} \frac{1}{3} & \frac{2}{3} & 0 \\ \frac{5}{3} & \frac{7}{3} & -1 \\ \frac{7}{3} & \frac{8}{3} & -1 \end{bmatrix}$$

y

$$X = A^{-1}B = \begin{bmatrix} \frac{1}{3} & \frac{2}{3} & 0 \\ \frac{5}{3} & \frac{7}{3} & -1 \\ \frac{7}{3} & \frac{8}{3} & -1 \end{bmatrix} \begin{bmatrix} 9 \\ -3 \\ -6 \end{bmatrix} = \begin{bmatrix} 1 \\ 14 \\ 19 \end{bmatrix}.$$

La solución es entonces (1, 14, 19). ■ [2]

[2] Use la matriz inversa para resolver el sistema en el ejemplo 1, si las constantes para las tres ecuaciones son 12, 0 y 8, respectivamente.

Respuesta:
(4, 12, 20)

EJEMPLO 2 Use la inversa de la matriz de coeficientes para resolver el sistema

$$x + 1.5y = 8$$
$$2x + 3y = 10.$$

La matriz de coeficientes es $A = \begin{bmatrix} 1 & 1.5 \\ 2 & 3 \end{bmatrix}$. Una calculadora indicará que A^{-1} no existe. Si tratamos de efectuar las operaciones sobre renglones, veremos por qué.

$$\left[\begin{array}{cc|cc} 1 & 1.5 & 1 & 0 \\ 2 & 3 & 0 & 1 \end{array}\right]$$

$$\left[\begin{array}{cc|cc} 1 & 1.5 & 1 & 0 \\ 0 & 0 & -2 & 1 \end{array}\right]$$

El siguiente paso no puede efectuarse debido al cero en el segundo renglón y la segunda columna. Verifique que el sistema original no tiene solución. ■ [3]

[3] Resuelva el sistema en el ejemplo 2 si las constantes son, respectivamente, 3 y 6.

Respuesta:
$(3 - 1.5y, y)$ para todo número real y

ANÁLISIS INSUMO-PRODUCTO Wassily Leontief, premio Nobel, desarrolló una interesante aplicación de la teoría de matrices a la economía. Su aplicación de las matrices a las interdependencias en una economía se llama análisis de **insumo-producto**. En la práctica, el análisis de insumo-producto es muy complicado por la gran cantidad de variables implicadas. Veremos aquí sólo ejemplos simples con pocas variables.

Los modelos insumo-producto tratan con la producción y flujo de bienes (y tal vez servicios). En una economía con n productos básicos (o sectores), la producción de cada género usa algunos (tal vez todas) de los productos en la economía como entradas. Las cantidades de cada producto utilizada en la producción de 1 unidad de cada producto puede escribirse como una matriz A de $n \times n$, llamada la **matriz tecnológica** o **matriz de insumo-producto** de la economía.

EJEMPLO 3 Suponga que una economía simplificada tiene sólo tres sectores productivos: agricultura, manufactura y transporte, todas en unidades apropiadas. La producción de 1 unidad de agricultura requiere de 1/2 unidad de manufactura y de 1/4 de unidad de transporte. La producción de 1 unidad de manufactura requiere de 1/4 de unidad de agricultura y de 1/4 de unidad de transporte; mientras que la producción de 1 unidad de transporte requiere de 1/3 de agricultura y de 1/4 de unidad de manufactura. Escriba la matriz de insumo-producto de esta economía.

La matriz se muestra a continuación.

		Producto		
		Agricultura	**Manufactura**	**Transporte**
	Agricultura	0	$\frac{1}{4}$	$\frac{1}{3}$
Insumos	**Manufactura**	$\frac{1}{2}$	0	$\frac{1}{4}$
	Transporte	$\frac{1}{4}$	$\frac{1}{4}$	0

$$\begin{bmatrix} 0 & \frac{1}{4} & \frac{1}{3} \\ \frac{1}{2} & 0 & \frac{1}{4} \\ \frac{1}{4} & \frac{1}{4} & 0 \end{bmatrix} = A$$

La primera columna de la matriz de insumo-producto representa la cantidad de productos de cada uno de los tres productos consumidos en la producción de 1 unidad de agricultura. La segunda columna da las cantidades correspondientes requeridas para producir 1 unidad de manufactura y la última columna da las cantidades necesarias para producir 1 unidad de transporte. (Aunque tal vez no es realista que la producción de 1 unidad de un producto no requiera ninguna del mismo sector productivo, la matriz es más simple y resulta útil para nuestros propósitos.) ■ [4]

[4] Escriba una matriz de tecnología de 2 × 2 en la que 1 unidad de electricidad requiere 1/2 unidad de agua y 1/3 unidades de electricidad, mientras que 1 unidad de agua no requiere agua pero sí 1/4 de unidad de electricidad.

Respuesta:

	Electricidad	Agua
Electricidad	$\frac{1}{3}$	$\frac{1}{4}$
Agua	$\frac{1}{2}$	0

Otra matriz usada con la matriz de insumo-producto es una matriz que da la cantidad producida por cada sector, llamada la **matriz de producción**, o el **vector de rendimiento bruto**. En una economía de n sectores productivos, la matriz de producción puede representarse por una matriz columna x con elementos $x_1, x_2, x_3, \ldots, x_n$.

EJEMPLO 4 En el ejemplo 3, suponga que la matriz de producción es

$$X = \begin{bmatrix} 60 \\ 52 \\ 48 \end{bmatrix}$$

Se producen entonces 60 unidades de agricultura, 52 unidades de manufactura y 48 unidades de transporte. Como 1/4 unidades de agricultura se usan para cada unidad de manufactura producida, $1/4 \times 52 = 13$ unidades de agricultura deben usarse en la "producción" de manufactura. De igual forma, $1/3 \times 48 = 16$ unidades de agricultura se usarán en la "producción" de transporte. Entonces $13 + 16 = 29$ unidades de agricultura se usan para producción en la economía. Vea de nuevo las matrices A y X. Como X da el número de unidades producidas por cada sector y A da la cantidad (en unidades) requerida de cada sector usado para producir 1 unidad de los diversos servicios, la matriz de producción AX da la cantidad de productos de cada sector usado en producción.

$$AX = \begin{bmatrix} 0 & \frac{1}{4} & \frac{1}{3} \\ \frac{1}{2} & 0 & \frac{1}{4} \\ \frac{1}{4} & \frac{1}{4} & 0 \end{bmatrix} \begin{bmatrix} 60 \\ 52 \\ 48 \end{bmatrix} = \begin{bmatrix} 29 \\ 42 \\ 28 \end{bmatrix}$$

Este producto muestra que se usan 29 unidades de agricultura, 42 unidades de manufactura y 28 unidades de transporte para producir 60 unidades de agricultura, 52 unidades de manufactura y 48 unidades de transporte. ■

5 **(a)** Escriba una matriz de X de 2×1 para representar la producción total de 9000 unidades de electricidad y 12,000 unidades de agua.

(b) Encuentre AX usando la A del último problema en el margen.

(c) Encuentre D usando $D = X - AX$.

Respuestas:

(a) $\begin{bmatrix} 9000 \\ 12{,}000 \end{bmatrix}$

(b) $\begin{bmatrix} 6000 \\ 4500 \end{bmatrix}$

(c) $\begin{bmatrix} 3000 \\ 7500 \end{bmatrix}$

Hemos visto que la matriz producto AX representa la cantidad de productos de cada sector usada en el proceso de producción. El resto (si lo hay) debe ser suficiente para satisfacer la demanda de cada producto desde fuera del sistema de producción. En una economía de n sectores, esta demanda puede representarse por una **matriz de demanda** externa D con elementos $d_1, d_2, \ldots, d_n$. La diferencia entre la matriz de producción X y la cantidad AX usada en el proceso de producción debe ser igual a la demanda externa D, o

$$D = X - AX.$$

En el ejemplo 4,

$$D = \begin{bmatrix} 60 \\ 52 \\ 48 \end{bmatrix} - \begin{bmatrix} 29 \\ 42 \\ 28 \end{bmatrix} = \begin{bmatrix} 31 \\ 10 \\ 20 \end{bmatrix}.$$

Este resultado muestra que la producción de 60 unidades de agricultura, 52 unidades de manufactura y 48 unidades de transporte satisfaría una demanda de 31, 10 y 20 unidades de cada una, respectivamente. 5

En la práctica, A y D suelen ser conocidas y X debe encontrarse. Es decir, tenemos que decidir qué cantidades de producción son necesarias para satisfacer las demandas requeridas. El álgebra matricial puede usarse para resolver la ecuación $D = X - AX$ para X.

$$D = X - AX$$

$$D = IX - AX \qquad \text{Matriz de identidad}$$

$$D = (I - A)X \qquad \text{Propiedad distributiva}$$

Si la matriz $I - A$ tiene una inversa, entonces

$$X = (I - A)^{-1}D.$$

EJEMPLO 5 Suponga que en la economía de 3 sectores productivos de los ejemplos 3 y 4, hay una demanda de 516 unidades de agricultura, 258 unidades de manufactura y 129 unidades de transporte. ¿Cuál debe ser la producción de cada sector?

La matriz de demanda es

$$D = \begin{bmatrix} 516 \\ 258 \\ 129 \end{bmatrix}.$$

Encuentre la matriz de producción calculando primero $I - A$.

$$I - A = \begin{bmatrix} 1 & 0 & 0 \\ 0 & 1 & 0 \\ 0 & 0 & 1 \end{bmatrix} - \begin{bmatrix} 0 & \frac{1}{4} & \frac{1}{3} \\ \frac{1}{2} & 0 & \frac{1}{4} \\ \frac{1}{4} & \frac{1}{4} & 0 \end{bmatrix} = \begin{bmatrix} 1 & -\frac{1}{4} & -\frac{1}{3} \\ -\frac{1}{2} & 1 & -\frac{1}{4} \\ -\frac{1}{4} & -\frac{1}{4} & 1 \end{bmatrix}$$

Usando una calculadora que efectúe operaciones sobre renglones, encuentre la inversa de $I - A$.

$$(I - A)^{-1} = \begin{bmatrix} 1.3953 & .4961 & .5891 \\ .8372 & 1.3643 & .6202 \\ .5581 & .4651 & 1.3023 \end{bmatrix}$$

(Los elementos están redondeados a cuatro cifras decimales.)* Como $X = (I - A)^{-1}D$,

$$X = \begin{bmatrix} 1.3953 & .4961 & .5891 \\ .8372 & 1.3643 & .6202 \\ .5581 & .4651 & 1.3023 \end{bmatrix} \begin{bmatrix} 516 \\ 258 \\ 129 \end{bmatrix} = \begin{bmatrix} 924 \\ 864 \\ 576 \end{bmatrix},$$

(redondeado al entero más cercano).

Del último resultado vemos que la producción de 924 unidades de agricultura, 864 unidades de manufactura y 576 unidades de transporte se requieren para satisfacer demandas de 516, 258 y 129 unidades, respectivamente. ■

SUGERENCIA TECNOLÓGICA Si está usando una calculadora graficadora para determinar X, puede calcular $(I - A)^{-1}D$ en un solo paso sin encontrar las matrices intermedias $I - A$ y $(I - A)^{-1}$. ✔

[6] Una economía simple depende de sólo dos productos, cerveza y *pretzels*.

(a) Suponga que 1/2 unidad de cerveza y 1/2 unidad de *pretzels* son necesarios para hacer 1 unidad de cerveza y 3/4 unidad de cerveza es necesaria para hacer 1 unidad de *pretzels*. Escriba la matriz de tecnología A para la economía.

(b) Encuentre $I - A$.

(c) Encuentre $(I - A)^{-1}$.

(d) Encuentre la producción total X necesaria para obtener una producción neta de

$$D = \begin{bmatrix} 100 \\ 1000 \end{bmatrix}.$$

Respuestas:

(a) $\begin{bmatrix} \frac{1}{2} & \frac{3}{4} \\ \frac{1}{2} & 0 \end{bmatrix}$

(b) $\begin{bmatrix} \frac{1}{2} & -\frac{3}{4} \\ -\frac{1}{2} & 1 \end{bmatrix}$

(c) $\begin{bmatrix} 8 & 6 \\ 4 & 4 \end{bmatrix}$

(d) $\begin{bmatrix} 6800 \\ 4400 \end{bmatrix}$

EJEMPLO 6 Una economía depende de dos productos básicos, trigo y aceite. Para producir 1 tonelada métrica de trigo se requieren 0.25 toneladas métricas de trigo y 0.33 toneladas métricas de aceite. La producción de 1 tonelada métrica de aceite consume 0.08 toneladas métricas de trigo y 0.11 toneladas métricas de aceite. Encuentre la producción que satisfará una demanda externa de 500 toneladas métricas de trigo y de 1000 toneladas métricas de aceite.

La matriz de insumo-producto A y la matriz $I - A$ son

$$A = \begin{bmatrix} .25 & .08 \\ .33 & .11 \end{bmatrix} \quad \text{e} \quad I - A = \begin{bmatrix} .75 & -.08 \\ -.33 & .89 \end{bmatrix}.$$

A continuación calculamos $(I - A)^{-1}$.

$$(I - A)^{-1} = \begin{bmatrix} 1.3882 & .1248 \\ .5147 & 1.1699 \end{bmatrix} \quad \text{(redondeada)}$$

Para encontrar la matriz de producción X, use la ecuación $X = (I - A)^{-1}D$, con

$$D = \begin{bmatrix} 500 \\ 1000 \end{bmatrix}.$$

La matriz de producción es

$$X = \begin{bmatrix} 1.3882 & .1248 \\ .5147 & 1.1699 \end{bmatrix} \begin{bmatrix} 500 \\ 1000 \end{bmatrix} = \begin{bmatrix} 819 \\ 1427 \end{bmatrix}.$$

Los números de producción se redondearon al número entero más cercano. La producción de 819 toneladas métricas de trigo y de 1427 toneladas métricas de aceite se requieren para satisfacer la demanda indicada. ■ [6]

TEORÍA DE CÓDIGOS Los gobiernos necesitan métodos sofisticados para codificar y descifrar mensajes. Un ejemplo de un tal código avanzado usa la teoría de matrices. Tal código toma las letras de las palabras y las divide en grupos. (Cada espacio entre palabras se trata como una letra; la puntuación no se toma en cuenta.) Luego se asignan números a las letras del alfabeto. Para nuestros fines, hagamos que a la letra *a* le corresponda el 1, a la *b* el 2, etc. Sea 27 el número correspondiente a un espacio entre palabras.

*Aunque mostramos la matriz $(I - A)^{-1}$ con elementos redondeados a cuatro cifras decimales, no redondeamos al calcular $(I - A)^{-1}D$. Si se usan las cifras redondeadas, los números en el producto pueden variar ligeramente en el último dígito.

Por ejemplo, el mensaje

mathematics is for the birds

puede dividirse en grupos de tres letras cada uno.

mat hem ati cs– is– for –th e–b ird s––

(Usamos – para representar un espacio entre palabras.) Ahora escribimos una matriz columna para cada grupo de tres símbolos usando los números correspondientes, como se estableció arriba, en vez de letras. Por ejemplo, las letras *mat* pueden codificarse como

$$\begin{bmatrix} 13 \\ 1 \\ 20 \end{bmatrix}.$$

El mensaje codificado consiste entonces de las matrices columna de 3×1:

$$\begin{bmatrix} 13 \\ 1 \\ 20 \end{bmatrix}, \begin{bmatrix} 8 \\ 5 \\ 13 \end{bmatrix}, \begin{bmatrix} 1 \\ 20 \\ 9 \end{bmatrix}, \begin{bmatrix} 3 \\ 19 \\ 27 \end{bmatrix}, \begin{bmatrix} 9 \\ 19 \\ 27 \end{bmatrix}, \begin{bmatrix} 6 \\ 15 \\ 18 \end{bmatrix}, \begin{bmatrix} 27 \\ 20 \\ 8 \end{bmatrix}, \begin{bmatrix} 5 \\ 27 \\ 2 \end{bmatrix}, \begin{bmatrix} 9 \\ 18 \\ 4 \end{bmatrix}, \begin{bmatrix} 19 \\ 27 \\ 27 \end{bmatrix}.$$ [7]

[7] Escriba el mensaje "*when*" usando matrices de 2×1.

Respuesta:

$$\begin{bmatrix} 23 \\ 8 \end{bmatrix}, \begin{bmatrix} 5 \\ 14 \end{bmatrix}$$

Podemos complicar más aún el código escogiendo una matriz que tenga una inversa (en este caso una matriz de 3×3, que llamamos M) y encontramos los productos de esta matriz y cada una de las matrices columna anteriores. El tamaño de cada grupo, la asignación de números a letras y la selección de la matriz M deben todos ser predeterminados.

Suponga que escogemos

$$M = \begin{bmatrix} 1 & 3 & 3 \\ 1 & 4 & 3 \\ 1 & 3 & 4 \end{bmatrix}.$$

[8] Use la matriz dada abajo para encontrar las matrices de 2×1 por ser transmitidas para el mensaje codificado en el problema 7 en el margen.

$$\begin{bmatrix} 2 & 1 \\ 5 & 0 \end{bmatrix}$$

Respuesta:

$$\begin{bmatrix} 54 \\ 115 \end{bmatrix}, \begin{bmatrix} 24 \\ 25 \end{bmatrix}$$

Si encontramos los productos de M y las matrices columna anteriores, tenemos un nuevo conjunto de matrices columna,

$$\begin{bmatrix} 1 & 3 & 3 \\ 1 & 4 & 3 \\ 1 & 3 & 4 \end{bmatrix} \begin{bmatrix} 13 \\ 1 \\ 20 \end{bmatrix} = \begin{bmatrix} 76 \\ 77 \\ 96 \end{bmatrix}, \text{ a un agente.}$$

Los elementos de esas matrices pueden entonces ser transmitidos a un agente como el mensaje 76, 77, 96, etc. [8]

Cuando el agente recibe el mensaje, éste se divide en grupos de tres números con cada grupo formado en una matriz columna. Después de multiplicar cada matriz columna por la matriz M^{-1}, el mensaje puede leerse. Por ejemplo,

$$M^{-1} \cdot \begin{bmatrix} 76 \\ 77 \\ 96 \end{bmatrix} = \begin{bmatrix} 13 \\ 1 \\ 20 \end{bmatrix}.$$

Aunque este tipo de código es relativamente simple, en realidad es difícil de romper. Son posibles muchas complicaciones. Por ejemplo, un mensaje largo podría colocarse en grupos de 20, requiriéndose entonces una matriz de 20×20 para codificarlo y descifrarlo. Encontrar la inversa de tal matriz requeriría una cantidad impráctica de tiempo si se hiciese a mano. Por esta razón, algunas de las computadoras más grandes se usan por agencias del gobierno implicadas en la codificación.

RECORRIDOS El diagrama en la figura 7.6 muestra los caminos que conectan cuatro ciudades. Otra manera de representar esta información se muestra en la matriz A, donde los elementos representan el número de caminos que conectan dos ciudades sin pasar por otra ciudad.* Por ejemplo, en el diagrama vemos que hay dos caminos que conectan la ciudad 1 con la ciudad 4 sin pasar por la ciudad 2 ni por la 3. Esta información se pone en el renglón uno, columna cuatro y nuevamente en el renglón cuatro, columna uno de la matriz A.

$$A = \begin{bmatrix} 0 & 1 & 2 & 2 \\ 1 & 0 & 1 & 0 \\ 2 & 1 & 0 & 1 \\ 2 & 0 & 1 & 0 \end{bmatrix}$$

Advierta que hay cero caminos que conectan cada ciudad consigo misma. También hay un camino que conecta las ciudades 3 y 2.

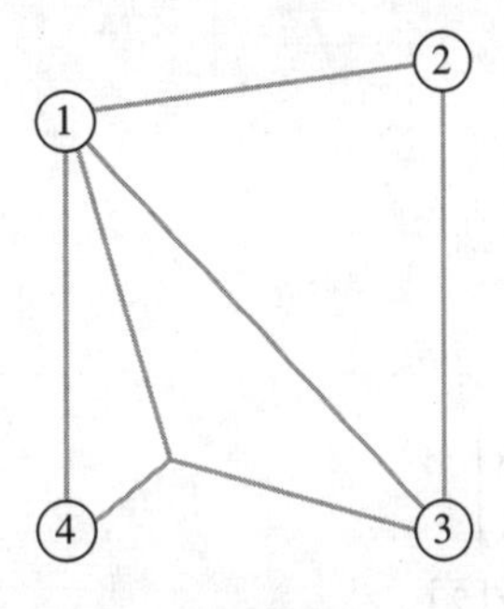

FIGURA 7.6

¿Cuántas maneras hay de ir de la ciudad 1 a la ciudad 2, por ejemplo, pasando por exactamente otra ciudad? Como debemos pasar por otra ciudad, debemos pasar por la ciudad 3 o por la ciudad 4. En el diagrama de la figura 7.6, vemos que podemos ir de la ciudad 1 a la ciudad 2 pasando por la ciudad 3 de dos maneras. Podemos ir de la ciudad 1 a la ciudad 3 de dos maneras y luego de la ciudad 3 a la ciudad 2 de una manera, por lo que hay $2 \cdot 1 = 2$ maneras de ir de la ciudad 1 a la ciudad 2 pasando por la ciudad 3. No es posible ir de la ciudad 1 a la ciudad 2 pasando por la ciudad 4 porque no hay una ruta directa entre las ciudades 4 y 2.

La matriz A^2 da el número de maneras de viajar entre dos ciudades cualesquiera pasando por exactamente una ciudad. Multiplique la matriz A por sí misma, para obtener A^2. Sea el elemento del primer renglón, segunda columna de A^2 igual a b_{12}. (Usamos a_{ij} para denotar el elemento en el $i$ésimo renglón y la $j$ésima columna de la matriz A.) El elemento b_{12} se encuentra como sigue.

$$\begin{aligned} b_{12} &= a_{11}a_{12} + a_{12}a_{22} + a_{13}a_{32} + a_{14}a_{42} \\ &= 0 \cdot 1 + 1 \cdot 0 + 2 \cdot 1 + 2 \cdot 0 \\ &= 2 \end{aligned}$$

El primer producto $0 \cdot 1$ en los cálculos de arriba representa el número de maneras de ir de la ciudad 1 a la ciudad 1 (es decir, 0), y luego de la ciudad 1 a la ciudad 2 (es decir, 1). El resultado 0 indica que ese viaje no implica a una tercera ciudad. El único

*De *Matrices with Applications*, sección 3.2, ejemplo 5, por Hugh G. Campbell, Copyright © 1968, págs. © 50–51. Adaptado con permiso de Prentice-Hall, Englewood Cliffs, Nueva Jersey.

producto no cero $(2 \cdot 1)$ representa las dos rutas de la ciudad 1 a la ciudad 3 y la ruta de la ciudad 3 a la ciudad 2 que resulta en las $2 \cdot 1$ o 2 rutas de la ciudad 1 a la ciudad 2 pasando por la ciudad 3.

Asimismo, A^3 da el número de maneras de viajar entre dos ciudades cualesquiera pasando exactamente por otras dos ciudades. También, $A + A^2$ representa el número total de maneras de viajar entre dos ciudades pasando cuando más por una ciudad intermedia.

Al diagrama pueden dársele muchas otras interpretaciones. Por ejemplo, las líneas podrían representar líneas de influencia mutua entre gente o naciones, o ellas podrían representar líneas de comunicación tales como líneas telefónicas.

7.5 EJERCICIOS

Resuelva la ecuación matricial AX = B para X (véase el ejemplo 1).

1. $A = \begin{bmatrix} 1 & -1 \\ 5 & -6 \end{bmatrix}, B = \begin{bmatrix} 2 \\ 4 \end{bmatrix}$

2. $A = \begin{bmatrix} 3 & -2 \\ -1 & 1 \end{bmatrix}, B = \begin{bmatrix} -3 \\ 5 \end{bmatrix}$

3. $A = \begin{bmatrix} 3 & 1 \\ 4 & 2 \end{bmatrix}, B = \begin{bmatrix} 3 & 4 \\ 5 & 6 \end{bmatrix}$

4. $A = \begin{bmatrix} 7 & -3 \\ -2 & 1 \end{bmatrix}, B = \begin{bmatrix} 0 & 8 \\ 4 & 1 \end{bmatrix}$

5. $A = \begin{bmatrix} 1 & -2 & -3 \\ -1 & 4 & 6 \\ 1 & -1 & -2 \end{bmatrix}, B = \begin{bmatrix} 2 \\ 7 \\ 4 \end{bmatrix}$

6. $A = \begin{bmatrix} 3 & -1 & 0 \\ 0 & 1 & 2 \\ 6 & 0 & 5 \end{bmatrix}, B = \begin{bmatrix} -6 \\ 12 \\ 15 \end{bmatrix}$

Use la inversa de la matriz de coeficientes para resolver cada sistema de ecuaciones (las inversas para los ejercicios 9-14 se encontraron en los ejercicios 41 y 44-48 de la sección 7.4), (véase el ejemplo 1).

7. $\begin{aligned} x + 2y + 3z &= 5 \\ 2x + 3y + 2z &= 2 \\ -x - 2y - 4z &= -1 \end{aligned}$

8. $\begin{aligned} x + y - 3z &= 4 \\ 2x + 4y - 4z &= 8 \\ -x + y + 4z &= -3 \end{aligned}$

9. $\begin{aligned} x + 4y + 3z &= -12 \\ x - 3y - 2z &= 0 \\ 2x + 5y + 4z &= 7 \end{aligned}$

10. $\begin{aligned} 5x + 2z &= 3 \\ 2x + 2y + z &= 4 \\ -3x + y - z &= 5 \end{aligned}$

11. $\begin{aligned} 2x + 4y + 6z &= 4 \\ -x - 4y - 3z &= 8 \\ y - z &= -4 \end{aligned}$

12. $\begin{aligned} 2x + 2y - 4z &= 12 \\ 2x + 6y &= 16 \\ -3x - 3y + 5z &= -20 \end{aligned}$

13. $\begin{aligned} x - 2y + 3z &= 4 \\ y - z + w &= -8 \\ -2x + 2y - 2z + 4w &= 12 \\ 2y - 3z + w &= -4 \end{aligned}$

14. $\begin{aligned} x + y + 2w &= 3 \\ 2x - y + z - w &= 3 \\ 3x + 3y + 2z - 2w &= 5 \\ x + 2y + z &= 3 \end{aligned}$

Use álgebra matricial para resolver las siguientes ecuaciones matriciales para X. Luego use las matrices dadas para encontrar X y verificar su trabajo.

15. $N = X - MX, N = \begin{bmatrix} 8 \\ -12 \end{bmatrix}, M = \begin{bmatrix} 0 & 1 \\ -2 & 1 \end{bmatrix}$

16. $A = BX + X, A = \begin{bmatrix} 4 & 6 \\ -2 & 2 \end{bmatrix}, B = \begin{bmatrix} -2 & -2 \\ 3 & 3 \end{bmatrix}$

Encuentre la matriz de producción dadas las siguientes matrices insumo-producto y demanda externa (véanse los ejemplos 3-6).

17. $A = \begin{bmatrix} \frac{1}{2} & \frac{2}{5} \\ \frac{1}{4} & \frac{1}{5} \end{bmatrix}, D = \begin{bmatrix} 2 \\ 4 \end{bmatrix}$

18. $A = \begin{bmatrix} \frac{1}{5} & \frac{1}{25} \\ \frac{3}{5} & \frac{1}{20} \end{bmatrix}, D = \begin{bmatrix} 3 \\ 10 \end{bmatrix}$

19. $A = \begin{bmatrix} .1 & .03 \\ .07 & .6 \end{bmatrix}, D = \begin{bmatrix} 5 \\ 10 \end{bmatrix}$

20. $A = \begin{bmatrix} .01 & .03 \\ .05 & .05 \end{bmatrix}, D = \begin{bmatrix} 100 \\ 200 \end{bmatrix}$

21. $A = \begin{bmatrix} .4 & 0 & .3 \\ 0 & .8 & .1 \\ 0 & .2 & .4 \end{bmatrix}, D = \begin{bmatrix} 1 \\ 3 \\ 2 \end{bmatrix}$

22. $A = \begin{bmatrix} .1 & .5 & 0 \\ 0 & .3 & .4 \\ .1 & .2 & .1 \end{bmatrix}, D = \begin{bmatrix} 10 \\ 4 \\ 2 \end{bmatrix}$

Escriba un sistema de ecuaciones y use la inversa de la matriz de coeficientes para resolver el sistema.

23. Administración Felsted Furniture fabrica muebles para comedores. Un buffet requiere 30 horas de construcción y 10 horas de acabado. Una silla requiere 10 horas de construcción y 10 horas de acabado. Una mesa requiere 10 horas de construcción y 30 horas de acabado. El departamento de construcción dispone de 350 horas de trabajo y el departamento de acabado de 150 horas cada semana. ¿Cuántas piezas de cada tipo de mueble deben producirse cada semana si la fábrica debe operar a capacidad plena?

24. Ciencias naturales **(a)** Un doctor planea una dieta especial para un cierto paciente. La cantidad total por comida de los grupos de alimentos A, B y C debe ser igual a 400 gramos. La dieta debe incluir un tercio tanto del grupo A como del grupo B y la suma de las cantidades del grupo A y del grupo C debe ser igual a dos veces la cantidad del grupo B. ¿Cuántos gramos de cada grupo de alimentos deben incluirse?

(b) Suponga que se cancela el requisito de que la dieta incluya un tercio tanto del grupo A como del grupo B. Describa el conjunto de todas las posibles soluciones.

(c) Suponga que en adición a las condiciones dadas en el inciso (a), los alimentos A y B cuestan 2 centavos por gramo y el alimento C cuesta 3 centavos por gramo y que una comida debe costar $8. ¿Es posible una solución?

25. Ciencias naturales Tres especies de bacterias se alimentan con tres productos diferentes, I, II y III. Una bacteria de la primera especie consume 1.3 unidades de los productos I y II y 2.3 unidades del producto III diariamente. Una bacteria de la segunda especie consume 1.1 unidades del producto I, 2.4 unidades del producto II y 3.7 unidades del producto III cada día. Una bacteria de la tercera especie consume 8.1 unidades del I, 2.9 unidades del II y 5.1 del III cada día. Si se suministran cada día 16,000 unidades del producto I, 28,000 unidades del II y 44,000 unidades del III, ¿cuántas bacterias de cada especie pueden mantenerse en este ambiente?

26. Administración Una compañía produce tres combinaciones de vegetales mezclados que se venden en paquetes de 1 kilogramo. El estilo italiano combina 0.3 kilogramos de calabacitas, 0.3 de bróculi y 0.4 de zanahorias. El estilo francés combina 0.6 kilogramos de bróculi y 0.4 de zanahorias. El estilo oriental combina 0.2 kilogramos de calabacitas, 0.5 de bróculi y 0.3 de zanahorias. La compañía tiene en existencia 16,200 kilogramos de calabacitas, 41,400 kilogramos de bróculi y 29,400 kilogramos de zanahorias. ¿Cuántos paquetes de cada estilo deben prepararse para agotar las existencias?

Los ejercicios 27 y 28 se refieren al ejemplo 6.

27. Administración Si la demanda se cambia a 690 toneladas métricas de trigo y 920 toneladas métricas de aceite, ¿cuántas unidades de cada producto deben producirse?

28. Administración Cambie la matriz de tecnología de manera que la producción de 1 tonelada métrica de trigo requiera 1/5 tonelada métrica de aceite (y ninguna de trigo) y la producción de 1 tonelada métrica de aceite requiera 1/3 tonelada métrica de trigo (y ninguna de aceite). Para satisfacer la misma matriz de demanda, ¿cuántas unidades de cada producto deben producirse?

29. Administración Una economía simplificada tiene sólo dos industrias, la compañía eléctrica y la compañía de gas. Cada dólar de la producción de la compañía eléctrica requiere $0.40 de su propia producción y $0.50 de la producción de la compañía de gas. Cada dólar de la producción de la compañía de gas requiere $0.25 de su propia producción y $0.60 de la producción de la compañía eléctrica. ¿Cuál debe ser la producción de electricidad y gas (en dólares) si se tiene una demanda de $12 millones de gas y una demanda de $15 millones de electricidad?

30. Administración Una economía de dos segmentos consiste en manufactura y agricultura. Para producir una unidad de producción manufacturera se requieren 0.40 unidades de su propia producción y 0.20 unidades de producción agrícola. Para producir una unidad de producción agrícola se requieren 0.30 unidades de su propia producción y 0.40 unidades de producción manufacturera. Si hay una demanda de 240 unidades de manufacturas y 90 unidades de productos agrícolas, ¿cuál debe ser la producción de cada segmento?

31. Administración Una economía primitiva depende de dos bienes básicos, camotes y puercos. La producción de 1 bushel de camotes requiere 1/4 bushel de camotes y de 1/2 puerco. Para producir 1 puerco se requiere 1/6 bushel de camotes. Encuentre la cantidad de cada producto que debe generarse para obtener

(a) 1 bushel de camotes y 1 puerco;

(b) 100 bushels de camotes y 70 puercos.

32. Administración Una economía simplificada se basa en agricultura, manufactura y transporte. Cada unidad de producción agrícola requiere 0.4 unidades de su propia producción, 0.3 unidades de manufactura y 0.2 unidades de transporte. Una unidad de producción de manufactura requiere 0.4 unidades de su propia producción, 0.2 unidades de producción agrícola y 0.3 unidades de transporte. Una unidad de producción de transporte requiere 0.4 unidades de su propia producción, 0.1 unidad de producción agrícola y 0.2 unidades de producción de manufactura. Se tiene una demanda de 35 unidades de producción agrícola, de 90 unidades de manufactura y de 20 unidades de transporte. ¿Cuántas unidades de cada segmento de la economía se deben producir?

33. Administración ¿Cuántas unidades de cada segmento debe la economía del ejercicio 32 producir, si la demanda es de 55 unidades de producción agrícola, de 20 unidades de manufactura y de 10 unidades de transporte?

34. Ciencias sociales Use el método estudiado en el texto para codificar el mensaje

Anne is home.

Separe el mensaje en grupos de dos letras y use la matriz

$$M = \begin{bmatrix} 1 & 3 \\ 2 & 7 \end{bmatrix}.$$

35. Ciencias sociales Use la matriz del ejercicio 34 para codificar el mensaje

Head for the hills!

36. Ciencias sociales Descifre el siguiente mensaje, que fue codificado usando la matriz M del ejercicio 34.

$$\begin{bmatrix} 90 \\ 207 \end{bmatrix}, \begin{bmatrix} 39 \\ 87 \end{bmatrix}, \begin{bmatrix} 26 \\ 57 \end{bmatrix}, \begin{bmatrix} 66 \\ 145 \end{bmatrix}, \begin{bmatrix} 61 \\ 142 \end{bmatrix}, \begin{bmatrix} 89 \\ 205 \end{bmatrix}.$$

37. Ciencias sociales Use la matriz A del análisis de recorridos en el texto para encontrar A^2. Luego responda las siguientes preguntas. ¿Cuántas maneras hay de viajar de

(a) la ciudad 1 a la 3 pasando exactamente por una ciudad?
(b) la ciudad 2 a la 4 pasando exactamente por una ciudad?
(c) la ciudad 1 a la 3 pasando cuando más por una ciudad?
(d) la ciudad 2 a la 4 pasando cuando más por una ciudad?

38. Ciencias sociales Encuentre A^3. (Véase el ejercicio 37.) Luego responda las siguientes preguntas.

(a) ¿Cuántas maneras hay de viajar entre las ciudades 1 y 4 pasando por exactamente dos ciudades?
(b) ¿Cuántas maneras hay de viajar entre las ciudades 1 y 4 pasando cuando más por dos ciudades?

39. Administración Un pequeño sistema telefónico conecta tres ciudades. Hay cuatro líneas entre las ciudades 3 y 2, tres líneas que conectan la ciudad 3 con la ciudad 1 y dos líneas entre las ciudades 1 y 2.

(a) Escriba una matriz B para representar esta información.
(b) Encuentre B^2.
(c) ¿Cuántas líneas que conectan las ciudades 1 y 2 van a través de exactamente otra ciudad (ciudad 3)?
(d) ¿Cuántas líneas que conectan las ciudades 1 y 2 van a través de cuando más otra ciudad?

40. Administración La figura muestra cuatro ciudades servidas por Supersouth Airlines.

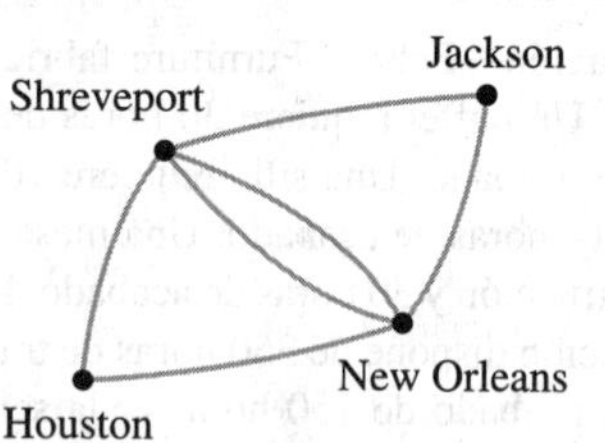

(a) Escriba una matriz para representar el número de rutas directas entre las ciudades.
(b) Encuentre el número de vuelos directos entre Houston y Jackson.
(c) Encuentre el número de vuelos entre Houston y Shreveport que requieren a lo más de una escala.
(d) Encuentre el número de vuelos con una escala entre Nueva Orleans y Houston.

41. Ciencias naturales La figura muestra una red de comida. Las flechas indican las fuentes de comida de cada población. Por ejemplo, los gatos comen ratas y ratones.

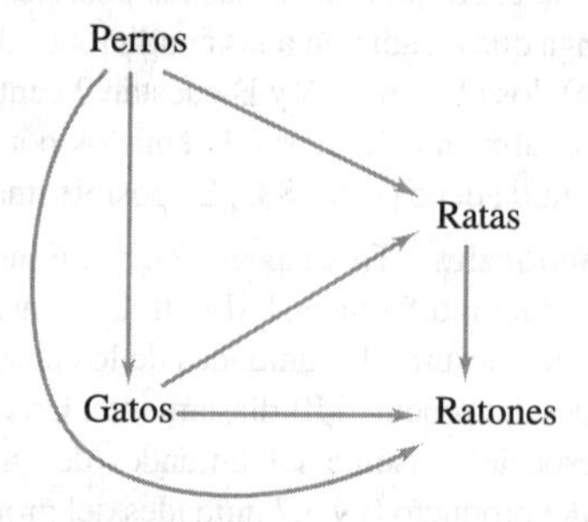

(a) Escriba una matriz C en la que cada renglón y la correspondiente columna represente una población en la red de comida. Ponga un 1 cuando la población en un renglón dado se alimenta con la población en la columna dada.
(b) Calcule e interprete C^2.

CAPÍTULO 7 RESUMEN

Términos clave y símbolos

7.1 ecuación lineal
sistema de ecuaciones lineales
solución de un sistema
sistema independiente
sistema dependiente
sistema inconsistente
método de eliminación
sistemas equivalentes
operaciones elementales
forma triangular
renglón
columna
matriz (matrices)
elemento (entrada)
matriz aumentada
operaciones sobre renglones
parámetro

7.2 método de Gauss-Jordan

7.3 matriz renglón (vector renglón)
matriz columna (vector columna)
matriz cuadrada
inversa aditiva de una matriz
matriz cero
escalar
producto de un escalar y una matriz

7.4 matriz producto
matriz de identidad
matriz inversa
matriz singular

7.5 matriz de coeficientes
modelo de insumo-producto
matriz de tecnología (matriz de insumo-producto)
matriz de producción (vector de rendimiento bruto)
matriz de demanda
teoría de códigos
teoría de recorridos

Conceptos clave

Resolución de sistemas de ecuaciones

Las siguientes **operaciones elementales** se usan para transformar un sistema de ecuaciones en un sistema equivalente más simple.

1. Intercambie dos ecuaciones cualesquiera.
2. Multiplique ambos lados de una ecuación por una constante no nula.
3. Reemplace una ecuación por la suma de ella misma y un múltiplo constante de otra ecuación en el sistema.

El **método de eliminación** es una manera sistemática de usar las operaciones elementales para transformar un sistema en otro sistema equivalente que pueda ser resuelto por **sustitución hacia atrás.** Vea la sección 7.1 para detalles.

La versión matricial del método de eliminación usa las siguientes **operaciones de matriz renglón** que corresponde a usar operaciones elementales sobre renglones con sustitución hacia atrás en un sistema de ecuaciones.

1. Intercambie dos renglones cualquiera.
2. Multiplique cada elemento de un renglón por una constante no nula.
3. Reemplace un renglón por la suma de él mismo y un múltiplo constante de otro renglón en la matriz.

El **método de Gauss-Jordan** es una extensión del método de eliminación para resolver un sistema de ecuaciones lineales. Se usan operaciones sobre renglones en la matriz aumentada del sistema. Vea la sección 7.2 para detalles.

Operaciones con matrices

La **suma** de dos matrices X y Y de $m \times n$ es la matriz $X + Y$ de $m \times n$ en la que cada elemento es la suma de los elementos correspondientes de X y Y. La **diferencia** de dos matrices X y Y de $m \times n$ es la matriz $X - Y$ de $m \times n$ en la que cada elemento es la diferencia de los elementos correspondientes de X y Y.

El **producto** de un escalar k y una matriz X es la matriz kX, con cada elemento k veces el elemento correspondiente de X.

El **producto matricial** AB de una matriz A de $m \times n$ y una matriz B de $n \times k$ es la matriz de $m \times k$ cuyo elemento en el *i*ésimo renglón y *j*ésima columna es el producto del *i*ésimo renglón de A y la *j*ésima columna de B.

La **matriz inversa** A^{-1} de cualquier matriz A de $n \times n$ para la cual existe A^{-1}, se encuentra como sigue. Forme la matriz aumentada $[A \mid I]$; efectúe operaciones elementales sobre los renglones de $[A \mid I]$ para obtener la matriz $[I \mid A^{-1}]$.

Capítulo 7 Ejercicios de repaso

Use el método de eliminación o el método matricial para resolver cada uno de los siguientes sistemas. Identifique los sistemas dependientes y los inconsistentes.

1. $\begin{aligned} -5x - 3y &= 4 \\ 2x + y &= -3 \end{aligned}$

2. $\begin{aligned} 3x - y &= 6 \\ 2x + 3y &= 7 \end{aligned}$

3. $\begin{aligned} 3x - 5y &= 10 \\ 4x - 3y &= 6 \end{aligned}$

4. $\begin{aligned} \frac{1}{4}x - \frac{1}{3}y &= -\frac{1}{4} \\ \frac{1}{10}x + \frac{2}{5}y &= \frac{2}{5} \end{aligned}$

5. $\begin{aligned} x - 2y &= 1 \\ 4x + 4y &= 2 \\ 10x + 8y &= 4 \end{aligned}$

6. $\begin{aligned} x + y - 4z &= 0 \\ 2x + y - 3z &= 2 \end{aligned}$

7. $\begin{aligned} 3x + y - z &= 13 \\ x \quad + 2z &= 9 \\ -3x - y + 2z &= 9 \end{aligned}$

8. $\begin{aligned} 4x - y - 2z &= 4 \\ x - y - \frac{1}{2}z &= 1 \\ 2x - y - z &= 8 \end{aligned}$

9. Administración Un fabricante de artículos para oficina hace dos tipos de clips, uno estándar y el otro extragrande. Para hacer 1000 clips estándar se requieren 1/4 hora de una máquina cortadora y 1/2 hora de una máquina que le da la forma a los clips. Mil clips extragrandes requieren 1/3 hora de cada máquina. El gerente de producción tiene 4 horas disponibles por día en la máquina cortadora y 6 horas por día en la máquina formadora. ¿Cuántos clips de cada tipo puede fabricar?

10. Administración Gabriela Suárez planea comprar acciones de dos tipos. Una cuesta \$32 por acción y paga dividendos de \$1.20 por acción. La otra cuesta \$23 por acción y paga dividendos de \$1.40 por acción. Dispone de \$10,100 y quiere ganar dividendos de \$540. ¿Cuántas acciones de cada tipo debe comprar?

11. Administración Mariana Pérez tiene dinero en dos fondos de inversión. El año pasado el primer fondo pagó un dividendo de 8% y el segundo un dividendo de 2% y Mariana recibió un total de \$780. Este año el primer fondo pagó un dividendo de 10% y el segundo sólo 1% y Mariana recibió \$810. ¿Cuánto tiene invertido en cada fondo?

12. Usted recibe \$144 en billetes de uno, cinco y diez dólares. Son en total 35 billetes. Hay dos billetes más de diez dólares que de cinco dólares. ¿Cuántos billetes hay de cada denominación?

13. Ciencias sociales Una agencia de servicio social proporciona asesoramiento, comida y habitación a clientes tipo I, II y III. Los clientes tipo I requieren un promedio de \$100 para comida, \$250 para habitación y ningún asesoramiento. Los clientes tipo II requieren un promedio de \$100 por asesoramiento, \$200 para comida y ninguna habitación. Los clientes tipo III requieren un promedio de \$100 para asesoramiento, \$150 para comida y \$200 para habitación. La agencia dispone de \$25,000 para asesoramiento, \$50,000 para comida y \$32,500 para habitación. ¿Cuántos clientes de cada tipo pueden atenderse?

14. Administración Los indios Waputi tejen cobertores, alfombras y faldas. Cada cobertor requiere 24 horas para enrollar el estambre, 4 horas para teñir el estambre y 15 horas para tejerlo. Las alfombras requieren 30, 5 y 18 horas y las faldas 12, 3 y 9 horas, respectivamente. Si se tienen 306, 59 y 201 horas disponibles para enrollar, teñir y tejer, respectivamente, ¿cuántos artículos de cada tipo pueden hacerse? (*Sugerencia:* simplifique las ecuaciones que escriba, de ser posible, antes de resolver el sistema.)

Use el método de Gauss-Jordan para resolver los siguientes sistemas.

15. $\begin{aligned} x - z &= -3 \\ y + z &= 6 \\ 2x - 3z &= -9 \end{aligned}$

16. $\begin{aligned} 2x - y + 4z &= -1 \\ -3x + 5y - z &= 5 \\ 2x + 3y + 2z &= 3 \end{aligned}$

17. $\begin{aligned} 5x - 8y + z &= 1 \\ 3x - 2y + 4z &= 3 \\ 10x - 16y + 2z &= 3 \end{aligned}$

18. $\begin{aligned} x - 2y + 3z &= 4 \\ 2x + y - 4z &= 3 \\ -3x + 4y - z &= -2 \end{aligned}$

19. $\begin{aligned} 3x + 2y - 6z &= 9 \\ x + y + 2z &= 4 \\ 2x + 2y + 5z &= 0 \end{aligned}$

20. Administración Cada semana en una fábrica de muebles se dispone de 2000 horas de trabajo en el departamento de construcción, de 1400 horas de trabajo en el departamento de pintura y de 1300 horas de trabajo en el departamento de empaque. Producir una silla requiere de 2 horas de construcción, de 1 hora de pintura y de 2 horas de empaque. Producir una mesa requiere de 4 horas de construcción, de 3 horas de pintura y de 3 horas de empaque. Producir un armario requiere de 8 horas de construcción, de 6 horas de pintura y de 4 horas de empaque. Si todo el tiempo se usa en cada departamento, ¿cuántos de cada artículo se producen cada semana?

En cada una de las siguientes, encuentre las dimensiones de la matriz e identifique las matrices cuadradas, renglón o columna.

21. $\begin{bmatrix} 2 & 3 \\ 5 & 9 \end{bmatrix}$

22. $\begin{bmatrix} 2 & -1 \\ 4 & 6 \\ 5 & 7 \end{bmatrix}$

23. $[12 \quad 4 \quad -8 \quad -1]$

24. $\begin{bmatrix} -7 & 5 & 6 \\ 3 & 2 & -1 \\ -1 & 12 & 8 \end{bmatrix}$

25. $\begin{bmatrix} 6 & 8 & 10 \\ 5 & 3 & -2 \end{bmatrix}$

26. $\begin{bmatrix} -9 \\ 15 \\ 4 \end{bmatrix}$

27. Ciencias naturales Las actividades de un animal de pastoreo pueden clasificarse burdamente en tres categorías: pastar, moverse y descansar. Suponga que los caballos pasan 8 horas pastando, 8 moviéndose y 8 descansando; el ganado pasa 10 pastando, 5 moviéndose y 9 descansando; las ovejas pasan 7 pastando, 10 moviéndose y 7 descansando; y las cabras pasan 8 pastando, 9 moviéndose y 7 descansando. Escriba esta información en una matriz de 4×3.

28. Administración El Stock Exchange de Nueva York reporta en los periódicos diarios los dividendos, la razón precio a ganancias, las ventas (en cientos de acciones), el último precio y los cambios en precio para cada compañía. Escriba los siguientes reportes de la bolsa como una matriz de 4×5. American Telephone & Telegraph: 5, 7, 1532, $52\frac{3}{8}$, $-\frac{1}{4}$. General Electric: 3, 9, 1464, 56, $+\frac{1}{8}$. Gulf Oil: 2.50, 5, 4974, 41, $-1\frac{1}{2}$. Sears: 1.36, 10, 1754, 18, $+\frac{1}{2}$.

Dadas las matrices

$$A = \begin{bmatrix} 4 & 10 \\ -2 & -3 \\ 6 & 9 \end{bmatrix}, \quad B = \begin{bmatrix} 2 & 3 & -2 \\ 2 & 4 & 0 \\ 0 & 1 & 2 \end{bmatrix}, \quad C = \begin{bmatrix} 5 & 0 \\ -1 & 3 \\ 4 & 7 \end{bmatrix},$$

$$D = \begin{bmatrix} 6 \\ 1 \\ 0 \end{bmatrix}, \quad E = \begin{bmatrix} 1 & 3 & -4 \end{bmatrix}, \quad F = \begin{bmatrix} -1 & 4 \\ 3 & 7 \end{bmatrix},$$

$$G = \begin{bmatrix} 2 & 5 \\ 1 & 6 \end{bmatrix},$$

encuentre lo siguiente (cuando exista).

29. $-B$ **30.** $-D$ **31.** $3A - 2C$

32. $F + 3G$ **33.** $2B - 5C$ **34.** $G - 2F$

35. Administración Consulte el ejercicio 28. Escriba una matriz de 4×2 usando las ventas y cambios de precios para las cuatro compañías. Las ventas y cambios de precios al siguiente día para las mismas cuatro compañías fueron 2310, 1258, 5061, 1812 y $-1/4$, $-1/4$, $+1/2$, $+1/2$, respectivamente. Escriba una matriz de 4×2 usando esas nuevas ventas y cambios de precios. Use la adición matricial para encontrar las ventas y cambio de precios totales para los dos días.

36. Administración Una refinería de petróleo en Tulsa envió 110,000 galones de petróleo a un distribuidor en Chicago, 73,000 a un distribuidor en Dallas y 95,000 a un distribuidor en Atlanta. Otra refinería en Nueva Orleans envió las siguientes cantidades a los mismos tres distribuidores: 85,000, 108,000 y 69,000. El siguiente mes las dos refinerías enviaron a los mismos distribuidores nuevos embarques de petróleo como sigue: desde Tulsa, 58,000 a Chicago, 33,000 a Dallas y 80,000 a Atlanta; desde Nueva Orleans, 40,000, 52,000 y 30,000, respectivamente.

(a) Escriba los embarques mensuales desde las dos refinerías a los tres distribuidores como matrices de 3×2.

(b) Use la adición de matrices para encontrar las cantidades totales enviadas a los distribuidores desde cada refinería.

Use las matrices dadas antes del ejercicio 29 para encontrar cada una de las siguientes (cuando existan).

37. AG **38.** EB **39.** GF

40. CA **41.** AGF **42.** B^2D

43. Administración Un fabricante de artículos de oficina hace dos tipos de clips, uno estándar y otro extragrande. Para hacer una unidad de clips estándar se requiere 1/4 hora de una máquina cortadora y 1/2 hora de una máquina que le da forma a los clips. Una unidad de clips extragrandes requieren 1/3 hora de cada máquina.

(a) Escriba esta información como una matriz de 2×2 (tamaño/máquina).

(b) Si van a ser producidas 48 unidades de clips estándar y 66 unidades de clips extragrandes, use la multiplicación de matrices para encontrar cuántas horas debe operar cada máquina. (*Sugerencia:* escriba las unidades como una matriz de 1×2.)

44. Administración Teresa DePalo compra acciones de tres tipos. El costo por acción y dividendos por acción son \$32, \$23 y \$54, y \$1.20, \$1.49 y \$2.10, respectivamente. Compra 50 acciones del primer tipo, 20 acciones del segundo tipo y 15 acciones del tercer tipo.

(a) Escriba el costo por acción y los dividendos por acción como una matriz de 3×2.

(b) Escriba el número de acciones de cada tipo como una matriz de 1×3.

(c) Use la multiplicación de matrices para encontrar el costo total y los dividendos totales de esas acciones.

45. Si $A = \begin{bmatrix} 3 & 0 \\ 2 & 1 \end{bmatrix}$, encuentre una matriz B tal que AB y BA estén definidas y $AB \neq BA$.

46. ¿Es posible hacer el ejercicio 45 si $A = \begin{bmatrix} 4 & 0 \\ 0 & 4 \end{bmatrix}$? Explique por qué.

Encuentre la inversa, si existe, de cada una de las siguientes matrices.

47. $\begin{bmatrix} -4 & 2 \\ 0 & 3 \end{bmatrix}$ **48.** $\begin{bmatrix} 2 & 1 \\ 5 & 3 \end{bmatrix}$

49. $\begin{bmatrix} 6 & 4 \\ 3 & 2 \end{bmatrix}$ **50.** $\begin{bmatrix} 2 & 0 \\ -1 & 5 \end{bmatrix}$

51. $\begin{bmatrix} 2 & 0 & 4 \\ 1 & -1 & 0 \\ 0 & 1 & -2 \end{bmatrix}$ **52.** $\begin{bmatrix} 2 & -1 & 0 \\ 1 & 0 & 1 \\ 1 & -2 & 0 \end{bmatrix}$

53. $\begin{bmatrix} 2 & 3 & 5 \\ -2 & -3 & -5 \\ 1 & 4 & 2 \end{bmatrix}$ **54.** $\begin{bmatrix} 1 & 3 & 6 \\ 4 & 0 & 9 \\ 5 & 15 & 30 \end{bmatrix}$

55. $\begin{bmatrix} 1 & 3 & -2 & -1 \\ 0 & 1 & 1 & 2 \\ -1 & -1 & 1 & -1 \\ 1 & -1 & -3 & -2 \end{bmatrix}$ **56.** $\begin{bmatrix} 3 & 2 & 0 & -1 \\ 2 & 0 & 1 & 2 \\ 1 & 2 & -1 & 0 \\ 2 & -1 & 1 & 1 \end{bmatrix}$

Regrese de nuevo a las matrices del ejercicio 29 para encontrar cada una de las siguientes (cuando existan).

57. F^{-1} **58.** G^{-1} **59.** $(G - F)^{-1}$

60. $(F + G)^{-1}$ **61.** B^{-1}

62. Explique por qué la matriz $\begin{bmatrix} a & 0 \\ c & 0 \end{bmatrix}$, donde a y c son constantes no nulas, no puede tener inversa.

Resuelva cada una de las siguientes ecuaciones matriciales $AX = B$ para X.

63. $A = \begin{bmatrix} 2 & 4 \\ -1 & -3 \end{bmatrix}, B = \begin{bmatrix} 8 \\ 3 \end{bmatrix}$

64. $A = \begin{bmatrix} 1 & 3 \\ -2 & 4 \end{bmatrix}, B = \begin{bmatrix} 15 \\ 10 \end{bmatrix}$

65. $A = \begin{bmatrix} 1 & 0 & 2 \\ -1 & 1 & 0 \\ 3 & 0 & 4 \end{bmatrix}, B = \begin{bmatrix} 8 \\ 4 \\ -6 \end{bmatrix}$

66. $A = \begin{bmatrix} 2 & 4 & 0 \\ 1 & -2 & 0 \\ 0 & 0 & 3 \end{bmatrix}, B = \begin{bmatrix} 72 \\ -24 \\ 48 \end{bmatrix}$

Use el método de las matrices inversas para resolver cada uno de los siguientes sistemas.

67. $x + y = 4$
$2x + 3y = 10$

68. $5x - 3y = -2$
$2x + 7y = -9$

69. $2x + y = 5$
$3x - 2y = 4$

70. $x - 2y = 7$
$3x + y = 7$

71. $x + y + z = 1$
$2x - y = -2$
$3y + z = 2$

72. $x = -3$
$y + z = 6$
$2x - 3z = -9$

73. $3x - 2y + 4z = 4$
$4x + y - 5z = 2$
$-6x + 4y - 8z = -2$

74. $x + 2y = -1$
$3y - z = -5$
$x + 2y - z = -3$

Resuelva cada uno de los siguientes problemas por cualquier método.

75. Administración Un fabricante de vino tiene dos grandes recipientes de vino. Uno contiene 8% de alcohol y el otro 18% de alcohol. ¿Cuántos litros de cada vino deben mezclarse para producir 30 litros de vino con 12% de alcohol?

76. Administración Un comerciante en oro tiene cierta cantidad de oro de 12 quilates (12/24 de oro puro) y cierta cantidad de oro de 22 quilates (22/24 de oro puro). ¿Cuántos gramos de cada uno deben mezclarse para tener 25 gramos de oro de 15 quilates?

77. Ciencias naturales Un químico tiene una solución ácida al 40% y otra solución al 60%. ¿Cuántos litros de cada una debe usar para obtener 40 litros de una solución al 45%?

78. Administración ¿Cuántas libras de té de $4.60 por libra deben mezclarse con té de $6.50 por libra para obtener 10 libras de una mezcla de $5.74 por libra?

79. Administración Una máquina en una fábrica de cerámica tarda 3 minutos hacer un tazón y 2 minutos en hacer un plato. El material para el tazón cuesta $.25 y el material para un plato cuesta $.20. Si la máquina funciona durante 8 horas y se gastan exactamente $44 en material, ¿cuántos tazones y platos pueden producirse?

80. Una lancha viaja a velocidad constante una distancia de 57 km río abajo durante tres horas y luego da la vuelta y viaja 55 km aguas arriba durante 5 horas. ¿Cuál es la velocidad de la lancha y del río?

81. Administración La señora Robles invierte $50,000 de tres maneras distintas, al 8%, al $8\frac{1}{2}$% y al 11%. En total, recibe $4436.25 por año de intereses. El interés de la inversión al 11% es de $80 más que el interés de la inversión al 8%. Encuentre la cantidad que ha invertido a cada tasa.

82. Los boletos para un concierto cuestan $2 para niños, $3 para adolescentes y $5 para adultos. 570 personas asistieron al concierto y las entradas totales fueron de $1950. Las tres cuartas partes de la cantidad de niños que asistieron era de adolescentes. ¿Cuántos niños, adolescentes y adultos asistieron?

Encuentre la matriz de producción dadas las siguientes matrices de insumo-producto y demanda.

83. $A = \begin{bmatrix} .01 & .05 \\ .04 & .03 \end{bmatrix}, D = \begin{bmatrix} 200 \\ 300 \end{bmatrix}$

84. $A = \begin{bmatrix} .2 & .1 & .3 \\ .1 & 0 & .2 \\ 0 & 0 & .4 \end{bmatrix}, D = \begin{bmatrix} 500 \\ 200 \\ 100 \end{bmatrix}$

85. Dada la matriz de insumo-producto $A = \begin{bmatrix} 0 & \frac{1}{4} \\ \frac{1}{2} & 0 \end{bmatrix}$ y la matriz de demanda $D = \begin{bmatrix} 2100 \\ 1400 \end{bmatrix}$, encuentre cada una de las siguientes matrices.

(a) $I - A$ **(b)** $(I - A)^{-1}$
(c) la matriz de producción X

86. Administración Una economía depende de dos productos, cabras y queso. Se requieren 2/3 de una unidad de cabras para producir 1 unidad de queso y 1/2 unidad de queso para producir 1 unidad de cabras.
(a) Escriba la matriz de insumo-producto para esta economía.
(b) Encuentre la producción requerida para satisfacer una demanda de 400 unidades de queso y 800 unidades de cabras.

87. Administración En un modelo económico simple, un país tiene dos industrias: agricultura y manufactura. Para producir $1 de producción agrícola se requiere $0.10 de producción agrícola y $0.40 de producción manufacturera. Para producir $1 de producción manufacturera se requiere $0.70 de producción agrícola y $0.20 de producción manufacturera. Si la demanda agrícola es de $60,000 y la demanda manufacturera es de $20,000, ¿cuál debe ser la producción de cada industria? (Redondee las respuestas al número entero más cercano.)

88. Administración La siguiente matriz representa el número de vuelos directos entre cuatro ciudades.

$$\begin{array}{c} \\ A \\ B \\ C \\ D \end{array} \begin{array}{c} \begin{array}{cccc} A & B & C & D \end{array} \\ \begin{bmatrix} 0 & 1 & 0 & 1 \\ 1 & 0 & 0 & 1 \\ 0 & 0 & 0 & 1 \\ 1 & 1 & 1 & 0 \end{bmatrix} \end{array}$$

(a) Encuentre el número de vuelos con una escala entre las ciudades A y C.
(b) Encuentre el número total de vuelos entre las ciudades B y C que son directos o con una escala.
(c) Encuentre la matriz que da el número de vuelos con dos escalas entre esas ciudades.

89. Ciencias sociales (a) Use la matriz $M = \begin{bmatrix} 2 & 6 \\ 1 & 4 \end{bmatrix}$ para codificar el mensaje "leave now".
(b) ¿Qué matriz debe usarse para descifrar este mensaje?

CASO 7

Modelo de Leontief de la economía estadounidense

En la edición de abril de 1965 del *Scientific American*, Wassily Leontief explicó su sistema de insumo-producto usando la economía estadounidense de 1958 como un ejemplo.* Dividió la economía en 81 sectores, agrupados en seis familias de sectores relacionados. Para mantener el análisis razonablemente sencillo, trataremos cada familia de sectores como un solo sector, por lo que trabajaremos de hecho con un modelo de seis sectores. Los sectores se muestran en la tabla 1.

Tabla 1

Sector	*Ejemplos*
No metálico final (FN)	Muebles, alimentos procesados
Metálico final (FM)	Electrodomésticos, vehículos de motor
Metálico básico (BM)	Productos maquinados, minería
No metálico básico (BN)	Agricultura, impresión
Energía (E)	Petróleo, carbón
Servicios (S)	Diversiones, bienes raíces

Las actividades de la economía estadounidense en 1958 están descritas en la tabla de insumo-producto (tabla 2) basadas en las cifras de Leontief. Mostraremos el significado de la tabla 2 considerando la primera columna izquierda de números. Los números en esta columna significan que 1 unidad de producción final no metálica requiere el consumo de 0.170 unidades de (otra) producción final no metálica, 0.003 unidades de producción final metálica, 0.025 unidades de productos básicos metálicos, y así sucesivamente hacia abajo en la columna. Como la unidad de medida que Leontief usó para esta tabla es millones de dólares, concluimos que la producción de $1 millón de producción final no metálica consume $0.170 millones o $170,000 de otros productos finales no metálicos, $3000 de productos finales metálicos, $25,000 de productos básicos metálicos, etc. De la misma manera, la entrada en la columna con el encabezado FM y opuesta a S de 0.074 significa que $74,000 de entrada de las industrias de servicios va a la producción de $1 millón de productos finales metálicos y el número 0.358 en la columna encabezada E y

Tabla 2

	FN	*FM*	*BM*	*BN*	*E*	*S*
FN	.170	.004	0	.029	0	.008
FM	.003	.295	.018	.002	.004	.016
BM	.025	.173	.460	.007	.011	.007
BN	.348	.037	.021	.403	.011	.048
E	.007	.001	.039	.025	.358	.025
S	.120	.074	.104	.123	.173	.234

opuesta a E significa que $358,000 de energía deben consumirse para producir $1 millón de energía.

Según la hipótesis del modelo de Leontief, la producción de n unidades (n = cualquier número) de producción final no metálica consume $0.170n$ unidades de producción final no metálica, $0.003n$ unidades de producción final metálica, $0.025n$ unidades de producción metálica básica, etc. Así entonces, la producción de $50 millones de productos de la sección final metálica de la economía estadounidense de 1958 requirió $(0.170)(50) = 8.5$ unidades ($8.5 millones) de entrada final no metálica, $(0.003)(50) = 0.15$ unidades de entrada final metálica, $(0.025)(50) = 1.25$ unidades de producción metálica básica, etc.

EJEMPLO 1 De acuerdo con la tabla simplificada de insumo-producto para la economía estadounidense en 1958, ¿cuántos dólares de productos metálicos finales, productos no metálicos básicos y servicios se requieren para producir $120 millones de productos metálicos básicos?

Cada unidad ($1 millón) de productos metálicos básicos requiere .018 unidades de productos metálicos finales porque el número en la columna BM de la tabla opuesta a FM es 0.018. Así entonces, $120 millones, o 120 unidades, requieren $(0.018)(120) = 2.16$ unidades, o $2.16 millones de productos metálicos finales. De la misma manera, 120 unidades de producción metálica básica usa $(0.021)(120) = 2.52$ unidades de producción no metálica básica y $(0.104)(120) = 12.48$ unidades de servicios, o $2.52 millones y $12.48 millones de producción no metálica básica y servicios, respectivamente. ■

El modelo de Leontief implica también una *lista de demandas*, es decir una lista de requerimientos de unidades de produc-

*Adaptado de *Applied Finite Mathematics* por Robert F. Brown y Brenda W. Brown. Copyright © 1977 por Robert F. Brown y Brenda W. Brown. Reimpreso con autorización.

ción más allá de lo solicitado para sus funcionamientos internos, como se describe en la tabla de insumo-producto. Estas demandas representan exportaciones, excesos, consumos del gobierno e individuales, etc. La lista de demandas (en millones) para la versión simplificada de la economía estadounidense en 1958 que hemos estado usando se muestra a continuación.

FN	\$99,640
FM	\$75,548
BM	\$14,444
BN	\$33,501
E	\$23,527
S	\$263,985

Podemos ahora usar los métodos desarrollados en la sección 7.5 para responder esta pregunta: ¿cuántas unidades de producción de cada sector son necesarias para hacer funcionar la economía y cumplir con la lista de demandas? Las unidades de producción de cada sector requeridas para que la economía funcione y se cumpla la lista de demandas, se desconocen, por lo que las denotamos por medio de variables. En nuestro ejemplo hay seis cantidades que de momento son desconocidas. El número de unidades de producción no metálica final requerida para resolver el problema será nuestra primera incógnita, porque este sector se representa con el primer renglón de la matriz de insumo-producto. La cantidad desconocida de unidades no metálicas finales se representará con el símbolo x_1. Siguiendo el mismo patrón, representamos las cantidades desconocidas de la siguiente manera.

x_1 = unidades de producción no metálica final requerida
x_2 = unidades de producción metálica final requerida
x_3 = unidades de producción metálica básica requerida
x_4 = unidades de producción no metálica básica requerida
x_5 = unidades de energía requerida
x_6 = unidades de servicios requeridos

Esos seis números son las cantidades que intentamos calcular y las variables serán las entradas en nuestra matriz de producción.

Para encontrar esos números, primero sea A la matriz de 6×6 correspondiente a la tabla de insumo-producto.

$$A = \begin{bmatrix} .170 & .004 & 0 & .029 & 0 & .008 \\ .003 & .295 & .018 & .002 & .004 & .016 \\ .025 & .173 & .460 & .007 & .011 & .007 \\ .348 & .037 & .021 & .403 & .011 & .048 \\ .007 & .001 & .039 & .025 & .358 & .025 \\ .120 & .074 & .104 & .123 & .173 & .234 \end{bmatrix}$$

A es la matriz de insumo-producto. La lista de demandas conduce a una matriz D de demanda de 6×1 y X es la matriz de las incógnitas.

$$D = \begin{bmatrix} 99,640 \\ 75,548 \\ 14,444 \\ 33,501 \\ 23,527 \\ 263,985 \end{bmatrix} \quad \text{y} \quad X = \begin{bmatrix} x_1 \\ x_2 \\ x_3 \\ x_4 \\ x_5 \\ x_6 \end{bmatrix}$$

Para usar la fórmula $D = (I - A)X$, o $(I - A)^{-1}D$, necesitamos encontrar $I - A$.

$$I - A = \begin{bmatrix} 1 & 0 & 0 & 0 & 0 & 0 \\ 0 & 1 & 0 & 0 & 0 & 0 \\ 0 & 0 & 1 & 0 & 0 & 0 \\ 0 & 0 & 0 & 1 & 0 & 0 \\ 0 & 0 & 0 & 0 & 1 & 0 \\ 0 & 0 & 0 & 0 & 0 & 1 \end{bmatrix} - \begin{bmatrix} .170 & .004 & 0 & .029 & 0 & .008 \\ .003 & .295 & .018 & .002 & .004 & .016 \\ .025 & .173 & .460 & .007 & .011 & .007 \\ .348 & .037 & .021 & .403 & .011 & .048 \\ .007 & .001 & .039 & .025 & .358 & .025 \\ .120 & .074 & .104 & .123 & .173 & .234 \end{bmatrix}$$

$$= \begin{bmatrix} .830 & -.004 & 0 & -.029 & 0 & -.008 \\ -.003 & .705 & -.018 & -.002 & -.004 & -.016 \\ -.025 & -.173 & .540 & -.007 & -.011 & -.007 \\ -.348 & -.037 & -.021 & .597 & -.011 & -.048 \\ -.007 & -.001 & -.039 & -.025 & .642 & -.025 \\ -.120 & -.074 & -.104 & -.123 & -.173 & .766 \end{bmatrix}$$

Con el método dado en la sección 7.5, encontramos la matriz inversa (en realidad una aproximación).

$$(I - A)^{-1} = \begin{bmatrix} 1.234 & .014 & .007 & .064 & .006 & .017 \\ .017 & 1.436 & .056 & .014 & .019 & .032 \\ .078 & .467 & 1.878 & .036 & .044 & .031 \\ .752 & .133 & .101 & 1.741 & .065 & .123 \\ .061 & .045 & .130 & .083 & 1.578 & .059 \\ .340 & .236 & .307 & .315 & .376 & 1.349 \end{bmatrix}$$

Por lo tanto,

$$X = (I - A)^{-1}D = \begin{bmatrix} 1.234 & .014 & .007 & .064 & .006 & .017 \\ .017 & 1.436 & .056 & .014 & .019 & .032 \\ .078 & .467 & 1.878 & .036 & .044 & .031 \\ .752 & .133 & .101 & 1.741 & .065 & .123 \\ .061 & .045 & .130 & .083 & 1.578 & .059 \\ .340 & .236 & .307 & .315 & .376 & 1.349 \end{bmatrix} \begin{bmatrix} 99,640 \\ 75,548 \\ 14,444 \\ 33,501 \\ 23,527 \\ 263,985 \end{bmatrix}$$

$$= \begin{bmatrix} 131,033 \\ 120,459 \\ 80,681 \\ 178,732 \\ 66,929 \\ 431,562 \end{bmatrix}.$$

De esto resulta,

$$x_1 = 131{,}033$$
$$x_2 = 120{,}459$$
$$x_3 = 80{,}681$$
$$x_4 = 178{,}732$$
$$x_5 = 66{,}929$$
$$x_6 = 431{,}562.$$

En otras palabras, se requieren 131,033 unidades ($131,033 millones) de producción no metálica final, 120,459 unidades de producción metálica final, 80,681 unidades de productos metálicos básicos etc., para hacer funcionar la economía estadounidense de 1958 y satisfacer por completo la lista establecida de demandas.

EJERCICIOS

Use una calculadora graficadora para resolver los siguientes problemas.

1. Una versión muy simplificada del análisis de Leontief de la economía estadounidense de 1947 sobre 42 sectores divide la economía en sólo 3 sectores: agricultura, manufactura y servicios (es decir, el sector de la economía que genera mano de obra). El análisis está resumido en la siguiente tabla de insumo-producto.

	Agricultura	*Manufactura*	*Energía*
Agricultura	.245	.102	.051
Manufactura	.099	.291	.279
Servicios	.433	.372	.011

La lista de demandas (en miles de millones de dólares) se muestra abajo.

Agricultura	2.88
Manufactura	31.45
Servicios	30.91

(a) Escriba la matriz A de insumo-producto, la matriz D de demanda y la matriz X.

(b) Calcule $I - A$.

(c) Verifique que $(I - A)^{-1} = \begin{bmatrix} 1.453 & .291 & .157 \\ .532 & 1.762 & .525 \\ .836 & .790 & 1.277 \end{bmatrix}$ es una aproximación de la inversa de $I - A$ calculando $(I - A)^{-1}(I - A)$.

(d) Use la matriz del inciso (c) para calcular X.

(e) Explique el significado de los números en la matriz X en dólares.

2. Un análisis de la economía israelita de 1958* está aquí simplificada agrupando la economía en tres sectores: agricultura, manufactura y energía. La tabla de insumo-producto se da abajo.

	Agricultura	*Manufactura*	*Servicios*
Agricultura	.293	0	0
Manufactura	.014	.207	.017
Servicios	.044	.010	.216

Las exportaciones (en miles de libras israelitas) fueron las siguientes.

Agricultura	138,213
Manufactura	17,597
Energía	1,786

(a) Escriba la matriz A de insumo-producto y la matriz D de demanda (exportación).

(b) Calcule $I - A$.

(c) Verifique que $(I - A)^{-1} = \begin{bmatrix} 1.414 & 0 & 0 \\ .027 & 1.261 & .027 \\ .080 & .016 & 1.276 \end{bmatrix}$ es una aproximación de la inversa de $I - A$ calculando $(I - A)^{-1}(I - A)$.

(d) Use la matriz del inciso (c) para determinar el número de libras israelitas de productos agrícolas, manufactura de bienes y energía se requerían para hacer funcionar este modelo de la economía de Israel y exportar el valor dado de productos.

*Leontief, Wassily, *Input-Output Economics* (Nueva York: Oxford University Press, 1966), págs. 54–57.

CAPÍTULO 8

Programación lineal

8.1 Graficación de desigualdades lineales con dos variables
8.2 Programación lineal: el método gráfico
8.3 Aplicaciones de la programación lineal
8.4 El método simplex: maximización
8.5 Aplicaciones de la maximización
8.6 El método simplex: dualidad y minimización
8.7 El método simplex: problemas no estándar
CASO 8 Una mezcla balanceada de fertilizantes orgánicos de costo mínimo

Muchos problemas prácticos contienen desigualdades. Por ejemplo, una fábrica no puede tener más de 200 trabajadores en un turno y debe fabricar por lo menos 3000 unidades a un costo de no más de $35 cada una. ¿Cuántos trabajadores deben tenerse por turno para producir las unidades requeridas a un costo mínimo? La *programación lineal* es un método para encontrar la solución óptima (la mejor posible) para tales problemas, cuando ésta exista.

En este capítulo estudiaremos dos métodos de resolución de problemas de programación lineal: el método gráfico y el método simplex. El método gráfico requiere un conocimiento de las **desigualdades lineales**, es decir, de aquellas que contienen sólo polinomios de primer grado en x y y. Comenzamos entonces con un estudio de esta clase de desigualdades.

8.1 GRAFICACIÓN DE DESIGUALDADES LINEALES CON DOS VARIABLES

Las siguientes son ejemplos de desigualdades lineales con dos variables:

$$x + 2y < 4, \quad 3x + 2y > 6 \quad \text{y} \quad 2x - 5y \geq 10.$$

Una solución de una desigualdad lineal es un par ordenado que satisface la desigualdad. Por ejemplo, (4, 4) es una solución de

$$3x - 2y \leq 6.$$

(Verifíquelo sustituyendo 4 en x y 4 en y.) Una desigualdad lineal tiene un número infinito de soluciones, una para cada valor seleccionado de x. La mejor manera de mostrar esas soluciones es con una gráfica que consiste en todos los puntos en el plano cuyas coordenadas satisfacen la desigualdad.

EJEMPLO 1 Trace la gráfica de la desigualdad lineal $3x - 2y \leq 6$.

Debido a la parte " = " de $\leq$, los puntos de la recta $3x - 2y = 6$ satisfacen la desigualdad lineal $3x - 2y \leq 6$ y son parte de su gráfica. Igual que en el capítulo 2, encontramos las intersecciones con los ejes haciendo primero $x = 0$ y luego $y = 0$; usamos esos puntos para obtener la gráfica de $3x - 2y = 6$ mostrada en la figura 8.1.

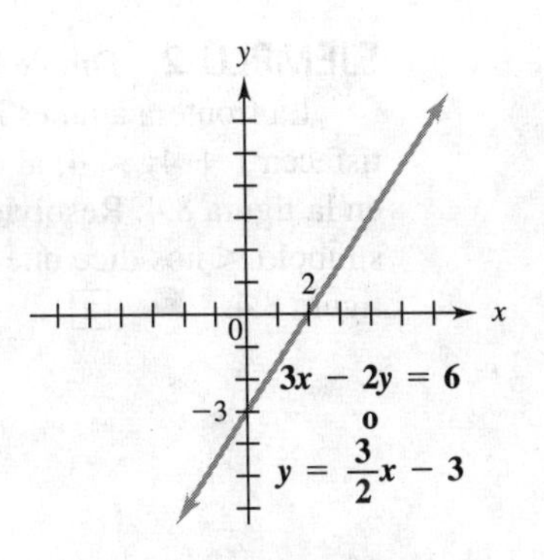

FIGURA 8.1

1 Grafique

(a) $2x + 5y \leq 10$

(b) $x - y \geq 4$

Respuestas:

(a)

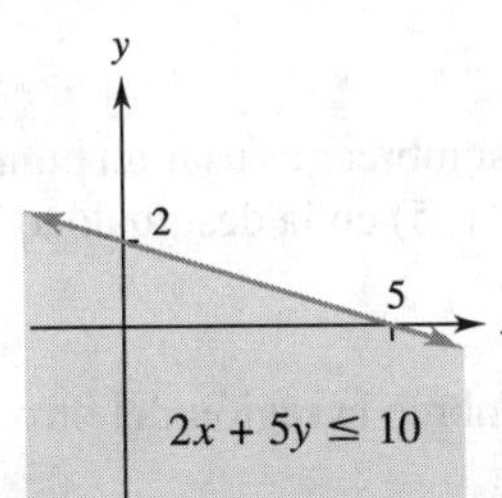

(b)

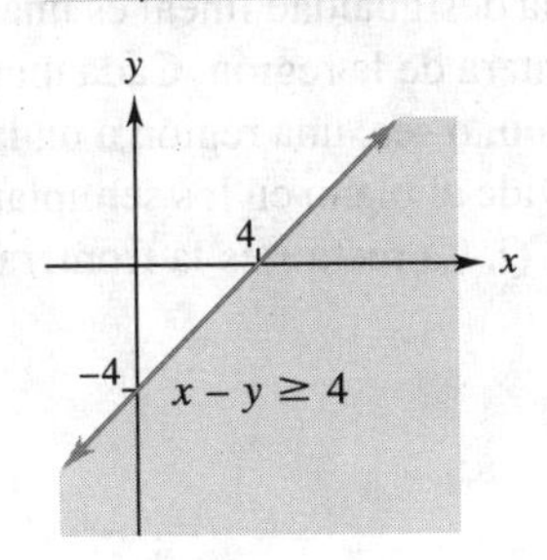

Los puntos sobre la recta satisfacen "$3x - 2y$ *igual* 6". Los puntos que satisfacen "$3x - 2y$ *menor que* 6" pueden encontrarse resolviendo primero $3x - 2y \leq 6$ para y.

$$3x - 2y \leq 6$$

$$-2y \leq -3x + 6$$

$$y \geq \frac{3}{2}x - 3 \qquad \text{Multiplique por } -1/2; \text{ se invierte la desigualdad.}$$

Como se muestra en la figura 8.2, los puntos *arriba* de la recta $3x - 2y = 6$ satisfacen

$$y > \frac{3}{2}x - 3,$$

mientras que aquellos debajo de la recta satisfacen

$$y < \frac{3}{2}x - 3.$$

La recta misma es la **frontera**. En resumen, la desigualdad $3x - 2y \leq 6$ es satisfecha por todos los puntos *sobre o arriba* de la recta $3x - 2y = 6$. Indique los puntos arriba de la recta por medio de un sombreado, como en la figura 8.3. La recta y la región sombreada de la figura 8.3 constituyen la gráfica de la desigualdad lineal $3x - 2y \leq 6$. ■ 1

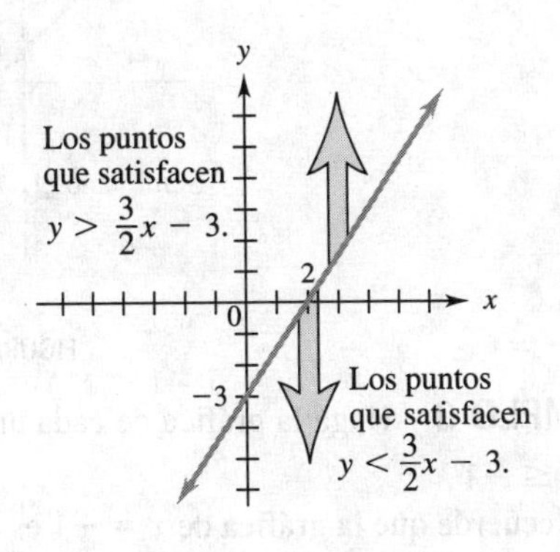

FIGURA 8.2

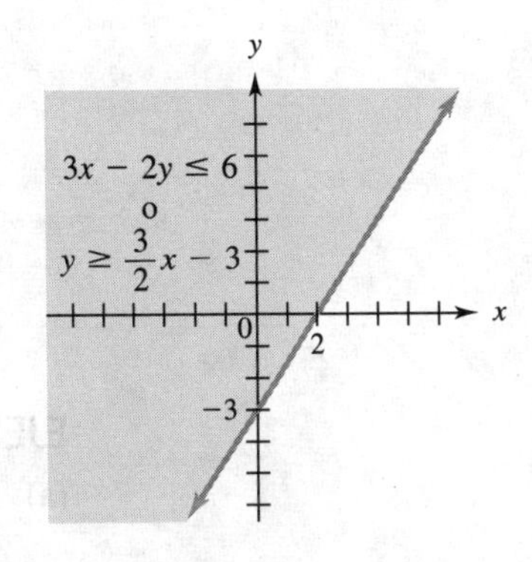

FIGURA 8.3

2 Trace la gráfica de

(a) $2x + 3y > 12$

(b) $3x - 2y < 6$

Respuestas:

(a)

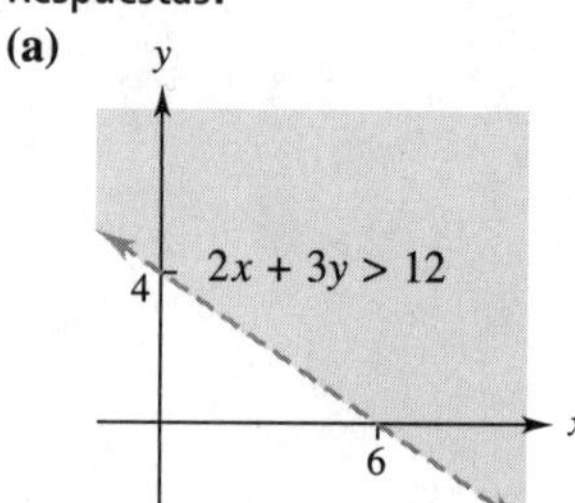

(b)

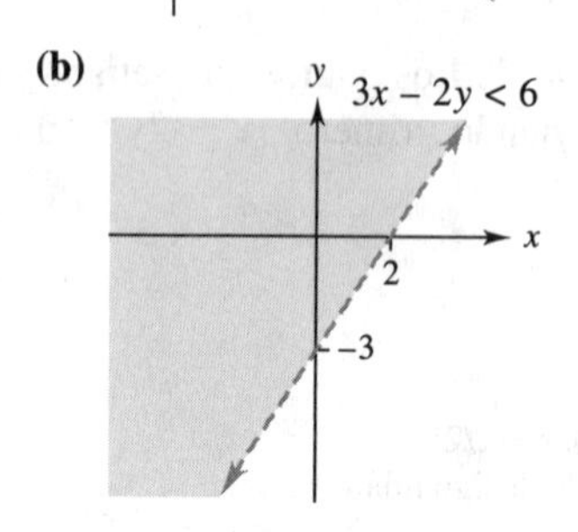

EJEMPLO 2 Dibuje la gráfica de $x + 4y < 4$.

La frontera aquí es la recta $x + 4y = 4$. Como los puntos sobre esta recta no satisfacen $x + 4y < 4$, al dibujar la gráfica a mano usamos una línea punteada, como en la figura 8.4. Resolviendo la desigualdad para y obtenemos $y < -(1/4)x + 1$. El símbolo $<$ nos dice que debemos sombrear la región debajo de la línea, como en la figura 8.4. ■ **2**

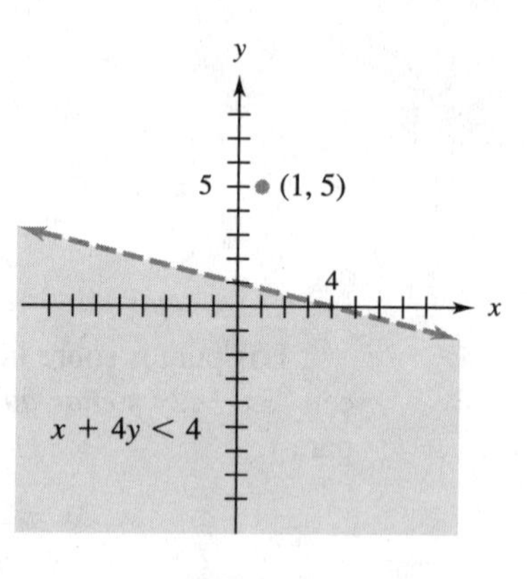

FIGURA 8.4

En el ejemplo 2, otra manera de decidir qué región sombrear es usar un punto de prueba. Por ejemplo, pruebe las coordenadas del punto (1, 5) en la desigualdad

$$\mathbf{1} + 4(\mathbf{5}) = 21 \not< 4$$

Como las coordenadas no satisfacen la desigualdad, sombree la región del otro lado de la línea de frontera, como se muestra en la figura 8.4.

Como lo sugieren estos ejemplos, la gráfica de una desigualdad lineal es una región en el plano, incluida tal vez la recta que es la frontera de la región. Cada una de las regiones sombreadas es un ejemplo de un **semiplano**, o sea, una región a un lado de una recta. Por ejemplo, en la figura 8.5 la recta r divide el plano en los semiplanos P y Q. Los puntos de la recta r no pertenecen a P ni a Q. La recta r es la frontera de cada semiplano.

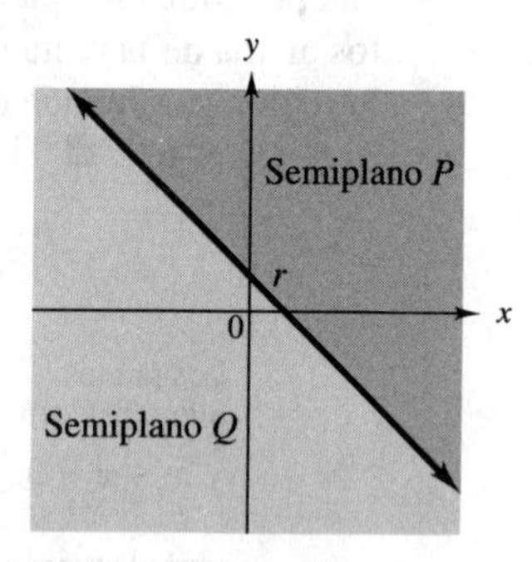

FIGURA 8.5

EJEMPLO 3 Haga la gráfica de cada una de las siguientes desigualdades.

(a) $x \leq -1$

Recuerde que la gráfica de $x = -1$ es la recta vertical que pasa por $(-1, 0)$. Los puntos donde $x < -1$ se encuentran en el semiplano a la izquierda de la recta de frontera, como se muestra en la figura 8.6(a).

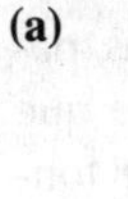
Trace la gráfica de cada una de las siguientes desigualdades.

(a) $x \geq 3$

(b) $y - 3 \leq 0$

Respuestas:

(a)

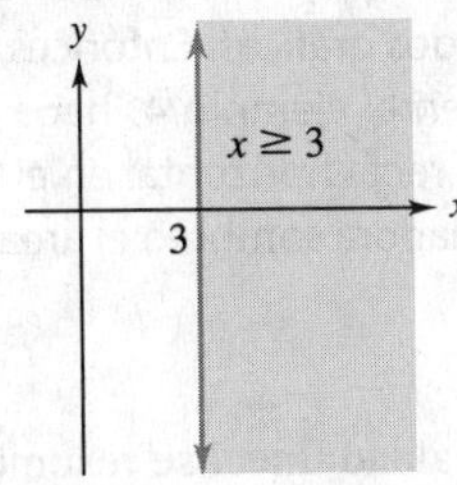

(b)

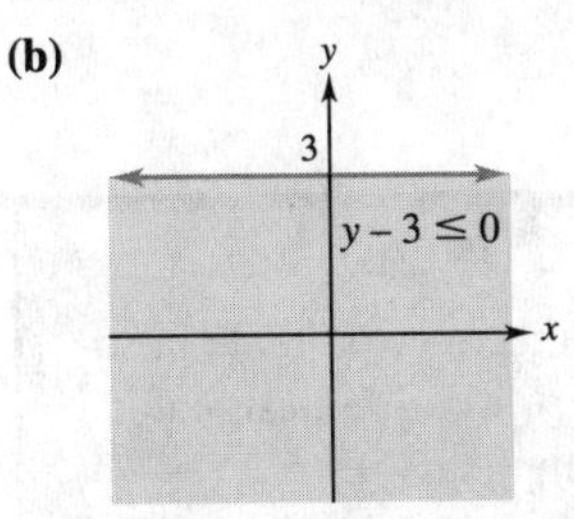

(b) $y \geq 2$

La gráfica de $y = 2$ es la recta horizontal que pasa por (0, 2). Los puntos donde $y \geq 2$ se encuentran en el semiplano arriba de esta recta de frontera o sobre la recta, como se muestra en la figura 8.6(b). ■ 3

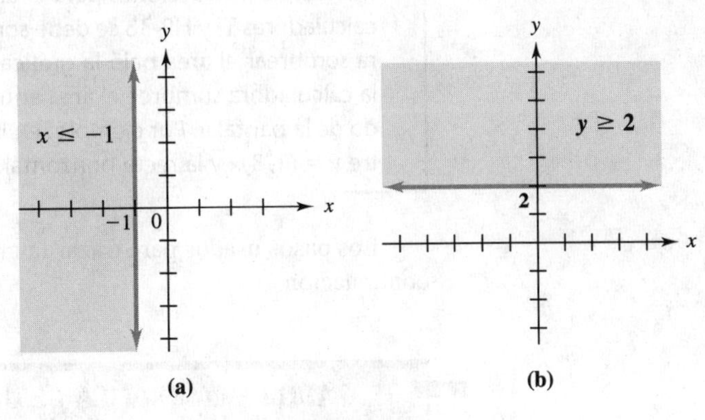

FIGURA 8.6

Una calculadora graficadora puede usarse para sombrear regiones en el plano como se muestra en el siguiente ejemplo.

4 Use su calculadora para trazar la gráfica de $2x < y$.

Respuesta:

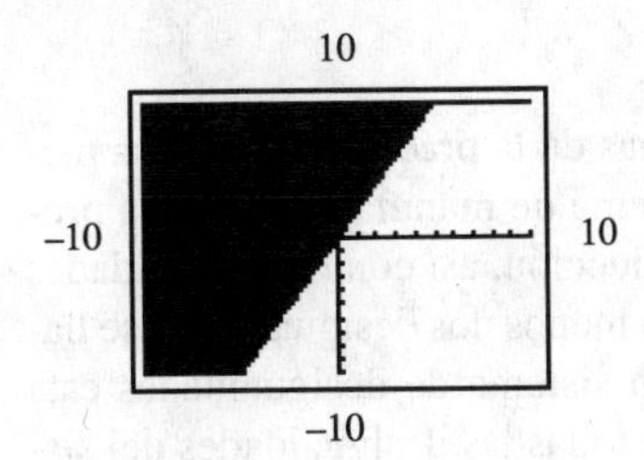

EJEMPLO 4* Use una calculadora graficadora para trazar $x \geq 3y$.

Comience resolviendo la desigualdad para y y obtenga $y \leq (1/3)x$. Use su calculadora para hacer la gráfica de la recta correspondiente a $y = (1/3)x$. Debido al signo $\leq$, queremos sombrear debajo de la recta. Use su calculadora y la siguiente sugerencia tecnológica para sombrear esta área, como en la figura 8.7. Note que no se puede decir de la gráfica si la recta de frontera es sólida o punteada (debe ser sólida aquí). De hecho, debido a la manera en que la calculadora traza la gráfica, la frontera se ve como una escalera (con escalones muy pequeños) y no como una línea recta. ■ 4

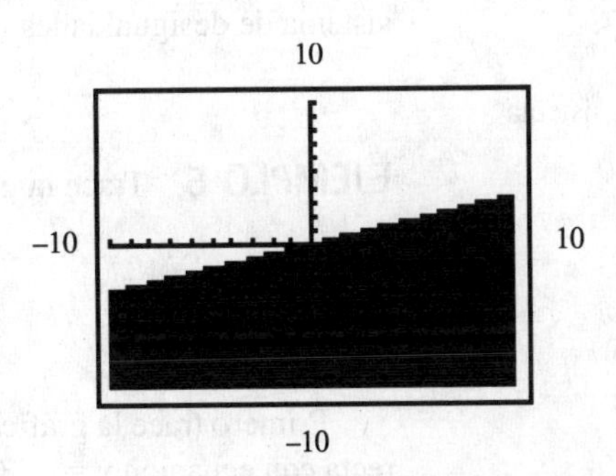

FIGURA 8.7

*Si no tiene usted una calculadora graficadora, pase por alto este ejemplo.

SUGERENCIA TECNOLÓGICA La mayoría de las calculadoras pueden sombrear la región bajo o sobre una gráfica en el plano. En calculadoras TI, use SHADE en el menú DRAW. En las Sharp 9300, use FILL BELOW o FILL ABOVE en el menú EQTN. En la HP-38, use AREA en el menú FCN que aparece después de trazar la gráfica. En algunas calculadoras Casio, use el modo de graficar desigualdades. Consulte su manual de instrucciones para el uso correcto de la sintaxis y procedimientos. En calculadoras TI y HP-38 se debe sombrear el área *entre* dos gráficas. Entonces, para sombrear el área bajo la gráfica de $y = f(x)$, como en el ejemplo 4, haga que la calculadora sombree el área entre la gráfica de y y la recta horizontal en el fondo de la pantalla. Por ejemplo, en la figura 8.7, la calculadora sombreó el área entre $y = (1/3)x$ y la recta horizontal $y = -10$. ✔

Los pasos usados para trazar la gráfica de una desigualdad lineal se resumen a continuación.

TRAZADO DE LA GRÁFICA DE UNA DESIGUALDAD LINEAL

1. Trace la gráfica de la recta de frontera. Decida si la recta es parte de la solución. (Si la gráfica se hace a mano, haga la línea sólida si la desigualdad implica $\leq$ o $\geq$; hágala punteada si la desigualdad implica $<$ o $>$.)
2. Resuelva la desigualdad para y: sombree la región arriba de la recta si $y > mx + b$; sombree la región debajo de la recta si $y < mx + b$.

SISTEMAS DE DESIGUALDADES Los problemas de la práctica implican a menudo muchas desigualdades. Por ejemplo, un problema de manufactura podría producir desigualdades resultantes de requisitos de producción, así como desigualdades relativas a requisitos de costos. Un conjunto de por lo menos dos desigualdades se llama un **sistema de desigualdades**. La gráfica de un sistema de desigualdades está constituida por todos aquellos puntos que satisfacen todas las desigualdades del sistema al mismo tiempo. El siguiente ejemplo muestra cómo trazar la gráfica de un sistema de desigualdades lineales.

[5] Trace la gráfica del sistema $x + y \leq 6$, $2x + y \geq 4$.

Respuesta:

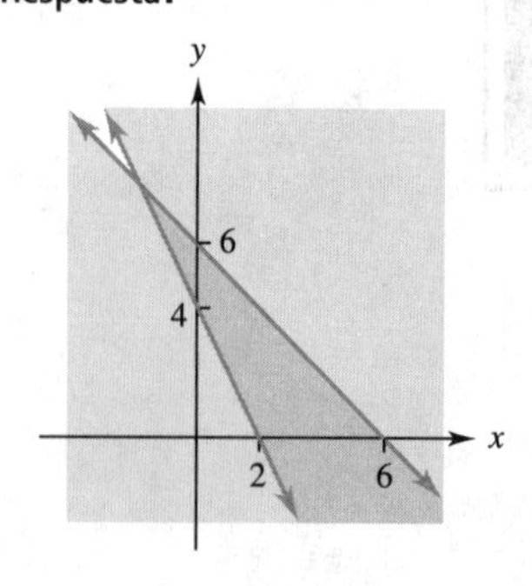

EJEMPLO 5 Trace la gráfica del sistema

$$y < -3x + 12$$
$$x < 2y.$$

Primero trace la gráfica de la solución de $y < -3x + 12$. La frontera, es decir, la recta con ecuación $y = -3x + 12$, es punteada. Los puntos debajo de la frontera satisfacen $y < -3x + 12$. Ahora haga la gráfica de la solución de $x < 2y$ sobre los mismos ejes. De nuevo, la recta de frontera $x = 2y$ es punteada. Use un punto de prueba para ver que la región arriba de la frontera satisface $x < 2y$. La región fuertemente sombreada en la figura 8.8 muestra todos los puntos que satisfacen ambas desigualdades del sistema. ■ [5]

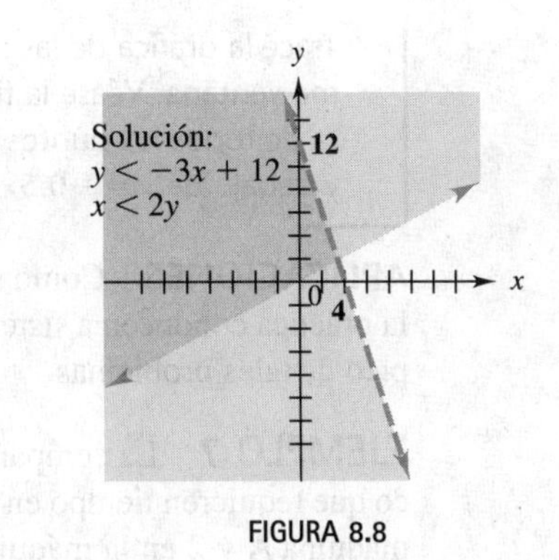

FIGURA 8.8

La región fuertemente sombreada de la figura 8.8 es llamada a veces la **región de soluciones factibles**, o simplemente **región factible**, ya que está constituida de todos los puntos que satisfacen (son factibles para) cada desigualdad del sistema.

6 Trace la gráfica de la región factible del sistema

$$x + 4y \leq 8$$
$$x - y \geq 3$$
$$x \geq 0, y \geq 0.$$

Respuesta:

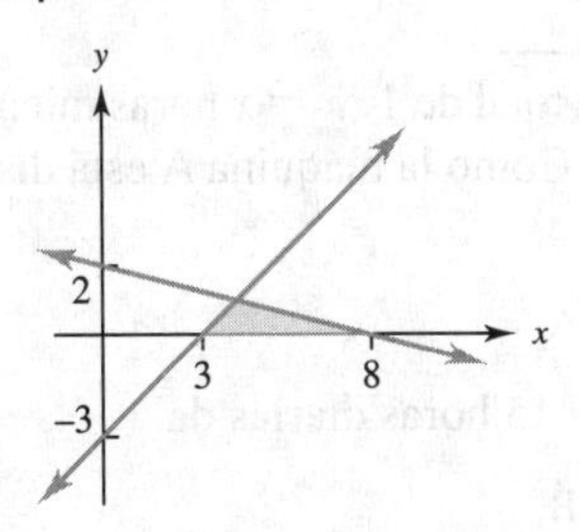

EJEMPLO 6

Grafique la región factible para el sistema

$$2x - 5y \leq 10$$
$$x + 2y \leq 8$$
$$x \geq 0, y \geq 0.$$

Sobre los mismos ejes, trace la gráfica de cada desigualdad trazando la frontera y escogiendo el semiplano apropiado. Dibuje la gráfica de la línea sólida de frontera $2x - 5y = 10$ localizando primero las intersecciones con los ejes (5, 0) y (0, −2). Use un punto de prueba para ver que $2x - 5y < 10$ es satisfecha por los puntos arriba de la frontera. De la misma manera, la línea de frontera sólida $x + 2y = 8$ pasa por (8, 0) y (0, 4). Un punto de prueba mostrará que la gráfica de $x + 2y < 8$ incluye todos los puntos debajo de la frontera. Las desigualdades $x \geq 0$ y $y \geq 0$ restringen la región factible al primer cuadrante. Encuentre la región factible localizando la intersección (traslape) de *todos* los semiplanos. Esta región factible está sombreada en la figura 8.9(a). ■ **6**

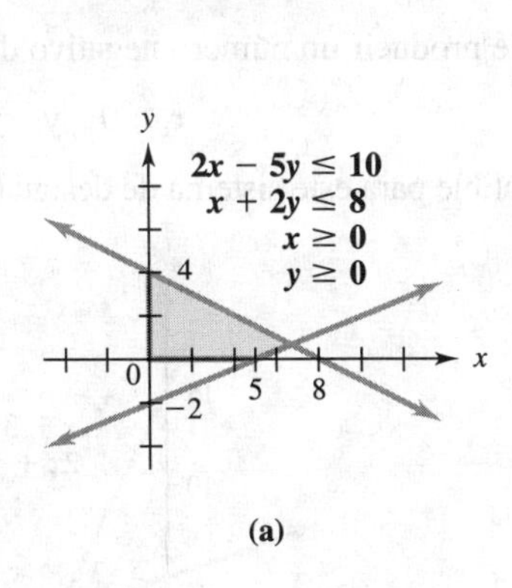

(a)

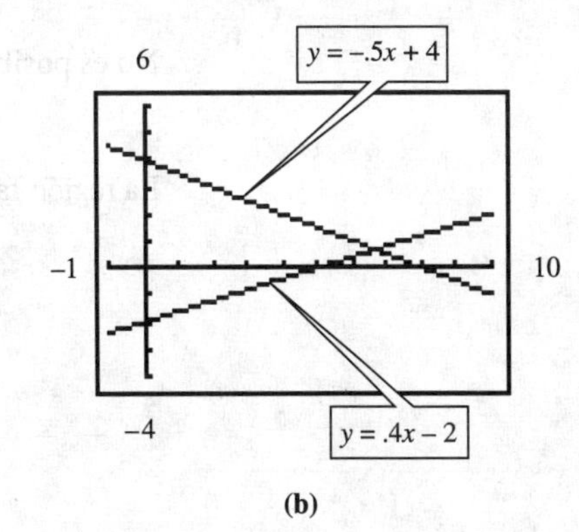

(b)

FIGURA 8.9

SUGERENCIA TECNOLÓGICA Al usar una calculadora graficadora para resolver el sistema en el ejemplo 6, resuelva las dos primeras desigualdades para y y obtenga

$$y \geq .4x - 2 \quad \text{y} \quad y \leq -.5x + 4.$$

Trace la gráfica de las rectas de frontera $y = 0.4x - 2$ y $y = -0.5x + 4$ en la misma ventana. Véase la figura 8.9(b). Como $x \geq 0$ y $y \geq 0$, la región factible consta de todos los puntos que están en el primer cuadrante, arriba de $y = 0.4x - 2$ y debajo de $y = -0.5x + 4$, como se muestra en la figura 8.9(a). ✔

APLICACIONES Como veremos en el resto de este capítulo, muchos problemas de la práctica conducen a sistemas de desigualdades lineales. El siguiente ejemplo es típico de tales problemas.

EJEMPLO 7 La compañía Midtown Manufacturing hace platos y tazas de plástico que requieren tiempo en dos máquinas. Una unidad de platos requiere 1 hora en la máquina A y 2 en la máquina B, mientras que una unidad de tazas requiere 3 horas en la máquina A y 1 en la máquina B. Cada máquina se opera un máximo de 15 horas por día. Escriba un sistema de desigualdades que exprese esas condiciones y trace la gráfica de la región factible.

Sea x el número de unidades de platos por hacer y y el número de unidades de tazas. Haga una tabla que resuma la información dada.

	Número hecho	TIEMPO EN MÁQUINA	
		A	B
Platos	x	1	2
Tazas	y	3	1
Tiempo máximo disponible		15	15

En la máquina A, x unidades de platos requieren un total de $1 \cdot x = x$ horas mientras que y unidades de tazas requieren $3 \cdot y = 3y$ horas. Como la máquina A está disponible por no más de 15 horas diarias,

$$x + 3y \leq 15. \qquad \text{Máquina A}$$

El requerimiento de que la máquina B no se use más de 15 horas diarias da

$$2x + y \leq 15. \qquad \text{Máquina B}$$

No es posible producir un número negativo de tazas o platos, por lo que

$$x \geq 0 \quad \text{y} \quad y \geq 0.$$

La región factible para este sistema de desigualdades se muestra en la figura 8.10. ■

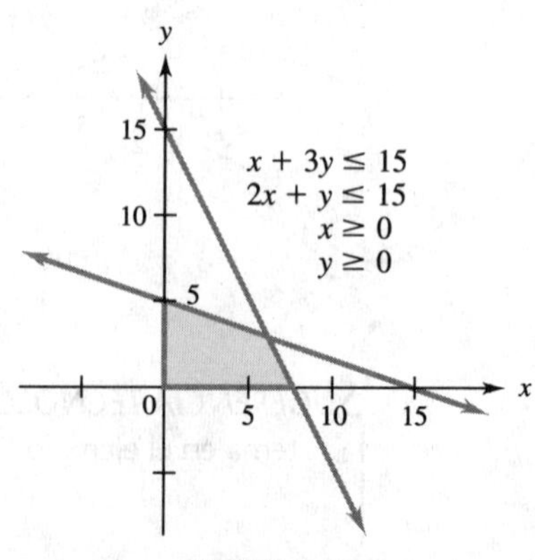

FIGURA 8.10

8.1 EJERCICIOS

Trace la gráfica de cada una de las siguientes desigualdades lineales (véanse los ejemplos 1-4).

1. $y < 5 - 2x$
2. $y > x + 3$
3. $3x - 2y \geq 18$
4. $2x + 5y \leq 10$
5. $2x - y \leq 4$
6. $4x - 3y \geq 24$
7. $y \leq -4$
8. $x \geq -2$
9. $x + 4y \leq 2$
10. $3x + 2y \geq 6$
11. $4x + 3y > -3$
12. $5x + 3y > 15$
13. $2x - 4y < 3$
14. $4x - 3y < 12$
15. $x \leq 5y$
16. $2x \geq y$
17. $-3x < y$
18. $-x > 6y$
19. $y < x$
20. $y > -2x$

21. Con sus propias palabras, explique cómo determinar si la frontera de una desigualdad es sólida o punteada.

22. Al trazar la gráfica de $y \leq 3x - 6$, ¿sombrearía la región arriba o abajo de la recta $y = 3x - 6$? Explique su respuesta.

Trace la gráfica de la región factible para los siguientes sistemas de desigualdades (véanse los ejemplos 5 y 6).

23. $x - y \geq 1$, $x \leq 3$
24. $2x + y \leq 5$, $x + 2y \leq 5$
25. $4x + y \geq 9$, $2x + 3y \leq 7$
26. $2x + y > 8$, $4x - y < 3$
27. $x + y > 5$, $x - 2y < 2$
28. $3x - 4y < 6$, $2x + 5y > 15$
29. $2x - y < 1$, $3x + y < 6$
30. $x + 3y \leq 6$, $2x + 4y \geq 7$
31. $-x - y < 5$, $2x - y < 4$
32. $6x - 4y > 8$, $3x + 2y > 4$
33. $3x + y \geq 6$, $x + 2y \geq 7$, $x \geq 0$, $y \geq 0$
34. $2x + 3y \geq 12$, $x + y \geq 4$, $x \geq 0$, $y \geq 0$
35. $-2 < x < 3$, $-1 \leq y \leq 5$, $2x + y < 6$
36. $-2 < x < 2$, $y > 1$, $x - y > 0$
37. $2y - x \geq -5$, $y \leq 3 + x$, $x \geq 0$, $y \geq 0$
38. $2x + 3y \leq 12$, $2x + 3y > -6$, $3x + y < 4$, $x \geq 0$, $y \geq 0$
39. $3x + 4y > 12$, $2x - 3y < 6$, $0 \leq y \leq 2$, $x \geq 0$
40. $0 \leq x \leq 9$, $x - 2y \geq 4$, $3x + 5y \leq 30$, $y \geq 0$

En los ejercicios 41 y 42, encuentre un sistema de desigualdades cuya región factible es el interior del polígono dado.

41. Rectángulo con vértices (2, 3), (2, −1), (7, 3), (7, −1)

42. Triángulo con vértices (2, 4), (−4, 0), (2, −1)

43. Administración Sandra Huerta y Carlos Méndez producen alfombras y chales hechos a mano. Enrollan el estambre, lo tiñen y luego lo tejen. Un chal requiere 1 hora de enrollado, 1 hora de teñido y 1 hora de tejido. Una alfombra necesita 2 horas de enrollado, 1 hora de teñido y 4 de tejido. Juntos, invierten cuando más 8 horas de enrollado, 6 horas de teñido y 14 horas de tejido.

(a) Complete la siguiente tabla.

	Número	*Horas de enrollado*	*Horas de teñido*	*Horas de tejido*
Chales	x			
Alfombras	y			
Tiempo máximo disponible		8	6	14

(b) Use la tabla para escribir un sistema de desigualdades que describa la situación.

(c) Trace la gráfica de la región factible de este sistema de desigualdades.

44. Administración Un fabricante de máquinas de afeitar eléctricas hace dos modelos, el regular y el *flex*. Debido a la demanda, el número de modelos regulares producidos nunca es mayor que la mitad del número de modelos *flex*. La producción de la fábrica no puede exceder de 1200 máquinas de afeitar por semana.

(a) Escriba un sistema de desigualdades que describan las posibilidades de hacer x modelos regular y y modelos *flex* por semana.

(b) Trace la gráfica de la región factible de este sistema de desigualdades.

En cada uno de los siguientes ejercicios, escriba un sistema de desigualdades que describan todas las condiciones y trace la gráfica de la región factible del sistema (véase el ejemplo 7).

45. Administración Southwestern Oil suministra gasolina a dos distribuidores localizados en el noroeste del país. Un distribuidor necesita por lo menos 3000 barriles de gasolina y el otro necesita por lo menos 5000. Southwestern puede enviar cuando más 10,000 barriles. Sea x = número de barriles de gasolina enviados al distribuidor 1 y y = número de barriles enviados al distribuidor 2.

46. Administración Una empresa de California tiene que enviar 2400 cajas de almendras desde su planta en Sacramento a Des Moines y a San Antonio. El mercado de Des Moines necesita por lo menos 1000 cajas y el de San Antonio, por lo menos 800 cajas. Sea x = número de cajas por enviar a Des Moines y y = número de cajas por enviar a San Antonio.

47. Administración Un fabricante de cemento produce por lo menos 3.2 millones de barriles de cemento anualmente. El Organismo de Protección Ambiental le comunica que su operación emite 2.5 libras de polvo por cada barril producido. Este organismo ha determinado que las emisiones anuales deben reducirse a 1.8 millones de libras. Para lograr esto, el fabricante planea reemplazar los actuales recolectores de polvo por dos tipos de precipitadores electrónicos. Uno de ellos reduce las emisiones a 0.5 libras por barril y cuesta 16¢ por barril. El otro reduce el polvo a 0.3 libras por barril y cuesta 20¢ por barril. El fabricante no quiere gastar más de 0.8 millones de dólares en los precipitadores. Necesita saber cuántos barriles debe producir con cada tipo. Sea x = número de barriles en millones producidos con el primer tipo y y = número de barriles en millones producidos con el segundo tipo.

48. Ciencias naturales Un dietista planea un paquete de frutas y nueces. Cada onza de fruta suministrará 1 unidad de proteína, 2 unidades de carbohidratos y 1 unidad de grasa. Cada onza de nueces suministrará 1 unidad de proteína, 1 unidad de carbohidratos y 1 unidad de grasa. Cada paquete debe proporcionar por lo menos 7 unidades de proteína, por lo menos 10 unidades de carbohidratos y no más de 9 unidades de grasa. Sea x el número de onzas de frutas y y las onzas de nueces por usarse en cada paquete.

8.2 PROGRAMACIÓN LINEAL: EL MÉTODO GRÁFICO

Muchos problemas de negocios, ciencias y economía implican encontrar el valor óptimo de una función (por ejemplo, el valor máximo de la función de ganancia o el valor mínimo de la función de costo) sujeta a varias **restricciones** (como costos de transporte, leyes de protección del medio ambiente, disponibilidad de partes, tasas de interés, etc.) La **programación lineal** trata situaciones donde la función por optimizar, llamada la **función objetivo**, es lineal y las restricciones están dadas por desigualdades lineales. Los problemas de programación lineal que contienen sólo dos variables pueden resolverse con el método gráfico, que se explica en el ejemplo 1.

EJEMPLO 1 Encuentre en seguida los valores máximo y mínimo de la función objetivo $z = 2x + 5y$, sujeta a las siguientes restricciones.

$$\begin{aligned} 3x + 2y &\leq 6 \\ -2x + 4y &\leq 8 \\ x + y &\geq 1 \\ x \geq 0, y &\geq 0 \end{aligned}$$

Primero trace la gráfica de la región factible del sistema de desigualdades (figura 8.11). Los puntos en esta región o sobre sus fronteras son los únicos que satisfacen todas las restricciones. Sin embargo, cada uno de esos puntos puede producir un valor diferente de la función objetivo. Por ejemplo, los puntos (0.5, 1) y (1, 0) en la región factible conduce a los valores

$$z = 2(.5) + 5(1) = 6 \quad \text{y} \quad z = 2(1) + 5(0) = 2.$$

Tenemos que encontrar los puntos que producen los valores máximo y mínimo de z.

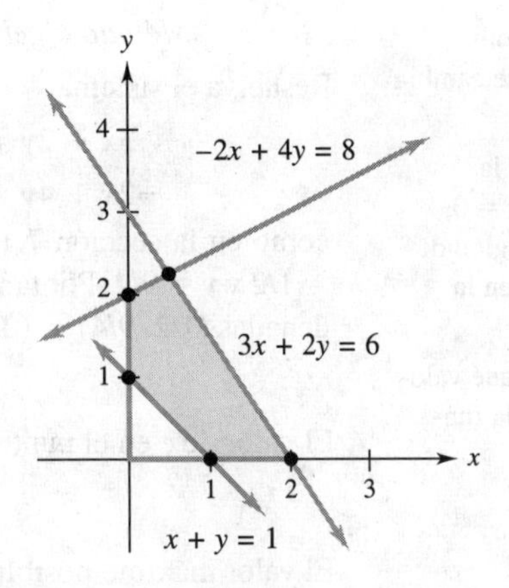

FIGURA 8.11

Para encontrar el valor máximo, considere varios valores posibles de z. Por ejemplo, cuando $z = 0$, entonces la función objetivo es $0 = 2x + 5y$, cuya gráfica es una línea recta. De la misma manera, cuando z es 5, 10 y 15, la función objetivo es, respectivamente,

$$5 = 2x + 5y, \qquad 10 = 2x + 5y, \qquad 15 = 2x + 5y.$$

La gráfica de esas cuatros rectas, está trazada en la figura 8.12 (todas las rectas son paralelas porque tienen la misma pendiente). La figura muestra que z no puede tomar el valor 15 porque la gráfica para $z = 15$ cae enteramente fuera de la región factible. El valor máximo posible de z se obtendrá de una recta paralela a las otras y entre las rectas que representan la función objetivo cuando $z = 10$ y $z = 15$. El valor de z será tan grande como sea posible y todas las restricciones se cumplirán si esta recta toca justamente la región factible. Esto ocurre en el punto A.

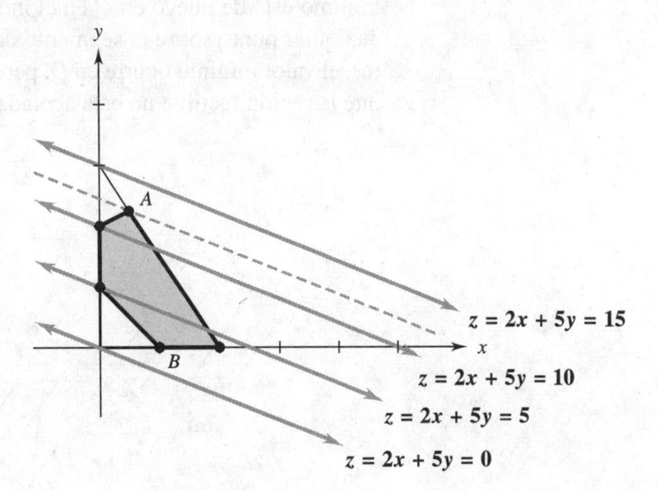

FIGURA 8.12

El punto A es la intersección de las gráficas de $3x + 2y = 6$ y $-2x + 4y = 8$. Sus coordenadas pueden encontrarse algebraicamente o gráficamente (usando una calculadora graficadora).

[1] Suponga que la función objetivo en el ejemplo 1 se cambia a $z = 5x + 2y$.

(a) Dibuje las gráficas de la función objetivo cuando $z = 0$, $z = 5$ y $z = 10$ sobre la región de soluciones factibles dada en la figura 8.11.

(b) De la gráfica, decida qué valores de x y y maximizarán la función objetivo.

Respuestas:

(a)

y x

$z = 0$ $z = 5$ $z = 10$

(b) (2, 0)

Método algebraico

Resuelva el sistema

$$3x + 2y = 6$$
$$-2x + 4y = 8,$$

como en la sección 7.1, para obtener $x = 1/2$ y $y = 9/4$. Por tanto, A tiene coordenadas $(1/2, 9/4) = (0.5, 2.25)$.

Método gráfico

Resuelva las dos ecuaciones para y,

$$y = -1.5x + 3$$
$$y = .5x + 2$$

Trace la gráfica de ambas ecuaciones sobre la misma pantalla y use el localizador de intersecciones para encontrar que las coordenadas del punto de intersección A son $(.5, 2.25)$.

El valor de z en el punto A es

$$z = 2x + 5y = 2(.5) + 5(2.25) = 12.25.$$

El valor máximo posible de z es entonces 12.25. De la misma manera, el valor mínimo de z ocurre en el punto B, que tiene coordenadas (1, 0). El valor mínimo de z es $2(1) + 5(0) = 2$. ■ [1]

Los puntos como el A y el B en el ejemplo 1 se llaman puntos de esquina. Un **punto de esquina** es un punto en la región factible en que las rectas límite o de frontera de dos restricciones se intersecan. La región factible en la figura 8.11 es **acotada** porque la región está encerrada por líneas de frontera por todos lados. Los problemas de programación lineal con regiones acotadas siempre tienen solución. Sin embargo, si el ejemplo 1 no incluyese la restricción $3x + 2y \leq 6$, la región factible sería **no acotada**, y no habría manera de *maximizar* el valor de la función objetivo.

Es posible extraer algunas conclusiones generales del método de solución del ejemplo 1. La figura 8.13 muestra varias regiones factibles y las rectas que resultan de varios valores de z (la figura 8.13 muestra la situación en que las rectas están en orden de izquierda a derecha cuando z crece). En el inciso (a) de la figura, la función objetivo toma su valor mínimo en el punto de esquina Q y su valor máximo en P. El mínimo está de nuevo en Q en el inciso (b), pero el máximo ocurre en P_1 o P_2, o en cualquier punto sobre el segmento de recta que los conecte. Finalmente, en el inciso (c), el valor mínimo ocurre en Q, pero la función objetivo no tiene valor máximo porque la región factible no está acotada.

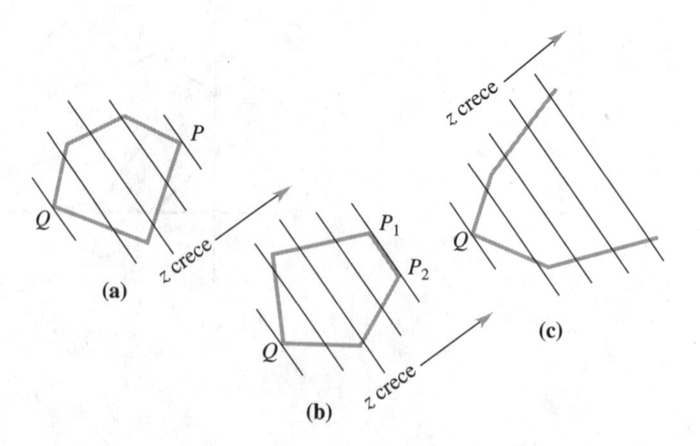

FIGURA 8.13

El análisis precedente sugiere que el **teorema del punto de esquina** es correcto.

TEOREMA DEL PUNTO DE ESQUINA

Si la región factible está acotada, entonces la función objetivo tiene un valor máximo y un valor mínimo y cada uno ocurre en uno o más puntos de esquina.

Si la región factible no está acotada, la función objetivo puede no tener un máximo o un mínimo. Pero si un valor máximo o un valor mínimo existe, ocurrirá en uno o más puntos de esquina.

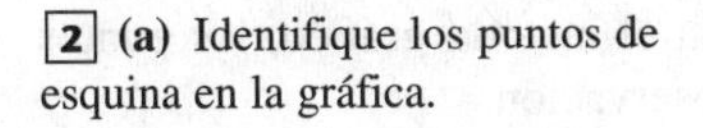

2 **(a)** Identifique los puntos de esquina en la gráfica.

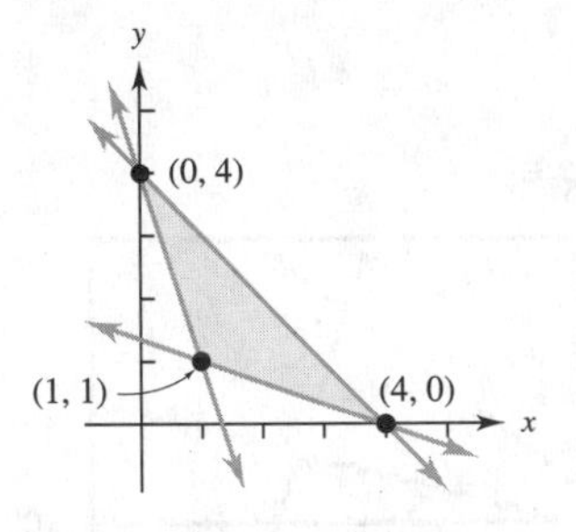

(b) ¿Qué puntos de esquina minimizarían $z = 2x + 3y$?

Respuestas:
(a) (0, 4), (1, 1), (4, 0)
(b) (1, 1)

Este teorema simplifica el trabajo de encontrar un valor óptimo: Primero, trace la gráfica de la región factible y encuentre todos los puntos de esquina. Luego pruebe cada punto en la función objetivo. Finalmente, identifique el punto de esquina que produce la solución óptima.

Con el teorema, el problema en el ejemplo 1 podría haberse resuelto identificando los cinco puntos de esquina de la figura 8.11: (0, 1), (0, 2), (0.5, 2.25), (2, 0) y (1, 0). Luego, al sustituir cada uno de esos puntos en la función objetivo $z = 2x + 5y$ se identificarían los puntos de esquina que producen los valores máximo y mínimo de z.

Punto de esquina	*Valor de* $z = 2x + 5y$
(0, 1)	$2(0) + 5(1) = 5$
(0, 2)	$2(0) + 5(2) = 10$
(.5, 2.25)	$\mathbf{2(.5) + 5(2.25) = 12.25}$ **(máximo)**
(2, 0)	$2(2) + 5(0) = 4$
(1, 0)	$\mathbf{2(1) + 5(0) = 2}$ **(máximo)**

De esos resultados, el punto de esquina (0.5, 2.25) da el valor máximo de 12.25 y el punto de esquina (1, 0) da el valor mínimo de 2. Ésos son los mismos valores que se encontraron antes. **2**

A continuación se da un resumen de los pasos necesarios para resolver un problema de programación lineal por medio del método gráfico.

RESOLUCIÓN GRÁFICA DE UN PROBLEMA DE PROGRAMACIÓN LINEAL

1. Escriba la función objetivo y todas las restricciones necesarias.
2. Haga la gráfica de la región factible.
3. Determine las coordenadas de cada uno de los puntos de esquina.
4. Encuentre el valor de la función objetivo en cada punto de esquina.
5. Si la región factible es acotada, la solución es dada por el punto de esquina que produce el valor óptimo de la función objetivo.
6. Si la región factible es una región no acotada en el primer cuadrante y ambos coeficientes de la función objetivo son positivos,* entonces el valor mínimo de la función objetivo ocurre en un punto de esquina y no se tiene un valor máximo.

*Éste es el único caso de una región no acotada que ocurre en las aplicaciones aquí consideradas.

EJEMPLO 2 Dibuje la región factible para el siguiente conjunto de restricciones:

$$\begin{aligned} 3y - 2x &\geq 0 \\ y + 8x &\leq 52 \\ y - 2x &\leq 2 \\ x &\geq 3. \end{aligned}$$

Luego encuentre los valores máximo y mínimo de la función objetivo $z = 5x + 2y$.

La gráfica en la figura 8.14(a) muestra que la región factible está acotada. Los puntos de esquina se encuentran al resolver sistemas de dos ecuaciones en forma algebraica con los métodos del capítulo 7 o gráficamente con el localizador de intersecciones en una calculadora graficadora. La figura 8.14(b) muestra las gráficas de calculadora de las primeras tres desigualdades. Con el método gráfico, los puntos de esquina sobre la recta $x = 3$ se encuentran por observación.

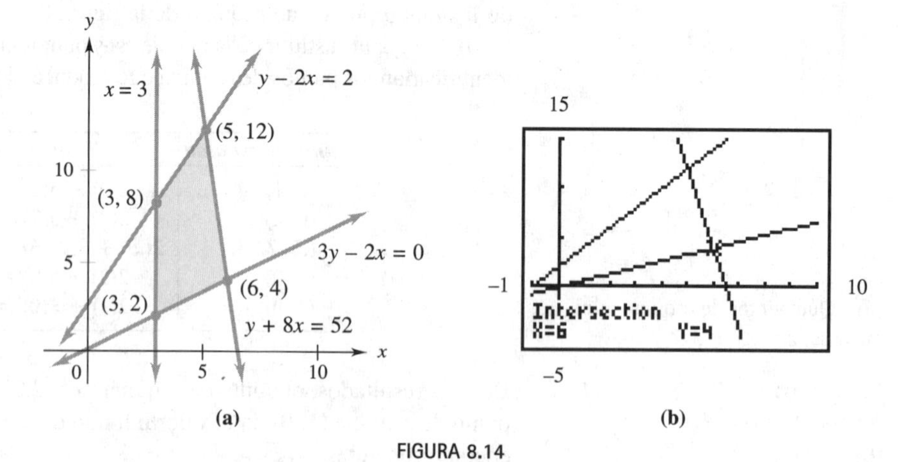

FIGURA 8.14

3 Use la región de soluciones factibles en el dibujo para encontrar lo siguiente.

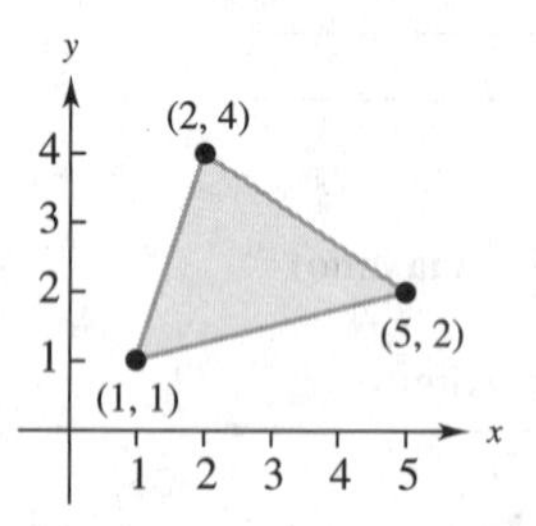

(a) Los valores de x y y que maximizan $z = 2x - y$.

(b) El valor máximo de $z = 2x - y$.

(c) Los valores de x y y que minimizan $z = 4x + 3y$.

(d) El valor mínimo de $z = 4x + 3y$.

Respuestas:

(a) (5, 2)

(b) 8

(c) (1, 1)

(d) 7

Use los puntos de esquina de la gráfica para encontrar los valores máximo y mínimo de la función objetivo.

Punto de esquina	*Valor de $z = 5x + 2y$*
(3, 2)	**5(3) + 2(2) = 19 (máximo)**
(6, 4)	5(6) + 2(4) = 38
(5, 12)	**5(5) + 2(12) = 49 (máximo)**
(3, 8)	5(3) + 2(8) = 31

El valor mínimo de $z = 5x + 2y$ es 19 en el punto de esquina (3, 2). El valor máximo es 49 en (5, 12). ■ 3

EJEMPLO 3 Resuelva el siguiente problema de programación lineal.

$$\begin{aligned} \text{Minimice} \quad & z = x + 2y \\ \text{sujeta a:} \quad & x + y \leq 10 \\ & 3x + 2y \geq 6 \\ & x \geq 0, y \geq 0. \end{aligned}$$

La región factible se muestra en la figura 8.15. De la figura, los puntos de esquina son (0, 3), (0, 10), (10, 0) y (2, 0). Estos puntos de esquina dan los siguientes valores de z.

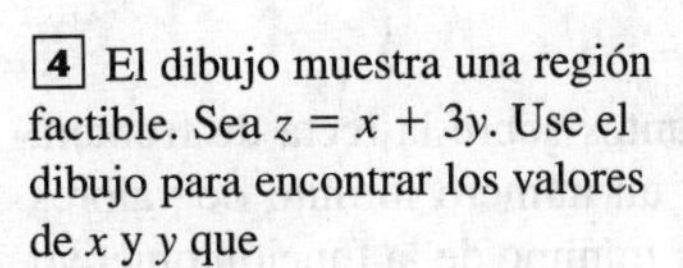

4 El dibujo muestra una región factible. Sea $z = x + 3y$. Use el dibujo para encontrar los valores de x y y que

(a) minimizan a z;

(b) maximizan a z.

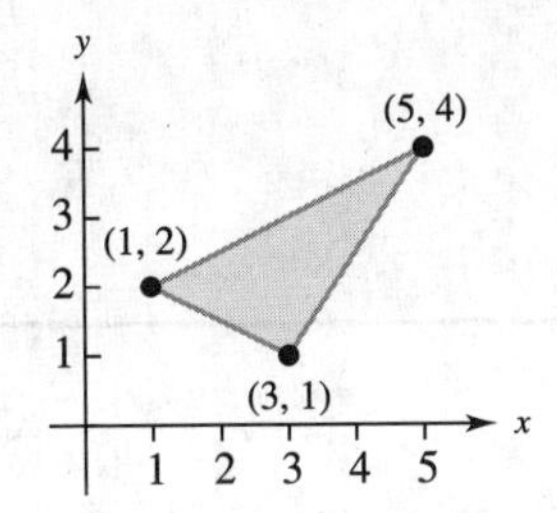

Respuestas:

(a) (3, 1)

(b) (5, 4)

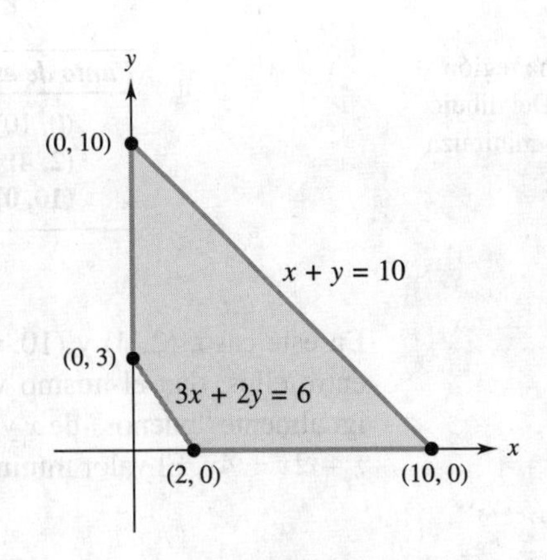

FIGURA 8.15

Punto de esquina	*Valor de $z = x + 2y$*
(0, 3)	$0 + 2(3) = 6$
(0, 10)	$0 + 2(10) = 20$
(10, 0)	$10 + 2(0) = 10$
(2, 0)	**$2 + 2(0) = 2$ (mínimo)**

El valor mínimo de z es 2; éste se presenta en (2, 0). ■ 4

EJEMPLO 4 Resuelva el siguiente problema de programación lineal.

$$\begin{aligned} \text{Minimice} \quad & z = 2x + 4y \\ \text{sujeta a:} \quad & x + 2y \geq 10 \\ & 3x + y \geq 10 \\ & x \geq 0, y \geq 0. \end{aligned}$$

La figura 8.16 muestra la gráfica hecha a mano con los puntos de esquina (0, 10), (2, 4) y (10, 0), así como la gráfica de calculadora con el punto de esquina (2, 4). Encuentre el valor de z para cada punto.

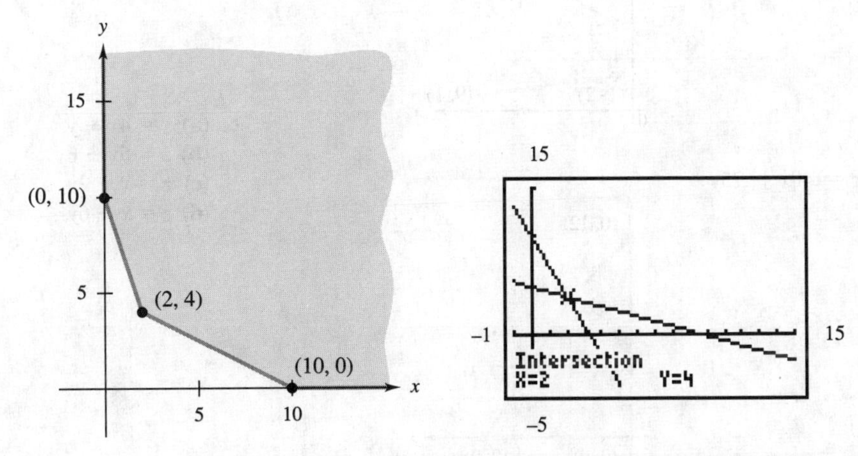

FIGURA 8.16

5 El dibujo muestra una región de soluciones factibles. Del dibujo decida qué par ordenado minimiza a $z = 2x + 4y$.

Respuesta:
(1, 1)

Punto de esquina	*Valor de $z = 2x + 4y$*
(0, 10)	$2(0) + 4(10) = 40$
(2, 4)	**$2(2) + 4(4) = 20$ (mínimo)**
(10, 0)	**$2(10) + 4(0) = 20$ (mínimo)**

En este caso, (2, 4) y (10, 0), así como todos los puntos sobre la recta de frontera entre ellos, dan el mismo valor óptimo para z. Hay un número infinito de valores igualmente "buenos" de x y y que dan el mismo valor mínimo de la función objetivo $z = 2x + 4y$. El valor mínimo es 20. ■ 5

8.2 EJERCICIOS

Los ejercicios 1-6 muestran regiones de soluciones factibles. Use esas regiones para encontrar los valores máximo y mínimo de cada función objetivo (véanse los ejemplos 1-2).

1. $z = 3x + 5y$

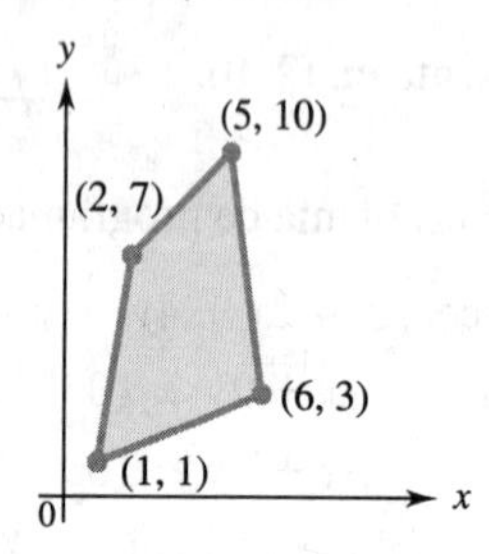

2. $z = 6x + y$

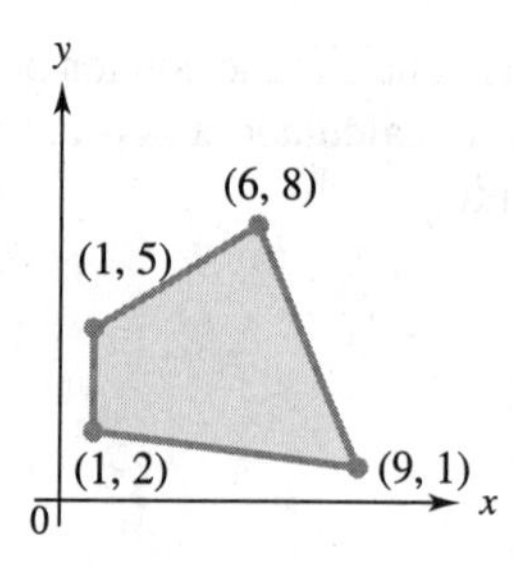

3. $z = .40x + .75y$

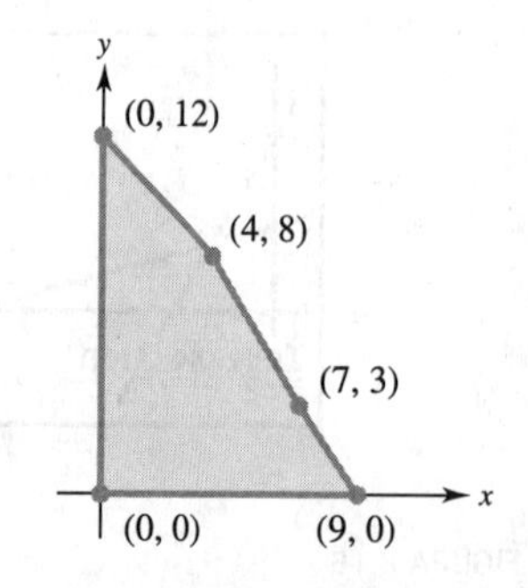

4. $z = .35x + 1.25y$

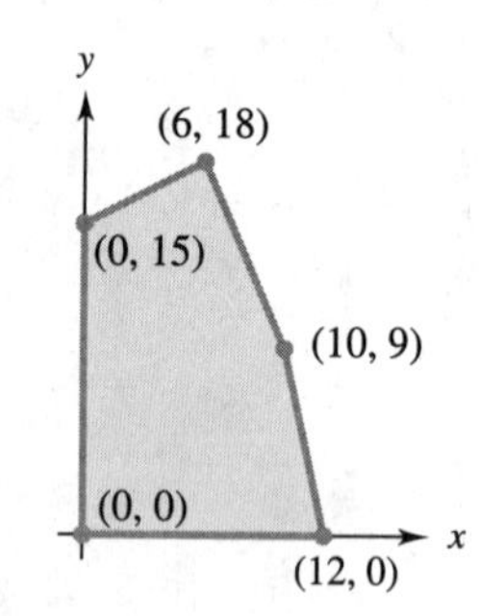

5. **(a)** $z = 4x + 2y$
(b) $z = 2x + yy$
(c) $z = 2x + 4y$
(d) $z = x + 4y$

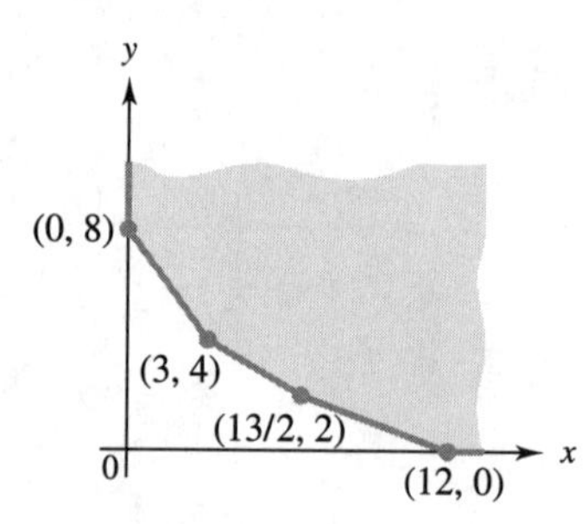

6. **(a)** $z = 4x + y$
(b) $z = 5x + 6y$
(c) $z = x + 2y$
(d) $z = x + 6y$

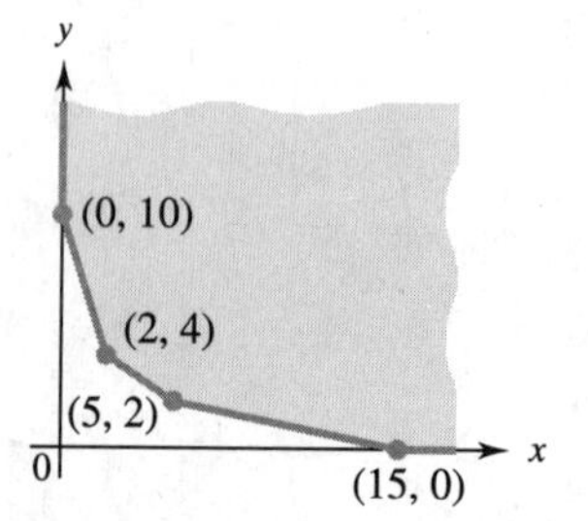

Use métodos gráficos para resolver los ejercicios 7-12 (véanse los ejemplos 2-4).

7. Maximice $z = 5x + 2y$
sujeta a: $2x + 3y \leq 6$
$4x + y \leq 6$
$x \geq 0, y \geq 0.$

8. Minimice $z = x + 3y$
sujeta a: $2x + y \leq 10$
$5x + 2y \geq 20$
$-x + 2y \geq 0$
$x \geq 0, y \geq 0.$

9. Minimice $z = 2x + y$
sujeta a: $3x - y \geq 12$
$x + y \leq 15$
$x \geq 2, y \geq 3.$

10. Maximice $z = x + 3y$
sujeta a: $2x + 3y \leq 100$
$5x + 4y \leq 200$
$x \geq 10, y \geq 20.$

11. Maximice $z = 4x + 2y$
sujeta a: $x - y \leq 10$
$5x + 3y \leq 75$
$x \geq 0, y \geq 0.$

12. Maximice $z = 4x + 5y$
sujeta a: $10x - 5y \leq 100$
$20x + 10y \geq 150$
$x \geq 0, y \geq 0.$

Encuentre los valores máximo y mínimo de $z = 3x + 4y$ (de ser posible) para cada uno de los siguientes conjuntos de restricciones (véanse los ejemplos 2-4).

13. $3x + 2y \geq 6$
$x + 2y \geq 4$
$x \geq 0, y \geq 0$

14. $2x + y \leq 20$
$10x + y \geq 36$
$2x + 5y \geq 36$

15. $x + y \leq 6$
$-x + y \leq 2$
$2x - y \leq 8$

16. $-x + 2y \leq 6$
$3x + y \geq 3$
$x \geq 0, y \geq 0$

17. Encuentre valores de $x \geq 0$ y $y \geq 0$ que maximicen $z = 10x + 12y$ sujeta a cada uno de los siguientes conjuntos de restricciones.

(a) $x + y \leq 20$
$x + 3y \leq 24$

(b) $3x + y \leq 15$
$x + 2y \leq 18$

(c) $x + 2y \geq 10$
$2x + y \geq 12$
$x - y \leq 8$

18. Encuentre valores de $x \geq 0$ y $y \geq 0$ que minimice $z = 3x + 2y$ sujeta a cada uno de los siguientes conjuntos de restricciones.

(a) $10x + 7y \leq 42$
$4x + 10y \geq 35$

(b) $6x + 5y \geq 25$
$2x + 6y \geq 15$

(c) $2x + 5y \geq 22$
$4x + 3y \leq 28$
$2x + 2y \leq 17$

19. Explique por qué es imposible maximizar la función $z = 3x + 4y$ sujeta a las restricciones:

$x + y \geq 8$
$2x + y \leq 10$
$x + 2y \leq 8$
$x \geq 0, \ y \geq 0$

20. Usted tiene el siguiente problema de programación lineal:*

Maximice $z = c_1x_1 + c_2x_2$
sujeta a: $2x_1 + x_2 \leq 11$
$-x_1 + 2x_2 \leq 2$
$x_1 \geq 0, x_2 \geq 0.$

Si $c_2 > 0$, determine el rango de c_1/c_2 para el cual $(x_1, x_2) = (4, 3)$ es una solución óptima.

(a) $[-2, 1/2]$

(b) $[-1/2, 2]$

(c) $[-11, -1]$

(d) $[1, 11]$

(e) $[-11, 11]$

*Problema del examen del curso 130 sobre Investigación de Operaciones de *Education and Examination Committee of The Society of Actuaries.* Reimpreso con autorización de The Society of Actuaries.

8.3 APLICACIONES DE LA PROGRAMACIÓN LINEAL

En esta sección mostraremos varias aplicaciones de la programación lineal con dos variables.

EJEMPLO 1 Un miembro del Club 4-H sólo cría gansos y cerdos. Quiere criar no más de 16 animales, entre ellos no más de 10 gansos. Gasta \$15 para criar un ganso y \$45 para criar un cerdo y tiene \$540 disponibles para este proyecto. Encuentre la ganancia máxima que puede tener si cada ganso produce una ganancia de \$7 y cada cerdo una ganancia de \$20.

La ganancia total se determina por el número de gansos y cerdos. Sea x el número de gansos que deben producirse y sea y el número de cerdos. Resuma esta información en una tabla.

	Número	*Costo de criar*	*Ganancia en cada uno*
Gansos	x	\$ 15	\$ 7
Cerdos	y	45	20
Máximos disponibles	16	\$540	

Use esta tabla para escribir las restricciones necesarias. Como el número total de animales no puede exceder de 16, la primera restricción es

$$x + y \leq 16.$$

"No más de 10 gansos" conduce a

$$x \leq 10.$$

El costo de criar x gansos a \$15 por ganso es de $15x$ dólares, mientras que el costo de y cerdos a \$45 cada uno es de $45y$ dólares. Sólo se dispone de \$540, por lo que

$$15x + 45y \leq 540.$$

Dividiendo ambos lados entre 15 se obtiene la desigualdad equivalente

$$x + 3y \leq 36.$$

El número de gansos y cerdos no puede ser negativo, por lo que

$$x \geq 0, \quad y \geq 0.$$

El miembro del Club 4-H quiere saber el número de gansos y el número de cerdos que deben criarse para tener una ganancia máxima. Cada ganso produce una ganancia de \$7 y cada cerdo, \$20. Si z representa la ganancia total, entonces

$$z = 7x + 20y$$

es la función objetivo, que debe maximizarse.

Tenemos que resolver el siguiente problema de programación lineal.

$$\begin{aligned} \text{Maximizar} \quad & z = 7x + 20y & \text{Función objetivo} \\ \text{sujeta a:} \quad & \left.\begin{aligned} x + y &\le 16 \\ x &\le 10 \\ x + 3y &\le 36 \\ x \ge 0, y &\ge 0. \end{aligned}\right\} & \text{Restricciones} \end{aligned}$$

Con los métodos de la sección anterior, haga la gráfica de la región factible para el sistema de desigualdades dadas por las restricciones, como en la figura 8.17.

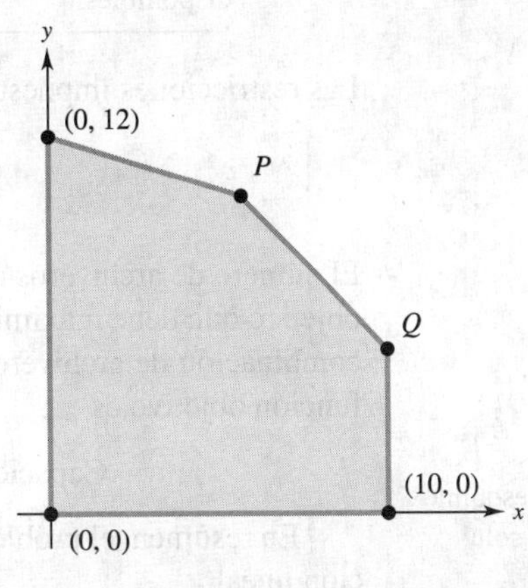

FIGURA 8.17

[1] Encuentre los puntos de esquina P y Q en la figura 8.17.

Respuesta:
$P = (6, 10)$
$Q = (10, 6)$

Los puntos de esquina (0, 12), (0, 0) y (10, 0) pueden leerse directamente de la gráfica. Encuentre las coordenadas de los otros puntos de esquina resolviendo un sistema de ecuaciones o con una calculadora graficadora. [1]

Pruebe cada punto de esquina en la función objetivo para encontrar la ganancia máxima.

Punto de esquina	$z = 7x + 20y$
(0, 12)	7(0) + 20(12) = 240
(6, 10)	**7(6) + 20(10) = 242** **(máximo)**
(10, 6)	7(10) + 20(6) = 190
(10, 0)	7(10) + 20(0) = 70
(0, 0)	7(0) + 20(0) = 0

El valor máximo para z de 242 ocurre en (6, 10). Así entonces, 6 gansos y 10 cerdos producirán una ganancia máxima de $242. ■

EJEMPLO 2 El gerente de una oficina necesita comprar archiveros nuevos. Sabe que los archiveros Ace cuestan $40 cada uno, requieren 6 pies cuadrados de espacio de piso y tienen capacidad de 8 pies cúbicos. Por otra parte, cada archivero Excello cuesta $80, requiere 8 pies cuadrados de espacio de piso y tiene capacidad de 12 pies cúbicos. El gerente no puede gastar más de $560 en los archiveros y la oficina no tiene espacio para más de 72 pies cuadrados de archiveros. El gerente desea tener la capacidad máxima de almacenaje dentro de las limitaciones impuestas por el dinero y el espacio. ¿Cuántos archiveros de cada tipo debe comprar?

Sean x el número de archiveros Ace y y el número de archiveros Excello que debe comprar. La información dada en el problema puede resumirse como sigue.

	Número	*Costo de cada uno*	*Espacio requerido*	*Capacidad de almacenamiento*
Ace	x	\$ 40	6 pies^2	8 pies^3
Excello	y	\$ 80	8 pies^2	12 pies^3
Máximos disponibles		\$560	72 pies^2	

Las restricciones impuestas por el costo y el espacio son

$$40x + 80y \leq 560 \qquad \text{Costo}$$
$$6x + 8y \leq 72. \qquad \text{Espacio de piso}$$

El número de archiveros no puede ser negativo, por lo que $x \geq 0$ y $y \geq 0$. La función objetivo que debe maximizarse da la cantidad de capacidad proporcionada por cierta combinación de archiveros Ace y Excello. A partir de la información en la tabla, la función objetivo es

$$\text{Capacidad de almacenamiento} = z = 8x + 12y.$$

2 Encuentre el punto de esquina marcado Q en la región de soluciones factibles dada abajo.

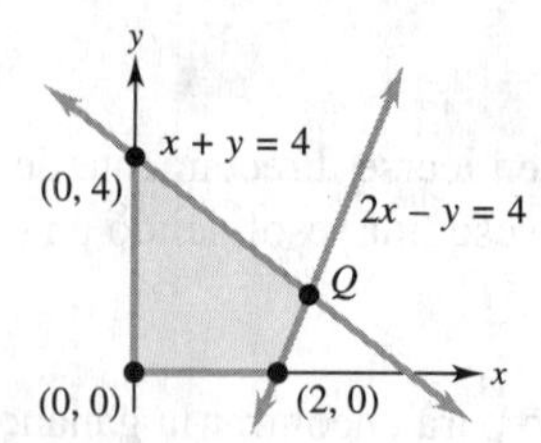

Respuesta:
(8/3, 4/3)

En resumen, el problema dado ha producido el siguiente problema de programación lineal.

$$\begin{aligned} \text{Maximizar} \quad & z = 8x + 12y \\ \text{sujeta a:} \quad & 40x + 80y \leq 560 \\ & 6x + 8y \leq 72 \\ & x \geq 0, y \geq 0. \end{aligned}$$

Una gráfica de la región factible se muestra en la figura 8.18. Tres de los puntos de esquina pueden identificarse de la gráfica como (0, 0), (0, 7) y (12, 0). El cuarto punto de esquina, marcado Q en la figura, puede encontrarse algebraicamente o con una calculadora graficadora y es (8, 3). 2

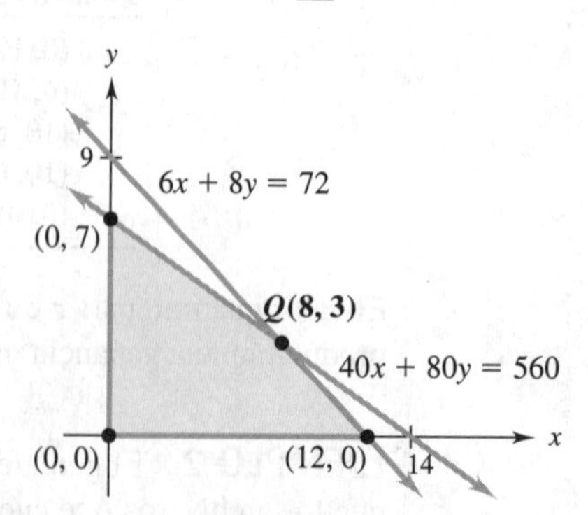

FIGURA 8.18

Use el teorema del punto de esquina para encontrar el valor máximo de z.

3 Un cereal combina avena y maíz. Por lo menos deben fabricarse 27 toneladas del cereal. Para obtener el mejor sabor, la cantidad de maíz no debe ser más del doble de la cantidad de avena. El maíz cuesta $200 por tonelada y la avena cuesta $300 por tonelada. ¿Cuánto de cada grano debe usarse para minimizar el costo?

(a) Elabore una tabla para organizar la información dada en el problema.

(b) Escriba una ecuación para la función objetivo.

(c) Escriba cuatro desigualdades para las restricciones.

Respuestas:

(a)

	Número de toneladas	*Costo/ton*
Avena	x	$300
Maíz	y	200
	27	

(b) $z = 300x + 200y$

(c) $x + y \geq 27$

$y \leq 2x$

$x \geq 0$

$y \geq 0$

Punto de esquina	*Valor de* $z = 8x + 12y$
(0, 0)	0
(0, 7)	84
(12, 0)	96
(8, 3)	**100 (máximo)**

La función objetivo, que representa la capacidad de almacenaje, es maximizada cuando $x = 8$ y $y = 3$. El gerente debe comprar 8 archiveros Ace y 3 archiveros Excello. ■ 3

EJEMPLO 3 Ciertos animales de laboratorio deben tener por lo menos 30 gramos de proteína y por lo menos 20 gramos de grasa en cada periodo de alimentación. Esos nutrientes provienen del alimento A, que cuesta 18¢ por unidad y proporciona 2 gramos de proteína y 4 de grasa, y del alimento B, con 6 gramos de proteína y 2 de grasa, y cuesta 12¢ por unidad. El alimento B se compra bajo un contrato a largo plazo que requiere que por lo menos 2 unidades de B se usen en cada porción. ¿Cuánto de cada alimento debe comprarse para producir un costo mínimo por porción?

Sea x la cantidad de alimento A necesario y y la cantidad de alimento B. Use la información dada para obtener la siguiente tabla.

Alimento	*Número de unidades*	*Gramos de proteína*	*Gramos de grasa*	*Costo*
A	x	2	4	18¢
B	y	6	2	12¢
Mínimo requerido		30	20	

El problema de programación lineal puede formularse como sigue.

$$\text{Minimice} \quad z = .18x + .12y$$

$$\text{sujeta a:} \quad 2x + 6y \geq 30$$
$$4x + 2y \geq 20$$
$$y \geq 2$$
$$x \geq 0, y \geq 0.$$

(La restricción $y \geq 0$ es redundante debido a la restricción $y \geq 2$.) Una gráfica de la región factible con los puntos de esquina identificados se muestra en la figura 8.19.

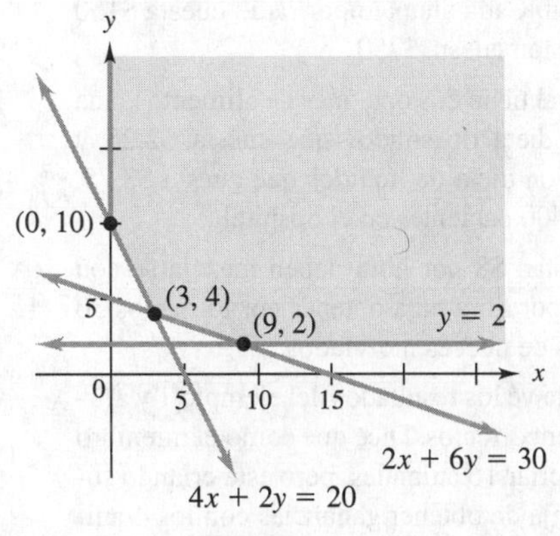

FIGURA 8.19

4 Use la información en el problema 3 en el margen para hacer lo siguiente.

(a) Haga la gráfica de la región factible y encuentre los puntos de esquina.

(b) Determine el valor mínimo de la función objetivo y el punto donde ocurre.

(c) ¿Hay un costo máximo?

Respuestas:

(a)

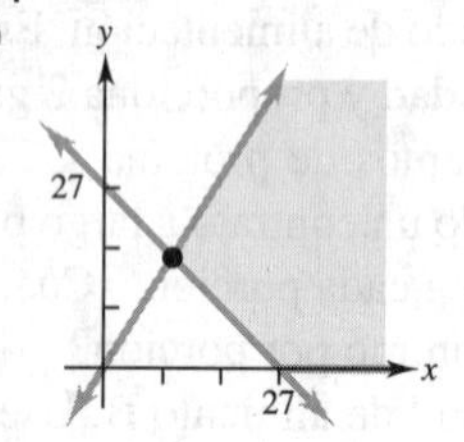

Puntos de esquina: (27, 0), (9, 18)

(b) $6300 en (9, 18)

(c) No

Use el teorema del punto de esquina para encontrar el valor mínimo de z como se muestra en la siguiente tabla.

Puntos de esquina	$z = .18x + .12y$
(0, 10)	$.18(0) + .12(10) = 1.20$
(3, 4)	$\mathbf{.18(3) + .12(4) = 1.02}$ **(mínimo)**
(9, 2)	$.18(9) + .12(2) = 1.86$

El valor mínimo de 1.02 ocurre en (3, 4). Así entonces, 3 unidades de A y 4 unidades de B producirán un costo mínimo de $1.02 por porción. ■ 4

La región factible en la figura 8.19 es una región factible no acotada; la región se extiende indefinidamente hacia arriba a la derecha. Con esta región no sería posible *maximizar* la función objetivo porque el costo total del alimento podría siempre incrementarse haciendo que los animales comieran más.

8.3 EJERCICIOS

Escriba las restricciones en los ejercicios 1-5 como desigualdades lineales e identifique todas las variables usadas. En algunos casos, no toda la información es necesaria para escribir las restricciones (véanse los ejemplos 1-3).

1. Una canoa requiere 6 horas de fabricación y un bote de remos 4 horas. El departamento de fabricación dispone cuando más de 90 horas de trabajo cada semana.
2. Daniel García necesita por lo menos 2400 mg de vitamina C por día. Cada píldora Supervite proporciona 250 mg y cada píldora Vitahealth proporciona 350 mg.
3. Un candidato no puede gastar más de $8500 en publicidad por radio y televisión. Cada anuncio por radio cuesta $150 y cada uno en televisión cuesta $750.
4. Un dietista de hospital tiene dos opciones de alimentos, una para pacientes con dieta de sólidos que cuesta $2.25 y una para pacientes con dieta de líquidos que cuesta $3.75. Hay un máximo de 400 pacientes en el hospital.
5. Almendras que cuestan $8 por libra deben mezclarse con maní que cuesta $3 por libra para obtener por lo menos 30 libras de varios tipos de nueces mezclados.
6. Un consejero agrícola ve los resultados del ejemplo 1 y afirma que no pueden ser correctos. Dice que como el miembro del Club 4-H puede criar 16 animales, pero está criando sólo 12, el miembro deja de obtener ganancias con los 4 animales restantes. ¿Qué le respondería usted?

Resuelva los siguentes problemas de programación lineal (véanse ejemplos 1–3).

7. **Administración** Audio City Corporation tiene almacenes en Meadville y en Cambridge, donde almacena 80 y 70 aparatos electrónicos, respectivamente. Superstore ordena 35 aparatos y ValueHouse ordena 60. Cuesta $8 enviar un aparato de Meadville a Superstore y $12 enviar uno a ValueHouse. Cuesta $10 enviar un aparato de Cambridge a Superstore y $13 enviar uno a ValueHouse. ¿Cómo deben distribuirse las órdenes para mantener los costos de envío tan bajos como sea posible? ¿Cuál es el costo mínimo de envío? (*Sugerencia:* si x aparatos se envían de Meadville a Superstore, entonces $35 - x$ aparatos se envían de Cambridge a Superstore.)
8. **Administración** Un fabricante de refrigeradores debe enviar por lo menos 100 refrigeradores a sus dos almacenes en la costa del Pacífico. En cada almacén cabe un máximo de 100 refrigeradores. El almacén A tiene ya 25 refrigeradores y el B tiene ya 20. Cuesta $12 enviar un refrigerador al almacén A y $10 enviar uno al almacén B. Las reglas sindicales requieren que por lo menos se empleen 300 trabajadores. Enviar un refrigerador al almacén A requiere 4 trabajadores, mientras que enviar un refrigerador al almacén B requiere 2 trabajadores. ¿Cuántos refrigeradores deben enviarse a cada almacén para minimizar los costos? ¿Cuál es el costo mínimo?

9. Administración Una compañía está considerando dos planes de seguros con los tipos de cobertura y costos que se muestran en la siguiente tabla.

	Póliza A	*Póliza B*
Incendio y robo	$10,000	$15,000
Responsabilidad civil	$180,000	$120,000
Costo	$50	$40

(Por ejemplo, esto significa que cuesta $50 una unidad del plan A, que consiste en un seguro por $10,000 por fuego y robo y por $180,000 por responsabilidad civil.)

(a) La compañía quiere adquirir por lo menos un seguro de $300,000 por robo e incendio, y uno de por lo menos $3,000,000 por responsabilidad civil con esos planes. ¿Cuántas unidades debe la compañía comprar de cada plan para minimizar los costos de la compra? ¿Cuál es el costo mínimo?

(b) Suponga que el costo del plan o póliza A se reduce a $25. ¿Cuántas unidades deben ahora comprarse de cada plan para minimizar los gastos de la compra? ¿Cuál es el costo mínimo?

10. Administración Hotnews Magazine publica una edición estadounidense y una canadiense cada semana. Se tienen 30,000 subscriptores en Estados Unidos y 20,000 en Canadá. Otras copias se venden en los quioscos de periódicos. Los costos de correo y envío promedian $80 por mil copias en Estados Unidos y $60 por mil copias en Canadá. Las encuestas muestran que pueden venderse no más de 120,000 copias de cada edición (incluidas las subscripciones) y que el número de copias de edición canadiense no debe exceder de dos veces el número de copias de la edición estadounidense. El editor puede gastar cuando más $8400 al mes en correo y embarque. Si la ganancia es de $200 por cada mil copias en la edición estadounidense y de $150 por cada mil copias en la edición canadiense, ¿cuántas copias de cada versión deben imprimirse para obtener una ganancia máxima? ¿Cuál es esa ganancia?

11. Administración El proceso de manufactura requiere que las refinerías fabriquen por lo menos 2 galones de gasolina por cada galón de aceite. Para satisfacer la demanda de invierno de aceite, por lo menos 3 millones de galones al día deben producirse. La demanda de gasolina no es de más de 6.4 millones de galones por día. Toma 0.25 horas enviar cada millón de galones de gasolina y 1 hora enviar cada millón de galones de aceite desde la refinería. No hay más de 4.65 horas disponibles para los envíos. Si la refinería vende la gasolina a $1.25 por galón y el aceite a $1 por galón, ¿cuánto de cada artículo debe producirse para maximizar el ingreso? Encuentre el ingreso máximo.

12. Ciencias naturales Marina Mateos tiene una deficiencia alimenticia y se le aconseja tomar por lo menos 2400 mg de hierro, 2100 mg de vitamina B-1 y 1500 mg de vitamina B-2. Una píldora Maxivite contiene 40 mg de hierro, 10 mg de B-1 y 5 mg de B-2, y cuesta 6¢. Una píldora Healthovite proporciona 10 mg de hierro, 15 mg de B-1 y 15 mg de B-2, y cuesta 8¢. ¿Qué combinación de píldoras Maxivite y Healthovite satisfará el requerimiento a un costo mínimo? ¿Cuál es el costo mínimo?

13. Administración Un taller mecánico fabrica dos tipos de tornillos. Los tornillos requieren tiempo en tres grupos de máquinas, pero el tiempo requerido en cada grupo difiere, como se muestra en la siguiente tabla.

		GRUPO DE MÁQUINAS		
		I	*II*	*III*
TORNILLOS	Tipo 1	.1 min	.1 min	.1 min
	Tipo 2	.1 min	.4 min	.02 min

Los programas de producción se elaboran diariamente. En un día hay 240, 720 y 160 minutos disponibles, respectivamente, en esas máquinas. El tornillo tipo 1 se vende a 10¢ y el tipo 2 a 12¢. ¿Cuántos de cada tipo de tornillo deben fabricarse por día para maximizar los ingresos? ¿Cuál es el ingreso máximo?

14. Administración La compañía Miers produce pequeños motores para varios fabricantes. La compañía recibe pedidos de su motor Topflight de dos plantas ensambladoras. La planta I necesita por lo menos 50 motores y la planta II necesita por lo menos 27 motores. La compañía puede enviar cuando más 85 motores a esas dos plantas ensambladoras. Cuesta $20 por motor el envío a la planta I y $35 por motor el envío a la planta II. La planta I da a Miers $15 de descuento en sus productos por cada motor que compra, mientras que la planta II da descuentos similares de $10. Miers estima que necesita por lo menos $1110 en descuentos para cubrir los productos que planea comprar a las dos plantas. ¿Cuántos motores deben enviarse a cada planta para minimizar los costos de envío? ¿Cuál es el costo mínimo?

15. Administración Un país pequeño puede cultivar sólo dos cosechas para exportación, café y cacao. El país tiene 500,000 hectáreas de tierra disponibles para las cosechas. Contratos a largo plazo requieren que por lo menos 100,000 hectáreas se dediquen a café y por lo menos 200,000 a cacao. El cacao debe procesarse localmente y los cuellos de botella de la producción limitan el cacao a 270,000 hectáreas. El café requiere dos trabajadores por hectárea y el cacao requiere cinco. Están disponibles hasta 1,750,000 trabajadores para trabajar en esas cosechas. El café produce una ganancia de $220 por hectárea y el cacao una ganancia de $310 por hectárea. ¿Cuántas hectáreas debe dedicar el país a cada cultivo para maximizar las ganancias? Encuentre la ganancia máxima.

16. Administración Se dispone de 60 libras de chocolate y de 100 libras de mentas para hacer cajas de 5 libras de dulce. Una caja regular tiene 4 libras de chocolates y 1 libra de mentas y se vende en $10. Una caja de lujo tiene 2 libras de chocolates y 3 libras de mentas y se vende a $16. ¿Cuántas cajas de cada tipo deben hacerse para maximizar el ingreso?

17. **Administración** Un fabricante de tarjetas de felicitación tiene 370 cajas de una tarjeta particular en el almacén I y 290 cajas de la misma tarjeta en el almacén II. Una tienda de tarjetas en San José ordena 350 cajas de la tarjeta y otra tienda en Memphis ordena 300 cajas. Los costos de envío por caja a esas tiendas desde los dos almacenes se muestran en la siguiente tabla.

		DESTINO	
		San José	*Memphis*
ALMACÉN	I	\$.25	\$.22
	II	\$.23	\$.21

¿Cuántas cajas deben enviarse a cada ciudad desde cada almacén para minimizar los costos de envío? ¿Cuál es el costo mínimo? (*Sugerencia:* use x, $350 - x$, y y $300 - y$ como las variables.)

18. **Administración** El administrador de un fondo de pensiones decide invertir cuando más \$40 millones en bonos federales que pagan 8% de interés anual y en fondos mutualistas que pagan 12% de interés anual. Planea invertir por lo menos \$20 millones en bonos y por lo menos \$15 millones en fondos mutualistas. Los bonos tienen un cargo inicial de \$300 por millón de dólares, mientras que el cargo de los fondos mutualistas es de \$100 por millón. El administrador de los fondos no debe gastar más de \$8400 en cargos. ¿Cuánto debe invertir en cada tipo de documento para maximizar el interés anual? ¿Cuál es el interés anual máximo?

19. **Ciencias naturales** Un cierto animal depredador requiere por lo menos 10 unidades de proteína y 8 unidades de grasa por día. Una presa de la especie I proporciona 5 unidades de proteína y 2 unidades de grasa; una presa de la especie II proporciona 3 unidades de proteína y 4 unidades de grasa. Capturar y digerir cada especie de presa II requiere 3 unidades de energía y capturar y digerir cada especie I de presa requiere 2 unidades de energía. ¿Cuántas de cada presa satisfará los requerimientos de alimento diario de este animal depredador con el menor gasto de energía? ¿Son razonables las respuestas? ¿Cómo pueden interpretarse?

20. **Administración** En un pequeño pueblo, las reglas de zonificación requieren que el espacio para ventanas (en pies cuadrados) de una casa sea por lo menos la sexta parte del espacio para paredes sólidas. El costo de construir ventanas es de \$10 por pie cuadrado, en tanto que el costo de construir paredes sólidas es de \$20 por pie cuadrado. La cantidad total disponible para construir paredes y ventanas es de no más de \$12,000. El costo mensual estimado para calentar la casa es de \$0.32 por pie cuadrado de ventana y de \$0.20 por pie cuadrado de pared sólida. Encuentre el área total máxima (ventanas más paredes) si están disponibles no más de \$160 por mes para pagar por cada calefacción.

21. **Ciencias sociales** Los estudiantes en la Universidad Upscale deben tomar por lo menos 3 cursos de humanidades y 4 de ciencias. El número máximo permitido de cursos de ciencias es 12. Cada curso de humanidades es de 4 créditos y cada curso de ciencias es de 5. El número total de créditos en ciencias y humanidades no debe exceder de 80. Los puntos de calidad para cada curso se asignan de la manera usual: el número de horas crédito por 4 para una calificación de A, por 3 para una calificación de B y por 2 para una calificación de C. Susana Navarro espera obtener B en todos sus cursos de ciencias. Espera obtener C en la mitad de sus cursos de humanidades, B en la cuarta parte de ellos y A en el resto. Bajo esas hipótesis, ¿cuántos cursos de cada clase debe tomar para obtener el máximo número posible de puntos de calidad?

22. **Ciencias sociales** En el ejercicio 21, encuentre el promedio de puntos de calificación de Susana (es decir, el número total de puntos de calidad divididos entre el número total de horas crédito) en cada punto de esquina de la región factible. ¿La distribución de cursos que produce el número máximo de puntos de calidad también da el promedio máximo de puntos grado? ¿Es esto una contradicción?

*La importancia de la programación lineal se evidencia por la inclusión de problemas de programación lineal en la mayoría de los exámenes para contadores públicos. Los ejercicios 23-25 son la reimpresión de un examen de este tipo.**

La compañía Random fabrica dos productos, Zeta y Beta. Cada producto debe pasar por dos operaciones de procesamiento. Todos los materiales se introducen al inicio del proceso 1. No hay inventarios de trabajo en proceso. Random puede producir cualquiera de los dos productos exclusivamente o varias combinaciones de ambos productos bajo las siguientes restricciones.

	Proceso Núm. 1	***Proceso Núm. 2***	***Margen de contribución por unidad***
Horas requeridas para producir 1 unidad de:			
Zeta	1 hora	1 hora	\$4.00
Beta	2 hora	3 horas	5.25
Capacidad total en horas por día	1000 horas	1275 horas	

La escasez de mano de obra ha limitado la producción de Beta a 400 unidades por día. No hay restricciones sobre la producción de Zeta aparte de las restricciones de horario en el programa anterior. Suponga que todas las relaciones entre capacidad y producción son lineales.

*El material de *Uniform CPA Examinations and Unofficial Answers*, copyright © 1973, 1974, 1975 por el American Institute of Certified Public Accountants, Inc., está reimpreso con autorización.

23. Dado el objetivo de maximizar el margen total de contribución, ¿cuál es la restricción por producción para el proceso 1?
(a) Zeta + Beta $\leq$ 1000
(b) Zeta + 2 Beta $\leq$ 1000
(c) Zeta + Beta $\geq$ 1000
(d) Zeta + 2 Beta $\geq$ 1000

24. Dado el objetivo de maximizar el margen total de contribución, ¿cuál es la restricción por mano de obra para la producción de Beta?
(a) Beta $\leq$ 400 **(b)** Beta $\geq$ 400
(c) Beta $\leq$ 425 **(d)** Beta $\geq$ 425

25. ¿Cuál es la función objetivo de los datos presentados?
(a) Zeta + 2 Beta = $9.25
(b) $4.00 Zeta + 3($5.25) Beta = margen total de contribución
(c) $4.00 Zeta + $5.25 Beta = margen total de contribución
(d) 2($4.00) Zeta + 3($5.25) Beta = margen total de contribución

8.4 EL MÉTODO SIMPLEX: MAXIMIZACIÓN

Para los problemas de programación lineal con más de dos variables o con dos variables y muchas restricciones, el método gráfico suele ser muy ineficiente, por lo que se usa el **método simplex**. En 1947, George B. Danzig desarrolló el método simplex, que se presenta aquí, para la Fuerza Aérea de Estados Unidos. Este método se utilizó con éxito durante el puente aéreo de Berlín en 1948-49 para maximizar la cantidad de carga entregada bajo restricciones muy severas y hoy en día se utiliza ampliamente en diversos ramos industriales.

Como el método simplex se usa para problemas con muchas variables, no suele ser conveniente usar letras como x, y, z o w como nombres de las variables. Más bien, se usan los símbolos x_1, x_2, x_3, etc. En el método simplex, todas las restricciones deben expresarse en la forma lineal

$$a_1x_1 + a_2x_2 + a_3x_3 + \cdots \leq b,$$

donde $x_1, x_2, x_3, \ldots$ son las variables, $a_1, a_2, a_3, \ldots$ son los coeficientes y b es una constante.

Veremos primero el método simplex para problemas de programación lineal en *forma estándar de maximización*.

FORMA ESTÁNDAR DE MAXIMIZACIÓN

Un problema de programación lineal está en **forma estándar de maximización** si

1. la función objetivo debe ser maximizada;
2. todas las variables son no negativas ($x_i \geq 0$, $i = 1, 2, 3, \ldots$);
3. todas las restricciones contienen $\leq$;
4. las constantes a la derecha en las restricciones son todas no negativas ($b \geq 0$).

Los problemas que no cumplen todas esas condiciones se considerarán en las secciones 8.6 y 8.7.

La "mecánica" del método simplex se muestra en los ejemplos 1-5. Aunque los procedimientos a seguir se aclararán, así como el hecho de que conducen a una solución óptima, las razones por las que se usan esos procedimientos tal vez no sean inmediatamente evidentes. Los ejemplos 6 y 7 darán esas razones y explicarán la conexión entre el método simplex y el método gráfico de la sección 8.3.

FORMULACIÓN DEL PROBLEMA El primer paso es convertir cada restricción, dada por una desigualdad lineal, en una ecuación lineal. Esto se hace agregando una variable no negativa, llamada **variable de holgura**, a cada restricción. Por ejemplo, convierta la desigualdad $x_1 + x_2 \leq 10$ en una ecuación, sumándole una variable de holgura x_3, para obtener

$$x_1 + x_2 + x_3 = 10, \quad \text{donde } x_3 \geq 0.$$

La desigualdad $x_1 + x_2 \leq 10$ dice que la suma $x_1 + x_2$ es menor que o tal vez igual a 10. La variable x_3 "absorbe cualquier holgura" y representa la cantidad por la que $x_1 + x_2$ deja de ser igual a 10. Por ejemplo, si $x_1 + x_2$ es igual a 8, entonces x_3 es 2. Si $x_1 + x_2 = 10$, el valor de x_3 es 0.

PRECAUCIÓN Una variable de holgura diferente debe usarse para cada restricción. ◆

EJEMPLO 1 Replantee el siguiente problema de programación lineal introduciendo variables de holgura.

$$\begin{aligned}
\text{Maximice} \quad & z = 2x_1 + 3x_2 + x_3 \\
\text{sujeta a:} \quad & x_1 + x_2 + 4x_3 \leq 100 \\
& x_1 + 2x_2 + x_3 \leq 150 \\
& 3x_1 + 2x_2 + x_3 \leq 320 \\
\text{con} \quad & x_1 \geq 0, x_2 \geq 0, x_3 \geq 0.
\end{aligned}$$

Reescriba las tres restricciones como ecuaciones mediante la introducción de variables no negativas de holgura x_4, x_5 y x_6, una para cada restricción. El problema puede replantearse entonces como

$$\begin{aligned}
\text{Maximice} \quad & z = 2x_1 + 3x_2 + x_3 \\
\text{sujeta a:} \quad & x_1 + x_2 + 4x_3 + x_4 = 100 \\
& x_1 + 2x_2 + x_3 + x_5 = 150 \\
& 3x_1 + 2x_2 + x_3 + x_6 = 320 \\
\text{con} \quad & x_1 \geq 0, x_2 \geq 0, x_3 \geq 0, x_4 \geq 0, x_5 \geq 0, x_6 \geq 0.
\end{aligned}$$

■ [1]

[1] Reescriba el siguiente conjunto de restricciones como ecuaciones añadiendo variables de holgura no negativas.

$$\begin{aligned}
x_1 + x_2 + x_3 &\leq 12 \\
2x_1 + 4x_2 &\leq 15 \\
x_2 + 3x_3 &\leq 10
\end{aligned}$$

Respuesta:

$$\begin{aligned}
x_1 + x_2 + x_3 + x_4 &= 12 \\
2x_1 + 4x_2 + x_5 &= 15 \\
x_2 + 3x_3 + x_6 &= 10
\end{aligned}$$

Agregar variables de holgura a las restricciones convierte a un problema de programación lineal en un sistema de ecuaciones lineales. Esas ecuaciones deben tener todas las variables a la izquierda del signo de igual y todas las constantes a la derecha. Todas las ecuaciones del ejemplo 1 satisfacen esta condición excepto la función objetivo, $z = 2x_1 + 3x_2 + x_3$, que puede escribirse con todas las variables a la izquierda como

$$-2x_1 - 3x_2 - x_3 + z = 0.$$

Ahora, las ecuaciones del ejemplo 1 (con las restricciones enumeradas primero) pueden escribirse como la siguiente matriz aumentada.

$$\begin{array}{c}
\begin{matrix} x_1 & x_2 & x_3 & x_4 & x_5 & x_6 & z \end{matrix} \\
\left[\begin{array}{rrrrrrr|r}
1 & 1 & 4 & 1 & 0 & 0 & 0 & 100 \\
1 & 2 & 1 & 0 & 1 & 0 & 0 & 150 \\
3 & 2 & 1 & 0 & 0 & 1 & 0 & 320 \\
\hline
-2 & -3 & -1 & 0 & 0 & 0 & 1 & 0
\end{array}\right]
\end{array}$$

Indicadores

[2] Establezca la tabla inicial del simplex para el siguiente problema de programación lineal:

$$\begin{array}{ll} \text{Maximice} & z = 2x_1 + 3x_2 \\ \text{sujeta a:} & x_1 + 2x_2 \leq 85 \\ & 2x_1 + x_2 \leq 92 \\ & x_1 + 4x_2 \leq 104 \\ \text{con} & x_1 \geq 0, x_2 \geq 0. \end{array}$$

Respuesta:

$$\begin{array}{c} \begin{array}{cccccc} x_1 & x_2 & x_3 & x_4 & x_5 & z \end{array} \\ \left[\begin{array}{cccccc|c} 1 & 2 & 1 & 0 & 0 & 0 & 85 \\ 2 & 1 & 0 & 1 & 0 & 0 & 92 \\ 1 & 4 & 0 & 0 & 1 & 0 & 104 \\ \hline -2 & -3 & 0 & 0 & 0 & 1 & 0 \end{array}\right] \end{array}$$

Esta matriz es la **tabla inicial del simplex**. Excepto por los últimos elementos, el 1 y el 0 en el extremo derecho, los números en el último renglón de una tabla simplex se llaman **indicadores**. [2]

Esta tabla simplex representa un sistema de 4 ecuaciones lineales con 7 variables. Como hay más variables que ecuaciones, el sistema es dependiente y tiene un número infinito de soluciones. Nuestra meta es encontrar una solución en la que todas las variables sean no negativas y z sea tan grande como sea posible. Esto se hará mediante operaciones sobre renglones para reemplazar el sistema dado por otro equivalente, donde ciertas variables se eliminan de algunas de las ecuaciones. El proceso se repite hasta que la solución óptima pueda leerse en la matriz, como se explica a continuación.

SELECCIÓN DEL PIVOTE Recuerde cómo las operaciones sobre renglones se usan para eliminar las variables en el método de Gauss-Jordan. Una entrada particular diferente de cero en la matriz se escoge y se cambia a 1; luego todas las demás entradas en esa columna se cambian a ceros. Un proceso similar se usa en el método simplex. La entrada o elemento escogido se llama el **pivote**. El procedimiento para seleccionar el pivote apropiado en el método simplex se explica en el siguiente ejemplo. La razón por la que este procedimiento se usa se verá en el ejemplo 7.

SUGERENCIA TECNOLÓGICA Una calculadora graficadora proporciona un método eficiente para efectuar las operaciones sobre renglones en el análisis que sigue; anote entonces la tabla simplex inicial del ejemplo 1 en su calculadora y lleve a cabo sobre ella las diversas operaciones conforme lea los siguientes ejemplos. Debido a su tamaño esta tabla simplex no cabrá en la pantalla de calculadora. Entonces verá algo como la figura 8.20(a), que muestra sólo la mitad izquierda de la tabla. Use las teclas de flecha izquierda y derecha para barrer toda la matriz y obtener su otra mitad, como en la figura 8.20(b). Advierta que la calculadora no pone una línea vertical antes de la última columna, como la hacemos al trabajar a mano. ✔

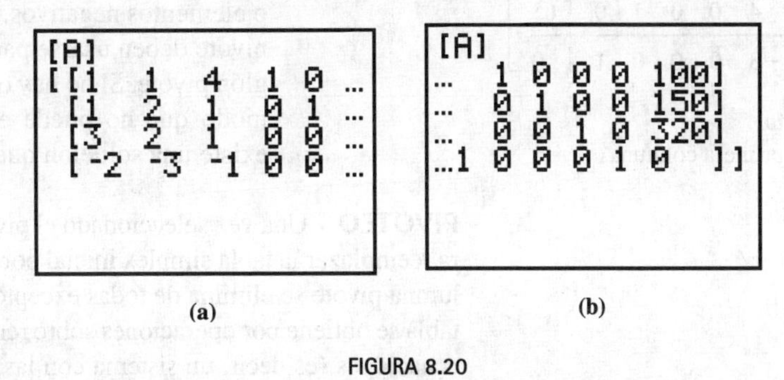

(a) (b)

FIGURA 8.20

EJEMPLO 2 Determine el pivote en la tabla simplex para el problema en el ejemplo 1.

Vea los indicadores (el último renglón de la tabla) y escoja el más negativo.

$$\begin{array}{c} \begin{array}{ccccccc} x_1 & x_2 & x_3 & x_4 & x_5 & x_6 & z \end{array} \\ \left[\begin{array}{ccccccc|c} 1 & 1 & 4 & 1 & 0 & 0 & 0 & 100 \\ 1 & 2 & 1 & 0 & 1 & 0 & 0 & 150 \\ 3 & 2 & 1 & 0 & 0 & 1 & 0 & 320 \\ \hline -2 & \boxed{-3} & -1 & 0 & 0 & 0 & 1 & 0 \end{array}\right] \end{array}$$

↑ Indicador más negativo

El indicador más negativo identifica la variable que va a ser eliminada de todas excepto de una de las ecuaciones (renglones), en este caso x_2. La columna que contiene el indicador más negativo se llama la **columna pivote**. Ahora, para cada elemento *positivo* en la columna pivote, divida el número en la columna derecha más alejada del mismo renglón entre el número positivo correspondiente en la columna pivote.

$$\begin{array}{ccccccc|c}
x_1 & x_2 & x_3 & x_4 & x_5 & x_6 & z & \\
1 & \boxed{1} & 4 & 1 & 0 & 0 & 0 & \boxed{100} \\
1 & \boxed{2} & 1 & 0 & 1 & 0 & 0 & \boxed{150} \\
3 & \boxed{2} & 1 & 0 & 0 & 1 & 0 & \boxed{320} \\
\hline
-2 & -3 & -1 & 0 & 0 & 0 & 1 & 0
\end{array}
\qquad
\begin{array}{l}
\text{Cocientes} \\
100/1 = 100 \\
150/2 = 75 \leftarrow \text{El menor} \\
320/2 = 160
\end{array}$$

El renglón con el cociente más pequeño (en este caso, el segundo renglón) se llama el **renglón pivote**. El elemento en el renglón pivote y columna pivote es el pivote.

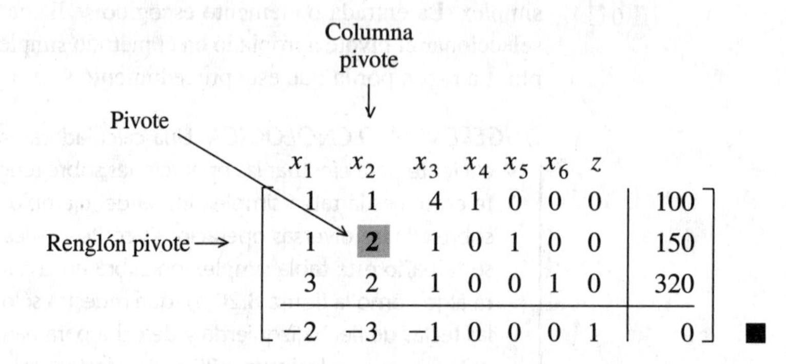

3 Encuentre el pivote para la siguiente tabla.

$$\begin{array}{cccccc|c}
x_1 & x_2 & x_3 & x_4 & x_5 & z & \\
0 & 1 & 1 & 0 & 0 & 0 & 50 \\
-2 & 3 & 0 & 1 & 0 & 0 & 78 \\
2 & 4 & 0 & 0 & 1 & 0 & 65 \\
\hline
-5 & -3 & 0 & 0 & 0 & 1 & 0
\end{array}$$

Respuesta:
2 (en la primera columna)

PRECAUCIÓN En algunas tablas simplex, la columna pivote puede contener ceros o elementos negativos. Sólo los elementos positivos en la columna pivote deben usarse para formar los cocientes y determinar el renglón pivote. Si no hay elementos positivos en la columna pivote (de modo que no puede escogerse un renglón pivote), entonces no existe una solución que maximice. ◆ **3**

PIVOTEO Una vez seleccionado el pivote, se usan operaciones sobre renglones para reemplazar la tabla simplex inicial por otra tabla simplex donde la variable de la columna pivote se elimina de todas excepto de una de las ecuaciones. Como esta nueva tabla se obtiene por operaciones sobre renglones, representa un sistema equivalente de ecuaciones (es decir, un sistema con las mismas soluciones que el sistema original). Este proceso, que se llama **pivoteo**, se explica en el siguiente ejemplo.

EJEMPLO 3 Use el pivote indicado 2, para efectuar el pivoteo sobre la tabla simplex del ejemplo 2:

$$\begin{array}{ccccccc|c}
x_1 & x_2 & x_3 & x_4 & x_5 & x_6 & z & \\
1 & 1 & 4 & 1 & 0 & 0 & 0 & 100 \\
1 & \boxed{2} & 1 & 0 & 1 & 0 & 0 & 150 \\
3 & 2 & 1 & 0 & 0 & 1 & 0 & 320 \\
\hline
-2 & -3 & -1 & 0 & 0 & 0 & 1 & 0
\end{array}.$$

Comience multiplicando cada elemento del renglón dos por 1/2 para cambiar el pivote a 1.

$$\begin{array}{c} \begin{array}{ccccccc} x_1 & x_2 & x_3 & x_4 & x_5 & x_6 & z \end{array} \\ \left[\begin{array}{ccccccc|c} 1 & 1 & 4 & 1 & 0 & 0 & 0 & 100 \\ \frac{1}{2} & \boxed{1} & \frac{1}{2} & 0 & \frac{1}{2} & 0 & 0 & 75 \\ 3 & 2 & 1 & 0 & 0 & 1 & 0 & 320 \\ \hline -2 & -3 & -1 & 0 & 0 & 0 & 1 & 0 \end{array}\right] \end{array} \quad \begin{array}{l} \\ \frac{1}{2}R_2 \\ \\ \\ \end{array}$$

Ahora use operaciones sobre renglones para hacer el elemento en el renglón uno, columna dos igual a 0.

$$\begin{array}{c} \begin{array}{ccccccc} x_1 & x_2 & x_3 & x_4 & x_5 & x_6 & z \end{array} \\ \left[\begin{array}{ccccccc|c} \frac{1}{2} & 0 & \frac{7}{2} & 1 & -\frac{1}{2} & 0 & 0 & 25 \\ \frac{1}{2} & 1 & \frac{1}{2} & 0 & \frac{1}{2} & 0 & 0 & 75 \\ 3 & 2 & 1 & 0 & 0 & 1 & 0 & 320 \\ \hline -2 & -3 & -1 & 0 & 0 & 0 & 1 & 0 \end{array}\right] \end{array} \quad \begin{array}{l} -R_2 + R_1 \\ \\ \\ \\ \end{array}$$

Cambie el 2 en el renglón tres, columna dos a 0 por medio de un proceso similar.

$$\begin{array}{c} \begin{array}{ccccccc} x_1 & x_2 & x_3 & x_4 & x_5 & x_6 & z \end{array} \\ \left[\begin{array}{ccccccc|c} \frac{1}{2} & 0 & \frac{7}{2} & 1 & -\frac{1}{2} & 0 & 0 & 25 \\ \frac{1}{2} & 1 & \frac{1}{2} & 0 & \frac{1}{2} & 0 & 0 & 75 \\ 2 & 0 & 0 & 0 & -1 & 1 & 0 & 170 \\ \hline -2 & -3 & -1 & 0 & 0 & 0 & 1 & 0 \end{array}\right] \end{array} \quad \begin{array}{l} \\ \\ -2R_2 + R_3 \\ \\ \end{array}$$

Finalmente, sume 3 veces el renglón dos al último renglón para cambiar el indicador −3 a 0.

$$\begin{array}{c} \begin{array}{ccccccc} x_1 & x_2 & x_3 & x_4 & x_5 & x_6 & z \end{array} \\ \left[\begin{array}{ccccccc|c} \frac{1}{2} & 0 & \frac{7}{2} & 1 & -\frac{1}{2} & 0 & 0 & 25 \\ \frac{1}{2} & 1 & \frac{1}{2} & 0 & \frac{1}{2} & 0 & 0 & 75 \\ 2 & 0 & 0 & 0 & -1 & 1 & 0 & 170 \\ \hline -\frac{1}{2} & 0 & \frac{1}{2} & 0 & \frac{3}{2} & 0 & 1 & 225 \end{array}\right] \end{array} \quad \begin{array}{l} \\ \\ \\ 3R_2 + R_4 \end{array}$$

El pivoteo está ahora completo porque la variable x_2 de la columna pivote se ha eliminado de todas las ecuaciones excepto de la representada por el renglón pivote. La tabla simplex inicial se ha reemplazado por una nueva tabla simplex, que representa un sistema equivalente de ecuaciones. ■

PRECAUCIÓN Durante el pivoteo, no intercambie renglones de la matriz. Haga el elemento pivote igual a 1 multiplicando el renglón pivote por una constante apropiada, como en el ejemplo 3. ◆ **4**

4 Para la tabla simplex abajo

(a) encuentre el pivote.

(b) Efectúe el pivoteo y escriba la nueva tabla.

$$\begin{array}{c} \begin{array}{cccccc} x_1 & x_2 & x_3 & x_4 & x_5 & z \end{array} \\ \left[\begin{array}{cccccc|c} 1 & 2 & 6 & 1 & 0 & 0 & 16 \\ 1 & 3 & 0 & 0 & 1 & 0 & 25 \\ \hline -1 & -4 & -3 & 0 & 0 & 1 & 0 \end{array}\right] \end{array}$$

Respuestas:

(a) 2

(b)

$$\begin{array}{c} \begin{array}{cccccc} x_1 & x_2 & x_3 & x_4 & x_5 & z \end{array} \\ \left[\begin{array}{cccccc|c} \frac{1}{2} & 1 & 3 & \frac{1}{2} & 0 & 0 & 8 \\ -\frac{1}{2} & 0 & -9 & -\frac{3}{2} & 1 & 0 & 1 \\ \hline 1 & 0 & 9 & 2 & 0 & 1 & 32 \end{array}\right] \end{array}$$

Cuando por lo menos uno de los indicadores en el último renglón de una tabla simplex es negativo (como es el caso con la tabla obtenida en el ejemplo 3), el método simplex requiere que se seleccione un nuevo pivote y que el pivoteo se efectúe de nuevo. Este procedimiento se repite hasta que se obtiene una tabla simplex sin indicadores negativos en el último renglón o se alcanza una tabla en la que ningún renglón pivote puede escogerse.

EJEMPLO 4 En la tabla simplex obtenida en el ejemplo 3, seleccione un nuevo pivote y efectúe el pivoteo.

Localice primero la columna pivote encontrando el indicador más negativo en el último renglón. Luego localice el renglón pivote calculando los cocientes necesarios y encontrando el más pequeño, como se muestra aquí.

$$\begin{array}{l} \\ \text{Renglón pivote} \longrightarrow \\ \\ \\ \\ \end{array} \begin{array}{c} \begin{array}{ccccccc} x_1 & x_2 & x_3 & x_4 & x_5 & x_6 & z \end{array} \\ \left[\begin{array}{ccccccc|c} \boxed{\frac{1}{2}} & 0 & \frac{7}{2} & 1 & -\frac{1}{2} & 0 & 0 & 25 \\ \frac{1}{2} & 1 & \frac{1}{2} & 0 & \frac{1}{2} & 0 & 0 & 75 \\ 2 & 0 & 0 & 0 & -1 & 1 & 0 & 170 \\ \hline -\frac{1}{2} & 0 & \frac{1}{2} & 0 & \frac{3}{2} & 0 & 1 & 225 \end{array}\right] \\ \uparrow \text{Columna pivote} \end{array} \begin{array}{l} \text{Cocientes} \\ \frac{25}{1/2} = 50 \quad \text{El menor} \\ \frac{75}{1/2} = 150 \\ 170/2 = 85 \\ \\ \end{array}$$

El pivote es entonces el número 1/2 en el renglón uno. Comience el pivoteo multiplicando cada elemento en el renglón uno por 2. Continúe luego como se indica abajo, para obtener la siguiente tabla simplex.

$$\begin{array}{c} \begin{array}{ccccccc} x_1 & x_2 & x_3 & x_4 & x_5 & x_6 & z \end{array} \\ \left[\begin{array}{ccccccc|c} 1 & 0 & 7 & 2 & -1 & 0 & 0 & 50 \\ 0 & 1 & -3 & -1 & 1 & 0 & 0 & 50 \\ 0 & 0 & -14 & -4 & 1 & 1 & 0 & 70 \\ \hline 0 & 0 & 4 & 1 & 1 & 0 & 1 & 250 \end{array}\right] \end{array} \begin{array}{l} \\ 2R_1 \\ -\frac{1}{2}R_1 + R_2 \\ -2R_1 + R_3 \\ \frac{1}{2}R_1 + R_4 \end{array}$$

Como no hay indicadores negativos en el último renglón, no es necesario ningún pivoteo adicional y llamaremos a ésta la **tabla simplex final**. ■

LECTURA DE LA SOLUCIÓN El siguiente ejemplo muestra cómo leer una solución óptima del problema de programación lineal original en la tabla simplex final.

EJEMPLO 5 Resuelva el problema de programación lineal presentado en el ejemplo 1.

Vea la tabla simplex final para este problema, que se obtuvo en el ejemplo 4.

$$\begin{array}{c} \begin{array}{ccccccc} x_1 & x_2 & x_3 & x_4 & x_5 & x_6 & z \end{array} \\ \left[\begin{array}{ccccccc|c} 1 & 0 & 7 & 2 & -1 & 0 & 0 & 50 \\ 0 & 1 & -3 & -1 & 1 & 0 & 0 & 50 \\ 0 & 0 & -14 & -4 & 1 & 1 & 0 & 70 \\ \hline 0 & 0 & 4 & 1 & 1 & 0 & 1 & 250 \end{array}\right] \end{array}$$

El último renglón de esta matriz representa la ecuación

$$4x_3 + x_4 + x_5 + z = 250, \quad \text{o equivalentemente,} \quad z = 250 - 4x_3 - x_4 - x_5.$$

Si x_3, x_4 y x_5 son todas 0, entonces el valor de z es 250. Si cualquiera de x_3, x_4 o x_5 es positiva, entonces z tendrá un valor menor que 250 (¿por qué?). En consecuencia, como queremos una solución para este sistema en el que todas las variables sean no negativas y z sea tan grande como sea posible, debemos tener

$$x_3 = 0, \quad x_4 = 0, \quad x_5 = 0.$$

Cuando estos valores se sustituyen en la primera ecuación (representada por el primer renglón de la tabla simplex final), el resultado es

$$x_1 + 7 \cdot 0 + 2 \cdot 0 - 1 \cdot 0 = 50, \quad \text{es decir,} \quad x_1 = 50.$$

De la misma manera, sustituyendo 0 en x_3, x_4 y x_5 en las últimas tres ecuaciones representadas por la tabla simplex final, se ve que

$$x_2 = 50, \quad x_6 = 70, \quad z = 250.$$

Por lo tanto, el valor máximo de $z = 2x_1 + 3x_2 + x_3$ ocurre cuando

$$x_1 = 50, \quad x_2 = 50, \quad x_3 = 0,$$

en cuyo caso $z = 2 \cdot 50 + 3 \cdot 50 + 0 = 250$. (Los valores de las variables de holgura no son importantes al establecer la solución del problema original.) ■

En cualquier tabla simplex, algunas columnas se ven como columnas de una matriz identidad (una entrada es 1, el resto son 0). Las variables correspondientes a esas columnas se llaman **variables básicas** y las variables correspondientes a las otras columnas, **variables no básicas**. Por ejemplo, en la tabla del ejemplo 5, las variables básicas son x_1, x_2, x_6 y z (mostradas en color abajo), y las variables no básicas son x_3, x_4 y x_5.

$$\begin{array}{cccccccc} x_1 & x_2 & x_3 & x_4 & x_5 & x_6 & z & \\ \left[\begin{array}{ccccccc|c} \mathbf{1} & \mathbf{0} & 7 & 2 & -1 & \mathbf{0} & \mathbf{0} & 50 \\ \mathbf{0} & \mathbf{1} & -3 & -1 & 1 & \mathbf{0} & \mathbf{0} & 50 \\ \mathbf{0} & \mathbf{0} & -14 & -4 & 1 & \mathbf{1} & \mathbf{0} & 70 \\ \hline \mathbf{0} & \mathbf{0} & 4 & 1 & 1 & \mathbf{0} & \mathbf{1} & 250 \end{array}\right] \end{array}$$

La solución óptima en el ejemplo 5 se obtuvo de la tabla simplex final haciendo las variables no básicas igual a 0 y despejando las variables básicas. Además, los valores de las variables básicas son fáciles de leer en la matriz: encuentre el 1 en la columna que representa una variable básica; la última entrada en ese renglón es el valor de esa variable básica en la solución óptima. En particular, *la entrada en la esquina inferior derecha de la tabla simplex final es el valor máximo de z.* 5

5 Un problema de programación lineal con variables de holgura x_4 y x_5 tiene la tabla simplex final que a continuación se muestra. ¿Cuál es la solución óptima?

$$\begin{array}{c} \begin{array}{cccccc} x_1 & x_2 & x_3 & x_4 & x_5 & z \end{array} \\ \left[\begin{array}{cccccc|c} 0 & 3 & 1 & 5 & 2 & 0 & 9 \\ 1 & -2 & 0 & 4 & 1 & 0 & 6 \\ \hline 0 & 5 & 0 & 1 & 0 & 1 & 21 \end{array}\right] \end{array}$$

Respuesta:
$z = 21$ cuando $x_1 = 6$, $x_2 = 0$, $x_3 = 9$.

PRECAUCIÓN Si hay dos columnas idénticas en una tabla y cada una es una columna en una matriz identidad, sólo una de las variables correspondiente a esas columnas puede ser una variable básica. La otra se trata como una variable no básica. Puede escoger cualquiera como la variable básica, a menos que una de ellas sea z, en cuyo caso z debe ser la variable básica. ◆

Los pasos implicados en la resolución de un problema de programación lineal estándar de maximización por medio del método simplex se ilustraron en los ejemplos 1-5 y se resumen a continuación.

MÉTODOS SIMPLEX

1. Determine la función objetivo.
2. Escriba todas las restricciones necesarias.
3. Convierta cada restricción en una ecuación agregando variables de holgura.
4. Forme la tabla simplex inicial.
5. Localice el indicador más negativo. Si hay dos de esos indicadores, escoja uno. Este indicador determina la columna pivote.
6. Use las entradas positivas en la columna pivote a fin de formar los cocientes necesarios para determinar el pivote. Si no hay entradas positivas en

continúa

la columna pivote, no existe entonces una solución que maximice. Si dos cocientes son igualmente pequeños, escoja cualquiera de ellos como pivote.*

7. Multiplique cada entrada en el renglón pivote por el recíproco del pivote para cambiar el pivote a 1. Luego use operaciones sobre renglones para cambiar todas las otras entradas en la columna pivote a 0 sumando múltiplos apropiados del renglón pivote a los demás renglones (esos pasos pueden llevarse a cabo con una calculadora graficadora).
8. Si los indicadores son todos positivos o 0, ésta es la tabla final. Si no, vuelva al paso 5 de arriba y repita el proceso hasta obtener una tabla con indicadores no negativos.†
9. Determine las variables básicas y no básicas y lea la solución en la tabla final. El valor máximo de la función objetivo es el número en la esquina inferior derecha de la tabla final.

6 Un problema de programación lineal tiene la tabla inicial dada abajo. Use el método simplex para resolver el problema.

$$\begin{array}{c} \\ \\ \\ \end{array}\begin{bmatrix} x_1 & x_2 & x_3 & x_4 & z & \\ 1 & 1 & 1 & 0 & 0 & 40 \\ 2 & 1 & 0 & 1 & 0 & 24 \\ \hline -300 & -200 & 0 & 0 & 1 & 0 \end{bmatrix}$$

Respuesta:
$x_1 = 0, x_2 = 24, x_3 = 16,$
$x_4 = 0, z = 4800$

La solución encontrada por el método simplex tal vez no sea única, especialmente cuando varias opciones son posibles en los pasos 5, 6 o 9. Puede haber otras soluciones que produzcan el mismo valor máximo de la función objetivo (véanse los ejercicios 37 y 38). **6**

INTERPRETACIÓN GEOMÉTRICA DEL MÉTODO SIMPLEX Aunque quizá no sea evidente de inmediato, el método simplex se basa en las mismas consideraciones geométricas que el método gráfico. Esto puede verse observando un problema que pueda resolverse fácilmente por ambos métodos.

EJEMPLO 6 En el ejemplo 2 de la sección 8.3, el siguiente problema se resolvió gráficamente (usando x, y en vez de x_1, x_2):

$$\begin{aligned} \text{Maximice} \quad & z = 8x_1 + 12x_2 \\ \text{sujeta a:} \quad & 40x_1 + 80x_2 \leq 560 \\ & 6x_1 + 8x_2 \leq 72 \\ & x_1 \geq 0, x_2 \geq 0. \end{aligned}$$

Trazando la gráfica de la región factible (figura 8.21) y evaluando z en cada punto de esquina, se ve que el valor máximo de z ocurre en (8, 3).

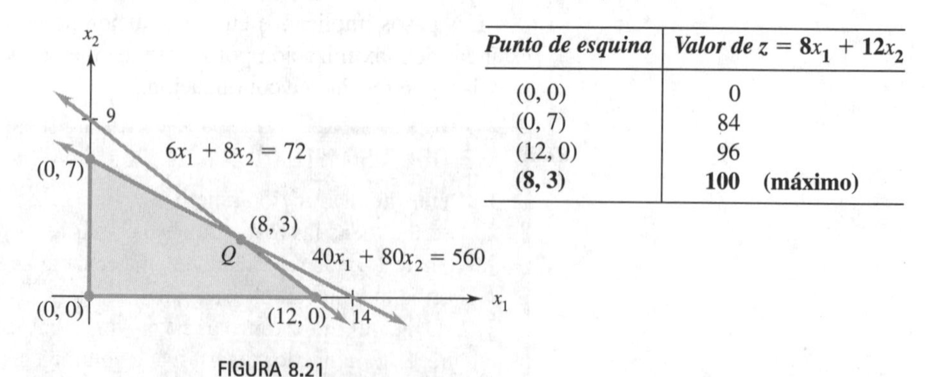

Punto de esquina	*Valor de* $z = 8x_1 + 12x_2$
(0, 0)	0
(0, 7)	84
(12, 0)	96
(8, 3)	**100 (máximo)**

FIGURA 8.21

*Puede suceder que la primera opción de un pivote no genere una solución. En ese caso ensaye la otra alternativa.

†Algunas circunstancias especiales se advierten al final de la sección 8.7.

Para resolver el mismo problema por el método simplex, agregue una variable de holgura a cada restricción.

$$\begin{aligned} 40x_1 + 80x_2 + x_3 \quad\quad &= 560 \\ 6x_1 + \ 8x_2 \quad\quad + x_4 &= 72 \end{aligned}$$

Luego escriba la tabla simplex inicial.

$$\begin{array}{c} \begin{matrix} x_1 & x_2 & x_3 & x_4 & z \end{matrix} \\ \left[\begin{array}{rrrrr|r} 40 & 80 & 1 & 0 & 0 & 560 \\ 6 & 8 & 0 & 1 & 0 & 72 \\ \hline -8 & -12 & 0 & 0 & 1 & 0 \end{array}\right] \end{array}$$

En esta tabla las variables básicas son x_3, x_4 y z (¿por qué?). Haciendo las variables no básicas (es decir, x_1 y x_2) igual a 0 y despejando las variables básicas, obtenemos la siguiente solución (que llamaremos una **solución factible básica**):

$$x_1 = 0, \quad x_2 = 0, \quad x_3 = 560, \quad x_4 = 72, \quad z = 0.$$

Como $x_1 = 0$ y $x_2 = 0$, esta solución corresponde al punto de esquina en el origen en la solución gráfica (figura 8.21). El valor $z = 0$ en el origen no es obviamente máximo y el pivoteo en el método simplex está diseñado para mejorarlo.

El indicador más negativo en la tabla inicial es -12 y los cocientes necesarios son

$$\frac{560}{80} = 7 \quad \text{y} \quad \frac{72}{8} = 9.$$

El menor cociente es 7, que da 80 como pivote. Al efectuar el pivoteo se llega a la siguiente tabla.

$$\begin{array}{c} \begin{matrix} x_1 & x_2 & x_3 & x_4 & z \end{matrix} \\ \left[\begin{array}{rrrrr|r} \frac{1}{2} & 1 & \frac{1}{80} & 0 & 0 & 7 \\ 2 & 0 & -\frac{1}{10} & 1 & 0 & 16 \\ \hline -2 & 0 & \frac{3}{20} & 0 & 1 & 84 \end{array}\right] \end{array} \quad \begin{array}{l} \frac{1}{80}R_1 \\ -8R_1 + R_2 \\ 12R_1 + R_3 \end{array}$$

Las variables básicas aquí son x_2, x_4 y z y la solución factible básica (encontrada haciendo las variables no básicas igual a 0 y despejando las variables básicas) es

$$x_1 = 0, \quad x_2 = 7, \quad x_3 = 0, \quad x_4 = 16, \quad z = 84,$$

que corresponde al punto de esquina (0, 7) en la figura 8.21. Advierta que el nuevo valor de la variable pivote x_2 es precisamente el menor cociente 7, que se usó para seleccionar el renglón pivote. Aunque este valor de z es mejor, una mejora adicional es posible.

Ahora el indicador más negativo es -2 y los cocientes son

$$\frac{7}{1/2} = 14 \quad \text{y} \quad \frac{16}{2} = 8.$$

Como 8 es menor, el pivote es el número 2 en el renglón dos, columna uno. Al pivotear se obtiene la tabla final.

$$\begin{array}{c} \begin{matrix} x_1 & x_2 & x_3 & x_4 & z & \end{matrix} \\ \left[\begin{array}{ccccc|c} 0 & 1 & \frac{3}{80} & -\frac{1}{4} & 0 & 3 \\ 1 & 0 & -\frac{1}{20} & \frac{1}{2} & 0 & 8 \\ \hline 0 & 0 & \frac{1}{20} & 1 & 1 & 100 \end{array}\right] \end{array} \quad \begin{array}{l} -\frac{1}{2}R_2 + R_1 \\ \frac{1}{2}R_2 \\ 2R_2 + R_3 \end{array}$$

Aquí la solución factible básica es

$$x_1 = 8, \quad x_2 = 3, \quad x_3 = 0, \quad x_4 = 0, \quad z = 100,$$

que corresponde al punto de esquina (8, 3) en la figura 8.21. De nuevo, el nuevo valor de la variable pivote x_1 es el menor cociente 8 que se usó para seleccionar el pivote. Del método gráfico sabemos que esta solución proporciona el valor máximo de la función objetivo. Esto también puede verse algebraicamente mediante un argumento similar al del ejemplo 5. No hay entonces necesidad de pasar a otro punto de esquina y el método simplex termina. ■

Como se ilustró en el ejemplo 6, la solución factible básica obtenida de una tabla simplex corresponde a un punto de esquina de la región factible. El pivoteo, que reemplaza una tabla por otra, es una manera sistemática de pasar de un punto de esquina a otro, mejorando cada vez el valor de la función objetivo. El método simplex termina cuando se alcanza un punto de esquina que produce el valor máximo de la función objetivo (o cuando resulta claro que el problema no tiene una solución máxima).

Cuando hay tres o más variables en un problema de programación lineal, puede ser difícil o imposible dibujar una figura, pero puede probarse que el valor óptimo de la función objetivo ocurre en una solución factible básica (correspondiente a un punto de esquina en el caso de dos variables). El método simplex proporciona un medio para pasar de una solución factible básica a otra hasta que se alcanza una que produce el valor óptimo de la función objetivo.

EXPLICACIÓN DEL PIVOTEO Las reglas para seleccionar el pivote en el método simplex pueden entenderse si se examina cómo se escogió el primer pivote en el ejemplo 6.

EJEMPLO 7 La tabla simplex inicial del ejemplo 6 proporciona una solución factible básica con $x_1 = 0, x_2 = 0$.

$$\begin{array}{c} \begin{matrix} x_1 & x_2 & x_3 & x_4 & z & \end{matrix} \\ \left[\begin{array}{ccccc|c} 40 & 80 & 1 & 0 & 0 & 560 \\ 6 & 8 & 0 & 1 & 0 & 72 \\ \hline -8 & -12 & 0 & 0 & 1 & 0 \end{array}\right] \end{array}$$

Esta solución ciertamente no da un valor máximo para la función objetivo $z = 8x_1 + 12x_2$. Como x_2 tiene el mayor coeficiente, z se incrementará más si x_2 se aumenta. En otras palabras, el indicador más negativo en la tabla (que corresponde al mayor coeficiente en la función objetivo) identifica la variable que proporcionará el mayor cambio en el valor de z.

Para determinar cuánto puede incrementarse x_2 sin salir de la región factible, veamos las primeras dos ecuaciones

$$\begin{aligned} 40x_1 + 80x_2 + x_3 \quad &= 560 \\ 6x_1 + \ 8x_2 \quad + x_4 &= 72 \end{aligned}$$

y despejemos las variables básicas x_3 y x_4.

$$\begin{aligned} x_3 &= 560 - 40x_1 - 80x_2 \\ x_4 &= 72 - 6x_1 - 8x_2 \end{aligned}$$

Ahora x_2 se incrementará mientras x_1 se mantiene en el valor 0. Por lo tanto

$$\begin{aligned} x_3 &= 560 - 80x_2 \\ x_4 &= 72 - 8x_2. \end{aligned}$$

Como $x_3 \geq 0$ y $x_4 \geq 0$, debemos tener:

$$\begin{aligned} 0 \leq 560 - 80x_2 \quad &\text{y} \quad 0 \leq 72 - 8x_2 \\ 80x_2 \leq 560 \quad &\quad\quad 8x_2 \leq 72 \\ x_2 \leq \frac{560}{80} = 7 \quad &\quad\quad x_2 \leq \frac{72}{8} = 9. \end{aligned}$$

Los lados derechos de estas últimas desigualdades son los cocientes que se usaron para seleccionar el renglón pivote. Como x_2 debe satisfacer ambas desigualdades, x_2 puede ser cuando más igual a 7. En otras palabras, el cociente más pequeño formado con entradas positivas en la columna pivote identifica el valor de x_2 que produce el mayor cambio en z en tanto que lo mantiene en la región factible. Al pivotear con el pivote así determinado, obtenemos la segunda tabla y una solución factible básica en la que $x_2 = 7$, como se mostró en el ejemplo 6. ■

Un análisis similar al del ejemplo 7 es aplicable a cada caso de pivoteo en el método simplex. La idea es mejorar el valor de la función objetivo ajustando una variable a la vez. El indicador más negativo identifica la variable que dará el mayor incremento para z. El menor cociente determina el mayor valor de esa variable que producirá una solución factible. El pivoteo conduce a una solución en la que la variable seleccionada tiene el valor más grande.

El método simplex se implementa fácilmente en una computadora y en algunas calculadoras graficadoras. Una computadora es esencial para el método simplex y en cualquier situación donde se tiene un gran número de variables y restricciones (y por consiguiente, un número enorme de puntos de esquina por revisar).

SUGERENCIA TECNOLÓGICA En el apéndice de programas se dan programas para el método simplex para varias calculadoras. ✔

8.4 EJERCICIOS

En los ejercicios 1-4, **(a)** *determine el número de variables de holgura necesarias;* **(b)** *nómbrelas;* **(c)** *use las variables de holgura para convertir cada restricción en una ecuación lineal (véase el ejemplo 1).*

1. Maximice $z = 32x_1 + 9x_2$
sujeta a:
$$\begin{aligned} 4x_1 + 2x_2 &\leq 20 \\ 5x_1 + \ x_2 &\leq 50 \\ 2x_1 + 3x_2 &\leq 25 \\ x_1 \geq 0, x_2 &\geq 0. \end{aligned}$$

2. Maximice $z = 3.7x_1 + 4.3x_2$
sujeta a:
$$\begin{aligned} 2.4x_1 + 1.5x_2 &\leq 10 \\ 1.7x_1 + 1.9x_2 &\leq 15 \\ x_1 \geq 0, x_2 &\geq 0. \end{aligned}$$

3. Maximice $z = 8x_1 + 3x_2 + x_3$

sujeta a:

$$\begin{aligned} 3x_1 - x_2 + 4x_3 &\leq 95 \\ 7x_1 + 6x_2 + 8x_3 &\leq 118 \\ 4x_1 + 5x_2 + 10x_3 &\leq 220 \\ x_1 \geq 0, x_2 \geq 0, x_3 &\geq 0. \end{aligned}$$

4. Maximice $z = 12x_1 + 15x_2 + 10x_3$

sujeta a:

$$\begin{aligned} 2x_1 + 2x_2 + x_3 &\leq 8 \\ x_1 + 4x_2 + 3x_3 &\leq 12 \\ x_1 \geq 0, x_2 \geq 0, x_3 &\geq 0. \end{aligned}$$

Introduzca variables de holgura según sea necesario y luego escriba la tabla inicial del simplex para cada uno de los siguientes problemas de programación lineal.

5. Maximice $z = 5x_1 + x_2$

sujeta a:

$$\begin{aligned} 2x_1 + 3x_2 &\leq 6 \\ 4x_1 + x_2 &\leq 6 \\ 5x_1 + 2x_2 &\leq 15 \\ x_1 \geq 0, x_2 &\geq 0. \end{aligned}$$

6. Maximice $z = 5x_1 + 3x_2 + 4x_3$

sujeta a:

$$\begin{aligned} 4x_1 + 3x_2 + 2x_3 &\leq 60 \\ 3x_1 + 4x_2 + x_3 &\leq 24 \\ x_1 \geq 0, x_2 \geq 0, x_3 &\geq 0. \end{aligned}$$

7. Maximice $z = x_1 + 5x_2 + 10x_3$

sujeta a:

$$\begin{aligned} x_1 + 2x_2 + 3x_3 &\leq 10 \\ 2x_1 + x_2 + x_3 &\leq 8 \\ 3x_1 + 2x_3 &\leq 6 \\ x_1 \geq 0, x_2 \geq 0, x_3 &\geq 0. \end{aligned}$$

8. Maximice $z = 5x_1 - x_2 + 3x_3$

sujeta a:

$$\begin{aligned} 3x_1 + 2x_2 + x_3 &\leq 36 \\ x_1 + 4x_2 + x_3 &\leq 24 \\ x_1 - x_2 - x_3 &\leq 32 \\ x_1 \geq 0, x_2 \geq 0, x_3 &\geq 0. \end{aligned}$$

Encuentre el pivote en cada una de las siguientes tablas del simplex (véase el ejemplo 2).

9.

$$\begin{array}{cccccc|c} x_1 & x_2 & x_3 & x_4 & x_5 & z & \\ \hline 2 & 2 & 0 & 3 & 1 & 0 & 15 \\ 3 & 4 & 1 & 6 & 0 & 0 & 20 \\ \hline -2 & -1 & 0 & 1 & 0 & 1 & 10 \end{array}$$

10.

$$\begin{array}{cccccc|c} x_1 & x_2 & x_3 & x_4 & x_5 & z & \\ \hline 0 & 2 & 1 & 1 & 3 & 0 & 5 \\ 1 & -5 & 0 & 1 & 2 & 0 & 8 \\ \hline 0 & -2 & 0 & -1 & 1 & 1 & 10 \end{array}$$

11.

$$\begin{array}{ccccccc|c} x_1 & x_2 & x_3 & x_4 & x_5 & x_6 & z & \\ \hline 6 & 2 & 1 & 3 & 0 & 0 & 0 & 8 \\ 0 & 2 & 0 & 1 & 0 & 1 & 0 & 7 \\ 2 & 1 & 0 & 3 & 1 & 0 & 0 & 6 \\ \hline -3 & -2 & 0 & 2 & 0 & 0 & 1 & 12 \end{array}$$

12.

$$\begin{array}{ccccccc|c} x_1 & x_2 & x_3 & x_4 & x_5 & x_6 & z & \\ \hline 0 & 2 & 0 & 1 & 2 & 2 & 0 & 3 \\ 0 & 3 & 1 & 0 & 1 & 2 & 0 & 2 \\ 1 & 4 & 0 & 0 & 3 & 5 & 0 & 5 \\ \hline 0 & -4 & 0 & 0 & 4 & -3 & 1 & 20 \end{array}$$

En los ejercicios 13-16, use el elemento indicado como pivote y efectúe el pivoteo (véanse los ejemplos 3 y 4).

13.

$$\begin{array}{cccccc|c} x_1 & x_2 & x_3 & x_4 & x_5 & z & \\ \hline 1 & 2 & 4 & 1 & 0 & 0 & 56 \\ 2 & \boxed{2} & 1 & 0 & 1 & 0 & 40 \\ \hline -1 & -3 & -2 & 0 & 0 & 1 & 0 \end{array}$$

14.

$$\begin{array}{ccccccc|c} x_1 & x_2 & x_3 & x_4 & x_5 & x_6 & z & \\ \hline 2 & 2 & \boxed{1} & 1 & 0 & 0 & 0 & 12 \\ 1 & 2 & 3 & 0 & 1 & 0 & 0 & 45 \\ 3 & 1 & 1 & 0 & 0 & 1 & 0 & 20 \\ \hline -2 & -1 & -3 & 0 & 0 & 0 & 1 & 0 \end{array}$$

15.

$$\begin{array}{ccccccc|c} x_1 & x_2 & x_3 & x_4 & x_5 & x_6 & z & \\ \hline 1 & 1 & 1 & 1 & 0 & 0 & 0 & 60 \\ 3 & 1 & \boxed{2} & 0 & 1 & 0 & 0 & 100 \\ 1 & 2 & 3 & 0 & 0 & 1 & 0 & 200 \\ \hline -1 & -1 & -2 & 0 & 0 & 0 & 1 & 0 \end{array}$$

16.

$$\begin{array}{ccccccc|c} x_1 & x_2 & x_3 & x_4 & x_5 & x_6 & z & \\ \hline 4 & 2 & 3 & 1 & 0 & 0 & 0 & 22 \\ 2 & 2 & \boxed{5} & 0 & 1 & 0 & 0 & 28 \\ 1 & 3 & 2 & 0 & 0 & 1 & 0 & 45 \\ \hline -3 & -2 & -4 & 0 & 0 & 0 & 1 & 0 \end{array}$$

Para cada tabla del simplex en los ejercicios 17-20, **(a)** *indique las variables básicas y no básicas;* **(b)** *encuentre la solución básica factible determinada haciendo las variables no básicas igual a 0;* **(c)** *decida si ésta es una solución máxima (véanse los ejemplos 5 y 6).*

17.

$$\begin{array}{cccccc|c} x_1 & x_2 & x_3 & x_4 & x_5 & z & \\ \hline 3 & 2 & 0 & -3 & 1 & 0 & 29 \\ 4 & 0 & 1 & -2 & 0 & 0 & 16 \\ \hline -5 & 0 & 0 & -1 & 0 & 1 & 11 \end{array}$$

18.

$$\begin{array}{ccccccc|c} x_1 & x_2 & x_3 & x_4 & x_5 & x_6 & z & \\ \hline -3 & 0 & \frac{1}{2} & 1 & -2 & 0 & 0 & 22 \\ 2 & 0 & -3 & 0 & 1 & 1 & 0 & 10 \\ 4 & 1 & 4 & 0 & \frac{3}{4} & 0 & 0 & 17 \\ \hline -1 & 0 & 0 & 0 & 1 & 0 & 1 & 120 \end{array}$$

19.

$$\begin{array}{ccccccc|c} x_1 & x_2 & x_3 & x_4 & x_5 & x_6 & z & \\ \hline 1 & 0 & 2 & \frac{1}{2} & 0 & \frac{1}{3} & 0 & 6 \\ 0 & 1 & -1 & 5 & 0 & -1 & 0 & 13 \\ 0 & 0 & 1 & \frac{3}{2} & 1 & -\frac{1}{3} & 0 & 21 \\ \hline 0 & 0 & 2 & \frac{1}{2} & 0 & 3 & 1 & 18 \end{array}$$

20.

$$\begin{array}{cccccccc|c} x_1 & x_2 & x_3 & x_4 & x_5 & x_6 & x_7 & z & \\ \hline -1 & 0 & 0 & 1 & 0 & 3 & -2 & 0 & 47 \\ 2 & 0 & 1 & 0 & 0 & 2 & -\frac{1}{2} & 0 & 37 \\ 3 & 0 & 0 & 0 & 1 & -1 & 6 & 0 & 43 \\ \hline 4 & 1 & 0 & 0 & 0 & 6 & 0 & 1 & 86 \end{array}$$

Use el método simplex para resolver los ejercicios 21-36.

21. Maximice $z = x_1 + 3x_2$
sujeta a: $x_1 + x_2 \le 10$
$5x_1 + 2x_2 \le 20$
$x_1 + 2x_2 \le 36$
$x_1 \ge 0, x_2 \ge 0.$

22. Maximice $z = 5x_1 + x_2$
sujeta a: $2x_1 + 3x_2 \le 8$
$4x_1 + 8x_2 \le 12$
$5x_1 + 2x_2 \le 30$
$x_1 \ge 0, x_2 \ge 0.$

23. Maximice $z = 2x_1 + x_2$
sujeta a: $x_1 + 3x_2 \le 12$
$2x_1 + x_2 \le 10$
$x_1 + x_2 \le 4$
$x_1 \ge 0, x_2 \ge 0.$

24. Maximice $z = 4x_1 + 2x_2$
sujeta a: $-x_1 - x_2 \le 12$
$3x_1 - x_2 \le 15$
$x_1 \ge 0, x_2 \ge 0.$

25. Maximice $z = 5x_1 + 4x_2 + x_3$
sujeta a: $-2x_1 + x_2 + 2x_3 \le 3$
$x_1 - x_2 + x_3 \le 1$
$x_1 \ge 0, x_2 \ge 0, x_3 \ge 0.$

26. Maximice $z = 3x_1 + 2x_2 + x_3$
sujeta a: $2x_1 + 2x_2 + x_3 \le 10$
$x_1 + 2x_2 + 3x_3 \le 15$
$x_1 \ge 0, x_2 \ge 0, x_3 \ge 0.$

27. Maximice $z = 2x_1 + x_2 + x_3$
sujeta a: $x_1 - 3x_2 + x_3 \le 3$
$x_1 - 2x_2 + 2x_3 \le 12$
$x_1 \ge 0, x_2 \ge 0, x_3 \ge 0.$

28. Maximice $z = 4x_1 + 5x_2 + x_3$
sujeta a: $x_1 + 2x_2 + 4x_3 \le 10$
$2x_1 + 2x_2 + x_3 \le 10$
$x_1 \ge 0, x_2 \ge 0, x_3 \ge 0.$

29. Maximice $z = 2x_1 + 2x_2 - 4x_3$
sujeta a: $3x_1 + 3x_2 - 6x_3 \le 51$
$5x_1 + 5x_2 + 10x_3 \le 99$
$x_1 \ge 0, x_2 \ge 0, x_3 \ge 0.$

30. Maximice $z = 4x_1 + x_2 + 3x_3$
sujeta a: $x_1 + 3x_3 \le 6$
$6x_1 + 3x_2 + 12x_3 \le 40$
$x_1 \ge 0, x_2 \ge 0, x_3 \ge 0.$

31. Maximice $z = 300x_1 + 200x_2 + 100x_3$
sujeta a: $x_1 + x_2 + x_3 \le 100$
$2x_1 + 3x_2 + 4x_3 \le 320$
$2x_1 + x_2 + x_3 \le 160$
$x_1 \ge 0, x_2 \ge 0, x_3 \ge 0.$

32. Maximice $z = x_1 + 5x_2 - 10x_3$
sujeta a: $8x_1 + 4x_2 + 12x_3 \le 18$
$x_1 + 6x_2 + 2x_3 \le 45$
$5x_1 + 7x_2 + 3x_3 \le 60$
$x_1 \ge 0, x_2 \ge 0, x_3 \ge 0.$

33. Maximice $z = 4x_1 - 3x_2 + 2x_3$
sujeta a: $2x_1 - x_2 + 8x_3 \le 40$
$4x_1 - 5x_2 + 6x_3 \le 60$
$2x_1 - 2x_2 + 6x_3 \le 24$
$x_1 \ge 0, x_2 \ge 0, x_3 \ge 0.$

34. Maximice $z = 3x_1 + 2x_2 - 4x_3$
sujeta a: $x_1 - x_2 + x_3 \le 10$
$2x_1 - x_2 + 2x_3 \le 30$
$-3x_1 + x_2 + 3x_3 \le 40$
$x_1 \ge 0, x_2 \ge 0, x_3 \ge 0.$

35. Maximice $z = x_1 + 2x_2 + x_3 + 5x_4$
sujeta a: $x_1 + 2x_2 + x_3 + x_4 \le 50$
$3x_1 + x_2 + 2x_3 + x_4 \le 100$
$x_1 \ge 0, x_2 \ge 0, x_3 \ge 0, x_4 \ge 0.$

36. Maximice $z = x_1 + x_2 + 4x_3 + 5x_4$
sujeta a: $x_1 + 2x_2 + 3x_3 + x_4 \le 115$
$2x_1 + x_2 + 8x_3 + 5x_4 \le 200$
$x_1 + x_3 \le 50$
$x_1 \ge 0, x_2 \ge 0, x_3 \ge 0, x_4 \ge 0.$

37. La tabla simplex inicial de un problema de programación lineal se da a continuación.

$$\begin{array}{cccccc|c} x_1 & x_2 & x_3 & x_4 & x_5 & z & \\ \hline 1 & 1 & 1 & 1 & 0 & 0 & 12 \\ 2 & 1 & 2 & 0 & 1 & 0 & 30 \\ \hline -2 & -2 & -1 & 0 & 0 & 1 & 0 \end{array}$$

(a) Use el método simplex para resolver el problema, con la columna uno como la primera columna pivote.

(b) Ahora use el método simplex para resolver el problema, con la columna dos como la primera columna pivote.

(c) ¿Tiene este problema una solución máxima única? ¿Por qué?

38. La tabla simplex final de un problema de programación lineal se da a continuación.

$$\begin{array}{ccccc|c} x_1 & x_2 & x_3 & x_4 & z & \\ \hline 1 & 1 & 2 & 0 & 0 & 24 \\ 2 & 0 & 2 & 1 & 0 & 8 \\ \hline 4 & 0 & 0 & 0 & 1 & 40 \end{array}$$

(a) ¿Cuál es la solución dada por esta tabla?

(b) Aún cuando todos los indicadores son no negativos, efectúe una vuelta más de pivoteo en esta tabla al usar la columna tres como la columna pivote y escoger el renglón pivote formando los cocientes en la manera acostumbrada.

(c) Demuestre que hay más de una solución al problema de programación lineal comparando su respuesta en el inciso (a) con la solución factible básica dada por la tabla encontrada en el inciso (b). ¿Da el mismo valor de z que la solución en el inciso (a)?

8.5 APLICACIONES DE LA MAXIMIZACIÓN

En esta sección se consideran las aplicaciones de la programación lineal que se valen del método simplex. Sin embargo, haremos primero un ligero cambio en la notación. Probablemente habrá notado que la columna que representa z en una tabla simplex nunca cambia durante el pivoteo. Además, el valor de z en la solución factible básica asociada con la tabla es el número en la esquina inferior derecha. En consecuencia, la columna z es innecesaria y se omitirá desde ahora en todas las tablas simplex.

EJEMPLO 1 Un agricultor tiene 100 acres de tierra disponibles que quiere sembrar con papas, maíz y col. Le cuesta \$400 producir un acre de papas, \$160 producir un acre de maíz y \$280 producir un acre de col. Dispone de un máximo de \$20,000. Gana \$120 por acre de papas, \$40 por acre de maíz y \$60 por acre de col. ¿Cuántos acres de cada cultivo debe plantar para maximizar sus ganancias?

Comience con el resumen de la información que a continuación se da.

Cosecha	*Número de acres*	*Costo por acre*	*Ganancia por acre*
Papas	x_1	\$400	\$120
Maíz	x_2	160	40
Col	x_3	280	60
Máximo disponible	100	\$20,000	

Si el número de acres asignado a cada uno de los tres cultivos se representa por x_1, x_2 y x_3, respectivamente, entonces las restricciones pueden expresarse como

$$\begin{aligned} x_1 + x_2 + x_3 &\leq 100 && \text{Número de acres} \\ 400x_1 + 160x_2 + 280x_3 &\leq 20{,}000 && \text{Costos de producción} \end{aligned}$$

donde x_1, x_2 y x_3 son todas negativas. La primera de esas restricciones dice que $x_1 + x_2 + x_3$ es menor que o tal vez igual a 100. Use x_4 como variable de holgura, lo que da la ecuación

$$x_1 + x_2 + x_3 + x_4 = 100.$$

Aquí x_4 representa la cantidad de los 100 acres del agricultor que no se usarán (x_4 puede ser 0 o cualquier valor hasta 100).

De la misma manera, la restricción $400x_1 + 160x_2 + 280x_3 \leq 20{,}000$ puede convertirse en una ecuación agregando una variable de holgura x_5:

$$400x_1 + 160x_2 + 280x_3 + x_5 = 20{,}000.$$

La variable de holgura x_5 representa cualquier porción no usada de los \$20,000 del agricultor. (Nuevamente, x_5 puede tener cualquier valor entre 0 y 20,000.)

La ganancia del agricultor con las papas es el producto de la ganancia por acre (\$120) y el número x_1 de acres, es decir, $120x_1$. Su ganancia con el maíz y la col se calcula de la misma manera. Por consiguiente, su ganancia total está dada por

$$z = \text{ganancia con papas} + \text{ganancia con maíz} + \text{ganancia con col}$$
$$z = 120x_1 + 40x_2 + 60x_3.$$

El problema de programación lineal puede ahora formularse como sigue:

$$\begin{aligned}
&\text{Maximice} \quad z = 120x_1 + 40x_2 + 60x_3\\
&\text{sujeta a:} \quad x_1 + x_2 + x_3 + x_4 = 100\\
&\qquad 400x_1 + 160x_2 + 280x_3 + x_5 = 20{,}000\\
&\text{con} \quad x_1 \geq 0, x_2 \geq 0, x_3 \geq 0, x_4 \geq 0, x_5 \geq 0.
\end{aligned}$$

La tabla simplex inicial (sin la columna z) es

$$\begin{array}{c} \\ \end{array}\begin{bmatrix} x_1 & x_2 & x_3 & x_4 & x_5 & \\ 1 & 1 & 1 & 1 & 0 & 100 \\ 400 & 160 & 280 & 0 & 1 & 20{,}000 \\ \hline -120 & -40 & -60 & 0 & 0 & 0 \end{bmatrix}.$$

El indicador más negativo es -120; la columna uno es la columna pivote. Los cocientes necesarios para determinar el renglón pivote son $100/1 = 100$ y $20{,}000/400 = 50$. El pivote es entonces 400 en el renglón dos, columna uno. Multiplicando el renglón dos por 1/400 y completando el pivoteo, se obtiene la tabla simplex final.

$$\begin{bmatrix} x_1 & x_2 & x_3 & x_4 & x_5 & \\ 0 & .6 & .3 & 1 & -.0025 & 50 \\ 1 & .4 & .7 & 0 & .0025 & 50 \\ \hline 0 & 8 & 24 & 0 & .3 & \mathbf{6000} \end{bmatrix} \quad \begin{array}{l} -1R_2 + R_1 \\ \frac{1}{400}R_2 \\ 120R_2 + R_3 \end{array}$$

Si se hace igual a 0 las variables no básicas x_2, x_3 y x_5, se despejan las variables básicas x_1 y x_4 y se recuerda que el valor de z está en la esquina inferior derecha, se llega a esta solución máxima:

$$x_1 = 50, \quad x_2 = 0, \quad x_3 = 0, \quad x_4 = 50, \quad x_5 = 0, \quad z = 6000.$$

Por lo tanto, el agricultor tendrá una ganancia máxima de \$6000 si siembra 50 acres de papas y nada de maíz ni col. Así entonces, 50 acres se dejan sin plantar (representado por x_4, que es la variable de holgura para las papas). El agricultor gasta sus \$20,000 en la forma más eficaz y no tiene más dinero para sembrar los restantes 50 acres. Si tuviese más dinero, sembraría más cosechas. ■

EJEMPLO 2 Establezca la tabla simplex inicial para el siguiente problema.

Ana Porras, candidata a diputada, tiene \$96,000 para comprar tiempo en la televisión. La publicidad cuesta \$400 por minuto en un canal de televisión por cable local, \$4000 por minuto en un canal independiente regional y \$12,000 por minuto en un canal de red nacional. Debido a contratos existentes, las estaciones de televisión pueden proporcionar cuando más 30 minutos de tiempo para publicidad, con un máximo de 6 minutos en la red nacional. En cualquier hora dada durante la noche, aproximadamente 100,000 personas ven el canal de cable, 200,000 el canal independiente y 600,000 el canal de la red nacional. Para obtener la exposición máxima, ¿cuánto tiempo debe Ana comprar de cada estación?

Sea x_1 el número de minutos de publicidad en el canal de cable, x_2 el número de minutos en el canal independiente y x_3 el número de minutos en el canal de la red nacional. La exposición se mide en espectador-minuto. Por ejemplo, 100,000 personas viendo x_1 minutos de publicidad en el canal de televisión por cable produce $100{,}000x_1$ espectadores-minuto. La cantidad de exposición se da por el número total de espectadores-minutos para los tres canales, es decir,

$$100{,}000x_1 + 200{,}000x_2 + 600{,}000x_3.$$

Como se dispone de 30 minutos,

$$x_1 + x_2 + x_3 \leq 30.$$

El hecho de que sólo pueden usarse 6 minutos en el canal de red significa que

$$x_3 \leq 6.$$

Los gastos están limitados a \$96,000, por lo que

$$\begin{array}{ccccc} \text{Costo cable} + & \text{costo independiente} & + \text{ costo red} & \leq 96{,}000 \\ 400x_1 \quad + & 4000x_2 & + \ 12{,}000x_3 & \leq 96{,}000. \end{array}$$

Por lo tanto, Ana debe resolver el siguiente problema de programación lineal:

$$\begin{aligned} \text{Maximice} \quad & z = 100{,}000x_1 + 200{,}000x_2 + 600{,}000x_3 \\ \text{sujeta a:} \quad & x_1 + x_2 + x_3 \leq 30 \\ & x_3 \leq 6 \\ & 400x_1 + 4000x_2 + 12{,}000x_3 \leq 96{,}000 \\ \text{con} \quad & x_1 \geq 0, x_2 \geq 0, x_3 \geq 0. \end{aligned}$$

Introducir variables de holgura x_4, x_5 y x_6 (una para cada restricción), reescribir las restricciones como ecuaciones y expresar la función objetivo como

$$-100{,}000x_1 - 200{,}000x_2 - 600{,}000x_3 + z = 0,$$

conduce a la tabla simplex inicial:

$$\begin{array}{c} \begin{matrix} x_1 & \quad x_2 & \quad x_3 & x_4 & x_5 & x_6 \end{matrix} \\ \left[\begin{array}{cccccc|c} 1 & 1 & 1 & 1 & 0 & 0 & 30 \\ 0 & 0 & 1 & 0 & 1 & 0 & 6 \\ 400 & 4000 & 12{,}000 & 0 & 0 & 1 & 96{,}000 \\ \hline -100{,}000 & -200{,}000 & -600{,}000 & 0 & 0 & 0 & 0 \end{array}\right]. \end{array}$$

1 ¿Cuál es la solución óptima en el ejemplo 2?

Respuesta:
Comprar 20 minutos en el canal con cable, 4 minutos en el canal independiente, y 6 minutos en el canal de red, produce el máximo de 6,400,000 espectadores-minuto.

Trabajando a mano o usando un programa de computadora o de calculadora graficadora para el método simplex, se obtiene la tabla simplex final:

$$\begin{array}{c} \\ \\ \\ \\ \\ \end{array}\begin{array}{cccccc|c} x_1 & x_2 & x_3 & x_4 & x_5 & x_6 & \\ \hline 1 & 0 & 0 & \frac{10}{9} & \frac{20}{9} & \frac{-25}{90{,}000} & 20 \\ 0 & 0 & 1 & 0 & 1 & 0 & 6 \\ 0 & 1 & 0 & -\frac{1}{9} & -\frac{29}{9} & \frac{25}{90{,}000} & 4 \\ \hline 0 & 0 & 0 & \frac{800{,}000}{9} & \frac{1{,}600{,}000}{9} & \frac{250}{9} & 6{,}400{,}000 \end{array}$$

■ 1

SUGERENCIA TECNOLÓGICA Al usar una calculadora graficadora, puede minimizar el barrido y hacer más fácil la lectura de la tabla simplex final en el ejemplo 2 usando la tecla FRAC (en la mayoría de las calculadoras TI) o fijando el modo de format número a "fracción" (en las HP-38). De esta manera convertirá la mayoría (pero no necesariamente todas) de las entradas en la tabla a forma fraccionaria. ✔

8.5 EJERCICIOS

Construya la tabla simplex inicial para cada uno de los siguientes problemas.

1. **Administración** Un criador de gatos tiene las siguientes cantidades de alimento para gatos: 90 unidades de atún, 80 unidades de hígado y 50 unidades de pollo. Para criar un gato siamés se requieren 2 unidades de atún, 1 de hígado y 1 de pollo por día, mientras que para un gato persa se requieren 1, 2 y 1 unidades, respectivamente, por día. Si un gato siamés se vende en $12 y un gato persa se vende en $10, ¿cuántos de cada uno deben criarse para obtener un ingreso total máximo? ¿Cuánto es el ingreso total máximo?

2. **Administración** Banal Inc., hace cuadros para cuartos de hotel. Sus pintores pueden hacer esc as de montañas, escenas marinas y dibujos de payasos. Cada cuadro se trabaja por tres artistas diferentes, T, D y H. El artista T trabaja sólo 25 horas por semana y los artistas D y H trabajan 45 y 40 horas por semana, respectivamente. El artista T invierte 1 hora en una escena de montañas, 2 horas en una escena marina y 1 hora en un payaso. Los tiempos correspondientes para D y H son 3, 2 y 2 horas y 2, 1 y 4 horas, respectivamente. La empresa gana $20 en una escena de montañas, $18 en una escena marina y $22 en un payaso. No más de 4 cuadros con payasos deben pintarse en una semana. Encuentre el número de cada tipo de cuadro que deben hacerse semanalmente para maximizar la ganancia. Encuentre la ganancia máxima posible.

3. **Administración** Un fabricante hace dos juguetes, camiones de carga y camiones de bomberos. Ambos se procesan en cuatro departamentos diferentes y cada uno tiene una capacidad limitada. El departamento de láminas metálicas puede procesar por lo menos $1\frac{1}{2}$ veces tantos camiones de carga como camiones de bomberos. El departamento de ensamble de camiones de carga puede armar cuando más 6700 camiones de carga por semana, mientras que el departamento de ensamble de camiones de bomberos puede armar cuando más 5500 camiones de bomberos por semana. El departamento de pintura, que da el acabado a ambos tipos de juguetes, tiene una capacidad máxima de 12,000 semanales. Si la ganancia es de $8.50 en un camión de carga y de $12.10 en un camión de bomberos, ¿cuántos de cada tipo debe producir la empresa para maximizar la ganancia?

4. **Ciencias naturales** Cada primavera un lago se abastece con las tres especies de peces A, B y C. Los pesos promedio de los peces son 1.62, 2.12 y 3.01 kilogramos para las especies A, B y C, respectivamente. Se dispone en el lago de los tres alimentos I, II y III. Cada pez de la especie A requiere 1.32 unidades de alimento I, 2.9 unidades del alimento II y 1.75 unidades del alimento III en promedio cada día. Cada pez de la especie B requiere 2.1 unidades de alimento I, 0.95 unidades de alimento II y 0.6 unidades de alimento III diariamente. El pez de la especie C requiere 0.86, 1.52 y 2.01 unidades de I, II y III por día, respectivamente. Si se dispone diariamente de 490 unidades de alimento I, 897 unidades de alimento II y 653 unidades de alimento III, ¿cómo debe abastecerse el lago para maximizar el peso de los peces que el lago sustenta?

Use el método simplex para resolver los siguientes problemas.

5. **Administración** Un fabricante de bicicletas fabrica modelos de una, tres y diez velocidades. Las bicicletas necesitan aluminio y acero. La compañía dispone de 91,800 unidades de acero y de 42,000 unidades de aluminio. Los modelos de una, tres y diez velocidades necesitan, respectivamente, 20, 30 y 40 unidades de acero y 12, 21 y 16 unidades de aluminio. ¿Cuántas de cada tipo de bicicletas deben fabricarse para maximizar la ganancia si la compañía gana $8 en las bicicletas de una velocidad, $12 en las de tres y $24 en las de diez? ¿Cuál es la ganancia máxima posible?

6. **Ciencias sociales** Sofía está trabajando para reunir dinero para gente sin hogar, y envía cartas de información y ha-

ce visitas de seguimiento a organizaciones locales de trabajo y grupos religiosos. Descubrió que cada grupo religioso requiere 2 horas de escritura de cartas y 1 hora de seguimiento, en tanto que cada grupo de trabajo requiere 2 horas de escritura y 3 horas de seguimiento. Sofía puede juntar $100 de cada grupo religioso y $200 de cada grupo local de trabajo; dispone de un máximo de 16 horas para escribir las cartas y un máximo de 12 horas para darles seguimiento cada mes. Determine la combinación más conveniente de grupos y la máxima cantidad de dinero que puede reunir en un mes.

7. **Administración** Un panadero tiene 60 unidades de harina, 132 unidades de azúcar y 102 unidades de pasitas. Una hogaza de pan de pasitas requiere 1 unidad de harina, 1 unidad de azúcar y 2 unidades de pasitas, mientras que un bizcocho de pasitas necesita 2, 4 y 1 unidades, respectivamente. Si el pan de pasitas se vende a $3 por hogaza y un bizcocho de pasitas a $4, ¿cuántos de cada uno deben hornearse para que se maximice el ingreso total? ¿Cuánto es el ingreso total máximo?

8. **Administración** Mellow Sounds Inc., produce tres tipos de discos compactos: música ligera, jazz y rock. Cada disco de música ligera requiere 6 horas de grabación, 12 horas de mezclado y 2 horas de edición. Cada disco de jazz requiere 8 horas de grabación, 8 horas de mezclado y 4 horas de edición. Cada disco de rock requiere 3 horas de grabación, 6 horas de mezclado y 1 hora de edición. Cada semana se dispone de 288 horas para grabación, 312 horas para mezclado y cuando más de 124 horas de edición. Mellow Sounds recibe $6 por cada disco de música ligera y de rock y $8 por cada disco de jazz. ¿Cuántos discos de cada tipo debe producir cada semana la compañía para maximizar su ingreso? ¿Cuál es el ingreso máximo?

9. **Administración** Cut-Right Company vende juegos de cuchillos de cocina. El juego básico consiste en 2 cuchillos ordinarios y un cuchillo para cocinero. El juego regular consiste en 2 cuchillos ordinarios, 1 cuchillo para cocinero y 1 cortador. El juego de lujo consiste en 3 cuchillos ordinarios, 1 cuchillo para cocinero y 1 cortador. Su ganancia es de $30 en un juego básico, de $40 en un juego regular y de $60 en un juego de lujo. La fábrica dispone de 800 cuchillos ordinarios, 400 para cocinero y 200 cortadores. Suponiendo que todos los juegos se venderán, ¿cuántos de cada tipo de juego deberán prepararse para maximizar la ganancia? ¿Cuál es la ganancia máxima?

10. **Administración** Super Souvenir Company fabrica pisa papeles, medallas y ornamentos. Cada pisa papel requiere 8 unidades de plástico, 3 unidades de metal y 2 unidades de pintura. Cada medalla requiere 4 unidades de plástico y 1 unidad de metal y 1 de pintura. Cada ornamento requiere 2 unidades tanto de plástico como de metal y 1 unidad de pintura. La compañía gana $3 en cada pisa papel y en cada ornamento, y $4 en cada medalla. Si se dispone de 36 unidades de plástico, 24 unidades de metal y 30 unidades de pintura, ¿cuántos de cada tipo de artículo deben fabricarse para maximizar la ganancia?

11. **Administración** Fancy Fashions Store dispone de $8000 cada mes para publicidad. Los anuncios en el periódico cuestan $400 cada uno y no pueden publicarse más de 20 por mes. Los anuncios por la radio cuestan $200 cada uno y no pueden contratarse más de 30 por mes. Los anuncios en televisión cuestan $1200 cada uno con un máximo de 6 por mes. Aproximadamente 2000 mujeres verán cada anuncio en el periódico, 1200 oirán cada comercial por radio y 10,000 verán los anuncios en la televisión. ¿Cuántos de cada tipo de anuncios deben contratarse si la tienda quiere maximizar su publicidad?

12. **Administración** Quality Candy Confectionery es famosa por sus dulces en pasta de chocolate, sus cremas de chocolate y sus almendrados. Su equipo para fabricar dulces puede hacer lotes de 100 libras a la vez. Actualmente se tiene una escasez de chocolate y la dulcería sólo puede obtener 120 libras de éste en el próximo pedido. En la horneada de una semana, el equipo de cocina y procesamiento de la dulcería dispone de un total de 42 máquina-hora. Durante el mismo periodo los empleados tienen un total de 56 horas disponibles para empacar. Un lote de pasta de chocolate requiere 20 libras de chocolate y uno de cremas lleva 25 libras. El trabajo de cocina y procesamiento toma 120 minutos para las pastas, 150 minutos para las cremas y 200 minutos para el almendrado. Los tiempos de empaque medidos en minutos para una caja de 1 libra son 1, 2, 3, respectivamente, para las pastas, las cremas y el almendrado. Determine cuántos lotes de cada tipo de dulce debe hacer la dulcería, suponiendo que la ganancia por caja de 1 libra es de 50¢ en las pastas, 40¢ en las cremas y 45¢ en los almendrados. Encuentre también la ganancia máxima por semana.

Administración *Los siguientes dos problemas son de exámenes pasados de la CPA.* Seleccione la respuesta apropiada para cada pregunta.*

13. Ball Company fabrica los tres tipos de lámparas A, B y C. Cada lámpara se procesa en los dos departamentos I y II. El total disponible de horas-hombre por día en los departamentos I y II es de 400 y 600, respectivamente. No se dispone de mano de obra adicional. Los requerimientos de tiempo y ganancia por unidad para cada tipo de lámpara son los siguientes.

	A	B	C
Horas-hombre en I	2	3	1
Horas-hombre en II	4	2	3
Ganancia por unidad	$5	$4	$3

Esta compañía lo nombró miembro contador de su comisión de planeación de ganancias para que determine los números de lámparas tipo A, B y C que deben producirse para maximizar la ganancia total por la venta de lámparas. Las siguientes preguntas se refieren a un modelo de programación lineal que se ha desarrollado en la empresa.

(a) Los coeficientes de la función objetivo son
(1) 4, 2, 3;
(2) 2, 3, 1;
(3) 5, 4, 3;
(4) 400,600.

(b) Las restricciones en el modelo son
(1) 2, 3, 1;
(2) 5, 4, 3;
(3) 4, 2, 3;
(4) 400,600.

(c) Las restricciones impuestas por las horas-hombre disponibles en el departamento I pueden expresarse como
(1) $4X_1 + 2X_2 + 3X_3 \leq 400$;
(2) $4X_1 + 2X_2 + 3X_3 \geq 400$;
(3) $2X_1 + 3X_2 + 1X_3 \leq 400$;
(4) $2X_1 + 3X_2 + 1X_3 \geq 400$.

14. Golden Hawk Manufacturing quiere maximizar las ganancias en los productos A, B y C. El margen de contribución para cada producto se indica a continuación.

Producto	*Margen de contribución*
A	$2
B	5
C	4

Los requerimientos de producción y las capacidades por departamento son los siguientes.

	REQUERIMIENTOS DE PRODUCCIÓN POR PRODUCTO (HORAS)			CAPACIDAD POR DEPARTAMENTO (HORAS TOTALES)
Departamento	A	B	C	
Ensamble	2	3	2	30,000
Pintura	1	2	2	38,000
Acabado	2	3	1	28,000

(a) ¿Cuál es la fórmula para maximización de la ganancia de la empresa?
(1) $\$2A + \$5B + \$4C = X$ (donde X = ganancia)
(2) $5A + 8B + 5C \leq 96{,}000$
(3) $\$2A + \$5B + \$4C \leq X$
(4) $\$2A + \$5B + \$4C = 96{,}000$

(b) ¿Cuál es la restricción para el departamento de pintura de la empresa?
(1) $1A + 2B + 2C \geq 38{,}000$
(2) $\$2A + \$5B + \$4C \geq 38{,}000$
(3) $1A + 2B + 2C \leq 38{,}000$
(4) $2A + 3B + 2C \leq 30{,}000$

15. Resuelva el problema en el ejercicio 1.

Use una calculadora graficadora o un programa de computadora para resolver con el método simplex los siguientes problemas de programación lineal.

16. Ejercicio 2. Su respuesta final debe consistir en números enteros (Banal no puede vender medios cuadros).

17. Ejercicio 3

18. Ejercicio 4

8.6 EL MÉTODO SIMPLEX: DUALIDAD Y MINIMIZACIÓN

En esta sección el método simplex se extiende a problemas de programación lineal que satisfagan las siguientes condiciones.

1. La función objetivo debe ser *minimizada*.
2. Todos los coeficientes de la función objetivo son no negativos.
3. Todas las restricciones implican $\geq$.
4. Todas las variables son no negativas.

El método de resolver problemas de minimización presentado aquí se basa en una interesante conexión entre problemas de maximización y minimización: cualquier solución de un problema de maximización produce la solución de un problema asociado de minimización, o viceversa. Cada uno de los problemas asociados se llama el **dual** del otro. Así entonces, los duales nos permiten resolver problemas de minimización del tipo arriba descrito por el método simplex que se presentó en la sección 8.4. (Un enfoque alternativo para resolver problemas de minimización se da en la siguiente sección.)

Al tratar problemas de minimización, usamos y_1, y_2, y_3, etc., como variables y denotamos la función objetivo por w. Un ejemplo explicará la idea de un dual.

EJEMPLO 1 Minimice $w = 8y_1 + 16y_2$

sujeta a:
$$y_1 + 5y_2 \geq 9$$
$$2y_1 + 2y_2 \geq 10$$
$$y_1 \geq 0, y_2 \geq 0.$$

Antes de considerar las variables de holgura, escriba la matriz aumentada del sistema de desigualdades e incluya los coeficientes de la función objetivo (no sus negativos) como el último renglón en la matriz.

Constantes

$$\text{Función objetivo} \longrightarrow \left[\begin{array}{cc|c} 1 & 5 & 9 \\ 2 & 2 & 10 \\ \hline 8 & 16 & 0 \end{array}\right]$$

Fíjese ahora en la siguiente nueva matriz, obtenida de la anterior por intercambio de renglones y columnas.

Constantes

$$\text{Función objetivo} \longrightarrow \left[\begin{array}{cc|c} 1 & 2 & 8 \\ 5 & 2 & 16 \\ \hline 9 & 10 & 0 \end{array}\right]$$

Los *renglones* de la primera matriz (para el problema de minimización) son las *columnas* de la segunda matriz.

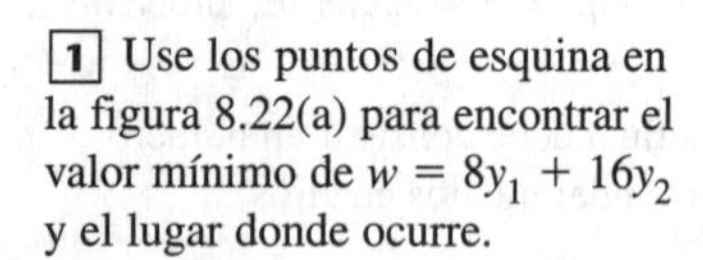

1 Use los puntos de esquina en la figura 8.22(a) para encontrar el valor mínimo de $w = 8y_1 + 16y_2$ y el lugar donde ocurre.

Respuesta:
48 cuando $y_1 = 4, y_2 = 1$

Los elementos en esta segunda matriz pueden usarse para escribir el siguiente problema de maximización en la forma estándar (ignorando de nuevo el hecho de que los números en el último renglón son no negativos).

Maximice $z = 9x_1 + 10x_2$

sujeta a:
$$x_1 + 2x_2 \leq 8$$
$$5x_1 + 2x_2 \leq 16$$
$$x_1 \geq 0, x_2 \geq 0.$$

2 Use la figura 8.22(b) para encontrar el valor máximo de $z = 9x_1 + 10x_2$ y el lugar en que ocurre.

Respuesta:
48 cuando $x_1 = 2, x_2 = 3$

La figura 8.22(a) muestra la región de soluciones factibles para el problema de minimización dado arriba, mientras que la figura 8.22(b) muestra la región de soluciones factibles para el problema de maximización producido al intercambiar renglones y columnas. ■ 1 2

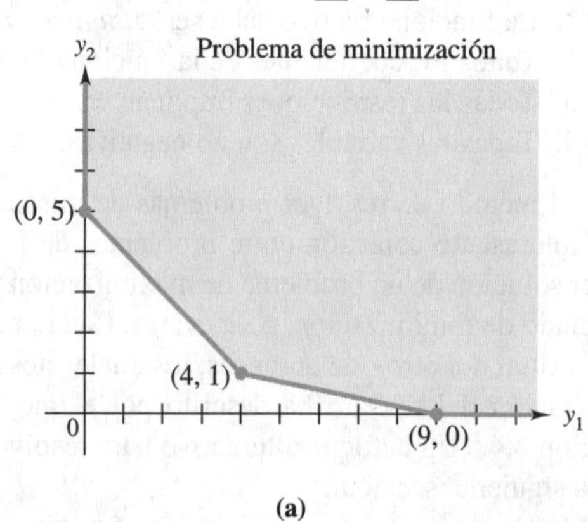

(a)

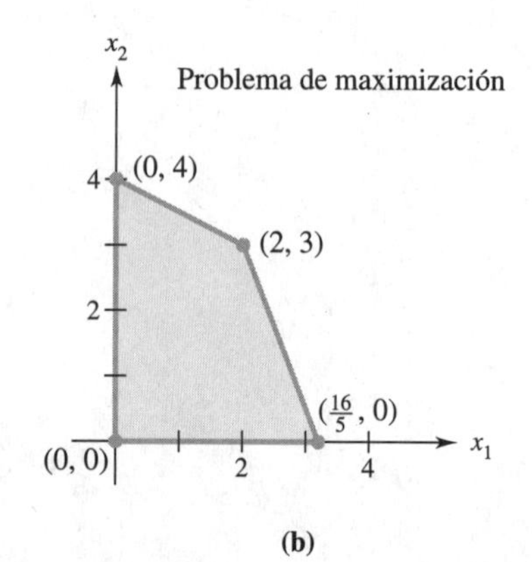

(b)

FIGURA 8.22

Las dos regiones factibles en la figura 8.22 son diferentes y los puntos de esquina son diferentes, pero los valores de las funciones objetivo encontrados en los problemas 1 y 2 en el margen son iguales; ambos son 48. Una conexión aún más estrecha entre los dos problemas se muestra usando el método simplex para resolver el problema de maximización dado arriba.

Problema de maximización

$$\begin{array}{c} \begin{array}{cccc} x_1 & x_2 & x_3 & x_4 \end{array} \\ \left[\begin{array}{cccc|c} 1 & \boxed{2} & 1 & 0 & 8 \\ 5 & 2 & 0 & 1 & 16 \\ \hline -9 & -10 & 0 & 0 & 0 \end{array}\right] \end{array}$$

$$\begin{array}{c} \begin{array}{cccc} x_1 & x_2 & x_3 & x_4 \end{array} \\ \left[\begin{array}{cccc|c} \frac{1}{2} & 1 & \frac{1}{2} & 0 & 4 \\ \boxed{4} & 0 & -1 & 1 & 8 \\ \hline -4 & 0 & 5 & 0 & 40 \end{array}\right] \end{array} \quad \begin{array}{l} \frac{1}{2}R_1 \\ -2R_1 + R_2 \\ 10R_1 + R_3 \end{array}$$

$$\begin{array}{c} \begin{array}{cccc} x_1 & x_2 & x_3 & x_4 \end{array} \\ \left[\begin{array}{cccc|c} 0 & 1 & \frac{5}{8} & -\frac{1}{8} & \mathbf{3} \\ 1 & 0 & -\frac{1}{4} & \frac{1}{4} & \mathbf{2} \\ \hline 0 & 0 & \mathbf{4} & \mathbf{1} & 48 \end{array}\right] \end{array} \quad \begin{array}{l} -\frac{1}{2}R_2 + R_1 \\ \frac{1}{4}R_2 \\ 4R_2 + R_3 \end{array}$$

El máximo es 48 cuando $x_1 = 2$, $x_2 = 3$.

Advierta en seguida que la solución del *problema de minimización* (es decir, $y_1 = 4$, $y_2 = 1$) se encuentra en el último renglón y en las columnas de las variables de holgura de la tabla simplex final del problema de maximización. Este resultado sugiere que un problema de minimización puede resolverse formando el problema dual de maximización, resolverlo por el método simplex y luego leer la solución para el problema de minimización en el último renglón de la tabla simplex final.

Antes de usar este método para resolver un problema de minimización, encontremos los duales de algunos problemas típicos de programación lineal. El proceso de intercambiar los renglones y las columnas de una matriz, que se usa para encontrar el dual, se llama **transposición** de la matriz, y cada una de las dos matrices es la **transpuesta** de la otra.

3 Dé la transpuesta de cada matriz.

(a) $\begin{bmatrix} 2 & 4 \\ 6 & 3 \\ 1 & 5 \end{bmatrix}$

(b) $\begin{bmatrix} 4 & 7 & 10 \\ 3 & 2 & 6 \\ 5 & 8 & 12 \end{bmatrix}$

Respuestas:

(a) $\begin{bmatrix} 2 & 6 & 1 \\ 4 & 3 & 5 \end{bmatrix}$

(b) $\begin{bmatrix} 4 & 3 & 5 \\ 7 & 2 & 8 \\ 10 & 6 & 12 \end{bmatrix}$

EJEMPLO 2 Encuentre la transpuesta de cada matriz.

(a) $A = \begin{bmatrix} 2 & -1 & 5 \\ 6 & 8 & 0 \\ -3 & 7 & -1 \end{bmatrix}$

Escriba los renglones de la matriz A como las columnas de la transpuesta.

$$\text{Transpuestas de } A = \begin{bmatrix} 2 & 6 & -3 \\ -1 & 8 & 7 \\ 5 & 0 & -1 \end{bmatrix}$$

(b) La transpuesta de $\begin{bmatrix} 1 & 2 & 4 & 0 \\ 2 & 1 & 7 & 6 \end{bmatrix}$ es $\begin{bmatrix} 1 & 2 \\ 2 & 1 \\ 4 & 7 \\ 0 & 6 \end{bmatrix}$. ■ **3**

SUGERENCIA TECNOLÓGICA La mayoría de las calculadoras graficadoras puede encontrar la transpuesta de una matriz. Busque esta característica en el menú (TI) MATRIX MATH o en el menú (Casio 9850) OPTN MAT o en el menú (HP-38) MATH MATRIX. La transpuesta de la matriz A del ejemplo 2(a) se muestra en la figura 8.23. ✔

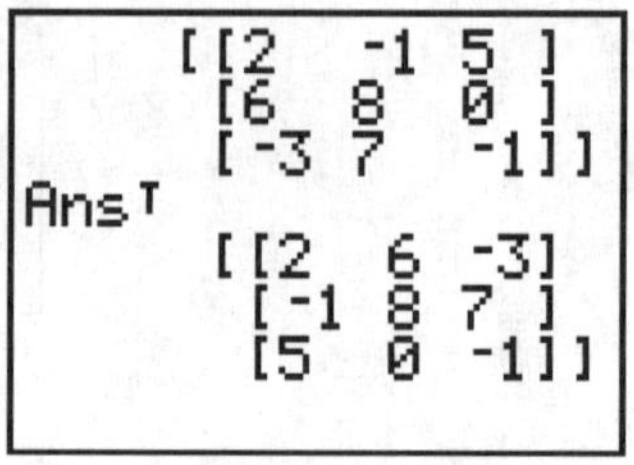

```
        [[2  -1  5 ]
         [6   8  0 ]
         [-3  7  -1]]
Ans^T
        [[2   6 -3]
         [-1  8  7 ]
         [5   0 -1]]
```

FIGURA 8.23

EJEMPLO 3 Escriba los duales de los siguientes problemas de minimización en programación lineal.

(a) Minimice $w = 10y_1 + 8y_2$

sujeta a:

$$y_1 + 2y_2 \geq 2$$
$$y_1 + y_2 \geq 5$$
$$y_1 \geq 0, y_2 \geq 0.$$

Comience escribiendo la matriz aumentada para el problema dado.

$$\left[\begin{array}{cc|c} 1 & 2 & 2 \\ 1 & 1 & 5 \\ \hline 10 & 8 & 0 \end{array}\right]$$

Forme la transpuesta de esta matriz para obtener

$$\left[\begin{array}{cc|c} 1 & 1 & 10 \\ 2 & 1 & 8 \\ \hline 2 & 5 & 0 \end{array}\right].$$

El problema dual se formula a partir de esta segunda matriz como sigue (usando x en vez de y).

Maximice $z = 2x_1 + 5x_2$

sujeta a:

$$x_1 + x_2 \leq 10$$
$$2x_1 + x_2 \leq 8$$
$$x_1 \geq 0, x_2 \geq 0.$$

(b) Minimice $w = 7y_1 + 5y_2 + 8y_3$

sujeta a:

$$3y_1 + 2y_2 + y_3 \geq 10$$
$$y_1 + y_2 + y_3 \geq 8$$
$$4y_1 + 5y_2 \geq 25$$
$$y_1 \geq 0, y_2 \geq 0, y_3 \geq 0.$$

4 Escriba el dual del siguiente problema de programación lineal.
Minimice $w = 2y_1 + 5y_2 + 6y_3$
sujeta a:

$$\begin{aligned} 2y_1 + 3y_2 + y_3 &\geq 15 \\ y_1 + y_2 + 2y_3 &\geq 12 \\ 5y_1 + 3y_2 &\geq 10 \\ y_1 \geq 0, y_2 \geq 0, y_3 &\geq 0. \end{aligned}$$

Respuesta:
Maximice $z = 15x_1 + 12x_2 + 10x_3$
sujeta a:

$$\begin{aligned} 2x_1 + x_2 + 5x_3 &\leq 2 \\ 3x_1 + x_2 + 3x_3 &\leq 5 \\ x_1 + 2x_2 &\leq 6 \\ x_1 \geq 0, x_2 \geq 0, x_3 &\geq 0. \end{aligned}$$

El problema dual se formula como sigue.

Maximice $z = 10x_1 + 8x_2 + 25x_3$
sujeta a:

$$\begin{aligned} 3x_1 + x_2 + 4x_3 &\leq 7 \\ 2x_1 + x_2 + 5x_3 &\leq 5 \\ x_1 + x_2 &\leq 8 \\ x_1 \geq 0, x_2 \geq 0, x_3 &\geq 0. \end{aligned}$$

■ 4

En el ejemplo 3, todas las restricciones de los problemas de minimización eran desigualdades con $\geq$, mientras que todas en los problemas duales de maximización eran desigualdades con $\leq$. Esto es generalmente el caso; las desigualdades se invierten cuando se formula el problema dual.

La siguiente tabla muestra la estrecha conexión entre un problema y su dual.

Problema dado	*Problema dual*
m variables	n variables
n restricciones	m restricciones
Coeficientes de la función objetivo	Constantes
Constantes	Coeficientes de la función objetivo

El siguiente teorema, cuya demostración requiere de métodos avanzados, garantiza que un problema de minimización puede resolverse formando un problema dual de maximización.

TEOREMA DE DUALIDAD

La función objetivo w de un problema de programación lineal de minimización toma un valor mínimo si y sólo si la función objetivo z del correspondiente problema dual de maximización toma un valor máximo. El valor máximo de z es igual al valor mínimo de w.

Este método se ilustra en el siguiente ejemplo.

EJEMPLO 4 Minimice $w = 3y_1 + 2y_2$
sujeta a:

$$\begin{aligned} y_1 + 3y_2 &\geq 6 \\ 2y_1 + y_2 &\geq 3 \\ y_1 \geq 0, y_2 &\geq 0. \end{aligned}$$

Use la información dada para escribir la matriz

$$\left[\begin{array}{cc|c} 1 & 3 & 6 \\ 2 & 1 & 3 \\ \hline 3 & 2 & 0 \end{array}\right]$$

Transponga para obtener la siguiente matriz para el problema dual.

$$\left[\begin{array}{cc|c} 1 & 2 & 3 \\ 3 & 1 & 2 \\ \hline 6 & 3 & 0 \end{array}\right]$$

Escriba el problema dual de esta matriz, como sigue.

$$\begin{aligned} \text{Maximice} \quad & z = 6x_1 + 3x_2 \\ \text{sujeta a:} \quad & x_1 + 2x_2 \leq 3 \\ & 3x_1 + x_2 \leq 2 \\ & x_1 \geq 0, x_2 \geq 0. \end{aligned}$$

Resuelva este problema estándar de maximización con el método simplex. Comience con la introducción de variables de holgura para obtener el sistema

$$\begin{aligned} x_1 + 2x_2 + x_3 \quad\quad &= 3 \\ 3x_1 + x_2 \quad + x_4 &= 2 \\ -6x_1 - 3x_2 - 0x_3 - 0x_4 + z &= 0 \end{aligned}$$

con $x_1 \geq 0, x_2 \geq 0, x_3 \geq 0, x_4 \geq 0.$

La tabla inicial para este sistema se da abajo con el pivote indicado.

x_1	x_2	x_3	x_4		Cocientes
1	2	1	0	3	3/1 = 3
3	1	0	1	2	2/3
−6	−3	0	0	0	

El método simplex da la siguiente tabla final.

$$\begin{array}{cccc|c} x_1 & x_2 & x_3 & x_4 & \\ 0 & 1 & \frac{3}{5} & -\frac{1}{5} & \frac{7}{5} \\ 1 & 0 & -\frac{1}{5} & \frac{2}{5} & \frac{1}{5} \\ \hline 0 & 0 & \frac{3}{5} & \frac{9}{5} & \frac{27}{5} \end{array}$$

El último renglón de esta tabla final muestra que la solución del problema dado de minimización es como sigue:

El valor mínimo de $w = 3y_1 + 2y_2$, sujeta a las restricciones dadas, es 27/5 y ocurre cuando $y_1 = 3/5$ y $y_2 = 9/5$.

El valor mínimo de w, 27/5, es el mismo que el valor máximo de z. ■ 5

5 Minimice $w = 10y_1 + 8y_2$ sujeta a:

$$\begin{aligned} y_1 + 2y_2 &\geq 2 \\ y_1 + y_2 &\geq 5 \\ y_1 \geq 0, y_2 &\geq 0. \end{aligned}$$

Respuesta:
$y_1 = 0, y_2 = 5$, para un mínimo de 40

Un problema de minimización que cumple las condiciones dadas al principio de la sección puede resolverse por el método de los duales, como se ilustra en los ejemplos 1 y 4 y se resume aquí.

RESOLUCIÓN DE PROBLEMAS DE MINIMIZACIÓN CON DUALES

1. Encuentre el problema dual estándar de maximización.*
2. Resuelva el problema de maximización con el método simplex.
3. El valor mínimo de la función objetivo w es el valor máximo de la función objetivo z.
4. La solución óptima está dada por los elementos en el último renglón de las columnas correspondientes a las variables de holgura.

*Los coeficientes de la función objetivo en el problema de minimización son las constantes a la derecha de las restricciones en el problema dual de maximización. Entonces, cuando todos esos coeficientes son no negativos (condición 2), el problema dual está en forma estándar de maximización.

USOS ADICIONALES DEL DUAL El dual es útil no sólo para la resolución de problemas de minimización, sino también para ver cómo los pequeños cambios en una variable afectan el valor de la función objetivo. Por ejemplo, suponga que un criador de animales necesita por los menos 6 unidades diarias de nutriente A y por lo menos 3 unidades de nutriente B; y que el criador puede escoger entre dos alimentos diferentes, el alimento 1 y el alimento 2. Encuentre el costo mínimo para el criador si cada bolsa de alimento 1 cuesta \$3 y proporciona 1 unidad de nutriente A y 2 unidades de B, mientras que cada bolsa de alimento 2 cuesta \$2 y proporciona 3 unidades de nutriente A y 1 de B.

Si y_1 representa el número de bolsas de alimento 1 y y_2 representa el número de bolsas de alimento 2, la información dada conduce a

$$\begin{aligned} \text{Minimice} \quad & w = 3y_1 + 2y_2 \\ \text{sujeta a:} \quad & y_1 + 3y_2 \geq 6 \\ & 2y_1 + y_2 \geq 3 \\ & y_1 \geq 0, y_2 \geq 0. \end{aligned}$$

Este problema de minimización en programación lineal es el que resolvimos en el ejemplo 4 de esta sección. En ese ejemplo, formamos el dual y llegamos a la siguiente tabla final.

$$\begin{array}{c} \begin{matrix} x_1 & x_2 & x_3 & x_4 \end{matrix} \\ \left[\begin{array}{cccc|c} 0 & 1 & \frac{3}{5} & -\frac{1}{5} & \frac{7}{5} \\ 1 & 0 & -\frac{1}{5} & \frac{2}{5} & \frac{1}{5} \\ \hline 0 & 0 & \frac{3}{5} & \frac{9}{5} & \frac{27}{5} \end{array}\right] \end{array}$$

Esta tabla final muestra que el criador obtendrá costos mínimos de alimento usando 3/5 bolsas de alimento 1 y 9/5 bolsas de alimento 2 por día, con un costo diario de $27/5 = 5.40$ dólares.

Veamos ahora los datos del problema de alimentos que se muestran en la siguiente tabla.

	UNIDADES DE NUTRIENTES (POR BOLSA)		
	A	B	***Costo por bolsa***
Alimento 1	1	2	\$3
Alimento 2	3	1	\$2
Mínimo de nutrientes necesarios	6	3	

Si x_1 y x_2 son los costos por unidad de los nutrientes A y B, las restricciones del problema dual pueden formularse como sigue.

$$\begin{aligned} \text{Costo del alimento 1:} \quad & x_1 + 2x_2 \leq 3 \\ \text{Costo del alimento 2:} \quad & 3x_1 + x_2 \leq 2 \end{aligned}$$

La solución del problema dual, que maximiza los nutrientes, puede también leerse en la tabla final:

$$x_1 = \frac{1}{5} = .20 \quad \text{y} \quad x_2 = \frac{7}{5} = 1.40,$$

6 La tabla final del problema dual sobre archiveros en el ejemplo 2, sección 8.3 y ejemplo 6, sección 8.4, se da a continuación.

$$\begin{array}{c} \begin{matrix} x_1 & x_2 & x_3 & x_4 & \end{matrix} \\ \left[\begin{array}{cccc|c} 0 & 1 & \frac{1}{2} & -\frac{1}{4} & 1 \\ 1 & 0 & -\frac{1}{20} & \frac{1}{80} & \frac{1}{20} \\ \hline 0 & 0 & 8 & 3 & 100 \end{array}\right] \end{array}$$

(a) ¿Cuáles son las cantidades imputables de almacenamiento para cada unidad de costo y espacio de piso?

(b) ¿Cuáles son los valores sombra del costo y espacio de piso?

Respuestas:

(a) Costo: 28 pies^2
espacio de piso: 72 pies^2

(b) $\frac{1}{20}$, 1

que significa que una unidad de nutriente A cuesta 1/5 de dólar = \$0.20, mientras que una unidad de nutriente B cuesta 7/5 de dólar = \$1.40. El costo mínimo diario, \$5.40, se encuentra con el procedimiento siguiente.

$$\begin{array}{r} (\$0.20 \text{ por unidad de A}) \times (6 \text{ unidades de A}) = \$1.20 \\ + (\$1.40 \text{ por unidad de B}) \times (3 \text{ unidades de B}) = \$4.20 \\ \hline \text{Costo mínimo diario} = \$5.40 \end{array}$$

Los números 0.20 y 1.40 se llaman los **costos sombra** de los nutrientes. Esos dos números del dual, \$0.20 y \$1.40, también permiten al criador estimar los costos de los alimentos para cambios "pequeños" en los requerimientos de los nutrientes. Por ejemplo, un incremento de 1 unidad en el requerimiento para cada nutriente produciría el costo total siguiente.

\$5.40	6 unidades de A, 3 de B
0.20	1 unidad adicional de A
1.40	1 unidad adicional de B
\$7.00	Costo total por día **6**

8.6 EJERCICIOS

Encuentre la transpuesta de cada matriz (véase el ejemplo 2).

1. $\begin{bmatrix} 3 & -4 & 5 \\ 1 & 10 & 7 \\ 0 & 3 & 6 \end{bmatrix}$

2. $\begin{bmatrix} 3 & -5 & 9 & 4 \\ 1 & 6 & -7 & 0 \\ 4 & 18 & 11 & 9 \end{bmatrix}$

3. $\begin{bmatrix} 3 & 0 & 14 & -5 & 3 \\ 4 & 17 & 8 & -6 & 1 \end{bmatrix}$

4. $\begin{bmatrix} 15 & -6 & -2 \\ 13 & -1 & 11 \\ 10 & 12 & -3 \\ 24 & 1 & 0 \end{bmatrix}$

Formule el problema dual en cada caso, pero no lo resuelva (véase el ejemplo 3).

5. Minimice $w = 3y_1 + 5y_2$
sujeta a: $3y_1 + y_2 \geq 4$
$-y_1 + 2y_2 \geq 6$
$y_1 \geq 0, y_2 \geq 0.$

6. Minimice $w = 4y_1 + 7y_2$
sujeta a: $y_1 + y_2 \geq 17$
$3y_1 + 6y_2 \geq 21$
$2y_1 + 4y_2 \geq 19$
$y_1 \geq 0, y_2 \geq 0.$

7. Minimice $w = 2y_1 + 8y_2$
sujeta a: $y_1 + 7y_2 \geq 18$
$4y_1 + y_2 \geq 15$
$5y_1 + 3y_2 \geq 20$
$y_1 \geq 0, y_2 \geq 0.$

8. Minimice $w = 5y_1 + y_2 + 3y_3$
sujeta a: $7y_1 + 6y_2 + 8y_3 \geq 18$
$4y_1 + 5y_2 + 10y_3 \geq 20$
$y_1 \geq 0, y_2 \geq 0, y_3 \geq 0.$

9. Minimice $w = y_1 + 2y_2 + 6y_3$
sujeta a: $3y_1 + 4y_2 + 6y_3 \geq -8$
$y_1 + 5y_2 + 2y_3 \geq 12$
$y_1 \geq 0, y_2 \geq 0, y_3 \geq 0.$

10. Minimice $w = 4y_1 + 3y_2 + y_3$
sujeta a: $y_1 + 2y_2 + 3y_3 \geq 115$
$2y_1 + y_2 + 8y_3 \geq 200$
$y_1 - y_3 \geq 50$
$y_1 \geq 0, y_2 \geq 0, y_3 \geq 0.$

11. Minimice $w = 8y_1 + 9y_2 + 3y_3$
sujeta a: $y_1 + y_2 + y_3 \geq 5$
$y_1 + y_2 \geq 4$
$2y_1 + y_2 + 3y_3 \geq 15$
$y_1 \geq 0, y_2 \geq 0, y_3 \geq 0.$

12. Minimice $w = y_1 + 2y_2 + y_3 + 5y_4$
sujeta a: $y_1 + y_2 + y_3 + y_4 \geq 50$
$3y_1 + y_2 + 2y_3 + y_4 \geq 100$
$y_1 \geq 0, y_2 \geq 0, y_3 \geq 0, y_4 \geq 0.$

Use la dualidad para resolver los siguientes problemas (véase el ejemplo 4).

13. Minimice $w = 2y_1 + y_2 + 3y_3$
sujeta a: $y_1 + y_2 + y_3 \geq 100$
$2y_1 + y_2 \geq 50$
$y_1 \geq 0, y_2 \geq 0, y_3 \geq 0.$

14. Minimice $w = 2y_1 + 4y_2$
sujeta a: $4y_1 + 2y_2 \geq 10$
$4y_1 + y_2 \geq 8$
$2y_1 + y_2 \geq 12$
$y_1 \geq 0, y_2 \geq 0.$

15. Minimice $w = 3y_1 + y_2 + 4y_3$
sujeta a: $2y_1 + y_2 + y_3 \geq 6$
$y_1 + 2y_2 + y_3 \geq 8$
$2y_1 + y_2 + 2y_3 \geq 12$
$y_1 \geq 0, y_2 \geq 0, y_3 \geq 0.$

16. Minimice $w = y_1 + y_2 + 3y_3$
sujeta a: $2y_1 + 6y_2 + y_3 \geq 8$
$y_1 + 2y_2 + 4y_3 \geq 12$
$y_1 \geq 0, y_2 \geq 0, y_3 \geq 0.$

17. Minimice $w = 6y_1 + 4y_2 + 2y_3$
sujeta a: $2y_1 + 2y_2 + y_3 \geq 2$
$y_1 + 3y_2 + 2y_3 \geq 3$
$y_1 + y_2 + 2y_3 \geq 4$
$y_1 \geq 0, y_2 \geq 0, y_3 \geq 0.$

18. Minimice $w = 12y_1 + 10y_2 + 7y_3$
sujeta a: $2y_1 + y_2 + y_3 \geq 7$
$y_1 + 2y_2 + y_3 \geq 4$
$y_1 \geq 0, y_2 \geq 0, y_3 \geq 0.$

19. Minimice $w = 20y_1 + 12y_2 + 40y_3$
sujeta a: $y_1 + y_2 + 5y_3 \geq 20$
$2y_1 + y_2 + y_3 \geq 30$
$y_1 \geq 0, y_2 \geq 0, y_3 \geq 0.$

20. Minimice $w = 4y_1 + 5y_2$
sujeta a: $10y_1 + 5y_2 \geq 100$
$20y_1 + 10y_2 \geq 150$
$y_1 \geq 0, y_2 \geq 0.$

21. Minimice $w = 4y_1 + 2y_2 + y_3$
sujeta a: $y_1 + y_2 + y_3 \geq 4$
$3y_1 + y_2 + 3y_3 \geq 6$
$y_1 + y_2 + 3y_3 \geq 5$
$y_1 \geq 0, y_2 \geq 0, y_3 \geq 0.$

22. Minimice $w = 3y_1 + 2y_2$
sujeta a: $2y_1 + 3y_2 \geq 60$
$y_1 + 4y_2 \geq 40$
$y_1 \geq 0, y_2 \geq 0.$

23. Ciencias naturales Saúl Romo está a dieta y requiere dos complementos alimenticios, el I y el II. Puede obtener esos complementos de dos productos diferentes, A y B, como se muestra en la siguiente tabla.

		COMPLEMENTO (GRAMOS POR PORCIÓN)	
		I	II
PRODUCTO	A	4	2
	B	2	5

El médico de Saúl le recomendó que incluya por lo menos 20 gramos del complemento I y 18 gramos del complemento II en su dieta. Si el producto A cuesta 24¢ por porción y el producto B cuesta 40¢ por porción, ¿cómo puede satisfacer esos requerimientos en forma más económica?

24. Administración Un alimento para animales debe proporcionar por lo menos 54 unidades de vitaminas y 60 calorías por porción. Un gramo de alimento a base de soya proporciona por lo menos 2.5 unidades de vitaminas y 5 calorías. Un gramo de productos a base de carne proporciona por lo menos 4.5 unidades de vitaminas y 3 calorías. Un gramo de grano proporciona por lo menos 5 unidades de vitaminas y 10 calorías. Si un gramo de alimento a base de soya cuesta 8¢, un gramo de alimento a base de carne cuesta 9¢ y un gramo de alimento a base de granos cuesta 10¢, ¿qué mezcla de esos tres ingredientes proporcionará las vitaminas y calorías requeridas a un costo mínimo?

25. Administración Una empresa fabrica mesas y sillas. El contrato sindical requiere que el número total de mesas y sillas producidas sea por lo menos de 60 por semana. La experiencia de ventas ha mostrado que debe fabricarse por lo menos 1 mesa por cada 3 sillas. Si hacer una mesa cuesta $152 y cada silla $40, ¿cuántos muebles de cada artículo deben producirse a la semana para minimizar el costo? ¿Cuál es el costo mínimo?

26. Administración La empresa Marca X produce maíz, frijoles y zanahorias enlatados. El contrato laboral requiere que se produzcan por lo menos 1000 cajas por mes. Con base en ventas pasadas, la empresa debe producir por lo menos dos veces más cajas de maíz que de frijoles. Deben producirse por lo menos 340 cajas de zanahorias para cumplir con el compromiso con un distribuidor. Cuesta $10 producir una caja de frijoles, $15 una caja de maíz y $25 una caja de zanahorias. ¿Cuántas cajas de cada verdura deben producirse para minimizar los costos?

27. Administración Regrese al texto, al final de esta sección, sobre la minimización del costo diario de alimentos.

(a) Encuentre una combinación de alimentos que cueste $7.00 y aporte 7 unidades de A y 4 unidades de B.

(b) Use las variables duales para predecir el costo diario de alimento si los requerimientos cambian a 5 unidades de A y 4 unidades de B. Encuentre una combinación de alimentos para cumplir esos requerimientos al precio pronosticado.

28. **Administración** Una pequeña empresa fabricante de juguetes tiene 200 cuadrados de fieltro, 600 onzas de relleno y 90 pies de adorno disponibles para hacer dos tipos de juguetes, un pequeño oso y un mono. El oso requiere 1 cuadrado de fieltro y 4 onzas de relleno. El mono requiere 2 cuadrados de fieltro, 3 onzas de relleno y 1 pie de adorno. La empresa tiene una ganancia de \$1 en cada oso y de \$1.50 en cada mono. El programa lineal para maximizar la ganancia es

$$\begin{aligned} \text{Maximice} \quad & x_1 + 1.5x_2 = z \\ \text{sujeta a:} \quad & x_1 + 2x_2 \leq 200 \\ & 4x_1 + 3x_2 \leq 600 \\ & x_2 \leq 90 \\ & x_1 \geq 0, x_2 \geq 0. \end{aligned}$$

La tabla simplex final es

$$\left[\begin{array}{ccccc|c} 0 & 1 & .8 & -.2 & 0 & 40 \\ 1 & 0 & -.6 & .4 & 0 & 120 \\ 0 & 0 & -.8 & .2 & 1 & 50 \\ \hline 0 & 0 & .6 & .1 & 0 & 180 \end{array}\right].$$

(a) ¿Cuál es el correspondiente problema dual?
(b) ¿Cuál es la solución óptima del problema dual?
(c) Use los valores sombra para estimar la ganancia que la empresa tendrá si su suministro de fieltro se incrementa a 210 cuadrados.
(d) ¿Qué ganancia tendrá la empresa si su suministro de relleno se reduce a 590 onzas y su suministro de adorno se reduce a 80 pies?

29. Regrese al ejemplo 1 en la sección 8.5.
(a) Dé el problema dual.
(b) Use los valores sombra para estimar la ganancia del agricultor si el terreno se reduce a 90 acres pero el capital se incrementa a \$21,000.
(c) Suponga que el agricultor tiene 110 acres pero sólo \$19,000. Encuentre la ganancia óptima y la estrategia respecto a qué sembrar que producirá esta ganancia.

Use la dualidad y una calculadora graficadora o un programa de computadora para que con el método simplex resuelva este problema.

30. **Administración** El alimento para plantas Marca Natural está hecho con tres productos químicos. En un lote del alimento para plantas debe haber por lo menos 81 kilogramos del primer producto químico y la razón del segundo al tercer producto químico debe ser por lo menos 4 a 3. Si los tres productos cuestan \$1.09, \$0.87 y \$0.65 por kilogramo, respectivamente, ¿cuánto de cada uno debe usarse para minimizar el costo de producir por lo menos 750 kilogramos del alimento para plantas?

8.7 EL MÉTODO SIMPLEX: PROBLEMAS NO ESTÁNDAR

Hasta ahora hemos usado el método simplex para resolver problemas de programación lineal sólo en forma estándar de maximización o minimización. Ahora extendemos este trabajo para incluir problemas de programación lineal con restricciones $\leq$ y $\geq$ mezcladas.

El primer paso es escribir cada restricción de manera que la constante en el lado derecho sea no negativa. Por ejemplo, la desigualdad

$$4x_1 + 5x_2 - 12x_3 \leq -30$$

puede reemplazarse con la equivalente obtenida mediante la multiplicación de ambos lados por -1 e invirtiendo la dirección del signo de desigualdad:

$$-4x_1 - 5x_2 + 12x_3 \geq 30.$$

El siguiente paso es escribir cada restricción como una ecuación. Recuerde que las restricciones que contienen $\leq$ se convierten en ecuaciones al agregar una variable de holgura no negativa. De la misma manera, las restricciones que contienen $\geq$ se convierten en ecuaciones *al restar* una **variable de exceso** no negativa. Por ejemplo, la desigualdad $2x_1 - x_2 + 5x_3 \geq 12$ significa que

$$2x_1 - x_2 + 5x_3 - x_4 = 12$$

para alguna x_4 no negativa. La variable de exceso x_4 representa la cantidad por la que $2x_1 - x_2 + 5x_3$ se excede de 12.

1 **(a)** Reformule este problema en términos de ecuaciones:

$$\begin{aligned} \text{Maximice} \quad & z = 3x_1 - 2x_2 \\ \text{sujeta a:} \quad & 2x_1 + 3x_2 \leq 8 \\ & 6x_1 - 2x_2 \geq 3 \\ & x_1 + 4x_2 \geq 1 \\ & x_1 \geq 0, x_2 \geq 0. \end{aligned}$$

(b) Escriba la tabla simplex inicial.

Respuestas:

(a) Maximice $z = 3x_1 - 2x_2$

sujeta a:

$$\begin{aligned} 2x_1 + 3x_2 + x_3 \quad\quad\quad &= 8 \\ 6x_1 - 2x_2 \quad - x_4 \quad &= 3 \\ x_1 + 4x_2 \quad\quad - x_5 &= 1 \end{aligned}$$

$x_1 \geq 0, x_2 \geq 0, x_3 \geq 0, x_4 \geq 0, x_5 \geq 0.$

(b)

$$\begin{array}{ccccc|c} x_1 & x_2 & x_3 & x_4 & x_5 & \\ 2 & 3 & 1 & 0 & 0 & 8 \\ 6 & -2 & 0 & -1 & 0 & 3 \\ 1 & 4 & 0 & 0 & -1 & 1 \\ \hline -3 & 2 & 0 & 0 & 0 & 0 \end{array}$$

2 Encuentre la solución básica dada por cada tabla. ¿Es ésta factible?

(a)

$$\begin{array}{ccccc|c} x_1 & x_2 & x_3 & x_4 & x_5 & \\ 3 & -5 & 1 & 0 & 0 & 12 \\ 4 & 7 & 0 & 1 & 0 & 6 \\ 1 & 3 & 0 & 0 & -1 & 5 \\ \hline -7 & 4 & 0 & 0 & 0 & 0 \end{array}$$

(b)

$$\begin{array}{ccccc|c} x_1 & x_2 & x_3 & x_4 & x_5 & \\ 9 & 8 & -1 & 1 & 0 & 12 \\ -5 & 3 & 0 & 0 & 1 & 7 \\ \hline 4 & 2 & 3 & 0 & 0 & 0 \end{array}$$

Respuestas:

(a) $x_1 = 0, x_2 = 0, x_3 = 12, x_4 = 6, x_5 = -5$; no.

(b) $x_1 = 0, x_2 = 0, x_3 = 0, x_4 = 12, x_5 = 7$; sí.

EJEMPLO 1 Replantee el siguiente problema en términos de ecuaciones y escriba su tabla simplex inicial.

$$\begin{aligned} \text{Maximice} \quad & z = 4x_1 + 10x_2 + 6x_3 \\ \text{sujeta a:} \quad & x_1 + 4x_2 + 4x_3 \geq 8 \\ & x_1 + 3x_2 + 2x_3 \leq 6 \\ & 3x_1 + 4x_2 + 8x_3 \leq 22 \\ & x_1 \geq 0, x_2 \geq 0, x_3 \geq 0. \end{aligned}$$

Para escribir las restricciones como ecuaciones, reste una variable de exceso de la restricción $\geq$ y sume una variable de holgura a cada restricción $\leq$. El problema toma la forma

$$\begin{aligned} \text{Maximice} \quad & z = 4x_1 + 10x_2 + 6x_3 \\ \text{sujeta a:} \quad & x_1 + 4x_2 + 4x_3 - x_4 \quad\quad\quad = 8 \\ & x_1 + 3x_2 + 2x_3 \quad\quad + x_5 \quad = 6 \\ & 3x_1 + 4x_2 + 8x_3 \quad\quad\quad + x_6 = 22 \\ & x_1 \geq 0, x_2 \geq 0, x_3 \geq 0, x_4 \geq 0, x_5 \geq 0, x_6 \geq 0. \end{aligned}$$

Escriba la función objetivo como $z - 4x_1 - 10x_2 - 6x_3 = 0$ y use los coeficientes de las cuatro ecuaciones para escribir la tabla simplex inicial (omitiendo la columna z):

$$\begin{array}{cccccc|c} x_1 & x_2 & x_3 & x_4 & x_5 & x_6 & \\ 1 & 4 & 4 & -1 & 0 & 0 & 8 \\ 1 & 3 & 2 & 0 & 1 & 0 & 6 \\ 3 & 4 & 8 & 0 & 0 & 1 & 22 \\ \hline -4 & -10 & -6 & 0 & 0 & 0 & 0 \end{array}.$$ ■ **1**

La tabla en el ejemplo 1 se parece a las vistas previamente y se usa una terminología similar. Las variables cuyas columnas tienen un elemento ± 1 y el resto 0 se llaman **variables básicas**; las demás variables son no básicas. Una solución que se obtiene al hacer las variables no básicas igual a 0 y resolver para las variables básicas (fijándonos en las constantes en la columna a la derecha), se llama **solución básica**. Una solución básica que es factible se llama una **solución básica factible**. En la tabla del ejemplo 1, las variables básicas son x_4, x_5 y x_6 y la solución básica es:

$$x_1 = 0, \quad x_2 = 0, \quad x_3 = 0, \quad x_4 = -8, \quad x_5 = 6, \quad x_6 = 22.$$

Sin embargo, como una variable es negativa, esta solución no es factible. **2**

La etapa I del método de dos etapas para problemas de maximización no estándar consiste en encontrar una solución básica *factible* que pueda servir como punto inicial para el método simplex (esta etapa no es necesaria en un problema estándar de maximización porque la solución dada por la tabla inicial es siempre factible). Hay muchas maneras sistemáticas para encontrar una solución factible, todas dependen del hecho que las operaciones sobre renglones (como el pivoteo) producen una tabla que representa un sistema con las mismas soluciones que la original. Tal procedimiento se explica en el siguiente ejemplo. Como la meta inmediata es encontrar una solución factible y no necesariamente una óptima, los procedimientos para escoger pivotes difieren de los del método simplex ordinario.

EJEMPLO 2 Encuentre una solución básica factible para el problema en el ejemplo 1, cuya tabla inicial es

$$\begin{array}{cccccc} x_1 & x_2 & x_3 & x_4 & x_5 & x_6 \end{array}$$
$$\left[\begin{array}{cccccc|c} 1 & 4 & 4 & -1 & 0 & 0 & 8 \\ 1 & 3 & 2 & 0 & 1 & 0 & 6 \\ 3 & 4 & 8 & 0 & 0 & 1 & 22 \\ \hline -4 & -10 & -6 & 0 & 0 & 0 & 0 \end{array}\right].$$

En la solución básica dada por esta tabla, x_4 tiene un valor negativo. El único elemento no nulo en su columna es el -1 en el renglón uno. Escoja cualquier elemento *positivo* en el renglón uno excepto el elemento en el extremo derecho. La columna donde está el elemento escogido será la columna pivote. Escogemos el primer elemento positivo en el renglón uno, o sea el 1 en la columna uno. El renglón pivote se determina de la manera usual considerando cocientes (la constante en el extremo derecho del renglón dividida entre el elemento positivo en la columna pivote) en cada renglón excepto en el renglón objetivo:

$$8/1 = 8, \quad 6/1 = 6, \quad 22/3 = 7\frac{1}{3}.$$

El menor cociente es 6, por lo que el pivote es el 1 en el renglón dos, columna uno. Al pivotear de la manera usual, obtenemos la tabla

$$\begin{array}{cccccc} x_1 & x_2 & x_3 & x_4 & x_5 & x_6 \end{array}$$
$$\left[\begin{array}{cccccc|c} 0 & 1 & 2 & -1 & -1 & 0 & 2 \\ 1 & 3 & 2 & 0 & 1 & 0 & 6 \\ 0 & -5 & 2 & 0 & -3 & 1 & 4 \\ \hline 0 & 2 & 2 & 0 & 4 & 0 & 24 \end{array}\right] \begin{array}{l} -R_2 + R_1 \\ \\ -3R_2 + R_3 \\ 4R_2 + R_4 \end{array}$$

y la solución básica es

$$x_1 = 6, \quad x_2 = 0, \quad x_3 = 0, \quad x_4 = -2, \quad x_5 = 0, \quad x_6 = 4.$$

Como la variable básica x_4 es negativa, esta solución no es factible. Repetimos entonces el proceso de pivoteo arriba descrito. La columna x_4 tiene un -1 en el renglón uno, por lo que escogemos una entrada positiva en ese renglón, o sea, el 1 en el renglón uno, columna dos. Esta opción hace a la columna dos la columna pivote. El renglón pivote está determinado por los cocientes $2/1 = 2$ y $6/3 = 2$ (las entradas negativas en la columna pivote y la entrada en el renglón objetivo no se usan). Como se tiene un empate, podemos escoger el renglón uno o el renglón dos. Escogemos el renglón uno y usamos el 1 en el renglón uno, columna dos como el pivote. El pivoteo genera la siguiente tabla:

$$\begin{array}{cccccc} x_1 & x_2 & x_3 & x_4 & x_5 & x_6 \end{array}$$
$$\left[\begin{array}{cccccc|c} 0 & 1 & 2 & -1 & -1 & 0 & 2 \\ 1 & 0 & -4 & 3 & 4 & 0 & 0 \\ 0 & 0 & 12 & -5 & -8 & 1 & 14 \\ \hline 0 & 0 & -2 & 2 & 6 & 0 & 20 \end{array}\right] \begin{array}{l} \\ -3R_1 + R_2 \\ 5R_1 + R_3 \\ -2R_1 + R_4 \end{array}$$

y la solución básica *factible*

$$x_1 = 0, \quad x_2 = 2, \quad x_3 = 0, \quad x_4 = 0, \quad x_5 = 0, \quad x_6 = 14. \quad ■$$

La etapa I termina una vez que se ha encontrado una solución básica factible. Los procedimientos que se usaron en la etapa I se resumen a continuación.*

DETERMINACIÓN DE UNA SOLUCIÓN BÁSICA FACTIBLE

1. Si cualquier variable básica tiene un valor negativo, localice el -1 en esa columna de la variable y advierta el renglón donde está.
2. En el renglón determinado en el paso 1, escoja una entrada positiva (distinta a la del extremo derecho) y advierta en qué columna está. Ésta es la columna pivote.
3. Use las entradas positivas en la columna pivote (excepto en el renglón objetivo) para formar cocientes y seleccionar el pivote.
4. Pivotee como suele hacerse, lo que da una columna pivote con una entrada 1 y el resto ceros.
5. Repita los pasos 1 al 4 hasta que toda variable básica sea no negativa, de manera que la solución básica dada por la tabla sea factible. Si resulta imposible continuar el proceso, entonces el problema no tiene una solución factible.

3 La tabla inicial de un problema de maximización se da a continuación. Use la columna uno como la columna pivote para llevar a cabo la etapa I y determine la solución factible básica que resulta.

$$\begin{array}{cccc|c} x_1 & x_2 & x_3 & x_4 & \\ 1 & 3 & 1 & 0 & 70 \\ 2 & 4 & 0 & -1 & 50 \\ \hline -8 & -10 & 0 & 0 & 0 \end{array}$$

Respuesta:

$$\begin{array}{cccc|c} x_1 & x_2 & x_3 & x_4 & \\ 0 & 1 & 1 & \frac{1}{2} & 45 \\ 1 & 2 & 0 & -\frac{1}{2} & 25 \\ \hline 0 & 6 & 0 & -4 & 200 \end{array}$$

$x_1 = 25, x_2 = 0, x_3 = 45, x_4 = 0.$

Una manera de hacer las elecciones requeridas en forma sistemática es escoger la primera posibilidad en cada caso (procediendo desde arriba para los renglones o desde la izquierda para las columnas). Sin embargo, cualquier opción que cumpla las condiciones requeridas puede usarse. Para una eficiencia máxima, suele ser mejor escoger la columna pivote en el paso 2 de manera que el pivote esté en el mismo renglón elegido en el paso 1, si esto es posible. **3**

En la **etapa II**, el método simplex se aplica como siempre a la tabla que produce la solución básica factible en la etapa I. Igual que en la sección 8.4, cada ronda de pivoteo reemplaza la solución básica factible de una tabla con la solución básica factible de una nueva tabla en forma que el valor de la función objetivo se incrementa, hasta que se obtiene un valor óptimo (o resulta claro que no existe una solución óptima).

EJEMPLO 3 Resuelva el problema de programación lineal en el ejemplo 1.

Una solución básica factible para este problema se encontró en el ejemplo 2 al usar la tabla mostrada a continuación. Sin embargo, esta solución no es máxima porque hay un indicador negativo en el renglón objetivo. Entonces usamos el método simplex: el indicador más negativo determina la columna pivote y el cociente usual determina que el número 2 en el renglón uno, columna tres, es el pivote.

$$\begin{array}{cccccc|c} x_1 & x_2 & x_3 & x_4 & x_5 & x_6 & \\ 0 & 1 & \boxed{2} & -1 & -1 & 0 & 2 \\ 1 & 0 & -4 & 3 & 4 & 0 & 0 \\ 0 & 0 & 12 & -5 & -8 & 1 & 14 \\ \hline 0 & 0 & -2 & 2 & 6 & 0 & 20 \end{array}$$

Cocientes: 2/2 ← El más pequeño; 14/12

↑ Indicador más negativo

*Excepto en casos raros que no se presentan en este libro, este método a la larga produce una solución básica factible o muestra que no existe una solución. El *método de dos fases* que usa variables artificiales, que se analiza en textos más avanzados, funciona en todos los casos y es a menudo más eficiente.

El pivoteo conduce a la tabla final.

$$\begin{array}{cccccc|c|l} x_1 & x_2 & x_3 & x_4 & x_5 & x_6 & & \\ 0 & \frac{1}{2} & 1 & -\frac{1}{2} & -\frac{1}{2} & 0 & 1 & \frac{1}{2}R_1 \\ 1 & 0 & -4 & 3 & 4 & 0 & 0 & \\ 0 & 0 & 12 & -5 & -8 & 1 & 14 & \\ \hline 0 & 0 & -2 & 2 & 6 & 0 & 20 & \end{array}$$

$$\begin{array}{cccccc|c|l} x_1 & x_2 & x_3 & x_4 & x_5 & x_6 & & \\ 0 & \frac{1}{2} & 1 & -\frac{1}{2} & -\frac{1}{2} & 0 & 1 & \\ 1 & 2 & 0 & 1 & 2 & 0 & 4 & 4R_1 + R_2 \\ 0 & -6 & 0 & 1 & -2 & 1 & 2 & -12R_1 + R_3 \\ \hline 0 & 1 & 0 & 1 & 5 & 0 & 22 & 2R_1 + R_4 \end{array}$$

Por lo tanto, el valor máximo de z ocurre cuando $x_1 = 4$, $x_2 = 0$ y $x_3 = 1$, en cuyo caso $z = 22$. ■ [4]

[4] Complete la etapa II y encuentre una solución óptima para el problema 3 anterior en el margen. ¿Cuál es el valor óptimo de la función objetivo z?

Respuesta:
El valor óptimo $z = 560$ ocurre cuando $x_1 = 70$, $x_2 = 0$, $x_3 = 0$, $x_4 = 90$.

El método de dos etapas para problemas de maximización ilustrado en los ejemplos 1–3 también proporciona un medio de resolver problemas de minimización. Para verlo, considere este simple hecho: cuando un número t se vuelve más pequeño, entonces $-t$ se vuelve más grande y viceversa. Por ejemplo, si t pasa de 6 a 1 a 0 a -8, entonces $-t$ pasa de -6 a -1 a 0 a 8. Entonces, si w es la función objetivo de un problema de programación lineal, la solución factible que produce el valor mínimo de w también produce el valor máximo de $-w$ y viceversa. Por lo tanto, para resolver un problema de minimización con función objetivo w, sólo necesitamos resolver el problema de maximización con las mismas restricciones y función objetivo $z = -w$.

EJEMPLO 4 Minimice $w = 2y_1 + y_2 - y_3$

sujeta a:

$$\begin{aligned} -y_1 - y_2 + y_3 &\leq -4 \\ y_1 + 3y_2 + 3y_3 &\geq 6 \\ y_1 \geq 0, y_2 \geq 0, y_3 &\geq 0. \end{aligned}$$

Haga positiva la constante en la primera restricción multiplicando ambos lados por -1. Luego resuelva este problema de maximización:

Maximice $z = -w = -2y_1 - y_2 + y_3$

sujeta a:

$$\begin{aligned} y_1 + y_2 - y_3 &\geq 4 \\ y_1 + 3y_2 + 3y_3 &\geq 6 \\ y_1 \geq 0, y_2 \geq 0, y_3 &\geq 0. \end{aligned}$$

Convierta las restricciones en ecuaciones restando variables de exceso y estableciendo la primera tabla.

$$\begin{array}{ccccc|c} y_1 & y_2 & y_3 & y_4 & y_5 & \\ 1 & 1 & -1 & -1 & 0 & 4 \\ 1 & 3 & 3 & 0 & -1 & 6 \\ \hline 2 & 1 & -1 & 0 & 0 & 0 \end{array}$$

La solución básica dada por esta tabla, $y_1 = 0, y_2 = 0, y_3 = 0, y_4 = -4, y_5 = -6$, no es factible, por lo que deben usarse los procedimientos de la etapa I para encontrar una solución factible básica. En la columna de la variable negativa básica y_4, hay un -1 en el renglón uno; escogemos la primera entrada positiva en ese renglón, por lo que la columna uno será la columna pivote. Los cocientes $4/1 = 4$ y $6/1 = 6$ muestran que el pivote es el 1 en el renglón uno, columna uno. El pivoteo produce la tabla:

$$\begin{array}{c} \begin{array}{ccccc} y_1 & y_2 & y_3 & y_4 & y_5 \end{array} \\ \left[\begin{array}{ccccc|c} 1 & 1 & -1 & -1 & 0 & 4 \\ 0 & 2 & 4 & 1 & -1 & 2 \\ \hline 0 & -1 & 1 & 2 & 0 & -8 \end{array}\right]. \end{array} \quad \begin{array}{l} \\ -R_1 + R_2 \\ -2R_1 + R_3 \end{array}$$

La solución básica $y_1 = 4, y_2 = 0, y_3 = 0, y_4 = 0, y_5 = -2$ no es factible porque y_5 es negativa, por lo que repetimos el proceso. Escogemos la primera entrada positiva en el renglón dos (el renglón que contiene el -1 en la columna y_5), que está en la columna dos, por lo que la columna dos es la columna pivote. Los cocientes son $4/1 = 4$ y $2/2 = 1$, por lo que el pivote es el 2 en el renglón dos, columna dos. El pivoteo produce una nueva tabla.

$$\begin{array}{c} \begin{array}{ccccc} y_1 & y_2 & y_3 & y_4 & y_5 \end{array} \\ \left[\begin{array}{ccccc|c} 1 & 1 & -1 & -1 & 0 & 4 \\ 0 & 1 & 2 & \frac{1}{2} & -\frac{1}{2} & 1 \\ \hline 0 & -1 & 1 & 2 & 0 & -8 \end{array}\right] \end{array} \quad \begin{array}{l} \\ \frac{1}{2}R_2 \\ \\ \end{array}$$

$$\begin{array}{c} \begin{array}{ccccc} y_1 & y_2 & y_3 & y_4 & y_5 \end{array} \\ \left[\begin{array}{ccccc|c} 1 & 0 & -3 & -\frac{3}{2} & \frac{1}{2} & 3 \\ 0 & 1 & 2 & \frac{1}{2} & -\frac{1}{2} & 1 \\ \hline 0 & 0 & 3 & \frac{5}{2} & -\frac{1}{2} & -7 \end{array}\right] \end{array} \quad \begin{array}{l} -R_2 + R_1 \\ \\ R_2 + R_3 \end{array}$$

La solución básica $y_1 = 3, y_2 = 1, y_3 = 0, y_4 = 0, y_5 = 0$, es factible, por lo que la etapa I se terminó. Sin embargo, esta solución no es óptima porque el renglón objetivo contiene el indicador negativo $-1/2$ en la columna cinco. De acuerdo con el método simplex, la columna cinco es la siguiente columna pivote. La única razón positiva $3/\frac{1}{2} = 6$ está en el renglón uno, por lo que el pivote es 1/2 en el renglón uno, columna cinco. El pivoteo produce la tabla final.

$$\begin{array}{c} \begin{array}{ccccc} y_1 & y_2 & y_3 & y_4 & y_5 \end{array} \\ \left[\begin{array}{ccccc|c} 2 & 0 & -6 & -3 & 1 & 6 \\ 0 & 1 & 2 & \frac{1}{2} & -\frac{1}{2} & 1 \\ \hline 0 & 0 & 3 & \frac{5}{2} & -\frac{1}{2} & -7 \end{array}\right] \end{array} \quad \begin{array}{l} 2R_1 \\ \\ \\ \end{array}$$

$$\begin{array}{c} \begin{array}{ccccc} y_1 & y_2 & y_3 & y_4 & y_5 \end{array} \\ \left[\begin{array}{ccccc|c} 2 & 0 & -6 & -3 & 1 & 6 \\ 1 & 1 & -1 & -1 & 0 & 4 \\ \hline 1 & 0 & 0 & 1 & 0 & -4 \end{array}\right] \end{array} \quad \begin{array}{l} \\ \frac{1}{2}R_1 + R_2 \\ \frac{1}{2}R_1 + R_3 \end{array}$$

Como no hay indicadores negativos, la solución dada por esta tabla ($y_1 = 0, y_2 = 4, y_3 = 0, y_4 = 0, y_5 = 6$) es óptima. El valor máximo de $z = -w$ es -4. Por lo tanto,

[5] Minimice $w = 2y_1 + 3y_2$
sujeta a:

$$y_1 + y_2 \geq 10$$
$$2y_1 + y_2 \geq 16$$
$$y_1 \geq 0, y_2 \geq 0.$$

Respuesta:
$y_1 = 10, y_2 = 0; w = 20$

el valor mínimo de la función objetivo original w es $-(-4) = 4$, que ocurre cuando $y_1 = 0, y_2 = 4, y_3 = 0$. ■ [5]

A continuación se da un resumen del método de dos etapas que se ilustró en los ejemplos 1-4.

RESOLUCIÓN DE PROBLEMAS NO ESTÁNDAR

1. Si es necesario, escriba cada restricción con una constante positiva y convierta el problema en un problema de maximización haciendo $z = -w$.
2. Agregue variables de holgura y reste variables de exceso según se requiera para convertir las restricciones en ecuaciones.
3. Escriba la tabla simplex inicial.
4. Encuentre una solución factible básica para el problema, si ésta existe (etapa I).
5. Cuando encuentre una solución básica factible, use el método simplex para resolver el problema (etapa II).

N O T A Es posible que la tabla que da la solución básica factible en la etapa I no tenga indicadores negativos en su último renglón. En ese caso, la solución encontrada ya es óptima y la etapa II no es necesaria. ◆

EJEMPLO 5 Una editorial de libros de texto para estudios profesionales recibió pedidos de dos universidades, C_1 y C_2. C_1 necesita por lo menos 500 libros y C_2 necesita por lo menos 1000. La editorial puede suministrar los libros desde cualquiera de dos almacenes. El almacén W_1 tiene 900 libros disponibles y el almacén W_2 tiene 700. Los costos de enviar un libro de cada almacén a cada universidad se dan a continuación.

		A	
		C_1	C_2
DE	W_1	$1.20	$1.80
	W_2	$2.10	$1.50

¿Cuántos libros deben enviarse de cada almacén a cada universidad para minimizar los costos de envío?

Para comenzar, sean

y_1 = número de libros enviados de W_1 a C_1;
y_2 = número de libros enviados de W_2 a C_1;
y_3 = número de libros enviados de W_1 a C_2:
y_4 = número de libros enviados de W_2 a C_2.

C_1 necesita por lo menos 500 libros, por lo que

$$y_1 + y_2 \geq 500.$$

De la misma manera,

$$y_3 + y_4 \geq 1000.$$

Como W_1 dispone de 900 libros y W_2 de 700,

$$y_1 + y_3 \leq 900 \quad \text{y} \quad y_2 + y_4 \leq 700.$$

La empresa quiere minimizar los costos de envío, por lo que la función objetivo es

$$w = 1.20y_1 + 2.10y_2 + 1.80y_3 + 1.50y_4.$$

Ahora escriba el problema como un sistema de ecuaciones lineales, agregando variables de holgura o de exceso según sea necesario, y haga $z = -w$.

$$\begin{aligned}
y_1 + y_2 \quad - y_5 \quad &= 500\\
y_3 + y_4 \quad - y_6 \quad &= 1000\\
y_1 \quad + y_3 \quad + y_7 \quad &= 900\\
y_2 \quad + y_4 \quad + y_8 &= 700\\
1.20y_1 + 2.10y_2 + 1.80y_3 + 1.50y_4 \quad + z &= 0
\end{aligned}$$

Establezca la tabla simplex inicial.

$$\begin{array}{cccccccc|c}
y_1 & y_2 & y_3 & y_4 & y_5 & y_6 & y_7 & y_8 & \\
1 & 1 & 0 & 0 & -1 & 0 & 0 & 0 & 500\\
0 & 0 & 1 & 1 & 0 & -1 & 0 & 0 & 1000\\
1 & 0 & 1 & 0 & 0 & 0 & 1 & 0 & 900\\
0 & 1 & 0 & 1 & 0 & 0 & 0 & 1 & 700\\
\hline
1.20 & 2.10 & 1.80 & 1.50 & 0 & 0 & 0 & 0 & 0
\end{array}$$

La solución indicada es

$$y_5 = -500, \quad y_6 = -1000, \quad y_7 = 900, \quad y_8 = 700,$$

que no es factible ya que y_5 y y_6 son negativas.

Hay un -1 en el renglón uno de la columna y_5. Escogemos la primera entrada positiva en el renglón uno, lo que hace a la columna uno la columna pivote. Los cocientes $500/1 = 500$ y $900/1 = 900$ muestran que el pivote es el 1 en el renglón uno, columna uno. El pivoteo produce la siguiente tabla.

$$\begin{array}{cccccccc|c}
y_1 & y_2 & y_3 & y_4 & y_5 & y_6 & y_7 & y_8 & \\
1 & 1 & 0 & 0 & -1 & 0 & 0 & 0 & 500\\
0 & 0 & 1 & 1 & 0 & -1 & 0 & 0 & 1000\\
0 & -1 & 1 & 0 & 1 & 0 & 1 & 0 & 400\\
0 & 1 & 0 & 1 & 0 & 0 & 0 & 1 & 700\\
\hline
0 & .9 & 1.8 & 1.5 & 1.2 & 0 & 0 & 0 & -600
\end{array}$$

La variable básica y_6 es negativa y hay un -1 en el renglón dos de su columna. Escogemos la primera entrada positiva en ese renglón, lo que hace a la columna tres la columna pivote. Los cocientes $1000/1 = 1000$ y $400/1 = 400$ muestran que el pivote es el 1 en el renglón tres, columna tres. El pivoteo conduce a la siguiente tabla.

$$
\begin{array}{cccccccc|c}
y_1 & y_2 & y_3 & y_4 & y_5 & y_6 & y_7 & y_8 & \\
\hline
1 & 1 & 0 & 0 & -1 & 0 & 0 & 0 & 500 \\
0 & 1 & 0 & 1 & -1 & -1 & -1 & 0 & 600 \\
0 & -1 & 1 & 0 & 1 & 0 & 1 & 0 & 400 \\
0 & 1 & 0 & 1 & 0 & 0 & 0 & 1 & 700 \\
\hline
0 & 2.7 & 0 & 1.5 & -.6 & 0 & -1.8 & 0 & -1320
\end{array}
$$

La variable básica y_6 es aún negativa, por lo que debemos escoger una entrada positiva en el renglón dos (el renglón que contiene el -1 en la columna y_6). Si escogemos la primera entrada positiva, como lo suele hacerse, entonces los cocientes para determinar el pivote serán 500/1 y 700/1, de manera que el pivote estará en el renglón uno. Sin embargo, suele ser más eficiente tener el pivote en el mismo renglón que el -1 de la variable básica (en este caso el renglón dos). Así que escogemos el 1 en el renglón dos, columna cuatro. Los cocientes para determinar el pivote son entonces 600/1 y 700/1 y el pivote es el 1 en el renglón dos, columna cuatro. El pivoteo produce la siguiente tabla

$$
\begin{array}{cccccccc|c}
y_1 & y_2 & y_3 & y_4 & y_5 & y_6 & y_7 & y_8 & \\
\hline
1 & 1 & 0 & 0 & -1 & 0 & 0 & 0 & 500 \\
0 & 1 & 0 & 1 & -1 & -1 & -1 & 0 & 600 \\
0 & -1 & 1 & 0 & 1 & 0 & 1 & 0 & 400 \\
0 & 0 & 0 & 0 & 1 & 1 & 1 & 1 & 100 \\
\hline
0 & 1.2 & 0 & 0 & .9 & 1.5 & -.3 & 0 & -2220
\end{array}
$$

y la solución básica factible $y_1 = 500$, $y_2 = 0$, $y_3 = 400$, $y_4 = 600$, $y_5 = 0$, $y_6 = 0$, $y_7 = 0$, $y_8 = 100$. Se ha concluido así la etapa I. Esta solución no es óptima porque hay un indicador negativo en el renglón objetivo, por lo que procedemos a la etapa II y el acostumbrado método simplex. La columna siete tiene el solo indicador negativo -0.3 y el renglón cuatro el menor cociente, $100/1 = 100$. Pivoteando sobre el 1 en el renglón cuatro, columna siete se genera la tabla simplex final.

$$
\begin{array}{cccccccc|c}
y_1 & y_2 & y_3 & y_4 & y_5 & y_6 & y_7 & y_8 & \\
\hline
1 & 1 & 0 & 0 & -1 & 0 & 0 & 0 & 500 \\
0 & 1 & 0 & 1 & 0 & 0 & 0 & 1 & 700 \\
0 & -1 & 1 & 0 & 0 & -1 & 0 & -1 & 300 \\
0 & 0 & 0 & 0 & 1 & 1 & 1 & 1 & 100 \\
\hline
0 & 1.2 & 0 & 0 & 1.2 & 1.8 & 0 & .3 & -2190
\end{array}
$$

Como no hay indicadores negativos, la solución dada por esta tabla ($y_1 = 500$, $y_3 = 300$, $y_4 = 700$) es óptima. La editorial debe enviar 500 libros de W_1 a C_1, 300 libros de W_1 a C_2 y 700 libros de W_2 a C_2 para tener un costo mínimo de envío de \$2190 (recuerde que el valor óptimo para el problema de minimización original es el negativo del valor óptimo para el problema de maximización asociado). ■

Aunque ellas no ocurrirán en este libro, varias complicaciones pueden surgir al usar el método simplex. Entre algunas de las posibles dificultades, que se tratan en textos más avanzados, se incluyen las siguientes:

1. Algunas de las restricciones pueden ser *ecuaciones* en vez de desigualdades. En este caso deben usarse *variables artificiales*.
2. Ocasionalmente, una transformación entrará en ciclos, es decir, producirá una "nueva" solución que era una solución anterior en el proceso. Esas situaciones se conocen como *degeneraciones* y se dispone de métodos especiales para tratarlas.
3. Es posible que no sea factible convertir una solución básica no factible a una solución básica factible. En este caso, ninguna solución puede satisfacer todas las restricciones. Gráficamente, esto significa que no hay una región de soluciones factibles.

Al final de este capítulo se presenta un modelo de programación lineal sobre la preparación de un fertilizante mezclado con ciertas especificaciones. El modelo ilustra la utilidad de la programación lineal. En la mayoría de las aplicaciones prácticas, el número de variables es tan grande que esos problemas no podrían resolverse sin un método, como el simplex, que pueda adaptarse a una computadora.

8.7 EJERCICIOS

En los ejercicios 1-4, **(a)** *replantee el problema en términos de ecuaciones introduciendo variables de holgura y de exceso;* **(b)** *escriba la tabla simplex inicial (véase el ejemplo 1).*

1. Maximice $z = 5x_1 + 2x_2 - x_3$
sujeta a:
$$2x_1 + 3x_2 + 5x_3 \geq 8$$
$$4x_1 - x_2 + 3x_3 \leq 7$$
$$x_1 \geq 0, x_2 \geq 0, x_3 \geq 0.$$

2. Maximice $z = x_1 + 4x_2 + 6x_3$
sujeta a:
$$5x_1 + 8x_2 - 5x_3 \leq 10$$
$$6x_1 + 2x_2 + 3x_3 \geq 7$$
$$x_1 \geq 0, x_2 \geq 0, x_3 \geq 0.$$

3. Maximice $z = 2x_1 - 3x_2 + 4x_3$
sujeta a:
$$x_1 + x_2 + x_3 \leq 100$$
$$x_1 + x_2 + x_3 \geq 75$$
$$x_1 + x_2 \geq 27$$
$$x_1 \geq 0, x_2 \geq 0, x_3 \geq 0.$$

4. Maximice $z = -x_1 + 5x_2 + x_3$
sujeta a:
$$2x_1 + x_3 \leq 40$$
$$x_1 + x_2 \geq 18$$
$$x_1 + x_3 \geq 20$$
$$x_1 \geq 0, x_2 \geq 0, x_3 \geq 0.$$

Convierta los ejercicios 5-8 en problemas de maximización con constantes positivas en el lado derecho de cada restricción y escriba la tabla simplex inicial (véase el ejemplo 4).

5. Minimice $w = 2y_1 + 5y_2 - 3y_3$
sujeta a:
$$y_1 + 2y_2 + 3y_3 \geq 115$$
$$2y_1 + y_2 + y_3 \leq 200$$
$$y_1 + y_3 \geq 50$$
$$y_1 \geq 0, y_2 \geq 0, y_3 \geq 0.$$

6. Minimice $w = 7y_1 + 6y_2 + y_3$
sujeta a:
$$y_1 + y_2 + y_3 \geq 5$$
$$-y_1 + y_2 \leq -4$$
$$2y_1 + y_2 + 3y_3 \geq 15$$
$$y_1 \geq 0, y_2 \geq 0, y_3 \geq 0.$$

7. Minimice $w = y_1 - 4y_2 + 2y_3$
sujeta a:
$$-7y_1 + 6y_2 - 8y_3 \leq -18$$
$$4y_1 + 5y_2 + 10y_3 \geq 20$$
$$y_1 \geq 0, y_2 \geq 0, y_3 \geq 0.$$

8. Minimice $w = y_1 + 2y_2 + y_3 + 5y_4$
sujeta a:
$$-y_1 + y_2 + y_3 + y_4 \leq -50$$
$$3y_1 + y_2 + 2y_3 + y_4 \geq 100$$
$$y_1 \geq 0, y_2 \geq 0, y_3 \geq 0, y_4 \geq 0.$$

Use el método de las dos etapas para resolver los ejercicios 9-18 (véanse los ejemplos 1-4).

9. Maximice $z = 12x_1 + 10x_2$
sujeta a:
$$x_1 + 2x_2 \geq 24$$
$$x_1 + x_2 \leq 40$$
$$x_1 \geq 0, x_2 \geq 0.$$

10. Encuentre $x_1 \geq 0$, $x_2 \geq 0$ y $x_3 \geq 0$ tales que
$$x_1 + x_2 + x_3 \leq 150$$
$$x_1 + x_2 + x_3 \geq 100$$
y $z = 2x_1 + 5x_2 + 3x_3$ sea maximizada.

11. Encuentre $x_1 \geq 0$, $x_2 \geq 0$ y $x_3 \geq 0$ tales que
$$x_1 + x_2 + 2x_3 \leq 38$$
$$2x_1 + x_2 + x_3 \geq 24$$
y $z = 3x_1 + 2x_2 + 2x_3$ sea maximizada.

12. Maximice $z = 6x_1 + 8x_2$
sujeta a:
$$3x_1 + 12x_2 \geq 48$$
$$2x_1 + 4x_2 \leq 60$$
$$x_1 \geq 0, x_2 \geq 0.$$

13. Encuentre $x_1 \geq 0$ y $x_2 \geq 0$ tales que
$$x_1 + 2x_2 \leq 18$$
$$x_1 + 3x_2 \geq 12$$
$$2x_1 + 2x_2 \leq 30$$
y $z = 5x_1 + 10x_2$ sea maximizada.

14. Encuentre $x_1 \geq 0$ y $x_2 \geq 0$ tales que
$$x_1 + x_2 \leq 100$$
$$x_1 + x_2 \geq 50$$
$$2x_1 + x_2 \leq 110$$
y $z = 2x_1 + 3x_2$ sea maximizada.

15. Encuentre $y_1 \geq 0$, $y_2 \geq 0$ tales que
$$10y_1 + 5y_2 \geq 100$$
$$20y_1 + 10y_2 \geq 160$$
y $w = 4y_1 + 5y_2$ sea minimizada.

16. Minimice $w = 3y_1 + 2y_2$
sujeta a:
$$2y_1 + 3y_2 \geq 60$$
$$y_1 + 4y_2 \geq 40$$
$$y_1 \geq 0, y_2 \geq 0.$$

17. Minimice $w = 3y_1 + 4y_2$
sujeta a:
$$y_1 + 2y_2 \geq 10$$
$$y_1 + y_2 \geq 8$$
$$2y_1 + y_2 \leq 22$$
$$y_1 \geq 0, y_2 \geq 0.$$

18. Minimice $w = 4y_1 + 2y_2$
sujeta a:
$$y_1 + y_2 \geq 20$$
$$y_1 + 2y_2 \geq 25$$
$$-5y_1 + y_2 \leq 4$$
$$y_1 \geq 0, y_2 \geq 0.$$

En los ejercicios 19-22, escriba la tabla simplex inicial, pero no resuelva el problema (véase el ejemplo 5).

19. Administración El fabricante de una computadora personal tiene pedidos de dos distribuidores. El distribuidor D_1 quiere por lo menos 32 computadoras y el distribuidor D_2 quiere por lo menos 20. El fabricante puede surtir los pedidos desde cualquiera de sus dos almacenes W_1 o W_2. W_1 tiene 25 computadoras disponibles y W_2 tiene 30. Los costos (en dólares) de enviar una computadora a cada distribuidor desde cada almacén se indican a continuación.

		A	
		D_1	D_2
DE	W_1	\$14	\$22
	W_2	\$12	\$10

¿Cómo deben surtirse los pedidos para minimizar los costos de envío?

20. Ciencias naturales Marcos, que está enfermo, toma vitaminas en píldoras. Cada día debe tomar por lo menos 16 unidades de vitamina A, 5 unidades de vitamina B_1 y 20 unidades de vitamina C. Puede escoger entre la píldora #1 que cuesta 10¢ y contiene 8 unidades de A, 1 de B_1 y 2 de C o la píldora #2 que cuesta 20¢ y contiene 2 unidades de A, 1 de B_1 y 7 de C. ¿Cuántas de cada píldora debe comprar para minimizar el costo?

21. Administración Una compañía está desarrollando un nuevo aditivo para gasolina. El aditivo es una mezcla de tres ingredientes líquidos, I, II y III. Para un buen desempeño, la cantidad total de aditivo debe contener por lo menos 10 onzas por galón de gasolina. Sin embargo, por razones de seguridad, la cantidad de aditivo no debe exceder de 15 onzas por galón de gasolina. Por lo menos 1/4 de onza del ingrediente I debe usarse por cada onza del ingrediente II y por lo menos 1 onza del ingrediente III debe usarse por cada onza del ingrediente I. Si los costos de I, II y III son \$0.30, \$0.09 y \$0.27 por onza, respectivamente, encuentre la mezcla de los tres ingredientes que produce el costo mínimo del aditivo. ¿Cuánto aditivo debe usarse por galón de gasolina?

22. Administración Un popular refresco llamado Sugarlo, que se anuncia con un contenido de azúcar de no más de 10%, consta de cinco ingredientes, cada uno de los cuales tiene algo de azúcar. Puede agregarse también agua para diluir la mezcla. El contenido de azúcar de los ingredientes y sus costos por galón se dan a continuación.

	INGREDIENTE					
	1	2	3	4	5	*Agua*
Contenido de azúcar (%)	.28	.19	.43	.57	.22	0
Costo (\$/galón)	.48	.32	.53	.28	.43	.04

Por lo menos 0.01 del contenido de Sugarlo debe provenir de los ingredientes 3 o 4, 0.01 debe provenir de los ingredientes 2 o 5 y 0.01 de los ingredientes 1 o 4. ¿Cuánto de cada ingrediente debe usarse para preparar por lo menos 15,000 galones de Sugarlo y se minimice el costo?

Use el método de las dos etapas para resolver los ejercicios 23-30 (véase el ejemplo 5).

23. Administración Southwestern Oil suministra gasolina a dos distribuidores desde dos refinerías. El distribuidor D_1 necesita por lo menos 3000 barriles y el distribuidor D_2 necesita por lo menos 5000 barriles. Las dos refinerías pueden suministrar cada una hasta 5000 barriles de gasolina. Los costos por barril de enviar la gasolina se dan a continuación.

		A	
		D_1	D_2
DE	S_1	\$30	\$20
	S_2	\$25	\$22

¿Cómo debe suministrarse la gasolina para minimizar los costos de envío?

24. **Administración** Cambie el ejercicio 23 de manera que se tenga también un impuesto de envío por barril como se indica en la siguiente tabla. Southwestern Oil está determinada a gastar no más de $40,000 en el impuesto por envío.

	D_1	D_2
S_1	$2	$6
S_2	$5	$4

¿Cómo debe la empresa suministrar la gasolina para minimizar los costos de envío?

25. **Administración** Un banco ha separado un máximo de $25 millones para préstamos comerciales y de vivienda. Cada millón de dólares en préstamos comerciales requiere 2 extensas solicitudes, mientras que cada millón de dólares en préstamos para vivienda requiere 3 extensas solicitudes. El banco no puede procesar más de 72 solicitudes. La política del banco es prestar por lo menos cuatro veces tanto para préstamos de vivienda que para préstamos comerciales. Debido a acuerdos previos, por lo menos $10 millones se usarán para esos dos tipos de préstamos. El banco gana 12% en préstamos para vivienda y 10% en préstamos comerciales. ¿Qué cantidad de dinero debe asignar el banco a cada tipo de préstamo para maximizar los ingresos por intereses?

26. **Administración** Virginia Luna ha decidido invertir una herencia de $100,000 en certificados del gobierno que le dan 7% por año, en bonos municipales que le dan 6% por año y en fondos mutualistas que le dan un promedio de 10% por año. Invertirá por lo menos $40,000 en certificados y quiere que por lo menos la mitad de la herencia vaya a bonos y fondos. Los certificados tienen un cargo inicial de 2%, los bonos tienen un cargo inicial de 1% y los fondos tienen un cargo inicial de 3%. Virginia dispone de $2400 para pagar los cargos iniciales. ¿Cuánto debe invertir en cada documento para maximizar los intereses cumpliendo con las restricciones? ¿Cuánto es el máximo interés que puede obtener?

27. **Administración** La empresa Enlatados Marca X produce tomates enteros y salsa de tomate enlatados. Esta temporada, la empresa dispone de 3,000,000 kilogramos de tomates para esos dos productos. A fin de satisfacer la demanda de sus clientes regulares, debe producir por lo menos 80,000 kilogramos de salsa y 800,000 kilogramos de tomates enteros. El costo por kilogramo es $4 para producir tomates enteros enlatados y $3.25 para producir salsa de tomate. Acuerdos laborales requieren que por lo menos 110,000 horas-hombre se usen. Cada lata de salsa requiere 3 minutos de un trabajador y cada lata de tomates enteros requiere 6 minutos de un trabajador. ¿Cuántos kilogramos de tomates debe usar la Marca X para cada producto a fin de minimizar el costo? (Por simplicidad, suponga que la producción de y_1 kg de tomates enteros enlatados y y_2 kg de salsa de tomate requiere $y_1 + y_2$ kg de tomates.)

28. **Administración** Una cervecería produce cerveza regular y cerveza ligera. Los clientes regulares de la cervecería compran 12 unidades de cerveza regular y 10 unidades de cerveza ligera. La administración de la cervecería decide producir cerveza adicional a la requerida para satisfacer a sus clientes regulares. El costo por unidad de cerveza regular es de $36,000 y el costo por unidad de cerveza ligera es de $48,000. El número de unidades de cerveza ligera no debe exceder de dos veces el número de unidades de cerveza regular. Por lo menos 20 unidades adicionales de cerveza pueden venderse. ¿Cuánto de cada tipo de cerveza debe fabricarse para minimizar los costos totales de producción?

29. **Administración** El departamento de química de una universidad quiere tener en existencia por lo menos 800 tubos de ensayos pequeños y 500 grandes. El departamento quiere comprar por lo menos 1500 tubos de ensayo para aprovechar los precios de una barata. Como los tubos pequeños se rompen dos veces más frecuentemente que los grandes, se ordenarán por lo menos dos veces más tubos pequeños que grandes. Si los tubos pequeños cuestan 15¢ y los grandes 12¢ cada uno, ¿cuántos tubos de cada tamaño deben ordenarse para minimizar el costo?

30. **Administración** La mezcla Topgrade Turf de semillas para césped contiene tres tipos de semillas: *bluegrass*, centeno y bermuda. Los costos por libra de los tres tipos de semilla son 12¢, 15¢ y 5¢. En cada mezcla debe haber por lo menos 20% de semilla *bluegrass* y la cantidad de semilla bermuda no debe ser mayor que 2/3 la cantidad de semilla centeno. Para surtir los pedidos actuales, la compañía fabricante debe hacer por lo menos 5000 libras de la mezcla. ¿Cuánto de cada tipo de semilla debe usarse para minimizar el costo?

CAPÍTULO 8 RESUMEN

Términos clave y símbolos

8.1 desigualdad lineal
frontera
semiplano
sistema de desigualdades
región de soluciones factibles (región factible)

8.2 restricciones
programación lineal
función objetivo
punto de esquina
región factible acotada
región factible no acotada
teorema del punto de esquina

8.4 forma estándar de maximización
variable de holgura
tabla simplex

indicador
pivote y pivoteo
tabla simplex final
variables básicas
variables no básicas
solución básica factible

8.6 dual
transpuesta de una matriz

teorema de dualidad
costos sombra

8.7 variable exceso
variables básicas
solución básica
solución básica factible
Etapa I
Etapa II

Conceptos clave

Graficación de una desigualdad lineal

Haga la gráfica de la recta de frontera como una línea sólida si la desigualdad incluye "o igual", y como una línea punteada si no es así. Sombree el semiplano que incluye un punto de prueba que hace cierta la desigualdad. La gráfica de un sistema de desigualdades, llamada la **región de soluciones factibles**, incluye todos los puntos que satisfacen todas las desigualdades del sistema al mismo tiempo.

Resolución de problemas de programación lineal

Gráficamente: determine la función objetivo y todas las restricciones necesarias. Haga una gráfica de la región de soluciones factibles. El valor máximo o mínimo ocurrirá en uno o más de los puntos de esquina de esta región.

Método simplex: determine la función objetivo y todas las restricciones necesarias. Convierta cada restricción en una ecuación sumando variables de holgura. Formule la tabla simplex inicial. Localice el indicador más negativo. Forme los cocientes para determinar el pivote. Use operaciones sobre renglones para cambiar el pivote a 1 y todos los demás números en esa columna a 0. Si los indicadores son todos positivos o 0, ésta es la tabla final. Si no, escoja un nuevo pivote y repita el proceso hasta que no haya indicadores negativos. Lea la solución en la tabla final. El valor óptimo de la función objetivo es el número en la esquina inferior derecha de la tabla final. Para problemas con **restricciones mixtas**, agregue variables de exceso así como variables de holgura. En la etapa I, use operaciones sobre renglones para transformar la matriz hasta que la solución es factible. En la etapa II, use el método simplex como se describió antes. Para problemas **de minimización**, sea w la función objetivo y haga $-w = z$. Proceda entonces como con las restricciones mixtas.

Resolución de problemas de minimización con duales

Encuentre el problema de maximización dual. Resuelva el dual con el método simplex. El valor mínimo de la función objetivo w es el valor máximo de la función objetivo dual z. La solución óptima se encuentra en los elementos en el renglón del fondo de las columnas correspondientes a las variables de holgura.

Capítulo 8 Ejercicios de repaso

Haga la gráfica de cada una de las siguientes desigualdades lineales.

1. $y \leq 3x + 2$ **2.** $2x - y \geq 6$

3. $3x + 4y \geq 12$ **4.** $y \leq 4$

Grafique la solución de cada uno de los siguientes sistemas de desigualdades.

5. $x + y \leq 6$
$2x - y \geq 3$

6. $4x + y \geq 8$
$2x - 3y \leq 6$

7. $2 \leq x \leq 5$
$1 \leq y \leq 7$
$x - y \leq 3$

8. $x + 2y \leq 4$
$2x - 3y \leq 6$
$x \geq 0$
$y \geq 0$

Establezca un sistema de desigualdades para cada uno de los siguientes problemas; luego haga la gráfica de la región de soluciones factibles.

9. Administración Una panadería elabora pasteles y galletas. Cada lote de pasteles requiere 2 horas en el horno y 3 horas en el departamento de decorado. Cada lote de galletas requiere $1\frac{1}{2}$ horas en el horno y 2/3 horas de decorado. El horno está disponible no más de 15 horas al día, mientras que el personal de decorado no puede emplearse más de 13 horas al día.

10. Administración Una compañía prepara dos tipos de pizzas, la especial y la básica. La especial contiene queso, tomates y legumbres. La básica contiene sólo queso y tomates.

La compañía vende por lo menos 6 unidades diarias de la pizza especial y 4 unidades diarias de la básica. El costo de las legumbres (incluidos los tomates) es de $2 por unidad para la especial y de $1 por unidad para la básica. No pueden gastarse más de $32 por día en legumbres (incluidos los tomates). El queso que se usa para la especial cuesta $5 por unidad y el queso para la básica cuesta $4 por unidad. La compañía no puede gastar más de $100 por día en queso.

Use las regiones dadas para encontrar los valores máximo y mínimo de la función objetivo $z = 2x + 4y$.

11.

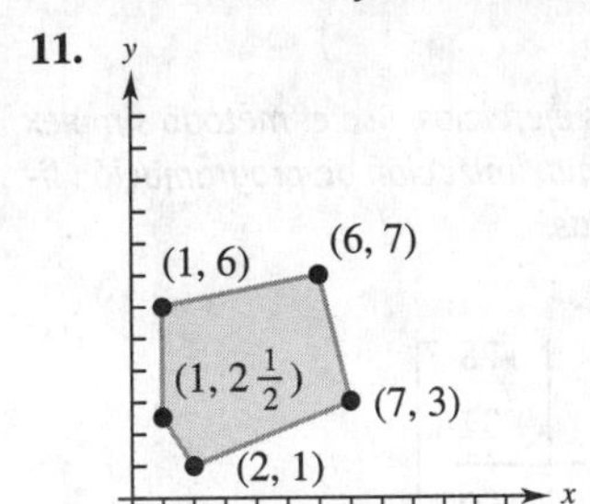

12.

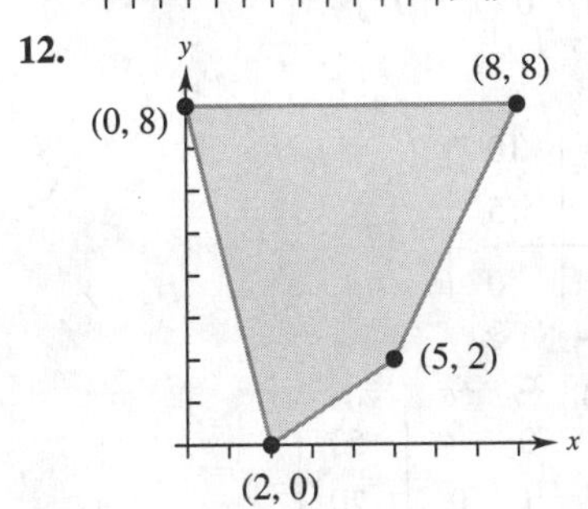

Use el método gráfico para resolver los ejercicios 13-16.

13. Maximice $z = 3x + 2y$
sujeta a: $2x + 7y \leq 14$
$2x + 3y \leq 10$
$x \geq 0, y \geq 0.$

14. Encuentre $x \geq 0$ y $y \geq 0$ tales que

$$8x + 9y \geq 72$$
$$6x + 8y \geq 72$$

y $w = 4x + 12y$ es minimizada.

15. Encuentre $x \geq 0$ y $y \geq 0$ tales que

$$x + y \leq 50$$
$$2x + y \geq 20$$
$$x + 2y \geq 30$$

y $w = 8x + 3y$ es minimizada.

16. Maximice $z = 2x - 5y$
sujeta a: $3x + 2y \leq 12$
$5x + y \geq 5$
$x \geq 0, y \geq 0.$

17. Administración ¿Cuántas horneadas de pasteles y galletas debe hacer la panadería del ejercicio 9 para maximizar las ganancias si las galletas producen una ganancia de $20 por horneada y los pasteles producen una ganancia de $30 por horneada?

18. Administración ¿Cuántas unidades de cada tipo de pizza debe hacer la compañía del ejercicio 10 para maximizar las ganancias si la especial se vende a $20 por unidad y la básica a $15 por unidad?

Para los ejercicios 19-22, (a) seleccione variables apropiadas, (b) escriba la función objetivo, (c) escriba las restricciones como desigualdades.

19. Administración Roberta Hernández vende tres artículos, A, B y C, en su tienda de regalos. Cada unidad de A le cuesta $2 comprarla, $1 venderla y $2 entregarla. Para cada unidad de B, los costos son $3, $2 y $2, respectivamente y para cada unidad de C los costos son $6, $2 y $4, respectivamente. La ganancia con A es de $4, con B es de $3 y con C es de $3. ¿Cuántos de cada artículo debe ordenar para maximizar su ganancia si puede gastar $1200 en comprar, $800 en vender y $500 en entregar?

20. Administración Un inversionista está considerando tres tipos de inversiones: una de alto riesgo en bienes petroleros con una ganancia potencial de 15%, una de mediano riesgo en bonos con una ganancia de 9% y otra relativamente segura en acciones bursátiles con una ganancia de 5%. Dispone de $50,000 para invertir. Debido al riesgo, limitará su inversión en bienes petroleros y bonos al 30% y su inversión en bienes petroleros y acciones al 50%. ¿Cuánto debe invertir en cada uno para maximizar su ganancia, suponiendo que las ganancias por las inversiones son como se esperan?

21. Administración Una fábrica de vino hace dos vinos blancos, el Frutal y el Crystal, de dos tipos de uvas y azúcar. Los vinos requieren las siguientes cantidades de cada ingrediente por galón y producen una ganancia por galón, como se indica en la siguiente tabla.

	Uva A (bushels)	*Uva B (bushels)*	*Azúcar (libras)*	*Ganancia (dólares)*
Frutal	2	2	2	12
Crystal	1	3	1	15

La fábrica dispone de 110 bushels de uva A, 125 bushels de uva B y 90 libras de azúcar. ¿Cuánto vino de cada tipo debe fabricarse para maximizar la ganancia?

22. Administración Una compañía hace tres tamaños de bolsas de plástico: de 5, 10 y 20 galones. El tiempo de producción en horas por cortado, sellado y empacado de una unidad de cada tamaño se muestra a continuación.

Tamaño	*Cortado*	*Sellado*	*Empacado*
5 galones	1	1	2
10 galones	1.1	1.2	3
20 galones	1.5	1.3	4

Se dispone de un máximo de 8 horas diarias para cada una de las tres operaciones. Si la ganancia por unidad es de \$1 para las bolsas de 5 galones, de \$0.90 para las de 10 galones y de \$0.95 para las de 20 galones, ¿cuántas bolsas de cada tamaño deben hacerse por día para maximizar la ganancia?

23. ¿Cuándo es necesario usar el método simplex en vez del método gráfico?

24. ¿Qué tipos de problemas pueden resolverse usando variables de holgura, de exceso y artificiales?

25. ¿Qué tipo de problema puede resolverse usando el método de duales?

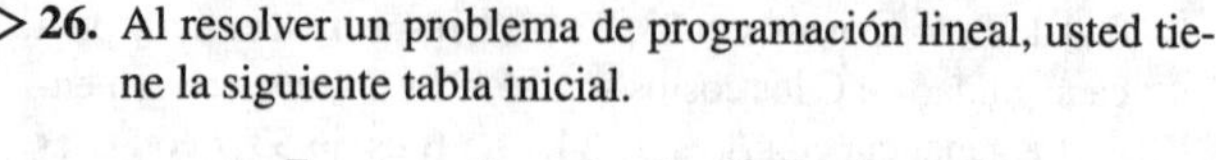

26. Al resolver un problema de programación lineal, usted tiene la siguiente tabla inicial.

$$\left[\begin{array}{cccccc|c} 4 & 2 & 3 & 1 & 0 & 0 & 9 \\ 5 & 4 & 1 & 0 & 1 & 0 & 10 \\ \hline -6 & -7 & -5 & 0 & 0 & 1 & 0 \end{array}\right]$$

(a) ¿Qué problema se está resolviendo?

(b) Si el 1 en el renglón 1, columna 4 fuese -1 en vez de 1, ¿cómo cambiaría su respuesta en el inciso (a)?

(c) Después de varios pasos del algoritmo simplex, resulta la siguiente tabla.

$$\left[\begin{array}{cccccc|c} 3 & 0 & 5 & 2 & -1 & 0 & 8 \\ 11 & 10 & 0 & -1 & 3 & 0 & 21 \\ \hline 47 & 0 & 0 & 13 & 11 & 10 & 227 \end{array}\right]$$

¿Cuál es la solución? (Dé sólo los valores de las variables originales y la función objetivo. No incluya variables de holgura o de exceso.)

(d) ¿Cuál es el dual del problema que encontró en el inciso (a)?

(e) ¿Cuál es la solución del dual que encontró en el inciso (d)? (No efectúe ningún paso del algoritmo simplex; sólo examine la tabla dada en el inciso (c).)

Para cada uno de los siguientes problemas, **(a)** *agregue variables de holgura y* **(b)** *escriba la tabla simplex inicial.*

27. Maximice $z = 2x_1 + 7x_2$
sujeta a:
$$\begin{aligned} 3x_1 + 5x_2 &\le 47 \\ x_1 + x_2 &\le 25 \\ 5x_1 + 2x_2 &\le 35 \\ 2x_1 + x_2 &\le 30 \\ x_1 \ge 0, x_2 &\ge 0. \end{aligned}$$

28. Maximice $z = 15x_1 + 10x_2$
sujeta a:
$$\begin{aligned} 2x_1 + 5x_2 &\le 50 \\ x_1 + 3x_2 &\le 25 \\ 4x_1 + x_2 &\le 18 \\ x_1 + x_2 &\le 12 \\ x_1 \ge 0, x_2 &\ge 0. \end{aligned}$$

29. Maximice $z = 4x_1 + 6x_2 + 3x_3$
sujeta a:
$$\begin{aligned} x_1 + x_2 + x_3 &\le 100 \\ 2x_1 + 3x_2 &\le 500 \\ x_1 + 2x_3 &\le 350 \\ x_1 \ge 0, x_2 \ge 0, x_3 &\ge 0. \end{aligned}$$

30. Maximice $z = x_1 + 4x_2 + 2x_3$
sujeta a:
$$\begin{aligned} x_1 + x_2 + x_3 &\le 90 \\ 2x_1 + 5x_2 + x_3 &\le 120 \\ x_1 + 3x_2 &\le 80 \\ x_1 \ge 0, x_2 \ge 0, x_3 &\ge 0. \end{aligned}$$

Para cada uno de los siguientes ejercicios, use el método simplex para resolver los problemas de maximización de programación lineal con las tablas iniciales dadas.

31.
$$\begin{array}{c} \begin{array}{ccccc} x_1 & x_2 & x_3 & x_4 & x_5 \end{array} \\ \left[\begin{array}{ccccc|c} 1 & 2 & 3 & 1 & 0 & 28 \\ 2 & 4 & 8 & 0 & 1 & 32 \\ \hline -5 & -2 & -3 & 0 & 0 & 0 \end{array}\right] \end{array}$$

32.
$$\begin{array}{c} \begin{array}{cccc} x_1 & x_2 & x_3 & x_4 \end{array} \\ \left[\begin{array}{cccc|c} 2 & 1 & 1 & 0 & 10 \\ 9 & 3 & 0 & 1 & 15 \\ \hline -2 & -3 & 0 & 0 & 0 \end{array}\right] \end{array}$$

33.
$$\begin{array}{c} \begin{array}{cccccc} x_1 & x_2 & x_3 & x_4 & x_5 & x_6 \end{array} \\ \left[\begin{array}{cccccc|c} 1 & 2 & 2 & 1 & 0 & 0 & 50 \\ 4 & 24 & 0 & 0 & 1 & 0 & 20 \\ 1 & 0 & 2 & 0 & 0 & 1 & 15 \\ \hline -5 & -3 & -2 & 0 & 0 & 0 & 0 \end{array}\right] \end{array}$$

34.
$$\begin{array}{c} \begin{array}{ccccc} x_1 & x_2 & x_3 & x_4 & x_5 \end{array} \\ \left[\begin{array}{ccccc|c} 1 & -2 & 1 & 0 & 0 & 38 \\ 1 & -1 & 0 & 1 & 0 & 12 \\ 2 & 1 & 0 & 0 & 1 & 30 \\ \hline -1 & -2 & 0 & 0 & 0 & 0 \end{array}\right] \end{array}$$

Convierta los siguientes problemas en problemas de maximización sin usar duales.

35. Minimice $w = 18y_1 + 10y_2$
sujeta a:
$$\begin{aligned} y_1 + y_2 &\ge 17 \\ 5y_1 + 8y_2 &\ge 42 \\ y_1 \ge 0, y_2 &\ge 0. \end{aligned}$$

36. Minimice $w = 12y_1 + 20y_2 - 8y_3$
sujeta a:
$$\begin{aligned} y_1 + y_2 + 2y_3 &\ge 48 \\ y_1 + y_2 &\ge 12 \\ y_3 &\ge 10 \\ 3y_1 + y_3 &\ge 30 \\ y_1 \ge 0, y_2 \ge 0, y_3 &\ge 0. \end{aligned}$$

37. Minimice $w = 6y_1 - 3y_2 + 4y_3$

sujeta a:
$$\begin{aligned} 2y_1 + y_2 + y_3 &\geq 112 \\ y_1 + y_2 + y_3 &\geq 80 \\ y_1 + y_2 \quad &\geq 45 \\ y_1 \geq 0, y_2 \geq 0, y_3 &\geq 0. \end{aligned}$$

Use el método simplex para resolver los siguientes problemas de restricción mixta.

38. Minimice $z = 2x_1 + 4x_2$

sujeta a:
$$\begin{aligned} 3x_1 + 2x_2 &\leq 12 \\ 5x_1 + x_2 &\geq 5 \\ x_1 \geq 0, x_2 &\geq 0. \end{aligned}$$

39. Maximice $w = 4y_1 - 8y_2$

sujeta a:
$$\begin{aligned} y_1 + y_2 &\leq 50 \\ 2y_1 - 4y_2 &\geq 20 \\ y_1 - y_2 &\leq 22 \\ y_1 \geq 0, y_2 &\geq 0. \end{aligned}$$

Las siguientes tablas son las tablas finales de problemas de minimización resueltos haciendo $w = -z$. Dé la solución y el valor mínimo de la función objetivo para cada problema.

40.
$$\left[\begin{array}{cccccc|c} 0 & 1 & 0 & 2 & 5 & 0 & 17 \\ 0 & 0 & 1 & 3 & 1 & 1 & 25 \\ 1 & 0 & 0 & 4 & 2 & \frac{1}{2} & 8 \\ \hline 0 & 0 & 0 & 2 & 5 & 0 & -427 \end{array}\right]$$

41.
$$\left[\begin{array}{ccccccc|c} 0 & 0 & 2 & 1 & 0 & 6 & 6 & 92 \\ 1 & 0 & 3 & 0 & 0 & 0 & 2 & 47 \\ 0 & 1 & 0 & 0 & 0 & 1 & 0 & 68 \\ 0 & 0 & 4 & 0 & 1 & 0 & 3 & 35 \\ \hline 0 & 0 & 5 & 0 & 0 & 2 & 9 & -1957 \end{array}\right]$$

Las tablas en los ejercicios 42-44 son las tablas finales de problemas de minimización resueltos por el método de duales. Establezca la solución y el valor mínimo de la función objetivo para cada problema.

42.
$$\left[\begin{array}{cccccc|c} 1 & 0 & 0 & 3 & 1 & 2 & 12 \\ 0 & 0 & 1 & 4 & 5 & 3 & 5 \\ 0 & 1 & 0 & -2 & 7 & -6 & 8 \\ \hline 0 & 0 & 0 & 5 & 7 & 3 & 172 \end{array}\right]$$

43.
$$\left[\begin{array}{cccccc|c} 0 & 0 & 1 & 6 & 3 & 1 & 2 \\ 1 & 0 & 0 & 4 & -2 & 2 & 8 \\ 0 & 1 & 0 & 10 & 7 & 0 & 12 \\ \hline 0 & 0 & 0 & 9 & 5 & 8 & 62 \end{array}\right]$$

44.
$$\left[\begin{array}{cccc|c} 1 & 0 & 7 & -1 & 100 \\ 0 & 1 & 1 & 3 & 27 \\ \hline 0 & 0 & 7 & 2 & 640 \end{array}\right]$$

45. Resuelva el ejercicio 19.

46. Resuelva el ejercicio 20.

47. Resuelva el ejercicio 21.

48. Resuelva el ejercicio 22.

Administración *Resuelva los siguientes problemas de minimización.*

49. Un contratista construye dos modelos de casas marinas, el Atlántico y el Pacífico. Cada modelo Atlántico requiere 1000 pies de madera, 3000 pies cúbicos de concreto y \$2000 de publicidad. Cada modelo Pacífico requiere 2000 pies de madera, 3000 pies cúbicos de concreto y \$3000 de publicidad. Los contratos exigen usar por lo menos 8000 pies de madera, 18,000 pies cúbicos de concreto y \$15,000 de publicidad. Si el total que se gasta en cada modelo Atlántico es de \$3000 y el total en cada modelo Pacífico es de \$4000, ¿cuántos de cada modelo deben construirse para minimizar los costos?

50. Una empresa acerera produce dos tipos de aleaciones. Un lote del tipo I requiere 3000 libras de molibdeno y 2000 toneladas de mineral de hierro, así como \$2000 de publicidad. Un lote del tipo II requiere 3000 libras de molibdeno y 1000 toneladas de mineral de hierro, así como \$3000 de publicidad. Los costos totales son \$15,000 en un lote del tipo I y \$6000 en un lote del tipo II. Debido a varios contratos, la empresa debe usar por lo menos 18,000 libras de molibdeno y 7000 toneladas de hierro y gastar por lo menos \$14,000 en publicidad. ¿Cuánto de cada tipo debe producir para minimizar los costos?

CASO 8

Una mezcla balanceada de fertilizantes orgánicos de costo mínimo*

Los fertilizantes orgánicos constan de tres elementos clave que son esenciales para el crecimiento y la salud de las plantas. El nitrógeno (N) promueve el crecimiento de la planta y la resistencia de ésta a los insectos. El fósforo (P) es esencial para un crecimiento adecuado de la raíz de la planta. El potasio (K) ayuda al crecimiento de la planta y a la resistencia de ésta a plagas. El porcentaje de esos tres elementos en un fertilizante siempre se da en el orden N-P-K. Así entonces, un fertilizante 3-2-2 contiene 3% de nitrógeno, 2% de fósforo y 2% de potasio.

Muchas tiendas de jardinería y catálogos de semillas venden fertilizantes orgánicos premezclados. Sin embargo, para tener una mezcla con una combinación N-P-K específica a un costo mínimo, un jardinero debe resolver un problema de optimización. Un fertilizante con una mezcla b-b-b para algún número b, se llama un fertilizante balanceado. Para tener un fertilizante orgánico balanceado con una mezcla b-b-b, un jardinero debe usar una combinación de las siguientes opciones.

Alimento sanguíneo (11-0-0) @ $6.00 por bolsa de cinco libras

Alimento óseo (6-12-0) @ $5.00 por bolsa de cinco libras

Greensand (0-1-7) @ $3.00 por bolsa de cinco libras

Sul-Po-Mag (0-0-22) @ $2.80 por bolsa de cinco libras

Sustane (5-2-4) @ $4.25 por bolsa de cinco libras

La programación lineal puede usarse para modelar este problema. Sea x_1 el número de libras de alimento sanguíneo a usarse, x_2 el número de libras de alimento óseo a usarse, etc. El jardinero debe minimizar la función objetivo (usando costos por libra)

$$z = 1.20x_1 + 1.00x_2 + .60x_3 + .56x_4 + .85x_5,$$

sujeta a las restricciones

$$\begin{aligned} .11x_1 + .06x_2 \qquad\qquad\qquad + .05x_5 &= 1 \\ .12x_2 + .01x_3 \qquad\quad + .02x_5 &= 1 \\ .07x_3 + .22x_4 + .04x_5 &= 1, \end{aligned}$$

donde las proporciones de elementos se expresan como porcientos de forma decimal. Haciendo las tres sumas iguales al mismo número, garantizamos que los porcientos serán iguales para proporcionar un fertilizante balanceado, como se requiere. Usamos 1 en el lado derecho para indicar 1 unidad de fertilizante mezclado. Esto hace más fáciles los cálculos. Las restricciones de no negatividad son

$$x_1 \geq 0, \quad x_2 \geq 0, \quad x_3 \geq 0, \quad x_4 \geq 0, \quad x_5 \geq 0.$$

Usando una calculadora graficadora o una computadora con software de programación, obtenemos la siguiente solución.

$$x_1 = 4.5454, \quad x_2 = 8.3333, \quad x_3 = 0, \quad x_4 = 4.5454, \quad x_5 = 0$$

Esta mezcla costaría $16.33 (redondeado) y como la mezcla pesa 17.4242 libras, el costo mínimo por libra es $.94 (redondeado). Verifique que un fertilizante orgánico de costo mínimo puede obtenerse mezclando 6 partes de alimento sanguíneo con 11 partes de alimento óseo y 6 partes de sul-po-mag.

EJERCICIOS

1. Demuestre que la mezcla de costo mínimo tiene proporciones 6-11-6.
2. Para determinar el número b, el porcentaje de cada nutriente presente en el fertilizante, debemos dividir la suma a la derecha de cada restricción entre el peso de la mezcla total (los resultados deben ser iguales). Efectúe esto y exprese los resultados en la forma N-P-K. ¿Es el resultado un fertilizante balanceado?

*Turner, Steven J., "Using Linear Programming to Obtain a Minimum Cost Balanced Organic Fertilizer Mix", en *The AMATYC Review*, vol. 14, núm. 2, primavera de 1993, págs. 21-25.

Cálculo diferencial

9.1 Límites
9.2 Razones de cambio
9.3 Recta tangente y derivadas
9.4 Procedimientos para encontrar derivadas
9.5 Derivadas de productos y cocientes
9.6 La regla de la cadena
9.7 Derivadas de funciones exponenciales y logarítmicas
9.8 Continuidad y diferenciabilidad
CASO 9 Elasticidad-precio de la demanda

Los problemas algebraicos considerados en capítulos anteriores trataron situaciones *estáticas*.

¿Cuál es el ingreso cuando se venden x artículos?

¿Cuánto interés se gana en 2 años?

¿Cuál es el precio de equilibrio?

El cálculo, por otra parte, trata con situaciones *dinámicas*.

¿A qué tasa está creciendo la economía?

¿Con qué rapidez está viajando un cohete en cualquier instante después del despegue?

¿Qué tan rápidamente puede incrementarse la producción sin afectar adversamente las ganancias?

Los procedimientos del cálculo nos permitirán responder muchas preguntas como ésas que tratan con razones de cambio.

La idea clave en el desarrollo del cálculo es el concepto de límite. Comenzaremos entonces estudiando los límites.

9.1 LÍMITES

Hemos tenido que ver a menudo con un problema como éste: encontrar el valor de la función $f(x)$ cuando $x = a$. Sin embargo, la idea subyacente de "límite", es examinar qué hace la función *cerca de* $x = a$, en vez de ver qué hace *en* $x = a$.

EJEMPLO 1 La función

$$f(x) = \frac{2x^2 - 3x - 2}{x - 2}$$

no está definida cuando $x = 2$ (¿por qué?). ¿Qué pasa con los valores de $f(x)$ cuando x es *muy cercana* a 2?

1 Use una calculadora para estimar $\lim_{x \to 1} \frac{x^3 + x^2 - 2x}{x - 1}$ al completar la siguiente tabla.

x	$f(x)$
.9	
.99	
.999	
1.0001	
1.001	
1.01	
1.1	

Respuesta:
2.61; 2.9601; 2.996; 3.0004; 3.004; 3.0401; 3.41; el límite parece ser 3.

Evalúe f en varios números que sean muy cercanos a $x = 2$, como en la siguiente tabla.

x	1.99	1.999	2	2.0001	2.001
$f(x)$	4.98	4.998	—	5.0002	5.002

La tabla sugiere que

> conforme x se acerca cada vez más a 2, desde cualquier dirección, el correspondiente valor de $f(x)$ se acerca cada vez más a 5.

De hecho, experimentando más aún, podrá convencerse de que los valores de $f(x)$ pueden hacerse *tan cercanos como se quiera* a 5, tomando valores de x suficientemente cercanos a 2. Esta situación suele describirse al decir que "el *límite* de $f(x)$ cuando x tiende a 2 es el número 5", que se escribe simbólicamente como

$$\lim_{x \to 2} f(x) = 5, \text{ o equivalentemente, } \lim_{x \to 2} \frac{2x^2 - 3x - 2}{x - 2} = 5. \quad \blacksquare \quad \boxed{1}$$

La siguiente definición de "límite" es similar a la situación en el ejemplo 1, pero ahora f es cualquier función, y a y L son números reales fijos (en el ejemplo 1, $a = 2$ y $L = 5$). La frase "arbitrariamente cerca" significa "tan cerca como se quiera".

LÍMITE DE UNA FUNCIÓN

Sea f una función y sean a y L números reales. Suponga que $f(x)$ está definida para toda x cerca de $x = a$. Suponga que

> cuando x toma valores muy cercanos (pero no iguales) a a (sobre ambos lados de a), los correspondientes valores de $f(x)$ son muy cercanos (y posiblemente iguales) a L;

y que

> los valores de $f(x)$ pueden hacerse arbitrariamente cercanos a L para todo valor de x que sea suficientemente cercano a a.

El número L es entonces el **límite** de la función $f(x)$ cuando x tiende a a, lo que se escribe

$$\lim_{x \to a} f(x) = L.$$

Esta definición es *informal* porque las expresiones "cerca", "muy cerca" y "arbitrariamente cerca" no se han definido con precisión. En particular, la tabla del ejemplo 1 y los siguientes ejemplos proporcionan una fuerte confirmación intuitiva, pero no una prueba rigurosa de que los límites son los obtenidos.

EJEMPLO 2 Si $f(x) = x^2 + x + 1$, ¿qué es $\lim_{x \to 3} f(x)$?

Elabore una tabla que muestre los valores de la función en números muy cercanos a 3.

x tiende a 3 por la izquierda → 3 ← x tiende a 3 por la derecha

x	2.9	2.99	2.9999	3	3.0001	3.01	3.1
$f(x)$	12.31	12.9301	12.9993 . . .		13.0007 . . .	13.0701	13.71

La tabla sugiere que cuando x se acerca a 3 desde cualquier dirección, $f(x)$ se acerca cada vez más a 13 y, por consiguiente, que

$$\lim_{x \to 3} f(x) = 13, \quad \text{o equivalentemente,} \quad \lim_{x \to 3} (x^2 + x + 1) = 13.$$

Advierta que la función $f(x)$ está definida cuando $x = 3$ y $f(3) = 3^2 + 3 + 1 = 13$. Entonces, en este caso, el límite de $f(x)$ cuando x se acerca a 3 es $f(3)$, que es el valor de la función en 3. ■

SUGERENCIA TECNOLÓGICA Muchas calculadoras graficadoras tienen la capacidad de elaborar tablas que pueden usarse para estimar límites, como en los ejemplos 1 y 2. Sobre todas las calculadoras graficadoras usted puede trazar la gráfica de la función f en una pequeña ventana de observación que incluya el punto en que se toma el límite y usar la capacidad de trazo para estimar éste. ✔

EJEMPLO 3 Encuentre $\lim_{x \to 3} f(x)$, donde f es la función cuya regla es

$$f(x) = \begin{cases} 0 & \text{si } x \text{ es un entero} \\ 1 & \text{si } x \text{ no es un entero} \end{cases}$$

y cuya gráfica se muestra en la figura 9.1.

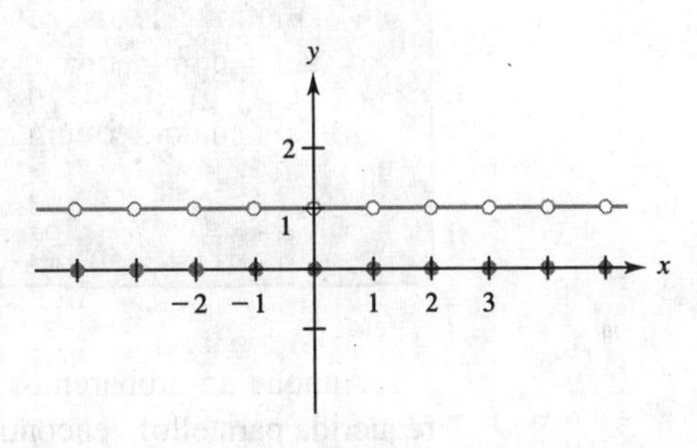

FIGURA 9.1

La definición del límite cuando x tiende a 3 contiene sólo valores de x que son cercanos a, pero no igual a 3, correspondiendo a la parte de la gráfica a cada lado de 3, pero no a 3 mismo. Ahora, $f(x) = 1$ para todos esos números (porque los números muy cercanos a 3, como 2.99995 o 3.00002, son no enteros). Entonces, para toda x muy cercana a 3, el valor correspondiente de $f(x)$ es 1, por lo que $\lim_{x \to 3} f(x) = 1$. Sin embargo, como 3 es un entero, $f(3) = 0$. Por lo tanto, $\lim_{x \to 3} f(x) \neq f(3)$. ■

Los ejemplos 1-3 ilustran los siguientes hechos sobre límites.

LÍMITES Y VALORES DE UNA FUNCIÓN

Si el límite de una función $f(x)$ cuando x tiende a a existe, este límite *no* tiene que ser igual al número $f(a)$. De hecho, $f(a)$ puede incluso no estar definido.

DETERMINACIÓN DE LÍMITES ALGEBRAICAMENTE Como hemos visto, las tablas son muy útiles para estimar límites. Sin embargo, es a menudo más eficiente y exacto encontrar límites algebraicamente mediante las siguientes propiedades de los límites.

PROPIEDADES DE LOS LÍMITES

Sean a, k, A y B números reales y sean f y g funciones tales que

$$\lim_{x\to a} f(x) = A \quad \text{y} \quad \lim_{x\to a} g(x) = B.$$

1. $\lim_{x\to a} k = k$ (para toda constante k)
(El límite de una constante es la constante.)

2. $\lim_{x\to a} x = a$ (para cualquier número real a)

3. $\lim_{x\to a} [f(x) \pm g(x)] = A \pm B = \lim_{x\to a} f(x) \pm \lim_{x\to a} g(x)$
(El límite de una suma o diferencia es la suma o diferencia de los límites.)

4. $\lim_{x\to a} [f(x) \cdot g(x)] = A \cdot B = \lim_{x\to a} f(x) \cdot \lim_{x\to a} g(x)$
(El límite de un producto es el producto de los límites.)

5. $\lim_{x\to a} \dfrac{f(x)}{g(x)} = \dfrac{A}{B} = \dfrac{\lim_{x\to a} f(x)}{\lim_{x\to a} g(x)} \quad (B \neq 0)$
(El límite de un cociente es el cociente de los límites, siempre que el límite del denominador no sea cero.)

6. Para cualquier número real r para el cual A^r exista,

$$\lim_{x\to a} [f(x)]^r = A^r = [\lim_{x\to a} f(x)]^r.$$

Aunque no probaremos estas propiedades (una definición rigurosa de límite es requerida para ello), encontrará la mayoría de ellas muy plausibles. Por ejemplo, si los valores de $f(x)$ se acercan mucho a A y los valores de $g(x)$ se acercan mucho a B cuando x tiende a a, es razonable esperar que los valores correspondientes de $f(x) + g(x)$ se acercarán mucho a $A + B$ (propiedad 3) y que los correspondientes valores de $f(x)g(x)$ se acercarán mucho a AB (propiedad 4).

EJEMPLO 4 Encuentre $\lim_{x\to 2} (3x^2 + 5x - 1)$.

$$\begin{aligned}
&\lim_{x\to 2} (3x^2 + 5x - 1) \\
&= \lim_{x\to 2} 3x^2 + \lim_{x\to 2} 5x + \lim_{x\to 2} (-1) && \text{Propiedad 3} \\
&= \lim_{x\to 2} 3 \cdot \lim_{x\to 2} x^2 + \lim_{x\to 2} 5 \cdot \lim_{x\to 2} x + \lim_{x\to 2} (-1) && \text{Propiedad 4} \\
&= \lim_{x\to 2} 3 \cdot [\lim_{x\to 2} x]^2 + \lim_{x\to 2} 5 \cdot \lim_{x\to 2} x + \lim_{x\to 2} (-1) && \text{Propiedad 6} \\
&= 3 \cdot 2^2 + 5 \cdot 2 + (-1) = 21 && \text{Propiedades 1 y 2}
\end{aligned}$$

■

El ejemplo 4 muestra que $\lim_{x\to 2} f(x) = 21$, donde $f(x) = 3x^2 + 5x - 1$. Advierta que $f(2) = 3 \cdot 2^2 + 5 \cdot 2 - 1 = 21$. En otras palabras, el límite cuando x tiende a 2 es el valor de la función en 2, es decir

$$\lim_{x\to 2} f(x) = f(2).$$

El mismo análisis del ejemplo 4 sirve para cualquier función polinomial y conduce a la siguiente conclusión.

2 Si $f(x) = 2x^4 - 4x^3 + 3x$, encuentre

(a) $\lim_{x \to 2} f(x)$;

(b) $\lim_{x \to -1} f(x)$.

Respuestas:

(a) 6

(b) 3

LÍMITE DE UN POLINOMIO

Si $f(x)$ es una función polinomial y a es un número real, entonces

$$\lim_{x \to a} f(x) = f(a).$$

Esta propiedad se usará a menudo. 2

EJEMPLO 5 Encuentre cada límite.

(a) $\lim_{x \to 2} [(x^2 + 1) + (x^3 - x + 3)]$

$$\begin{aligned} &\lim_{x \to 2} [(x^2 + 1) + (x^3 - x + 3)] \\ &= \lim_{x \to 2} (x^2 + 1) + \lim_{x \to 2} (x^3 - x + 3) && \text{Propiedad 3} \\ &= (2^2 + 1) + (2^3 - 2 + 3) = 5 + 9 = 14 && \text{Límite de un polinomio} \end{aligned}$$

(b) $\lim_{x \to -1} (x^3 + 4x)(2x^2 - 3x)$

$$\begin{aligned} &\lim_{x \to -1} (x^3 + 4x)(2x^2 - 3x) \\ &= \lim_{x \to -1} (x^3 + 4x) \cdot \lim_{x \to -1} (2x^2 - 3x) && \text{Propiedad 4} \\ &= [(-1)^3 + 4(-1)] \cdot [2(-1)^2 - 3(-1)] && \text{Límite de un polinomio} \\ &= (-1 - 4)(2 + 3) = -25 \end{aligned}$$

(c) $\lim_{x \to -1} 5(3x^2 + 2)$

$$\begin{aligned} \lim_{x \to -1} 5(3x^2 + 2) &= \lim_{x \to -1} 5 \cdot \lim_{x \to -1} (3x^2 + 2) && \text{Propiedad 4} \\ &= 5[3(-1)^2 + 2] && \text{Propiedad 1 y límite de un polinomio} \\ &= 25 \end{aligned}$$

(d) $\lim_{x \to 4} \frac{x}{x + 2}$

$$\begin{aligned} \lim_{x \to 4} \frac{x}{x + 2} &= \frac{\lim_{x \to 4} x}{\lim_{x \to 4} (x + 2)} && \text{Propiedad 5} \\ &= \frac{4}{4 + 2} = \frac{2}{3} && \text{Límite de un polinomio} \end{aligned}$$

3 Use las propiedades de los límites para encontrar lo siguiente.

(a) $\lim_{x \to 4} (3x - 9)$

(b) $\lim_{x \to -1} (2x^2 - 4x + 1)$

(c) $\lim_{x \to 2} \frac{x - 1}{3x + 2}$

(d) $\lim_{x \to 2} \sqrt{3x + 3}$

Respuestas:

(a) 3

(b) 7

(c) 1/8

(d) 3

(e) $\lim_{x \to 9} \sqrt{4x - 11}$

Comience escribiendo la raíz cuadrada en forma exponencial.

$$\begin{aligned} \lim_{x \to 9} \sqrt{4x - 11} &= \lim_{x \to 9} [4x - 11]^{1/2} \\ &= [\lim_{x \to 9} (4x - 11)]^{1/2} && \text{Propiedad 6} \\ &= [4 \cdot 9 - 11]^{1/2} && \text{Límite de un polinomio} \\ &= [25]^{1/2} = \sqrt{25} = 5. \end{aligned}$$

■ 3

La definición del límite cuando x tiende a a implica sólo los valores de la función cuando x está *cerca* de a, pero no el valor de la función *en a*. Entonces, dos funciones que concuerden para todos los valores de x, excepto posiblemente en $x = a$, tendrán necesariamente el mismo límite cuando x tiende a a. Tenemos entonces:

TEOREMA DEL LÍMITE

Si f y g son funciones que tienen límite cuando x se acerca a a y $f(x) = g(x)$ para toda $x \neq a$, entonces

$$\lim_{x\to a} f(x) = \lim_{x\to a} g(x).$$

EJEMPLO 6 Encuentre $\lim_{x\to 2} \dfrac{x^2 + x - 6}{x - 2}$.

La propiedad 5 no puede usarse aquí, porque

$$\lim_{x\to 2} (x - 2) = 0.$$

Sin embargo, podemos simplificar la función reescribiendo la fracción como

$$\frac{x^2 + x - 6}{x - 2} = \frac{(x + 3)(x - 2)}{x - 2}.$$

Cuando $x \neq 2$, la cantidad $x - 2$ es diferente de cero y puede cancelarse, por lo que

$$\frac{x^2 + x - 6}{x - 2} = x + 3 \quad \text{para toda} \quad x \neq 2.$$

Ahora puede usarse el Teorema del Límite.

$$\lim_{x\to 2} \frac{x^2 + x - 6}{x - 2} = \lim_{x\to 2} (x + 3) = 2 + 3 = 5 \quad \blacksquare \quad \boxed{4}$$

$\boxed{4}$ Encuentre $\lim_{x\to 1} \dfrac{2x^2 + x - 3}{x - 1}$.

Respuesta:
5

EJEMPLO 7 Encuentre $\lim_{x\to 4} \dfrac{\sqrt{x} - 2}{x - 4}$.

Cuando $x \to 4$, el numerador tiende a 0 y el denominador también tiende a 0, dando la expresión sin sentido 0/0. Para cambiar la forma de la expresión, puede usarse el álgebra para racionalizar el numerador multiplicando numerador y denominador por $\sqrt{x} + 2$. Esto da

$$\frac{\sqrt{x} - 2}{x - 4} = \frac{\sqrt{x} - 2}{x - 4} \cdot \frac{\sqrt{x} + 2}{\sqrt{x} + 2} = \frac{\sqrt{x} \cdot \sqrt{x} + 2\sqrt{x} - 2\sqrt{x} - 4}{(x - 4)(\sqrt{x} + 2)}$$

$$= \frac{x - 4}{(x - 4)(\sqrt{x} + 2)} = \frac{1}{\sqrt{x} + 2} \quad \text{para toda } x \neq 4.$$

Ahora use el Teorema del Límite y las propiedades de los límites.

$$\lim_{x\to 4} \frac{\sqrt{x} - 2}{x - 4} = \lim_{x\to 4} \frac{1}{\sqrt{x} + 2} = \frac{1}{\sqrt{4} + 2} = \frac{1}{2 + 2} = \frac{1}{4} \quad \blacksquare \quad \boxed{5}$$

$\boxed{5}$ Encuentre lo siguiente.

(a) $\lim_{x\to 1} \dfrac{\sqrt{x} - 1}{x - 1}$

(b) $\lim_{x\to 9} \dfrac{\sqrt{x} - 3}{x - 9}$

Respuestas:
(a) 1/2
(b) 1/6

EXISTENCIA DE LÍMITES Es posible que $\lim_{x\to a} f(x)$ no exista, es decir, que no haya un número L que satisfaga la definición de $\lim_{x\to a} f(x) = L$. Esto puede suceder de varias maneras, dos de las cuales se ilustran aquí.

EJEMPLO 8 Sea $g(x) = \dfrac{x^2+4}{x-2}$ y encuentre $\lim_{x\to 2} g(x)$.

La propiedad 5 no puede usarse ya que $\lim_{x\to 2} (x-2) = 0$. Además, no hay modo de simplificar $g(x)$ algebraicamente (porque x^2+4 no es factorizable). Por consiguiente, el Teorema del Límite no puede usarse. Trate entonces de estimar el límite. Haga una tabla de valores, como la dada abajo y grafique la función. Recuerde que números negativos lejanos de 0 (como -1000 o -5000) son números muy pequeños (aún cuando sus valores absolutos pueden ser grandes).

x tiende a 2 por la izquierda → 2 ← *x* tiende a 2 por la derecha

x	1.8	1.9	1.99	1.999	2	2.001	2.01	2.05
$g(x)$	−36.2	−76.1	−796	−7996		8004	804	164

$g(x)$ se vuelve cada vez más pequeña — $g(x)$ se vuelve cada vez más grande

[6] Sea $f(x) = \dfrac{x^2+9}{x-3}$. Encuentre lo siguiente.

(a) $\lim_{x\to 3} f(x)$

(b) $\lim_{x\to 0} f(x)$

Respuestas:

(a) No existe

(b) −3

La tabla anterior y la gráfica de $g(x)$ en la figura 9.2 muestran que cuando x tiende a 2 por la izquierda, $g(x)$ se hace cada vez más pequeña, pero cuando x tiende a 2 por la derecha, $g(x)$ se hace cada vez más grande. Como $g(x)$ no se acerca cada vez más a un solo número real cuando x tiende a 2 desde cualquier lado,

$$\lim_{x\to 2} \frac{x^2+4}{x-2} \text{ no existe.}$$ ■ [6]

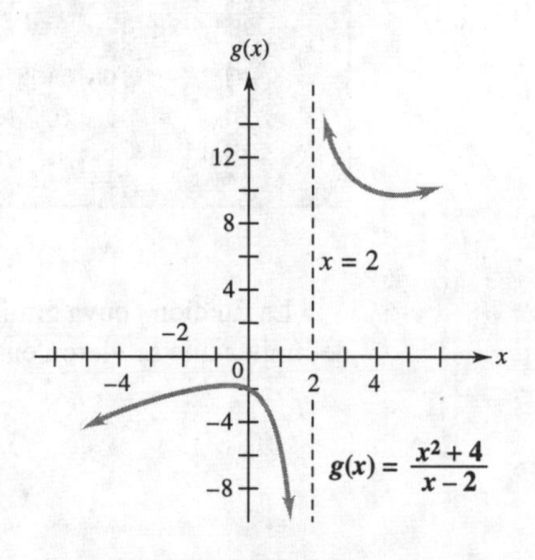

FIGURA 9.2

EJEMPLO 9 ¿Cuál es el $\lim_{x \to 0} \frac{|x|}{x}$?

La función $f(x) = |x|/x$ no está definida cuando $x = 0$. Cuando $x > 0$, entonces la definición de valor absoluto muestra que $f(x) = |x|/x = x/x = 1$. Cuando $x < 0$, entonces $|x| = -x$ y $f(x) = -x/x = -1$. La gráfica de f se muestra en la figura 9.3. Cuando x se acerca a 0 por la derecha, x es siempre positiva y el valor correspondiente de $f(x)$ es 1. Pero cuando x se acerca a 0 por la izquierda, x es siempre negativa y el valor correspondiente de $f(x)$ es -1. Entonces, cuando x se acerca a 0 desde *ambos* lados, los valores correspondientes de $f(x)$ no se acercan cada vez más a *un solo* número real. Por lo tanto, el límite no existe.* ■

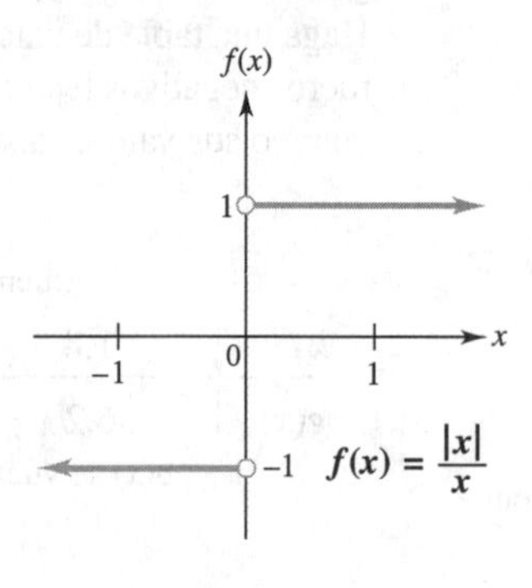

FIGURA 9.3

Los ejemplos 8 y 9 ilustran los siguientes hechos.

EXISTENCIA DE LÍMITES

El límite de una función f cuando x tiende a a no existe si

1. $f(x)$ se vuelve infinitamente grande en valor absoluto cuando x tiende a a desde cualquier lado (ejemplo 8); o
2. $f(x)$ se acerca cada vez más a un número L cuando x tiende a a por la izquierda, pero $f(x)$ se acerca cada vez más a un número M diferente cuando x tiende a a por la derecha (ejemplo 9).

La función f cuya gráfica se muestra en la figura 9.4 ilustra varios hechos acerca de límites que se vieron en esta sección.

*En una situación como ésta, se dice a veces que -1 es el *límite de $f(x)$ por la izquierda* y que 1 es el *límite de $f(x)$ por la derecha*. El concepto de límite como lo hemos definido se llama a veces *límite por dos lados*.

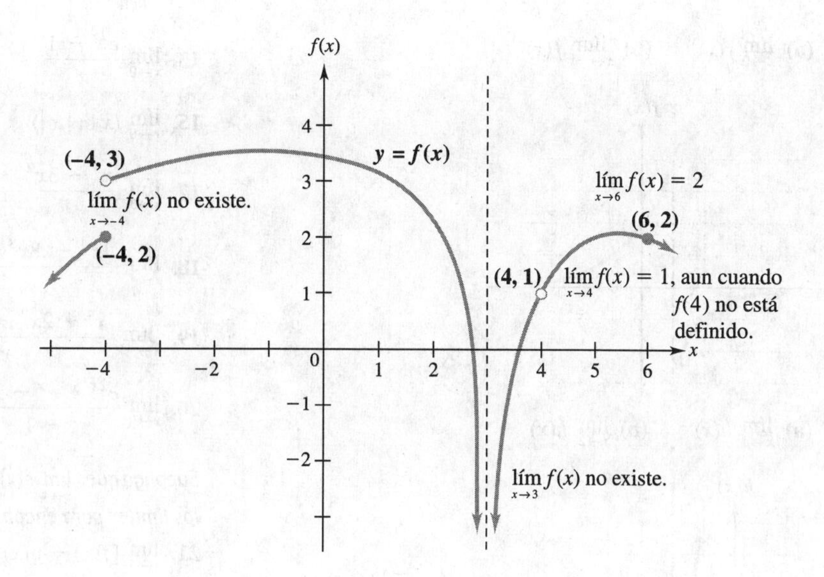

FIGURA 9.4

9.1 EJERCICIOS

En cada uno de los siguientes ejercicios, use una gráfica para determinar el valor de los límites indicados (véanse los ejemplos 3, 8 y 9 y la figura 9.4).

1. **(a)** $\lim_{x\to 3} f(x)$ **(b)** $\lim_{x\to -1.5} f(x)$

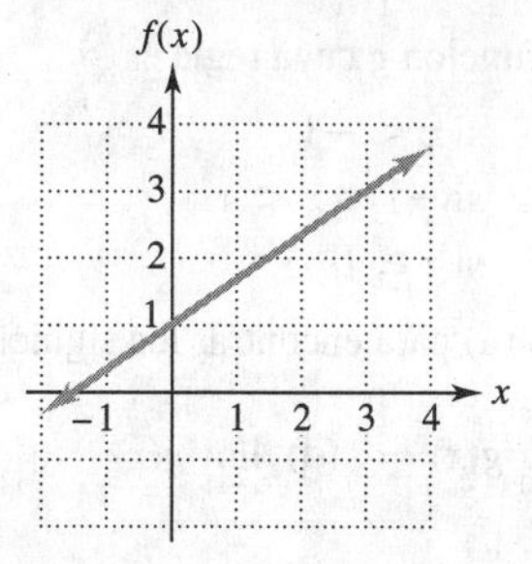

2. **(a)** $\lim_{x\to 2} F(x)$ **(b)** $\lim_{x\to -1} F(x)$

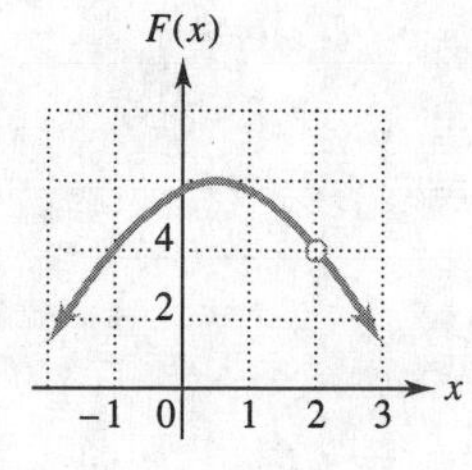

3. **(a)** $\lim_{x\to -2} f(x)$ **(b)** $\lim_{x\to 1} f(x)$

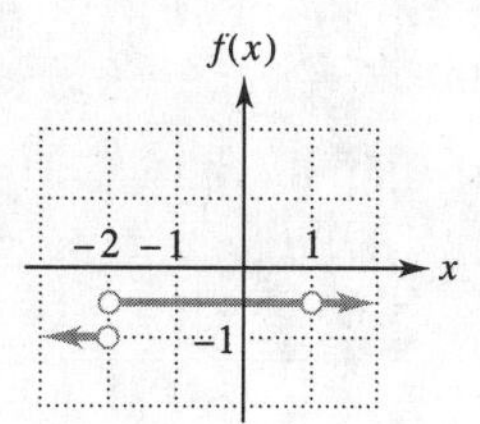

4. **(a)** $\lim_{x\to -1} g(x)$ **(b)** $\lim_{x\to 3} g(x)$

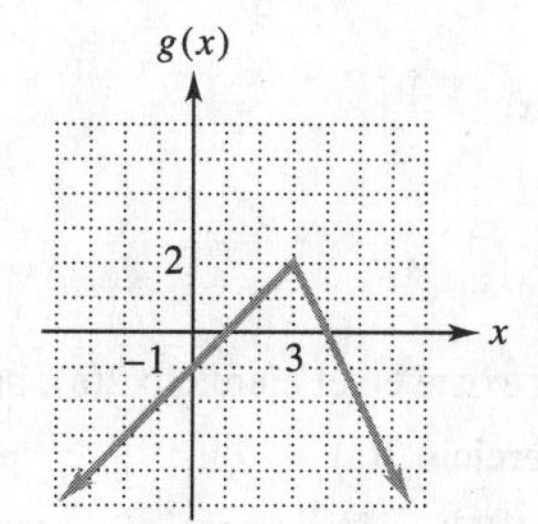

5. (a) $\lim_{x\to 0} f(x)$ (b) $\lim_{x\to -1} f(x)$

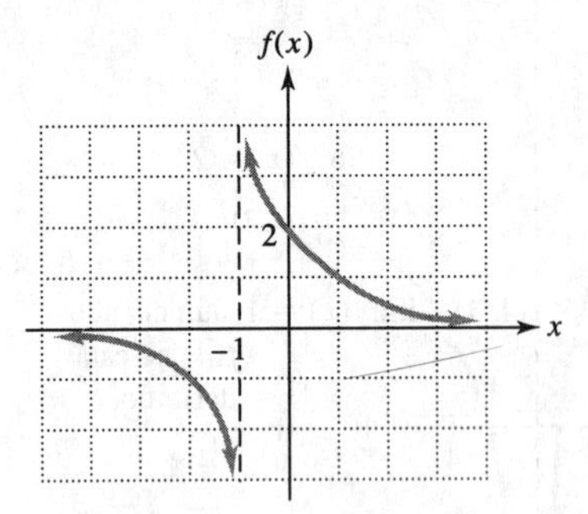

6. (a) $\lim_{x\to 1} h(x)$ (b) $\lim_{x\to 2} h(x)$

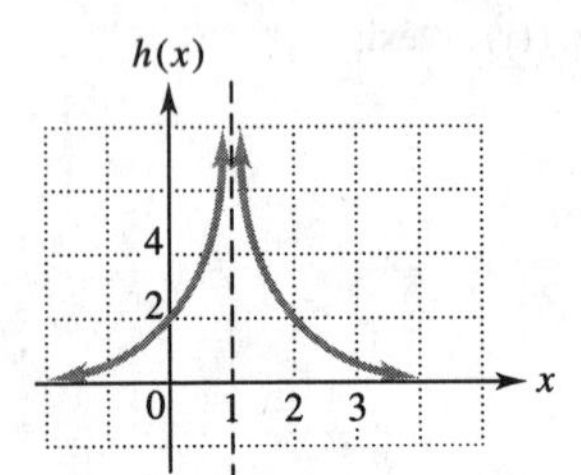

7. (a) $\lim_{x\to 1} g(x)$ (b) $\lim_{x\to -1} g(x)$

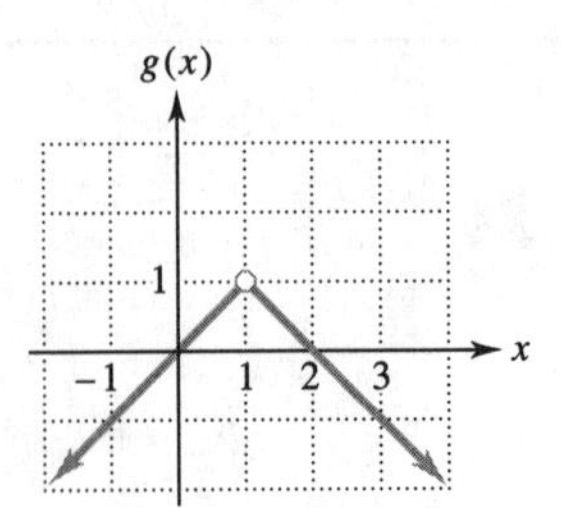

8. (a) $\lim_{x\to 3} f(x)$ (b) $\lim_{x\to 0} f(x)$

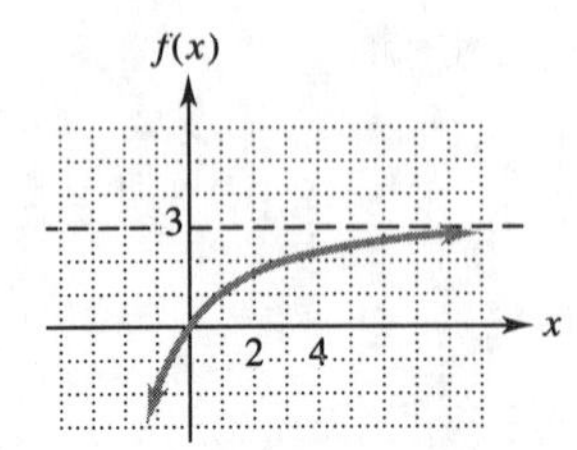

9. Explique por qué $\lim_{x\to 2} F(x)$ existe en el ejercicio 2(a), pero no existe $\lim_{x\to -2} f(x)$ en el ejercicio 3(a).

10. En el ejercicio 7(a), ¿por qué $\lim_{x\to 1} g(x)$ existe aún cuando $g(1)$ no está definida?

Use una calculadora para estimar el límite (véanse los ejemplos 1 y 2).

11. $\lim_{x\to 1} \dfrac{\ln x}{x-1}$

12. $\lim_{x\to 3} \dfrac{\ln x - \ln 3}{x-3}$

13. $\lim_{x\to 0} \dfrac{e^{2x}-1}{x}$

14. $\lim_{x\to 0} (x/\ln|x|)$

15. $\lim_{x\to 0} (x\ln|x|)$

16. $\lim_{x\to 0} \dfrac{x}{e^x-1}$

17. $\lim_{x\to 3} \dfrac{x^3-3x^2-x+3}{x-3}$

18. $\lim_{x\to 4} \dfrac{.1x^4-.8x^3+1.6x^2+2x-8}{x-4}$

19. $\lim_{x\to -2} \dfrac{x^4+2x^3-x^2+3x+1}{x+2}$

20. $\lim_{x\to 0} \dfrac{e^{2x}+e^x-2}{e^x-1}$

Suponga que $\lim_{x\to 4} f(x)=16$ y $\lim_{x\to 4} g(x)=8$. Use las propiedades de los límites para encontrar los siguientes límites.

21. $\lim_{x\to 4} [f(x)-g(x)]$

22. $\lim_{x\to 4} [g(x)\cdot f(x)]$

23. $\lim_{x\to 4} \dfrac{f(x)}{g(x)}$

24. $\lim_{x\to 4} [3\cdot f(x)]$

25. $\lim_{x\to 4} \sqrt{f(x)}$

26. $\lim_{x\to 4} [g(x)]^3$

27. $\lim_{x\to 4} \dfrac{f(x)+g(x)}{2g(x)}$

28. $\lim_{x\to 4} \dfrac{5g(x)+2}{1-f(x)}$

29. (a) Haga la gráfica de la función f cuya regla es

$$f(x)=\begin{cases} 3-x & \text{si } x<-2 \\ x+2 & \text{si } -2\le x<2. \\ 1 & \text{si } x\ge 2 \end{cases}$$

Use la gráfica en el inciso (a) para encontrar los siguientes límites.

(b) $\lim_{x\to -2} f(x)$ (c) $\lim_{x\to 1} f(x)$ (d) $\lim_{x\to 2} f(x)$

30. (a) Haga la gráfica de la función g cuya regla es

$$g(x)=\begin{cases} x^2 & \text{si } x<-1 \\ x+2 & \text{si } -1\le x<1. \\ 3-x & \text{si } x\ge 1 \end{cases}$$

Use la gráfica en el inciso (a) para encontrar los siguientes límites.

(b) $\lim_{x\to -1} g(x)$ (c) $\lim_{x\to 0} g(x)$ (d) $\lim_{x\to 1} g(x)$

Sírvase del álgebra y las propiedades de los límites para encontrar los siguientes. Si el límite no existe, indíquelo (véanse los ejemplos 4-9).

31. $\lim_{x\to 2} (2x^3+5x^2+2x+1)$

32. $\lim_{x\to -1} (4x^3-x^2+3x-1)$

33. $\lim_{x\to 3} \dfrac{5x-6}{2x+1}$

34. $\lim_{x\to -2} \dfrac{2x+1}{3x-4}$

35. $\lim_{x\to 3} \dfrac{x^2-9}{x-3}$

36. $\lim_{x\to -2} \frac{x^2-4}{x+2}$

37. $\lim_{x\to -2} \frac{x^2-x-6}{x+2}$

38. $\lim_{x\to 5} \frac{x^2-3x-10}{x-5}$

39. $\lim_{x\to 2} \frac{x^2-5x+6}{x^2-6x+8}$

40. $\lim_{x\to -2} \frac{x^2+3x+2}{x^2-x-6}$

41. $\lim_{x\to 4} \frac{(x+4)^2(x-5)}{(x-4)(x+4)^2}$

42. $\lim_{x\to -3} \frac{(x+3)(x-3)(x+4)}{(x+8)(x+3)(x-4)}$

43. $\lim_{x\to 3} \sqrt{x^2-4}$

44. $\lim_{x\to 3} \sqrt{x^2-5}$

45. $\lim_{x\to 4} \frac{-6}{(x-4)^2}$

46. $\lim_{x\to -2} \frac{3x}{(x+2)^3}$

47. $\lim_{x\to 0} \frac{[1/(x+3)]-1/3}{x}$

48. $\lim_{x\to 0} \frac{[-1/(x+2)]+1/2}{x}$

49. $\lim_{x\to 25} \frac{\sqrt{x}-5}{x-25}$

50. $\lim_{x\to 36} \frac{\sqrt{x}-6}{x-36}$

51. $\lim_{x\to 5} \frac{\sqrt{x}-\sqrt{5}}{x-5}$

52. $\lim_{x\to 8} \frac{\sqrt{x}-\sqrt{8}}{x-8}$

53. **Administración** El costo de fabricar una cierta cinta de vídeo es

$$c(x) = 20{,}000 + 5x,$$

donde x es el número de cintas fabricadas. El costo promedio por cinta, denotado por $\bar{c}(x)$, se encuentra dividiendo $c(x)$ entre x. Encuentre lo siguiente.

(a) $\bar{c}(1000)$ **(b)** $\bar{c}(100{,}000)$
(c) $\lim_{x\to 10{,}000} \bar{c}(x)$

54. **Administración** El programa de capacitación de una compañía ha determinado que un empleado nuevo puede hacer un promedio de $P(s)$ piezas de trabajo por día después de s días de capacitación, donde

$$P(s) = \frac{90s}{s+6}.$$

Encuentre lo siguiente.
(a) $P(1)$ **(b)** $P(11)$ **(c)** $\lim_{x\to 11} P(s)$

55. **Administración** Cuando el precio de un producto esencial (como la gasolina) se eleva rápidamente, el consumo baja lentamente al principio. Sin embargo, si el precio continúa elevándose, puede alcanzarse un punto de "desplome", en el cual el consumo adquiere una repentina y substancial caída. Suponga que la gráfica siguiente muestra el consumo de gasolina $G(t)$, en millones de galones, en una cierta zona. Suponemos que el precio está elevándose rápidamente. Aquí t es el tiempo en meses después de que el precio comenzó a elevarse. Use la gráfica para encontrar lo siguiente.

(a) $\lim_{t\to 12} G(t)$ **(b)** $\lim_{t\to 16} G(t)$ **(c)** $G(16)$
(d) El punto de desplome (en meses)

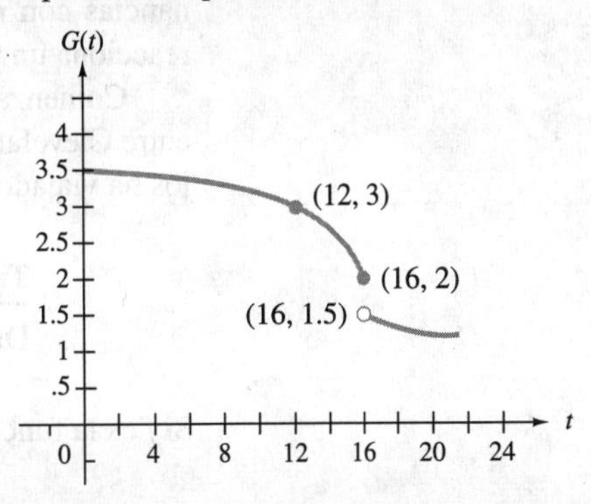

56. **Administración** La gráfica muestra la ganancia de la producción diaria de x miles de kilogramos de un producto químico industrial. Use la gráfica para encontrar los siguientes límites.

(a) $\lim_{x\to 6} P(x)$ **(b)** $\lim_{x\to 10} P(x)$ **(c)** $\lim_{x\to 15} P(x)$

(d) Use la gráfica para estimar el número de unidades del producto químico que deben producirse antes de que el segundo turno resulte conveniente.

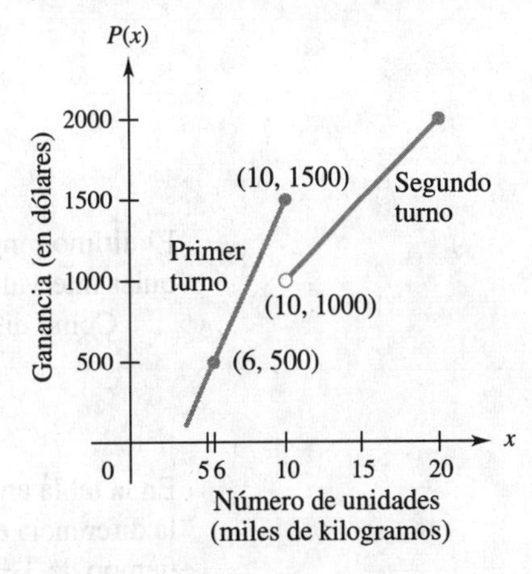

57. Ciencias naturales La concentración de un medicamento en la sangre de un paciente, h horas después de haberlo inyectado, está dada por

$$A(h) = \frac{.2h}{h^2 + 2}.$$

Encuentre lo siguiente.
(a) $A(.5)$ **(b)** $A(1)$ **(c)** $\lim_{h \to 1} A(h)$

58. Administración Las ventas semanales (en dólares) en la tienda Sirena, x semanas después del término de una campaña publicitaria, están dadas por

$$S(x) = 5000 + \frac{3600}{x + 2}.$$

Encuentre lo siguiente.
(a) $S(2)$ **(b)** $\lim_{x \to 5} S(x)$ **(c)** $\lim_{x \to 16} S(x)$

9.2 RAZONES DE CAMBIO

Una de las principales aplicaciones del cálculo es determinar cómo una variable cambia en relación con otra. Un hombre de negocios quiere saber cómo cambian las ganancias con respecto a la publicidad, mientras que un médico quiere saber cómo reacciona un paciente frente a un cambio en la dosis de un medicamento.

Comenzamos el tema con una situación familiar. Un conductor viaja 168 millas entre Cleveland y Columbus, Ohio, en 3 horas. La siguiente tabla muestra qué tan lejos ha viajado el conductor desde Cleveland a distintos tiempos.

Tiempo (en horas)	0	.5	1	1.5	2	2.5	3
Distancia (en millas)	0	22	52	86	118	148	168

Si f es la función cuya regla es

$$f(x) = \text{distancia desde Cleveland en el tiempo } x,$$

entonces la tabla muestra, por ejemplo, que $f(2) = 118$ y $f(3) = 168$. La distancia recorrida entonces del tiempo $x = 2$ a $x = 3$ es $168 - 118$, es decir, $f(3) - f(2)$. De manera similar, obtenemos las demás entradas en la siguiente tabla.

Intervalo de tiempo	*Distancia recorrida*
$x = 2$ a $x = 3$	$f(3) - f(2) = 168 - 118 = 50$
$x = 1$ a $x = 3$	$f(3) - f(1) = 168 - 52 = 116$
$x = 0$ a $x = 2.5$	$f(2.5) - f(0) = 148 - 0 = 148$
$x = .5$ a $x = 1$	$f(1) - f(.5) = 52 - 22 = 30$
$x = a$ a $x = b$	$f(b) - f(a)$

El último renglón de la tabla muestra cómo encontrar la distancia recorrida en cualquier intervalo de tiempo ($0 \leq a < b \leq 3$).

Como distancia = velocidad promedio × tiempo,

$$\text{Velocidad promedio} = \frac{\text{distancia viajada}}{\text{intervalo de tiempo}}.$$

En la tabla anterior, puede calcular la longitud de cada intervalo de tiempo tomando la diferencia entre los dos tiempos. Por ejemplo, de $x = 1$ a $x = 3$ hay un intervalo de tiempo de $3 - 1 = 2$ horas, y por consiguiente, la velocidad promedio en este intervalo es de $116/2 = 58$ mph. En la misma forma, tenemos la siguiente información.

Intervalo de tiempo	*Velocidad promedio* $= \dfrac{\textit{Distancia recorrida}}{\textit{Intervalo de tiempo}}$
$x = 2$ a $x = 3$	$\dfrac{f(3) - f(2)}{3 - 2} = \dfrac{168 - 118}{3 - 2} = \dfrac{50}{1} = 50$ mph
$x = 1$ a $x = 3$	$\dfrac{f(3) - f(1)}{3 - 1} = \dfrac{168 - 52}{3 - 1} = \dfrac{116}{2} = 58$ mph
$x = 0$ a $x = 2.5$	$\dfrac{f(2.5) - f(0)}{2.5 - 0} = \dfrac{148 - 0}{2.5 - 0} = \dfrac{148}{2.5} = 59.2$ mph
$x = .5$ a $x = 1$	$\dfrac{f(1) - f(.5)}{1 - .5} = \dfrac{52 - 22}{1 - .5} = \dfrac{30}{.5} = 60$ mph
$x = a$ a $x = b$	$\dfrac{f(b) - f(a)}{b - a}$ mph

1 Encuentre la velocidad promedio

(a) de $x = 1.5$ a $x = 2$;

(b) de $x = s$ a $x = r$.

Respuestas:

(a) 64 mph

(b) $\dfrac{f(r) - f(s)}{r - s}$

El último renglón de la tabla muestra cómo calcular la velocidad promedio en cualquier intervalo de tiempo ($0 \leq a < b \leq 3$). 1

Ahora, la velocidad (millas por hora) es simplemente la *razón de cambio* de la distancia con respecto al tiempo y lo que se hizo con la función distancia f en el análisis anterior puede hacerse con cualquiera función.

Cantidad	*Significado para la función distancia*	*Significado para una función arbitraria f*
$b - a$	Intervalo de tiempo = cambio en tiempo de $x = a$ a $x = b$	Cambio en x de $x = a$ a $x = b$
$f(b) - f(a)$	Distancia recorrida = cambio correspondiente en distancia cuando el tiempo cambia de a a b	Cambio correspondiente en $f(x)$ cuando x cambia de a a b
$\dfrac{f(b) - f(a)}{b - a}$	Velocidad promedio = razón de cambio promedio de la distancia con respecto al tiempo cuando éste cambia de a a b	**Razón de cambio promedio** de $f(x)$ con respecto a x cuando x cambia de a a b (donde $a < b$)

2 Encuentre la razón de cambio promedio de $f(x)$ en el ejemplo 1 cuando x cambia de

(a) 0 a 4;

(b) 2 a 7.

Respuestas:

(a) 8

(b) 13

EJEMPLO 1 Si $f(x) = x^2 + 4x + 5$, encuentre la razón de cambio promedio de $f(x)$ con respecto a x conforme x cambia de -2 a 3.

Ésta es la situación descrita en el último renglón de la tabla anterior, con $a = -2$ y $b = 3$. La razón de cambio promedio es

$$\frac{f(3) - f(-2)}{3 - (-2)} = \frac{26 - 1}{5}$$

$$= \frac{25}{5} = 5. \quad \blacksquare \quad 2$$

EJEMPLO 2 La gráfica en la figura 9.5 muestra el precio promedio del acero $P(t)$, medido en dólares por tonelada, como función del tiempo, medido en años.* La razón de cambio promedio del precio con respecto al tiempo en un intervalo es la razón de cambio promedio de la función $P(t)$.

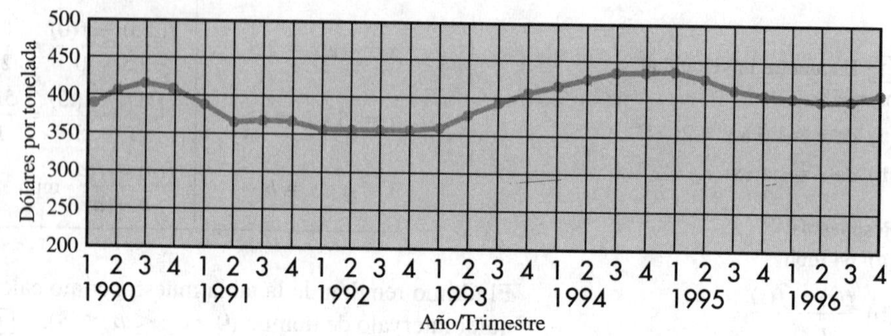

FIGURA 9.5

(a) Aproxime la razón de cambio promedio del precio con respecto al tiempo del primer trimestre de 1992 al tercer trimestre de 1995.

Denotamos el primer trimestre de 1992 por 92.00, el segundo trimestre por 92.25, el tercer trimestre por 92.50 y el cuarto trimestre por 92.75. Los precios deben estimarse de la gráfica. Verifique que el precio en el primer trimestre de 1992 es aproximadamente \$355 y el precio en el tercer trimestre de 1995 es aproximadamente \$410. Por lo tanto, la razón de cambio promedio sobre este intervalo es

$$\frac{P(95.50) - P(92.00)}{95.50 - 92.00} = \frac{410 - 355}{95.50 - 92.00} = \frac{55}{3.5} \approx \$15.71.$$

En promedio durante este periodo, el precio de una tonelada de acero crece a razón de \$15.71 por año.

(b) Aproxime la razón de cambio promedio del precio con respecto al tiempo, del primer trimestre de 1990 al primer trimestre de 1992.

La gráfica muestra que el precio aproximado de una tonelada de acero fue de \$390 en el primer trimestre de 1990, por lo que la razón de cambio promedio es

$$\frac{P(92.00) - P(90.00)}{92.00 - 90.00} = \frac{355 - 390}{92.00 - 90.00} = \frac{-35}{2} = -\$17.50.$$

El número negativo significa que el precio de una tonelada de acero *decreció* a razón de \$17.50 por año durante este periodo.

(c) Aproxime la razón de cambio promedio del precio con respecto al tiempo del cuarto trimestre de 1990 al cuarto trimestre de 1993.

Usando la gráfica para aproximar los valores de la función P, encontramos que la razón de cambio aproximado es

$$\frac{P(93.75) - P(90.75)}{93.75 - 90.75} = \frac{405 - 405}{93.75 - 90.75} = \frac{0}{3} = 0.$$

En promedio, el precio de una tonelada de acero no cambió durante este periodo. ■ [3]

[3] Use la figura 9.5 para encontrar la razón de cambio promedio del precio con respecto al tiempo.

(a) del primer trimestre de 1990 al tercer trimestre de 1995;

(b) del cuarto trimestre de 1990 al primer trimestre de 1992;

(c) del cuarto trimestre de 1993 al cuarto trimestre de 1994.

Respuestas:

(a) Creciendo aproximadamente \$3.64 por año

(b) Decreciendo aproximadamente \$40 por año

(c) Creciendo aproximadamente \$35 por año

**Chicago Tribune*, 12 de diciembre de 1995, sección 5, pág. 1.

RAZÓN DE CAMBIO INSTANTÁNEO Suponga que un auto se detiene en un semáforo. Cuando la luz se pone en verde, el auto comienza a moverse a lo largo de un camino recto. Suponga que la distancia recorrida por el auto se da por la función

$$s(t) = 2t^2 \quad (0 \leq t \leq 30),$$

donde el tiempo t se mide en segundos y la distancia $s(t)$ en el tiempo t se mide en pies. Sabemos cómo encontrar la velocidad *promedio* del auto en cualquier intervalo de tiempo, por lo que ahora estudiaremos un problema diferente: determinar la velocidad *exacta* del auto en un instante particular, digamos $t = 10$.*

La idea intuitiva es que la velocidad exacta en $t = 10$ es muy cercana a la velocidad promedio sobre un intervalo de tiempo muy corto cerca de $t = 10$. Si tomamos intervalos de tiempo cada vez más cortos cerca de $t = 10$, las velocidades promedio sobre esos intervalos se acercan cada vez más a la velocidad exacta en $t = 10$. En otras palabras,

> la velocidad exacta en $t = 10$ es el límite de las velocidades promedio sobre intervalos de tiempo cada vez más cortos cerca de $t = 10$.

La siguiente tabla ilustra esta idea.

Intervalo	*Velocidad promedio*
$t = 10$ a $t = 10.1$	$\frac{s(10.1) - s(10)}{10.1 - 10} = \frac{204.02 - 200}{.1} = 40.2$
$t = 10$ a $t = 10.01$	$\frac{s(10.01) - s(10)}{10.01 - 10} = \frac{200.4002 - 200}{.01} = 40.02$
$t = 10$ a $t = 10.001$	$\frac{s(10.001) - s(10)}{10.001 - 10} = \frac{200.040002 - 200}{.001} = 40.002$

La tabla sugiere que la velocidad exacta en $t = 10$ es 40 pies/s. Podemos confirmar esta intuición calculando la velocidad promedio de $t = 10$ a $t = 10 + h$, donde h es cualquier número muy pequeño diferente de cero (la tabla hace esto para $h = .1$, $h = 0.01$ y $h = 0.001$). La velocidad promedio de $t = 10$ a $t = 10 + h$ es

$$\begin{aligned}
\frac{s(10+h) - s(10)}{(10+h) - 10} &= \frac{s(10+h) - s(10)}{h} \\
&= \frac{2(10+h)^2 - 2 \cdot 10^2}{h} \\
&= \frac{2(100 + 20h + h^2) - 200}{h} \\
&= \frac{200 + 40h + 2h^2 - 200}{h} \\
&= \frac{40h + 2h^2}{h} = \frac{h(40 + 2h)}{h} \quad (h \neq 0) \\
&= 40 + 2h.
\end{aligned}$$

*Como la distancia se mide aquí en pies y el tiempo en segundos, la velocidad se mide en pies sobre segundo. Puede ayudar recordar que 15 mph es equivalente a 22 pies/s y 60 mph a 88 pies/s.

Decir que el intervalo de tiempo de 10 a $10 + h$ se hace cada vez más corto es equivalente a decir que h se acerca cada vez más a 0. Por consiguiente, la velocidad exacta en $t = 10$ es el límite, cuando h tiende a 0, de las velocidades promedio sobre los intervalos de $t = 10$ a $t = 10 + h$; es decir,

$$\lim_{h\to 0} \frac{s(10+h) - s(10)}{h} = \lim_{h\to 0} (40 + 2h)$$
$$= 40 \text{ pies/s.}$$

El ejemplo anterior puede ser generalizado fácilmente. Suponga que un objeto se mueve en línea recta con su posición (distancia desde algún punto fijo) en el tiempo t dada por la función $s(t)$. La rapidez del objeto se llama su **velocidad** y su velocidad exacta en el tiempo t se llama la **velocidad instantánea en el tiempo t** (o simplemente velocidad en el tiempo t).

Sea t_0 una constante. Reemplazando 10 por t_0 en el análisis anterior, vemos que la velocidad promedio del objeto entre el tiempo $t = t_0$ y el tiempo $t = t_0 + h$ es el cociente

$$\frac{s(t_0+h) - s(t_0)}{(t_0+h) - t_0} = \frac{s(t_0+h) - s(t_0)}{h}.$$

La velocidad instantánea en el tiempo t_0 es el límite de este cociente cuando h tiende a 0.

VELOCIDAD

Si un objeto se mueve a lo largo de una línea recta, con posición $s(t)$ en el tiempo t, entonces la **velocidad** del objeto en $t = t_0$ es

$$\lim_{h\to 0} \frac{s(t_0+h) - s(t_0)}{h},$$

siempre que este límite exista.

EJEMPLO 3 La distancia en pies de un objeto desde un punto de salida está dada por $s(t) = 2t^2 - 5t + 40$, donde t es el tiempo en segundos.

(a) Encuentre la velocidad promedio del objeto de los 2 a los 4 segundos.
La velocidad promedio es

$$\frac{s(4) - s(2)}{4 - 2} = \frac{52 - 38}{2} = \frac{14}{2} = 7$$

pies por segundo.

(b) Encuentre la velocidad instantánea en $t = 4$ segundos.
Para $t = 4$, la velocidad instantánea es

$$\lim_{h\to 0} \frac{s(4+h) - s(4)}{h}$$

pies por segundo. Tenemos

$$\begin{aligned} s(4+h) &= 2(4+h)^2 - 5(4+h) + 40 \\ &= 2(16 + 8h + h^2) - 20 - 5h + 40 \\ &= 32 + 16h + 2h^2 - 20 - 5h + 40 \\ &= 2h^2 + 11h + 52 \end{aligned}$$

4 En el ejemplo 3, si $s(t) = s^2 + 3$, encuentre

(a) la velocidad promedio de 1 segundo a 5 segundos;

(b) la velocidad instantánea en $t = 5$ segundos.

Respuestas:

(a) 6 pies por segundo

(b) 10 pies por segundo

y

$$s(4) = 2(4)^2 - 5(4) + 40 = 52.$$

Entonces,

$$s(4 + h) - s(4) = (2h^2 + 11h + 52) - 52 = 2h^2 + 11h$$

y la velocidad instantánea en $t = 4$ es

$$\begin{aligned} \lim_{h \to 0} \frac{2h^2 + 11h}{h} &= \lim_{h \to 0} \frac{h(2h + 11)}{h} \\ &= \lim_{h \to 0} (2h + 11) = 11 \text{ pies/s.} \end{aligned}$$

■ 4

EJEMPLO 4 La velocidad de las células de sangre es de interés para los médicos; por ejemplo, una velocidad menor que lo normal podría indicar una constricción. Suponga que la posición de una célula roja de sangre en un capilar está dada por

$$s(t) = 1.2t + 5,$$

donde $s(t)$ da la posición de una célula en milímetros desde algún punto de referencia y t es el tiempo en segundos. Encuentre la velocidad de esta célula en el tiempo $t = t_0$.

Evalúe el límite dado arriba. Para encontrar $s(t_0 + h)$, sustituya $t_0 + h$ en la variable t en $s(t) = 1.2t + 5$.

$$s(t_0 + h) = 1.2(t_0 + h) + 5$$

Use ahora la definición de velocidad.

$$\begin{aligned} v(t) &= \lim_{h \to 0} \frac{s(t_0 + h) - s(t_0)}{h} \\ &= \lim_{h \to 0} \frac{1.2(t_0 + h) + 5 - (1.2t_0 + 5)}{h} \\ &= \lim_{h \to 0} \frac{1.2t_0 + 1.2h + 5 - 1.2t_0 - 5}{h} = \lim_{h \to 0} \frac{1.2h}{h} = 1.2 \end{aligned}$$

5 Repita el ejemplo 4 con $s(t) = 0.3t - 2$.

Respuesta:

La velocidad es 0.3 milímetros por segundo.

La velocidad de la célula de sangre en $t = t_0$ es de 1.2 milímetros por segundo, independientemente del valor de t_0. En otras palabras, la velocidad de la sangre es una constante de 1.2 milímetros por segundo en cualquier tiempo. ■ 5

Las ideas que subyacen al concepto de velocidad de un objeto móvil pueden extenderse a cualquier función $f(x)$. En vez de velocidad promedio en el tiempo t, tenemos la razón de cambio promedio de $f(x)$ con respecto a x cuando x cambia de un valor a otro. Tomar límites conduce a la siguiente definición.

La **razón de cambio instantánea** de una función f cuando $x = x_0$ es

$$\lim_{h \to 0} \frac{f(x_0 + h) - f(x_0)}{h},$$

siempre que este límite exista.

EJEMPLO 5 Una compañía determina que el costo (en cientos de dólares) de fabricar x unidades de un cierto artículo es

$$C(x) = -.2x^2 + 8x + 40 \quad (0 \le x \le 20).$$

(a) Encuentre la razón de cambio promedio del costo por artículo al fabricar entre 5 y 10 artículos.

Use la fórmula para la razón de cambio promedio. El costo de fabricar 5 artículos es

$$C(5) = -.2(5^2) + 8(5) + 40 = 75,$$

o $7500. El costo de fabricar 10 artículos es

$$C(10) = -.2(10^2) + 8(10) + 40 = 100,$$

o $10,000. La razón de cambio promedio del costo es

$$\frac{C(10) - C(5)}{10 - 5} = \frac{100 - 75}{5} = 5.$$

Así entonces, en promedio, el costo está creciendo a razón de $500 por artículo cuando la producción se incrementa de 5 a 10 unidades.

(b) Encuentre la razón de cambio instantáneo con respecto al número de artículos producidos cuando se generan 5 artículos.

La razón de cambio instantáneo cuando $x = 5$ está dada por

$$\lim_{h \to 0} \frac{C(5 + h) - C(5)}{h}$$

$$= \lim_{h \to 0} \frac{[-.2(5 + h)^2 + 8(5 + h) + 40] - [-.2(5^2) + 8(5) + 40]}{h}$$

$$= \lim_{h \to 0} \frac{[-5 - 2h - .2h^2 + 40 + 8h + 40] - [75]}{h}$$

$$= \lim_{h \to 0} \frac{6h - .2h^2}{h} \qquad \text{Combine términos.}$$

$$= \lim_{h \to 0} (6 - .2h) \qquad \text{Vida entre } h.$$

$$= 6. \qquad \text{Calcule el límite.}$$

Cuando se fabrican 5 artículos, el costo está creciendo a razón de $600 por artículo. ■

La razón de cambio de la función costo se llama el **costo marginal**.* En la misma forma, el **ingreso marginal** y la **ganancia marginal** son las razones de cambio de las funciones ingreso y ganancia, respectivamente. El inciso (b) del ejemplo 5 muestra que cuando se fabrican 5 artículos el costo marginal es de $600.

*El costo marginal para funciones de costo lineales se analizó en la sección 3.3.

9.2 EJERCICIOS

Encuentre la razón de cambio promedio para las siguientes funciones en los intervalos cerrados dados (véase el ejemplo 1).

1. $f(x) = x^2 + 2x$ entre $x = 0$ y $x = 5$
2. $f(x) = -4x^2 - 6$ entre $x = 2$ y $x = 5$
3. $f(x) = 2x^3 - 4x^2 + 6x$ entre $x = -1$ y $x = 2$
4. $f(x) = -3x^3 + 2x^2 - 4x + 1$ entre $x = 0$ y $x = 1$
5. $f(x) = \sqrt{x}$ entre $x = 1$ y $x = 4$
6. $f(x) = \sqrt{3x - 2}$ entre $x = 1$ y $x = 3$
7. $f(x) = \dfrac{1}{x - 1}$ entre $x = -2$ y $x = 0$
8. **Administración** La información en un artículo de *The New York Times* sugiere que el número de computadoras personales con unidades CD-ROM (en millones) se da aproximadamente por la función $f(x) = .4525e^{1.556\sqrt{x}}$, donde x es el número de años desde 1990.* Encuentre la razón de cambio promedio de esta función para la primera mitad de 1994 (es decir, de $x = 4$ a $x = 4.5$).

Resuelva los ejercicios 9-16 leyendo la información necesaria en la gráfica (véase el ejemplo 2).

9. Use la gráfica de la función f para encontrar cada uno de los siguiente valores.
   (a) $f(1)$ **(b)** $f(3)$ **(c)** $f(5) - f(1)$
   (d) La razón de cambio promedio de $f(x)$ cuando x cambia de 1 a 5.
   (e) La razón de cambio promedio de $f(x)$ cuando x cambia de 3 a 5

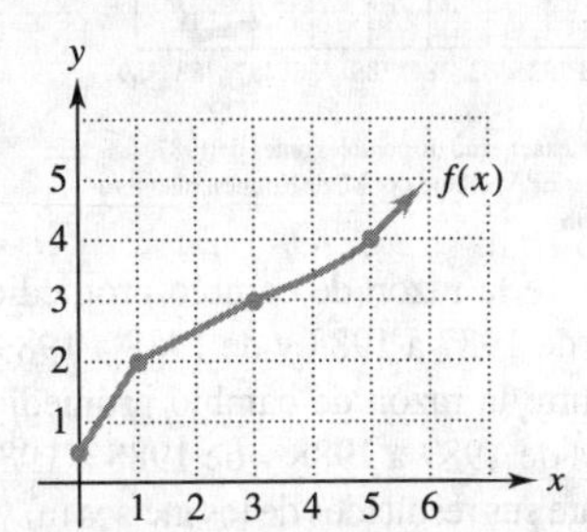

10. **Administración** La gráfica muestra las ventas totales en miles de dólares por la distribución de x miles de catálogos. Encuentre e interprete la razón de cambio promedio de ventas con respecto al número de catálogos distribuidos para los siguientes cambios en x.
    (a) 10 a 20 **(b)** 20 a 30 **(c)** 30 a 40
    (d) ¿Qué le está pasando a la razón de cambio promedio de ventas cuando el número de catálogos distribuidos crece?
    (e) Explique por qué podría suceder el inciso (d).

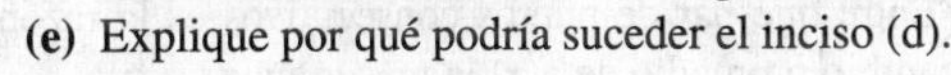

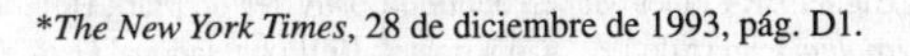

**The New York Times*, 28 de diciembre de 1993, pág. D1.

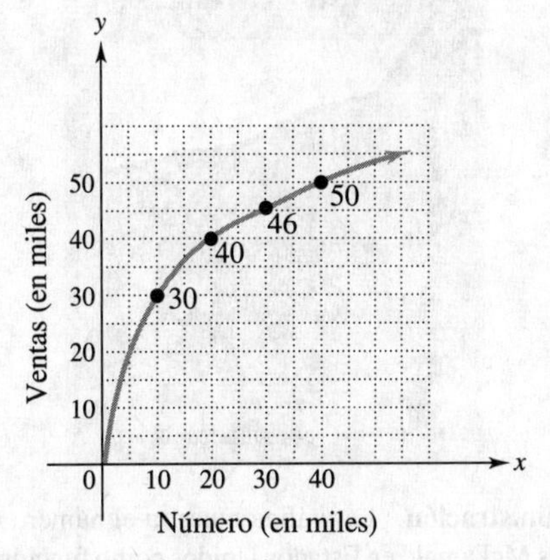

11. **Administración** La gráfica muestra las ventas anuales (en unidades apropiadas) de un juego de computadora. Encuentre la razón de cambio anual promedio en ventas para los siguientes cambios en años.
    (a) 1 a 4 **(b)** 4 a 7 **(c)** 7 a 9
    (d) ¿Qué le dicen sus respuestas a los incisos (a) a (c) acerca de las ventas de este producto?
    (e) Dé un ejemplo de otro producto que tenga una tal curva de ventas.

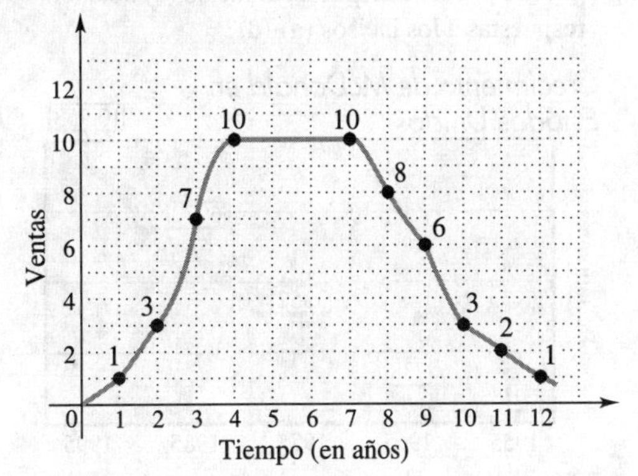

12. **Administración** IBM Europa perdió continuamente su participación en el mercado de 1985 a 1990, como se muestra en la figura de la siguiente página.* Estime la caída promedio en la participación en el mercado (en porciento) en los siguientes intervalos.
    (a) 1985 a 1986 **(b)** 1986 a 1988
    (c) 1988 a 1989 **(d)** 1989 a 1990
    (e) De sus respuestas a los incisos (a)−(d), ¿parece el decaimiento en la participación en el mercado estar creciendo o disminuyendo gradualmente?
    (f) ¿En qué periodo de un año fue máximo el decaimiento?

(continúan ejercicios)

*"IBM Europe Is Losing Market Share . . . and Feeling a Profit Pinch" reimpreso de la edición del 6 de mayo de 1991 de *Business Week* con permiso especial, copyright © 1991 por McGraw-Hill, Inc.

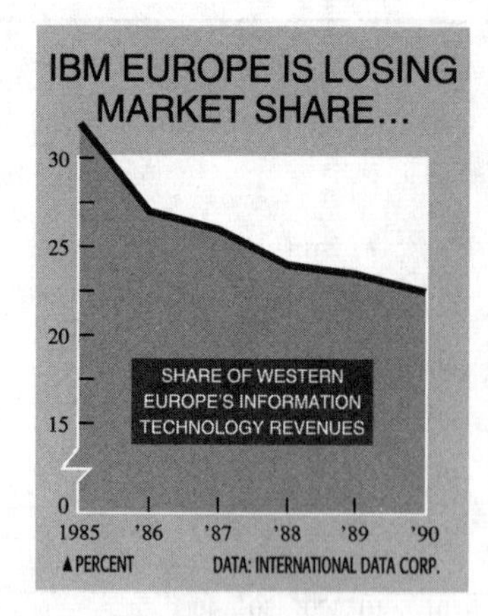

13. Administración La gráfica muestra el número de restaurantes McDonald en Estados Unidos como función del tiempo.* Encuentre e interprete la razón de cambio promedio en el número de restaurantes con respecto al tiempo sobre los siguientes intervalos.

(a) 1955 a 1965 **(b)** 1965 a 1975
(c) 1975 a 1985 **(d)** 1985 a 1995
(e) 1955 a 1995
(f) ¿Qué está pasando con la razón de cambio promedio del número de restaurantes conforme pasa el tiempo?
(g) ¿Cómo puede la respuesta al inciso (e) obtenerse de las respuestas a los incisos (a)-(d)?

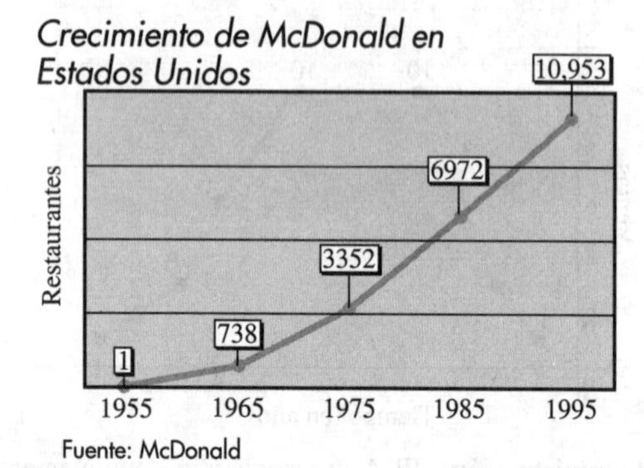

14. Administración La gráfica† muestra la cantidad pagada por el Medicaid del gobierno federal y estatal por medicamentos prescritos durante un periodo de once años. El gasto pasó de 1.6 mil millones de dólares en 1981 a 4.4 mil millones en 1990 y a 6.7 mil millones en 1992. ¿Cuál fue la razón de cambio del gasto (en mil millones de dólares por año) de

(a) 1981 a 1984? **(b)** 1984 a 1987?
(c) 1987 a 1990? **(d)** 1990 a 1992?
(e) ¿Cómo se compara la razón de cambio en los primeros tres años del periodo mostrado sobre la gráfica con la razón de cambio durante los dos últimos años?

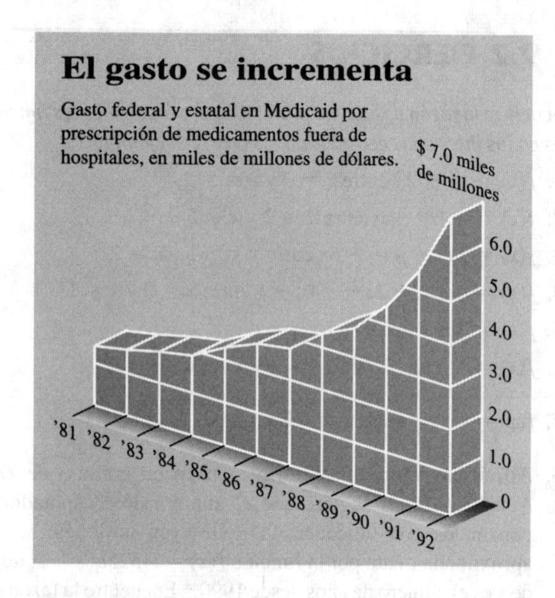

15. Ciencias sociales La gráfica* muestra las cantidades pagadas al gobierno de Estados Unidos por contaminantes durante la década de 1980.

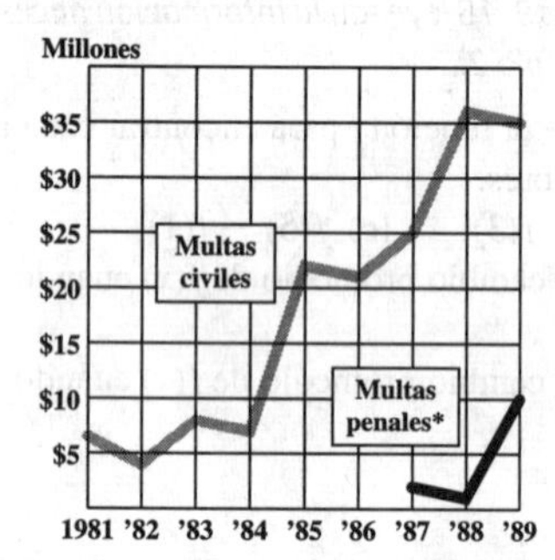

*Datos exactos no disponibles antes de 1987.
Fuente: EPA; dibujo por Mark Holmes, miembro del NGS.

(a) Encuentre la razón de cambio promedio de las multas civiles de 1987 a 1988 y de 1988 a 1989.
(b) Encuentre la razón de cambio promedio de las multas penales de 1987 a 1988 y de 1988 a 1989.
(c) Compare sus resultados de los incisos (a) y (b). ¿Qué le dicen esos resultados? ¿Qué podría explicar las diferencias?
(d) Encuentre la razón de cambio promedio de las multas civiles de 1981 a 1989. ¿Cuál fue la tendencia general en este periodo de ocho años? ¿Qué puede explicar esta tendencia?

16. Use la gráfica de la función g para responder las siguientes preguntas.

(a) ¿Entre qué par de puntos consecutivos (P, Q, R, S, T) es la razón de cambio promedio de $g(x)$ la más pequeña?
(b) ¿Entre qué par de puntos consecutivos es la razón de cambio promedio de $g(x)$ la más grande?

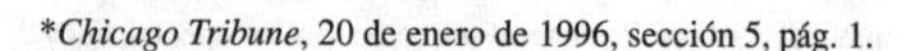

**Chicago Tribune*, 20 de enero de 1996, sección 5, pág. 1.

†"Spending Soars" de *The New York Times*, julio 7, 1993. Copyright © 1993 por The New York Times Company. Reimpreso con autorización.

*La gráfica titulada "Higher EPA Fines Make Pollution Costly" es de Mark Holmes en *National Geographic*, febrero de 1991. Copyright © 1991 por National Geographic Society. Reimpreso con autorización.

(c) ¿Entre qué par de puntos consecutivos es la razón de cambio promedio de $g(x)$ la más cercana a 0?

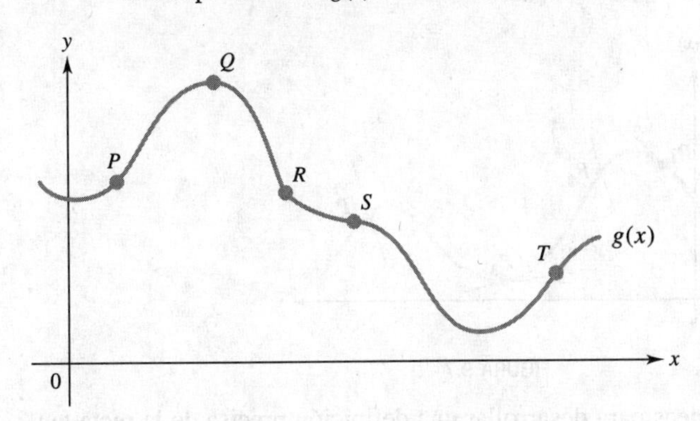

17. Explique la diferencia entre la razón de cambio promedio de $y = f(x)$ cuando x cambia de a a b y la razón de cambio instantánea de y en $x = a$.

18. Si la razón de cambio instantánea de $f(x)$ con respecto a x es positiva cuando $x = 1$, ¿está f creciendo o decreciendo ahí?

Los ejercicios 19-21 tienen que ver con un auto que se mueve a lo largo de un camino recto, como se vio en las páginas 405-406. En el tiempo t segundos, la distancia del auto (en pies) desde el punto de inicio es $s(t) = 2t^2$. Encuentre la velocidad instantánea (rapidez) del auto en

19. $t = 5$; **20.** $t = 20$.

21. ¿Cuál era la velocidad promedio del auto durante los primeros 30 segundos?

Un objeto se mueve a lo largo de una línea recta; su distancia (en pies) desde un punto fijo en el tiempo t segundos es $s(t) = t^2 + 5t + 2$. Encuentre la velocidad instantánea del objeto en los siguientes tiempos (véase el ejemplo 3).

22. $t = 6$ **23.** $t = 1$ **24.** $t = 10$

En cada uno de los siguientes ejercicios, encuentre: **(a)** $f(x_0 + h)$; **(b)** $\dfrac{f(x_0 + h) - f(x_0)}{h}$; **(c)** *la razón de cambio instantánea de f cuando $x_0 = 5$ (véanse los ejemplos 3-5).*

25. $f(x) = x^2 + 1$ **26.** $f(x) = x^2 + x$

27. $f(x) = x^2 - x - 1$ **28.** $f(x) = x^2 + 2x + 2$

29. $f(x) = x^3$ **30.** $f(x) = x^3 - x$

Resuelva los ejercicios 31 y 32 mediante métodos algebraicos (véanse los ejemplos 3-5).

31. Administración El ingreso (en miles de dólares) de producir x unidades de un artículo es

$$R(x) = 10x - .002x^2.$$

(a) Encuentre la razón de cambio promedio del ingreso cuando la producción se incrementa de 1000 a 1001 unidades.

(b) Encuentre el ingreso marginal cuando se producen 1000 unidades.

(c) Encuentre el ingreso adicional si la producción se incrementa de 1000 a 1001 unidades.

(d) Compare sus respuestas para los incisos (a) y (c). ¿Qué encuentra usted?

32. Administración Suponga que los clientes de una ferretería están dispuestos a comprar $N(p)$ cajas de clavos a p dólares por caja, de acuerdo con

$$N(p) = 80 - 5p^2, \quad 1 \le p \le 4.$$

(a) Encuentre la razón de cambio promedio de la demanda para un cambio en precio de \$2 a \$3.

(b) Encuentre la razón de cambio instantánea de la demanda cuando el precio es \$2.

(c) Encuentre la razón de cambio instantánea de la demanda cuando el precio es \$3.

(d) Cuando el precio se incrementa de \$2 a \$3, ¿cómo está cambiando la demanda? ¿Es de esperarse este cambio?

9.3 RECTAS TANGENTES Y DERIVADAS

FIGURA 9.6

Veremos ahora una interpretación geométrica de las razones de cambio consideradas en la sección previa. En geometría, una recta tangente a una circunferencia en un punto P se define como la recta que pasa por P y es perpendicular al radio OP, como en la figura 9.6 (que muestra sólo la mitad superior de la circunferencia). Si imagina esta circunferencia como un camino por el que va conduciendo de noche, entonces la recta tangente indica la dirección de los rayos de luz de sus fanales cuando pasa por el punto P. Esto sugiere una manera de ampliar la idea de una recta tangente a cualquier curva; la recta tangente a la curva en un punto P indica la "dirección" de la curva cuando se pasa por P. Usando esta idea intuitiva de la dirección, vemos, por ejemplo, que las rectas por P_1 y P_3 en la figura 9.7 parecen ser rectas tangentes, mientras que las rectas por P_2 y P_4 parecen no serlo.

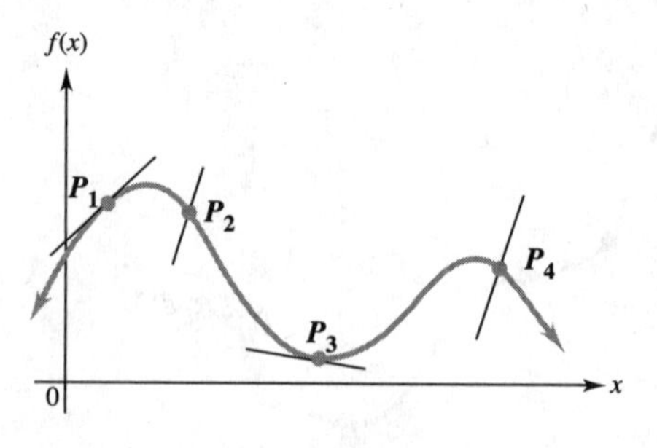

FIGURA 9.7

Podemos usar esas ideas para desarrollar una definición precisa de la recta tangente a la gráfica de una función f en el punto R. Como se muestra en la figura 9.8, escogemos un segundo punto S sobre la gráfica y dibujamos la recta por R y S: esta recta se llama una **recta secante**. Puede considerarse a esta recta secante como una aproximación burda de la recta tangente.

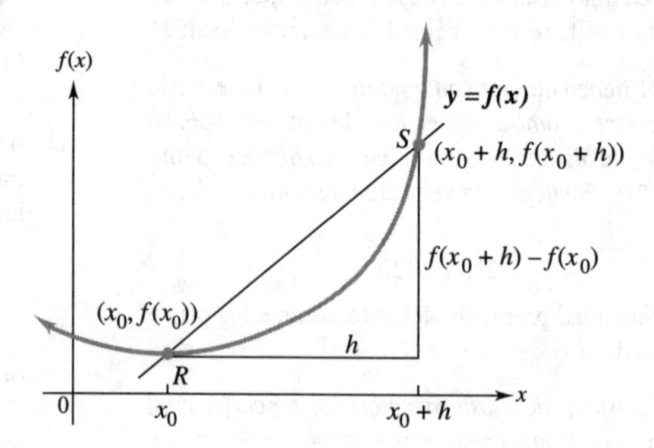

FIGURA 9.8

Ahora suponga que el punto S se desliza hacia abajo por la curva acercándose a R. La figura 9.9 muestra posiciones sucesivas S_1, S_2, S_3, S_4 del punto S. Entre más se acerca S a R, más se aproxima la recta secante RS a nuestra idea intuitiva de la recta tangente en R.

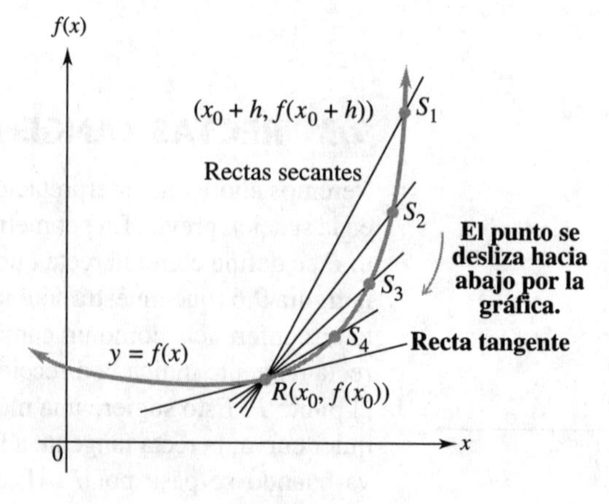

FIGURA 9.9

En particular, entre más se acerca S a R, más se acerca la pendiente de la recta secante a la pendiente de la recta tangente. Informalmente, decimos que

La pendiente de la recta tangente en R = El límite de la pendiente de la recta secante RS cuando S se acerca cada vez más a R.

Para hacer esto más preciso, supongamos que la primera coordenada de R es x_0. Entonces, la primera coordenada de S puede escribirse como $x_0 + h$ para algún número h (en la figura 9.8, h es la distancia sobre el eje x entre las dos primeras coordenadas). R tiene entonces coordenadas $(x_0, f(x_0))$ y S tiene coordenadas $(x_0 + h, f(x_0 + h))$, como se muestra en la figura 9.8. En consecuencia, la pendiente de la recta secante RS es

$$\frac{f(x_0 + h) - f(x_0)}{(x_0 + h) - x_0} = \frac{f(x_0 + h) - f(x_0)}{h}.$$

Ahora cuando S se mueve acercándose a R, sus primeras coordenadas se mueven cada vez más entre sí, es decir, h se vuelve cada vez más pequeña. Por consiguiente

Pendiente de la recta tangente en R = Límite de la pendiente de la recta secante RS cuando S se acerca cada vez más a R;

$$= \text{Límite de } \frac{f(x_0 + h) - f(x_0)}{h}$$

cuando h se acerca cada vez más a 0;

$$= \lim_{h \to 0} \frac{f(x_0 + h) - f(x_0)}{h}.$$

Este desarrollo intuitivo sugiere la siguiente definición formal.

RECTA TANGENTE

La **recta tangente** a la gráfica de $y = f(x)$ en el punto $(x_0, f(x_0))$ es la recta que pasa por este punto con pendiente

$$\lim_{h \to 0} \frac{f(x_0 + h) - f(x_0)}{h},$$

siempre que este límite exista. Si este límite no existe, entonces la tangente es vertical o no hay tangente en el punto.

La pendiente de la recta tangente en un punto se llama también la **pendiente de la curva** en ese punto. Como la pendiente de una recta indica su dirección (véase la caja en la página 66), la pendiente de la recta tangente en un punto indica la dirección de la curva en ese punto.

EJEMPLO 1 Encuentre la pendiente de la recta tangente a la gráfica de $y = x^2 + 2$ cuando $x = -1$. Encuentre la ecuación de la recta tangente.

Use la definición anterior con $f(x) = x^2 + 2$ y $x_0 = -1$. La pendiente de la recta tangente es

$$\text{Pendiente de la tangente} = \lim_{h\to 0} \frac{f(x_0 + h) - f(x_0)}{h}$$

$$= \lim_{h\to 0} \frac{[(-1 + h)^2 + 2] - [(-1)^2 + 2]}{h}$$

$$= \lim_{h\to 0} \frac{[1 - 2h + h^2 + 2] - [1 + 2]}{h}$$

$$= \lim_{h\to 0} \frac{-2h + h^2}{h} = \lim_{h\to 0} (-2 + h) = -2.$$

La pendiente de la recta tangente en $(-1, f(-1)) = (-1, 3)$ es -2. La ecuación de la recta tangente puede encontrarse con la forma punto-pendiente de la ecuación de una recta que se vio en el capítulo 2.

$$y - y_1 = m(x - x_1)$$
$$y - 3 = -2[x - (-1)]$$
$$y - 3 = -2(x + 1)$$
$$y - 3 = -2x - 2$$
$$y = -2x + 1$$

La figura 9.10 muestra una gráfica de $f(x) = x^2 + 2$, junto con una gráfica de la recta tangente en $x = -1$. ■ 1

1 Sea $f(x) = x^2 + 2$.
Encuentre la ecuación de la recta tangente a la gráfica en el punto en que $x = 1$.

Respuesta:
$y = 2x + 1$

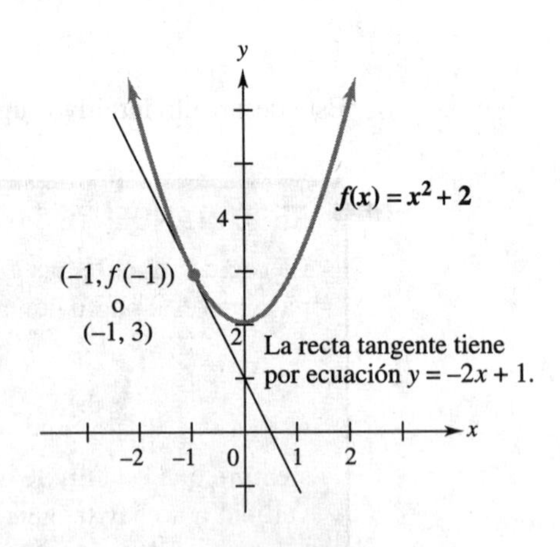

FIGURA 9.10

SUGERENCIA TECNOLÓGICA Al encontrar la ecuación de una recta tangente algebraicamente, puede verificar su respuesta con una calculadora graficadora al hacer la gráfica de la función y la recta tangente sobre la misma pantalla para ver si la recta tangente parece ser correcta. ✔

EJEMPLO 2 Encuentre la ecuación de la recta tangente a la gráfica de $f(x) = 5x + 2$ en el punto en que $x = c$.

Recuerde que la recta tangente en un punto es la línea recta que da la dirección de la gráfica de f en ese punto. Sin embargo, en este caso, la gráfica de f es en sí misma una línea recta. Entonces, desde un punto de vista intuitivo, la recta tangente en cualquier punto debe ser la gráfica misma de f. Mostramos ahora que esto es ciertamente el caso. De acuerdo con la definición, con $x_0 = c$, la pendiente de la recta tangente es

$$\begin{aligned}
\lim_{h\to 0} \frac{f(c+h) - f(c)}{h} &= \lim_{h\to 0} \frac{[5(c+h)+2] - [5c+2]}{h} \\
&= \lim_{h\to 0} \frac{[5c+5h+2] - 5c - 2}{h} \\
&= \lim_{h\to 0} \frac{5h}{h} = \lim_{h\to 0} 5 = 5.
\end{aligned}$$

Por consiguiente, la ecuación de la recta tangente en el punto $(c, f(c))$ es

$$\begin{aligned}
y - y_1 &= m(x - x_1) \\
y - f(c) &= 5(x - c) \\
y &= 5x - 5c + f(c) \\
y &= 5x - 5c + 5c + 2 \\
y &= 5x + 2.
\end{aligned}$$

La recta tangente es entonces precisamente la gráfica de $f(x) = 5x + 2$. ■

Las rectas secantes y las rectas tangentes (o más precisamente, sus pendientes) son las análogas geométricas de las razones de cambio promedio e instantáneas que estudiamos en la sección previa, que se resumen en la siguiente tabla.

Cantidad	*Interpretación algebraica*	*Interpretación geométrica*
$\frac{f(x_0+h) - f(x_0)}{h}$	Razón de cambio promedio de f de $x = x_0$ a $x = x_0 + h$	Pendiente de la recta secante por $(x_0, f(x_0))$ y $(x_0 + h, f(x_0 + h))$
$\lim_{h\to 0} \frac{f(x_0+h) - f(x_0)}{h}$	Razón de cambio instantáneo de f en $x = x_0$	Pendiente de la recta tangente a la gráfica de f en $(x_0, f(x_0))$

LA DERIVADA Si $y = f(x)$ es una función y x_0 es un número en su dominio, entonces usaremos el símbolo $f'(x_0)$ para denotar el límite especial

$$\lim_{h\to 0} \frac{f(x_0+h) - f(x_0)}{h},$$

siempre que éste exista. En otras palabras, a cada número x_0 podemos asignar el número $f'(x_0)$ obtenido al calcular este límite. Este proceso define una importante función nueva.

La **derivada** de la función f es la función denotada f' cuyo valor en el número x se define por el número

$$f'(x) = \lim_{h \to 0} \frac{f(x+h) - f(x)}{h},$$

siempre que este límite exista.

La función derivada f' tiene como dominio todos los puntos en los que existe el límite especificado y el valor de la función derivada en el número x es el número $f'(x)$. Usar aquí x en vez de x_0 es similar a la manera en que $g(x) = 2x$ denota la función que asigna a cada número x_0 el número $2x_0$.

Si $y = f(x)$ es una función, entonces su derivada se denota por f' o por y'. Si x es un número en el dominio de $y = f(x)$ tal que $y' = f'(x)$ está definida, entonces se dice que la función f es **diferenciable** en x. El proceso que genera la función f' a partir de la función f se llama **diferenciación**.

La función derivada puede interpretarse de varias maneras, dos de las cuales se indican a continuación.

1. La función derivada f' da la *razón de cambio instantánea* de $y = f(x)$ con respecto a x. Esta razón de cambio instantánea puede interpretarse como costo marginal, ingreso marginal o ganancia marginal (si la función original representa costo, ingreso o ganancia) o como velocidad (si la función original representa desplazamiento a lo largo de una recta). Desde ahora usaremos "razón de cambio" para indicar "razón de cambio instantáneo".
2. La función derivada f' da la *pendiente* de la gráfica de f en cualquier punto. Si la derivada se evalúa en $x = x_0$, entonces $f'(x_0)$ es la pendiente de la recta tangente a la curva en el punto $(x_0, f(x_0))$.

EJEMPLO 3 Use la gráfica de la función $f(x)$ en la figura 9.11 para responder las siguientes preguntas.

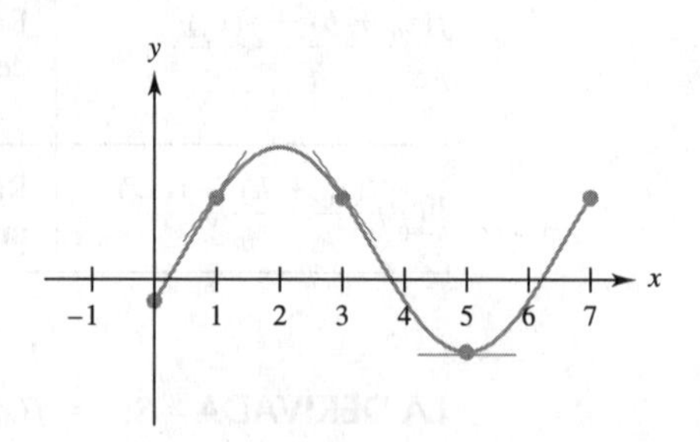

FIGURA 9.11

(a) ¿Es $f'(3)$ positiva o negativa?

Sabemos que $f'(3)$ es la pendiente de la recta tangente a la gráfica en el punto en que $x = 3$. La figura 9.11 muestra que esta recta tangente se inclina hacia abajo de izquierda a derecha, lo que significa que su pendiente es negativa. Por lo tanto, $f'(3) < 0$.

(b) ¿Qué es mayor, $f'(1)$ o $f'(5)$?

La figura 9.11 muestra que la recta tangente a la gráfica en el punto en que $x = 1$ se inclina hacia arriba de izquierda a derecha, lo que significa que su pendiente $f'(1)$ es un número positivo. La recta tangente en el punto en que $x = 5$ es horizontal, por lo que su pendiente es 0, es decir, $f'(5) = 0$. Por tanto, $f'(1) > f'(5)$.

(c) ¿Para qué valores de x es $f'(x)$ positiva?

Encuentre los puntos sobre la gráfica en que la recta tangente tiene pendiente positiva (se inclina hacia arriba de izquierda a derecha). En cada uno de tales puntos, $f'(x) > 0$. La figura 9.11 muestra que esto ocurre cuando $0 < x < 2$ y cuando $5 < x < 7$. ■ 2

2 La gráfica de una función g se muestra abajo. Determine si los siguientes números son *positivos, negativos* o *cero*.

(a) $g'(0)$

(b) $g'(-1)$

(c) $g'(3)$

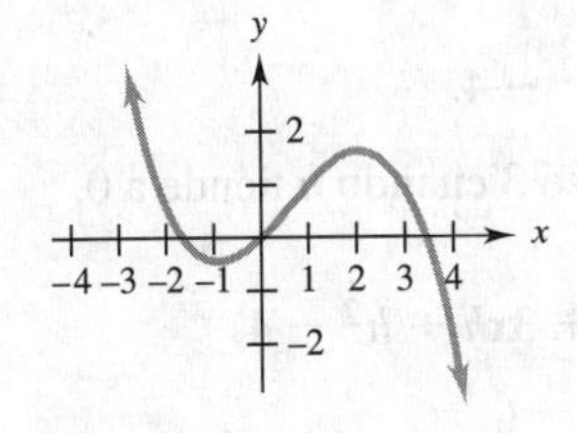

Respuestas:

(a) Positivo

(b) 0

(c) Negativo

La regla de una función derivada puede encontrarse al usar la definición de derivada y el siguiente procedimiento de cuatro pasos.

DETERMINACIÓN DE $f'(x)$ A PARTIR DE LA DEFINICIÓN DE LA DERIVADA

Paso 1 Encuentre $f(x + h)$.

Paso 2 Encuentre $f(x + h) - f(x)$.

Paso 3 Divida entre h para obtener $\dfrac{f(x+h) - f(x)}{h}$.

Paso 4 Sea $h \to 0$; $f'(x) = \lim\limits_{h\to 0} \dfrac{f(x+h) - f(x)}{h}$ si este límite existe.

EJEMPLO 4 Sea $f(x) = x^3 - 4x$.

(a) Encuentre la derivada $f'(x)$.

Por definición

$$f'(x) = \lim_{h\to 0} \frac{f(x+h) - f(x)}{h}.$$

Paso 1 Encuentre $f(x + h)$.

Reemplace x por $x + h$ en la regla de $f(x)$.

$$\begin{aligned} f(x) &= x^3 - 4x \\ f(x+h) &= (x+h)^3 - 4(x+h) \\ &= (x^3 + 3x^2h + 3xh^2 + h^3) - 4(x+h) \\ &= x^3 + 3x^2h + 3xh^2 + h^3 - 4x - 4h. \end{aligned}$$

Paso 2 Encuentre $f(x + h) - f(x)$.

Como $f(x) = x^3 - 4x$,

$$\begin{aligned} f(x+h) - f(x) &= (x^3 + 3x^2h + 3xh^2 + h^3 - 4x - 4h) - (x^3 - 4x) \\ &= x^3 + 3x^2h + 3xh^2 + h^3 - 4x - 4h - x^3 + 4x \\ &= 3x^2h + 3xh^2 + h^3 - 4h. \end{aligned}$$

Paso 3 Forme y simplifique el cociente $\dfrac{f(x+h)-f(x)}{h}$.

$$\frac{f(x+h)-f(x)}{h} = \frac{3x^2h + 3xh^2 + h^3 - 4h}{h}$$

$$= \frac{h(3x^2 + 3xh + h^2 - 4)}{h}$$

$$= 3x^2 + 3xh + h^2 - 4.$$

Paso 4 Encuentre el límite del resultado en el paso 3 cuando h tiende a 0.

$$f'(x) = \lim_{h\to 0} \frac{f(x+h)-f(x)}{h} = \lim_{h\to 0} (3x^2 + 3xh + h^2 - 4)$$

$$= 3x^2 - 4.$$

Por lo tanto, la derivada de $f(x) = x^3 - 4x$ es $f'(x) = 3x^2 - 4$.

(b) Calcule e interprete $f'(1)$.

El procedimiento en el inciso (a) funciona para *toda* x y $f'(x) = 3x^2 - 4$. Por consiguiente, cuando $x = 1$,

$$f'(1) = 3 \cdot 1^2 - 4 = -1.$$

El número -1 es la pendiente de la recta tangente a la gráfica de $f(x) = x^3 - 4x$ en el punto en que $x = 1$, es decir, en $(1, f(1)) = (1, -3)$.

(c) Encuentre la ecuación de la recta tangente a la gráfica de $f(x) = x^3 - 4x$ en el punto en que $x = 1$.

Por el inciso (b), el punto sobre la gráfica en que $x = 1$ es $(1, -3)$ y la pendiente de la recta tangente es $f'(1) = -1$. Por tanto, la ecuación es

$$y - (-3) = (-1)(x - 1) \qquad \text{Forma punto-pendiente}$$

$$y = -x - 2. \qquad \text{Forma pendiente-intersección}$$

En la figura 9.12 se muestran $f(x)$ y la recta tangente. ■ [3]

[3] Sea $f(x) = -2x^2 + 7$.
Encuentre lo siguiente.

(a) $f(x+h)$

(b) $f(x+h) - f(x)$

(c) $\dfrac{f(x+h)-f(x)}{h}$

(d) $f'(x)$

(e) $f'(4)$

(f) $f'(0)$

Respuestas:

(a) $-2x^2 - 4xh - 2h^2 + 7$

(b) $-4xh - 2h^2$

(c) $-4x - 2h$

(d) $-4x$

(e) -16

(f) 0

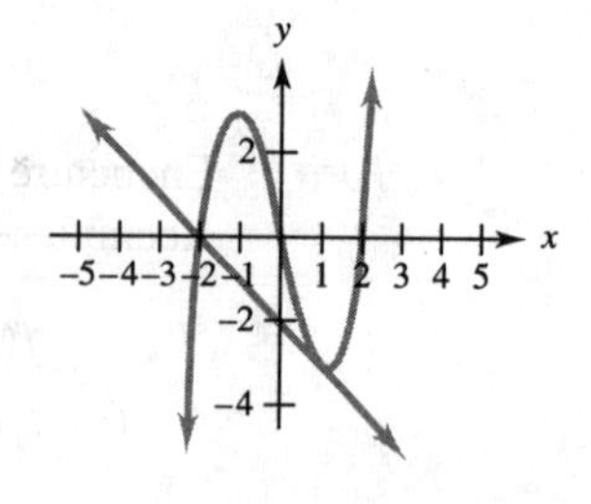

FIGURA 9.12

PRECAUCIÓN

1. En el ejemplo 4(a) advierta que $f(x+h) \neq f(x) + h$ porque por el paso 1,

$$f(x+h) = x^3 + 3x^2h + 3xh^2 + h^3 - 4x - 4h,$$

pero

$$f(x) + h = (x^3 - 4x) + h = x^3 - 4x + h.$$

2. En el ejemplo 4(b) no confunda $f(1)$ y $f'(1)$. $f(1)$ es el valor de la función original $f(x) = x^3 - 4x$ en $x = 1$, es decir, -3, mientras que $f'(1)$ es el valor de la función derivada $f'(x) = 3x^2 - 4$ en $x = 1$, es decir, -1. ◆

EJEMPLO 5 Sea $f(x) = 1/x$. Encuentre $f'(x)$.

Paso 1 $f(x+h) = \dfrac{1}{x+h}$

Paso 2 $f(x+h) - f(x) = \dfrac{1}{x+h} - \dfrac{1}{x}$

$= \dfrac{x - (x+h)}{x(x+h)}$ Encuentre un denominador común.

$= \dfrac{x - x - h}{x(x+h)}$ Simplifique el numerador.

$= \dfrac{-h}{x(x+h)}$

Paso 3 $\dfrac{f(x+h) - f(x)}{h} = \dfrac{\frac{-h}{x(x+h)}}{h}$

$= \dfrac{-h}{x(x+h)} \cdot \dfrac{1}{h}$ Invierta y multiplique.

$= \dfrac{-1}{x(x+h)}$

Paso 4 $f'(x) = \lim_{h \to 0} \dfrac{f(x+h) - f(x)}{h} = \lim_{h \to 0} \dfrac{-1}{x(x+h)}$

$= \dfrac{-1}{x(x+0)} = \dfrac{-1}{x(x)} = \dfrac{-1}{x^2}$ ■ [4]

[4] Sea $f(x) = -5/x$. Encuentre lo siguiente.

(a) $f(x+h)$

(b) $f(x+h) - f(x)$

(c) $\dfrac{f(x+h) - f(x)}{h}$

(d) $f'(x)$

(e) $f'(-1)$

Respuestas:

(a) $\dfrac{-5}{x+h}$

(b) $\dfrac{5h}{x(x+h)}$

(c) $\dfrac{5}{x(x+h)}$

(d) $\dfrac{5}{x^2}$

(e) 5

EJEMPLO 6 Sea $g(x) = \sqrt{x}$. Encuentre $g'(x)$.

Paso 1 $g(x+h) = \sqrt{x+h}$

Paso 2 $g(x+h) - g(x) = \sqrt{x+h} - \sqrt{x}$

Paso 3 $\dfrac{g(x+h) - g(x)}{h} = \dfrac{\sqrt{x+h} - \sqrt{x}}{h}$

En este momento, para poder dividir entre h, multiplique numerador y denominador por $\sqrt{x+h} + \sqrt{x}$; es decir, racionalice el *numerador*.

$$\frac{g(x+h) - g(x)}{h} = \frac{\sqrt{x+h} - \sqrt{x}}{h} \cdot \frac{\sqrt{x+h} + \sqrt{x}}{\sqrt{x+h} + \sqrt{x}}$$

$$= \frac{(\sqrt{x+h})^2 - (\sqrt{x})^2}{h(\sqrt{x+h} + \sqrt{x})}$$

$$= \frac{x + h - x}{h(\sqrt{x+h} + \sqrt{x})} = \frac{1}{\sqrt{x+h} + \sqrt{x}}$$

Paso 4 $g'(x) = \lim_{h \to 0} \frac{1}{\sqrt{x+h} + \sqrt{x}} = \frac{1}{\sqrt{x} + \sqrt{x}} = \frac{1}{2\sqrt{x}}$ ■

EJEMPLO 7 Un agente de ventas de una editorial viaja a menudo, durante 4 horas, de su casa en cierta ciudad a una universidad en otra ciudad. Si $s(t)$ representa la distancia (en millas) desde su casa en el tiempo t horas a lo largo del viaje, entonces $s(t)$ está dada por

$$s(t) = -5t^3 + 30t^2.$$

(a) ¿A qué distancia estará de su casa después de 1 hora? ¿Después de 1 1/2 horas?

Su distancia a casa después de 1 hora es

$$s(1) = -5(1)^3 + 30(1)^2 = 25,$$

o 25 millas. Después de $1\frac{1}{2}$ (o 3/2) horas, es

$$s\left(\frac{3}{2}\right) = -5\left(\frac{3}{2}\right)^3 + 30\left(\frac{3}{2}\right)^2 = \frac{405}{8} = 50.625,$$

o 50.625 millas.

(b) ¿A qué distancia están las dos ciudades?

Como el viaje toma 4 horas y la distancia está dada por $s(t)$, la ciudad universitaria está a $s(4) = 160$ millas de su casa.

(c) ¿Qué tan rápido está conduciendo el agente cuando lleva 1 hora? ¿Cuando lleva $1\frac{1}{2}$ horas?

La velocidad (rapidez) es la razón de cambio instantánea de la posición con respecto al tiempo. Tenemos que encontrar el valor de la derivada $s'(t)$ en $t = 1$ y en $t = 1\frac{1}{2}$. 5

5 Efectúe los cuatro pasos para encontrar $s'(t)$, es decir, la velocidad del auto en cualquier tiempo t.

Respuesta:
$s'(t) = -15t^2 + 60t$

Del problema 5 en el margen, $s'(t) = -15t^2 + 60t$. En $t = 1$, la velocidad es

$$s'(1) = -15(1)^2 + 60(1) = 45,$$

o 45 millas por hora. En $t = 1\frac{1}{2}$, la velocidad es

$$s'\left(\frac{3}{2}\right) = -15\left(\frac{3}{2}\right)^2 + 60\left(\frac{3}{2}\right) = 56.25,$$

aproximadamente 56 millas por hora.

(d) ¿Excede el límite de velocidad de 65 millas por hora durante el viaje?

Para encontrar la velocidad máxima, observe que la gráfica de la función velocidad $s'(t) = -15t^2 + 60t$ es una parábola que se abre hacia abajo. La velocidad máxima ocurrirá en el vértice. Verifique que el vértice de la parábola está en (2, 60). Así entonces, su velocidad máxima durante el viaje es de 60 millas por hora y por tanto no excede nunca el límite de velocidad. ■

EXISTENCIA DE LA DERIVADA La definición de la derivada incluye la frase "siempre que este límite exista". Si el límite que se usa para definir $f'(x)$ no existe, entonces, por supuesto, la derivada no existe en esa x. Por ejemplo, una derivada no puede existir en un punto donde la función misma no está definida. Si no hay un valor para la función para un valor particular de x, no puede haber una recta tangente para ese valor. Éste fue el caso en el ejemplo 5; no había una recta tangente (y tampoco una derivada) cuando $x = 0$.

Las derivadas tampoco existen en "esquinas" o en "puntos agudos" de una gráfica. Por ejemplo, la función cuya gráfica se muestra en la figura 9.13 es la *función valor absoluto*, definida por

$$f(x) = \begin{cases} x & \text{si } x \geq 0 \\ -x & \text{si } x < 0 \end{cases}$$

y escrita $f(x) = |x|$.

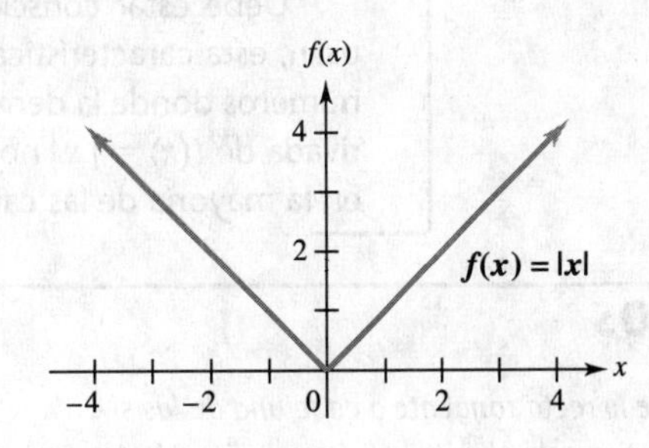

FIGURA 9.13

Por la definición de derivada, la derivada en cualquier valor de x está dada por

$$\lim_{h \to 0} \frac{f(x+h) - f(x)}{h},$$

siempre que este límite exista. Para encontrar la derivada en 0 para $f(x) = |x|$, reemplace x por 0 y $f(x)$ por $|0|$ para obtener

$$\lim_{h \to 0} \frac{|0 + h| - |0|}{h} = \lim_{h \to 0} \frac{|h|}{h}.$$

En el ejemplo 9 de la sección 9.1 (con x en vez de h), mostramos que

$$\lim_{h \to 0} \frac{|h|}{h} \text{ no existe.}$$

Por lo tanto, no hay derivada en 0. Sin embargo, la derivada de $f(x) = |x|$ *si* existe para todo valor de x diferente de 0.

Como una recta vertical tiene una pendiente indefinida, la derivada no puede existir en ningún punto en que la línea tangente es vertical, como en x_5 en la figura 9.14. La figura 9.14 resume las varias maneras en que una derivada puede no existir.

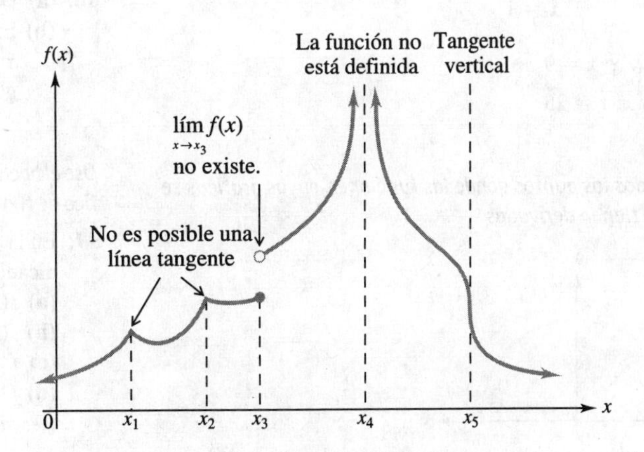

FIGURA 9.14

SUGERENCIA TECNOLÓGICA La capacidad de obtener derivadas de muchas calculadoras graficadoras puede usarse para aproximar el valor de la función derivada en cualquier número donde esté definida. Está rotulada NDeriv o d/dx o nDer y suele estar en los menús MATH o CALC o en unos de sus submenús. Un programa NDeriv para calculadoras que no tienen esta capacidad se da en el apéndice de programas.

Debe estar consciente de que debido a los métodos aproximados que se usan, esta característica de las calculadoras puede mostrar una respuesta aún en números donde la derivada no está definida. Por ejemplo, vimos antes que la derivada de $f(x) = |x|$ no está definida cuando $x = 0$. Sin embargo, la tecla nDeriv en la mayoría de las calculadoras produce 1 o 0 o -1 para $f'(0)$. ✔

9.3 EJERCICIOS

Encuentre la pendiente de la recta tangente a cada una de las siguientes curvas cuando x tiene el valor dado (véase el ejemplo 1). (Sugerencia para el ejercicio 5: en el paso 3, multiplique numerador y denominador por $\sqrt{16 + h} + \sqrt{16}$.)

1. $f(x) = -4x^2 + 11x;\ x = -3$

2. $f(x) = 6x^2 - 4x;\ x = -2$

3. $f(x) = -\dfrac{2}{x};\ x = 4$

4. $f(x) = \dfrac{6}{x};\ x = -1$

5. $f(x) = \sqrt{x + 1};\ x = 15$

6. $f(x) = -3\sqrt{x};\ x = 1$

Encuentre la ecuación de la recta tangente a cada una de esas curvas en el punto dado (véanse los ejemplos 1, 2 y 4).

7. $f(x) = x^2 + 2x;\ x = 2$

8. $f(x) = 6 - x^2;\ x = -2$

9. $f(x) = \dfrac{5}{x};\ x = 2$

10. $f(x) = -\dfrac{3}{x + 1};\ x = 1$

11. $f(x) = 4\sqrt{x};\ x = 9$

12. $f(x) = \sqrt{x};\ x = 25$

Encuentre todos los puntos donde las funciones, cuyas gráficas se muestran, no tienen derivadas.

13.

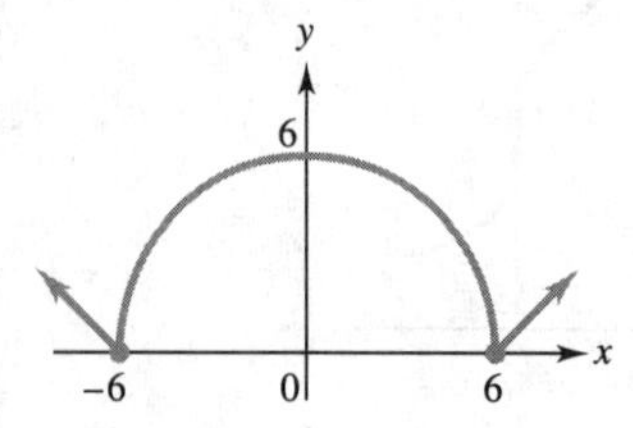

14.

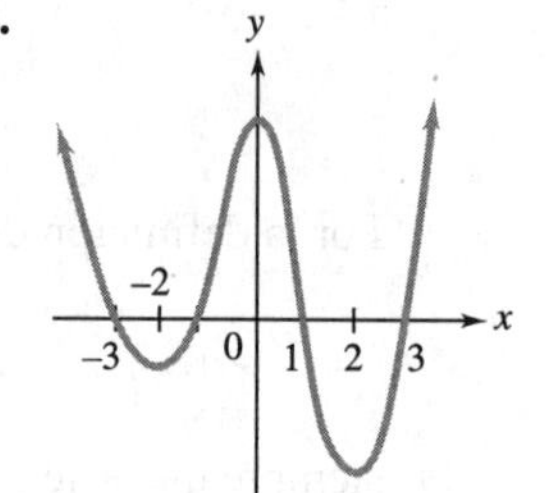

15.

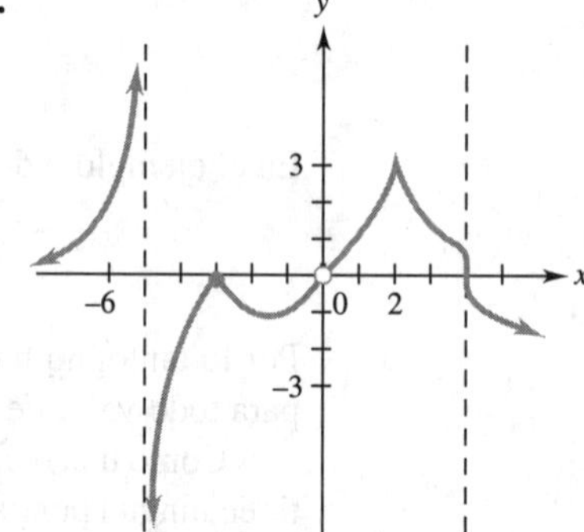

16. **(a)** Dibuje la gráfica de $g(x) = \sqrt[3]{x}$ para $-1 \le x \le 1$.

(b) Explique por qué la derivada de $g(x)$ no está definida en $x = 0$. (*Sugerencia:* ¿cuál es la pendiente de la recta tangente en $x = 0$?)

Use el hecho de que $f'(c)$ es la pendiente de la recta tangente a la gráfica de $f(x)$ en $x = c$ para resolver esos ejercicios (véase el ejemplo 3).

17. En la gráfica de la función f, ¿en cuáles de los valores x indicados es

(a) $f(x)$ la más grande?

(b) $f(x)$ la más pequeña?

(c) $f'(x)$ la más pequeña?

(d) $f'(x)$ la más cercana a 0?

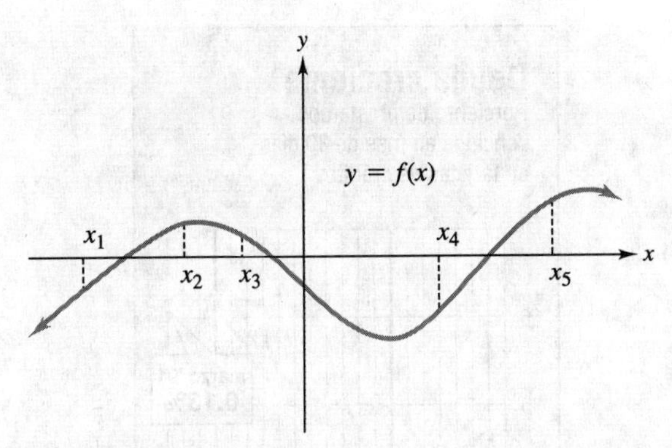

18. Dibuje la gráfica de una función *f* que tenga las siguientes propiedades (muchas respuestas correctas son posibles).

(a) $f'(x) > 0$ para $x < -2$

(b) $f'(x) = 0$ en $x = -2$

(c) $f'(x) < 0$ para $-2 < x < 3$

(d) $f'(x) = 0$ en $x = -3$

(e) $f'(x) > 0$ para $x > 3$

19. Dibuje la gráfica de la *derivada* de la función *g* cuya gráfica se muestra. (*Sugerencia:* considere la pendiente de la recta tangente en cada punto a lo largo de la gráfica de *g*. ¿Hay puntos donde no existe una recta tangente?)

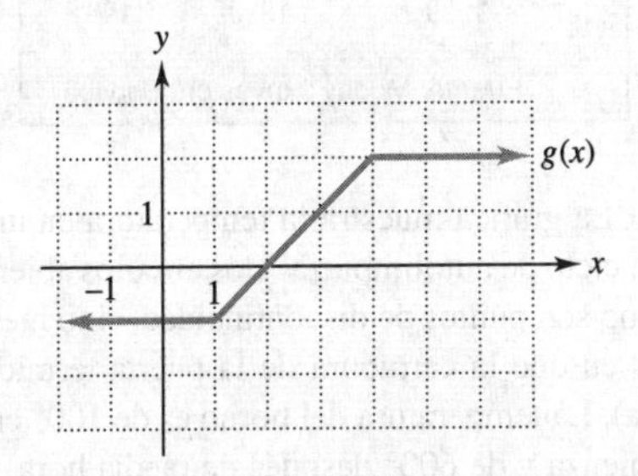

20. Dibuje la gráfica de una función *g* con la propiedad de que $g'(x) > 0$ para $x < 0$ y $g'(x) < 0$ para $x > 0$. Son posibles varias respuestas correctas.

En los ejercicios 21 y 22, diga qué gráfica, (a) o (b), representa velocidad y cuál representa distancia desde un punto inicial. (Sugerencia: *considere dónde la derivada es cero, positiva o negativa.*)

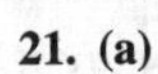

21. (a)

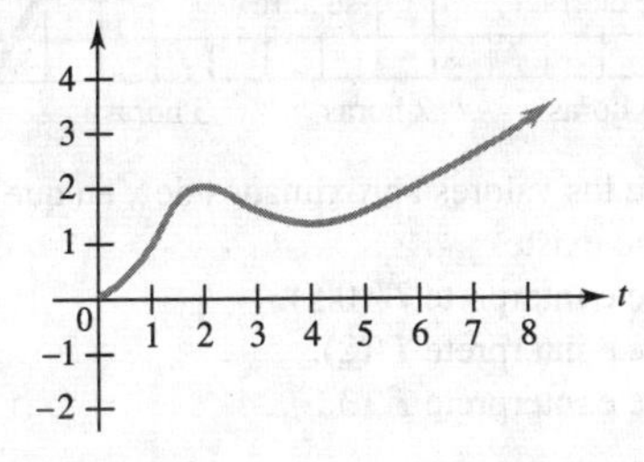

(b)

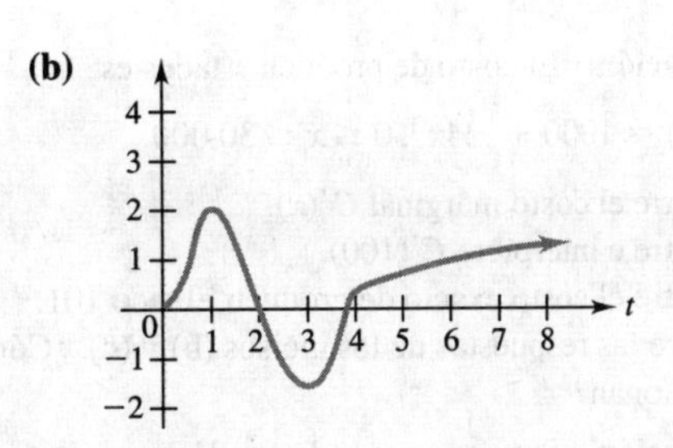

22. (a)

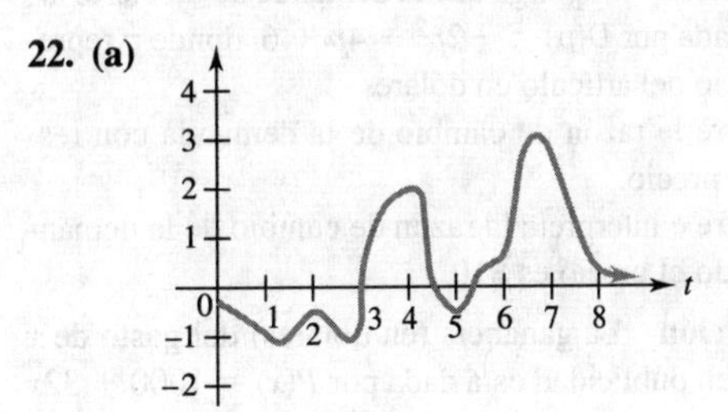

(b)

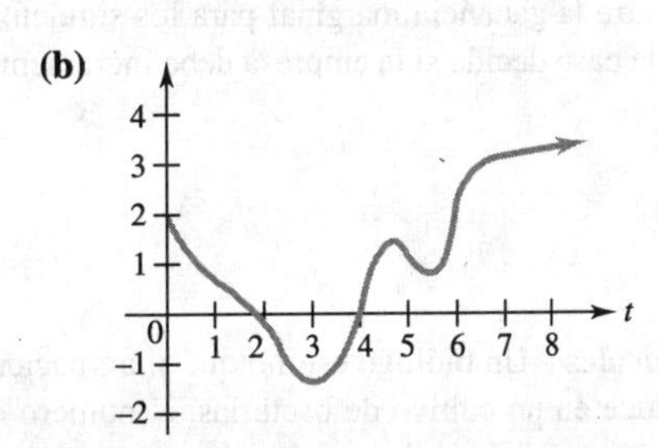

Encuentre $f'(x)$ para cada función (muchas de esas derivadas se encontraron en los ejercicios 1-6). Luego encuentre $f'(2)$, $f'(0)$ y $f'(-3)$ (véanse los ejemplos 4-6).

23. $f(x) = -4x^2 + 11x$

24. $f(x) = 6x^2 - 4x$

25. $f(x) = 8x + 6$

26. $f(x) = x^3 + 3x$

27. $f(x) = -\frac{2}{x}$

28. $f(x) = \frac{6}{x}$

29. $f(x) = \frac{4}{x-1}$

30. $f(x) = \sqrt{x}$

Resuelva los siguientes ejercicios (véanse los ejemplos 4-7).

31. Administración El ingreso generado por la venta de *x* mesas está dado por

$$R(x) = 20x - \frac{x^2}{500}.$$

(a) Encuentre el ingreso marginal cuando $x = 1000$ unidades.

(b) Determine el ingreso real por la venta de la mesa 1001.

(c) Compare las respuestas de los incisos (a) y (b). ¿Cómo se relacionan?

32. Administración El costo de producir x tacos es

$$C(x) = 1000 + .24x^2, 0 \leq x \leq 30{,}000.$$

(a) Encuentre el costo marginal $C'(x)$.
(b) Encuentre e interprete $C'(100)$.
(c) Encuentre el costo exacto de producir el taco 101.
(d) Compare las respuestas de los incisos (b) y (c). ¿Cómo se relacionan?

33. Administración Suponga que la demanda de un cierto artículo está dada por $D(p) = -2p^2 + 4p + 6$, donde p representa el precio del artículo en dólares.
(a) Encuentre la razón de cambio de la demanda con respecto al precio.
(b) Encuentre e interprete la razón de cambio de la demanda cuando el precio es $10.

34. Administración La ganancia (en dólares) del gasto de x mil dólares en publicidad está dada por $P(x) = 1000 + 32x - 2x^2$. Encuentre la ganancia marginal para los siguientes gastos. En cada caso decida si la empresa debe incrementar los gastos.
(a) $8000
(b) $6000
(c) $12,000
(d) $20,000

35. Ciencias naturales Un biólogo estimó que si un bactericida se introduce en un cultivo de bacterias, el número de bacterias $B(t)$, presente en el tiempo t (en horas), está dado por $B(t) = 1000 + 50t - 5t^2$ millones. Encuentre la razón de cambio del número de bacterias con respecto al tiempo después de cada uno de los siguientes números de horas:
(a) 3
(b) 5
(c) 6
(d) ¿Cuándo empieza a declinar la población de bacterias?

Resuelva los siguientes ejercicios (véase el ejemplo 3).

36. Administración La figura da el porciento de préstamos pendientes de pagar por tarjetas de crédito que estaban vencidos por lo menos 30 días entre junio de 1989 y marzo de 1991.* Suponga que la función cambia suavemente.
(a) Estime e interprete la razón de cambio en el nivel de la deuda en los puntos indicados sobre la curva.
(b) ¿Durante qué meses en 1990 indica la razón de cambio un decremento en el nivel de la deuda?
(c) La dirección global de la curva es hacia arriba. ¿Qué dice esto acerca de la razón de cambio promedio de los préstamos pendientes de pagar en el periodo de tiempo mostrado en la figura?

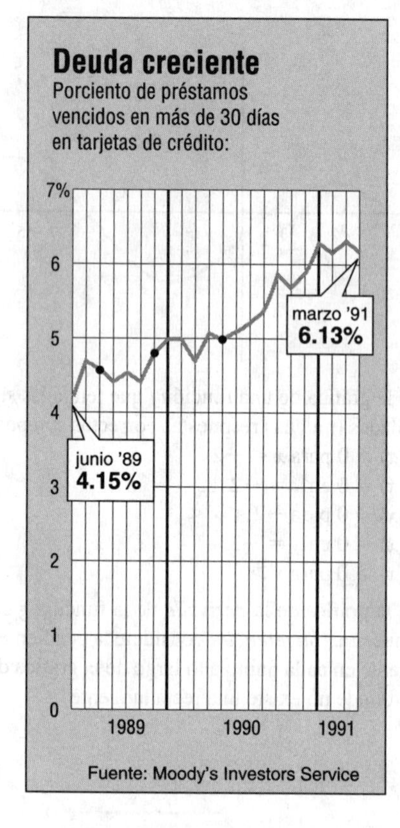

37. Física La gráfica muestra la temperatura en un horno durante un ciclo de autolimpieza* (los círculos abiertos sobre la gráfica no son puntos de discontinuidad, sino meramente los tiempos en que la cerradura de la puerta térmica se abre y se cierra). La temperatura del horno es de 100° cuando el ciclo comienza y de 600° después de media hora. Sea $T(x)$ la temperatura (en grados Fahrenheit) después de x horas.

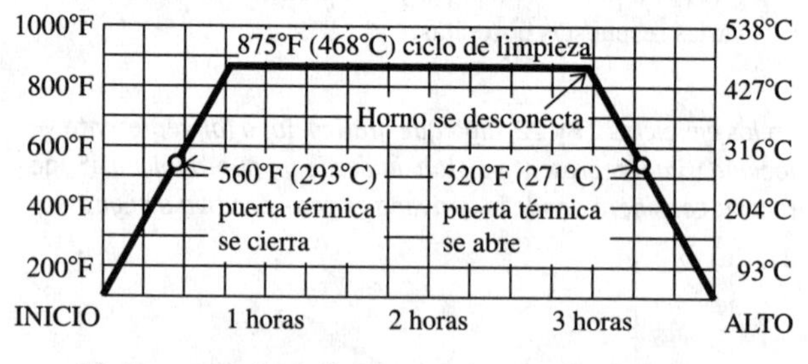

(a) Encuentre los valores aproximados de x en que la derivada T' no existe.
(b) Encuentre e interprete $T'(0.5)$.
(c) Encuentre e interprete $T'(2)$.
(d) Encuentre e interprete $T'(3.5)$.

*"Credit Card Defaults Pose Worry for Banks", como apareció en *The Sacramento Bee*, junio de 1991. Reimpreso con autorización de The Associated Press.

*Whirlpool Use and Care Guide, Self-Cleaning Electric Range.

38. Ciencias naturales La gráfica muestra cómo el riesgo de ataque al corazón se eleva en tanto se incrementa el colesterol en la sangre.*

(a) Aproxime la razón de cambio promedio del riesgo de ataque al corazón cuando el colesterol pasa de 100 a 300 mg/dL.

(b) ¿Es la razón de cambio cuando el colesterol es de 100 mg/dL, mayor o menor que la razón promedio en el inciso (a)? ¿Qué parte de la gráfica muestra esto?

(c) Responda el inciso (b) cuando el colesterol es de 300 mg/dL.

(d) Responda el inciso (b) cuando el colesterol es de 200 mg/dL.

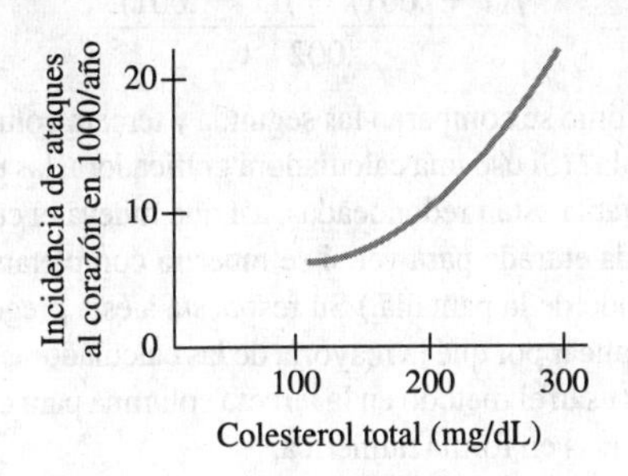

39. Física Cuando un bateador pega a una pelota, el bate puede no pegar en el centro de ésta, sino arriba o abajo del centro a varias distancias (medidas en pulgadas). La gráfica muestra las trayectorias de pelotas golpeadas por un bate bajo el centro de la pelota en las cantidades dadas.† ¿Es positiva o negativa la derivada para un bate que golpea 1.5 pulgadas bajo el centro de la pelota cuando ésta ha recorrido

(a) 100 pies? **(b)** 200 pies?

40. Ciencias naturales La gráfica muestra la relación entre la velocidad de una golondrina ártica en vuelo y la potencia requerida por sus músculos de vuelo.* Varias velocidades de vuelo se indican sobre la curva.

(a) La velocidad V_{mp} minimiza los costos de energía por unidad de tiempo. ¿Cuál es la pendiente de la recta tangente a la curva en el punto correspondiente a V_{mp}? ¿Cuál es el significado físico de la pendiente en ese punto?

(b) La velocidad V_{mr} minimiza los costos de energía por unidad de distancia recorrida. Estime la pendiente de la curva en el punto correspondiente a V_{mr}. Dé el significado de la pendiente en ese punto.

(c) La velocidad V_{opt} minimiza la duración total del vuelo migratorio. Estime la pendiente de la curva en el punto correspondiente a V_{opt}. Relacione el significado de esta pendiente con las pendientes encontradas en los incisos (a) y (b).

(d) Fijándose en la forma de la curva, describa cómo el nivel de potencia decrece y crece para varias velocidades.

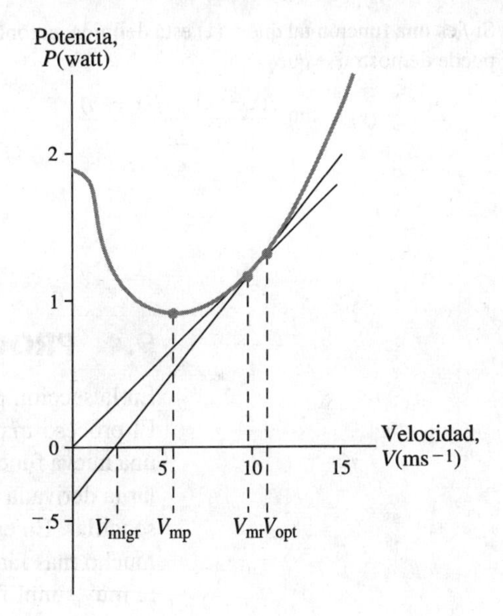

Use una calculadora graficadora para resolver los ejercicios 41-43. (Sugerencia: para hacer la gráfica de la derivada de $f(x)$, use NDer($f(x)$,x) o NDer($f(x)$,x,x) o un comando similar. Consulte su manual de instrucciones.)

41. (a) Trace la gráfica de la derivada de $f(x) = 0.5x^5 - 2x^3 + x^2 - 3x + 2$ para $-3 \leq x \leq 3$.

(b) Trace la gráfica de $g(x) = 2.5x^4 - 6x^2 + 2x - 3$ sobre la misma pantalla.

(c) ¿Cómo se comparan las gráficas de $f'(x)$ y $g(x)$? ¿Qué sugiere esto sobre qué es la derivada de $f(x)$?

---

*John C. LaRosa, et al., *The Cholesterol Facts: A Joint Statement by the American Heart Association and the National Heart, Lung, and Blood Institute,* tomado de *Circulation*, vol. 81, núm. 5, mayo de 1990, pág. 1722.

†Adair, Robert K., *The Physics of Baseball*, copyright © 1990 por HarperCollins, pág. 83.

*"Bird Flight and Optimal Migration" de Thomas Alerstam, tomado de *Trends in Ecology and Evolution*, julio de 1991, volumen 6, número 7. Reimpreso con autorización de Elsevier Trends Journals and Thomas Alerstam.

42. Repita el ejercicio 41 para $f(x) = (x^2 + x + 1)^{1/3}$ (con $-6 \le x \le 6$) y $g(x) = \dfrac{2x+1}{3(x^2+x+1)^{2/3}}$.

43. Usando una calculadora graficadora para comparar gráficas, como en los ejercicios 41 y 42, decida, ¿cuál de las siguientes funciones podría *posiblemente* ser la derivada de $y = \dfrac{4x^2 + x}{x^2 + 1}$?

(a) $f(x) = \dfrac{2x + 1}{2x}$

(b) $g(x) = \dfrac{x^2 + x}{2x}$

(c) $h(x) = \dfrac{2x + 1}{x^2 + 1}$

(d) $k(x) = \dfrac{-x^2 + 8x + 1}{(x^2 + 1)^2}$

44. Si f es una función tal que $f'(x)$ está definida, entonces puede demostrarse que

$$f'(x) = \lim_{h \to 0} \frac{f(x+h) - f(x-h)}{2h}.$$

En consecuencia, cuando h es muy pequeña, digamos $h = 0.001$, entonces

$$f'(x) \approx \frac{f(x+h) - f(x-h)}{2h}$$

$$= \frac{f(x + .001) - f(x - .001)}{.002}.$$

(a) En el ejemplo 6 vimos que la derivada de $f(x) = \sqrt{x}$ es la función $f'(x) = 1/2\sqrt{x}$. Elabore una tabla en la que la primera columna dé $x = 1, 6, 11, 16, 21$; la segunda columna dé los correspondientes valores de $f'(x)$ y la tercera columna el valor correspondiente de

$$\frac{f(x + .001) - f(x - .001)}{.002}.$$

(b) ¿Cómo se comparan las segunda y tercera columnas de la tabla? (Si usó una calculadora graficadora, las entradas en la tabla están redondeadas, así que mueva el cursor sobre cada entrada para ver si se muestra completamente en el fondo de la pantalla.) Su respuesta a esta pregunta puede explicar por qué la mayoría de las calculadoras graficadoras usan el método en la tercera columna para calcular derivadas en forma numérica.

9.4 PROCEDIMIENTOS PARA ENCONTRAR DERIVADAS

En la sección previa, la derivada de una función se definió como un límite especial. El proceso matemático de encontrar este límite, llamado *diferenciación*, condujo a una nueva función que se interpretó de varias maneras. Usar la definición para calcular la derivada de una función es un proceso muy complicado incluso para funciones sencillas. En esta sección desarrollamos reglas que hacen el cálculo de las derivadas mucho más fácil. Recuerde que aunque el proceso de encontrar una derivada quedará muy simplificado por esas reglas, *la interpretación de la derivada no cambiará.*

Además de y' y $f'(x)$, hay varias notaciones más comúnmente usadas para la derivada.

NOTACIONES PARA LA DERIVADA

La derivada de la función $y = f(x)$ puede denotarse por cualquiera de las siguientes maneras.

$$f'(x), \quad y', \quad \frac{dy}{dx}, \quad \frac{d}{dx}[f(x)], \quad D_x y, \quad D_x[f(x)]$$

La notación dy/dx para la derivada se llama a veces *notación de Leibniz* en honor de uno de los coinventores del Cálculo, Gottfried Wilhelm Leibniz (1646-1716). (El otro fue Sir Isaac Newton (1642-1727).)

1 Use los resultados de algunos de los ejercicios 26-30 de la sección previa para encontrar cada una de las siguientes derivadas.

(a) $\frac{d}{dx}(x^3 + 3x)$

(b) $\frac{d}{dx}\left(-\frac{2}{x}\right)$

(c) $D_x\left(\frac{4}{x-1}\right)$

(d) $D_x(\sqrt{x})$

Respuestas:

(a) $3x^2 - 3$

(b) $\frac{2}{x^2}$

(c) $\frac{-4}{(x-1)^2}$

(d) $\frac{1}{2\sqrt{x}}$

Por ejemplo, la derivada de $y = x^3 - 4x$, que se encontró en el ejemplo 4 de la última sección como $y' = 3x^2 - 4$, también puede escribirse

$$\frac{dy}{dx} = 3x^2 - 4$$

$$\frac{d}{dx}(x^3 - 4x) = 3x^2 - 4$$

$$D_x(x^3 - 4x) = 3x^2 - 4. \quad \boxed{1}$$

Una variable diferente a x puede usarse como la variable independiente. Por ejemplo, si $y = f(t)$ da el crecimiento de la población como función del tiempo, entonces la derivada de y con respecto a t podría escribirse como

$$f'(t), \quad \frac{dy}{dt}, \quad \frac{d}{dt}[f(t)], \quad \text{o} \quad D_t[f(t)].$$

En esta sección, la definición de la derivada,

$$f'(x) = \lim_{h \to 0} \frac{f(x+h) - f(x)}{h},$$

se usa para desarrollar algunas reglas a fin de encontrar derivadas más fácilmente que por el proceso de los cuatro pasos de la sección anterior. La primera regla nos dice cómo encontrar la derivada de una función constante tal como $f(x) = 5$. Como $f(x + h)$ es también 5, por definición $f'(x)$ es

$$f'(x) = \lim_{h \to 0} \frac{f(x+h) - f(x)}{h}$$

$$= \lim_{h \to 0} \frac{5-5}{h} = \lim_{h \to 0} \frac{0}{h} = \lim_{h \to 0} 0 = 0.$$

El mismo argumento es válido para $f(x) = k$, donde k es un número real constante, lo que conduce a la siguiente regla.

REGLA DE LA CONSTANTE

Si $f(x) = k$, donde k es cualquier número real, entonces

$$\mathbf{f'(x) = 0.}$$

(La derivada de una función constante es 0.)

La figura 9.15 ilustra la regla de la constante; muestra una gráfica de la recta horizontal $y = k$. En cualquier punto P sobre esta recta, la recta tangente en P es la misma recta. Como una recta horizontal tiene una pendiente de 0, la pendiente de la recta tangente es 0. Esto concuerda con el resultado anterior: la derivada de una constante es 0.

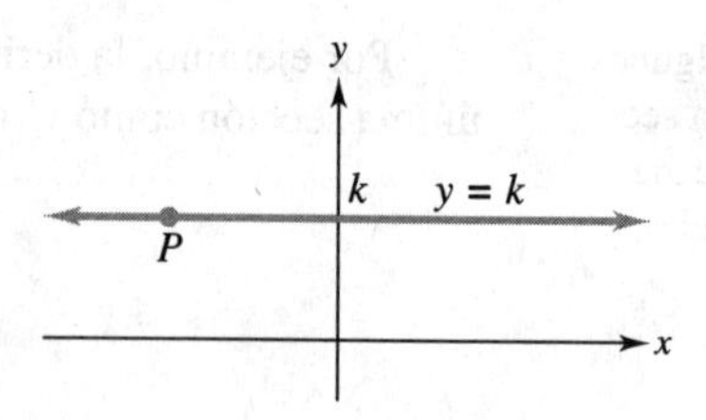

FIGURA 9.15

[2] Encuentre las derivadas de lo siguiente.

(a) $y = -4$

(b) $f(x) = \pi^3$

(c) $y = 0$

Respuestas:

(a) 0

(b) 0

(c) 0

EJEMPLO 1 (a) Si $f(x) = 9$, entonces $f'(x) = 0$.

(b) Si $y = \pi$, entonces $y' = 0$.

(c) Si $y = 2^3$, entonces $dy/dx = 0$. ■ [2]

Las funciones de la forma $y = x^n$, donde n es un número real fijo, son muy comunes en las aplicaciones. Veremos ahora las derivadas de funciones cuando $n = 2$ y $n = 3$.

$$
\begin{aligned}
f(x) &= x^2 \\
f'(x) &= \lim_{h\to 0} \frac{f(x+h) - f(x)}{h} \\
&= \lim_{h\to 0} \frac{(x+h)^2 - x^2}{h} \\
&= \lim_{h\to 0} \frac{(x^2 + 2xh + h^2) - x^2}{h} \\
&= \lim_{h\to 0} \frac{2xh + h^2}{h} \\
&= \lim_{h\to 0} (2x + h) = 2x
\end{aligned}
$$

$$
\begin{aligned}
f(x) &= x^3 \\
f'(x) &= \lim_{h\to 0} \frac{f(x+h) - f(x)}{h} \\
&= \lim_{h\to 0} \frac{(x+h)^3 - x^3}{h} \\
&= \lim_{h\to 0} \frac{(x^3 + 3x^2h + 3xh^2 + h^3) - x^3}{h} \\
&= \lim_{h\to 0} \frac{3x^2h + 3xh^2 + h^3}{h} \\
&= \lim_{h\to 0} (3x^2 + 3xh + h^2) = 3x^2
\end{aligned}
$$

Cálculos similares muestran que

$$\frac{d}{dx}(x^4) = 4x^3 \quad \text{y} \quad \frac{d}{dx}(x^5) = 5x^4.$$

El patrón aquí (la derivada es el producto del exponente donde la función original y la potencia de x quedan menor en uno) sugiere que la derivada de $y = x^n$ es $y' = nx^{n-1}$, lo que es ciertamente el caso (ejercicio 67). Además, el patrón se cumple aún cuando n no es un entero, como puede verse al poner los ejemplos 5 y 6 de la última sección en notación exponencial. Muestran que

$$\text{si } f(x) = \frac{1}{x} = x^{-1}, \text{ entonces } f'(x) = -\frac{1}{x^2} = (-1)x^{-2} = (-1)x^{-1-1}$$

y

$$\text{si } g(x) = \sqrt{x} = x^{1/2}, \text{ entonces } g'(x) = \frac{1}{2}\cdot\frac{1}{\sqrt{x}} = \frac{1}{2}\cdot x^{-1/2} = \frac{1}{2}\cdot x^{(1/2)-1}.$$

Estos resultados sugieren la siguiente regla.

REGLA DE LA POTENCIA

Si $f(x) = x^n$ para cualquier número real diferente de 0, entonces

$$f'(x) = nx^{n-1}.$$

(La derivada de $f(x) = x^n$ se encuentra multiplicando por el exponente n y disminuyendo el exponente de x en 1.)

EJEMPLO 2 (a) Si $y = x^6$, encuentre y'.

Multiplique x^{6-1} por 6.

$$y' = 6 \cdot x^{6-1} = 6x^5$$

(b) Si $y = x = x^1$, encuentre y'.

$$y' = 1 \cdot x^{-1-1} = 1 \cdot x^0 = 1 \cdot 1 = 1.$$

(Recuerde que $x^0 = 1$ si $x \neq 0$.)

(c) Si $y = t^{-3}$, encuentre dy/dt.

$$\frac{dy}{dt} = -3 \cdot t^{-3-1} = -3 \cdot t^{-4} = -\frac{3}{t^4}.$$

(d) Encuentre $D_t(t^{4/3})$.

$$D_t(t^{4/3}) = \frac{4}{3}t^{(4/3)-1} = \frac{4}{3}t^{1/3}.$$

(e) Si $y = \sqrt[3]{x}$, encuentre dy/dx.

Primero escriba la regla de la función en forma exponencial, $y = x^{1/3}$. Luego

$$\frac{dy}{dx} = \frac{1}{3} \cdot x^{(1/3)-1} = \frac{1}{3}x^{-2/3} = \frac{1}{3x^{2/3}} = \frac{1}{3\sqrt[3]{x^2}}.$$ ■ 3

3 Encuentre lo siguiente.

(a) $y = x^4$; encuentre y'

(b) $y = x^{17}$; encuentre y'

(c) $y = x^{-2}$; encuentre dy/dx

(d) $y = t^{-5}$; encuentre dy/dt

(e) $D_t(t^{3/2})$

Respuestas:

(a) $y' = 4x^3$

(b) $y' = 17x^{16}$

(c) $dy/dx = -2/x^3$

(d) $dy/dt = -5/t^6$

(e) $D_t(t^{3/2}) = (3/2)t^{1/2}$

La siguiente regla muestra cómo encontrar la derivada del producto de una constante y una función.

CONSTANTE POR UNA FUNCIÓN

Sea k un número real. Si $g'(x)$ existe, entonces la derivada de $f(x) = k \cdot g(x)$ es

$$f'(x) = k \cdot g'(x).$$

(La derivada de una constante multiplicada por una función es la constante multiplicada por la derivada de la función.)

EJEMPLO 3 (a) Si $y = 8x^4$, encuentre y'.

Como la derivada de $g(x) = x^4$ is $g'(x) = 4x^3$ y $y = 8x^4 = 8g(x)$,

$$y' = 8g'(x) = 8(4x^3) = 32x^3.$$

(b) Si $y = -\frac{3}{4}t^{12}$, encuentre dy/dt.

$$\frac{dy}{dt} = -\frac{3}{4}\left[\frac{dy}{dt}(t^{12})\right] = -\frac{3}{4}(12t^{11}) = -9t^{11}$$

(c) Encuentre $D_x(15x)$.

$$D_x(15x) = 15 \cdot D_x(x) = 15(1) = 15$$

(d) Si $y = 6/x^2$, encuentre y'.

Reemplace $\frac{6}{x^2}$ por $6 \cdot \frac{1}{x^2}$, o $6x^{-2}$. Entonces

$$y' = 6(-2x^{-3}) = -12x^{-3} = -\frac{12}{x^3}.$$

(e) Encuentre $D_x(10x^{3/2})$.

$$D_x(10x^{3/2}) = 10\left(\frac{3}{2}x^{1/2}\right) = 15x^{1/2} \quad \blacksquare \quad \boxed{4}$$

4 Encuentre las derivadas de lo siguiente.

(a) $y = 12x^3$

(b) $f(t) = 30t^7$

(c) $y = -35t$

(d) $y = 5\sqrt{x}$

(e) $y = -10/t$

Respuestas:

(a) $36x^2$

(b) $210t^6$

(c) -35

(d) $(5/2)x^{-1/2}$ o $5/(2\sqrt{x})$

(e) $10t^{-2}$ o $10/t^2$

La regla final en esta sección es para la derivada de una función que es una suma o una diferencia de funciones.

REGLA DE LA SUMA O LA DIFERENCIA

Si $f(x) = u(x) + v(x)$, y si $u'(x)$ y $v'(x)$ existen, entonces

$$f'(x) = u'(x) + v'(x).$$

Si $f(x) = u(x) - v(x)$, entonces

$$f'(x) = u'(x) - v'(x).$$

(La derivada de una suma o de una diferencia de dos funciones es la suma o diferencia de las derivadas de las funciones.)

Para una prueba de esta regla, vea el ejercicio 68 al final de esta sección. Esta regla puede generalizarse a sumas y diferencias con más de dos términos.

EJEMPLO 4 Encuentre las derivadas de las siguientes funciones.

(a) $y = 6x^3 + 15x^2$

Sean $u(x) = 6x^3$ y $v(x) = 15x^2$; entonces $y = u(x) + v(x)$. Como $u'(x) = 18x^2$ y $v'(x) = 30x$,

$$\frac{dy}{dx} = 18x^2 + 30x.$$

(b) $p(t) = 8t^4 - 6\sqrt{t} + \frac{5}{t}$

Reescriba $p(t)$ como $p(t) = 8t^4 - 6t^{1/2} + 5t^{-1}$; entonces $p'(t) = 32t^3 - 3t^{-1/2} - 5t^{-2}$, que también puede escribirse como $p'(t) = 32t^3 - \frac{3}{\sqrt{t}} - \frac{5}{t^2}$.

5 Encuentre las derivadas de lo siguiente.

(a) $y = -4x^5 - 8x + 6$

(b) $y = 8t^{3/2} + 2t^{1/2}$

(c) $f(t) = -\sqrt{t} + 6/t$

Respuestas:

(a) $y' = -20x^4 - 8$

(b) $y' = 12t^{1/2} + t^{-1/2}$ o $12t^{1/2} + 1/t^{1/2}$

(c) $f'(t) = -1/(2\sqrt{t}) - 6/t^2$

(c) $f(x) = 5\sqrt[3]{x^2} + 4x^{-2} + 7$

Reescriba $f(x)$ como $f(x) = 5x^{2/3} + 4x^{-2} + 7$. Entonces

$$D_x[f(x)] = \frac{10}{3}(x^{-1/3}) - 8x^{-3},$$

o

$$D_x[f(x)] = \frac{10}{3\sqrt[3]{x}} - \frac{8}{x^3}. \quad \blacksquare \quad 5$$

Las reglas desarrolladas en esta sección permiten encontrar la derivada de una función más directamente, por lo que las aplicaciones de la derivada pueden tratarse más efectivamente. Los siguientes ejemplos ilustran algunas aplicaciones a negocios.

ANÁLISIS MARGINAL En negocios y economía, las razones de cambio de las variables como costo, ingreso y ganancia son importantes consideraciones. Los economistas usan la palabra marginal para referirse a razones de cambio: por ejemplo, *costo marginal* se refiere a la razón de cambio del costo. Como la derivada de una función da la razón de cambio de la función, una función de costo marginal (o ingreso, o ganancia) se encuentra al tomar la derivada de la función costo (o del ingreso, o de la ganancia). Aproximadamente, el costo marginal en algún nivel de producción x es el costo de producir el artículo $(x + 1)$, como lo mostraremos ahora. (Pueden hacerse enunciados similares para el ingreso y para la ganancia.)

Vea la figura 9.16 donde $C(x)$ representa el costo de producir x unidades de algún artículo. El costo de producir $x + 1$ unidades es entonces $C(x + 1)$. El costo de la unidad $(x + 1)$ es por lo tanto, $C(x + 1) - C(x)$. Esta cantidad se muestra sobre la gráfica en la figura 9.16.

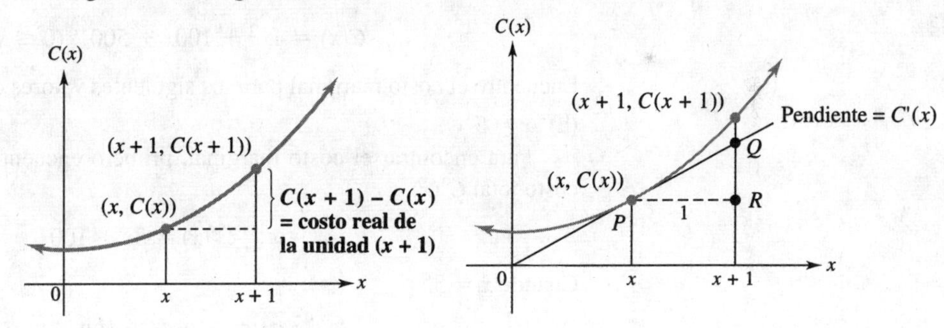

FIGURA 9.16

FIGURA 9.17

Ahora, si $C(x)$ es la función de costo, entonces el costo marginal $C'(x)$ representa la pendiente de la recta tangente en cualquier punto $(x, C(x))$. La gráfica en la figura 9.17 muestra la función de costo $C(x)$ y la recta tangente en el punto $P = (x, C(x))$. Sabemos que la pendiente de la recta tangente es $C'(x)$ y que la pendiente puede calcularse usando el triángulo PQR en la figura 9.17.

$$C'(x) = \text{pendiente} = \frac{QR}{PR} = \frac{QR}{1} = QR$$

La longitud del segmento de recta QR es el número $C'(x)$.

Al superponer las gráficas de las figuras 9.16 y 9.17, como en la figura 9.18, se observa que $C'(x)$ es ciertamente muy cercana a $C(x + 1) - C(x)$. Los dos valores están más próximos cuando $C'(x)$ es muy grande, de modo que 1 unidad es relativamente pequeña.

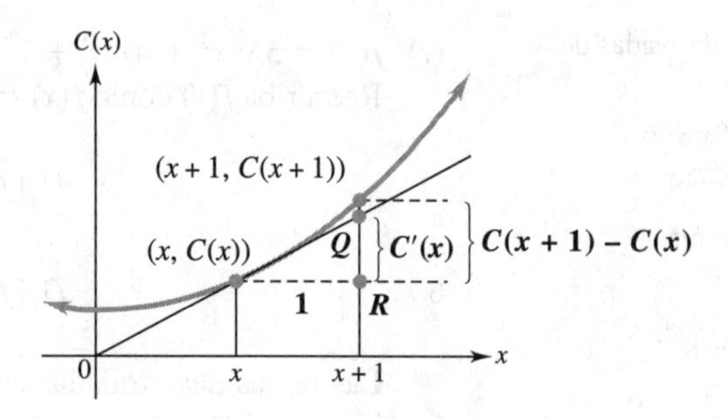

FIGURA 9.18

Por lo tanto, tenemos la siguiente conclusión.

COSTO MARGINAL

Si $C(x)$ es la función de costo, entonces el costo marginal (razón de cambio del costo) está dado por la derivada $C'(x)$.

$C'(x) \approx$ costo de hacer un artículo más después de que x artículos se hicieron.

El ingreso marginal $R'(x)$ y la ganancia marginal $P'(x)$ se interpretan en la misma forma.

EJEMPLO 5 Suponga que el costo total en cientos de dólares de producir x miles de barriles de una bebida está dado por

$$C(x) = 4x^2 + 100x + 500 \quad (0 \leq x \leq 50).$$

Encuentre el costo marginal para los siguientes valores de x.

(a) $x = 5$

Para encontrar el costo marginal, primero encuentre la derivada de la función costo total $C'(x)$.

$$C'(x) = 8x + 100$$

Cuando $x = 5$,

$$C'(5) = 8(5) + 100 = 140.$$

Después de haber producido 5 mil barriles de la bebida, el costo de producir 1 mil barriles más será *aproximadamente* de 140 cientos de dólares, o $14,000.

El costo *real* de producir 1 mil más barriles es $C(6) - C(5)$.

$$\begin{aligned} C(6) - C(5) &= (4 \cdot 6^2 + 100 \cdot 6 + 500) - (4 \cdot 5^2 + 100 \cdot 5 + 500) \\ &= 1244 - 1100 \\ &= 144 \end{aligned}$$

El costo real es de 144 cientos de dólares, o $14,400.

(b) $x = 30$

Después de 30 mil barriles producidos, el costo de producir 1 mil más barriles, será aproximadamente

$$C'(30) = 8(30) + 100 = 340,$$

o $34,000. Advierta que el costo de producir mil barriles adicionales de bebida se ha incrementado aproximadamente $20,000 en un nivel de producción de 30 mil barriles, en comparación con un nivel de producción de 5 mil barriles. La administración debe llevar un control cuidadoso de los costos marginales. Si el costo marginal de producir una unidad adicional excede al ingreso recibido por venderla, entonces la empresa perderá dinero en esa unidad. ■ 6

6 El costo en dólares de producir x unidades de trigo está dado por

$$C(x) = 5000 + 20x + 10\sqrt{x}.$$

Encuentre el costo marginal cuando

(a) $x = 9$;

(b) $x = 16$;

(c) $x = 25$.

(d) Al producirse más trigo, ¿qué sucede con el costo marginal?

Respuestas:

(a) $65/3 ≈ $21.67

(b) $85/4 = $21.25

(c) $21

(d) Decrece y tiende a $20.

FUNCIONES DE DEMANDA La **función de demanda**, definida por $p = f(x)$, relaciona el número de unidades x de un artículo que los consumidores están dispuestos a comprar al precio p (las funciones de demanda también se vieron en el capítulo 2). El ingreso total $R(x)$ se relaciona con el precio por unidad y la cantidad demandada (o vendida) por la ecuación

$$R(x) = xp = x \cdot f(x).$$

EJEMPLO 6 La función de demanda para un cierto producto está dada por

$$p = \frac{50{,}000 - x}{25{,}000}.$$

Encuentre el ingreso marginal cuando $x = 10{,}000$ unidades y p está en dólares.

De la función dada para p, la función de ingreso está dada por

$$\begin{aligned} R(x) &= xp \\ &= x\left(\frac{50{,}000 - x}{25{,}000}\right) \\ &= \frac{50{,}000x - x^2}{25{,}000} = 2x - \frac{1}{25{,}000}x^2. \end{aligned}$$

El ingreso marginal es

$$R'(x) = 2 - \frac{2}{25{,}000}x.$$

Cuando $x = 10{,}000$, el ingreso marginal es

$$R'(10{,}000) = 2 - \frac{2}{25{,}000}(10{,}000) = 1.2,$$

o $1.20 por unidad. Así entonces, la siguiente unidad vendida (bajo ventas de 10,000) producirá un ingreso adicional de aproximadamente $1.20 por unidad. ■ 7

7 Suponga que la función de demanda para x unidades de un artículo es

$$p = 5 - \frac{x}{1000},$$

donde x es el precio en dólares. Encuentre

(a) el ingreso marginal;

(b) el ingreso marginal en $x = 500$;

(c) el ingreso marginal en $x = 1000$.

Respuestas:

(a) $R'(x) = 5 - \frac{x}{500}$

(b) $4

(c) $3

En economía, la función de demanda se escribe en la forma $p = f(x)$, como se muestra arriba. Desde la perspectiva de un consumidor, es probablemente más razonable imaginar la cantidad demandada como una función del precio. Matemáticamente, esos dos puntos de vista son equivalentes. En el ejemplo 6, la función de demanda podría haberse escrito, desde el punto de vista del consumidor, como

$$x = 50{,}000 - 25{,}000p.$$

EJEMPLO 7 Suponga que la función de costo para el producto en el ejemplo 6 está dada por

$$C(x) = 2100 + .25x, \quad \text{donde } 0 \le x \le 30{,}000.$$

Encuentre la ganancia marginal de la producción del siguiente número de unidades.

(a) 15,000
Del ejemplo 6, el ingreso por la venta de x unidades es

$$R(x) = 2x - \frac{1}{25{,}000}x^2.$$

Como la ganancia P está dada por $P = R - C$,

$$\begin{aligned} P(x) &= R(x) - C(x) \\ &= \left(2x - \frac{1}{25{,}000}x^2\right) - (2100 + .25x) \\ &= 2x - \frac{1}{25{,}000}x^2 - 2100 - .25x \\ &= 1.75x - \frac{1}{25{,}000}x^2 - 2100. \end{aligned}$$

La ganancia marginal por la venta de x unidades es

$$P'(x) = 1.75 - \frac{2}{25{,}000}x = 1.75 - \frac{1}{12{,}500}x.$$

En $x = 15{,}000$, la ganancia marginal es

$$P'(15{,}000) = 1.75 - \frac{1}{12{,}500}(15{,}000) = .55,$$

o $.55 por unidad.

(b) 21,875
Cuando $x = 21{,}875$, la ganancia marginal es

$$P'(21{,}875) = 1.75 - \frac{1}{12{,}500}(21{,}875) = 0.$$

(c) 25,000
Cuando $x = 25{,}000$, la ganancia marginal es

$$P'(25{,}000) = 1.75 - \frac{1}{12{,}500}(25{,}000) = -.25,$$

o −$0.25 por unidad.

Como se muestra en los incisos (b) y (c), si se venden más de 21,875 unidades, la ganancia marginal es negativa. Esto indica que incrementar la producción más allá de ese nivel *reducirá* la ganancia. ■ 8

8 Para un cierto producto, el costo es $C(x) = 1250 + .75x$ y el ingreso es

$$R(x) = 5x - \frac{x^2}{10{,}000}$$

para x unidades.

(a) Encuentre la ganancia $P(x)$.
(b) Encuentre $P'(20{,}000)$.
(c) Encuentre $P'(30{,}000)$.
(d) Interprete los resultados de los incisos (b) y (c).

Respuestas:
(a) $P(x) = 4.25x - x^2/10{,}000 - 1250$
(b) .25
(c) −1.75
(d) La ganancia está creciendo en $0.25 por unidad en 20,000 unidades en el inciso (b) y decreciendo en $1.75 por unidad en 30,000 unidades en el inciso (c).

El ejemplo final muestra una aplicación médica de la derivada como la razón de cambio de una función.

EJEMPLO 8 Un tumor tiene la forma aproximada de un cono. Vea la figura 9.19. El radio del tumor está establecido por la estructura ósea a 2 centímetros, pero el tumor está creciendo a lo largo de la altura del cono. La fórmula para el volumen de un cono es $V = \frac{1}{3}\pi r^2 h$, donde r es el radio de la base y h es la altura del cono. Encuentre la razón de cambio en el volumen del tumor con respecto a la altura.

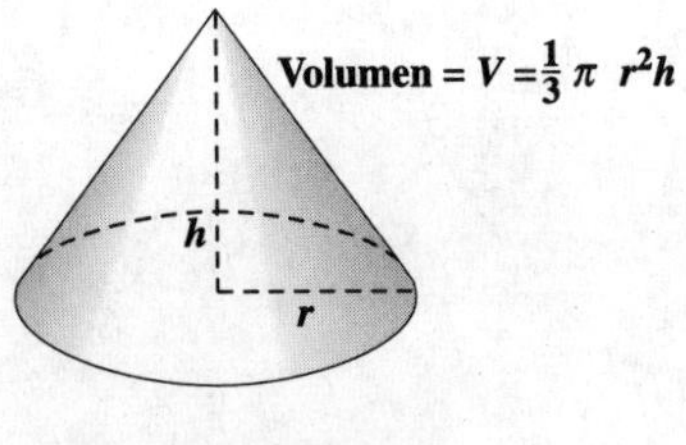

Volumen = $V = \frac{1}{3}\pi r^2h$

h r

FIGURA 9.19

Para recalcar que la razón de cambio del volumen se encuentra con respecto a la altura, usamos el símbolo dV/dh para la derivada. Para este tumor, r está fijo en 2 cm. Sustituyendo 2 por r,

$$V = \frac{1}{3}\pi r^2 h \quad \text{se convierte en} \quad V = \frac{1}{3}\pi \cdot 2^2 \cdot h \quad \text{o} \quad V = \frac{4}{3}\pi h.$$

Como $4\pi/3$ es constante,

$$\frac{dV}{dh} = \frac{4\pi}{3} \approx 4.2 \text{ cm}^3\text{/cm}.$$

Por cada centímetro adicional que el tumor crece en altura, su volumen se incrementa aproximadamente 4.2 centímetros cúbicos. ■ [9]

[9] Un globo es esférico. La fórmula para el volumen de una esfera es $V = (4/3)\pi r^3$, donde r es el radio de la esfera. Encuentre lo siguiente.

(a) dV/dr

(b) La razón de cambio del volumen cuando $r = 3$ pulgadas

Respuestas:

(a) $4\pi r^2$

(b) 36π pulgadas cúbicas/pulgada

9.4 EJERCICIOS

Encuentre las derivadas de las siguientes funciones (véanse los ejemplos 1-4).

1. $f(x) = 4x^2 - 6x + 5$

2. $g(x) = 8x^2 + x - 12$

3. $y = 2x^3 + 3x^2 - 5x + 2$

4. $y = 4x^3 + 4x + 4$

5. $g(x) = x^4 + 3x^3 - 6x - 7$

6. $f(x) = 5x^6 - 3x^4 + x^3 - 3x + 9$

7. $f(x) = 6x^{1.5} - 4x^{.5}$

8. $f(x) = -2x^{2.5} + 8x^{.5}$

9. $y = -15x^{3/2} + 2x^{1.9}$

10. $y = 18x^{1.6} - 4x^{3.1}$

11. $y = 24t^{3/2} + 4t^{1/2}$

12. $y = -24t^{5/2} - 6t^{1/2}$

13. $y = 8\sqrt{x} + 6x^{3/4}$

14. $y = -100\sqrt{x}\ \ 11x^{2/3}$

15. $g(x) = 6x^{-5} - x^{-1}$

16. $y = 4x^{-3} + x^{-1} + 5$

17. $y = 10x^{-2} + 3x^{-4} - 6x$

18. $y = x^{-5} - x^{-2} + 5x^{-1}$

19. $f(t) = \frac{6}{t} - \frac{8}{t^2}$

20. $f(t) = \frac{4}{t} + \frac{2}{t^3}$

21. $y = \frac{9 - 8x + 2x^3}{x^4}$

22. $y = \frac{3 + x - 7x^4}{x^6}$

23. $g(x) = 8x^{-1/2} - 5x^{1/2} + x$

24. $f(x) = -12x^{-1/2} + 12x^{1/2} - 9x$

25. $y = 4x^{-3/2} + 8x^{-1/2} + x^2$

26. $y = 2x^{1/2} + 5 + 2x^{-1/2} + x^{-3/2}$

27. $y = \frac{6}{\sqrt[4]{x}}$

28. $y = \frac{-2}{\sqrt[3]{x}}$

29. $y = \frac{-5t}{\sqrt[3]{t^2}}$

30. $g(t) = \frac{9t}{\sqrt{t^3}}$

Encuentre cada una de las siguientes derivadas.

31. $\frac{dy}{dx}$ si $y = 8x^{-5} - 9x^{-4}$

32. $\frac{dy}{dx}$ si $y = -3x^{-2} - 4x^{-5}$

33. $D_x\left(9x^{-1/2} + \frac{2}{x^{3/2}}\right)$

34. $D_x\left(\frac{8}{\sqrt[4]{x}} - \frac{3}{\sqrt{x^3}}\right)$

35. $f'(-2)$ si $f(x) = 6x^2 - 4x$

36. $f'(3)$ si $f(x) = 9x^3 - 8x^2$

37. $f'(4)$ si $f(t) = 2\sqrt{t} - \frac{3}{\sqrt{t}}$

38. $f'(8)$ si $f(t) = -5\sqrt[3]{t} + \frac{6}{\sqrt[3]{t}}$

39. Si $f(x) = -\frac{(3x^2 + x)^2}{7}$, ¿cuál de los siguientes valores es más cercano a $f'(1)$?

(a) -12 (b) -9 (c) -6
(d) -3 (e) 0 (f) 3

40. Si $g(x) = -3x^{3/2} + 4x^2 - 9x$, ¿cuál de los siguientes valores es *más cercano* a $g'(4)$?
(a) 3 (b) 6 (c) 9
(d) 12 (e) 15 (f) 18

Encuentre la pendiente y la ecuación de la recta tangente a la gráfica de cada función en el valor dado de x.

41. $f(x) = x^4 - 2x^2 + 1; x = 1$

42. $g(x) = -x^5 + 4x^2 - 2x + 2; x = 2$

43. $y = 4x^{1/2} + 2x^{3/2} + 1; x = 4$

44. $y = -x^{-3} + 5x^{-1} + x; x = 2$

45. ¿Cuál es la intersección con el eje y de la recta tangente a la gráfica de $y = x^3 - 2x^2 - 3$ en el punto en que $x = 1$?
(a) -12 (b) -9 (c) -6
(d) -3 (e) 0 (f) 3

Resuelva los siguientes ejercicios (véanse los ejemplos 5-8).

46. Administración La ganancia en dólares por la venta de x grabadoras es

$$P(x) = x^3 - 5x^2 + 7x + 10.$$

Encuentre la ganancia marginal para los siguientes valores de x.
(a) $x = 4$ (b) $x = 8$ (c) $x = 10$
(d) $x = 12$

47. Ciencias naturales Trabajadores en aislantes que estuvieron expuestos al asbesto y se contrataron antes de 1960, experimentaron una probabilidad creciente de adquirir cáncer de pulmón. Si un grupo de trabajadores en aislantes tienen un total acumulado de 100,000 años de experiencia de trabajo con su primer fecha de empleo hace t años, entonces el número de casos de cáncer de pulmón dentro del grupo puede modelarse mediante la función

$$N(t) = .00437t^{3.2}.*$$

Encuentre la razón de cambio del número de trabajadores con cáncer de pulmón en el grupo cuando la primera fecha de empleo es:
(a) hace 5 años; (b) hace 10 años.

48. Administración El costo total de producir a mano x veletas es

$$C(x) = 100 + 8x - x^2 + 4x^3.$$

Encuentre el costo marginal para los siguientes valores de x.
(a) $x = 0$ (b) $x = 4$ (c) $x = 6$ (d) $x = 8$

49. Administración El costo (en miles de dólares) de fabricar x botes de vela está dado por

$$C(x) = 600 + x + 42x^{2/3} \quad (0 \le x \le 100).$$

(a) Encuentre la función de costo marginal.
(b) ¿Cuál es el costo marginal en $x = 40$?
(c) ¿Cuál es el costo real de fabricar el bote de vela 41?
(d) ¿Es el costo marginal en $x = 40$ una aproximación razonable del costo real de fabricar el bote de vela 41?

50. Administración A menudo, las ventas de un producto nuevo crecen rápidamente al principio y luego se nivelan con el tiempo. Éste es el caso de las ventas representadas por la función

$$S(t) = 100 - 100t^{-1},$$

donde t representa el tiempo en años. Encuentre la razón de cambio de las ventas para los siguientes valores de t.
(a) $t = 1$ (b) $t = 10$

51. Administración El ingreso por la venta de x carteras está dado por

$$R(x) = 201\sqrt[3]{x} + 2x \quad (4 \le x \le 80).$$

El costo de fabricar x carteras está dado por

$$C(x) = .1x^2 + 5x + 40.$$

(a) Encuentre la función de ganancia.
(b) ¿Cuál es la ganancia al vender 10 carteras?, ¿20 carteras?, ¿30 carteras?, ¿50 carteras?
(c) Encuentre la función de ganancia marginal.
(d) ¿Cuál es la ganancia marginal en $x = 10$?, ¿en $x = 20$?, ¿en $x = 30$?, ¿en $x = 50$?
(e) ¿Cuál es la relación entre sus respuestas en los incisos (b) y (d)?

52. Administración Un analista encontró que los costos e ingresos por el producto de una compañía están dados por

$$C(x) = 2x \quad \text{y} \quad R(x) = 6x - \frac{x^2}{1000},$$

respectivamente, donde x es el número de artículos producidos.

(continúan ejercicios)

*Walker, A., *Observation and Inference: An Introduction to the Methods of Epidemiology*, Epidemiology Resources Inc., 1991.

(a) Encuentre la función de costo marginal.
(b) Encuentre la función de ingreso marginal.
(c) Al usar el hecho de que la ganancia es la diferencia entre ingreso y costo, encuentre la función ganancia marginal.
(d) ¿Qué valor de x hace la ganancia marginal igual a 0?
(e) Encuentre la ganancia cuando la ganancia marginal es 0. (Como veremos en el siguiente capítulo, este proceso se usa para encontrar la ganancia *máxima*.)

53. Ciencias naturales Suponga que $P(t) = 100/t$ representa el porciento de ácido en una solución química después de t días de exposición a una fuente de luz ultravioleta. Encuentre el porciento de ácido en la solución después del siguiente número de días.
(a) 1 día (b) 100 días
(c) Encuentre e interprete $P'(100)$.

54. Ciencias sociales Con base en tendencias de la población de 1990 a 1995, se predice que la población de una cierta ciudad en el año t estará dada por

$$P(t) = 4t^2 + 2000\sqrt{t} + 50{,}000 \quad (0 \le t \le 30),$$

donde t corresponde a 1990.
(a) ¿A qué razón (en gente por año) está cambiando la población en el año t?
(b) Use el inciso (a) para explicar por qué la población está creciendo durante este periodo de 30 años.
(c) ¿Cuál es la razón de crecimiento de la población en los años 1996, 2000 y 2010?
(d) ¿Afecta la población de la ciudad en 1990 la razón de crecimiento en años subsecuentes? ¿Por qué?

55. Ciencias sociales De acuerdo con el U.S. Census Bureau, el número de estadounidenses (en miles), que se espera sean de más de 100 años de edad en el año x, queda aproximado por la función

$$f(x) = .4018x^2 + 2.039x + 50.071,$$

donde $x = 0$ corresponde a 1994 y la fórmula es válida hasta 2004.
(a) Encuentre una fórmula que dé la razón de cambio en el número de estadounidenses de más de 100 años de edad.
(b) ¿Cuál es la razón de cambio en el número de estadounidenses que se espera sean de más de 100 años de edad en el año 2000?
(c) En el año 2000, ¿está el número de estadounidenses que se espera sean mayores de 100 años de edad, creciendo o decreciendo?

56. Ciencias naturales Un tramo corto de vaso sanguíneo tiene una forma cilíndrica. El volumen de un cilindro es $V = \pi r^2 h$. Suponga que se acondiciona un dispositivo experimental para medir el volumen de sangre en un vaso sanguíneo de longitud fija igual a 80 mm conforme el radio cambia.
(a) Encuentre dV/dr.
Suponga que se administra un medicamento que ocasiona que el vaso se expanda. Evalúe dV/dr para los siguientes valores de r e interprete sus respuestas.
(b) 4 mm (c) 6 mm (d) 8 mm

57. Administración Suponga que una ecuación de demanda está dada por $x = 5000 - 100p$. Encuentre el ingreso marginal para los siguientes niveles de producción (valores de x). (*Sugerencia:* resuelva la ecuación de demanda para p y use $R(x) = xp$.)
(a) 1000 unidades (b) 2500 unidades (c) 3000 unidades

58. Administración Suponga que para la situación en el ejercicio 57, el costo de producir x unidades está dado por $C(x) = 3000 - 20x + 0.03x^2$. Encuentre la ganancia marginal para cada uno de los siguientes niveles de producción.
(a) 500 unidades (b) 815 unidades (c) 1000 unidades

59. Ciencias naturales En un experimento que prueba métodos para atraer sexualmente insectos machos a hembras estériles, se permite que un número igual de machos y hembras de una cierta especie se mezclen. Suponga que

$$M(t) = 4t^{3/2} + 2t^{1/2}$$

aproxima el número de apareamientos observados entre los insectos en una hora, donde t es la temperatura en grados Celsius (esta fórmula es sólo válida para ciertos rangos de temperaturas). Encuentre cada uno de los siguientes valores.
(a) $M(16)$ (b) $M(25)$
(c) La razón de cambio de M cuando $t = 16$
(d) Interprete su respuesta al inciso (c).

60. Ciencias sociales Los estándares de vida están definidos por la producción total de bienes y servicios dividida entre la población total. En Estados Unidos, durante la década de 1980, el estándar de vida se aproximaba mucho por

$$f(x) = -.023x^3 + .3x^2 - .4x + 11.6,$$

donde $x = 0$ corresponde a 1981. Encuentre la derivada de f. Use la derivada para encontrar la razón de cambio del estándar de vida en los siguientes años.
(a) 1981 (b) 1983 (c) 1988
(d) 1989 (e) 1990
(f) ¿Qué le dicen sus respuestas a los incisos (a)-(e) acerca del estándar de vida en esos años?

Física *Vimos antes que la velocidad de una partícula que se mueve en línea recta está dada por*

$$\lim_{h \to 0} \frac{s(t+h) - s(t)}{h},$$

donde $s(t)$ da la posición de la partícula en el tiempo t. Este límite es la derivada de $s(t)$, por lo que la velocidad de una partícula está dada por $s'(t)$. Si $v(t)$ representa la velocidad en el tiempo t, entonces $v(t) = s'(t)$. Para cada una de las siguientes funciones, encuentre (a) $v(t)$; (b) *la velocidad cuando $t = 0$, $t = 5$ y $t = 10$.*

61. $s(t) = 8t^2 + 3t + 1$

62. $s(t) = 10t^2 - 5t + 6$

63. $s(t) = 2t^3 + 6t^2$

64. $s(t) = -t^3 + 3t^2 + t - 1$

65. Física Si una piedra se deja caer desde un edificio de 144 pies de altura, su posición (en pies, arriba del suelo) está dada por $s(t) = -16t^2 + 144$, donde t es el tiempo en segundos desde que se suelta.

(a) ¿Cuál es su velocidad 1 segundo después de que se suelta?
¿2 segundos después de que se suelta?

(b) ¿Cuándo llegará al suelo?

(c) ¿Cuál es su velocidad al tocar el suelo?

66. Física Una pelota se lanza verticalmente hacia arriba desde el suelo a una velocidad de 64 pies por segundo. Su distancia desde el suelo en t segundos está dada por $s(t) = -16t^2 + 64t$.

(a) ¿Qué tan rápido viaja la pelota 2 segundos después de que se lanza? ¿3 segundos después de que se lanza?

(b) ¿Cuántos segundos después de que se lanza la pelota alcanza ésta su altura máxima?

(c) ¿Qué tan alto subirá?

67. Efectúe cada paso y dé razones para sus resultados en la siguiente prueba de que la derivada de $y = x^n$ es $y' = n \cdot x^{n-1}$. (Probamos este resultado sólo para valores enteros positivos de n, pero es válido para todo valor de n.)

(a) Recuerde el teorema del binomio del álgebra:

$$(p + q)^n = p^n + n \cdot p^{n-1}q + \frac{n(n-1)}{2}p^{n-2}q^2 + \cdots + q^n.$$

Evalúe $(x + h)^n$.

(b) Encuentre el cociente $\dfrac{(x + h)^n - x^n}{h}$.

(c) Use la definición de derivada para encontrar y'.

68. Efectúe cada paso y dé razones para sus resultados en la prueba de que la derivada de $y = f(x) + g(x)$ es

$$y' = f'(x) + g'(x).$$

(a) Sea $s(x) = f(x) + g(x)$. Demuestre que

$$s'(x) = \lim_{h \to 0} \frac{[f(x + h) + g(x + h)] - [f(x) + g(x)]}{h}.$$

(b) Demuestre que

$$s'(x) = \lim_{h \to 0} \left[\frac{f(x + h) - f(x)}{h} + \frac{g(x + h) - g(x)}{h}\right].$$

(c) Finalmente, demuestre que $s'(x) = f'(x) + g'(x)$.

Use una calculadora graficadora o una computadora para graficar cada función y su derivada sobre la misma pantalla. Determine los valores de x donde la derivada es **(a)** *positiva,* **(b)** *cero y* **(c)** *negativa.* **(d)** *¿Qué es cierto de la gráfica de la función en cada caso?*

69. $g(x) = 6 - 4x + 3x^2 - x^3$

70. $k(x) = 2x^4 - 3x^3 + x$

9.5 DERIVADAS DE PRODUCTOS Y COCIENTES

En la última sección vimos que la derivada de la suma de dos funciones puede obtenerse tomando la suma de las derivadas. ¿Qué pasa con los productos? ¿Es la derivada de un producto de dos funciones igual al producto de sus derivadas? Por ejemplo, si

$$u(x) = 2x + 4 \quad \text{y} \quad v(x) = 3x^2,$$

entonces el producto de u y v es

$$f(x) = (2x + 4)(3x^2) = 6x^3 + 12x^2.$$

Mediante las reglas de la última sección, tenemos

$$u'(x) = 2, \quad v'(x) = 6x \quad \text{y} \quad f'(x) = 18x^2 + 24x,$$

de manera que

$$u'(x) \cdot v'(x) = 12x \quad \text{y} \quad f'(x) = 18x^2 + 24x.$$

Es claro que esas dos funciones *no* son las mismas, lo que muestra que la derivada del producto *no* es igual al producto de las derivadas.

La regla correcta para encontrar la derivada de un producto es la siguiente.

REGLA DEL PRODUCTO

Si $f(x) = u(x). \cdot v(x)$ y si $u'(x)$ y $v'(x)$ existen, entonces

$$\boldsymbol{f'(x) = u(x) \cdot v'(x) + v(x) \cdot u'(x).}$$

(La derivada de un producto de dos funciones es igual a la primera función por la derivada de la segunda, más la segunda función por la derivada de la primera.)

Para esbozar el método que se usa para probar la regla del producto, sea

$$f(x) = u(x) \cdot v(x).$$

Entonces $f(x + h) = u(x + h) \cdot v(x + h)$ y, por definición, $f'(x)$ está dada por

$$\begin{aligned} f'(x) &= \lim_{h \to 0} \frac{f(x + h) - f(x)}{h} \\ &= \lim_{h \to 0} \frac{u(x + h) \cdot v(x + h) - u(x) \cdot v(x)}{h}. \end{aligned}$$

Reste y sume ahora $u(x + h) \cdot v(x)$ en el numerador, con lo que se obtiene

$$\begin{aligned} f'(x) &= \lim_{h \to 0} \frac{u(x + h) \cdot v(x + h) - \boldsymbol{u(x + h) \cdot v(x)} + \boldsymbol{u(x + h) \cdot v(x)} - u(x) \cdot v(x)}{h} \\ &= \lim_{h \to 0} \frac{u(x + h)[v(x + h) - v(x)] + v(x)[u(x + h) - u(x)]}{h} \\ &= \lim_{h \to 0} u(x + h)\left[\frac{v(x + h) - v(x)}{h}\right] + \lim_{h \to 0} v(x)\left[\frac{u(x + h) - u(x)}{h}\right] \\ &= \lim_{h \to 0} u(x + h) \cdot \lim_{h \to 0} \frac{v(x + h) - v(x)}{h} + \lim_{h \to 0} v(x) \cdot \lim_{h \to 0} \frac{u(x + h) - u(x)}{h}. \quad (*) \end{aligned}$$

Si u' y v' existen, entonces

$$\lim_{h \to 0} \frac{u(x + h) - u(x)}{h} = u'(x) \quad \text{y} \quad \lim_{h \to 0} \frac{v(x + h) - v(x)}{h} = v'(x).$$

El hecho de que u' existe puede usarse para probar que

$$\lim_{h \to 0} u(x + h) = u(x),$$

y como ninguna h está contenida en $v(x)$,

$$\lim_{h \to 0} v(x) = v(x).$$

Sustituyendo estos resultados en la ecuación (*), se obtiene

$$f'(x) = u(x) \cdot v'(x) + v(x) \cdot u'(x),$$

que es el resultado buscado.

EJEMPLO 1 Sea $f(x) = (2x + 4)(3x^2)$. Use la regla del producto para encontrar $f'(x)$.

Aquí f es dada como el producto de $u(x) = 2x + 4$ y $v(x) = 3x^2$. Por la regla del producto y del hecho de que $u'(x) = 2$ y $v'(x) = 6x$,

$$\begin{aligned} f'(x) &= u(x) \cdot v'(x) + v(x) \cdot u'(x) \\ &= (2x + 4)(6x) + (3x^2)(2) \\ &= 12x^2 + 24x + 6x^2 = 18x^2 + 24x. \end{aligned}$$

Este resultado es el mismo que el que se encontró al principio de la sección. ■ [1]

[1] Use la regla del producto para encontrar las derivadas de lo siguiente.

(a) $f(x) = (5x^2 + 6)(3x)$

(b) $g(x) = (8x)(4x^2 + 5x)$

Respuestas:

(a) $45x^2 + 18$

(b) $96x^2 + 80x$

EJEMPLO 2 Encuentre la derivada de $y = (\sqrt{x} + 3)(x^2 - 5x)$.

Sea $u(x) = \sqrt{x} + 3 = x^{1/2} + 3$ y $v(x) = x^2 - 5x$. Entonces

$$\begin{aligned} y' &= u(x) \cdot \boldsymbol{v'(x)} + v(x) \cdot \boldsymbol{u'(x)} \\ &= (x^{1/2} + 3)(\mathbf{2x - 5}) + (x^2 - 5x)\left(\frac{\mathbf{1}}{\mathbf{2}}\boldsymbol{x^{-1/2}}\right) \\ &= 2x^{3/2} + 6x - 5x^{1/2} - 15 + \frac{1}{2}x^{3/2} - \frac{5}{2}x^{1/2} \\ &= \frac{5}{2}x^{3/2} + 6x - \frac{15}{2}x^{1/2} - 15. \end{aligned}$$

■ [2]

[2] Encuentre las derivadas de las siguientes funciones.

(a) $f(x) = (x^2 - 3)(\sqrt{x} + 5)$

(b) $g(x) = (\sqrt{x} + 4)(5x^2 + x)$

Respuestas:

(a) $\frac{5}{2}x^{3/2} + 10x - \frac{3}{2}x^{-1/2}$

(b) $\frac{25}{2}x^{3/2} + 40x + \frac{3}{2}x^{1/2} + 4$

Podríamos haber encontrado las derivadas anteriores al multiplicar las funciones originales. No se habría necesitado entonces la regla del producto. Sin embargo, en la próxima sección veremos productos de funciones donde la regla del producto es esencial.

¿Qué hay acerca del *cociente* de funciones? Para encontrar la derivada del cociente de dos funciones, use la siguiente regla.

REGLA DEL COCIENTE

Si $f(x) = \frac{u(x)}{v(x)}$, si todas las derivadas indicadas existen, y si $v(x) \neq 0$, entonces

$$f'(x) = \frac{\boldsymbol{v(x) \cdot u'(x) - u(x) \cdot v'(x)}}{[\boldsymbol{v(x)}]^2}.$$

(La derivada de un cociente es el denominador por la derivada del numerador, menos el numerador por la derivada del denominador, todo dividido entre el cuadrado del denominador.)

La prueba de la regla del cociente es similar a la de la regla del producto y aquí se omite.

EJEMPLO 3 Encuentre $f'(x)$ si $f(x) = \frac{2x - 1}{4x + 3}$.

Sea $u(x) = 2x - 1$, con $u'(x) = 2$. Sea también $v(x) = 4x + 3$, con $v'(x) = 4$.

3 Encuentre las derivadas de las siguientes funciones.

(a) $f(x) = \dfrac{3x + 7}{5x + 8}$

(b) $g(x) = \dfrac{2x + 11}{5x - 1}$

Respuestas:

(a) $\dfrac{-11}{(5x + 8)^2}$

(b) $\dfrac{-57}{(5x - 1)^2}$

Entonces, por la regla del cociente,

$$f'(x) = \frac{v(x) \cdot u'(x) - u(x) \cdot v'(x)}{[v(x)]^2}$$

$$= \frac{(4x + 3)(2) - (2x - 1)(4)}{(4x + 3)^2}$$

$$= \frac{8x + 6 - 8x + 4}{(4x + 3)^2}$$

$$f'(x) = \frac{10}{(4x + 3)^2}. \quad \blacksquare \quad \boxed{3}$$

4 Encuentre cada derivada. Escriba las respuestas con exponentes positivos.

(a) $D_x\left(\dfrac{x^{-2} - 1}{x^{-1} + 2}\right)$

(b) $D_x\left(\dfrac{2 + x^{-1}}{x^3 + 1}\right)$

Respuestas:

(a) $\dfrac{-1 - 4x - x^2}{x^2 + 4x^3 + 4x^4}$

(b) $\dfrac{2x + 6x^2 - x^4}{1 + 2x^3 + x^6}$

EJEMPLO 4 Encuentre $D_x\left(\dfrac{x - 2x^2}{4x^2 + 1}\right)$.

Use la regla del cociente.

$$D_x\left(\frac{x - 2x^2}{4x^2 + 1}\right) = \frac{(4x^2 + 1)D_x(x - 2x^2) - (x - 2x^2)D_x(4x^2 + 1)}{(4x^2 + 1)^2}$$

$$= \frac{(4x^2 + 1)(1 - 4x) - (x - 2x^2)(8x)}{(4x^2 + 1)^2}$$

$$= \frac{4x^2 - 16x^3 + 1 - 4x - 8x^2 + 16x^3}{(4x^2 + 1)^2}$$

$$= \frac{-4x^2 - 4x + 1}{(4x^2 + 1)^2} \quad \blacksquare \quad \boxed{4}$$

EJEMPLO 5 Encuentre $D_x\left(\dfrac{(3 - 4x)(5x + 1)}{7x - 9}\right)$.

Esta función tiene un producto dentro de un cociente. En vez de multiplicar primero los factores en el numerador (lo que es una opción), podemos usar la regla del cociente junto con la regla del producto, como sigue. Use primero la regla del cociente para obtener

$$D_x\left(\frac{(3 - 4x)(5x + 1)}{7x - 9}\right)$$
$$= \frac{(7x - 9)[D_x(3 - 4x)(5x + 1)] - [(3 - 4x)(5x + 1)D_x(7x - 9)]}{(7x - 9)^2}.$$

Ahora use la regla del producto para encontrar $D_x(3 - 4x)(5x + 1)$ en el numerador.

$$= \frac{(7x - 9)[(3 - 4x)5 + (5x + 1)(-4)] - (3 + 11x - 20x^2)(7)}{(7x - 9)^2}$$

$$= \frac{(7x - 9)(15 - 20x - 20x - 4) - (21 + 77x - 140x^2)}{(7x - 9)^2}$$

$$= \frac{(7x - 9)(11 - 40x) - 21 - 77x + 140x^2}{(7x - 9)^2}$$

$$= \frac{-280x^2 + 437x - 99 - 21 - 77x + 140x^2}{(7x - 9)^2}$$

$$= \frac{-140x^2 + 360x - 120}{(7x - 9)^2} \quad \blacksquare \quad \boxed{5}$$

5 Encuentre cada derivada.

(a) $D_x\left(\dfrac{(3x - 1)(4x + 2)}{2x}\right)$

(b) $D_x\left(\dfrac{5x^2}{(2x + 1)(x - 1)}\right)$

Respuestas:

(a) $\dfrac{6x^2 + 1}{x^2}$

(b) $\dfrac{-5x^2 - 10x}{(2x + 1)^2(x - 1)^2}$

COSTO PROMEDIO Suponga que $y = C(x)$ da el costo total de fabricar x artículos. Como se mencionó antes, el costo promedio por artículo se encuentra al dividir el costo total entre el número de artículos. La razón de cambio del costo promedio, llamado el *costo marginal promedio*, es la derivada del costo promedio.

> **COSTO PROMEDIO**
>
> Si el costo total de fabricar x artículos está dado por $C(x)$, entonces el **costo promedio por artículo** es
>
> $$\overline{C}(x) = \frac{C(x)}{x}.$$
>
> El **costo promedio marginal** es la derivada de la función de costo promedio, $\overline{C}'(x)$.

Es natural que una empresa esté interesada en hacer el costo promedio tan pequeño como sea posible. Veremos en el siguiente capítulo que esto es posible con la derivada de $C(x)/x$. A menudo, la derivada puede encontrarse con la regla del cociente, como en el siguiente ejemplo.

EJEMPLO 6 El costo total en miles de dólares de fabricar x generadores eléctricos está dado por $C(x)$, donde

$$C(x) = -x^3 + 15x^2 + 1000.$$

(a) Encuentre el costo promedio por generador.

El costo promedio está dado por el costo total dividido entre el número de artículos, o

$$\frac{C(x)}{x} = \frac{-x^3 + 15x^2 + 1000}{x}.$$

(b) Encuentre el costo promedio marginal.

El costo promedio marginal es la derivada de la función de costo promedio. Al usar la regla del cociente,

$$\frac{d}{dx}\left(\frac{C(x)}{x}\right) = \frac{x(-3x^2 + 30x) - (-x^3 + 15x^2 + 1000)(1)}{x^2}$$

$$= \frac{-3x^3 + 30x^2 + x^3 - 15x^2 - 1000}{x^2}$$

$$= \frac{-2x^3 + 15x^2 - 1000}{x^2}. \quad ■ \quad \boxed{6}$$

$\boxed{6}$ El ingreso total en miles de dólares por la venta de x docenas de radios CB está dado por

$$R(x) = 32x^2 + 7x + 80.$$

(a) Encuentre el ingreso promedio.

(b) Encuentre el ingreso promedio marginal.

Respuestas:

(a) $\dfrac{32x^2 + 7x + 80}{x}$

(b) $\dfrac{32x^2 - 80}{x^2}$

EJEMPLO 7 Suponga que el costo en dólares de fabricar x cientos de artículos está dado por

$$C(x) = 3x^2 + 7x + 12.$$

(a) Encuentre el costo promedio.

El costo promedio es

$$\overline{C}(x) = \frac{C(x)}{x} = \frac{3x^2 + 7x + 12}{x} = 3x + 7 + \frac{12}{x}.$$

(b) Encuentre el costo promedio marginal.
El costo promedio marginal es

$$\frac{d}{dx}(\overline{C}(x)) = \frac{d}{dx}\left(3x + 7 + \frac{12}{x}\right) = 3 - \frac{12}{x^2}.$$

(c) Encuentre el costo marginal.
El costo marginal es

$$\frac{d}{dx}(C(x)) = \frac{d}{dx}(3x^2 + 7x + 12) = 6x + 7.$$

(d) Encuentre el nivel de producción para el cual el costo promedio marginal es cero.
Haga la derivada $\overline{C}'(x) = 0$ y despeje x.

$$3 - \frac{12}{x^2} = 0$$

$$\frac{3x^2 - 12}{x^2} = 0$$

$$3x^2 - 12 = 0$$

$$x^2 = 4$$

$$x = \pm 2$$

No se puede fabricar un número negativo de artículos, por lo que $x = 2$. Como x está en dólares, la producción de 200 artículos producirá un costo promedio marginal de cero dólares. ■ 7

7 Si el costo en el ejemplo 7 está dado por

$$C(x) = x^2 + 10x + 16,$$

encuentre el nivel de producción para el cual el costo promedio marginal es cero.

Respuesta:
400 artículos

9.5 EJERCICIOS

Use la regla del producto para encontrar las derivadas de las siguientes funciones (véanse los ejemplos 1 y 2). (Sugerencia para los ejercicios 6-9: escriba la cantidad como un producto.)

1. $y = (x^2 - 2)(3x + 1)$

2. $y = (2x^2 + 3)(4x + 5)$

3. $y = (6x^3 + 2)(5x - 3)$

4. $y = (2x^2 + 4x - 3)(5x^3 + x + 2)$

5. $y = (x^4 - 2x^3 + 2x)(4x^2 + x - 3)$

6. $y = (3x - 2)^2$

7. $y = (6x^2 + 4x)^2$

8. $y = (x^2 - 1)^2$

9. $y = (3x^3 + x^2)^2$

Use la regla del cociente para encontrar las derivadas de las siguientes funciones (véanse los ejemplos 3 y 4).

10. $y = \frac{x + 1}{2x - 1}$

11. $y = \frac{3x - 5}{x - 4}$

12. $f(x) = \frac{7x + 1}{3x + 8}$

13. $f(t) = \frac{t^2 - 4t}{t + 3}$

14. $y = \frac{4x + 11}{x^2 - 3}$

15. $g(x) = \frac{3x^2 + x}{2x^3 - 1}$

16. $k(x) = \frac{-x^2 + 6x}{4x^3 + 1}$

17. $y = \frac{x^2 - 4x + 2}{x + 3}$

18. $y = \frac{x^2 + 7x - 2}{x - 2}$

19. $r(t) = \frac{\sqrt{t}}{2t + 3}$

20. $y = \frac{5x + 6}{\sqrt{x}}$

21. $y = \frac{9x - 8}{\sqrt{x}}$

Encuentre la derivada de las siguientes funciones (véanse los ejemplos 1-4).

22. $y = (x^2 + 3x)(x^2 + 2)$

23. $y = (7x^4 + 2x)(x^2 - 4)$

24. $y = (x^3 + 4x^2 + 2x)(x^2 - 1)$

25. $y = (2x - 3)(\sqrt{x} - 1)$

26. $y = (5\sqrt{x} - 1)(2\sqrt{x} + 1)$

27. $y = (-3\sqrt{x} + 6)(4\sqrt{x} - 2)$

28. $y = \frac{2}{3x - 5}$

29. $y = \frac{9 - 7x}{1 - x}$

30. $f(t) = \frac{t^2 + t}{t - 1}$

Encuentre la derivada de cada una de las siguientes funciones (véase el ejemplo 5).

31. $f(p) = \dfrac{(2p + 3)(4p - 1)}{3p + 2}$

32. $g(t) = \dfrac{(5t - 2)(2t + 3)}{t - 4}$

33. $g(x) = \dfrac{x^3 + 1}{(2x + 1)(5x + 2)}$

34. $f(x) = \dfrac{x^3 - 4}{(2x + 1)(3x - 2)}$

35. Encuentre el error en el proceso de derivación.

$$D_x\left(\frac{2x + 5}{x^2 - 1}\right) = \frac{(2x + 5)(2x) - (x^2 - 1)2}{(x^2 - 1)^2}$$
$$= \frac{4x^2 + 10x - 2x^2 + 2}{(x^2 - 1)^2}$$
$$= \frac{2x^2 + 10x + 2}{(x^2 - 1)^2}$$

36. Encuentre el error en el proceso de derivación.

$$D_x\left(\frac{x^2 - 4}{x^3}\right) = x^3(2x) - (x^2 - 4)(3x^2)$$
$$= 2x^4 - 3x^4 - 12x^2 = -x^4 + 12x^2$$

37. Encuentre una ecuación de la recta tangente a la gráfica de $f(x) = \dfrac{x}{x - 2}$ en (3, 3).

38. Si $f(x) = 6 - 7x$ y $g(x) = 4x^3 - 9$, entonces, ¿cuál de los siguientes valores está más cerca de $(fg)'(1)$?
(a) 0 **(b)** 6 **(c)** 12 **(d)** 18
(e) 24 **(f)** 30

Resuelva los siguientes ejercicios (véanse los ejemplos 6 y 7).

39. Administración El costo total (en cientos de dólares) de producir x unidades de perfume es

$$C(x) = \frac{3x + 2}{x + 4}.$$

Encuentre el costo promedio para cada uno de los siguiente niveles de producción.
(a) 10 unidades **(b)** 20 unidades **(c)** x unidades
(d) Encuentre la función de costo promedio marginal.

40. Administración La ganancia total (en decenas de dólares) por la venta de x libros es

$$P(x) = \frac{5x - 6}{2x + 3}.$$

Encuentre la ganancia promedio en cada uno de los siguientes niveles de venta.
(a) 8 libros **(b)** 15 libros **(c)** x libros
(d) Encuentre la función de ganancia promedio marginal.
(e) ¿Es ésta una función razonable para la ganancia? ¿Por qué?

41. Ciencias sociales Después de t horas de instrucción, un estudiante típico de mecanografía puede escribir

$$N(t) = \frac{70t^2}{30 + t^2}$$

palabras por minuto.
(a) Encuentre la razón $N'(t)$ a la que el estudiante está mejorando después de t horas.
(b) ¿A qué razón está el estudiante mejorando después de 3 horas?, ¿5 horas?, ¿7 horas?, ¿10 horas?, ¿15 horas?
(c) Describa el progreso del estudiante durante las primeras horas de instrucción.

42. Administración Suponga que usted es el gerente de una compañía de transportes y que uno de sus conductores le reporta que, de acuerdo con sus cálculos, su camión quema combustible a razón de

$$G(x) = \frac{1}{200}\left(\frac{800}{x} + x\right)$$

galones por milla recorrida a x millas por hora sobre un camino seco y plano.
(a) Si el conductor le dice que quiere manejar a 20 millas por hora, ¿qué le diría usted? (*Sugerencia:* tome la derivada de G y evalúela para $x = 20$. Luego interprete sus resultados.)
(b) Si el conductor quiere manejar a 40 millas por hora, ¿qué le diría usted? (*Sugerencia:* encuentre $G'(40)$.)

43. Física La distancia (en pies) de un gato a uno de sus juguetes que persigue, está dada por

$$f(t) = \frac{8}{t + 1} + \frac{20}{t^2 + 1},$$

donde t es el tiempo en segundos desde que empezó.
(a) ¿Cuál es la velocidad promedio del gato entre 1 segundo y 3 segundos?
(b) ¿Cuál es la velocidad instantánea del gato en el segundo 3?

44. Ciencias naturales Cuando un cierto medicamento se introduce a un músculo, éste responde contrayéndose. La cantidad s de contracción, en milímetros, está relacionada con la concentración x del medicamento, en mililitros, por

$$s(x) = \frac{x}{m + nx},$$

donde m y n son constantes.
(a) Encuentre $s'(x)$.
(b) Evalúe $s'(x)$ cuando $x = 50$, $m = 10$ y $n = 3$.
(c) Interprete sus resultados en el inciso (b).

45. Administración El número promedio de vehículos que esperan en línea para entrar a un estacionamiento puede modelarse por la función

$$f(x) = \frac{x^2}{2(1 - x)},$$

donde x es una cantidad entre 0 y 1 conocida como intensidad del tránsito.* Encuentre la razón de cambio del tiempo

*Mannering, F. y W. Kilareski, *Principles of Highway Engineering and Traffic Control*, John Wiley and Sons, 1990.

de espera con respecto a la intensidad del tránsito para los siguientes valores de la intensidad.

(a) $x = .1$ **(b)** $x = .6$

46. Ciencias naturales Suponga que el número total (en millones) de bacterias presentes en un cultivo en un cierto tiempo t (en horas) está dado por

$$N(t) = (t - 10)^2(2t) + 50.$$

(a) Encuentre $N'(t)$.

Encuentre la razón a la que la población de bacterias está cambiando en cada uno de los siguientes tiempos.

(b) 8 horas

(c) 11 horas

(d) La respuesta en el inciso (b) es negativa, y la respuesta en el inciso (c) es positiva. ¿Qué significa esto en términos de la población de bacterias?

9.6 LA REGLA DE LA CADENA

Muchas de las funciones más útiles para aplicaciones se generan al combinar funciones más simples. Considerar las funciones complejas como combinaciones de funciones más simples permite a menudo entenderlas y usarlas con mayor facilidad.

COMPOSICIÓN DE FUNCIONES Considere la función h cuya regla es $h(x) = \sqrt{x^3}$. Por ejemplo, para calcular $h(4)$, se encuentra primero $4^3 = 64$ y luego se toma la raíz cuadrada: $\sqrt{64} = 8$. La regla de h puede entonces replantearse como:

Primero aplique la función $f(x) = x^3$,
luego aplique la función $g(x) = \sqrt{x}$ al resultado.

La misma idea puede expresarse en notación funcional de la siguiente manera:

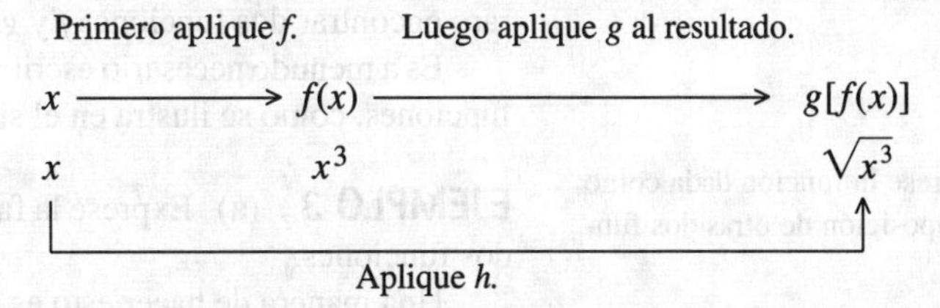

Así entonces, la regla de h puede escribirse como $h(x) = g[f(x)]$, donde $f(x) = x^3$ y $g(x) = \sqrt{x}$. Podemos imaginar las funciones g y f como si fuesen "compuestas" para generar la función h. Damos a continuación una definición formal de esta idea.

> **FUNCIÓN COMPUESTA**
>
> Sean f y g funciones. La **función compuesta** o **composición**, de g y f, es la función cuyos valores están dados por $g[f(x)]$ para toda x en el dominio de f tal que $f(x)$ está en el dominio de g.

EJEMPLO 1 Sean $f(x) = 2x - 1$ y $g(x) = \sqrt{3x + 5}$. Encuentre lo siguiente.

(a) $g[f(4)]$

Encuentre primero $f(4)$.

$$f(4) = 2 \cdot 4 - 1 = 8 - 1 = 7$$

Luego

$$g[\mathbf{f(4)}] = g[\mathbf{7}] = \sqrt{3 \cdot 7 + 5} = \sqrt{26}.$$

(b) $f[g(4)]$

Como $g(4) = \sqrt{3 \cdot 4 + 5} = \sqrt{17}$,

$$f[g(4)] = 2 \cdot \sqrt{17} - 1 = 2\sqrt{17} - 1.$$

(c) $f[g(-2)]$ no existe ya que -2 no está en el dominio de g. ■ [1]

EJEMPLO 2 Sea $f(x) = 4x + 1$ y $g(x) = 2x^2 + 5x$. Encuentre cada una de las siguientes funciones.

(a) $g[f(x)]$

Al usar las funciones dadas,

$$\begin{aligned} g[\mathbf{f(x)}] &= g[\mathbf{4x + 1}] \\ &= 2(\mathbf{4x + 1})^2 + 5(\mathbf{4x + 1}) \\ &= 2(16x^2 + 8x + 1) + 20x + 5 \\ &= 32x^2 + 16x + 2 + 20x + 5 \\ &= 32x^2 + 36x + 7. \end{aligned}$$

(b) $f[g(x)]$

Por la definición anterior, con f y g intercambiadas,

$$\begin{aligned} f[\mathbf{g(x)}] &= f[\mathbf{2x^2 + 5x}] \\ &= 4(\mathbf{2x^2 + 5x}) + 1 \\ &= 8x^2 + 20x + 1. \end{aligned}$$ ■ [2]

Como lo muestra el ejemplo 2, $f[g(x)]$ *no* suele ser igual a $g[f(x)]$. De hecho, es raro encontrar dos funciones f y g para las cuales $f[g(x)] = g[f(x)]$.

Es a menudo necesario escribir una función dada como la compuesta de dos otras funciones, como se ilustra en el siguiente ejemplo.

EJEMPLO 3 **(a)** Exprese la función $h(x) = (x^3 + x^2 - 5)^4$ como la compuesta de dos funciones.

Una manera de hacer esto es con $f(x) = x^3 + x^2 - 5$ y $g(x) = x^4$; entonces

$$g[f(x)] = g[x^3 + x^2 - 5] = (x^3 + x^2 - 5)^4 = h(x).$$

(b) Exprese la función $h(x) = \sqrt{4x^2 + 5}$ como la compuesta de dos funciones de dos maneras diferentes.

Una manera es con $f(x) = 4x^2 + 5$ y $g(x) = \sqrt{x}$, de modo que

$$g[f(x)] = g[4x^2 + 5] = \sqrt{4x^2 + 5} = h(x).$$

Otra manera es con $k(x) = 4x^2$ y $t(x) = \sqrt{x + 5}$; entonces

$$t[k(x)] = t[4x^2] = \sqrt{4x^2 + 5} = h(x).$$ ■ [3]

LA REGLA DE LA CADENA Las reglas del producto y del cociente nos dicen cómo encontrar la derivada de fg y de f/g a partir de las derivadas de f y g. En la misma forma, la **regla de la cadena**, que se da a continuación, nos dice cómo encontrar la derivada de la función compuesta $f[g(x)]$ a partir de las derivadas de f y g. La prueba de la regla de la cadena va más allá del alcance de este libro, pero podemos ilustrar la idea con algunos ejemplos.

---

[1] Sea $f(x) = 3x - 2$ y $g(x) = (x - 1)^5$. Encuentre lo siguiente.

(a) $g[f(2)]$

(b) $f[g(2)]$

Respuestas:

(a) 243

(b) 1

[2] Sea $f(x) = \sqrt{x + 4}$ y $g(x) = x^2 + 5x + 1$. Encuentre $f[g(x)]$ y $g[f(x)]$.

Respuestas:

$f[g(x)] = \sqrt{x^2 + 5x + 5}$,

$g[f(x)] = (\sqrt{x + 4})^2 + 5\sqrt{x + 4} + 1 = x + 5 + 5\sqrt{x + 4}$

[3] Exprese la función dada como una composición de otras dos funciones.

(a) $h(x) = (7x^2 + 5)^4$

(b) $h(x) = \sqrt{15x^2 + 1}$

Respuestas:

Hay varias respuestas correctas, entre otras:

(a) $h(x) = f[g(x)]$, donde $f(x) = x^4$ y $g(x) = 7x^2 + 5$.

(b) $h(x) = f[g(x)]$, donde $f(x) = \sqrt{x}$ y $g(x) = 15x^2 + 1$.

Un metal se dilata o se contrae al cambiar la temperatura y con los cambios de temperatura en un periodo de tiempo. Suponga que la longitud de una barra metálica está incrementándose a razón de 2 mm por cada grado de incremento de la temperatura y que ésta crece a razón de 4° por hora. Entonces, durante el curso de una hora, la longitud de la barra crecerá $2 \cdot 4 = 8$ mm. En otras palabras, la razón de cambio de la longitud con respecto al tiempo es el producto siguiente.

$$\begin{pmatrix}\text{razón de cambio de}\\ \text{la longitud respecto}\\ \text{al tiempo}\end{pmatrix} = \begin{pmatrix}\text{razón de cambio de}\\ \text{la longitud respecto}\\ \text{a la temperatura}\end{pmatrix} \cdot \begin{pmatrix}\text{razón de cambio de}\\ \text{la temperatura respecto}\\ \text{al tiempo}\end{pmatrix} \quad (*)$$

Si consideramos la longitud como una función de la temperatura, digamos $L = f(d)$ y la temperatura como una función del tiempo, digamos $d = g(t)$, entonces la función compuesta $L = f(d) = f[g(t)]$ da la longitud como una función del tiempo. Como la derivada de una función es su razón de cambio, el enunciado (*) dice que

$$L'(t) = f'(d) \cdot g'(t) = f'[g(t)] \cdot g'(t).$$

Veremos que un resultado similar es válido para cualquier función compuesta. Por ejemplo, si $f(x) = x^2$ y $g(x) = x^3 + x$, entonces la función compuesta es

$$f[g(x)] = f[x^3 + x] = [x^3 + x]^2 = (x^3)^2 + 2(x^3)x + x^2 = x^6 + 2x^4 + x^2.$$

La derivada de la función compuesta $y = x^6 + 2x^4 + x^2$ es

$$y' = 6x^5 + 8x^3 + 2x$$

y las derivadas de $f(x) = x^2$ y $g(x) = x^3 + x$ son

$$f'(x) = 2x \quad \text{y} \quad g'(x) = 3x^2 + 1.$$

La relación entre esas tres derivadas puede verse cuando factorizamos.

$$\begin{aligned} y' &= 6x^5 + 8x^3 + 2x \\ &= 2(3x^5 + 4x^3 + x) \\ &= 2(x^3 + x)(3x^2 + 1) \\ &= [2 \cdot g(x)] \cdot g'(x) \end{aligned}$$

Como $f'(x) = 2x$, entonces $f'[g(x)] = 2g(x)$, por lo que el último renglón puede escribirse como

$$y' = [2 \cdot g(x)] \cdot g'(x) = f'[g(x)] \cdot g'(x).$$

Aunque las letras son diferentes para las variables, éste es el mismo resultado que en el caso de la barra metálica en expansión: la derivada de la función compuesta $y = f[g(x)]$ es el producto de la derivada de f, evaluada en $g(x)$ y la derivada de g. Esta misma relación es válida en todos los casos.

REGLA DE LA CADENA

Si f y g son funciones y $y = f[g(x)]$, entonces

$$y' = f'[g(x)] \cdot g'(x),$$

siempre que $f'[g(x)]$ y $g'(x)$ existan.

(Para encontrar la derivada de $f[g(x)]$, encuentre la derivada de $f(x)$, reemplace cada x por $g(x)$ y multiplique el resultado por la derivada de $g(x)$.)

EJEMPLO 4 Use la regla de la cadena para encontrar $D_x\sqrt{15x^2 + 1}$.

Escriba $\sqrt{15x^2 + 1}$ como $(15x^2 + 1)^{1/2}$. Sea $f(x) = x^{1/2}$ y $g(x) = 15x^2 + 1$. Entonces $\sqrt{15x^2 - 1} = f[g(x)]$ y

$$D_x(15x^2 + 1)^{1/2} = f'[g(x)] \cdot g'(x).$$

Aquí $f'(x) = \frac{1}{2}x^{-1/2}$, con $f'[g(x)] = \frac{1}{2}[g(x)]^{-1/2} = \frac{1}{2}(15x^2 + 1)^{-1/2}$ y

$$\begin{aligned} D_x\sqrt{\mathbf{15x^2 + 1}} &= \frac{1}{2}[\mathbf{g(x)}]^{-1/2} \cdot g'(x) \\ &= \frac{1}{2}(\mathbf{15x^2 + 1})^{-1/2} \cdot (30x) \\ &= \frac{15x}{(15x^2 + 1)^{1/2}}. \end{aligned}$$

4 Sea $y = \sqrt{2x^4 + 3}$. Encuentre dy/dx.

Respuesta:

$$\frac{dy}{dx} = \frac{4x^3}{\sqrt{2x^4 + 3}}$$

Si tiene una calculadora graficadora, puede confirmar este resultado gráficamente al trazar $y = 15x/(15x^2 + 1)^{1/2}$ y la derivada numérica de $\sqrt{15x^2 + 1}$ sobre la misma pantalla; las gráficas se verán idénticas. ■ 4

La regla de la cadena puede también expresarse mediante la notación de Leibnitz para derivadas. Si y es una función de u, digamos $y = f(u)$ y u es una función de x, digamos $u = g(x)$, entonces

$$f'(u) = \frac{dy}{du} \quad \text{y} \quad g'(x) = \frac{du}{dx}.$$

Ahora y puede considerarse como una función de x, es decir, $y = f(u) = f(g(x))$. De acuerdo con la regla de la cadena, la derivada de y es

$$\frac{dy}{dx} = f'(g(x)) \cdot g'(x) = f'(u) \cdot g'(x) = \frac{dy}{du} \cdot \frac{du}{dx}.$$

Tenemos entonces esta versión alternativa de la regla de la cadena.

LA REGLA DE LA CADENA (FORMA ALTERNATIVA)

Si y es una función de u, digamos $y = f(u)$ y si u es una función de x, digamos $u = g(x)$, entonces $y = f(u) = f[g(x)]$, y

$$\frac{dy}{dx} = \frac{dy}{du} \cdot \frac{du}{dx}$$

siempre que dy/du y du/dx existan.

Una manera de recordar la regla de la cadena es *pretender* que dy/du y du/dx son fracciones, con du "cancelándose" al multiplicarlas.

EJEMPLO 5 Encuentre dy/dx si $y = (3x^2 - 5x)^{1/2}$.

Sea $y = u^{1/2}$ y $u = 3x^2 - 5x$. Entonces

$$\begin{aligned} \frac{dy}{dx} &= \frac{dy}{du} \cdot \frac{du}{dx} \\ &= \frac{1}{2}u^{-1/2} \cdot (6x - 5). \end{aligned}$$

[5] Use la regla de la cadena para encontrar dy/dx si $y = 10(2x^2 + 1)^4$.

Respuesta:
$160x(2x^2 + 1)^3$

Al reemplazar u por $3x^2 - 5x$ se obtiene

$$\frac{dy}{dx} = \frac{1}{2}(3x^2 - 5x)^{-1/2}(6x - 5) = \frac{6x - 5}{2(3x^2 - 5x)^{1/2}}. \quad \blacksquare \quad [5]$$

Si bien la regla de la cadena es esencial para encontrar las derivadas de algunas de las funciones que veremos después, las derivadas de las funciones algebraicas vistas hasta ahora pueden encontrarse con la siguiente *regla de la potencia generalizada*, que es un caso especial de la regla de la cadena.

REGLA DE LA POTENCIA GENERALIZADA

Sea u una función de x y sea $y = u^n$, para cualquier número real n. Entonces

$$y' = n \cdot u^{n-1} \cdot u',$$

siempre que u' exista.

(La derivada de $y = u^n$ se encuentra disminuyendo el exponente de u en 1 y multiplicando el resultado por el exponente n y por la derivada de u con respecto a x.)

EJEMPLO 6 **(a)** Use la regla de la potencia generalizada para encontrar la derivada de $y = (3 + 5x)^2$.

Sea $u = 3 + 5x$ y $n = 2$. Entonces $u' = 5$. Por la regla de la potencia generalizada,

$$y' = \frac{dy}{dx} = n \cdot u^{n-1} \cdot u'$$

$$= \underset{\downarrow}{\overset{n}{2}} \cdot (\underset{\downarrow}{\overset{u}{3 + 5x}})^{\overset{n-1}{2-1}} \cdot \overbrace{\frac{d}{dx}(3 + 5x)}^{u'}$$

$$= 2(3 + 5x)^{2-1} \cdot 5$$

$$= 10(3 + 5x)$$

$$= 30 + 50x.$$

(b) Encuentre y' si $y = (3 + 5x)^{-3/4}$.

Use la regla de la potencia generalizada con $n = -\frac{3}{4}$, $u = 3 + 5x$ y $u' = 5$.

$$y' = -\frac{3}{4}(3 + 5x)^{(-3/4)-1}(5)$$

$$= -\frac{15}{4}(3 + 5x)^{-7/4}$$

Este resultado no pudo haberse encontrado por ninguna de las reglas dadas anteriormente. $\blacksquare$ [6]

[6] Encuentre dy/dx para:

(a) $y = (2x + 5)^6$

(b) $y = (4x^2 - 7)^3$

(c) $f(x) = \sqrt{3x^2 - x}$

(d) $g(x) = (2 - x^4)^{-3}$

Respuestas:

(a) $12(2x + 5)^5$

(b) $24x(4x^2 - 7)^2$

(c) $\dfrac{6x - 1}{2\sqrt{3x^2 - x}}$

(d) $\dfrac{12x^3}{(2 - x^4)^4}$

EJEMPLO 7 Encuentre la derivada de lo siguiente.

(a) $y = 2(7x^2 + 5)^4$

Sea $u = 7x^2 + 5$. Entonces $u' = 14x$, y

$$y' = \overset{n}{2} \cdot 4(\overset{u}{7x^2 + 5})^{\overset{n-1}{4-1}} \cdot \overbrace{\frac{d}{dx}(7x^2 + 5)}^{u'}$$

$$= 2 \cdot 4(7x^2 + 5)^3(14x)$$

$$= 112x(7x^2 + 5)^3.$$

(b) $y = \sqrt{9x + 2}$

Escriba $y = \sqrt{9x + 2}$ como $y = (9x + 2)^{1/2}$. Entonces

$$y' = \frac{1}{2}(9x + 2)^{-1/2}(9) = \frac{9}{2}(9x + 2)^{-1/2}.$$

La derivada también puede escribirse como

$$y' = \frac{9}{2(9x + 2)^{1/2}} \quad \text{o} \quad y' = \frac{9}{2\sqrt{9x + 2}}.$$ ■ [7]

[7] Encuentre dy/dx para lo siguiente.

(a) $y = 12(x^2 + 6)^5$

(b) $y = 8(4x^2 + 2)^{3/2}$

Respuestas:

(a) $120x(x^2 + 6)^4$

(b) $96x(4x^2 + 2)^{1/2}$

En ocasiones tanto la regla de la potencia como las reglas del producto y del cociente son necesarias para encontrar una derivada, como se muestra en los siguientes ejemplos.

EJEMPLO 8 Encuentre la derivada de $y = 4x(3x + 5)^5$.

Escriba $4x(3x + 5)^5$ como el producto

$$4x \cdot (3x + 5)^5.$$

Para encontrar la derivada de $(3x + 5)^5$, sea $u = 3x + 5$ con $u' = 3$. Ahora use la regla del producto y la regla de la potencia generalizada.

$$y' = 4x\overbrace{[5(3x + 5)^4 \cdot 3]}^{\text{Derivada de }(3x+5)^5} + (3x + 5)^5\overbrace{(4)}^{\text{Derivada de }4x}$$

$$= 60x(3x + 5)^4 + 4(3x + 5)^5$$

$$= 4(3x + 5)^4[15x + (3x + 5)^1]$$

Factorice el máximo factor común, $4(3x + 5)^4$.

$$= 4(3x + 5)^4(18x + 5).$$ ■ [8]

[8] Encuentre las derivadas de:

(a) $y = 6x(x + 2)^2$

(b) $y = -9x(2x^2 + 1)^3$

Respuestas:

(a) $6(x + 2)(3x + 2)$

(b) $-9(2x^2 + 1)^2(14x^2 + 1)$

EJEMPLO 9 Encuentre la derivada de $y = \dfrac{(3x + 2)^7}{x - 1}$.

Use la regla del cociente y la regla de la potencia generalizada.

$$\frac{dy}{dx} = \frac{(x - 1)[7(3x + 2)^6 \cdot 3] - (3x + 2)^7(1)}{(x - 1)^2}$$

$$= \frac{21(x - 1)(3x + 2)^6 - (3x + 2)^7}{(x - 1)^2}$$

$$= \frac{(3x + 2)^6[21(x - 1) - (3x + 2)]}{(x - 1)^2}$$

Factorice el factor común más grande $(3x + 2)^6$.

$$= \frac{(3x + 2)^6[21x - 21 - 3x - 2]}{(x - 1)^2}$$

Simplifique los paréntesis interiores.

$$\frac{dy}{dx} = \frac{(3x + 2)^6(18x - 23)}{(x - 1)^2}$$ ■ [9]

[9] Encuentre las derivadas de lo siguiente.

(a) $y = \dfrac{(2x + 1)^3}{3x}$

(b) $y = \dfrac{(x - 6)^5}{3x - 5}$

Respuestas:

(a) $\dfrac{(2x + 1)^2(4x - 1)}{3x^2}$

(b) $\dfrac{(x - 6)^4(12x - 7)}{(3x - 5)^2}$

Algunas aplicaciones que requieren el uso de la regla de la cadena o de la regla de la potencia generalizada están ilustradas en los siguientes ejemplos.

EJEMPLO 10 El ingreso obtenido por una pequeña ciudad por el cobro de multas de estacionamiento está dado por

$$R(n) = \frac{8000n}{n + 2},$$

donde n es el número de horas de trabajo diarias que pueden dedicarse al patrullaje del estacionamiento. Al principio de una gripa epidémica, 30 horas diarias se usan en el control del estacionamiento, pero durante la epidemia ese número está decreciendo a razón de 6 horas de trabajo por día. Así entonces, $dn/dt = -6$. ¿Qué tan rápido está decreciendo el ingreso por multas durante la epidemia?

Queremos encontrar dR/dt, o sea, el cambio en ingreso con respecto al tiempo. Por la regla de la cadena,

$$\frac{dR}{dt} = \frac{dR}{dn} \cdot \frac{dn}{dt}.$$

Primero encuentre dR/dn, como sigue.

$$\frac{dR}{dn} = \frac{(n + 2)(8000) - 8000n(1)}{(n + 2)^2} = \frac{16{,}000}{(n + 2)^2}$$

Como $n = 30$, $dR/dn = 15.625$. También, $dn/dt = -6$. Entonces,

$$\frac{dR}{dt} = (15.625)(-6) = -93.75.$$

Se está perdiendo ingreso a razón de $93.75 por día. ■ 10

10 Suponga que el ingreso en el ejemplo 10 está dado por

$$R(n) = \frac{4500n}{n + 5}$$

y que las horas de trabajo están decreciendo a razón de 4 por día. ¿Qué tan rápido está decreciendo el ingreso?

Respuesta:
Aproximadamente $73.47 por día

EJEMPLO 11 Suponga que $500 son depositados en una cuenta bancaria con una tasa de interés de r porciento anual compuesto mensualmente. Al término de 10 años, el capital en la cuenta está dado por

$$A = 500\left(1 + \frac{r}{1200}\right)^{120}.$$

Encuentre la razón de cambio de A con respecto a r si $r = 5$, 4.2 o 3.

Primero encuentre dA/dr usando la regla de la potencia generalizada.

$$\frac{dA}{dr} = (120)(500)\left(1 + \frac{r}{1200}\right)^{119}\left(\frac{1}{1200}\right) = 50\left(1 + \frac{r}{1200}\right)^{119}$$

Si $r = 5$,

$$\frac{dA}{dr} = 50\left(1 + \frac{5}{1200}\right)^{119} \approx 82.01,$$

o $82.01 por punto porcentual. Si $r = 4.2$,

$$\frac{dA}{dr} = 50\left(1 + \frac{4.2}{1200}\right)^{119} \approx 75.78,$$

o $75.78 por punto porcentual. Si $r = 3$,

$$\frac{dA}{dr} = 50\left(1 + \frac{3}{1200}\right)^{119} \approx 67.30,$$

o $67.30 por punto porcentual. ■

La regla de la cadena puede usarse para desarrollar la fórmula del **producto ingreso marginal**, concepto económico que aproxima el cambio en ingreso cuando un fabricante contrata un empleado adicional. Comenzamos con $R = px$, donde R es el ingreso total por la producción diaria de x unidades y p es el precio por unidad. Igual que antes, la función de demanda es $p = f(x)$. Además, x puede considerarse una función del número de empleados n. Como $R = px$ y x y por tanto p dependen de n, R también puede considerarse una función de n. Para encontrar una expresión para dR/dn, use la regla del producto para derivadas sobre la función $R = px$ para obtener

$$\frac{dR}{dn} = p \cdot \frac{dx}{dn} + x \cdot \frac{dp}{dn}. \tag{1}$$

Por la regla de la cadena,

$$\frac{dp}{dn} = \frac{dp}{dx} \cdot \frac{dx}{dn}.$$

Sustituyendo dp/dn en la ecuación (1) resulta

$$\frac{dR}{dn} = p \cdot \frac{dx}{dn} + x\left(\frac{dp}{dx} \cdot \frac{dx}{dn}\right)$$

$$= \left(p + x \cdot \frac{dp}{dx}\right)\frac{dx}{dn}. \qquad \text{Factorice } \frac{dx}{dn}.$$

La expresión para dR/dn da el producto ingreso marginal.

EJEMPLO 12 Encuentre el producto ingreso marginal dR/dn (en dólares) cuando $n = 20$ si la función de demanda es $p = 600/\sqrt{x}$ y $x = 5n$.

Como se mostró arriba,

$$\frac{dR}{dn} = \left(p + x \cdot \frac{dp}{dx}\right)\frac{dx}{dn}.$$

Encuentre dp/dx y dx/dn. De

$$p = \frac{600}{\sqrt{x}} = 600x^{-1/2},$$

tenemos la derivada

$$\frac{dp}{dx} = -300x^{-3/2}.$$

También, de $x = 5n$,

$$\frac{dx}{dn} = 5.$$

11 Encuentre el producto ingreso marginal en $n = 10$ si la función de demanda es $p = 1000/x^2$ y $x = 8n$. Interprete su respuesta.

Respuesta:
$-\$1.25$; contratar un empleado adicional producirá un decremento en ingreso de $1.25.

Entonces, por sustitución,

$$\frac{dR}{dn} = \left[\frac{600}{\sqrt{x}} + x(-300x^{-3/2})\right]5 = \frac{1500}{\sqrt{x}}.$$

Si $n = 20$, entonces $x = 100$ y

$$\frac{dR}{dn} = \frac{1500}{\sqrt{100}} = 150.$$

Esto significa que contratar un empleado adicional cuando la producción está a un nivel de 20 artículos, producirá un incremento de ingreso de $150. ■ **11**

9.6 EJERCICIOS

Sea $f(x) = 2x^2 + 3x$ y $g(x) = 4x - 1$. Encuentre cada una de las siguientes funciones (véase el ejemplo 1).

1. $f[g(3)]$ **2.** $f[g(-4)]$

3. $g[f(3)]$ **4.** $g[f(-4)]$

Encuentre $f[g(x)]$ y $g[f(x)]$ en cada uno de los ejercicios siguientes (véase el ejemplo 2).

5. $f(x) = 8x + 12$; $g(x) = 3x - 1$

6. $f(x) = -6x + 9$; $g(x) = 5x + 7$

7. $f(x) = -x^3 + 2$; $g(x) = 4x$

8. $f(x) = 2x$; $g(x) = 6x^2 - x^3$

9. $f(x) = \frac{1}{x}$; $g(x) = x^2$

10. $f(x) = \frac{2}{x^4}$; $g(x) = 2 - x$

11. $f(x) = \sqrt{x + 2}$; $g(x) = 8x^2 - 6$

12. $f(x) = 9x^2 - 11x$; $g(x) = 2\sqrt{x + 2}$

Escriba cada función como una composición de dos funciones. (Puede haber más de una manera de hacer esto.) (Véase el ejemplo 3.)

13. $y = (4x + 3)^5$

14. $y = (x^2 + 2)^{1/3}$

15. $y = \sqrt{6 + 3x}$

16. $y = \sqrt{x + 3} - \sqrt[3]{x + 3}$

17. $y = \frac{\sqrt{x} + 3}{\sqrt{x} - 3}$

18. $y = \frac{2}{\sqrt{x} + 5}$

19. $y = (x^{1/2} - 3)^2 + (x^{1/2} - 3) + 5$

20. $y = (x^2 + 5x)^{1/3} - 2(x^2 + 5x)^{2/3} + 7$

Encuentre la derivada de cada una de las siguientes funciones (véanse los ejemplos 4-7).

21. $y = (3x + 4)^3$ **22.** $y = (6x - 1)^3$

23. $y = 6(3x + 2)^4$ **24.** $y = -5(2x - 1)^4$

25. $y = -2(8x^2 + 6)^4$ **26.** $y = -4(x^3 + 5x^2)^4$

27. $y = 12(2x + 5)^{3/2}$ **28.** $y = 45(3x - 8)^{3/2}$

Encuentre la derivada de la función (véase el ejemplo 4).

29. $y = -7(4x^2 + 9x)^{3/2}$ **30.** $y = 11(5x^2 + 6x)^{3/2}$

31. $y = 8\sqrt{4x + 7}$ **32.** $y = -3\sqrt{7x - 1}$

33. $y = -2\sqrt{x^2 + 4x}$ **34.** $y = 4\sqrt{2x^2 + 3}$

Use la regla del producto o del cociente o la regla de la potencia generalizada para encontrar la derivada de cada una de las siguientes funciones (véanse los ejemplos 8-9).

35. $y = (x + 1)(x - 3)^2$ **36.** $y = (2x + 1)^2(x - 5)$

37. $y = 5(x + 3)^2(2x - 1)^5$ **38.** $y = -9(x + 4)^2(2x - 3)^2$

39. $y = (3x + 1)^3\sqrt{x}$ **40.** $y = (3x + 5)^2\sqrt{x}$

41. $y = \frac{1}{(x - 4)^2}$ **42.** $y = \frac{-5}{(2x + 1)^2}$

43. $y = \frac{(4x + 3)^2}{2x - 1}$ **44.** $y = \frac{(x - 6)^2}{3x + 4}$

45. $y = \frac{x^2 + 4x}{(5x + 2)^3}$ **46.** $y = \frac{3x^2 - x}{(x - 1)^2}$

47. $y = (x^{1/2} + 1)(x^{1/2} - 1)^{1/2}$

48. $y = (3 - x^{2/3})(x^{2/3} + 2)^{1/2}$

Considere la siguiente tabla de valores de las funciones f y g y sus derivadas en varios puntos:

x	1	2	3	4
$f(x)$	2	4	1	3
$f'(x)$	−6	−7	−8	−9
$g(x)$	2	3	4	1
$g'(x)$	2/7	3/7	4/7	5/7

(continúa ejercicio)

Encuentre cada uno de los siguientes valores.

49. **(a)** $D_x(f[g(x)])$ en $x = 1$ **(b)** $D_x(f[g(x)])$ en $x = 2$

50. **(a)** $D_x(g[f(x)])$ en $x = 1$ **(b)** $D_x(g[f(x)])$ en $x = 2$

51. Si $f(x) = (2x^2 + 3x + 1)^{50}$, entonces, ¿cuál de los siguientes valores es el más cercano a $f'(0)$?

(a) 1 **(b)** 50 **(c)** 100 **(d)** 150 **(e)** 200 **(f)** 250

52. Las gráficas de $f(x) = 3x + 5$ y $g(x) = 4x - 1$ son líneas rectas.

(a) Demuestre que la gráfica de $f[g(x)]$ es también una línea recta.

(b) ¿Cómo están relacionadas las pendientes de las gráficas de $f(x)$ y $g(x)$ con la pendiente de la gráfica de $f[g(x)]$?

Resuelva los siguientes ejercicios (véanse los ejemplos 10-12).

53. Administración Suponga que la demanda para una cierta marca de aspiradora está dada por

$$D(p) = \frac{-p^2}{100} + 500,$$

donde p es el precio en dólares. Si el precio, en términos del costo c, se expresa como

$$p(c) = 2c - 10,$$

encuentre la demanda en términos del costo.

54. Ciencias naturales Suponga que la población P de una cierta especie de pez depende del número x (en cientos) de un pez más pequeño que le sirve de alimento, en forma tal que

$$P(x) = 2x^2 + 1.$$

Suponga también que el número x (en cientos) de la especie más pequeña de pez depende de la cantidad a (en unidades apropiadas) de su alimento, que es cierto tipo de plancton. Suponga

$$x = f(a) = 3a + 2.$$

Encuentre $P[f(a)]$, la relación entre la población P del pez más grande y la cantidad a de plancton disponible.

55. Ciencias naturales Un pozo petrolero en la costa del Golfo está derramándose; la fuga de petróleo se dispersa sobre la superficie del agua en forma de círculo. En un tiempo cualquiera t, en minutos, después del principio de la fuga, el radio de la mancha circular de petróleo es $r(t) = t^2$ pies. Sea $A(r) = \pi r^2$ el área de un círculo de radio r. Encuentre e interprete $A[r(t)]$.

56. Ciencias naturales Cuando se tiene una capa de inversión térmica sobre una ciudad (como ocurre con frecuencia en Los Ángeles), los contaminantes no pueden elevarse verticalmente sino que quedan atrapados bajo la capa y deben dispersarse horizontalmente. Suponga que la chimenea de una fábrica empieza a emitir contaminantes a las 8 A.M. Suponga que los contaminantes se dispersan horizontalmente, formando un círculo. Sea t el tiempo en horas desde que la fábrica empezó a emitir los contaminantes ($t = 0$ representa 8 A.M.), y suponga que el radio del círculo de contaminación es $r(t) = 2t$ millas. Sea $A(r) = \pi r^2$ el área del círculo de radio r. Encuentre e interprete $A[r(t)]$.

57. Administración El costo total de la compañía Acme al producir x artículos está dado por

$$C(x) = 600 + \sqrt{50 + 15x^2} \quad (0 \le x \le 200).$$

Encuentre la función de costo marginal.

58. Administración Encuentre el producto ingreso marginal para un fabricante con 8 trabajadores si la función de demanda es $p = 300/x^{1/3}$ y si $x = 8n$.

59. Administración Suponga que la función de demanda para un producto es $p = 200/x^{1/2}$. Encuentre el producto ingreso marginal si hay 25 empleados y si $x = 15n$.

60. Administración La ganancia semanal de un fabricante por las ventas de x tazas está dada por

$$P(x) = (x^3 + 12x + 120)^{1/3} - 200,$$

donde $(0 \le x \le 2000)$.

(a) Use una calculadora para encontrar $P(50)$, $P(100)$, $P(200)$ y $P(1000)$.

(b) Explique por qué es razonable que algunos de los números encontrados en el inciso (a) sean negativos.

(c) Encuentre la función de ganancia marginal.

61. Administración El ingreso por la venta de x artículos está dado por $R(x) = 10\sqrt{300x - 2x^2}$ $(0 \le x \le 150)$.

(a) Encuentre la función de ingreso marginal.

(b) Evalúe la función de ingreso marginal en $x = 30, 60, 90$ y 120.

(c) Explique el significado de las respuestas encontradas en el inciso (b).

62. Administración Suponga una función de demanda dada por

$$x = 30\left(5 - \frac{p}{\sqrt{p^2 + 1}}\right),$$

donde x es la demanda para un producto y p es el precio por artículo en dólares. Encuentre la razón de cambio en la demanda para el producto (es decir, encuentre dx/dp).

63. Ciencias sociales Los estudios muestran que después de t horas en el trabajo, el número de artículos que un cajero de supermercado puede atender por minuto está dado por

$$F(t) = 60 - \frac{150}{\sqrt{8 + t^2}}.$$

(a) Encuentre $F'(t)$, o sea, la razón a la que la velocidad del cajero está creciendo.

(b) ¿A qué razón está la velocidad del cajero creciendo después de 5 horas?, ¿10 horas?, ¿20 horas?, ¿40 horas?

(c) ¿Están sus respuestas en el inciso (b) creciendo o decreciendo con el tiempo? ¿Es esto razonable? Explíquelo.

64. Ciencias naturales El número total de bacterias (en millones) presentes en un cultivo está dado por

$$N(t) = 2t(5t + 9)^{1/2} + 12,$$

donde t representa el tiempo en horas después del principio de un experimento. Encuentre la razón de cambio de la población de bacterias con respecto al tiempo para cada uno de los siguientes tiempos.

(a) $t = 0$ **(b)** $t = 7/5$

(c) $t = 8$ **(d)** $t = 11$

65. Ciencias naturales Para probar el uso de calcio de una persona, un investigador inyecta una pequeña cantidad de calcio radiactivo en el torrente sanguíneo de la persona. El calcio que permanece en la sangre se mide cada día durante varios días. Suponga que la cantidad de calcio que permanece en la sangre en miligramos por centímetro cúbico t días después de la inyección inicial, es aproximada por

$$C(t) = \frac{1}{2}(2t + 1)^{-1/2}.$$

Encuentre la razón de cambio de C con respecto al tiempo para cada uno de los siguientes tiempos.

(a) $t = 0$ **(b)** $t = 4$
(c) $t = 6$ **(d)** $t = 7.5$

66. Ciencias naturales La resistencia de una persona a cierta droga está dada por

$$R(Q) = Q\left(C - \frac{Q}{3}\right)^{1/2},$$

donde Q representa la cantidad de droga que se da al paciente y C es una constante.

(a) La derivada $R'(Q)$ se llama la *sensibilidad* a la droga. Encuentre $R'(Q)$.
(b) Encuentre $R'(Q)$ si $Q = 87$ y $C = 59$.

Use una calculadora graficadora o una computadora para trazar la gráfica de cada función y su derivada sobre los mismos ejes. Determine los valores de x en que la derivada es **(a)** *positiva,* **(b)** *cero y* **(c)** *negativa.* **(d)** *¿Qué es cierto de la gráfica de la función en cada caso?*

67. $G(x) = \dfrac{2x}{(x - 1)^2}$ **68.** $K(x) = \sqrt[3]{(2x - 1)^2}$

9.7 DERIVADAS DE FUNCIONES EXPONENCIALES Y LOGARÍTMICAS

La función exponencial $f(x) = e^x$ y la función logarítmica de base e $g(x) = \ln x$, se estudiaron en el capítulo 5 (recuerde que $e \approx 2.71828$). En esta sección encontraremos las derivadas de esas funciones. Para hacer esto, debemos encontrar primero un límite que será necesario en nuestros cálculos.

Afirmamos que

$$\lim_{h \to 0} \frac{e^h - 1}{h} = 1.$$

Si bien una prueba rigurosa de esto está más allá del alcance de este libro, la siguiente tabla (elaborada con una calculadora) lo hace sumamente plausible.

h tiende a 0 por la izquierda → 0 ← h tiende a 0 por la derecha

h	−.001	−.0001	−.00001	0	.00001	.0001	.001
$\frac{e^h - 1}{h}$	999500	.999950	.999995		1.000005	1.000050	1.000500

Para encontrar la derivada de $f(x) = e^x$, usamos la definición de la función derivada:

$$f'(x) = \lim_{h \to 0} \frac{f(x + h) - f(x)}{h},$$

siempre que este límite exista. (Recuerde que h es aquí la variable y x se trata como constante.)

Para $f(x) = e^x$, vemos que

$$f'(x) = \lim_{h \to 0} \frac{e^{x+h} - e^x}{h}$$

$$= \lim_{h \to 0} \frac{e^x e^h - e^x}{h} \qquad \text{Propiedad del producto de exponentes}$$

$$= \lim_{h \to 0} \frac{e^x(e^h - 1)}{h}$$

$$= \lim_{h \to 0} e^x \cdot \lim_{h \to 0} \frac{e^h - 1}{h}, \qquad \text{Propiedad del producto de límites}$$

siempre que estos dos últimos límites existan. Pero h es la variable y x es constante, por lo que

$$\lim_{h\to 0} e^x = e^x.$$

Combinando este hecho con nuestro trabajo previo, vemos que

$$f'(x) = \lim_{h\to 0} e^x \cdot \lim_{h\to 0} \frac{e^h - 1}{h} = e^x \cdot 1 = e^x.$$

En otras palabras, *la función exponencial $f(x) = e^x$ es su propia derivada.*

EJEMPLO 1 Encuentre cada derivada.

(a) $y = x^3 e^x$

La regla del producto y el hecho de que $f(x) = e^x$ es su propia derivada muestra que

$$y' = x^3 \cdot D_x(e^x) + D_x(x^3) \cdot e^x$$
$$= x^3 \cdot e^x + 3x^2 \cdot e^x = e^x(x^3 + 3x^2).$$

(b) $y = (2e^x + x)^5$

Por las reglas de la potencia generalizada, suma y constante,

$$y' = 5(2e^x + x)^4 \cdot D_x(2e^x + x)$$
$$= 5(2e^x + x)^4 \cdot [D_x(2e^x) + D_x(x)]$$
$$= 5(2e^x + x)^4 \cdot [2D_x(e^x) + 1]$$
$$= 5(2e^x + x)^4(2e^x + 1).$$ ■ 1

1 Diferencie lo siguiente.

(a) $(2x^2 - 1)e^x$

(b) $(1 - e^x)^{1/2}$

Respuestas:

(a) $(2x^2 - 1)e^x + 4xe^x$

(b) $\dfrac{-e^x}{2(1 - e^x)^{1/2}}$

EJEMPLO 2 Encuentre la derivada de $y = e^{x^2-3x}$.

Sea $f(x) = e^x$ y $g(x) = x^2 - 3x$. Entonces

$$y = e^{x^2-3x} = e^{g(x)} = f[g(x)]$$

y $f'(x) = e^x$ y $g'(x) = 2x - 3$. Por la regla de la cadena,

$$y' = f'[g(x)] \cdot g'(x)$$
$$= e^{g(x)} \cdot (2x - 3)$$
$$= e^{x^2-3x} \cdot (2x - 3) = (2x - 3)e^{x^2-3x}.$$ ■

El procedimiento del ejemplo 2 puede usarse para encontrar la derivada de $y = e^{g(x)}$ para cualquier función g diferenciable. Sea $f(x) = e^x$; entonces $y = e^{g(x)} = f[g(x)]$. Por la regla de la cadena,

$$y' = f'[g(x)] \cdot g'(x) = e^{g(x)} \cdot g'(x) = g'(x)e^{g(x)}.$$

Podemos resumir estos resultados como sigue.

DERIVADA DE e^x Y $e^{g(x)}$

Si $y = e^x$, entonces $y' = e^x$.

Si $y = e^{g(x)}$, entonces $y' = g'(x) \cdot e^{g(x)}$.

EJEMPLO 3 Encuentre las derivadas de las siguientes funciones.

(a) $y = 4e^{5x}$

Sea $g(x) = 5x$, con $g'(x) = 5$. Entonces

$$y' = 4 \cdot 5e^{5x} = 20e^{5x}.$$

(b) $y = 3e^{-4x}$

$$y' = 3(-4e^{-4x}) = -12e^{-4x}$$

(c) $y = 10e^{3x^2}$

$$y' = 6x(10e^{3x^2}) = 60xe^{3x^2} \quad ■ \quad \boxed{2}$$

EJEMPLO 4 Sea $y = \dfrac{100{,}000}{1 + 100e^{-.3x}}$. Encuentre y'.

Use la regla del cociente.

$$y' = \frac{(1 + 100e^{-.3x})(0) - 100{,}000(-30e^{-.3x})}{(1 + 100e^{-.3x})^2}$$

$$= \frac{3{,}000{,}000e^{-.3x}}{(1 + 100e^{-.3x})^2} \quad ■ \quad \boxed{3}$$

$\boxed{2}$ Encuentre cada derivada.

(a) $y = 3e^{12x}$

(b) $y = -6e^{(-10x+1)}$

(c) $y = e^{-x^2}$

Respuestas:

(a) $y' = 36e^{12x}$

(b) $y' = 60e^{(-10x+1)}$

(c) $y' = -2xe^{-x^2}$

$\boxed{3}$ Encuentre cada derivada.

(a) $y = \dfrac{e^x}{1 + x}$

(b) $y = \dfrac{10{,}000}{1 + 2e^x}$

Respuestas:

(a) $y' = \dfrac{xe^x}{(1 + x)^2}$

(b) $y' = \dfrac{-20{,}000e^x}{(1 + 2e^x)^2}$

DERIVADAS DE FUNCIONES LOGARÍTMICAS Para encontrar la derivada de $g(x) = \ln x$ usamos las definiciones y propiedades de los logaritmos naturales que vimos en la sección 5.3:

$$g(x) = \ln x \text{ significa } e^{g(x)} = x$$

para toda $x > 0$, $y > 0$ y todo número real r,

$$\ln xy = \ln x + \ln y, \quad \ln \frac{x}{y} = \ln x - \ln y, \quad \ln x^r = r \ln x.$$

Advierta que $x > 0$, $y > 0$ porque los logaritmos de números negativos no están definidos. Al diferenciar con respecto a x en cada lado de $e^{g(x)} = x$, tenemos

$$D_x(e^{g(x)}) = D_x(x)$$

$$e^{g(x)} \cdot g'(x) = 1.$$

Como $e^{g(x)} = x$, esta última ecuación conduce a

$$x \cdot g'(x) = 1$$

$$g'(x) = \frac{1}{x}$$

$$\frac{d}{dx}(\ln x) = \frac{1}{x} \quad \text{para toda } x > 0.$$

EJEMPLO 5 **(a)** Suponga $x > 0$ y use las propiedades de los logaritmos para encontrar la derivada de $y = \ln 6x$.

$$y' = \frac{d}{dx}(\ln 6x)$$

$$= \frac{d}{dx}(\ln 6 + \ln x) \qquad \text{Regla del producto para logaritmos}$$

$$= \frac{d}{dx}(\ln 6) + \frac{d}{dx}(\ln x) \qquad \text{Regla de la suma para derivadas}$$

Tenga cuidado aquí: ln 6 es una *constante* (ln 6 ≈ 1.79), por lo que su derivada es 0 (*no* 1/6). Por consiguiente,

$$y' = \frac{d}{dx}(\ln 6) + \frac{d}{dx}(\ln x) = 0 + \frac{1}{x} = \frac{1}{x}.$$

(b) Suponga $x > 0$ y use la regla de la cadena para encontrar la derivada de $y = \ln 6x$. Sea $f(x) = \ln x$ y $g(x) = 6x$, de manera que $y = \ln 6x = \ln g(x) = f(g(x))$. Entonces, por la regla de la cadena,

$$y' = f'[g(x)] \cdot g'(x) = \frac{1}{g(x)} \cdot \frac{d}{dx}(6x) = \frac{1}{6x} \cdot 6 = \frac{1}{x}. \blacksquare$$

El procedimiento del ejemplo 5(b) también es válido en el caso general. La derivada de $y = \ln g(x)$, donde $g(x)$ es una función y $g(x) > 0$, puede encontrarse al hacer $f(x) = \ln x$, de modo que $y = f[g(x)]$, y al aplicar la regla de la cadena:

$$y' = f'[g(x)] \cdot g'(x) = \frac{1}{g(x)} \cdot g'(x) = \frac{g'(x)}{g(x)}.$$

Podemos resumir estos resultados como sigue.

DERIVADA DE ln x Y ln $g(x)$

Si $y = \ln x$, entonces $y' = \frac{1}{x}$ $\quad (x > 0)$.

Si $y = \ln g(x)$, entonces $y' = \frac{g'(x)}{g(x)}$ $\quad (g(x) > 0)$.

EJEMPLO 6 Encuentre las derivadas de las siguientes funciones.

(a) $y = \ln(3x^2 - 4x)$

Sea $g(x) = 3x^2 - 4x$, de modo que $g'(x) = 6x - 4$. De la fórmula anterior,

$$y' = \frac{g'(x)}{g(x)} = \frac{6x - 4}{3x^2 - 4x}.$$

(b) $y = 3x \ln x^2$

Como $3x \ln x^2$ es el producto de $3x$ y $\ln x^2$, use la regla del producto.

$$y' = (3x)\left(\frac{d}{dx}\ln x^2\right) + (\ln x^2)\left(\frac{d}{dx}3x\right)$$

$$= 3x\left(\frac{2x}{x^2}\right) + (\ln x^2)(3) \qquad \text{Efectúe las derivadas.}$$

$$= 6 + 3\ln x^2$$

$$= 6 + \ln(x^2)^3 \qquad \text{Propiedad de los logaritmos}$$

$$y' = 6 + \ln x^6 \qquad \text{Propiedad de los exponentes}$$

4 Encuentre y' para lo siguiente.

(a) $y = \ln(7 + x)$

(b) $y = \ln(4x^2)$

(c) $y = \ln(8x^3 - 3x)$

(d) $y = x^2 \ln x$

Respuestas:

(a) $y' = \dfrac{1}{7 + x}$

(b) $y' = \dfrac{2}{x}$

(c) $y' = \dfrac{24x^2 - 3}{8x^3 - 3x}$

(d) $y' = x(1 + 2 \ln x)$

(c) $y = \ln[(x^2 + x + 1)(4x - 3)^5]$

Aquí usamos las propiedades de los logaritmos antes de efectuar la derivada (lo mismo podría haberse hecho en el inciso (b), escribiendo $\ln x^2$ como $2 \ln x$).

$$
\begin{aligned}
y &= \ln[(x^2 + x + 1)(4x - 3)^5] \\
&= \ln(x^2 + x + 1) + \ln(4x - 3)^5 && \text{Propiedades de los logaritmos} \\
&= \ln(x^2 + x + 1) + 5 \ln(4x - 3) && \text{Propiedades de los logaritmos} \\
y' &= \frac{2x + 1}{x^2 + x + 1} + 5 \cdot \frac{4}{4x - 3} && \text{Efectúe las derivadas.} \\
&= \frac{2x + 1}{x^2 + x + 1} + \frac{20}{4x - 3}.
\end{aligned}
$$

■ **4**

La función $y = \ln(-x)$ está definida para toda $x < 0$ (ya que $-x > 0$ cuando $x < 0$). Su derivada puede encontrarse al aplicar la regla de la derivada para $\ln g(x)$ con $g(x) = -x$.

$$
\begin{aligned}
y' &= \frac{g'(x)}{g(x)} \\
&= \frac{-1}{-x} \\
&= \frac{1}{x}
\end{aligned}
$$

Ésta es la misma que la derivada de $y = \ln x$, con $x > 0$. Como

$$
|x| = \begin{cases} x & \text{si } x > 0 \\ -x & \text{si } x < 0, \end{cases}
$$

podemos combinar dos resultados en uno, como sigue.

5 Encuentre cada derivada.

(a) $y = e^{x^2} \ln |x|$

(b) $y = x^2/\ln |x|$

Respuestas:

(a) $y' = e^{x^2}\left(\dfrac{1}{x} + 2x \ln |x|\right)$

(b) $y' = \dfrac{2x \ln |x| - x}{(\ln |x|)^2}$

> Si $y = \ln |x|$, entonces $y' = \dfrac{1}{x}$ $(x \neq 0)$.

EJEMPLO 7 Sea $y = e^x \cdot \ln |x|$. Encuentre y'.

Use la regla del producto.

$$
y' = e^x \cdot \frac{1}{x} + \ln |x| \cdot e^x = e^x\left(\frac{1}{x} + \ln |x|\right)
$$

■ **5**

A menudo, una población o la venta de un cierto producto, comienza a crecer lentamente, luego crece más rápidamente y luego se nivela gradualmente. Este crecimiento puede aproximarse por un modelo matemático de la forma

$$
f(x) = \frac{b}{1 + ae^{kx}}
$$

para constantes apropiadas a, b y k.

EJEMPLO 8 Suponga que las ventas de un producto nuevo pueden ser aproximadas en su primer año en el mercado por

$$S(x) = \frac{100{,}000}{1 + 100e^{-.3x}},$$

donde x es el tiempo en años desde la introducción del producto. Encuentre la razón de cambio de las ventas cuando $x = 4$.

La derivada se dio en el ejemplo 4. Al usar esta derivada y una calculadora

$$S'(4) = \frac{3{,}000{,}000e^{-.3(4)}}{(1 + 100e^{-.3(4)})^2} = \frac{3{,}000{,}000e^{-1.2}}{(1 + 100e^{-1.2})^2} \approx 933.$$

La razón de cambio de las ventas en el tiempo $x = 4$ es un incremento de aproximadamente 933 unidades por año. ■ 6

6 Suponga que una población de venados está dada por

$$f(x) = \frac{10{,}000}{1 + 2e^{x}},$$

donde x es el tiempo en años (véase el problema 3(b) en el margen). Encuentre la razón de cambio de la población cuando

(a) $x = 0$;

(b) $x = 5$.

(c) ¿Está creciendo o decreciendo la población?

Respuestas:

(a) Aproximadamente -2200

(b) Aproximadamente -33

(c) Decreciendo

9.7 EJERCICIOS

Encuentre las derivadas de las siguientes funciones (véanse los ejemplos 1-7).

1. $y = e^{3x}$

2. $y = e^{-4x}$

3. $f(x) = 5e^{2x}$

4. $f(x) = 4e^{-3x}$

5. $g(x) = -4e^{-5x}$

6. $g(x) = 6e^{x/2}$

7. $y = e^{x^2}$

8. $y = e^{-x^2}$

9. $f(x) = e^{x^2/2}$

10. $y = 4e^{2x^2-4}$

11. $y = -3e^{3x^2+5}$

12. $y = xe^{x}$

13. $y = \ln(-8x^2 + 6x)$

14. $y = \ln\sqrt{x + 5}$

15. $y = \ln\sqrt{2x + 1}$

16. $y = \ln[(3x - 1)(5x + 2)]$

17. $f(x) = \ln[(2x - 3)(x^2 + 4)]$

18. $f(x) = \ln\left(\frac{4x + 3}{5x - 2}\right)$

19. $y = x^2e^{-2x}$

20. $y = (x - 3)^2e^{2x}$

21. $y = (3x^2 - 4x)e^{-3x}$

22. $y = \ln(3 - x)$

23. $y = \ln(1 + x^2)$

24. $y = \ln(2x^2 - 7x)$

25. $y = \ln\left(\frac{6 - x}{3x + 5}\right)$

26. $y = \ln(x^4 + 5x^2)^{3/2}$

27. $y = \ln(5x^3 - 2x)^{3/2}$

28. $y = -3x\ln(x + 2)$

29. $y = x\ln(2 - x^2)$

30. $y = \frac{x^2}{e^x}$

31. $y = \frac{e^x}{2x + 1}$

32. $y = (2x^3 - 1)\ln|x|$

33. $y = \frac{\ln|x|}{x^3}$

34. $y = \frac{3\ln|x|}{3x + 4}$

35. $y = \frac{-4\ln|x|}{5 - 2x}$

36. $y = \frac{3x^2}{\ln|x|}$

37. $y = \frac{x^3 - 1}{2\ln|x|}$

38. $y = [\ln(x + 1)]^4$

39. $y = \sqrt{\ln(x-3)}$

40. $y = \dfrac{e^x}{\ln|x|}$

41. $y = \dfrac{e^x - 1}{\ln|x|}$

42. $y = \dfrac{e^x + e^{-x}}{x}$

43. $y = \dfrac{e^x - e^{-x}}{x}$

44. $y = e^{x^3} \ln|x|$

45. $f(x) = e^{3x+2} \ln(4x-5)$

46. $f(x) = \dfrac{2400}{3 + 8e^{.2x}}$

47. $y = \dfrac{500}{7 - 10e^{.4x}}$

48. $y = \dfrac{10{,}000}{9 + 4e^{-.2x}}$

49. $y = \dfrac{500}{12 + 5e^{-.5x}}$

50. $y = \ln(\ln|x|)$

51. Si $f(x) = x^2e^{-2x}$, ¿cuál de los siguientes valores es más cercano a $f'(-1)$?
(a) 0
(b) −10
(c) −20
(d) −30
(e) −40
(f) −50

52. Si $g(x) = 10e^x + 3\ln(x+1)$, ¿cuál de los siguientes valores es más cercano a $g'(0)$?
(a) 6
(b) 9
(c) 12
(d) 15
(e) 18
(f) 21

53. Si $f(x) = e^{2x}$, encuentre $f'[\ln(1/4)]$.

54. Si $g(x) = 3e\ln[\ln x]$, encuentre $g'(e)$.

Resuelva los siguientes ejercicios.

55. Administración Suponga que la función de demanda para x miles de un cierto artículo es

$$p = 100 + \frac{50}{\ln x}, \quad x > 1,$$

donde p está en dólares.
(a) Encuentre el ingreso marginal.
(b) Encuentre el ingreso proveniente de los siguientes mil artículos bajo una demanda de 8000 ($x = 8$).

56. Administración Suponga que el ingreso total recibido por la venta de x artículos está dado por

$$R(x) = 30\ln(2x+1),$$

mientras que el costo total de producir x artículos es $C(x) = x/2$. Encuentre el número de artículos que deben fabricarse de manera que la ganancia marginal sea 0.

57. Administración Si la función de costo en dólares para x miles del artículo en el ejercicio 55 es $C(x) = 100x + 100$, encuentre lo siguiente.
(a) El costo marginal.
(b) La función de ganancia $P(x)$.
(c) La ganancia de los próximos mil artículos bajo una demanda de 8000 ($x = 8$).

58. Administración La función de demanda para x unidades de un producto es

$$p = 100 - 10\ln x, \quad 1 < x < 20{,}000,$$

donde $x = 6n$ y n es el número de empleados que producen el producto.
(a) Encuentre la función de ingreso $R(x)$.
(b) Encuentre la función de producto ingreso marginal (véase el ejemplo 12 en la sección 9.6).
(c) Evalúe e interprete el producto de ingreso marginal cuando $x = 20$.

59. Ciencias sociales Con base en datos de 1980 al presente, la población de cierta ciudad en el año t se espera que sea

$$P(t) = 50{,}000(1 + .2t)e^{-.04t} \quad (0 \le t \le 40),$$

donde $t = 0$ corresponde a 1980.
(a) ¿A qué razón está la población cambiando en el año t?
(b) ¿Está la ciudad ganando o perdiendo población en los años 1985, 1995, 2005 y 2015?

60. Administración Suponga que $P(x) = e^{-0.02x}$ representa la proporción de autos fabricados por cierta compañía que continúan sin defectos después de x meses de uso. Encuentre la proporción de autos sin defectos después de
(a) 1 mes; **(b)** 10 meses; **(c)** 100 mes.
(d) Calcule e interprete $P'(100)$.

61. Administración Un niño está esperando en la esquina de una calle una abertura en el tránsito para poder cruzar la calle con seguridad. Un modelo matemático del tránsito muestra que si el tiempo de espera es cuando más de un minuto, entonces el flujo máximo de tránsito (en autos por hora) está dado por

$$f(x) = \frac{67{,}338 - 12{,}595\ln x}{x},$$

donde x es el ancho de la calle en pies.* Encuentre el flujo máximo de tránsito y la razón de cambio del flujo máximo con respecto al ancho de la calle cuando $x =$
(a) 30 pies; **(b)** 40 pies.

*Edward A. Bender, *An Introduction to Mathematical Modeling*, John Wiley and Sons, 1978, pág. 213.

62. Ciencias naturales Suponga que la población de cierta colección de hormigas raras brasileñas está dada por

$$P(t) = 1000e^{.2t},$$

donde t representa el tiempo en días. Encuentre la razón de cambio de la población cuando $t = 2$ y cuando $t = 8$. ¿Disminuye en algún tiempo la población de hormigas?

63. Administración Una empresa maderera planea vender cierta cantidad de madera e invertir el dinero obtenido de la venta. La madera está aumentando de valor pero demorar la venta puede resultar en una pérdida de intereses. Al considerar las tasas de interés y la inflación, la compañía calcula que sus ingresos (en dólares) en el año t por la venta estarán dados por

$$R(t) = 600{,}000e^{-.07t+\sqrt{t}/2}.$$

¿A qué razón estará creciendo o decreciendo este ingreso en
(a) 5 años;
(b) 10 años;
(c) 15 años;
(d) 20 años.
(e) Con base en sus respuestas a los incisos (a)-(d), ¿aproximadamente cuándo debería la compañía vender?

64. Ciencias naturales Suponga que la cantidad de una sustancia radiactiva presente en el tiempo t está dada por

$$A(t) = 500e^{-.25t}$$

gramos. Encuentre la razón de cambio de la cantidad presente cuando
(a) $t = 0$;
(b) $t = 4$;
(c) $t = 6$;
(d) $t = 10$.
(e) ¿Decae la sustancia más lenta o más rápidamente con el paso del tiempo?

65. Ciencias naturales Ciertos tipos de alimentos se colocan en un ambiente controlado donde la temperatura está justamente arriba del punto de congelación. Conforme la temperatura se incrementa, parte del alimento empieza a deteriorarse. Suponga que para $1 \leq t \leq 30$,

$$M(t) = (e^{.1t} + 1) \ln \sqrt{t}$$

representa el porciento de alimentos que se han podrido cuando la temperatura alcanza t grados Celsius. Encuentre
(a) $M(15)$; **(b)** $M(25)$.
(c) Encuentre la razón de cambio de $M(t)$ cuando $t = 15$.

66. Ciencias naturales Suponga que la población de una cierta colonia de abejas está dada por

$$P(t) = (t + 100) \ln(t + 2),$$

donde t representa el tiempo en días. Encuentre las razones de cambio de la población cuando $t = 2$, $t = 8$ y $t = 20$. ¿Está creciendo o decreciendo la población?

67. Ciencias naturales La concentración de contaminantes, en gramos por litro, en la rama derecha del río Big Weasel está dada aproximadamente por

$$P(x) = .04e^{-4x},$$

donde x es el número de millas río abajo desde una fábrica de papel donde se hizo la medición. Encuentre
(a) $P(.5)$; **(b)** $P(1)$; **(c)** $P(2)$.
Encuentre la razón de cambio de la concentración con respecto a la distancia a
(d) $x = .5$; **(e)** $x = 1$; **(f)** $x = 2$.

68. Ciencias sociales De acuerdo con el trabajo del psicólogo C. L. Hull, la intensidad de un hábito es función del número de veces que el hábito se repite. Si N es el número de repeticiones y $H(N)$ es la intensidad del hábito, entonces

$$H(N) = 1000(1 - e^{-kN}),$$

donde k es una constante. Encuentre $H'(N)$ si $k = 0.1$ y
(a) $N = 10$; **(b)** $N = 100$; **(c)** $N = 1000$.
(d) Demuestre que $H'(N)$ es siempre positiva. ¿Qué significa esto?

9.8 CONTINUIDAD Y DIFERENCIABILIDAD

Hablando intuitivamente, una función es **continua** en un punto si se puede dibujar la gráfica de la función cerca del punto sin levantar el lápiz del papel. Por el contrario, una función es **discontinua** en un punto si el lápiz debe *levantarse* del papel para dibujar la gráfica en ambos lados del punto.

Fijarse primero en gráficas que tienen puntos de discontinuidad aclarará la idea de continuidad en un punto. Por ejemplo, la gráfica de la función en la figura 9.20(a) tiene un círculo abierto en (2, 3), lo que indica que hay un "agujero" en la gráfica en ese punto. Por lo tanto, la función es discontinua en $x = 2$ porque para dibujar la gráfica de $x = 1$ a $x = 3$, debe levantar el lápiz por un instante al pasar por (2, 3).

y = f(x)
3
(2, 3)
2
x
y

(a)

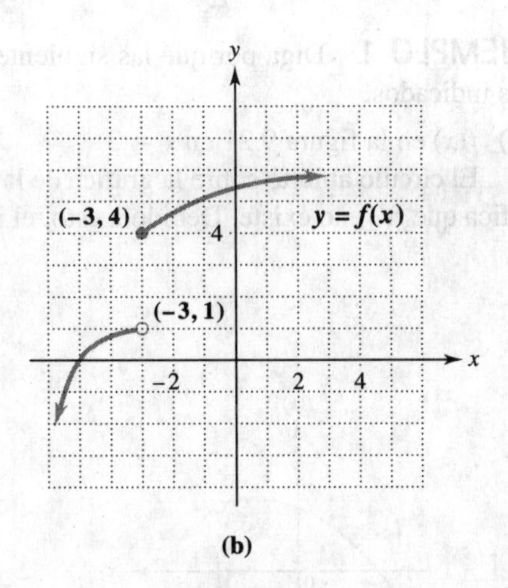

(b)

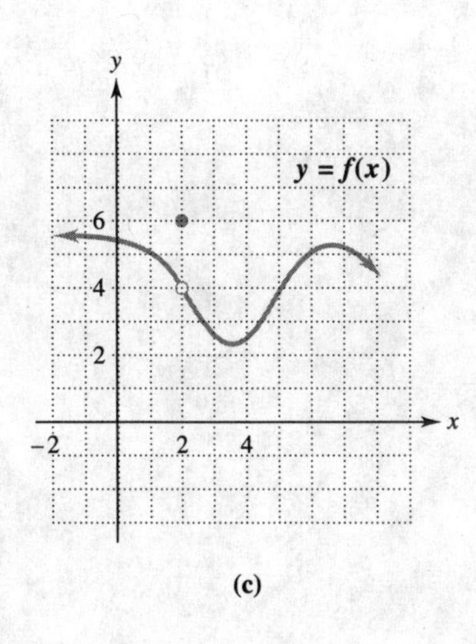

(c)

FIGURA 9.20

1 Encuentre los puntos de discontinuidad para las siguientes funciones.

(a)

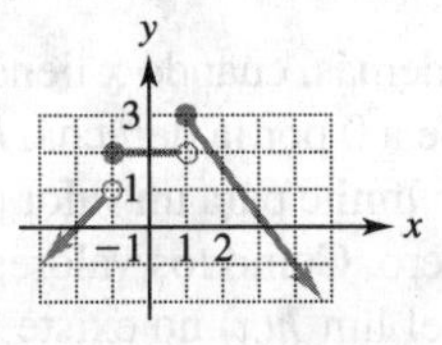

(b)

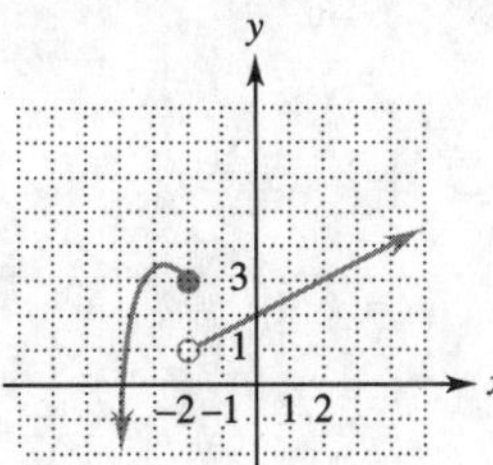

(c)

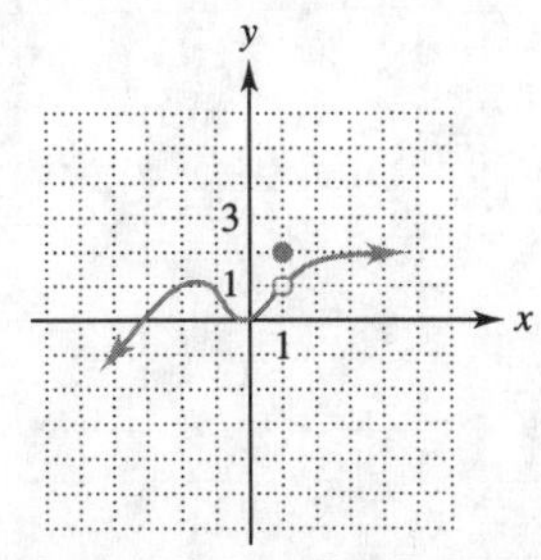

Respuestas:

(a) $-1, 1$

(b) -2

(c) 1

La función en la figura 9.20(b) es discontinua en $x = -3$ debido al "salto" en ese lugar de la gráfica (lo que requiere levantar el lápiz para dibujar la gráfica a ambos lados de $x = -3$). Aunque la función no es continua en $x = -3$, *es* continua en $x = -1$ porque se puede dibujar la gráfica de $x = -2$ a $x = 0$, sin levantar el lápiz del papel.

Finalmente, la función en la figura 9.20(c) es discontinua en $x = 2$. Cuando x está cerca (pero no es igual) a 2, todos los valores correspondientes de $f(x)$ están muy cerca de 4, por lo que, a cada lado de $x = 2$, la gráfica está muy cerca del punto (2, 4) y ésta puede dibujarse sin levantar el lápiz del papel. Pero cuando $x = 2$, se debe levantar el lápiz al punto $(2, f(2)) = (2, 6)$. Desde otro punto de vista, cuando x se acerca cada vez más a 2, $f(x)$ se acerca cada vez más a 4, es decir, $\lim_{x\to 2} f(x) = 4$. Pero $f(2) = 6$ y, por consiguiente,

$$\lim_{x\to 2} f(x) \neq f(2). \quad \boxed{1}$$

Consideremos ahora qué significa que una función f sea continua en $x = c$. Si usted *puede* dibujar la gráfica de f alrededor de $x = c$ sin levantar el lápiz del papel, entonces por lo menos $f(c)$ debe estar definida (de otra manera habría un agujero en la gráfica). Pero el último ejemplo muestra que esto no es suficiente para garantizar la continuidad; cuando x se acerca mucho a c, $f(x)$ debe estar muy cerca de $f(c)$ (de otra manera se debe levantar el lápiz en $x = c$). Estas consideraciones conducen a la siguiente definición.

DEFINICIÓN DE CONTINUIDAD EN UN PUNTO

Una función f es **continua** en $x = c$ si

(a) $f(c)$ está definida;

(b) $\lim_{x\to c} f(x)$ existe;

(c) $\lim_{x\to c} f(x) = f(c)$.

Si f no es continua en $x = c$, entonces es **discontinua** ahí.

EJEMPLO 1 Diga por qué las siguientes funciones son discontinuas en los puntos indicados.

(a) $f(x)$ en la figura 9.21 en $x = 3$

El círculo abierto sobre la gráfica de la figura 9.21 en el punto en que $x = 3$, significa que $f(3)$ no existe. Debido a esto, el inciso (a) de la definición no se cumple.

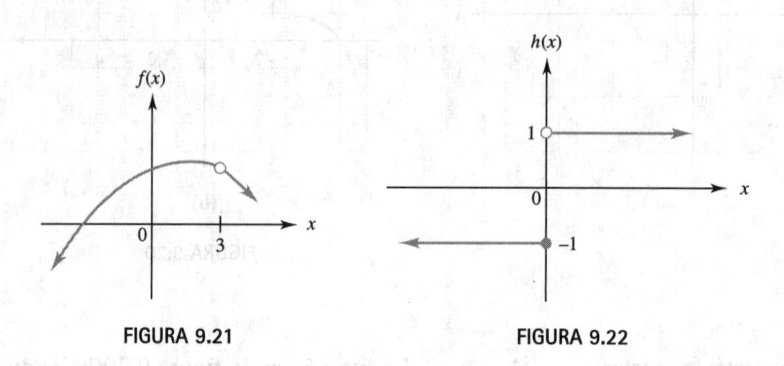

FIGURA 9.21 FIGURA 9.22

(b) $h(x)$ en la figura 9.22 en $x = 0$

La gráfica de la figura 9.22 muestra que $h(0) = -1$. Además, cuando x tiende a 0 por la izquierda, $h(x)$ es -1. Sin embargo, cuando x tiende a 0 por la derecha, $h(x)$ es 1. Como se mencionó en la sección 9.1, para que exista un límite para un valor particular de x, los valores de $h(x)$ deben tender a un solo número. Como los valores de $h(x)$ no tienden a ningún número solo cuando x tiende a 0, el $\lim_{x\to 0} h(x)$ no existe y el inciso (b) de la definición no se cumple.

(c) $g(x)$ en $x = 4$ en la figura 9.23.

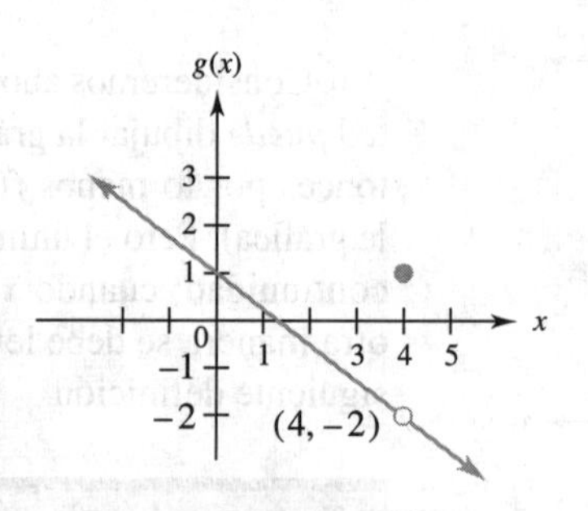

FIGURA 9.23

En la figura 9.23, el punto sobre 4 muestra que $g(4)$ está definido. De hecho, $g(4) = 1$. Sin embargo, la gráfica también muestra que

$$\lim_{x\to 4} g(x) = -2,$$

por lo que $\lim_{x\to 4} g(x) \neq g(4)$, y el inciso (c) de la definición no se cumple.

2 Diga por qué las siguientes funciones son discontinuas en los puntos indicados.

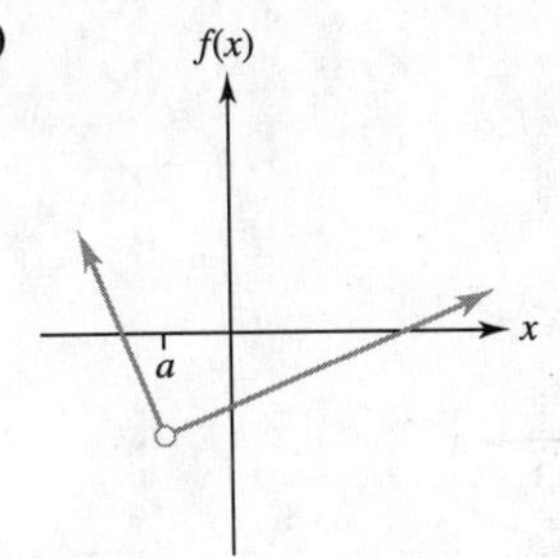

(b)

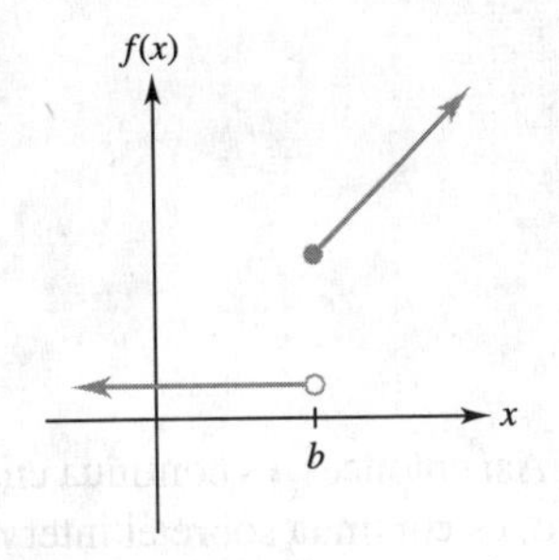

Respuestas:

(a) $f(a)$ no existe

(b) $\lim_{x \to b} f(x)$ no existe

3 Escriba lo siguiente en notación de intervalos.

(a) −5 3

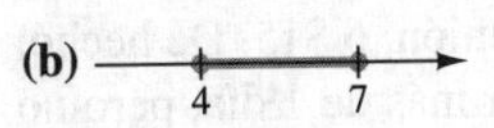

(c) −1

Respuestas:

(a) $(-5, 3)$

(b) $[4, 7]$

(c) $(-\infty, -1]$

(d) $f(x)$ en la figura 9.24 en $x = -2$.

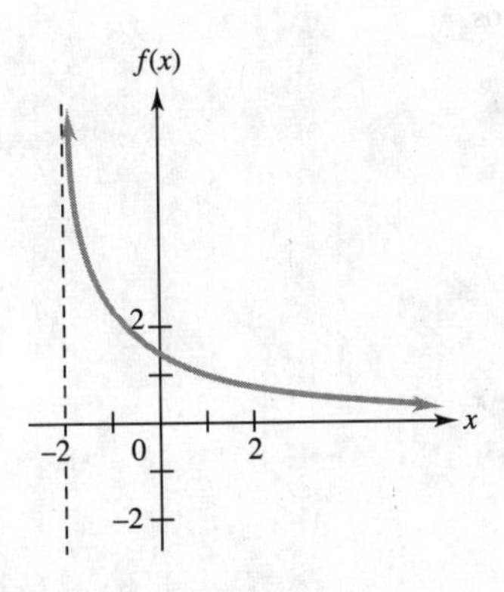

FIGURA 9.24

La función f, cuya gráfica se muestra en la figura 9.24, no está definida en -2 y $\lim_{x \to -2} f(x)$ no existe, lo que es suficiente para mostrar que f no es continua en -2. (Sin embargo, la función f *es* continua en cualquier valor de x mayor que -2.) ■ **2**

Al analizar la continuidad de una función, es a menudo útil usar notación de intervalos, que vimos ya en el capítulo 1. La siguiente tabla debe ayudarlo a recordar cómo se usa.

Intervalo	*Nombre*	*Descripción*	*Notación de intervalos*
−2 3	Intervalo abierto	$-2 < x < 3$	$(-2, 3)$
−2 3	Intervalo cerrado	$-2 \leq x \leq 3$	$[-2, 3]$
3	Intervalo abierto	$x < 3$	$(-\infty, 3)$
−5	Intervalo abierto	$x > -5$	$(-5, \infty)$

Recuerde que el símbolo ∞ no representa un número; ∞ se usa por conveniencia en la notación de intervalos para indicar que el intervalo se extiende sin cota en la dirección positiva. También, $-\infty$ indica que no hay ninguna cota en la dirección negativa. **3**

La continuidad en un punto se definió antes; la *continuidad sobre un intervalo abierto* se define a continuación.

> Si una función es continua en cada punto de un intervalo abierto, se dice que ésta es **continua sobre el intervalo abierto**.

Intuitivamente, la función f es continua sobre el intervalo (a, b) si se puede dibujar la gráfica entre $x = a$ y $x = b$ sin levantar el lápiz del papel.

4 ¿Son continuas las funciones con las gráficas mostradas sobre los intervalos indicados?

(a) $(-4, -2)$; $(-3, 0)$

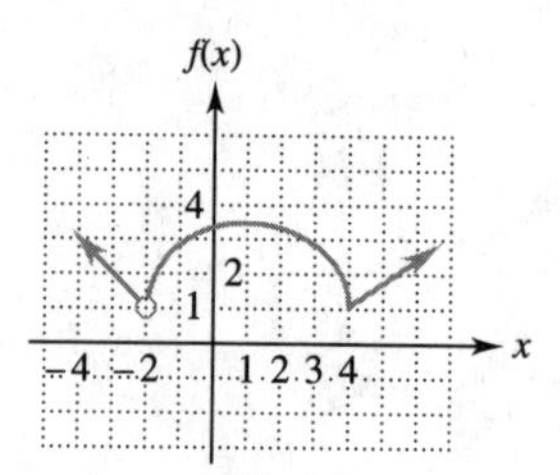

(b) $(-1, 1)$; $(0, 2)$

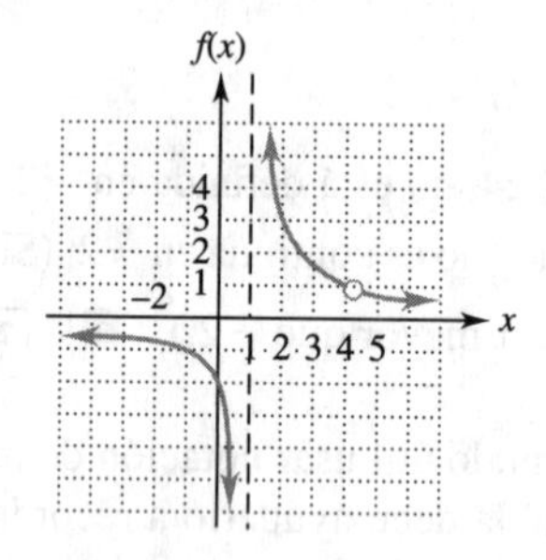

Respuestas:

(a) Sí; no

(b) Sí; no

EJEMPLO 2 ¿Es continua la función de la figura 9.25 sobre los intervalos x dados abajo?

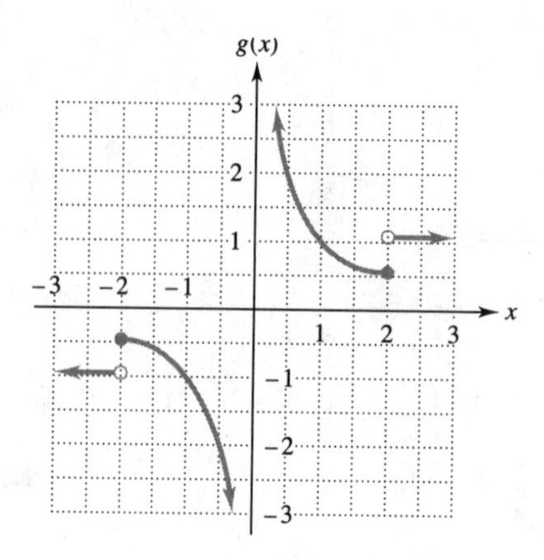

FIGURA 9.25

(a) $(-2, -1)$

La función es discontinua sólo en $x = -2$, 0 y 2. Así entonces, es continua en todo punto del intervalo abierto $(-2, -1)$ y por lo tanto, es continua sobre el intervalo abierto.

(b) $(1, 3)$

Como este intervalo incluye el punto de discontinuidad en $x = 2$, la función no es continua sobre el intervalo abierto $(1, 3)$. ■ 4

EJEMPLO 3 Una empresa que renta vehículos cobra \$4 por rentar un remolque. El camión se renta en \$11 por día o fracción de día. Sea $C(x)$ el costo de rentar un remolque y un camión por x días.

(a) Haga la gráfica de C.

El cargo por 1 día es \$4 por el remolque y \$11 por el camión, o \$15. De hecho, en el intervalo $(0, 1]$, $C(x) = 15$. Por la renta del camión por más de 1 día, pero no más de 2 días, el cargo es $4 + 2 \cdot 11 = 26$ dólares. Para cualquier valor de x en el intervalo $(1, 2]$, $C(x) = 26$. También, en $(2, 3]$, $C(x) = 37$. Estos resultados conducen a la gráfica de la figura 9.26.

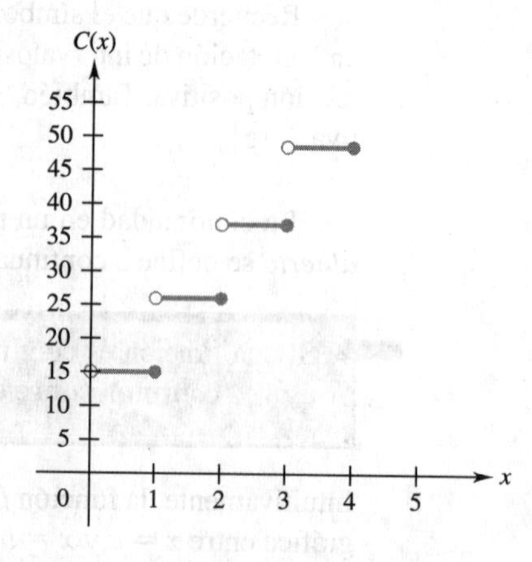

FIGURA 9.26

(b) Encuentre cualquier punto de discontinuidad para C.

Como la gráfica lo sugiere, C es discontinua en 1, 2, 3, 4 y todos los demás enteros positivos. ■ [5]

[5] Suponga que cuesta $2.25 enviar por correo un paquete que pese hasta 1 libra más $0.50 por cada libra adicional o fracción de libra. Sea $P(x)$ el costo de enviar un paquete que pese x libras. Encuentre puntos de discontinuidad para P.

Respuesta:
$x = 1, 2, 3, \ldots$

CONTINUIDAD Y DIFERENCIABILIDAD Como se indicó antes en este capítulo, una función no tiene derivada en un punto donde la función no está definida, donde la gráfica de la función tiene un "punto agudo" o donde la gráfica tiene una recta tangente vertical (véase la figura 9.27).

La función cuya gráfica está en la figura 9.27 es continua sobre el intervalo (x_1, x_2) y tiene una derivada en cada punto sobre este intervalo. Por otra parte, la función es también continua sobre el intervalo $(0, x_2)$ pero *no* tiene derivada en cada punto sobre el intervalo (vea x_1 sobre la gráfica).

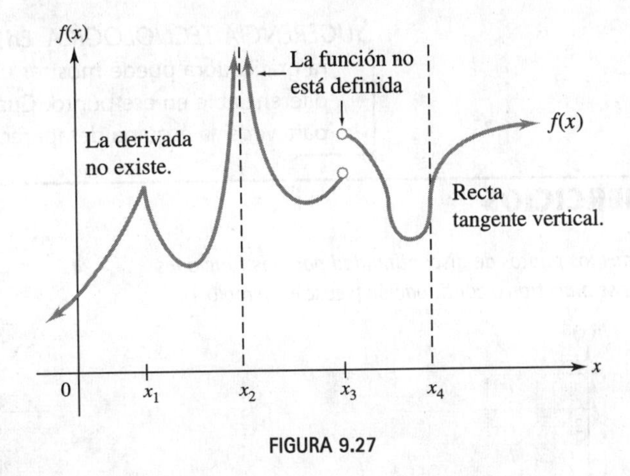

FIGURA 9.27

Una situación similar se cumple en el caso general.

> Si la derivada de una función existe en un punto, entonces la función es continua en ese punto. Sin embargo, una función puede ser continua en un punto y no tener derivada ahí.

EJEMPLO 4 Una nova es una estrella cuya luminosidad crece repentinamente y luego se extingue gradualmente. Se cree que la causa del repentino incremento en luminosidad es una explosión de algún tipo. La intensidad de la luz que emite una nova como una función del tiempo se muestra en la figura 9.28.* Advierta que aunque la gráfica es una curva continua, no es diferenciable en el punto de la explosión. ■

*Reimpreso con autorización de Macmillan Publishing Company de *Astronomy: The Structure of the Universe* por William J. Kaufmann, III. Copyright © 1977 por William J. Kaufmann, III.

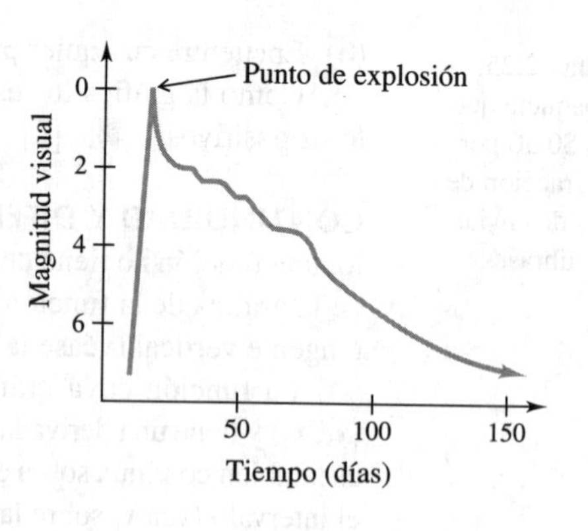

FIGURA 9.28

SUGERENCIA TECNOLÓGICA En algunas ventanas de observación, una calculadora graficadora puede mostrar una esquina aguda cuando de hecho la gráfica es diferenciable en ese punto. Cuando tenga dudas, pruebe una ventana diferente para ver si la esquina desaparece ✔

9.8 EJERCICIOS

Encuentre todos los puntos de discontinuidad para las funciones cuyas gráficas se muestran a continuación (véase el ejemplo 1).

1.

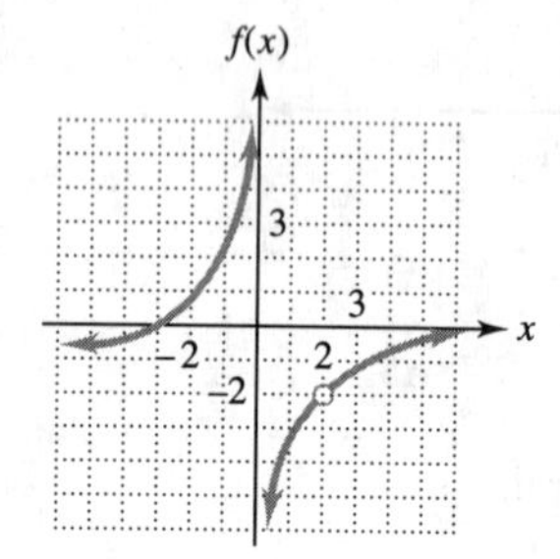

2.

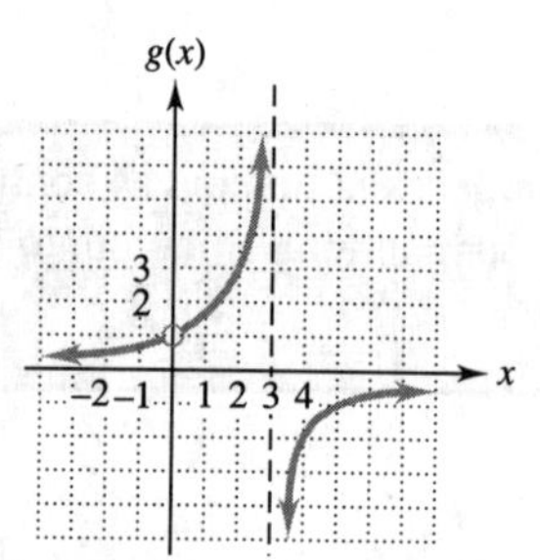

3.

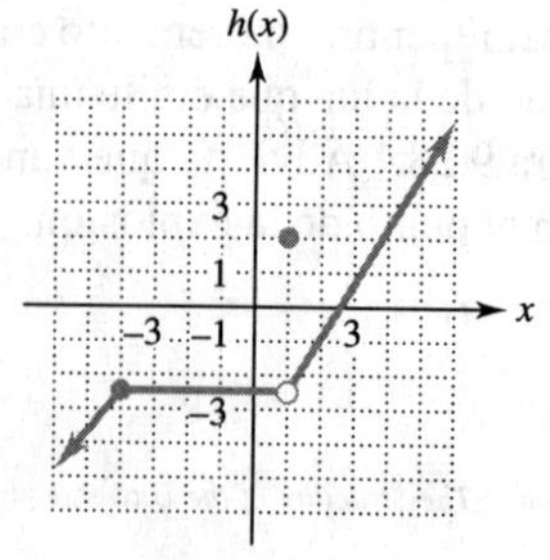

4.

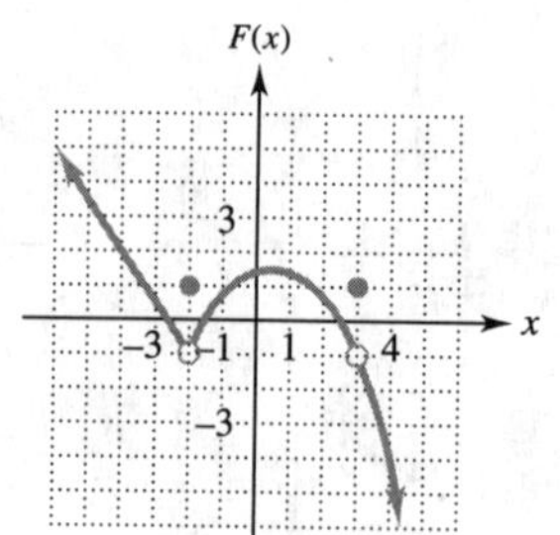

5.

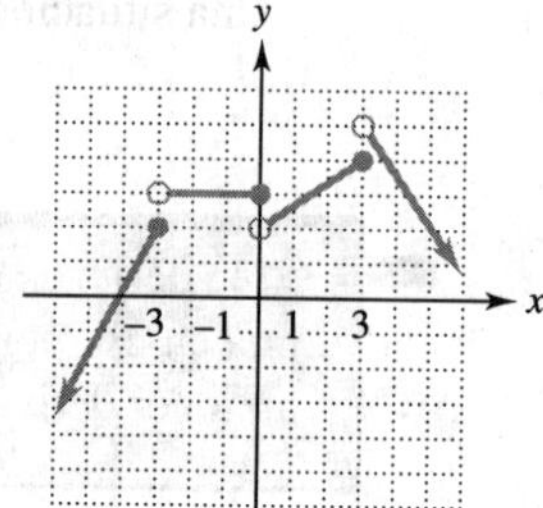

6.

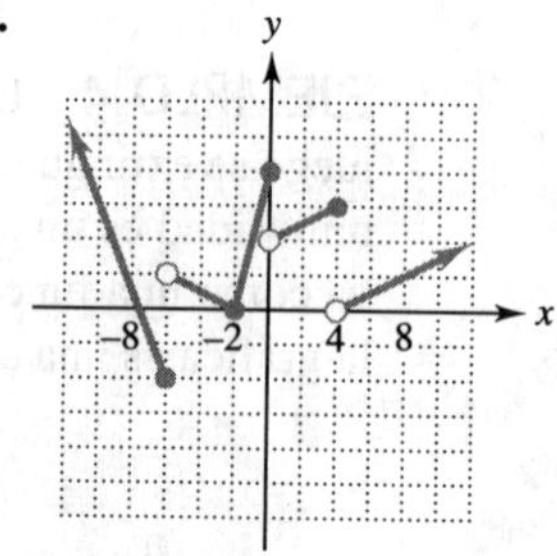

7.

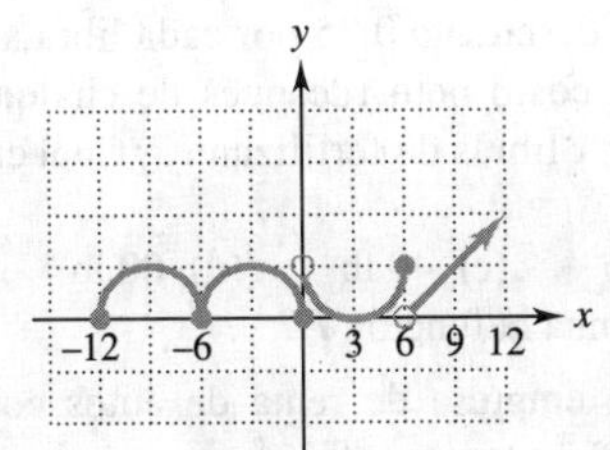

8.

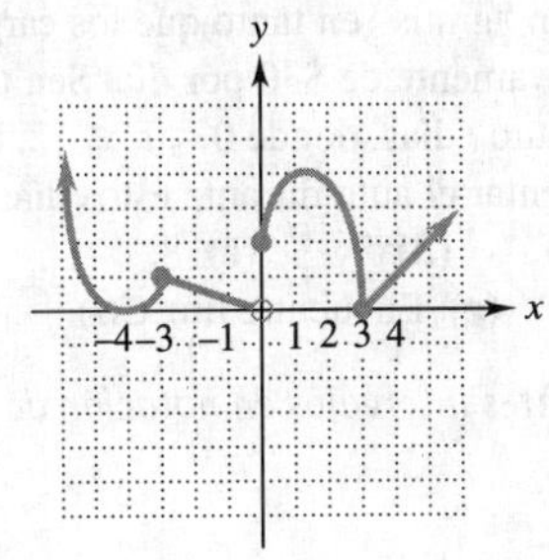

¿Son continuas las siguientes funciones en el valor dado de x?

9. $f(x) = \dfrac{4}{x-2}$; $x = 0, x = 2$

10. $g(x) = \dfrac{5}{x+5}$; $x = -5, x = 5$

11. $h(x) = \dfrac{1}{x(x-3)}$; $x = 0, x = 3, x = 5$

12. $h(x) = \dfrac{-1}{(x-2)(x+3)}$; $x = 0, x = 2, x = 3$

13. $g(x) = \dfrac{x+2}{x^2-x-2}$; $x = 1, x = 2, x = -2$

14. $h(x) = \dfrac{3x}{6x^2+15x+6}$; $x = 0, x = -1/2, x = 3$

15. $g(x) = \dfrac{x^2-4}{x-2}$; $x = 0, x = 2, x = -2$

16. $h(x) = \dfrac{x^2-25}{x+5}$; $x = 0, x = 5, x = -5$

17. $p(x) = \dfrac{|x+2|}{x+2}$; $x = -2, x = 0, x = 2$

18. $r(x) = \dfrac{|5-x|}{x-5}$; $x = -5, x = 0, x = 5$

19. $f(x) = \begin{cases} x-2 & \text{si } x \le 3 \\ 2-x & \text{si } x > 3 \end{cases}$; $x = 2, x = 3$

20. $g(x) = \begin{cases} e^x & \text{si } x < 0 \\ x+1 & \text{si } 0 \le x \le 3 \\ 2x-3 & \text{si } x > 3 \end{cases}$; $x = 0, x = 3$

En los ejercicios 21-22, encuentre la constante k que hace continua la función dada en x = 2.

21. $f(x) = \begin{cases} x+k & \text{si } x \le 2 \\ 5-x & \text{si } x > 2 \end{cases}$

22. $g(x) = \begin{cases} x^k & \text{si } x \le 2 \\ 2x+4 & \text{si } x > 2 \end{cases}$

Resuelva los siguientes problemas (véase el ejemplo 4).

23. Ciencias sociales Con ciertas habilidades (como el aprendizaje musical), el aprendizaje es rápido al principio y luego se nivela. Revelaciones repentinas pueden ocasionar que el aprendizaje se acelere. Una gráfica típica de esta clase de aprendizaje se muestra en la figura. ¿Dónde es discontinua la función? ¿Dónde es diferenciable?

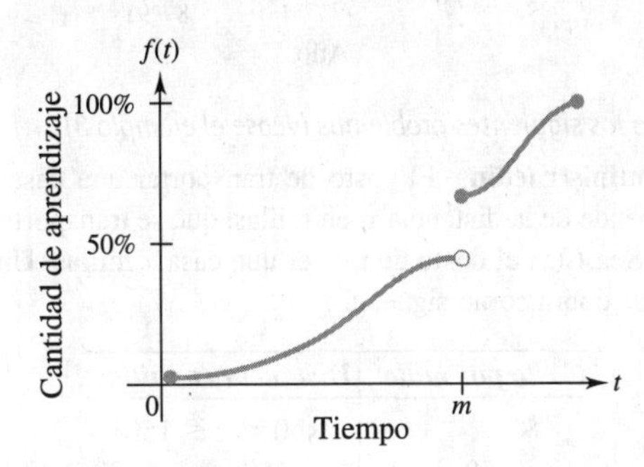

24. Ciencias naturales Suponga que un gramo de hielo está a una temperatura de −100°C. La gráfica muestra la temperatura del hielo conforme se aplica un número creciente de calorías de calor. Se requieren 80 calorías para derretir y convertir 1 gramo de hielo a 0°C en agua y 539 calorías para hacer hervir y convertir 1 gramo de agua a 100°C en vapor. ¿Dónde es discontinua esta gráfica? ¿Dónde es diferenciable?

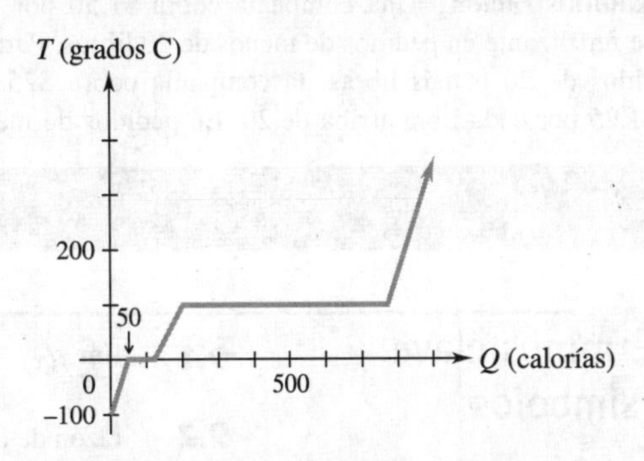

25. Administración Igual que muchos estados, California sufrió un fuerte déficit en su presupuesto de 1991. Como parte de la solución, las autoridades elevaron los impuestos por ventas en 1.25 centavos por dólar. La gráfica muestra los impuestos por ventas del estado de California desde que éstos se establecieron en 1933. Sea $T(x)$ los impuestos por ventas en el año x. Encuentre lo siguiente.

(a) $\lim_{x \to 80} T(x)$ **(b)** $\lim_{x \to 73} T(x)$

(continúa ejercicio)

(c) Indique tres años en los que la gráfica presenta una discontinuidad.

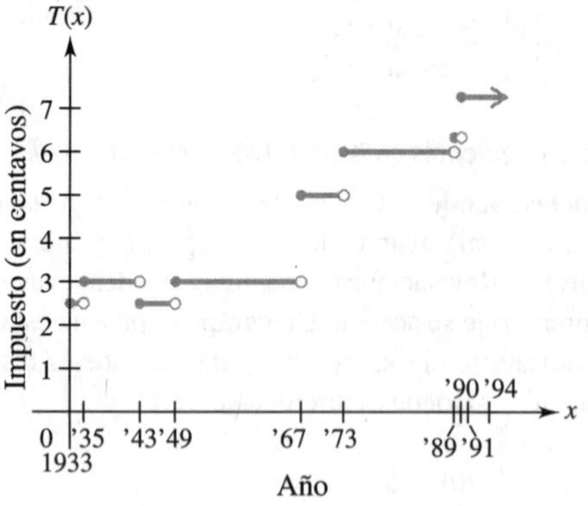

Resuelva los siguientes problemas (véase el ejemplo 3).

26. Administración El costo de transportar una casa móvil depende de la distancia x, en millas, que se transporte la casa. Sea $C(x)$ el costo de mover una casa x millas. Una empresa cobra como sigue:

Costo por milla	*Distancia en millas*
\$2	si $0 < x \leq 150$
1.50	si $150 < x \leq 400$
1.25	si $x > 400$

(a) Encuentre $C(130)$. (b) Encuentre $C(210)$.
(c) Encuentre $C(350)$. (d) Encuentre $C(500)$.
(e) Haga la gráfica de $y = C(x)$.
(f) ¿Para qué valores positivos de x es C discontinua?

27. Administración Una compañía cobra \$1.50 por libra de fertilizante en pedidos de menos de 20 libras. Para pedidos de 20 o más libras, la compañía cobra \$25 más \$1.25 por cada libra arriba de 20. En pedidos de más de 50 libras, la compañía descuenta 0.25 por cada libra arriba de 50. Sea $F(x)$ el costo neto (después de cualquier descuento) de comprar x libras de fertilizante. ¿Cuál es el costo neto de comprar
(a) 10 lb (b) 20 lb (c) 40 lb (d) 80 lb?
(e) ¿Dónde es discontinua la función F?

28. Administración Una empresa de renta de autos cobra \$30 por día o fracción al rentar un auto por un periodo de 1 a 5 días. Los días 6 y 7 son "gratis" en tanto que los cargos de los días 8 a 12 son nuevamente de \$30 por día. Sea $C(t)$ el costo total de rentar el auto t días, donde $0 < t \leq 12$. Encuentre el costo total de rentar el auto durante estos días:
(a) 4 (b) 5 (c) 6 (d) 7 (e) 8.
(f) Encuentre $\lim_{t \to 5} C(t)$. (g) Encuentre $\lim_{t \to 6} C(t)$.

Escriba cada uno de los siguientes intervalos en notación de intervalos.

29. 

30. 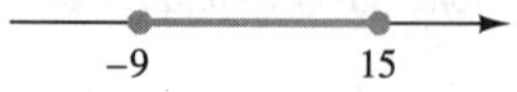

31. 

32. 

33. $\{x \mid -25 \leq x \leq 0\}$
34. $\{x \mid -5 \leq x \leq 14\}$
35. $\{x \mid \pi < x < 10\}$
36. $\{x \mid -7 \leq x \leq -3\}$
37. $\{x \mid x > -4\}$
38. $\{x \mid x < 3\}$
39. $\{x \mid x < 0\}$
40. $\{x \mid x > -10\}$

41. ¿En cuál de los siguientes intervalos es continua la función del ejercicio 5: $(-3, 0)$, $(0, 3)$, $(0, 4)$?

42. ¿En cuál de los siguientes intervalos es continua la función del ejercicio 6: $(-6, 0)$, $(0, 3)$, $(4, 8)$?

CAPÍTULO 9 RESUMEN

Términos clave y símbolos

9.1 $\lim_{x \to a} f(x)$ límite de una función cuando x tiende a a

9.2 razón de cambio promedio
velocidad
razón de cambio instantáneo
costo, ingreso y ganancia marginal

9.3 y' derivada de y
$f'(x)$ derivada de $f(x)$
recta secante
recta tangente
derivada
diferenciable

9.4 $\frac{dy}{dx}$ derivada de $y = f(x)$
$D_x[f(x)]$ derivada de $f(x)$
$\frac{d}{dx}[f(x)]$ derivada de $f(x)$
función de demanda

9.5 $\overline{C}(x)$ costo promedio por artículo
costo promedio marginal

9.6 $g[f(x)]$ función compuesta
regla de la cadena
producto ingreso marginal

9.8 continua en un punto
discontinua
notación de intervalo
continua sobre un intervalo abierto

Conceptos clave

Límite de una función

Sea f una función y sean a y L números reales. Suponga que cuando x toma valores muy cercanos (pero no iguales) a a (por ambos lados de a), los valores correspondientes de $f(x)$ son muy cercanos (y posiblemente iguales) a L; y que los valores de $f(x)$ pueden hacerse arbitrariamente cercanos a L para todo valor de x que sea suficientemente cercano a a. Entonces L es el **límite** de f cuando x tiende a a, lo que se escribe como $\lim_{x \to a} f(x) = L$.

Propiedades de los límites

Sean a, k, A y B números reales y sean f y g funciones tales que

$$\lim_{x \to a} f(x) = A \quad \text{y} \quad \lim_{x \to a} g(x) = B.$$

1. $\lim_{x \to a} k = k$ (para cualquier constante k)

2. $\lim_{x \to a} x = a$ (para cualquier número real a)

3. $\lim_{x \to a} [f(x) \pm g(x)] = A \pm B = \lim_{x \to a} f(x) \pm \lim_{x \to a} g(x)$

4. $\lim_{x \to a} [f(x) \cdot g(x)] = A \cdot B = \lim_{x \to a} f(x) \cdot \lim_{x \to a} g(x)$

5. $\lim_{x \to a} \dfrac{f(x)}{g(x)} = \dfrac{A}{B} = \dfrac{\lim_{x \to a} f(x)}{\lim_{x \to a} g(x)}$ $(B \neq 0)$

6. Para cualquier número real r para el que exista A^r,

$\lim_{x \to a} [f(x)]^r = A^r = [\lim_{x \to a} f(x)]^r$.

Límites de polinomios

Si f es una función polinomial, entonces $\lim_{x \to a} f(x) = f(a)$.

Teorema del límite

Si f y g son funciones que tienen límites cuando x tiende a a y $f(x) = g(x)$ para toda $x \neq a$, entonces $\lim_{x \to a} f(x) = \lim_{x \to a} g(x)$.

La **razón de cambio instantáneo** de una función f cuando $x = x_0$ es

$$\lim_{h \to 0} \frac{f(x_0 + h) - f(x_0)}{h},$$

siempre que este límite exista.

La **recta tangente** a la gráfica de $y = f(x)$ en el punto $(x_0, f(x_0))$ es la recta que pasa por este punto con pendiente $\lim_{h \to 0} \dfrac{f(x_0 + h) - f(x_0)}{h}$, siempre que este límite exista.

La **derivada** de la función f es la función denotada por f' cuyo valor en el número x es $f'(x) = \lim_{h \to 0} \dfrac{f(x + h) - f(x)}{h}$, siempre que este límite exista.

Reglas para derivadas

(Suponga que todas las derivadas indicadas existen.)

Función constante Si $f(x) = k$, donde k es cualquier número real, entonces $\mathbf{f'(x) = 0}$.

Regla de la potencia Si $f(x) = x^n$, para cualquier número real n, entonces $\mathbf{f'(x) = n \cdot x^{n-1}}$.

Constante por una función Sea k cualquier número real. Entonces la derivada de $y = k \cdot f(x)$ es $\mathbf{y' = k \cdot f'(x)}$.

Regla de la suma o la diferencia Si $y = f(x) \pm g(x)$, entonces $\boldsymbol{y' = f'(x) \pm g'(x)}$.

Regla del producto Si $f(x) = g(x) \cdot k(x)$, entonces $\boldsymbol{f'(x) = g(x) \cdot k'(x) + k(x) \cdot g'(x)}$.

Regla del cociente Si $f(x) = \dfrac{g(x)}{k(x)}$ y $k(x) \neq 0$, entonces $\boldsymbol{f'(x) = \dfrac{k(x) \cdot g'(x) - g(x) \cdot k'(x)}{[k(x)]^2}}$.

Regla de la cadena Sea $y = f[g(x)]$. Entonces $\boldsymbol{y' = f'[g(x)] \cdot g'(x)}$.

Regla de la cadena (forma alternativa) Si y es una función de u, digamos $y = f(u)$, y si u es una función de x, digamos $u = g(x)$, entonces $y = f(u) = f[g(x)]$, y

$$\boldsymbol{\frac{dy}{dx} = \frac{dy}{du} \cdot \frac{du}{dx}}.$$

Regla de la potencia generalizada Sea u una función de x y sea $y = u^n$ para cualquier número real n. Entonces

$$\boldsymbol{y' = n \cdot u^{n-1} \cdot u'}.$$

Función exponencial Si $y = e^{g(x)}$, entonces $\boldsymbol{y' = g'(x) \cdot e^{g(x)}}$.

Función logaritmo natural Si $y = \ln[g(x)]$, entonces $\boldsymbol{y' = \dfrac{g'(x)}{g(x)}}$.

Si $y = \ln|x|$, entonces $\boldsymbol{y' = \dfrac{1}{x}}$.

Una función f es **continua** en $x = c$ si $f(c)$ está definida, $\lim_{x \to c} f(x)$ existe y $\lim_{x \to c} f(x) = f(c)$.

Capítulo 9 Ejercicios de repaso

En los ejercicios 1-6, determine gráfica o numéricamente si existe el límite. Si existe un límite, encuentre su valor (aproximado).

1. $\lim_{x \to -3} f(x)$

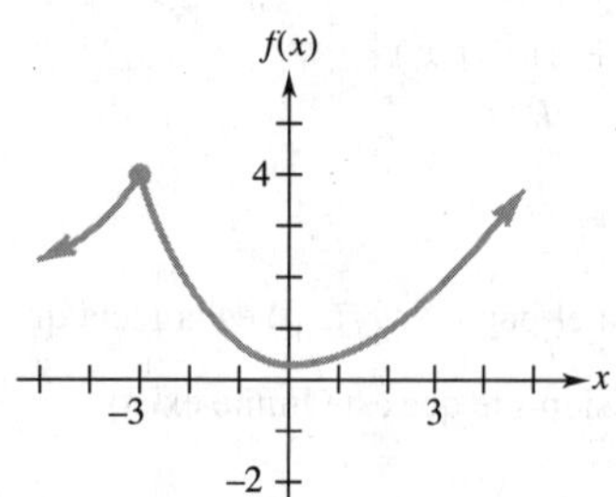

2. $\lim_{x \to -1} g(x)$

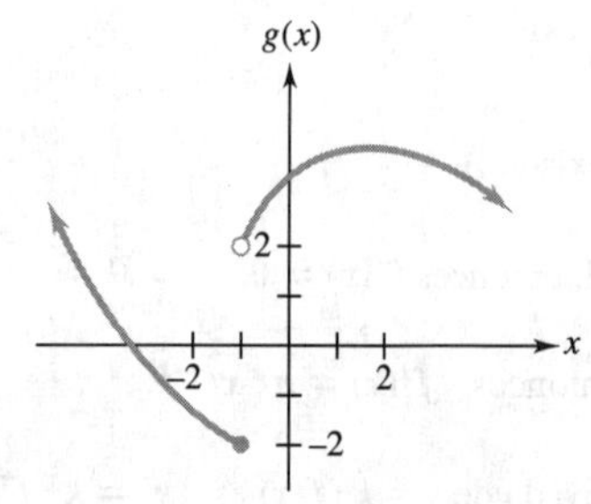

3. $\lim_{x \to 1} \dfrac{x^3 - 1.1x^2 - 2x + 2.1}{x - 1}$

4. $\lim_{x \to 2} \dfrac{x^4 + .5x^3 - 4.5x^2 - 2.5x + 3}{x - 2}$

5. $\lim_{x \to 0} \dfrac{\sqrt{2 - x} - \sqrt{2}}{x}$

6. $\lim_{x \to -1} \dfrac{10^x - .1}{x + 1}$

En los ejercicios 7 al 16, encuentre el límite si éste existe.

7. $\lim_{x \to 2} (x^2 - 3x + 1)$

8. $\lim_{x \to -1} (-2x^2 + x - 5)$

9. $\lim_{x \to 4} \dfrac{3x + 1}{x - 2}$

10. $\lim_{x \to 3} \dfrac{4x + 7}{x - 3}$

11. $\lim_{x \to 2} \dfrac{x^2 - 4}{x - 2}$

12. $\lim_{x \to -3} \dfrac{x^2 + 2x - 3}{x + 3}$

13. $\lim_{x \to -4} \dfrac{2x^2 + 3x - 20}{x + 4}$

14. $\lim_{x \to 3} \dfrac{3x^2 - 2x - 21}{x - 3}$

15. $\lim_{x \to 9} \dfrac{\sqrt{x} - 3}{x - 9}$

16. $\lim_{x \to 16} \dfrac{\sqrt{x} - 4}{x - 16}$

Use la gráfica para encontrar la razón de cambio promedio de f sobre los intervalos siguientes.

17. $x = 0$ a $x = 4$ **18.** $x = 2$ a $x = 8$

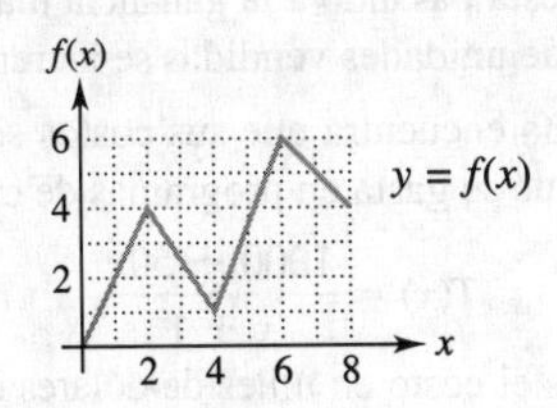

Encuentre la razón de cambio promedio para cada una de las siguientes funciones.

19. $f(x) = 3x^2 - 5$, de $x = 1$ a $x = 6$

20. $g(x) = -x^3 + 2x^2 + 1$, de $x = -3$ a $x = 3$

21. $h(x) = \dfrac{6 - x}{2x + 3}$, de $x = 0$ a $x = 5$

22. $f(x) = e^{2x} + 5 \ln x$, de $x = 1$ a $x = 4$

Use la definición de derivada para encontrar la derivada de cada una de las siguientes funciones.

23. $y = 2x + 3$ **24.** $y = x^2 + 2x$

25. $y = 2x^2 - x - 1$ **26.** $y = x^3 + 5$

Encuentre la pendiente de la recta tangente a la curva dada en el valor dado de x. Encuentre la ecuación de cada recta tangente.

27. $y = x^2 - 6x$; en $x = 2$ **28.** $y = 8 - x^2$; en $x = 1$

29. $y = \dfrac{-2}{x + 5}$; en $x = -2$ **30.** $y = \sqrt{6x - 2}$; en $x = 3$

31. Administración Una compañía cobra $1.50 por libra cuando un cierto producto químico se compra en lotes de 125 libras o menos, con un precio por libra de $1.35 si se compran más de 125 libras. Sea $C(x)$ el costo de x libras. Encuentre cada una de las siguientes cantidades.
(a) $C(100)$ **(b)** $C(125)$ **(c)** $C(140)$
(d) Haga la gráfica de $y = C(x)$.
(e) ¿Dónde es C discontinua?

32. Administración Use la información en el ejercicio 31 para encontrar el costo promedio por libra si se compran los siguientes números de libras.
(a) 100 **(b)** 125 **(c)** 140 **(d)** 200

33. Administración Suponga que los clientes de una ferretería están dispuestos a comprar $T(p)$ cajas de clavos a p dólares por caja, donde

$$T(p) = .06p^4 - 1.25p^3 + 6.5p^2 - 18p + 200 \quad (0 < p \leq 11).$$

(a) Encuentre la razón de cambio promedio en la demanda para un cambio en el precio de $5 a $8.
(b) Encuentre la razón de cambio instantánea en la demanda cuando el precio es $5.
(c) Encuentre la razón de cambio instantánea en la demanda cuando el precio es $8.

34. Suponga que la razón de cambio promedio de una función $f(x)$ de $x = 0$ a $x = 4$ es 0. ¿Significa esto que f es constante entre $x = 0$ y $x = 4$? Explíquelo.

Encuentre la derivada de cada una de las siguientes funciones.

35. $y = 5x^2 - 7x - 9$ **36.** $y = x^3 - 4x^2$

37. $y = 6x^{7/3}$ **38.** $y = -3x^{-2}$

39. $f(x) = x^{-3} + \sqrt{x}$ **40.** $f(x) = 6x^{-1} - 2\sqrt{x}$

41. $y = (3t^2 + 7)(t^3 - t)$ **42.** $y = (-5t + 4)(t^3 - 2t^2)$

43. $y = 8x^{3/4}(2x + 3)$ **44.** $y = 25x^{-3/5}(x^2 + 5)$

45. $f(x) = \dfrac{2x}{x^2 + 2}$ **46.** $g(x) = \dfrac{-4x^2}{3x + 4}$

47. $y = \dfrac{\sqrt{x} - 1}{x + 2}$ **48.** $y = \dfrac{\sqrt{x} + 6}{x - 3}$

49. $y = \dfrac{x^2 - x + 1}{x - 1}$ **50.** $y = \dfrac{2x^3 - 5x^2}{x + 2}$

51. $f(x) = (3x - 2)^2$ **52.** $k(x) = (5x - 1)^6$

53. $y = \sqrt{2t - 5}$ **54.** $y = -3\sqrt{8t - 1}$

55. $y = 2x(3x - 4)^3$ **56.** $y = 5x^2(2x + 3)^5$

57. $f(u) = \dfrac{3u^2 - 4u}{(2u + 3)^3}$ **58.** $g(t) = \dfrac{t^3 + t - 2}{(2t - 1)^5}$

59. $y = e^{-2x^3}$ **60.** $y = -4e^{x^2}$

61. $y = 5x \cdot e^{2x}$ **62.** $y = -7x^2 \cdot e^{-3x}$

63. $y = \ln(x^2 + 4x - 1)$ **64.** $y = \ln(4x^3 + 2x)$

65. $y = \dfrac{\ln 4x}{x^2 - 1}$ **66.** $y = \dfrac{\ln(3x + 5)}{x^2 + 5x}$

67. $y = \dfrac{x^2 + 3x - 10}{x - 3}$ **68.** $y = \dfrac{x^2 - x - 6}{x - 2}$

69. $y = -6e^{2x}$ **70.** $y = 8e^{.5x}$

Encuentre cada una de las siguientes derivadas.

71. $D_x\left(\dfrac{\sqrt{x} + 1}{\sqrt{x} - 1}\right)$ **72.** $D_x\left(\dfrac{2x + \sqrt{x}}{1 - x}\right)$

73. $\dfrac{dy}{dt}$ si $y = \sqrt{t^{1/2} + t}$ **74.** $\dfrac{dy}{dx}$ si $y = \dfrac{\sqrt{x} - 1}{x}$

75. $f'(1)$ si $f(x) = \dfrac{\sqrt{8 + x}}{x + 1}$ **76.** $f'(-2)$ si $f(t) = \dfrac{2 - 3t}{\sqrt{2 + t}}$

Encuentre todos los puntos de discontinuidad en las siguientes gráficas.

77.

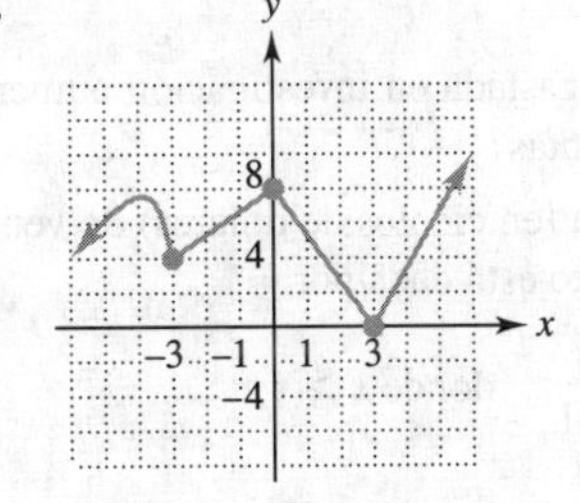

78.

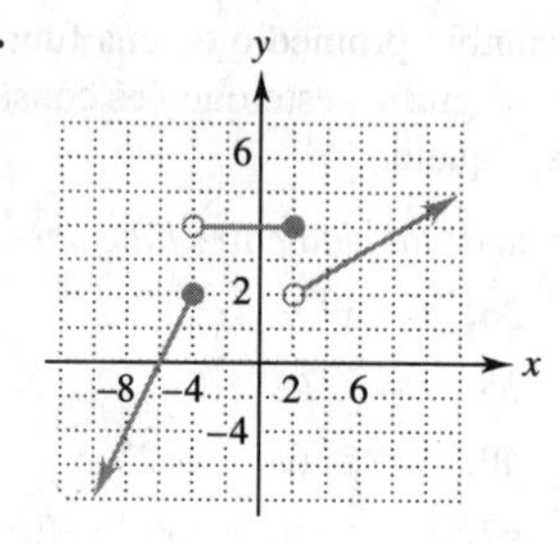

¿Son continuas las siguientes funciones en los puntos dados?

79. $f(x) = \dfrac{2x - 3}{2x + 3}$; $x = -3/2, x = 0, x = 3/2$

80. $g(x) = \dfrac{2x - 1}{x^3 + x^2}$; $x = -1, x = 0, x = 1/2$

81. $h(x) = \dfrac{2 - 3x}{2 - x - x^2}$; $x = -2, x = 2/3, x = 1$

82. $f(x) = \dfrac{x^2 - 4}{x^2 - x - 6}$; $x = 2, x = 3, x = 4$

83. $f(x) = \dfrac{x - 6}{x + 5}$; $x = 6, x = -5, x = 0$

84. $f(x) = \dfrac{x^2 - 9}{x + 3}$; $x = 3, x = -3, x = 0$

Administración *Resuelva los siguientes ejercicios.*

85. El propietario de una pizzería nueva espera que su ganancia (en dólares) al vender x cientos de pizzas esté dada por

$$P(x) = -.0009x^4 + .11x^3 - 2.2x^2 + 212x - 5000.$$

Encuentre la ganancia marginal al vender
(a) 5000 pizzas;
(b) 7500 pizzas;
(c) 10,000 pizzas.

86. En el ejercicio 85, encuentre la función ganancia promedio y la función ganancia promedio marginal.

87. Las ventas de una compañía se relacionan con sus gastos de investigación por

$$S(x) = 1000 + 50\sqrt{x} + 10x,$$

donde $S(x)$ da las ventas en millones cuando se gastan x miles de dólares en investigación. Encuentre e interprete dS/dx si se gastan las siguientes cantidades en investigación.
(a) $9000
(b) $16,000
(c) $25,000
(d) Cuando la cantidad gastada en investigación aumenta, ¿qué le pasa a las ventas?

88. Suponga que la ganancia (en cientos de dólares) de vender x unidades de un producto está dada por

$$P(x) = \frac{x^2}{x - 1}, \quad \text{donde } x > 1.$$

Encuentre e interprete la ganancia marginal cuando se venden los siguientes números de unidades.
(a) 4 **(b)** 12 **(c)** 20
(d) ¿Qué le está pasando a la ganancia marginal cuando el número de unidades vendidas se incrementa?

89. Una compañía encuentra que sus costos se relacionan con la cantidad que se gasta en programas de capacitación por

$$T(x) = \frac{1000 + 50x}{x + 1},$$

donde $T(x)$ es el costo en miles de dólares cuando x cientos dólares son gastados en capacitación. Encuentre e interprete $T'(x)$ si se gastan las siguientes cantidades en capacitación.
(a) $900 **(b)** $1900
(c) ¿Están los costos por dólar gastado en capacitación siempre creciendo o siempre decreciendo?

90. Administración El valor de una inversión en un artículo está dado en dólares por $f(x) = x^2 + 3x + 100$, donde x es el tiempo en meses desde la compra inicial.
(a) Encuentre la razón de cambio promedio del valor de la inversión entre 3 y 6 meses.
(b) Encuentre la razón de cambio instantánea del valor de la inversión a los 6 meses.

91. Física La gráfica muestra cómo varía la velocidad de las manos y del bate con el tiempo del bateo.* Estime e interprete el valor de las funciones derivadas para las manos y para el bate en el tiempo en que la velocidad de los dos es igual. (*Nota:* la razón de cambio de la velocidad se llama *aceleración.*)

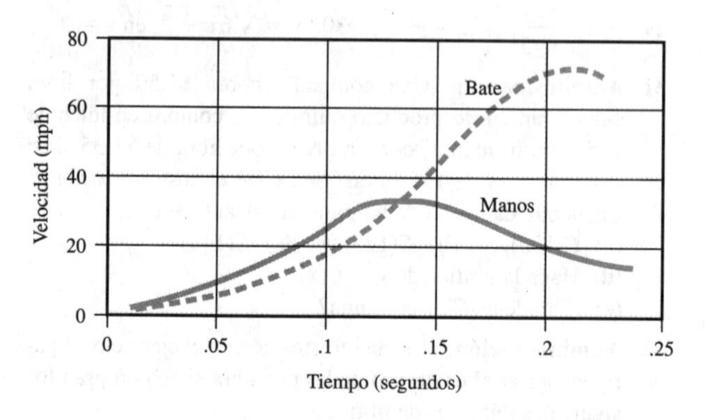

92. Ciencias naturales Bajo ciertas condiciones, la longitud del pez *monkeyface* puede aproximarse por

$$L = 71.5(1 - e^{-.1t})$$

y su peso por

$$W = .01289 \cdot L^{2.9},$$

*Adair, Robert K., *The Physics of Baseball*, copyright © 1990 por HarperCollins, pág. 82.

donde L es la longitud en cm, t es la edad en años y W es el peso en gramos.*

(a) Encuentre la longitud aproximada de un pez *monkeyface* de 5 años de edad.

(b) Encuentre qué tan rápido está aumentando la longitud de un pez *monkeyface* de 5 años de edad.

(c) Encuentre el peso aproximado de un pez *monkeyface* de 5 años de edad. (*Sugerencia:* use su respuesta del inciso (a).)

(d) Encuentre la razón de cambio del peso con respecto a la longitud para un pez *monkeyface* de 5 años de edad.

(e) Use la regla de la cadena y sus respuestas a los incisos (b) y (d), y encuentre qué tan rápido está aumentando el peso de un pez *monkeyface* de 5 años de edad.

*Marshall, William H., y Tina Wyllie Echeverria, "Characteristics of the Monkeyface Prickleback," *California Fish & Game*, Vol. 78, No. 2, primavera 1992. Para más detalles, véase el caso 5.

CASO 9

Elasticidad-precio de la demanda

Cualquiera que venda un producto o servicio tiene interés en cómo un cambio en el precio afecta la demanda. La sensibilidad de la demanda a los cambios de precio varía con los diferentes tipos de artículos. Para artículos como refrescos, pimienta y focos, un cambio relativamente pequeño en el precio no cambiará mucho la demanda. Sin embargo, en autos, préstamos para casa, muebles y equipo de computación, pequeños porcentajes de cambio en el precio tienen efectos considerables en la demanda.

Una manera de medir la sensibilidad de la demanda a cambios en el precio es la razón del cambio porcentual en la demanda al cambio porcentual en el precio. Si q representa la cantidad demandada y p el precio, esta razón puede escribirse como

$$\frac{\Delta q/q}{\Delta p/p},$$

donde Δq representa el cambio en q y Δp representa el cambio en p. Esta razón es siempre negativa, porque q y p son positivas, mientras que Δq y Δp tienen signos opuestos (un *incremento* en precio causa un *decremento* en la demanda). Si el valor absoluto de esta razón es grande, sugiere que un incremento relativamente pequeño en precio causa un decremento (caída) relativamente grande en la demanda.

Esta razón puede reescribirse como

$$\frac{\Delta q/q}{\Delta p/p} = \frac{\Delta q}{q} \cdot \frac{p}{\Delta p} = \frac{p}{q} \cdot \frac{\Delta q}{\Delta p}.$$

Suponga $q = f(p)$ (advierta que esto es la inversa de la manera en que nuestras funciones de demanda han sido expresadas hasta ahora; previamente teníamos $p = D(q)$). Entonces $\Delta q = f(p + \Delta p) - f(p)$ y

$$\frac{\Delta q}{\Delta p} = \frac{f(p + \Delta p) - f(p)}{\Delta p}.$$

Cuando $\Delta p \to 0$, este cociente es

$$\lim_{\Delta p \to 0} \frac{\Delta q}{\Delta p} = \lim_{\Delta p \to 0} \frac{f(p + \Delta p) - f(p)}{\Delta p} = \frac{dq}{dp},$$

y

$$\lim_{\Delta p \to 0} \frac{p}{q} \cdot \frac{\Delta q}{\Delta p} = \frac{p}{q} \cdot \frac{dq}{dp}.$$

La cantidad

$$E = -\frac{p}{q} \cdot \frac{dq}{dp}$$

es positiva porque dq/dp es negativa. E se llama la **elasticidad de la demanda** y mide la respuesta instantánea de la demanda respecto al precio. Por ejemplo, E puede ser 0.2 para servicios médicos, pero puede ser 1.2 para equipo electrónico. La demanda para servicios médicos esenciales es mucho menos sensible a cambios de precio que la demanda para artículos no esenciales, como equipo electrónico.

Si $E < 1$, el cambio relativo en la demanda es menor que el cambio relativo en el precio, la demanda se llama **inelástica**. Si $E > 1$, el cambio relativo en la demanda es mayor que el cambio relativo en el precio, la demanda se llama **elástica**. Cuando $E = 1$, los cambios porcentuales en precio y demanda son relativamente iguales y se dice que la demanda tiene **elasticidad unitaria**.

La adicción a una droga ilícita como el *crack* es un ejemplo de una demanda inelástica casi perfecta. La cantidad de droga demandada por los adictos no cambia mucho con respecto al precio. Este hecho es a menudo usado para apoyar a quienes creen que incrementar la aplicación de la ley y estipular términos más largos de prisión tendrá poco efecto en el uso de las drogas ilícitas.

EJEMPLO 1 La demanda de bebidas destiladas está dada por $q = -0.00375p + 7.87$, donde p es el precio al menudeo (en dólares) de una caja de licor y q es el número promedio de cajas compradas por año por un consumidor.*

(a) Calcule e interprete la elasticidad de la demanda cuando $p = \$118$ por caja y cuando $p = \$1200$ por caja.

Como $q = -0.00375p + 7.87$, tenemos $dq/dp = -0.00375$, por lo que

$$\begin{aligned} E &= -\frac{p}{q} \cdot \frac{dq}{dp} \\ &= -\frac{p}{-.00375p + 7.87} \cdot (-.00375) \\ &= \frac{.00375p}{-.00375p + 7.87}. \end{aligned}$$

Hacemos $p = 118$ y obtenemos

$$E = \frac{.00375(118)}{-.00375(118) + 7.87} \approx .06.$$

Como $0.06 < 1$, la demanda es inelástica y un cambio porcentual en precio resultará en un cambio porcentual menor en la demanda. Por ejemplo, un incremento de 10% en precio causará un pequeño decremento de 0.6% en la demanda.

Si $p = 1200$, entonces

$$E = \frac{.00375(1200)}{-.00375(1200) + 7.87} \approx 1.34.$$

Como $1.34 > 1$, la demanda es elástica. En este punto un incremento porcentual en precio resultará en un decremento porcentual *mayor* en la demanda. Aquí un incremento de 10% en el precio ocasionará un decremento del 13.4% en la demanda.

(b) Determine el precio por caja para el que la demanda tendrá elasticidad unitaria (es decir, $E = 1$). ¿Cuál es el significado de este precio?

La demanda tendrá elasticidad unitaria en el precio p que hace $E = 1$, por lo que tenemos que resolver la ecuación

$$\begin{aligned} E = \frac{.00375p}{-.00375p + 7.87} &= 1 \\ .00375p &= -.00375p + 7.87 \\ .0075p &= 7.87 \\ p &= 1049.33. \end{aligned}$$

La demanda tendrá elasticidad unitaria a un precio de $1049.33 por caja. A este precio los cambios porcentuales en precio y demanda son aproximadamente los mismos. ■

*Wales, Terrance J., "Distilled Spirits and Interstate Consumption Efforts," *The American Economic Review,* 57(4): 853–863, 1968.

Las definiciones de este estudio pueden resumirse como sigue.

ELASTICIDAD DE LA DEMANDA

Sea $q = f(p)$, donde q es demandada al precio p. La **elasticidad de la demanda** es

$$E = -\frac{p}{q} \cdot \frac{dq}{dp}.$$

La demanda es **inelástica** si $E < 1$.

La demanda es **elástica** si $E > 1$.

La demanda tiene **elasticidad unitaria** si $E = 1$.

EJERCICIOS

1. Hace algunos años, las investigaciones indicaban que la demanda de heroína estaba dada por $q = 100p^{-0.17}$.*
   (a) Encuentre la elasticidad de la demanda E.
   (b) ¿Es la demanda de heroína elástica o inelástica?
2. Se encontró que la demanda de marihuana entre los estudiantes de la Universidad de California en Los Ángeles está dada por $q = -0.225p + 3.74$, donde p es el precio por onza (en dólares) y q es el número promedio de onzas compradas mensualmente por consumidor.†
   (a) Encuentre la elasticidad de la demanda E.
   (b) Calcule la elasticidad a un precio de $10 (el precio cuando se hizo la investigación).
   (c) Determine el precio en que la demanda de marihuana tendrá elasticidad unitaria.
3. Para algunos productos, la función de demanda está creciendo. Por ejemplo, las universidades más caras en Estados Unidos también tienden a tener el mayor número de solicitudes por cada estudiante aceptado. ¿Qué hay de cierto acerca de la elasticidad en este caso?
4. ¿Qué debe ser cierto para la función de demanda si $E = 0$?

* Brown, George F., Jr. y Lester R. Silverman, *The Retail Price of Heroin: Estimation and Applications*. Washington DC: The Drug Abuse Council, Inc., 1973.

†Nievergelt, Yves, UMAP Module 674, *Price Elasticity of Demand: Gambling, Heroin, Marijuana, Whiskey, Prostitution, and Fish*, COMAP, Inc., 1987.

Aplicaciones de la derivada

10.1 Derivadas y gráficas
10.2 La segunda derivada
10.3 Aplicaciones de la optimización
10.4 Dibujo de curvas (opcional)
CASO 10 Un modelo de costo total para un programa de capacitación

En el último capítulo, la derivada se definió e interpretó y se desarrollaron también fórmulas para las derivadas de muchas funciones. En este capítulo investigaremos la conexión entre la derivada de una función y la gráfica de la misma. En particular, veremos cómo usar la derivada para determinar algebraicamente los valores máximo y mínimo de una función así como los intervalos en que la función es creciente o decreciente.

10.1 DERIVADAS Y GRÁFICAS

[1] ¿Para qué valores de x es la siguiente función graficada creciente y para qué valores de x es decreciente?

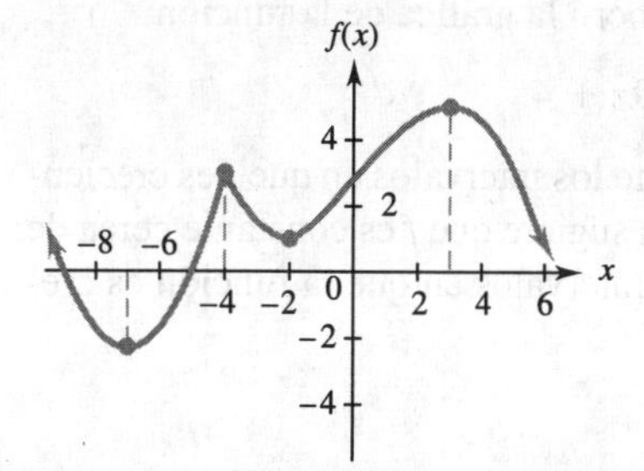

Respuesta:
Creciente en $(-7, -4)$ y $(-2, 3)$; decreciente en $(-\infty, -7)$, $(-4, -2)$ y $(3, \infty)$

Informalmente, decimos que una función es **creciente** en un intervalo de la variable independiente si su gráfica se *eleva* de izquierda a derecha en el intervalo y que una función es **decreciente** en un intervalo si su gráfica *desciende* de izquierda a derecha en el intervalo.

EJEMPLO 1 ¿Para qué intervalos de x es creciente la función graficada en la figura 10.1? ¿Para qué intervalos es decreciente?

De izquierda a derecha, la función crece hasta -4, decrece de -4 a 0, permanece constante (no crece ni decrece) de 0 a 4, crece de 4 a 6 y finalmente, decrece de 6 en adelante. En notación de intervalos, la función es creciente en $(-\infty, -4)$ y $(4, 6)$, decreciente en $(-4, 0)$ y $(6, \infty)$ y es constante en $(0, 4)$. ■ [1]

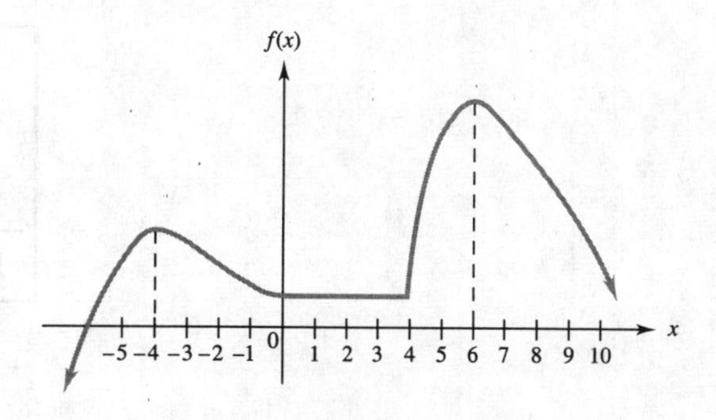

FIGURA 10.1

Para examinar la conexión entre la gráfica de una función f y la derivada de f, a veces es conveniente imaginar la gráfica de f como la vía de una montaña rusa, con uno de sus carros moviéndose de izquierda a derecha a lo largo de la gráfica, como se muestra en la figura 10.2. En cualquier punto a lo largo de la gráfica, el piso del carro (un segmento de línea recta) representa la recta tangente a la gráfica en ese punto.

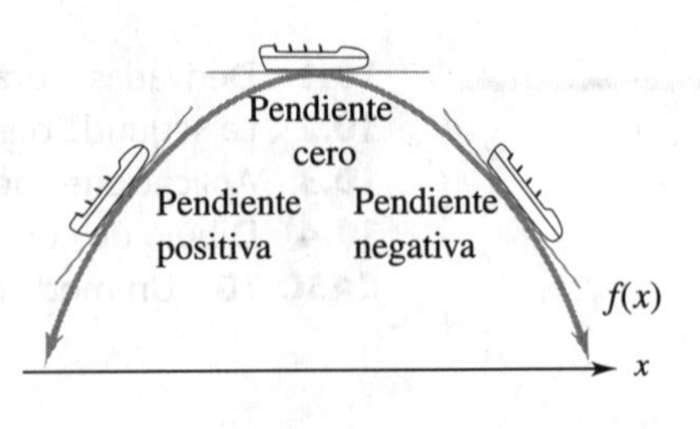

FIGURA 10.2

La pendiente de la recta tangente es positiva cuando el carro viaja hacia arriba (la función es *creciente*) y la pendiente de la recta tangente es negativa cuando el carro viaja hacia abajo (la función es *decreciente*). Como la pendiente de la recta tangente en el punto $(x, f(x))$ está dada por la derivada $f'(x)$, tenemos las siguientes relaciones importantes.

Suponga una función f que tiene una derivada en cada punto de un intervalo abierto:

1. Si $f'(x) > 0$ para cada x en el intervalo, f es *creciente* en el intervalo.
2. Si $f'(x) < 0$ para cada x en el intervalo, f es *decreciente* en el intervalo.
3. Si $f'(x) = 0$ para cada x en el intervalo, f es *constante* en el intervalo.

EJEMPLO 2 Una calculadora graficadora elaboró la gráfica de la función

$$f(x) = x^3 + 3x^2 - 9x + 4$$

en la figura 10.3. La gráfica no muestra claramente los intervalos en que f es creciente o decreciente y el segmento plano de la gráfica sugiere que f es constante cerca de $x = -3$. Use la derivada de f para encontrar los intervalos en que la función es creciente o decreciente.

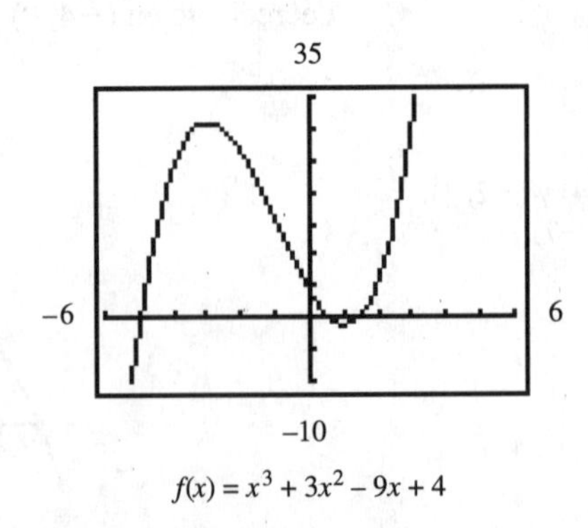

FIGURA 10.3

Tenemos $f'(x) = 3x^2 + 6x - 9$. De acuerdo con la caja anterior, los intervalos en que f es creciente o decreciente son las soluciones de las desigualdades $f'(x) > 0$ y $f'(x) < 0$, es decir,

$$3x^2 + 6x - 9 > 0 \quad \text{y} \quad 3x^2 + 6x - 9 < 0.$$

Los métodos de la sección 2.6 pueden usarse para resolver esas desigualdades. Comenzamos resolviendo la ecuación

$$3x^2 + 6x - 9 = 0$$
$$3(x^2 + 2x - 3) = 0$$
$$3(x + 3)(x - 1) = 0$$
$$x = -3 \quad \text{o} \quad x = 1.$$

Esas soluciones dividen el eje x en tres intervalos: $(-\infty, -3)$, $(-3, 1)$ y $(1, \infty)$. Determine el signo de $f'(x) = 3x^2 + 6x - 9$ sobre cada intervalo probando un número en ese intervalo. Sea $x = -4$ el número de prueba del $(-\infty, -3)$. Entonces

$$f'(-4) = 3(-4)^2 + 6(-4) - 9 = 15,$$

que es positiva, por lo que $f'(x) > 0$ y por consiguiente, f es creciente en $(-\infty, -3)$. Usando $x = 0$ del $(-3, 1)$, tenemos

$$f'(0) = 3 \cdot 0^2 + 6 \cdot 0 - 9 = -9,$$

por lo que $f'(x) < 0$ y f es decreciente en $(-3, 1)$. Finalmente, al escoger $x = 2$ en $(1, \infty)$, vemos que

$$f'(2) = 3 \cdot 2^2 + 6 \cdot 2 - 9 = 15,$$

lo que significa que $f'(x) > 0$ y f está creciendo en $(1, \infty)$. Estas conclusiones se resumen esquemáticamente en la figura 10.4. En particular, advierta que f *no* es constante cerca de $x = -3$; la porción "plana" de la gráfica en la figura 10.3 no es en realidad horizontal. ■ [2]

[2] Encuentre todos los intervalos en que $f(x) = 4x^3 + 3x^2 - 18x + 1$ es creciente y en los que es decreciente.

Respuesta:
Creciente en $(-\infty, -3/2)$ y $(1, \infty)$; decreciente en $(-3/2, 1)$

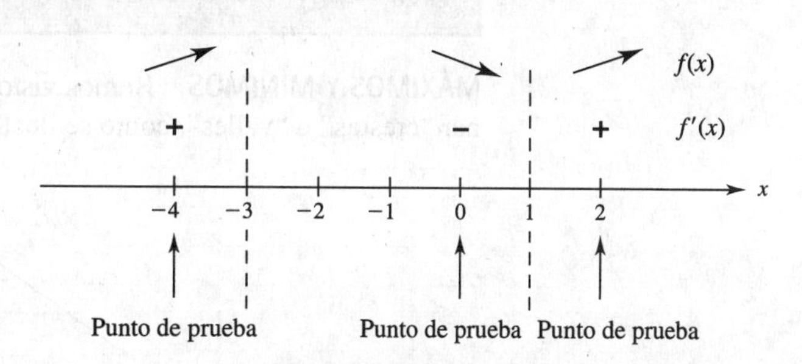

FIGURA 10.4

En el ejemplo 2, los números para los cuales $f'(x) = 0$ fueron esenciales para determinar exactamente dónde la función era creciente y dónde decreciente. La situación es algo diferente con la función valor absoluto $f(x) = |x|$, cuya gráfica se muestra en la figura 10.5. Es claro que f es decreciente a la izquierda de $x = 0$ y creciente a la derecha de $x = 0$. Pero como vimos antes, la derivada de $f(x) = |x|$ no existe en $x = 0$. Esos ejemplos sugieren que los puntos donde la derivada es 0 o indefinida juegan un papel importante.

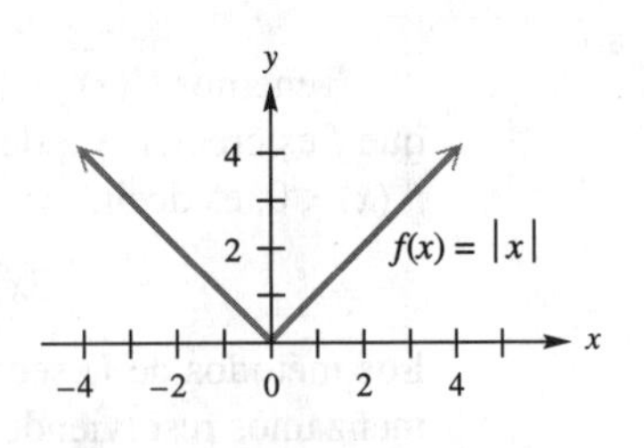

FIGURA 10.5

Con base en el análisis anterior, tenemos la siguiente definición.

Si f es una función, entonces un número c para el cual $f(c)$ está definida y

$$\text{ambos } f'(c) = 0 \quad \text{o bien } f'(c) \text{ no existe}$$

se llama un **número crítico** de f. El punto correspondiente $(c, f(c))$ sobre la gráfica de f se llama **punto crítico.**

El procedimiento del ejemplo 2, que se aplica a todas las funciones tratadas en este libro, puede ahora resumirse como sigue.

Paso 1 Calcule la derivada f'.

Paso 2 Encuentre los números críticos de f.

Paso 3 Resuelva las desigualdades $f'(x) > 0$ y $f'(x) < 0$ probando un número de cada uno de los intervalos determinados por los números críticos.

Las soluciones de $f'(x) > 0$ son intervalos en los que f es creciente y las soluciones de $f'(x) < 0$ son intervalos en los que f es decreciente.

MÁXIMOS Y MÍNIMOS Hemos visto que la gráfica de una función típica puede tener "crestas" o "valles", como se ilustra en la figura 10.6.

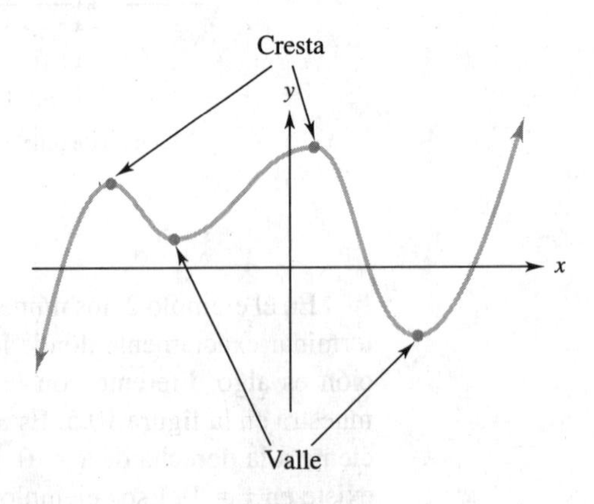

FIGURA 10.6

3 Identifique los valores de x de todos los puntos donde las gráficas tienen máximos o mínimos locales.

(a)

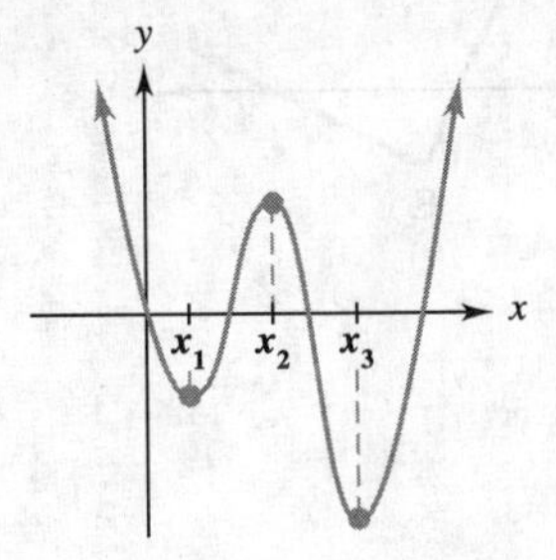

(b)

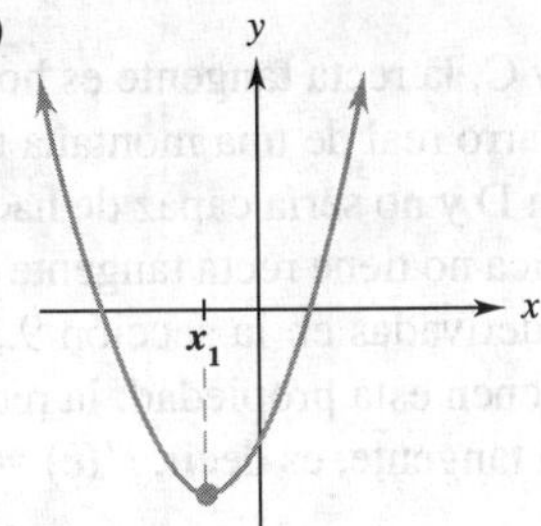

(c)

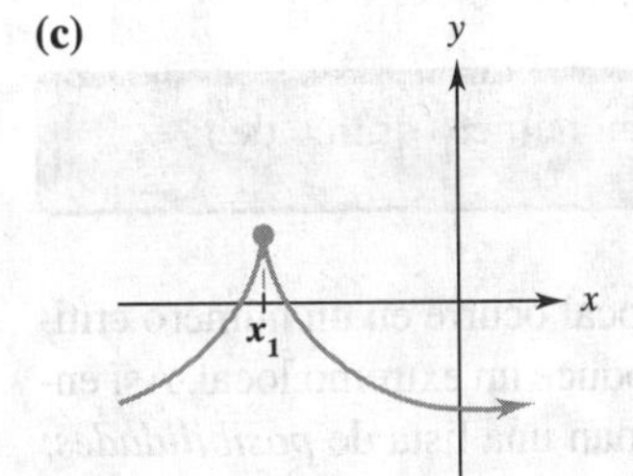

Respuestas:
(a) Máximo local en x_2; mínimos locales en x_1 y x_3
(b) Ningún máximo local; mínimo local en x_1
(c) Máximo local en x_1; ningún mínimo local

Una cresta o un pico es el punto más alto en su vecindad, pero no necesariamente el punto más alto sobre la gráfica. De la misma manera, un valle es el punto más bajo en su vecindad, pero no necesariamente el punto más bajo sobre la gráfica. En consecuencia, una cresta se llama un *máximo local* y un valle un *mínimo local*. Más precisamente,

> Sea c un número en el dominio de una función f.
>
> **1.** f tiene un **máximo local** en c si $f(x) \leq f(c)$ para toda x cerca de c.
>
> **2.** f tiene un **mínimo local** en c si $f(x) \geq f(c)$ para toda x cerca de c.
>
> Se dice que la función f tiene un **extremo local** en c si tiene un máximo local o un mínimo local ahí.

EJEMPLO 3 Identifique los puntos extremos locales de la función cuya gráfica se muestra en la figura 10.7.

La función tiene máximos locales en x_1 y x_3 y mínimos locales en x_2 y x_4. ■ **3**

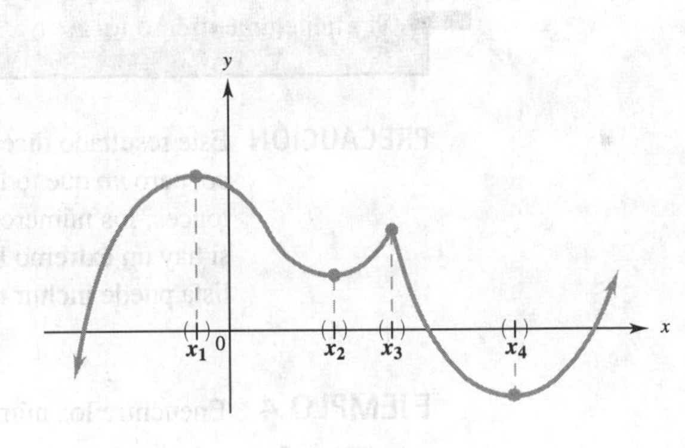

FIGURA 10.7

SUGERENCIA TECNOLÓGICA La mayoría de las calculadoras graficadoras tienen un localizador de máximos y mínimos que puede aproximar los extremos locales con un alto grado de exactitud. Consulte su manual de instrucciones. ✔

La posición *exacta* de un extremo local (en vez de la aproximación de una calculadora) puede encontrarse usando derivadas. Para ver esto, consideremos que f es una función y, de nuevo, imaginemos que la gráfica de f es la vía de una montaña rusa, como se muestra en la figura 10.8.

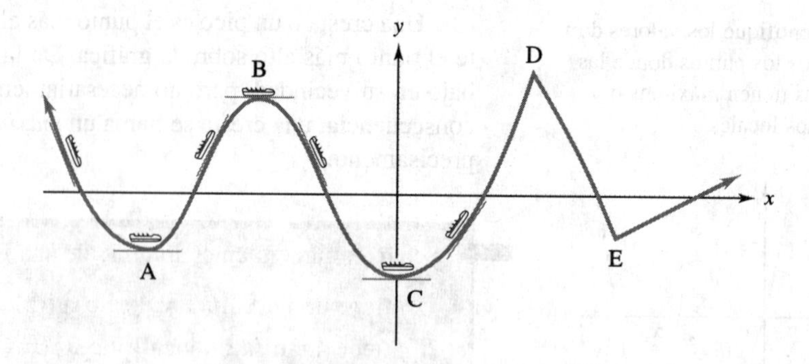

FIGURA 10.8

Cuando el carro pasa por los extremos locales en A, B y C, la recta tangente es horizontal y tiene pendiente 0. Sin embargo, en D y E, un carro real de una montaña rusa tendría dificultades. Saldría volando fuera de la vía en D y no sería capaz de hacer el cambio de dirección de 90° en E. Advierta que la gráfica no tiene recta tangente en los puntos D y E (véase el análisis de la existencia de derivadas en la sección 9.3). Entonces, los puntos en que ocurren extremos locales tienen esta propiedad: la recta tangente es horizontal y tiene pendiente 0 o no hay recta tangente, es decir, $f'(c) = 0$ o $f'(c)$ no está definida. En otras palabras,

> Si f tiene un extremo local en $x = c$, entonces c es un número crítico de f.

PRECAUCIÓN Este resultado dice que todo extremo local ocurre en un número crítico, pero *no* que todo número crítico produce un extremo local. Así entonces, los números críticos proporcionan una lista de *posibilidades:* si hay un extremo local, debe ocurrir en un número de la lista, pero la lista puede incluir números donde no hay un extremo local. ◆

EJEMPLO 4 Encuentre los números críticos de las siguientes funciones.

(a) $f(x) = 2x^3 - 3x^2 - 72x + 15$

Tenemos $f'(x) = 6x^2 - 6x - 72$, por lo que $f'(x)$ existe para toda x. Haciendo $f'(x) = 0$, vemos que

$$
\begin{aligned}
6x^2 - 6x - 72 &= 0 \\
6(x^2 - x - 12) &= 0 \\
x^2 - x - 12 &= 0 \\
(x + 3)(x - 4) &= 0 \\
x + 3 = 0 \quad \text{o} \quad x - 4 &= 0 \\
x = -3 \quad \text{o} \quad x &= 4.
\end{aligned}
$$

Por lo tanto, -3 y 4 son los números críticos de f; ésos son los únicos lugares donde se podrían presentar extremos locales.

(b) $f(x) = 3x^{4/3} - 12x^{1/3}$.

Calculamos primero la derivada.

$$\begin{aligned} f'(x) &= 3 \cdot \frac{4}{3}x^{1/3} - 12 \cdot \frac{1}{3}x^{-2/3} \\ &= 4x^{1/3} - \frac{4}{x^{2/3}} \\ &= \frac{4x^{1/3}x^{2/3}}{x^{2/3}} - \frac{4}{x^{2/3}} \\ &= \frac{4x - 4}{x^{2/3}} \end{aligned}$$

La derivada no existe cuando $x = 0$. Como la función original f está definida cuando $x = 0$, 0 es un número crítico de f. Si $x \neq 0$, entonces $f'(x)$ es 0 sólo cuando el numerador $4x - 4 = 0$; es decir, cuando $x = 1$. Los números críticos de f son entonces 0 y 1. Esos números son las posiciones *posibles* de los extremos locales.

(c) $f(x) = x^3$

La derivada $f'(x) = 3x^2$ es 0 exactamente cuando $x = 0$. Por lo tanto, $x = 0$ es el único número crítico de f y la sola posible posición de un máximo o un mínimo local. Sin embargo, en este caso, sabemos cómo es la gráfica de f (véase la figura 10.9). La gráfica muestra que no hay ningún máximo ni mínimo locales en $x = 0$. ■ 4

4 Encuentre los números críticos para cada una de las siguientes funciones.

(a) $\frac{1}{3}x^3 - x^2 - 15x + 6$

(b) $6x^{2/3} - 4x$

Respuestas:

(a) $-3, 5$

(b) 0, 1

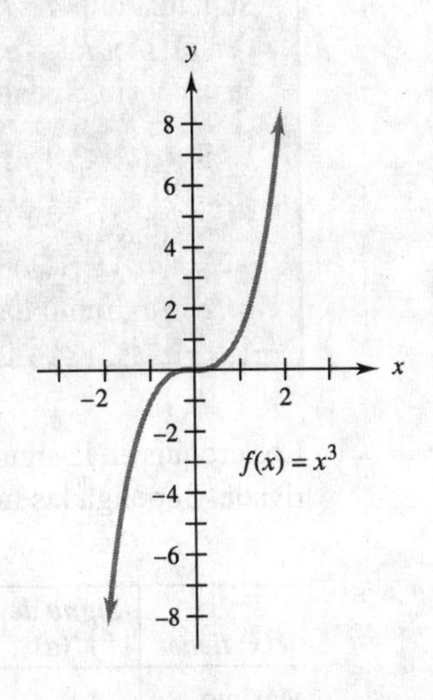

FIGURA 10.9

Cuando todos los números críticos de una función se han encontrado, se debe entonces determinar cuáles conducen a extremos locales. Esto puede hacerse algebraicamente mediante la siguiente observación: en un máximo local f cambia de creciente a decreciente y en un mínimo local f cambia de decreciente a creciente, como se ilustra en la figura 10.10.

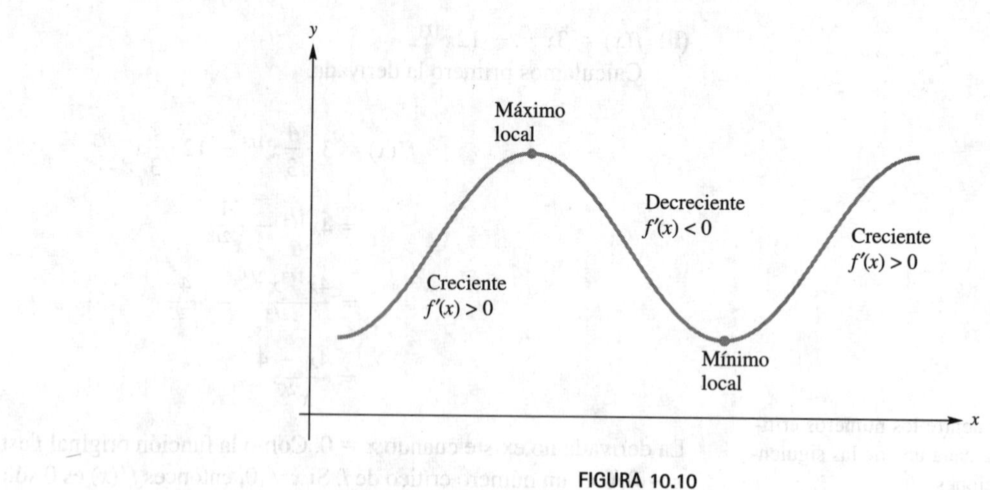

FIGURA 10.10

Como hemos visto, cuando f cambia de creciente a decreciente, su derivada f' cambia de positiva a negativa. De la misma manera, cuando f cambia de decreciente a creciente, f' cambia de negativa a positiva. Esos hechos conducen a la siguiente prueba para los extremos locales, cuya demostración formal se omitirá.

PRUEBA DE LA PRIMERA DERIVADA

Suponga que $a < c < b$ y que c es el único número crítico para una función f en el intervalo $[a, b]$. Suponga que f es diferenciable para toda x en $[a, b]$, excepto posiblemente en $x = c$.

1. Si $f'(a) > 0$ y $f'(b) < 0$, entonces hay un máximo local en c.
2. Si $f'(a) < 0$ y $f'(b) > 0$, entonces hay un mínimo local en c.
3. Si $f'(a)$ y $f'(b)$ son ambas positivas o ambas negativas, entonces no hay ningún extremo local en c.

Los croquis en la siguiente tabla muestran cómo funciona la prueba de la primera derivada. Suponga las mismas condiciones en a, b y c que las de la caja anterior.

$f(x)$ tiene:	*Signo de $f'(a)$*	*Signo de $f'(b)$*	*Croquis*
Máximo local	+	−	+ − $(c, f(c))$ a c b ; $(c, f(c))$ + − a c b
Mínimo local	−	+	$(c, f(c))$ − + a c b ; − + $(c, f(c))$ a c b

(Continúa)

$f(x)$ *tiene:*	*Signo de* $f'(a)$	*Signo de* $f'(b)$	*Croquis*
Ningún extremo local	$+$	$+$	
Ningún extremo local	$-$	$-$	

EJEMPLO 5 En el ejemplo 4(a) encontramos que los puntos críticos de $f(x) = 2x^3 - 3x^2 - 72x + 15$ son -3 y 4. Para probar $c = -3$, podemos usar $a = -4$ y $b = 0$ ya que -3 es el único número crítico entre -4 y 0. Son posibles muchas otras opciones para a y b, pero tratamos de seleccionar números que hagan sencillos los cálculos. Como

$$f'(x) = 6x^2 - 6x - 72 = 6(x^2 - x - 12) = 6(x + 3)(x - 4),$$

vemos que

$$f'(-4) = 6(-4 + 3)(-4 - 4) = 6(-1)(-8) > 0;$$

y

$$f'(0) = 6(0 + 3)(0 - 4) = 6(3)(-4) < 0.$$

(Advierta que no es necesario terminar de calcular el valor exacto de $f'(x)$ para determinar su signo.) El valor de la derivada es entonces positivo a la izquierda de -3 y negativo a la derecha de -3, como se muestra en la figura 10.11. Por la parte 1 de la prueba de la primera derivada, hay un máximo local en $x = -3$, que es $f(-3) = 150$.

De la misma manera, podemos usar $a = 0$ y $b = 5$ para probar el número crítico $c = 4$. Acabamos de ver que $f'(0) < 0$; entonces

$$f'(5) = 6(5 + 3)(5 - 4) = 6(8)(1) > 0.$$

Por consiguiente, por la parte 2 de la prueba de la primera derivada, hay un mínimo local en $x = 4$, donde $f(4) = -193$. ■ 5

5 Encuentre la posición de todos los puntos extremos locales de las siguientes funciones.

(a) $f(x) = 2x^2 - 8x + 1$

(b) $g(x) = x^3 - 9x^2 - 48x + 195$

Respuestas:

(a) Mínimo local en 2

(b) Máximo local en -2; mínimo local en 8

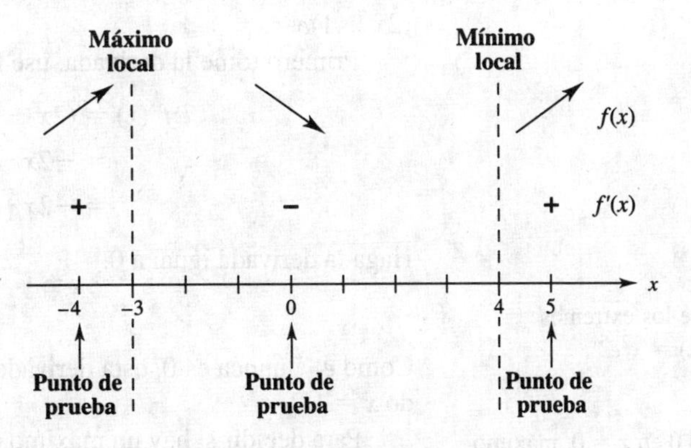

FIGURA 10.11

EJEMPLO 6 En el ejemplo 4(b) encontramos que 0 y 1 son los números críticos para $f(x) = 3x^{4/3} - 12x^{1/3}$. Podemos usar -1, $1/2$ y 2 para aplicar la prueba de la primera derivada.

$$f'(x) = \frac{4x - 4}{x^{2/3}} = \frac{4x - 4}{\sqrt[3]{x^2}}$$

$$f'(-1) = \frac{4(-1) - 4}{\sqrt[3]{(-1)^2}} = \frac{-4 - 4}{1} < 0$$

$$f'\left(\frac{1}{2}\right) = \frac{4(1/2) - 4}{\sqrt[3]{(1/2)^2}} = \frac{-2}{\sqrt[3]{1/4}} < 0$$

$$f'(2) = \frac{4(2) - 4}{\sqrt[3]{2^2}} = \frac{4}{\sqrt[3]{4}} > 0$$

Estos resultados se muestran en la figura 10.12.

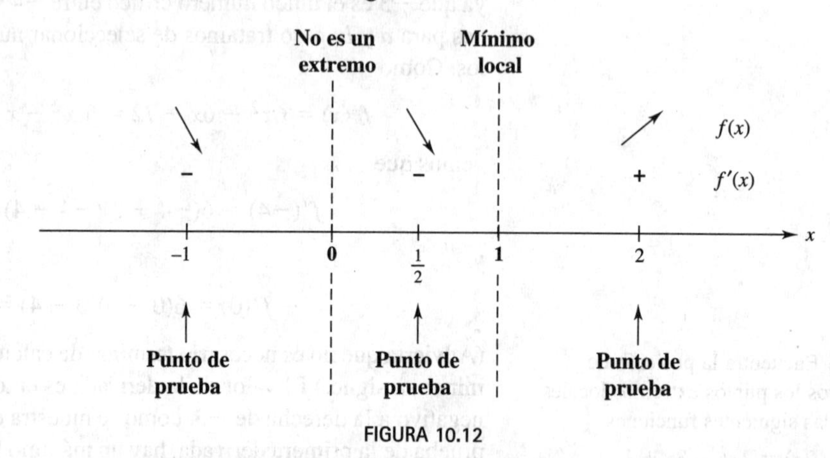

FIGURA 10.12

Como 0 es el único número crítico entre -1 y $1/2$ y la derivada es negativa en -1 y en $1/2$, la parte 3 de la prueba de la primera derivada muestra que no hay ningún extremo local en $x = 0$. El único número crítico entre $1/2$ y 2 es $x = 1$. Como $f'(1/2) < 0$ y $f'(2) > 0$, hay un mínimo local de -9 en $x = 1$. ■ [6]

[6] Encuentre los extremos locales de $f(x) = x^3 + 4x^2 - 3x + 5$.

Respuesta:
Máximo local en -3 de valor $f(-3) = 23$; mínimo local en $1/3$ de $f(1/3) = 121/27$

EJEMPLO 7 Encuentre todos los máximos locales o mínimos locales para $f(x) = (2x + 1)e^{-x}$.

Primero tome la derivada, use la regla del producto.

$$\begin{aligned} f'(x) &= (2x + 1)(-e^{-x}) + e^{-x}(2) \\ &= -2x \cdot e^{-x} - e^{-x} + 2e^{-x} \\ &= -2x \cdot e^{-x} + e^{-x} = e^{-x}(-2x + 1) \end{aligned}$$

Haga la derivada igual a 0.

$$e^{-x}(-2x + 1) = 0$$

Como e^{-x} nunca es 0, esta derivada puede ser 0 sólo cuando $-2x + 1 = 0$, o cuando $x = 1/2$.

Para decidir si hay un máximo o un mínimo local en $x = 1/2$, use la prueba de la primera derivada. Como $f'(0) > 0$ y $f'(1) < 0$, hay un máximo local de $f(1/2) = 2/e^{1/2} \approx 1.2$ en $x = 1/2$. ■ [7]

[7] Encuentre los extremos locales de $f(x) = x^2e^{5x}$.

Respuesta:
Mínimo local 0 en $x = 0$; máximo local aproximadamente 0.02 en $x = -2/5$

EJEMPLO 8 Una compañía que hace relojes digitales tiene las siguientes funciones de costo e ingreso.

$$R(x) = 36x - .0015x^2 \qquad 0 \le x \le 12{,}000$$
$$C(x) = .00000034x^3 - .005x^2 + 27x + 25{,}000 \qquad 0 \le x \le 12{,}000$$

Determine cuándo la función de ganancia es creciente y encuentre la ganancia máxima posible.

La función de ganancia es $P(x) = R(x) - C(x)$, por lo que

$$\begin{aligned} P(x) &= (36x - .0015x^2) - (.00000034x^3 - .005x^2 + 27x + 25{,}000) \\ &= -.00000034x^3 + .0035x^2 + 9x - 25{,}000. \end{aligned}$$

Para determinar los números críticos, encontramos $P'(x)$ y usamos la fórmula cuadrática para resolver $P'(x) = 0$.

$$P'(x) = -.00000102x^2 + .007x + 9 = 0$$
$$x = \frac{-.007 \pm \sqrt{(.007)^2 - 4(-.00000102)(9)}}{2(-.00000102)} \approx \begin{cases} 7969.86 \\ -1107.11 \end{cases}$$

Como aquí $x \ge 0$, el único número crítico importante es 7969.86. Aplicando la prueba de la primera derivada con $a = 0$ y $b = 10{,}000$ se ve que

$$P'(0) = 9 > 0 \quad \text{y} \quad P'(10{,}000) \approx -23 < 0.$$

Por lo tanto, $P(x)$ es creciente en el intervalo (aproximadamente) (0, 7969.86), decreciente en (7969.86, 12000) y tiene un máximo local aproximadamente en 7969.86. Por consiguiente la ganancia máxima ocurre cuando se fabrican y se venden aproximadamente 7970 relojes. Como lo muestran las gráficas en la figura 10.13, la ganancia crece en tanto que la función de ingreso aumenta más rápido que la función de costo. ■ 8

8 Encuentre los intervalos en que la ganancia está creciendo y $P(x) > 0$ si la función de ganancia está definida como $P(x) = 1000 + 90x - x^2$.

Respuesta:
(0, 45)

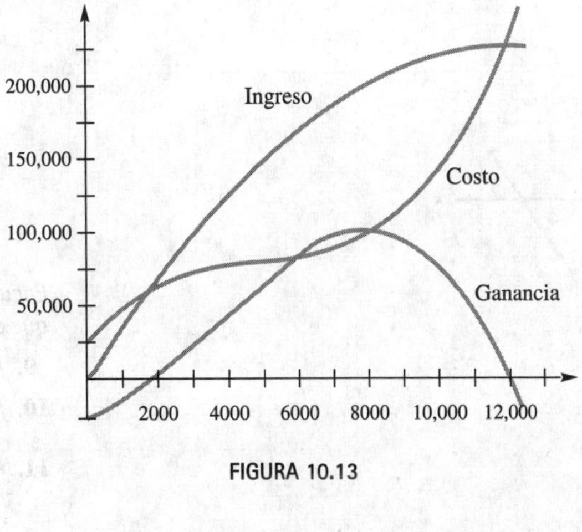

200,000
150,000
100,000
50,000
Ingreso
Costo
Ganancia
2000 4000 6000 8000 10,000 12,000

FIGURA 10.13

10.1 EJERCICIOS

Para cada función, indique los intervalos en que la función es creciente, en los que es decreciente y la posición de todos los puntos extremos locales (véanse los ejemplos 1 y 3).

1.

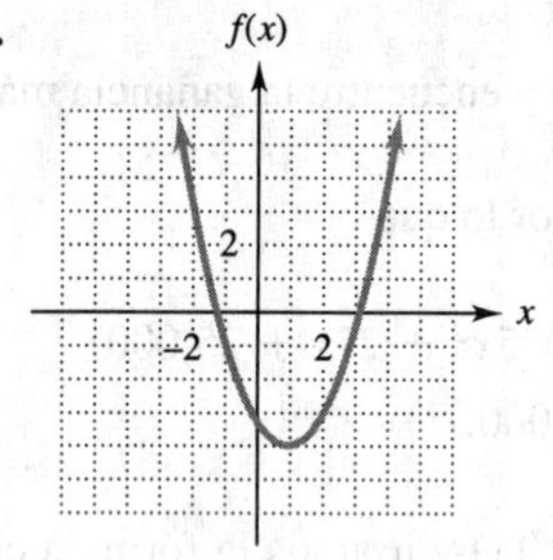

2.

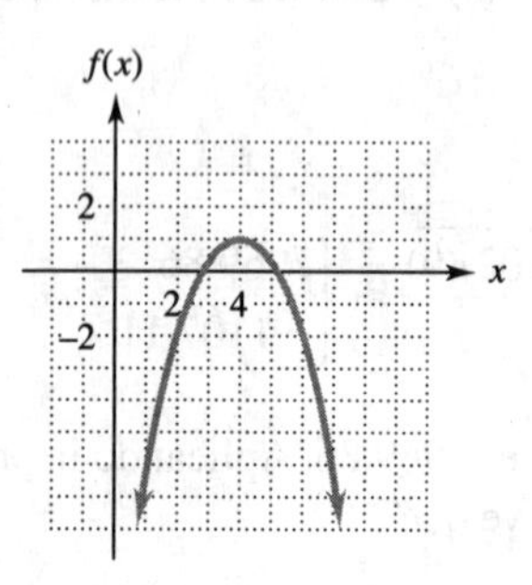

3.

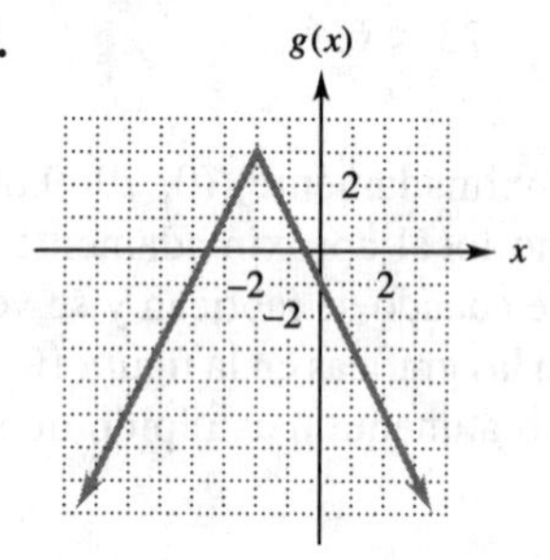

4.

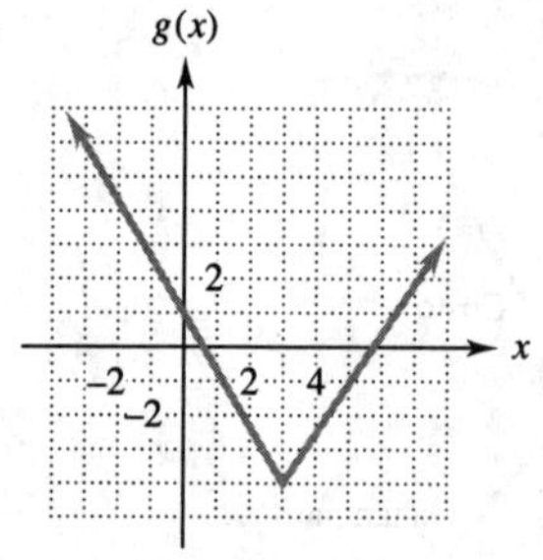

5.

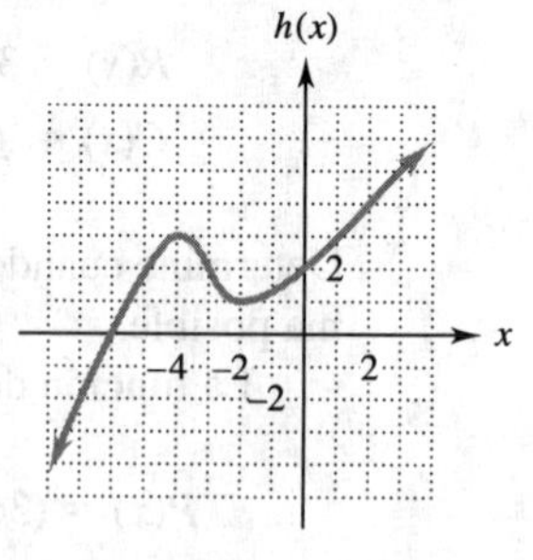

6.

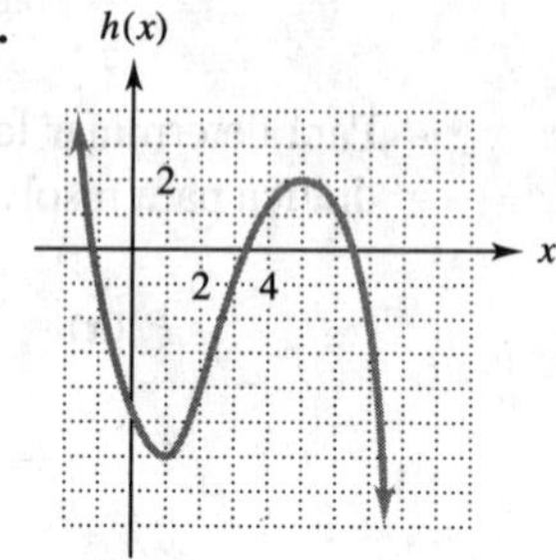

7.

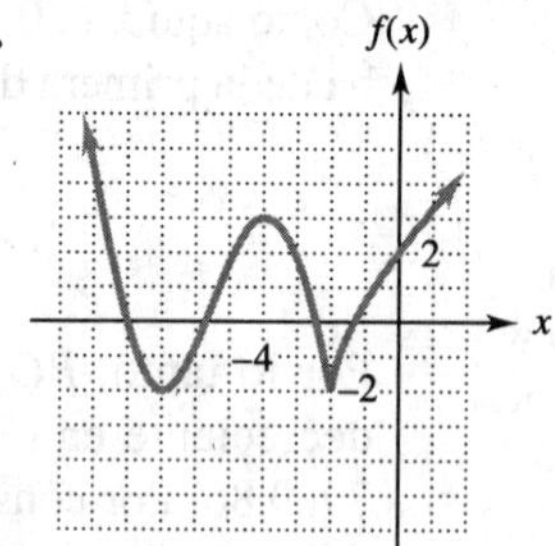

8.

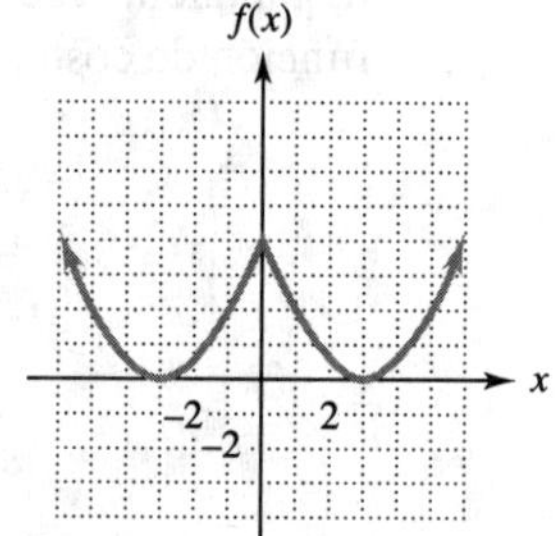

Encuentre los intervalos en que cada función es creciente y en los que es decreciente (véase el ejemplo 2).

9. $f(x) = 2x^3 - 5x^2 - 4x + 2$

10. $f(x) = 4x^3 - 9x^2 - 12x + 7$

11. $f(x) = \dfrac{x + 1}{x + 4}$

12. $f(x) = \dfrac{x^2 + 1}{x}$

13. $f(x) = \sqrt{5 - x}$

14. $f(x) = \sqrt{x^2 + 1}$

15. $f(x) = 2x^3 - 3x^2 - 12x + 2$

16. $f(x) = 4x^3 - 15x^2 - 72x + 5$

Se da la gráfica de la función derivada f′; dé los números críticos de la función f.

17.

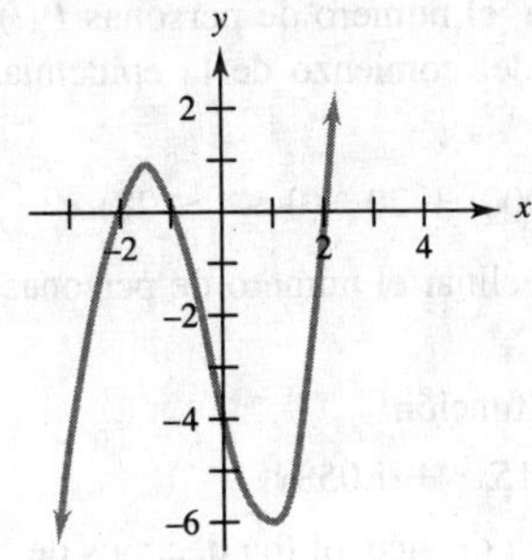

18.

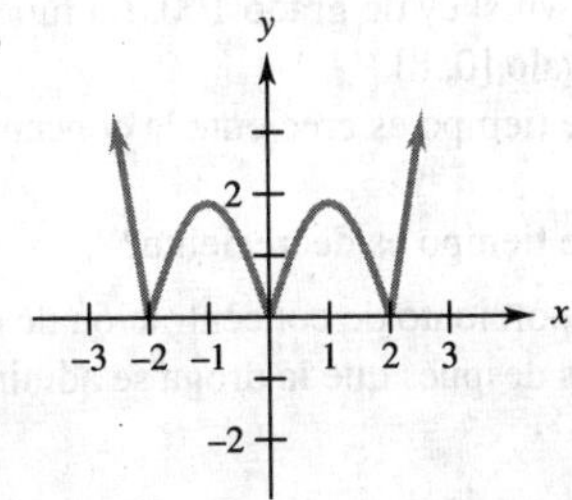

Use la prueba de la primera derivada para determinar la posición de cada extremo local de la función (véanse los ejemplos 4-7).

19. $f(x) = x^3 - 3x^2 + 1$

20. $f(x) = x^3 - x^2 - 5x + 1$

21. $f(x) = x^3 + 6x^2 + 9x + 2$

22. $f(x) = x^3 + 3x^2 - 24x + 2$

23. $f(x) = -\dfrac{4}{3}x^3 - \dfrac{21}{2}x^2 - 5x + 8$

24. $f(x) = -\dfrac{2}{3}x^3 - \dfrac{1}{2}x^2 - 3x - 4$

25. $f(x) = \dfrac{2}{3}x^3 - x^2 - 12x + 2$

26. $f(x) = \dfrac{4}{3}x^3 - 10x^2 + 24x - 1$

27. $f(x) = x^5 - 20x^2 + 3$

28. $f(x) = 3x^3 - 18.5x^2 - 4.5x - 45$

Use la prueba de la primera derivada para determinar la posición de cada extremo local y el valor de la función en ese extremo (véanse los ejemplos 5-7).

29. $f(x) = x^{11/5} - x^{6/5} + 1$

30. $f(x) = (7 - 2x)^{2/3} - 2$

31. $f(x) = -(3 - 4x)^{2/5} + 4$

32. $f(x) = x^2 + \dfrac{1}{x}$

33. $f(x) = \dfrac{x^2}{x^2 + 1}$

34. $f(x) = \dfrac{x^2 - 2x + 1}{x - 3}$

35. $f(x) = -xe^x$

36. $f(x) = xe^{-x}$

37. $f(x) = x \cdot \ln|x|$

38. $f(x) = x - \ln|x|$

39. $f(x) = xe^{3x} - 2$

40. $f(x) = x^3e^{4x} + 1$

41. $f(x) = e^x + e^{-x}$

42. $f(x) = -x^2e^x$

Use el localizador de máximos y mínimos de una calculadora graficadora para determinar la posición aproximada de todos los extremos locales de las funciones.

43. $f(x) = .1x^4 - x^3 - 12x^2 + 99x - 10$

44. $f(x) = x^5 - 12x^4 - x^3 + 232x^2 + 260x - 600$

45. $f(x) = .01x^5 + x^4 - x^3 - 6x^2 + 5x + 4$

46. $f(x) = .1x^5 + 3x^4 - 4x^3 - 11x^2 + 3x + 2$

47. Sea f una función continua cuya gráfica no tiene segmentos horizontales. Si c y d son los únicos números críticos de f, explique por qué la gráfica de f debe siempre elevarse o siempre descender entre $x = c$ y $x = d$.

48. Sea f una función continua que tiene sólo un número crítico c. Si f tiene un mínimo local en $x = c$, explique por qué $f(c) \leq f(x)$ para toda x en el dominio de f.

Resuelva los siguientes ejercicios (véase el ejemplo 8).

49. Administración La ganancia total $P(x)$ (en miles de dólares) por la venta de x miles de unidades de un medicamento está dada por

$$P(x) = -x^3 + 3x^2 + 72x \quad (0 \leq x \leq 10).$$

(a) Encuentre el número de unidades que deben venderse para maximizar la ganancia total.

(b) ¿Cuál es la ganancia máxima?

50. Ciencias sociales La función de probabilidad normal estándar se usa para describir muchas poblaciones diferentes. Su gráfica es la bien conocida curva normal. Esta función está definida por

$$f(x) = \frac{1}{\sqrt{2\pi}}e^{-x^2/2}.$$

Dé los intervalos en que la función es creciente y en los que es decreciente.

51. Ciencias naturales La gráfica muestra la cantidad de contaminación del aire que eliminan los árboles en la región urbana de Chicago en cada mes del año.* A partir de la gráfica vemos que el nivel de ozono se incrementa hasta junio y luego disminuye abruptamente.

(a) ¿En qué puntos son indefinidas las derivadas de las funciones cuyas gráficas se muestran?

(b) En la gráfica de partículas suspendidas, ¿dónde es esta función creciente, decreciente, constante?

(c) ¿Sobre qué intervalos indican las cuatro gráficas inferiores que las funciones correspondientes son constantes? ¿Por qué cree usted que las funciones son constantes en esos intervalos?

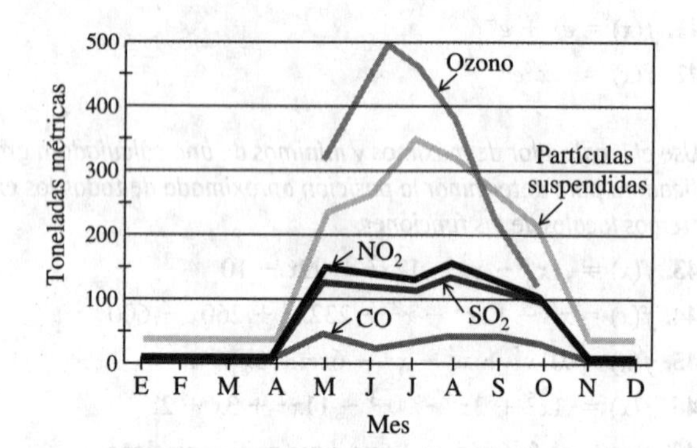

52. Administración Un agente de bienes raíces estima que el número de casas que se construirán por año en los próximos 3 años está dado por

$$H(r) = \frac{300}{1 + .03r^2},$$

donde r es la tasa hipotecaria (en por ciento).

(a) ¿Dónde es $H(r)$ creciente?

(b) ¿Dónde es $H(r)$ decreciente?

53. Administración Un fabricante vende cuchillos con las siguientes funciones de costo e ingreso, donde x es el número de juegos vendidos.

$$C(x) = 4000 - 4x, \qquad 0 \le x \le 17{,}000$$
$$R(x) = 20x - x^2/1000, \qquad 0 \le x \le 17{,}000$$

Determine los intervalos donde la función de ganancia es creciente.

54. Administración Un fabricante de tocadiscos ha determinado que la ganancia $P(x)$ (en miles de dólares) se relaciona con la cantidad x de tocadiscos fabricados (en cientos) por mes por

$$P(x) = \frac{1}{3}x^3 - \frac{7}{2}x^2 - 10x - 2,$$

siempre que el número de unidades producidas sea menor que 800 por mes.

(a) ¿En qué niveles de producción está creciendo la ganancia?

(b) ¿En qué niveles está decreciendo?

55. Ciencias naturales Durante una epidemia de gripa de cuatro semanas de duración, el número de personas $P(t)$ infectadas t días después del comienzo de la epidemia, es aproximado por

$$P(t) = t^3 - 60t^2 + 900t + 20 \quad (0 \le t \le 28).$$

¿Cuándo comenzará a declinar el número de personas infectadas?

56. Ciencias naturales La función

$$A(x) = -.15x^3 + 1.058x$$

aproxima la concentración de alcohol (en décimos de 1%) en la sangre de una persona promedio x horas después de haber bebido 8 onzas de whiskey de grado 100. La función se aplica sólo en el intervalo [0, 8].

(a) ¿En qué intervalos de tiempo es creciente la concentración de alcohol?

(b) ¿En qué intervalos de tiempo es decreciente?

57. Ciencias naturales El porciento de concentración de una droga en la sangre x horas después que la droga se administra está dado por

$$K(x) = \frac{4x}{3x^2 + 27}.$$

(a) ¿En qué intervalos de tiempo es creciente la concentración de la droga?

(b) ¿En qué intervalos es decreciente?

58. Ciencias naturales Suponga que cierta droga se administra a un paciente, con el porciento de concentración de la droga en la sangre t horas después dada por

$$k(t) = \frac{5t}{t^2 + 1}.$$

(a) ¿En qué intervalos de tiempo es creciente la concentración de la droga?

(b) ¿En qué intervalos es decreciente?

59. Administración La figura muestra las transacciones mensuales promedio (en miles) por cajero automático en Estados Unidos para los años 1985 a 1995.* Considere el intervalo cerrado [1985, 1995]. Dé todos los máximos y mínimos locales aproximados de esta función y diga cuándo ocurren en el intervalo.

---

*National Arbor Day Foundation, 100 Arbor Ave., Nebraska City, NE 68410 anuncio en: *Chicago Tribune*, domingo 2 de abril de 1996, sec. 2, pág. 11.

*De "Telling Future of ATMs", en *Chicago Tribune*, 18 de diciembre de 1995, A1, sec. 4.

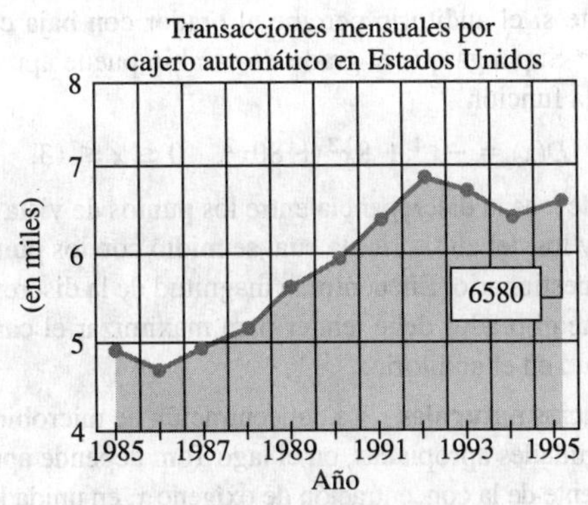

Fuentes: Bank Network News, Synergistics Research Corp., Electronic Data Systems Corp., Cash Station Inc.

60. Administración La figura muestra las pérdidas por fraude por cada $100 pagados con tarjetas Mastercard International en los años 1982 a 1995.* Considere el intervalo cerrado [1982, 1995]. Indique todos los máximos y mínimos locales en el intervalo y el año en que ocurren.

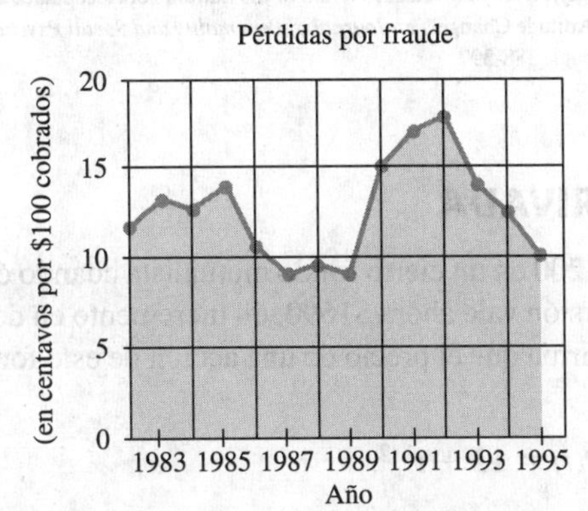

Fuente: Mastercard International.

61. Ciencias sociales La gráfica muestra el arsenal de armas nucleares de Estados Unidos y la Unión Soviética y de sus estados sucesores de 1945 a 1993.†

(a) ¿En qué intervalos era creciente el arsenal de Estados Unidos?

(b) ¿En qué intervalos era creciente el arsenal de la Unión Soviética?

(c) ¿En qué años era el arsenal de Estados Unidos un máximo local?

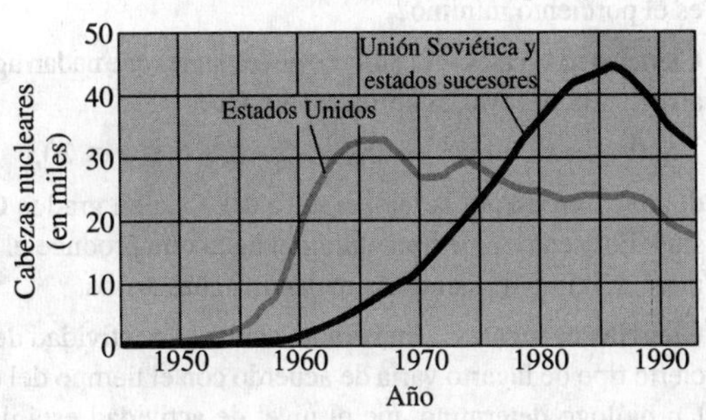

62. Física Una persona, situada a 37 pies de altura respecto al suelo, lanza una pelota directamente hacia arriba. La función que da la posición de la pelota (en pies) en el tiempo t segundos está dada por $s(t) = -16t^2 + 140t + 37$.* Encuentre

(a) la altura máxima que alcanza la pelota;

(b) el tiempo en que la pelota toca el suelo;

(c) la velocidad de la pelota cuando ésta toca el suelo.

63. Administración Suponga que la función costo para un producto es dada por $C(x) = 0.002x^3 - 9x + 4000$. Encuentre el nivel de producción (es decir, el valor de x) que dará el costo promedio mínimo por unidad $\overline{C}(x)$.

64. Administración Una compañía descubrió que al incrementar su publicidad también se incrementan sus ventas, hasta cierto punto. La compañía cree que el modelo matemático que relaciona la ganancia en cientos de dólares $P(x)$ con los gastos en publicidad en miles de dólares x, es

$$P(x) = 80 + 108x - x^3, \quad 0 \le x \le 10.$$

(a) Encuentre el gasto en publicidad que conduce a una ganancia máxima.

(b) Encuentre la ganancia máxima.

65. Administración La ganancia total $P(x)$ (en miles de dólares) por la venta de x cientos de miles de neumáticos de auto es aproximada por

$$P(x) = -x^3 + 9x^2 + 120x - 400, \quad 3 \le x \le 15.$$

Encuentre el número de cientos de miles de neumáticos que deben venderse para maximizar la ganancia. Encuentre la ganancia máxima.

66. Ciencias naturales Una región pantanosa que se utiliza para drenaje agrícola se ha contaminado con selenio. Se ha determinado que drenar el área con agua limpia reducirá el selenio durante cierto tiempo, pero que después éste comenzará a acumularse de nuevo. Un biólogo descubrió que el porciento de selenio en el suelo x meses después del comienzo del drenado está dado por

$$f(x) = \frac{x^2 + 36}{2x}, \quad 1 \le x \le 12.$$

(continúa ejercicio)

*De "Stop, Thief! Return My Name", en *The New York Times*, domingo 28 de enero de 1996, sec. 3.

†*The New York Times*, 26 de septiembre de 1993.

*Ejercicio proporcionado por Frederick Russell de Charles County Community College.

¿Cuándo se habrá reducido a un mínimo el selenio? ¿Cuál es el porciento mínimo?

67. Ciencias naturales El número de salmones que nadan aguas arriba para desovar es aproximado por

$$S(x) = -x^3 + 3x^2 + 400x + 5000, \quad 6 \leq x \leq 20,$$

donde x representa la temperatura del agua en grados Celsius. Encuentre la temperatura del agua que produce el número máximo de salmones nadando aguas arriba.

68. Ciencias naturales En verano, el nivel de actividad de un cierto tipo de lagarto varía de acuerdo con el tiempo del día. Un biólogo determinó que el nivel de actividad está dado por la función

$$a(t) = .008t^3 - .27t^2 + 2.02t + 7,$$

donde t es el número de horas después de las 12 del día y $0 \leq t \leq 24$. ¿Cuándo tiene su máximo el nivel de actividad? ¿Cuándo tiene su mínimo?

69. Ciencias sociales Los psicólogos han descubierto que cuando la discrepancia entre los puntos de vista de un orador y los del auditorio se incrementa, el cambio de actitud en el auditorio se incrementa hasta cierto punto, pero decrece cuando la discrepancia se vuelve muy grande, particularmente si el auditorio percibe al orador con baja credibilidad.* Suponga que el grado de cambio puede aproximarse por la función

$$D(x) = -x^4 + 8x^3 + 80x^2, \quad 0 \leq x \leq 13,$$

donde x es la discrepancia entre los puntos de vista del orador y los del auditorio, la cual se midió con los puntajes en un cuestionario. Encuentre la magnitud de la discrepancia a la que el orador debe tender para maximizar el cambio de actitud en el auditorio.

70. Ciencias naturales La concentración de microbios, $B(x)$, en unidades apropiadas, en el lago Tom depende aproximadamente de la concentración de oxígeno x, en unidades apropiadas, de acuerdo con la función

$$B(x) = x^3 - 7x^2 - 160x + 1800, \quad 0 \leq x \leq 20.$$

(a) Encuentre la concentración de oxígeno que conducirá a la concentración mínima de microbios.

(b) ¿Cuál es la concentración mínima?

*Véase Eagly, A. H. y K. Telaak, "Width of the Latitude of Acceptance as a Determinant of Attitude Change", en *Journal of Personality and Social Psychology*, vol. 23, 1972, págs. 388-397.

10.2 LA SEGUNDA DERIVADA

Un vendedor afirma que invirtió \$1200 en un cierto fondo mutualista cuando éste comenzó hace dos años y que su inversión vale ahora \$1690, un incremento en dos años de 41%. En los dos últimos años afirma que el precio de una acción de este fondo (en dólares) se ha dado por la función

$$P(t) = 12 + t^{1/2},$$

donde t es el número de meses desde que comenzó el fondo. Como usted sabe algo de cálculo, él señala que la derivada de esta función,

$$P'(t) = \frac{1}{2}t^{-1/2} = \frac{1}{2\sqrt{t}},$$

es siempre positiva (porque $\sqrt{t}$ es positiva para $t > 0$), por lo que el precio de una acción siempre está creciendo. Si sigue su consejo e invierte, ¿tendrá también una enorme ganancia?

Aunque el rendimiento pasado de un fondo mutualista no es necesariamente una buena guía respecto a su precio futuro, supongamos que el vendedor está en lo cierto y que la función de precio permanece válida durante los dos siguientes años. Ahora, es cierto que la derivada positiva significa que la función está creciendo. Lo importante es *qué tan rápido* está creciendo. Por ejemplo, cuando $t = 1$, $P'(1) = 1/2$, lo que significa que el precio por acción está creciendo a razón de 1/2 dólar (50¢) por mes. En 9 meses, $P'(9) = 1/6$, o aproximadamente 17¢ por mes. Cuando usted compra en $t = 24$ meses, el precio está creciendo a $P'(24) \approx 10$¢ por mes y la *razón* de crecimiento parece estar decreciendo continuamente.

La razón de crecimiento de la función derivada $P'(t)$ está dada por *su* derivada, que se denota $P''(t)$. Como $P'(t) = (1/2)t^{-1/2}$,

$$P''(t) = -\frac{1}{4}t^{-3/2} = \frac{-1}{4\sqrt{t^3}}.$$

$P''(t)$ es negativa siempre que t es positiva; por lo tanto, la *razón* a la que el precio se incrementa es siempre decreciente para $t > 0$. El precio de una acción continuará entonces creciendo, pero a una razón cada vez más pequeña. Por ejemplo, en $t = 24$, cuando usted compraría, el precio sería de \$16.90 por acción. Dos años después ($t = 48$), el precio sería de \$18.93, un incremento a dos años de sólo 12%, difícilmente la "enorme ganancia" que el vendedor predice. Los únicos inversionistas que harían enormes ganancias con este fondo serían quienes compraron al inicio, cuando la tasa de crecimiento era mucho mayor.

Este ejemplo muestra que es importante conocer no sólo si una función es creciente o decreciente, sino también la razón a la que esto ocurre. Como hemos visto, esta razón está dada por la derivada de la derivada de la función original. Para tratar con situaciones así, necesitamos una terminología y notación especiales.

DERIVADAS DE ORDEN SUPERIOR Si una función f tiene una derivada f', entonces la derivada de f', si existe, es la **segunda derivada** de f, que se escribe $f''(x)$. La derivada de $f''(x)$, si existe, se llama la **tercera derivada** de f, etc. Continuando este proceso, podemos encontrar **cuartas derivadas** y otras derivadas de orden superior. Por ejemplo, si $f(x) = x^4 + 2x^3 + 3x^2 - 5x + 7$, entonces

$$f'(x) = 4x^3 + 6x^2 + 6x - 5, \quad \text{Primera derivada de } f$$
$$f''(x) = 12x^2 + 12x + 6, \quad \text{Segunda derivada de } f$$
$$f'''(x) = 24x + 12, \quad \text{Tercera derivada de } f$$
$$\text{y} \quad f^{(4)}(x) = 24. \quad \text{Cuarta derivada de } f$$

La segunda derivada de $y = f(x)$ puede escribirse con cualquiera de las siguientes notaciones:

$$f''(x), \quad y'', \quad \frac{d^2y}{dx^2}, \quad \text{o} \quad D_x^2[f(x)].$$

La tercera derivada puede escribirse de manera similar. Para $n \geq 4$, la derivada $n$ésima se escribe $f^{(n)}(x)$.

[1] Sea $f(x) = 4x^3 - 12x^2 + x - 1$. Encuentre

(a) $f''(0)$;

(b) $f''(4)$;

(c) $f''(-2)$.

Respuestas:

(a) -24

(b) 72

(c) -72

EJEMPLO 1 Sea $f(x) = x^3 + 6x^2 - 9x + 8$. Encuentre lo siguiente.

(a) $f''(0)$

Aquí $f'(x) = 3x^2 + 12x - 9$, por lo que $f''(x) = 6x + 12$. Entonces

$$f''(0) = 6(0) + 12 = 12.$$

(b) $f''(-3) = 6(-3) + 12 = -6$ ■ [1]

EJEMPLO 2 Encuentre la segunda derivada de las siguientes funciones.

(a) $y = 8x^3 - 9x^2 + 6x + 4$

Aquí, $y' = 24x^2 - 18x + 6$. La segunda derivada es la derivada de y', o

$$y'' = 48x - 18.$$

(b) $y = \dfrac{4x + 2}{3x - 1}$

Use la regla del cociente para encontrar y'.

$$y' = \frac{(3x - 1)(4) - (4x + 2)(3)}{(3x - 1)^2} = \frac{12x - 4 - 12x - 6}{(3x - 1)^2} = \frac{-10}{(3x - 1)^2}$$

Use de nuevo la regla del cociente para encontrar y''.

$$y'' = \frac{(3x - 1)^2(0) - (-10)(2)(3x - 1)(3)}{[(3x - 1)^2]^2}$$

$$= \frac{60(3x - 1)}{(3x - 1)^4} = \frac{60}{(3x - 1)^3}$$

(c) $y = xe^x$

Usando la regla del producto se obtiene

$$y' = x \cdot e^x + e^x \cdot 1 = xe^x + e^x.$$

Diferencie este resultado para obtener y''.

$$y'' = (xe^x + e^x) + e^x = xe^x + 2e^x = (x + 2)e^x \quad ■ \quad \boxed{2}$$

$\boxed{2}$ Encuentre las segundas derivadas de lo siguiente.

(a) $y = -9x^3 + 8x^2 + 11x - 6$

(b) $y = -2x^4 + 6x^2$

(c) $y = \dfrac{x + 2}{5x - 1}$

(d) $y = e^x + \ln x$

Respuestas:

(a) $y'' = -54x + 16$

(b) $y'' = -24x^2 + 12$

(c) $y'' = \dfrac{110}{(5x - 1)^3}$

(d) $y'' = e^x - \dfrac{1}{x^2}$

En el capítulo previo vimos que la primera derivada de una función representa la razón de cambio de la función. La segunda derivada representa entonces la razón de cambio de la primera derivada. Este hecho tiene varias aplicaciones. Por ejemplo, en la introducción a esta sección vimos que una segunda derivada negativa muestra que el valor de un fondo mutualista crece cada vez más despacio.

La segunda derivada juega también un papel en la física de una partícula en movimiento. Si una función describe la posición de un objeto en movimiento (a lo largo de una línea recta) en el tiempo t, entonces la primera derivada da la velocidad del objeto. Es decir, si $y = s(t)$ describe la posición (a lo largo de una línea recta) del objeto en el tiempo t, entonces $v(t) = s'(t)$ da la velocidad en el tiempo t.

La razón de cambio de la velocidad se llama **aceleración**. Como la segunda derivada da la razón de cambio de la primera derivada, la aceleración es la derivada de la velocidad. Entonces, si $a(t)$ representa la aceleración en el tiempo t,

$$\boldsymbol{a(t) = \frac{d}{dt}v(t) = s''(t).}$$

EJEMPLO 3 Suponga que un objeto se mueve a lo largo de una línea recta, con su posición en pies en el tiempo t en segundos dada por

$$s(t) = t^3 - 2t^2 - 7t + 9.$$

Encuentre lo siguiente.

(a) La velocidad en cualquier tiempo t
La velocidad está dada por

$$v(t) = s'(t) = 3t^2 - 4t - 7.$$

(b) La aceleración en cualquier tiempo t
La aceleración está dada por

$$a(t) = v'(t) = s''(t) = 6t - 4.$$

(c) El objeto se detiene cuando la velocidad es cero. Para $t \geq 0$, ¿cuándo ocurre esto? Haga $v(t) = 0$.

$$3t^2 - 4t - 7 = 0$$
$$(3t - 7)(t + 1) = 0$$
$$3t - 7 = 0 \quad \text{o} \quad t + 1 = 0$$
$$t = \frac{7}{3} \qquad\qquad t = -1$$

Como queremos $t \geq 0$, sólo $t = 7/3$ es aceptable aquí. El objeto se detendrá en 7/3 segundos. ■ [3]

[3] Resuelva el ejemplo 3 si $s(t) = t^4 - t^3 + 10$.

Respuestas:
(a) $v(t) = 4t^3 - 3t^2$
(b) $a(t) = 12t^2 - 6t$
(c) En 0 y 3/4 de segundo

CONCAVIDAD Veremos ahora cómo la segunda derivada proporciona información acerca de cómo la gráfica se "dobla", lo que a menudo es difícil ver sobre la pantalla de una calculadora o computadora. Una gráfica es **cóncava hacia arriba** en un intervalo si se dobla hacia arriba en el intervalo y **cóncava hacia abajo** si se dobla hacia abajo, como se muestra en la figura 10.14. La gráfica es cóncava hacia abajo en el intervalo (a, b) y cóncava hacia arriba en el intervalo (b, c).* Un punto sobre la gráfica donde la concavidad cambia (como el punto en que $x = b$ en la figura 10.14) se llama **punto de inflexión.**

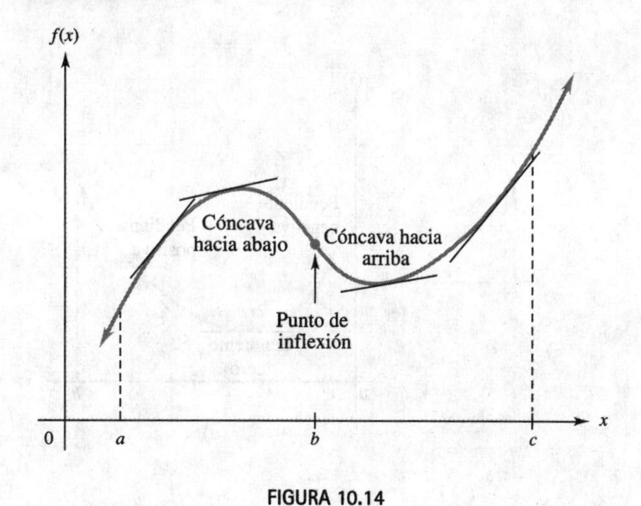

FIGURA 10.14

*La figura 10.14 también ilustra la definición formal de concavidad: una función es *cóncava hacia abajo* en un intervalo si su gráfica se encuentra debajo de la recta tangente en cada punto en el intervalo y *cóncava hacia arriba* si su gráfica está arriba de la recta tangente en cada punto del intervalo.

Una función que es creciente en un intervalo puede tener cualquier tipo de concavidad; lo mismo es cierto para una función decreciente. Algunas posibilidades se ilustran en la figura 10.15.

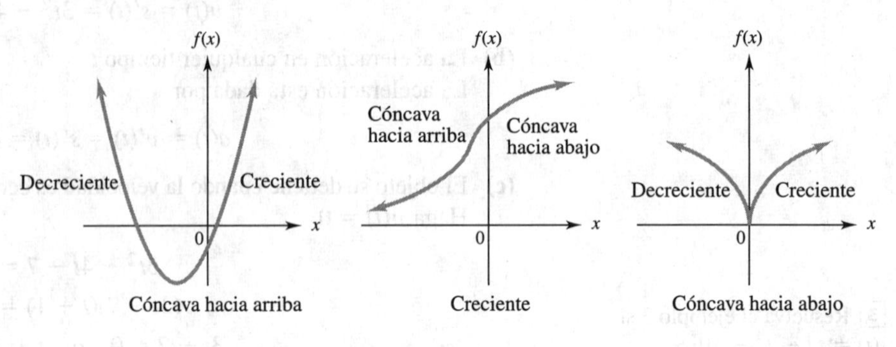

FIGURA 10.15

A continuación examinamos la relación entre la segunda derivada de una función f y la concavidad de la gráfica de f. Hemos visto que cuando la derivada de cualquier función es positiva, entonces esa función es creciente. En consecuencia, si la *segunda* derivada de f (la derivada de la primera derivada) es positiva, entonces la *primera* derivada de f es creciente. Como la primera derivada da la pendiente de la recta tangente a la gráfica de f en ese punto, el hecho de que la primera derivada es creciente significa que las pendientes de las rectas tangente están creciendo al pasar uno de izquierda a derecha a lo largo de la gráfica de f, como se ilustra en la figura 10.16.

En la figura 10.16(a), las pendientes de las rectas tangente crecen de negativas a la izquierda, a 0 en el centro, a positivas a la derecha. En la figura 10.16(b), las pendientes son todas positivas, pero crecientes cuando las rectas tangente se vuelven más inclinadas. Advierta que ambas gráficas en la figura 10.16 son *cóncavas hacia arriba*.

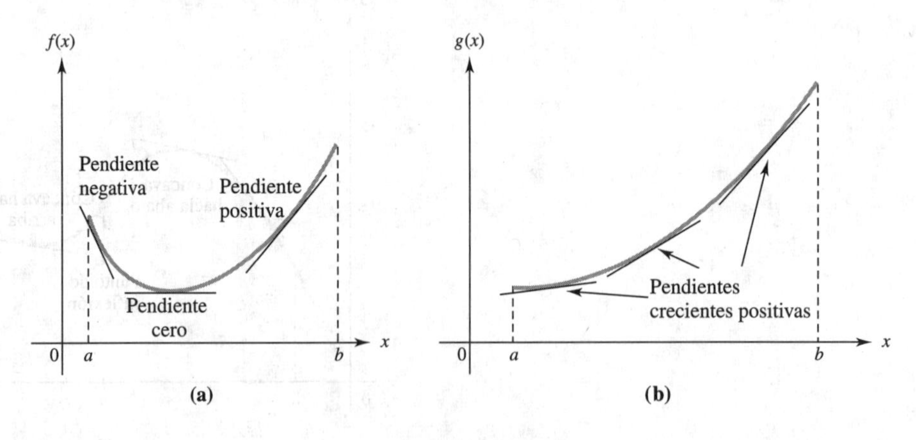

FIGURA 10.16

De la misma manera, cuando la segunda derivada es negativa, entonces la primera derivada (pendiente de la recta tangente) es decreciente, como se ilustra en la figura 10.17. En la figura 10.17(a), las pendientes de las rectas tangente decrecen de positivas, a 0, a negativas. En la figura 10.17(b), las pendientes se vuelven cada vez más negativas conforme las rectas tangente caen hacia abajo con cada vez mayor inclinación. Advierta que ambas gráficas son *cóncavas hacia abajo*.

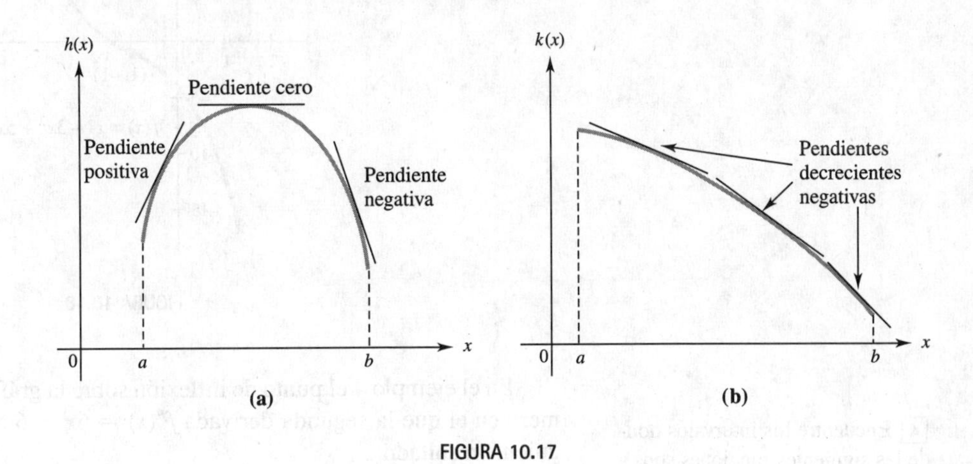

FIGURA 10.17

El análisis anterior sugiere el siguiente resultado.

PRUEBA DE LA CONCAVIDAD

Sea f una función cuyas primera y segunda derivadas existen en todo punto del intervalo (a, b).

1. Si $f''(x) > 0$ para toda x en (a, b), entonces f es cóncava hacia arriba en (a, b).
2. Si $f''(x) < 0$ para toda x en (a, b), entonces f es cóncava hacia abajo en (a, b).

EJEMPLO 4 Encuentre todos los intervalos en que $f(x) = x^3 - 3x^2 + 5x - 4$ es cóncava hacia arriba o hacia abajo y encuentre sus puntos de inflexión.

La primera derivada es $f'(x) = 3x^2 - 6x + 5$ y la segunda derivada es $f''(x) = 6x - 6$. La función f es cóncava hacia arriba siempre que $f''(x) > 0$, o

$$6x - 6 > 0$$
$$6x > 6$$
$$x > 1.$$

Además, f es cóncava hacia abajo si $f''(x) < 0$ o $x < 1$. En la notación de intervalos, f es cóncava hacia arriba en $(1, \infty)$ y cóncava hacia abajo en $(-\infty, 1)$, con un punto de inflexión en $(1, -1)$, donde la concavidad cambia. Una gráfica de f se muestra en la figura 10.18. ■

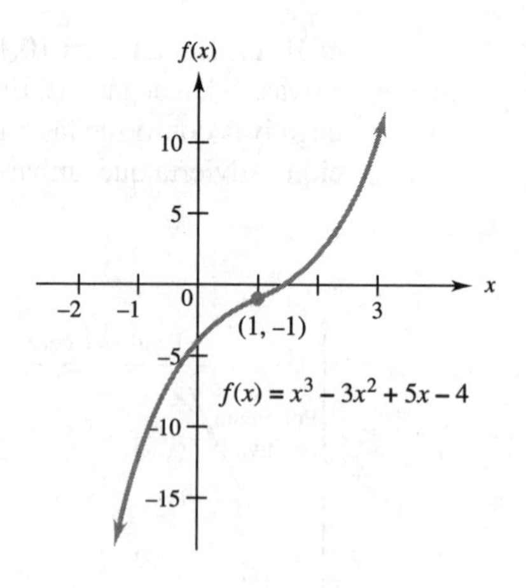

FIGURA 10.18

En el ejemplo 4 el punto de inflexión sobre la gráfica de f ocurre en $x = 1$, el número en el que la segunda derivada $f''(x) = 6x - 6$ es 0. Este hecho sugiere el siguiente resultado.

> Si una función f tiene un punto de inflexión en $x = c$, entonces $f''(c) = 0$ o $f''(c)$ no existe.

PRECAUCIÓN La proposición inversa de esto no siempre es cierta. La segunda derivada puede ser 0 en un punto que no es un punto de inflexión. Por ejemplo, si $f(x) = x^4$, entonces $f'(x) = 4x^3$ y $f''(x) = 12x^2$. Por consiguiente, $f''(x) = 0$ cuando $x = 0$. Sin embargo, la gráfica de $f(x)$ en la figura 10.19 es siempre cóncava hacia arriba, por lo que no tiene punto de inflexión en $x = 0$ (o en ninguna otra parte). ◆ [4]

[4] Encuentre los intervalos donde las siguientes funciones son cóncavas hacia arriba. Identifique los puntos de inflexión.

(a) $f(x) = 6x^3 - 24x^2 + 9x - 3$

(b) $f(x) = 2x^2 - 4x + 8$

Respuestas:

(a) Cóncava hacia arriba en $(4/3, \infty)$; el punto de inflexión es $(4/3, -175/9)$.

(b) $f''(x) = 4$, que es siempre positiva; la función es siempre cóncava hacia arriba, sin puntos de inflexión.

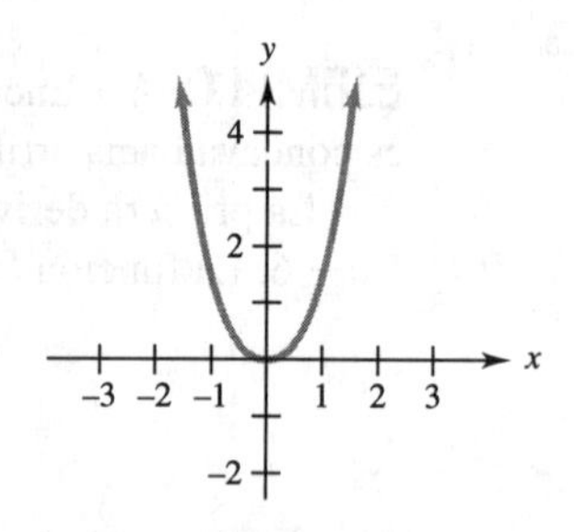

FIGURA 10.19

La **ley de rendimientos decrecientes** de la economía se relaciona con la idea de concavidad. La gráfica de la función f en la figura 10.20 muestra el rendimiento y de una entrada dada x. Por ejemplo, la entrada podría ser el costo de publicidad y la salida el correspondiente ingreso por ventas.

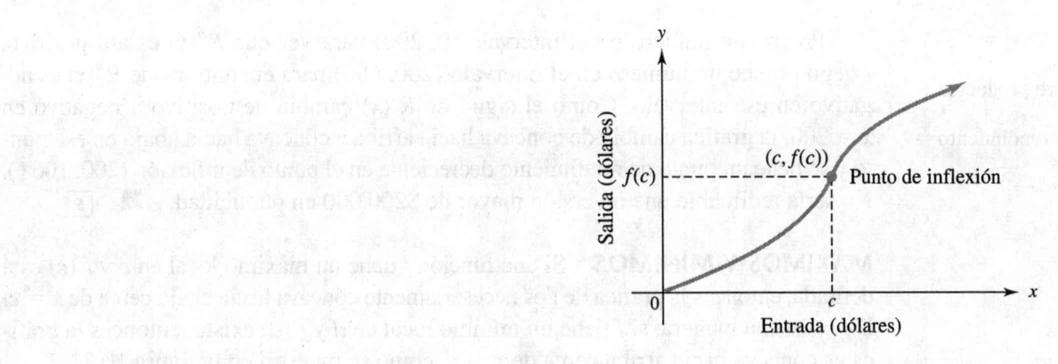

FIGURA 10.20

La gráfica en la figura 10.20 muestra un punto de inflexión en $(c, f(c))$. Para $x < c$, la gráfica cóncava hacia arriba, por lo que la razón de cambio de la pendiente es creciente. Esto indica que el rendimiento y está creciendo a una razón más rápida con cada dólar adicional gastado. Sin embargo, cuando $x > c$, la gráfica es cóncava hacia abajo, la razón de cambio de la pendiente está decreciendo y el crecimiento de y es menor con cada dólar adicional gastado. Así entonces, una entrada más allá de c dólares produce rendimientos decrecientes. El punto de inflexión en $(c, f(c))$ se llama **punto de rendimientos decrecientes**. Cualquier inversión más allá del valor c no se considera un buen uso del capital.

EJEMPLO 5 El ingreso $R(x)$ generado por las ventas de un cierto producto se relaciona con la cantidad x gastada en publicidad por

$$R(x) = \frac{1}{150{,}000}(600x^2 - x^3), \quad 0 \leq x \leq 600,$$

donde x y $R(x)$ están en miles de dólares. ¿Existe un punto de rendimiento decreciente para esta función? Si es así, ¿cuál es?

Como un punto de rendimiento decreciente ocurre en un punto de inflexión, busque un valor x que haga $R''(x) = 0$. Escriba la función como

$$R(x) = \frac{600}{150{,}000}x^2 - \frac{1}{150{,}000}x^3 = \frac{1}{250}x^2 - \frac{1}{150{,}000}x^3.$$

Ahora encuentre $R'(x)$ y luego $R''(x)$.

$$R'(x) = \frac{2x}{250} - \frac{3x^2}{150{,}000} = \frac{1}{125}x - \frac{1}{50{,}000}x^2$$

$$R''(x) = \frac{1}{125} - \frac{1}{25{,}000}x$$

Haga $R''(x)$ igual a 0 y despeje x.

$$\frac{1}{125} - \frac{1}{25{,}000}x = 0$$

$$-\frac{1}{25{,}000}x = -\frac{1}{125}$$

$$x = \frac{25{,}000}{125} = 200$$

[5] En el ejemplo 5, $R(x) = \frac{x^3}{600} - \frac{x^4}{1200}$ para otro producto. ¿Cuál es el punto de rendimiento decreciente?

Respuesta:
(10, .833)

Pruebe un número en el intervalo (0, 200) para ver que $R''(x)$ es ahí positivo. Luego pruebe un número en el intervalo (200, 600) para encontrar que $R''(x)$ es negativo en ese intervalo. Como el signo de $R''(x)$ cambia de positivo a negativo en $x = 200$, la gráfica cambia de cóncava hacia arriba a cóncava hacia abajo en ese punto y se tiene un punto de rendimiento decreciente en el punto de inflexión $(200, 106\frac{2}{3})$. No sería redituable una inversión mayor de $200,000 en publicidad. ■ [5]

MÁXIMOS Y MÍNIMOS Si una función f tiene un máximo local en c y $f'(c)$ está definida, entonces la gráfica de f es necesariamente cóncava hacia abajo cerca de $x = c$. De la misma manera, si f tiene un mínimo local en d y $f'(d)$ existe, entonces la gráfica es cóncava hacia arriba cerca de $x = d$, como se muestra en la figura 10.21.

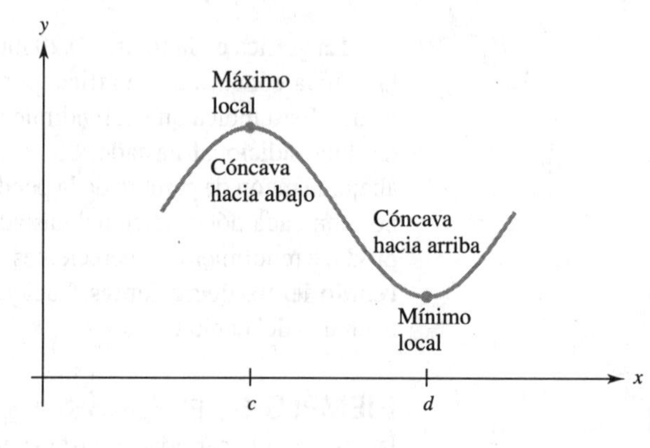

FIGURA 10.21

Estos hechos deben hacer plausible el siguiente resultado.

LA PRUEBA DE LA SEGUNDA DERIVADA

Sea c un número crítico de la función f tal que $f'(c) = 0$ y $f''(x)$ existe para toda x en algún intervalo abierto que contiene a c.

1. Si $f''(c) > 0$, entonces f tiene un mínimo local en c.
2. Si $f''(c) < 0$, entonces f tiene un máximo local en c.
3. Si $f''(c) = 0$, entonces esta prueba no da información; use la prueba de la primera derivada.

EJEMPLO 6 Encuentre todos los puntos extremos locales para

$$f(x) = 4x^3 + 7x^2 - 10x + 8.$$

Encuentre primero los puntos críticos. Aquí, $f'(x) = 12x^2 + 14x - 10$. Resuelva la ecuación $f'(x) = 0$.

$$12x^2 + 14x - 10 = 0$$
$$2(6x^2 + 7x - 5) = 0$$
$$2(3x + 5)(2x - 1) = 0$$

6 Encuentre todos los máximos y mínimos locales para las siguientes funciones. Use la prueba de la segunda derivada.

(a) $f(x) = 6x^2 + 12x + 1$

(b) $f(x) = x^3 - 3x^2 - 9x + 8$

Respuestas:

(a) Mínimo local de -5 en $x = -1$

(b) Máximo local de 13 en $x = -1$; mínimo local de -19 en $x = 3$

$$3x + 5 = 0 \quad \text{o} \quad 2x - 1 = 0$$

$$3x = -5 \qquad 2x = 1$$

$$x = -\frac{5}{3} \qquad x = \frac{1}{2}$$

Ahora use la prueba de la segunda derivada. La segunda derivada es $f''(x) = 24x + 14$. Los puntos críticos son $-5/3$ y $1/2$. Como

$$f''\left(-\frac{5}{3}\right) = 24\left(-\frac{5}{3}\right) + 14 = -40 + 14 = -26 < 0,$$

$-5/3$ conduce a un máximo local de $f(-5/3) = 691/27 \approx 25.593$. Además,

$$f''\left(\frac{1}{2}\right) = 24\left(\frac{1}{2}\right) + 14 = 12 + 14 = 26 > 0,$$

por lo que $1/2$ da un mínimo local de $f(1/2) = 21/4 = 5.25$. ■ **6**

La prueba de la segunda derivada funciona sólo para aquellos puntos críticos c que hacen $f'(c) = 0$. Esta prueba no funciona para aquellos puntos críticos c para los cuales $f'(c)$ no existe (ya que $f''(c)$ tampoco existirá). Además, la prueba de la segunda derivada no funciona para puntos críticos c que hacen $f''(c) = 0$. En ambos casos, use la prueba de la primera derivada.

10.2 EJERCICIOS

Para cada una de las siguientes funciones, encuentre $f''(x)$, $f''(0)$, $f''(2)$ y $f''(-3)$ (véanse los ejemplos 1 y 2).

1. $f(x) = x^3 - 5x^2 + 1$

2. $f(x) = 2x^4 + x^3 - 3x^2 + 2$

3. $f(x) = (x + 2)^4$

4. $f(x) = \dfrac{2x + 5}{x - 3}$

5. $f(x) = \dfrac{x^2}{1 + x}$

6. $f(x) = \dfrac{-x}{1 - x^2}$

7. $f(x) = \sqrt{x + 4}$

8. $f(x) = \sqrt{2x + 9}$

9. $f(x) = 5x^{3/5}$

10. $f(x) = -2x^{2/3}$

11. $f(x) = 2e^x$

12. $f(x) = \ln(2x - 3)$

13. $f(x) = 5e^{2x}$

14. $f(x) = 2 + e^{-x}$

15. $f(x) = \ln|x|$

16. $f(x) = \dfrac{1}{x}$

17. $f(x) = x \ln|x|$

18. $f(x) = \dfrac{\ln|x|}{x}$

Para cada una de las siguientes funciones, encuentre la tercera derivada $f'''(x)$ y la cuarta derivada $f^{(4)}(x)$.

19. $f(x) = 3x^4 + 2x^3 - x^2 + 5$

20. $f(x) = -2x^5 + 3x^3 - 4x + 7$

21. $f(x) = \dfrac{x - 1}{x}$

22. $f(x) = \dfrac{x + 2}{x - 2}$

Física *Cada una de las funciones en los ejercicios 23-26 da la distancia desde un punto inicial en el tiempo t de una partícula que se mueve a lo largo de una recta. Encuentre las funciones velocidad y aceleración. Luego encuentre la velocidad y aceleración en $t = 0$ y $t = 4$. Suponga que el tiempo se mide en segundos y la distancia s en centímetros. La velocidad estará en centímetros por segundo (cm/s) y la aceleración en centímetros por segundo cuadrado (cm/s^2) (véase el ejemplo 3).*

23. $s(t) = 6t^2 + 2t$

24. $s(t) = 4t^3 - 6t^2 + 3t - 4$

25. $s(t) = 3t^3 - 4t^2 + 8t - 9$

26. $s(t) = \dfrac{-2}{3t + 4}$

En los ejercicios 27-28, P(t) es el precio de una cierta acción bursátil en el tiempo t durante un día particular.

27. Si el precio de una acción bursátil está cayendo cada vez más rápido, ¿son $P'(t)$ y $P''(t)$ positivas o negativas? Explique su respuesta.

28. Cuando la acción alcanza su máximo precio durante el día, ¿son $P'(t)$ y $P''(t)$ positivas o negativas? Explique su respuesta.

Encuentre los intervalos abiertos más grandes en los que cada función es cóncava hacia arriba o cóncava hacia abajo y encuentre la posición de cualesquiera puntos de inflexión (véase el ejemplo 4).

29. $f(x) = x^2 + 3x - 5$

30. $f(x) = -x^2 + 8x - 7$

31. $f(x) = x^3 + 4x^2 - 6x + 3$

32. $f(x) = 5x^3 + 12x^2 - 32x - 14$

33. $f(x) = \dfrac{2}{x-3}$

34. $f(x) = \dfrac{-2}{x+1}$

35. $f(x) = x^4 + 8x^3 - 30x^2 + 24x - 3$

36. $f(x) = x^4 + 8x^3 + 18x^2 + 12x - 84$

Administración *En los ejercicios 37 y 38 encuentre el punto de rendimiento decreciente para las funciones dadas, donde R(x) representa ingreso en miles de dólares y x representa la cantidad gastada en publicidad en miles de dólares (véase el ejemplo 5).*

37. $R(x) = 10{,}000 - x^3 + 42x^2 + 800x; 0 \leq x \leq 20$

38. $R(x) = \dfrac{4}{27}(-x^3 + 66x^2 + 1050x - 400); 0 \leq x \leq 25$

Encuentre todos los números críticos de las siguientes funciones. Luego use la prueba de la segunda derivada sobre cada número crítico para determinar si se trata de un máximo o un mínimo local (véase el ejemplo 6).

39. $f(x) = -2x^3 - 3x^2 - 72x + 1$

40. $f(x) = \dfrac{2}{3}x^3 + \dfrac{1}{2}x^2 - x - \dfrac{1}{4}$

41. $f(x) = x^3 + \dfrac{3}{2}x^2 - 60x + 100$

42. $f(x) = (x-2)^5$

43. $f(x) = x^4 - 8x^2$

44. $f(x) = x^4 - 32x^2 + 7$

45. $f(x) = x + \dfrac{3}{x}$

46. $f(x) = x - \dfrac{1}{x}$

47. $f(x) = \dfrac{x^2+9}{2x}$

48. $f(x) = \dfrac{x^2+16}{2x}$

49. $f(x) = \dfrac{2-x}{2+x}$

50. $f(x) = \dfrac{x+2}{x-1}$

En los ejercicios 51-54, la regla de la derivada de una función f es dada (pero no la regla de la f misma). Encuentre la posición de todos los extremos locales y puntos de inflexión de la función f.

51. $f'(x) = (x-1)(x-2)(x-4)$

52. $f'(x) = (x^2-1)(x-2)$

53. $f'(x) = (x-2)^2(x-1)$

54. $f'(x) = (x-1)^2(x-3)$

55. Una función f es creciente y cóncava hacia abajo. Suponga que un amigo le dice: f' es positiva y decreciente, por lo que a la larga será igual a 0 y luego negativa decreciente. Demuestre que su amigo está equivocado dando un ejemplo de una función que es siempre creciente y cóncava hacia abajo.

56. El resumen de un artículo dice, "Concluimos tentativamente que la habilidad para levantar pesas en competencias olímpicas de los atletas entrenados sufre una declinación no lineal con la edad, en donde la segunda derivada de la curva del rendimiento en comparación con la edad, cambia de signo repetidamente".*

(a) ¿Qué le dice este resumen acerca de la primera derivada de la curva de rendimiento en comparación con la edad?

(b) Describa lo que sepa acerca de la curva de rendimiento contra edad con base en la información del resumen.

Resuelva los siguientes problemas (véase el ejemplo 3).

57. Física Cuando un objeto se suelta, la distancia en pies que recorre al caer en t segundos está dada por

$$s(t) = -16t^2,$$

donde una distancia negativa (o velocidad) indica movimiento hacia abajo. Encuentre la velocidad en cada uno de los siguientes tiempos.

(a) Después de 3 segundos

(b) Después de 5 segundos

(c) Después de 8 segundos

(d) Encuentre la aceleración. (La respuesta aquí es una constante, la aceleración debida a la influencia de la gravedad.)

58. Física Si un objeto se lanza directamente hacia arriba con una velocidad de 256 pies/s, su altura sobre el suelo después de t segundos está dada por $s(t) = 256t - 16t^2$. Encuentre la velocidad y la aceleración después de t segundos. ¿Cuál es la altura máxima que alcanza el objeto? ¿Cuándo toca el suelo?

Resuelva los siguientes problemas (véase el ejemplo 5).

59. Administración Una cadena nacional ha encontrado que la publicidad genera ventas, pero que demasiada publicidad de un producto tiende a alejar a los consumidores, de manera que las ventas se reducen. Con base en experiencias pasadas, la cadena espera que el número $N(x)$ de cámaras vendidas

*Meltzer, David E., "Age dependence of Olympic weightlifting", en *Medicine and Science in Sports and Exercise*, vol. 26, núm. 8, agosto de 1994, pág. 1053.

durante una semana se relacione con la cantidad gastada en publicidad por medio de la función

$$N(x) = -3x^3 + 135x^2 + 3600x + 12{,}000,$$

donde x (con $0 \leq x \leq 40$) es la cantidad gastada en publicidad en miles de dólares. ¿Cuál es el punto de rendimiento decreciente?

60. Administración Debido a escasez de materia prima, es cada vez más caro producir puros de alta calidad. La ganancia en miles de dólares por producir x cientos de miles de puros es aproximada por

$$P(x) = -x^3 + 28x^2 + 20x - 60,$$

donde $0 \leq x \leq 20$. Encuentre el punto de rendimiento decreciente.

Resuelva los siguientes problemas (véase el ejemplo 6).

61. Administración Una pequeña compañía debe alquilar ayuda cara temporal para complementar su personal de tiempo completo. Se estima que los costos semanales $C(x)$ de salarios y beneficios se relacionan con el número x de empleados de tiempo completo por la función

$$C(x) = 250x + \frac{16{,}000}{x} + 1000 \quad (1 \leq x \leq 30).$$

¿Cuántos empleados de tiempo completo debe tener la compañía para minimizar esos costos?

62. Ciencias naturales El porcentaje de concentración de cierta droga en la sangre x horas después de que la droga se toma, está dado por

$$K(x) = \frac{3x}{x^2 + 4}.$$

Por ejemplo, después de 1 hora la concentración está dada por $K(1) = 3(1)/(1^2 + 4) = (3/5)\% = 0.6\% = 0.006$.

(a) Encuentre el tiempo en que la concentración es máxima.

(b) Encuentre la concentración máxima.

63. Administración Cuando una compañía tiene que pagar grandes cantidades de tiempo extra, o construir una fábrica de mayores dimensiones, sus ganancias pueden reducirse aún cuando la ventas se eleven. Wizard Widget Company espera que sus ganancias (en cientos de dólares) durante los siguientes seis meses estén dadas por

$$P(x) = -x + 200\sqrt{x} - 2000 \quad (0 \leq x \leq 35{,}000),$$

donde x es el número de unidades vendidas. Encuentre el número de unidades que producen la ganancia máxima.

64. Ciencias naturales El porcentaje de concentración de otra droga en la sangre x horas después de administrada está dado por

$$K(x) = \frac{4x}{3x^2 + 27}.$$

(a) Encuentre el tiempo en que la concentración es máxima.

(b) Encuentre la concentración máxima.

65. Ciencias naturales Una nueva enfermedad contagiosa se ha desatado en Gambier, Ohio. Los epidemiólogos estiman que t días después de que la enfermedad se observó por primera vez en la comunidad, el porcentaje de la población infectada por la enfermedad está dado aproximadamente por

$$p(t) = \frac{20t^3 - t^4}{1000} \quad (0 \leq t \leq 20).$$

(a) ¿Después de cuántos días es máximo el porcentaje de población infectada?

(b) ¿Cuál es el porcentaje máximo de población infectada?

66. Ciencias naturales Otra enfermedad contagiosa ha llegado a Gambier (véase el ejercicio 65). Esta vez el porcentaje de la población infectada después de t días es aproximado por $p(t) = 10e^{-t/8}$ $(0 \leq t \leq 40)$.

(a) ¿Después de cuántos días es máximo el porcentaje de la población infectada?

(b) ¿Cuál es el porcentaje máximo de población infectada?

10.3 APLICACIONES DE LA OPTIMIZACIÓN

En la mayoría de las aplicaciones, los dominios de las funciones implicadas están restringidos a números en un intervalo particular. Por ejemplo, una fábrica que puede producir un máximo de 40 unidades (debido a condiciones del mercado, disponibilidad de mano de obra, etc.) podría tener la siguiente función de costo

$$C(x) = -3x^3 + 135x^2 + 3600x + 12{,}000 \quad (0 \leq x \leq 40).$$

Si bien la regla de C está definida para todo número x, sólo los números en el intervalo $[0, 40]$ tienen sentido porque la fábrica no puede producir un número negativo de unidades o más de 40 unidades. En tales aplicaciones, queremos a menudo encontrar una cantidad mínima o máxima; por ejemplo, el costo mínimo o la ganancia máxima, cuando x está restringida al intervalo pertinente. Comenzamos con la descripción matemática de una situación así.

Sea f una función que está definida para toda x en el intervalo cerrado $[a, b]$. Sea c un número en el intervalo. Decimos que f tiene un **máximo absoluto en el intervalo** en c si

$$f(x) \leq f(c) \quad \text{para toda } x \text{ con } a \leq x \leq b,$$

es decir, si $(c, f(c))$ es el punto más alto en la gráfica de f en el intervalo $[a, b]$. De la misma manera, f tiene un **mínimo absoluto en el intervalo** en c si

$$f(x) \geq f(c) \quad \text{para toda } x \text{ con } a \leq x \leq b,$$

es decir, si $(c, f(c))$ es el punto más bajo en la gráfica de f en el intervalo $[a, b]$.

1 Encuentre la posición del máximo absoluto y mínimo absoluto de la función f en la figura 10.22 en el intervalo $[-2, 1]$.

Respuesta:
Máximo absoluto en 0; mínimo absoluto en -2

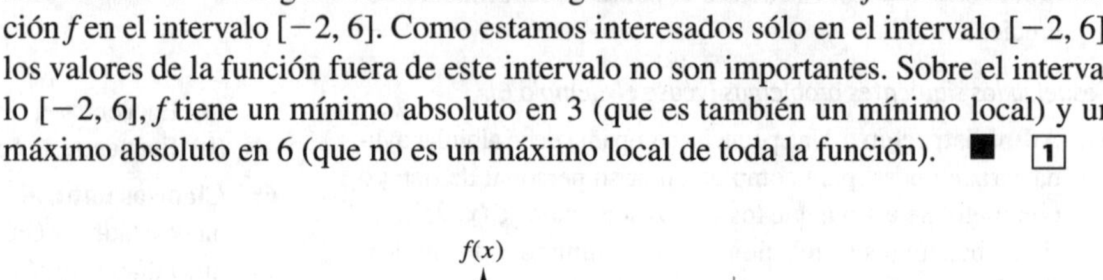

EJEMPLO 1 La figura 10.22 muestra la gráfica de una función f. Considere la función f en el intervalo $[-2, 6]$. Como estamos interesados sólo en el intervalo $[-2, 6]$, los valores de la función fuera de este intervalo no son importantes. Sobre el intervalo $[-2, 6]$, f tiene un mínimo absoluto en 3 (que es también un mínimo local) y un máximo absoluto en 6 (que no es un máximo local de toda la función). ■ 1

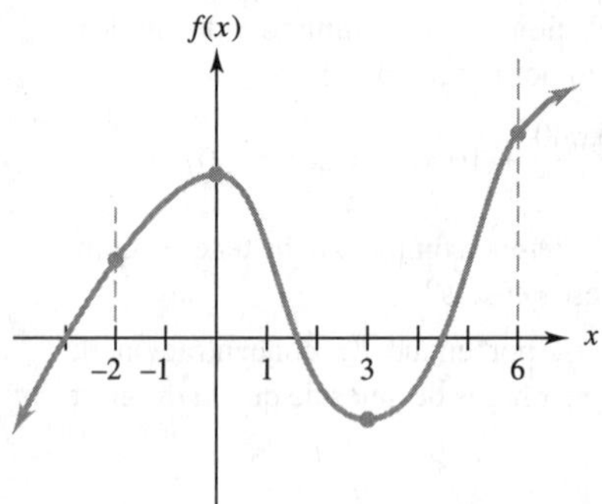

FIGURA 10.22

El máximo absoluto en el ejemplo 1 ocurrió en $x = 6$, que es un extremo del intervalo y el mínimo absoluto ocurrió en $x = 3$, que es un número crítico de f (porque f tiene un mínimo local ahí). De la misma manera, en el problema 1 en el margen, el máximo absoluto ocurrió en un número crítico y el mínimo absoluto en un extremo del intervalo. Esos ejemplos ilustran el siguiente resultado, cuya prueba se omite.

TEOREMA DEL VALOR EXTREMO

Si una función f es continua sobre un intervalo cerrado $[a, b]$, entonces f tiene un máximo absoluto y un mínimo absoluto en el intervalo. Cada uno de ésos ocurre en un extremo del intervalo o en un número crítico de f.

PRECAUCIÓN El teorema del valor extremo puede no cumplirse en intervalos que no son cerrados (es decir, en intervalos que no incluyen uno o ambos extremos del intervalo). Por ejemplo, $f(x) = 1/x$ no tiene un máximo absoluto sobre el intervalo $(0, 1)$; los valores de $f(x)$ se vuelven cada vez más grandes cuando x tiende a 0, como puede verificarse fácilmente con una calculadora. ◆

EJEMPLO 2 Encuentre los extremos absolutos de la función sobre el intervalo dado.

(a) $f(x) = 4x + \dfrac{36}{x}$ sobre $[1, 6]$

De acuerdo con el teorema del valor extremo sólo tenemos que considerar los números críticos de f y los extremos 1 y 6 del intervalo. Comenzamos encontrando la derivada y determinando los números críticos.

$$f'(x) = 4 - \frac{36}{x^2} = 0$$

$$\frac{4x^2 - 36}{x^2} = 0$$

Como buscamos números críticos en $[1, 6]$, $x \neq 0$. Cuando $f'(x) = 0$ y $x \neq 0$, entonces

$$4x^2 - 36 = 0$$
$$4x^2 = 36$$
$$x^2 = 9$$
$$x = -3 \quad \text{o} \quad x = 3.$$

Como -3 no está en el intervalo $[1, 6]$, no lo consideramos; 3 es el único número crítico de interés. Por el teorema del valor extremo, el máximo absoluto y mínimo absoluto deben ocurrir en números críticos o extremos del intervalo, es decir, en 1, 3 o 6. Evalúe f en esos tres números para ver cuáles dan los valores máximo y mínimo.

Valor de x	*Valor de la función*
1	40 ← Máximo absoluto
3	24 ← Mínimo absoluto
6	30

(b) $g(x) = -.02x^3 + 600x - 20{,}000 \quad (60 \leq x \leq 135)$

Aquí, $g'(x) = -.06x^2 + 600$ y los números críticos son las soluciones de

$$-.06x^2 + 600 = 0$$
$$-.06x^2 = -600$$
$$x^2 = 10{,}000$$
$$x = 100 \quad \text{o} \quad x = -100.$$

No consideramos $x = -100$ porque no está en el intervalo $[60, 135]$. Los extremos absolutos ocurren en 60, 100 o 135 (¿por qué?). Determínelos evaluando g en cada uno de esos números.

Valor de x	*Valor de la función*
60	11,680 ← Mínimo absoluto
100	20,000 ← Máximo absoluto
135	11,793

■ 2

2 Encuentre los valores máximo y mínimo absolutos.

(a) $f(x) = -x^2 + 4x - 8$ en $[-4, 4]$

(b) $g(x) = x^3 - 15x^2 + 48x + 50$ on $[1, 6]$

Respuestas:

(a) Máximo absoluto de -4 en $x = 2$; mínimo absoluto de -40 en $x = -4$

(b) Máximo absoluto de 94 en $x = 2$; mínimo absoluto de 14 en $x = 6$

APLICACIONES Al resolver problemas aplicados que impliquen valores máximos y mínimos, siga las siguientes directrices:

RESOLUCIÓN DE PROBLEMAS APLICADOS

Paso 1 Lea el problema cuidadosamente. Asegúrese de entender qué está dado y qué se busca.

Paso 2 De ser posible, esboce un diagrama y señale las diversas partes.

Paso 3 Decida qué variable debe maximizarse o minimizarse. Exprese esa variable como función de otra (*una*) variable. Asegúrese de determinar el dominio de esta función.

Paso 4 Encuentre los números críticos para la función del paso 3.

Paso 5 Si el dominio es un intervalo cerrado, evalúe la función en los extremos del intervalo y en cada número crítico para ver cuál da el máximo o el mínimo. Si el dominio es un intervalo abierto, pruebe cada número crítico en forma gráfica o usando la prueba de la primera o de la segunda derivada para ver cuál da un máximo o un mínimo.

PRECAUCIÓN No pase por alto el paso 5 en la caja anterior. Si busca un máximo y encuentra un número crítico en el paso 4, no suponga automáticamente que el máximo ocurre ahí. Éste puede ocurrir en un extremo del intervalo o puede no existir en absoluto. ◆

EJEMPLO 3 Cuando Power & Money, Inc., cobra \$600 por un seminario sobre técnicas de administración, asisten 1000 personas. Por cada disminución de \$20 en el cargo, 100 personas adicionales van al seminario. Sin embargo, debido a recursos limitados, es posible recibir a no más de 2500 personas.

(a) Encuentre una expresión para el ingreso total si se tienen x disminuciones de \$20 en el precio. El precio cobrado será

$$\text{Precio por persona} = 600 - 20x,$$

y el número de personas en el seminario será

$$\text{Número de personas} = 1000 + 100x.$$

El número máximo de personas, es decir 2500, ocurre cuando $1000 + 100x = 2500$. Verifique que la solución de esta ecuación es $x = 15$. Debemos tener $0 \leq x \leq 15$. El ingreso total $R(x)$ está dado por el producto del precio por persona y el número de personas que asisten, es decir,

$$\begin{aligned} R(x) &= (600 - 20x)(1000 + 100x) \\ &= 600{,}000 + 40{,}000x - 2000x^2 \quad (0 \leq x \leq 15). \end{aligned}$$

(b) Encuentre el valor de x que conduce a un ingreso máximo, la cantidad de ingreso máximo y el número de personas que van al seminario en este caso.

Un método consiste en evaluar $R(x)$ en $x = 0, 1, 2, \ldots, 15$ y ver cuál es el mayor (que lleva mucho tiempo, pero fácil con una calculadora). También puede usar las matemáticas que ha aprendido. Como el dominio de la función de ingreso es el intervalo [0, 15], el ingreso máximo ocurre en un extremo del intervalo o en un punto crítico. Los números críticos pueden encontrarse de dos maneras. Como $R(x)$ es una función cuadrática, puede encontrar el vértice usando los procedimientos de la sección 4.1. Como alternativa puede usar el cálculo de esta manera. Haga la derivada $R'(x) = 40{,}000 - 4000x$ igual a 0 y despeje x:

$$\begin{aligned} 40{,}000 - 4000x &= 0 \\ -4000x &= -40{,}000 \\ x &= 10. \end{aligned}$$

Evalúe ahora $R(x)$ en los extremos del intervalo, 0 y 15, y en el número crítico 10:

$$R(0) = 600{,}000, \quad R(10) = 800{,}000, \quad R(15) = 750{,}000.$$

Por consiguiente, el ingreso máximo de \$800,000 ocurre cuando $x = 10$, es decir, cuando $1000 + 100(10) = 2000$ personas asisten. En este caso, el precio por persona es $600 - 20(10) = \$400$. ■ [3]

[3] Un inversionista ha construido una serie de unidades de autoalmacenamiento cerca de un conjunto de departamentos. Tiene que decidir ahora sobre la renta mensual. Por su experiencia anterior, cree que 200 unidades se rentarán en \$15 por mes, con 5 rentas adicionales por cada \$0.25 de reducción en el precio de renta. Sea x el número de reducciones de \$0.25 en el precio y encuentre

(a) una expresión para el número de unidades rentadas;

(b) una expresión para el precio por unidad;

(c) una expresión para el ingreso total;

(d) el valor de x que conduce al ingreso máximo;

(e) el ingreso máximo.

Respuestas:

(a) $200 + 5x$

(b) $15 - .25x$

(c) $(200 + 5x)(15 - .25x)$
$= 3000 + 25x - 1.25x^2$

(d) $x = 10$

(e) \$3125

EJEMPLO 4 Una caja sin tapa se va a construir al recortar un cuadrado de cada esquina de una placa metálica de 12 por 12 pulgadas y luego doblando los lados hacia arriba. La caja terminada debe tener por lo menos 1.5 pulgadas y no más de 3 pulgadas de profundidad. ¿Qué tamaño de cuadrado debe recortarse de cada esquina para obtener una caja de volumen máximo?

Sea x la longitud de un lado del cuadrado que se recorta de cada esquina, como se muestra en la figura 10.23(a). El ancho de la caja es $12 - 2x$, mientras que la longitud es también $12 - 2x$. Como se muestra en la figura 10.23(b), la profundidad de la caja será de x pulgadas.

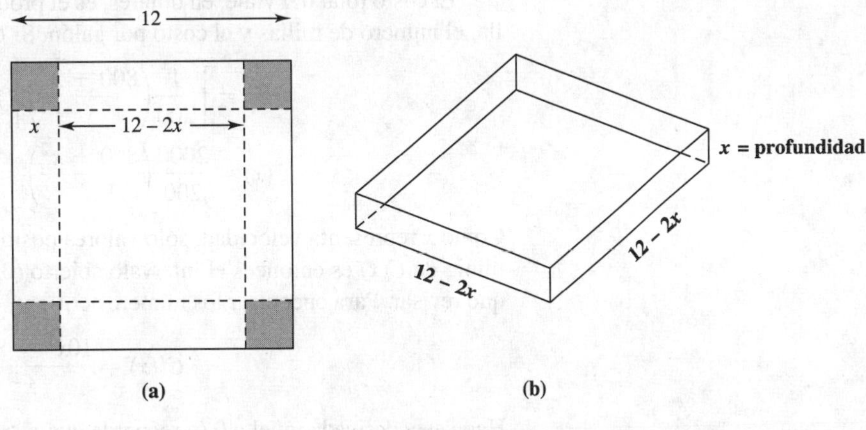

FIGURA 10.23

Tenemos que maximizar el volumen $V(x)$ de la caja, que está dado por

$$\begin{aligned} \text{Volumen} &= \text{longitud} \cdot \text{ancho} \cdot \text{altura} \\ V(x) &= (12 - 2x) \cdot (12 - 2x) \cdot x = 144x - 48x^2 + 4x^3. \end{aligned}$$

4 Una caja sin tapa va a construirse recortando cuadrados de cada esquina de una placa metálica de 20 cm por 32 cm y levantando luego los lados. Sea x la longitud del lado del cuadrado por recortar. Encuentre

(a) una expresión para el volumen de la caja $V(x)$;

(b) $V'(x)$;

(c) el valor de x que conduce al volumen máximo. (*Sugerencia:* las soluciones de la ecuación $V'(x) = 0$ son 4 y 40/3.)

(d) el volumen máximo.

Respuestas:

(a) $V(x) = 640x - 104x^2 + 4x^3$

(b) $V'(x) = 640 - 208x + 12x^2$

(c) $x = 4$

(d) $V(4) = 1152$ centímetros cúbicos

Como la altura x debe ser de entre 1.5 y 3 pulgadas, el dominio de esta función volumen es el intervalo cerrado [1.5, 3]. Encuentre primero los números críticos haciendo la derivada igual a 0:

$$V'(x) = 12x^2 - 96x + 144 = 0$$
$$12(x^2 - 8x + 12) = 0$$
$$12(x - 2)(x - 6) = 0$$
$$x - 2 = 0 \quad \text{o} \quad x - 6 = 0$$
$$x = 2 \quad \text{o} \quad x = 6.$$

Como 6 no está en el dominio, el único número crítico de interés aquí es $x = 2$. El volumen máximo debe ocurrir en $x = 2$ o en los extremos del intervalo $x = 1.5$ o $x = 3$.

x	$V(x)$	
1.5	121.5	
2	128	← Máximo
3	108	

Esta tabla muestra que la caja tiene un volumen máximo cuando $x = 2$ y que este volumen máximo es de 128 pulgadas cúbicas. ■ 4

EJEMPLO 5 Un camión consume combustible a razón de

$$G(x) = \frac{1}{200}\left(\frac{800 + x^2}{x}\right) \quad (x > 0)$$

galones por milla al viajar a x millas por hora sobre un camino recto a nivel. Si el combustible cuesta \$2 por galón, encuentre la velocidad que producirá el costo total mínimo para un viaje de 1000 millas. Encuentre el costo total mínimo.

El costo total del viaje, en dólares, es el producto del número de galones por milla, el número de millas y el costo por galón. Si $C(x)$ representa este costo, entonces

$$C(x) = \left[\frac{1}{200}\left(\frac{800 + x^2}{x}\right)\right](1000)(2)$$

$$C(x) = \frac{2000}{200}\left(\frac{800 + x^2}{x}\right) = \frac{8000 + 10x^2}{x}.$$

Como x representa velocidad, sólo valores positivos de x tienen sentido aquí. El dominio de $C(x)$ es entonces el intervalo abierto $(0, \infty)$ y no hay extremos de intervalo que revisar. Para encontrar los números críticos, encuentre primero la derivada.

$$C'(x) = \frac{10x^2 - 8000}{x^2}$$

Haga esta derivada igual a 0 (y recuerde que $x > 0$).

$$\frac{10x^2 - 8000}{x^2} = 0$$
$$10x^2 - 8000 = 0$$
$$10x^2 = 8000$$
$$x^2 = 800$$

5 Un generador diesel consume combustible a razón de

$$G(x) = \frac{1}{48}\left(\frac{300}{x} + 2x\right)$$

galones por hora al producir x miles de kilowatts hora de electricidad. Suponga que el combustible cuesta \$2.25 por galón. Encuentre el valor de x que conduce a un costo total mínimo si el generador se opera durante 32 horas. Encuentre el costo mínimo.

Respuesta:
$x = \sqrt{150} \approx 12.2$; el costo mínimo es \$73.50

Tome la raíz cuadrada en ambos lados para obtener

$$x = \pm\sqrt{800} \approx \pm 28.3 \text{ mph.}$$

El único número crítico en el dominio es $x \approx 28.3$. Confirme que éste conduce a un valor mínimo de C mediante la prueba de la segunda derivada. La segunda derivada es

$$C''(x) = \frac{16{,}000}{x^3}.$$

Como $C''(28.3) > 0$, la prueba de la segunda derivada muestra que 28.3 conduce a un mínimo (no es necesario calcular $C''(28.3)$; sólo confirme que es positiva). El costo total mínimo se encuentra usando la función original $C(x)$ en $x = 28.3$:

$$C(28.3) = \frac{8000 + 10(28.3)^2}{28.3} \approx 565.69 \text{ dólares.}$$ ■ 5

EJEMPLO 6 La oficina de correos de Estados Unidos requiere que las cajas por enviarse tengan una longitud más perímetro de no más de 108 pulgadas, como se muestra en la figura 10.24. Encuentre las dimensiones de la caja con el volumen máximo que puede enviarse, suponiendo que el ancho y la altura son iguales.

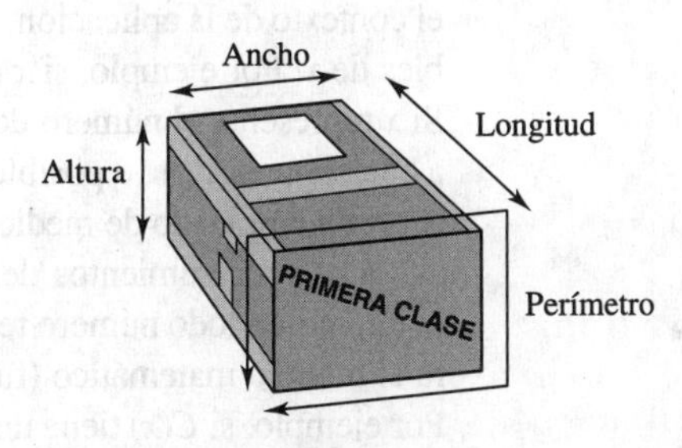

FIGURA 10.24

Sea x el ancho y y la longitud de la caja. Como el ancho y la altura son iguales, el volumen de la caja es

$$V = y \cdot x \cdot x = yx^2.$$

Ahora exprese V en términos de sólo *una* variable. Use los hechos de que el perímetro es $x + x + x + x = 4x$ y que la longitud más perímetro es 108, por lo que

$$y + 4x = 108, \quad \text{o equivalentemente,} \quad y = 108 - 4x.$$

Sustituya y en la expresión para V:

$$V = (108 - 4x)x^2 = 108x^2 - 4x^3.$$

Como x y y son dimensiones, debemos tener $x > 0$ y $y > 0$. Ahora, $y = 108 - 4x > 0$ implica que

$$4x < 108, \quad \text{o equivalentemente,} \quad x < 27.$$

Por tanto, el dominio de la función volumen (los valores de x que tienen sentido en este caso) es el intervalo abierto (0, 27). Como el dominio es un intervalo abierto, no tenemos que revisar los extremos del intervalo. Encuentre los números críticos para V haciendo la derivada igual a 0 y resolviendo la ecuación

$$V' = 216x - 12x^2 = 0$$
$$x(216 - 12x) = 0$$
$$x = 0 \quad \text{o} \quad 12x = 216$$
$$x = 18$$

Use la prueba de la segunda derivada para revisar $x = 18$, el único número crítico en el dominio de V. Como $V'(x) = 216x - 12x^2$,

$$V''(x) = 216 - 24x.$$

Por consiguiente, $V''(18) = 216 - 24 \cdot 18 = -216$ y V es maximizado cuando $x = 18$. En este caso, $y = 108 - 4 \cdot 18 = 36$. Por lo tanto, una caja con dimensiones de 18 por 18 por 36 pulgadas satisface los requerimientos del correo y da el volumen máximo de $18^2 \cdot 36 = 11{,}664$ pulgadas cúbicas. ■

Los ejemplos precedentes ilustran algunos de los factores que pueden afectar a las aplicaciones prácticas. Primero se debe encontrar una función que modele la situación. La regla de esta función puede estar definida para valores de x que no tienen sentido en el contexto de la aplicación, por lo que el dominio debe restringirse a los valores razonables de x. Por ejemplo, si x representa velocidades o distancias, x debe ser no negativa. Si x representa el número de empleados en una línea de producción, x debe restringirse a enteros positivos, o posiblemente a unos cuantos valores fraccionarios (podemos concebir un empleado de medio tiempo pero no un empleado de 7/43 de tiempo).

Los procedimientos del cálculo se aplican a funciones que están definidas y son continuas en todo número real en algún intervalo, por lo que el máximo o el mínimo para el modelo matemático (función) puede no ser factible en el enunciado del problema. Por ejemplo, si $C(x)$ tiene un mínimo en $x = 80\sqrt{3}$ (≈ 138.564), donde $C(x)$ es el costo de contratar x empleados, entonces el mínimo en la vida real ocurre en 138 o en 139, el que conduzca al costo más bajo. De la misma manera, si $V(x)$ tiene un máximo en $x = \sqrt{5}$, donde $V(x)$ es el volumen de una lata cilíndrica de radio x, entonces debe usarse alguna aproximación decimal para $\sqrt{5}$ ($= 2.236067977\ldots$). Dependiendo de la maquinaria de fabricación, puede haber varias posibilidades entre 2.2 y 2.3.

TAMAÑO DE LOTE ECONÓMICO Suponga que una empresa fabrica un número constante de unidades de un producto por año y que el producto puede fabricarse en varios lotes de igual tamaño durante el año. Si la empresa fabrica el artículo sólo una vez por año, se minimizan los costos de fabricación pero se incrementan los costos de almacenaje. Por otra parte, si se fabrican muchos lotes pequeños, esto incrementa los costos de preparación. El cálculo puede usarse para encontrar el número de lotes por año que deben fabricarse para minimizar el costo total. Este número se llama el **tamaño de lote económico**.

La figura 10.25 muestra varias posibilidades para un producto que tiene una demanda anual de 12,000 unidades. La gráfica superior muestra los resultados si sólo un lote del producto se fabrica anualmente; en este caso, un promedio de 6000 artículos se mantendrán en un almacén. Si cuatro lotes (de 3000 cada uno) se fabrican a intervalos iguales de tiempo durante un año, el número promedio de unidades en el almacén se reduce a sólo 1500. Si doce lotes se fabrican, un promedio de 500 artículos estarán en el almacén.

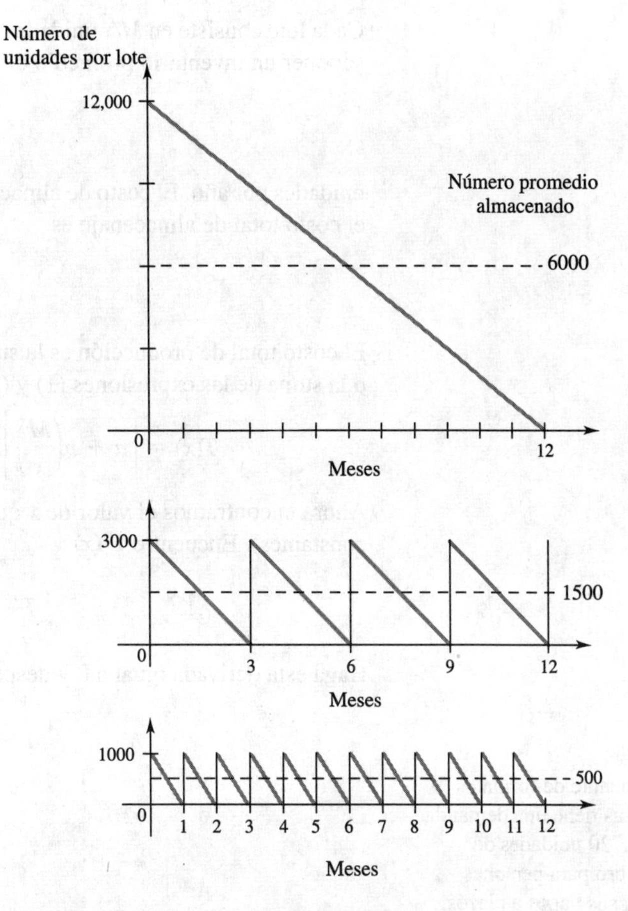

FIGURA 10.25

Las siguientes variables se usarán en nuestro análisis del tamaño de lote económico.

$x =$ número de lotes por fabricarse anualmente

$k =$ costo de almacenar 1 unidad del producto 1 año

$a =$ costo fijo de preparación para manufacturar el producto

$b =$ costo variable de manufacturar una sola unidad del producto

$M =$ número total de unidades producidas anualmente

La compañía tiene dos tipos de costos asociados con la producción de sus productos: un costo asociado con la fabricación del artículo y un costo asociado con el almacenaje del producto terminado.

Durante un año la compañía producirá x lotes del producto, con M/x unidades del producto producido por lote. Cada lote tiene un costo fijo a y un costo variable b por unidad, por lo que el costo de fabricación por lote es

$$a + b\left(\frac{M}{x}\right).$$

Hay x lotes por año, por lo que el costo anual total por manufactura es

$$\left[a + b\left(\frac{M}{x}\right)\right]x. \tag{1}$$

Cada lote consiste en M/x unidades y la demanda es constante; por lo tanto, es común suponer un inventario promedio de

$$\frac{1}{2}\left(\frac{M}{x}\right) = \frac{M}{2x}$$

unidades por año. El costo de almacenar 1 unidad del producto un año es k, por lo que el costo total de almacenaje es

$$k\left(\frac{M}{2x}\right) = \frac{kM}{2x}. \tag{2}$$

El costo total de producción es la suma de los costos de fabricación y de almacenaje, o la suma de las expresiones (1) y (2). Si $T(x)$ es el costo total de producir x lotes,

$$T(x) = \left[a + b\left(\frac{M}{x}\right)\right]x + \frac{kM}{2x} = ax + bM + \left(\frac{kM}{2}\right)x^{-1}.$$

Ahora encontramos el valor de x que minimizará $T(x)$ (recuerde que a, b, k y M son constantes). Encuentre $T'(x)$.

$$T'(x) = a - \frac{kM}{2}x^{-2}$$

Haga esta derivada igual a 0 y despeje x (recuerde que $x > 0$).

$$a - \frac{kM}{2}x^{-2} = 0$$

$$a = \frac{kM}{2x^2}$$

$$2ax^2 = kM$$

$$x^2 = \frac{kM}{2a}$$

$$x = \sqrt{\frac{kM}{2a}} \tag{3}$$

La prueba de la segunda derivada puede usarse para mostrar que $\sqrt{kM/(2a)}$ es el número anual de lotes que dan el costo mínimo total de producción.

EJEMPLO 7 Una compañía de pintura tiene una demanda anual constante de 24,500 latas de pintura primaria para autos. El contador de la compañía dice que cuesta \$2 almacenar 1 lata de pintura durante 1 año y \$500 preparar la fábrica para producir la pintura primaria. Encuentre el número de lotes de pintura primaria que deben producirse para tener un costo total de producción mínimo.

Use la ecuación (3) anterior.

$$x = \sqrt{\frac{kM}{2a}}$$

$$x = \sqrt{\frac{2(24{,}500)}{2(500)}} \qquad \text{Haga } k = 2,\ M = 24{,}500,\ a = 500.$$

$$x = \sqrt{49} = 7$$

Siete lotes de pintura primaria por año conducirán a un costo mínimo de producción.

■ [6] [7]

[6] Un fabricante de formatos para empresas tiene una demanda anual de 30,720 unidades de cartas de cobro para personas atrasadas en sus pagos a plazos. Cuesta \$5 por año almacenar 1 unidad de cartas y \$1200 preparar la maquinaria para producirlas. Encuentre el número de lotes que deben hacerse anualmente para minimizar el costo total.

Respuesta:
8 lotes

[7] Una oficina usa 576 cajas de papel carbón durante el año. Cuesta \$3 por año almacenar 1 caja. Cada orden nueva cuesta \$24. Encuentre el número de órdenes que deben pedirse anualmente. (*Sugerencia:* use la fórmula para el tamaño de lote económico con el costo de nuevos pedidos en vez del costo de preparación.)

Respuesta:
6

10.3 EJERCICIOS

Encuentre la posición del máximo absoluto y del mínimo absoluto de la función en el intervalo dado (véase el ejemplo 1).

1. [0, 4]

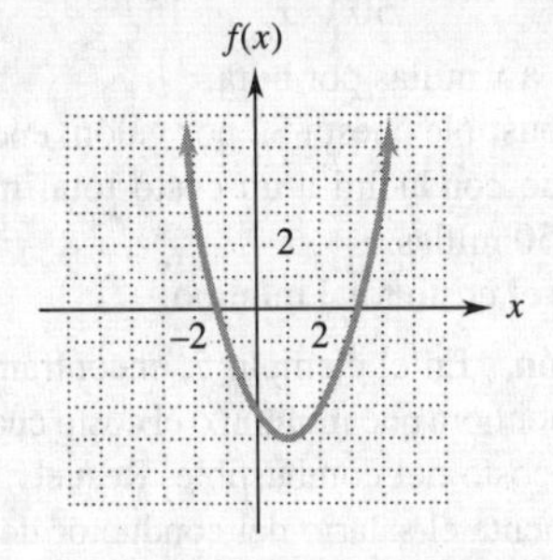

2. [2, 5]

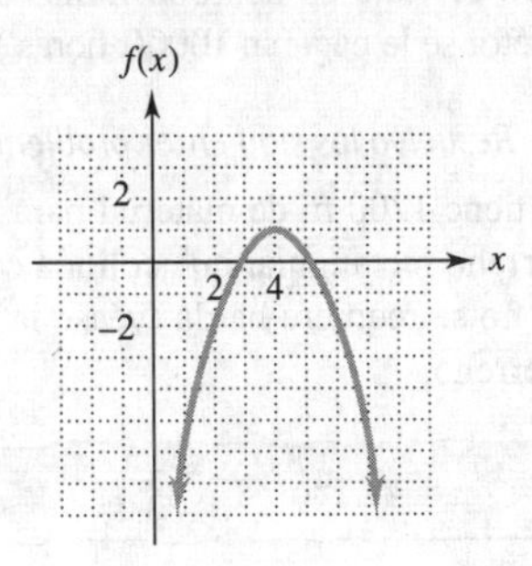

3. [−4, 2]

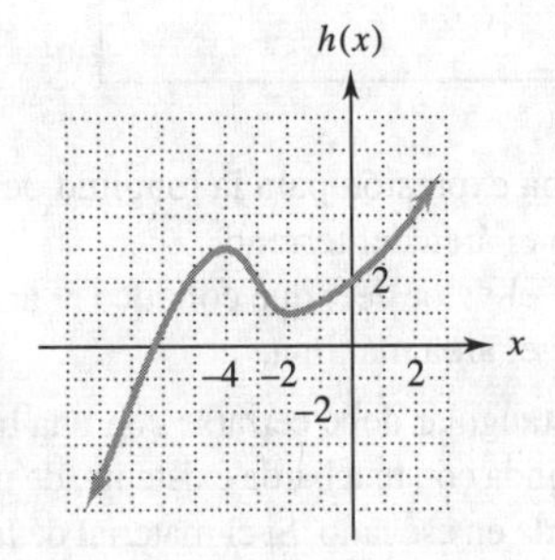

4. [−1, 2]

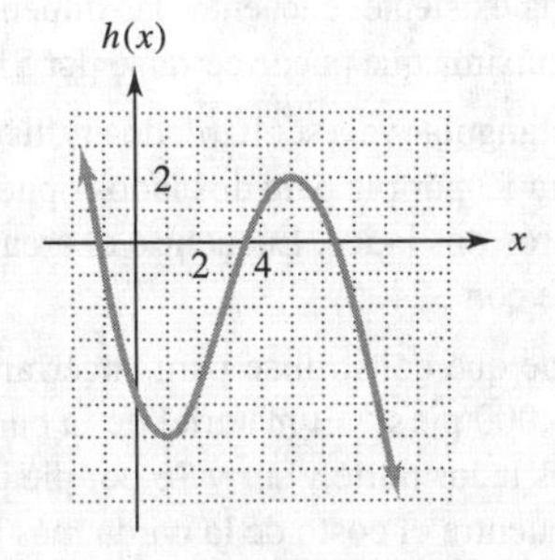

5. [−8, 0]

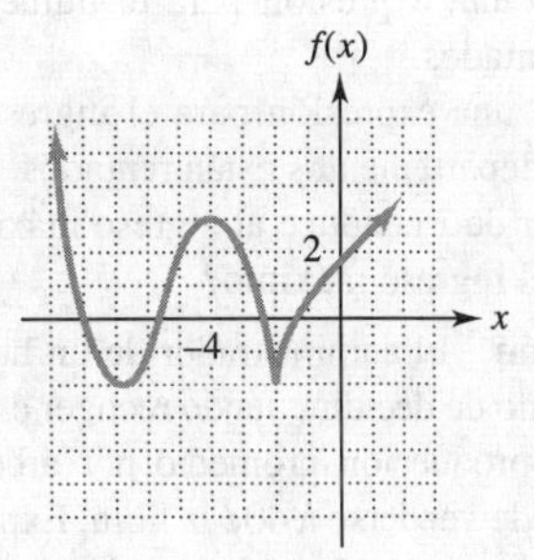

6. [−4, 4]

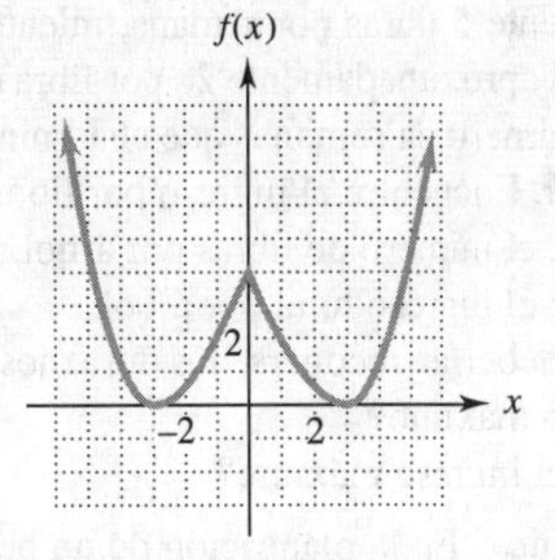

Encuentre los extremos absolutos de cada función en el intervalo dado (véase el ejemplo 2).

7. $f(x) = x^4 - 32x^2 - 7$; $[-5, 6]$

8. $f(x) = x^4 - 18x^2 + 1$; $[-4, 4]$

9. $f(x) = \dfrac{8 + x}{8 - x}$; $[4, 6]$

10. $f(x) = \dfrac{1 - x}{3 + x}$; $[0, 3]$

11. $f(x) = \dfrac{x}{x^2 + 2}$; $[0, 4]$

12. $f(x) = \dfrac{x - 1}{x^2 + 1}$; $[1, 5]$

13. $f(x) = (x^2 + 18)^{2/3}$; $[-3, 3]$

14. $f(x) = (x^2 + 4)^{1/3}$; $[-2, 2]$

15. $f(x) = \dfrac{1}{\sqrt{x^2 + 1}}$; $[-1, 1]$

16. $f(x) = \dfrac{3}{\sqrt{x^2 + 4}}$; $[-2, 2]$

Resuelva los siguientes problemas (véase el ejemplo 3).

17. Administración El administrador de un conjunto habitacional de 80 departamentos quiere determinar qué renta cobrar por cada uno. Sabe que una renta de $200 mantendrá todos los departamentos ocupados. Sin embargo, en promedio, 1 departamento permanecerá vacante por cada incremento de $20 en la renta.

(continúa ejercicio)

(a) Sea x el número de incrementos de \$20. Encuentre una expresión para la renta de cada departamento.
(b) Encuentre una expresión para el número de departamentos rentados.
(c) Encuentre una expresión para el ingreso total cuando todos los departamentos están rentados.
(d) ¿Qué valor de x conduce al ingreso máximo?
(e) ¿Cuál es el ingreso máximo?

18. Administración El administrador de un huerto de duraznos está tratando de decidir cuándo recoger éstos. Si se recogen ahora, la producción promedio por árbol será de 100 libras, que puede venderse a 40¢ la libra. Experiencias pasadas muestran que la producción por árbol se incrementará aproximadamente 5 libras por semana, mientras que el precio disminuirá aproximadamente 2¢ por libra cada semana.
(a) Sea x el número de semanas que el administrador debería esperar. Encuentre el ingreso por libra.
(b) Encuentre el número de libras por árbol.
(c) Encuentre el ingreso total por árbol.
(d) ¿Cuándo deberían recogerse los duraznos para producir un ingreso máximo?
(e) ¿Cuál es el ingreso máximo?

19. Administración En la planeación de un pequeño restaurante, se estima que se tendrá una ganancia de \$5 por asiento si el número de éstos es entre 60 y 80, inclusive. Por otra parte, la ganancia en cada asiento disminuirá en 5¢ por cada asiento en exceso de 80.
(a) Encuentre el número de asientos que producirá la ganancia máxima.
(b) ¿Cuál es la ganancia máxima?

20. Administración Un club local está organizando un vuelo a Hawaii. El costo del vuelo es de \$425 por persona para 75 pasajeros, con un descuento de \$5 por pasajero por cada pasajero en exceso de 75.
(a) Encuentre el número de pasajeros que maximizará el ingreso obtenido del vuelo.
(b) Encuentre el ingreso máximo.

Resuelva los siguientes problemas (véanse los ejemplos 4-6).

21. Una caja abierta debe hacerse recortando un cuadrado de cada esquina de una hoja de cartón de 3 pies por 8 pies y luego doblando hacia arriba los lados. ¿Qué tamaño de cuadrado debe recortarse de cada esquina para producir una caja de volumen máximo?

22. Administración Un camión consume combustible a razón de $G(x)$ galones por milla, donde

$$G(x) = \frac{1}{32}\left(\frac{64}{x} + \frac{x}{50}\right),$$

mientras viaja a x millas por hora.
(a) Si el combustible cuesta \$1.60 por galón, encuentre la velocidad que producirá un costo total mínimo en un viaje de 400 millas.
(b) Encuentre el costo total mínimo.

23. Administración Una banda de rock-and-roll viaja de concierto en concierto en un gran autobús. Éste consume combustible a razón de $G(x)$ galones por milla, donde

$$G(x) = \frac{1}{50}\left(\frac{200}{x} + \frac{x}{15}\right),$$

mientras viaja a x millas por hora.
(a) Si el combustible cuesta \$2 por galón, encuentre la velocidad que conducirá a un costo total mínimo en un viaje de 250 millas.
(b) Encuentre el costo total mínimo.

24. Administración En el ejemplo 5, encontramos la velocidad en millas por hora que minimizó el costo cuando consideramos sólo el costo del combustible. Resuelva el problema tomando en cuenta el salario del conductor de \$8 por hora. (*Sugerencia:* Si el viaje es de 1000 millas a x millas por hora, al conductor se le pagarán $1000/x$ horas.)

Administración *Resuelva los siguientes problemas.*

25. Un agricultor tiene 1200 m de material para barda. Quiere encerrar un terreno rectangular que colinda con un río, a lo largo del cual no se requiere barda (véase la figura). Sea x el ancho del terreno.

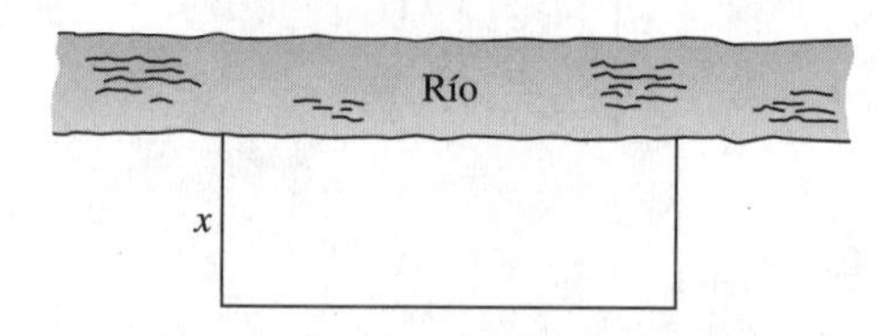

(a) Escriba una expresión para la longitud del terreno.
(b) Encuentre el área del terreno.
(c) Encuentre el valor de x que conduce al área máxima.
(d) Encuentre el área máxima.

26. Un terreno rectangular debe cerrarse con una barda. Un lado del terreno colinda con una barda existente, de manera que no se necesita barda en ese lado. Si el material de la barda cuesta \$2 por pie para los dos extremos y \$4 por pie para el lado paralelo a la barda existente, encuentre las dimensiones del terreno de área máxima que puede cerrarse por \$1000.

27. Un terreno rectangular va a ser bardado en sus cuatro lados. La barda cuesta \$3 por pie para dos lados opuestos y \$6 por pie para los otros dos lados. Encuentre el área máxima que puede bardarse con \$2400.

28. Una barda tiene que construirse para encerrar un área rectangular de 20,000 pies^2. El material de la barda cuesta \$3 por pie para los lados norte y sur y \$6 por pie para los otros dos lados. Encuentre el costo de la barda más barata.

29. Una barda debe construirse para encerrar un terreno rectangular con área de 15,625 m^2. Un lado del terreno colinda con una barda ya existente, por lo que no se requiere barda en ese lado. El material para la barda cuesta \$2 por metro para los dos extremos y \$4 por metro para el lado opuesto a la barda existente. Encuentre el costo de la barda menos cara.

30. Administración Si el precio cobrado por una barra de dulce es $p(x)$ centavos, entonces x miles de barras de dulce se venderán en cierta ciudad, donde

$$p(x) = 100 - \frac{x}{10}.$$

(a) Encuentre una expresión para el ingreso total por la venta de x miles de barras de dulce. (*Sugerencia:* encuentre el producto de $p(x)$, x y 1000.)
(b) Encuentre el valor de x que conduce a un ingreso máximo.
(c) Encuentre el ingreso máximo.

31. Ciencias naturales Un lago contaminado con bacterias se trata con un producto químico antibacterial. Después de t días, el número N de bacterias por ml de agua es aproximado por

$$N(t) = 20\left(\frac{t}{12} - \ln\left(\frac{t}{12}\right)\right) + 30 \quad (1 \le t \le 15).$$

(a) ¿Cuándo durante este periodo será mínimo el número de bacterias?
(b) ¿Cuál es este número mínimo de bacterias?
(c) ¿Cuándo durante este periodo será máximo el número de bacterias?
(d) ¿Cuál es este número máximo de bacterias?

32. Administración La venta de casetes de artistas "menores" es muy sensible al precio. Si un fabricante cobra $p(x)$ dólares por casete, donde

$$p(x) = 6 - \frac{x}{8},$$

entonces se venderán x miles de casetes.
(a) Encuentre una expresión para el ingreso total por la venta de x miles de casetes. (*Sugerencia:* encuentre el producto de $p(x)$, x y 1000.)
(b) Encuentre el valor de x que conduce al ingreso máximo.
(c) Encuentre el ingreso máximo.

33. Administración Una empresa necesita diseñar una caja sin tapa de base cuadrada. La caja debe tener un volumen de 32 pulgadas cúbicas. Encuentre las dimensiones de la caja que puede construirse con la cantidad mínima de material.

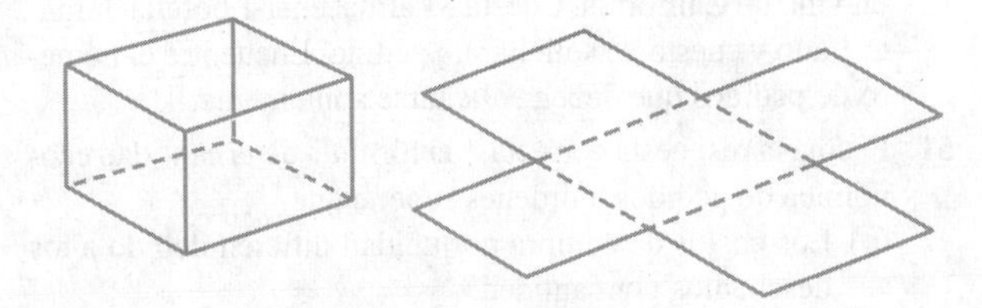

34. Un artista hace una caja cerrada con base cuadrada que debe tener un volumen de 16,000 centímetros cúbicos. El material para la tapa y fondo de la caja cuesta 3 centavos por centímetro cuadrado y el material para los lados cuesta 1.5 centavos por centímetro cuadrado. Encuentre las dimensiones de la caja que conducirá a un costo mínimo total. ¿Cuál es el costo mínimo total?

35. Administración Una caja cilíndrica se atará con una cinta como se muestra en la figura. Se dispone de una cinta de 130 cm de longitud, de los cuales 10 cm se requieren para el moño. Encuentre el radio y altura de la caja con el volumen máximo posible.

36. Administración Una empresa quiere fabricar una caja con un volumen de 36 pies cúbicos abierta en la parte superior y que tenga de largo el doble del ancho. Encuentre las dimensiones de la caja producida con la cantidad mínima de material.

37. Administración Un libro de matemáticas debe contener 36 pulgadas cuadradas de material impreso por página, con márgenes de 1 pulgada a lo largo de los lados y $1\frac{1}{2}$ pulgadas a lo largo de las partes superior e inferior. Encuentre las dimensiones de la página que conducirán a la cantidad mínima de papel usado para una página.

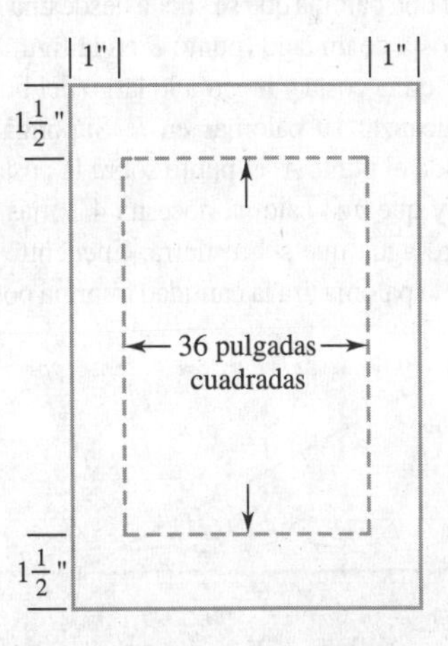

38. Administración Decida qué haría si su asistente le trajese el siguiente contrato para su firma:

> Su empresa ofrece entregar 300 mesas a un distribuidor, a \$90 cada mesa y reducir el precio por mesa en todo el pedido en 25¢ por cada mesa adicional a 300.

Encuentre el total en dólares implicado en la máxima transacción posible entre usted y el distribuidor; encuentre la menor cantidad posible en dólares.

39. Administración Una compañía desea tender un cable de servicios desde el punto A sobre el litoral hasta una instalación en el punto B en la isla. La isla está a 6 millas del litoral (en el punto C) y el punto A está a 9 millas del punto C. Cuesta \$400 por milla tender el cable sobre tierra y \$500 por milla bajo el agua. Suponga que el cable parte de A y va a lo largo de la costa y luego se inclina bajo el agua hasta llegar a la isla. Encuentre el punto en que el cable debe comenzar a sumergirse para obtener el costo total mínimo. (*Sugerencia:* la longitud del cable bajo el agua es $\sqrt{x^2 + 36}$.)

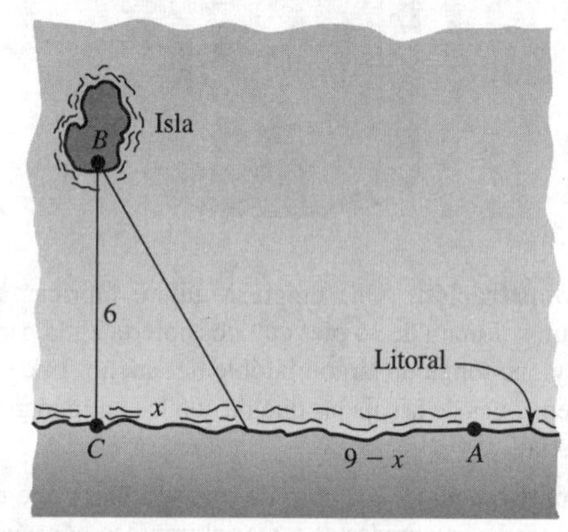

40. Ciencias naturales Las palomas mensajeras evitan volar sobre grandes extensiones de agua, prefiriendo volar más bien alrededor de éstas (una posible explicación es el hecho de que se requiere energía adicional para volar sobre el agua, ya que la presión desciende sobre el agua durante el día). Suponga que una paloma que se suelta desde una lancha a una milla de la costa de un lago (punto B en la figura) vuela primero al punto P en la costa y luego a lo largo del borde recto del lago para alcanzar su palomar en L. Suponga que L es de 2 millas desde el punto A, el punto sobre la costa más cercano a la lancha y que una paloma necesita 4/3 más de energía para volar sobre agua que sobre tierra. Encuentre la posición del punto P si la paloma usa la cantidad mínima posible de energía.

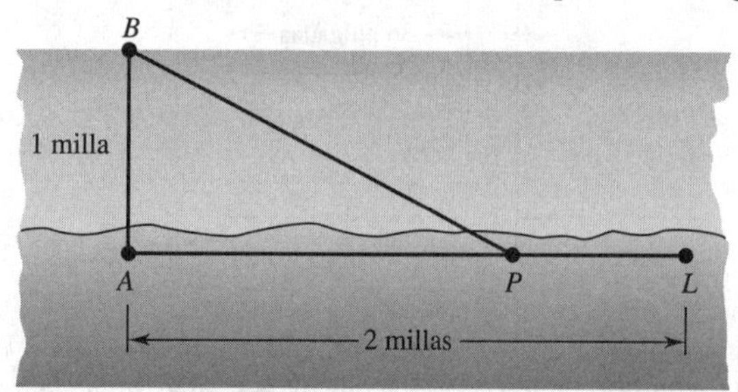

41. Administración Suponga que el costo para un fabricante al producir x unidades está dado por $c(x) = 0.13x^3 - 70x^2 + 10{,}000x$ y que no pueden producirse más de 300 unidades por semana. ¿Qué nivel de producción debe usarse para minimizar el costo promedio por unidad, y cuál es ese costo promedio mínimo? (El costo promedio ya se definió antes.)

42. Administración Una compañía usa cierto artículo a lo largo de todo el año. A la compañía le cuesta \$20 cada vez que encarga un pedido de los artículos y \$10 almacenar un artículo hasta que éste se usa. Cuando se encargan los artículos x veces por año, un promedio de $300/x$ artículos están almacenados en cualquier tiempo dado. ¿Con qué frecuencia debe la compañía encargar artículos cada año para minimizar sus costos totales de pedidos y almacenaje? (Cuidado: la respuesta debe ser un número entero.)

43. Administración Una compañía fabrica separadores de páginas de libros que vende a \$142 el ciento. El costo (en dólares) de fabricar x separadores es $x^3 - 8x^2 + 20x + 40$. Suponga que la compañía puede vender todos los separadores que fabrica.

(a) Debido a otros proyectos sólo puede fabricarse un máximo de 600 separadores por día. ¿Cuántos debe fabricar la compañía por día para maximizar su ganancia?

(b) Como resultado de cambios en otras órdenes, ahora pueden fabricarse hasta 1600 separadores diariamente. ¿Cuántos deben fabricarse para maximizar la ganancia?

44. Administración Debe diseñarse una lata cilíndrica de 58 pulgadas cúbicas. Para un manejo conveniente, debe tener por lo menos una pulgada de altura y dos pulgadas de diámetro. ¿Qué dimensiones (radio de la tapa, altura de la lata) usarán la menor cantidad de material?

Administración *Los siguientes problemas se refieren al tamaño del lote económico (véase el ejemplo 7).*

45. Encuentre el número aproximado de lotes que deben producirse anualmente si 100,000 unidades van a fabricarse. Cuesta \$1 almacenar una unidad por 1 año y cuesta \$500 preparar la fábrica para producir cada lote.

46. ¿Cuántas unidades por lote se fabricarán en el ejercicio 45?

47. Un mercado tiene una demanda anual continua de 16,800 cajas de azúcar. Cuesta \$3 almacenar 1 caja por 1 año. El mercado paga \$7 por cada orden que se solicita. Encuentre el número de órdenes de azúcar que deben solicitarse cada año.

48. Encuentre el número de cajas por orden en el ejercicio 47.

49. Una librería tiene una demanda anual de 100,000 copias de un libro de gran venta. Cuesta \$0.50 almacenar una copia durante un año y cuesta \$60 ordenar un pedido. Encuentre el número óptimo de copias por orden.

50. Un restaurante tiene una demanda anual de 900 botellas de un vino de California. Cuesta \$1 almacenar 1 botella durante 1 año y cuesta \$5 solicitar un pedido. Encuentre el número de pedidos que deben solicitarse anualmente.

51. Escoja la respuesta correcta:* la fórmula de la cantidad económica de pedidos u órdenes supone que

(a) Los costos de compra por unidad difieren debido a los descuentos por cantidad.

(b) Los costos de solicitar un pedido varían con la cantidad solicitada.

(c) Se conoce la demanda periódica de los bienes.

(d) Las razones de uso errático se suavizan por existencias de reserva.

---

*Pregunta de Uniform CPA Examination of the American Institute of Certified Public Accountants, mayo de 1991. Reimpreso con autorización de Institute of Certified Public Accountants.

10.4 DIBUJO DE CURVAS (OPCIONAL)

En secciones anteriores vimos que las derivadas primera y segunda de una función proporcionan información diversa sobre la gráfica de la función, como la posición de sus extremos locales, la concavidad de la gráfica y los intervalos en donde es creciente y decreciente. Esta información puede ser muy útil para interpretar imágenes confusas en la pantalla de una calculadora graficadora o computadora. También nos permite hacer a mano gráficas razonablemente exactas de muchas funciones, cuando no se dispone de un aparato gráfico.

Al trazar la gráfica de funciones a mano, siga las siguientes directrices. Puede que no sea siempre factible efectuar todos los pasos, pero usted debería efectuar tantos como sea necesario, en cualquier orden conveniente, para obtener una gráfica razonable.

Para esbozar la gráfica de una función $y = f(x)$:

1. Encuentre la intersección con el eje y (si existe) haciendo $x = 0$ y calculando $y = f(0)$.
2. Encuentre las intersecciones con el eje x (si hay alguna) haciendo $y = 0$ y resolviendo la ecuación $f(x) = 0$, si esto no es muy difícil.
3. Si f es una función racional, encuentre las asíntotas verticales encontrando los números para los cuales el denominador es 0, pero el numerador es diferente de cero. Encuentre las asíntotas horizontales mediante los procedimientos de la sección 4.4, resumidos en el recuadro de la página 177.
4. Encuentre $f'(x)$ y $f''(x)$.
5. Localice los números críticos resolviendo la ecuación $f'(x) = 0$ y determinando dónde $f'(x)$ no existe, pero $f(x)$ sí. Halle los extremos locales usando la prueba de la primera o segunda derivada. Encuentre los intervalos donde f es creciente o decreciente resolviendo las desigualdades $f'(x) > 0$ y $f'(x) < 0$.
6. Localice los potenciales puntos de inflexión resolviendo la ecuación $f''(x) = 0$ y determinando dónde $f''(x)$ no existe, pero $f(x)$ sí. Halle los intervalos donde f es cóncava hacia arriba o hacia abajo resolviendo las desigualdades $f''(x) > 0$ y $f''(x) < 0$. Use esta información para determinar los puntos de inflexión.
7. Use los resultados precedentes y cualquier otra información disponible para determinar la forma general de la curva.
8. Marque las intersecciones con los ejes, puntos críticos, puntos de inflexión y otros puntos, tantos como sea necesario.

EJEMPLO 1 Haga la gráfica de $f(x) = 2x^3 - 3x^2 - 12x + 1$.

Paso 1 La intersección con el eje y es $f(0) = 2 \cdot 0^3 - 3 \cdot 0^2 - 12 \cdot 0 + 1 = 1$.

Paso 2 Para encontrar las intersecciones con el eje x, debemos resolver la ecuación

$$2x^3 - 3x^2 - 12x + 1 = 0.$$

No hay manera fácil de hacer esto a mano, por lo que salte este paso. Como $f(x)$ es una función polinomial, la gráfica no tiene asíntotas y podemos entonces saltar también el paso 3.

Paso 4 La primera derivada es $f'(x) = 6x^2 - 6x - 12$ y la segunda derivada es $f''(x) = 12x - 6$.

Paso 5 La primera derivada está definida para toda x, por lo que los únicos números críticos son las soluciones de $f'(x) = 0$.

$$6x^2 - 6x - 12 = 0$$
$$x^2 - x - 2 = 0 \quad \text{Divida ambos lados entre 6.}$$
$$(x + 1)(x - 2) = 0 \quad \text{Factorice.}$$
$$x = -1 \quad \text{o} \quad x = 2$$

Mediante la prueba de la segunda derivada sobre el número crítico $x = -1$, tenemos

$$f''(-1) = 12(-1) - 6 = -18 < 0.$$

Por consiguiente, hay un máximo local cuando $x = -1$, es decir, en el punto $(-1, f(-1)) = (-1, 8)$. De la misma manera,

$$f''(2) = 12(2) - 6 = 18 > 0,$$

por lo que hay un mínimo local cuando $x = 2$ (en el punto $(2, f(2)) = (2, -19)$).

A continuación, determinamos los intervalos en que f es creciente o decreciente al resolver las desigualdades

$$f'(x) > 0 \quad \text{y} \quad f'(x) < 0$$
$$6x^2 - 6x - 12 > 0 \qquad 6x^2 - 6x - 12 < 0$$

Los números críticos dividen el eje x en 3 regiones. Probando un número de cada región, como se indica en la figura 10.26, concluimos que f es creciente en los intervalos $(-\infty, -1)$ y $(2, \infty)$ y decreciente en $(-1, 2)$.

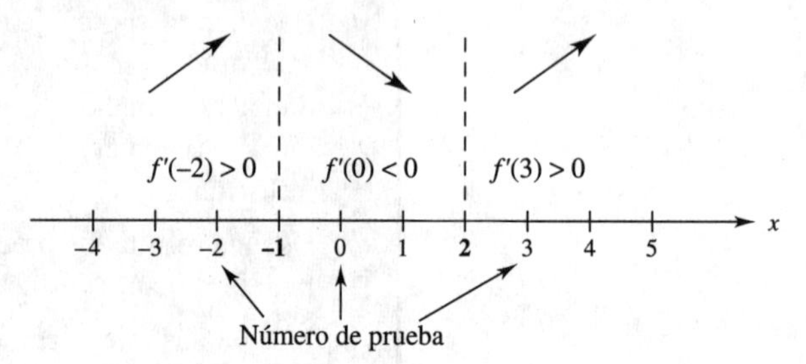

FIGURA 10.26

Paso 6 Los posibles puntos de inflexión se determinan por las soluciones de $f''(x) = 0$.

$$12x - 6 = 0$$
$$x = 1/2$$

Determine la concavidad de la gráfica al resolve

$$f''(x) > 0 \quad \text{y} \quad f''(x) < 0$$
$$12x - 6 > 0 \qquad 12x - 6 < 0$$
$$x > 1/2 \qquad x < 1/2$$

Por lo tanto, f es cóncava hacia arriba en el intervalo $(1/2, \infty)$ y cóncava hacia abajo en $(-\infty, 1/2)$. En consecuencia, el único punto de inflexión es $(1/2, f(1/2)) = (1/2, -5.5)$.

Paso 7 Como f es una función polinomial de tercer grado, sabemos de la sección 4.3 que cuando x es muy grande en valor absoluto, su gráfica debe parecerse a la gráfica de su término de grado más alto $2x^3$, es decir, la gráfica debe levantarse rápidamente en el lado derecho y descender rápidamente en el lado izquierdo. Combinando este hecho con la información obtenida en los pasos anteriores, vemos que la gráfica de f debe tener la misma forma general mostrada en la figura 10.27.

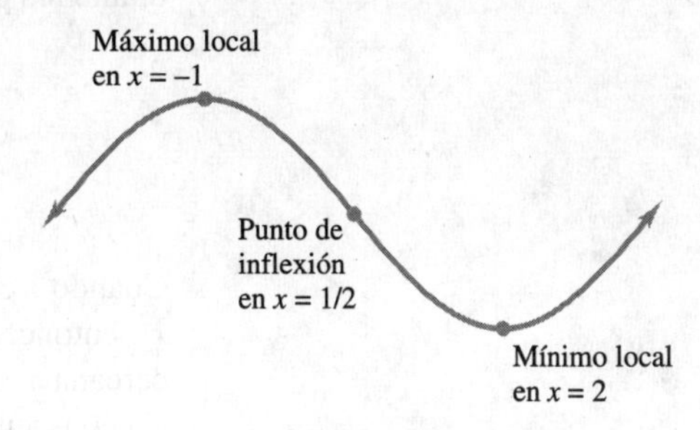

FIGURA 10.27

1 Esboce la gráfica de $f(x) = x^3 - 3x^2$.

Respuesta:

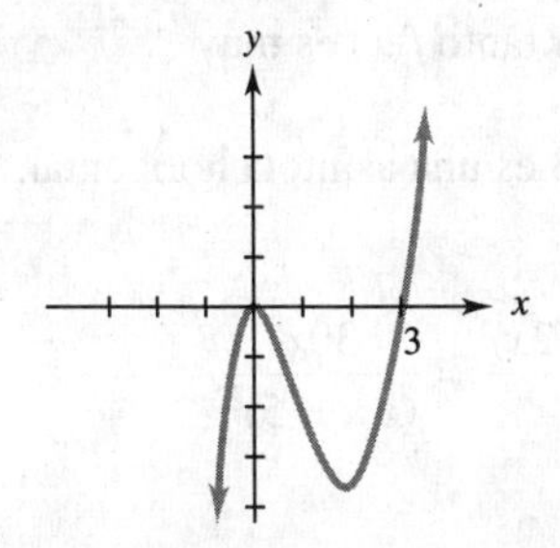

Paso 8 Trazamos ahora la gráfica de los puntos determinados en los pasos 1, 5 y 6, junto con algunos cuantos puntos adicionales y obtenemos la gráfica en la figura 10.28. ■ **1**

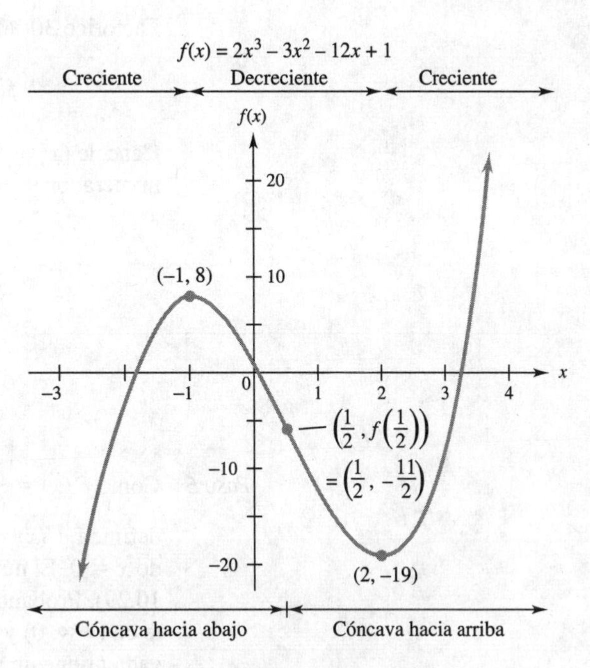

FIGURA 10.28

EJEMPLO 2 Haga la gráfica de $f(x) = \dfrac{3x^2}{x^2 + 5}$.

Paso 1 La intersección con el eje y es $f(0) = 0/5 = 0$.

Paso 2 Para encontrar las intersecciones con el eje x, advierta que $f(x) = 0$ exactamente cuando el numerador $3x^2 = 0$; esto ocurre cuando $x = 0$. El punto $(0, f(0)) = (0, 0)$ es a la vez la intersección con el eje x y la intersección con el eje y.

Paso 3 Ésta es una función racional, pero su denominador es siempre diferente de cero (¿por qué?), por lo que no hay asíntotas verticales. Mediante los procedimientos presentados en la sección 4.4, vemos que

$$f(x) = \frac{3x^2}{x^2 + 5} = \frac{\dfrac{3x^2}{x^2}}{\dfrac{x^2}{x^2} + \dfrac{5}{x^2}} = \frac{3}{1 + \dfrac{5}{x^2}}.$$

Cuando x es muy grande en valor absoluto, como lo es también x^2, entonces $5/x^2$ es muy cercano a 0 y por tanto $f(x)$ es muy cercana a $3/(1 + 0) = 3$.
En consecuencia, la recta horizontal $y = 3$ es una asíntota horizontal.

Paso 4 La primera derivada es

$$f'(x) = \frac{(x^2 + 5)(6x) - (3x^2)(2x)}{(x^2 + 5)^2} = \frac{30x}{(x^2 + 5)^2}.$$

La segunda derivada es

$$f''(x) = \frac{(x^2 + 5)^2(30) - (30x)(2)(x^2 + 5)(2x)}{(x^2 + 5)^4}.$$

Factorice $30(x^2 + 5)$ en el numerador.

$$f''(x) = \frac{30(x^2 + 5)[(x^2 + 5) - (x)(2)(2x)]}{(x^2 + 5)^4}$$

Cancele $(x^2 + 5)$ del numerador y del denominador y simplifique el numerador.

$$\begin{aligned} f''(x) &= \frac{30[(x^2 + 5) - (x)(2)(2x)]}{(x^2 + 5)^3} \\ &= \frac{30[(x^2 + 5) - 4x^2]}{(x^2 + 5)^3} \\ &= \frac{30(5 - 3x^2)}{(x^2 + 5)^3} \end{aligned}$$

Paso 5 Como $f'(x) = \dfrac{30x}{(x^2 + 5)^2}$ y $x^2 + 5 \neq 0$ para toda x, $f'(x)$ está siempre definida. $f'(x) = 0$ cuando su numerador $30x$ es 0; esto ocurre cuando $x = 0$. El número crítico 0 divide el eje x en dos regiones (figura 10.29). Probando un número de cada región se ve que f es decreciente en $(-\infty, 0)$ y creciente en $(0, \infty)$. Por la prueba de la primera derivada f tiene un mínimo local en $x = 0$.

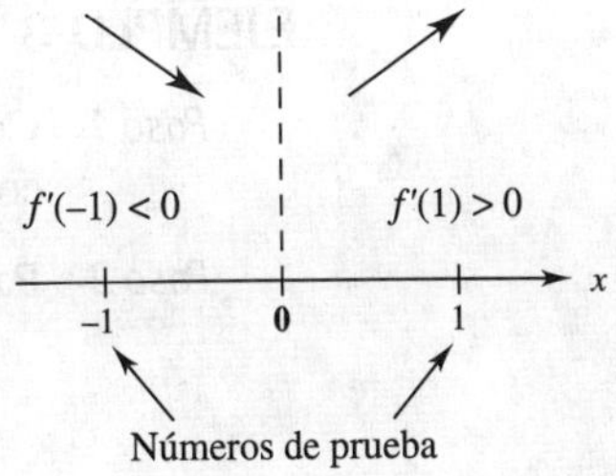

$f'(-1) < 0$ $f'(1) > 0$

Números de prueba

FIGURA 10.29

Paso 6 El numerador de $f''(x) = \dfrac{30(5 - 3x^2)}{(x^2 + 5)^3}$ es 0 cuando

$$30(5 - 3x^2) = 0$$
$$3x^2 = 5$$
$$x = \pm\sqrt{5/3} \approx \pm 1.29.$$

Probando un punto de cada uno de los tres intervalos definidos por esos puntos, se ve que f es cóncava hacia abajo en $(-\infty, -1.29)$ y $(1.29, \infty)$ y cóncava hacia arriba en $(-1.29, 1.29)$. La gráfica tiene puntos de inflexión en $(\pm\sqrt{5/3}, f(\pm\sqrt{5/3})) \approx (\pm 1.29, \pm .75)$.

Paso 7 La información sobre la forma de la gráfica obtenida en los pasos 4, 5 y 6 se resume en la siguiente tabla.

Intervalo	$(-\infty, -1.29)$	$(-1.29, 0)$	$(0, 1.29)$	$(1.29, \infty)$
Signo de f'	−	−	+	+
Signo de f''	−	+	+	−
f creciente o decreciente	Decreciente	Decreciente	Creciente	Creciente
Concavidad de f	Hacia abajo	Hacia arriba	Hacia arriba	Hacia abajo
Forma de la gráfica	◝	◟	◞	◜

Paso 8 Marque algunos puntos (se necesitan varios cerca del origen), incluida la intersección en el origen y sírvase del hecho que $y = 3$ es una asíntota horizontal, para obtener la gráfica de la figura 10.30. ■

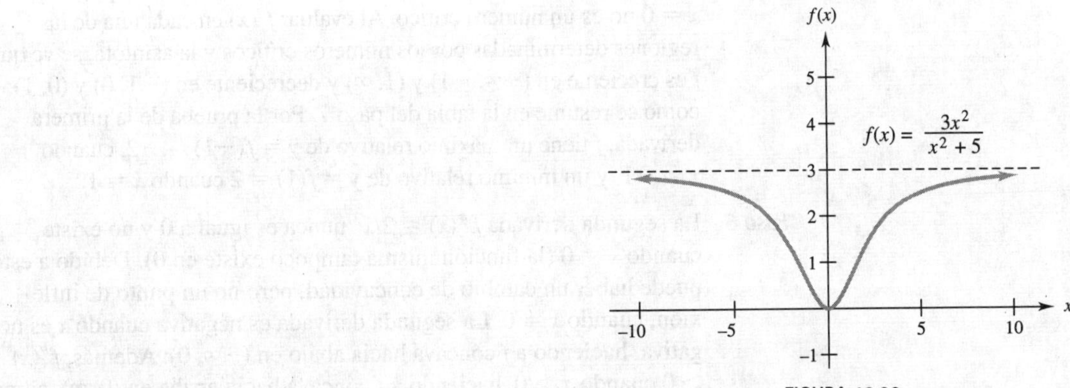

FIGURA 10.30

EJEMPLO 3 Haga la gráfica de $f(x) = x + 1/x$.

Paso 1 Como $x = 0$ no está en el dominio de la función, no hay intersección con el eje y.

Paso 2 Para encontrar las intersecciones con el eje x, resuelva $f(x) = 0$.

$$x + \frac{1}{x} = 0$$

$$x = -\frac{1}{x}$$

$$x^2 = -1$$

Como x^2 es siempre positiva, tampoco hay intersección con el eje x.

Paso 3 Advierta que la regla de f puede escribirse como

$$f(x) = x + \frac{1}{x} = \frac{x^2 + 1}{x}.$$

Cuando $x = 0$, el denominador es 0, pero el numerador es diferente de cero, por lo que hay una asíntota vertical en $x = 0$. Como el numerador de $f(x)$ tiene mayor grado que el denominador, no hay asíntota horizontal.

Paso 4 Como $f(x) = x + 1/x = x + x^{-1}$, tenemos

$$f'(x) = 1 - x^{-2} = 1 - 1/x^2,$$

y

$$f''(x) = 2x^{-3} = 2/x^3.$$

Paso 5 $f'(x) = 0$ cuando

$$\frac{1}{x^2} = 1$$

$$x^2 = 1$$

$$x = 1 \quad \text{o} \quad x = -1.$$

Por lo tanto, $x = -1$ y $x = 1$ son números críticos. La derivada no existe cuando $x = 0$, pero la función no está definida ahí, por lo que $x = 0$ no es un número crítico. Al evaluar $f'(x)$ en cada una de las regiones determinadas por los números críticos y la asíntota, se ve que f es creciente en $(-\infty, -1)$ y $(1, \infty)$ y decreciente en $(-1, 0)$ y $(0, 1)$, como se resume en la tabla del paso 7. Por la prueba de la primera derivada, f tiene un máximo relativo de $y = f(-1) = -2$, cuando $x = -1$, y un mínimo relativo de $y = f(1) = 2$ cuando $x = 1$.

Paso 6 La segunda derivada $f''(x) = 2/x^3$ nunca es igual a 0 y no existe cuando $x = 0$ (la función misma tampoco existe en 0). Debido a esto, puede haber un cambio de concavidad, pero no un punto de inflexión, cuando $x = 0$. La segunda derivada es negativa cuando x es negativa, haciendo a f cóncava hacia abajo en $(-\infty, 0)$. Además, $f''(x) > 0$ cuando $x > 0$, haciendo a f cóncava hacia arriba en $(0, \infty)$, como se indica en la tabla del paso 7.

Paso 7 La información anterior se resume en la siguiente tabla.

Intervalo	$(-\infty, -1)$	$(-1, 0)$	$(0, 1)$	$(1, \infty)$
Signo de f'	+	−	−	+
Signo de f''	−	−	+	+
f creciente o decreciente	Creciente	Decreciente	Decreciente	Creciente
Concavidad de f	Hacia abajo	Hacia abajo	Hacia arriba	Hacia arriba
Forma de la gráfica	◠	◝	◟	◞

Podemos determinar la forma de la gráfica cuando x es muy grande en valor absoluto al advertir que cuando x se vuelve muy grande, el segundo término de su regla, $1/x$, se vuelve muy pequeño, por lo que $f(x) = x + 1/x \approx x$. Por consiguiente la gráfica se acerca cada vez más a la recta $y = x$ cuando x se vuelve cada vez más grande. Esto es lo que se conoce como una **asíntota oblicua** o **inclinada**.

Paso 8 Marque varios puntos y use la información anterior para obtener la gráfica de $f(x)$ en la figura 10.31. ■

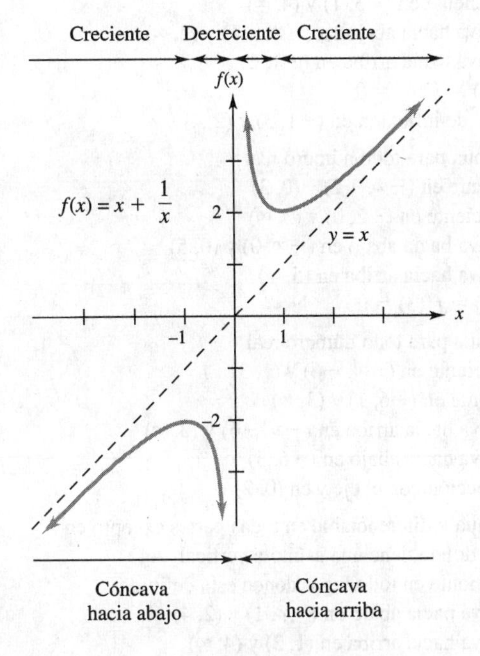

FIGURA 10.31

10.4 EJERCICIOS

Dibuje la gráfica de la función. Identifique los extremos locales y los puntos de inflexión (véanse los ejemplos 1-3).

1. $f(x) = -x^2 - 10x - 25$ **2.** $f(x) = x^2 - 12x + 36$

3. $f(x) = 3x^3 - 3x^2 + 1$ **4.** $f(x) = 2x^3 - 4x^2 + 2$

5. $f(x) = -2x^3 - 9x^2 + 108x - 10$

6. $f(x) = -2x^3 - 9x^2 + 60x - 8$

7. $f(x) = 2x^3 + \frac{7}{2}x^2 - 5x + 3$

8. $f(x) = x^3 - \frac{15}{2}x^2 - 18x - 1$

9. $f(x) = (x + 3)^4$

10. $f(x) = x^3$

11. $f(x) = x^4 - 18x^2 + 5$

12. $f(x) = x^4 - 8x^2$

13. $f(x) = x - \frac{1}{x}$

14. $f(x) = 2x + \frac{8}{x}$

15. $f(x) = \frac{x^2 + 25}{x}$

16. $f(x) = \frac{x^2 + 4}{x}$

17. $f(x) = \frac{x - 1}{x + 1}$

18. $f(x) = \frac{x}{1 + x}$

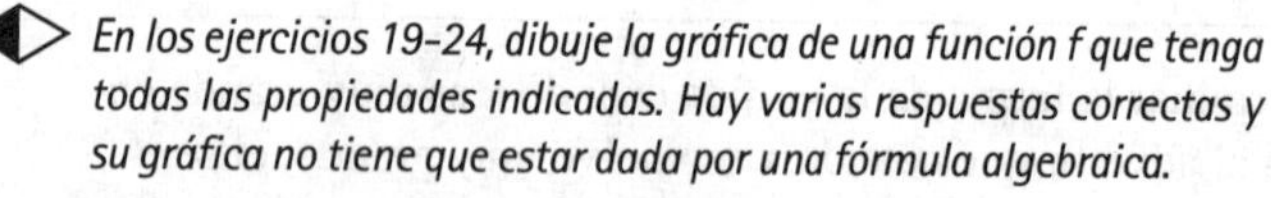

En los ejercicios 19-24, dibuje la gráfica de una función f que tenga todas las propiedades indicadas. Hay varias respuestas correctas y su gráfica no tiene que estar dada por una fórmula algebraica.

19. **(a)** El dominio de f es [0, 10].
(b) $f'(x) > 0$ y $f''(x) > 0$ para toda x en el dominio de f.

20. **(a)** El dominio de f es [0, 10].
(b) $f'(x) > 0$ y $f''(x) < 0$ para toda x en el dominio de f.

21. **(a)** Continua y diferenciable para todo número real.
(b) Creciente en $(-\infty, -3)$ y $(1, 4)$
(c) Decreciente en $(-3, 1)$ y $(4, \infty)$
(d) Cóncava hacia abajo en $(-\infty, -1)$ y $(2, \infty)$
(e) Cóncava hacia arriba en $(-1, 2)$
(f) $f'(-3) = f'(4) = 0$
(g) Puntos de inflexión en $(-1, 3)$ y $(2, 4)$

22. **(a)** Continua para todo número real
(b) Creciente en $(-\infty, -2)$ y $(0, 3)$
(c) Decreciente en $(-2, 0)$ y $(3, \infty)$
(d) Cóncava hacia abajo en $(-\infty, 0)$ y $(0, 5)$
(e) Cóncava hacia arriba en $(5, \infty)$
(f) $f'(-2) = f'(3) = 0$

23. **(a)** Continua para todo número real
(b) Decreciente en $(-\infty, -6)$ y $(1, 3)$
(c) Creciente en $(-6, 1)$ y $(3, \infty)$
(d) Cóncava hacia arriba en $(-\infty, -6)$ y $(3, \infty)$
(e) Cóncava hacia abajo en $(-6, 3)$
(f) Intersección con el eje y en $(0, 2)$

24. **(a)** Continua y diferenciable en todas partes excepto en $x = 1$, donde tiene una asíntota vertical
(b) Decreciente en todo lugar donde está definida
(c) Cóncava hacia abajo en $(-\infty, 1)$ y $(2, 4)$
(d) Cóncava hacia arriba en $(1, 2)$ y $(4, \infty)$

25. **Ciencias naturales** La figura muestra cómo el riesgo de anormalidad cromosómica en un niño crece con la edad de la madre.*
(a) ¿Cuál es el signo de la primera derivada sobre el intervalo (20, 50)? ¿Por qué?
(b) ¿Cuál es el signo de la segunda derivada sobre este intervalo? ¿Qué le dice esto acerca de la razón del riesgo?

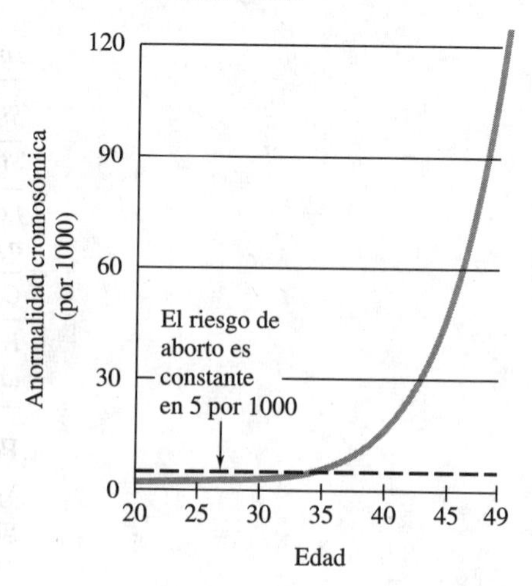

Fuente: American College of Obstetricians and Gynecologists.

26. **Administración** La figura muestra la gráfica del *ciclo de vida de producto*, con productos típicos marcados en ella. Se ilustra el hecho de que un producto nuevo a menudo se compra a una razón cada vez mayor conforme las personas se familiarizan con él. Con el tiempo, se alcanza la saturación y la razón de compra permanece constante hasta que el producto se vuelve obsoleto debido a nuevos productos, después de lo cual se compra cada vez menos.*
(a) ¿Qué productos en el lado izquierdo de la gráfica están más cercanos al punto de inflexión izquierdo? ¿Qué significa aquí el punto de inflexión?
(b) ¿Qué producto en el lado derecho de la gráfica está más cercano al punto de inflexión derecho? ¿Qué significa aquí el punto de inflexión?
(c) Considere dónde deben situarse sobre la gráfica las computadoras, los aparatos de facsímil y otros nuevos productos tecnológicos.

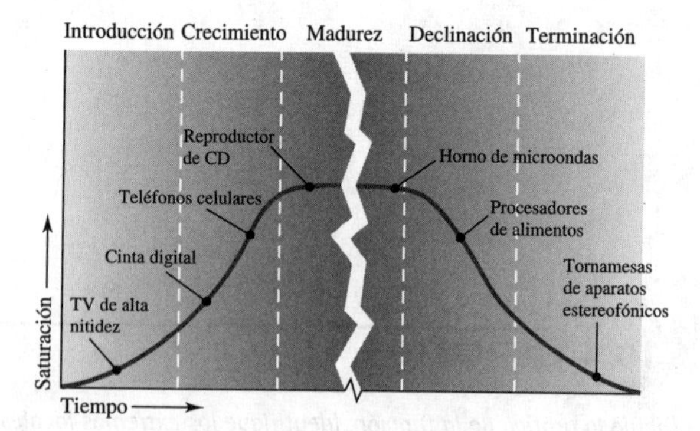

The New York Times, 5 de febrero de 1994, pág. 24.

*Basado en "The Product Life Cycle: A Key to Strategic Marketing Planning", en *MSU Business Topics*, invierno de 1973, pág. 30. Reimpreso con autorización del editor. Graduate School of Business Administration, Michigan State University.

Use cálculo y una calculadora gráfica o computadora para encontrar la posición aproximada de todos los extremos relativos y puntos de inflexión de esas funciones. Podrán necesitarse varias ventanas de observación para ver claramente algunas de las gráficas. Esté alerta respecto a "comportamientos escondidos", como extremos que no sean obvios a primera vista.

27. $f(x) = .1x^3 - .1x^2 - .005x + 1$

28. $f(x) = 2x^3 - .33x^2 - .006x + 5$

29. $f(x) = .01x^5 + x^4 - x^3 - 6x^2 + 5x + 4$

30. $f(x) = .1x^5 + 3x^4 - 4x^3 - 11x^2 + 3x + 2$

CAPÍTULO 10 RESUMEN

Términos clave y símbolos

10.1 función creciente en un intervalo
función decreciente en un intervalo
número crítico
punto crítico
máximo local (máximos)
mínimo local (mínimos)
extremo local (extremos)

10.2 $f''(x)$ o y'' o $\dfrac{d^2y}{dx^2}$ o $D_x^2[f(x)]$ segunda derivada de f
$f'''(x)$ tercera derivada de f
$f^{(n)}(x)$ nésima derivada de f
aceleración
cóncava hacia arriba
cóncava hacia abajo
punto de inflexión
punto de rendimientos decrecientes

10.3 máximo absoluto en un intervalo
mínimo absoluto en un intervalo
teorema del valor extremo
tamaño de lote económico

10.4 dibujo de curvas
asíntota oblicua

Conceptos clave

Si $f'(x) > 0$ para toda x en un intervalo, entonces f está **creciendo** en el intervalo; si $f'(x) < 0$ para toda x en el intervalo, entonces f está **decreciendo** en el intervalo; si $f'(x) = 0$ para toda x en el intervalo, entonces f es **constante** en el intervalo.

Extremos locales

Sea c un número en el dominio de una función f. Entonces f tiene un **máximo local** en c si $f(x) \leq f(c)$ para toda x cerca de c y f tiene un **mínimo local** en c si $f(x) \geq f(c)$ para toda x cerca de c. Si f tiene un extremo local en c, entonces $f'(c) = 0$ o $f'(c)$ no existe.

Prueba de la primera derivada

Sea f una función diferenciable para toda x en $[a, b]$, excepto posiblemente en $x = c$. Suponga $a < c < b$ y que c es el único número crítico para f en $[a, b]$. Si $f'(a) > 0$ y $f'(b) < 0$, entonces hay un máximo local en c. Si $f'(a) < 0$ y $f'(b) > 0$, entonces hay un mínimo local en c.

Concavidad

Consideremos que la función f tiene derivadas f' y f'' para toda x en (a, b). f es **cóncava hacia arriba** en (a, b) si $f''(x) > 0$ para toda x en (a, b). f es **cóncava hacia abajo** en (a, b) si $f''(x) < 0$ para toda x en (a, b). f tiene un **punto de inflexión** en $x = c$ si $f''(x)$ cambia de signo en $x = c$.

Prueba de la segunda derivada

Sea c un número crítico de f tal que $f'(c) = 0$ y $f''(x)$ existe para toda x en algún intervalo abierto que contenga a c. Si $f''(c) > 0$, entonces hay un mínimo local en c. Si $f''(c) < 0$, entonces hay un máximo local en c. Si $f''(c) = 0$, entonces la prueba no da información.

Extremos absolutos

Sea c en un intervalo $[a, b]$, donde f está definida. Entonces f tiene un **máximo absoluto** en el intervalo en c si $f(x) \leq f(c)$ para toda x en $[a, b]$ y f tiene un **mínimo absoluto** en el intervalo en c si $f(x) \geq f(c)$ para toda x en $[a, b]$.

Teorema del valor extremo

Si una función f es continua sobre un intervalo cerrado $[a, b]$, entonces f tiene un máximo absoluto y un mínimo absoluto en el intervalo. Cada uno de ésos ocurre en un extremo del intervalo o en un número crítico de f.

Capítulo 10 Ejercicios de repaso

1. Cuando la regla de una función es dada, ¿cómo puede determinar dónde es creciente y dónde decreciente?
2. Cuando la regla de una función es dada, ¿cómo puede determinar la posición de los extremos locales? Indique dos maneras algebraicas de probar si un extremo local es un máximo o un mínimo.
3. ¿Cuál es la diferencia entre un extremo local y un extremo absoluto? ¿Puede un extremo local ser un extremo absoluto? ¿Es un extremo local necesariamente un extremo absoluto?
4. ¿Qué información acerca de una gráfica puede encontrarse a partir de la primera derivada? ¿De la segunda derivada?

Encuentre los intervalos abiertos más grandes en los que las siguientes funciones están creciendo o decreciendo.

5. $f(x) = x^2 + 7x - 9$
6. $f(x) = -3x^2 - 2x + 11$
7. $g(x) = 2x^3 - x^2 - 4x + 7$
8. $g(x) = -4x^3 - 5x^2 + 8x + 1$
9. $f(x) = \dfrac{4}{x - 3}$
10. $f(x) = \dfrac{6}{3x + 2}$

Encuentre las posiciones y los valores de todos los máximos y mínimos locales para las siguientes funciones.

11. $f(x) = 2x^3 + 3x^2 - 36x + 20$
12. $f(x) = 2x^3 + 3x^2 - 12x + 5$
13. $f(x) = x^4 + \dfrac{8}{3}x^3 - 6x^2 + 1$
14. $f(x) = x \cdot e^x$
15. $f(x) = 3x \cdot e^{-x}$
16. $f(x) = \dfrac{e^x}{x - 1}$

Encuentre las segundas derivadas de las siguientes funciones; luego encuentre $f''(1)$ y $f''(-2)$.

17. $f(x) = 2x^5 - 4x^3 + 2x - 1$
18. $f(x) = \dfrac{3 - 2x}{x + 2}$
19. $f(x) = -5e^{4x}$
20. $f(x) = \ln|5x + 2|$

Dibuje la gráfica de cada una de las siguientes funciones. Dé la posición de cada extremo local y punto de inflexión, los intervalos en que la función está creciendo y decreciendo así como los intervalos en que la función es cóncava hacia arriba y cóncava hacia abajo.

21. $f(x) = -2x^3 - \dfrac{1}{2}x^2 - x - 3$
22. $f(x) = -\dfrac{4}{3}x^3 + x^2 + 30x - 7$
23. $f(x) = x^4 - \dfrac{4}{3}x^3 - 4x^2 + 1$
24. $f(x) = -\dfrac{2}{3}x^3 + \dfrac{9}{2}x^2 + 5x + 1$
25. $f(x) = \dfrac{x - 1}{2x + 1}$
26. $f(x) = \dfrac{2x - 5}{x + 3}$
27. $f(x) = -4x^3 - x^2 + 4x + 5$
28. $f(x) = x^3 + \dfrac{5}{2}x^2 - 2x - 3$
29. $f(x) = x^4 + 2x^2$
30. $f(x) = 6x^3 - x^4$
31. $f(x) = \dfrac{x^2 + 4}{x}$
32. $f(x) = x + \dfrac{8}{x}$

Encuentre las posiciones y valores de todos los máximos absolutos y mínimos absolutos para las siguientes funciones en los intervalos dados.

33. $f(x) = -x^2 + 5x + 1$; $[1, 4]$
34. $f(x) = 4x^2 - 8x - 3$; $[-1, 2]$
35. $f(x) = x^3 + 2x^2 - 15x + 3$; $[-4, 2]$
36. $f(x) = -2x^3 - x^2 + 4x - 1$; $[-3, 1]$

Resuelva los siguientes ejercicios.

37. **Administración** Suponga que la ganancia de un producto es $P(x) = 40x - x^2$, donde x es el precio en cientos de dólares.
    (a) ¿A qué precio ocurre la ganancia máxima?
    (b) ¿Cuál es la ganancia máxima?
38. **Administración** La ganancia total en cientos de dólares por la venta de x cientos de cajas de dulce está dada por
$$P(x) = -x^3 + 10x^2 - 12x - 4.$$
    (a) Encuentre el número de cajas de dulce que deben venderse para producir la ganancia máxima.
    (b) Encuentre la ganancia máxima.
39. **Administración** El departamento de empaques de una empresa está diseñando una caja con base y tapa cuadradas. El volumen será de 27 metros cúbicos. Para reducir el costo, la caja debe tener un área superficial mínima. ¿Qué dimensiones (altura, longitud, ancho) debe tener la caja?

40. Administración Otro producto (vea el ejercicio 39) se empacará en una lata cilíndrica cerrada con volumen de 54π pulgadas cúbicas. Encuentre el radio y altura de la lata si ésta debe tener un área superficial mínima.

41. Ciencias sociales El departamento de parques de una ciudad está planeando una zona cerrada de juegos en un nuevo parque. Un lado de la zona colindará con un edificio y no se requerirá bardarlo. Encuentre las dimensiones del espacio rectangular de área máxima que puede cerrarse con 900 metros de barda.

42. Administración Una compañía planea empacar su producto en un cilindro que estará abierto en un extremo. El cilindro deberá tener un volumen de 27π pulgadas cúbicas. ¿Qué radio deberá tener el fondo del cilindro para minimizar el costo del material? (*Sugerencia:* el volumen de un cilindro circular es $\pi r^2 h$, donde r es el radio de la base circular y h es la altura; el área superficial de un cilindro abierto es $2\pi rh + \pi r^2$.)

43. Administración En 1 año, un fabricante de suplementos alimenticios produce y vende 240,000 cajas de vitaminas. Le cuesta $2 almacenar una caja 1 año y $15 producir cada lote. Encuentre el número de lotes que debe producir anualmente.

44. Administración Una empresa produce 128,000 cajas de un refresco anualmente. Cuesta $1 almacenar una caja durante 1 año y $10 producir un lote. Encuentre el número de lotes que deben producirse anualmente.

45. Ciencias sociales Si la zona de juego del ejercicio 41 tiene que ser bardada por los cuatro lados, encuentre las dimensiones del área rectangular máxima que puede cerrarse con 900 metros de barda.

CASO 10

Un modelo de costo total para un programa de capacitación*

En esta aplicación establecemos un modelo matemático para determinar el costo total de un programa de capacitación. Luego usamos el cálculo para encontrar el tiempo entre programas de capacitación que produce el costo total mínimo. El modelo supone que la demanda de aprendices es constante y que el costo fijo de capacitar un lote de aprendices es conocido. Además, se supone que las personas a quienes se está capacitando, pero para las cuales no se tiene aún un trabajo disponible, recibirán una cantidad fija por mes mientras esperan un trabajo.

El modelo usa las siguientes variables.

D = demanda de aprendices por mes

N = número de aprendices por lote

C_1 = costo fijo de capacitar un lote de aprendices

C_2 = costo variable de entrenamiento por aprendiz por mes

C_3 = salario pagado mensualmente a un aprendiz que no tiene trabajo aún después de su capacitación

m = intervalo de tiempo en meses entre lotes sucesivos de aprendices

t = longitud del programa de capacitación en meses

$Z(m)$ = costo total mensual del programa

El costo total de capacitar un lote de aprendices está dado por $C_1 + NtC_2$. Sin embargo, $N = mD$, por lo que el costo total por lote es $C_1 + mDtC_2$.

Después de capacitarlo, se dan trabajos al personal a razón de D por mes. Así entonces, $N - D$ de los aprendices no tendrán un trabajo el primer mes, $N - 2D$ no lo tendrán en el segundo mes, etc. Los $N - D$ aprendices que no tienen trabajo el primer mes generarán costos totales de $(N - D)C_3$, aquellos que no tienen trabajo en el segundo mes generarán costos de $(N - 2D)C_3$, etc. Como $N = mD$, los costos durante el primer mes pueden escribirse como

$$(N - D)C_3 = (mD - D)C_3 = (m - 1)DC_3,$$

mientras que los costos durante el segundo mes son $(m - 2)DC_3$, etc. El costo total de mantener a los aprendices sin trabajo es entonces

$$(m - 1)DC_3 + (m - 2)DC_3 + (m - 3)DC_3 + \cdots + 2DC_3 + DC_3,$$

que puede factorizarse como

$$DC_3[(m - 1) + (m - 2) + (m - 3) + \cdots + 2 + 1].$$

La expresión en corchetes es la suma de los términos de una sucesión aritmética. Usando fórmulas para sucesiones aritméticas, la expresión en corchetes es igual a $m(m - 1)/2$, por lo que tenemos

$$DC_3\left[\frac{m(m - 1)}{2}\right] \tag{1}$$

para el costo total de mantener sin trabajo a los aprendices.

El costo total por lote es la suma del costo de capacitación por lote, $C_1 + mDtC_2$ y el costo de mantener a los aprendices sin trabajo, dado por (1). Como suponemos que un lote de

*Basado en "A Total Cost Model for a Training Program" de P. L. Goyal y S. K. Goyal del Departamento de matemáticas y ciencia de la computación de The Polytechnic of Wales, Treforest, Pontypridd. Usado con autorización.

aprendices se capacita cada m mes, el costo total por mes $Z(m)$, está dado por

$$Z(m) = \frac{C_1 + mDtC_2}{m} + \frac{DC_3\left[\frac{m(m-1)}{2}\right]}{m}$$

$$= \frac{C_1}{m} + DtC_2 + DC_3\left(\frac{m-1}{2}\right).$$

EJERCICIOS

1. Encuentre $Z'(m)$.
2. Resuelva la ecuación $Z'(m) = 0$.

Nota: Desde un punto de vista práctico suele requerirse que m sea un número entero. Si m no resulta entero, entonces deben escogerse m^+ y m^-, los dos números enteros más cercanos a m. Calcule $Z(m^+)$ y $Z(m^-)$; el menor de los dos proporciona el valor óptimo de Z.

3. Suponga que una compañía encuentra que su demanda de aprendices es de 3 por mes, que un programa de capacitación requiere 12 meses, que el costo fijo de entrenar un lote de aprendices es de $15,000, que el costo variable por aprendiz por mes es de $100 y que a los aprendices se les paga $900 por mes después de la capacitación pero antes de que tengan un trabajo. Use su resultado del ejercicio 2 y encuentre m.
4. Como m no es un número entero, encuentre m^+ y m^-.
5. Calcule $Z(m^+)$ y $Z(m^-)$.
6. ¿Cuál es el intervalo óptimo de tiempo entre lotes sucesivos de aprendices? ¿Cuántos aprendices debería haber en un lote?
7. Escriba un breve ensayo describiendo otras consideraciones, tal vez no cuantificables, que un administrador tal vez desearía considerar en esta situación.

CAPÍTULO 11

Cálculo integral

11.1 Antiderivadas
11.2 Integración por sustitución
11.3 Área y la integral definida
11.4 El teorema fundamental del cálculo
11.5 Aplicaciones de las integrales
11.6 Tablas de integrales (opcional)
11.7 Ecuaciones diferenciales
CASO 11 Estimación de las fechas de agotamiento para minerales

En los dos capítulos anteriores, estudiamos la derivada de una función y varias aplicaciones de las derivadas. Ese material pertenece a una rama del cálculo llamada *cálculo diferencial*. En este capítulo estudiaremos otra rama del cálculo llamada *cálculo integral*. Al igual que la derivada de una función, la integral definida de una función es un límite especial con muchas aplicaciones diversas. Geométricamente, la derivada se relaciona con la pendiente de la recta tangente a una curva, mientras que la integral definida está relacionada con el área bajo una curva.

11.1 ANTIDERIVADAS

Las funciones que se usaron en aplicaciones en capítulos anteriores proporcionaron información sobre la *magnitud total* de una cantidad como costo, ingreso, ganancia, temperatura, galones de petróleo o distancia. Las derivadas de esas funciones proporcionaron información sobre la razón de cambio de esas cantidades y nos permitieron responder importantes preguntas acerca de los extremos de las funciones. No es siempre posible encontrar funciones que proporcionen información sobre la magnitud total de una cantidad, pero a menudo es posible juntar suficientes datos para generar una función que dé la *razón* de *cambio* de una cantidad. Sabemos que las derivadas dan la razón de cambio cuando la cantidad total es conocida. ¿Es posible invertir el proceso y usar una razón de cambio conocida para obtener una función que dé la magnitud total de una cantidad? La respuesta es sí: este proceso inverso, llamado *antidiferenciación*, es el tema de esta sección. La *antiderivada* de una función se define como sigue.

Si $F'(x) = f(x)$, entonces $F(x)$ es una **antiderivada** de $f(x)$.

[1] Encuentre una antiderivada para cada una de las siguientes funciones.

(a) $3x^2$

(b) $5x$

(c) $8x^7$

Respuestas:

Sólo se da una posible antiderivada en cada caso.

(a) x^3

(b) $\frac{5}{2}x^2$

(c) x^8

EJEMPLO 1 **(a)** Si $F(x) = 10x$, entonces $F'(x) = 10$, por lo que $F(x) = 10x$ es una antiderivada de $f(x) = 10$.

(b) Para $F(x) = x^5$, $F'(x) = 5x^4$, lo que significa que $F(x) = x^5$ es una antiderivada de $f(x) = 5x^4$. ■

EJEMPLO 2 Encuentre una antiderivada de $f(x) = 2x$.

Recordando las fórmulas para derivadas, es fácil ver que $F(x) = x^2$ es una antiderivada de $f(x)$ porque $F'(x) = 2x = f(x)$. Advierta que $G(x) = x^2 + 2$ y $H(x) = x^2 - 4$ son también antiderivadas de $f(x)$ porque

$$G'(x) = 2x + 0 = f(x) \quad \text{y} \quad H'(x) = 2x - 0 = f(x).$$ ■ [1]

Dos cualquiera de las antiderivadas de $f(x) = 2x$ que se encontraron en el ejemplo 2 difieren en una constante. Por ejemplo, $G(x) - F(x) = 2$ y $H(x) - G(x) = -6$. Lo mismo es cierto en el caso general.

> Si $F(x)$ y $G(x)$ son ambas antiderivadas de $f(x)$, entonces hay una constante C tal que
>
> $$F(x) - G(x) = C.$$
>
> (Dos antiderivadas de una función pueden diferir sólo en una constante.)

El enunciado en el recuadro anterior refleja el hecho geométrico de que la derivada de una función da la pendiente de la recta tangente en cualquier número x. Por ejemplo, si se hace la gráfica de las tres antiderivadas de $f(x) = 2x$ que se encontraron en el ejemplo 2, se puede ver que todas las gráficas tienen la misma forma porque en cualquier valor de x, todas sus rectas tangentes tienen la misma pendiente, como se muestra en la figura 11.1.

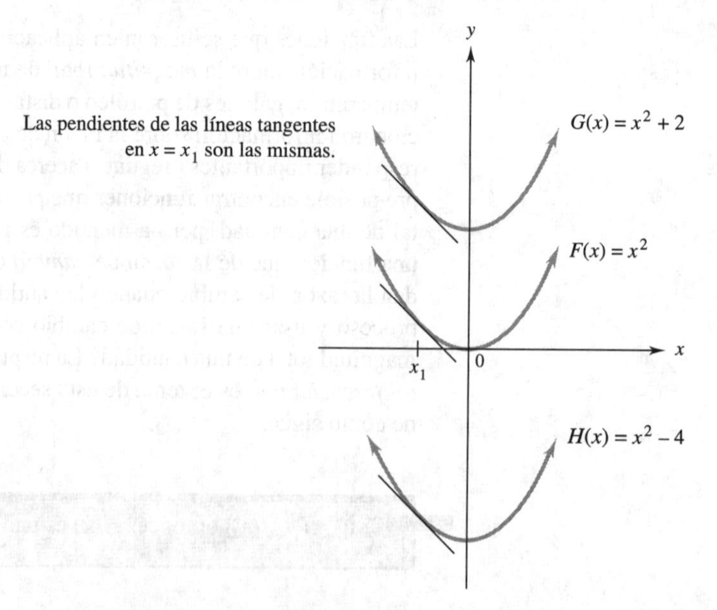

FIGURA 11.1

La familia de todas las antiderivadas de la función f está indicada por

$$\int f(x)\,dx.$$

El símbolo $\int$ es el **símbolo de integral**, $f(x)$ es el **integrando** y $\int f(x)\,dx$ se llama una **integral indefinida**. Como dos antiderivadas cualquiera de $f(x)$ difieren en una constante (lo que significa que una es una constante más la otra), podemos describir la integral indefinida como sigue.

INTEGRAL INDEFINIDA

Si $F'(x) = f(x)$, entonces

$$\int f(x)\,dx = F(x) + C,$$

para cualquier número real C.

Por ejemplo, usando esta notación,

$$\int 2x\,dx = x^2 + C.$$

NOTA La dx en la integral indefinida $\int f(x)\,dx$ indica que x es la variable de la función cuya antiderivada debe encontrarse, de la misma manera que dy/dx denota la derivada cuando y es una función de la variable x. Por ejemplo, en la integral indefinida $\int 2ax\,dx$, la variable de la función es x, mientras que en la integral indefinida $\int 2ax\,da$, la variable es a. ◆

G. W. Leibniz (1646-1716) creó el símbolo $\int f(x)\,dx$ en la última parte del siglo XVII. La $\int$ es una S alargada de *summa*, la palabra latina para *suma*. Jakob Bernoulli (1654-1705), un matemático suizo que se carteaba con frecuencia con Leibniz, acuñó la palabra *integral* como término del cálculo. La relación entre sumas e integrales se aclarará en la sección 11.3.

Como encontrar una antiderivada es la inversa de encontrar una derivada, cada fórmula para derivadas conduce a una regla para antiderivadas. Por ejemplo, la regla de la potencia para derivadas nos dice que

$$\text{si } F(x) = x^4, \text{ entonces } F'(x) = 4x^3.$$

En consecuencia,

$$\text{si } F(x) = \frac{1}{4}x^4, \text{ entonces } F'(x) = \frac{1}{4}(4x^3) = x^3.$$

En otras palabras, una antiderivada de $f(x) = x^3$ es $F(x) = \frac{1}{4}x^4$. En la misma forma, una antiderivada de $g(x) = x^7$ es $G(x) = \frac{1}{8}x^8$ porque $G'(x) = \frac{1}{8}(8x^7) = x^7$. El mismo patrón se cumple en el caso general: para encontrar la antiderivada de x^n, incremente el exponente en 1 y divida entre ese mismo número.

REGLA DE POTENCIA PARA ANTIDERIVADAS

Para cualquier número real $n \neq -1$,

$$\int x^n\,dx = \frac{1}{n+1}x^{n+1} + C.$$

Este resultado puede verificarse al diferenciar la expresión arriba a la derecha.

$$\frac{d}{dx}\left(\frac{1}{n+1}x^{n+1} + C\right) = \frac{n+1}{n+1}x^{(n+1)-1} + 0 = x^n$$

(Si $n = -1$, la expresión en el denominador es 0 y la regla anterior no puede usarse. Veremos luego cómo encontrar una antiderivada en este caso.)

EJEMPLO 3 Encuentre cada antiderivada.

(a) $\int x^3\,dx$

Use la regla de la potencia con $n = 3$.

$$\int x^3\,dx = \frac{1}{\mathbf{3+1}}x^{\mathbf{3+1}} + C = \frac{1}{4}x^4 + C$$

(b) $\int \frac{1}{t^2}\,dt$

Primero escriba $1/t^2$ como t^{-2}. Entonces

$$\int \frac{1}{t^2}\,dt = \int t^{-2}\,dt = \frac{1}{-2+1}t^{-2+1} = \frac{t^{-1}}{-1} + C = \frac{-1}{t} + C.$$

(c) $\int \sqrt{u}\,du$

Como $\sqrt{u} = u^{1/2}$,

$$\int \sqrt{u}\,du = \int u^{1/2}\,du = \frac{1}{1/2+1}u^{1/2+1} + C = \frac{1}{3/2}u^{3/2} = \frac{2}{3}u^{3/2} + C.$$

Para verificar esto, diferencie $(2/3)u^{3/2} + C$; la derivada es $u^{1/2}$, que es la función original.

(d) $\int dx$

Al escribir dx como $1 \cdot dx$ y usar el hecho de que $x^0 = 1$ para cualquier número x diferente de cero,

$$\int dx = \int \mathbf{1}\,dx = \int \mathbf{x^0}\,dx = \frac{1}{1}x^1 + C = x + C. \quad ■ \quad \boxed{2}$$

Como se mostró en el capítulo 9, la derivada del producto de una constante y una función es el producto de la constante por la derivada de la función. Una regla similar se aplica a antiderivadas. Además, como las derivadas de sumas o diferencias se encuentran término por término, las antiderivadas también pueden encontrarse término por término.

$\boxed{2}$ Encuentre cada una de las siguientes integrales.

(a) $\int x^5\,dx$

(b) $\int \sqrt[3]{x}\,dx$

(c) $\int 5\,dx$

Respuestas:

(a) $\frac{1}{6}x^6 + C$

(b) $\frac{3}{4}x^{4/3} + C$

(c) $5x + C$

PROPIEDADES DE ANTIDERIVADAS: REGLA DEL MÚLTIPLO CONSTANTE; REGLA DE SUMA O DIFERENCIA

Si todas las antiderivadas indicadas existen,

$$\int k \cdot f(x)\, dx = k \int f(x)\, dx, \quad \text{para cualquier número real } k;$$

$$\int [f(x) \pm g(x)]\, dx = \int f(x)\, dx \pm \int g(x)\, dx.$$

PRECAUCIÓN La regla del múltiplo constante requiere que k sea un *número*. La regla no es aplicable a una *variable*. Por ejemplo,

$$\int x\sqrt{x-1}\, dx \neq x \int \sqrt{x-1}\, dx. \; \blacklozenge$$

EJEMPLO 4 Encuentre cada una de las siguientes integrales.

(a) $\int 2x^3\, dx$

Por la regla del múltiplo constante y la regla de la potencia,

$$\int \mathbf{2}x^3\, dx = \mathbf{2} \int x^3\, dx = 2\left(\frac{1}{4}x^4\right) + C = \frac{1}{2}x^4 + C.$$

Como C representa cualquier número real, no es necesario multiplicarlo por 2 en el penúltimo paso.

(b) $\int \frac{12}{z^5}\, dz$

Use exponentes negativos.

$$\begin{aligned}
\int \frac{12}{z^5}\, dz &= \int 12z^{-5}\, dz \\
&= 12 \int z^{-5}\, dz && \text{Regla del múltiplo constante} \\
&= 12\left(\frac{z^{-4}}{-4}\right) + C && \text{Regla de la potencia} \\
&= -3z^{-4} + C \\
&= \frac{-3}{z^4} + C
\end{aligned}$$

(c) $\int (3z^2 - 4z + 5)\, dz$

Al ampliar la propiedad de suma o diferencia dada arriba a más de dos términos,

$$\begin{aligned}
\int (3z^2 - 4z + 5)\, dz &= 3 \int z^2\, dz - 4 \int z\, dz + 5 \int dz \\
&= 3\left(\frac{1}{3}z^3\right) - 4\left(\frac{1}{2}z^2\right) + 5z + C \\
&= z^3 - 2z^2 + 5z + C.
\end{aligned}$$

3 Encuentre las siguientes integrales.

(a) $\int (-6x^4)\, dx$

(b) $\int 9x^{2/3}\, dx$

(c) $\int \frac{8}{x^3}\, dx$

(d) $\int (5x^4 - 3x^2 + 6)\, dx$

(e) $\int \left(3\sqrt{x} + \frac{2}{x^2}\right) dx$

Respuestas:

(a) $-\frac{6}{5}x^5 + C$

(b) $\frac{27}{5}x^{5/3} + C$

(c) $-4x^{-2} + C$ o $-\frac{4}{x^2} + C$

(d) $x^5 - x^3 + 6x + C$

(e) $2x^{3/2} - \frac{2}{x} + C$

4 Encuentre las siguientes integrales.

(a) $\int \frac{\sqrt{x} + 1}{x^2}\, dx$

(b) $\int (\sqrt{x} + 2)^2\, dx$

Respuestas:

(a) $-\frac{2}{\sqrt{x}} - \frac{1}{x} + C$

(b) $\frac{x^2}{2} + \frac{8}{3}x^{3/2} + 4x + C$

Sólo una constante C es necesaria en la respuesta: las tres constantes de las antiderivadas término por término se combinan. ■ 3

Lo mejor del trabajo con las antiderivadas es que siempre pueden verificarse derivando el resultado. Por ejemplo, en el ejemplo 4(c) verifique que $z^3 - 2z^2 + 5z + C$ es la antiderivada requerida al calcular la derivada de:

$$\frac{d}{dz}(z^3 - 2z^2 + 5z + C) = 3z^2 - 4z + 5.$$

El resultado es la función original que debe integrarse, por lo que el trabajo está bien hecho.

EJEMPLO 5 Encuentre cada una de las siguientes integrales.

(a) $\int \frac{x^2 + 1}{\sqrt{x}}\, dx$

Primero reescriba el integrando como sigue.

$$\int \frac{x^2 + 1}{\sqrt{x}}\, dx = \int \left(\frac{x^2}{\sqrt{x}} + \frac{1}{\sqrt{x}}\right) dx$$

$$= \int \left(\frac{x^2}{x^{1/2}} + \frac{1}{x^{1/2}}\right) dx$$

$$= \int (x^{3/2} + x^{-1/2})\, dx \qquad \text{Regla del cociente para exponentes}$$

Ahora encuentre la antiderivada.

$$\int (x^{3/2} + x^{-1/2})\, dx = \frac{x^{5/2}}{5/2} + \frac{x^{1/2}}{1/2} + C$$

$$= \frac{2}{5}x^{5/2} + 2x^{1/2} + C$$

(b) $\int (x^2 - 1)^2\, dx$

Primero eleve al cuadrado el binomio y luego encuentre la antiderivada.

$$\int (x^2 - 1)^2\, dx = \int (x^4 - 2x^2 + 1)\, dx$$

$$= \frac{x^5}{5} - \frac{2x^3}{3} + x + C$$ ■ 4

Como se mostró en el capítulo 9, la derivada de $f(x) = e^x$ es $f'(x) = e^x$. Además, la derivada de $f(x) = e^{kx}$ es $f'(x) = k \cdot e^{kx}$. Estos resultados conducen a las siguientes fórmulas para antiderivadas de funciones exponenciales.

5 Encuentre cada una de las siguientes integrales.

(a) $\int (-4e^x)\,dx$

(b) $\int e^{3x}\,dx$

(c) $\int (e^{2x} - 2e^x)\,dx$

(d) $\int (-11e^{-x})\,dx$

Respuestas:

(a) $-4e^x + C$

(b) $\frac{1}{3}e^{3x} + C$

(c) $\frac{1}{2}e^{2x} - 2e^x + C$

(d) $11e^{-x} + C$

ANTIDERIVADAS DE FUNCIONES EXPONENCIALES

Si k es un número real, $k \neq 0$, entonces

$$\int e^x\,dx = e^x + C;$$

$$\int e^{kx}\,dx = \frac{1}{k}\cdot e^{kx} + C.$$

EJEMPLO 6 Aquí se dan algunas antiderivadas de funciones exponenciales.

(a) $\int 9e^x\,dx = 9\int e^x\,dx = 9e^x + C$

(b) $\int e^{9t}\,dt = \frac{1}{9}e^{9t} + C$

(c) $$\int 3e^{(5/4)u}\,du = 3\left(\frac{1}{5/4}e^{(5/4)u}\right) + C = 3\left(\frac{4}{5}\right)e^{(5/4)u} + C$$

$$= \frac{12}{5}e^{(5/4)u} + C \quad \blacksquare \quad \boxed{5}$$

La restricción $n \neq -1$ fue necesaria en la fórmula para $\int x^n\,dx$ porque $n = -1$ convertía al denominador de $1/(n+1)$ en 0. Para encontrar $\int x^n\,dx$ cuando $n = -1$, es decir, para encontrar $\int x^{-1}\,dx$, recuerde la fórmula de diferenciación para la función logarítmica: la derivada de $f(x) = \ln|x|$, donde $x \neq 0$, es $f'(x) = 1/x = x^{-1}$. Esta fórmula para la derivada de $f(x) = \ln|x|$ da una fórmula para $\int x^{-1}\,dx$.

ANTIDERIVADA DE x^{-1}

$$\int x^{-1}\,dx = \int \frac{1}{x}\,dx = \ln|x| + C, \quad \text{donde } x \neq 0.$$

PRECAUCIÓN El dominio de la función logarítmica es el conjunto de números reales positivos. Sin embargo, $y = x^{-1} = 1/x$ tiene como dominio el conjunto de todos los números reales no nulos, por lo que el valor absoluto de x *debe* usarse en la antiderivada. ◆

6 Encuentre cada una de las siguientes integrales.

(a) $\int (-9/x)\,dx$

(b) $\int (8e^{4x} - 3x^{-1})\,dx$

Respuestas:

(a) $-9\cdot\ln|x| - C$

(b) $2e^{4x} - 3\cdot\ln|x| - C$

EJEMPLO 7 Aquí se dan algunas antiderivadas de funciones logarítmicas.

(a) $\int \frac{4}{x}\,dx = 4\int \frac{1}{x}\,dx = 4\cdot\ln|x| + C$

(b) $\int \left(-\frac{5}{x} + e^{-2x}\right)dx = -5\cdot\ln|x| - \frac{1}{2}e^{-2x} + C \quad \blacksquare \quad \boxed{6}$

En todos los ejemplos anteriores, se encontró la familia de funciones antiderivadas. Sin embargo, en muchas aplicaciones, la información dada nos permite determinar el valor de la constante de integración C. Los siguientes ejemplos ilustran esto.

EJEMPLO 8 Según la asociación industrial de telecomunicaciones celulares, la razón de crecimiento del número de suscriptores de teléfonos celulares (en millones) desde que comenzó el servicio está dado por

$$S'(x) = .38x + .04,$$

donde x es el número de años desde 1985, cuando el servicio comenzó. Había 0.25 millones de suscriptores en 1985, el año 0. Encuentre una función que dé el número de suscriptores en el año x.

Como $S'(x)$ da la razón de cambio en el número de suscriptores,

$$\begin{aligned} S(x) &= \int (.38x + .04)\, dx \\ &= .38\frac{x^2}{2} + .04x + C \\ &= .19x^2 + .04x + C. \end{aligned}$$

Para encontrar el valor de C, use el hecho de que el número de suscriptores (en millones) $S(0) = .25$.

$$\begin{aligned} S(x) &= .19x^2 + .04x + C \\ .25 &= .19(0)^2 + .04(0) + C \\ C &= .25 \end{aligned}$$

El número de suscriptores (en millones) en el año x es entonces

$$S(x) = .19x^2 + .04x + .25. \quad ■$$

EJEMPLO 9 Suponga que el ingreso marginal de un producto está dado por $40/e^{.05x} + 10$. Encuentre la función de demanda para el producto.

El ingreso marginal es la derivada de la función de ingreso.

$$\frac{dR}{dx} = \frac{40}{e^{.05x}} + 10$$

$$R = \int \left(\frac{40}{e^{.05x}} + 10\right) dx = \int (40e^{-.05x} + 10)\, dx$$

$$= 40\left(\frac{-1}{.05}\right)e^{-.05x} + 10x + k = -800e^{-.05x} + 10x + k$$

Si $x = 0$, entonces $R = 0$ (ningún artículo vendido significa ingreso nulo), y

$$\begin{aligned} 0 &= -800e^0 + 10 \cdot 0 + k \\ 800 &= k. \end{aligned}$$

Entonces,

$$R = -800e^{-.05x} + 10x + 800$$

da la función de ingreso. Ahora recuerde que $R = xp$, donde p es la función de demanda.

$$-800e^{-.05x} + 10x + 800 = xp$$

$$\frac{-800e^{-.05x} + 10x + 800}{x} = p$$

La función de demanda es $p = \dfrac{-800e^{-.05x} + 10x + 800}{x}$. ■ 7

7 El costo marginal a un nivel de producción de x artículos es

$$C'(x) = 2x^3 + 6x - 5.$$

El costo fijo es de $800. Encuentre la función costo $C(x)$.

Respuesta:

$$C(x) = \frac{1}{2}x^4 + 3x^2 - 5x + 800$$

EJEMPLO 10 La tasa a la que la población de México ha estado creciendo en años recientes está dada por $f(t) = 1.7e^{.025t}$, donde $t = 0$ corresponde a 1980 y $f(t)$ está en millones por año. Suponga que la población era de 68 millones en 1980 y que la razón de crecimiento sigue siendo la misma.

(a) Encuentre la regla de la función de población $F(t)$ que da la población (en millones) en el año t.

La derivada de la función de población $F(t)$ es la razón a la que la población está creciendo, es decir, $F'(t) = 1.7e^{.025t}$. Por lo tanto,

$$F(t) = \int 1.7e^{.025t}\,dt = 1.7 \cdot \frac{1}{.025}e^{.025t} + C = 68e^{.025t} + C.$$

Como la población es de 68 millones en 1980 (es decir, cuando $t = 0$), tenemos

$$68 = 68e^{.025(0)} + C = 68e^{0} + C = 68 + C,$$

por lo que $C = 0$. Por lo tanto, la función de población es $F(t) = 68e^{.025t}$.

(b) ¿Cuál es la población en el año 2000?

Como 2000 corresponde a $t = 20$, la población es

$$F(20) = 68e^{.025(20)} = 68e^{.5} \approx 112.1 \text{ millones.} \blacksquare$$

11.1 EJERCICIOS

1. ¿Qué debe ser cierto respecto a $F(x)$ y $G(x)$ si ambas son antiderivadas de $f(x)$?

2. ¿Cómo es la antiderivada de una función respecto a la función?

3. En sus propias palabras, describa qué significa integrando.

4. Explique por qué la restricción $n \neq -1$ es necesaria en la regla $\int x^n\,dx = \frac{1}{n+1}x^{n+1} + C$.

Encuentre cada integral (véanse los ejemplos 3-7).

5. $\int 10x\,dx$

6. $\int 25r\,dr$

7. $\int 8p^2\,dp$

8. $\int 5t^3\,dt$

9. $\int 100\,dx$

10. $\int 35\,dt$

11. $\int (5z - 1)\,dz$

12. $\int (2m + 3)\,dm$

13. $\int (z^2 - 4z + 2)\,dz$

14. $\int (2y^2 + 4y + 7)\,dy$

15. $\int (x^3 - 14x^2 + 20x + 3)\,dx$

16. $\int (x^3 + 5x^2 - 10x - 4)\,dx$

17. $\int 6\sqrt{y}\,dy$

18. $\int 8z^{1/2}\,dz$

19. $\int (6t\sqrt{t} + 3\sqrt{t})\,dt$

20. $\int (12\sqrt{x} - x\sqrt{x})\,dx$

21. $\int (56t^{1/2} + 18t^{7/2})\,dt$

22. $\int (10u^{3/2} - 14u^{5/2})\,du$

23. $\int \frac{24}{x^3}\,dx$

24. $\int \frac{-20}{x^2}\,dx$

25. $\int \left(\frac{1}{y^2} - \frac{2}{\sqrt{y}}\right)dy$

26. $\int \left(\frac{3}{\sqrt{u}} + \frac{2u}{\sqrt{u}}\right)du$

27. $\int (6x^{-3} + 4x^{-1})\,dx$

28. $\int (3x^{-1} - 10x^{-2})\, dx$

29. $\int 4e^{3u}\, du$

30. $\int -e^{-4x}\, dx$

31. $\int 3e^{-.2x}\, dx$

32. $\int -4e^{.2v}\, dv$

33. $\int \left(\frac{3}{x} + 4e^{-.5x}\right) dx$

34. $\int \left(\frac{9}{x} - 3e^{-.4x}\right) dx$

35. $\int \frac{1 + 2t^3}{t}\, dt$

36. $\int \frac{2y^{1/2} - 3y^2}{y}\, dy$

37. $\int \left(e^{2u} + \frac{u}{4}\right) du$

38. $\int \left(\frac{2}{v} - e^{3v}\right) dv$

39. $\int (x + 1)^2\, dx$

40. $\int (2y - 1)^2\, dy$

41. $\int \frac{\sqrt{x} + 1}{\sqrt[3]{x}}\, dx$

42. $\int \frac{1 - 2\sqrt[3]{z}}{\sqrt[3]{z}}\, dz$

43. La pendiente de la recta tangente a una curva está dada por

$$f'(x) = 6x^2 - 4x - 3.$$

Si el punto (0, 1) está sobre la curva, encuentre la ecuación de la curva.

44. Encuentre la ecuación de la curva cuya recta tangente tiene una pendiente de

$$f'(x) = x^{2/3},$$

si el punto (1, 3/5) está sobre la curva.

Administración *Encuentre la función de costo para cada una de las siguientes funciones de costo marginal (véase el ejemplo 8).*

45. $C'(x) = .2x^2 + 5x$; el costo fijo es de \$10.

46. $C'(x) = .8x^2 - x$; el costo fijo es de \$5.

47. $C'(x) = x^{1/2}$; 16 unidades cuestan \$60.

48. $C'(x) = x^{2/3} + 2$; 8 unidades cuestan \$58.

49. $C'(x) = x^2 - 2x + 3$; 3 unidades cuestan \$15.

50. $C'(x) = .2x^2 + .4x + .2$; 6 unidades cuestan \$29.60.

51. $C'(x) = .0015x^3 + .033x^2 + .044x + .25$; 10 unidades cuestan \$25.

52. $C'(x) = -\frac{40}{e^{.05x}} + 100$; 5 unidades cuestan \$1200.

53. $C'(x) = .03e^{.01x}$; cero unidades cuestan \$8

54. $C'(x) = 1.2e^{.02x}$; 2 unidades cuestan \$95

Resuelva los siguientes problemas (véanse los ejemplos 8-10).

55. Administración El ingreso marginal por un producto está dado por

$$50 - 3x - x^2.$$

Encuentre la función de demanda para el producto. (*Sugerencia:* recuerde que $R = xp$. Además, si $x = 0$, $R = 0$.)

56. Administración La ganancia marginal por la venta de x cientos de artículos de un producto es $P'(x) = 4 - 6x + 3x^2$ y la "ganancia" cuando ningún artículo se vende es de −\$40. Encuentre la función de ganancia.

57. Ciencias naturales Si la razón de excreción de un compuesto bioquímico está dado por

$$f'(t) = .01e^{-.01t},$$

la cantidad total excretada en el tiempo t (en minutos) es $f(t)$.

(a) Encuentre una expresión para $f(t)$.

(b) Si 0 unidades se excretan en el tiempo $t = 0$, ¿cuántas unidades se excretan en 10 minutos?

58. Ciencias sociales Las importaciones (en miles de millones de dólares) a Estados Unidos desde Canadá a partir de 1988 han cambiado a una razón dada por $f(x) = 1.26x^2 - 5.5x + 8.33$, donde x es el número de años desde 1988. Estados Unidos importaron \$82 mil millones en 1988.

(a) Encuentre una función que dé las importaciones en el año x.

(b) ¿Cuál fue el valor de las importaciones desde Canadá en 1993?

11.2 INTEGRACIÓN POR SUSTITUCIÓN

En la sección 11.1 vimos cómo integrar unas cuantas funciones simples. Funciones más complicadas pueden integrarse a veces por medio de *sustitución*. El procedimiento depende de la idea de diferencial. Si $u = f(x)$, la **diferencial** de u, se escribe como du y se define como

$$du = f'(x)\, dx.$$

Por ejemplo, si $u = 6x^4$, entonces $du = 24x^3\, dx$. [1]

[1] Encuentre du para las siguientes funciones.

(a) $u = 9x$

(b) $u = 5x^3 + 2x^2$

(c) $u = e^{-2x}$

Respuestas:

(a) $du = 9\, dx$

(b) $du = (15x^2 + 4x)\, dx$

(c) $du = -2e^{-2x}\, dx$

Las diferenciales tienen muchas interpretaciones útiles que se estudian en cursos más avanzados. Nosotros sólo las usaremos como un medio notacional adecuado al tratar antiderivadas como

$$\int (3x^2 + 4)^4 \, 6x \, dx.$$

La función $(3x^2 + 4)^4 \, 6x$ nos recuerda la regla de la cadena y trataremos de usar las diferenciales y la regla de la cadena a la *inversa* para encontrar la antiderivada. Sea $u = 3x^2 + 4$; entonces $du = 6x \, dx$. Sustituimos ahora u por $3x^2 + 4$ y du por $6x \, dx$ en la integral indefinida anterior.

$$\int (3x^2 + 4)^4 \, 6x \, dx = \int \overbrace{(3x^2 + 4)}^{u}{}^4 \overbrace{(6x \, dx)}^{du}$$

$$= \int u^4 \, du$$

Esta última integral puede ahora encontrarse mediante la regla de la potencia.

$$\int u^4 \, du = \frac{u^5}{5} + C$$

Finalmente, sustituya $3x^2 + 4$ por u.

$$\int (\mathbf{3x^2 + 4})^4 \, 6x \, dx = \frac{\mathbf{u}^5}{5} + C = \frac{(\mathbf{3x^2 + 4})^5}{5} + C$$

Podemos verificar la exactitud de este resultado con la regla de la cadena para determinar la derivada.

$$\frac{d}{dx}\left[\frac{(3x^2 + 4)^5}{5} + C\right] = \frac{1}{5} \cdot 5(3x^2 + 4)^4(6x) - 0$$

$$= (3x^2 + 4)^4 \, 6x,$$

que es la función original.

Este método de integración se llama **integración por sustitución**. Como se mostró arriba, se trata simplemente de la regla de la cadena para derivadas a la inversa. Los resultados siempre pueden verificarse por medio de diferenciación.

2 Encuentre las siguientes integrales.

(a) $\int 8x(4x^2 - 1)^5 \, dx$

(b) $\int (3x - 8)^5 \, dx$

(c) $\int 18x^2(x^3 - 5)^{3/2} \, dx$

Respuestas:

(a) $\frac{(4x^2 - 1)^6}{6} + C$

(b) $\frac{(3x - 8)^6}{18} + C$

(c) $\frac{12(x^3 - 5)^{5/2}}{5} + C$

EJEMPLO 1 Encuentre $\int (4x + 5)^9 \, dx$.

Escogemos $4x + 5$ como u. Entonces $du = 4 \, dx$. Nos falta la constante 4. Podemos reescribir la integral mediante el hecho que $4(1/4) = 1$, como sigue.

$$\int (4x + 5)^9 \, dx = \frac{1}{4} \cdot \mathbf{4} \int (4x + 5)^9 \, dx$$

$$= \frac{1}{4} \int (4x + 5)^9 (\mathbf{4} \, dx) \qquad k \int f(x) \, dx = \int kf(x) \, dx$$

$$= \frac{1}{4} \int u^9 \, du \qquad \text{Sustituya.}$$

$$= \frac{1}{4} \cdot \frac{u^{10}}{10} + C = \frac{u^{10}}{40} + C$$

$$= \frac{(4x + 5)^{10}}{40} + C \qquad \text{Sustituya.}$$

■ **2**

PRECAUCIÓN Cuando cambie el problema x a problema u, asegúrese de que el cambio sea completo; es decir, que no se deje ninguna x en el problema u. ◆

EJEMPLO 2 Encuentre $\int x^2\sqrt{x^3+1}\,dx$.

Una expresión elevada a una potencia suele ser una buena opción para u; entonces debido a la raíz cuadrada o potencia 1/2, sea $u = x^3 + 1$ y $du = 3x^2\,dx$. El integrando no contiene la constante 3, que se necesita para du. Para cuidar esto, despejamos $x^2\,dx$ de la diferencial $du = 3x^2\,dx$.

$$du = 3x^2\,dx$$

$$\frac{1}{3}du = x^2\,dx$$

Sustituimos $(1/3)\,du$ por $x^2\,dx$.

$$\int x^2\sqrt{x^3+1}\,dx = \int \sqrt{x^3+1}(x^2\,dx) = \int \sqrt{u}\cdot\frac{1}{3}\,du$$

Usamos ahora la regla del múltiplo constante para sacar el 1/3 fuera del símbolo de integral.

$$\int x^2\sqrt{x^3+1}\,dx = \int \sqrt{u}\cdot\frac{1}{3}\,du = \frac{1}{3}\int u^{1/2}\,du$$

$$= \frac{1}{3}\cdot\frac{u^{3/2}}{3/2} + C = \frac{2}{9}u^{3/2} + C$$

Como $u = x^3 + 1$,

$$\int x^2\sqrt{x^3+1}\,dx = \frac{2}{9}(x^3+1)^{3/2} + C. \quad \blacksquare \quad \boxed{3}$$

$\boxed{3}$ Encuentre las integrales siguientes.

(a) $\int x(5x^2+6)^2\,dx$

(b) $\int x\sqrt{x^2+16}\,dx$

Respuestas:

(a) $\frac{1}{50}(5x^2+6)^5 + C$

(b) $\frac{1}{3}(x^2+16)^{3/2} + C$

PRECAUCIÓN El método de sustitución dado en los ejemplos anteriores *no siempre funciona*. Por ejemplo, podríamos tratar de encontrar

$$\int x^3\sqrt{x^3+1}\,dx$$

sustituyendo $u = x^3 + 1$, con $du = 3x^2\,dx$. Sin embargo, no hay *constante* que pueda insertarse dentro del símbolo de integral para dar $3x^2$. Esta integral y muchas más no pueden evaluarse por sustitución. ◆

Con cierta práctica, escoger u resultará fácil si se recuerdan dos principios. Primero, u debe igualar alguna expresión en la integral que, cuando se reemplace por u, tienda a simplificar la integral. El segundo y más importante es que u debe ser una expresión cuya derivada esté también presente en la integral. La sustitución debe incluir tanto de la integral como sea posible, siempre que su derivada esté aún presente. En el ejemplo 2, podíamos haber escogido $u = x^3$, pero $u = x^3 + 1$ es mejor, porque tiene la misma derivada que x^3 y captura más de la integral original. Si continuamos con este razonamiento, podríamos intentar $u = \sqrt{x^3+1} = (x^3+1)^{1/2}$, pero ésta es una mala elección ya que $du = (1/2)(x^3+1)^{-1/2}(3x^2)\,dx$, una expresión que no está contenida en la integral original.

EJEMPLO 3 Encuentre $\int \frac{x+3}{(x^2+6x)^2}\,dx.$

Sea $u = x^2 + 6x$; entonces $du = (2x + 6)\,dx = 2(x + 3)\,dx$. Falta en la integral el 2; multiplique entonces por 2/2, poniendo 2 dentro del símbolo de integral y 1/2 fuera.

$$\int \frac{x+3}{(x^2+6x)^2}\,dx = \frac{1}{2}\int \frac{2(x+3)}{(x^2+6x)^2}\,dx$$
$$= \frac{1}{2}\int \frac{du}{u^2} = \frac{1}{2}\int u^{-2}\,du$$
$$= \frac{1}{2}\cdot\frac{u^{-1}}{-1} + C = \frac{-1}{2u} + C$$

Al sustituir $x^2 + 6x$ por u se obtiene

$$\int \frac{x+3}{(x^2+6x)^2}\,dx = \frac{-1}{2(x^2+6x)} + C. \quad \blacksquare \quad \boxed{4}$$

$\boxed{4}$ Encuentre las siguientes integrales.

(a) $\int z(z^2+1)^2\,dz$

(b) $\int \frac{x^2+3}{\sqrt{x^3+9x}}\,dx$

Respuestas:

(a) $\frac{(z^2+1)^3}{6} + C$

(b) $\frac{2}{3}\sqrt{x^3+9x} + C$

Recuerde la fórmula para $\frac{d}{dx}(e^u)$, donde $u = f(x)$.

$$\frac{d}{dx}(e^u) = e^u\frac{d}{dx}(u)$$

Por ejemplo, si $u = x^2$ entonces $\frac{d}{dx}(u) = \frac{d}{dx}(x^2) = 2x$, y

$$\frac{d}{dx}(e^{x^2}) = e^{x^2}\cdot 2x.$$

Procediendo hacia atrás, si $u = x^2$, entonces $du = 2x\,dx$, por lo que

$$\int e^{x^2}\cdot 2x\,dx = \int e^u\,du = e^u + C$$
$$= e^{x^2} + C.$$

EJEMPLO 4 Encuentre las siguientes integrales.

(a) $\int e^{-11x}\,dx$

Escoja $u = -11x$, y entonces $du = -11\,dx$. Multiplique la integral por $(-1/11)(-11)$ y use la regla para $\int e^u\,du$.

$$\int e^{-11x}\,dx = -\frac{1}{11}\cdot -11\int e^{-11x}\,dx$$
$$= -\frac{1}{11}\int e^{-11x}(-11\,dx)$$
$$= -\frac{1}{11}\int e^u\,du$$
$$= -\frac{1}{11}e^u + C$$
$$= -\frac{1}{11}e^{-11x} + C$$

5 Encuentre las siguientes integrales.

(a) $\int e^{5x}\,dx$

(b) $\int 8xe^{3x^2}\,dx$

(c) $\int 2x^3e^{x^4-1}\,dx$

Respuestas:

(a) $\frac{1}{5}e^{5x} + C$

(b) $\frac{4}{3}e^{3x^2} + C$

(c) $\frac{1}{2}e^{x^4-1} + C$

(b) $\int x^2 \cdot e^{x^3}\,dx$

Sea $u = x^3$ el exponente sobre e. Entonces $du = 3x^2\,dx$ y $(1/3)\,du = x^2\,dx$,

$$\int x^2 \cdot e^{x^3}\,dx = \int e^{x^3}(x^2\,dx)$$

$$= \int e^u\left(\frac{1}{3}\,du\right) \qquad \text{Sustituya.}$$

$$= \frac{1}{3}\int e^u\,du \qquad \text{Regla del múltiplo constante}$$

$$= \frac{1}{3}e^u + C \qquad \text{Integre.}$$

$$= \frac{1}{3}e^{x^3} + C. \qquad \text{Sustituya.} \quad \blacksquare \quad \boxed{5}$$

Recuerde que la antiderivada de $f(x) = 1/x$ es $\ln|x|$. El siguiente ejemplo usa $\int x^{-1}\,dx = \ln|x| + C$, y el método de sustitución.

EJEMPLO 5 Encuentre las siguientes integrales.

(a) $\int \frac{dx}{9x - 6}$

Escoja $u = 9x + 6$; entonces $du = 9\,dx$. Multiplique por (1/9)(9).

$$\int \frac{dx}{9x + 6} = \frac{1}{9} \cdot 9 \int \frac{dx}{9x + 6} = \frac{1}{9}\int \frac{1}{9x + 6}(9\,dx)$$

$$= \frac{1}{9}\int \frac{1}{u}\,du = \frac{1}{9}\ln|u| + C = \frac{1}{9}\ln|9x + 6| + C$$

(b) $\int \frac{(2x - 3)\,dx}{x^2 - 3x}$

Sea $u = x^2 - 3x$; entonces $du = (2x - 3)\,dx$. Entonces

$$\int \frac{(2x - 3)\,dx}{x^2 - 3x} = \int \frac{du}{u} = \ln|u| + C = \ln|x^2 - 3x| + C. \quad \blacksquare \quad \boxed{6}$$

6 Encuentre las siguientes integrales.

(a) $\int \frac{4\,dx}{x - 3}$

(b) $\int \frac{(3x^2 + 8)\,dx}{x^3 + 8x + 5}$

Respuestas:

(a) $4\ln|x - 3| + C$

(b) $\ln|x^3 + 8x + 5| + C$

EJEMPLO 6 Encuentre $\int x\sqrt{1 - x}\,dx$.

Sea $u = 1 - x$. Entonces $x = 1 - u$ y $dx = -du$. Ahora sustituya:

$$\int x\sqrt{\mathbf{1 - x}}\,dx = \int (1 - u)\sqrt{\mathbf{u}}(-du) = \int (u - 1)u^{1/2}\,du$$

$$= \int (u^{3/2} - u^{1/2})\,du = \frac{2}{5}u^{5/2} - \frac{2}{3}u^{3/2} + C$$

$$= \frac{2}{5}(1 - x)^{5/2} - \frac{2}{3}(1 - x)^{3/2} + C. \quad \blacksquare \quad \boxed{7}$$

7 Encuentre

$$\int x(x + 1)^{2/3}\,dx.$$

Respuesta:

$\frac{3}{8}(x + 1)^{8/3} - \frac{3}{5}(x + 1)^{5/3} + C$

El método de sustitución es útil si la integral puede escribirse en una de las siguientes formas, donde $u(x)$ es alguna función de x.

MÉTODO DE SUSTITUCIÓN

Sea $u(x)$ alguna función de x.

Forma de la integral	*Forma de la antiderivada*
1. $\int [u(x)]^n \cdot u'(x)\,dx,\ n \neq -1$	$\frac{[u(x)]^{n+1}}{n+1} + C$
2. $\int e^{u(x)} \cdot u'(x)\,dx$	$e^{u(x)} + C$
3. $\int \frac{u'(x)\,dx}{u(x)}$	$\ln\lvert u(x)\rvert + C$

EJEMPLO 7 El departamento de investigación de una cadena de ferreterías ha determinado que en una tienda el precio marginal de x cajas por semana de un tipo particular de clavos es

$$p'(x) = \frac{-4000}{(2x + 15)^3}.$$

Encuentre la función de demanda si la demanda semanal de este tipo de clavos es de 10 cajas cuando el precio de una caja de clavos es de $4.

Para encontrar la función de demanda $p(x)$, primero integre $p'(x)$ como sigue.

$$p(x) = \int p'(x)\,dx$$
$$= \int \frac{-4000}{(2x + 15)^3}\,dx$$

Haga $u = 2x + 15$. Entonces $du = 2\,dx$, y

$$p(x) = -2000 \int (2x + 15)^{-3}\, 2\,dx$$

$$= -2000 \int u^{-3}\,du \qquad \text{Sustituya.}$$

$$= (-2000)\frac{u^{-2}}{-2} + C \qquad \text{Integre.}$$

$$= \frac{1000}{u^2} + C \qquad \text{Simplifique.}$$

$$p(x) = \frac{1000}{(2x + 15)^2} + C. \qquad \text{Sustituya.} \qquad (1)$$

Encuentre el valor de C con la información dada de que $p = 4$ cuando $x = 10$.

$$4 = \frac{1000}{(2 \cdot 10 + 15)^2} + C$$

$$4 = \frac{1000}{35^2} + C$$

$$4 = .82 + C$$

$$3.18 = C$$

8 Las ventas de una nueva compañía, en miles, están cambiando a razón de

$$S'(t) = 27e^{-3t},$$

donde t es el tiempo en meses. Diez unidades se vendieron cuando $t = 0$. Encuentre la función de ventas.

Respuesta:
$S(x) = 19 - 9e^{-3t}$

Al reemplazar C por 3.18 en la ecuación (1), se obtiene la función demanda.

$$p(x) = \frac{1000}{(2x + 15)^2} + 3.18. \quad \blacksquare \quad \boxed{8}$$

EJEMPLO 8 Para determinar las 100 canciones más populares de cada año desde 1956, Jim Quirin y Barry Cohen desarrollaron una función que representa la razón de cambio en las gráficas de la revista *Billboard* requerida para que una canción gane una "estrella" en la *encuesta* "Hot 100" de la revista.* Desarrollaron la función

$$f(x) = \frac{A}{B + x},$$

donde $f(x)$ representa la razón de cambio en la posición de las gráficas, x es la posición en la encuesta "Hot 100" y A y B son constantes apropiadas. La función

$$F(x) = \int f(x)\,dx$$

se define como el "índice de popularidad". Encuentre $F(x)$.

Al integrar $f(x)$ resulta

$$\begin{aligned} F(x) &= \int f(x)\,dx \\ &= \int \frac{A}{B + x}\,dx \\ &= A \int \frac{1}{B + x}\,dx. \qquad \text{Regla del múltiplo constante} \end{aligned}$$

Sea $u = B + x$; entonces $du = dx$, por lo que

$$\begin{aligned} F(x) &= A \int \frac{1}{u}\,du = A \ln u + C \\ &= A \ln(B + x) + C. \end{aligned}$$

(El valor absoluto no es necesario, ya que $B + x$ aquí siempre es positivo.) ■

*Fórmula para "Popularity Index" en *Chartmasters' Rock 100*, 4a. edición, de Jim Quirin y Barry Cohen. Copyright © 1987 por Chartmasters. Reimpreso con autorización.

11.2 EJERCICIOS

1. ¿Con qué método de diferenciación se relaciona la integración por sustitución? ¿Qué tipo de integrando sugiere usar la integración por sustitución?

2. Para cada una de las siguientes integrales, decida qué factor debe ser u. Luego encuentre du.

   (a) $\int (3x^2 - 5)^4\, 2x\,dx$ (b) $\int \sqrt{1 - x}\,dx$

   (c) $\int \frac{x^2}{2x^3 + 1}\,dx$ (d) $\int (8x - 8)(4x^2 - 8x)\,dx$

Use sustitución para encontrar las siguientes integrales indefinidas (véanse los ejemplos 1-5 para los ejercicios 3-36 y el ejemplo 6 para los ejercicios 37-40).

3. $\int 3(12x - 1)^2\,dx$
4. $\int 5(4 - 2t)^3\,dt$
5. $\int \frac{2}{(3t + 1)^2}\,dt$
6. $\int \frac{4}{\sqrt{5u - 1}}\,du$
7. $\int \frac{x + 1}{(x^2 + 2x - 4)^{3/2}}\,dx$
8. $\int \frac{3x^2 - 2}{(2x^3 - 4x)^{5/2}}\,dx$

9. $\int r^2\sqrt{r^3+3}\,dr$

10. $\int y^3\sqrt{y^4-6}\,dy$

11. $\int (-3e^{5k})\,dk$

12. $\int (-2e^{-3z})\,dz$

13. $\int 4w^2e^{2w^3}\,dw$

14. $\int 5ze^{-z^2}\,dz$

15. $\int (2-t)e^{4t-t^2}\,dt$

16. $\int (3-x^2)e^{9x-x^3}\,dx$

17. $\int \frac{e^{\sqrt{y}}}{\sqrt{y}}\,dy$

18. $\int \frac{e^{1/z^2}}{z^3}\,dz$

19. $\int \frac{-4}{2+5x}\,dx$

20. $\int \frac{7}{3-4x}\,dx$

21. $\int \frac{e^{2t}}{e^{2t}+1}\,dt$

22. $\int \frac{e^{w+1}}{2-e^{w+1}}\,dw$

23. $\int \frac{x+2}{(2x^2+8x)^3}\,dx$

24. $\int \frac{4y-2}{(y^2-y)^4}\,dy$

25. $\int \left(\frac{1}{r}+r\right)\left(1-\frac{1}{r^2}\right)dr$

26. $\int \left(\frac{2}{a}-a\right)\left(\frac{-2}{a^2}-1\right)da$

27. $\int \frac{x^2+1}{(x^3+3x)^{2/3}}\,dx$

28. $\int \frac{B^3-1}{(2B^4-8B)^{3/2}}\,dB$

29. $\int \frac{x+2}{3x^2+12x+8}\,dx$

30. $\int \frac{x^2}{x^3+3}\,dx$

31. $\int 2x(x^2+1)^3\,dx$

32. $\int y^2(y^3-4)^3\,dy$

33. $\int (\sqrt{x^2+12x})(x+6)\,dx$

34. $\int (\sqrt{x^2-6x})(x-3)\,dx$

35. $\int \frac{(1+\ln x)^2}{x}\,dx$

36. $\int \frac{1}{x(\ln x)}\,dx$

37. $\int \frac{u}{\sqrt{u-1}}\,du$

38. $\int \frac{2x}{(x+5)^6}\,dx$

39. $\int t\sqrt{5t-1}\,dt$

40. $\int 4r\sqrt{8-r}\,dr$

Resuelva los siguientes problemas (véanse los ejemplos 7 y 8).

41. **Ciencias sociales** En el condado de Sacramento, California, el uso de los cinturones de seguridad se ha incrementado continuamente desde que se aprobó una ley al respecto en 1986. La razón de cambio (en porciento) de conductores que usan cinturones en el año x, donde 1985 corresponde a $x = 0$, se modela por $f'(x) = .116x^3 - 1.803x^2 + 6.86x + 3.24$.* En 1985 (año 0), 0.26% de los conductores usaron cinturones de seguridad.
   (a) Encuentre la función que da el porciento de conductores que usan cinturones en el año x.
   (b) De acuerdo con esta función, ¿qué porciento de conductores usaron cinturón en 1993?

42. **Ciencias sociales** Las muertes en vehículos en el condado de Sacramento se han reducido desde 1986 cuando California aprobó una ley sobre el uso obligatorio de cinturones de seguridad. La razón de cambio en muertes por 100 millones de millas recorridas en vehículos queda modelada por $g'(x) = -.00156x^3 + .0312x^2 - .264x + .137$, donde $x = 0$ corresponde a 1985, etc. Hubo 2.4 muertes por 100 millones de millas recorridas en 1985.*
   (a) Encuentre la función que da el número de muertes por 100 millones de millas en el año x.
   (b) ¿Cuántas muertes hubo en 1986? ¿Cuántas en 1990?

43. **Ciencias sociales** La razón de cambio aproximada en el número de teléfonos nuevos por cada 1000 personas en los Estados Unidos está dada por
$$f'(x) = \frac{1110}{x},$$
donde x representa el número de años desde 1900.† En 1990 ($x = 90$) había 1000 teléfonos por cada 1000 personas.
   (a) Encuentre la función que da el número total de teléfonos por cada 1000 personas en el año x.
   (b) De acuerdo con esta función, ¿cuántos teléfonos por cada 1000 personas había en 1995?

44. **Administración** La razón de cambio de las inversiones de Estados Unidos en México (en miles de millones de dólares) desde 1987 está dada por $f(x) = 1.52e^{0.11x}$, donde x es el número de años desde 1987. En ese mismo año, las compañías estadounidenses invirtieron \$13.8 mil millones en México.
   (a) Encuentre una función que dé la cantidad invertida en el año x.
   (b) A esta razón, ¿cuándo será la cantidad invertida en México el doble de la inversión de 1987?

*California Highway Patrol and National Highway Traffic Safety Administration.

†Bellcore.

11.3 ÁREA Y LA INTEGRAL DEFINIDA

Suponga que un auto viaja a lo largo de un camino recto a velocidad constante de 50 mph. La velocidad del auto en el tiempo t está dada entonces por la función constante $v(t) = 50$ cuya gráfica es una línea recta horizontal, como se muestra en la figura 11.2(a).

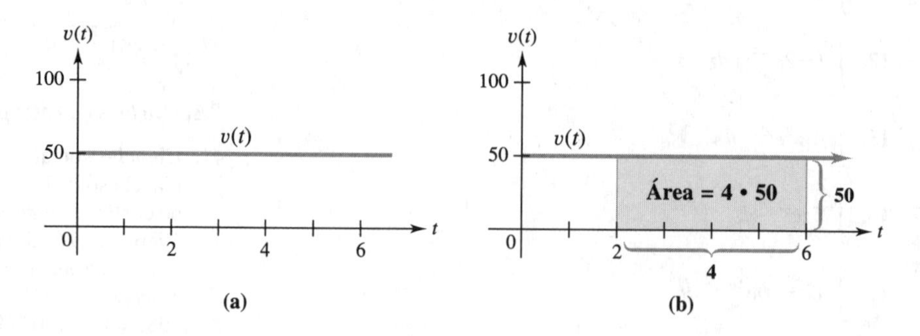

FIGURA 11.2

¿Qué tan lejos viaja el auto entre $t = 2$ y $t = 6$? Como éste es un periodo de 4 horas, la respuesta es, por supuesto, $4 \cdot 50 = 200$ millas. Observe que 200 es precisamente el *área* bajo la gráfica de la función velocidad $v(t)$ entre $t = 2$ y $t = 6$, como se muestra en la figura 11.2(b).

Como vimos en el capítulo 10, la función velocidad $v(t)$ es la razón de cambio de la distancia con respecto al tiempo, es decir, la razón de cambio de la función distancia $s(t)$ (que da la distancia recorrida por el auto en el tiempo t). Ahora, la distancia recorrida del tiempo $t = 2$ a $t = 6$ es la cantidad que la distancia ha cambiado de $t = 2$ a $t = 6$. En otras palabras, el *cambio total* en distancia de $t = 2$ a $t = 6$ es el área bajo la gráfica de la función velocidad de $t = 2$ a $t = 6$.

Un razonamiento más complicado (que se omite aquí) muestra que una situación similar se cumple en el caso general.

CAMBIO TOTAL EN $F(x)$

Sea f una función tal que f sea continua sobre el intervalo $[a, b]$ y $f(x) \geq 0$ para toda x en $[a, b]$. Si $f(x)$ es la razón de cambio de una función $F(x)$, entonces el **cambio total en $F(x)$** cuando x pasa de a a b es el área entre la gráfica de $f(x)$ y el eje x entre $x = a$ y $x = b$.

EJEMPLO 1 La figura 11.3 muestra la gráfica de la función que da la razón de cambio de los cargos anuales de mantenimiento para cierta máquina. La función de razón de cambio es creciente porque el mantenimiento tiende a costar más cuando la máquina se hace vieja. Estime los cargos anuales de mantenimiento en los 10 años de vida de la máquina.

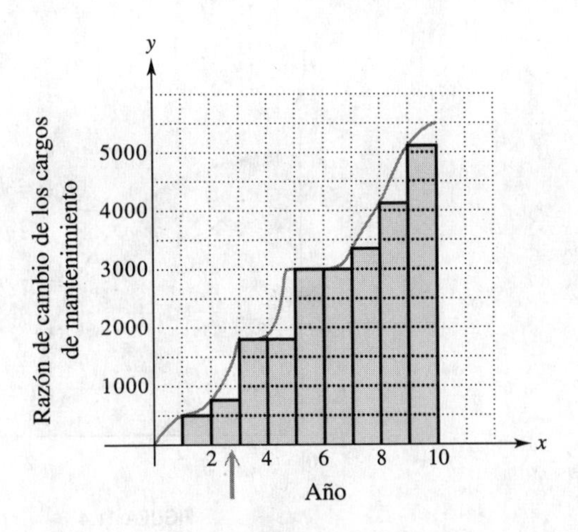

FIGURA 11.3

Ésta es la situación descrita en el recuadro anterior, con $F(x)$ representando la función de costo de mantenimiento y $f(x)$, cuya gráfica está dada, representando la función de razón de cambio. Los cargos totales por mantenimiento son el cambio total en $F(x)$ entre $x = 0$ y $x = 10$, es decir, el área entre la gráfica de la función de razón de cambio de los cargos por mantenimiento y el eje x entre $x = 0$ y $x = 10$. Podemos aproximar esta área si usamos los rectángulos sombreados en la figura 11.3. Por ejemplo, el rectángulo marcado con una flecha, tiene base 1 (del año 2 al año 3) y altura 750 (la razón de cambio en $x = 2$), por lo que su área es $1 \times 750 = 750$. En la misma forma, cada uno de los demás rectángulos tiene base 1 y altura determinada por la razón de cambio al principio del año. En consecuencia, estimamos el área como la suma

$$1 \cdot 0 + 1 \cdot 500 + 1 \cdot 750 + 1 \cdot 1800 + 1 \cdot 1800 + 1 \cdot 3000 + 1 \cdot 3000$$
$$+ 1 \cdot 3400 + 1 \cdot 4200 + 1 \cdot 5200 = 23{,}650.$$

Por lo tanto, los cargos totales por mantenimiento sobre 10 años son por lo menos de $23,650 (las áreas no sombreadas bajo la gráfica de razón de cambio no se han tomado en cuenta en esta estimación). ■ [1]

[1] Use la figura 11.3 para estimar el cargo por mantenimiento durante

(a) los primeros 6 años de la vida de la máquina;

(b) los primeros 8 años.

Respuestas:

(a) $7850

(b) $14,250

ÁREA Los ejemplos anteriores muestran que el área entre una gráfica y el eje x tiene interpretaciones útiles. En ésta y la siguiente sección, desarrollaremos un medio para medir dichas áreas precisamente cuando la función está dada por una fórmula algebraica. La idea subyacente es la misma que en el ejemplo 1: usar rectángulos para aproximar el área bajo la gráfica.

EJEMPLO 2 Encuentre el área bajo la gráfica de $f(x) = \sqrt{4 - x^2}$ de $x = 0$ a $x = 2$, mostrada en la figura 11.4.

Una aproximación muy burda del área de esta región puede encontrarse al usar dos rectángulos, como en la figura 11.5. La altura del rectángulo a la izquierda es $f(0) = 2$ y la altura del rectángulo a la derecha es $f(1) = \sqrt{3}$. El ancho de cada rectángulo es 1, lo que da para el área total de los dos rectángulos

$$1 \cdot f(0) + 1 \cdot f(1) = 2 + \sqrt{3} \approx 3.7321 \text{ unidades cuadradas.}$$

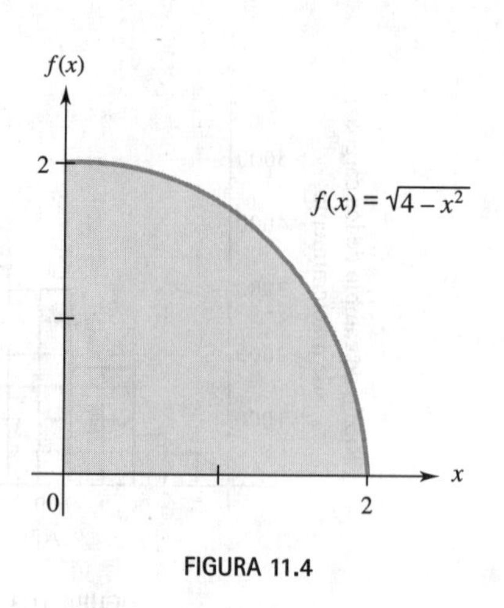

FIGURA 11.4

FIGURA 11.5

Como lo sugiere la figura 11.5, esta aproximación es mayor que el área real. Para mejorar la exactitud de esta aproximación, podríamos dividir el intervalo de $x = 0$ a $x = 2$ en cuatro partes iguales, cada una de ancho 1/2, como se muestra en la figura 11.6. Igual que antes, la altura de cada rectángulo está dada por el valor de f al lado izquierdo del rectángulo y su área es el ancho de 1/2 multiplicado por la altura. El área total de los cuatro rectángulos es

$$\frac{1}{2}\cdot f(0) + \frac{1}{2}\cdot f\left(\frac{1}{2}\right) + \frac{1}{2}\cdot f(1) + \frac{1}{2}\cdot f\left(\frac{3}{2}\right)$$

$$= \frac{1}{2}(2) + \frac{1}{2}\left(\frac{\sqrt{15}}{2}\right) + \frac{1}{2}(\sqrt{3}) + \frac{1}{2}\left(\frac{\sqrt{7}}{2}\right)$$

$$= 1 + \frac{\sqrt{15}}{4} + \frac{\sqrt{3}}{2} + \frac{\sqrt{7}}{4} \approx 3.4957 \text{ unidades cuadradas.}$$

2 Calcule la suma $\frac{1}{4}\cdot f(0) + \frac{1}{4}\cdot f\left(\frac{1}{4}\right) + \cdots + \frac{1}{4}\cdot f\left(\frac{7}{4}\right)$, mediante el uso de la siguiente información.

x	$f(x)$
0	2
1/4	1.98431
1/2	1.93649
3/4	1.85405
1	1.73205
5/4	1.56125
3/2	1.32288
7/4	.96825

Respuesta:
3.33982 unidades cuadradas

Esta aproximación se ve mejor, pero es aún mayor que el área real buscada. Para mejorar la aproximación, divida el intervalo de $x = 0$ a $x = 2$ en ocho partes con anchos iguales de 1/4 (véase la figura 11.7). El área total de todos esos rectángulos es

$$\frac{1}{4}\cdot f(0) + \frac{1}{4}\cdot f\left(\frac{1}{4}\right) + \frac{1}{4}\cdot f\left(\frac{1}{2}\right) + \frac{1}{4}\cdot f\left(\frac{3}{4}\right) + \frac{1}{4}\cdot f(1) + \frac{1}{4}\cdot f\left(\frac{5}{4}\right)$$

$$+ \frac{1}{4}\cdot f\left(\frac{3}{2}\right) + \frac{1}{4}\cdot f\left(\frac{7}{4}\right).$$ **2**

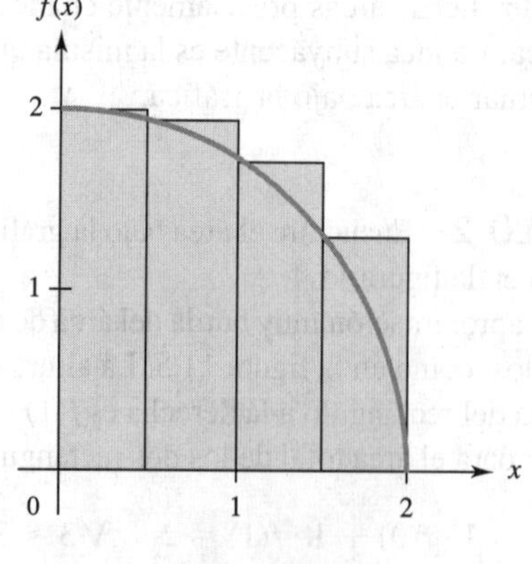

FIGURA 11.6

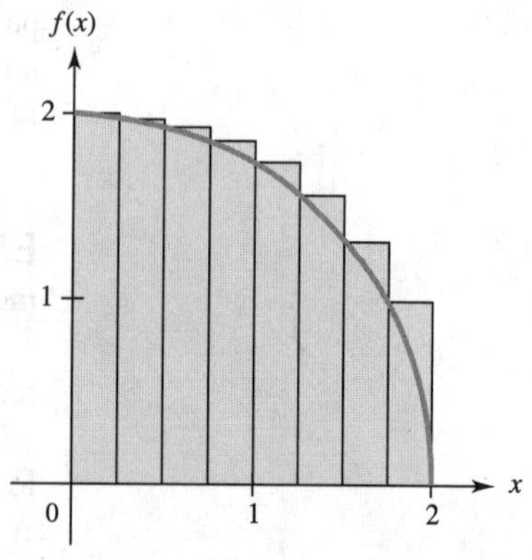

FIGURA 11.7

Este proceso de aproximar el área bajo una curva usando más y más rectángulos para obtener cada vez una mejor aproximación, puede generalizarse. Para hacer esto, divida el intervalo de $x = 0$ a $x = 2$ en n partes iguales. Cada uno de esos intervalos tiene ancho

$$\frac{2-0}{n} = \frac{2}{n},$$

por lo que cada rectángulo tiene ancho $2/n$ y altura determinada por el valor de la función en el lado izquierdo del rectángulo. Se usó una computadora para encontrar aproximaciones del área para varios valores de n dados en la tabla en el margen.

Conforme el número n de rectángulos se vuelve cada vez más grande, la suma de sus áreas se acerca cada vez más al área real de la región. En otras palabras, el área real es el *límite* de esas sumas cuando n crece sin límite, lo que puede escribirse

$$\text{área} = \lim_{n\to\infty} \text{(suma de las áreas de } n \text{ rectángulos).}$$

n	*Área*
125	3.15675
2000	3.14257
8000	3.14184
32,000	3.14165
128,000	3.14160
512,000	3.14159

La tabla sugiere que este límite es un número cuya expansión decimal comienza con 3.14159 . . . , que es la misma que el principio de la aproximación decimal de π. Por lo tanto, parece razonable que

$$\text{área} = \lim_{n\to\infty} \text{(suma de las áreas de } n \text{ rectángulos)} = \pi. \quad \blacksquare$$

Puede demostrarse que la región cuya área se encontró en el ejemplo 2 es la cuarta parte del interior de un círculo de radio 2 con centro en el origen (véase la figura 11.4). Por consiguiente su área es

$$\frac{1}{4}(\pi r^2) = \frac{1}{4}(\pi \cdot 2^2) = \pi,$$

que concuerda con nuestra respuesta en el ejemplo 2.

El método del ejemplo 2 puede generalizarse para encontrar el área limitada por la curva $y = f(x)$, el eje x y las rectas verticales $x = a$ y $x = b$, como se muestra en la figura 11.8. Para aproximar esta área, podemos dividir la región bajo la curva primero en diez rectángulos (figura 11.8(a)) y luego en veinte rectángulos (figura 11.8(b)). En cada caso, la suma de las áreas de los rectángulos da una aproximación del área bajo la curva.

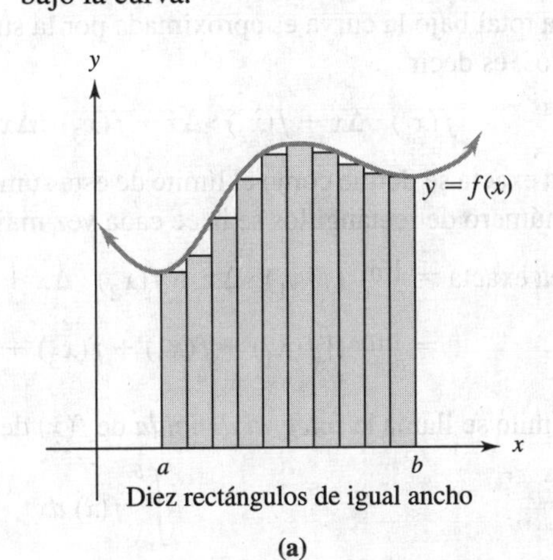

Diez rectángulos de igual ancho

(a)

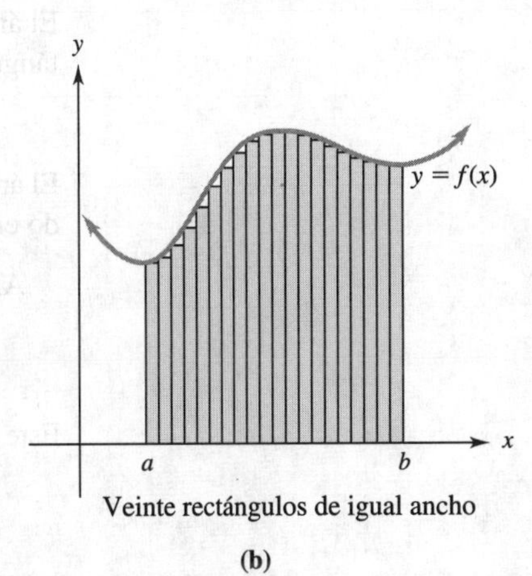

Veinte rectángulos de igual ancho

(b)

FIGURA 11.8

Podemos obtener cada vez mejores aproximaciones al incrementar el número n de rectángulos. Damos enseguida una descripción del procedimiento general. Sea n un entero positivo. Divida el intervalo de a a b en n partes de igual longitud. El símbolo Δx se usa tradicionalmente para denotar la longitud de cada parte. Como la longitud del intervalo entero es $b - a$, cada una de las n partes tiene longitud

$$\Delta x = \frac{b - a}{n}.$$

Use cada una de esas partes como la base de un rectángulo, como se muestra en la figura 11.9, donde los puntos extremos de los n intervalos están marcados $x_1, x_2, x_3, \ldots, x_{n+1}$. Un rectángulo típico, aquel cuya esquina inferior izquierda está en x_i, tiene un sombreado más intenso. La base de este rectángulo es Δx y su altura es la altura de la gráfica sobre x_i, es decir, $f(x_i)$, por lo que

$$\text{Área del } i\text{ésimo rectángulo} = f(x_i) \cdot \Delta x.$$

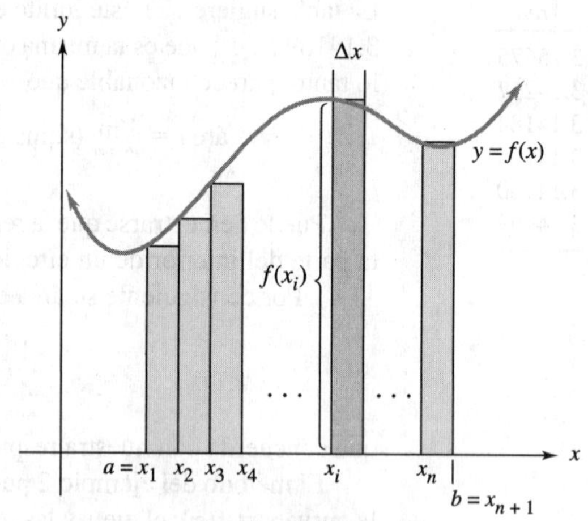

FIGURA 11.9

El área total bajo la curva es aproximada por la suma de las áreas de todos los n rectángulos, es decir,

$$f(x_1) \cdot \Delta x + f(x_2) \cdot \Delta x + f(x_3) \cdot \Delta x + \cdots + f(x_n) \cdot \Delta x.$$

El área exacta se define como el límite de esta suma (en caso de que ésta exista) cuando el número de rectángulos se hace cada vez mayor, sin límite. Por lo tanto,

$$\begin{aligned}\text{Área exacta} &= \lim_{n \to \infty} (f(x_1) \cdot \Delta x + f(x_2) \cdot \Delta x + f(x_3) \cdot \Delta x + \cdots + f(x_n) \cdot \Delta x) \\ &= \lim_{n \to \infty} ([f(x_1) + f(x_2) + f(x_3) + \cdots + f(x_n)] \cdot \Delta x).\end{aligned}$$

Este límite se llama la *integral definida* de $f(x)$ de a a b y se denota con el símbolo

$$\int_a^b f(x)\, dx.$$

La exposición anterior puede resumirse como sigue.

LA INTEGRAL DEFINIDA

Si f es una función continua sobre el intervalo $[a, b]$, entonces la **integral definida** de f de a a b es el número

$$\int_a^b f(x)\,dx = \lim_{n\to\infty} [(f(x_1) + f(x_2) + f(x_3) + \cdots + f(x_n))\,\Delta x],$$

donde $\Delta x = (b - a)/n$ y x_i es el extremo izquierdo del *i*ésimo intervalo.

Por ejemplo, el área de la región en el ejemplo 2 podría escribirse como la integral definida

$$\int_0^2 \sqrt{4 - x^2}\,dx = \pi.$$

Aunque la definición en el recuadro obviamente está motivada por el problema de encontrar áreas, es válida para muchas otras situaciones, como veremos en secciones posteriores. En particular, *la definición de la integral definida es válida aún cuando $f(x)$ tome valores negativos* (es decir, cuando la gráfica pase debajo del eje x). Sin embargo, en ese caso, el número resultante no es el área entre la gráfica y el eje x. En esta sección trataremos sólo con la interpretación de área de la integral definida.

La "S" alargada en la notación para la integral definida representa la palabra "Suma", que juega un papel crucial en la definición. Esta notación es muy similar a la que se usa para antiderivadas (llamadas también integrales *indefinidas*) en las secciones anteriores. La conexión entre la integral definida y las antiderivadas, que es la razón para la terminología y notación similares, se explicará en la siguiente sección.

PRECAUCIÓN Los niños que aprenden a leer confunden a veces la b y la d. Ambas letras consisten en un medio círculo y en un segmento de recta vertical, pero la posición del segmento de recta es lo importante. En la misma forma, los símbolos $\int f(x)\,dx$ y $\int_a^b f(x)\,dx$ tienen significados totalmente diferentes; la a y la b son lo importante. La integral indefinida $\int f(x)\,dx$ denota un conjunto de *funciones* (las antiderivadas de $f(x)$), mientras que la integral definida $\int_a^b f(x)\,dx$ representa un *número* (que puede interpretarse como el área bajo la gráfica cuando $f(x) \geq 0$). ◆

EJEMPLO 3 Aproxime $\int_1^4 3x\,dx$, es decir, el área bajo la gráfica de $f(x) = 3x$, arriba del eje x y entre $x = 1$ y $x = 4$, mediante el uso de seis rectángulos de ancho igual, cuyas alturas son los valores de la función en el extremo izquierdo del intervalo de cada rectángulo.

Queremos encontrar el área de la región sombreada en la figura 11.10. Las alturas de los seis rectángulos dadas por $f(x_i)$ para $i = 1, 2, 3, 4, 5$ y 6 son las siguientes.

i	x_i	$f(x_i)$
1	$x_1 = 1$	$f(1) = 3$
2	$x_2 = 1.5$	$f(1.5) = 4.5$
3	$x_3 = 2$	$f(2) = 6$
4	$x_4 = 2.5$	$f(2.5) = 7.5$
5	$x_5 = 3$	$f(3) = 9$
6	$x_6 = 3.5$	$f(3.5) = 10.5$

[3] Divida la región de la figura 11.10 en 12 rectángulos de igual ancho cuyas alturas sean los valores de la función en el extremo izquierdo del intervalo de cada rectángulo.

(a) Complete esta tabla.

i	x_i	$f(x_i)$
1	1	
2	1.25	
3	1.5	
4	1.75	
5	2	
6	2.25	
7		
8		
9		
10		
11		
12		

(b) Use los resultados de la tabla para aproximar $\int_1^4 3x\,dx$.

Respuestas:

(a)

i	x_i	$f(x_i)$
1	1	3
2	1.25	3.75
3	1.5	4.5
4	1.75	5.25
5	2	6
6	2.25	6.75
7	2.5	7.5
8	2.75	8.25
9	3	9
10	3.25	9.75
11	3.5	10.5
12	3.75	11.25

(b) 21.375

El ancho de cada rectángulo es $\Delta x = \dfrac{4-1}{6} = \dfrac{1}{2} = .5$. La suma de las áreas de los seis rectángulos es

$$\begin{aligned} &f(x_1)\Delta x + f(x_2)\Delta x + f(x_3)\Delta x + f(x_4)\Delta x + f(x_5)\Delta x + f(x_6)\Delta x \\ &= f(1)\Delta x + f(1.5)\Delta x + f(2)\Delta x + f(2.5)\Delta x + f(3)\Delta x + f(3.5)\Delta x \\ &= (3)(.5) + (4.5)(.5) + (6)(.5) + (7.5)(.5) + (9)(.5) + (10.5)(.5) \\ &= 20.25. \end{aligned}$$

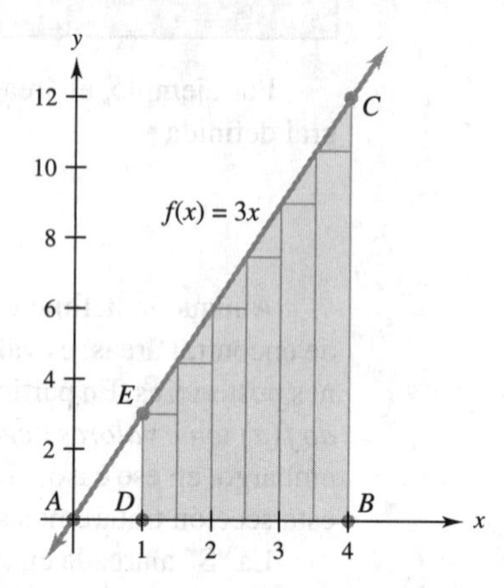

FIGURA 11.10

Podemos verificar la exactitud de esta aproximación si advertimos que el área de la región sombreada en la figura 11.10 es la diferencia de las áreas de los triángulos *ABC* y *ADE*. El triángulo *ABC* tiene base 4 y altura 12 y el triángulo *ADE* tiene base 1 y altura 3. Usando la fórmula para el área de un triángulo, $A = (1/2)bh$, vemos que el área de la región sombreada es

$$\text{Área } ABC - \text{Área } ADE = (1/2)(4)(12) - (1/2)(1)(3) = 24 - 1.5 = 22.5.$$

Nuestra aproximación es un poco escasa. Usando más rectángulos se obtendrá una mejor aproximación para el área. ■ [3]

SUGERENCIA TECNOLÓGICA La mayoría de las calculadoras graficadoras pueden *integrar numéricamente* al aproximar la integral definida por medio de sumas de áreas de trapezoides en vez de rectángulos. Por ejemplo, para encontrar $\int_{-2}^{1} (x^3 - 5x + 6)\,dx$ en la mayoría de las calculadoras TI, busque en el menú MATH o CALC* y anote

$$\text{fnInt}(x^3 - 5x + 6, x, -2, 1).$$

En las calculadoras Casio, use la tecla $\int dx$ del teclado y anote

$$\int (x^3 - 5x + 6, x, -2, 1).$$

En las HP-38 busque $\int$ en el submenú CALCULUS del menú MATH y anote

$$\int (-2, 1, x^3 - 5x + 6, x).$$

En cada caso, la calculadora aproxima la integral con el valor 21.75, que es en realidad su valor exacto, como veremos en la siguiente sección. ✔

*Para las TI-81, use el Programa de integración numérica en el apéndice de programas.

11.3 EJERCICIOS

1. Explique la diferencia entre una integral indefinida y una integral definida.
2. Complete el siguiente enunciado.

$$\int_0^3 (x^2 + 2)\,dx = \lim_{n\to\infty} \_\_\_\_\_, \text{ donde } \Delta x = \_\_\_\_\_.$$

Aproxime el área bajo cada curva dada y arriba del eje x sobre el intervalo dado mediante el uso de dos rectángulos. Sea la altura del rectángulo dada por el valor de la función en el lado izquierdo del rectángulo. Luego repita el proceso y aproxime el área con cuatro rectángulos (véase el ejemplo 3).

3. $f(x) = 2x + 5$; $[0, 4]$
4. $f(x) = 4 - x$; $[0, 4]$
5. $f(x) = 4 - x^2$; $[-2, 2]$
6. $f(x) = x^2 + 1$; $[-2, 2]$
7. $f(x) = e^x - 1$; $[0, 4]$
8. $f(x) = e^x + 1$; $[-2, 2]$
9. $f(x) = \frac{1}{x}$; $[1, 5]$
10. $f(x) = \frac{2}{x}$; $[1, 9]$

Resuelva los siguientes ejercicios (véase el ejemplo 3).

11. Considere la región bajo $f(x) = x/2$, arriba del eje x, entre $x = 0$ y $x = 4$. Sea x_i el extremo izquierdo del $i$ésimo subintervalo.
    (a) Aproxime el área de la región mediante el uso de cuatro rectángulos.
    (b) Aproxime el área de la región mediante el uso de ocho rectángulos.
    (c) Encuentre $\int_0^4 f(x)\,dx$ con la fórmula para el área de un triángulo.
12. Encuentre $\int_0^5 (5 - x)\,dx$ con la fórmula para el área de un triángulo.

Use la capacidad de integración numérica de una calculadora graficadora para aproximar el valor de la integral definida.

13. $\int_{-5}^{0} (x^3 + 2x^2 - 15x + 2)\,dx$
14. $\int_{-1}^{3} (-x^4 + 3x^3 - x^2 + 9)\,dx$
15. $\int_{2}^{7} 5\ln(x^2 + 1)\,dx$
16. $\int_{1}^{5} x\ln x\,dx$
17. $\int_{-1}^{3} x^2e^{-x}\,dx$
18. $\int_{1}^{5} \frac{\ln x}{x}\,dx$

En los siguientes ejercicios, estime las áreas requeridas usando rectángulos. Considere que el valor de la función en el lado izquierdo de cada rectángulo da la altura (véase el ejemplo 1).

19. **Administración** La gráfica muestra el salario por hora promedio de un trabajador en Estados Unidos y en Canadá en los años 1987-1991.* Todas las cifras están en dólares estadounidenses. Suponga que el empleado promedio trabaja 2000 horas por año. Estime la cantidad total que gana un trabajador promedio en Estados Unidos durante el periodo de cuatro años desde el principio de 1987 al principio de 1991. Use rectángulos con anchos de 1 año.

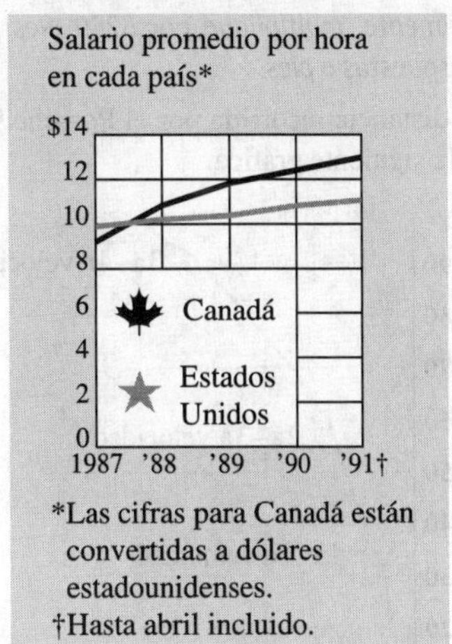

20. **Administración** Estime la cantidad total que gana (en dólares estadounidenses) un trabajador promedio canadiense durante el periodo de cuatro años desde el principio de 1987 hasta el principio de 1991. Use rectángulos con anchos de 1 año (véase el ejercicio 19).
21. **Ciencias naturales** La siguiente gráfica muestra la razón de inhalación de oxígeno de una persona que viaja en bicicleta muy rápidamente durante 10 minutos. Estime el volumen total de oxígeno inhalado en los primeros 20 minutos desde el principio de su recorrido. Use rectángulos de ancho igual a 1 minuto.

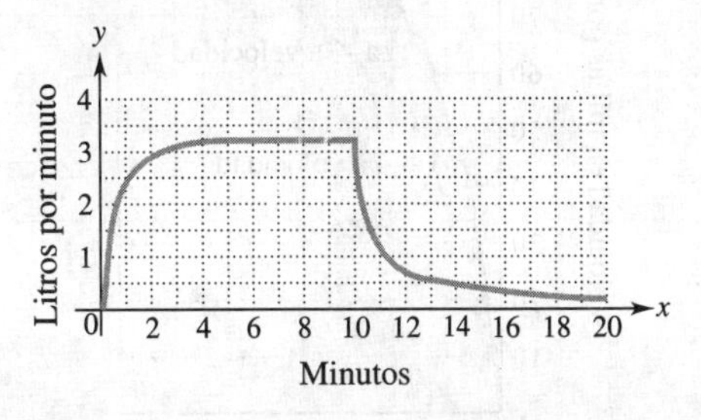

Física *Las gráficas para los ejercicios 22 y 23 se tomaron de la revista Road and Track.* La curva muestra la velocidad en el tiempo t, en segundos, cuando el auto acelera desde el reposo. Para encontrar la distancia total que recorre el auto al alcanzar 100 millas por hora, debemos estimar la integral definida.*

$$\int_0^T v(t)\,dt,$$

(continúa ejercicio)

*"Comparing Wages" en *The New York Times*, 1991. Copyright © 1991 por The New York Times Company. Reimpreso con autorización.

*De *Road & Track*, abril y mayo, 1978. Reimpreso con autorización de *Road & Track*.

donde T representa el número de segundos que tarda el auto en alcanzar 100 mph.

Use las gráficas para estimar esta distancia sumando las áreas de rectángulos con anchos de 5 segundos. El último rectángulo tiene un ancho de 3. Para ajustar su respuesta a millas por hora, divida entre 3600 (el número de segundos en una hora). Tiene entonces el número de millas que el auto recorrió para alcanzar 100 mph. Finalmente, multiplique por 5280 pies por milla para convertir las respuestas a pies.

22. Estime la distancia recorrida por el Porsche 928, mediante el uso de la siguiente gráfica.

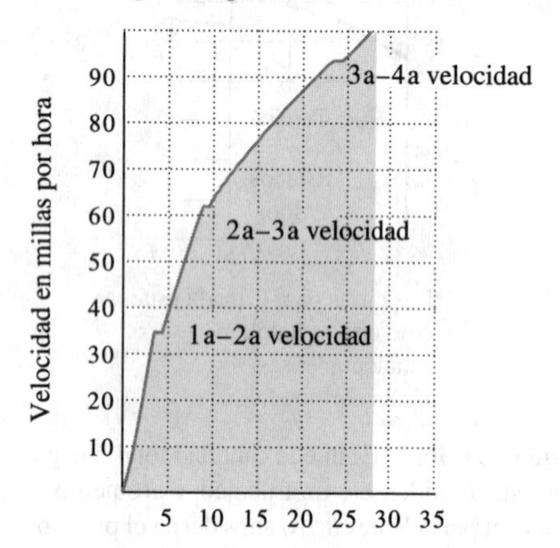

23. Estime la distancia recorrida por el BMW 733i, mediante el uso de la siguiente gráfica.

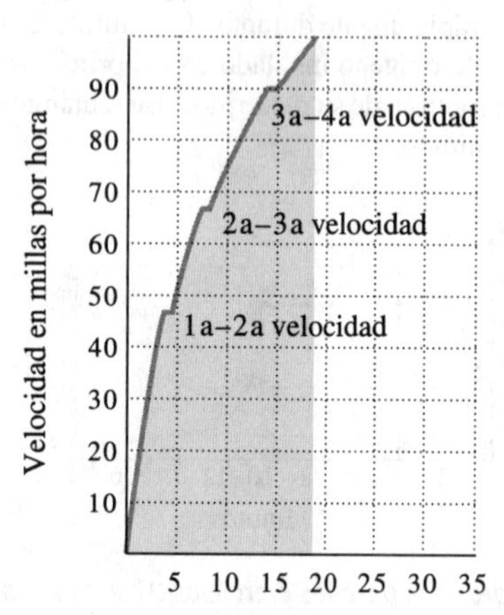

Física *Las siguientes gráficas* muestran la ganancia típica de calor, en BTU por hora por pie cuadrado, para una ventana que da al este y otra que da al sur, con vidrios sencillos y con vidrios ShadeScreen negro. Estime la ganancia total de calor por pie cuadrado sumando las áreas de los rectángulos. Use rectángulos con anchos de 2 horas y considere que el valor de la función en el punto medio del rectángulo da la altura del rectángulo.*

24. **(a)** Estime la ganancia total de calor por pie cuadrado en una ventana de vidrio sencillo que da al este.
(b) Estime la ganancia total de calor por pie cuadrado en una ventana con ShadeScreen que da al este.

25. **(a)** Estime la ganancia total de calor por pie cuadrado en una ventana de vidrio simple que da al sur.
(b) Estime la ganancia total de calor por pie cuadrado en una ventana con ShadeScreen que da al sur.

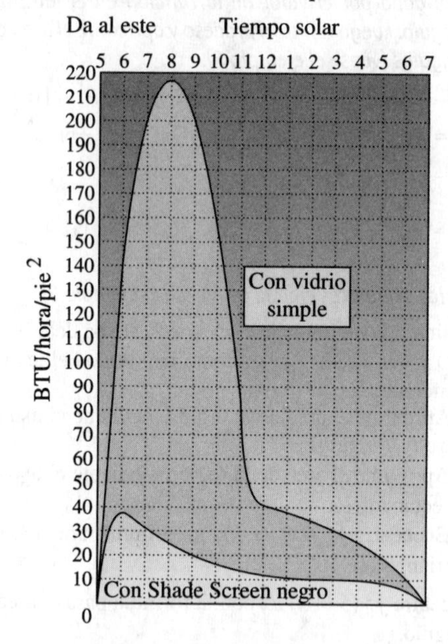

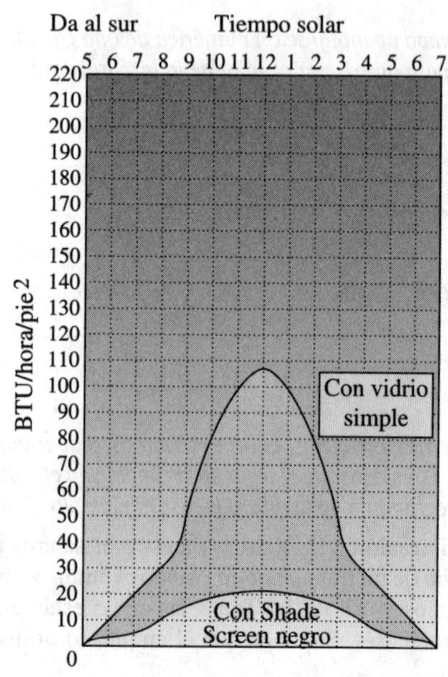

*Dos gráficas, "Facing east, Sun time" y "Facing south, Sun time" de Phifer Wire Products. Reimpreso con autorización.

26. El panfleto *All About Lawns* que publicó Ortho Books da las siguientes instrucciones para medir el área de una región de forma irregular.

Formas irregulares (con 5% de exactitud)
Trace una línea (L) sobre la región y a cada 10 pies a lo largo de ésta, mida el ancho de la figura en ángulo recto. Sume los anchos y multiplique por 10.

Área = $(A_1A_2 + B_1B_2 + C_1C_2$ etc.) $\times$ 10
A = (40′ + 60′ + 32′) $\times$ 10
A = 132′ $\times$ 10′
A = 1320 pies cuadrados

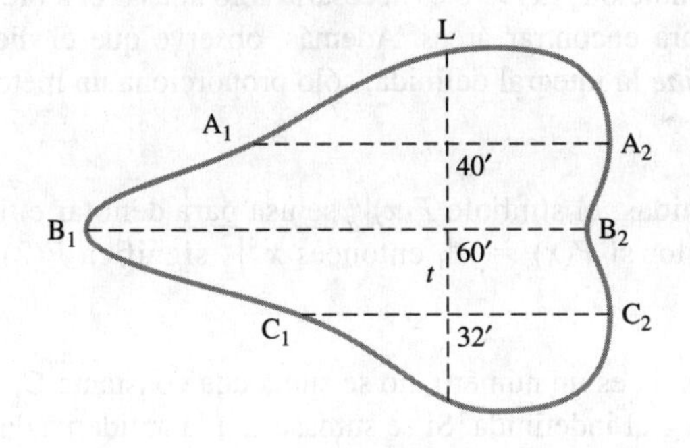

¿Cómo se relaciona este método con el análisis en esta sección?

27. Dos autos parten desde el reposo en un semáforo y aceleran durante varios minutos. La gráfica muestra sus velocidades (en pies por segundo) en función del tiempo (en segundos). El auto A es el que tiene inicialmente mayor velocidad.*

(a) ¿Qué tan lejos ha viajado el auto A después de 2 segundos? (*Sugerencia:* use fórmulas de geometría.)

(b) ¿Cuando está el auto A más adelante del auto B?

(c) Estime qué tan adelante puede estar el auto A respecto al auto B. Para el auto A , use fórmulas de geometría. Para el auto B, use $n = 4$ y el valor de la función en el punto medio de cada intervalo.

(d) Dé una estimación burda de cuándo alcanza el auto B al auto A.

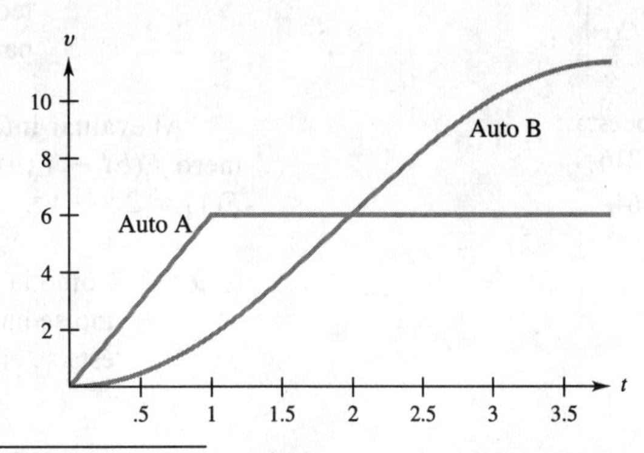

*Basado en un ejemplo proporcionado por Steve Monk de la Universidad de Washington.

11.4 EL TEOREMA FUNDAMENTAL DEL CÁLCULO

Ahora desarrollamos la relación entre las integrales definidas y las antiderivadas, que explicará la notación similar que se utiliza para esos dos conceptos. Lo que es más importante, ésta proporciona una manera de calcular las integrales definidas exactamente.

En la última sección vimos que cuando $f(x)$ es la razón de cambio de la función $F(x)$ y $f(x) \geq 0$ en $[a, b]$, entonces la integral definida tiene esta interpretación:

$$\int_a^b f(x)\,dx = \text{Cambio total en } F(x) \text{ cuando } x \text{ cambia de } a \text{ a } b. \qquad (*)$$

Decir que $f(x)$ es la razón de cambio de $F(x)$ significa que $f(x)$ es la derivada de $F(x)$, o equivalentemente, que $F(x)$ es una antiderivada de $f(x)$. El cambio total en $F(x)$ cuando x cambia de a a b es la diferencia entre el valor de F al final y el valor de F al principio, es decir, $F(b) - F(a)$. Podemos replantear (*) diciendo que

$$\int_a^b f(x)\,dx = F(b) - F(a).$$

Esta relación es un ejemplo del siguiente resultado (en el que $f(x)$ puede no ser siempre ≥ 0).

TEOREMA FUNDAMENTAL DEL CÁLCULO

Suponga que f es continua sobre el intervalo $[a, b]$ y F es *cualquiera* antiderivada de f. Entonces

$$\int_a^b f(x)\,dx = F(b) - F(a).$$

PRECAUCIÓN Es importante advertir que el teorema fundamental no requiere que $f(x) > 0$. La condición $f(x) > 0$ es necesaria sólo al usar el teorema fundamental para encontrar áreas. Además, observe que el dicho teorema no *define* la integral definida; sólo proporciona un método para evaluarla. ◆

Al evaluar integrales definidas, el símbolo $F(x)\big|_a^b$ se usa para denotar el número $F(b) - F(a)$. Por ejemplo, si $F(x) = x^4$, entonces $x^4\big|_1^2$ significa $F(2) - F(1) = 2^4 - 1^4$. [1]

1 Sea $C(x) = x^3 + 4x^2 - x + 3$. Encuentre lo siguiente.

(a) $C(x)\Big|_1^5$

(b) $C(x)\Big|_3^4$

Respuestas:

(a) 216

(b) 64

N O T A Como la integral definida es un número, no se suma una constante C, como se hace con la integral indefinida. Si se sumase C a la antiderivada F, ésta se eliminaría en la respuesta final:

$$\begin{aligned}\int_a^b f(x)\,dx &= (F(x) + C)\Big|_a^b \\ &= (F(b) + \boldsymbol{C}) - (F(a) + \boldsymbol{C}) \\ &= F(b) - F(a). \text{ ◆}\end{aligned}$$

2 Encuentre las siguientes integrales.

(a) $\int_4^6 5z\,dz$

(b) $\int_2^5 8t^3\,dt$

(c) $\int_1^9 \sqrt{z}\,dz$

Respuestas:

(a) 50

(b) 1218

(c) 52/3

EJEMPLO 1 Encuentre $\int_1^2 4t^3\,dt$.

Por las reglas dadas antes,

$$\int 4t^3\,dt = t^4 + C.$$

Por el teorema fundamental del cálculo, el valor de $\int_1^2 4t^3\,dt$ se encuentra al evaluar $t^4\big|_1^2$.

$$\int_1^2 4t^3\,dt = t^4\Big|_1^2 = 2^4 - 1^4 = 15 \quad \blacksquare \quad [2]$$

El ejemplo 1 ilustra la diferencia entre la integral definida y la integral indefinida. Una integral definida es un número real; una integral indefinida es una familia de funciones en donde todas las funciones son antiderivadas de una función f.

Aunque no podemos dar aquí una prueba rigurosa del teorema fundamental del cálculo, podemos indicar por qué es cierto cuando $f(x) \geq 0$ y que la integral definida representa un área. Dada la función $f(x)$, defina una nueva función $A(x)$ por la regla

$$A(x) = \text{área entre la gráfica de } f(x) \text{ y el eje } x \text{ de } a \text{ a } x,$$

como se muestra en la figura 11.11. Por ejemplo, si el área bajo la gráfica de a a 4 es 35, entonces $A(4) = 35$. Primero mostramos que A es una antiderivada de f.

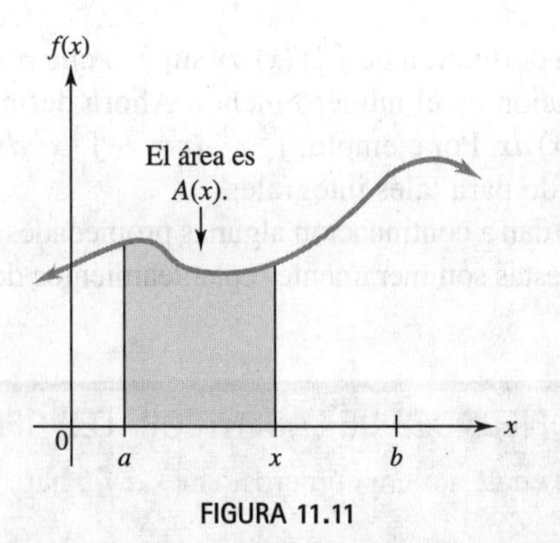

FIGURA 11.11

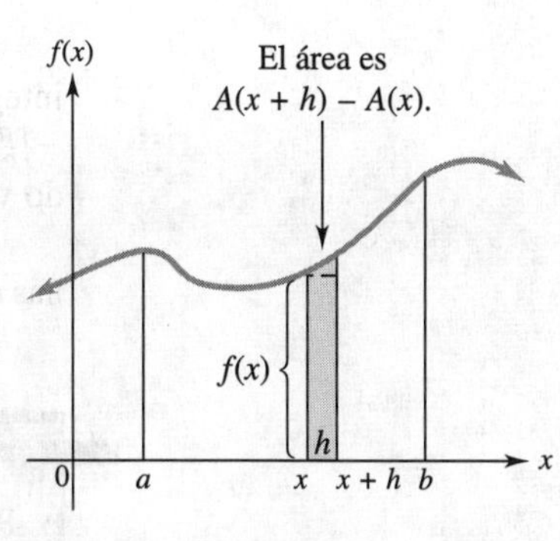

FIGURA 11.12

Para calcular $A'(x)$, sea h un número positivo pequeño. $A(x + h)$ es entonces el área bajo la gráfica de f entre a y $x + h$ y $A(x)$ es el área entre a y x. En consecuencia, $A(x + h) - A(x)$ es el área de la franja sombreada en la figura 11.12. Esta área puede aproximarse con un rectángulo de base h y altura $f(x)$. El área del rectángulo es $h \cdot f(x)$ y

$$A(x + h) - A(x) \approx h \cdot f(x).$$

Al dividir ambos lados entre h resulta

$$\frac{A(x + h) - A(x)}{h} \approx f(x).$$

Esta aproximación mejora cuando h se vuelve cada vez más pequeña. Tome el límite a la izquierda cuando h tiende a 0.

$$\lim_{h \to 0} \frac{A(x + h) - A(x)}{h} = f(x)$$

Este límite es simplemente $A'(x)$, por lo que

$$A'(x) = f(x).$$

Este resultado significa que A es una antiderivada de f, como lo mostraremos a continuación.

Como $A(x)$ es el área bajo la gráfica de f entre a y x, vemos que $A(a) = 0$ y $A(b)$ es el área bajo la gráfica entre a y b. Pero esta última área es la integral definida $\int_a^b f(x)\,dx$. Tenemos entonces

$$\int_a^b f(x)\,dx = A(b) = A(b) - 0 = A(b) - A(a).$$

Este razonamiento sugiere que el teorema fundamental es cierto cuando $f(x) > 0$ y cuando la función área $A(x)$ se usa como antiderivada. Otros razonamientos, que se omiten aquí, tratan el caso en que $f(x)$ puede no ser positiva y se usa cualquier antiderivada $F(x)$.

El teorema fundamental del cálculo ciertamente merece su nombre, que lo pone aparte como el teorema más importante del cálculo. Es la conexión clave entre el cálculo diferencial y el cálculo integral, que originalmente se desarrollaron por separado sin conocimiento de esta relación entre ellos.

La variable que se usa en el integrando no es de importancia; cada una de las siguientes integrales definidas representa el número $F(b) - F(a)$.

$$\int_a^b \boldsymbol{f(x)\,dx} = \int_a^b \boldsymbol{f(t)\,dt} = \int_a^b \boldsymbol{f(u)\,du}$$

La definición de $\int_a^b f(x)\,dx$ supuso que $a < b$, es decir, que el límite inferior de integración es el número menor. Ahora definimos $\int_a^b f(x)\,dx$ cuando $b < a$ como $-\int_b^a f(x)\,dx$. Por ejemplo, $\int_3^1 x^2\,dx = -\int_1^3 x^2\,dx$. El teorema fundamental sigue siendo válido para tales integrales.

Se dan a continuación algunas propiedades clave de las integrales definidas. Algunas de éstas son meramente replanteamientos de las propiedades de la sección 11.1.

PROPIEDADES DE LAS INTEGRALES DEFINIDAS

Para cualesquiera números reales a y b para los cuales existen las integrales definidas,

1. $\displaystyle\int_a^a f(x)\,dx = 0;$

2. $\displaystyle\int_a^b k\cdot f(x)\,dx = k\cdot\int_a^b f(x)\,dx$, para cualquier constante real k (múltiplo constante de una función);

3. $\displaystyle\int_a^b [f(x) \pm g(x)]\,dx = \int_a^b f(x)\,dx \pm \int_a^b g(x)\,dx$ (suma o diferencia de funciones);

4. $\displaystyle\int_a^b f(x)\,dx = \int_a^c f(x)\,dx + \int_c^b f(x)\,dx$, para cualquier número real c.

Para $f(x) \geq 0$, como la distancia de a a a es 0, la primera propiedad dice que el "área" bajo la gráfica de f limitada por $x = a$ y $x = a$ es 0. También, como $\int_a^c f(x)\,dx$ representa la región más fuertemente sombreada en la figura 11.13 y $\int_c^b f(x)\,dx$ representa la región más ligeramente sombreada,

$$\int_a^b f(x)\,dx = \int_a^c f(x)\,dx + \int_c^b f(x)\,dx,$$

como lo establece la cuarta propiedad. La figura muestra $a < c < b$, pero la propiedad es verdadera para cualquier valor de c cuando $f(x)$ y $F(x)$ están definidas. Por supuesto, las propiedades son válidas aún si $f(x) < 0$.

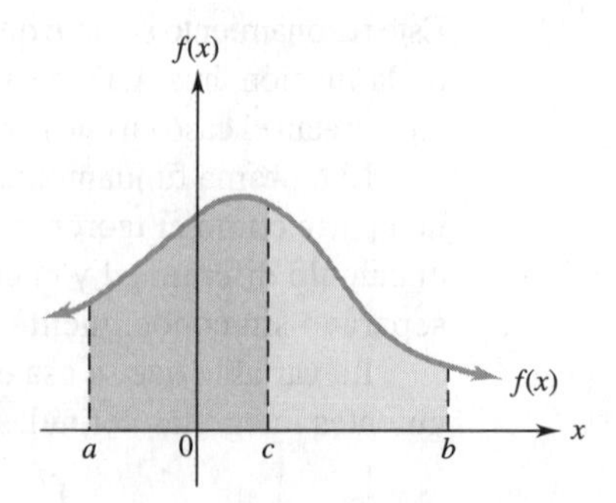

FIGURA 11.13

Una prueba algebraica se da aquí para la tercera propiedad; las pruebas de las demás propiedades se omiten. Si $F(x)$ y $G(x)$ son antiderivadas de $f(x)$ y $g(x)$, respectivamente,

$$\begin{aligned}\int_a^b [f(x) + g(x)]\,dx &= [F(x) + G(x)]\Big|_a^b \\ &= [F(b) + G(b)] - [F(a) + G(a)] \\ &= [F(b) - F(a)] + [G(b) - G(a)] \\ &= \int_a^b f(x)\,dx + \int_a^b g(x)\,dx.\end{aligned}$$

EJEMPLO 2 Evalúe $\int_2^5 (6x^2 - 3x + 5)\,dx$.

Use las propiedades anteriores y el teorema fundamental, junto con la regla de la potencia de la sección 11.1.

$$\int_2^5 (6x^2 - 3x + 5)\,dx = 6\int_2^5 x^2\,dx - 3\int_2^5 x\,dx + 5\int_2^5 dx \qquad \text{Múltiplo constante; suma o diferencia}$$

$$= 2x^3\Big|_2^5 - \frac{3}{2}x^2\Big|_2^5 + 5x\Big|_2^5 \qquad \text{Integre.}$$

$$= 2(5^3 - 2^3) - \frac{3}{2}(5^2 - 2^2) + 5(5 - 2) \qquad \text{Evalúe los límites.}$$

$$= 2(125 - 8) - \frac{3}{2}(25 - 4) + 5(3)$$

$$= 234 - \frac{63}{2} + 15 = \frac{435}{2} \quad ■ \quad \boxed{3}$$

$\boxed{3}$ Evalúe cada integral.

(a) $\int_1^3 (x + 3x^2)\,dx$

(b) $\int_2^4 (6k^2 - 2k + 1)\,dk$

Respuestas:

(a) 30

(b) 102

EJEMPLO 3 Encuentre $\int_1^2 \frac{dy}{y}$.

Al usar un resultado de la sección 11.1,

$$\int_1^2 \frac{dy}{y} = \ln|y|\Big|_1^2 = \ln|2| - \ln|1| \approx .6931 - 0 = .6931. \quad ■ \quad \boxed{4}$$

$\boxed{4}$ Evalúe las siguientes integrales.

(a) $\int_0^4 e^x\,dx$

(b) $\int_3^5 \frac{dx}{x}$

(c) $\int_2^8 \frac{4}{x}\,dx$

Respuestas:

(a) 53.59815

(b) .51083

(c) 5.54518

EJEMPLO 4 Evalúe $\int_0^5 x\sqrt{25 - x^2}\,dx$.

Use la sustitución. Haga $u = 25 - x^2$, y entonces $du = -2x\,dx$. Con una integral definida, los límites deben cambiarse. Los nuevos límites sobre u se encuentran como sigue.

Si $x = 5$, entonces $u = 25 - 5^2 = 0$; si $x = 0$, entonces $u = 25 - 0^2 = 25$.

$$\int_0^5 x\sqrt{25 - x^2}\,dx = -\frac{1}{2}\int_0^5 \sqrt{25 - x^2}\,(-2x\,dx)$$

$$= -\frac{1}{2}\int_{25}^{0} \sqrt{u}\,du \qquad \text{Sustituya.}$$

$$= -\frac{1}{2}\int_{25}^{0} u^{1/2}\,du \qquad \text{Exponente fraccionario}$$

$$= -\frac{1}{2} \cdot \frac{u^{3/2}}{3/2}\Bigg|_{25}^{0} \qquad \text{Integre.}$$

$$= -\frac{1}{2} \cdot \frac{2}{3}[0^{3/2} - 25^{3/2}] \qquad \text{Evalúe los límites.}$$

$$= -\frac{1}{3}(-125) = \frac{125}{3} \quad \blacksquare$$

5 Encuentre $\int_0^2 \frac{x}{x^2+1}\,dx.$

Respuesta:

$\frac{1}{2}\ln 5$

PRECAUCIÓN Siempre que use el método de sustitución, asegúrese de reemplazar x por su equivalente en términos de *u en todas partes*. En particular, recuerde que los límites de integración se refieren a x y también deben cambiarse. ◆ 5

ÁREA En la sección anterior vimos que cuando la gráfica de $f(x)$ se encuentra arriba del eje x entre a y b, entonces la integral definida $\int_a^b f(x)\,dx$ da el área entre la gráfica de $f(x)$ y el eje x entre a y b. Ahora considere una función f cuya gráfica se encuentre debajo del eje x entre a y b. El área sombreada en la figura 11.14 puede ser aproximada por sumas de áreas de rectángulos, es decir, por sumas de la forma

$$f(x_1)\cdot\Delta x + f(x_2)\cdot\Delta x + f(x_3)\cdot\Delta x + \cdots + f(x_n)\cdot\Delta x,$$

con una diferencia: como $f(x)$ es negativa, la suma representa el *negativo* de la suma de las áreas de los rectángulos. En consecuencia, la integral definida $\int_a^b f(x)\,dx$, que es el límite de tales sumas cuando n se vuelve cada vez más grande, es el *negativo* del área sombreada en la figura 11.14.

6 Encuentre cada área.

(a)

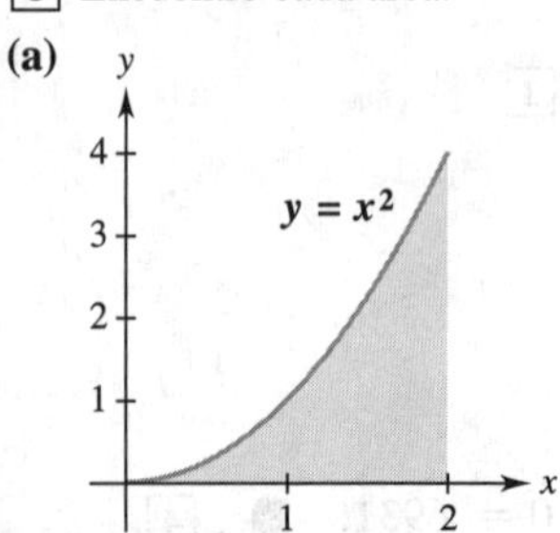

(b)

$y = x^3 - 2$

Respuestas:

(a) 8/3

(b) 7/4

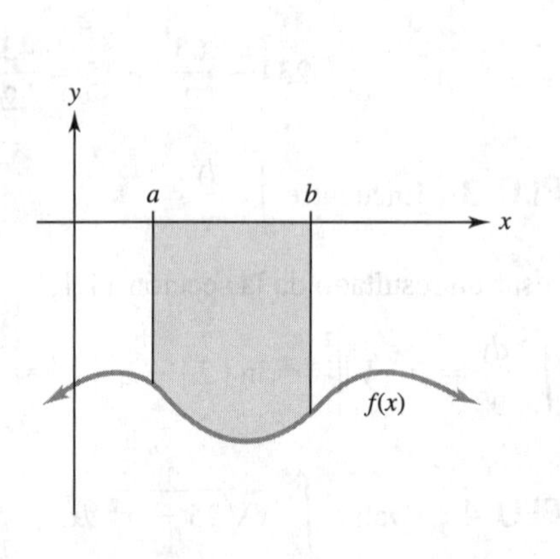

FIGURA 11.14

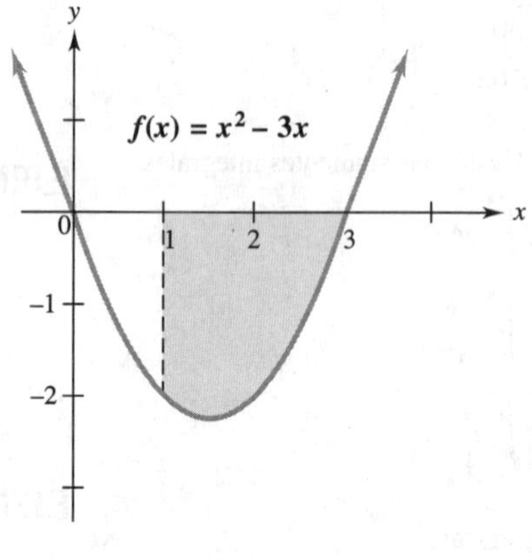

FIGURA 11.15

EJEMPLO 5 Encuentre el área entre el eje x y la gráfica de $f(x) = x^2 - 3x$ de $x = 1$ a $x = 3$.

La región, que se muestra sombreada en la figura 11.15, se encuentra debajo del eje x y la integral definida da el valor negativo de su área:

$$\int_1^3 (x^2 - 3x)\,dx = \left(\frac{x^3}{3} - \frac{3x^2}{2}\right)\Bigg|_1^3 = \left(\frac{27}{3} - \frac{27}{2}\right) - \left(\frac{1}{3} - \frac{3}{2}\right) = -\frac{10}{3}.$$

Por lo tanto, el área de la región es 10/3. ■ 6

EJEMPLO 6 Encuentre el área entre la gráfica de $f(x) = 6x^2 - 7x - 3$ y el eje x de $x = 0$ a $x = 2$, que es la región sombreada en la figura 11.16.

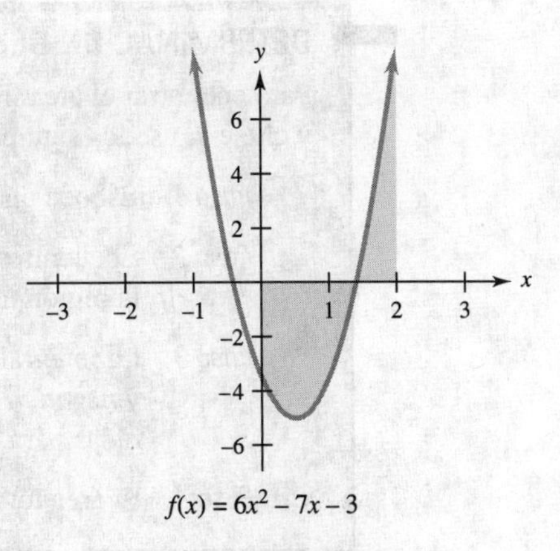

FIGURA 11.16

Para encontrar el área total, calcule el área bajo el eje x y el área sobre el eje x, por separado. Comience hallando las intersecciones de la gráfica con el eje x resolviendo

$$6x^2 - 7x - 3 = 0$$
$$(2x - 3)(3x + 1) = 0$$
$$x = 3/2 \quad \text{o} \quad x = -1/3.$$

Como sólo nos interesa la gráfica entre 0 y 2, la única intersección con el eje x de importancia es 3/2. El área debajo del eje x es el negativo de

$$\int_0^{3/2} (6x^2 - 7x - 3)\,dx = \left(2x^3 - \frac{7}{2}x^2 - 3x\right)\Bigg|_0^{3/2}$$
$$= \left(2\left(\frac{3}{2}\right)^3 - \frac{7}{2}\left(\frac{3}{2}\right)^2 - 3\left(\frac{3}{2}\right)\right) - (0 - 0 - 0) = -\frac{45}{8}.$$

El área de la región inferior es por tanto 45/8. El área arriba del eje x es

$$\int_{3/2}^{2} (6x^2 - 7x - 3)\,dx = \left(2x^3 - \frac{7}{2}x^2 - 3x\right)\Bigg|_{3/2}^{2}$$
$$= \left(2(2^3) - \frac{7}{2}(2^2) - 3(2)\right) - \left(2\left(\frac{3}{2}\right)^3 - \frac{7}{2}\left(\frac{3}{2}\right)^2 - 3\left(\frac{3}{2}\right)\right)$$
$$= \frac{13}{8}.$$

El área de la región superior es 13/8 y el área total entre la gráfica y el eje x es

$$\frac{45}{8} + \frac{13}{8} = \frac{58}{8} = 7.25 \text{ unidades cuadradas.} \quad \blacksquare$$

El procedimiento que se usó en el ejemplo 6 puede resumirse como sigue.

DETERMINACIÓN DEL ÁREA

Para encontrar el área limitada por $y = f(x)$, las rectas verticales $x = a$ y $x = b$ y el eje x, use los siguientes pasos.

Paso 1 Esboce una gráfica.

Paso 2 Encuentre las intersecciones con el eje x en $[a, b]$. Éstos dividen la región total en subregiones.

Paso 3 La integral definida será *positiva* para subregiones arriba del eje x y *negativa* para subregiones debajo del eje x. Use integrales separadas para encontrar las áreas de las subregiones.

Paso 4 El área total es la suma de las áreas de todas las subregiones.

En el ejemplo 6 es esencial calcular las áreas superiores e inferiores por separado. Si usa una sola integral sobre todo el intervalo, obtendrá

$$\int_0^2 (6x^2 - 7x - 3)\,dx = \left(2x^3 - \frac{7}{2}x^2 - 3x\right)\Bigg|_0^2$$

$$= \left(2(2^3) - \frac{7}{2}(2^2) - 3(2)\right) - 0 = -4,$$

que no es el área correcta. Para ver por qué, use la propiedad 4 de las integrales definidas.

$$\int_0^2 (6x^2 - 7x - 3)\,dx$$

$$= \int_0^{3/2} (6x^2 - 7x - 3)\,dx + \int_{3/2}^2 (6x^2 - 7x - 3)\,dx$$

$$= -\frac{45}{8} + \frac{13}{8} = \frac{13}{8} - \frac{45}{8}$$

Pero el ejemplo 6 mostró que $\frac{13}{8} - \frac{45}{8}$ es

(área arriba del eje x) $-$ (área debajo del eje x),

que no es la misma área que el área entre la gráfica y el eje. El mismo resultado se cumple en el caso general.

Si f es una función continua sobre $[a, b]$, entonces

$$\int_a^b f(x)\,dx = \begin{pmatrix}\text{área entre la gráfica}\\ \text{y el eje } x \textit{ arriba}\\ \text{del eje } x\end{pmatrix} - \begin{pmatrix}\text{área entre}\\ \text{la gráfica y el eje } x\\ \textit{debajo} \text{ del eje } x\end{pmatrix}$$

En la última sección vimos que el área bajo la gráfica de una función razón de cambio $f'(x)$ entre $x = a$ y $x = b$ da el cambio total en $f(x)$ entre a y b. Podemos ahora usar el teorema fundamental para calcular este cambio.

EJEMPLO 7 La razón anual de consumo de gas natural en billones de pies cúbicos para cierta ciudad es

$$C'(t) = t + e^{.01t},$$

donde t es tiempo en años y $t = 0$ corresponde a 1990. A esta razón de consumo, ¿cuál es la cantidad total que la ciudad usará en el periodo de 10 años de la década de 1990?

La cantidad que se usó en los 10 años es el cambio total en consumo del año 0 al año 10, que está dada por la integral definida

$$\int_0^{10} (t + e^{.01t})\, dt = \left(\frac{t^2}{2} + \frac{e^{.01t}}{.01}\right)\Bigg|_0^{10}$$

$$= (50 + 100e^{.1}) - (0 + 100)$$

$$\approx -50 + 100(1.10517) \approx 60.5.$$

Por lo tanto, un total de aproximadamente 60.5 billones de pies cúbicos de gas natural se usarán durante los años 90 si la razón de consumo permanece igual. ■ 7

7 En el ejemplo 7, suponga que una campaña de conservación y mayores precios ocasionan que la razón de consumo esté dada por $c'(t) = \frac{1}{2}t + e^{.005t}$. Encuentre la cantidad total de gas consumido en los años 90.

Respuesta:
Aproximadamente 35.25 billones de pies cúbicos.

11.4 EJERCICIOS

Evalúe cada una de las siguientes integrales definidas (véanse los ejemplos 1-4).

1. $\int_{-1}^{3} (6x^2 - 4x + 3)\, dx$

2. $\int_{0}^{2} (-3x^2 + 2x + 5)\, dx$

3. $\int_{0}^{2} 3\sqrt{4u + 1}\, du$

4. $\int_{3}^{9} \sqrt{2r - 2}\, dr$

5. $\int_{0}^{1} 2(t^{1/2} - t)\, dt$

6. $\int_{0}^{4} -(3x^{3/2} - x^{1/2})\, dx$

7. $\int_{1}^{4} (5y\sqrt{y} + 3\sqrt{y})\, dy$

8. $\int_{4}^{9} (4\sqrt{r} - 3r\sqrt{r})\, dr$

9. $\int_{4}^{6} \frac{2}{(x-3)^2}\, dx$

10. $\int_{1}^{4} \frac{-3}{(2p+1)^2}\, dp$

11. $\int_{1}^{5} (5n^{-1} + n^{-3})\, dn$

12. $\int_{2}^{3} (3x^{-1} - x^{-4})\, dx$

13. $\int_{2}^{3} \left(2e^{-.1A} + \frac{3}{A}\right) dA$

14. $\int_{1}^{2} \left(\frac{-1}{B} + 3e^{.2B}\right) dB$

15. $\int_{1}^{2} \left(e^{5u} - \frac{1}{u^2}\right) du$

16. $\int_{.5}^{1} (p^3 - e^{4p})\, dp$

17. $\int_{-1}^{0} y(2y^2 - 3)^5\, dy$

18. $\int_{0}^{3} m^2(4m^3 - 2)^3\, dm$

19. $\int_{1}^{64} \frac{\sqrt{z} - 2}{\sqrt[3]{z}}\, dz$

20. $\int_{1}^{8} \frac{3 - y^{1/3}}{y^{2/3}}\, dy$

21. $\int_{1}^{2} \frac{\ln x}{x}\, dx$

22. $\int_1^3 \frac{\sqrt{\ln x}}{x}\,dx$

23. $\int_0^8 x^{1/3}\sqrt{x^{4/3}+9}\,dx$

24. $\int_1^2 \frac{3}{x(1+\ln x)}\,dx$

25. $\int_0^1 \frac{e^t}{(3+e^t)^2}\,dt$

26. $\int_0^1 \frac{e^{2z}}{\sqrt{1+e^{2z}}}\,dz$

27. $\int_1^{49} \frac{(1+\sqrt{x})^{4/3}}{\sqrt{x}}\,dx$

28. $\int_1^8 \frac{(1+x^{1/3})^6}{x^{2/3}}\,dx$

29. Suponga que la función $f(x) = 6x^2 - 7x - 3$ del ejemplo 6, entre $x = 0$ y $x = 2$, representó la razón anual de ganancias de una empresa en un periodo de dos años. ¿Qué podría indicar la integral negativa para el primer año y medio? ¿Qué integral representaría la ganancia total para el periodo de dos años?

30. En sus propias palabras describa cómo el teorema fundamental relaciona las integrales definidas con las indefinidas.

Use la integral definida para encontrar el área entre el eje x y f(x) sobre el intervalo indicado. Revise primero si la gráfica cruza el eje x en el intervalo dado (véanse los ejemplos 5 y 6).

31. $f(x) = 4 - x^2$; $[0, 3]$

32. $f(x) = x^2 - 2x - 3$; $[0, 4]$

33. $f(x) = x^3 - 1$; $[-2, 2]$

34. $f(x) = x^3 - 2x$; $[-2, 4]$

35. $f(x) = e^x - 1$; $[-1, 2]$

36. $f(x) = 1 - e^{-x}$; $[-1, 2]$

37. $f(x) = \frac{1}{x}$; $[1, e]$

38. $f(x) = \frac{1}{x}$; $[e, e^2]$

Encuentre el área de cada región sombreada.

39.

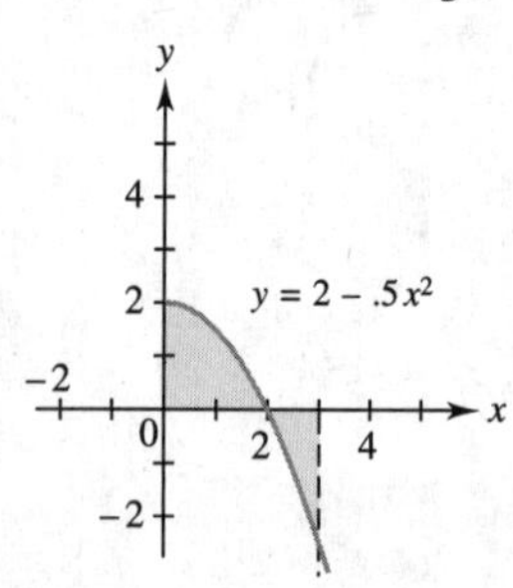

40.

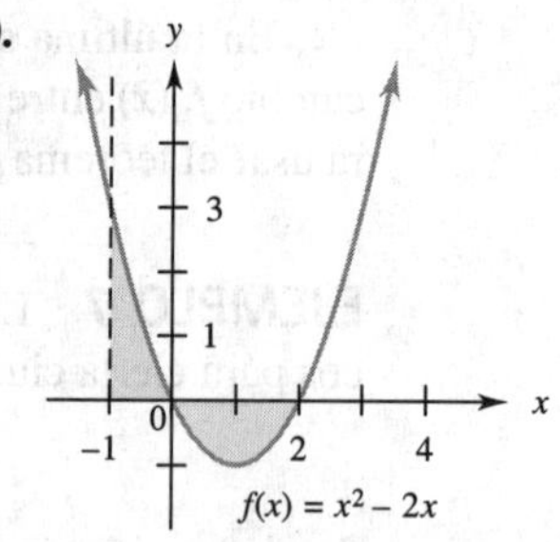

41.

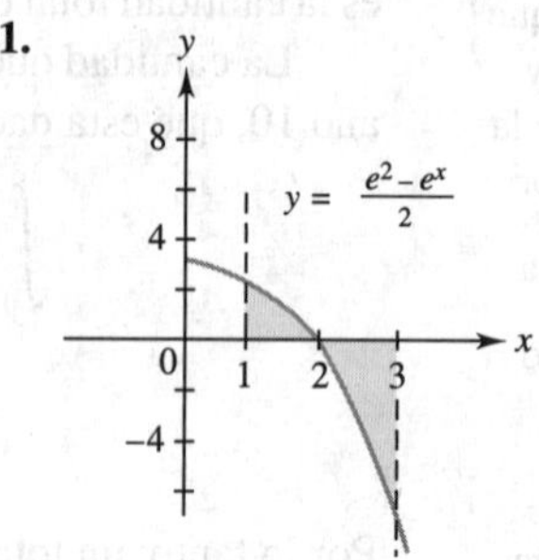

42.

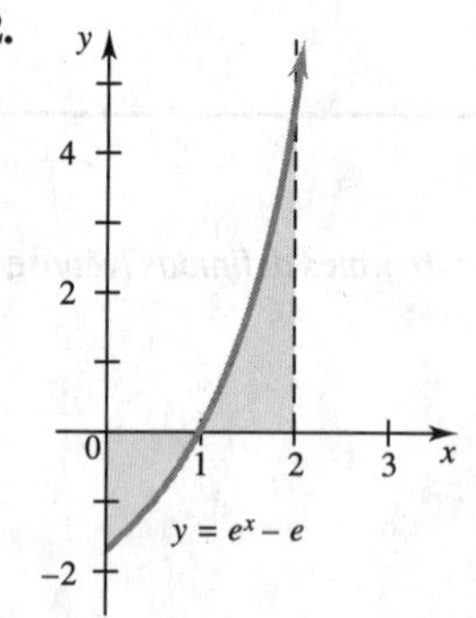

Use la propiedad 4 de las integrales definidas para encontrar $\int_1^4 f(x)\,dx$ para las siguientes funciones.

43. $f(x) = \begin{cases} 2x + 3 & \text{si } x \le 2 \\ -.5x + 8 & \text{si } x > 2 \end{cases}$

44. $f(x) = \begin{cases} x^2 - 2 & \text{si } x \le 3 \\ -x^2 + 16 & \text{si } x > 3 \end{cases}$

45. **Administración** La empresa De Win ha encontrado que su razón de gastos por día (en cientos de dólares) por cierto tipo de trabajo está dada por

$$E(x) = 4x + 2,$$

donde x es el número de días desde que se inició el trabajo.

(a) Encuentre el gasto total si el trabajo dura 10 días.

(b) ¿Cuánto se gastará en el trabajo del décimo al vigésimo día?

(c) Si la empresa no quiere gastar más de $50,000 en el trabajo, ¿en cuántos días debe terminarlo?

46. Administración Un empleado nuevo en cierto trabajo mejorará su eficiencia con el tiempo de manera que le tomará menos horas producir un artículo por cada día en el trabajo, hasta cierto punto. Suponga que la razón de cambio del número de horas que le toma a un trabajador en una cierta fábrica producir el artículo *x*ésimo está dada por

$$H'(x) = 20 - 2x.$$

(a) ¿Cuál es el número total de horas requeridas para producir los primeros 5 artículos?

(b) ¿Cuál es el número total de horas requeridas para producir los primeros 10 artículos?

47. Administración Karla Harby Communications, una pequeña compañía de escritores sobre artículos científicos, encontró que su razón de ganancias (en miles de dólares) después de t años de operación está dada por

$$P'(t) = (3t + 3)(t^2 + 2t + 2)^{1/3}.$$

(a) Encuentre la ganancia total en los primeros tres años.

(b) Encuentre la ganancia en el cuarto año de operación.

(c) ¿Qué le pasa a la ganancia anual a largo plazo?

48. Administración La razón de depreciación de cierto camión es

$$f(t) = \frac{6000(.3 + .2t)}{(1 + .3t + .1t^2)^2},$$

donde t está en años y $t = 0$ es el año de su compra.

(a) Encuentre la depreciación total al final de 3 años.

(b) ¿En qué año será la depreciación total por lo menos de 3000?

49. Administración La función con $f'(x) = 2.158e^{.0198x}$ aproxima la productividad marginal no agrícola de Estados Unidos de 1991 a 1995.* La productividad se mide como la producción total por hora comparada con una medida de 100 para 1982 y x representa el final del año con 1991 correspondiendo a $x = 1$, 1992 correspondiendo a $x = 2$, etc.

(a) Dé la función que describe la productividad total en el año x, si la productividad fue de 115 en 1992.

(b) Use la función que dio en el inciso (a) para encontrar la productividad al final del 1994. En 1994, la productividad en realidad fue de 118.6. ¿Cómo se compara esto con su valor al usar la función?

50. Ciencias naturales Una fábrica está contaminando un lago. La razón de concentración del contaminante en el tiempo t está dada por

$$P'(t) = 140t^{5/2},$$

donde t es el número de años desde que la fábrica comenzó a introducir contaminantes al lago. Los ecologistas estiman que el lago puede aceptar un nivel total de contaminación de 4850 unidades antes de que todos los peces en el lago mueran. ¿Puede la fábrica operar 4 años sin matar todos los peces en el lago?

51. Ciencias naturales Un buque petrolero tiene un derrame de petróleo a una razón dada en barriles por hora de

$$L'(t) = \frac{80 \ln(t + 1)}{t + 1},$$

donde t es el tiempo en horas después de que el buque choca con una roca escondida (cuando $t = 0$).

(a) Encuentre el número total de barriles que se derramarán del buque en el primer día.

(b) Encuentre el número total de barriles que se derramarán del buque en el segundo día.

(c) ¿Qué sucede a largo plazo con la cantidad de petróleo derramado por día?

52. Ciencias naturales Después de un largo estudio, tres científicos concluyen que un árbol de eucalipto crecerá a razón de $.2 + 4t^{-4}$ pies por año, donde t es tiempo en años.

(a) Encuentre el número de pies que el árbol crecerá en el segundo año.

(b) Encuentre el número de pies que el árbol crecerá en el tercer año.

53. Administración Suponga que la razón de consumo de un recurso natural es $c'(t)$, donde

$$c'(t) = ke^{rt}.$$

Aquí t es tiempo en años, r es una constante y k es el consumo en el año cuando $t = 0$. En 1990, una compañía petrolera vendió 1.2 mil millones de barriles de petróleo. Suponga que $r = 0.04$.

(a) Plantee una integral definida para la cantidad de petróleo que la compañía venderá en los próximos 10 años.

(b) Evalúe la integral definida del inciso (a).

(c) La compañía tiene aproximadamente 20 mil millones de barriles de petróleo como reserva. Para encontrar el número de años que esta cantidad durará, resuelva la siguiente ecuación para T:

$$\int_0^T 1.2e^{.04t}\, dt = 20.$$

(d) Resuelva el inciso (c), suponiendo que $r = 0.02$.

54. Administración En el ejercicio 53, la razón de consumo de petróleo (en miles de millones de barriles) estaba dada por

$$1.2e^{.04t},$$

donde $t = 0$ corresponde a 1990. Encuentre la cantidad total de petróleo que se utilizó de 1990 al año T. A esta razón, ¿cuánto se usará en 5 años?

---

*Bureau of Labor Statistics.

11.5 APLICACIONES DE LAS INTEGRALES

Dada una función que represente el cargo total por mantenimiento para una máquina desde el tiempo que se instala, la razón del mantenimiento en cualquier tiempo t está dada por la derivada del cargo total de mantenimiento. La función de mantenimiento total puede hallarse encontrando la antiderivada de la función de razón de mantenimiento. Como hemos visto en este capítulo, si hacemos la gráfica de la función que da la razón de mantenimiento, entonces el mantenimiento total está dado por el área bajo la curva. El ejemplo 1 muestra cómo funciona esto.

EJEMPLO 1 Suponga que una compañía, que se dedica a rentar equipo, quiere decidir qué precio cobrar anualmente por la renta de una nueva impresora. La compañía espera rentar la impresora durante 5 años y espera que la *razón* de mantenimiento $M(t)$ (en dólares), que debe proporcionar, esté dada por

$$M(t) = 10 + 2t + t^2,$$

donde t es el número de años que la impresora se ha usado. ¿Cuánto debe cobrar la compañía por el mantenimiento de la impresora en el periodo de 5 años?

La integral definida puede usarse para encontrar el cargo total de mantenimiento que la compañía puede esperar sobre la vida de la impresora. La figura 11.17 muestra la gráfica de $M(t)$. El cargo total de mantenimiento para el periodo de 5 años estará dado por el área sombreada de la figura, que puede encontrarse como sigue.

$$\int_0^5 (10 + 2t + t^2)\, dt = \left(10t + t^2 + \frac{t^3}{3}\right)\Bigg|_0^5$$

$$= 50 + 25 + \frac{125}{3} - 0$$

$$\approx 116.67$$

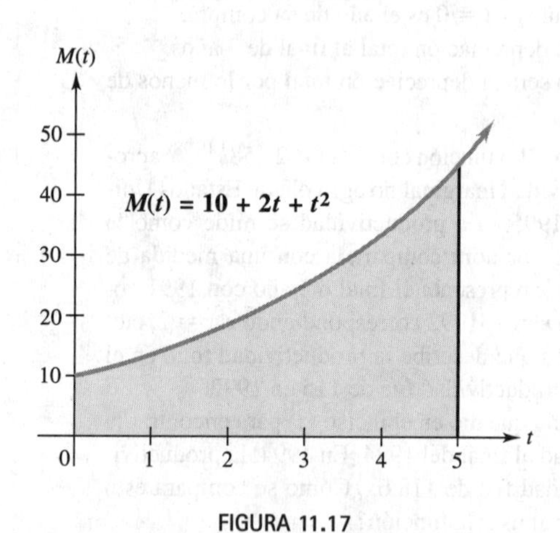

FIGURA 11.17

La compañía puede esperar que el cargo total por mantenimiento por 5 años sea aproximadamente de \$117. Por consiguiente, la compañía debería agregar aproximadamente

$$\frac{\$117}{5} = \$23.40$$

al precio de renta anual. ■ [1] [2]

[1] Encuentre el cargo total de mantenimiento para una renta de

(a) 1 año;

(b) 2 años.

Respuestas:

(a) \$11.33

(b) \$26.67

[2] Suponga que la razón de cambio del costo en dólares de producir x artículos está dada por

$$C(x) = x^2 - 8x + 15.$$

Encuentre el costo total de producir los primeros 10 artículos.

Respuesta:

\$83.33

EJEMPLO 2 Victoria Corona, que tiene una fábrica de letreros, le mostraron una nueva máquina que engrapa los letreros. Estima que la razón de ahorros $S(x)$ de la máquina está aproximada por

$$S(x) = 3 + 2x,$$

donde x representa el número de años que la engrapadora ha estado en uso. Si la máquina cuesta \$70, ¿se pagaría ésta por sí misma en 5 años?

Tenemos que encontrar el área bajo la curva de razón de ahorros mostrada en la figura 11.18 entre las rectas $x = 0$, $x = 5$ y el eje x. Al usar una integral definida, obtenemos

$$\int_0^5 (3 + 2x)\,dx = 3x + x^2 \Big|_0^5 = 40.$$

Los ahorros totales en 5 años son de \$40, por lo que la máquina no se pagará por sí misma en este periodo. ■ 3

3 Encuentre los ahorros en los primeros 6 años para la máquina del ejemplo 2.

Respuesta:
\$54

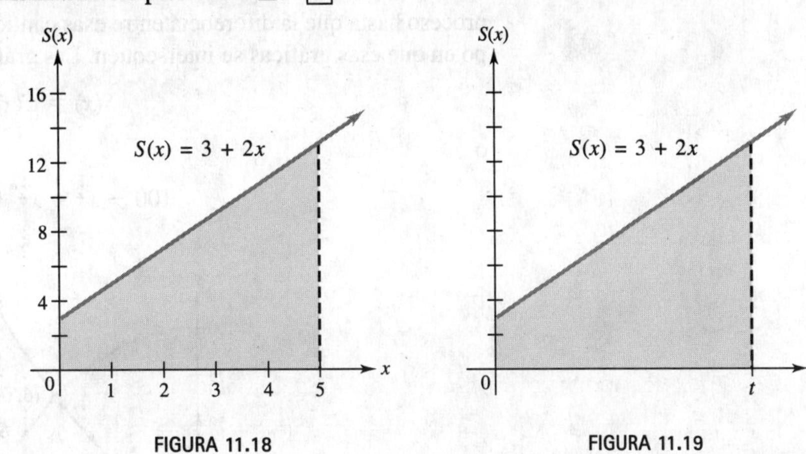

FIGURA 11.18

FIGURA 11.19

EJEMPLO 3 ¿En qué año se pagará la máquina del ejemplo 2 por sí misma?

Como la máquina del ejemplo 2 cuesta \$70, se pagará por sí misma cuando el área bajo la curva de ahorros de la figura 11.19 sea igual a 70, o en un tiempo t tal que

$$\int_0^t (3 + 2x)\,dx = 70.$$

Al evaluar la integral definida, se obtiene

$$3x + x^2 \Big|_0^t = (3t + t^2) - (3 \cdot 0 - 0^2) = 3t + t^2.$$

Como los ahorros totales deben ser iguales a 70,

$$3t + t^2 = 70.$$

Resuelva esta ecuación cuadrática para verificar que las soluciones son 7 y -10. Como -10 no puede usarse aquí, la máquina se pagará por sí misma en 7 años. ■ 4

4 Encuentre el número de años en que la máquina del ejemplo 2 se pagará por sí misma si la razón de ahorros es $S(x) = 5 + 4x$.

Respuesta:
4.8 años

En la sección 11.3 vimos que una integral definida puede usarse para encontrar el área *bajo* una curva. Esta idea puede extenderse para encontrar el área *entre* dos curvas, como se verá en el siguiente ejemplo.

EJEMPLO 4 Una compañía está considerando un nuevo proceso de manufactura en una de sus plantas. El nuevo proceso proporciona ahorros iniciales considerables, con los ahorros declinando con el tiempo x de acuerdo con la función de razón de ahorro

$$S(x) = 100 - x^2,$$

donde $S(x)$ está en miles de dólares. Al mismo tiempo, el costo de operación del nuevo proceso se incrementa con el tiempo x, de acuerdo con la función de razón de costo (en miles de dólares)

$$C(x) = x^2 + \frac{14}{3}x.$$

(a) ¿Por cuántos años tendrá ahorros la compañía?

La figura 11.20 muestra las gráficas de las funciones de razón de ahorro y razón de costo. La razón de costo (costo marginal) está creciendo, mientras que la razón de ahorro (ahorro marginal) está decreciendo. La compañía debería usar este nuevo proceso hasta que la diferencia entre esas cantidades sea cero, es decir, hasta el tiempo en que esas gráficas se intersequen. Las gráficas se intersecan cuando

$$S(x) = C(x),$$

o

$$100 - x^2 = x^2 + \frac{14}{3}x.$$

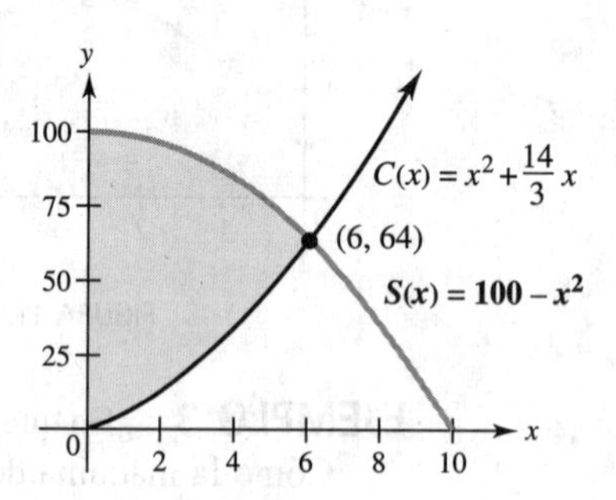

FIGURA 11.20

Resuelva esta ecuación como sigue.

$$0 = 2x^2 + \frac{14}{3}x - 100$$

$$0 = 3x^2 + 7x - 150 \qquad \text{Multiplique por 3/2.}$$

$$0 = (x - 6)(3x + 25) \qquad \text{Factorice.}$$

Haga cada factor igual a 0 y resuelva ambas ecuaciones para obtener

$$x = 6 \quad \text{o} \quad x = -\frac{25}{3}.$$

Sólo la solución 6 tiene sentido aquí. La compañía debería usar el nuevo proceso durante 6 años.

5 En el ejemplo 4, encuentre el ahorro total si el reglamento para el control de la contaminación permite el nuevo proceso sólo por 4 años.

Respuesta:
\$320,000

6 Si las funciones ahorro marginal y costo marginal de una compañía son

$$S(x) = 150 - 2x^2$$

y

$$C(x) = x^2 + 15x,$$

donde $S(x)$ y $C(x)$ dan cantidades en miles de dólares, encuentre lo siguiente.

(a) Número de años hasta que los ahorros igualan los costos

(b) Ahorro total

Respuestas:
(a) 5
(b) \$437,500

(b) ¿Cuál será el ahorro neto total durante este periodo?

Como el ahorro total durante el periodo de 6 años está dado por el área bajo la curva de razón de ahorro y el costo total adicional por el área bajo la curva de razón de costo, el ahorro neto total durante el periodo de 6 años está dado por la diferencia entre esas áreas. Esta diferencia es la región sombreada entre las curvas de razón de costo y de razón de ahorro y las rectas $x = 0$ y $x = 6$ que se muestran en la figura 11.20. Esta área puede evaluarse con una integral definida como sigue.

$$\begin{aligned}
\text{Ahorro total} &= \int_0^6 [S(x) - C(x)]\, dx \\
&= \int_0^6 \left[(100 - x^2) - \left(x^2 + \frac{14}{3}x\right)\right] dx \\
&= \int_0^6 \left(100 - \frac{14}{3}x - 2x^2\right) dx && \text{Combine términos.} \\
&= 100x - \frac{7}{3}x^2 - \frac{2}{3}x^3 \Big|_0^6 && \text{Integre.} \\
&= 100(6) - \frac{7}{3}(36) - \frac{2}{3}(216) = 372.
\end{aligned}$$

La compañía ahorrará un total de \$372,000 en el periodo de 6 años. ■ 5 6

EJEMPLO 5 Un agricultor ha estado usando un nuevo fertilizante que brinda un mejor rendimiento de su cosecha, pero como este fertilizante agota otros nutrientes del suelo, debe usar otros fertilizantes en cantidades cada vez mayores, por lo que su costo se incrementa cada año. El nuevo fertilizante produce una razón de incremento en ingresos (en cientos de dólares) dada por

$$R(t) = -.4t^2 + 8t + 10,$$

donde t se mide en años. La razón del incremento en costos anuales (también en cientos de dólares) debido al uso del fertilizante está dada por

$$C(t) = 2t + 5.$$

¿Cuánto tiempo puede el agricultor usar en forma redituable el fertilizante? ¿Cuál será su incremento neto en ingresos en este periodo?

El agricultor debería usar el nuevo fertilizante hasta que los costos marginales sean iguales al ingreso marginal. Encuentre este punto resolviendo la ecuación $R(t) = C(t)$ como sigue.

$$\begin{aligned}
-.4t^2 + 8t + 10 &= 2t + 5 \\
-4t^2 + 80t + 100 &= 20t + 50 && \text{Multiplique por 10.} \\
-4t^2 + 60t + 50 &= 0
\end{aligned}$$

Según la fórmula cuadrática, la única solución positiva es

$$t = \frac{-60 - \sqrt{(-60)^2 - 4(-4)(50)}}{2(-4)} \approx 15.8.$$

El nuevo fertilizante será redituable por aproximadamente 15.8 años.

Para encontrar la cantidad total de ingreso adicional sobre el periodo de 15.8 años, encuentre el área entre las gráficas de las funciones de la razón de ingreso y de la razón de costo, como se muestra en la figura 11.21.

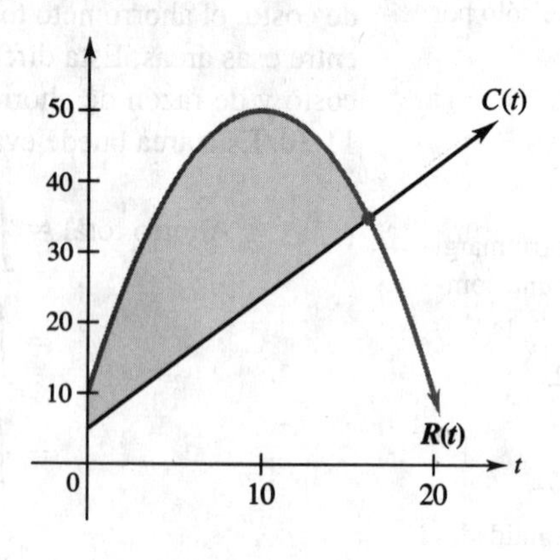

FIGURA 11.21

$$\text{Ahorro total} = \int_0^{15.8} [R(t) - C(t)]\, dt$$

$$= \int_0^{15.8} [(-.4t^2 + 8t + 10) - (2t + 5)]\, dt$$

$$= \int_0^{15.8} (-.4t^2 + 6t + 5)\, dt \qquad \text{Combine términos.}$$

$$= \left(\frac{-.4t^3}{3} + \frac{6t^2}{2} + 5t\right)\Bigg|_0^{15.8} \qquad \text{Integre.}$$

$$\approx 302.01$$

El ahorro total será aproximadamente de $30,000 en el periodo de 15.8 años.

No es realista decir que el agricultor tendrá que usar el nuevo proceso durante 15.8 años; probablemente tendrá que usarlo 15 o 16 años. En este caso, cuando el resultado matemático no está en el dominio de la función, será necesario encontrar el ahorro total después de 15 años y después de 16 años y luego seleccionar el mejor resultado. ■

SUPERÁVIT DE CONSUMIDORES Y PRODUCTORES El mercado determina el precio al que un producto se vende. Como se indicó antes, el punto de intersección de la curva de la demanda y de la curva de la oferta para un producto da el precio de equilibrio. En el precio de equilibrio, los consumidores comprarán la misma cantidad del producto que los fabricantes quieren vender. Sin embargo, algunos consumidores aceptarán gastar más en un artículo que el precio de equilibrio. El total de las diferencias entre el precio de equilibrio del artículo y los mayores precios que todas esas personas aceptan pagar, se considera como un ahorro de esas personas y se llama el **superávit de los consumidores.**

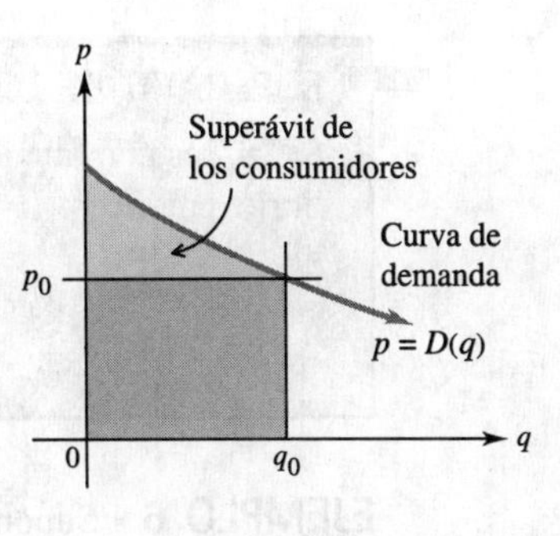

FIGURA 11.22

En la figura 11.22, el área bajo la curva de demanda es la cantidad total que los consumidores están dispuestos a pagar por q_0 artículos. El área fuertemente sombreada bajo la recta $y = p_0$ muestra la cantidad total que los consumidores realmente gastarán en el precio p_0 de equilibrio. El área ligeramente sombreada representa el superávit de los consumidores. Como la figura lo sugiere, el superávit de los consumidores está dado por un área entre las dos curvas $p = D(q)$ y $p = p_0$, por lo que su valor puede encontrarse con una integral definida como sigue.

SUPERÁVIT DE LOS CONSUMIDORES

Si $D(q)$ es una función demanda con precio p_0 de equilibrio y demanda q_0 de equilibrio, entonces

$$\textbf{Superávit de los consumidores} = \int_0^{q_0} [D(q) - p_0]\,dq.$$

En la misma forma, si algunos fabricantes estuviesen dispuestos a proporcionar un producto a un *menor* precio que el precio p_0 de equilibrio, el total de las diferencias entre el precio de equilibrio y los precios más bajos a los que los fabricantes venderían el producto se considera como una entrada adicional para los fabricantes y se llama el **superávit de los productores**. La figura 11.23 muestra el área total (fuertemente sombreada) bajo la curva de oferta entre $q = 0$ y $q = q_0$, que es la cantidad mínima total que los fabricantes están dispuestos a obtener por la venta de q_0 artículos. El área total bajo la recta $p = p_0$ es la cantidad realmente obtenida. La diferencia entre esas dos áreas, el superávit de los productores, también está dada por una integral definida.

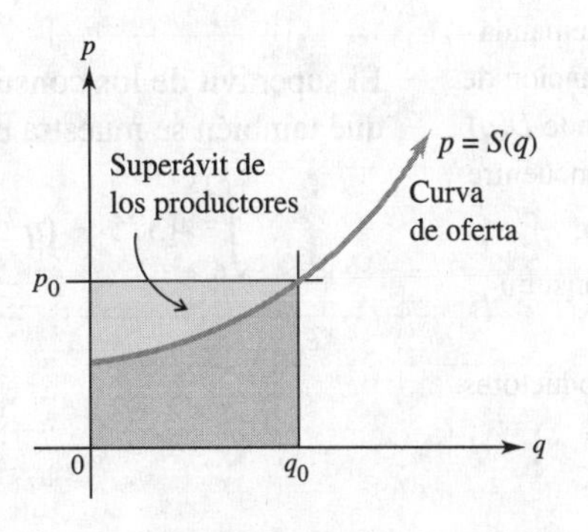

FIGURA 11.23

SUPERÁVIT DE LOS PRODUCTORES

Si $S(q)$ es una función de oferta con precio p_0 de equilibrio y oferta q_0 de equilibrio, entonces

$$\textbf{Superávit de los productores} = \int_0^{q_0} [p_0 - S(q)]\, dq.$$

EJEMPLO 6 Suponga que el precio (en dólares por tonelada) de las hojuelas de avena es

$$D(q) = 900 - 20q - q^2,$$

cuando la demanda del producto es de q toneladas. Además, suponga que la función

$$S(q) = q^2 + 10q$$

da el precio (en dólares por tonelada) cuando la oferta es de q toneladas. Encuentre el superávit de los consumidores y el superávit de los productores.

Comenzamos con encontrar la cantidad de equilibrio al igualar las dos ecuaciones.

$$\begin{aligned} 900 - 20q - q^2 &= q^2 + 10q \\ 0 &= 2q^2 + 30q - 900 \\ 0 &= q^2 + 15q - 450 \end{aligned}$$

Use la fórmula cuadrática o factorice para ver que la única solución cierta de esta ecuación es $q = 15$. En el punto de equilibrio, donde tanto la oferta como la demanda son de 15 toneladas, el precio es

$$S(15) = 15^2 + 10(15) = 375,$$

o \$375. Verifique que la misma respuesta se encuentra al calcular $D(15)$. El superávit de consumidores, representado por el área que se muestra en la figura 11.24 es

$$\int_0^{15} [(900 - 20q - q^2) - 375]\, dq = \int_0^{15} (525 - 20q - q^2)\, dq.$$

Al evaluar esta integral definida, se obtiene

$$\left(525q - 10q^2 - \frac{1}{3}q^3\right)\Bigg|_0^{15} = \left[525(15) - 10(15)^2 - \frac{1}{3}(15)^3\right] - 0$$
$$= 4500.$$

El superávit de los consumidores es aquí de \$4500. El superávit de los productores, que también se muestra en la figura 11.24, está dado por

$$\begin{aligned} \int_0^{15} [375 - (q^2 + 10q)]\, dq &= \int_0^{15} (375 - q^2 - 10q)\, dq \\ &= 375q - \frac{1}{3}q^3 - 5q^2 \Bigg|_0^{15} \\ &= \left[375(15) - \frac{1}{3}(15)^3 - 5(15)^2\right] - 0 \\ &= 3375. \end{aligned}$$

El superávit de los productores es de \$3375. ■ 7

7 Dada la función de demanda $D(q) = 12 - .07q$ y la función de oferta $S(q) = 20.05q$, donde $D(q)$ y $S(q)$ están en dólares, encuentre

(a) el punto de equilibrio;

(b) el superávit de los consumidores;

(c) el superávit de los productores.

Respuestas:

(a) $x = 100$

(b) \$350

(c) \$250

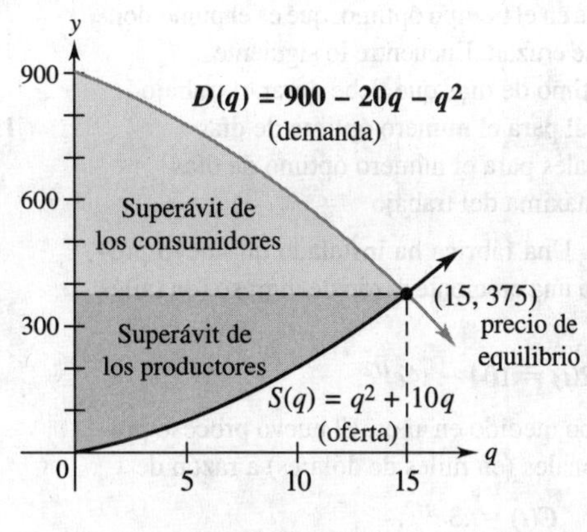

FIGURA 11.24

11.5 EJERCICIOS

Administración *Resuelva los siguientes ejercicios (véanse los ejemplos 1-5).*

1. Una compañía de renta de autos debe decidir cuánto cobrar por mantenimiento en los autos que renta. Después de un estudio cuidadoso la compañía decide que la razón de mantenimiento $M(x)$ para un auto nuevo será $M(x) = 60(1 + x^2)$, donde x es el número de años que se ha usado el auto. ¿Qué cargo total de mantenimiento puede la compañía esperar para una renta de 2 años? ¿Qué cantidad debe sumarse a los pagos de renta mensual para pagar el mantenimiento?

2. Mediante el uso de la función del ejercicio 1, encuentre el cargo por mantenimiento que la compañía puede esperar durante el tercer año. Encuentre el cargo total durante los primeros tres años. ¿Qué cargo mensual debe sumarse por mantenimiento a una renta de 3 años?

3. Una compañía está considerando un nuevo proceso de fabricación. Se sabe que la razón de ahorros del proceso $S(t)$ será $S(t) = 1000(t + 2)$, donde t es el número de años que se ha usado el proceso. Encuentre los ahorros totales durante el primer año. Encuentre los ahorros totales durante los primeros 6 años.

4. Suponga que el nuevo proceso en el ejercicio 3 cuesta $16,000. ¿Aproximadamente cuándo se pagará el proceso por sí mismo?

5. Una compañía está introduciendo un nuevo proceso. Se espera que la producción crezca lentamente debido a dificultades en las etapas iniciales del proceso. Se espera que la razón de producción $P(x)$ sea $P(x) = 1000e^{.2x}$, donde x es el número de años desde la introducción del producto. ¿Podrá la compañía proporcionar 20,000 unidades durante los primeros 4 años?

6. ¿Aproximadamente cuándo será capaz la compañía del ejercicio 5 de suministrar la unidad 15,000?

7. Suponga que una compañía quiere introducir una nueva máquina que producirá una razón de ahorros anuales en dólares dada por
$$S(x) = 150 - x^2,$$
donde x es el número de años de operación de la máquina, en tanto que produce una razón de costos anuales en dólares de
$$C(x) = x^2 + \frac{11}{4}x.$$
(a) ¿Durante cuántos años será rentable usar esta nueva máquina?
(b) ¿Cuáles son los ahorros netos totales durante el primer año de uso de la máquina?
(c) ¿Cuáles son los ahorros netos totales durante todo el periodo de uso de la máquina?

8. **Ciencias naturales** Un nuevo dispositivo de control del smog reducirá la salida de óxidos de azufre del escape de automóviles. Se estima que la razón de ahorros para la comunidad al usar este dispositivo será
$$S(x) = -x^2 + 4x + 8,$$
donde $S(x)$ es la razón de ahorros (en millones de dólares) después de x años de uso del dispositivo. El nuevo dispositivo reduce la producción de óxidos de azufre, pero incrementa la producción de óxidos nitrogenados. La razón de los costos adicionales (en millones) para la comunidad después de x años está aproximada por
$$C(x) = \frac{3}{25}x^2.$$
(a) ¿Durante cuántos años será rentable usar el nuevo dispositivo?
(b) ¿Cuáles serán los ahorros netos en este periodo de tiempo?

9. **Administración** Una empresa tuvo una razón de gastos de $E(x) = e^{.1x}$ dólares por día y una razón de entradas de $I(x) = 98.8 - e^{.1x}$ dólares por día en cierto trabajo particular, donde x fue el número de días desde el inicio del trabajo. La ganancia de la compañía en ese trabajo será igual a la entrada total menos los gastos totales. La ganancia se maximizará

(continúa ejercicio)

si el trabajo termina en el tiempo óptimo, que es el punto donde las dos curvas se cruzan. Encuentre lo siguiente.

(a) El número óptimo de días que debe durar el trabajo
(b) La entrada total para el número óptimo de días
(c) Los gastos totales para el número óptimo de días
(d) La ganancia máxima del trabajo

10. Administración Una fábrica ha instalado un nuevo proceso que producirá una creciente razón de ingreso (en miles de dólares) de

$$R(t) = 104 - .4e^{t/2},$$

donde t es el tiempo medido en años. El nuevo proceso produce costos adicionales (en miles de dólares) a razón de

$$C(t) = .3e^{t/2}.$$

(a) ¿Cuándo dejará de ser rentable este proceso?
(b) Encuentre los ahorros netos totales.

11. Administración Después de t años, una mina está produciendo a razón de

$$P(t) = \frac{15}{t+1}$$

toneladas por año. Al mismo tiempo, el mineral producido se está consumiendo a razón de $C(t) = 0.1t + 2$ toneladas por año.

(a) ¿En cuántos años será igual la razón de consumo a la razón de producción?
(b) ¿Cuál es la producción en exceso total antes de que el consumo y la producción sean iguales?
(c) El consumo iguala a la producción cuando $t = 0$. ¿Por qué 0 no es la respuesta correcta en el inciso (a)?

12. Administración La razón de gastos (en dólares) para el mantenimiento de cierta máquina está dada por

$$M(x) = x^2 + 6x,$$

donde x es el tiempo medido en años. La máquina produce una razón de ahorros (en dólares) dada por

$$S(x) = 360 - 2x^2.$$

(a) ¿En cuántos años será la razón de mantenimiento igual a la razón de ahorros?
(b) ¿Cuál será el ahorro neto total?

13. Ciencias naturales Un contaminante de cierta fábrica está entrando a un lago. La razón de concentración del contaminante en el tiempo t (en años) es $P'(t) = 140t^{.4}$. Una sustancia limpiadora se introduce al lago y lo limpia a una razón dada por $C'(t) = 1.6t^{2.5}$. ¿Cuánto tiempo pasará antes de que el efecto neto total sea 0?

Administración *Resuelva los siguientes ejercicios sobre oferta y demanda, donde el precio está dado en dólares (véase el ejemplo 6).*

14. Encuentre el superávit de consumidores y el superávit de productores para un artículo que tiene una función de oferta

$$S(q) = 3q^2$$

y una función de demanda

$$D(q) = 144 - \frac{q^2}{6}.$$

15. Suponga que la función de oferta de un cierto artículo está dada por

$$S(q) = \frac{7}{5}q$$

y la función de demanda está dada por

$$D(q) = -\frac{3}{5}q + 10.$$

(a) Haga la gráfica de las curvas de oferta y demanda.
(b) Encuentre el punto donde la oferta y la demanda están en equilibrio.
(c) Encuentre el superávit de consumidores.
(d) Encuentre el superávit de productores.

16. Encuentre el superávit de productores si la función de oferta de cierto artículo está dada por

$$S(q) = q^{5/2} + 2q^{3/2} + 50.$$

Suponga que la oferta y la demanda están en equilibrio en $q = 16$.

17. Suponga que la función de oferta para concreto está dada por

$$S(q) = 100 + 3q^{3/2} + q^{5/2},$$

y que la oferta y la demanda están en equilibrio en $q = 9$. Encuentre el superávit de productores.

18. Encuentre el superávit de consumidores si la función de demanda para semilla de césped está dada por

$$D(q) = \frac{100}{(3q+1)^2},$$

suponiendo que la oferta y la demanda están en equilibrio en $q = 3$.

19. Encuentre el superávit de consumidores si la función de demanda para el aceite de oliva extra virgen está dada por

$$D(q) = \frac{16{,}000}{(2q+8)^3},$$

y si la oferta y la demanda están en equilibrio en $q = 6$.

20. Suponga que la función de oferta de un cierto artículo está dada por

$$S(q) = e^{q/2} - 1,$$

y la función de demanda está dada por

$$D(q) = 400 - e^{q/2}.$$

(a) Haga la gráfica de las curvas de oferta y demanda.
(b) Encuentre el punto en que la oferta y la demanda están en equilibrio.
(c) Encuentre el superávit de consumidores.
(d) Encuentre el superávit de productores.

21. Repita los cuatro pasos del ejercicio 20 para la función de oferta

$$S(q) = q^2 + \frac{11}{4}q$$

y la función demanda

$$D(q) = 150 - q^2.$$

Resuelva los siguientes ejercicios.

22. Administración Si se ha conducido un camión grande x miles de millas, la razón de los costos de reparación en dólares por milla está dada por $R(x)$, donde

$$R(x) = .05x^{3/2}.$$

Encuentre los costos totales de reparación si se conduce el camión

(a) 100,000 millas;

(b) 400,000 millas.

23. Administración En un reciente periodo inflacionario, los costos de cierto proceso industrial, en millones de dólares, se incrementaron de acuerdo con la función

$$i(t) = .45t^{3/2},$$

donde $i(t)$ es la razón del incremento en los costos al tiempo t medido en años. Encuentre el incremento total en costos durante los primeros 4 años.

24. Ciencias naturales Entre 1905 y 1920, los cazadores mataron a la mayoría de los depredadores de la meseta Kaibab en Arizona. Esto permitió que la población de venados creciera rápidamente hasta que agotaron sus fuentes de alimento, lo que causó una rápida disminución de su población. La razón de cambio de esta población de venados durante ese lapso de tiempo está aproximada por la función

$$D(t) = \frac{25}{2}t^3 - \frac{5}{8}t^4,$$

donde t es el tiempo en años ($0 \le t \le 25$).

(a) Encuentre la función para la población de venados si había 4000 venados en 1905 ($t = 0$).

(b) ¿Cuál era la población en 1920?

(c) ¿Cuándo se tenía un máximo en la población?

(d) ¿Cuál fue la población máxima?

25. Ciencias sociales Suponga que todas las personas en un país se clasifican de acuerdo a sus ingresos, comenzando desde abajo. Sea x la fracción de la comunidad con el ingreso más bajo ($0 \le x \le 1$); por lo tanto, $x = 0.4$ representa el 40% inferior de todos los productores de ingresos. Sea $I(x)$ la proporción del ingreso total obtenido por el x más bajo de toda la gente. Así entonces, $I(0.4)$ representa la fracción del ingreso total ganado por el 40% más bajo de la población. Suponga que

$$I(x) = .9x^2 + .1x.$$

Encuentre e interprete lo siguiente.

(a) $I(.1)$ **(b)** $I(.5)$ **(c)** $I(.9)$

Si el ingreso estuviese uniformemente distribuido, tendríamos $I(x) = x$. El área bajo esta recta de igualdad completa es 1/2. Conforme $I(x)$ se inclina cada vez más debajo de $y = x$, se tiene una menor igualdad en la distribución de los ingresos. Esta desigualdad puede cuantificarse por la razón del área entre $I(x)$ y $y = x$ a 1/2. Esta razón se llama *coeficiente de desigualdad* y es igual a $2\int_0^1 (x - I(x))\,dx$.

(d) Haga la gráfica de $I(x) = x$ e $I(x) = 0.9x^2 + 0.1x$ para $0 \le x \le 1$ sobre los mismos ejes.

(e) Encuentre el área entre las curvas. ¿Qué representa esta área?

26. Ciencias sociales Resuelva el ejercicio 25 con $I(x) = 0.5x^2 + 0.5x$.

27. Administración Un trabajador nuevo en cierto trabajo mejorará su eficiencia con el tiempo de manera que tardará menos horas producir un artículo cada día que esté en el trabajo, hasta cierto punto. Suponga que la razón de cambio del número de horas que tarda un trabajador en cierta fábrica producir el artículo $x$ésimo está dada por

$$H(x) = 20 - 2x.$$

La razón de producción por artículo es un máximo cuando $\int_0^T H(x)\,dx$ es un máximo.

(a) ¿Cuántos artículos deben fabricarse para lograr la razón máxima de producción? Suponga que 0 artículos se producen en 0 horas.

(b) ¿Cuál es la razón máxima de producción por artículo?

28. Ciencias naturales Después de un largo estudio, varios ingenieros agrónomos concluyeron que un álamo crecerá a razón de $4 + 4t^{-4}$ pies por año, donde t es el tiempo en años. Encuentre el número de pies que el árbol crecerá entre el segundo y el décimo año.

29. Ciencias naturales La función $\int_0^T (4 + 4t^{-4})\,dt$ del ejercicio 28 no es realista. Explique por qué.

30. Ciencias naturales Para cierta droga, la razón de reacción en unidades apropiadas está dada por

$$R(t) = \frac{5}{t} + \frac{2}{t^2},$$

donde t se mide en horas después de que se administra la droga. Encuentre la reacción total a la droga

(a) de $t = 1$ a $t = 12$;

(b) de $t = 12$ a $t = 24$.

Use una calculadora graficadora para aproximar el área entre las gráficas de cada par de funciones sobre el intervalo dado.

31. $y = \ln x$ y $y = xe^x$; $[1, 4]$

32. $y = \ln x$ y $y = 4 - x^2$; $[2, 4]$

33. $y = \sqrt{9 - x^2}$ y $y = \sqrt{x + 1}$; $[-1, 3]$

34. $y = \sqrt{4 - 4x^2}$ y $y = \sqrt{\frac{9 - x^2}{3}}$; $[-1, 1]$

11.6 TABLAS DE INTEGRALES (OPCIONAL)

Como hemos visto antes, hay muchas funciones útiles cuyas antiderivadas no pueden encontrarse mediante los métodos que hemos estudiado. De hecho, algunas integrales definidas no pueden evaluarse exactamente, pero pueden aproximarse mediante métodos similares al método de sumar rectángulos de la sección 11.3. Muchas integrales pueden encontrarse a partir de una tabla de integrales como la tabla 3 del apéndice B al final del libro.* Los siguientes ejemplos muestran cómo usar esta tabla.

EJEMPLO 1 Encuentre $\int \frac{1}{\sqrt{x^2 + 16}}\, dx.$

Al inspeccionar la tabla, vemos que si $a = 4$, esta antiderivada es la misma que la del elemento 5 de la tabla. El elemento 5 de la tabla es

$$\int \frac{1}{\sqrt{x^2 + a^2}}\, dx = \ln\left|\frac{x + \sqrt{x^2 + a^2}}{a}\right| + C.$$

Al sustituir 4 por a en esta entrada, obtenemos

$$\int \frac{1}{\sqrt{x^2 + 16}}\, dx = \ln\left|\frac{x + \sqrt{x^2 + 16}}{4}\right| + C.$$

Este último resultado puede verificarse al sacar la derivada del lado derecho de esta última ecuación. ■ [1]

[1] Encuentre las siguientes integrales.

(a) $\int \frac{4}{\sqrt{x^2 + 100}}\, dx$

(b) $\int \frac{-9}{\sqrt{x^2 - 4}}\, dx$

Respuestas:

(a) $4 \ln\left|\frac{x + \sqrt{x^2 + 100}}{10}\right| + C$

(b) $-9 \ln\left|\frac{x + \sqrt{x^2 - 4}}{2}\right| + C$

EJEMPLO 2 Encuentre $\int \frac{8}{16 - x^2}\, dx.$

Convierta esta antiderivada en la dada en el elemento 7 de la tabla al escribir el 8 fuera de la integral (permitido sólo para constantes) y hacer $a = 4$. Se obtiene entonces

$$8 \int \frac{1}{16 - x^2}\, dx = 8\left[\frac{1}{2 \cdot 4} \ln\left|\frac{4 + x}{4 - x}\right|\right] + C$$

$$= \ln\left|\frac{4 + x}{4 - x}\right| + C. \quad ■ \quad [2]$$

[2] Encuentre las siguientes integrales.

(a) $\int \frac{1}{x^2 - 4}\, dx$

(b) $\int \frac{-6}{x\sqrt{25 - x^2}}\, dx$

Respuestas:

(a) $\frac{1}{4} \ln\left|\frac{x - 2}{x + 2}\right| + C$

(b) $\frac{6}{5} \ln\left|\frac{5 + \sqrt{25 - x^2}}{x}\right| + C$

EJEMPLO 3 Encuentre $\int \sqrt{9x^2 + 1}\, dx.$

Esta antiderivada parece similar al elemento 15 de la tabla. Sin embargo, el elemento 15 requiere que el coeficiente del término x^2 sea 1. Podemos aquí satisfacer ese requisito sacando como factor común el 9.

*Se tienen ahora muchos programas para computadora que pueden integrar funciones. Éstos probablemente harán obsoleto el uso de tablas.

3 Encuentre las siguientes

$$\int \sqrt{9x^2 + 1}\, dx = \int \sqrt{9\left(x^2 + \frac{1}{9}\right)}\, dx$$

$$= \int 3\sqrt{x^2 + \frac{1}{9}}\, dx$$

$$= 3 \int \sqrt{x^2 + \frac{1}{9}}\, dx$$

...nento 15 con $a = 1/3$.

$$\ldots 1\, dx = 3\left[\frac{x}{2}\sqrt{x^2 + \frac{1}{9}} + \frac{\left(\frac{1}{3}\right)^2}{2} \cdot \ln\left|x + \sqrt{x^2 + \frac{1}{9}}\right|\right] + C$$

$$= \frac{3x}{2}\sqrt{x^2 + \frac{1}{9}} + \frac{1}{6}\ln\left|x + \sqrt{x^2 + \frac{1}{9}}\right| + C \quad \blacksquare \quad \boxed{3}$$

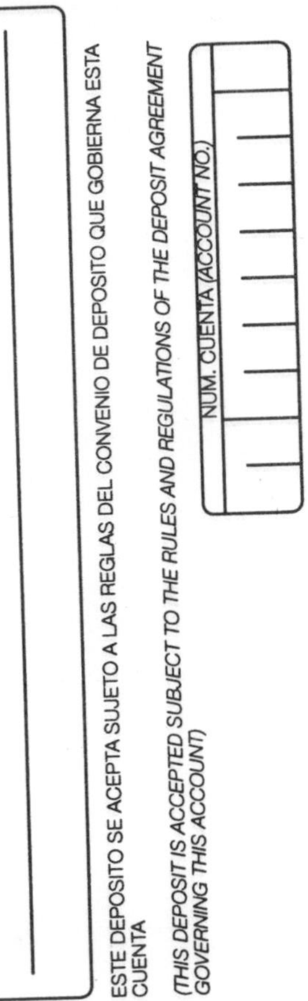

DORAL BANK

DEPOSITOS DE AHORROS — SAVINGS DEPOSITS

SUCURSAL (Branch)

FECHA (Date) MES DIA AÑO (Month) (Day) (Year)

PARA ACREDITAR A: (For the account of)

ESTE DEPOSITO SE ACEPTA SUJETO A LAS REGLAS DEL CONVENIO DE DEPOSITO QUE GOBIERNA ESTA CUENTA

(THIS DEPOSIT IS ACCEPTED SUBJECT TO THE RULES AND REGULATIONS OF THE DEPOSIT AGREEMENT GOVERNING THIS ACCOUNT)

NUM. CUENTA (ACCOUNT NO.)

EFECTIVO (Cash) — DOLLARS — CTS.

LISTA DE CHEQUES DEPOSITADOS / LIST OF CHEKS DEPOSIT

1. 2. 3. 4. 5. 6. 7.

TOTAL $

DB 005/5-99

...an-

13. $\displaystyle\int \frac{3}{x\sqrt{1 - 9x^2}}\, dx$ **14.** $\displaystyle\int \frac{-2}{x\sqrt{1 - 16x^2}}\, dx$

15. $\displaystyle\int \frac{4x}{2x + 3}\, dx$ **16.** $\displaystyle\int \frac{4x}{6 - x}\, dx$

17. $\displaystyle\int \frac{-x}{(5x - 1)^2}\, dx$ **18.** $\displaystyle\int \frac{-3}{x(4x + 3)^2}\, dx$

19. $\displaystyle\int x^4 \ln|x|\, dx$ **20.** $\displaystyle\int 4x^2 \ln|x|\, dx$

21. $\displaystyle\int \frac{\ln|x|}{x^2}\, dx$ **22.** $\displaystyle\int \frac{-2\ln|x|}{x^3}\, dx$

23. $\displaystyle\int xe^{-2x}\, dx$ **24.** $\displaystyle\int xe^{3x}\, dx$

Use la tabla 3 en el apéndice B para resolver los siguientes problemas.

25. Administración La razón de cambio del ingreso en dólares por la venta de x unidades de calculadoras de escritorio es

$$R'(x) = \frac{1000}{\sqrt{x^2 + 25}}.$$

Encuentre el ingreso total por la venta de las primeras 20 calculadoras.

26. Ciencias naturales La razón de reacción a una droga está dada por

$$r'(x) = 2x^2e^{-x},$$

donde x es el número de horas transcurridas desde que la droga se administró. Encuentre la reacción total a la droga entre $x = 1$ y $x = 6$.

11. $\displaystyle\int \frac{4}{4x^2 - 1}\, dx$ **12.** $\displaystyle\int \frac{-6}{9x^2 - 1}\, dx$

27. Ciencias naturales La razón de crecimiento de una población de microbios está dada por

$$m'(x) = 30xe^{2x},$$

donde x es el tiempo en días. ¿Cuál es el crecimiento total acumulado después de 3 días?

28. Ciencias sociales La razón (en horas por artículo) a la que un trabajador en cierto trabajo produce el $x$ésimo artículo es

$$h'(x) = \sqrt{x^2 + 16}.$$

¿Cuál es el número total de horas que tardará este trabajador en producir los primeros 7 artículos?

11.7 ECUACIONES DIFERENCIALES

Suponga que un economista quiere desarrollar una ecuación que prediga las tasas de interés. Mediante el estudio de los datos de cambios previos en las tasas de interés, espera encontrar una relación entre el nivel de las tasas de interés y sus razones de cambio. Una función que dé la razón de cambio de las tasas de interés será la derivada de la función que describa el nivel de las tasas de interés. Una **ecuación diferencial** es una ecuación que contiene una función desconocida $y = f(x)$ y un número finito de sus derivadas. Resolver la ecuación diferencial para y dará la función desconocida que se usará en la predicción de las tasa de interés.

Generalmente la solución de una ecuación es un *número*. Sin embargo, la solución de una ecuación diferencial es una *función*. Por ejemplo, las soluciones de una ecuación diferencial como

$$\frac{dy}{dx} = 3x^2 - 2x \tag{1}$$

consisten en todas las funciones y que satisfacen la ecuación. Como el lado izquierdo de la ecuación es la derivada de y con respecto a x, podemos resolver la ecuación para y encontrando una antiderivada en cada lado. En el lado izquierdo, la antiderivada es $y + C_1$; por el lado derecho,

$$\int (3x^2 - 2x)\, dx = x^3 - x^2 + C_2.$$

Las soluciones de la ecuación (1) están dadas por

$$y + C_1 = x^3 - x^2 + C_2$$

o

$$y = x^3 - x^2 + C_2 - C_1.$$

Reemplazando la constante $C_2 - C_1$ por la constante única C se obtiene

$$y = x^3 - x^2 + C. \tag{2}$$

(De ahora en adelante sumaremos sólo una constante, entendiendo que ésta representa la diferencia entre las dos constantes obtenidas en las dos integraciones.)

Cada valor diferente de C en la ecuación (2) conduce a una solución diferente de la ecuación (1), lo que evidencia que una ecuación diferencial puede tener un número infinito de soluciones. La ecuación (2) es la **solución general** de la ecuación diferencial (1). Algunas de las soluciones de la ecuación (1) están graficadas en la figura 11.25. [1]

[1] Encuentre la solución general de
(a) $dy/dx = 4x$;
(b) $dy/dx = -x^3$;
(c) $dy/dx = 2x^2 - 5x$.

Respuestas:
(a) $y = 2x^2 + C$
(b) $y = -\frac{1}{4}x^4 + C$
(c) $y = \frac{2}{3}x^3 - \frac{5}{2}x^2 + C$

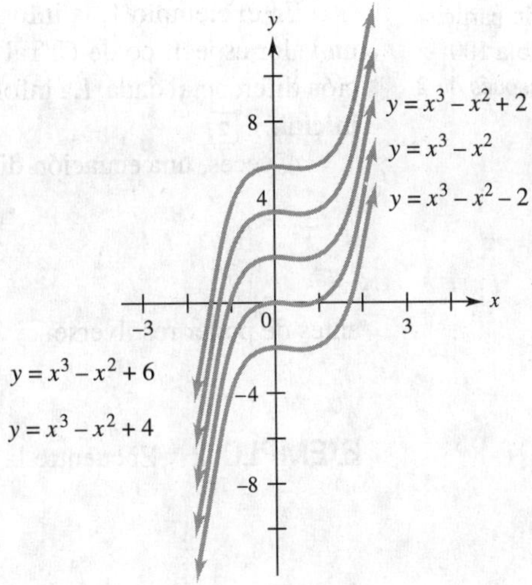

FIGURA 11.25

El tipo más simple de ecuación diferencial tiene la forma

$$\frac{dy}{dx} = f(x).$$

La ecuación (1) tiene esta forma, por lo que la solución de la ecuación (1) sugiere la siguiente generalización.

SOLUCIÓN GENERAL DE $dy/dx = f(x)$

La solución general de la ecuación diferencial $dy/dx = f(x)$ es

$$y = \int f(x)\, dx.$$

EJEMPLO 1 La población P de una parvada de pájaros está creciendo exponencialmente de manera que

$$\frac{dP}{dx} = 20e^{.05x},$$

donde x es el tiempo en años. Encuentre P en términos de x si había 20 pájaros inicialmente en la parvada.

Resuelva la ecuación diferencial.

$$P = \int 20e^{.05x}\, dx = \frac{20}{.05}e^{.05x} + C = 400e^{.05x} + C$$

Como P es 20 cuando x es 0,

$$\mathbf{20} = 400e^{\mathbf{0}} + C$$

$$-380 = C,$$

y

$$P = 400e^{.05x} - 380. \blacksquare$$

2 Encuentre la solución particular en el ejemplo 1 si había 100 pájaros en la parvada después de 2 años.

Respuesta:
$P = 400e^{.05x} - 342$

En el ejemplo 1, la información dada fue usada para producir una solución con un valor específico de C. Tal solución se llama una **solución particular** de la ecuación diferencial dada. La información dada, $P = 20$ cuando $t = 0$, se llama **condición inicial**. 2

A veces, una ecuación diferencial debe reescribirse en la forma

$$\frac{dy}{dx} = f(x)$$

antes de poder resolverse.

EJEMPLO 2 Encuentre la solución particular de

$$\frac{dy}{dx} - 2x = 5,$$

si $y = 2$ cuando $x = -1$.

Sume $2x$ en ambos lados de la ecuación para obtener

$$\frac{dy}{dx} = 2x + 5.$$

La solución general es

$$y = \frac{2x^2}{2} + 5x + C = x^2 + 5x + C.$$

Sustituyendo 2 en y y -1 en x se obtiene

$$\mathbf{2} = (\mathbf{-1})^2 + 5(\mathbf{-1}) + C$$
$$C = 6.$$

La solución particular es $y = x^2 + 5x + 6$. ■ 3

3 Encuentre la solución particular de

$$2\frac{dy}{dx} - 4 = 6x^2,$$

si $y = 4$ cuando $x = 1$.

Respuesta:
$y = x^3 + 2x + 1$

Consideremos ahora la solución del tipo más general de ecuación diferencial con la forma

$$\frac{dy}{dx} = \frac{f(x)}{g(y)}.$$

Hasta ahora hemos usado el símbolo dy/dx para denotar la función derivada de la función y. En cursos avanzados se muestra que dy/dx también puede interpretarse como un cociente de dos diferenciales, dy dividido entre dx (recuerde que las diferenciales se usaron en la integración por sustitución). Entonces podemos multiplicar ambos lados de la ecuación anterior por $g(y)\,dx$ para obtener

$$g(y)\,dy = f(x)\,dx.$$

En esta forma todos los términos que contienen y (incluido dy) están de un lado de la ecuación y todos los términos que contienen x (y también dx) están del otro lado. Se dice que ecuación diferencial de esta forma es **separable**, ya que las variables x y y pueden separarse. Una ecuación diferencial separable puede resolverse al integrar cada lado.

EJEMPLO 3 Encuentre la solución general de $\frac{dy}{dx} = -\frac{6x}{y}$.

Separe las variables multiplicando ambos lados por $y\,dx$:

$$y\,dy = -6x\,dx.$$

Para resolver esta ecuación tome antiderivadas en cada lado.

$$\int y\,dy = \int -6x\,dx$$

$$\frac{y^2}{2} = -3x^2 + C$$

$$3x^2 + \frac{y^2}{2} = C$$

Como hay potencias de y implicadas, es mejor dejar la solución en esta forma que tratar de despejar y. Para cada constante positiva C, la gráfica de la solución es una elipse, como se muestra en la figura 11.26. ■

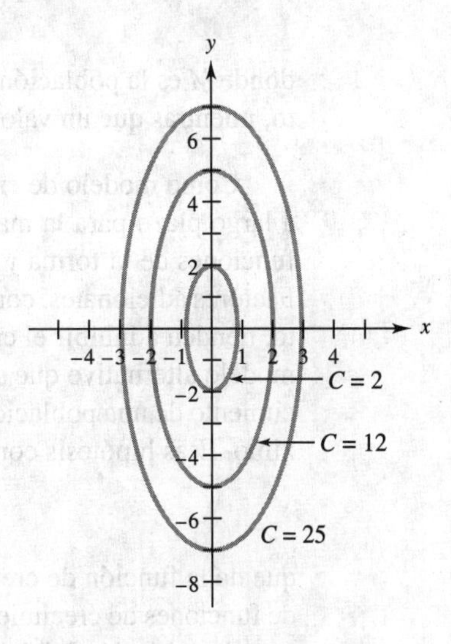

FIGURA 11.26

EJEMPLO 4 Encuentre la solución general de $\frac{dy}{dx} = 5y$.

Separando las variables resulta

$$\frac{1}{y}\,dy = 5\,dx.$$

Para resolver esta ecuación, tomamos antiderivadas en cada lado.

$$\int \frac{1}{y}\,dy = \int 5\,dx$$

$$\ln|y| = 5x + C$$

$$|y| = e^{5x+C} \qquad \text{Definición de logaritmo}$$

$$|y| = e^{5x}e^{C} \qquad \text{Propiedad de los exponentes}$$

$$y = e^{5x}e^{C} \quad \text{o} \quad y = -e^{5x}e^{C} \qquad \text{Definición de valor absoluto}$$

Como e^C y $-e^C$ son constantes, reemplácelas por la constante M, que puede tener cualquier valor real no nulo, para obtener la ecuación

$$y = Me^{5x}.$$

La ecuación $y = Me^{5x}$ define una función de crecimiento exponencial, como las consideradas en la sección 5.2. ■

Ahora podemos explicar cómo se obtuvieron las funciones de crecimiento y decaimiento exponencial que se presentaron en la sección 5.2. En ausencia de condiciones inhibidoras, una población y (que podría ser humana, animal, bacterial, etc.) crece en una forma tal que la razón de cambio de la población es proporcional a la población en el tiempo x, es decir, se tiene una constante k tal que

$$\frac{dy}{dx} = ky.$$

4 Encuentre la solución particular de $\frac{dy}{dx} = .05y$ si y es 2000 cuando x es 0.

Respuesta:
$y = 2000e^{.05x}$

La constante k se llama la **constante de razón de crecimiento**. El ejemplo 4 es el caso cuando $k = 5$. El mismo argumento usado ahí (con k en vez de 5) muestra que la población y en el tiempo x está dada por

$$y = Me^{kx},$$

donde M es la población en el tiempo $x = 0$. Un valor positivo de k indica crecimiento, mientras que un valor negativo de k indica decaimiento. 4

Como modelo de crecimiento de población, la ecuación $y = Me^{kx}$ no es realista a largo plazo para la mayoría de las poblaciones. Como lo muestran las gráficas de funciones de la forma $y = Me^{kx}$, con M y k positivas, el crecimiento sería ilimitado. Factores adicionales, como restricciones de espacio o cantidades limitadas de alimento, tienden a inhibir el crecimiento de las poblaciones con el paso del tiempo. En un modelo alternativo que supone una población máxima de tamaño N, la razón de crecimiento de una población es proporcional a qué tan cerca está la población a ese máximo. Esas hipótesis conducen a la ecuación diferencial

$$\frac{dy}{dx} = k(N - y),$$

que da la función de crecimiento limitado mencionada en el capítulo 5. Las gráficas de funciones de crecimiento limitado se ven como la gráfica en la figura 11.27, donde y_0 es la población inicial.

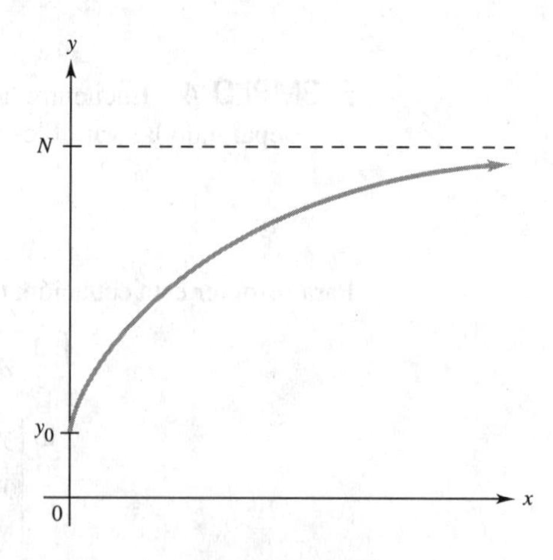

FIGURA 11.27

EJEMPLO 5 Cierta región no puede sustentar más de 4000 cabras. Actualmente en la región hay 1000 cabras, con un crecimiento constante de 0.20.

(a) Escriba una ecuación diferencial para la razón de crecimiento de esta población.

Haga $N = 4000$ y $k = 0.20$. La razón de crecimiento de la población está dada por

$$\frac{dy}{dx} = .20(4000 - y).$$

Para despejar y, separe primero las variables.

$$\frac{dy}{4000 - y} = .2\,dx$$

$$\int \frac{dy}{4000 - y} = \int .2\,dx$$

$$-\ln(4000 - y) = .2x + C$$

$$\ln(4000 - y) = -.2x - C$$

$$4000 - y = e^{-.2x - C} = (e^{-.2x})(e^{-C})$$

Las barras de valor absoluto no son necesarias para $\ln(4000 - y)$ porque y debe ser menor que 4000 para esta población y entonces $4000 - y$ es siempre no negativa. Sea $e^{-C} = B$. Entonces

$$4000 - y = Be^{-.2x}$$

$$y = 4000 - Be^{-.2x}.$$

Encuentre B mediante el hecho que $y = 1000$ cuando $x = 0$.

$$1000 = 4000 - B$$

$$B = 3000$$

Advierta que el valor de B es la diferencia entre la población máxima y la población inicial. Al sustituir 3000 por B en la ecuación para y se obtiene

$$y = 4000 - 3000e^{-.2x}.$$

(b) ¿Cuál será la población de cabras en 5 años?

En 5 años, la población será

$$y = 4000 - 3000e^{(-.2)(5)} = 4000 - 3000e^{-1}$$

$$= 4000 - 1103.6 = 2896.4,$$

o aproximadamente 2900 cabras. ■ 5

5 Una población animal está creciendo a razón constante de 4%. El hábitat no puede sustentar más de 10,000 animales. Actualmente hay 3000 animales ahí. Escriba una ecuación que dé la población y en x años.

Respuesta:
$y = 10{,}000 - 7000e^{-.04x}$

La **productividad marginal** es la razón a la que la producción cambia (crece o disminuye) respecto a un cambio unitario en la inversión. La productividad marginal puede entonces expresarse como la primera derivada de la función que da la producción en términos de la inversión.

EJEMPLO 6 Suponga que la productividad marginal de un proceso manufacturero está dada por

$$P'(x) = 3x^2 - 10, \tag{3}$$

donde x es la cantidad de la inversión en cientos de miles de dólares. Si el proceso produce 100 unidades por mes con la presente inversión de \$300,000 (es decir,

$x = 3$), ¿cuánto se incrementaría la producción si la inversión se incrementara a \$500,000?

Para obtener una ecuación para la producción, podemos tomar antiderivadas en ambos lados de la ecuación (3) para obtener

$$P(x) = x^3 - 10x + C.$$

Para encontrar C, usamos los valores iniciales dados: $P(x) = 100$ cuando $x = 3$.

$$100 = 3^3 - 10(3) + C$$
$$C = 103$$

La producción está entonces dada por

$$P(x) = x^3 - 10x + 103,$$

y si la inversión se incrementa a \$500,000, la producción es entonces

$$P(5) = 5^3 - 10(5) + 103 = 178.$$

Un incremento a \$500,000 en la inversión incrementará la producción de 100 unidades a 178 unidades. ■ [6]

[6] En el ejemplo 6, si la productividad marginal se cambia a

$$P'(x) = 3x^2 + 2x,$$

con las mismas condiciones iniciales,

(a) encuentre una ecuación para la producción;

(b) encuentre el incremento en producción si la inversión se incrementa a \$500,000.

Respuestas:

(a) $P(x) = x^3 + x^2 + 64$

(b) La producción pasa de 100 unidades a 214 unidades, un incremento de 114 unidades.

11.7 EJERCICIOS

Encuentre soluciones generales para las siguientes ecuaciones diferenciales (véanse los ejemplos 1-4).

1. $\frac{dy}{dx} = -2x + 3x^2$

2. $\frac{dy}{dx} = 3e^{-2x}$

3. $3x^3 - 2\frac{dy}{dx} = 0$

4. $3x^2 - 3\frac{dy}{dx} = 2$

5. $y\frac{dy}{dx} = x$

6. $y\frac{dy}{dx} = x^2 - 1$

7. $\frac{dy}{dx} = 2xy$

8. $\frac{dy}{dx} = x^2y$

9. $\frac{dy}{dx} = 3x^2y - 2xy$

10. $(y^2 - y)\frac{dy}{dx} = x$

11. $\frac{dy}{dx} = \frac{y}{x}, x > 0$

12. $\frac{dy}{dx} = \frac{y}{x^2}$

13. $\frac{dy}{dx} = y - 5$

14. $\frac{dy}{dx} = 3 - y$

15. $\frac{dy}{dx} = y^2e^x$

16. $\frac{dy}{dx} = \frac{e^x}{e^y}$

Encuentre soluciones particulares para las siguientes ecuaciones (véanse los ejemplos 1-4).

17. $\frac{dy}{dx} + 2x = 3x^2$; $y = 2$ cuando $x = 0$

18. $\frac{dy}{dx} = 4x^3 - 3x^2 + x$; $y = 0$ cuando $x = 1$

19. $\frac{dy}{dx}(x^3 + 28) = \frac{x^2}{y}$; $y^2 = 6$ cuando $x = -3$

20. $\frac{y}{x - 3}\frac{dy}{dx} = \sqrt{x^2 - 6x}$; $y^2 = 44$ cuando $x = 8$

21. $\frac{dy}{dx} = \frac{x^2}{y}$; $y = 3$ cuando $x = 0$

22. $x^2\frac{dy}{dx} = y$; $y = -1$ cuando $x = 1$

23. $(2x + 3)y = \frac{dy}{dx}$; $y = 1$ cuando $x = 0$

24. $x\frac{dy}{dx} - y\sqrt{x} = 0$; $y = 1$ cuando $x = 0$

25. $\frac{dy}{dx} = \frac{2x + 1}{y - 3}$; $y = 4$ cuando $x = 0$

26. $\frac{dy}{dx} = \frac{x^2 + 5}{2y - 1}$; $y = 11$ cuando $x = 0$

27. ¿Cuál es la diferencia entre una solución general y una solución particular de una ecuación diferencial?

28. ¿Qué significa que una ecuación diferencial sea separable?

Resuelva los siguientes problemas (véanse los ejemplos 5 y 6).

29. Administración La productividad marginal de un proceso está dada por

$$\frac{dy}{dx} = \frac{100}{32 - 4x},$$

donde x representa la inversión (en miles de dólares). Encuentre la productividad para cada una de las siguientes inversiones si la productividad es de 100 unidades cuando la inversión es de $1000.

(a) $3000 **(b)** $5000

(c) ¿Pueden las inversiones alcanzar $8000 de acuerdo con este modelo? ¿Por qué?

30. Ciencias naturales El fechado de productos lácteos depende de la solución de una ecuación diferencial. La razón de crecimiento de bacterias en dichos productos crece con el tiempo. Si y es el número de bacterias (en miles) presentes en el tiempo t (en días), entonces la razón de crecimiento de las bacterias puede expresarse como dy/dt y tenemos

$$\frac{dy}{dt} = kt,$$

donde k es una constante apropiada. Para cierto producto, $k = 10$ y $y = 50$ (en miles) cuando $t = 0$.

(a) Despeje y de la ecuación diferencial.

(b) Suponga que el valor máximo permitido para y es 550 (miles). ¿Cómo debe fecharse el producto?

31. Ciencias sociales Un reporte reciente del U.S. Census Bureau pronostica que la población latinoamericana en Estados Unidos crecerá de 26.7 millones en 1995 a 96.5 millones en 2050.* Suponiendo que el modelo de crecimiento ilimitado $dy/dt = ky$ se ajusta a este crecimiento ilimitado, exprese la población y como una función del año t. Haga que 1995 corresponda a $t = 0$.

32. Ciencias sociales (Regrese al ejercicio 31.) El reporte también predice que la población afroamericana en Estados Unidos crecerá de 31.4 millones en 1995 a 53.6 millones en 2050.* Resuelva el ejercicio 31, mediante el uso de estos datos.

33. Administración Suponga que el producto nacional bruto (PNB) de un país particular crece exponencialmente, con un crecimiento constante de 2% por año. Hace diez años, el PNB era de 10^5 dólares. ¿Cuál será el PNB en 5 años?

34. Administración En cierta zona, 1500 pequeñas empresas están en peligro de quiebra. Suponga que la razón de cambio en el número de quiebras es proporcional al número de pequeñas empresas que no han quebrado aún. Si el crecimiento constante es de 6% y si 100 empresas quebraron inicialmente, ¿cuántas quebrarán en 2 años?

35. Ciencias naturales La razón a la que el número de bacterias en un cultivo está cambiando desde la introducción de un bactericida, está dada por

$$\frac{dy}{dx} = 50 - y,$$

donde y es el número de bacterias (en miles) presentes en el tiempo x. Encuentre el número de bacterias presentes en cada uno de los siguientes tiempos si había 1000 miles de bacterias presentes en el tiempo $x = 0$.

(a) $x = 2$ **(b)** $x = 5$ **(c)** $x = 10$

36. Ciencias naturales La cantidad de una tintura indicadora que se inyecta en la sangre decrece exponencialmente, con una constante de disminución de 3% por minuto. Si se tienen inicialmente 6 cc, ¿cuántos cc estarán presentes después de 10 minutos? (Aquí k será negativa.)

37. Física La cantidad de una sustancia radiactiva decrece exponencialmente, con una constante de disminución de 5% por mes. Hay 90 gramos al principio de un experimento. Encuentre la cantidad que queda 10 meses después.

38. Ciencias sociales Suponga que la razón a la que se difunde un rumor (es decir, el número de personas que han oído el rumor en un periodo de tiempo) se incrementa con el número de personas que lo han oído. Si y es el número de personas que han oído el rumor, entonces

$$\frac{dy}{dt} = ky,$$

donde t es el tiempo en días y k es una constante.

(a) Si y es 1 cuando $t = 0$ y y es 5 cuando $t = 2$, encuentre k.

Mediante el uso del valor de k del inciso (a), encuentre y para cada uno de los siguientes tiempos.

(b) $t = 3$ **(c)** $t = 5$ **(d)** $t = 10$

39. Ciencias sociales Una compañía ha encontrado que la razón a la que una persona nueva en la línea de ensamble produce artículos es

$$\frac{dy}{dx} = 7.5e^{-.3y},$$

donde x es el número de días que la persona ha trabajado en la línea. ¿Cuántos artículos cabe esperar que un trabajador nuevo produzca en el octavo día si no produjo ninguno cuando $x = 0$?

Física *La ley de Newton del enfriamiento establece que la razón de cambio de la temperatura de un objeto es proporcional a la diferencia en temperatura entre el objeto y el medio que lo rodea. Si T es la temperatura del objeto después de t horas y C es la temperatura (constante) del medio que lo rodea, entonces*

$$\frac{dT}{dt} = -k(T - C),$$

donde k es una constante. Cuando se descubre un cadáver a menos de 48 horas de su muerte y la temperatura del medio (por ejemplo, aire o agua) ha sido razonablemente constante, la ley de Newton del enfriamiento puede usarse para determinar el tiempo de su muerte (el médico legista no tiene que resolver la ecuación en ca-*

(continúa ejercicio)

*"Population Projections of the U.S. by Age, Race, and Hispanic Origin: 1995 to 2050", U.S. Census Bureau.

*Callas, Dennis y Hildreth, David J., "Snapshots of Applications in Mathematics", en *College Mathematics Journal*, vol. 26, núm. 2, marzo de 1995.

da caso, sino que usa una tabla basada en la fórmula). Use la ley de Newton del enfriamiento para resolver los siguientes problemas.

40. Suponga que la temperatura de un cadáver al momento de su muerte es de 98.6°F, que la temperatura del aire alrededor de él es de 68°F y que al final de una hora la temperatura del cadáver es de 90°F.

(a) Encuentre una ecuación que dé la temperatura T del cadáver después de t horas.

(b) ¿Cuál era la temperatura del cadáver después de dos horas de su muerte?

(c) ¿Cuándo será de 75°F la temperatura del cadáver?

(d) ¿Cuándo estará la temperatura del cadáver a .01° de la temperatura del aire a su alrededor?

41. Resuelva el ejercicio 40 bajo estas condiciones: la temperatura del aire es de 38°F y después de una hora la temperatura del cadáver es de 81°.

CAPÍTULO 11 RESUMEN

Términos clave y símbolos

11.1 $\int f(x)\,dx$ integral indefinida de f
antiderivada
símbolo de integral
integrando
integración
regla de la potencia
regla del múltiplo constante
regla de la suma o diferencia

11.2 diferencial
integración por sustitución

11.3 $\int_a^b f(x)\,dx$ integral definida de f
cambio total en $F(x)$

11.4 $F(x)\Big|_a^b = F(b) - F(a)$

11.5 superávit del consumidor
superávit del productor

11.6 tablas de integrales

11.7 ecuación diferencial
solución general
solución particular
condición inicial
ecuación diferencial separable
razón de crecimiento constante
productividad marginal

Conceptos clave

$F(x)$ es una antiderivada de $f(x)$ si $F'(x) = f(x)$.

Integral indefinida

Si $F'(x) = f(x)$, entonces $\int f(x)\,dx = F(x) + C$, para cualquier número real C.

Propiedades de integrales

$\int k \cdot f(x)\,dx = k \cdot \int f(x)\,dx$, para cualquier número real k.

$\int [f(x) \pm g(x)]\,dx = \int f(x)\,dx \pm \int g(x)\,dx$.

Reglas para integrales

Para $u = f(x)$ y $du = f'(x)\,dx$,

$$\int u^n\,du = \frac{u^{n+1}}{n+1} + C; \qquad \int e^u\,du = e^u + C; \qquad \int u^{-1}\,du = \int \frac{du}{u} = \ln|u| + C.$$

La integral definida

Si f es continua en $[a, b]$, la integral definida de f entre a y b es

$$\int_a^b f(x)\,dx = \lim_{n\to\infty} ([f(x_1) + f(x_2) + f(x_3) + \cdots + f(x_n)] \cdot \Delta x),$$

siempre que el límite exista, donde $\Delta x = \dfrac{b-a}{n}$ y x_i es el extremo izquierdo del *i*ésimo intervalo.

Cambio total en $F(x)$ Sea f continua sobre $[a, b]$ y $f(x) \geq 0$ para toda x en $[a, b]$. Si $f(x)$ es la razón de cambio de $F(x)$, entonces el **cambio total** en $F(x)$ cuando x pasa de a a b está dado por

$$\int_a^b f(x)\,dx.$$

Teorema fundamental del cálculo Sea f continua sobre $[a, b]$ y sea F cualquier antiderivada de f. Entonces

$$\int_a^b f(x)\,dx = F(b) - F(a).$$

Solución general de $\dfrac{dy}{dx} = f(x)$ La solución general de la ecuación diferencial $dy/dx = f(x)$ es

$$y = \int f(x)\,dx.$$

Solución general de $\dfrac{dy}{dx} = ky$ La solución general de la ecuación diferencial $dy/dx = ky$ es

$$y = Me^{kx}.$$

Capítulo 11 Ejercicios de repaso

Encuentre cada una de las siguientes integrales.

1. $\int (x^2 - 3x - 2)\,dx$ **2.** $\int (6 - x^2)\,dx$

3. $\int 3\sqrt{x}\,dx$ **4.** $\int \frac{\sqrt{x}}{2}\,dx$

5. $\int (x^{1/2} + 3x^{-2/3})\,dx$ **6.** $\int (2x^{4/3} + x^{-1/2})\,dx$

7. $\int \frac{-4}{x^3}\,dx$ **8.** $\int \frac{5}{x^4}\,dx$

9. $\int -3e^{2x}\,dx$ **10.** $\int 5e^{-x}\,dx$

11. $\int \frac{2}{x-1}\,dx$ **12.** $\int \frac{-4}{x+2}\,dx$

13. $\int xe^{3x^2}\,dx$ **14.** $\int 2xe^{x^2}\,dx$

15. $\int \frac{3x}{x^2-1}\,dx$ **16.** $\int \frac{-x}{2-x^2}\,dx$

17. $\int \frac{x^2\,dx}{(x^3+5)^4}$ **18.** $\int (x^2 - 5x)^4(2x - 5)\,dx$

19. $\int \frac{4x-5}{2x^2-5x}\,dx$ **20.** $\int \frac{12(2x+9)}{x^2+9x+1}\,dx$

21. $\int \frac{x^3}{e^{3x^4}}\,dx$ **22.** $\int e^{3x^2+4}\,x\,dx$

23. $\int -2e^{-5x}\,dx$ **24.** $\int e^{-4x}\,dx$

25. Explique cómo se usan los rectángulos para aproximar el área bajo una curva.

26. Use una calculadora graficadora para este ejercicio.

(a) Use 5 rectángulos para aproximar el área entre la gráfica de $f(x) = 16x^2 - x^4 + 2$ y el eje x de $x = -2$ a $x = 3$.

(b) Use integración numérica para aproximar esta área.

27. Resuelva el ejercicio 26 para la función $g(x) = -x^4 + 12x^2 + x + 5$ de $x = -3$ a $x = 3$.

28. Aproxime el área bajo la gráfica de $f(x) = 2x + 3$ y arriba del eje x de $x = 0$ a $x = 4$ usando cuatro rectángulos. Haga la altura de cada rectángulo igual al valor de la función sobre el lado izquierdo.

29. Encuentre $\int_0^4 (2x + 3)\,dx$ usando la fórmula para el área de un trapezoide: $A = \frac{1}{2}(B + b)h$, donde B y b son las longitudes de los lados paralelos y h es la distancia entre ellos. Compárela con el ejercicio 28. Si las respuestas son diferentes, explique a qué se debe esto.

30. Explique bajo qué circunstancias es útil la sustitución al integrar.

31. ¿Qué establece el teorema fundamental del cálculo?

32. Explique por qué los límites de integración se cambian cuando u se sustituye por una expresión en x en una integral definida.

Encuentre cada una de las siguientes integrales.

33. $\int_1^5 (3x^{-2} + x^{-3})\,dx$ **34.** $\int_2^3 (5x^{-2} + x^{-4})\,dx$

35. $\int_1^3 2x^{-1}\,dx$ **36.** $\int_1^6 8x^{-1}\,dx$

37. $\int_0^4 2e^x\,dx$ **38.** $\int_1^6 \frac{5}{2}e^{4x}\,dx$

39. $\int_{\sqrt{5}}^5 2x\sqrt{x^2 - 3}\,dx$ **40.** $\int_0^1 x\sqrt{5x^2 + 4}\,dx$

Encuentre el área entre el eje x y f(x) en el intervalo dado.

41. $f(x) = e^x$; $[0, 2]$ **42.** $f(x) = 1 + e^{-x}$; $[0, 4]$

Administración *Encuentre la función de costo para cada una de las funciones de costo marginal en los ejercicios 43-46.*

43. $C'(x) = 10 - 2x$; el costo fijo es \$4.

44. $C'(x) = 2x + 3x^2$; dos unidades cuestan \$12.

45. $C'(x) = 3\sqrt{2x - 1}$; 13 unidades cuestan \$270.

46. $C'(x) = \dfrac{1}{x + 1}$; el costo fijo es \$18.

Resuelva los siguientes ejercicios.

47. Administración La razón de cambio de las ventas de una nueva marca de sopa de tomate, en miles, está dada por

$$S(x) = \sqrt{x} + 2,$$

donde x es el tiempo en meses que el nuevo producto ha estado en el mercado. Encuentre las ventas totales después de 9 meses.

48. Administración La siguiente curva da la razón a la que una inversión acumula ingresos (en dólares por año). Use rectángulos de ancho de 2 unidades y altura determinada por el valor de la función en el punto medio para encontrar el ingreso total acumulado en 10 años.

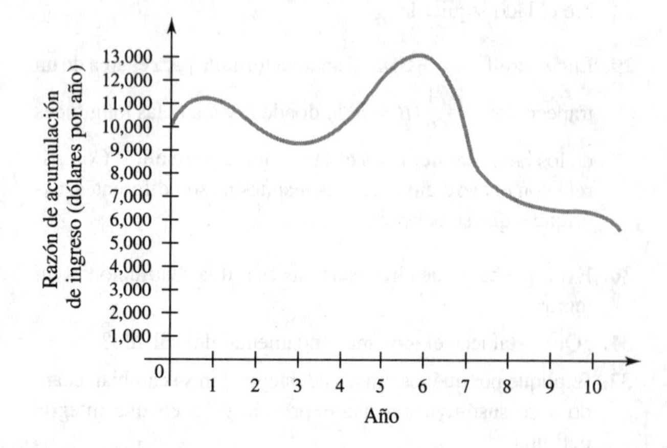

49. Administración Un fabricante de equipos electrónicos requiere cierto metal raro. Tiene una reserva de 4,000,000 de unidades que no podrá reemplazar. Si la razón a la que el metal se usa está dada por

$$f(t) = 100{,}000e^{.03t},$$

donde t es el tiempo en años, ¿cuánto le durará su reserva del metal? (*Sugerencia:* encuentre una expresión para la cantidad total usada en t años e iguálela a la cantidad conocida de reserva.)

50. Administración Una compañía ha instalado nueva maquinaria que producirá una razón de ahorro (en miles de dólares) de

$$S'(x) = 225 - x^2,$$

donde x es el número de años que la maquinaria va a usarse. La razón de costos adicionales (en miles de dólares) de la compañía debido a la nueva maquinaria se espera que sea de

$$C'(x) = x^2 + 25x + 150.$$

¿Cuántos años debería la compañía usar la nueva maquinaria? Encuentre los ahorros netos (en miles de dólares) en este periodo.

51. Explique qué son el superávit del consumidor y el superávit del productor.

52. Administración Suponga que la función de oferta de un artículo es

$$S(q) = q^2 + 5q + 100$$

y que la función demanda del artículo es

$$D(q) = 350 - q^2.$$

(a) Encuentre el superávit del productor.
(b) Encuentre el superávit del consumidor.

53. Ciencias naturales La razón de infección de una enfermedad (en personas por mes) está dada por la función

$$I'(t) = \frac{100t}{t^2 + 1},$$

donde t es el tiempo en meses desde la aparición de la enfermedad. Encuentre el número total de personas infectadas en los primeros cuatro meses de la enfermedad.

Use la tabla de integrales para encontrar las siguientes.

54. $\int \dfrac{1}{\sqrt{x^2 - 64}}\,dx$ **55.** $\int \dfrac{5}{x\sqrt{25 + x^2}}\,dx$

56. $\int \dfrac{12}{x^2 - 9}\,dx$ **57.** $\int \dfrac{15x}{2x - 5}\,dx$

58. ¿Qué es una ecuación diferencial? ¿Para qué se usa?

Encuentre soluciones generales para las siguientes ecuaciones diferenciales.

59. $\dfrac{dy}{dx} = 2x^3 + 6x$ **60.** $\dfrac{dy}{dx} = x^2 + 5x^4$

61. $\dfrac{dy}{dx} = \dfrac{3x + 1}{y}$ **62.** $\dfrac{dy}{dx} = \dfrac{e^x + x}{y - 1}$

Encuentre soluciones particulares para las siguientes ecuaciones diferenciales.

63. $\frac{dy}{dx} = 5(e^{-x} - 1)$; $y = 17$ cuando $x = 0$

64. $\frac{dy}{dx} = \frac{x}{x^2 - 3}$; $y = 52$ cuando $x = 2$

65. $(5 - 2x)y = \frac{dy}{dx}$; $y = 2$ cuando $x = 0$

66. $\sqrt{x}\frac{dy}{dx} = xy$; $y = 4$ cuando $x = 1$

67. Administración Se depositan $10,000 en una cuenta de ahorros al 5% de interés compuesto continuamente. Suponga que se hacen *retiros* continuos de $1000 por año.
(a) Escriba una ecuación diferencial que describa la situación.
(b) ¿Cuánto quedará en la cuenta después de 1 año?

68. Administración Las ventas marginales (en cientos de dólares) de una compañía están dadas por

$$\frac{dy}{dx} = 5e^{.2x},$$

donde x es el número de meses que la compañía ha estado abierta. Suponga que inicialmente las ventas fueron 0.
(a) Encuentre las ventas después de 6 meses.
(b) Encuentre las ventas después de 12 meses.

69. Administración La razón a la que un nuevo trabajador de cierta fábrica produce artículos está dada por

$$\frac{dy}{dx} = .2(125 - y),$$

donde y es el número de artículos que el trabajador produce por día, x es el número de días trabajados y la producción máxima por día es de 125 artículos. Suponga que el trabajador produjo 20 artículos el primer día en su trabajo ($x = 0$).
(a) Encuentre el número de artículos que el nuevo trabajador producirá en 10 días.
(b) De acuerdo con la función de solución de la ecuación diferencial, ¿puede el trabajador producir 125 artículos en un día?

70. Física Un asado a una temperatura de 40° se pone en un horno a 300°. Después de 1 hora el asado tiene una temperatura de 150°. La ley de Newton sobre el enfriamiento establece que

$$\frac{dT}{dt} = k(T - T_F),$$

donde T es la temperatura de un objeto, T_F es la temperatura del medio que lo rodea en el tiempo t, y k es una constante.
(a) Use la ley de Newton para encontrar la temperatura del asado después de 2 horas.
(b) ¿En qué tiempo alcanza el asado una temperatura de 250°?

71. Ciencias naturales Encuentre una ecuación que relacione x con y dadas las siguientes ecuaciones, que describen la interacción de dos especies en competencia y sus razones de crecimiento.

$$\frac{dx}{dt} = .2x - .5xy$$

$$\frac{dy}{dt} = -.3y + .4xy$$

Encuentre los valores de x y y para los cuales ambas razones de crecimiento son 0. (*Sugerencia:* resuelva el sistema de ecuaciones encontrado haciendo cada razón de crecimiento igual a 0.)

CASO 11

Estimación de las fechas de agotamiento para minerales

Cada vez resulta más obvio que la Tierra contiene sólo una cantidad finita de minerales. Las fuentes "fáciles y baratas" se están acabando, forzando la búsqueda de nuevas fuentes cada vez más caras. Por ejemplo, el petróleo de Alaska no se usó en Estados Unidos durante la década de los 30 ya que se tenía suficiente petróleo de fácil adquisición en Texas y en California.

El uso del mineral tiende a seguir una curva de crecimiento exponencial. Entonces, si q representa la razón de consumo de cierto mineral en el tiempo t, mientras que q_0 representa el consumo cuando $t = 0$, entonces

$$q = q_0e^{kt},$$

donde k es el crecimiento constante. Por ejemplo, el consumo mundial de petróleo en un año reciente fue aproximadamente de 19,600 millones de barriles, con el valor de k de aproximadamente 6%. Haciendo $t = 0$ corresponder a este año base, entonces $q_0 = 19,600$, $k = .06$, y

$$q = 19,600e^{.06t}$$

es la razón de consumo en el tiempo t, suponiendo que continúa la tendencia presente.

Con base en estimaciones de National Academy of Science, 2 billones de barriles de petróleo existen ahora como reservas comprobadas o que probablemente se descubran en el futuro.

A la presente razón de consumo, ¿cuántos años pasarán para que se agoten esas reservas estimadas? Use el cálculo integral de este capítulo para encontrarlo.

Para comenzar, encuentre la cantidad total de petróleo que se usaría entre el tiempo $t = 0$ y algún tiempo futuro $t = t_1$. La figura 1 muestra una gráfica típica de la función $q = q_0e^{kt}$.

Siguiendo el procedimiento de la sección 11.3, divida el intervalo de tiempo de $t = 0$ a $t = t_1$ en n subintervalos iguales. Sea Δt el ancho del *i*ésimo subintervalo. Sea q_i^* la razón aproximada del consumo del *i*ésimo subintervalo. Entonces, el consumo total aproximado para el subintervalo está dado por

$$q_i^* \cdot \Delta t,$$

y el consumo total sobre el intervalo de $t = 0$ a $t = t_1$ es aproximado por

$$q_1^* \, \Delta t + \cdots + q_n^* \, \Delta t.$$

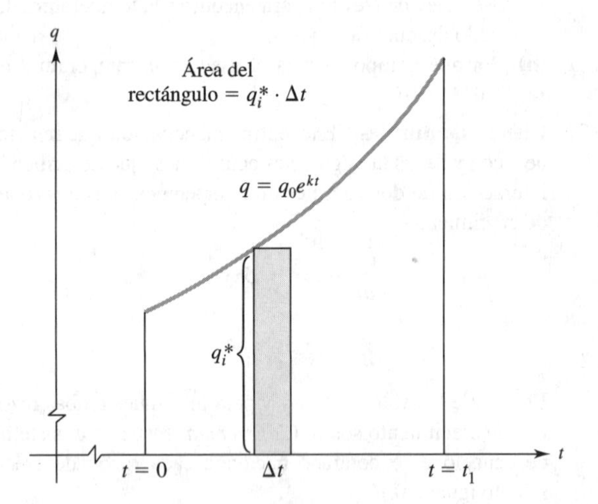

FIGURA 1

El límite de esta suma cuando n tiende a ∞ da el consumo total entre $t = 0$ y $t = t_1$. Es decir,

$$\text{Consumo total} = \lim_{n\to\infty} (q_1^* + q_2^* + \cdots + q_n^*)\,\Delta t.$$

Este límite es la integral definida de la función $q = q_0e^{kt}$ de $t = 0$ a $t = t_1$, o

$$\text{Consumo total} = \int_0^{t_1} q_0e^{kt}\,dt.$$

Al evaluar esta integral definida se obtiene

$$\begin{aligned}\int_0^{t_1} q_0e^{kt}\,dt &= q_0\int_0^{t_1} e^{kt}\,dt = q_0\left(\frac{1}{k}e^{kt}\right)\Big|_0^{t_1}\\ &= \frac{q_0}{k}e^{kt}\Big|_0^{t_1} = \frac{q_0}{k}e^{kt_1} - \frac{q_0}{k}e^0\\ &= \frac{q_0}{k}e^{kt_1} - \frac{q_0}{k}(1)\\ &= \frac{q_0}{k}(e^{kt_1} - 1). \qquad (1)\end{aligned}$$

Volviendo ahora a los números dados para el petróleo: $q_0 = 19{,}600$ millones de barriles, donde q_0 representa el consumo en el año base; $k = 0.06$ y las reservas totales de petróleo se estiman en 2 billones de barriles. Entonces, usando la ecuación (1),

$$2{,}000{,}000 = \frac{19{,}600}{.06}(e^{.06t_1} - 1).$$

Multiplique ambos lados de la ecuación por 0.06.

$$120{,}000 = 19{,}600(e^{.06t_1} - 1)$$

Divida ambos lados de la ecuación por 19,600.

$$6.1 = e^{.06t_1} - 1$$

Sume 1 en ambos lados.

$$7.1 = e^{.06t_1}$$

Tome logaritmos naturales en ambos lados.

$$\begin{aligned}\ln 7.1 &= \ln e^{.06t_1} = .06t_1 \ln e\\ &= .06t_1 \quad (\text{ya que } \ln e = 1)\end{aligned}$$

Finalmente,

$$t_1 = \frac{\ln 7.1}{.06}.$$

Una calculadora da

$$t_1 \approx 33.$$

De acuerdo con este resultado, las reservas mundiales de petróleo durarán 33 años.

Los resultados de análisis matemáticos como éste deben usarse con mucha precaución. Según el análisis anterior, el mundo usaría todo el petróleo que quisiera en el año 32 después del año base, pero no habría ninguno en absoluto en 34 años. Esto no es realista de ninguna manera. Conforme las reservas de petróleo disminuyen, el precio aumenta, ocasionando que la demanda disminuya y que la oferta se incremente.

EJERCICIOS

1. Encuentre el número de años que las reservas estimadas de petróleo durarán si éste se usa a la misma razón que en el año base.
2. ¿Cuánto durarán las reservas estimadas de petróleo si el crecimiento constante fuese de sólo 2% en vez de 6%?

Estime el tiempo hasta el agotamiento de cada uno de los siguientes minerales.

3. Bauxita (de donde se extrae el aluminio), reservas estimadas en el año base = 15,000 millones de toneladas, razón de consumo = 63 millones de toneladas, crecimiento constante = 6%.
4. Carbón bituminoso, reservas mundiales estimadas = 2 billones de toneladas, razón de consumo = 2200 millones de toneladas, crecimiento constante 4%.

CAPÍTULO 12

Cálculo en varias variables

12.1 Funciones de varias variables
12.2 Derivadas parciales
12.3 Extremos de funciones de varias variables

Muchas de las ideas desarrolladas para funciones de una variable también se aplican a funciones de más de una variable. En particular, la idea fundamental de derivada se generaliza de manera natural a funciones de más de una variable.

12.1 FUNCIONES DE VARIAS VARIABLES

Si una compañía produce x artículos a un costo de \$10 por artículo, entonces el costo total $C(x)$ de producir los artículos está dado por

$$C(x) = 10x.$$

El costo es una función de una variable independiente, o sea del número de artículos producidos. Si la compañía produce dos productos, con x de un producto a un costo de \$10 cada uno, y y de otro producto a un costo de \$15 cada uno, entonces el costo total para la compañía es una función de *dos* variables independientes, x y y. Al generalizar la notación $f(x)$, el costo total puede escribirse como $C(x, y)$, donde

$$C(x, y) = 10x + 15y.$$

Cuando $x = 5$ y $y = 12$, el costo total se escribe $C(5, 12)$, con

$$C(5, 12) = 10 \cdot 5 + 15 \cdot 12 = 230.$$

Damos a continuación una definición general.

> $z = f(x, y)$ es una **función de dos variables independientes** si un valor único de z se obtiene de cada par ordenado de números reales (x, y). Las variables x y y son **variables independientes**; z es la **variable dependiente**. El conjunto de todos los pares ordenados de números reales (x, y) tales que $f(x, y)$ es un número real es el **dominio** de f; el conjunto de todos los valores de $f(x, y)$ es el **rango**.

EJEMPLO 1 Sea $f(x,y) = 4x^2 + 2xy + 3/y$; encuentre los siguientes valores.

(a) $f(-1, 3)$.

Reemplace x por -1 y y por 3.

$$f(-1, 3) = 4(-1)^2 + 2(-1)(3) + \frac{3}{3} = 4 - 6 + 1 = -1$$

[1] Sea $f(x, y) = x^3 - 4x^2 + xy$. Encuentre
(a) $f(2, 4)$;
(b) $f(-2, 3)$.

Respuestas:
(a) 0
(b) -30

(b) $f(2, 0)$

Debido al cociente $3/y$, no es posible reemplazar y por 0, por lo que $f(2, 0)$ no está definida. Por inspección vemos que el dominio de la función f consiste en todos los pares ordenados (x, y) tales que $y \neq 0$. ■ [1]

EJEMPLO 2 Sea x el número de mililitros (ml) de bióxido de carbono emitido por los pulmones en 1 minuto. Sea y el cambio en el contenido de bióxido de carbono de la sangre al salir éste de los pulmones (y se mide en ml de bióxido de carbono por 100 ml de sangre). La producción total de sangre por el corazón en un minuto (medida en ml) está dada por C, donde C es una función de x y y tal que

$$C(x, y) = \frac{100x}{y}.$$

Encuentre $C(320, 6)$.

Reemplace x por 320 y y por 6 para obtener

$$C(320, 6) = \frac{100(320)}{6}$$
$$\approx 5333 \text{ ml de sangre por minuto.}$$ ■

La definición antes dada del ejemplo 1 fue para una función de dos variables independientes, pero definiciones similares podrían darse para funciones de tres, cuatro o más variables independientes. Las funciones de más de una variable independiente se llaman **funciones de varias variables**.

GRAFICACIÓN DE FUNCIONES DE DOS VARIABLES INDEPENDIENTES

La gráfica de las funciones de una variable independiente se traza usando un eje x y un eje y para localizar los puntos en un plano. El plano determinado por los ejes x y y se llama el **plano *xy***. Un tercer eje es necesario para hacer la gráfica de funciones de dos variables independientes, o sea el eje z, que pasa por el origen en el plano xy y es perpendicular a los ejes x y y.

La figura 12.1 muestra una posible manera de dibujar los tres ejes. En la figura 12.1, el plano yz está en el plano de la página, con el eje x perpendicular al plano de la página.

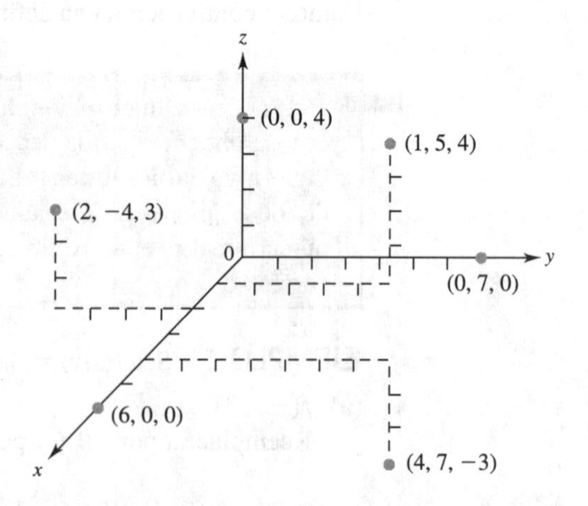

FIGURA 12.1

2 Localice $P(3, 2, 4)$ sobre el sistema coordenado de abajo.

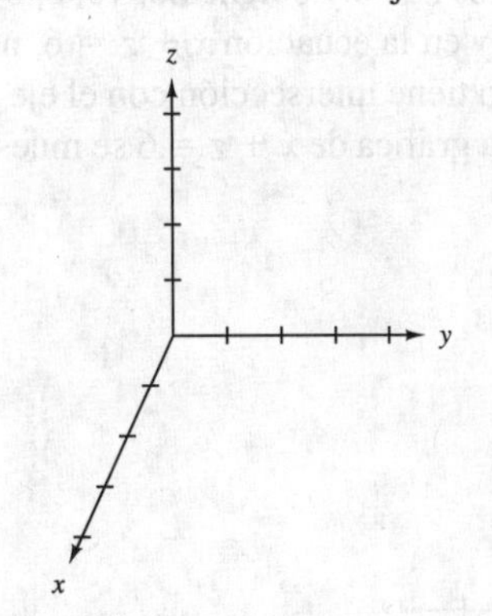

Respuesta:

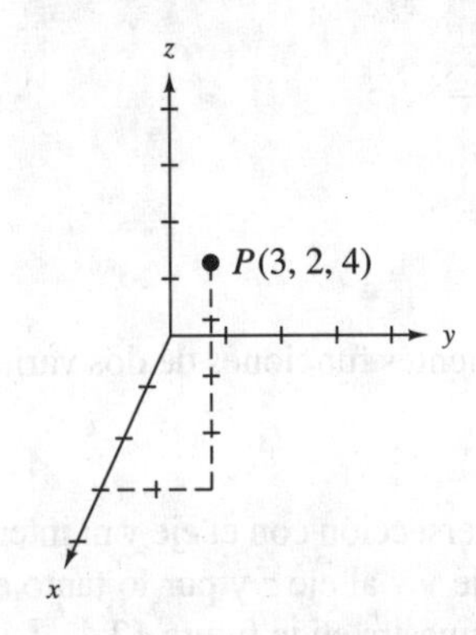

Tal como hicimos antes la gráfica de pares ordenados, podemos ahora hacer la de **tríadas ordenadas** de la forma (x, y, z). Por ejemplo, para localizar el punto correspondiente a la tríada ordenada $(2, -4, 3)$, comience en el origen y vaya 2 unidades a lo largo del eje x positivo. Luego vaya 4 unidades en dirección negativa (hacia la izquierda), paralelamente al eje y. Finalmente, vaya 3 unidades hacia arriba, paralelamente al eje z. El punto que representa $(2, -4, 3)$ se muestra en la figura 12.1, junto con otros puntos. La región del espacio tridimensional donde todas las coordenadas son positivas se llama el **primer octante**. 2

La gráfica de algunas ecuaciones simples en tres variables puede hacerse a mano. En el capítulo 2 vimos que la gráfica de $ax + by = c$ (donde a, b y c son constantes y a y b no son ambas nulas) es una línea recta. Este resultado se generaliza a tres dimensiones.

PLANOS

Si a, b, c y d son números reales, con a, b y c no todos nulos, entonces la gráfica de

$$ax + by + cz = d$$

es un plano.

EJEMPLO 3 Haga la gráfica de $2x + y + z = 6$.

Por el resultado anterior, la gráfica de esta ecuación es un plano. Antes, hicimos la gráfica de las líneas rectas encontrando las intersecciones con os ejes x y y. Una idea similar ayuda a graficar un plano. Para encontrar la intersección con el eje x, el punto donde la gráfica cruza el eje x, hacemos $y = 0$ y $z = 0$.

$$2x + \mathbf{0} + \mathbf{0} = 6$$
$$x = 3$$

El punto $(3, 0, 0)$ está sobre la gráfica. Al hacer $x = 0$ y $z = 0$ obtenemos el punto $(0, 6, 0)$, mientras que con $x = 0$ y $y = 0$ obtenemos $(0, 0, 6)$. El plano por esos tres puntos incluye la superficie triangular que se muestra en la figura 12.2. Esta región es la parte en el primer octante del plano que es la gráfica de $2x + y + z = 6$. ■

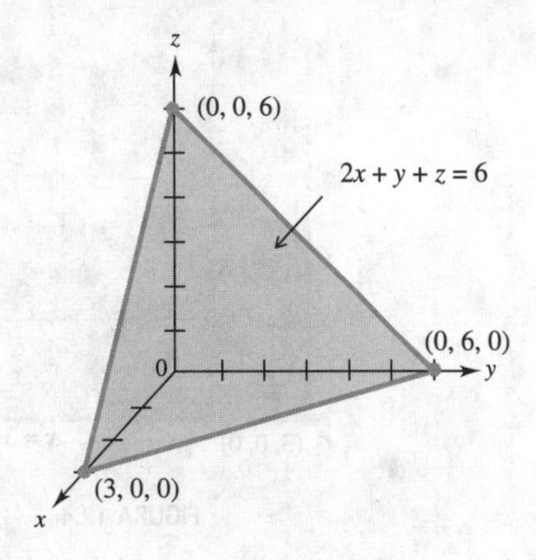

FIGURA 12.2

En todo este análisis suponemos que todas las ecuaciones contienen tres variables. En consecuencia, una ecuación como $x + z = 6$ debe verse como un término y con coeficiente cero: $x + 0y + z = 6$.

EJEMPLO 4 Haga la gráfica de $x + z = 6$.

Para encontrar la intersección con el eje x, hacemos $z = 0$ y obtenemos $(6, 0, 0)$. Si $x = 0$, obtenemos el punto $(0, 0, 6)$. Como no hay y en la ecuación $x + z = 6$, no puede haber intersección con el eje y. Un plano que no tiene intersección con el eje y es paralelo al eje y. La porción del primer octante de la gráfica de $x + z = 6$ se muestra en la figura 12.3. ■

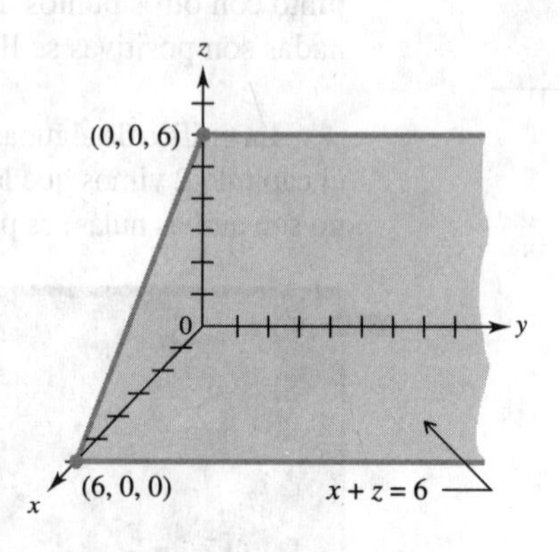

FIGURA 12.3

EJEMPLO 5 Haga la gráfica de cada una de las siguientes funciones de dos variables independientes.

(a) $x = 3$

Esta gráfica que pasa por $(3, 0, 0)$ no puede tener intersección con el eje y ni intersección con el eje z. Por tanto, es un plano paralelo al eje y y al eje z y por lo tanto al plano yz. La porción del primer octante de la gráfica se muestra en la figura 12.4.

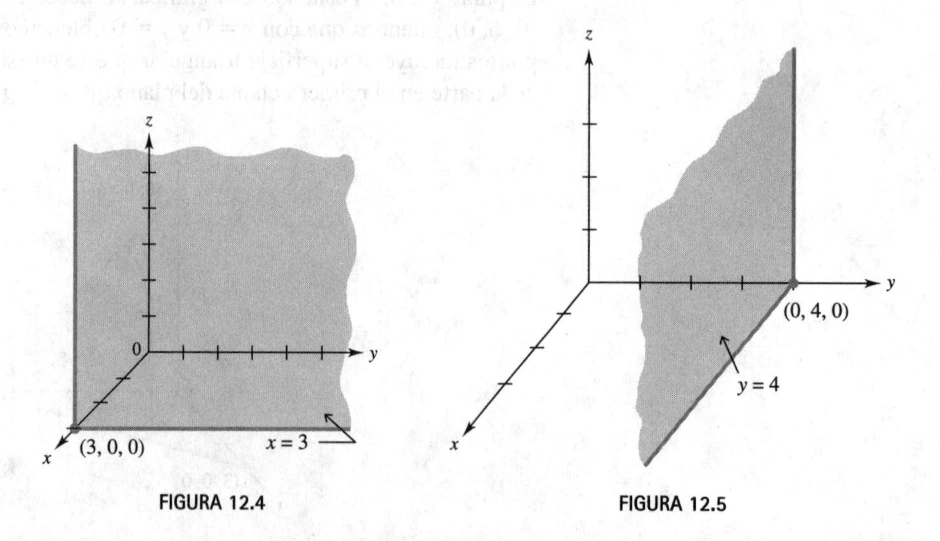

FIGURA 12.4

FIGURA 12.5

(b) $y = 4$

Esta gráfica pasa por $(0, 4, 0)$ y es paralela al plano xz. La porción del primer octante de la gráfica se muestra en la figura 12.5.

3 Describa cada gráfica y dé las intersecciones con los ejes.

(a) $2x + 3y - z = 4$

(b) $x + y = 3$

(c) $z = 2$

Respuestas:

(a) Un plano; (2, 0, 0), (0, 4/3, 0), (0, 0, −4)

(b) Un plano paralelo al eje z; (3, 0, 0), (0, 3, 0)

(c) Un plano paralelo al eje x y al eje y; (0, 0, 2)

(c) Haga la gráfica de $z = 1$.

La gráfica es un plano paralelo al plano xy que pasa por (0, 0, 1). Su porción del primer octante se muestra en la figura 12.6. ■ 3

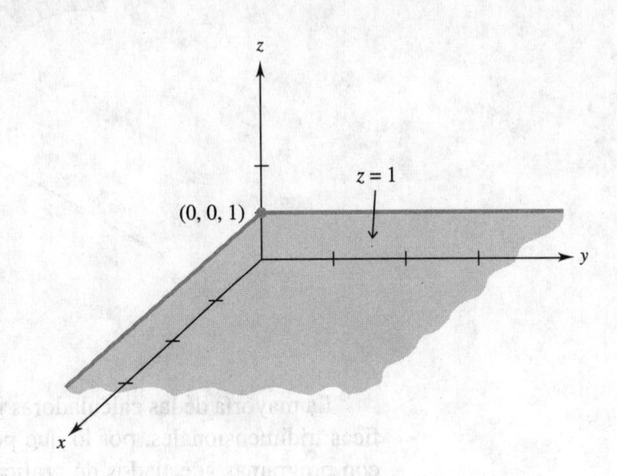

FIGURA 12.6

La gráfica de una función de una variable $y = f(x)$ es una curva en el plano. Si x_0 está en el dominio de f, el punto $(x_0, f(x_0))$ sobre la gráfica se encuentra directamente arriba, sobre o debajo del número x_0 sobre el eje x, como se muestra en la figura 12.7.

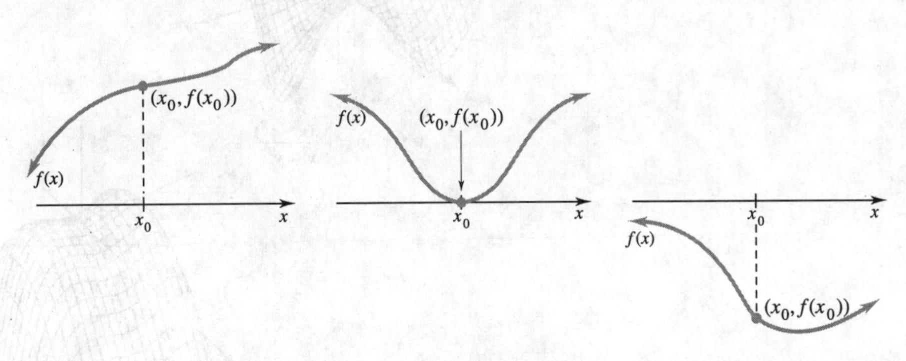

FIGURA 12.7

La gráfica de una función de dos variables $z = f(x, y)$, es una **superficie** en el espacio tridimensional. Si (x_0, y_0) está en el dominio de f, el punto $(x_0, y_0, f(x_0, y_0))$ se encuentra directamente arriba, sobre o debajo del punto (x_0, y_0) en el plano xy, como se muestra en la figura 12.8.

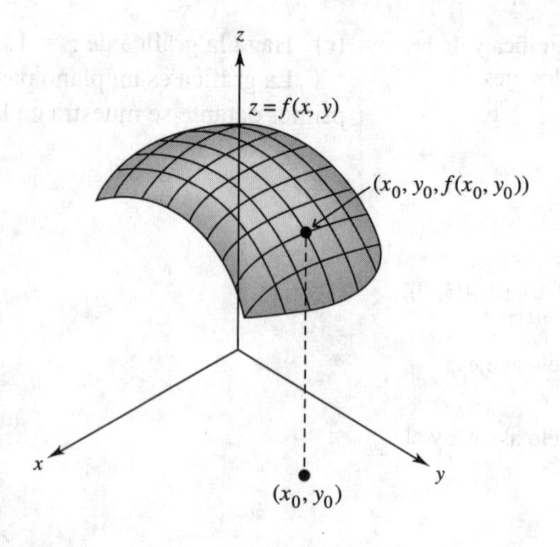

FIGURA 12.8

La mayoría de las calculadoras graficadoras no pueden usarse para elaborar gráficas tridimensionales, por lo que por lo general las gráficas complicadas se hacen con programas adecuados de graficación por computadora. La figura 12.9 muestra varias gráficas generadas por computadora de funciones de dos variables.

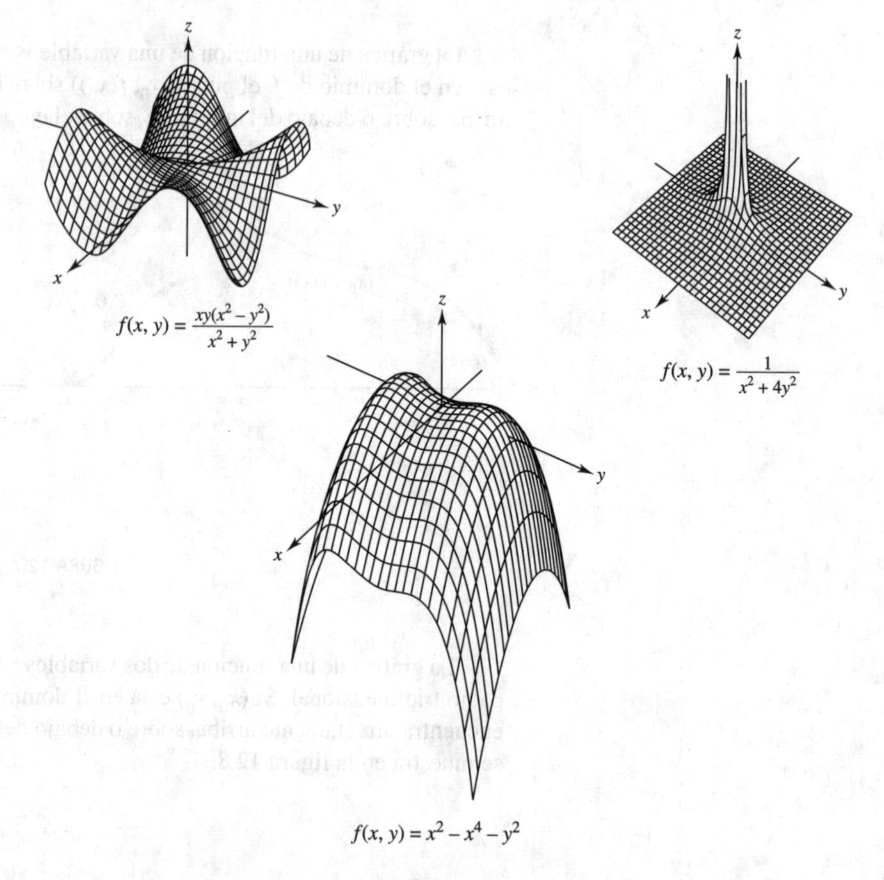

FIGURA 12.9

Cuando no se dispone de programas de graficación, a veces es posible obtener una buena figura de una gráfica al determinar varias **trazas**, es decir, las curvas que resultan cuando un plano corta una superficie. La **traza xy** es la intersección de la superficie con el plano xy. La **traza yz** y la **traza xz** se definen de la misma manera. También puede determinarse la intersección de la superficie con planos paralelos al plano xy. Tales planos son de la forma $z = k$, donde k es una constante y las curvas que resultan cuando éstos cortan la superficie se llaman **curvas de nivel**.

EJEMPLO 6 Haga la gráfica de $z = x^2 + y^2$.

El plano yz es el plano en el que todo punto tiene primera coordenada 0, por lo que su ecuación es $x = 0$. Cuando $x = 0$, la ecuación toma la forma $z = y^2$, que es la ecuación de una parábola en el plano yz, como se muestra en la figura 12.10(a). De la misma manera, para encontrar la intersección de la superficie con el plano xz (cuya ecuación es $y = 0$), haga $y = 0$ en la ecuación. Ésta toma la forma $z = x^2$, que es la ecuación de una parábola en el plano xz (que se muestra en la figura 12.10(a)). La traza xy (la intersección de la superficie con el plano $z = 0$) es el solo punto (0, 0, 0) porque $x^2 + y^2$ nunca es negativa e igual a 0 sólo cuando $x = 0$ y $y = 0$.

Ahora encontramos las curvas de nivel intersecando la superficie con los planos $z = 1$, $z = 2$, $z = 3$, etcétera (los cuales son todos paralelos al plano xy). En cada caso, el resultado es una circunferencia

$$x^2 + y^2 = \mathbf{1}, \quad x^2 + y^2 = \mathbf{2}, \quad x^2 + y^2 = \mathbf{3},$$

y así sucesivamente, como se muestra en la figura 12.10(b). Dibujar las trazas y las curvas de nivel sobre el mismo conjunto de ejes sugiere que la gráfica de $z = x^2 + y^2$ es la figura en forma de tazón, llamada **paraboloide**, que se muestra en la figura 12.10(c). ■

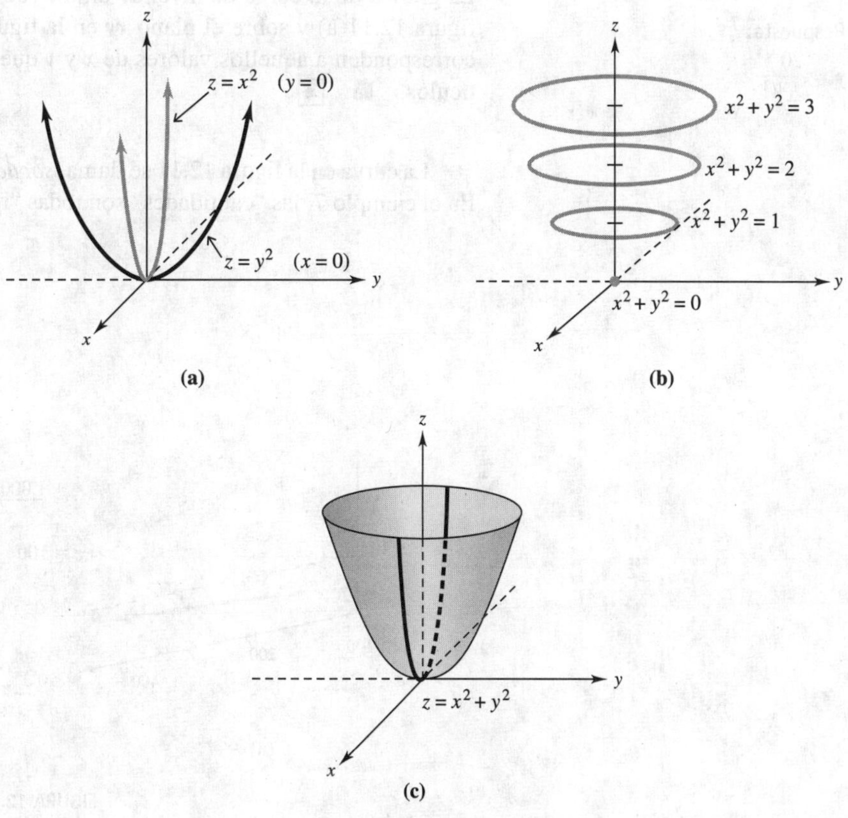

FIGURA 12.10

Una aplicación de las curvas de nivel en economía ocurre con las funciones de producción. Una **función de producción** $z = f(x, y)$ es una función que da la cantidad z de un artículo producido como función de x y y, donde x es la cantidad de fuerza de trabajo y y es la cantidad de capital (en unidades apropiadas) necesarias para producir z unidades. Si la función de producción tiene la forma especial $z = P(x, y) = Ax^a y^{1-a}$, donde A es una constante y $0 < a < 1$, la función se llama una **función de producción de Cobb-Douglas**.

EJEMPLO 7 Encuentre la curva de nivel para una producción de 100 artículos para la función de producción de Cobb-Douglas $z = x^{2/3}y^{1/3}$.

Sea $z = 100$ y despeje y para obtener

$$100 = x^{2/3}y^{1/3}$$

$$\frac{100}{x^{2/3}} = y^{1/3}.$$

Ahora eleve al cubo ambos lados para expresar y como una función de x.

$$y = \frac{100^3}{x^2}$$

$$y = \frac{1{,}000{,}000}{x^2}$$

La gráfica de la curva de nivel de altura 100 se muestra en tres dimensiones en la figura 12.11(a) y sobre el plano xy en la figura 12.11(b). Los puntos de la gráfica corresponden a aquellos valores de x y y que conducen a la producción de 100 artículos. ■ 4

4 Encuentre la ecuación de la curva de nivel para la producción de 100 artículos si la función de producción es $z = 5x^{1/4}y^{3/4}$.

Respuesta:

$$y = \frac{20^{4/3}}{x^{1/3}}$$

La curva en la figura 12.11 se llama *isocuanta*, de *iso* (igual) y *cuanta* (cantidad). En el ejemplo 7, las "cantidades" son todas "iguales" a 100.

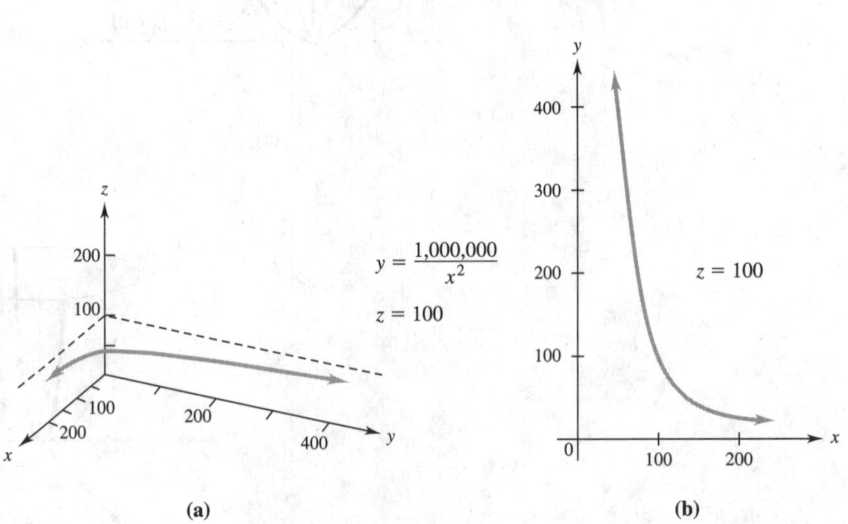

(a)

(b)

FIGURA 12.11

12.1 EJERCICIOS

1. ¿Qué se entiende por una función de varias variables?
2. Describa cómo haría la gráfica de la función $x + y + z = 4$ y cómo debería verse dicha gráfica.

Para cada una de las siguientes funciones, encuentre $f(2, -1)$, $f(-4, 1)$, $f(-2, -3)$ y $f(0, 8)$ (véase el ejemplo 1).

3. $f(x, y) = 5x + 2y - 4$
4. $f(x, y) = 2x^2 - xy - y^2$
5. $f(x, y) = \sqrt{y^2 + 2x^2}$
6. $f(x, y) = \dfrac{3x - 4y}{\ln|x|}$
7. ¿Qué son las trazas xy, xz y yz de una gráfica?
8. ¿Qué es una curva de nivel?

Haga la gráfica de la porción del primer octante de cada uno de los siguientes planos (véanse los ejemplos 3-5).

9. $3x + 2y + z = 12$
10. $2x + 3y + 3z = 18$
11. $x + y = 5$
12. $y + z = 3$
13. $z = 4$
14. $y = 3$

Haga la gráfica de las curvas de nivel en el primer octante para alturas de $z = 0$, $z = 2$ y $z = 4$ para las siguientes ecuaciones (véase el ejemplo 6).

15. $3x + 2y + z = 18$
16. $x + 3y + 2z = 8$
17. $y^2 - x = -z$
18. $2y - \dfrac{x^2}{3} = z$

Administración *Encuentre la curva de nivel para una producción de 500 para cada una de las funciones de producción en los ejercicios 19 y 20. Haga la gráfica de cada función sobre el plano xy (véase el ejemplo 7).*

19. La función de producción z para Estados Unidos se estimó alguna vez como $z = x^{.7}y^{.3}$, donde x representa la cantidad de fuerza de trabajo y y representa la cantidad de capital.
20. Si x representa la cantidad de fuerza de trabajo y y es la cantidad de capital, una función de producción para Canadá es aproximada por $z = x^{.4}y^{.6}$.

Administración *La función multiplicador*

$$M = \frac{(1 + i)^n(1 - t) + t}{[1 + (1 - t)i]^n}$$

compara el crecimiento de una cuenta individual de retiro (IRA) con el crecimiento del mismo depósito en una cuenta regular de ahorros. La función M depende de las tres variables n, i y t, donde n representa el número de años que una cuenta está ganando intereses, i representa la tasa de interés en ambos tipos de cuentas y t representa la tasa del impuesto por ingreso personal. Valores de $M > 1$ indica que la cuenta IRA crece más rápido que la cuenta de ahorros. Considere $M = f(n, i, t)$ y encuentre lo siguiente.

21. Encuentre el multiplicador cuando los fondos se dejan 25 años a 5% de interés y la tasa por impuesto por ingreso personal es 28%. ¿Qué cantidad crece más rápido?
22. ¿Cuál es el multiplicador cuando el dinero se invierte durante 25 años a 6% de interés y la tasa por impuesto por ingreso personal es de 33%? ¿Qué cuenta crece más rápido?
23. **Administración** Se cobra un cargo extra para los paquetes que envía el correo estadounidense que tienen más de 108 pulgadas de longitud y perímetro combinados (el perímetro es la distancia alrededor del paquete perpendicular a su longitud; véase la figura). Exprese la longitud y el perímetro combinados como una función de L, W y H.

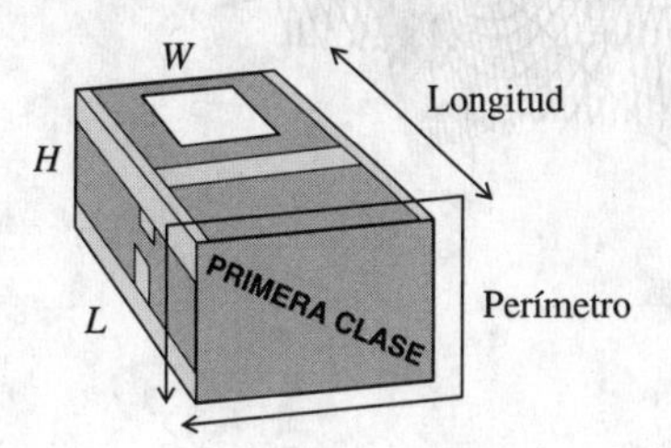

24. Los agujeros recortados en un techo para el paso de tubos de ventilación requieren plantillas elípticas. Una fórmula para determinar la longitud del eje mayor de la elipse es $L = f(H, D) = \sqrt{H^2 + D^2}$, donde D es el diámetro (exterior) del tubo y H es la "elevación" del techo por D unidades de tramo horizontal; es decir, la pendiente del techo es H/D (véase la figura). El ancho de la elipse (eje menor) es igual a D. Encuentre la longitud y ancho de la elipse requerida para producir un agujero para un tubo de ventilación con diámetro de 3.75 pulgadas en techos con las siguientes pendientes.
    (a) 3/4 **(b)** 2/5

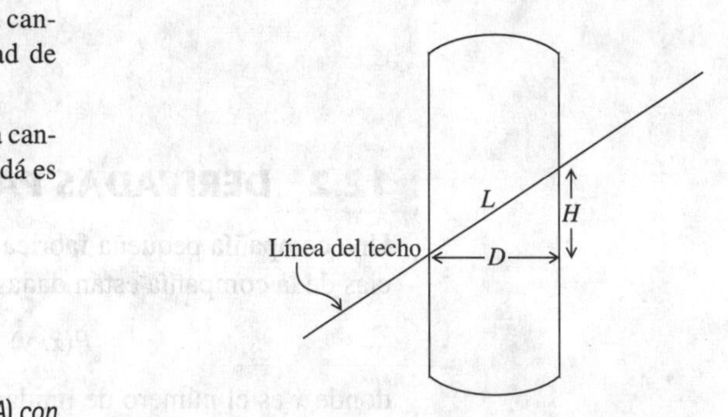

25. Sea $f(x, y) = 9x^2 - 3y^2$; encuentre lo siguiente.
    (a) $\dfrac{f(x + h, y) - f(x, y)}{h}$
    (b) $\dfrac{f(x, y + h) - f(x, y)}{h}$
26. Sea $f(x, y) = 7x^3 + 8y^2$; encuentre lo siguiente.
    (a) $\dfrac{f(x + h, y) - f(x, y)}{h}$
    (b) $\dfrac{f(x, y + h) - f(x, y)}{h}$

Considerando las trazas, asocie cada ecuación en los ejercicios 27-32 con sus gráficas en (a)-(f).

27. $z = x^2 + y^2$

28. $z^2 - y^2 - x^2 = 1$

29. $x^2 - y^2 = z$

30. $z = y^2 - x^2$

31. $\frac{x^2}{16} + \frac{y^2}{25} + \frac{z^2}{4} = 1$

32. $z = 5(x^2 + y^2)^{-1/2}$

(a)

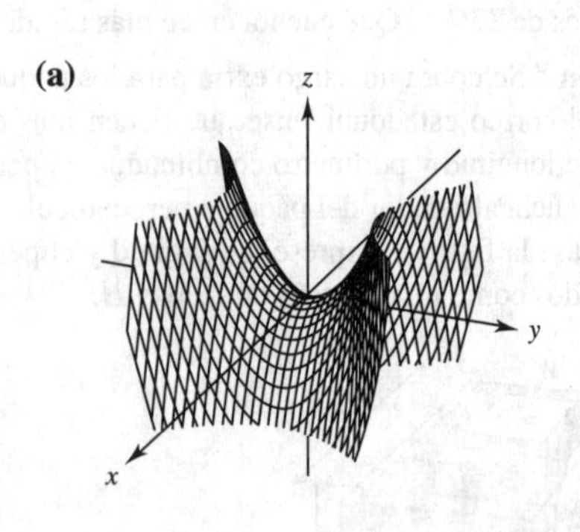

(b)

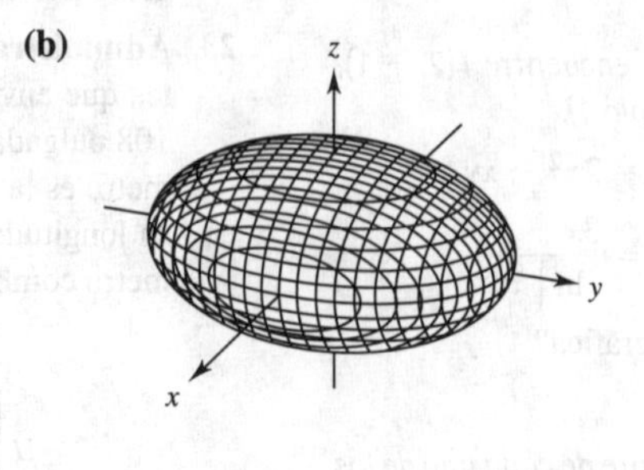

(c)

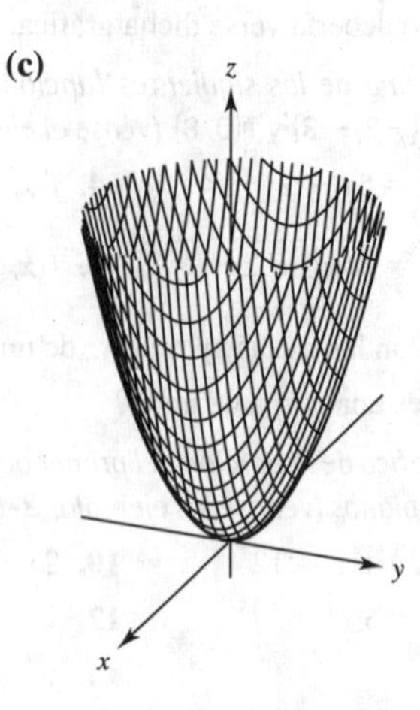

(d)

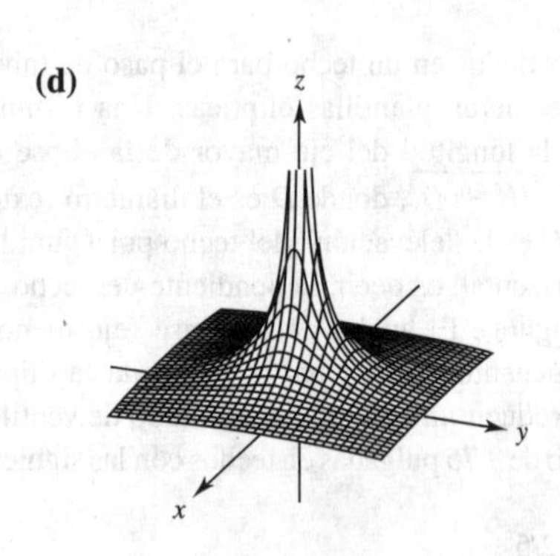

(e)

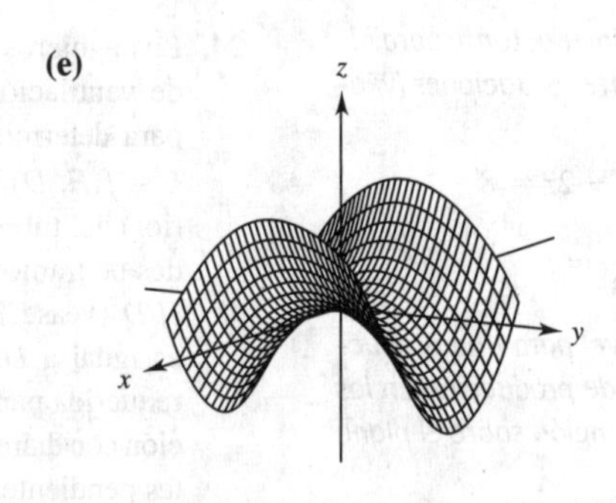

(f)

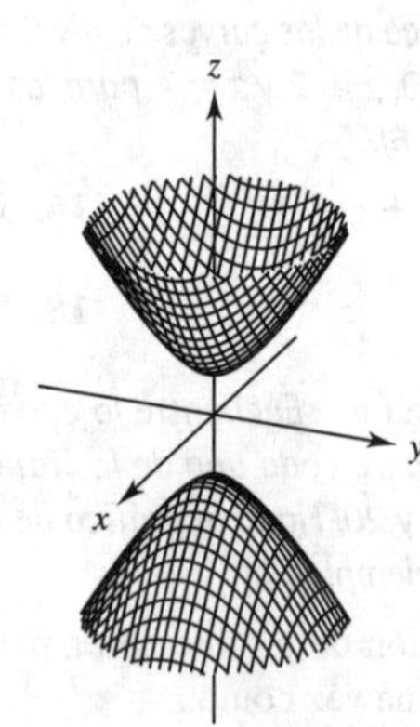

12.2 DERIVADAS PARCIALES

Una compañía pequeña fabrica sólo dos productos, radios y grabadoras. Las ganancias de la compañía están dadas por

$$P(x, y) = 40x^2 - 10xy + 5y^2 - 80,$$

donde x es el número de unidades de radios vendidos y y es el número de unidades de grabadoras vendidas. ¿Cómo afectará a P un cambio en x o en y?

Suponga que las ventas de radios han sido constantes en 10 unidades; sólo las ventas de grabadoras pueden cambiar. La gerencia quisiera encontrar la ganancia marginal con respecto a y, es decir, el número de grabadoras vendidas. Recuerde que la ganancia marginal está dada por la derivada de la función de ganancia. Aquí, x está fija en 10. Usando esta información, comenzamos por encontrar una nueva función $f(y) = P(10, y)$. Haga $x = 10$ para obtener

$$\begin{aligned} f(y) = P(\mathbf{10}, y) &= 40(\mathbf{10})^2 - 10(\mathbf{10})y + 5y^2 - 80 \\ &= 3920 - 100y + 5y^2. \end{aligned}$$

La función $f(y)$ muestra la ganancia por la venta de y grabadoras, suponiendo que x está fija en 10 unidades. Encuentre la derivada df/dy para obtener la ganancia marginal con respecto a y.

$$\frac{df}{dy} = -100 + 10y$$

En este ejemplo, la derivada de la función $f(y)$ se tomó sólo con respecto a y; supusimos que x estaba fija. Para generalizar, sea $z = f(x, y)$. A continuación se da una definición intuitiva de las *derivadas parciales* de f con respecto a x y y.

DERIVADAS PARCIALES (DEFINICIÓN INFORMAL)

La **derivada parcial de f con respecto a x** es la derivada de f obtenida al tratar a x como una variable y a y como una constante.

La **derivada parcial de f con respecto a y** es la derivada de f obtenida al tratar a y como una variable y a x como una constante.

Los símbolos $f_x(x, y)$ (sin prima), $\partial z/\partial x$ y $\partial f/\partial x$ se usan para representar la derivada parcial de $z = f(x, y)$ con respecto a x, con símbolos similares que se usaron para la derivada parcial con respecto a y. A menudo el símbolo $f_x(x, y)$ se abrevia como f_x y $f_y(x, y)$ se abrevia como f_y.

Al generalizar la definición de derivada dada antes, las derivadas parciales de una función $z = f(x, y)$ se definen formalmente como sigue.

DERIVADAS PARCIALES (DEFINICIÓN FORMAL)

Sea $z = f(x, y)$ una función de dos variables. Entonces la **derivada parcial de f con respecto a x** es

$$f_x(x, y) = \lim_{h \to 0} \frac{f(x + h, y) - f(x, y)}{h};$$

la **derivada parcial de f con respecto a y** es

$$f_y(x, y) = \lim_{h \to 0} \frac{f(x, y + h) - f(x, y)}{h};$$

siempre que esos límites existan.

Definiciones similares podrían darse para funciones de más de dos variables independientes.

EJEMPLO 1 Sea $f(x,y) = 4x^2 - 9xy + 6y^3$. Encuentre f_x y f_y.

Para encontrar f_x, trate y como una constante y x como una variable. La derivada del primer término, $4x^2$, es $8x$. En el segundo término, $-9xy$, el coeficiente constante de x es $-9y$, por lo que la derivada con x como variable es $-9y$. La derivada de $6y^3$ es cero, ya que estamos tratando a y como constante. Entonces,

$$f_x = 8x - 9y.$$

1 Encuentre f_x y f_y.
(a) $f(x, y) = -x^2y + 3xy + 2xy^2$
(b) $f(x, y) = x^3 + 2x^2y + xy$

Respuestas:
(a) $f_x = -2xy + 3y + 2y^2$;
$f_y = -x^2 - 3x + 4xy$
(b) $f_x = 3x^2 + 4xy + y$;
$f_y = 2x^2 + x$

2 Encuentre f_x y f_y.
(a) $f(x, y) = \ln(2x + 3y)$
(b) $f(x, y) = e^{xy}$

Respuestas:
(a) $f_x = \frac{2}{2x + 3y}$;
$f_y = \frac{3}{2x + 3y}$
(b) $f_x = ye^{xy}$; $f_y = xe^{xy}$

3 Sea $f(x, y) = x^2 + xy^2 + 5y - 10$. Encuentre lo siguiente.
(a) $f_x(2, 1)$
(b) $\frac{\partial f}{\partial y}(-1, 0)$

Respuestas:
(a) 5
(b) 5

Ahora, para encontrar f_y, tratamos y como variable y x como constante. Como x es una constante, la derivada de $4x^2$ es cero. En el segundo término, el coeficiente de y es $-9x$ y la derivada de $-9xy$ es $-9x$. La derivada del tercer término es $18y^2$. Entonces

$$f_y = -9x + 18y^2. \quad \blacksquare \quad \boxed{1}$$

EJEMPLO 2 Sea $f(x,y) = \ln(x^2 + y)$. Encuentre f_x y f_y.

Recuerde la fórmula para la derivada de una función logaritmo natural. Si $y = \ln(g(x))$, entonces $y' = g'(x)/g(x)$. Al usar esta fórmula,

$$f_x = \frac{D_x(x^2 + y)}{x^2 + y} = \frac{2x}{x^2 + y},$$

y

$$f_y = \frac{D_y(x^2 + y)}{x^2 + y} = \frac{1}{x^2 + y}. \quad \blacksquare \quad \boxed{2}$$

La notación

$$f_x(a, b) \quad \text{o} \quad \frac{\partial f}{\partial x}(a, b)$$

representa el valor de una derivada parcial cuando $x = a$ y $y = b$, como se muestra en el siguiente ejemplo.

EJEMPLO 3 Sea $f(x,y) = 2x^2 + 3xy^3 + 2y + 5$. Encuentre los siguientes valores.

(a) $f_x(-1, 2)$

Primero encuentre f_x manteniendo a y constante.

$$f_x = 4x + 3y^3$$

Ahora haga $x = -1$ y $y = 2$.

$$f_x(-1, 2) = 4(-1) + 3(2)^3 = -4 + 24 = 20$$

(b) $\frac{\partial f}{\partial y}(-4, -3)$

Como $\partial f/\partial y = 9xy^2 + 2$,

$$\frac{\partial f}{\partial y}(-4, -3) = 9(-4)(-3)^2 + 2 = 9(-36) + 2 = -322. \quad \blacksquare \quad \boxed{3}$$

La derivada de una función de una variable puede interpretarse como la pendiente de la recta tangente a la gráfica en ese punto. Con alguna modificación, lo mismo es cierto de las derivadas parciales de funciones de dos variables. En un punto sobre la gráfica de una función de dos variables, $z = f(x, y)$, puede haber muchas rectas tangentes, todas las cuales se encuentran en el mismo plano tangente, como se muestra en la figura 12.12.

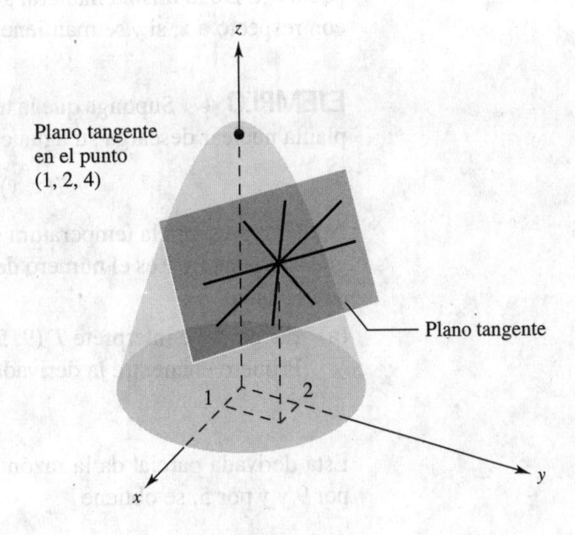

FIGURA 12.12

Sin embargo, en cualquier dirección particular habrá sólo una recta tangente. Usamos derivadas parciales para encontrar la pendiente de las rectas tangentes en las direcciones x y y como sigue.

La figura 12.13 muestra una superficie $z = f(x, y)$ y un plano que es paralelo al plano xz. La ecuación del plano es $y = a$. (Esto corresponde a mantener y fija.)

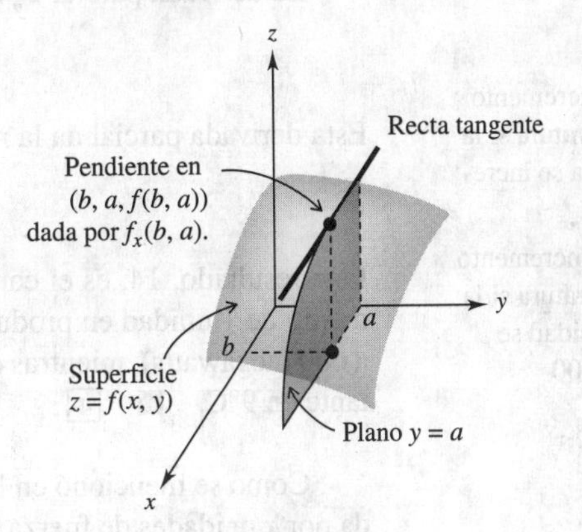

FIGURA 12.13

Como $y = a$ para puntos sobre el plano, cualquier punto sobre la curva que represente la intersección del plano y la superficie debe tener la forma $(x, a, f(x, a))$. Así entonces, esta curva puede describirse como $z = f(x, a)$. Como a es constante, $z = f(x, a)$ es una función de una variable. Cuando la derivada de $z = f(x, a)$ se evalúa en $x = b$, da la pendiente de la recta tangente a esta curva en el punto $(b, a, f(b, a))$, como se muestra en la figura 12.13. La derivada de f con respecto a x, $f_x(b, a)$, da entonces la razón de cambio de la superficie $z = f(x, y)$ en la dirección x en el punto $(b, a, f(b, a))$. De la misma manera, la derivada parcial con respecto a y dará la pendiente de la recta tangente a la superficie en la dirección y en el punto $(b, a, f(b, a))$.

RAZÓN DE CAMBIO La derivada de $y = f(x)$ da la razón de cambio de y con respecto a x. De la misma manera, si $z = f(x, y)$, entonces f_x da la razón de cambio de z con respecto a x, si y se mantiene constante.

EJEMPLO 4 Suponga que la temperatura del agua en el punto de un río donde una planta nuclear descarga su agua caliente de desecho está aproximada por

$$T(x, y) = 2x + 5y + xy - 40.$$

Aquí x representa la temperatura del agua del río en grados Celsius antes de que llegue a la planta y y es el número de megawatts (en cientos) de electricidad que produce la planta.

(a) Encuentre e interprete $T_x(9, 5)$.
Primero encuentre la derivada parcial T_x.

$$T_x = 2 + y$$

Esta derivada parcial da la razón de cambio de T con respecto a x. Al reemplazar x por 9 y y por 5, se obtiene

$$T_x(9, 5) = 2 + 5 = 7.$$

Así como el costo marginal es el costo aproximado de un artículo más, este resultado, 7, es el cambio aproximado en temperatura del agua de salida si la temperatura del agua de entrada cambia 1 grado, de $x = 9$ a $x = 9 + 1 = 10$, mientras que y permanece constante en 5 (500 megawatts de electricidad producida).

(b) Encuentre e interprete $T_y(9, 5)$.
La derivada parcial T_y es

$$T_y = 5 + x.$$

Esta derivada parcial da la razón de cambio de T con respecto a y, con

$$T_y(9, 5) = 5 + 9 = 14.$$

Este resultado, 14, es el cambio aproximado en temperatura resultante de un incremento de 1 unidad en producción de electricidad de $y = 5$ a $y = 5 + 1 = 6$ (de 500 a 600 megawatts), mientras que la temperatura del agua de entrada x permanece constante en 9°C. ■ 4

4 Use la función del ejemplo 4 para encontrar e interpretar lo siguiente.
(a) $T_x(5, 4)$
(b) $T_y(8, 3)$

Respuestas:
(a) $T_x(5, 4) = 6$; el incremento aproximado en temperatura si la temperatura de entrada se incrementa de 5 a 6 grados
(b) $T_y(8, 3) = 13$; el incremento aproximado en temperatura si la producción de electricidad se incrementa de 300 a 400 megawatts

Como se mencionó en la sección anterior, si $P(x, y)$ da la producción P producida por x unidades de fuerza de trabajo y y unidades de capital, $P(x, y)$ es una función de producción. Las derivadas parciales de esta función de producción tienen implicaciones prácticas. Por ejemplo, $\partial P/\partial x$ da la productividad marginal de la fuerza de trabajo. Esto representa la razón a la que la producción está cambiando con respecto a cambios en la fuerza de trabajo para una inversión fija de capital. Es decir, si la inversión en capital se mantiene constante y la fuerza de trabajo se incrementa en 1 hora de trabajo, $\partial P/\partial x$ dará el cambio aproximado en el nivel de producción. De la misma manera, $\partial P/\partial y$ da la productividad marginal del capital, lo que representa la razón a la que la producción está cambiando con respecto a cambios en capital para una fuerza de trabajo fija. Entonces, si la fuerza de trabajo se mantiene constante y la inversión de capital se incrementa en 1 unidad, $\partial P/\partial y$ dará el correspondiente cambio aproximado en el nivel de producción.

EJEMPLO 5 Una compañía que fabrica computadoras ha determinado que su función de producción está dada por

$$P(x, y) = 500x + 800y + 3x^2y - x^3 - \frac{y^4}{4},$$

donde x es el tamaño de la fuerza de trabajo (en horas de trabajo por semana) y y es la cantidad de capital (en unidades de $1000) invertido. Encuentre la productividad marginal de la fuerza de trabajo y la productividad marginal del capital cuando $x = 50$ y $y = 20$, e interprete los resultados.

La productividad marginal de la fuerza de trabajo se encuentra tomando la derivada de P con respecto a x.

$$\frac{\partial P}{\partial x} = 500 + 6xy - 3x^2$$

$$\frac{\partial P}{\partial x}(50, 20) = 500 + 6(50)(20) - 3(50)^2$$

$$= -1000$$

Entonces, si la inversión de capital se mantiene constante en $20,000 y la fuerza de trabajo se incrementa de 50 a 51 horas de trabajo por semana, la producción disminuirá aproximadamente en 1000 unidades. De la misma manera, la productividad marginal del capital es $\partial P/\partial y$.

$$\frac{\partial P}{\partial y} = 800 + 3x^2 - y^3$$

$$\frac{\partial P}{\partial y}(50, 20) = 800 + 3(50)^2 - 20^3$$

$$= 300$$

Si las horas de trabajo se mantienen constantes en 50 horas por semana y la inversión de capital se incrementa de $20,000 a $21,000, la producción se incrementará aproximadamente 300 unidades. ■ 5

5 Suponga que una función de producción está dada por $P(x, y) = 10x^2y + 100x + 400y - 5xy^2$, donde x y y están definidas como en el ejemplo 5. Encuentre la productividad marginal del personal de trabajo y capital cuando $x = 30$ y $y = 50$.

Respuesta:
La productividad marginal del personal es 17,600. La productividad marginal del capital es −5600.

DERIVADAS PARCIALES DE SEGUNDO ORDEN La segunda derivada de una función de una variable es muy útil para determinar los máximos y mínimos relativos. Las **segundas derivadas parciales** (derivadas parciales de una derivada parcial) se usan de manera similar para funciones de dos o más variables. Sin embargo, la situación es algo más complicada con más variables independientes. Por ejemplo, $f(x, y) = 4x + x^2y + 2y$ tiene dos derivadas parciales de primer orden,

$$f_x = 4 + 2xy \quad \text{y} \quad f_y = x^2 + 2.$$

Como cada una de éstas tiene dos derivadas parciales, una con respecto a y y otra con respecto a x, hay *cuatro* derivadas parciales de segundo orden de la función f. A continuación se dan las notaciones para esas cuatro derivadas parciales de segundo orden.

DERIVADAS PARCIALES DE SEGUNDO ORDEN

Para una función $z = f(x, y)$, si todas las derivadas parciales indicadas existen, entonces

$$\frac{\partial}{\partial x}\left(\frac{\partial z}{\partial x}\right) = \frac{\partial^2 z}{\partial x^2} = f_{xx} \qquad \frac{\partial}{\partial y}\left(\frac{\partial z}{\partial y}\right) = \frac{\partial^2 z}{\partial y^2} = f_{yy}$$

$$\frac{\partial}{\partial y}\left(\frac{\partial z}{\partial x}\right) = \frac{\partial^2 z}{\partial y \partial x} = f_{xy} \qquad \frac{\partial}{\partial x}\left(\frac{\partial z}{\partial y}\right) = \frac{\partial^2 z}{\partial x \partial y} = f_{yx}.$$

Como se vio arriba, f_{xx} se usa como una abreviación para $f_{xx}(x, y)$; f_{yy}, f_{xy} y f_{yx} se usan de manera similar. El símbolo f_{xx} se lee "la derivada parcial de f_x con respecto a x", y f_{xy} se lee "la derivada parcial de f_x con respecto a y". El símbolo $\partial^2 z/\partial y^2$ se lee "la derivada parcial de $\partial z/\partial y$ con respecto a y".

NOTA Para la mayoría de las funciones encontradas en aplicaciones y para todas las funciones en este libro, las derivadas parciales de segundo orden f_{xy} y f_{yx} son iguales. Por lo tanto, no es necesario poner atención en el orden en que esas derivadas se calculan. ◆

EJEMPLO 6 Encuentre todas las derivadas parciales de segundo orden para

$$f(x, y) = -4x^3 - 3x^2y^3 + 2y^2.$$

Primero encuentre f_x y f_y.

$$f_x = -12x^2 - 6xy^3 \quad \text{y} \quad f_y = -9x^2y^2 + 4y$$

Para encontrar f_{xx}, tome la derivada parcial de f_x con respecto a x.

$$f_{xx} = -24x - 6y^3$$

Tome la derivada parcial de f_y con respecto a y; esto da f_{yy}.

$$f_{yy} = -18x^2y + 4$$

Encuentre f_{xy} comenzando con f_x y luego tomando la derivada parcial de f_x con respecto a y.

$$f_{xy} = -18xy^2$$

Finalmente, encuentre f_{yx} comenzando con f_y; tome su derivada parcial con respecto a x.

$$f_{yx} = -18xy^2$$ ■ [6]

[6] Sea $f(x, y) = 4x^2y^2 - 9xy + 8x^2 - 3y^4$. Encuentre todas las derivadas parciales de segundo orden.

Respuesta:
$f_{xx} = 8y^2 + 16$
$f_{yy} = 8x^2 - 36y^2$
$f_{xy} = 16xy - 9$
$f_{yx} = 16xy - 9$

[7] Sea $f(x, y) = 4e^{x+y} + 2x^3y$. Encuentre todas las derivadas parciales de segundo orden.

Respuesta:
$f_{xx} = 4e^{x+y} + 12xy$
$f_{yy} = 4e^{x+y}$
$f_{xy} = 4e^{x+y} + 6x^2$
$f_{yx} = 4e^{x+y} + 6x^2$

EJEMPLO 7 Sea $f(x,y) = 2e^x - 8x^3y^2$. Encuentre todas las derivadas parciales de segundo orden.

Aquí, $f_x = 2e^x - 24x^2y^2$ y $f_y = -16x^3y$ (recuerde: si $g(x) = e^x$, entonces $g'(x) = e^x$). Ahora encuentre las derivadas parciales de segundo orden.

$$f_{xx} = 2e^x - 48xy^2 \qquad f_{xy} = -48x^2y$$
$$f_{yy} = -16x^3 \qquad f_{yx} = -48x^2y$$ ■ [7]

Las funciones de varias variables de derivadas parciales con más de dos variables independientes se encuentran de la misma manera que las funciones con dos variables independientes. Por ejemplo, para encontrar f_x para $w = f(x, y, z)$ considere a y y a z como constantes y diferencie con respecto a x.

EJEMPLO 8 Sea $f(x, y, z) = xy^2z + 2x^2y - 4xz^2$. Encuentre f_x, f_y, f_z, f_{xy} y f_{yz}.

$$f_x = y^2z + 4xy - 4z^2$$
$$f_y = 2xyz + 2x^2$$
$$f_z = xy^2 - 8xz$$

Para encontrar f_{xy}, diferencie f_x con respecto a y.

$$f_{xy} = 2yz + 4x$$

De la misma manera, diferencie f_y con respecto a z para obtener

$$f_{yz} = 2xy.$$ ■ [8]

[8] Sea $f(x, y, z) = xyz + x^2yz + xy^2z^3$. Encuentre f_x, f_y, f_z y f_{xz}.

Respuesta:
$f_x = yz + 2xyz + y^2z^3$
$f_y = xz + x^2z + 2xyz^3$
$f_z = xy + x^2y + 3xy^2z^2$
$f_{xz} = y + 2xy + 3y^2z^2$

12.2 EJERCICIOS

Para cada una de las funciones, encuentre

(a) $\frac{\partial z}{\partial x}$ (b) $\frac{\partial z}{\partial y}$ (c) $f_x(2, 3)$ (d) $f_y(1, -2)$.

1. $z = f(x, y) = 8x^3 - 4x^2y + 9y^2$

2. $z = f(x, y) = -3x^2 - 2xy^2 + 5y^3$

En los ejercicios 3-14, encuentre f_x y f_y. Luego encuentre $f_x(2, -1)$ y $f_y(-4, 3)$. Deje las respuestas en términos de e en los ejercicios 5-8 y 13-14 (véanse los ejemplos 1-3).

3. $f(x, y) = -x^2y + 3x^4 - 8$

4. $f(x, y) = 5y^2 - 6xy^2 + 7$

5. $f(x, y) = e^{2x+y}$

6. $f(x, y) = -4e^{x-y}$

7. $f(x, y) = \frac{-2}{e^{x+2y}}$

8. $f(x, y) = \frac{6}{e^{4x-y}}$

9. $f(x, y) = \frac{x + 3y^2}{x^2 + y^3}$

10. $f(x, y) = \frac{8x^2y}{x^3 - y}$

11. $f(x, y) = \ln|2x - x^2y|$

12. $f(x, y) = \ln|4xy^2 + 3y|$

13. $f(x, y) = x^2e^{2xy}$

14. $f(x, y) = ye^{5x+2y}$

Encuentre todas las derivadas parciales de segundo orden (véanse los ejemplos 6 y 7).

15. $f(x, y) = 10x^2y^3 - 5x^3 - 3y$

16. $g(x, y) = 8x^3y + 2x^4 + 6y^3$

17. $h(x, y) = -3y^2 - 4x^2y^2 + 7xy^2$

18. $P(x, y) = -16x^3 + 3xy^2 - 12x^4y^2$

19. $R(x, y) = \frac{3y}{2x + y}$

20. $C(x, y) = \frac{8x}{x - 4y}$

21. $z = 4xe^y$

22. $z = -3ye^x$

23. $r = \ln(x + y)$

24. $k = \ln(5x - 7y)$

25. $z = x\ln(xy)$

26. $z = (y + 1)\ln(x^3y)$

En los ejercicios 27 y 28, evalúe $f_{xy}(2, 1)$ y $f_{yy}(1, 2)$.

27. $f(x, y) = x\ln(xy)$

28. $f(x, y) = (y + 1)\ln(x^3y)$

Encuentre valores de x y y tales que $f_x(x, y) = 0$ y $f_y(x, y) = 0$.

29. $f(x, y) = 6x^2 + 6y^2 + 6xy + 36x - 5$

30. $f(x, y) = 50 + 4x - 5y + x^2 + y^2 + xy$

31. $f(x, y) = 9xy - x^3 - y^3 - 6$

32. $f(x, y) = 2200 + 27x^3 + 72xy + 8y^2$

Encuentre f_x, f_y, f_z y f_{yz} para las siguientes funciones. En los ejercicios 33 y 34, encuentre también $f_y(2, -1, 3)$ y $f_{yz}(-1, 1, 0)$ (véase el ejemplo 8).

33. $f(x, y, z) = x^2 + yz + z^4$

34. $f(x, y, z) = 3x^5 - x^2 + y^5$

35. $f(x, y, z) = \frac{6x - 5y}{4z + 5}$

36. $f(x, y, z) = \frac{2x^2 + xy}{yz - 2}$

37. $f(x, y, z) = \ln(x^2 - 5xz^2 + y^4)$

38. $f(x, y, z) = \ln(8xy + 5yz - x^3)$

39. ¿Cuántas derivadas parciales tiene una función con tres variables independientes? ¿Cuántas derivadas parciales de segundo orden? Explique por qué.

40. Suponga que $z = f(x, y)$ describe el costo de construir cierta estructura, donde x representa los costos de la fuerza de trabajo y y representa el costo de los materiales. Describa qué representan f_x y f_y.

41. Ciencias sociales Un profesor de matemáticas ha determinado que la probabilidad de aprobación o reprobación de un estudiante en el curso de regularización de álgebra es una función de s, n y a, donde s es la calificación del estudiante en el examen departamental de colocación, n es el número de semestres de matemáticas aprobados en el bachillerato y a es la calificación en el examen de aptitud escolar del estudiante. El profesor estima que la probabilidad p de aprobar el curso (en porciento) será

$$p = f(s, n, a) = .003a + .1(sn)^{1/2}$$

para $200 \le a \le 800$, $0 \le s \le 10$ y $0 \le n \le 8$. Suponiendo que el modelo anterior es razonablemente correcto, encuentre lo siguiente.

(a) Si un estudiante obtiene 8 en el examen de colocación, ha cursado 6 semestres de matemáticas en el bachillerato y tiene una calificación de 450 en el examen de aptitud escolar, ¿cuál es la probabilidad de que apruebe el curso?

(b) Encuentre p para un estudiante con 3 semestres de matemáticas en el bachillerato, una calificación de 3 en el examen de colocación y una calificación de 320 en el examen de aptitud escolar.

(c) Encuentre e interprete $f_n(3, 3, 320)$ y $f_a(3, 3, 320)$ (véase el ejemplo 4).

42. Física Un experto en pérdida de peso ha preparado un programa de dieta y ejercicio para un cliente. Si el cliente se apega al programa, la pérdida de peso que puede esperarse (en libras por semana) está dada por

$$\text{Pérdida de peso} = f(n, c) = \frac{1}{8}n^2 - \frac{1}{5}c + \frac{1937}{8},$$

donde c es el consumo diario promedio de calorías en la semana y n es el número de sesiones aeróbicas de 40 minutos por semana.

(a) ¿Cuántas libras puede esperar el cliente perder si consume un promedio de 1200 calorías por día y participa en cuatro sesiones de ejercicios de 40 minutos en una semana?

(b) Encuentre e interprete $\partial f/\partial n$.

(continúa ejercicio)

(c) El cliente promedia actualmente 1100 calorías por día y participa en tres sesiones de ejercicios de 40 minutos cada semana. ¿Cuál sería el efecto aproximado en su pérdida semanal de peso al agregar una cuarta sesión de ejercicios por semana?

43. Administración Un distribuidor de autos estima que las ventas totales semanales de su modelo más popular son una función del precio de lista p del auto y de la tasa de interés i que ofrece el fabricante. Las ventas semanales aproximadas están dadas por

$$f(p, i) = 132p - 2pi - .01p^2.$$

(a) Encuentre las ventas semanales si el precio de lista promedio es de \$9400 y el fabricante está ofreciendo una tasa de interés del 8%.

(b) Encuentre e interprete f_p y f_i.

(c) ¿Cuál sería el efecto sobre las ventas semanales si el precio es de \$9400 y la tasa de interés se eleva de 8% a 9%?

44. Administración Suponga que la función de producción de una compañía está dada por

$$P(x, y) = 100\sqrt{x^2 + y^2},$$

donde x representa unidades de fuerza de trabajo y y representa unidades de capital (véase el ejemplo 5). Encuentre lo siguiente cuando $x = 4$ y $y = 3$.

(a) La productividad marginal de la fuerza de trabajo

(b) La productividad marginal del capital

45. Administración Un fabricante estima que la producción (en cientos de unidades) es una función de las cantidades x y y de fuerza de trabajo y capital usados, como sigue.

$$f(x, y) = \left[\frac{1}{3}x^{-1/3} + \frac{2}{3}y^{-1/3}\right]^{-3}$$

(a) Encuentre el número de unidades producidas cuando se utilizan 27 unidades de fuerza de trabajo y 64 unidades de capital.

(b) Encuentre e interprete $f_x(27, 64)$ y $f_y(27, 64)$.

(c) ¿Cuál sería el efecto aproximado sobre la producción de incrementar la fuerza de trabajo en 1 unidad?

46. Administración Un fabricante de acumuladores para autos estima que su producción total en miles de unidades está dada por

$$f(x, y) = 3x^{1/3}y^{2/3},$$

donde x es el número de unidades de fuerza de trabajo y y es el número de unidades de capital utilizado.

(a) Encuentre e interprete $f_x(64, 125)$ y $f_y(64, 125)$ si el nivel presente de producción usa 64 unidades de fuerza de trabajo y 125 unidades de capital.

(b) ¿Cuál sería el efecto aproximado sobre la producción de incrementar a 65 unidades de fuerza de trabajo mientras se mantiene el capital en su nivel presente?

(c) Suponga que las ventas han sido buenas y la administración quiere incrementar el capital o bien la fuerza de trabajo en 1 unidad. ¿Qué opción dará un mayor incremento en la producción?

47. Administración La función de producción z para Estados Unidos se estimó una vez como

$$z = x^{.7}y^{.3},$$

donde x representa la cantidad de fuerza de trabajo y y la cantidad de capital. Encuentre la productividad marginal de la fuerza de trabajo (encuentre $\partial z/\partial x$) y del capital.

48. Administración Una función de producción similar para Canadá es

$$z = x^{.4}y^{.6},$$

con x, y y z como en el ejercicio 47. Encuentre la productividad marginal de la fuerza de trabajo y del capital.

49. Ciencias naturales En un método para calcular la cantidad de sangre bombeada a través de los pulmones en 1 minuto, un investigador encuentra primero cada una de las siguientes cantidades (en mililitros).

b = cantidad de oxígeno usado por el cuerpo en 1 minuto

a = cantidad de oxígeno por litro de sangre que acaba de pasar por los pulmones

v = cantidad de oxígeno por litro de sangre que está a punto de entrar a los pulmones

En 1 minuto,

Cantidad de oxígeno usado
= cantidad de oxígeno por litro
× número de litros de sangre bombeada.

Si C es el número de litros bombeados a través de la sangre en 1 minuto, entonces

$$b = (a - v) \cdot C \quad \text{o} \quad C = \frac{b}{a - v}.$$

(a) Encuentre C si $a = 160$, $b = 200$ y $v = 125$.

(b) Encuentre C si $a = 180$, $b = 260$ y $v = 142$.

Encuentre las siguientes derivadas parciales.

(c) $\partial C/\partial b$ (d) $\partial C/\partial v$

50. Ciencias naturales La reacción a x unidades de una droga t horas después de haberse administrado, está dada por

$$R(x, t) = x^2(a - x)t^2e^{-t},$$

para $0 \le x \le a$ (donde a es una constante). Encuentre lo siguiente.

(a) $\dfrac{\partial R}{\partial x}$ (b) $\dfrac{\partial R}{\partial t}$ (c) $\dfrac{\partial^2 R}{\partial x^2}$ (d) $\dfrac{\partial^2 R}{\partial x \partial t}$

(e) Interprete sus respuestas a los incisos (a) y (b).

51. Física La atracción gravitatoria F sobre un cuerpo a una distancia r desde el centro de la Tierra, donde r es mayor que el radio de la Tierra, es una función de su masa m y de la distancia r como sigue:

$$F = \frac{mgR^2}{r^2},$$

donde R es el radio de la Tierra y g es la fuerza de gravedad, aproximadamente 32 pies por segundo cuadrado (pies/s^2).

(a) Encuentre e interprete F_m y F_r.

(b) Demuestre que $F_m > 0$ y $F_r < 0$. ¿Por qué es razonable?

12.3 EXTREMOS DE FUNCIONES DE VARIAS VARIABLES

Una de las aplicaciones más importantes del cálculo es la localización y evaluación de los máximos y mínimos de funciones. Anteriormente, estudiamos ampliamente esta idea para funciones de una sola variable independiente; ahora veremos que pueden encontrarse extremos de funciones de dos variables. En particular, puede obtenerse una extensión de la prueba de la segunda derivada y usarse para identificar los máximos o los mínimos. Comenzamos con las definiciones de máximos y mínimos locales.

MÁXIMOS Y MÍNIMOS LOCALES

Sea (a, b) en el dominio de una función f.

1. f tiene un **máximo local** en (a, b) si hay una región circular en el plano xy con (a, b) en su interior tal que

$$f(a, b) \geq f(x, y)$$

para todos los puntos (x, y) en la región circular.

2. f tiene un **mínimo local** en (a, b) si hay una región circular en el plano xy con (a, b) en su interior tal que

$$f(a, b) \leq f(x, y)$$

para todos los puntos (x, y) en la región circular.

Igual que antes, el término *extremo local* se usa para un máximo local o para un mínimo local. En las figuras 12.14 y 12.15 se dan ejemplos de un máximo local y de un mínimo local.

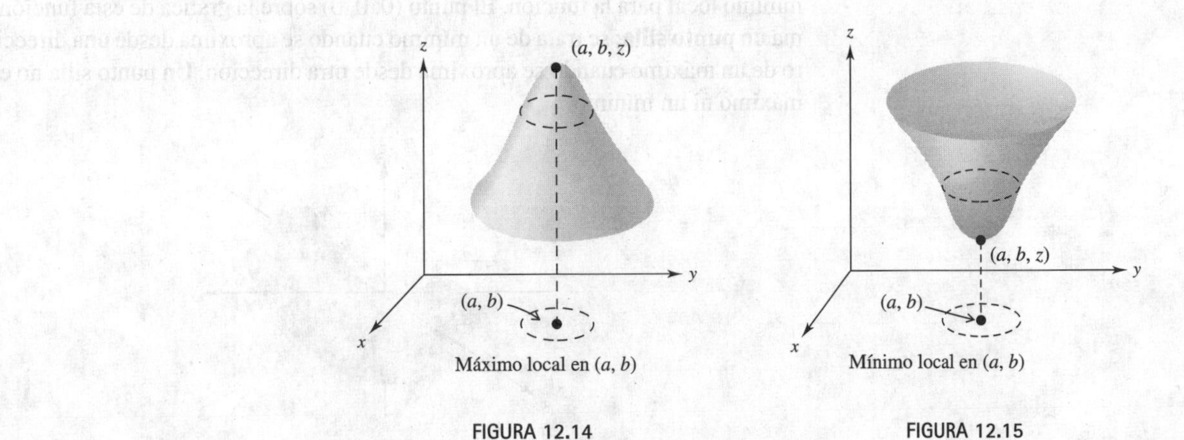

FIGURA 12.14

FIGURA 12.15

NOTA Con funciones de una sola variable, hicimos una distinción entre extremos locales y extremos absolutos. Los métodos para encontrar extremos absolutos son bastante complicados para funciones de dos variables independientes, por lo que sólo veremos los extremos locales. ◆

Como lo sugiere la figura 12.16, en un máximo local, la recta tangente paralela al eje x tiene una pendiente 0, así como la recta tangente paralela al eje y (note la similitud con funciones de una variable). Es decir, si la función $z = f(x, y)$ tiene un extremo local en (a, b), entonces $f_x(a, b) = 0$ y $f_y(a, b) = 0$, como se establece en el siguiente teorema.

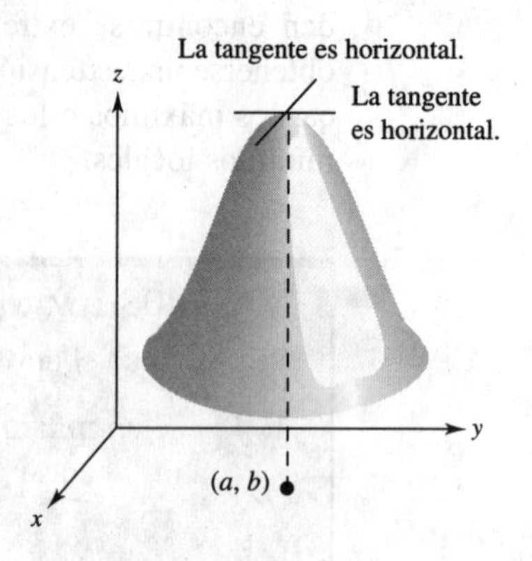

FIGURA 12.16

LOCALIZACIÓN DE LOS EXTREMOS

Si una función $z = f(x, y)$ tiene un máximo local o un mínimo local en el punto (a, b) y $f_x(a, b)$ y $f_y(a, b)$ existen, entonces

$$f_x(a, b) = 0 \quad \text{y} \quad f_y(a, b) = 0.$$

Igual que con las funciones de una variable, el hecho que las pendientes de las rectas tangente son 0 no es garantía de que se ha localizado un extremo local. Por ejemplo, la figura 12.17 muestra la gráfica de $z = f(x, y) = x^2 - y^2$. Ambas ecuaciones, $f_x(0, 0) = 0$ y $f_y(0, 0) = 0$, y aún $(0, 0)$ no conducen ni a un máximo local ni a un mínimo local para la función. El punto $(0, 0, 0)$ sobre la gráfica de esta función se llama un **punto silla**; se trata de un mínimo cuando se aproxima desde una dirección pero de un máximo cuando se aproxima desde otra dirección. Un punto silla no es ni un máximo ni un mínimo.

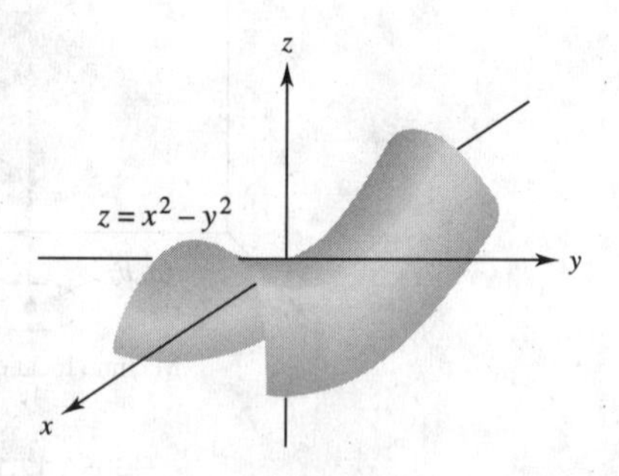

FIGURA 12.17

El teorema sobre la localización de extremos sugiere una útil estrategia para encontrar extremos. Primero, localice todos los puntos (a, b) donde $f_x(a, b) = 0$ y $f_y(a, b) = 0$. Luego pruebe cada uno de esos puntos por separado, mediante la prueba dada después del siguiente ejemplo. Para una función $f(x, y)$, los puntos (a, b) tales que $f_x(a, b) = 0$ y $f_y(a, b) = 0$ (o tales que $f_x(a, b)$ o $f_y(a, b)$ no existe) se llaman **puntos críticos**.

EJEMPLO 1 Encuentre todos los puntos críticos para

$$f(x, y) = 6x^2 + 6y^2 + 6xy + 36x - 54y - 5.$$

Tenemos que encontrar todos los puntos (a, b) tales que $f_x(a, b) = 0$ y $f_y(a, b) = 0$. Aquí

$$f_x = 12x + 6y + 36 \quad \text{y} \quad f_y = 12y + 6x - 54.$$

Hacemos cada una de estas dos derivadas parciales igual a 0.

$$12x + 6y + 36 = 0 \quad \text{y} \quad 12y + 6x - 54 = 0$$

Estas dos ecuaciones forman un sistema de ecuaciones lineales que pueden reescribirse como

$$\begin{aligned} 12x + 6y &= -36 \\ 6x + 12y &= 54. \end{aligned}$$

Para resolver este sistema por eliminación, multiplicamos la primera ecuación por -2 y sumamos.

$$\begin{aligned} -24x - 12y &= 72 \\ 6x + 12y &= 54 \\ \hline -18x \quad &= 126 \\ x &= -7 \end{aligned}$$

Al sustituir $x = -7$ en la primera ecuación del sistema, tenemos

$$\begin{aligned} 12(-7) + 6y &= -36 \\ 6y &= 48 \\ y &= 8. \end{aligned}$$

Por lo tanto, $(-7, 8)$ es la solución del sistema. Como ésta es la única solución, $(-7, 8)$ es el único punto crítico de la función dada. Por el teorema anterior, si la función tiene un extremo local, éste debe ocurrir en $(-7, 8)$. ■ 1

1 Encuentre todos los puntos críticos para las siguientes funciones.

(a) $f(x, y) = 4x^2 + 3xy + 2y^2 + 7x - 6y - 6$

(b) $f(x, y) = e^{-2x} + xy$

Respuestas:

(a) $(-2, 3)$

(b) $(0, 2)$

Los resultados del siguiente teorema pueden usarse para decidir si $(-7, 8)$ en el ejemplo 1 conduce a un máximo local, a un mínimo local o a ninguno de éstos. La demostración de este teorema está más allá del alcance de este curso.

PRUEBA PARA EXTREMOS LOCALES

Suponga que $f(x, y)$ es una función tal que todas las f_{xx}, f_{yy}, f_{xy} existen. Sea (a, b) un punto crítico para el cual

$$f_x(a, b) = 0 \quad \text{y} \quad f_y(a, b) = 0.$$

Sea M el número definido por

$$M = f_{xx}(a, b) \cdot f_{yy}(a, b) - [f_{xy}(a, b)]^2.$$

1. Si $M > 0$ y $f_{xx}(a, b) < 0$, entonces f tiene un **máximo local** en (a, b).
2. Si $M > 0$ y $f_{xx}(a, b) > 0$, entonces f tiene un **mínimo local** en (a, b).
3. Si $M < 0$, entonces f tiene un **punto silla** en (a, b).
4. Si $M = 0$, la prueba no da **ninguna información**.

La siguiente tabla resume las conclusiones del teorema.

	$f_{xx}(a, b) < 0$	$f_{xx}(a, b) > 0$
$M > 0$	Máximo local	Mínimo local
$M = 0$	Ninguna información	
$M < 0$	Punto silla	

EJEMPLO 2 El ejemplo 1 mostró que el único punto crítico para la función

$$f(x, y) = 6x^2 + 6y^2 + 6xy + 36x - 54y - 5$$

es $(-7, 8)$. ¿Conduce $(-7, 8)$ a un máximo local, a un mínimo local o a ninguno de éstos?

Podemos encontrarlo mediante la prueba anterior. Del ejemplo 1,

$$f_x(-7, 8) = 0 \quad \text{y} \quad f_y(-7, 8) = 0.$$

Ahora encontramos las derivadas parciales de segundo orden que se usaron para determinar M. De $f_x = 12x + 6y + 36$ y $f_y = 12y + 6x - 54$,

$$f_{xx} = 12, \quad f_{yy} = 12 \quad \text{y} \quad f_{xy} = 6.$$

(Si estas derivadas parciales de segundo orden no hubiesen sido todas constantes, habríamos tenido que evaluarlas en el punto $(-7, 8)$.) Ahora

$$M = f_{xx}(-7, 8) \cdot f_{yy}(-7, 8) - [f_{xy}(-7, 8)]^2 = 12 \cdot 12 - 6^2 = 108.$$

Como $M > 0$ y $f_{xx}(-7, 8) = 12 > 0$, es válida para la parte 2 del teorema, que muestra que $f(x, y) = 6x^2 + 6y^2 + 6xy + 36x - 54y - 5$ tiene un mínimo local en $(-7, 8)$. Este valor del mínimo local es $f(-7, 8) = -347$. ■ 2

2 Encuentre los máximos locales o mínimos locales para las funciones definidas en el problema 1 en el margen.

Respuestas:

(a) Mínimo local en $(-2, 3)$

(b) Ni mínimo local ni máximo local en $(0, 2)$

EJEMPLO 3 Encuentre todos los puntos donde la función

$$f(x, y) = 9xy - x^3 - y^3 - 6$$

tiene máximos locales o mínimos locales.

Primero encontramos los puntos críticos. Aquí

$$f_x = 9y - 3x^2 \quad \text{y} \quad f_y = 9x - 3y^2.$$

Hacemos cada una de estas derivadas parciales igual a 0.

$$\begin{aligned} f_x &= 0 & f_y &= 0 \\ 9y - 3x^2 &= 0 & 9x - 3y^2 &= 0 \\ 9y &= 3x^2 & 9x &= 3y^2 \\ 3y &= x^2 & 3x &= y^2 \end{aligned}$$

En la primera ecuación $(3y = x^2)$, advierta que como $x^2 \geq 0$, $y \geq 0$. También, en la segunda ecuación $(3x = y^2)$, $y^2 \geq 0$, por lo que $x \geq 0$.

El método de sustitución puede usarse para resolver el sistema de ecuaciones

$$3y = x^2$$
$$3x = y^2.$$

La primera ecuación, $3y = x^2$, puede reescribirse como $y = x^2/3$. Sustituya este valor en la segunda ecuación para obtener

$$3x = y^2 = \left(\frac{x^2}{3}\right)^2$$

$$3x = \frac{x^4}{9}.$$

Resuelva esta ecuación como sigue.

$$27x = x^4 \qquad \text{Multiplique ambos lados por 9.}$$
$$x^4 - 27x = 0$$
$$x(x^3 - 27) = 0 \qquad \text{Factorice.}$$
$$x = 0 \quad \text{o} \quad x^3 - 27 = 0 \qquad \text{Haga cada factor igual a 0.}$$
$$x^3 = 27$$
$$x = 3 \qquad \text{Saque la raíz cúbica en cada lado.}$$

Use esos valores de x, junto con la ecuación $3x = y^2$, para encontrar y.

If $x = 0$,	Si $x = 3$,
$3x = y^2$	$3x = y^2$
$3(0) = y^2$	$3(3) = y^2$
$0 = y^2$	$9 = y^2$
$0 = y.$	$3 = y$ o $-3 = y.$

Los puntos (0, 0), (3, 3) y (3, −3) parecen ser puntos críticos; sin embargo, (3, −3) no tiene una $y \geq 0$. Los únicos extremos locales posibles para $f(x, y) = 9xy - x^3 - y^3 - 6$ ocurren en los puntos críticos (0, 0) o (3, 3). Para identificar cualquier extremo, use la prueba. Aquí

$$f_{xx} = -6x, \quad f_{yy} = -6y \quad \text{y} \quad f_{xy} = 9.$$

Pruebe cada uno de los puntos críticos.

Para (0, 0):

$$f_{xx}(0, 0) = -6(0) = 0, \quad f_{yy}(0, 0) = -6(0) = 0, \quad f_{xy}(0, 0) = 9,$$

de manera que $M = 0 \cdot 0 - 9^2 = -81$. Como $M < 0$, se tiene un punto silla en (0, 0).

Para (3, 3):

$$f_{xx}(3, 3) = -6(3) = -18, \quad f_{yy}(3, 3) = -6(3) = -18, \quad f_{xy}(3, 3) = 9,$$

de manera que $M = (-18)(-18) - 9^2 = 243$. Como $M > 0$ y $f_{xx}(3, 3) = -18 < 0$, se tiene un máximo local en (3, 3). ■ 3

3 Encuentre los extremos locales para

$$f(x, y) = \frac{2\sqrt{2}}{3}x^3 - xy + \frac{1}{3}y^3 - 10.$$

Respuesta:

Mínimo local en $\left(\frac{1}{2}, \frac{\sqrt{2}}{2}\right)$

EJEMPLO 4 Una empresa está desarrollando un nuevo refresco. El costo en dólares de producir un lote del refresco está aproximado por

$$C(x, y) = 2200 + 27x^3 - 72xy + 8y^2,$$

donde x es el número de kilogramos de azúcar por lote y y es el número de gramos de saborizante por lote.

(a) Encuentre las cantidades de azúcar y saborizante que conduce a un costo mínimo por lote.

Comience con las siguientes derivadas parciales.

$$C_x = 81x^2 - 72y \quad \text{y} \quad C_y = -72x + 16y$$

Haga cada ecuación igual a 0 y despeje y.

$$\begin{aligned} 81x^2 - 72y &= 0 & -72x + 16y &= 0 \\ -72y &= -81x^2 & 16y &= 72x \\ y &= \frac{9}{8}x^2 & y &= \frac{9}{2}x \end{aligned}$$

De la ecuación a la izquierda, $y \geq 0$. Como $(9/8)x^2$ y $(9/2)x$ son ambas igual a y, son iguales entre sí. Haga $(9/8)x^2$ igual a $(9/2)x$ y despeje x de la ecuación resultante.

$$\begin{aligned} \frac{9}{8}x^2 &= \frac{9}{2}x \\ 9x^2 &= 36x \\ 9x^2 - 36x &= 0 \\ 9x(x - 4) &= 0 \\ 9x = 0 \quad \text{o} \quad x - 4 &= 0 \end{aligned}$$

La ecuación $9x = 0$ conduce a $x = 0$, que no es una respuesta útil para nuestro problema. Sustituya $x = 4$ de $x - 4 = 0$ en $y = (9/2)x$ para encontrar y.

$$y = \frac{9}{2}x = \frac{9}{2}(4) = 18$$

Ahora revise para ver si el punto crítico (4, 18) conduce a un mínimo local. Para (4, 18),

$$C_{xx} = 162x = 162(4) = 648, \quad C_{yy} = 16 \quad \text{y} \quad C_{xy} = -72.$$

Además,

$$M = (648)(16) - (-72)^2 = 5184.$$

Como $M > 0$ y $C_{xx}(4, 18) > 0$, el costo en (4, 18) es un mínimo.

(b) ¿Cuál es el costo mínimo?

Para encontrar el costo mínimo, vuelva a la función de costo y evalúe $C(4, 18)$.

$$\begin{aligned} C(x, y) &= 2200 + 27x^3 - 72xy + 8y^2 \\ C(4, 18) &= 2200 + 27(4)^3 - 72(4)(18) + 8(18)^2 = 1336 \end{aligned}$$

El costo mínimo de un lote es \$1336. ■

12.3 EJERCICIOS

1. Compare y contraste las maneras de encontrar los puntos críticos de funciones con una variable independiente y de funciones con más de una variable independiente.

2. Compare y contraste la prueba de la segunda derivada para $y = f(x)$ y la prueba para extremos locales para $z = f(x, y)$.

Encuentre todos los puntos donde las siguientes funciones tienen extremos locales. Dé los valores de los extremos locales. Identifique los puntos silla (véanse los ejemplos 1-3).

3. $f(x, y) = 2x^2 + 4xy + 6y^2 - 8x - 10$

4. $f(x, y) = x^2 + xy + y^2 - 6x - 3$

5. $f(x, y) = x^2 - xy + 2y^2 + 2x + 6y + 8$

6. $f(x, y) = 3x^2 + 6xy + y^2 - 6x - 3y$

7. $f(x, y) = 2x^2 + 4xy + y^2 - 4x + 4y$

8. $f(x, y) = 4xy - 4x^2 - 2y^2 + 4x - 8y - 7$

9. $f(x, y) = 4xy - 10x^2 - 4y^2 + 8x + 8y + 9$

10. $f(x, y) = x^2 + xy + 3x + 2y - 6$

11. $f(x, y) = x^2 + xy - 2x - 2y + 2$

12. $f(x, y) = x^2 + xy + y^2 - 3x - 5$

13. $f(x, y) = x^2 - y^2 - 2x + 4y - 7$

14. $f(x, y) = 4x + 2y - x^2 + xy - y^2 + 3$

15. $f(x, y) = 2x^3 + 2y^2 - 12xy + 15$

16. $f(x, y) = 2x^2 + 4y^3 - 24xy + 18$

17. $f(x, y) = 3x^2 + 6y^3 - 36xy + 27$

18. $f(x, y) = 2y^3 + 5x^2 + 60xy + 25$

19. $f(x, y) = e^{xy}$ **20.** $f(x, y) = x^2 + e^y$

Las figuras (a)-(f) muestran las gráficas de las funciones definidas en los ejercicios 21-26. Encuentre todos los extremos locales para cada función y luego relacione la ecuación con su gráfica.

21. $z = -3xy + x^3 - y^3 + \frac{1}{8}$ **22.** $z = \frac{3}{2}y - \frac{1}{2}y^3 - x^2y + \frac{1}{16}$ **23.** $z = y^4 - 2y^2 + x^2 - \frac{17}{16}$

24. $z = -2x^3 - 3y^4 + 6xy^2 + \frac{1}{16}$ **25.** $z = -x^4 + y^4 + 2x^2 - 2y^2 + \frac{1}{16}$ **26.** $z = -y^4 + 4xy - 2x^2 + \frac{1}{16}$

(a)

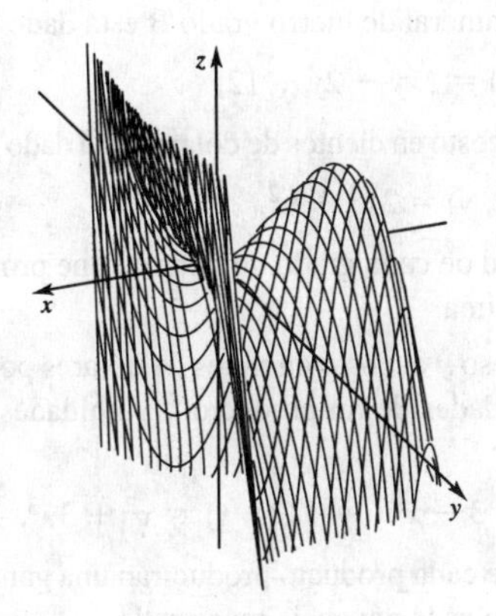

(b)

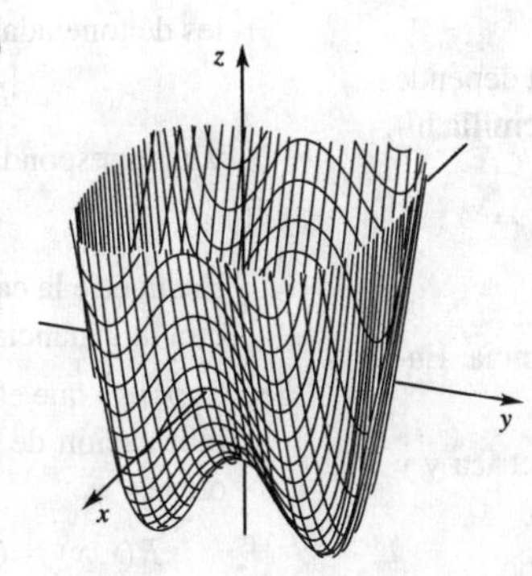

(c)

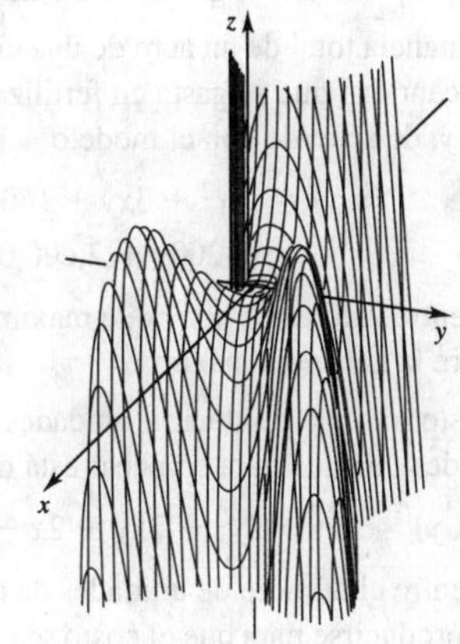

(d)

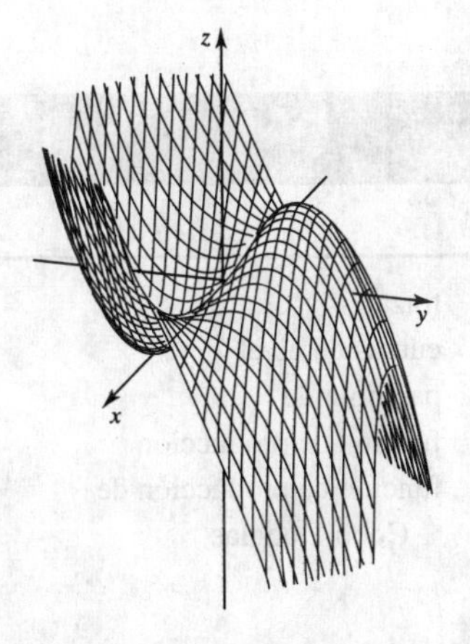

(e)

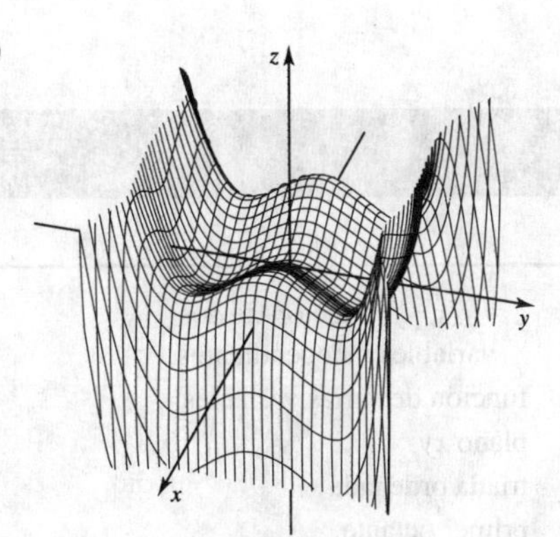

(f)

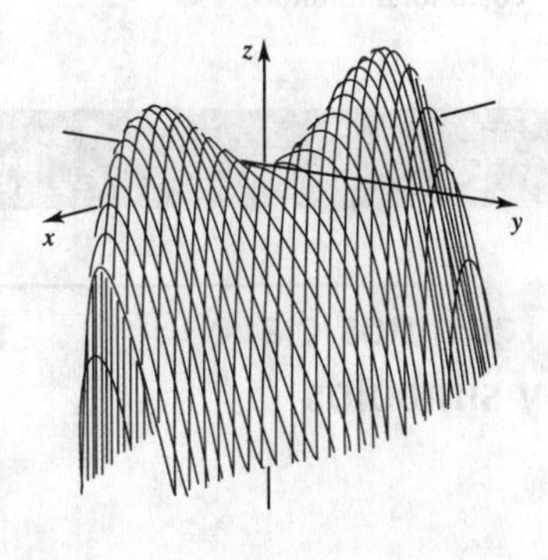

Administración *Resuelva los siguientes ejercicios (véase el ejemplo 4).*

27. Suponga que la ganancia de cierta compañía está aproximada por

$$P(x, y) = 1000 + 24x - x^2 + 80y - y^2,$$

donde x es el costo de una unidad de fuerza de trabajo y y es el costo de una unidad de bienes. Encuentre valores de x y y que maximicen la ganancia. Encuentre la ganancia máxima.

28. Los costos de la fuerza de trabajo en dólares para fabricar una cámara de precisión pueden estar aproximados por

$$L(x, y) = \frac{3}{2}x^2 + y^2 - 2x - 2y - 2xy + 68,$$

donde x es el número de horas requeridas por un operador y y es el número de horas requeridas por un obrero no especializado. Encuentre valores de x y y que minimicen el costo de la fuerza de trabajo. Encuentre el costo mínimo de la fuerza de trabajo.

29. La ganancia (en miles de dólares) por la venta de calculadoras graficadoras está aproximada por $P(x, y) = 800 - 2x^3 + 12xy - y^2$, donde x es el costo de una unidad de chips y y es el costo de una unidad de fuerza de trabajo. Encuentre la ganancia máxima y el costo de los chips y la fuerza de trabajo que producen la ganancia máxima.

30. La ganancia total de un acre de una cierta cosecha depende de la cantidad que se gasta en fertilizante x y en semilla híbrida y, de acuerdo con el modelo

$$P(x, y) = -x^2 + 3xy + 160x - 5y^2 + 200y + 2{,}600{,}000.$$

Encuentre valores de x y y que maximicen la ganancia. Encuentre la ganancia máxima.

31. El costo total de producir x unidades de cinta eléctrica y y unidades de cinta para empacar está dado por

$$C(x, y) = 2x^2 + 3y^2 - 2xy + 2x - 126y + 3800.$$

Encuentre el número de unidades de cada tipo de cinta que debe producirse para que el costo sea mínimo. Encuentre el costo total mínimo.

32. El ingreso total en miles de dólares por la venta de x tinas y y calentadores solares está aproximado por

$$R(x, y) = 12 + 74x + 85y - 3x^2 - 5y^2 - 5xy.$$

Encuentre el número de cada artículo que debe venderse para producir el ingreso máximo. Encuentre el ingreso máximo.

33. Una caja rectangular cerrada con capacidad de 27 metros cúbicos debe construirse con costo mínimo. Como el costo dependerá del área superficial, encuentre las dimensiones que minimizarán el área superficial de la caja.

34. Encuentre las dimensiones que minimizarán el área superficial (y en consecuencia, el costo) de un acuario rectangular, abierto en su parte superior, con un volumen de 32 pies cúbicos.

35. El servicio de correos de Estados Unidos requiere que cualquier caja que se envíe por correo tenga una longitud más perímetro (distancia alrededor) de no más de 108 pulgadas (véase el ejemplo 6 de la sección 10.13 para un caso especial). Encuentre las dimensiones de la caja con volumen máximo que puede enviarse.

36. Encuentre las dimensiones del tubo circular con volumen máximo que puede enviarse por el correo estadounidense. Vea el ejercicio 35.

37. El ingreso mensual en cientos de dólares por la producción de x miles de toneladas de mineral de hierro grado A y y miles de toneladas de mineral de hierro grado B está dado por

$$R(x, y) = 2xy + 2y + 12,$$

y el correspondiente costo en cientos de dólares está dado por

$$C(x, y) = 2x^2 + y^2.$$

Encuentre la cantidad de cada grado de mineral que producirá la ganancia máxima.

38. Suponga que el ingreso y el costo en miles de dólares por la fabricación de x unidades de un producto y y unidades de otro es

$$R(x, y) = 6xy + 3 - x^2 \quad \text{y} \quad C(x, y) = x^2 + 3y^3.$$

¿Cuántas unidades de cada producto producirán una ganancia máxima? ¿Cuánto es la ganancia máxima?

CAPÍTULO 12 RESUMEN

Términos clave y símbolos

12.1 $z = f(x, y)$ función de dos variables independientes
función de varias variables
plano xy
tríada ordenada
primer octante
superficie
traza
curvas de nivel
paraboloide
función de producción
función de producción de Cobb-Douglas

12.2 f_x o $\frac{\partial f}{\partial x}$ derivada parcial de f con respecto a x

$\frac{\partial}{\partial x}\left(\frac{\partial z}{\partial x}\right)$ o $\frac{\partial^2 z}{\partial x^2}$ o f_{xx} derivada parcial de segundo orden de $\partial z/\partial x$ (o f_x) con respecto a x

$\frac{\partial}{\partial y}\left(\frac{\partial z}{\partial x}\right)$ o $\frac{\partial^2 z}{\partial y \partial x}$ o f_{xy} derivada parcial de segundo orden de $\partial z/\partial x$ (o f_x) con respecto a y

12.3 punto silla
máximo local
mínimo local
punto crítico

Conceptos clave

La gráfica de $ax + by + cz = d$ es un **plano**.

La gráfica de $z = f(x, y)$ es una **superficie** en el espacio tridimensional.

La gráfica de $z = ax^2 + by^2$ es un **paraboloide**.

Derivadas parciales

La **derivada parcial de** f **con respecto a** x es la derivada de f encontrada al tratar x como una variable y y como una constante.

La **derivada parcial de** f **con respecto a** y es la derivada de f encontrada al tratar y como una variable y x como una constante.

Derivadas parciales de segundo orden

Para una función $z = f(x, y)$, si todas las derivadas parciales existen, entonces

$$\frac{\partial}{\partial x}\left(\frac{\partial z}{\partial x}\right) = \frac{\partial^2 z}{\partial x^2} = f_{xx} \qquad \frac{\partial}{\partial y}\left(\frac{\partial z}{\partial y}\right) = \frac{\partial^2 z}{\partial y^2} = f_{yy}$$

$$\frac{\partial}{\partial y}\left(\frac{\partial z}{\partial x}\right) = \frac{\partial^2 z}{\partial y \partial x} = f_{xy} \qquad \frac{\partial}{\partial x}\left(\frac{\partial z}{\partial y}\right) = \frac{\partial^2 z}{\partial x \partial y} = f_{yx}.$$

Extremos locales

Consideremos que (a, b) esté en el dominio de una función f.

1. f tiene un **máximo local** en (a, b) si existe una región circular en el plano xy con (a, b) en su interior tal que

$$f(a, b) \geq f(x, y)$$

para todo punto (x, y) en la región circular.

2. f tiene un **mínimo local** en (a, b) si existe una región circular en el plano xy con (a, b) en su interior tal que

$$f(a, b) \leq f(x, y)$$

para todo punto (x, y) en la región circular.

Si $f(a, b)$ es un extremo local, entonces $f_x(a, b) = 0$ y $f_y(a, b) = 0$.

Prueba para extremos locales

Suponga que $f(x, y)$ es una función tal que f_{xx}, f_{yy}, f_{xy} existen. Sea (a, b) un punto crítico para el cual $f_x(a, b) = 0$ y $f_y(a, b) = 0$. Sea $M = f_{xx}(a, b) \cdot f_{yy}(a, b) - [f_{xy}(a, b)]^2$.

Si $M > 0$ y $f_{xx}(a, b) < 0$, entonces f tiene un **máximo local** en (a, b).

Si $M > 0$ y $f_{xx}(a, b) > 0$, entonces f tiene un **mínimo local** en (a, b).

Si $M < 0$, entonces f tiene un **punto silla** en (a, b).

Si $M = 0$, la prueba **no da información**.

Capítulo 12 Ejercicios de repaso

Encuentre $f(-1, 2)$ y $f(6, -3)$ para cada una de las siguientes funciones.

1. $f(x, y) = 6y^2 - 5xy + 2x$

2. $f(x, y) = -3x + 2x^2y^2 + 5y$

3. $f(x, y) = \dfrac{2x - 4}{x + 3y}$ **4.** $f(x, y) = x\sqrt{x^2 + y^2}$

5. Describa la gráfica de $2x + y + 4z = 12$.

6. Describa la gráfica de $y = 2$ sobre un sistema coordenado tridimensional.

Haga la gráfica de la porción del primer octante de cada plano.

7. $x + 2y + 4z = 4$ **8.** $3x + 2y = 6$

9. $4x + 5y = 20$ **10.** $x = 6$

11. Sea $z = f(x, y) = -2x^2 + 5xy + y^2$. Encuentre lo siguiente.

(a) $\dfrac{\partial z}{\partial x}$ **(b)** $\dfrac{\partial z}{\partial y}(-1, 4)$ **(c)** $f_{xy}(2, -1)$

12. Sea $z = f(x, y) = \dfrac{2y + x^2}{3y - x}$. Encuentre lo siguiente.

(a) $\dfrac{\partial z}{\partial y}$ **(b)** $\dfrac{\partial z}{\partial x}(0, 2)$ **(c)** $f_{yy}(-1, 0)$

13. Explique la diferencia entre $\dfrac{\partial z}{\partial x}$ y $\dfrac{\partial z}{\partial y}$.

Encuentre f_x y f_y.

14. $f(x, y) = 3y - 7x^2y^3$ **15.** $f(x, y) = 4x^3y + 10xy^4$

16. $f(x, y) = \sqrt{3x^2 + 2y^2}$ **17.** $f(x, y) = \dfrac{3x - 2y^2}{x^2 + 4y}$

18. $f(x, y) = x^3e^{3y}$ **19.** $f(x, y) = (y + 1)^2e^{2x+y}$

20. $f(x, y) = \ln|x^2 - 4y^3|$ **21.** $f(x, y) = \ln|1 + x^3y^2|$

22. Explique la diferencia entre f_{xx} y f_{xy}.

Encuentre f_{xx} y f_{xy}.

23. $f(x, y) = 4x^3y^2 - 8xy$ **24.** $f(x, y) = -6xy^4 + x^2y$

25. $f(x, y) = \dfrac{2x}{x - 2y}$ **26.** $f(x, y) = \dfrac{3x + y}{x - 1}$

27. $f(x, y) = x^2e^y$ **28.** $f(x, y) = ye^{x^2}$

29. $f(x, y) = \ln(2 - x^2y)$ **30.** $f(x, y) = \ln(1 + 3xy^2)$

Encuentre todos los puntos donde las siguientes funciones tienen extremos locales. Encuentre los puntos silla.

31. $z = x^2 + 2y^2 - 4y$

32. $z = x^2 + y^2 + 9x - 8y + 1$

33. $f(x, y) = x^2 + 5xy - 10x + 3y^2 - 12y$

34. $z = x^3 - 8y^2 + 6xy + 4$

35. $z = x^3 + y^2 + 2xy - 4x - 3y - 2$

36. $f(x, y) = 7x^2 + y^2 - 3x + 6y - 5xy$

37. Escriba una función en términos de L, W y H que dé el material total requerido para construir la caja cerrada que se muestra en la figura.

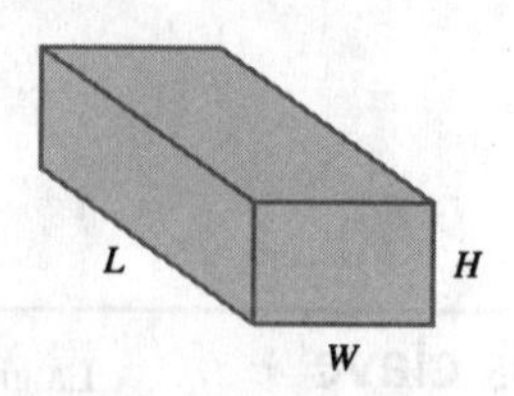

38. Administración El costo de fabricación en dólares de una computadora de tamaño mediano está dado por

$$c(x, y) = 2x + y^2 + 4xy + 25,$$

donde x es la capacidad de memoria (RAM) de la computadora en megabytes y y es el número de horas de fuerza de trabajo requeridas. Encuentre lo siguiente.

(a) $\dfrac{\partial c}{\partial x}(64, 6)$ **(b)** $\dfrac{\partial c}{\partial y}(128, 12)$

39. Administración El costo total en dólares de fabricar x celdas solares y y colectores solares es

$$c(x, y) = x^2 + 5y^2 + 4xy - 70x - 164y + 1800.$$

(a) Encuentre valores de x y y que produzcan un costo total mínimo.

(b) Encuentre el costo total mínimo.

40. Administración La ganancia total de 1 acre de cierta cosecha depende de la cantidad que se gasta en el fertilizante x y en semilla híbrida y, de acuerdo con el modelo

$$P(x, y) = .01(-x^2 + 3xy + 160x - 5y^2 + 200y + 2600).$$

El presupuesto para fertilizante y semilla está limitado a \$280.

(a) Use la restricción presupuestal para expresar una variable en términos de la otra. Luego sustituya en la función de ganancia para obtener una función con una variable independiente. Use el método que se muestra en el capítulo 10 para encontrar las cantidades que se gastan en fertilizante y semilla que maximizarán la ganancia. ¿Cuál es la ganancia máxima por acre? (*Sugerencia:* en todo este problema puede ignorar el coeficiente de 0.01 hasta que necesite encontrar la ganancia máxima.)

(b) Encuentre las cantidades gastadas en fertilizante y semilla que maximizan la ganancia mediante el método mostrado en este capítulo. (*Sugerencia:* no necesita usar la restricción presupuestal.)

(c) Comente sobre las relaciones entre los dos métodos.

Calculadoras graficadoras

PARTE 1 INTRODUCCIÓN

Las calculadoras graficadoras son generalmente superiores a las calculadoras científicas ordinarias, no sólo para trazar gráficas (lo que es de esperarse), sino también para efectuar cálculos de múltiples pasos. Sus pantallas exhiben típicamente 8 líneas de texto, por lo que usted puede ver qué números y funciones se anotaron. Se pueden editar y cambiar fácilmente esas entradas, sin perder su lugar en los cálculos.

Aunque hay calculadoras graficadoras en el mercado por tan sólo 40 dólares, es aconsejable tener cuidado al comprar las más baratas pues muchas de ellas carecen de las útiles características estándar presentes en los modelos más caros. Antes de comprar una calculadora graficadora, considere qué características son las que con mayor probabilidad necesite. La tabla que sigue podrá ayudarlo en esto. Muchas de las características mencionadas en la tabla se analizan en la siguiente parte de este apéndice.

Característica	*Usada en*
Capacidad de elaborar tablas	Capítulos 1-6
Localizador de raíces (Resolvente de ecuaciones)	Capítulos 1-5, 9-11
Funciones financieras	Capítulo 6
Operaciones matriciales por filas	Capítulos 7-8
Resolvente de sistemas de ecuaciones lineales	Capítulo 7
Localizador de máximos y mínimos	Capítulos 9-11
Localizador de intersecciones	Capítulos 3-5, 7-8, 9-11
Derivadas numéricas	Capítulos 9-11
Integración numérica	Capítulo 11

Los modelos actuales que tienen la mayoría o todas estas características son las TI-82/83/85/86/89/92, las Casio 9800/9850, las HP-38/48 y las Sharp 9200/9600. La mayoría de las calculadoras graficadoras tienen características adicionales que no intervienen en absoluto en este libro (como coordenadas polares, gráficas paramétricas y números complejos). Algunas, como la TI-92 y la HP-48, pueden efectuar operaciones simbólicas (como factorizar y encontrar derivadas).

CONSEJOS SOBRE CÓMO USAR UNA CALCULADORA GRAFICADORA

1. ASPECTOS BÁSICOS Las calculadoras graficadoras tienen 49 o más teclas. La mayoría de las computadoras de escritorio modernas tienen 101 teclas en sus teclados. Con menos teclas, cada una debe usarse para más acciones, por lo que encontrará teclas especiales de cambio de modo como **"2nd"**, **"shift"**, **"alpha"** y **"mode"**. Familiarícese con las capacidades de la máquina, la disposición del teclado, cómo ajustar el contraste de la pantalla, etc.

2. **EDICIÓN** Al teclear expresiones, usted puede detenerse en cualquier momento y usar las **teclas de flecha**, localizadas en la parte superior derecha del tablero, para mover el cursor a cualquier punto en el texto. Entonces puede hacer cambios con la tecla **"DEL"** para borrar y la tecla **"INS"** para insertar material ("INS" es la "segunda función" de "DEL"). Después de anotar una expresión o hacer un cálculo, puede aún editarse usando **edit/replay**, disponible en casi todos los modelos de calculadora. En las calculadoras TI (excepto la TI-81), use "2nd, ENTER" para volver a la expresión previamente tecleada. En las calculadoras CASIO, use la tecla flecha izquierda o derecha y en los modelos Sharp y HP-38 use la tecla flecha hacia arriba.
3. **NOTACIÓN CIENTÍFICA** Aprenda a teclear (enter) y leer datos en **notación científica**. Esta notación se usa cuando los números son muy grandes o demasiado pequeños (muchos ceros entre el punto decimal y el primer dígito significativo) para exhibirlos en la pantalla.
4. **GRAFICACIÓN DE FUNCIONES**
   - A. **Memoria de función** Aprenda a introducir funciones en **"function memory"** (tecla **"Y ="** en las TI, **"SYMB"** en la HP-38 y **"EQTN"** en las Sharp) y a marcarlas para trazar su gráfica. Dependiendo de la calculadora, puede almacenar de 4 a 99 funciones en la memoria de función, por lo que no tendrá que teclearlas cada vez que quiera usarlas.
   - B. **Ventana de observación** Use la tecla **"RANGE"** (tecla **"WINDOW"** o **"PLOT SETUP"** en algunas calculadoras) para determinar qué parte del plano coordenado aparecerá en la pantalla. Debe teclear los valores máximo y mínimo para x y y así como la distancia entre las marcas de referencia (*tick marks*) sobre los ejes (por ejemplo, $\text{Xsc1} = 1$ y $\text{Ysc1} = 2$ significa que las marcas de referencia estarán a una distancia de 1 unidad sobre el eje x y a 2 unidades sobre el eje y).
   - C. **Modo de graficación** Normalmente su calculadora está dispuesta para hacer gráficas en **"connected mode"**, lo que significa que marca los puntos y los une con una curva continua (esencialmente lo que hace usted al trazar la gráfica a mano, excepto que la calculadora marca más puntos). A veces (particularmente cuando hay interrupciones en la gráfica, como en una asíntota vertical), el modo conectado de graficación elabora gráficas con error o inexactas. En tales casos conviene cambiar el modo de graficar a **"DOT"**, de manera que la calculadora marque los puntos pero no los una.
   - D. **Traza** Con la característica **"Trace"**, las teclas flecha izquierda/derecha pueden usarse para mover el cursor a lo largo de la última curva trazada y los valores de x y y se muestran para cada punto marcado sobre la pantalla. Si se trazó más de una gráfica, en la mayoría de las calculadoras puede mover el cursor verticalmente entre las diferentes gráficas con las teclas flecha arriba/abajo.
   - E. **Amplificación** La característica **"zoom"** permite volver a dibujar rápidamente su gráfica usando menores rangos de valores de x y y (**"zoom in"**) o mayores rangos de valores (**"zoom out"**). Así es posible examinar con facilidad el comportamiento de una función dentro de la vecindad cercana de un punto particular o el comportamiento general visto desde más lejos.

F. Dibujo Con **"Plot"** o **"Draw"** puede mover el cursor a cualquier punto sobre la pantalla y hacer que la máquina marque un solo punto o que exhiba las "coordenadas de pantalla" del punto. Por ejemplo, en la Casio, el comando "Plot 2,3" hace que se marque este punto sobre la pantalla gráfica. Sin embargo, las "coordenadas de pantalla" suelen ser aproximaciones de los valores especificados.

RESOLUCIÓN DE ECUACIONES

1. ECUACIONES DE LA FORMA $f(x) = 0$ Una calculadora graficadora produce aproximaciones muy buenas para la solución de ecuaciones como

$$x^3 - 2x^2 + x - 1 = 0.$$

Para resolver esta ecuación, grafique la función $f(x) = x^3 - 2x^2 + x - 1$ (vea la figura 1). Los lugares donde la gráfica toca al eje x (las intersecciones con el eje x de $y = f(x)$) son los valores de x que hacen $f(x) = 0$, es decir, las soluciones de la ecuación. La figura 1 sugiere que en este caso hay una sola intersección con el eje x, localizada entre $x = 1$ y $x = 2$. En una calculadora típica, ésta puede localizarse con precisión de varias maneras.

Localizador gráfico de raíces En el menú CALC, MATH, G-SOLVE o FCN, localice la tecla "ZERO" o "ROOT". La sintaxis para este comando varía con cada calculadora. En algunas calculadoras se le pedirá especificar un límite inferior y uno superior (es decir, números a ambos lados de la intersección con el eje x que se busca) y posiblemente hacer una conjetura inicial. Consulte los detalles en su manual de instrucciones.* El localizador de raíces en una TI-83 muestra que la solución es $x \approx 1.7548777$ (figura 2).

Amplificador Use la característica de amplificación (*zoom-in*) de la calculadora o cambie repetidamente los rangos a mano, de manera que sólo se muestre una muy pequeña porción de la gráfica cercana a la intersección con el eje x. La figura 3, en la que los extremos del eje x son 1.7 y 1.8, muestra la ventana final de tal proceso. Las marcas de referencia sobre el eje x están separadas entre sí 0.01 unidades y la intersección con el eje x deseada está entre 1.75 y 1.76, en aproximadamente 1.754 o 1.755. Esto es muy similar a la aproximación obtenida con el localizador de raíces.

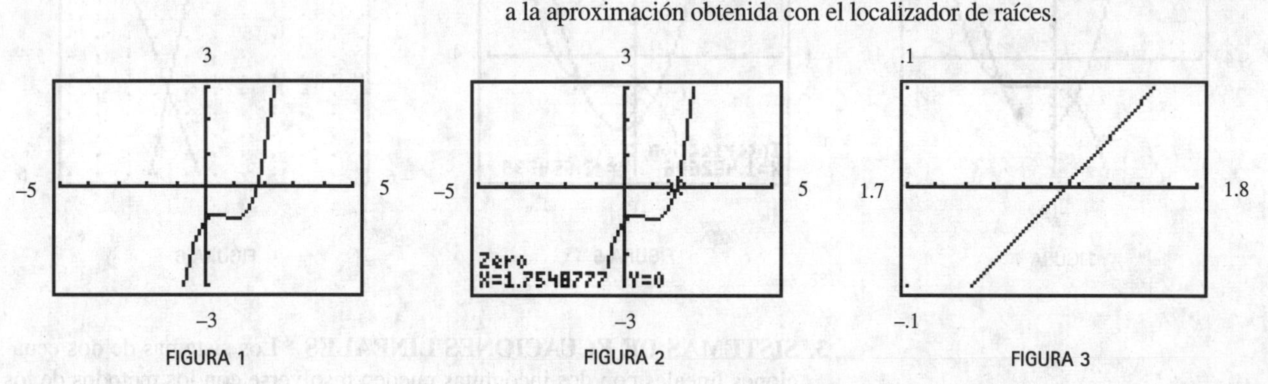

FIGURA 1 FIGURA 2 FIGURA 3

Resolvente de ecuaciones algebraicas Algunas calculadoras tienen también un resolvente de ecuaciones algebraicas que resuelven una ecuación sin tener que hacer primero su gráfica. Consulte su manual acerca de la sintaxis correcta.

*En el apéndice de programas se encuentran los que sirven para encontrar raíces para la TI-81 y la Casio 77/8700.

2. SISTEMAS DE DOS ECUACIONES CON DOS INCÓGNITAS Las calculadoras graficadoras pueden resolver sistemas de ecuaciones con dos variables encontrando los puntos de intersección. Por ejemplo, para resolver el sistema

$$y = x^3 - 2x^2 + x - 3$$
$$y = 4x^2 - 3x - 7,$$

haga la gráfica de ambas ecuaciones sobre la misma pantalla, como en la figura 4. Los puntos donde las gráficas se intersecan son los puntos (x, y) que satisfacen ambas ecuaciones, es decir, las soluciones del sistema. Pueden encontrarse de dos maneras.

Localizador gráfico de intersecciones En los menús CALC, MATH, G-SOLVE o FCN, busque una tecla designada "INTERSECTION" o "ISCT". La sintaxis para este comando varía en cada calculadora. En algunas calculadoras se le pedirá especificar las dos curvas y posiblemente hacer una conjetura inicial. Consulte los detalles en su manual de instrucciones. El localizador de intersecciones en una TI-83 (figura 5) muestra que el punto de intersección a la derecha del eje y tiene coordenadas

$$x \approx 1.482696 \quad \text{y} \quad y \approx -2.654539.$$

Ésta es una solución del sistema.

Amplificador Use la característica de amplificación (*zoom-in*) de la calculadora, o cambie a mano repetidamente los rangos, de manera que sólo una pequeña porción de la gráfica cercana a los puntos de intersección se muestre en la pantalla. La figura 6 (cuya gráfica se hizo en modo "grid on") muestra la ventana final de un proceso así. La retícula está determinada por las marcas de referencia en los ejes, que tienen una distancia de 0.01 unidad de separación entre sí. Mediante la característica traza (*trace*), estimamos que el punto de intersección tiene coordenadas (−.534, −4.257). La otra solución del sistema es $x \approx -.534$ y $y \approx -4.257$.

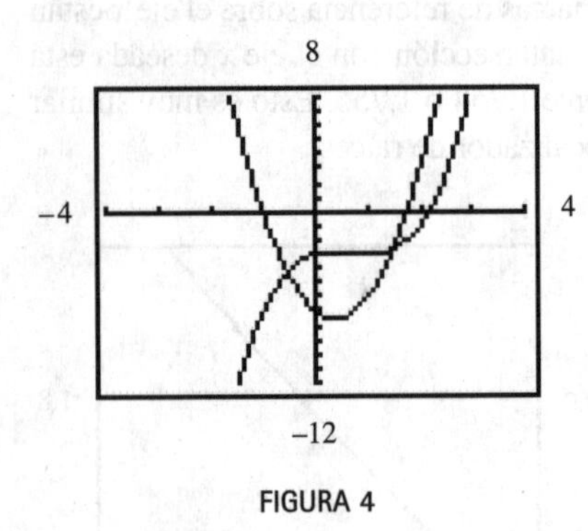

FIGURA 4

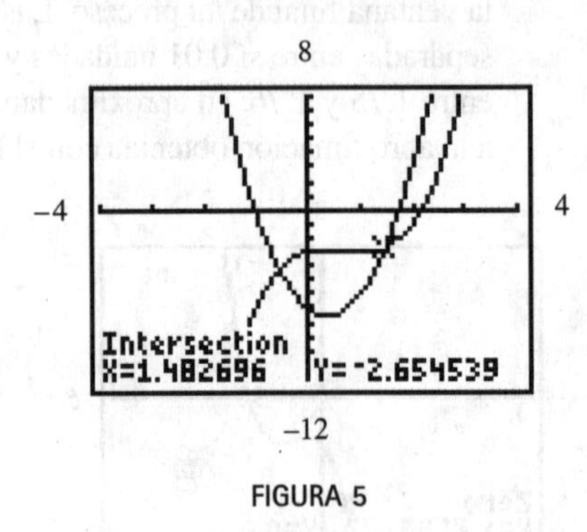

FIGURA 5

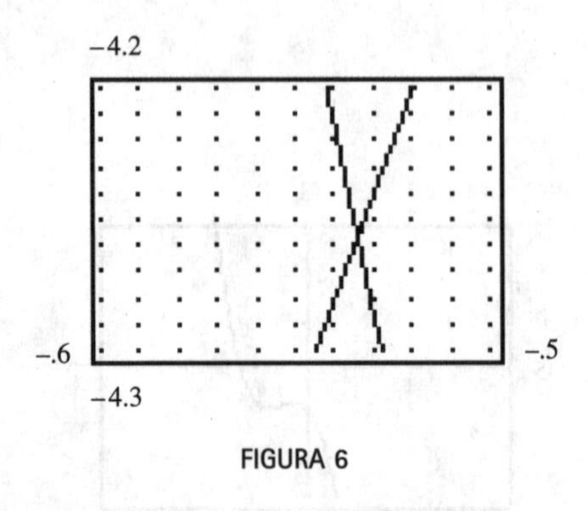

FIGURA 6

3. SISTEMAS DE ECUACIONES LINEALES Los sistemas de dos ecuaciones lineales con dos incógnitas pueden resolverse con los métodos de los párrafos anteriores. Algunas calculadoras tienen un resolvente de sistemas de ecuaciones lineales y todas las calculadoras graficadoras tienen capacidad de manejar matrices que permiten resolver sistemas más grandes mediante operaciones sobre renglones o matrices inversas. Esos procedimientos se describen en el capítulo 7 de este libro.

LOCALIZACIÓN DE MÁXIMOS Y MÍNIMOS DE FUNCIONES

La gráfica de $f(x) = x^3 + x^2 - 3x - 2$ se muestra en la figura 7. Una calculadora graficadora puede encontrar los valores máximo y mínimo locales de esta función (que corresponden gráficamente a la "cima de la montaña" a la izquierda del eje y y al "fondo del valle" a la derecha del eje y). Igual que con las raíces e intersecciones, esto puede hacerse de varias maneras.

Localizador de máximos y mínimos Para encontrar el máximo local (parte superior de la montaña), busque en los menús CALC, MATH, G-SOLVE o FCN una tecla designada "MAXIMUM", "MAX" o "EXTREMUM". La sintaxis de este comando varía en cada calculadora. En algunas calculadoras se le pedirá especificar los límites superior e inferior y posiblemente hacer una conjetura inicial. Consulte los detalles en su manual de instrucciones. El localizador de máximos en una TI-83 (figura 8) muestra que el máximo local ocurre cuando $x \approx -1.3874$ y $f(x) \approx 1.4165$.

Amplificador Use la característica de amplificación (*zoom-in*) de la calculadora, o cambie a mano repetidamente los rangos, de manera que sólo una pequeña porción de la gráfica cercana al punto mínimo local se muestre sobre la pantalla. La figura 9 (cuya gráfica se hizo en modo "grid on") muestra la ventana final de un proceso como éste. La retícula está determinada por las marcas de referencia sobre los ejes, que están separadas una distancia de 0.01 unidades entre sí sobre el eje x y 0.001 unidad sobre el eje y. Mediante la característica traza (*trace*) estimamos que el punto mínimo local tiene coordenadas aproximadas de (.721, −3.268). Así entonces, el mínimo local ocurre cuando $x \approx .721$ y $f(x) \approx -3.268$.

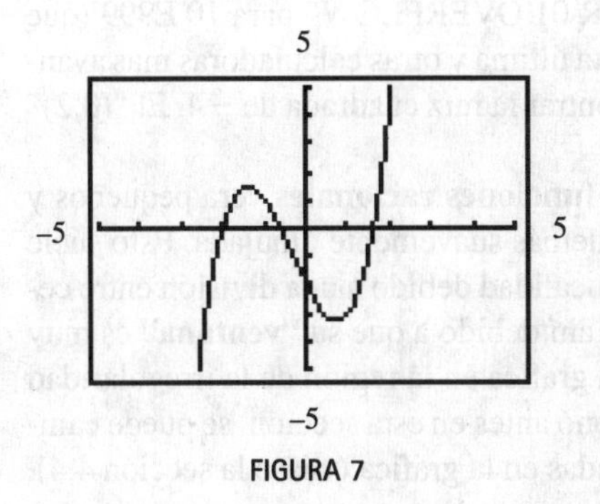

FIGURA 7

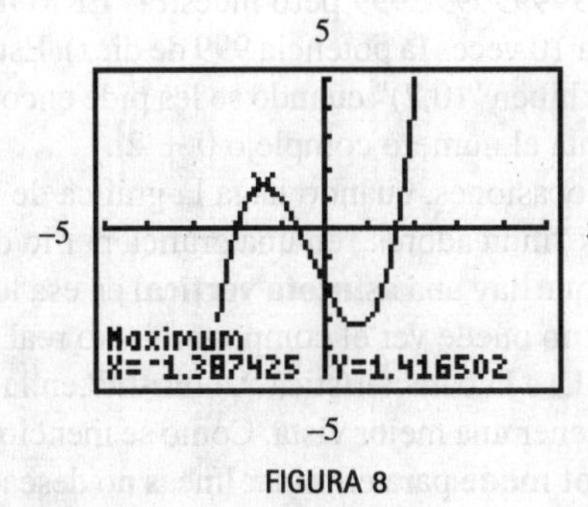

FIGURA 8

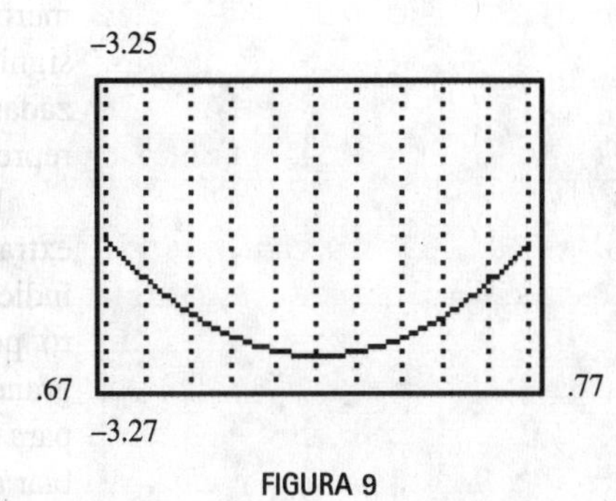

FIGURA 9

PROGRAMACIÓN

Muchas fórmulas y procesos relativamente complicados deben usarse con frecuencia (por ejemplo, las diversas fórmulas financieras del capítulo 6 y el método simplex del capítulo 8). En esos casos puede usar la característica de programación de una calculadora graficadora para automatizar este proceso. Una vez capturado un programa en la calculadora, puede llamarse siempre que se necesite. Típicamente, el programa pide al usuario teclear los datos necesarios (por ejemplo, el monto del préstamo, la tasa de interés y el número de pagos) y luego produce rápidamente la información deseada (por ejemplo, el pago mensual del préstamo). La sintaxis y los procedimientos de la programación varían en cada calculadora, por lo que debe consultar los detalles en su manual de instrucciones.

La parte 2 de este apéndice contiene útiles programas para varias calculadoras graficadoras. Esos programas son de dos tipos: programas para dar a las calculadoras de modelos anteriores algunas de las características que las calculadoras nuevas contienen (como la elaboración de tablas en la TI-81/85 o un localizador de raíces en la TI-81 y Casio 7700) y programas que efectúan tareas específicas (como fórmulas financieras, tablas de amortización y el método simplex).

ALGUNAS SUGERENCIAS PARA REDUCIR LA FRUSTRACIÓN

Todo mundo encuentra maneras de que las máquinas más simples cometan errores, aún sin intentarlo. Uno de los problemas más comunes con las calculadoras graficadoras es obtener una pantalla en blanco cuando se espera que aparezca una gráfica. Esto es el resultado de no fijar los valores **"Range"** en forma adecuada antes de hacer la gráfica de la función, aunque también es fácil que sea el resultado de introducir la función en forma incorrecta.

Otro error común es tener más paréntesis derechos que paréntesis izquierdos. Para confundirnos más aún, es perfectamente correcto tener más paréntesis izquierdos que paréntesis derechos para esas mismas calculadoras. Por ejemplo, la expresión $5(3 - 4(2 + 7)$ tiene dos paréntesis izquierdos y un paréntesis derecho, pero ésta se evaluará como $5(3 - 4(2 + 7))$.

El mensaje **"Ma ERROR"** aparece cuando un número es muy grande o cuando no está permitido. Si trata de encontrar la potencia 1000 de diez o de dividir un número entre cero, seguramente verá algún tipo de mensaje de error. Al presionar una de las teclas **"cursor"** de las Casio, verá al cursor parpadeando en la posición del error en su expresión. Cuando los modelos TI detectan un error, muestran un menú especial que enumera un número de código y un nombre para el tipo de error. Para ciertos tipos de errores se ofrece la opción **"Go to error"**. La TI-85 exhibirá el número 9.99999999E999 pero muestra "ERROR 01 OVERFLOW" para 10 E999 (que significa 10 veces la potencia 999 de diez). Esta última y otras calculadoras más avanzadas exhiben "(0,2)" cuando se les pide encontrar la raíz cuadrada de -4. El "(0,2)" representa el número complejo $0 + 2i$.

En ocasiones, cuando haga la gráfica de **funciones racionales** verá pequeños y extraños "indicadores" en una gráfica por lo demás suavemente dibujada. Esto suele indicar que hay una **asíntota vertical** en esa localidad debido a una división entre cero, pero no puede ver el comportamiento real ahí debido a que su **"ventana"** es muy grande. Use la característica **"zoom-in"** en la gráfica en la región de la irregularidad para obtener una mejor vista. Como se mencionó antes en esta sección, se puede cambiar a **dot mode** para eliminar líneas no deseadas en la gráfica (véase la sección 4.4).

ALGUNOS COMENTARIOS FINALES

Al estudiar matemáticas, es importante aprender los conceptos matemáticos suficientemente bien para tomar decisiones inteligentes acerca de cuándo usar y cuándo no usar apoyos de "alta tecnología" como computadoras y calculadoras graficadoras. Esas máquinas permiten experimentar con gráficas de relaciones matemáticas. Mucho puede aprenderse sobre el comportamiento de diferentes tipos de funciones mediante juegos del tipo "que pasa si" con las fórmulas. Sin embargo, en un examen con tiempo limitado tal vez se descubra invirtiendo demasiado tiempo en la calculadura graficadora cuando una solución algebraica rápida y un croquis burdo con lápiz y papel pueden ser más apropiados.

Para obtener un rendimiento máximo de su inversión, aprenda a usar tantas características de su calculadora como sea posible. Por supuesto, quizá algunas de las características no son de ninguna utilidad para usted, así que simplemente ignórelas. Es esencial una primera sesión de dos o tres horas con su calculadura graficadora y el manual del usuario. Asegúrese de tener su manual a la mano para consultarlo cuando sea necesario.

Una palabra final de advertencia: es muy entretenido usar esas calculadoras pero se puede volver adicto a ellas. Póngase límites de tiempo o descubrirá que ¡su calculadora graficadora ha sido más un detrimento que una ayuda de cálculo!

PARTE 2 APÉNDICE DE PROGRAMAS

CONTENIDO

1. Conversión de fracciones en TI-81, Casio y Sharp
2. Localización gráfica de raíces, localizador de máximos y mínimos y localizador de intersecciones en TI-81
3. Localización de raíces en Casio 7700/8700
4. Fórmula cuadrática
5. Elaboración de tablas en TI-81 y 85
6. Valores presente y futuro de una anualidad
7. Pago de un préstamo
8. Saldo en un préstamo después de n pagos
9. Tabla de amortización (en forma matricial) en TI (excepto TI-81) y Casio 9850
10. Tabla de amortizaciones (una línea a la vez) en TI-81, Casio y Sharp
11. Método simplex en TI (excepto TI-81) y Casio 9850
12. Derivación numérica en Casio 7700/8700
13. Aproximación por rectángulos de $\int_a^b f(x)\,dx$ (usando los extremos izquierdos)
14. Integración numérica (regla de Simpson) en TI-81

Los programas en esta lista son de dos tipos: programas que dan a las calculadoras de modelos anteriores algunas de las características contenidas en las más nuevas (como el localizador de raíces) y programas que efectúan tareas específicas que se vieron en este libro (como la programación lineal). Cada programa está precedido por una *descripción* que relata en términos generales cómo opera el programa y qué es lo que hace. Algunos programas requieren que se hagan primero ciertas cosas antes de correr el programa (como introducir una función en la memoria de función); esos requisitos se dan como *preliminares*. En ocasiones, aparecen observaciones en cursivas entre corchetes después de un paso del programa; *no* son parte del programa, más bien su propósito es proporcionarle ayuda cuando capture el programa en su calculadora. Una observación como "[*MATH NUN menu*]" significa que los símbolos o comandos necesarios para ese paso del programa están en el submenú NUM del menú MATH.

CONVERSIÓN DE FRACCIONES PARA LAS CALCULADORAS TI-81, CASIO Y SHARP

Descripción: teclee un decimal repetitivo; el programa lo convierte en una fracción. El denominador se muestra sobre la última línea y el numerador sobre la línea de arriba.

TI-81

```
:ClrHome
:Lbl 2
:Input N
:0 → D
:Lbl 1
:D + 1 → D
:If fPart round (ND, 7) ≠ 0    [MATH NUM menu]
:Goto 1
```

```
:Int (ND + .5) → N
:Disp N
:Disp D
```

CASIO

```
Fix 7
Lbl 2
"N = " ? → N
0 → D
Lbl 1
D + 1 → D
N × D
Rnd   [MATH NUM menu]
(Frc Ans) ≠ 0 ⇒ Goto 1   [MATH NUM menu]
(Ans + .5) → N
Norm   [DISP menu]
(Int N)◢
D
```

SHARP

```
Input n
d = 0
Label 1
d = d + 1
If fpart (10^7 · n · d) ≥ .5 Goto 3   [MATH menu]
t = ipart (10^7 · n · d)/10^7   [MATH menu]
Goto 4
Label 3
t = (ipart (10^7 · n · d) + 1)/10^7
Label 4
If fpart t ≠ 0 Goto 1
n = ipart (n · d + .5)
Print n
Print d
```

LOCALIZADOR GRÁFICO DE RAÍCES, LOCALIZADOR DE MÁX/MÍN Y LOCALIZADOR DE INTERSECCIONES PARA LAS CALCULADORAS TI-81

Preliminares: teclee la función cuyas raíces o valores extremos deben encontrarse, para introducirla en la memoria de función como Y_1. Si debe encontrarse un punto de intersección, teclee la otra función como Y_2. Fije el RANGO de manera que se muestren las porciones deseadas de la(s) gráfica(s).

Descripción: seleccione raíz, intersección o mín/máx. La(s) función(es) apropiada(s) se grafica(n). Use las teclas de flecha para mover el cursor cerca de la raíz deseada (intersección con el eje *x*), punto de intersección o extremo. Oprima ENTER y se mostrarán sus coordenadas aproximadas. (Si la calculadora continúa trabajando durante largo tiempo sin mostrar una respuesta, oprima ON para abandonar el programa. Córralo de nuevo pero escoja un punto diferente al anterior, cercano al punto que usted quiere encontrar.)

```
:ClrHome
:Disp "SELECT NUMBER, PRESS ENTER"
:Disp "1 = ROOT"
:Disp "2 = INTERSECTION"
:Disp "3 = MIN/MAX"
:Input C
:If C = 1
:Goto 1
:If C = 2
:Goto 2
:Goto 3
:Lbl 2
:"Y1 − Y2" → Y4   [Y-VARS menu]
:Y1 − On   [Y-VARS ON menu]
:Y2 − On
:Y3 − Off   [Y-VARS OFF menu]
:Y4 − Off
:Input
:Goto 4
:Lbl 3
:"NDeriv(Y1, .000001)" → Y4   [MATH menu]
:Y1 − On
:Y2 − Off
:Y3 − Off
:Y4 − Off
:Input
:Goto 4
:Lbl 1
:Y2 − Off
:Y3 − Off
:"Y1" → Y4
:Input
:Lbl 4
:X − Y4/NDeriv(Y4, .000001) → G   [Use the X|T key for X.]
:If abs (X − G) < .0000000001
:Goto 5
:G → X
:Goto 4
:Lbl 5
:ClrHome   [Optional]
:G → X
:Disp "X = "
:Disp X
:Disp "Y = "
:Disp Y1
```

LOCALIZADOR DE RAÍCES PARA CASIO 7700/8700

Preliminares: teclee la función cuyas raíces deben encontrarse en la memoria de ecuación como f_1.

Descripción: teclee dos números; el programa usa el método de bisección para encontrar una raíz (intersección con el eje x) de la función que se encuentra entre los dos números (en caso de que haya uno).

```
"LOWER BOUND"? → A
"UPPER BOUND"? → B
0 → K
Lbl 1
B → X   [Use the variable key for X.]
f1 → C   [7700/8700 FMEM menu]
C = 0 ⇒ Goto 5
((A + B) ÷ 2) → M
M → X
f1 → D
CD < 0 ⇒ Goto 2
M → A
Goto 3
Lbl 2
1 → K
M → B
Lbl 3
abs(B − A) < .000000001 ⇒ Goto 4
Goto 1
Lbl 4
(B + A) ÷ 2 → M
K = 0  ⇒  Goto 7
Lbl 8
"ROOT = "
M
Goto 6
Lbl 7
"NO SIGN CHANGE"
Goto 6
Lbl 5
A → M
Goto 8
Lbl 9
B → M
Goto 8
Lbl 6
```

FÓRMULA CUADRÁTICA

Descripción: teclee los coeficientes de la ecuación cuadrática $ax^2 + bx + c = 0$; el programa encuentra todas las soluciones reales.

TI-81/82/83

```
:ClrHome
:Disp "AX² + BX + C = 0"   [Optional]
```

```
:Prompt A†
:Prompt B†
:Prompt C†
:(B² − 4AC) → S
:If S < 0
:Goto 1
:Disp (−B + √S)/2A
:Disp (−B − √S)/2A
:Stop
:Lbl 1
:Disp "NO REAL ROOTS"
```

SHARP 9300

[*Da tanto las soluciones reales como las complejas cuando se selecciona el modo complejo.*]

```
Print "ax² + bx + c = 0"
x1 = (1/(2a))(−b + √(b² − 4ac) )
Print x1
x2 = (1/(2a))(−b − √(b² − 4ac) )
Print x2
```

CASIO 7700/8700

```
"AX² + BX + C = 0"   [Optional]
"A =" ? → A
"B =" ? → B
"C =" ? → C
B² − 4AC → D
D < 0 ⇒ Goto 1
(−B + √D) ÷ (2A)
(−B − √D) ÷ (2A)
Goto 2
Lbl 1
"NO REAL ROOTS"
Lbl 2
```

---

†*En la TI-81, reemplace* Prompt A *con dos líneas:* :Disp "A = " *y* :Input A.

ELABORADOR DE TABLAS PARA LAS T1-81 Y 85

Preliminares: teclee la función que va a evaluar para introducirla en la memoria de función como Y_1.

Descripción: seleccione un punto inicial y un incremento (la cantidad en que las entradas adyacentes x difieren); el programa exhibe una tabla de valores de la función. Para recorrer la tabla página por página, oprima "down" o "up" en la TI-85, y "0 ENTER" o "1 ENTER" en la TI-81. Para terminar el programa, oprima "quit" en la TI-85 o "2 ENTER" en la TI-81. (*Nota:* un mensaje de error aparecerá si la calculadora intenta evaluar la función en un número para el cual no está definida. En este caso, cambie el punto inicial o increméntelo para evitar el punto de indefinición.)

TI-81

```
:ClrHome
:Disp "START AT"
:Input A
:Disp "INCREMENT"
:Input D
:6 → Arow   [VARS DIM menu]
:2 → Acol   [VARS DIM menu]
:A → X   [Use the variable key for X.]
:1 → J
:Lbl 1
:X → [A](J,1)   [Second function of 1]
:Y1 → [A](J,2)   [Y-VARS menu]
:J + 1 → J
:If J > 6
:Goto 2
:X + D → X
:Goto 1
:Lbl 2
:Disp [A]
:Disp "0 = DN 1 = UP 2 = QT"
:Input K
:If K = 2
:Stop
:If K = 1
:Goto 4
:1 → J
:X + D → X
:Goto 1
:Lbl 4
:1 → J
:X − 11D → X
:Goto 1
```

TI-85

```
:Lbl SETUP
:ClLCD
:Disp "TABLE SETUP"
:Input "TblMin = ", tblmin
:Input "ΔTbl = ", dtbl   [CHAR GREEK menu]
:tblmin → x   [Use the x-var key for x.]
:Lbl CONTD
:ClLCD
:Outpt(1,1,"x")   [I/O menu]
:Outpt(1,10,"y1")
:For (cnt,2,7.1)
:Outpt(cnt,1,x)
:Outpt(cnt,8," ")
:Outpt(cnt,9,y1)
:x + dtbl → x
```

```
:End
:Menu(1,"Down", CONTD, 2, "UP", CONTU, 4, "SETUP", SETUP, 5, "quit",
   TQUIT)
:Lbl CONTU
:x − 12*dtbl → x
:Goto CONTD
:Lbl TQUIT
:ClLCD
:Stop
```

VALOR PRESENTE Y FUTURO DE UNA ANUALIDAD

Descripción: teclee la información requerida acerca de la anualidad ordinaria: el pago periódico, la tasa de interés por periodo y el número de pagos. El programa muestra el valor presente y el valor futuro de esta anualidad.

TI

```
ClrHome   [labeled ClLCD on TI-85/86]
Disp "PAYMENT"
Input R
Disp "RATE"
Input I
Disp "NUMBER OF PYMTS"
Input N
Disp "PRESENT VALUE"
Disp round (R(1 − (1 + I)^−N)/I,2)†   [MATH NUM menu]
Disp "FUTURE VALUE"
Disp round(R((1 + I)^N − 1)/I,2)
```

CASIO

```
Fix 2   [DISP or SETUP DISPLAY menu]
"PAYMENT"? → R
"RATE"? → I
"NUMBER OF PYMTS"? → N
"PRESENT VALUE"
R(1 − (1 + I)^−N)/I
"FUTURE VALUE"
R((1 + I)^N − 1)/I
```

SHARP

```
Print "p = payment"
Print "i = interest"
Print "n = number of pymts"
presentvalue = p(1 − (1 + i)^−n)/i
Print presentvalue
futurevalue = p((1 + i)^n − 1)/i
```

†En la TI-81, reemplace esta línea (y otras iguales a ésta) con dos líneas: round(R(1 − (1 + I)$^{-N}$)/I,2) → F y Disp F.

PAGO DE UN PRÉSTAMO

Descripción: teclee el monto del préstamo, la tasa de interés por periodo de pago y el número de pagos; el programa muestra el pago periódico.

TI

ClrHome [*labeled ClLCD on TI-85/86*]
Disp "AMOUNT"
Input P
Disp "RATE PER PERIOD"
Input I
Disp "NUMBER OF PYMTS"
Input N
Disp "PAYMENT"
Disp round $(P((1 - (1 + I)^{-N})/I)^{-1}, 2)$† [*MATH NUM menu*]

CASIO

Fix 2 [*DISP* or *SETUP DISPLAY menu*]
"AMOUNT"? → P
"RATE"? → I
"NUMBER OF PYMTS"? → N
$P((1 - (1 + I)^{-N})/I)^{-1}$

SHARP

Print "p = amount"
Print "i = rate per period"
Print "n = number of pymts"
payment = $p((1 - (1 + i)^{-n})/i)^{-1}$

†En la TI-81, reemplace esta línea por dos líneas: round $(P((1 - (1 + I)^{-N})/I)^{-1}, 2)$ → F y Disp F.

SALDO DE UN PRÉSTAMO DESPUÉS DE *n* PAGOS

Descripción: teclee el monto del préstamo (saldo inicial), la tasa de interés por periodo de pago y el número de pagos; el programa muestra el saldo restante. Esto sirve para calcular la cantidad por liquidar cuando un préstamo se paga por adelantado.

TI

ClrHome [*labeled ClLCD on TI-85/86*]
Disp "STARTING BALANCE"
Input b
Disp "RATE PER PERIOD"
Input I
Disp "PAYMENT"
Input P
Disp "NUMBER OF PYMTS"
Input N
1 → K
Lbl 1
(B − P + round(B · I,2)) → B [*MATH NUM menu*]
K + 1 → K

```
If K ≤ N
Goto 1
Disp "ENDING BALANCE"
Disp B
```

CASIO

```
Fix 2   [DISP or SETUP DISPLAY menu]
"STARTING BALANCE"? → B
"RATE PER PERIOD"? → I
"PAYMENT"? → P
"NUMBER OF PYMTS"? → N
1 → K
Lbl 1
B · I
Rnd   [MATH NUM or OPTN NUM menu]
Ans → S
B − P + S → B
K + 1 → K
K ≤ N ⇒ Goto 1
"ENDING BALANCE"
B
```

SHARP

```
Print "starting balance"
Input b
Print "rate per period"
Input i
Print "payment"
Input p
Print "number of payments"
Input n
k = 1
Label 1
If fpart(100 · b · i) ≥ .5 Goto 2   [MATH menu]
t = ipart(100 · b · i)/100   [MATH menu]
Goto 3
Label 2
t = (ipart(100 · b · i) + 1)/100
Label 3
b = b − p + t
k = k + 1
If k ≤ n Goto 1
Print "ending balance"
Print b
```

TABLA DE AMORTIZACIÓN (EN FORMA MATRICIAL) PARA LAS TI (EXCEPTO LA TI-81) Y LA CASIO 9850

Preliminares: no se requieren preliminares para las calculadoras TI. Antes de correr el programa en la Casio 9850, abra el editor de matrices y cambie las dimensiones de Mat A a $N \times 5$, donde N es el número de pagos.

Descripción: teclee la información apropiada sobre el préstamo; el programa muestra una tabla de amortizaciones para el préstamo en forma de matriz, que usted puede recorrer usando las teclas de flecha. En esta tabla, las cinco columnas verticales son:

número de pagos	monto del pago	interés por periodo	porción de capital	nuevo saldo

Para completar el programa, oprima ENTER y se mostrarán los pagos totales efectuados y el interés total pagado. Cuando el programa está terminado, la tabla quedará almacenada como una matriz A, de manera que usted pueda llamarla y examinarla posteriormente (hasta que el programa se corra de nuevo y una nueva tabla tome su lugar).

Cuando el pago regular es muy pequeño, el pago final puede ser bastante grande. Cuando el pago regular es demasiado grande, el pago final puede ocurrir antes que se alcance *N*, donde *N* es el número de pagos que se tecleó al principio del programa. En este caso la matriz tendrá menos de *N* renglones (TI) o tendrá datos cero en los renglones debajo del renglón *N* (Casio).

TI

```
ClrHome   [labeled ClLCD on TI-85/86]
Disp "STARTING BALANCE"
Input B
Disp "RATE PER PERIOD"
Input I
Disp "PAYMENT"
Input P
Disp "NUMBER OF PYMTS"
Input N
{N, 5} → dim [A]
1 → K
0 → W
Lbl 1
If K = N + 1
Then
Pause [A]
ClrHome
Disp "TOTAL PAYMENTS"
Disp (J – 1) · P + [A](J, 2)
Disp "TOTAL INTEREST"
Disp W + [A] (J, 3)
Stop
End
K → [A](K, 1)
P → [A](K, 2)
round (I · B, 2) → [A](K, 3)
[A](K, 3) + W → W
P – [A](K, 3) → [A](K, 4)
B – [A](K, 4) → [A](K, 5)
[A](K, 5) → B
K + 1 → K
If K = N
```

```
Goto 2
If B ≤ P
Goto 2
Goto 1
Lbl 2
K → [A](K, 1)
B + round(B · I, 2) → [A](K, 2)
round (B · I, 2) → [A](K, 3)
[A](K, 2) − [A](K, 3) → [A](K, 4)
B − [A](K, 4) → [A](K, 5)
{K, 5} → dim [A]
K → J
N + 1 → K
Goto 1
```

CASIO 9850

```
Fill (0, Mat A)
Fix 2
"STARTING BALANCE"? → B
"RATE PER PERIOD"? → I
"PAYMENT"? → P
"NUMBER OF PYMTS"? → N
1 → K
0 → W
Lbl 1
If K = N + 1
Then Mat A◢
Clr Text
"TOTAL PAYMENTS"
(J − 1) · P + Mat A[J, 2]◢
"TOTAL INTEREST"
W + Mat A[J, 3]
Norm
Stop
IfEnd
K → Mat A[K, 1]
P → Mat A[K, 2]
I · B
rnd
Ans → Mat A[K, 3]
Mat A[K, 3] + W → W
P − Mat A[K, 3] → Mat A[K, 4]
B − Mat A[K, 4] → Mat A[K, 5]
Mat A[K, 5] → B
K + 1 → K
K = N ⇒ Goto 2
B ≤ P ⇒ Goto 2
Goto 1
Lbl 2
K → Mat A[K, 1]
```

```
B · I
rnd
Ans → S
B + S → Mat A[K, 2]
S → Mat A[K, 3]
Mat A[K, 2] − Mat A[K, 3] → Mat A[K, 4]
B − Mat A[K, 4] → Mat A[K, 5]
K → J
N + 1 → K
Goto 1
```

TABLA DE AMORTIZACIÓN (UNA LÍNEA A LA VEZ) PARA LAS TI-81, CASIO Y SHARP

Descripción: teclee la información apropiada sobre el préstamo; el programa muestra los siguientes datos del primer renglón de la tabla de amortización.

número de pagos   interés por periodo   porción al capital   saldo nuevo

En Casio y Sharp, sólo aparecerán una o dos piezas de información a la vez (oprima ENTER para ver las restantes). Oprima ENTER y la misma información se muestra para el segundo renglón de la tabla de amortización. Continúe de esta manera por los renglones restantes de la tabla. Luego oprima ENTER de nuevo para ver los pagos totales efectuados y el interés total pagado.

TI-81

```
ClrHome
Disp "STARTING BALANCE"
Input B
Disp "RATE PER PERIOD"
Input I
Disp "PAYMENT"
Input P
Disp "NUMBER OF PYMTS"
Input N
1 → K
0 → W
Lbl 1
ClrHome
Disp K
round (I · B, 2) → R
Disp "INTEREST"
Disp R
B + W → W
P − R → S
Disp "PRINCIPAL"
Disp S
B − S → T
Disp "NEW BALANCE"
Disp T
Pause
```

```
T → B
K + 1 → K
If K = N
Goto 2
If B ≤ P
Goto 2
Goto 1
Lbl 2
ClrHome
B + round (B · I, 2) → Q
Disp "LAST PAYMENT"
Disp Q
Disp "INTEREST"
round (I · B, 2) → S
Disp S
Q − S → T
Disp "PRINCIPAL"
Disp T
Pause
ClrHome
Disp "TOTAL PAYMENTS"
Disp (K − 1) · P + Q
Disp "TOTAL INTEREST"
Disp W + S
```

CASIO

```
Fix 2
"STARTING BALANCE"? → B
"RATE PER PERIOD"? → I
"PAYMENT"? → P
"NUMBER OF PYMTS"? → N
1 → K
0 → W
Lbl 1
"PAYMENT NUMBER"
K◢
"INTEREST"
I · B → R◢
R + W → W
P − R → S
"PRINCIPAL"
S◢
B − S → T
"NEW BALANCE"
T◢
T → B
K + 1 → K
K = N ⇒ Goto 2
B ≤ P ⇒ Goto 2
Goto 1
```

```
Lbl 2
"LAST PAYMENT"
B
rnd
Ans → B
B × I
rnd
Ans → S
B + S → Q◢
"INTEREST"
S◢
"PRINCIPAL"
Q − S → T◢
"TOTAL PAYMENTS"
(K − 1) · P + Q◢
"TOTAL INTEREST"
W + S
```

SHARP

```
Print "starting balance"
Input b
Print "rate per period"
Input i
Print "payment"
Input p
Print "number of pymts"
Input n
k = 1
w = 0
j = 0
Label 1
ClrT
Print "payment number"
Print K
Label 6
If fpart(100 · b · i) < .5 goto 3    [MATH menu]
r = (ipart(100 · b · i) + 1)/100    [MATH menu]
If j = 0 goto 4
If j = 1 goto 7
Label 3
r = ipart(100 · b · i)/100
If j = 0 goto 4
If j = 1 goto 7
Label 4
Print "interest"
Print r
Wait
w = r + w
s = p − r
Print "principal"
```

```
Print s
t = b − s
Print "new balance"
Print t
Wait
b = t
k = k + 1
If k = n goto 5
If b ≤ p goto 5
Goto 1
Label 5
j = 1
Goto 6
Label 7
ClrT
Print "last payment"
f = b + r
Print f
Print "interest"
Print r
Wait
Print "principal"
Print b
Wait
ClrT
Print "total payments"
t = (k − 1) · p + b + r
Print t
Print "total interest"
m = w + r
Print m
```

MÉTODO SIMPLEX PARA LAS TI (EXCEPTO LA TI-81) Y LA CASIO 9850

Preliminares: antes de correr el programa, teclee la matriz inicial simplex en la memoria de matriz como matriz A. Ésta permanece ahí cuando se corre el programa.
Descripción: cuando se teclea la matriz inicial simplex, el programa efectúa la primera ronda de pivoteo y muestra la matriz simplex resultante, que puede examinarse con las teclas de flecha para recorrerla. Al oprimir ENTER, se efectúa la siguiente ronda de pivoteo, etc., hasta que se alcanza la matriz simplex final. La matriz simplex final se almacena en la memoria de matriz como matriz B.

TI

NOTA El programa está escrito para TI-82/83 donde las memorias de matriz se denotan [A], [B], etc. Para las TI-85/86/92, use A, B en vez de [A], [B]. De la misma manera, en las TI-82/83, las memorias de lista son las teclas L1, L2, etc. del teclado. Para las TI-85/86/92, simplemente teclee L1, L2, etc. ◆

```
ClrHome    [labeled ClLCD on TI-85/86]
[A] → [B]
```

```
dim [B] → L1   [MATRIX MATH or MATRIX OPS menu]
L1(1) → R
L1(2) → S
seq([B](R,I,1,S − 1)) → L2   [LIST OPS menu]
min(L2) → T   [LIST MATH or LIST OPS menu]
If T ≥ 0   [TEST menu]
Goto 1   [Aquí y abajo en las TI-85/86, use P1, P2, etc. en vez de 1, 2 para las te-
         clas de los números.]
Lbl 13   [P13 en vez de 13 en las TI-85/86]
1 → J
Lbl 2
If [B](R,J) = T   [TEST menu; aquí y abajo, use = = en vez de = en las TI-85/86.]
Goto 3
J + 1 → J
Goto 2
Lbl 3
1 → K
Lbl 6
If [B](K,J) ≤ 0
Goto 4
[[[B](K,S)/[B](K,J)]] → [E]
K + 1 → K
Lbl 7
If [B](K,J) ≤ 0
Goto 5
augment ([E], [[[B](K, S)/[B](K, J)]]) → [E]   ["aug" on TI-85/86; in MATRIX
                                                 MATH or MATRIX OPS menu]
K + 1 → K
Goto 7
Lbl 8
dim ([E]) → L3
seq([E] (1, I), I, 1, L3 (2)) → L4
min (L4) → M
1 → I
Lbl 10
If [B](I, J) = 0
Goto 14
If [B](I, S)/[B](I, J) = M
Goto 11
I + 1 → I
Goto 10
Lbl 11
If I = 1
Goto 12
*row ([B](I, J)^-1, [B],I) → [B]   [MATRIX MATH o MATRIX OPS menu; en las
                                    TI-85/86 *row es la tecla MultR.]
For (K, 1, I − 1, 1)
*row+ (−[B](K, J), [B], I, K) → [B]   [MATRIX MATH o MATRIX OPS menu; en las
End                                    TI-85/86 *row+ esla tecla mRAdd.]
For (K, I + 1, R, 1)
*row+ (−[B](K, J), [B], I, K) → [B]
```

```
End
round ([B], 9) → [B]   [MATH NUM menu; use 11 in place of 9 on TI-85/86.]
seq ([B] (R, I), I, 1, S – 1) → L2
min (L2) → T
If T ≥ 0
Goto 1
ClrHome
Pause [B]▶FRAC   [MATH or MATH MISC menu]
Goto 13
Lbl 12
*row ([B](I, J)^-1, [B], 1) → [B]
For (K, 2, R, 1)
*row+ (–[B](K, J), [B], 1, K) → [B]
End
round ([B], 9) → [B]
seq ([B] (R, I), I, 1, S – 1) → L2
min (L2) → T
If T ≥ 0
Goto 1
ClrHome
Pause [B]▶FRAC
Goto 13
Lbl 4
K + 1 → K
If K > (R – 1)
Goto 9
Goto 6
Lbl 5
K + 1 → K
If K > (R – 1)
Goto 8
Goto 7
Lbl 1
ClrHome
Disp "FINAL SIMPLEX"
Disp "MATRIX"
Disp "      "
Pause [B]▶FRAC
Stop
Lbl 9
Disp "NO MAXIMUM SOLUTION"
Stop
Lbl 14
I + 1 → I
Goto 10
```

CASIO 9850

```
Mat A → Mat B
"INITIAL SIMPLEX"
"MATRIX"
"NUMBER OF ROWS"? → R
```

```
"NUMBER OF COLS"? → S
1 → J
1 → I
Lbl 2
Mat B[R, I] → T
Lbl 1
I + 1 → I
I > (S − 1) ⇒ Goto 3
Mat B[R,I] ≥ T ⇒ Goto 1
I → J
Goto 2
Lbl 3
T ≥ 0 ⇒ Goto 4
10^10 → u
0 → K
Lbl 5
K + 1 → K
K > (R − 1) ⇒ Goto 6
Mat B[K, J] ≤ 0 ⇒ Goto 5
Mat B[K, S]/Mat B[K, J] < u ⇒ K → I
Mat B[K, S]/Mat B[K, J] < u ⇒ Mat B[K, S]/Mat B[K, J] → u
Goto 5
Lbl 6
u ≤ 10^10 ⇒ Goto 8
I = 1 ⇒ Goto 7
*Row Mat B[I, J]^-1, B, I
For 1 → K to I − 1
*Row + −Mat B[K, J], B, I, K
Next
For I + 1 → K to R
*Row + −Mat B[K, J], B, I, K
Next
1 → J
1 → I
Mat B[R, I] → T
Lbl 9
I + 1 → I
I > (S − 1) ⇒ Goto 0
Mat B[R, I] ≥ T ⇒ Goto 9
I → J
Mat B[R, I] → T
Goto 9
Lbl 0
T ≥ 0 ⇒ Goto 4
Mat B◢
Goto 3
Lbl 7
*Row Mat B[1, J]^-1, B, 1
For 2 → K to R
*Row + −Mat B[K, J], B, 1, K
Next
```

```
1 → I
Mat B[R, I] → T
Goto 9
Lbl4
"FINAL SIMPLEX MATRIX"
Mat B◢
STOP
Lbl 8
"NO MAXIMUM SOLUTION"
```

DERIVACIÓN NUMÉRICA PARA LAS CASIO 7700/8700

Preliminares: antes de correr el programa, introduzca la función en la memoria de función como f_1.
Descripción: el programa aproxima el valor de la derivada de una función a un valor específico de x.

```
"X"? → A   [Use las teclas x, θ, t para X.]
A + .0001 → X
f1 → B
A − .0001 → X
f1 → C
(B − C)/.0002
```

APROXIMACIÓN CON RECTÁNGULOS $\int_a^b f(x)\,dx$ (USANDO LOS EXTREMOS IZQUIERDOS)

Preliminares: introduzca la función $f(x)$ en la memoria de función como Y_1 o f_1.
Descripción: introduzca los extremos a y b y el número de rectángulos que se usará. El programa aproxima el valor de la integral usando los extremos izquierdos.

TI

```
ClrHome   [tecla ClLCD en las TI-85/86]
Disp "A = "
Input A
Disp "B = "
Input B
Disp "N = "
Input N
(B − A)/N → 0
0 → S
For (K, 0, N − 1, 1)  ⎫
(A + K · D) → X       ⎪
Y1 + S → S            ⎬ [[En la TI-81, reemplace esas cinco líneas
End                   ⎪   por:
Disp D · S            ⎭
                            K → 0
                            Lbl 1
                            A + K · D → X
                            Y1 + S → S
                            K + 1 → K
                            If K < N
                            Goto 1
                            Disp D · S]]
```

CASIO

```
"A = "? → A
"B = "? → B
"N = "? → N
(B − A)/N → D
O → S
O → K
Lbl 1
A + K · D → X
f1 + S → S
K + 1 → K
K < N ⇒ Goto 1
D · S
```

INTEGRACIÓN NUMÉRICA (REGLA DE SIMPSON) PARA LA TI-81

Preliminares: introduzca la función que va a integrarse en la memoria de función como Y_1.
Descripción: introduzca a, b y n (número de subdivisiones que se usará); el programa calcula el valor aproximado de $\int_a^b f(x)\,dx$.

```
ClrHome
Disp "A = "
Input A
Disp "B = "
Input B
Disp "N = "
Input N
(B − A)/N → D
O → S
A → X
Y1 → S
B → X
(Y1 + S) → S
For (K, 1, N/2, 1)
(A + (2K − 1) · D) → X
(4Y1 + S) → S
End
For (K, 1, N/2 − 1, 1)
(A + 2K · D) → X
(2Y1 + S) → S
End
Disp S · D/3
```

APÉNDICE B

Tabla

TABLA 1 Integrales

(C es una constante arbitraria.)

1. $\int x^n\,dx = \frac{1}{n+1}x^{n+1} + C \quad (n \neq -1)$

2. $\int e^{kx}\,dx = \frac{1}{k}e^{kx} + C$

3. $\int \frac{a}{x}\,dx = a\ln|x| + C$

4. $\int \ln|ax|\,dx = x(\ln|ax| - 1) + C$

5. $\int \frac{1}{\sqrt{x^2+a^2}}\,dx = \ln|x + \sqrt{x^2+a^2}| + C$

6. $\int \frac{1}{\sqrt{x^2-a^2}}\,dx = \ln|x + \sqrt{x^2-a^2}| + C$

7. $\int \frac{1}{a^2-x^2}\,dx = \frac{1}{2a}\cdot\ln\left|\frac{a+x}{a-x}\right| + C \quad (a \neq 0)$

8. $\int \frac{1}{x^2-a^2}\,dx = \frac{1}{2a}\cdot\ln\left|\frac{x-a}{x+a}\right| + C \quad (a \neq 0)$

9. $\int \frac{1}{x\sqrt{a^2-x^2}}\,dx = -\frac{1}{a}\cdot\ln\left|\frac{a+\sqrt{a^2-x^2}}{x}\right| + C \quad (a \neq 0)$

10. $\int \frac{1}{x\sqrt{a^2+x^2}}\,dx = -\frac{1}{a}\cdot\ln\left|\frac{a+\sqrt{a^2+x^2}}{x}\right| + C \quad (a \neq 0)$

11. $\int \frac{x}{ax+b}\,dx = \frac{x}{a} - \frac{b}{a^2}\cdot\ln|ax+b| + C \quad (a \neq 0, b \neq 0)$

12. $\int \frac{x}{(ax+b)^2}\,dx = \frac{b}{a^2(ax+b)} + \frac{1}{a^2}\cdot\ln|ax+b| + C \quad (a \neq 0)$

13. $\int \frac{1}{x(ax+b)}\,dx = \frac{1}{b}\cdot\ln\left|\frac{x}{ax+b}\right| + C \quad (b \neq 0)$

14. $\int \frac{1}{x(ax+b)^2}\,dx = \frac{1}{b(ax+b)} + \frac{1}{b^2}\cdot\ln\left|\frac{x}{ax+b}\right| + C \quad (b \neq 0)$

15. $\int \sqrt{x^2+a^2}\,dx = \frac{x}{2}\sqrt{x^2+a^2} + \frac{a^2}{2}\cdot\ln|x+\sqrt{x^2+a^2}| + C$

16. $\int x^n\cdot\ln|x|\,dx = x^{n+1}\left[\frac{\ln|x|}{n+1} - \frac{1}{(n+1)^2}\right] + C \quad (n \neq -1)$

17. $\int x^n e^{ax}\,dx = \frac{x^n e^{ax}}{a} - \frac{n}{a}\cdot\int x^{n-1}e^{ax}\,dx + C \quad (a \neq 0)$

Respuestas a ejercicios seleccionados

CAPÍTULO 1

Sección 1.1 (pág. 9)

1. Cierto **3.** Cierto **5.** Propiedad de identidad aditiva o número neutro **7.** Propiedad conmutativa (adición) **9.** Propiedad asociativa (multiplicación) **11.** Propiedad distributiva y propiedad conmutativa (multiplicación) **15.** -54 **17.** $-1/2$ **19.** 2 **21.** 4 **23.** -4 **25.** -1 **27.** Irracional; 9.4248 **29.** Irracional; 1.7321 **31.** Racional **33.** $5 < 7$ **35.** $y \leq 8.3$ **37.** $t > 0$

39. −4 −2 0 2 4

41. −2 0 2 4 6

43. −4 −2 0 2 4

45. 3

47. −2

49. −8 −1

51. −2 2

53. 42° **55.** 36° **57.** 4 **59.** -19 **61.** $=$ **63.** $=$ **65.** $=$ **67.** $=$ **69.** $=$ **71.** $-(a-7) = -a+7$ **77.** Sea x el número de dólares aportados anualmente por estudiantes extranjeros a la economía de California. Entonces $x > 1{,}000{,}000{,}000$. **79.** Sea x el porcentaje de estudiantes extranjeros de países del Oriente Medio actualmente en Estados Unidos. Entonces $0 \leq x < 7.5$. **81.** Sea x el porcentaje de estudiantes extranjeros en Estados Unidos en California. Entonces $x > 13$. **83.** 100; 0 **85.** 67; 11

Sección 1.2 (pág. 20)

1. 5 **3.** 7 **5.** $-19/52$ **7.** $-9/8$ **9.** 2 **11.** $40/7$ **13.** $26/3$ **15.** $-12/5$ **17.** $-59/6$ **19.** $-9/4$ **21.** $x = .72$ **23.** $r \approx -13.26$ **25.** $x = (5a-b)/6$ **27.** $x = 3b/(5+a)$ **29.** $x = (-3a+3)/(1-a^2-a)$ o $x = (3a-3)/(a^2+a-1)$ **31.** $V = k/P$ **33.** $g = (V - V_0)/t$ **35.** $B = (2A/h) - b$ o $B = (2A - bh)/h$ **37.** $R = (r_1 r_2)/(r_1 + r_2)$ **39.** $2, -3$ **41.** $-2, 8$ **43.** $5/2, 7/2$ **45.** $-4/3, 2/9$ **47.** $-7, -3/7$ **49.** **(a)** .0352 **(b)** Aproximadamente .015 o 1.5% **(c)** Aproximadamente un caso **51.** 13% **53.** \$4000 **55.** \$205.41 **57.** **(a)** Sea x la altura. **(b)** $16x + 288 + 36x = 496$ **(c)** 4 pies **59.** 6 cm **61.** Aproximadamente 6.42 horas **63.** 20 min **65.** \$21,000 **67.** \$70,000 por terreno que produjo una ganancia, \$50,000 por terreno que produjo una pérdida **69.** \$800 **71.** 400/3 litros

Sección 1.3 (pág. 26)

1. 118,587,876,497 **3.** 289.099133864 **7.** 2^7 **9.** $(-5)^7 = -5^7$ **11.** -3^9 **13.** $(2z)^{11}$ **15.** $-x^3 + x^2 + 3x$ **17.** $-6y^2 + 3y + 10$ **19.** $-10x^2 + 4x - 2$ **21.** $-18m^3 - 27m^2 + 9m$ **23.** $12z^3 + 14z^2 - 7z + 5$ **25.** $12k^2 - 20k + 3$ **27.** $6y^2 + 7y - 5$ **29.** $18k^2 - 7kq - q^2$ **31.** $4.34m^2 + 5.68m - 4.42$ **33.** $-k + 3$ **35.** $7x^2 - 4x - 12$ **37.** **(a)** 4.2 millones **(b)** 4.269 millones **39.** **(a)** 19.5 millones **(b)** 19.281 millones **41.** **(a)** $\frac{1}{3}hb^2$ (Ésta es la fórmula correcta.) **(b)** Aproximadamente 91.6 millones de pies cúbicos; ligeramente menor; **(c)** Aproximadamente 13.1 acres **43.** **(a)** 4 **(b)** 4 **(c)** 7 **47.** $5x^3 - 4x^2 + 2x + 1$ **49.** $x^2 - x + 40$

Sección 1.4 (pág. 32)

1. $12x(x-2)$ **3.** $r(r^2 - 5r + 1)$ **5.** No puede factorizarse **7.** $6z(z^2 - 2z + 3)$ **9.** $5p^2(5p^2 - 4pq + 20q^2)$ **11.** $2(2y-1)^2(5y-1)$ **13.** $(x+5)^4(x^2 + 10x + 28)$ **15.** $(2a+5)(a-1)$ **17.** $(x+8)(x-8)$ **19.** $(3p-4)^2$ **21.** $(r+2t)(r-5t)$ **23.** $(m-3n)^2$ **25.** $(2p+3)(2p-3)$ **27.** $3(x-4z)^2$ **29.** No puede factorizarse **31.** $(-x+4)(x-3)$ o $(x-4)(-x+3)$ **33.** $(3a+5)(a-6)$ **35.** $(7m+2n)(3m+n)$ **37.** $(4y-x)(5y+11x)$ **39.** No puede factorizarse **41.** $(y-7z)(y+3z)$ **43.** $(n+2)(n-2)(m^2+3)$ **45.** $(11x+8)(11x-8)$ **47.** $2a^2(4a-b)(3a+2b)$ **49.** $3x^3(3x-5z)(2x+5z)$ **51.** $m^3(m-1)^2(m^2+m+1)^2(5+3m^2-3m^5)$ **55.** $(a-6)(a^2+6a+36)$ **57.** $(2r-3s)(4r^2+6rs+9s^2)$ **59.** $(4m+5)(16m^2-20m+25)$ **61.** $(10y-z)(100y^2+10yz+z^2)$

Sección 1.5 (pág. 37)

1. $x/5$ **3.** $4/(7p)$ **5.** $5/4$ **7.** $4/(w+3)$ **9.** $(y-4)/(3y^2)$ **11.** $2(x+2)/x$ **13.** $(m-2)/(m+3)$ **15.** $(x+4)/(x+1)$ **17.** $2p/7$ **19.** $9a^3/4$ **21.** $15/(8c)$ **23.** $3/4$ **25.** $2/9$ **27.** $3/10$ **29.** $2(a+4)/(a-3)$ **31.** $(k+2)/(k+3)$ **35.** $-1/(15z)$ **37.** $4/3$ **39.** $(12+x)/(3x)$ **41.** $(8-y)/(4y)$ **43.** $137/(30m)$ **45.** $(3m-2)/[m(m-1)]$ **47.** $14/[3(a-1)]$ **49.** $23/[20(k-2)]$ **51.** $(7x+9)/[(x-3)(x+1)(x+2)]$ **53.** $y^2/[(y+4)(y+3)(y+2)]$ **55.** $(k^2-13k)/[(2k-1)(k+2)(k-3)]$ **57.** $(x+1)/(x-1)$ **59.** $-1/[x(x+h)]$ **61.** $(2+b-b^2)/(b-b^2)$

Sección 1.6 (pág. 45)

1. 1 **3.** 1/6 **5.** 1/32 **7.** −1/64 **9.** .00162 **11.** 9 **13.** 625/16 **17.** 7 **19.** 1.7 **21.** 9 **23.** 15.5 **25.** −16 **27.** 3/5 **29.** 27/64 **31.** 4/3 **33.** 1/9 **35.** 5 **37.** $1/12^{1/2}$ **39.** 5^3 **41.** $3^{7/6}$ **43.** k^3 **45.** $1/(5^2x^{10})$ **47.** $z^6/(2^3y^6)$ **49.** $5^3 \cdot 3^4/m^{14}$ **51.** $5^{9/4}k^{13/4}$ **53.** $6 + 2z$ **55.** (b) **57.** (d) **59.** (a) **61.** (e) **63.** 4 **65.** 5 **67.** −2 **69.** 9 **71.** $\sqrt{77}$ **73.** 7 **75.** 3 **77.** $5\sqrt{5} + 58$ **79.** $\dfrac{\sqrt{5} - 1}{2}$ **81.** $-1 - \sqrt{3}$ **83.** **(a)** 14 **(b)** 85 **(c)** 58 **85.** 50 cm **87.** **(a)** −60.9° **(b)** −64.4° **89.** **(a)** −63° **(b)** −47° **(c)** La expresión en el ejercicio 88 proporciona un mejor modelo.

Capítulo 1 Ejercicios de repaso (pág. 49)

1. 0, 6 **3.** $-12, -6, -9/10, -\sqrt{4}, 0, 1/8, 6$ **5.** Conmutativa de la multiplicación **7.** Distributiva **9.** $x \geq 6$ **11.** −7, −3, −2, 0, π, 8 **13.** $-|3 - (-2)|, -|-2|, |6 - 4|, |8 + 1|$ **15.** −3 **17.** −1

19. 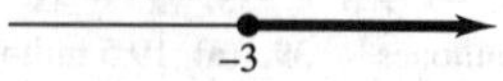

21. 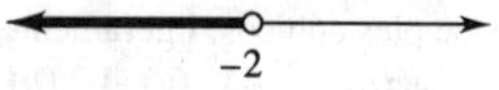

23. −8 **25.** −3/4 **27.** 3 **29.** −2 **31.** Ninguna solución **33.** $x = 1/(5a - 1)$ **35.** $x = (c - 3)/(3a - ac - 2)$ **37.** 12, −6 **39.** −38, 42 **41.** 2, 1/5 **43.** 20lb de corazones, 10 lb de besos **45.** $4x^4 - 4x^2 + 13x$ **47.** $2q^4 + 14q^3 - 4q^2$ **49.** $15z^2 - 4z - 4$ **51.** $16k^2 - 9h^2$ **53.** $36x^2 + 36xy + 9y^2$ **55.** $k(2h^2 - 4h + 5)$ **57.** $a^2(3a + 1)(a + 4)$ **59.** $(2y - 1)(5y - 3)$ **61.** $(2a - 5)^2$ **63.** $(12p + 13q)(12p - 13q)$ **65.** $(2y - 1)(4y^2 + 2y + 1)$ **67.** $(7x^2)/3$ **69.** 4 **71.** $[(y - 5)(4y - 5)]/(6y)$ **73.** $(m - 1)^2/[3(m + 1)]$ **75.** $1/(6z)$ **77.** $64/(35q)$ **83.** $1/10^2$ o 1/100 **85.** −1/3 **87.** $-3^3/2^3$ o −27/8 **89.** $1/7^6$ **91.** $1/6^5$ **93.** $1/k^5$ **95.** 4/9 **97.** $2^3 = 8$ **99.** 7/12 **101.** 1 **103.** $2^{17/6}p^{31/6}$ **105.** 5 **107.** No es un número real **109.** $3\sqrt{7}$ **111.** $2a\sqrt[4]{4ab^3}$ **113.** $(x\sqrt{6xz})/(2z)$ **115.** $12\sqrt{7}$ **117.** 4 **119.** $82 - \sqrt{14}$ **121.** $(16 + 4\sqrt{2} + 4\sqrt{5} + \sqrt{10})/11$ **123.** $27,000,000 **125.** $6,704,420

Caso 1 (pág. 52)

1. $c = 700 + 85x$ **3.** El refrigerador de $700 cuesta $300 más en 10 años.

CAPÍTULO 2

Sección 2.1 (pág. 59)

1. Sí **3.** No

5. 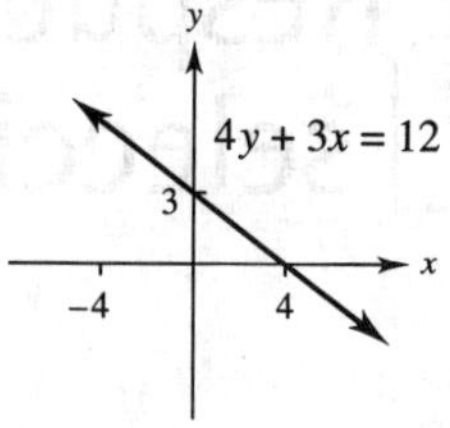

7. 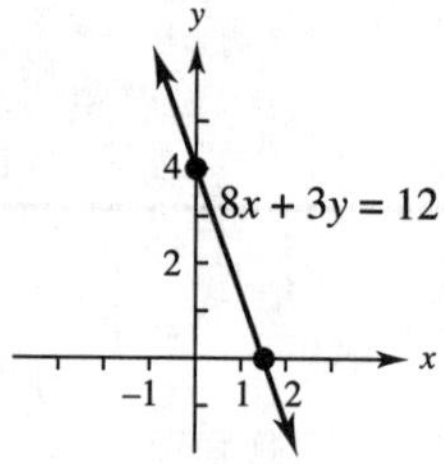

9. 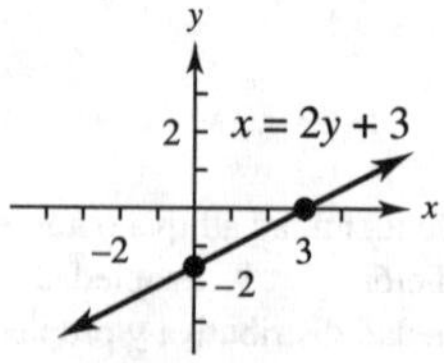

11. Intersecciones con el eje *x*: −1, 3.5; intersección con el eje *y*: 1 **13.** Intersecciones con el eje *x*: −2, 0, 2; intersección con el eje *y*: 0 **15.** Intersección con el eje *x*: 8, intersección con el eje *y*: 6 **17.** Intersección con el eje *x*: 3, intersección con el eje *y*: −2 **19.** Intersecciones con el eje *x*: 3 y −3, intersección con el eje *y*: −9

21. 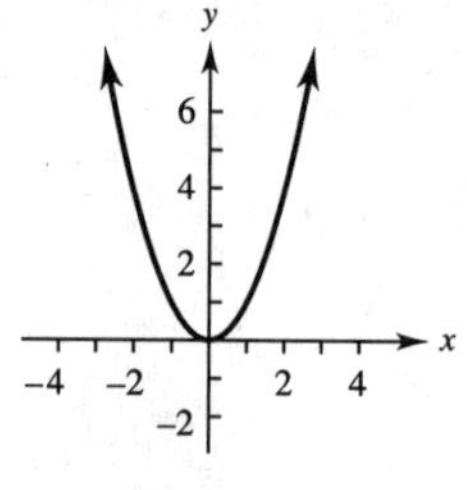

23. 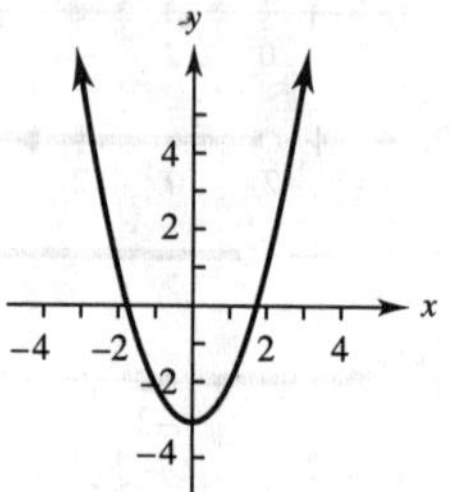

25. 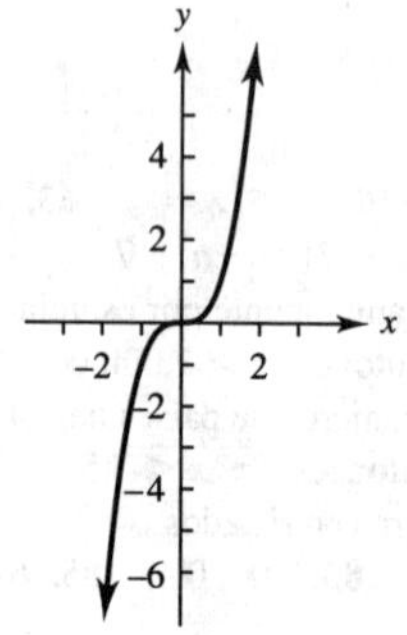

27. 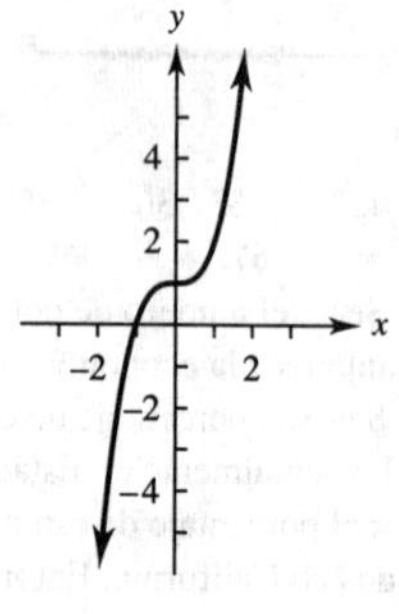

29. 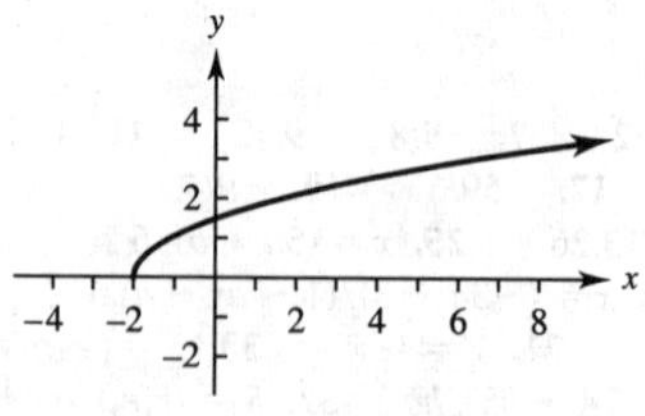

31.
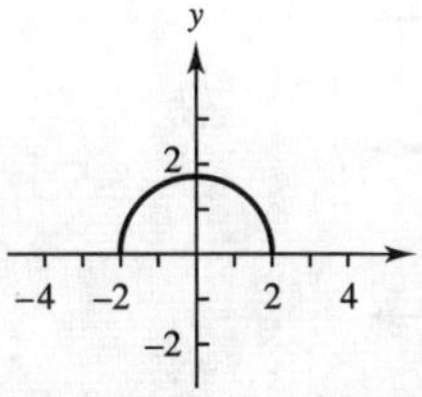

33. Aproximadamente 12 segundos **35.** Fargo, aproximadamente 2 P.M.; Seattle, aproximadamente 5 P.M. **37.** De 11 A.M hasta 6 P.M. **39.** **(a)** Aproximadamente \$1,250,000 **(b)** Aproximadamente \$1,750,000 **(c)** Aproximadamente \$4,250,000 **41.** **(a)** Aproximadamente \$500,000 **(b)** Aproximadamente \$1,000,000 **(c)** Aproximadamente \$1,500,000 **43.** **(a)** A partir de la gráfica, las respuestas son aproximadamente \$740, \$595 y \$280. Las respuestas exactas son \$736.39, \$595.89 y \$281.64. **(b)** Durante el año 22 (es decir, entre $t = 21$ y $t = 22$) **45.** Aproximadamente desde mediados de 1990 hasta principios de 1992

Sección 2.2 (pág. 71)

1. $-1/2$ **3.** -1 **5.** $-3/2$ **7.** Indefinida **9.** $y = 3x + 5$ **11.** $y = -2.3x + 1.5$ **13.** $y = -3x/4 + 4$ **15.** $m = 2$; $b = -7$ **17.** $m = 3$; $b = -2$ **19.** $m = 2/3$; $b = -14/9$ **21.** $m = 2/3$; $b = 0$ **23.** $m = 1$; $b = 5$ **25.** **(a)** *C* **(b)** *B* **(c)** *B* **(d)** *D*

27.
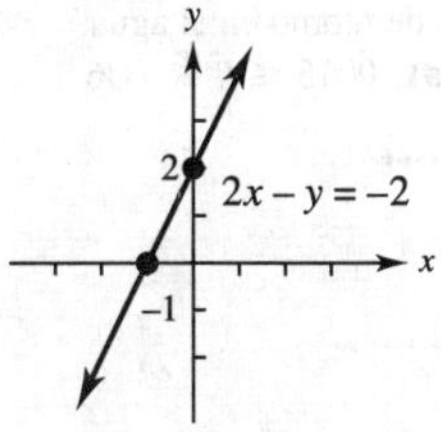

29.
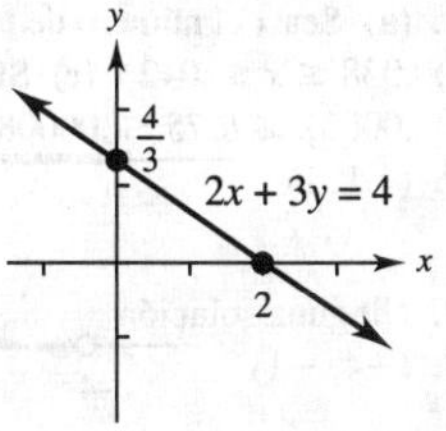

31.
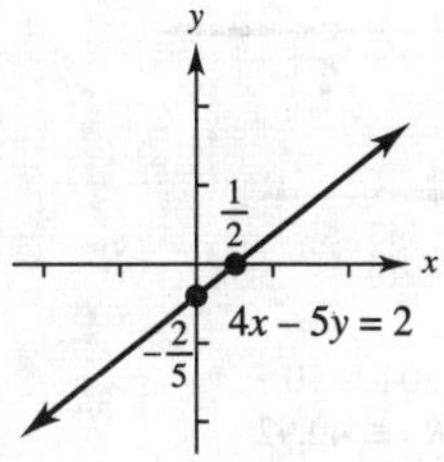

33. Perpendiculares **35.** Paralelas **37.** Ninguna de éstas **39.** **(a)** 2/5, 9/8, $-5/2$ **(b)** Sí **41.** **(a)** La pendiente de $-.0221$ indica que en promedio de 1912 a 1992 la carrera de 5000 metros se ha corrido 0.0221 segundos más rápido en cada olimpiada. Es negativo porque los tiempos son generalmente decrecientes con el paso del tiempo. **(b)** La Segunda Guerra Mundial tuvo lugar durante los años 1940 y 1944, y no se efectuaron entonces Juegos Olímpicos. **43.** $3y = -2x + 4$ **45.** $y = 2x + 2$ **47.** $y = 2$ **49.** $x = 6$ **51.** $3y = 4x + 7$ **53.** $2y = 5x - 1$ **55.** $y = 7x$ **57.** $x = 5$ **59.** $y = 2x - 2$ **61.** $y = x - 5$ **63.** $y = -x + 2$ **65.** (b) **67.** \$3308.33

69. **(a)** \$135 **(b)** \$205 **(c)** \$275 **(d)** \$345
(e)
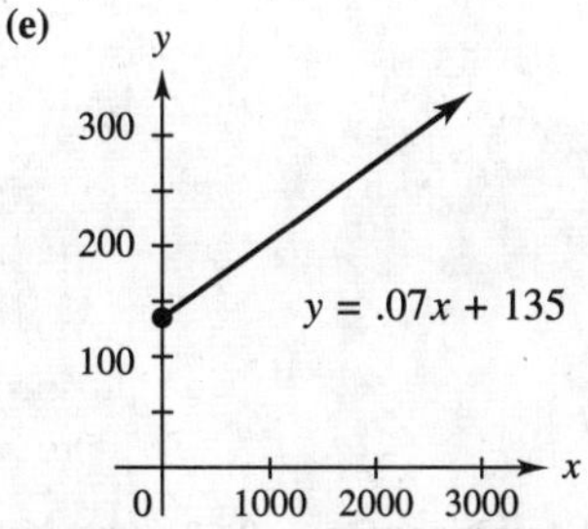

71. 48 litros por segundo **73.** 1989 **75.** **(a)** \$17.96 **(b)** \$20.13 **(c)** \$21.21

Sección 2.3 (pág. 81)

1. **(a)** 14.4° **(b)** 122° **(c)** 14° **(d)** −28.9° **3.** −40° **5.** **(a)** $y = 82{,}500x + 850{,}000$ **(b)** \$1,840,000 **(c)** 2003 **7.** $y = (-65/7)x + 504$; \$439 **9.** $y = 4x + 120$; 4 pies **11.** $y = 806{,}400x$; 24,192,000 galones **13.** $y = .0985x$; el tiempo será de 1 hora, 9 minutos, 16.2 segundos, lo que es más rápido que el récord del maratón **15.** $y = 900x$; 27,000 pies^3 **17.** $y = 4.43x - 381.7$ **19.** $(3, -1)$ **21.** $(11/4, -61/4)$ **23.** Aproximadamente $(-1.3593, -2.5116)$ **25.** $(0, -3)$ y $(20, 87)$ **27.** **(a)** 200,000 pólizas ($x = 200$)
(b)
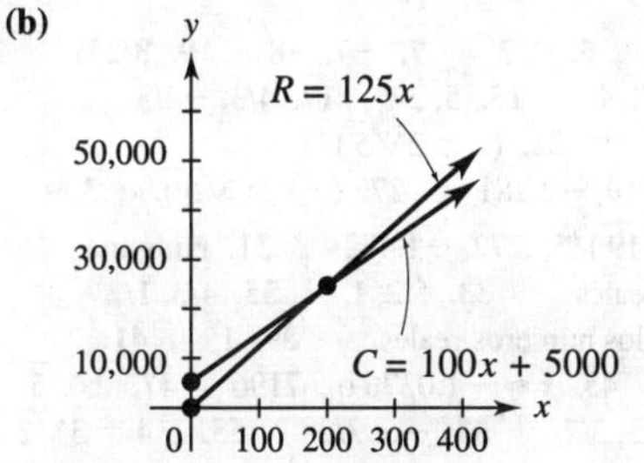

(c) Ingreso: \$12,500; costo \$15,000 **29.** **(a)** $c = .126x + 1.5$ **(b)** \$2.382 millones **(c)** Aproximadamente 17.857 unidades **31.** El punto de equilibrio es aproximadamente 467; no produzca el artículo. **33.** El punto de equilibrio es aproximadamente 1036; produzca el artículo. **35.** Aproximadamente 95 unidades en 1977 **37.** **(a)** Canadá: $y = 1.56x + 12.1$; Japón: $y = 10.34x + 4.7$
(b)
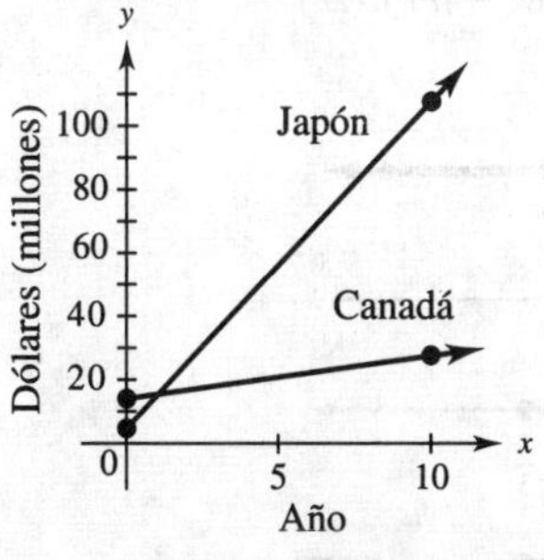

(c) (.84, 13.4); tanto las inversiones de los canadienses como de los japoneses fueron de aproximadamente \$13.4 millones casi al final de 1980. **39.** \$140 **41.** 10 artículos, 10 artículos **43.** **(a)** \$16 **(b)** \$11 **(c)** \$6 **(d)** 8 **(e)** 4 **(f)** 0

(g)

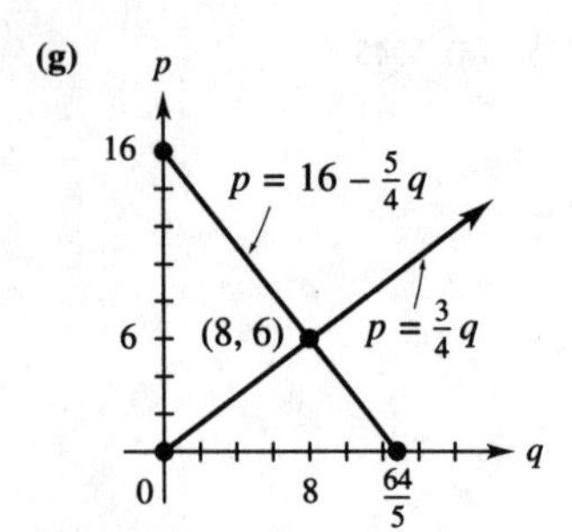

(h) 0 **(i)** 40/3 **(j)** 80/3 **(k)** Véase la parte (g). **(l)** 8 **(m)** \$6
45. (a)

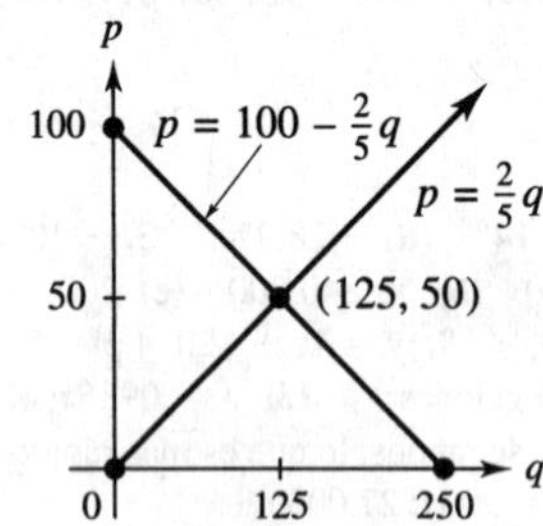

(b) 125 **(c)** 50¢ **(d)** [0, 125)

Sección 2.4 (pág. 93)

1. $-3, 12$ **3.** $-5, 0$ **5.** 0, 2 **7.** $-7, -8$ **9.** 3/2, 1 **11.** $-1/2$, 1/3 **13.** 5/2, 4 **15.** 5, 2 **17.** 4/3, $-4/3$ **19.** 0, 1 **21.** $2 \pm \sqrt{7}$ **23.** $(1 \pm 2\sqrt{5})/4$ **25.** $(-5 \pm \sqrt{17})/4$; $-.219, -2.281$ **27.** $(-1 \pm \sqrt{5})/4$; .309, $-.809$ **29.** $(-3 \pm \sqrt{19})/5$; .272, -1.472 **31.** Ninguna solución en los números reales. **33.** 5/2, 1 **35.** 4/3, 1/2 **37.** Ninguna solución en los números reales. **39.** 1 **41.** 2 **43.** $x \approx .4701$ o 1.8240 **45.** $x \approx -1.0376$ o .67196 **47.** $\pm\sqrt{5}$ **49.** $\pm\sqrt{6}/2$ **51.** 11/3, 3/2 **53.** -5, 3/2 **55.** $-4 \pm 3\sqrt{2}$ **57. (a)** $(-r^2 + 3r - 12)/[r(r-2)]$ **(b)** 4, -3 **59. (a)** $150 - x$ o $5000/x$ **(b)** $x(150 - x) = 5000$ o $2(5000/x) + 2x = 300$ **(c)** Longitud: 100 m; ancho: 50 m **61.** 1 pie **63.** 176 mph **65.** 30 bicicletas **67. (a)** 2 seg **(b)** 1/2 seg o 7/2 seg **(c)** Alcanza la altura dada dos veces, una vez yendo hacia arriba y otra yendo hacia abajo. **69.** $t = \pm\sqrt{2Sg}/g$ **71.** $h = (\pm d^2\sqrt{kL})/L$ **73.** $R = (-2Pr + E^2 \pm E\sqrt{E^2 - 4Pr})/(2P)$

Sección 2.5 (pág. 101)

3. $[-4, \infty)$

5. $(-\infty, 0)$

7. $(-\infty, 8/3]$

9. $(-\infty, -7]$

11. $(-\infty, 3)$

13. $(-1, \infty)$

15. $(-\infty, 1]$

17. $(1/5, \infty)$

19. $(-5, 6)$

21. $[7/3, 4]$

23. $[-11/2, 7/2]$

25. $[-17/7, \infty)$

27. $(.1745, \infty)$

29. $(-\infty, 1.50)$

31. $(-\infty, .50]$

33. (a) Sea x el número de mg por litro de plomo en el agua. **(b)** $.038 \leq x \leq .042$ **(c)** Sí **35. (a)** $.0015 \leq R \leq .006$ **(b)** $.00002 \leq R/75 \leq .00008$

37. $(-1, 1)$

39. Ninguna solución

41. $(-4, -1)$

43. $(-\infty, -8/3]$ o $[2, \infty)$

45. $(-3/2, 13/10)$

47. $-140 \leq C \leq -28$ **49.** $|F - 730| \leq 50$ **51. (a)** $25.33 \leq R_L \leq 28.17$; $36.58 \leq R_E \leq 40.92$ **(b)** $5699.25 \leq T_L \leq 6338.25$; $8230.5 \leq T_E \leq 9207$ **53.** Cuando más 14 min **55.** Por lo menos 629 millas **57.** $[500, \infty)$ **59.** $[45, \infty)$ **61.** Imposible salir parejo **63.** $|x - 2| \leq 4$ **65.** $|z - 12| \geq 2$ **67.** Sì $|x - 2| \leq .0004$, entonces $|y - 7| \leq .00001$.

Sección 2.6 (pág. 108)

1. $[-5, 3/2]$

3. $(-\infty, -3)$ o $(-1, \infty)$

5. $[-2, 1/4]$

7. $(-\infty, -1)$ o $(1/4, \infty)$ -1 $\frac{1}{4}$

9. $[-5, 5]$ -5 5

11. $(-\infty, 0)$ o $(16, \infty)$ 0 16

13. $[-3, 0]$ o $[3, \infty)$ 15. $[-6, -1]$ o $[4, \infty)$ 17. $(-\infty, -4)$ o $(-1, 3)$ 19. $(-\infty, -1/2)$ o $(0, 4/3)$ 21. No 23. $(-\infty, 1)$ o $[3, \infty)$ 25. $(7/2, 5)$ 27. $(-\infty, 2)$ o $(5, \infty)$ 29. $(-\infty, -1)$ 31. $(-\infty, -2)$ o $(0, 3)$ 33. $(-\infty, -2.1196)$ o $(.7863, \infty)$ 35. $(-.0806, 2.4806)$ 37. $[-2.2635, .7556]$ o $[3.5079, \infty)$ 39. $(.5, .8393)$ 41. $[-1, 1/2]$ 43. $10 < x < 35$ 45. $(0, 5/3)$ o $(10, \infty)$ 47. $(100, 150)$ 49. $[4, 9.75]$

Capítulo 2 Ejercicios de repaso (pág. 110)

1. $(-2, 3), (0, -5), (3, -2), (4, 3)$

3.

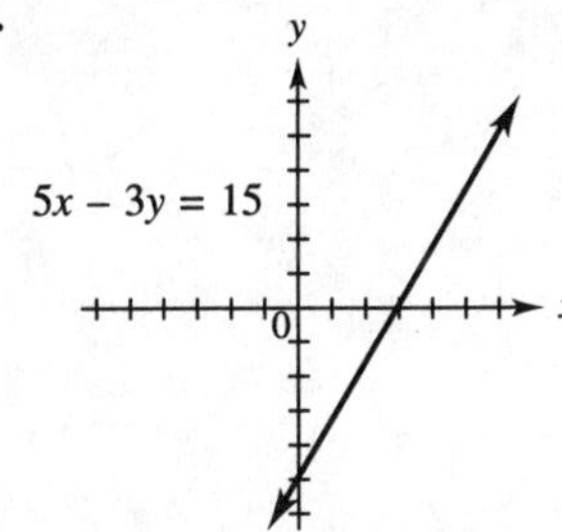

5.

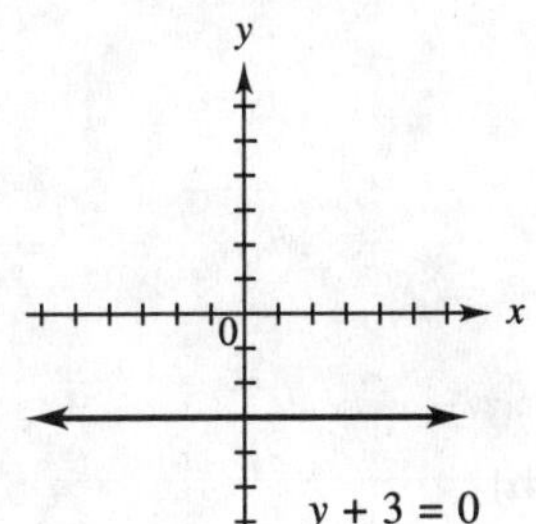

7.

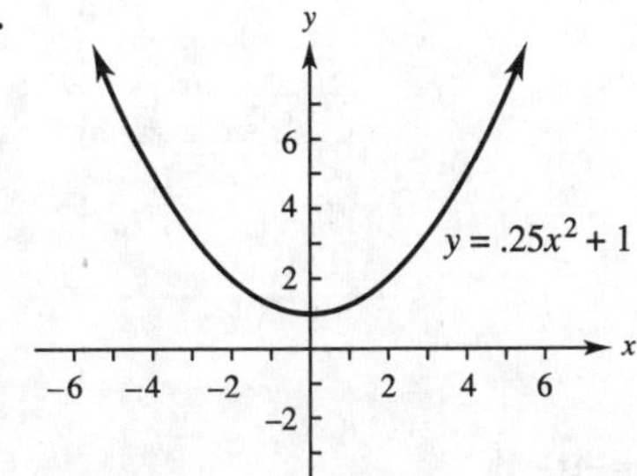

9. (a) De 11.30 A.M. a 7:30 P.M. aproximadamente; (b) De media noche hasta aproximadamente las 5 A.M. y después de aproximadamente 10:30 P.M. 13. $-5/6$ 15. $1/4$ 17. 4 19. 0 21. -3

23.

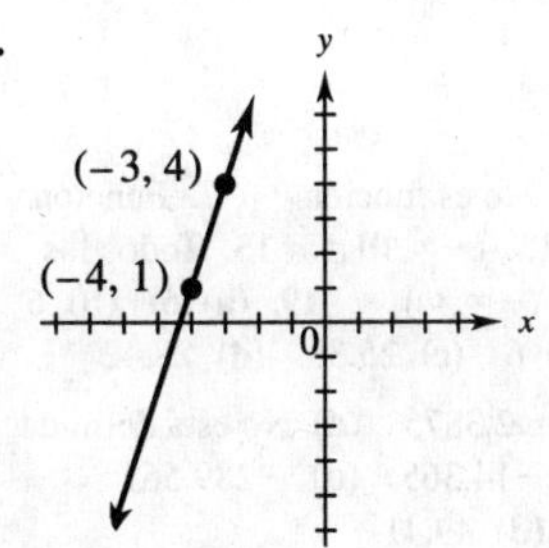

25. $3y = 2x - 13$ 27. $4y = -5x + 17$ 29. $x = -1$ 31. $3y = 5x + 15$ 33. (a) $y = .88x + 4.2$

(b)

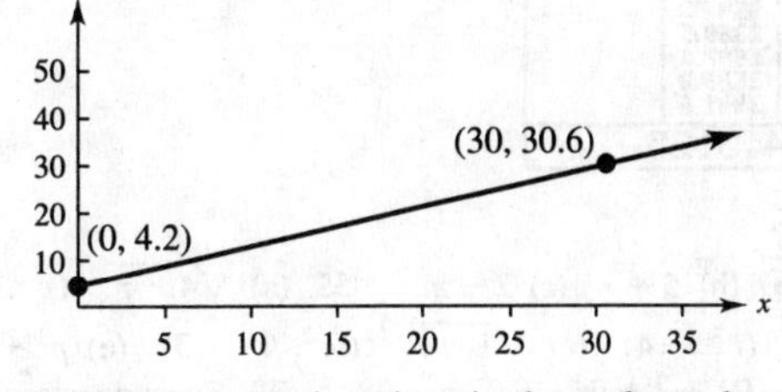

(c) Positiva; el porcentaje está creciendo, por lo que la recta está dirigida hacia arriba de izquierda a derecha. 35. (a) $r = 40x$ (b) 5 unidades (c) \$200 (d) $p = 20x - 100$ 37. Aproximadamente 4.2 39. (a) $y = .57x$ (b) No, porque quedan 79.8 partes por mil millones; (c) Aproximadamente 87.7 partes por mil millones 41. (a) $p = .5q - 2$ (b) \$5 por 14 unidades 43. 2 45. 0 47. $-7 \pm \sqrt{5}$ 49. $1/2, -2$ 51. $1 \pm \sqrt{3}$ 53. $(6 \pm \sqrt{58})/2$ 55. $5/2, -3$ 57. $7, -3/2$ 59. $\pm\sqrt{3}/3$ 61. $\pm\sqrt{5}$ 63. $5, -2/3$ 65. $-5, -1/2$ 67. $r = (-Rp \pm E\sqrt{Rp})/p$ 69. $s = (a \pm \sqrt{a^2 + 4k})/2$ 71. 5 pies 73. 50 m por 225 m o 112.5 m por 100 m 75. $(3/8, \infty)$ 77. $(-\infty, 1/4]$ 79. $[-1/2, 2]$ 81. $[-8, 8]$ 83. $(-\infty, 2]$ o $[5, \infty)$ 85. $[-9/5, 1]$ 87. $5.5 \le y \le 9.5$ 89. $0 \le m < 500$, donde m es el número de millas recorridas 91. $(-3, 2)$ 93. $(-\infty, -5]$ o $[3/2, \infty)$ 95. $(-\infty, -5]$ o $[-2, 3]$ 97. $[-2, 0)$ 99. $(-1, 3/2)$ 101. $[-19, -5)$ o $(2, \infty)$

Caso 2 (pág. 115)

1.

Año	*Lineal*	*Suma de los dígitos de los años*	*Balance de doble declinación*
1	\$11,000	\$18,333.33	\$22,000
2	11,000	14,666.67	13,200
3	11,000	11,000.00	7,920
4	11,000	7,333.33	5,940
5	11,000	3,666.67	5,940

3. El método de la suma de los dígitos de los años o bien el método del balance de doble declinación da las mayores deducciones en los primeros años.

CAPÍTULO 3

Sección 3.1 (pág. 122)

1. Función **3.** Función **5.** No es función **7.** Función **9.** $(-\infty, \infty)$ **11.** $(-\infty, \infty)$ **13.** $(-\infty, 0]$ **15.** Todos los números reales, excepto 1 **17.** $(-\infty, \infty)$ **19.** **(a)** 6 **(b)** 6 **(c)** 6 **(d)** 6 **21.** **(a)** 48 **(b)** 6 **(c)** 25.38 **(d)** 28.42

23. **(a)** $\sqrt{7}$ **(b)** 0 **(c)** $\sqrt{5.7} \approx 2.3875$ **(d)** No está definida

25. **(a)** -18.2 **(b)** -97.3 **(c)** -14.365 **(d)** -289.561

27. **(a)** 12 **(b)** 23 **(c)** 12.91 **(d)** 49.41

29. **(a)** $\sqrt{3}/15 \approx .1155$ **(b)** No está definida **(c)** $\sqrt{1.7}/6.29 \approx .2073$ **(d)** No está definida

31.

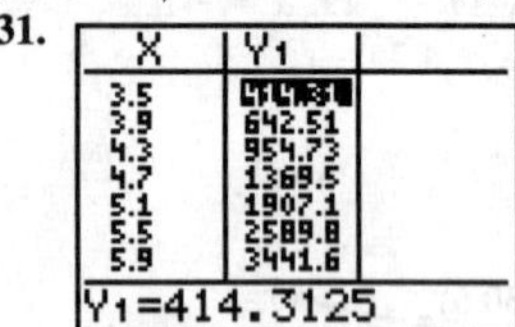

X	Y1
3.5	414.31
3.9	642.51
4.3	954.73
4.7	1369.5
5.1	1907.1
5.5	2589.8
5.9	3441.6

Y1=414.3125

33. **(a)** $5 - p$ **(b)** $5 + r$ **(c)** $2 - m$ **35.** **(a)** $\sqrt{4 - p}$ $(p \le 4)$ **(b)** $\sqrt{4 + r}$ $(r \ge -4)$ **(c)** $\sqrt{1 - m}$ $(m \le 1)$ **37.** **(a)** $p^3 + 1$ **(b)** $-r^3 + 1$ **(c)** $m^3 + 9m^2 + 27m + 28$ **39.** Suponga que todos los denominadores son diferentes de cero. **(a)** $3/(p - 1)$ **(b)** $3/(-r - 1)$ **(c)** $3/(m + 2)$ **41.** 2 **43.** $2x + h$

45. **(a)** Aproximadamente 89% **(b)** Aproximadamente 47%

47. **(a)** Aproximadamente 50,000; aproximadamente 55,700 **(b)** Aproximadamente 157,300 **49.** $f(t) = 2000 - 475t$

Sección 3.2 (pág. 132)

1.

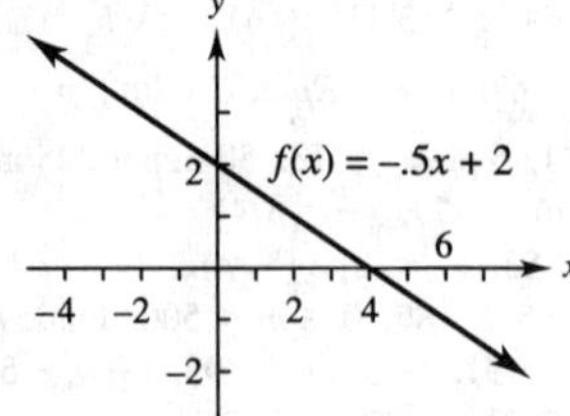

3.

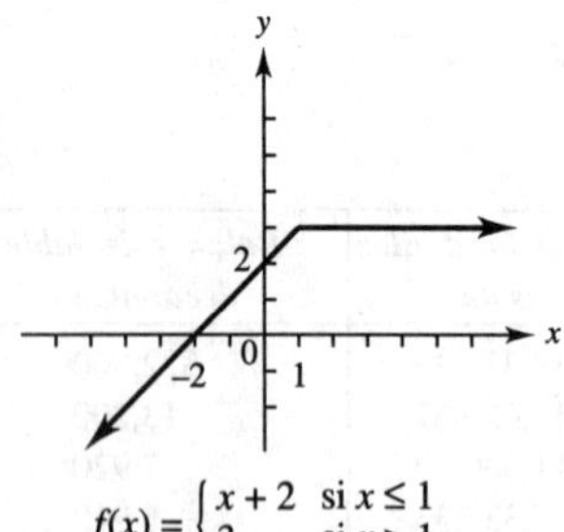

5.

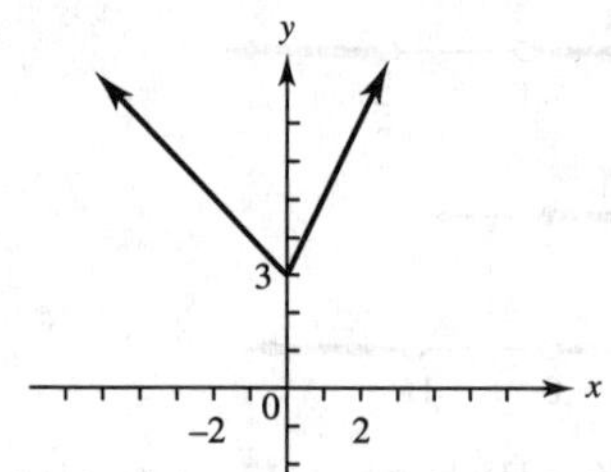

7.

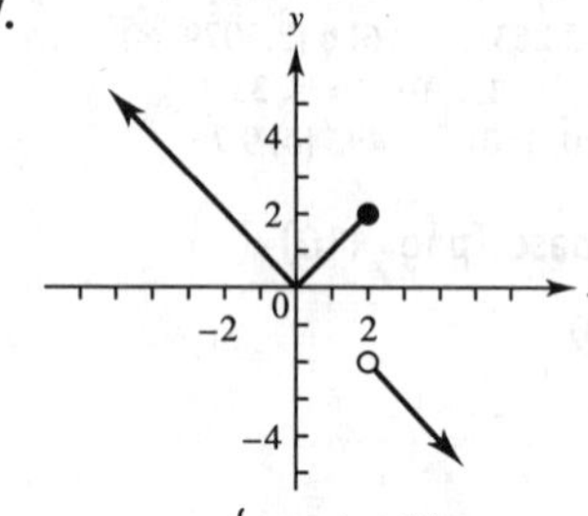

9.

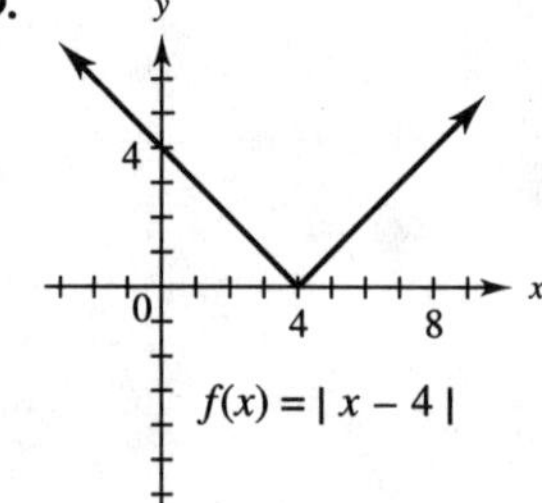

11.

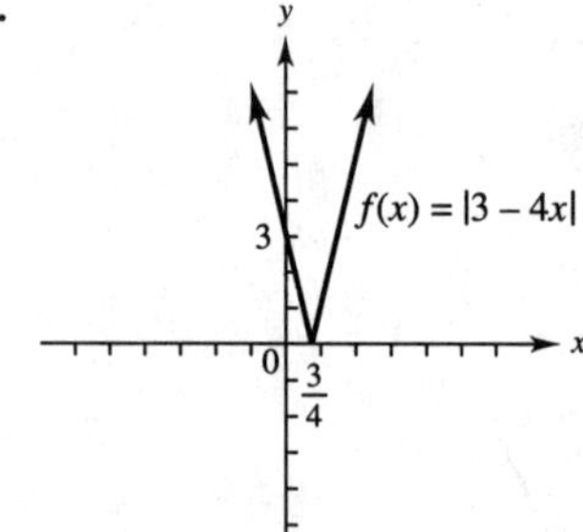

13.

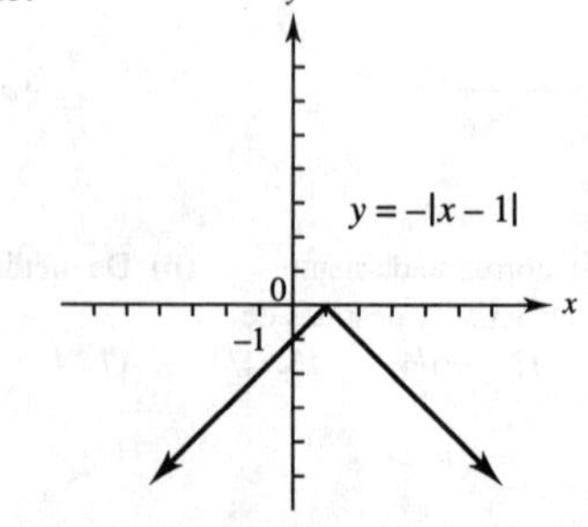

15.

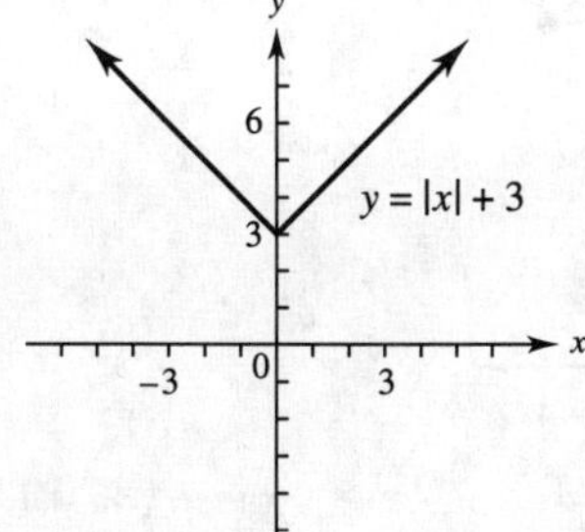

17.

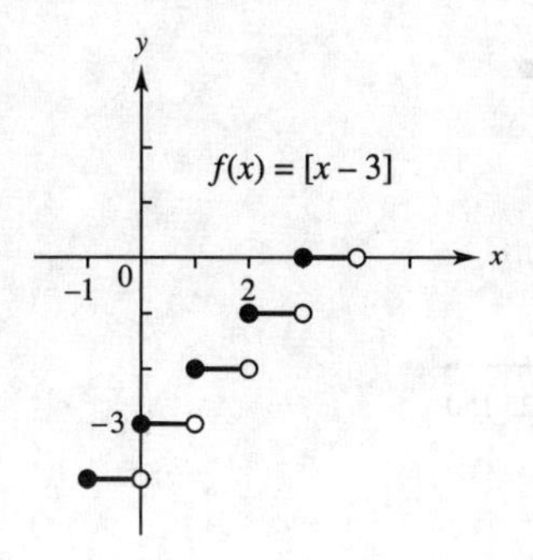

19.

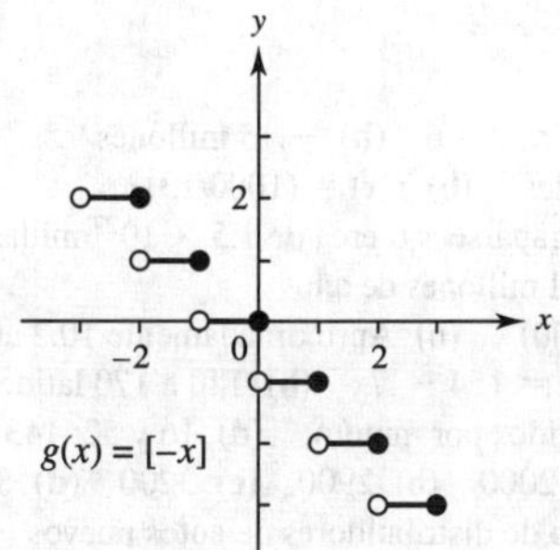

21.

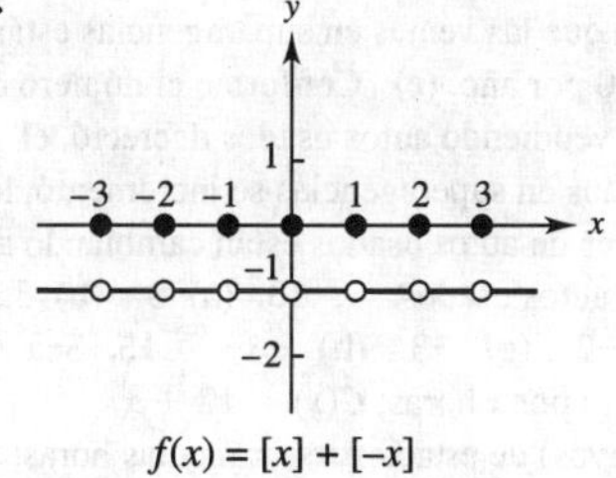

23.

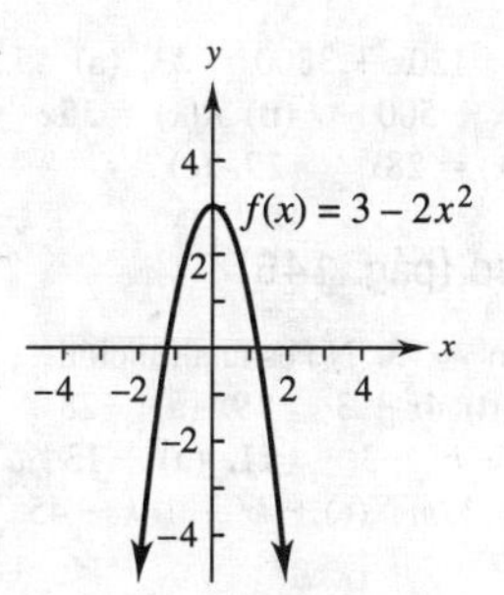

25.

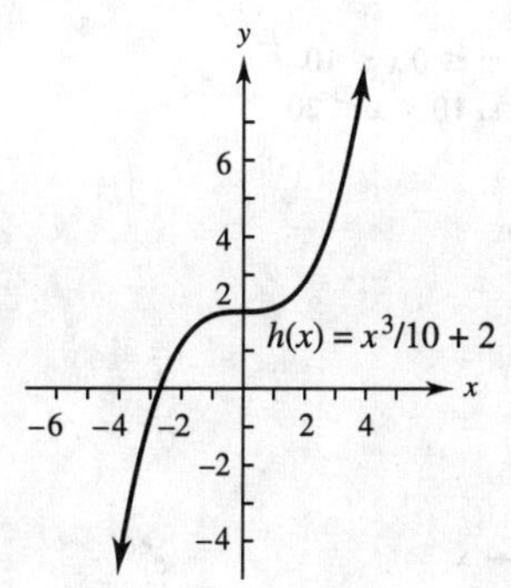

27.

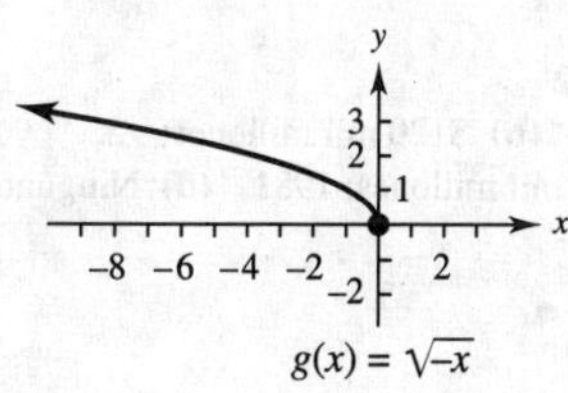

29.

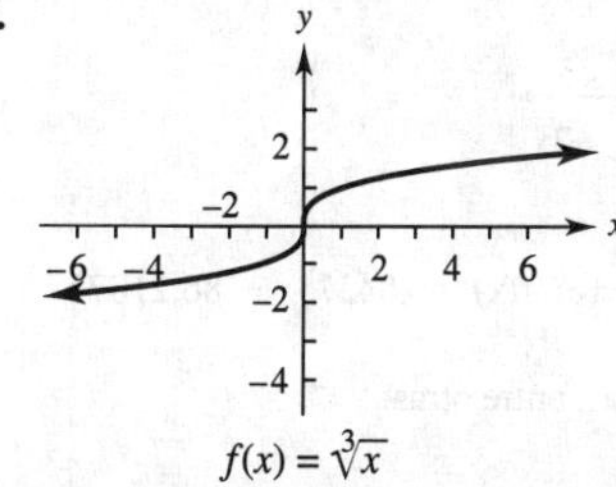

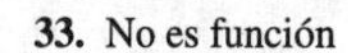

31. Función **33.** No es función **35.** Función

37.

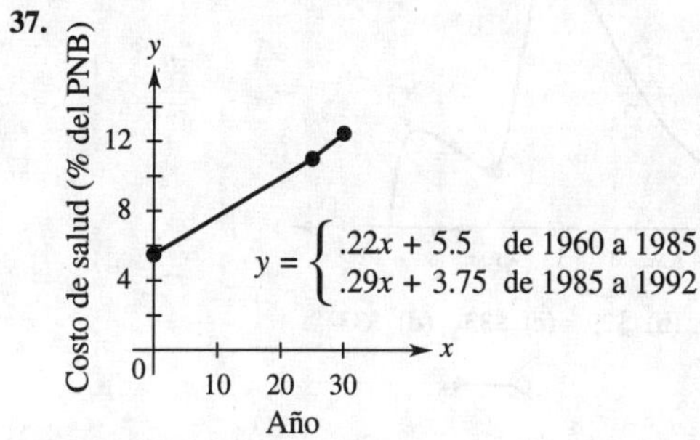

Se elevaron más rápidamente de 1985 a 1992 que de 1960 a 1985.

39. (a)

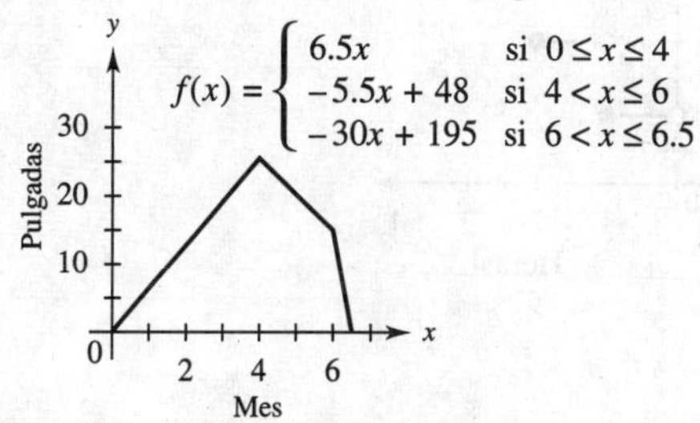

(b) A principios de febrero; 26 pulg. **(c)** Comienza a principios de octubre y termina a mediados de abril

41. **(a)** $f(x) = \begin{cases} .012x + .05 & \text{si} \leq 0\,x \leq 10 \\ .006x + .11 & \text{si } 10 < x \leq 20 \end{cases}$

(b)

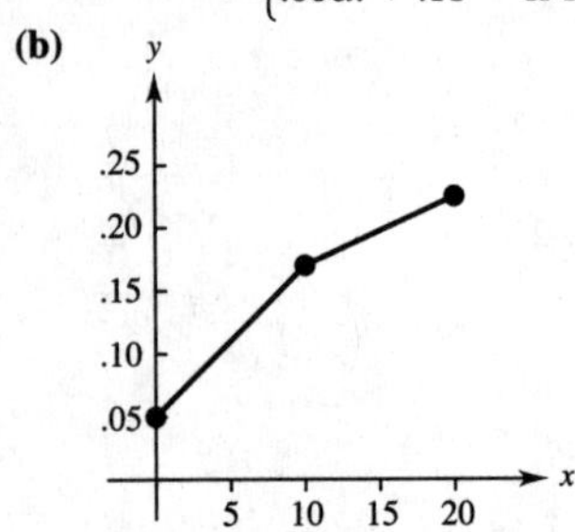

(c) 11% en 1975; 18.2% en 1982

43. **(a)** 26,300 BTUs por dólar **(b)** $120 mil millones; **(c)** 23,500 BTUs por dólar; $85 mil millones; 1981 **(d)** Ninguno

45. **(a)**

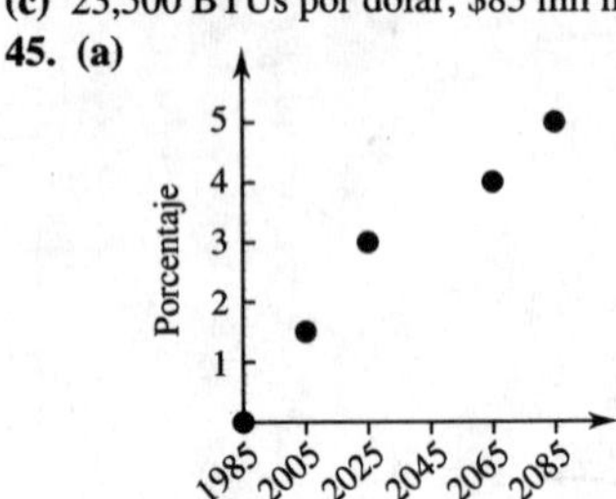

(b) $y = .04375x - 86.21875$ **(c)** $f(x) = .04375x - 86.21875$ **(d)** 4.125; sí; sí

47. Muchas respuestas correctas, entre otras:

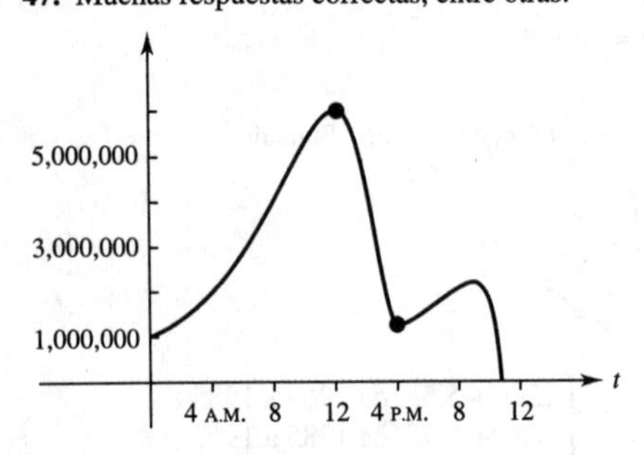

49. **(a)** $29 **(b)** $29 **(c)** $33 **(d)** $33

(e)

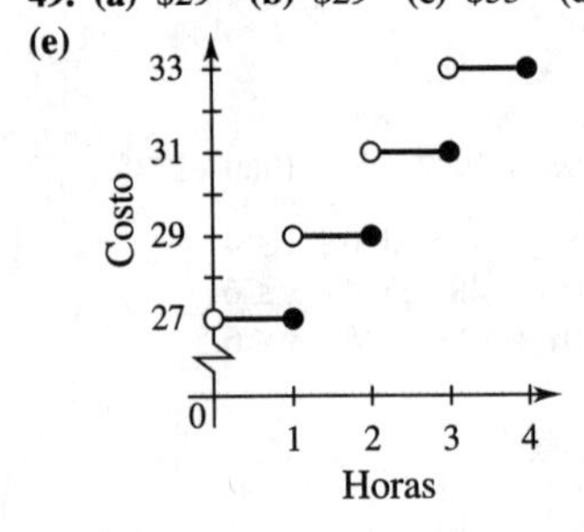

51.

53.

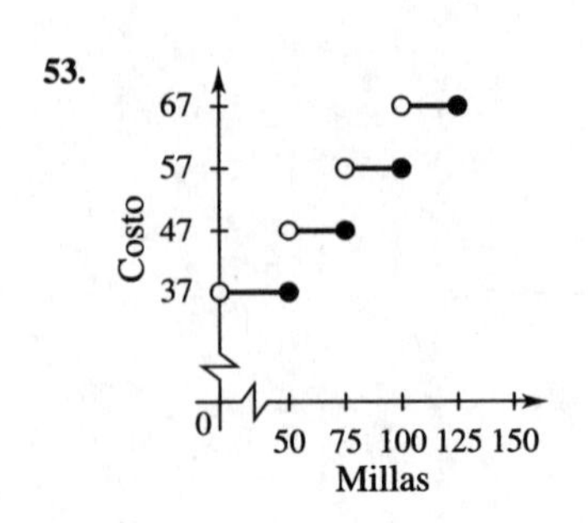

Sección 3.3 (pág. 142)

1. **(a)** $f(x) = -.15x + 31.2, 0 \leq x \leq 6$ **(b)** $-.15$ millones **3.** **(a)** Los datos parecen lineales. **(b)** $f(x) = (1000/13)x$ **(c)** Aproximadamente 780 megaparsecs (cerca de 1.5×10^{22} millas) **(d)** Aproximadamente 12.4 mil millones de años **5.** **(a)** $f(x) = (4/75)x - (13/300)$ **(b)** Aproximadamente 10.2 años **7.** **(a)** $u(x) = 187 - .85x$; $l(x) = 154 - .7x$ **(b)** 140 a 170 latidos por minuto; **(c)** 126 a 153 latidos por minuto; **(d)** 16 y 52; 143 latidos por minuto; **9.** **(a)** 2000 **(b)** 2900 **(c)** 3200 **(d)** Sí **(e)** 300 **11.** **(a)** El número de distribuidores de autos nuevos vendiendo autos usados estaba decreciendo a razón de 2720 por año. **(b)** La pendiente de 0.3 indica que las ventas en superagencias están aumentando a razón de 300,000 por año. **(c)** Conforme el número de distribuidores de autos nuevos vendiendo autos usados decreció, el número de autos usados vendidos en superagencias se incrementó, lo que sugiere que los compradores de autos usados están cambiando a esta nueva manera de comprar autos usados. **13.** **(a)** 3 **(b)** 3.5 **(c)** 1 **(d)** 0 **(e)** -2 **(f)** -2 **(g)** -3 **(h)** -1 **15.** Sea $C(x)$ el costo de rentar una sierra por x horas; $C(x) = 12 + x$. **17.** Sea $P(x)$ el costo (en centavos) de estacionarse x medias horas; $P(x) = 30x + 35$. **19.** $C(x) = 30x + 100$ **21.** $C(x) = 120x + 3800$ **23.** **(a)** $5.25 **(b)** $66,250 **25.** **(a)** $C(x) = 10x + 500$ **(b)** $R(x) = 35x$ **27.** **(a)** $C(x) = 18x + 250$ **(b)** $R(x) = 28x$ **29.** (c)

Capítulo 3 Ejercicios de repaso (pág. 146)

1. No es una función **3.** Función **5.** No es una función **7.** **(a)** 23 **(b)** -9 **(c)** $4p - 1$ **(d)** $4r + 3$ **9.** **(a)** -28 **(b)** -12 **(c)** $-p^2 + 2p - 4$ **(d)** $-r^2 - 3$ **11.** **(a)** -13 **(b)** 3 **(c)** $-k^2 - 4k$ **(d)** $-9m^2 + 12m$ **(e)** $-k^2 + 14k - 45$ **(f)** $12 - 5p$

13.

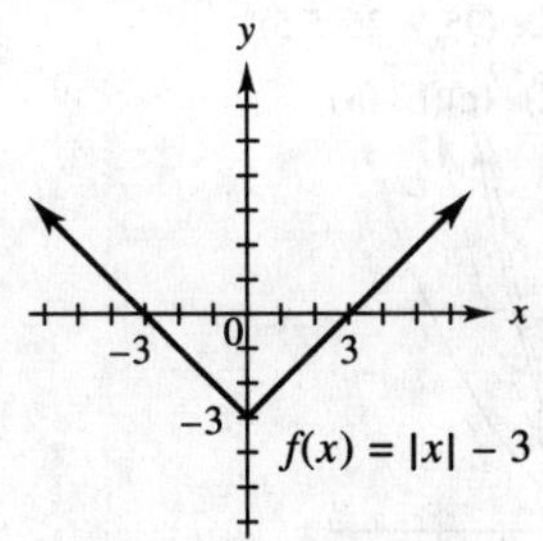

15.

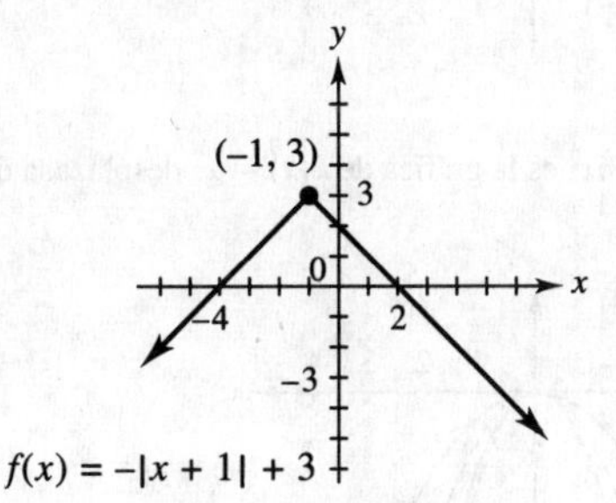

17.

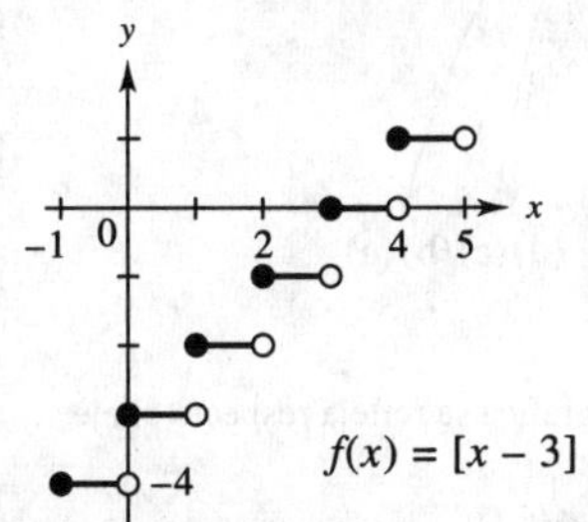

19.

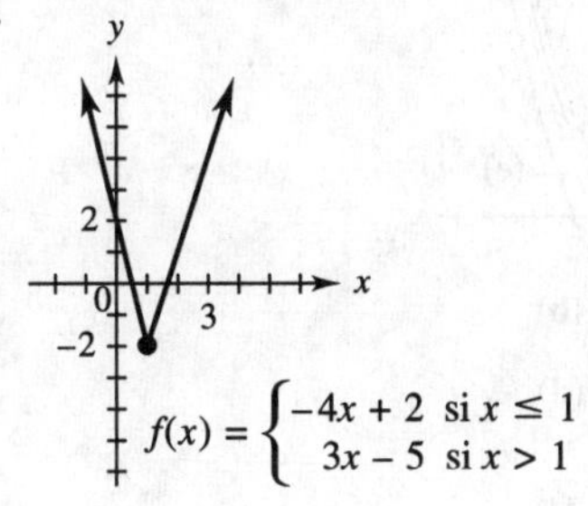

21.

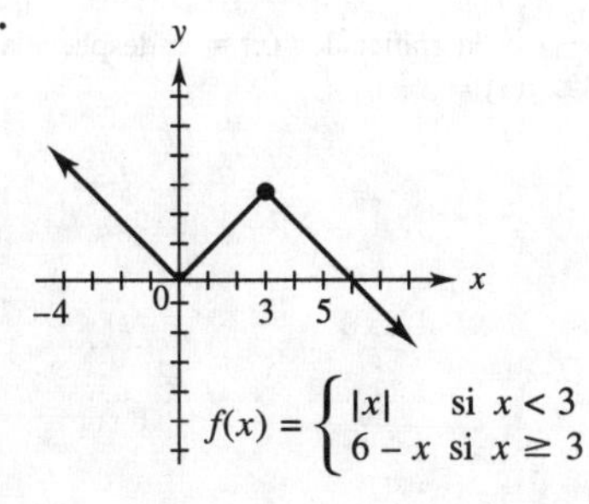

23.

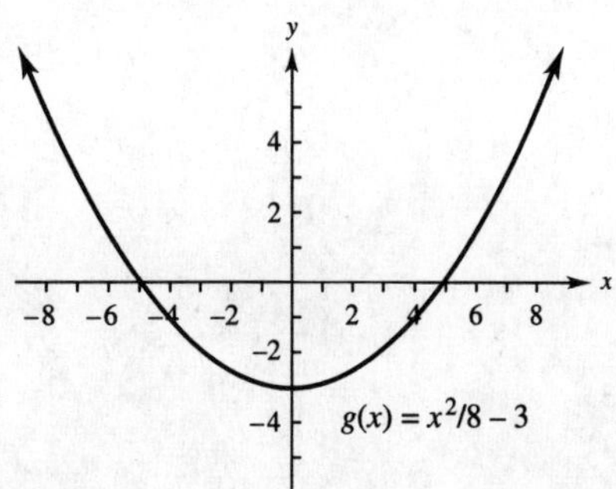

25. **(a)** $C(x) = 30x + 60$ **(b)** \$30 **(c)** \$30.60
27. **(a)** $C(x) = 30x + 85$ **(b)** \$30 **(c)** \$30.85
29. **(a)** 1.4 **(b)** $-.75$ **(c)** .8 **(d)** 1.25
31. **(a)** Sí
(b)

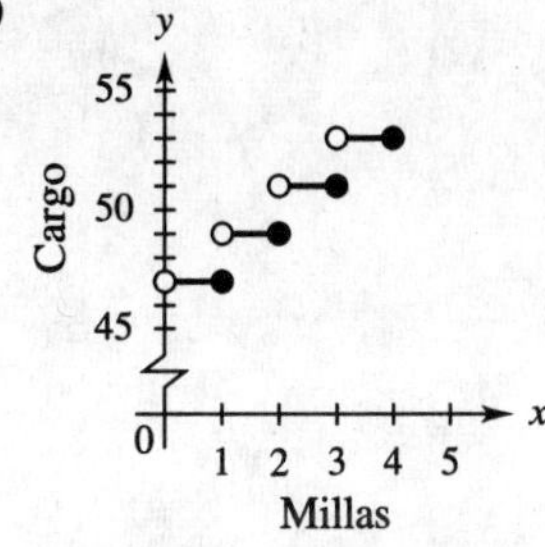

(c) Dominio: $(0, \infty)$; rango: $\{47, 49, 51, 53, \ldots\}$
33. $y = -.8x + 187.7$ **35.** **(a)** $y = .18t + 14.0$ **(b)** 2020

Caso 3 (pág. 148)

1. 4.8 millones de unidades **3.** En el intervalo bajo consideración (3.1 a 5.7 millones de unidades), el costo marginal siempre excede el precio de venta.

CAPÍTULO 4

Sección 4.1 (pág. 155)

1. (5, 2); hacia arriba **3.** (1, 2); hacia abajo **5.** $(-6, -35)$; hacia arriba **7.** $(-1, -1)$; hacia arriba **9.** intersecciones con el eje *x*: 1, 3; intersección con el eje *y*: 9 **11.** intersecciones con el eje *x*: -1, -3; intersección con el eje *y*: 6 **13.** $f(x) = -(x - 3)^2 - 5$ **15.** $f(x) = (1/4)(x - 1)^2 + 2$ **17.** $f(x) = (x + 1)^2 - 2$ **19.** $(-2, 0)$, $x = -2$

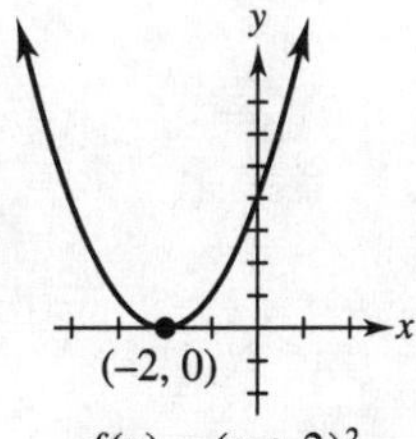

21. $(1, -3)$, $x = 1$

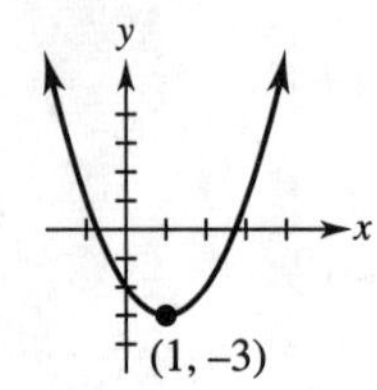

$f(x) = (x - 1)^2 - 3$

23. $(2, 2)$, $x = 2$

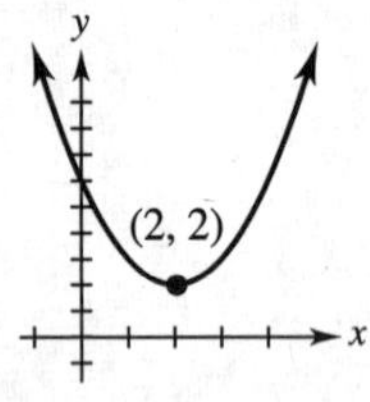

$f(x) = x^2 - 4x + 6$
$f(x) = (x - 2)^2 + 2$

25. $(1, 3)$, $x = 1$

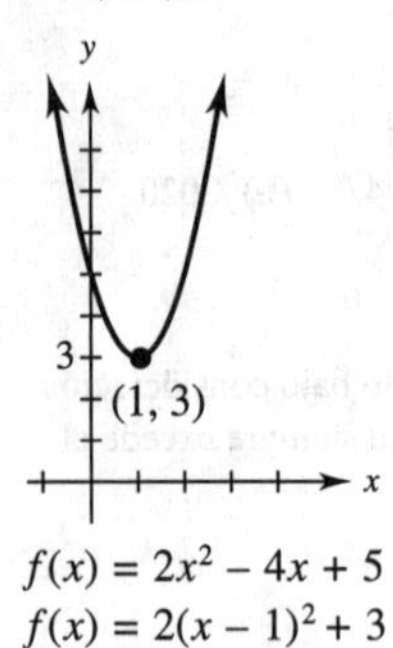

$f(x) = 2x^2 - 4x + 5$
$f(x) = 2(x - 1)^2 + 3$

27. $(3, 3)$, $x = 3$

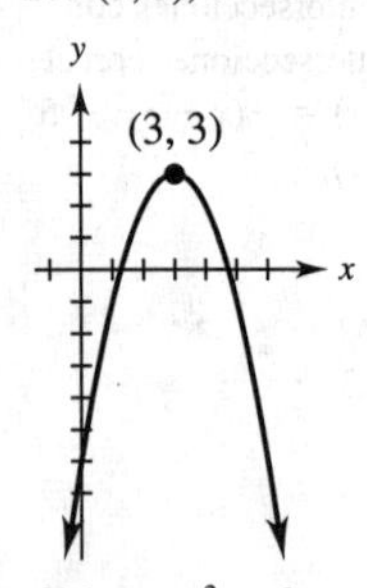

$f(x) = -x^2 + 6x - 6$
$f(x) = -(x - 3)^2 + 3$

29. Vértice $(7.2, 12)$ **31.** Vértice $(95, -2695.5)$

33. (a)–(d)

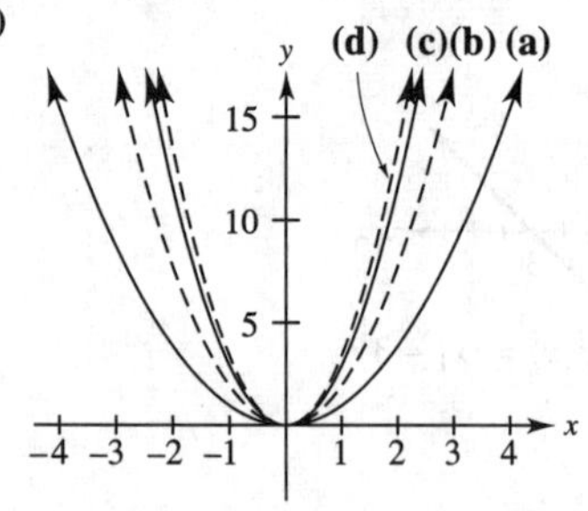

(e) La gráfica de $f(x) = ax^2$ es la gráfica de $k(x) = x^2$ desplazada del eje x por un factor de a.

35. (a)–(d)

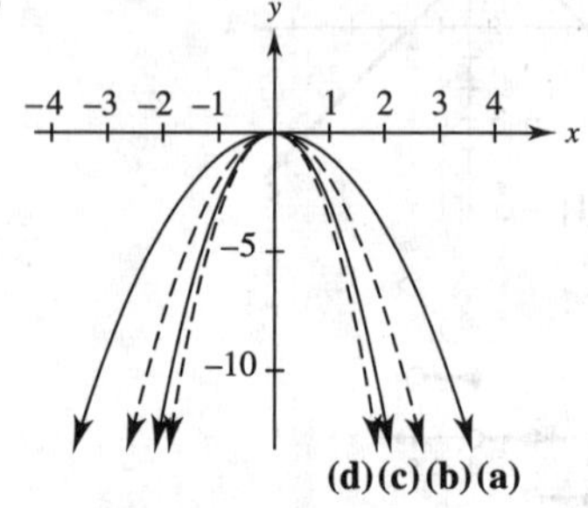

(e) Al cambiar el signo de a, la gráfica se refleja respecto al eje x.

37. (a–d)

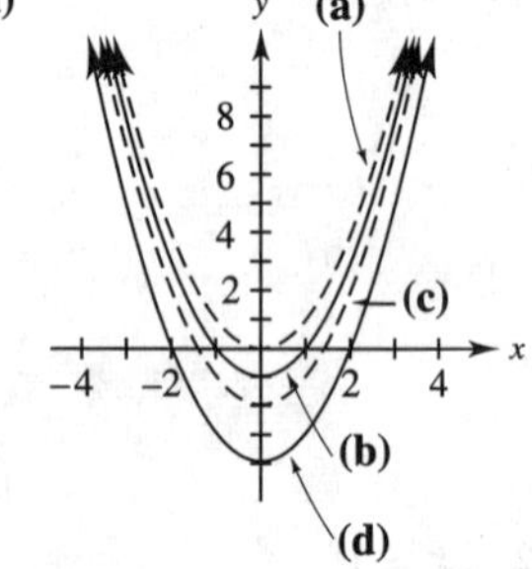

(e) La gráfica de $f(x) = x^2 - c$ es la gráfica de $k(x) = x^2$ desplazada c unidades hacia abajo. **39.** $f(x) = 3x^2$

Sección 4.2 (pág. 161)

1. (a) \$16; \$8; \$32

(b)

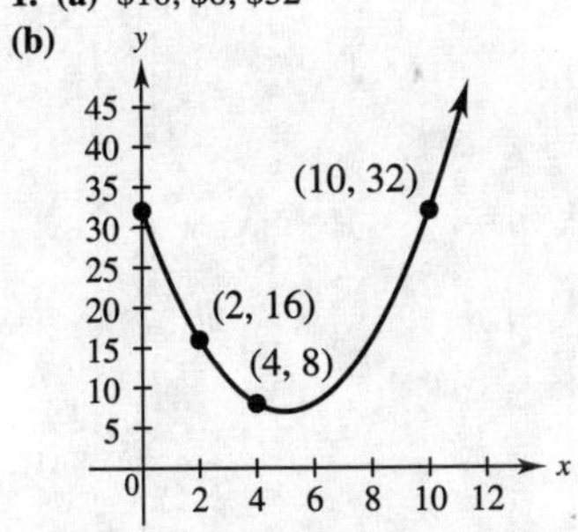

$C(x) = x^2 - 10x + 32$

(c) (5, 7) **(d)** 5; \$7 por caja **3. (a)** \$.60 **(b)** \$800 **5.** 16 pies; 2 sec **7. (a)** $R(x) = 150x - x^2/4$ **(b)** 300 **(c)** \$22,500 **9. (a)** $R(x) = x(500 - x)$

(b)

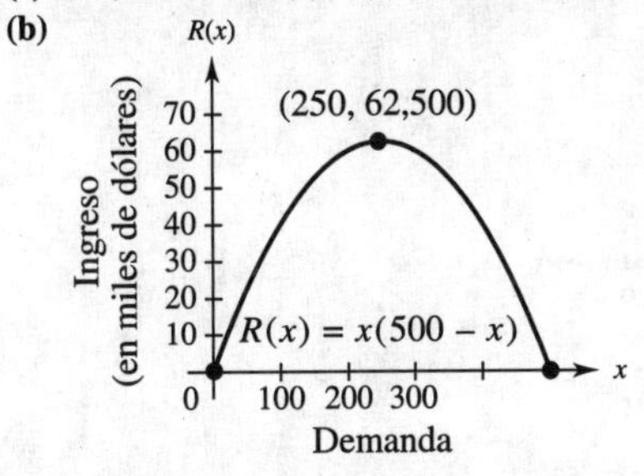

(c) \$250 **(d)** \$62,500 **11. (a)** Aproximadamente 12 **(b)** 10 **(c)** Aproximadamente 7 **(d)** 0 **(e)** 5 **(f)** Aproximadamente 7 **(g)** 10 **(h)** Aproximadamente 12

(i)

$p = \frac{1}{5}q^2$; (10, 20); $p = -\frac{1}{5}q^2 + 40$

13. (a) $R(x) = (100 - x)(200 + 4x) = 20{,}000 + 200x - 4x^2$

(b)

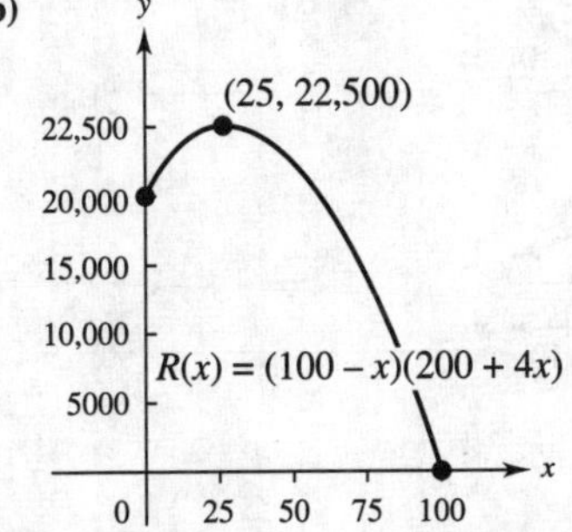

(c) 25 **(d)** \$22,500 **15.** 13 semanas; \$96.10

17. (a) 250,000

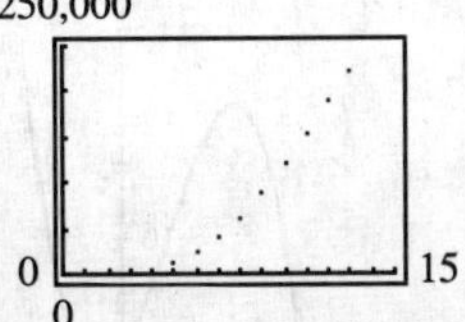

(b) $g(x) = 1817.95(x - 2)^2 + 620$ **(c)** Aproximadamente 589,636 **19.** 80 pies por 160 pies **21.** 2.5 pulgadas. **23. (a)** 2.3 o 17.7 **(b)** 15 **(c)** 10 **(d)** \$120 **(e)** $0 < x < 2.3$ o $x > 17.7$ **(f)** $2.3 < x < 17.7$

Sección 4.3 (pág. 170)

1.

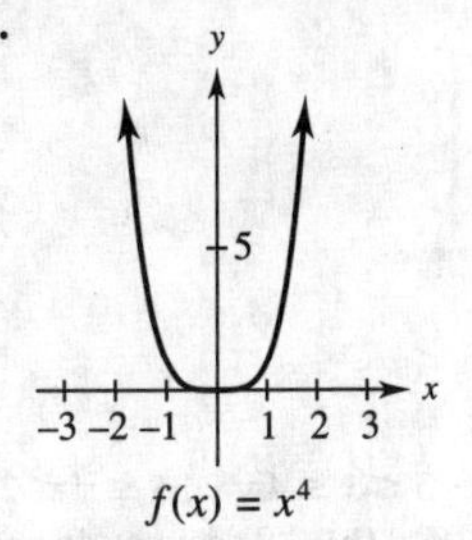

$f(x) = x^4$

3.

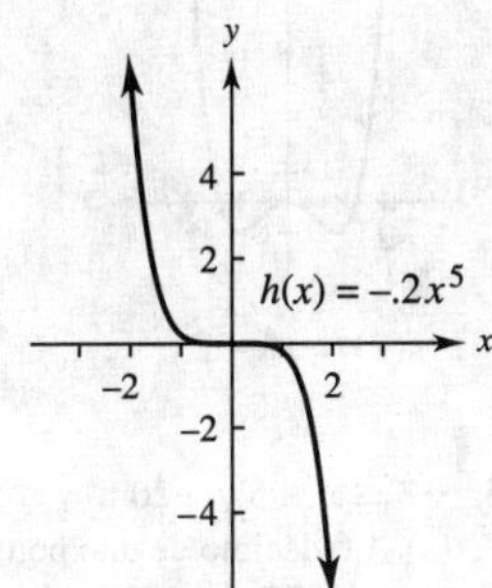

5. (a) Sí **(b)** No **(c)** No **(d)** Sí **7. (a)** Sí **(b)** Sí **(c)** No **(d)** Sí **9. (a)** Sí **(b)** No **(c)** No **(d)** No **11. (a)** Sí **(b)** No **(c)** Sí **(d)** No

13.

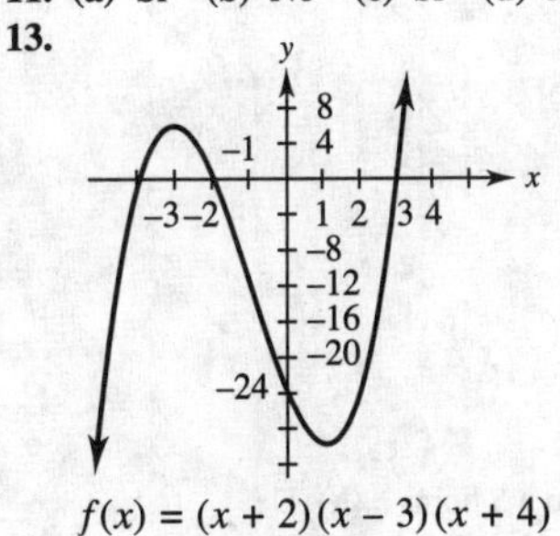

$f(x) = (x + 2)(x - 3)(x + 4)$

15.

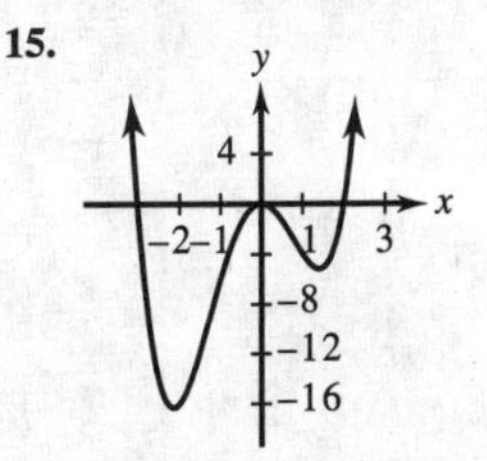

$f(x) = x^2(x - 2)(x + 3)$

17.

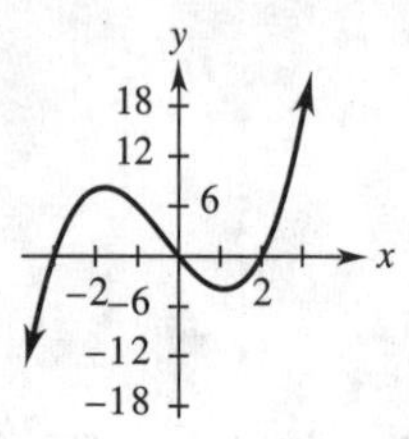

$f(x) = x^3 + x^2 - 6x$

19.

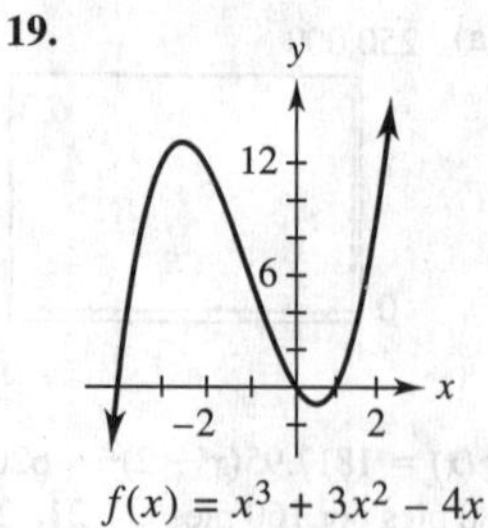

$f(x) = x^3 + 3x^2 - 4x$

21.

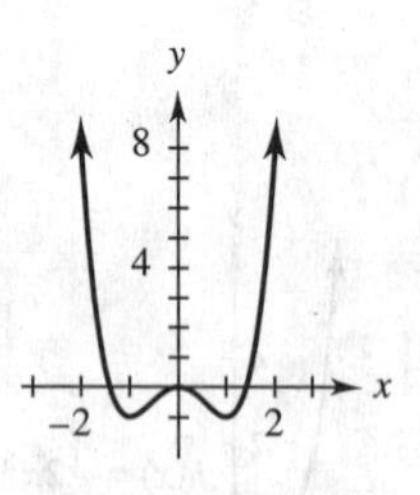

$f(x) = x^4 - 2x^2$

23. $-3 \leq x \leq 5$ y $-20 \leq y \leq 5$ **25.** $-3 \leq x \leq 4$ y $-35 \leq y \leq 20$
27. **(a)** 1.0 décimo de uno porciento, o .1% **(b)** 2.0 décimos de uno porciento, o .2% **(c)** 3.3 décimos de uno porciento, o .33%
(d) 3.1 décimos de uno porciento, o .31% **(e)** .8 décimos de uno porciento, o .08%
(f)

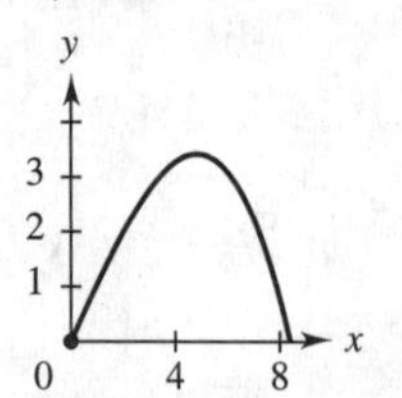

$A(x) = -.015x^3 + 1.058x$

(g) Entre 4 y 5 horas, más cercano a 5 horas **(h)** De aproximadamente 1.5 horas y aproximadamente 7.5 horas
29. **(a)** 0; 108; 28; 10
(b)

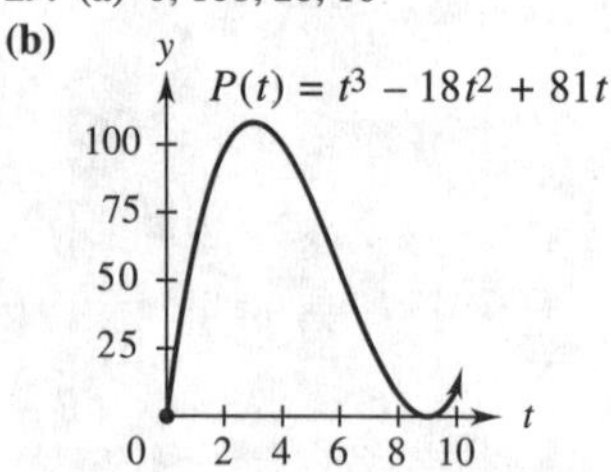

$P(t) = t^3 - 18t^2 + 81t$

(c) Creciente de los años 0 a 3 y del año 9 en adelante; decreciente de los años 3 al 9 **31.** **(a)** Aproximadamente 106,875,000,000; aproximadamente 401,500,000,000 **(b)** Aproximadamente 917,100,000,000; aproximadamente 1,089,000,000,000
(c) Aproximadamente 109,469

Sección 4.4 (pág. 179)

1. $x = -5, y = 0$

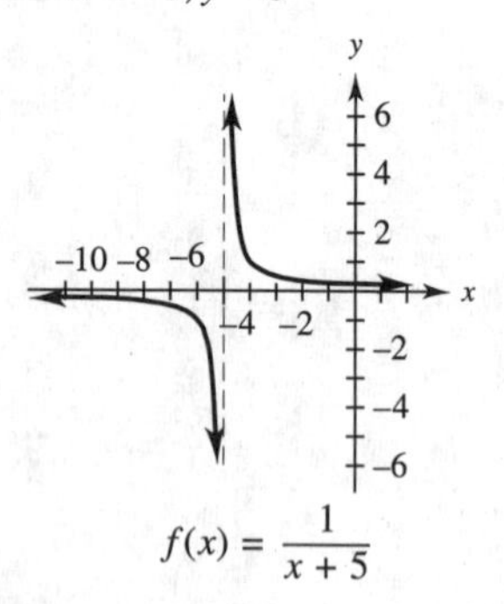

$f(x) = \dfrac{1}{x+5}$

3. $x = -5/2, y = 0$

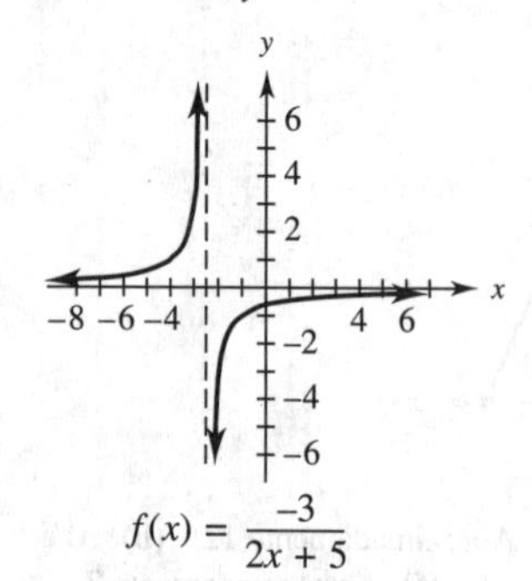

$f(x) = \dfrac{-3}{2x+5}$

5. $x = 1, y = 3$

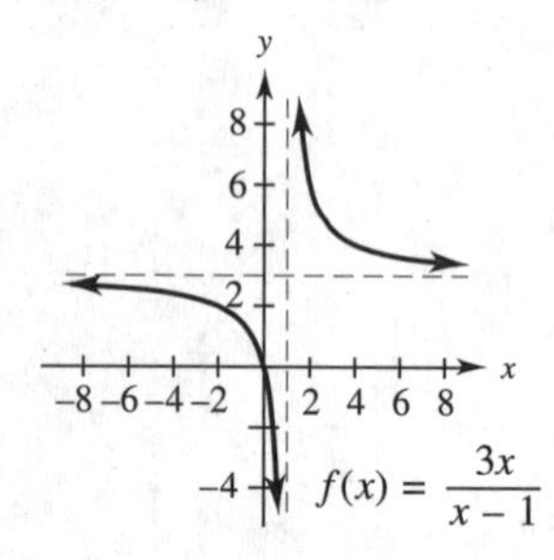

$f(x) = \dfrac{3x}{x-1}$

7. $x = 4, y = 1$

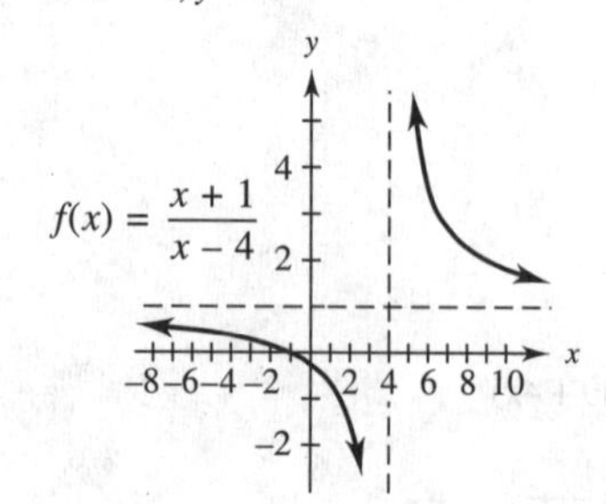

$f(x) = \dfrac{x+1}{x-4}$

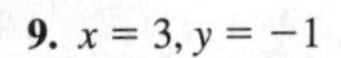

9. $x = 3, y = -1$

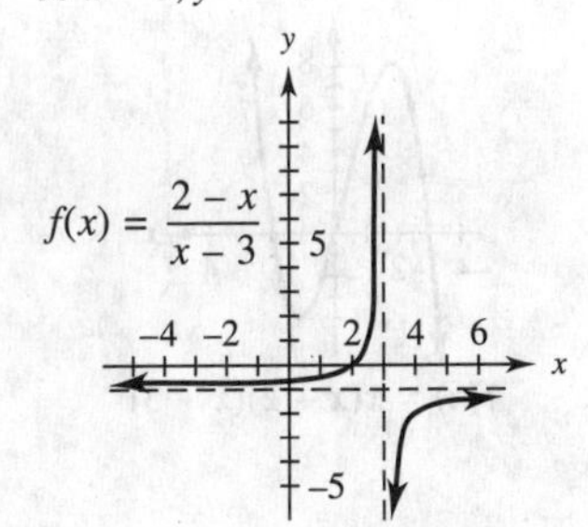

11. $x = -1/2, y = 1/2$

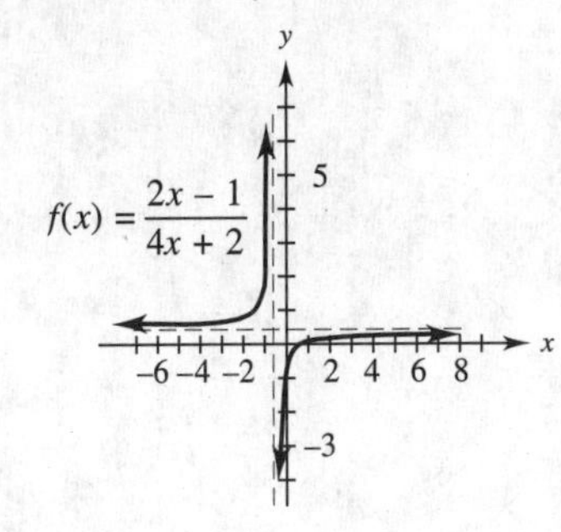

13. $x = -4, x = 1, y = 0$

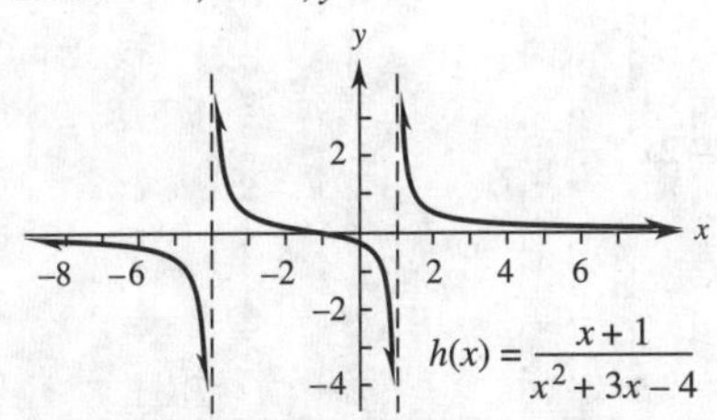

15. $x = -1, x = 1, y = 1$

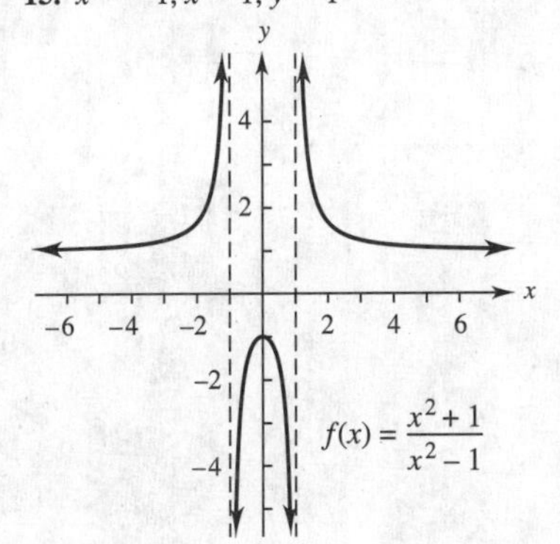

17. $x = -2, x = 1$ **19.** $x = -1, x = 5$

21. **(a)** \$4300 **(b)** \$10,033.33 **(c)** \$17,200 **(d)** \$38,700 **(e)** \$81,700 **(f)** \$210,700 **(g)** \$425,700 **(h)** No

(i)

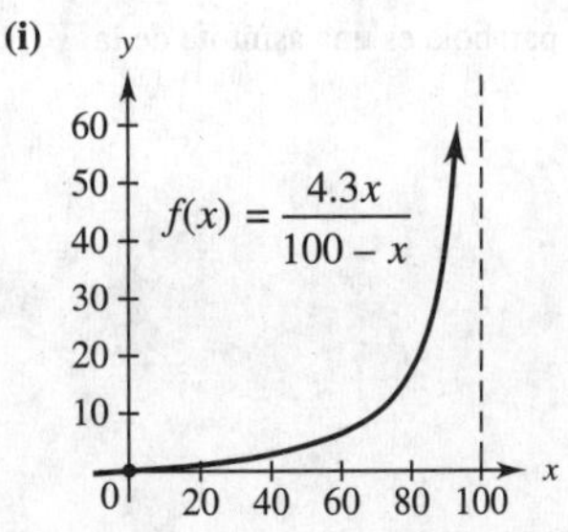

23. **(a)** 125,000 **(b)** 187,500 **(c)** 200,000

(d)

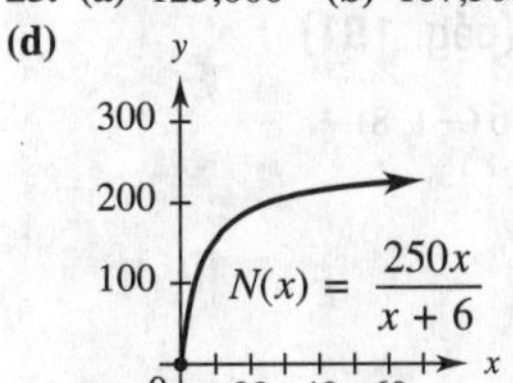

(e) La parte en el primer cuadrante, porque x y $N(x)$ son ambas positivas **(f)** $y = 250$; 250,000

25. **(a)**

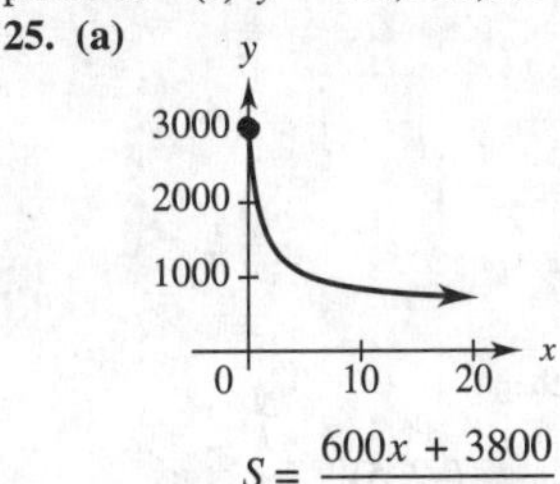

$$S = \frac{600x + 3800}{x + 1}$$

(b) Sí; \$600; la asíntota horizontal; **(c)** Después de 7 días; el costo de los anuncios será mayor que las ventas que generan.

27. 30,000 rojos, 10,000 azules

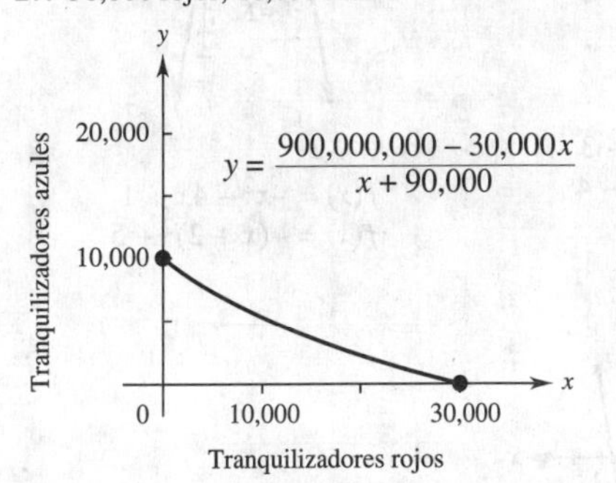

29. **(a)** $C(x) = 2.6x + 40,000$ **(b)** $\overline{C}(x) = \frac{2.6x + 40,000}{x}$

(c) $y = 2.6$; el costo promedio puede acercarse a, pero nunca será igual a \$2.60.

31. **(a)**

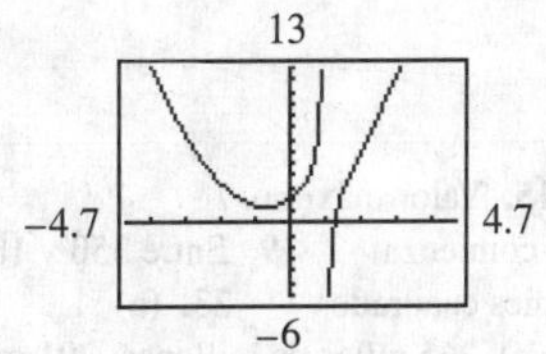

(b) Se ven casi idénticas porque la parábola es una asíntota de la gráfica.

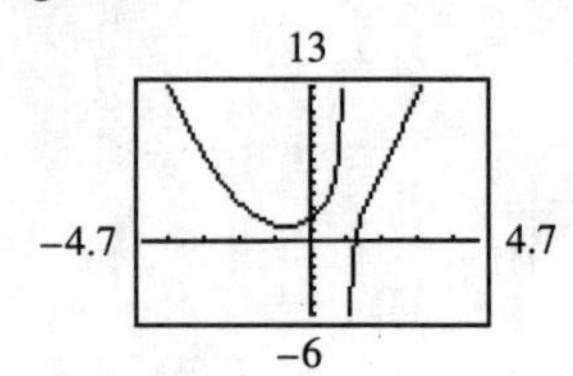

Capítulo 4 Ejercicios de repaso (pág. 181)

1. Hacia arriba (2, 6) **3.** Hacia abajo (−1, 8)

5. 

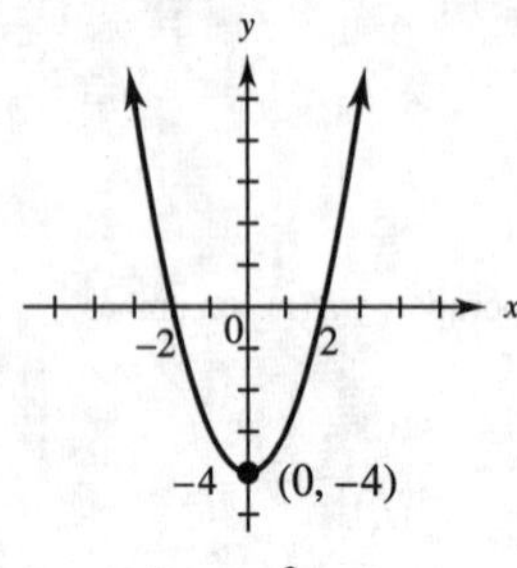

$f(x) = x^2 - 4$

7.

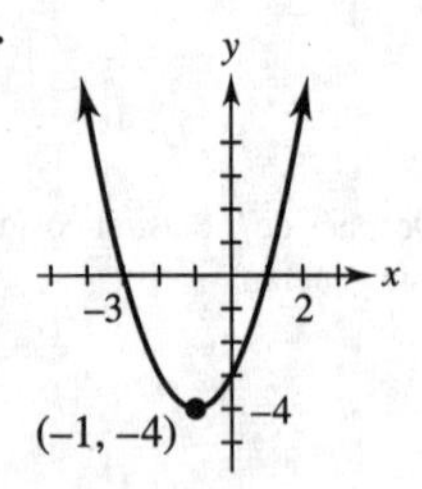

$f(x) = x^2 + 2x - 3$
$f(x) = (x + 1)^2 - 4$

9.

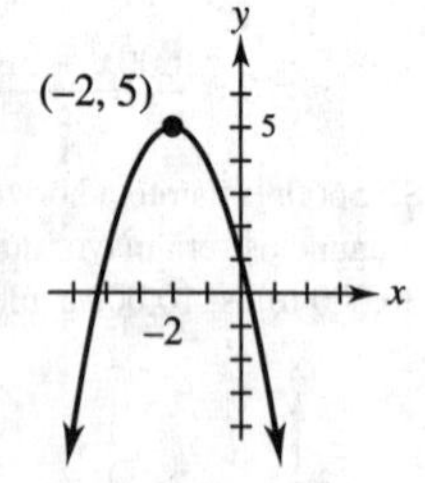

$f(x) = -x^2 - 4x + 1$
$f(x) = -(x + 2)^2 + 5$

11.

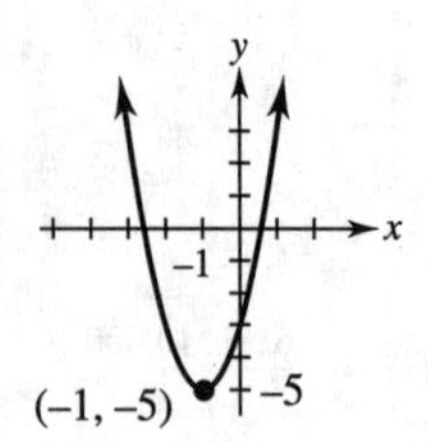

$f(x) = 2x^2 + 4x - 3$
$f(x) = 2(x + 1)^2 - 5$

13. Valor mínimo, −11 **15.** Valor máximo, 7
17. 4 meses después que ella comienza **19.** Entre 350 y 1850
21. 10 pies por 15 pies; 150 pies cuadrados **23. (a)** $f(x) = .6944(x - 1)^2 + 40$ **(b)** 265 miles de millones; 291 miles de millones

25.

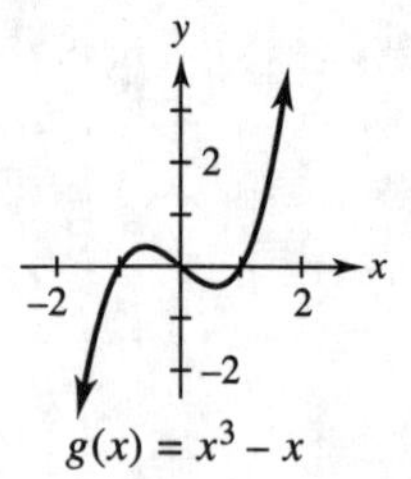

$g(x) = x^3 - x$

27.

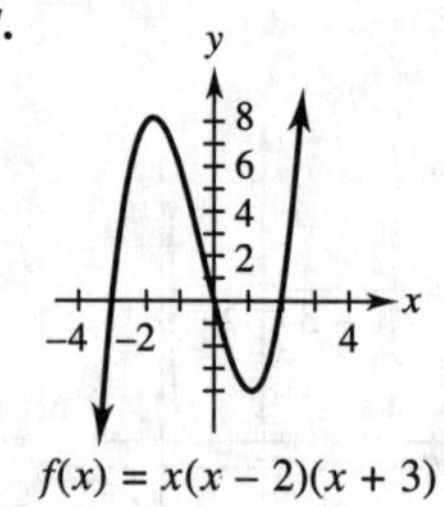

$f(x) = x(x - 2)(x + 3)$

29.

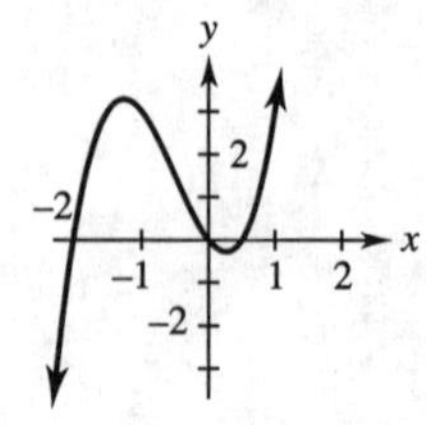

$f(x) = x(2x - 1)(x + 2)$

31.

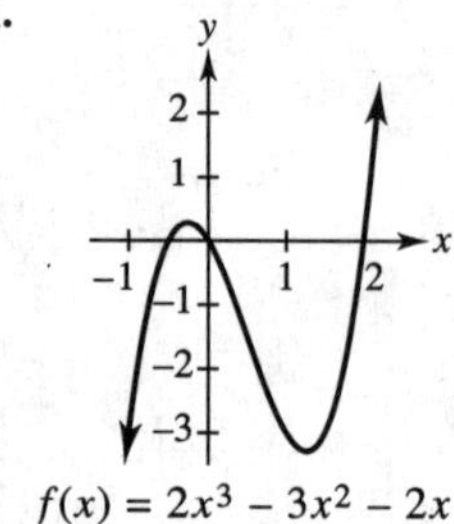

$f(x) = 2x^3 - 3x^2 - 2x$

33.

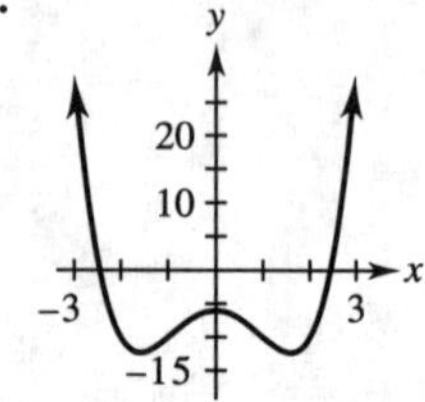

$f(x) = x^4 - 5x^2 - 6$

35. $x = 3, y = 0$

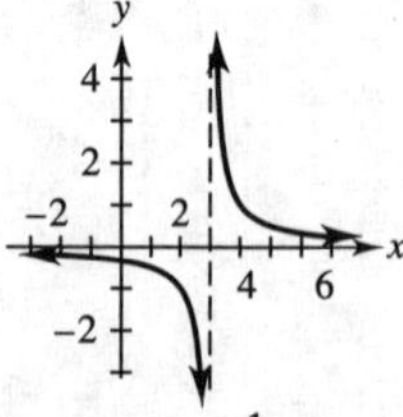

$f(x) = \dfrac{1}{x - 3}$

37. $x = 2, y = 0$

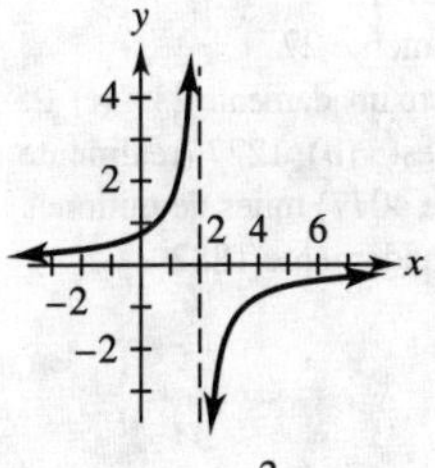

39. $x = -1/2, x = 3/2, y = 0$

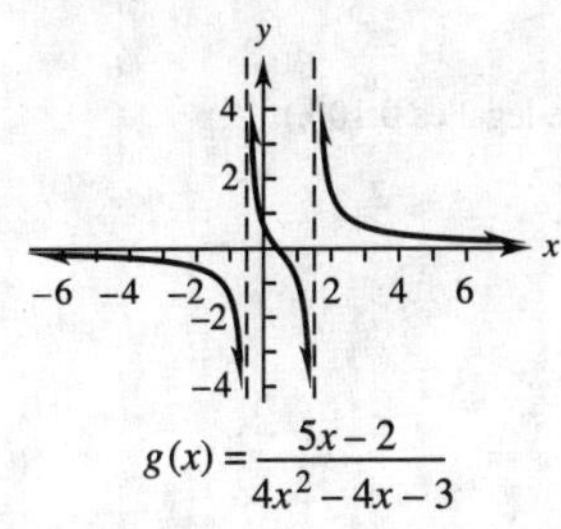

41. **(a)** Aproximadamente \$10.83 **(b)** Aproximadamente \$4.64 **(c)** Aproximadamente \$3.61 **(d)** Aproximadamente \$2.71 **(e)**

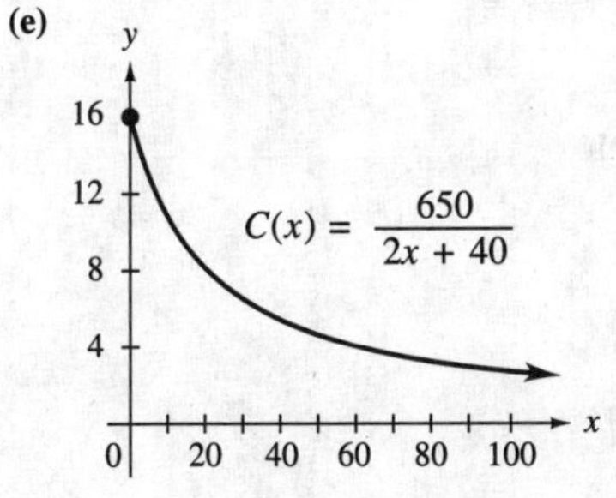

43. **(a)** (10, 50)

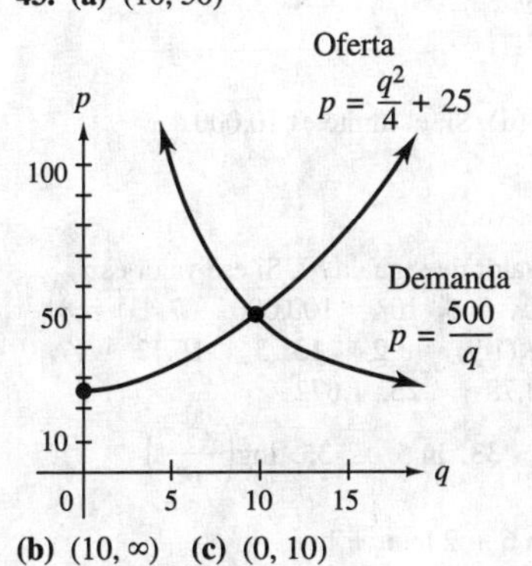

(b) $(10, \infty)$ **(c)** (0, 10)

Caso 4 (pág. 184)

1. (2.9, 5.7, 8.5, 11.3, 14.1, 16.9)
3. (2.3, 1.1, 1.7, 2.4, 1.5, −2.7, −11.9, −27.8)

CAPÍTULO 5

Sección 5.1 (pág. 190)

1. Cuadrática **3.** Exponencial **5.** **(a)** La gráfica se encuentra totalmente arriba del eje x y cae de izquierda a derecha. Cae relativamente inclinada hasta que alcanza la intersección con el eje y en 1 y luego desciende lentamente con el eje x positivo como asíntota horizontal. **(b)** (0, 1), (1, .8) **7.** **(a)** La gráfica se encuentra totalmente arriba del eje x y se eleva de izquierda a derecha. El eje x negativo es una asíntota horizontal. La gráfica se eleva lentamente hasta que alcanza la intersección con el eje y en 1 y luego se eleva muy rápidamente. **(b)** (0, 1), $(1, 5^{.4})$

9.

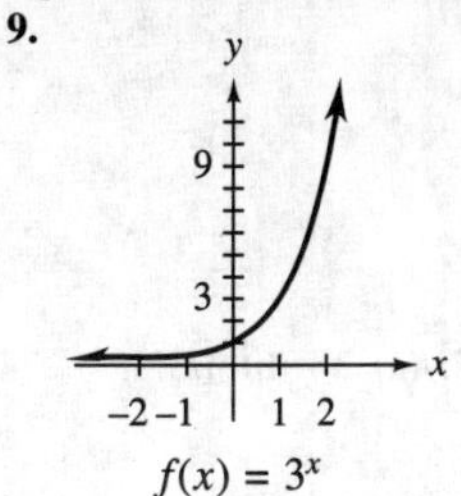

11.

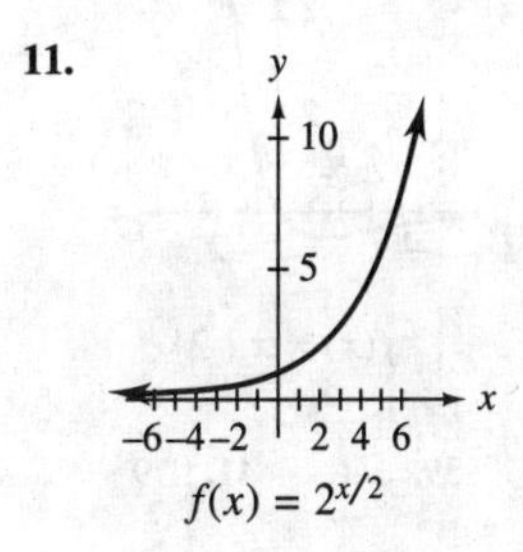

13.

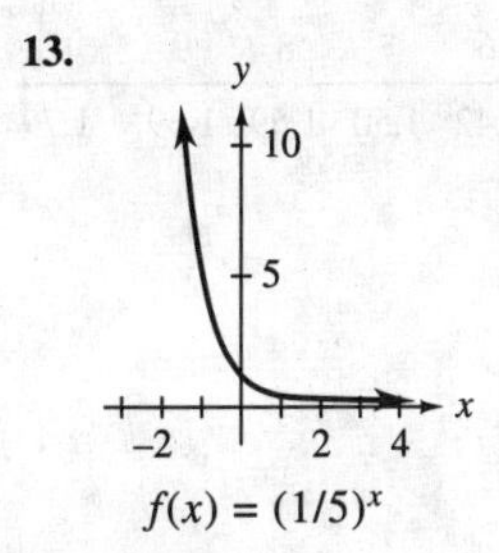

15. **(a)–(c)**

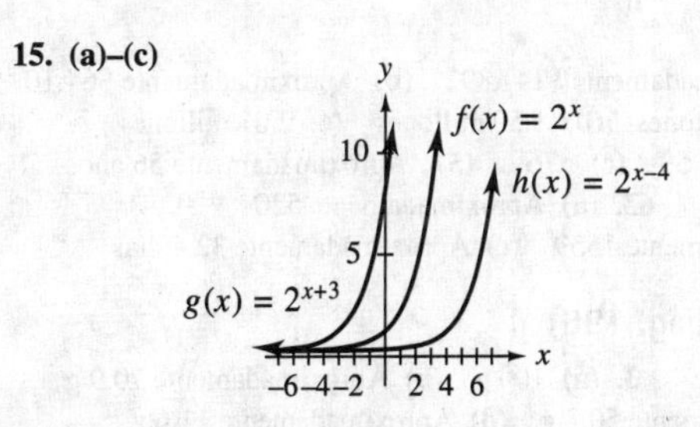

17. 2.3 **19.** .75 **21.** .31

23. **(a)** $a > 1$ **(b)** Dominio: $(-\infty, \infty)$; rango: $(0, \infty)$
(c)

$(0, -1)$ $g(x) = -a^x$

(d) Dominio: $(-\infty, \infty)$; rango: $(-\infty, 0)$
(e)

$h(x) = a^{-x}$ $(0, 1)$

(f) Dominio: $(-\infty, \infty)$; rango: $(0, \infty)$ **25.** **(a)** 3 **(b)** 1/3 **(c)** 9 **(d)** 1

27.

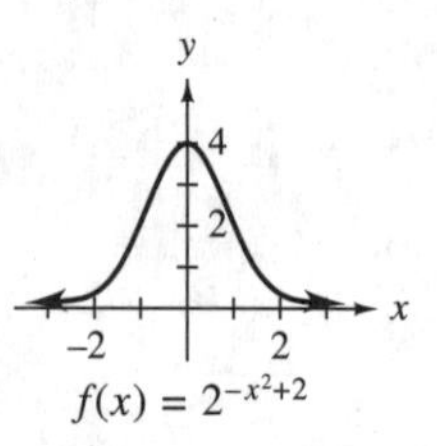

29.

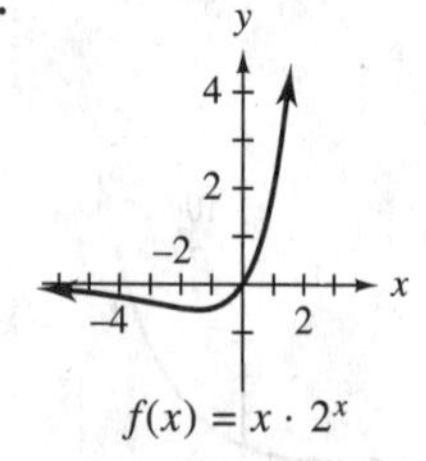

31. 2 **33.** 3 **35.** 1.5 **37.** 1 **39.** 1/4 **41.** 1/9 **43.** 4, −4 **45.** 2
49. **(a)**

t	0	1	2	3	4	5	6	7	8	9	10
y	1	1.06	1.12	1.19	1.26	1.34	1.42	1.50	1.59	1.69	1.79

(b)

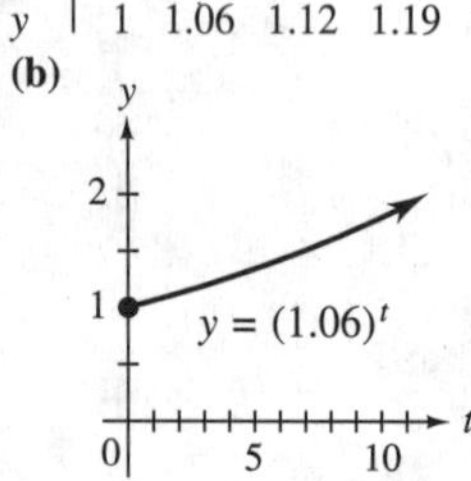

51. **(a)** Aproximadamente \$141,892 **(b)** Aproximadamente \$64.10
53. **(a)** 1.11 millones **(b)** 1.50 millones **(c)** 2.01 millones
55. **(a)** 11 **(b)** 53 **(c)** 576 **57.** Aproximadamente 56 años
59. \$19,420.26 **63.** **(a)** Aproximadamente 520
(b) Aproximadamente 1559 **(c)** Aproximadamente 32.4 días

Sección 5.2 (pág. 196)

1. 30.0 millones **3.** **(a)** 100 g **(b)** Aproximadamente 70.9 g
(c) Aproximadamente 50.3 g **(d)** Aproximadamente 11.6 g
5. **(a)** 50,000 **(b)** Aproximadamente 47,561 **(c)** Aproximadamente 40,937 **(d)** Aproximadamente 30,327 **7.** 11.6 lb por pulgada cuadrada **9.** **(a)** \$21,665.74 **(b)** \$29,836.49 **(c)** \$44,510.82
(d) Aproximadamente 13.75 años **11.** **(a)** 12
(b) Aproximadamente 20 **(c)** Aproximadamente 27
(d) Aproximadamente 27 **13.** **(a)** 6 **(b)** Aproximadamente 23 **(c)** 25
15. **(a)** 446 (realmente 383) miles de millones **(b)** 1227 (realmente 1000) miles de millones **(c)** 4075 (realmente 4077) miles de millones
17. 6.25°C **19.** **(a)** 1000 **(b)** Aproximadamente 1882
21. **(a)** .13 **(b)** .23
23. **(a)**

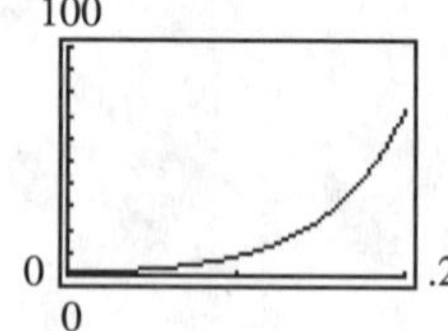

(b) .182 (En muchos estados el límite legal es 0.100.)

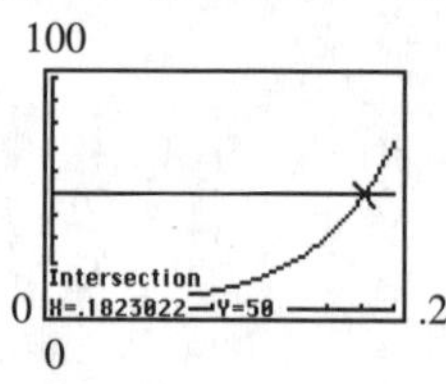

25. **(a)** Los puntos se ajustan a un modelo logístico;

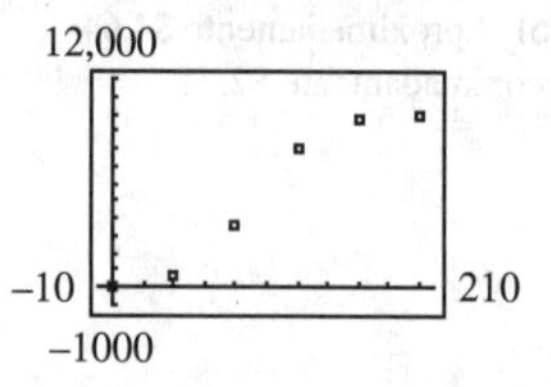

(b) Sí

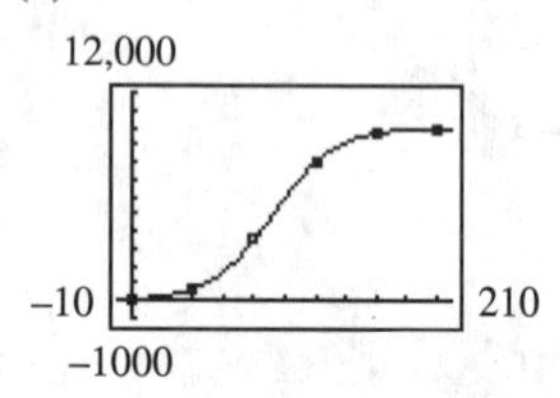

(c) Aproximadamente 5970 **(d)** Sí; el límite es 10,000.

Sección 5.3 (pág. 209)

1. a^y **3.** Está faltando el valor que iguala b^y. Si ese valor es x, entonces debe leerse $y = \log_b x$. **5.** $10^5 = 100{,}000$ **7.** $3^4 = 81$
9. $\log 75 = 1.8751$ **11.** $\log_3(1/9) = -2$ **13.** 3 **15.** 2 **17.** 3
19. −2 **21.** 1/2 **23.** 3.78 **25.** 1.672
27. −1.047 **31.** $\log 16$ **33.** $\ln 5$ **35.** $\log\left(\frac{u^2w^3}{v^6}\right)$
37. $\ln\left(\frac{(x+1)^2}{x+2}\right)$ **39.** $\frac{1}{2}\ln 6 + 2\ln m + \ln n$
41. $\frac{1}{2}\log x - \frac{5}{2}\log z$ **43.** $2u + 5v$ **45.** $3u - 2v$
47. 3.5145 **49.** 2.4851 **51.** Hay muchas respuestas correctas, entre ellas $b = 1$, $c = 2$. **53.** 1/5 **55.** 3/2 **57.** 16
59. 8/5 **61.** 1/3 **63.** 10 **65.** 5.2378 **67.** 5

71.

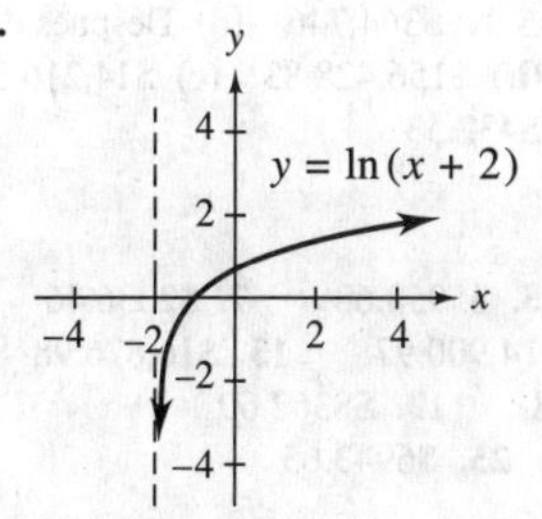

73.

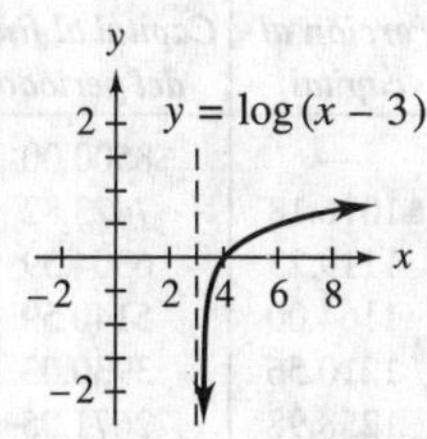

77. $\ln 2.75 = 1.0116009$; $e^{1.0116009} = 2.75$ **79.** **(a)** 17.67 **(b)** 9.01 **(c)** 4.19 **(d)** 2.25 **(e)** $72/4 = 18$; $72/8 = 9$; $72/18 = 4$; $72/2 = 36$; por lo que toma aproximadamente $72/k$ años para que el dinero se duplique a $k\%$ de interés. **81.** **(a)** Aproximadamente 8 **(b)** Aproximadamente 12 **83.** **(a)** El porcentaje de cambio en rentas creció rápidamente de 1992 a 1993, se niveló a un lento incremento de 1993 a 1994 y luego se incrementó rápidamente de nuevo de 1994 a 1996. De 1996 a 1999 (estimado) el porcentaje de incremento disminuyó y se volvió constante en aproximadamente 7%. **(b)** $f(92) = -3.4$; $f(99) = 7.1$; $f(92) = -3.4$ concuerda muy cercanamente con el valor y sobre la gráfica de aproximadamente -3; $f(99) = 7.1$ está también razonablemente cerca del valor y sobre la gráfica de aproximadamente 7.5.

Sección 5.4 (pág. 217)

1. 1.465 **3.** 2.710 **5.** -1.825 **7.** .805 **9.** $-.123$ **11.** ± 2.141 **13.** 1.386 **15.** $\frac{\log d + 3}{4}$ **17.** $\frac{\ln b + 1}{2}$ **19.** 5 **21.** Ninguna solución **23.** 11 **25.** 3 **27.** Ninguna solución **29.** $-2, 2$ **31.** 1, 10 **33.** $\frac{4 + b}{4}$ **35.** $\frac{10^{2-b} - 5}{6}$ **39.** **(a)** 25 g **(b)** Aprox. 4.95 años **41.** Aprox. 3606 años de edad **43.** **(a)** Aprox. 23 días **(b)** Aprox. 46 días **45.** $10^{1.2} \approx 15.85$ **47.** **(a)** 10^{10} veces más **(b)** 10^5 veces más **(c)** 10^5 veces más **49.** .629 **51.** **(a)** Aprox. 527 **(b)** Aprox. 3466 **(c)** Aprox. 6020 **(d)** Aprox. 1783 **(e)** $r \approx .8187$ **53.** En 2006 **55.** 14.2 horas **57.** **(a)** Aprox. 1980 **(b)** Nunca; la función limita el porcentaje a 25.

Capítulo 5 Ejercicios de repaso (pág. 220)

1. (c) **3.** (d) **5.** $0 < a < 1$ **7.** $(0, \infty)$ **9.** -1 **11.** 2

13.

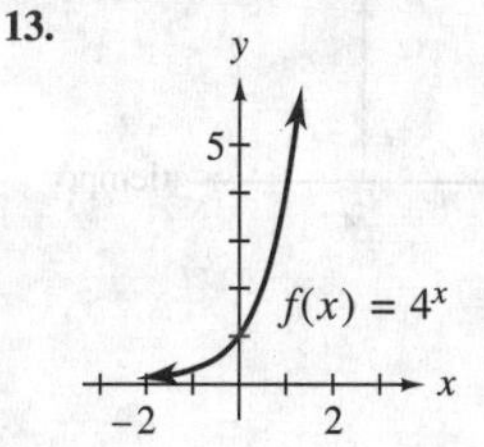

15.

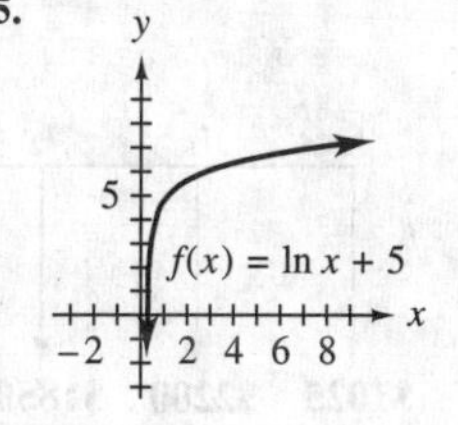

17. **(a)** 207 **(b)** 235 **(c)** 249
(d)

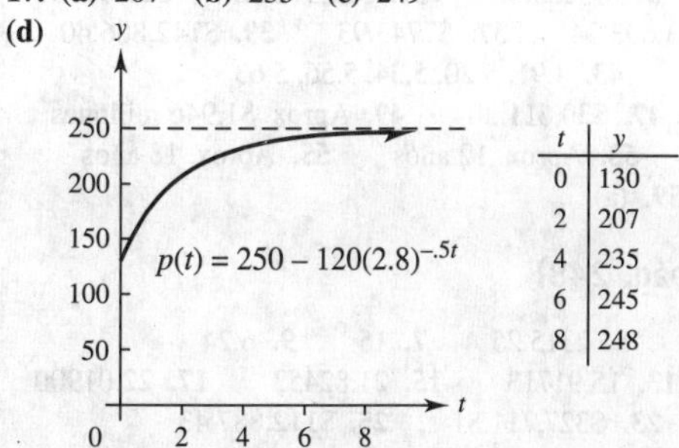

t	y
0	130
2	207
4	235
6	245
8	248

19. $\log 47 = 1.6721$ **21.** $\ln 39 = 3.6636$ **23.** $10^3 = 1000$ **25.** $e^{4.5581} = 95.4$ **27.** 3 **29.** 7.4 **31.** 4/3 **33.** $\log 20k^4$ **35.** $\log\left(\frac{b^2}{c^3}\right)$ **37.** 1.416 **39.** -2.807 **41.** -3.305 **43.** .747 **45.** 28.463 **47.** 8 **49.** 6 **51.** 2 **53.** 3 **55.** **(a)** \$15 millones **(b)** \$15.6 millones **(c)** \$16.4 millones **57.** **(a)** 10 g **(b)** Aprox. 140 días **(c)** Aproximadamente 243 días **59.** 81.25° Celsius **61.** 1999

63. **(a)**

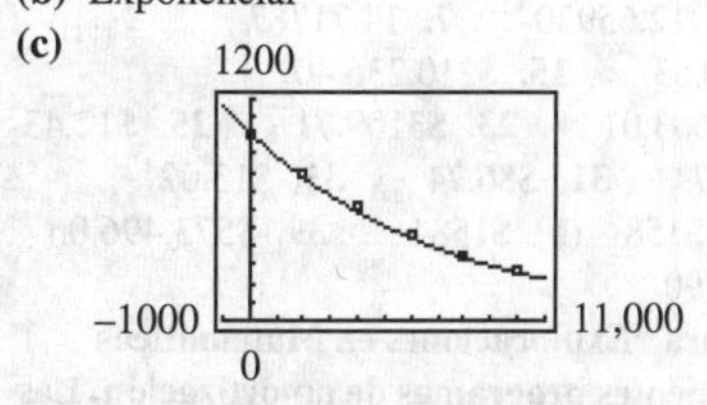

(b) Exponencial
(c)

1200

−1000 11,000

0

La gráfica ajusta los datos muy bien **(d)** 825 milibars; 224 milibars; ambos valores pronosticados son cercanos a los valores reales.

Caso 5 (pág. 224)

1. 23.6; 47.7; 58.4; las estimaciones son un poco bajas.

CAPÍTULO 6

Sección 6.1 (pág. 230)

1. Tiempo y tasa de interés **3.** \$231.00 **5.** \$286.75 **7.** \$119.15 **9.** \$241.56 **11.** \$304.38 **13.** \$3654.10 **17.** \$46,265.06 **19.** \$28,026.37 **21.** \$8898.75 **23.** \$48,140.65 **25.** 10.7% **27.** 11.8% **29.** \$27,894.30 **31.** 6.8% **33.** \$34,438.29 **35.** \$6550.92 **37.** 11.4% **39.** \$13,683.48; si **41.** (c)

Sección 6.2 (pág. 238)

3. \$1593.85 **5.** \$1515.80 **7.** \$13,213.16 **9.** \$10,466.35 **11.** \$2307.95 **13.** \$1968.48 **15.** \$26,545.91 **17.** \$45,552.97 **21.** 4.04% **23.** 8.16% **25.** 12.36%

27. $8954.58 **29.** $3255.55 **31.** $11,572.58 **33.** $1000 ahora **35.** $13,693.34 **37.** $7743.93 **39.** $142,886.40 **41.** $123,506.50 **43.** 4.91, 5.20, 5.34, 5.56, 5.63 **45.** $8763.47 **47.** $30,611.30 **49.** Aprox. $1.946 millones **51.** $11,940.52 **53.** Aprox. 12 años **55.** Aprox. 18 años **57.** 10.00% **59.** (a)

Sección 6.3 (pág. 248)

1. 135 **3.** 6 **5.** 2315.25 **7.** 15 **9.** 6.24 **11.** 594.048 **13.** 15.91713 **15.** 21.82453 **17.** 22.01900 **21.** $4625.30 **23.** $327,711.81 **25.** $112,887.43 **27.** $1,391,304.39 **29.** $7118.38 **31.** $447,053.44 **33.** $36,752.01 **35.** $137,579.79 **37.** $3750.91 **39.** $236.61 **41.** $775.08 **43.** $4462.94 **45.** $148.02 **47.** $79,679.68 **49.** $66,988.91 **51.** $130,159.72 **53.** $284,527.35 **55.** $1349.48 **57.** 6.5% **59.** **(a)** 7 años **(b)** 5 años **61.** **(a)** $120 **(b)** $681.83 excepto el último pago de $681.80

(c)

Número de pago	*Monto del depósito*	*Interés ganado*	*Total*
1	$681.83	$ 0.00	$ 681.83
2	681.83	54.55	1418.21
3	681.83	113.46	2213.50
4	681.83	177.08	3072.41
5	681.80	245.79	4000.00

Sección 6.4 (pág. 254)

1. (c) **3.** 9.71225 **5.** 12.65930 **7.** 14.71787 **11.** $8415.93 **13.** $9420.83 **15.** $210,236.40 **17.** $103,796.58 **21.** $1603.01 **23.** $3109.71 **25.** $12.43 **27.** $681.02 **29.** $916.07 **31.** $86.24 **33.** $13.02 **35.** $48,677.34 **37.** **(a)** $158 **(b)** $1584 **39.** $573,496.06 **41.** Aproximadamente $77,790

El programa de computadora "Exploraciones en Matemáticas Finitas" se usó para los siguientes programas de amortización. Las respuestas encontradas mediante otros programas de computadora o calculadoras pueden diferir ligeramente.

43.

Número de pago	*Monto del pago*	*Interés por periodo*	*Porción al capital*	*Capital al final del periodo*
0	—	—	—	$72,000.00
1	$9247.24	$2160.00	$7087.24	64,912.76
2	9247.24	1947.38	7299.85	57,612.91
3	9247.24	1728.39	7518.85	50,094.06
4	9247.24	1502.82	7744.42	42,349.64

45.

Número de pago	*Monto del pago*	*Interés por periodo*	*Porción al capital*	*Capital al final del periodo*
0	—	—	—	$20,000.00
1	$2404.83	$700.00	$1704.83	18,295.17
2	2404.83	640.33	1764.50	16,530.68
3	2404.83	578.57	1826.25	14,704.42
4	2404.83	514.65	1890.17	12,814.25

47. $280.46; $32,310.40 **49.** **(a)** $2349.51; $197,911.80 **(b)** $2097.30; $278,352 **(c)** $1965.82; $364,746 **(d)** Después de 170 pagos **51.** **(a)** $1352.45 **(b)** $156,428.83 **(c)** $14,216.35 **(d)** 20.5 años (246 pagos) **53.** $432.53

Sección 6.5 (pág. 257)

1. $45,401.41 **3.** $350.26 **5.** $5958.68 **7.** $2036.46 **9.** $8258.80 **11.** $47,650.97; $14,900.97 **13.** $16,876.98 **15.** $23,243.61 **17.** $32,854.98 **19.** $8362.60 **21.** $1228.20 **23.** $9843.39 **25.** $6943.65 **27.** $26,850.21

29.

Número de pagos	*Monto del pago*	*Interés por periodo*	*Porción al capital*	*Capital al final del periodo*
0	—	—	—	$8500.00
1	$1416.18	$340.00	$1076.18	7423.82
2	1416.18	296.95	1119.23	6304.59
3	1416.18	252.18	1164.00	5140.59
4	1416.18	205.62	1210.56	3930.03
5	1416.18	157.20	1258.98	2671.05
6	1416.18	106.84	1309.34	1361.71
7	1416.18	54.47	1361.71	0

31. 5.1% **33.** $8017.02 **35.** $2572.38 **37.** $89,659.63; $14,659.63 **39.** $6659.79 **41.** $4587.64 **43.** $212,026

Capítulo 6 Ejercicios de repaso (pág. 260)

1. $426.88 **3.** $62.91 **7.** $78,717.19 **9.** $739.09 **13.** $70,538.38; $12,729.04 **15.** $5282.19; $604.96 **17.** $12,857.07 **19.** $1923.09 **21.** 4, 2, 1, 1/2 **23.** −32 **25.** 5500 **29.** $137,925.91 **31.** $25,396.38 **35.** $2619.29 **37.** $916.12 **39.** $31,921.91 **41.** $14,222.42 **43.** $3628.00 **45.** $546.93 **47.** $896.06 **49.** $2696.12 **51.** $10,550.54 **53.** 8.21% **55.** $5596.62 **57.** $24,818.76; $2418.76 **59.** $3560.61 **61.** **(a)** $571.28 **(b)** $532.50 **(c)** Método 1: $56,324.44; método 2: $56,325.43 **(d)** $7100 **(e)** Método 1: $72,575.56; método 2: $72,574.57 **63.** $64,826.57

Caso 6 (pág. 264)

1.

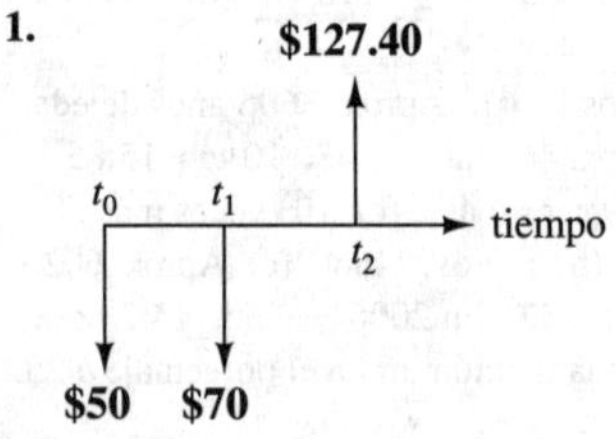

$50(1 + i)^2 + 70(1 + i) - 127.40 = 0$; 4.3%

3. **(a)**

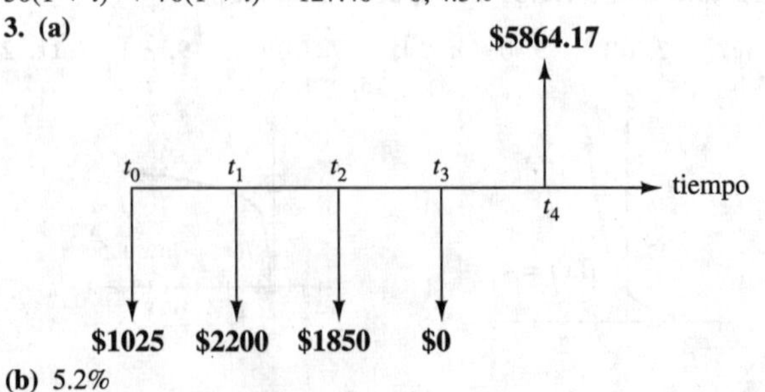

(b) 5.2%

5. **(a)**

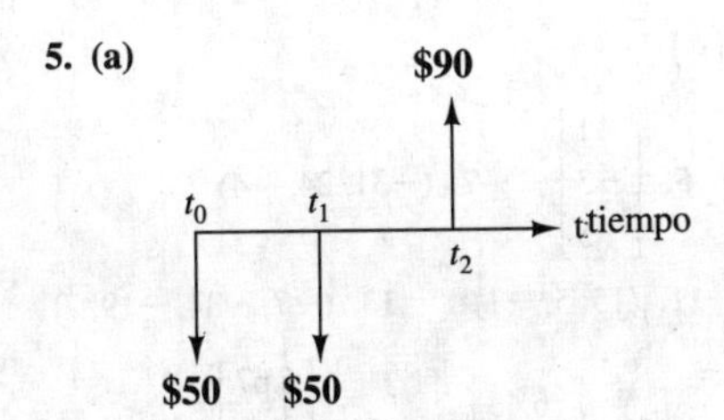

$50(1 + i)^2 + 50(1 + i) - 90 = 0$; $-.068$, -2.932 **(b)** $-.068$ es razonable, -2.932 no lo es.

CAPÍTULO 7

Sección 7.1 (pág. 276)

1. Sí **3.** (11/5, −7/5) **5.** (28, 22) **7.** (2, −1) **9.** Ninguna solución **11.** $(4y + 1, y)$ para cualquier número real y **13.** Ninguna solución **15.** (a) **17.** (5, 10) **19.** (−5, −3) **21.** Dependiente **23.** Inconsistente **25.** Independiente **27.** (2, 1, 4) **29.** (−1, 4, 2) **31.** Ninguna solución **33.** (2, 0, 1) **35.** $((-7 - 2z)/5, (11z + 21)/5, z)$ para cualquier número real z **37.** (1, 2) **39.** **(a)** $y = x + 1$ **(b)** $y = 3x + 4$ **(c)** (−3/2, −1/2) **43.** $W_1 = \dfrac{300}{1+\sqrt{3}} = 110$ libras; $W_2 = \dfrac{300 - W_1}{\sqrt{2}} = 134$ libras **45.** Hacia el este: 7 horas; diferencia en zonas de tiempo: 6 horas **47.** \$27 **49.** 5 del modelo 201, 8 del modelo 301 **51.** \$3000 al 8%, \$6000 al 9%, \$1000 al 5% **53.** 5 bolsas de la marca A, 2 bolsas de la marca B, 3 bolsas de la marca C **55.** **(a)** 12; 5, 6, 7, . . . , 46 **(b)** La solución con 1 cuchillo, 34 tenedores y 5 cucharas

Sección 7.2 (pág. 284)

1. $\left[\begin{array}{ccc|c} 2 & 1 & 1 & 3 \\ 3 & -4 & 2 & -5 \\ 1 & 1 & 1 & 2 \end{array}\right]$ **3.** $\begin{aligned} 2x + 3y + 8z &= 20 \\ x + 4y + 6z &= 12 \\ 3y + 5z &= 10 \end{aligned}$

5. $\left[\begin{array}{ccc|c} 1 & 2 & 3 & -1 \\ 2 & 0 & 7 & -4 \\ 6 & 5 & 4 & 6 \end{array}\right]$ **7.** $\left[\begin{array}{cccc|c} -4 & -3 & 1 & -1 & 2 \\ 0 & -4 & 7 & -2 & 10 \\ 0 & -2 & 9 & 4 & 5 \end{array}\right]$

9. (−3, 4, 0) **11.** (1, 0, −1) **13.** $((-9z + 5)/23, (10z - 3)/23, z)$ para cualquier número real z **15.** (−1, 23, 16) **17.** Ninguna solución **19.** (−7, 5) **21.** $(-3, z - 17, z)$ para cualquier número real z **23.** (−1, 1, −3, −2) **25.** Ninguna solución **27.** García 20 horas, Wong 15 horas **29.** 5 camiones, 2 camionetas, 3 vagonetas **31.** **(a)** Sean x_1 las unidades que se compraron al primer proveedor para Canoga Park, x_2 las unidades del primer proveedor para Wooster, x_3 las unidades del segundo proveedor para Canoga Park y x_4 las unidades del segundo proveedor para Wooster. **(b)** $x_1 + x_2 = 75$; $x_3 + x_4 = 40$; $x_1 + x_3 = 40$; $x_2 + x_4 = 75$; $70x_1 + 90x_2 + 80x_3 + 120x_4 = 10{,}750$ **(c)** (40, 35, 0, 40) **33.** Tres posibilidades: 7 camiones, ninguna camioneta, 2 vagonetas; o 7 camiones, 1 camioneta, 1 vagoneta; o 7 camiones, 2 camionetas, ninguna vagoneta **35.** **(a)** \$12,000 al 6%, \$7000 al 7% y \$6000 al 10% **(b)** \$10,000 al 6%, \$15,000 al 7% y \$5000 al 10% **(c)** \$20,000 al 6%, \$10,000 al 7% y \$10,000 al 10% **37.** **(a)** $y = .01x^2 - .3x + 4.24$ **(b)** 15 bandejas; \$1.99 **39.** **(a)** No **(b)** Sí; 150 acres para melones, 50 acres para cebollas y 20 acres para lechuga **41.** **(a)** $C = .0378t^2 + .1t + 315$ **(b)** 2048

Sección 7.3 (pág. 293)

1. 2×3; $\begin{bmatrix} -7 & 8 & -4 \\ 0 & -13 & -9 \end{bmatrix}$ **3.** 3×3; matriz cuadrada $\begin{bmatrix} 3 & 0 & -11 \\ -1 & -\frac{1}{4} & 7 \\ -5 & 3 & -9 \end{bmatrix}$ **5.** 2×1; matriz columna $\begin{bmatrix} -7 \\ -11 \end{bmatrix}$

7. B es una matriz cero de 5×3. **9.** $\begin{bmatrix} 9 & 12 & 0 & 2 \\ 1 & -1 & 2 & -4 \end{bmatrix}$

11. $\begin{bmatrix} 5 & 13 & 0 \\ 3 & 1 & 8 \end{bmatrix}$ **13.** $\begin{bmatrix} 3 & -7 & 7 \\ 4 & 4 & -8 \end{bmatrix}$ **15.** $\begin{bmatrix} -4 & 8 \\ 0 & 6 \end{bmatrix}$

17. $\begin{bmatrix} 24 & -8 \\ -16 & 0 \end{bmatrix}$ **19.** $\begin{bmatrix} -22 & -6 \\ 20 & -12 \end{bmatrix}$ **21.** $\begin{bmatrix} 4 & -\frac{7}{2} \\ 4 & \frac{21}{2} \end{bmatrix}$

23. $X + T = \begin{bmatrix} x & y \\ z & w \end{bmatrix} + \begin{bmatrix} r & s \\ t & u \end{bmatrix} = \begin{bmatrix} x + r & y + s \\ z + t & w + u \end{bmatrix}$ (una matriz de 2×2)

25. $X + (T + P) = \begin{bmatrix} x + (r + m) & y + (s + n) \\ z + (t + p) & w + (u + q) \end{bmatrix} = \begin{bmatrix} (x + r) + m & (y + s) + n \\ (z + t) + p & (w + u) + q \end{bmatrix} = (X + T) + P$

27. $P + 0 = \begin{bmatrix} m + 0 & n + 0 \\ p + 0 & q + 0 \end{bmatrix} = \begin{bmatrix} m & n \\ p & q \end{bmatrix} = P$

29. $\begin{bmatrix} 18 & 2.7 \\ 10 & 1.5 \\ 8 & 1.0 \\ 10 & 2.0 \\ 10 & 1.7 \end{bmatrix}$; $\begin{bmatrix} 18 & 10 & 8 & 10 & 10 \\ 2.7 & 1.5 & 1.0 & 2.0 & 1.7 \end{bmatrix}$

31. **(a)** $\begin{bmatrix} 5.6 & 6.4 & 6.9 & 7.6 & 6.1 \\ 144 & 138 & 149 & 152 & 146 \end{bmatrix}$

(b) $\begin{bmatrix} 10.2 & 11.4 & 11.4 & 12.7 & 10.8 \\ 196 & 196 & 225 & 250 & 230 \end{bmatrix}$

(c) $\begin{bmatrix} 4.6 & 5.0 & 4.5 & 5.1 & 4.7 \\ 52 & 58 & 76 & 98 & 84 \end{bmatrix}$

(d) $\begin{bmatrix} 12.0 & 12.9 & 13.7 & 14.5 & 12.8 \\ 221 & 218 & 254 & 283 & 250 \end{bmatrix}$

33. **(a)** Chicago: $\begin{bmatrix} 4.05 & 7.01 \\ 3.27 & 3.51 \end{bmatrix}$; Seattle: $\begin{bmatrix} 4.40 & 6.90 \\ 3.54 & 3.76 \end{bmatrix}$

(b) $\begin{bmatrix} 4.24 & 6.95 \\ 3.42 & 3.64 \end{bmatrix}$ **(c)** $\begin{bmatrix} 4.42 & 7.43 \\ 3.38 & 3.62 \end{bmatrix}$ **(d)** $\begin{bmatrix} 4.41 & 7.17 \\ 3.46 & 3.69 \end{bmatrix}$

Sección 7.4 (pág. 304)

1. 2×2; 2×2 **3.** 3×2; BA no existe. **5.** AB no existe; 3×2 **7.** Columnas; renglones **9.** $\begin{bmatrix} 13 \\ 25 \end{bmatrix}$ **11.** $\begin{bmatrix} -2 & 10 \\ 0 & 8 \end{bmatrix}$

13. $\begin{bmatrix} -4 & 1 \\ 2 & -3 \end{bmatrix}$ **15.** $\begin{bmatrix} 3 & -5 & 7 \\ -2 & 1 & 6 \\ 0 & -3 & 4 \end{bmatrix}$ **17.** $\begin{bmatrix} 16 & 11 \\ 37 & 32 \\ 58 & 53 \end{bmatrix}$

19. $AB = \begin{bmatrix} -30 & -45 \\ 20 & 30 \end{bmatrix}$, pero $BA = \begin{bmatrix} 0 & 0 \\ 0 & 0 \end{bmatrix}$

21. $(A + B)(A - B) = \begin{bmatrix} -7 & -24 \\ -28 & -33 \end{bmatrix}$, pero $A^2 - B^2 = \begin{bmatrix} -37 & -69 \\ -8 & -3 \end{bmatrix}$

23. $(PX)T =$

$$\begin{bmatrix} (mx + nz)r + (my + nw)t & (mx + nz)s + (my + nw)u \\ (px + qz)r + (py + qw)t & (px + qz)s + (py + qw)u \end{bmatrix}$$

$P(XT)$ es lo mismo por lo que $(PX)T = P(XT)$.

25. $k(X + T) = k\begin{bmatrix} x + r & y + s \\ z + t & w + u \end{bmatrix} = \begin{bmatrix} k(x + r) & k(y + s) \\ k(z + t) & k(w + u) \end{bmatrix}$

$= \begin{bmatrix} kx + kr & ky + ks \\ kz + kt & kw + ku \end{bmatrix} = \begin{bmatrix} kx & ky \\ kz & kw \end{bmatrix} + \begin{bmatrix} kr & ks \\ kt & ku \end{bmatrix} = kX + kT$

27. No **29.** Sí **31.** No **33.** $\begin{bmatrix} 2 & -3 \\ -1 & 2 \end{bmatrix}$

35. No tiene inversa **37.** $\begin{bmatrix} 2 & -3 \\ -\frac{1}{2} & 1 \end{bmatrix}$ **39.** $\begin{bmatrix} 3 & 3 & -1 \\ -2 & -2 & 1 \\ -4 & -5 & 2 \end{bmatrix}$

41. $\begin{bmatrix} 2 & 1 & -1 \\ 8 & 2 & -5 \\ -11 & -3 & 7 \end{bmatrix}$ **43.** No tiene inversa

45. $\begin{bmatrix} \frac{7}{4} & \frac{5}{2} & 3 \\ -\frac{1}{4} & -\frac{1}{2} & 0 \\ -\frac{1}{4} & -\frac{1}{2} & -1 \end{bmatrix}$ **47.** $\begin{bmatrix} \frac{1}{2} & \frac{1}{2} & -\frac{1}{4} & \frac{1}{2} \\ -1 & 4 & -\frac{1}{2} & -2 \\ -\frac{1}{2} & \frac{5}{2} & -\frac{1}{4} & -\frac{3}{2} \\ \frac{1}{2} & -\frac{1}{2} & \frac{1}{4} & \frac{1}{2} \end{bmatrix}$

49. (a) $\begin{bmatrix} 900 & 1500 & 1150 \\ 600 & 950 & 800 \\ 750 & 900 & 825 \end{bmatrix}$ **(b)** $[1.50 \quad .90 \quad .60]$

(c) $[1.50 \quad .90 \quad .60]\begin{bmatrix} 900 & 1500 & 1150 \\ 600 & 950 & 800 \\ 750 & 900 & 825 \end{bmatrix} = [2340 \quad 3645 \quad 2940]$

(d) \$8925 **51. (a)** $\begin{array}{c} \\ S \\ C \end{array}\begin{array}{c} \begin{array}{ccc} CC & MM & AD \end{array} \\ \begin{bmatrix} .5 & .4 & .3 \\ .2 & .3 & .3 \end{bmatrix} \end{array}$ **(b)** $\begin{array}{c} \\ SD \\ MC \\ M \end{array}\begin{array}{c} \begin{array}{cc} S & C \end{array} \\ \begin{bmatrix} 3 & 3 \\ 2 & 3 \\ 1 & 4 \end{bmatrix} \end{array}$

(c) $\begin{array}{c} \\ SD \\ MC \\ M \end{array}\begin{array}{c} \begin{array}{ccc} CC & MM & AD \end{array} \\ \begin{bmatrix} 2.1 & 2.1 & 1.8 \\ 1.6 & 1.7 & 1.5 \\ 1.3 & 1.6 & 1.5 \end{bmatrix} \end{array}$ **(d)** \$1.60 **(e)** \$1200 en Managua

53. (a) $\begin{bmatrix} .027 & .009 \\ .030 & .007 \\ .015 & .009 \\ .013 & .011 \\ .019 & .011 \end{bmatrix}$; $\begin{bmatrix} 1596 & 218 & 199 & 425 & 214 \\ 1996 & 286 & 226 & 460 & 243 \\ 2440 & 365 & 252 & 484 & 266 \\ 2906 & 455 & 277 & 499 & 291 \end{bmatrix}$

(b) $\begin{array}{c} \\ 1960 \\ 1970 \\ 1980 \\ 1990 \end{array}\begin{array}{c} \begin{array}{cc} \text{Nacimientos} & \text{Muertes} \end{array} \\ \begin{bmatrix} 62.208 & 24.710 \\ 76.459 & 29.733 \\ 91.956 & 35.033 \\ 108.283 & 40.522 \end{bmatrix} \end{array}$ **55.** $X = \begin{bmatrix} 0 \\ \frac{3}{2} \end{bmatrix}$

Sección 7.5 (pág. 314)

1. $\begin{bmatrix} 8 \\ 6 \end{bmatrix}$ **3.** $\begin{bmatrix} \frac{1}{2} & 1 \\ \frac{3}{2} & 1 \end{bmatrix}$ **5.** $\begin{bmatrix} 11 \\ -3 \\ 5 \end{bmatrix}$ **7.** $(-31, 24, -4)$

9. $(-31, -131, 181)$ **11.** $(15, 5, -1)$ **13.** $(-7, -34, -19, 7)$

15. $\begin{bmatrix} -6 \\ -14 \end{bmatrix}$ **17.** $\begin{bmatrix} \frac{32}{3} \\ \frac{25}{3} \end{bmatrix}$ **19.** $\begin{bmatrix} 6.43 \\ 26.12 \end{bmatrix}$ **21.** $\begin{bmatrix} 6.67 \\ 20 \\ 10 \end{bmatrix}$

23. 10 buffets, 5 sillas, ninguna mesa, u 11 buffets, 1 silla, 1 mesa **25.** 2340 de la primera especie, 10,128 de la segunda especie, 224 de la tercera especie (redondeado) **27.** Aproximadamente 1073 toneladas métricas de trigo, aproximadamente 1413 toneladas métricas de aceite **29.** Gas \$98 millones, electricidad \$123 millones **31. (a)** 7/4 bushels de camotes, 15/8 cerdos **(b)** 167.5 bushels de camotes, 153.75 cerdos **33.** Agricultura 4100/23, fabricación 4080/23, transportación 3790/23

35. $\begin{bmatrix} 23 \\ 51 \end{bmatrix}, \begin{bmatrix} 13 \\ 30 \end{bmatrix}, \begin{bmatrix} 45 \\ 96 \end{bmatrix}, \begin{bmatrix} 69 \\ 156 \end{bmatrix}, \begin{bmatrix} 87 \\ 194 \end{bmatrix}, \begin{bmatrix} 23 \\ 51 \end{bmatrix}, \begin{bmatrix} 51 \\ 110 \end{bmatrix}, \begin{bmatrix} 45 \\ 102 \end{bmatrix}, \begin{bmatrix} 69 \\ 157 \end{bmatrix}$

37. (a) 3 **(b)** 3 **(c)** 5 **(d)** 3 **39. (a)** $B = \begin{bmatrix} 0 & 2 & 3 \\ 2 & 0 & 4 \\ 3 & 4 & 0 \end{bmatrix}$

(b) $B^2 = \begin{bmatrix} 13 & 12 & 8 \\ 12 & 20 & 6 \\ 8 & 6 & 25 \end{bmatrix}$ **(c)** 12 **(d)** 14

41. (a) $\begin{array}{c} \\ \text{Perros} \\ \text{Ratas} \\ \text{Gatos} \\ \text{Ratones} \end{array}\begin{array}{c} \begin{array}{cccc} \text{Perros} & \text{Ratas} & \text{Gatos} & \text{Ratones} \end{array} \\ \begin{bmatrix} 0 & 1 & 1 & 1 \\ 0 & 0 & 0 & 1 \\ 0 & 1 & 0 & 1 \\ 0 & 0 & 0 & 0 \end{bmatrix} \end{array} = C$

(b) $C^2 = \begin{bmatrix} 0 & 1 & 0 & 2 \\ 0 & 0 & 0 & 0 \\ 0 & 0 & 0 & 1 \\ 0 & 0 & 0 & 0 \end{bmatrix}$;

C^2 da el número de fuentes de alimento una vez apartadas del consumidor. Entonces, ya que los perros comen ratas y las ratas comen ratones, los ratones son una fuente de alimento indirecto así como directo para los perros.

Capítulo 7 Ejercicios de repaso (pág. 318)

1. $(-5, 7)$ **3.** $(0, -2)$ **5.** Ninguna solución; sistema inconsistente **7.** $(-35, 140, 22)$ **9.** 8000 estándar, 6000 extra grande **11.** \$7000 en el primero; \$11,000 en el segundo **13.** 50 de la fuente I, 150 de la fuente II, 100 de la fuente III **15.** $(0, 3, 3)$ **17.** Ninguna solución **19.** $(-79, 99, -8)$ **21.** 2×2; cuadrada **23.** 1×4; renglón

25. 2×3 **27.** $\begin{bmatrix} 8 & 8 & 8 \\ 10 & 5 & 9 \\ 7 & 10 & 7 \\ 8 & 9 & 7 \end{bmatrix}$ **29.** $\begin{bmatrix} -2 & -3 & 2 \\ -2 & -4 & 0 \\ 0 & -1 & -2 \end{bmatrix}$

31. $\begin{bmatrix} 2 & 30 \\ -4 & -15 \\ 10 & 13 \end{bmatrix}$ **33.** No es posible

35. Al siguiente día $\begin{bmatrix} 2310 & -\frac{1}{4} \\ 1258 & -\frac{1}{4} \\ 5061 & \frac{1}{2} \\ 1812 & \frac{1}{2} \end{bmatrix}$; total de dos días $\begin{bmatrix} 4842 & -\frac{1}{2} \\ 2722 & -\frac{1}{8} \\ 10{,}035 & -1 \\ 3566 & 1 \end{bmatrix}$

37. $\begin{bmatrix} 18 & 80 \\ -7 & -28 \\ 21 & 84 \end{bmatrix}$ **39.** $\begin{bmatrix} 13 & 43 \\ 17 & 46 \end{bmatrix}$ **41.** $\begin{bmatrix} 222 & 632 \\ -77 & -224 \\ 231 & 672 \end{bmatrix}$

43. **(a)** $\begin{bmatrix} \frac{1}{4} & \frac{1}{2} \\ \frac{1}{3} & \frac{1}{3} \end{bmatrix}$ **(b)** 34 horas para cortar; 46 horas para dar forma

45. Hay muchas respuestas correctas, entre ellas $\begin{bmatrix} 1 & 2 \\ 3 & 4 \end{bmatrix}$.

47. $\begin{bmatrix} -\frac{1}{4} & \frac{1}{6} \\ 0 & \frac{1}{3} \end{bmatrix}$ **49.** No tiene inversa **51.** $\begin{bmatrix} \frac{1}{4} & \frac{1}{2} & \frac{1}{2} \\ \frac{1}{4} & -\frac{1}{2} & \frac{1}{2} \\ \frac{1}{8} & -\frac{1}{4} & -\frac{1}{4} \end{bmatrix}$

53. No tiene inversa **55.** $\begin{bmatrix} -\frac{2}{3} & -\frac{17}{3} & -\frac{14}{3} & -3 \\ \frac{1}{3} & \frac{1}{3} & \frac{1}{3} & 0 \\ -\frac{1}{3} & -\frac{10}{3} & -\frac{7}{3} & -2 \\ 0 & 2 & 1 & 1 \end{bmatrix}$

57. $\begin{bmatrix} -\frac{7}{19} & \frac{4}{19} \\ \frac{3}{19} & \frac{1}{19} \end{bmatrix}$ **59.** $\begin{bmatrix} 1 & 1 \\ -2 & -3 \end{bmatrix}$ **61.** No tiene inversa

63. $\begin{bmatrix} 18 \\ -7 \end{bmatrix}$ **65.** $\begin{bmatrix} -22 \\ -18 \\ 15 \end{bmatrix}$ **67.** (2, 2) **69.** (2, 1) **71.** (−1, 0, 2)

73. No tiene inversa; el sistema no tiene solución **75.** 18 litros del 8%; 12 litros del 18% **77.** 30 litros de la solución de 40%, 10 litros de la solución de 60% **79.** 80 tazones, 120 platos **81.** \$12,750 al 8%, \$27,250 al 8 1/2%, \$10,000 al 11% **83.** $\begin{bmatrix} 218.09 \\ 318.27 \end{bmatrix}$ **85.** **(a)** $\begin{bmatrix} 1 & -\frac{1}{4} \\ -\frac{1}{2} & 1 \end{bmatrix}$ **(b)** $\begin{bmatrix} \frac{8}{7} & \frac{2}{7} \\ \frac{4}{7} & \frac{8}{7} \end{bmatrix}$ **(c)** $\begin{bmatrix} 2800 \\ 2800 \end{bmatrix}$ **87.** Agricultura \$140,909, manufactura \$95,455 **89.** **(a)** $\begin{bmatrix} 54 \\ 32 \end{bmatrix}, \begin{bmatrix} 134 \\ 89 \end{bmatrix}, \begin{bmatrix} 172 \\ 113 \end{bmatrix}, \begin{bmatrix} 118 \\ 74 \end{bmatrix}, \begin{bmatrix} 208 \\ 131 \end{bmatrix}$ **(b)** $\begin{bmatrix} 2 & -3 \\ -\frac{1}{2} & 1 \end{bmatrix}$

Caso 7 (pág. 323)

1. **(a)** $A = \begin{bmatrix} .245 & .102 & .051 \\ .099 & .291 & .279 \\ .433 & .372 & .011 \end{bmatrix}$; $D = \begin{bmatrix} 2.88 \\ 31.45 \\ 30.91 \end{bmatrix}$; $X = \begin{bmatrix} x_1 \\ x_2 \\ x_3 \end{bmatrix}$

(b) $I - A = \begin{bmatrix} .755 & -.102 & -.051 \\ -.099 & .709 & -.279 \\ -.433 & -.372 & .989 \end{bmatrix}$ **(d)** $\begin{bmatrix} 18.2 \\ 73.2 \\ 66.8 \end{bmatrix}$

Se requerirían \$18.2 miles de millones de agricultura, \$73.2 miles de millones de manufactura y \$66.8 miles de millones de servicios (redondeado a tres dígitos significativos).

CAPÍTULO 8

Sección 8.1 (pág. 331)

1.

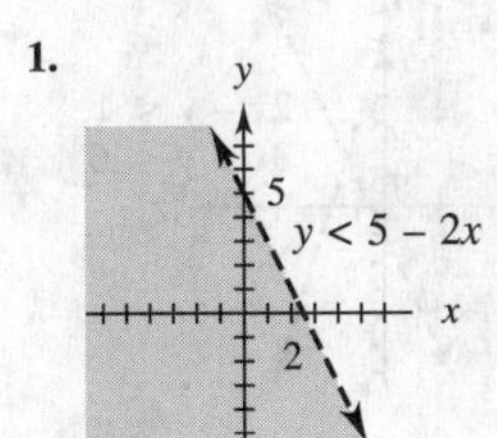

3.

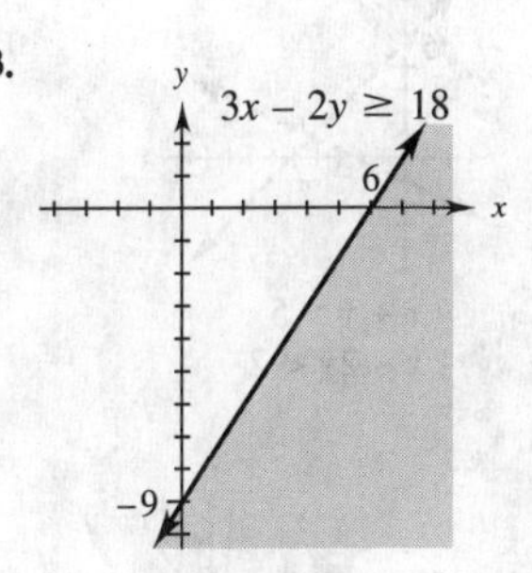

5.

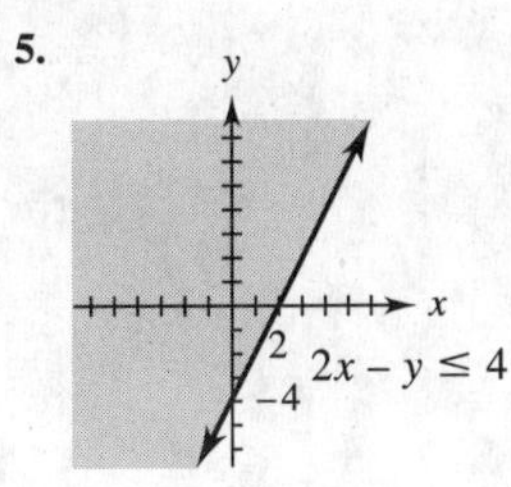

7.

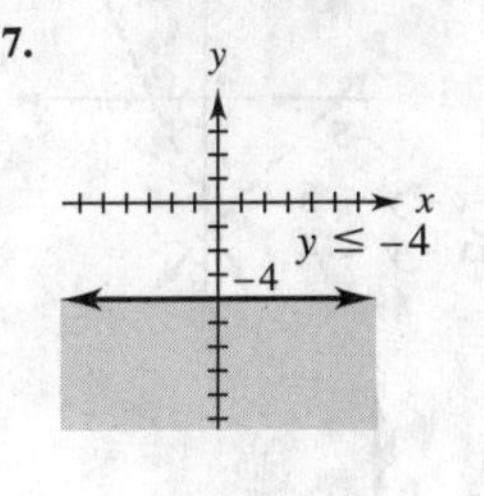

9.

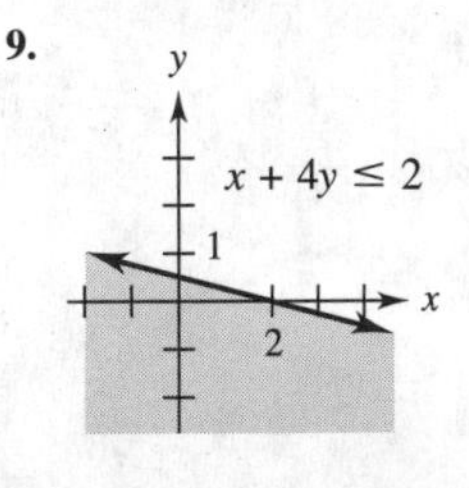

11.

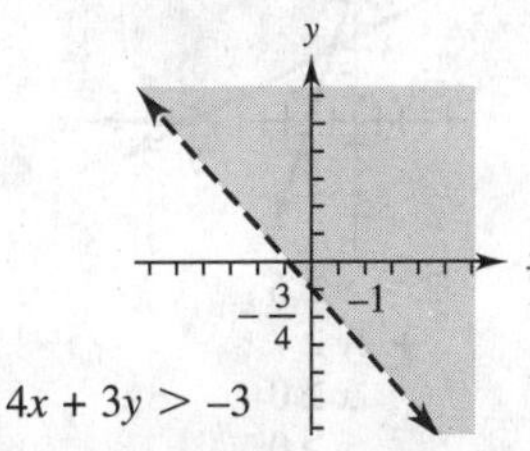

13.

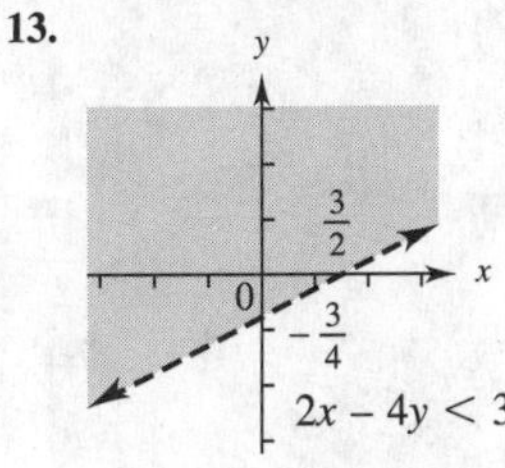

15.

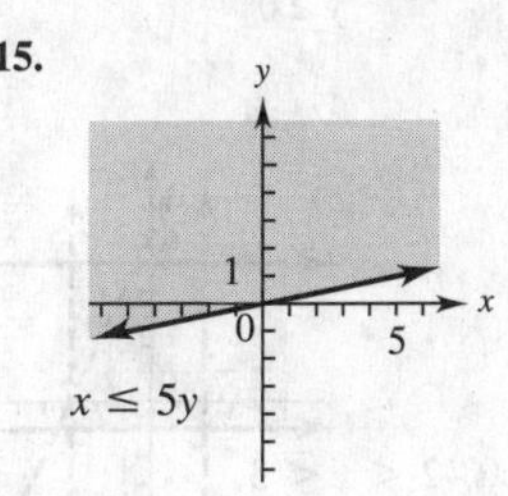

17.

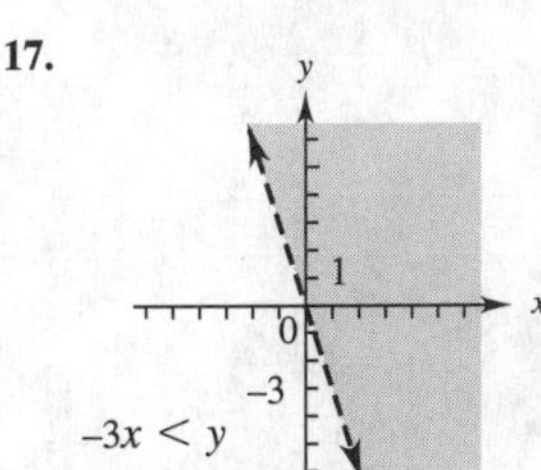

19.

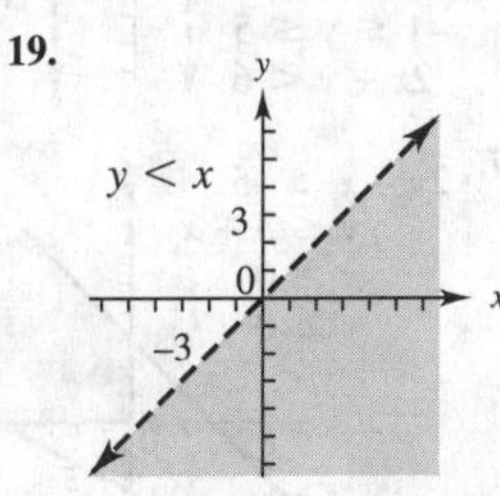

23.

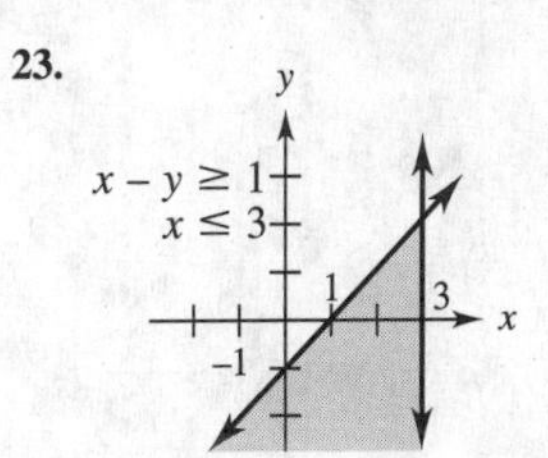

25.

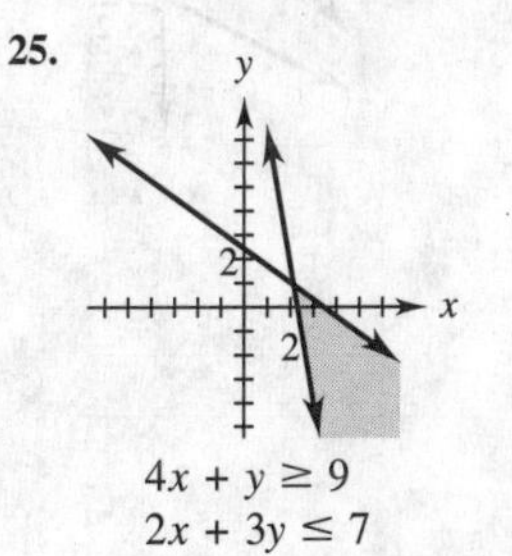

27.

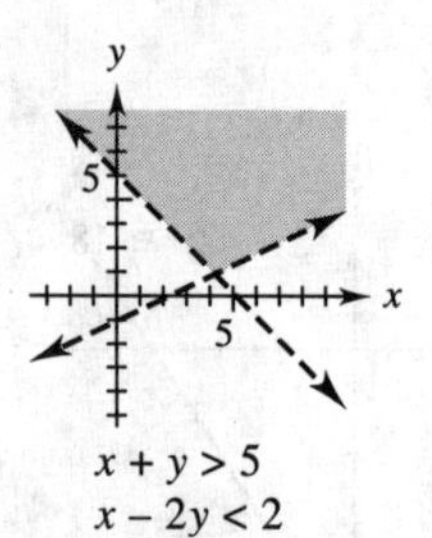

$x + y > 5$
$x - 2y < 2$

29.

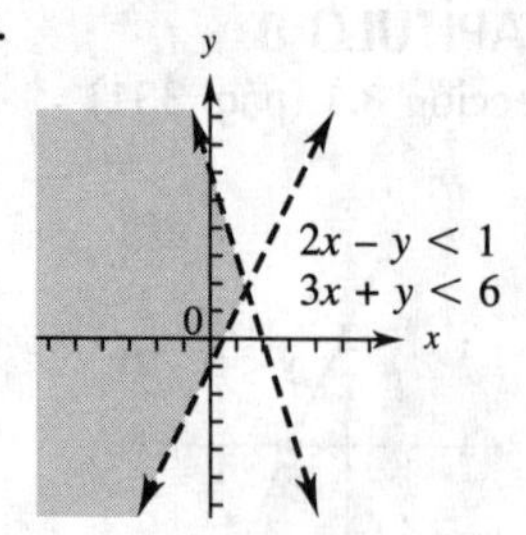

$2x - y < 1$
$3x + y < 6$

31.

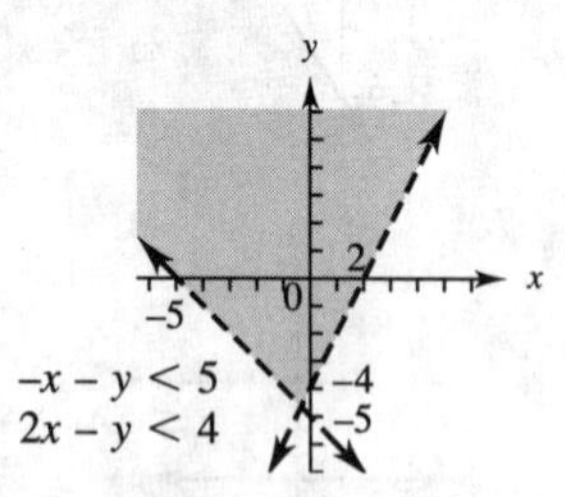

$-x - y < 5$
$2x - y < 4$

33.

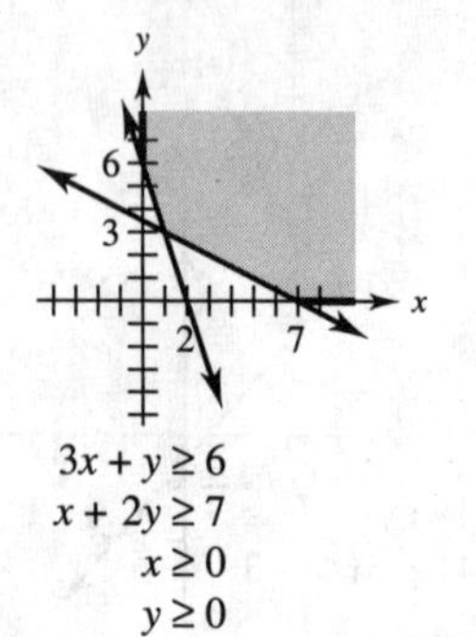

$3x + y \geq 6$
$x + 2y \geq 7$
$x \geq 0$
$y \geq 0$

35.

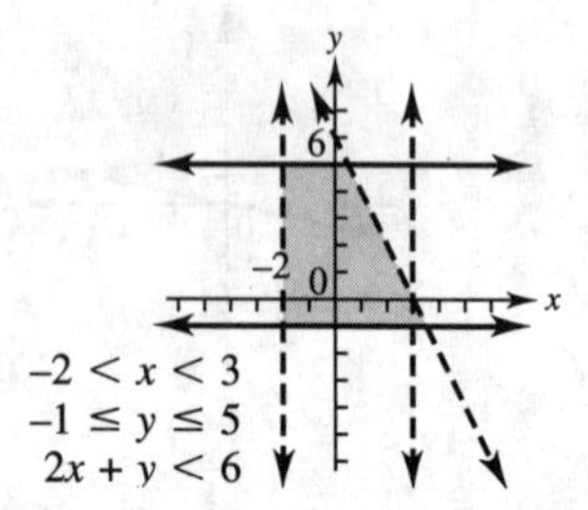

$-2 < x < 3$
$-1 \leq y \leq 5$
$2x + y < 6$

37. $2y - x \geq -5$
$y \leq 3 + x$
$x \geq 0$
$y \geq 0$

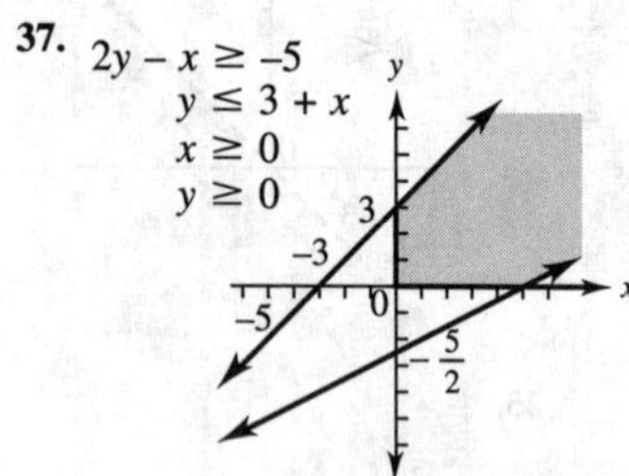

39. $3x + 4y > 12$
$2x - 3y < 6$
$0 \leq y \leq 2$
$x \geq 0$

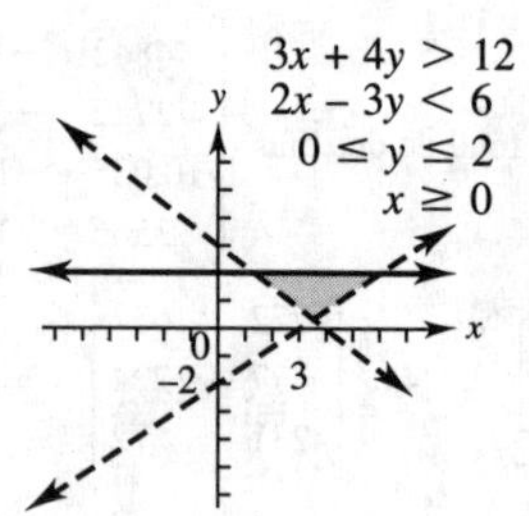

41. $2 < x < 7$
$-1 < y < 3$

43. (a)

	Número	*Horas de enrolado*	*Horas de teñido*	*Horas de tejido*
Chales	x	1	1	1
Alfombras	y	2	1	4
Número máximo de horas disponibles		8	6	14

(b) $x + 2y \leq 8$; $x + y \leq 6$; $x + 4y \leq 14$; $x \geq 0$; $y \geq 0$

(c)

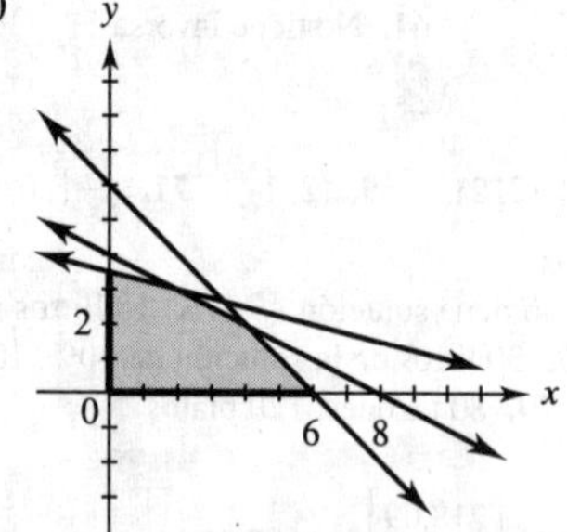

45. $x \geq 3000$; $y \geq 5000$; $x + y \leq 10{,}000$

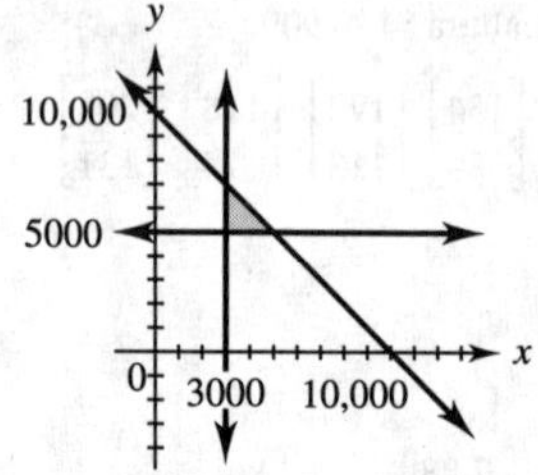

47. $x + y \geq 3.2$; $.5x + .3y \leq 1.8$; $.16x + .20y \leq .8$; $x \geq 0$; $y \geq 0$

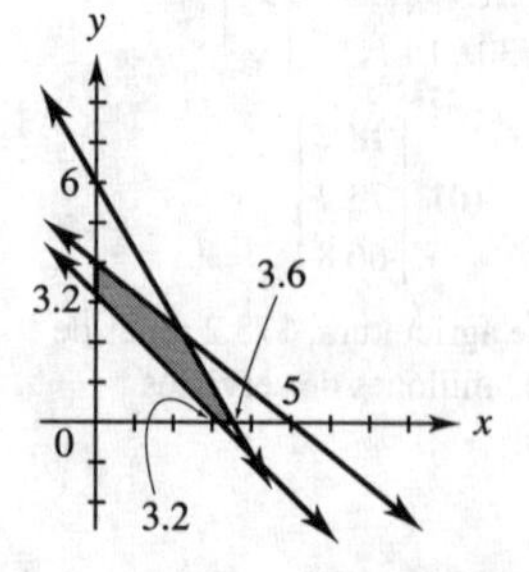

Sección 8.2 (pág. 338)

1. Máximo de 65 en (5, 10); mínimo de 8 en (1, 1)
3. Máximo de 9 en (0, 12); mínimo de 0 en (0, 0) **5. (a)** No hay máximo; mínimo de 16 en (0, 8) **(b)** No hay máximo; mínimo de 18 en (3, 4) **(c)** No hay máximo; mínimo de 21 en (13/2, 2) **(d)** No hay máximo; mínimo de 12 en (12, 0) **7.** Máximo de 42/5 en $x = 6/5$, $y = 6/5$ o (6/5, 6/5) **9.** Mínimo de 13 en $x = 5$, $y = 3$ o (5, 3) **11.** Máximo de 235/4 en $x = 105/8$, $y = 25/8$ o (105/8, 25/8) **13.** No hay máximo; mínimo de 9 en (1, 3/2)
15. Máximo 22; ningún mínimo **17. (a)** (18, 2) **(b)** (12/5, 39/5) **(c)** Ningún máximo

Sección 8.3 (pág. 344)

1. $6x + 4y \leq 90$, donde x = número de canoas, y = número de botes de remos. **3.** $150x + 750y \leq 8500$, donde x = número de anuncios por radio, y = número de anuncios en televisión.
5. $x + y \geq 30$, donde x = número de libras de nueces mezcladas, y = número de libras de maní. **7.** Envíe 35 sistemas de Meadville a Superstore, 45 de Meadville a ValueHouse, 15 de Cambridge a ValueHouse y ninguno de Cambridge a Superstore para un costo mínimo de $1015. **9. (a)** 6 unidades de póliza A y 16 unidades de póliza B para un costo mínimo de $940 **(b)** 30 unidades de póliza A y ninguna póliza B para un costo mínimo de $750 **11.** 6.4 millones de galones de gasolina y 3.05 millones de galones de aceite para un ingreso máximo de $11,050,000 **13.** 800 de tipo 1 y 1600 de tipo 2 para un ingreso máximo de $272 **15.** 250,000 hectáreas a cada cosecha para una ganancia máxima de $132,500,000 **17.** Del almacén I envíe 60 cajas a San José y 300 cajas a Memphis. Del almacén II envíe 290 cajas a San José y ninguna a Memphis, para un costo mínimo de $147.70. **19.** 8/7 unidades de la especie I y 10/7 unidades de la especie II cumplirán con los requisitos con un gasto mínimo de 6.57 unidades de energía; sin embargo, un depredador probablemente puede capturar y digerir sólo números enteros de presas.
21. 5 de humanidades, 12 de ciencias **23.** (b) **25.** (c)

Sección 8.4 (pág. 357)

1. (a) 3 **(b)** x_3, x_4, x_5 **(c)**

$$\begin{aligned} 4x_1 + 2x_2 + x_3 &= 20 \\ 5x_1 + x_2 + x_4 &= 50 \\ 2x_1 + 3x_2 + x_5 &= 25 \end{aligned}$$

3. (a) 3 **(b)** x_4, x_5, x_6 **(c)**

$$\begin{aligned} 3x_1 - x_2 + 4x_3 + x_4 &= 95 \\ 7x_1 + 6x_2 + 8x_3 + x_5 &= 118 \\ 4x_1 + 5x_2 + 10x_3 + x_6 &= 220 \end{aligned}$$

5.

$$\begin{array}{cccccc} x_1 & x_2 & x_3 & x_4 & x_5 & z \end{array}$$
$$\left[\begin{array}{cccccc|c} 2 & 3 & 1 & 0 & 0 & 0 & 6 \\ 4 & 1 & 0 & 1 & 0 & 0 & 6 \\ 5 & 2 & 0 & 0 & 1 & 0 & 15 \\ \hline -5 & -1 & 0 & 0 & 0 & 1 & 0 \end{array}\right]$$

7.

$$\begin{array}{ccccccc} x_1 & x_2 & x_3 & x_4 & x_5 & x_6 & z \end{array}$$
$$\left[\begin{array}{ccccccc|c} 1 & 2 & 3 & 1 & 0 & 0 & 0 & 10 \\ 2 & 1 & 1 & 0 & 1 & 0 & 0 & 8 \\ 3 & 0 & 2 & 0 & 0 & 1 & 0 & 6 \\ \hline -1 & -5 & -10 & 0 & 0 & 0 & 1 & 0 \end{array}\right]$$

9. 3 en el renglón 2, columna 1 **11.** 6 en el renglón 1, columna 1

13.

$$\begin{array}{cccccc} x_1 & x_2 & x_3 & x_4 & x_5 & z \end{array}$$
$$\left[\begin{array}{cccccc|c} -1 & 0 & 3 & 1 & -1 & 0 & 16 \\ 1 & 1 & \frac{1}{2} & 0 & \frac{1}{2} & 0 & 20 \\ \hline 2 & 0 & -\frac{1}{2} & 0 & \frac{3}{2} & 1 & 60 \end{array}\right]$$

15.

$$\begin{array}{ccccccc} x_1 & x_2 & x_3 & x_4 & x_5 & x_6 & z \end{array}$$
$$\left[\begin{array}{ccccccc|c} -\frac{1}{2} & \frac{1}{2} & 0 & 1 & -\frac{1}{2} & 0 & 0 & 10 \\ \frac{3}{2} & \frac{1}{2} & 1 & 0 & \frac{1}{2} & 0 & 0 & 50 \\ -\frac{7}{2} & \frac{1}{2} & 0 & 0 & -\frac{3}{2} & 1 & 0 & 50 \\ \hline 2 & 0 & 0 & 0 & 1 & 0 & 1 & 100 \end{array}\right]$$

17. (a) Básicas: x_3, x_5; no básicas: x_1, x_2, x_4 **(b)** $x_1 = 0, x_2 = 0, x_3 = 16, x_4 = 0, x_5 = 29, z = 11$ **(c)** No es máxima
19. (a) Básicas: x_1, x_2, x_5; no básicas: x_3, x_4, x_6 **(b)** $x_1 = 6, x_2 = 13, x_3 = 0, x_4 = 0, x_5 = 21, x_6 = 0, z = 18$ **(c)** Máxima
21. El máximo es 30 cuando $x_1 = 0, x_2 = 10, x_3 = 0, x_4 = 0, x_5 = 16$
23. El máximo es 8 cuando $x_1 = 4, x_2 = 0, x_3 = 8, x_4 = 2, x_5 = 0$
25. No hay máximo **27.** No hay máximo **29.** El máximo es 34 cuando $x_1 = 17, x_2 = 0, x_3 = 0, x_4 = 0, x_5 = 14$ o cuando $x_1 = 0, x_2 = 17, x_3 = 0, x_4 = 0, x_5 = 14$. **31.** El máximo es 26,000 cuando $x_1 = 60, x_2 = 40, x_3 = 0, x_4 = 0, x_5 = 80, x_6 = 0$. **33.** El máximo es 64 cuando $x_1 = 28, x_2 = 16, x_3 = 0, x_4 = 0, x_5 = 28, x_6 = 0$.
35. El máximo es 250 cuando $x_1 = 0, x_2 = 0, x_3 = 0, x_4 = 50, x_5 = 0, x_6 = 50$. **37. (a)** El máximo es 24 cuando; $x_1 = 12, x_2 = 0, x_3 = 0, x_4 = 0, x_5 = 6$. **(b)** El máximo es 24 cuando; $x_1 = 0, x_2 = 12, x_3 = 0, x_4 = 0, x_5 = 18$. **(c)** El valor máximo único de z es 24, pero esto ocurre en dos soluciones factibles básicas diferentes.

Sección 8.5 (pág. 363)

1.

$$\begin{array}{ccccc} x_1 & x_2 & x_3 & x_4 & x_5 \end{array}$$
$$\left[\begin{array}{ccccc|c} 2 & 1 & 1 & 0 & 0 & 90 \\ 1 & 2 & 0 & 1 & 0 & 80 \\ 1 & 1 & 0 & 0 & 1 & 50 \\ \hline -12 & -10 & 0 & 0 & 0 & 0 \end{array}\right]$$

donde x_1 es el número de gatos siameses y x_2 es el número de gatos persas.

3.

$$\begin{array}{cccccc} x_1 & x_2 & x_3 & x_4 & x_5 & x_6 \end{array}$$
$$\left[\begin{array}{cccccc|c} -2 & 3 & 1 & 0 & 0 & 0 & 0 \\ 1 & 0 & 0 & 1 & 0 & 0 & 6700 \\ 0 & 1 & 0 & 0 & 1 & 0 & 5500 \\ 1 & 1 & 0 & 0 & 0 & 1 & 12{,}000 \\ \hline -8.5 & -12.10 & 0 & 0 & 0 & 0 & 0 \end{array}\right]$$

donde x_1 es el número de camiones de carga y x_2 es el número de camiones de bomberos. **5.** No fabricar bicicletas de 1 o 3 velocidades; fabricar 2295 bicicletas de 10 velocidades; la ganancia máxima es de $55,080. **7.** 48 hogazas de pan y 6 bizcochos para un ingreso total máximo del $168 **9.** 100 básicos, ninguno regular y 200 de lujo para una ganancia máxima de $15,000 **11.** 4 anuncios por radio, 6 en TV y ninguno en periódicos para un auditorio máximo de 64,800 **13. (a)** (3) **(b)** (4) **(c)** (3) **15.** 40 siameses y 10 persas para un ingreso total máximo de $580 **17.** 6700 camiones de carga, 4466 camiones de bomberos, para una ganancia máxima de $110,989

Sección 8.6 (pág. 372)

1. $\begin{bmatrix} 3 & 1 & 0 \\ -4 & 10 & 3 \\ 5 & 7 & 6 \end{bmatrix}$ **3.** $\begin{bmatrix} 3 & 4 \\ 0 & 17 \\ 14 & 8 \\ -5 & -6 \\ 3 & 1 \end{bmatrix}$

5. Maximice $z = 4x_1 + 6x_2$
sujeta a:
$$\begin{aligned} 3x_1 - x_2 &\leq 3 \\ x_1 + 2x_2 &\leq 5 \\ x_1 \geq 0, x_2 &\geq 0. \end{aligned}$$

7. Maximice $z = 18x_1 + 15x_2 + 20x_3$
sujeta a:
$$\begin{aligned} x_1 + 4x_2 + 5x_3 &\leq 2 \\ 7x_1 + x_2 + 3x_3 &\leq 8 \\ x_1 \geq 0, x_2 \geq 0, x_3 &\geq 0. \end{aligned}$$

9. Maximice $z = -8x_1 + 12x_2$
sujeta a:
$$\begin{aligned} 3x_1 + x_2 &\leq 1 \\ 4x_1 + 5x_2 &\leq 2 \\ 6x_1 + 2x_2 &\leq 6 \\ x_1 \geq 0, x_2 &\geq 0. \end{aligned}$$

11. Maximice $z = 5x_1 + 4x_2 + 15x_3$
sujeta a:
$$\begin{aligned} x_1 + x_2 + 2x_3 &\leq 8 \\ x_1 + x_2 + x_3 &\leq 9 \\ x_1 + 3x_3 &\leq 3 \\ x_1 \geq 0, x_2 \geq 0, x_3 &\geq 0. \end{aligned}$$

13. $y_1 = 0, y_2 = 100, y_3 = 0$; el mínimo es 100. **15.** $y_1 = 0$, $y_2 = 12, y_3 = 0$; el mínimo es 12. **17.** $y_1 = 0, y_2 = 0, y_3 = 2$; el mínimo es 4. **19.** $y_1 = 10, y_2 = 10, y_3 = 0$; el mínimo es 320. **21.** $y_1 = 0, y_2 = 0, y_3 = 4$; el mínimo es 4. **23.** 4 porciones de A, 2 porciones de B para un costo mínimo de $1.76. **25.** Haga 15 mesas y 45 sillas, para un costo mínimo de $4080. **27.** **(a)** 1 bolsa del alimento 1, 2 bolsas del alimento 2 **(b)** $6.60 por día para 1.4 bolsas del alimento 1 y 1.2 bolsas del alimento 2.

29. **(a)** Minimice $w = 100y_1 + 20{,}000y_2$
sujeta a:
$$\begin{aligned} y_1 + 400y_2 &\geq 120 \\ y_1 + 160y_2 &\geq 40 \\ y_1 + 280y_2 &\geq 60 \\ y_1 \geq 0, y_2 &\geq 0. \end{aligned}$$

(b) $6300 **(c)** $5700

Sección 8.7 (pág. 383)

1. **(a)** Maximice $z = 5x_1 + 2x_2 - x_3$
sujeta a:
$$\begin{aligned} 2x_1 + 3x_2 + 5x_3 - x_4 &= 8 \\ 4x_1 - x_2 + 3x_3 + x_5 &= 7 \\ x_1 \geq 0, x_2 \geq 0, x_3 \geq 0, x_4 \geq 0, x_5 &\geq 0. \end{aligned}$$

(b)
$$\begin{array}{ccccc} x_1 & x_2 & x_3 & x_4 & x_5 \end{array}$$
$$\left[\begin{array}{ccccc|c} 2 & 3 & 5 & -1 & 0 & 8 \\ 4 & -1 & 3 & 0 & 1 & 7 \\ \hline -5 & -2 & 1 & 0 & 0 & 0 \end{array}\right]$$

3. **(a)** Maximice $z = 2x_1 - 3x_2 + 4x_3$
sujeta a:
$$\begin{aligned} x_1 + x_2 + x_3 + x_4 &= 100 \\ x_1 + x_2 + x_3 - x_5 &= 75 \\ x_1 + x_2 - x_6 &= 27 \\ x_1 \geq 0, x_2 \geq 0, x_3 \geq 0, x_4 \geq 0, x_5 \geq 0, x_6 &\geq 0. \end{aligned}$$

(b)
$$\begin{array}{cccccc} x_1 & x_2 & x_3 & x_4 & x_5 & x_6 \end{array}$$
$$\left[\begin{array}{cccccc|c} 1 & 1 & 1 & 1 & 0 & 0 & 100 \\ 1 & 1 & 1 & 0 & -1 & 0 & 75 \\ 1 & 1 & 0 & 0 & 0 & -1 & 27 \\ \hline -2 & 3 & -4 & 0 & 0 & 0 & 0 \end{array}\right]$$

5. Maximice $z = -2y_1 - 5y_2 + 3y_3$
sujeta a:
$$\begin{aligned} y_1 + 2y_2 + 3y_3 &\geq 115 \\ 2y_1 + y_2 + y_3 &\leq 200 \\ y_1 + y_3 &\geq 50 \\ y_1 \geq 0, y_2 \geq 0, y_3 &\geq 0. \end{aligned}$$

$$\begin{array}{cccccc} y_1 & y_2 & y_3 & y_4 & y_5 & y_6 \end{array}$$
$$\left[\begin{array}{cccccc|c} 1 & 2 & 3 & -1 & 0 & 0 & 115 \\ 2 & 1 & 1 & 0 & 1 & 0 & 200 \\ 1 & 0 & 1 & 0 & 0 & -1 & 50 \\ \hline 2 & 5 & -3 & 0 & 0 & 0 & 0 \end{array}\right]$$

7. Maximice $z = -y_1 + 4y_2 - 2y_3$
sujeta a:
$$\begin{aligned} 7y_1 - 6y_2 + 8y_3 &\geq 18 \\ 4y_1 + 5y_2 + 10y_3 &\geq 20 \\ y_1 \geq 0, y_2 \geq 0, y_3 &\geq 0. \end{aligned}$$

$$\begin{array}{ccccc} y_1 & y_2 & y_3 & y_4 & y_5 \end{array}$$
$$\left[\begin{array}{ccccc|c} 7 & -6 & 8 & -1 & 0 & 18 \\ 4 & 5 & 10 & 0 & -1 & 20 \\ \hline 1 & -4 & 2 & 0 & 0 & 0 \end{array}\right]$$

9. El máximo es 480 cuando $x_1 = 40, x_2 = 0$. **11.** El máximo es 114 cuando $x_1 = 38, x_2 = 0, x_3 = 0$. **13.** El máximo es 90 cuando $x_1 = 12, x_2 = 3$ o cuando $x_1 = 0, x_2 = 9$. **15.** El mínimo es 40 cuando $y_1 = 10, y_2 = 0$. **17.** El mínimo es 26 cuando $y_1 = 6$, $y_2 = 2$.

19.
$$\begin{array}{cccccccc} y_1 & y_2 & y_3 & y_4 & y_5 & y_6 & y_7 & y_8 \end{array}$$
$$\left[\begin{array}{cccccccc|c} 1 & 0 & 1 & 0 & -1 & 0 & 0 & 0 & 32 \\ 0 & 1 & 0 & 1 & 0 & -1 & 0 & 0 & 20 \\ 1 & 1 & 0 & 0 & 0 & 0 & 1 & 0 & 25 \\ 0 & 0 & 1 & 1 & 0 & 0 & 0 & 1 & 30 \\ \hline 14 & 22 & 12 & 10 & 0 & 0 & 0 & 0 & 0 \end{array}\right]$$

21.
$$\begin{array}{ccccccc} y_1 & y_2 & y_3 & y_4 & y_5 & y_6 & y_7 \end{array}$$
$$\left[\begin{array}{ccccccc|c} 1 & 1 & 1 & -1 & 0 & 0 & 0 & 10 \\ 1 & 1 & 1 & 0 & 1 & 0 & 0 & 15 \\ 1 & -\frac{1}{4} & 0 & 0 & 0 & -1 & 0 & 0 \\ -1 & 0 & 1 & 0 & 0 & 0 & -1 & 0 \\ \hline .30 & .09 & .27 & 0 & 0 & 0 & 0 & 0 \end{array}\right]$$

23. Envíe 5000 barriles de petróleo del proveedor 1 al distribuidor 2; envíe 3000 barriles de petróleo del proveedor 2 al distribuidor 1. El costo mínimo es $175,000. **25.** Asigne $3,000,000 a préstamos comerciales y $22,000,000 a préstamos para casas para un rendimiento máximo de $2,940,000. **27.** Use 1,060,000 kg para tomates enteros y 80,000 kg para salsa para un costo mínimo de $4,500,000. **29.** Ordene 1000 tubos pequeños de prueba y 500 grandes para un costo mínimo de $210.

Capítulo 8 Ejercicios de repaso (pág. 386)

1.

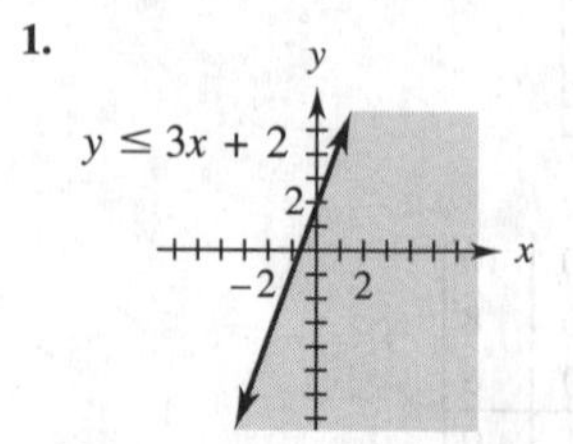

3.

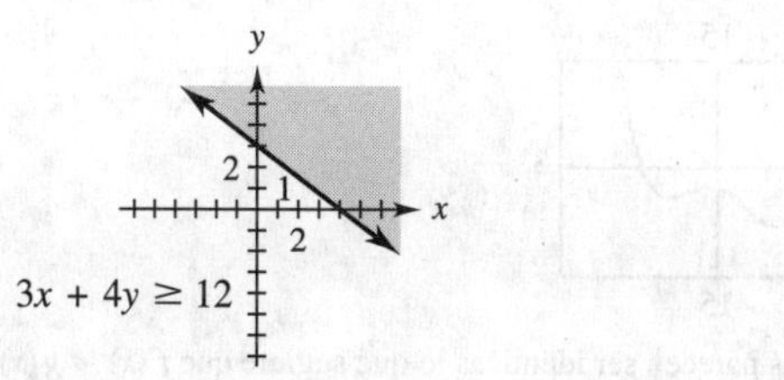

5.

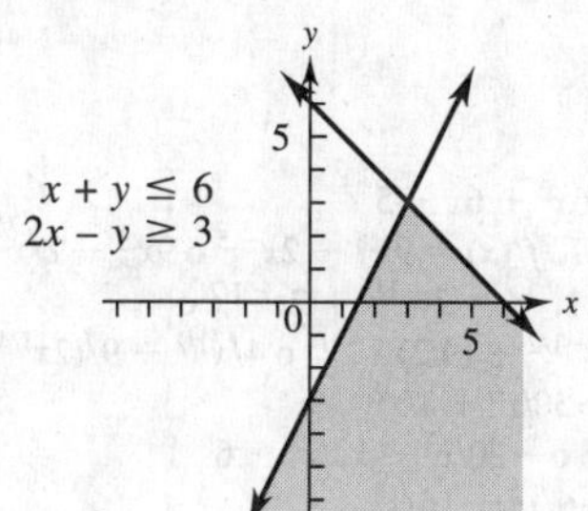

7.

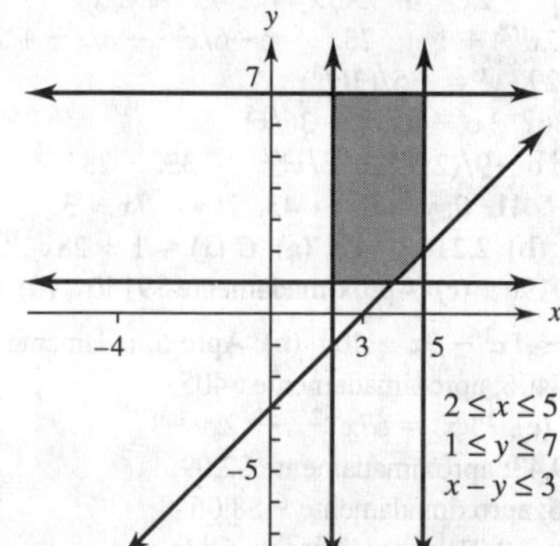

9. Sea x el número de lotes de pasteles y y el número de lotes de galletas. Entonces

$$\begin{aligned} 2x + (3/2)y &\le 15 \\ 3x + (2/3)y &\le 13 \\ x &\ge 0 \\ y &\ge 0. \end{aligned}$$

(0, 10) (3, 6) (0, 0) $\left(\frac{13}{3}, 0\right)$

11. Mínimo de 8 en (2, 1); máximo de 40 en (6, 7)
13. El máximo es 15 cuando $x = 5$, $y = 0$. **15.** El mínimo es 60 cuando $x = 0$, $y = 20$. **17.** 3 horneadas de pasteles y 6 de galletas dan una ganancia máxima de $210. **19.** **(a)** Sea x_1 = número de artículos A, x_2 = número de artículos B, x_3 = número de artículos C. **(b)** $z = 4x_1 + 3x_2 + 3x_3$ **(c)**

$$\begin{aligned} 2x_1 + 3x_2 + 6x_3 &\le 1200 \\ x_1 + 2x_2 + 2x_3 &\le 800 \\ 2x_1 + 2x_2 + 4x_3 &\le 500 \\ x_1 \ge 0, x_2 \ge 0, x_3 &\ge 0 \end{aligned}$$

21. **(a)** Sea x_1 = número de galones de Frutal y x_2 = número de galones de Crystal. **(b)** $z = 12x_1 + 15x_2$ **(c)**

$$\begin{aligned} 2x_1 + x_2 &\le 110 \\ 2x_1 + 3x_2 &\le 125 \\ 2x_1 + x_2 &\le 90 \\ x_1 \ge 0, x_2 &\ge 0 \end{aligned}$$

23. Cuando hay más de dos variables
25. Cualquier problema estándar de minimización
27. **(a)**

$$\begin{aligned} 3x_1 + 5x_2 + x_3 \qquad\qquad &= 47 \\ x_1 + x_2 \quad + x_4 \qquad &= 25 \\ 5x_1 + 2x_2 \qquad + x_5 \quad &= 35 \\ 2x_1 + x_2 \qquad\qquad + x_6 &= 30 \end{aligned}$$

(b)

$$\begin{array}{cccccc|c} x_1 & x_2 & x_3 & x_4 & x_5 & x_6 & \\ 3 & 5 & 1 & 0 & 0 & 0 & 47 \\ 1 & 1 & 0 & 1 & 0 & 0 & 25 \\ 5 & 2 & 0 & 0 & 1 & 0 & 35 \\ 2 & 1 & 0 & 0 & 0 & 1 & 30 \\ \hline -2 & -7 & 0 & 0 & 0 & 0 & 0 \end{array}$$

29. **(a)**

$$\begin{aligned} x_1 + x_2 + x_3 + x_4 \qquad\qquad &= 100 \\ 2x_1 + 3x_2 \qquad + x_5 \quad &= 500 \\ x_1 \quad + 2x_3 \qquad\qquad + x_6 &= 350 \end{aligned}$$

(b)

$$\begin{array}{cccccc|c} x_1 & x_2 & x_3 & x_4 & x_5 & x_6 & \\ 1 & 1 & 1 & 1 & 0 & 0 & 100 \\ 2 & 3 & 0 & 0 & 1 & 0 & 500 \\ 1 & 0 & 2 & 0 & 0 & 1 & 350 \\ \hline -4 & -6 & -3 & 0 & 0 & 0 & 0 \end{array}$$

31. El máximo es 80 cuando $x_1 = 16$, $x_2 = 0$, $x_3 = 0$, $x_4 = 12$, $x_5 = 0$. **33.** El máximo es 35 cuando $x_1 = 5$, $x_2 = 0$, $x_3 = 5$, $x_4 = 35$, $x_5 = 0$, $x_6 = 0$. **35.** Maximice $z = -18y_1 - 10y_2$ con las mismas restricciones. **37.** Maximice $z = -6y_1 + 3y_2 - 4y_3$ con las mismas restricciones. **39.** El método simplex da un mínimo de 40 en (10, 0). (El método gráfico da (34, 12) como otra solución.) **41.** Mínimo de 1957 en (47, 68, 0, 92, 35, 0, 0) **43.** (9, 5, 8, 0, 0, 0); el mínimo es 62. **45.** Con 250 de A, ninguno de B y ninguno de C, la ganancia es máxima de $1000. **47.** Con 36.25 galones de Frutal y 17.5 galones de Crystal se obtiene una ganancia máxima de $697.50. **49.** Con 3 del modelo Atlántico y 3 del modelo Pacífico el costo es mínimo es igual a $21,000.

CAPÍTULO 9

Sección 9.1 (pág. 399)

1. **(a)** 3 **(b)** 0 **3.** **(a)** No existe **(b)** −1/2 **5.** **(a)** 2 **(b)** No existe **7.** **(a)** 1 **(b)** −1 **11.** 1 **13.** 2 **15.** 0 **17.** 8 **19.** No existe **21.** 8 **23.** 2 **25.** 4 **27.** 3/2 **29.** **(a)**

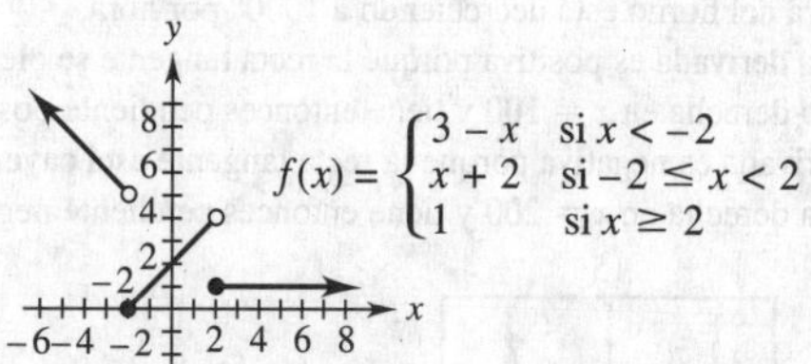

(b) No existe **(c)** 3 **(d)** No existe **31.** 41 **33.** 9/7 **35.** 6 **37.** −5 **39.** 1/2 **41.** No existe **43.** $\sqrt{5}$ **45.** $-\infty$ **47.** −1/9 **49.** 1/10 **51.** $1/(2\sqrt{5})$ **53.** **(a)** 25 **(b)** 5.2 **(c)** 7 **55.** **(a)** 3 **(b)** No existe **(c)** 2 **(d)** 16 meses **57.** **(a)** Aproximadamente .0444 **(b)** Aproximadamente .0667 **(c)** Aproximadamente .0667

Sección 9.2 (pág. 409)

1. 7 **3.** 8 **5.** 1/3 **7.** −1/3 **9.** **(a)** 2 **(b)** 3 **(c)** 2 **(d)** 1/2 **(e)** 1/2 **11.** **(a)** 3 **(b)** 0 **(c)** −9/5 **(d)** Las ventas crecen en los años 0 al 4, permanecen constantes hasta el año 7 y luego decrecen. **13.** **(a)** 73.7/año **(b)** 261.4/año **(c)** 362/año **(d)** 398.1/año **(e)** 273.8/año **(f)** Están creciendo. **(g)** Promedie las respuestas de los incisos (a) al (d). **15.** **(a)** \$11 millones, −\$1 millón **(b)** −\$1 millón, \$9 millones **(c)** Las multas civiles crecieron de 1987 a 1988 y decrecieron de 1988 a 1989. Las multas penales decrecieron ligeramente de 1987 a 1988, luego crecieron de 1988 a 1989. Esto indica que las multas penales comenzaron a reemplazar a las multas civiles en 1988. **(d)** Un incremento aproximado de \$3.5 millones; la tendencia general fue hacia arriba. Se está haciendo más por imponer multas por contaminar.
19. 20 pies por seg. **21.** 60 pies por seg. **23.** 7 pies por seg.
25. **(a)** $x_0^2 + 2x_0h + h^2 + 1$ **(b)** $2x_0 + h$ **(c)** 10
27. **(a)** $x_0^2 + 2x_0h + h^2 - x_0 - h - 1$ **(b)** $2x_0 + h - 1$ **(c)** 9
29. **(a)** $x_0^3 + 3x_0^2h + 3x_0h^2 + h^3$ **(b)** $3x_0^2 + 3x_0h + h^2$ **(c)** 75
31. **(a)** \$5998 **(b)** \$6000 **(c)** \$5998 **(d)** Son las mismas.

Sección 9.3 (pág. 422)

1. 35 **3.** 1/8 **5.** 1/8 **7.** $y = 6x - 4$ **9.** $y = 5 - 1.25x$
11. $y = (2/3)x + 6$ **13.** −6; 6 **15.** −5; −3; 0; 2; 4
17. **(a)** x_5 **(b)** x_4 **(c)** x_3 **(d)** x_2
19.

21. **(a)** Distancia **(b)** Velocidad **23.** $f'(x) = -8x + 11$; −5; 11; 35 **25.** $f'(x) = 8$; 8; 8; 8 **27.** $f'(x) = 2/x^2$; 1/2; no está definida; 2/9 **29.** $f'(x) = -4/(x-1)^2$; −4; −4; −1/4 **31.** **(a)** \$16 por mesa **(b)** \$15.998 o \$16 **(c)** El ingreso marginal encontrado en la parte (a) aproxima el ingreso real de la venta del artículo 1001 encontrado en la parte (b). **33.** **(a)** $-4p + 4$ **(b)** −36; la demanda está decreciendo a razón de aproximadamente 36 artículos por cada incremento en precio de \$1. **35.** **(a)** 20 **(b)** 0 **(c)** −10 **(d)** En la hora 5 **37.** **(a)** Justamente después de 3/4 hora (en $x = .775$) y antes de 3 horas (en $x = 2.975$) **(b)** 1000; la temperatura del horno está creciendo a 1000° por hora. **(c)** 0; la temperatura del horno no está cambiando. **(d)** −1000; la temperatura del horno está decreciendo a 1000° por hora.
39. **(a)** La derivada es positiva porque la recta tangente se eleva de izquierda a derecha en $x = 100$ y tiene entonces pendiente positiva. **(b)** La derivada es negativa porque la recta tangente está cayendo de izquierda a derecha en $x = 200$ y tiene entonces pendiente negativa.
41. **(a)**

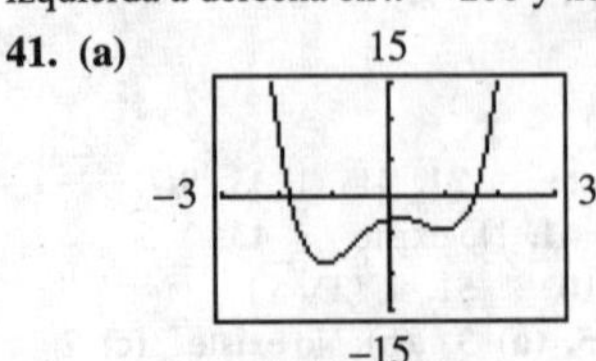

(b)

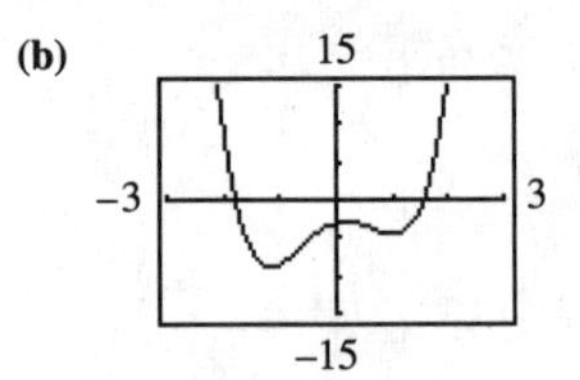

(c) Las gráficas parecen ser idénticas lo que sugiere que $f'(x) = g(x)$.
43. (d)

Sección 9.4 (pág. 435)

1. $f'(x) = 8x - 6$ **3.** $y' = 6x^2 + 6x - 5$
5. $g'(x) = 4x^3 + 9x^2 - 6$ **7.** $f'(x) = 9x^{.5} - 2x^{-.5}$ o $9x^{.5} - 2/x^{.5}$
9. $y' = -48x^{2.2} + 3.8x^{.9}$ **11.** $y' = 36t^{1/2} + 2t^{-1/2}$ o $36t^{1/2} + 2/t^{1/2}$ **13.** $y' = 4x^{-1/2} + (9/2)x^{-1/4}$ o $4/x^{1/2} + 9/(2x^{1/4})$
15. $g'(x) = -30x^{-6} + x^{-2}$ o $-30/x^6 + 1/x^2$
17. $y' = -20x^{-3} - 12x^{-5} - 6$ o $-20/x^3 - 12/x^5 - 6$
19. $f'(t) = -6t^{-2} + 16t^{-3}$ o $-6/t^2 + 16/t^3$
21. $y' = -36x^{-5} + 24x^{-4} - 2x^{-2}$ o $-36/x^5 + 24/x^4 - 2/x^2$
23. $g'(x) = -4/x^{3/2} - 5/(2x^{1/2}) + 1$ **25.** $y' = -6/x^{5/2} - 4/x^{3/2} + 2x$
27. $y' = -3/(2x^{5/4})$ **29.** $y' = -5/(3t^{2/3})$
31. $dy/dx = -40x^{-6} + 36x^{-5}$ o $-40/x^6 + 36/x^5$
33. $(-9/2)x^{-3/2} - 3x^{-5/2}$ o $-9/(2x^{3/2}) - 3/x^{5/2}$ **35.** −28
37. 11/16 **39.** (b) **41.** 0; $y = 0$ **43.** 7; $y = 7x - 3$
45. (d) **47.** **(a)** .4824 **(b)** 2.216 **49.** **(a)** $C'(x) = 1 + 28x^{-1/3}$ **(b)** Aproximadamente \$9190 **(c)** Aproximadamente \$9150 **(d)** Sí
51. **(a)** $P(x) = 201\sqrt[3]{x} - .1x^2 - 3x - 40$ **(b)** Aproximadamente \$353; aproximadamente \$406; aproximadamente \$405; aproximadamente \$300 **(c)** $P'(x) = 67x^{-2/3} - .2x - 3$ **(d)** Aproximadamente \$9.43; aproximadamente \$2.09; aproximadamente −\$2.06; aproximadamente −\$8.06
53. **(a)** 100 **(b)** 1 **(c)** −0.01; el porciento de ácido está decreciendo a razón de 0.01 por día después de 100 días.
55. **(a)** $f'(x) = .8036x + 2.039$ **(b)** 6.8606 **(c)** Creciendo porque $f'(6)$ es positivo. **57.** **(a)** 30 **(b)** 0 **(c)** −10
59. **(a)** 264 **(b)** 510 **(c)** 97/4 o 24.25 **(d)** El número de acoplamientos por hora está creciendo en aproximadamente 24.25 acoplamientos a una temperatura de 16°C. **61.** **(a)** $v(t) = 16t + 3$ **(b)** 3; 83; 163 **63.** **(a)** $v(t) = 6t^2 + 12t$ **(b)** 0; 210; 720
65. **(a)** −32 pies/s; −64 pies/s **(b)** En 3 segundos **(c)** −96 pies/s **69.** **(a)** Ninguno **(b)** Ninguno **(c)** $(-\infty, \infty)$
(d) La derivada es siempre negativa, por lo que la gráfica de $g(x)$ es siempre decreciente.

Sección 9.5 (pág. 443)

1. $y' = 9x^2 + 2x - 6$ **3.** $y' = 120x^3 - 54x^2 + 10$
5. $y' = 24x^5 - 35x^4 - 20x^3 + 42x^2 + 4x - 6$
7. $y' = 144x^3 + 144x^2 + 32x$ **9.** $y' = 54x^5 + 30x^4 + 4x^3$
11. $y' = -7/(x-4)^2$ **13.** $f'(t) = (t^2 + 6t - 12)/(t+3)^2$
15. $g'(x) = (-6x^4 - 4x^3 - 6x - 1)/(2x^3 - 1)^2$
17. $y' = (x^2 + 6x - 14)/(x+3)^2$
19. $r'(t) = [-\sqrt{t} + 3/(2\sqrt{t})]/(2t+3)^2$ o $(3 - 2t)/2\sqrt{t}(2t+3)^2]$
21. $y' = (9\sqrt{x}/2 + 4/\sqrt{x})/x$ o $(9x + 8)/(2x\sqrt{x})$
23. $y' = 42x^5 - 112x^3 + 6x^2 - 8$ **25.** $y' = 3\sqrt{x} - 3/(2\sqrt{x}) - 2$
27. $y' = -12 + 15/\sqrt{x}$ **29.** $y' = \dfrac{2}{(1-x)^2}$
31. $f'(p) = (24p^2 + 32p + 29)/(3p+2)^2$
33. $g'(x) = (10x^4 + 18x^3 + 6x^2 - 20x - 9)/[(2x+1)^2(5x+2)^2]$

35. En el primer paso, el numerador debería ser $(x^2 - 1)2 - (2x + 5)(2x)$. **37.** $y = -2x + 9$ **39.** **(a)** \$22.86 por unidad **(b)** \$12.92 por unidad **(c)** $(3x + 2)/(x^2 + 4x)$ cientos de dólares por unidad **(d)** $\overline{C}'(x) = (-3x^2 - 4x - 8)/(x^2 + 4x)^2$

41. **(a)** $N'(t) = \dfrac{4200t}{(30 + t^2)^2}$ **(b)** 8.28 palabras por minuto; 6.94 ppm; 4.71 ppm; 2.49 ppm; .97 ppm **43.** **(a)** -5 pies/s **(b)** -1.7 pies/s **45.** **(a)** .1173 **(b)** 2.625

Sección 9.6 (pág. 453)

1. 275 **3.** 107 **5.** $24x + 4$; $24x + 35$ **7.** $-64x^3 + 2$; $-4x^3 + 8$ **9.** $1/x^2$; $1/x^2$ **11.** $\sqrt{8x^2 - 4}$; $8x + 10$

En los ejercicios 13–19 hay otras respuestas posibles.

13. Si $f(x) = x^5$ y $g(x) = 4x + 3$, entonces $y = f[g(x)]$.
15. Si $f(x) = \sqrt{x}$ y $g(x) = 6 + 3x$, entonces $y = f[g(x)]$.
17. Si $f(x) = (x + 3)/(x - 3)$ y $g(x) = \sqrt{x}$, entonces $y = f[g(x)]$.
19. Si $f(x) = x^2 + x + 5$ y $g(x) = x^{1/2} - 3$, entonces $y = f[g(x)]$.
21. $y' = 9(3x - 4)^2$ **23.** $y' = 72(3x + 2)^3$
25. $y' = -128x(8x^2 + 6)^3$ **27.** $y' = 36(2x + 5)^{1/2}$
29. $y' = (-21/2)(8x + 9)(4x^2 + 9x)^{1/2}$ **31.** $y' = 16/\sqrt{4x + 7}$
33. $y' = \dfrac{-2x - 4}{\sqrt{x^2 + 4x}}$ o $-\dfrac{2x + 4}{\sqrt{x^2 + 4x}}$
35. $y' = 2(x + 1)(x - 3) + (x - 3)^2$
37. $y' = 70(x + 3)(2x - 1)^4(x + 2)$
39. $y' = [(3x + 1)^2(21x + 1)]/(2\sqrt{x})$
41. $y' = -2(x - 4)^{-3}$ o $-2/(x - 4)^3$
43. $y' = [2(4x + 3)(4x - 7)]/(2x - 1)^2$
45. $y' = (-5x^2 - 36x + 8)/(5x + 2)^4$
47. $y' = (3x^{1/2} - 1)/[4x^{1/2}(x^{1/2} - 1)^{1/2}]$
49. **(a)** -2 **(b)** $-24/7$ **51.** (d)
53. $D(c) = (-c^2 + 10c - 25)/25 + 500$
55. $A[r(t)] = A(t^2) = \pi t^4$; esta función representa el área del derrame de petróleo como una función del tiempo t desde el principio del derrame.
57. $C'(x) = \dfrac{15x}{\sqrt{50 + 15x^2}}$ **59.** \$77.46 por empleado adicional
61. **(a)** $R'(x) = \dfrac{5(300 - 4x)}{\sqrt{300x - 2x^2}}$ **(b)** \$10.61; \$2.89; $-$\$2.89; $-$\$10.61
63. **(a)** $F'(t) = \dfrac{150t}{(8 + t^2)^{3/2}}$ **(b)** Aproximadamente 3.96; 1.34; .36; .09
65. **(a)** $-.5$ **(b)** $-1/54 \approx -.02$ **(c)** $-.011$ **(d)** $-1/128 \approx -.008$ **67.** **(a)** $(-1, 1)$ **(b)** $x = -1$ **(c)** $(-\infty, -1)$, $(1, \infty)$ **(d)** La derivada es 0 en un punto bajo de la gráfica de $G(x)$. Es positiva donde $G(x)$ está creciendo y negativa donde $G(x)$ está decreciendo.

Sección 9.7 (pág. 460)

1. $y' = 3e^{3x}$ **3.** $f'(x) = 10e^{2x}$ **5.** $g'(x) = 20e^{-5x}$
7. $y' = 2xe^{x^2}$ **9.** $f'(x) = xe^{x^2/2}$ **11.** $y' = -18xe^{3x^2+5}$
13. $y' = (-8x + 3)/(-4x^2 + 3x)$ **15.** $y' = 1/(2x + 1)$
17. $f'(x) = \dfrac{6x^2 - 6x + 8}{(2x - 3)(x^2 + 4)}$ **19.** $y' = 2x(1 - x)e^{-2x}$
21. $y' = (-9x^2 + 18x - 4)e^{-3x}$ **23.** $y' = \dfrac{2x}{1 + x^2}$
25. $y' = -23/[(6 - x)(3x + 5)]$
27. $y' = 3(15x^2 - 2)/[2(5x^3 - 2x)]$
29. $y' = -2x^2/(2 - x^2) + \ln(2 - x^2)$
31. $y' = (2x - 1)e^x/(2x + 1)^2$ **33.** $y' = (1 - 3\ln|x|)/x^4$
35. $y' = \dfrac{-20/x + 8 - 8\ln|x|}{(5 - 2x)^2}$
37. $y' = [3x^3\ln|x| - (x^3 - 1)]/[2x(\ln|x|)^2]$
39. $y' = 1/[2(x - 3)\sqrt{\ln(x - 3)}]$
41. $y' = (xe^x\ln|x| - e^x + 1)/[x(\ln|x|)^2]$
43. $y' = (xe^x + xe^{-x} - e^x + e^{-x})/x^2$ o $[e^x(x - 1) + e^{-x}(x + 1)]/x^2$
45. $f'(x) = \dfrac{4e^{3x+2}}{4x - 5} + 3e^{3x+2}\ln(4x - 5)$ **47.** $y' = \dfrac{2000e^{.4x}}{(7 - 10e^{.4x})^2}$
49. $y' = 1250e^{-.5x}/(12 + 5e^{-.5x})^2$ **51.** (d) **53.** 1/8
55. **(a)** $dR/dx = 100 + 50(\ln x - 1)/(\ln x)^2$ **(b)** \$112.48
57. **(a)** $C'(x) = 100$ **(b)** $P(x) = (50x/\ln x) - 100$ **(c)** \$12.48
59. **(a)** $P'(t) = 50{,}000[(1 + .2t)(-.04)e^{-.04t} + .2e^{-.04t}]$ **(b)** Ganando en 1985 y 1995; perdiendo en 2005 y 2015
61. **(a)** Aproximadamente 817 vehículos/hora; -41.2 vehículos por hora por pie **(b)** Aproximadamente 522 vehículos/hora; -20.9 vehículos/hora por pie
63. **(a)** Incremento de \$54,065 por año **(b)** Incremento de \$13,116 por año **(c)** Decremento de \$7935 por año **(d)** Decremento de \$19,517 por año **(e)** Entre los años 10 y 15 **65.** **(a)** 7.42 **(b)** 21.22 **(c)** .79 **67.** **(a)** .005 **(b)** .0007 **(c)** .000013 **(d)** $-.022$ **(e)** $-.0029$ **(f)** $-.000054$

Sección 9.8 (pág. 468)

1. $x = 0, 2$ **3.** $x = 1$ **5.** $x = -3, 0, 3$ **7.** $x = 0, 6$
9. Sí, no **11.** No, no, sí **13.** Sí, no, sí
15. Sí, no, sí **17.** No, sí, sí **19.** Sí, no **21.** 1
23. Discontinua en $t = m$; diferenciable en todas partes excepto en $t = m$ y en los extremos del inervalo **25.** **(a)** 6 centavos **(b)** No existe **(c)** Cualesquiera tres de los años 1935, 1943, 1949, 1967, 1973, 1989 o 1991
27. **(a)** \$15 **(b)** \$25 **(c)** \$50 **(d)** \$92.50 **(e)** En $t = 20$
29. $(-4, 6)$ **31.** $(-\infty, -2]$ **33.** $[-25, 0]$ **35.** $(\pi, 10)$
37. $(-4, \infty)$ **39.** $(-\infty, 0)$ **41.** $(-3, 0)$, $(0, 3)$

Capítulo 9 Ejercicios de repaso (pág. 472)

1. 4 **3.** -1.2 **5.** .3536 **7.** -1 **9.** 13/2 **11.** 4
13. -13 **15.** 1/6 **17.** 1/4 **19.** 21 **21.** Aprox. $-.3846$
23. $y' = 2$ **25.** $y' = 4x - 1$ **27.** -2; $y + 2x = -4$
29. 2/9; $2x - 9y = 2$ **31.** **(a)** \$150 **(b)** \$187.50 **(c)** \$189
(d)

y
200
(125, 187.50)
(125, 168.75)
100
0
50 100 150 200
x
Costo (en dólares)
Peso (en libras)

(e) En $x = \$125$ **33.** **(a)** -25.33 por dólar **(b)** -16.75 por dólar **(c)** -31.12 por dólar **35.** $y' = 10x - 7$
37. $y' = 14x^{4/3}$ **39.** $f'(x) = -3x^{-4} + (1/2)x^{-1/2}$ o $-3/x^4 + 1/(2x^{1/2})$ **41.** $y' = 15t^4 + 12t^2 - 7$
43. $y' = 16x^{3/4} + 6x^{-1/4}(2x + 3)$ **45.** $f'(x) = \dfrac{-2x^2 + 4}{(x^2 + 2)^2}$
47. $y' = (2 - x + 2\sqrt{x})/[2\sqrt{x}(x + 2)^2]$
49. $y' = (x^2 - 2x)/(x - 1)^2$ **51.** $f'(x) = 12(3x - 2)^3$
53. $y' = 1/\sqrt{2t - 5}$ **55.** $y' = 18x(3x - 4)^2 + 2(3x - 4)^3$

57. $f'(u) = \dfrac{(2u+3)(6u-4) - 6(3u^2-4u)}{(2u+3)^4}$

59. $y' = -6x^2e^{-2x^3}$ **61.** $y' = 10xe^{2x} + 5e^{2x}$ o $5e^{2x}(2x+1)$

63. $y' = \dfrac{2x+4}{x^2+4x+1}$ **65.** $y' = \dfrac{x - 1/x - 2x\ln 4x}{(x^2-1)^2}$

67. $y' = \dfrac{x^2-6x+1}{(x-3)^2}$ **69.** $y' = -12e^{2x}$

71. $-1/[x^{1/2}(x^{1/2}-1)^2]$

73. $dy/dt = (1 + 2t^{1/2})/[4t^{1/2}(t^{1/2}+t)^{1/2}]$ **75.** $-2/3$

77. Ninguno **79.** No, sí, sí **81.** No, sí, no **83.** Sí, no, sí

85. **(a)** $367 por cien **(b)** $219.50 por cien **(c)** −$528 por cien

87. **(a)** 55/3; las ventas se incrementarán en 55 millones de dólares cuando se gasten 3 mil dólares más en investigación. **(b)** 65/4; las ventas se incrementarán en 65 millones de dólares cuando se gasten 4 mil dólares más en investigación. **(c)** 15; las ventas se incrementarán en 15 millones de dólares cuando 1 mil dólares más se gasten en investigación. **(d)** Si se gasta más en investigación, el incremento en ventas decrecerá.

89. **(a)** −9.5; los costos decrecerán en $9500 para los próximos $100 gastados en capacitación. **(b)** −2.375; los costos decrecerán en $2375 para los próximos $100 gastados en capacitación. **(c)** Decreciendo

91. 0 mph por segundo para las manos y aproximadamente 640 mph por segundo para el bate; esto representa la aceleración de las manos y el bate en el momento en que sus velocidades son iguales.

Caso 9 (pág. 480)

1. **(a)** .17 **(b)** Inelástica **3.** La elasticidad es negativa.

CAPÍTULO 10

Sección 10.1 (pág. 488)

1. Creciente en $(1, \infty)$; decreciente en $(-\infty, 1)$; mínimo local en 1 **3.** Creciente en $(-\infty, -2)$; decreciente en $(-2, \infty)$; máximo local en -2 **5.** Creciente en $(-\infty, -4)$ y $(-2, \infty)$; decreciente en $(-4, -2)$; máximo local en -4; mínimo local en -2

7. Creciente en $(-7, -4)$ y $(-2, \infty)$; decreciente en $(-\infty, -7)$ y $(-4, -2)$; máximo local en -4; mínimos locales en -7 y -2

9. Creciente en $(-\infty, -1/3)$ y $(2, \infty)$; decreciente en $(-1/3, 2)$

11. Creciente en $(-\infty, -4)$ y $(-4, \infty)$ **13.** Decreciente en $(-\infty, 5)$ **15.** Creciente en $(-\infty, -1)$ y $(2, \infty)$; decreciente en $(-1, 2)$

17. $-2, -1, 2$ **19.** Máximo local en 0; mínimo local en 2

21. Máximo local en -3; mínimo local en -1

23. Máximo local en $-1/4$; mínimo local en -5 **25.** Máximo local en -2; mínimo local en 3 **27.** Máximo local en 0; mínimo local en 2 **29.** Máximo local en 0; $f(0) = 1$; mínimo local en 6/11; $f(6/11) \approx .7804$ **31.** Máximo local en 3/4; $f(3/4) = 4$

33. Mínimo local en 0; $f(0) = 0$ **35.** Máximo local en -1; $f(-1) = 1/e$ **37.** Máximo local en $-1/e$; $f(-1/e) = 1/e$; mínimo local en $1/e$; $f(1/e) = -1/e$ **39.** Mínimo local en $-1/3$; $f(-1/3) \approx -2.1226$ **41.** Mínimo local en $x = 0$; $f(0) = 2$

43. Máximo local aproximado: (3.35, 161.98); mínimo local aproximado (−6.77, −709.87) y (10.92, −240.08) **45.** Máximos locales aproximados: (−80.7064, 8671701.6) y (.3982, 5.0017); mínimos locales aproximados: (−1.6166, −8.8191) y (1.9249, −1.7461) **49.** **(a)** 6000 **(b)** $324,000 **51.** **(a)** La derivada no está definida en ningún punto donde la gráfica muestra un cambio brusco de creciente a decreciente. **(b)** De abril a julio; de julio a noviembre; de enero a abril y de noviembre a diciembre. **(c)** De enero a abril y para noviembre y diciembre; la contaminación del aire se reduce considerablemente cuando la temperatura es baja, como es el caso durante esos meses. **53.** (0, 8000) **55.** Después de 10 días

57. **(a)** $(0, 3)$ **(b)** $(3, \infty)$ (*Nota: x* debe ser por lo menos 0.)

59. Máximos locales de 4900 en 1985, 6900 en 1992, 6580 en 1995; mínimos locales de 4700 en 1986 y 6500 en 1994

61. **(a)** [1945, 1965], [1970, 1974] **(b)** [1945, 1986] **(c)** 1965–1967, 1974; 1987 **63.** 100 unidades

65. 1,000,000 neumáticos; $700,000 **67.** Aprox. 12.6°C **69.** 10

Sección 10.2 (pág. 501)

1. $f''(x) = 6x - 10$; -10; 2; -28 **3.** $f''(x) = 12(x+2)^2$; 48; 192; 12 **5.** $f''(x) = 2/(1+x)^3$; 2; 2/27; $-1/4$ **7.** $f''(x) = -(x+4)^{-3/2}/4$ o $-1/[4(x+4)^{3/2}]$; $-1/32$; $-1/(4 \cdot 6^{3/2})$; $-1/4$

9. $f''(x) = (-6/5)x^{-7/5}$ o $-6/(5x^{7/5})$; $f''(0)$ no existe; $-6/(5 \cdot 2^{7/5})$; $-6/[5(-3)^{7/5}]$ **11.** $f''(x) = 2e^x$; 2; $2e^2$; $2e^{-3}$ o $2/e^3$ **13.** $f''(x) = 20e^{2x}$; 20; $20e^4$; $20e^{-6}$ **15.** $f''(x) = -1/x^2$; no está definida; $-1/4$; $-1/9$ **17.** $f''(x) = 1/x$; no está definida; 1/2; $-1/3$

19. $f'''(x) = 72x + 12$; $f^{(4)}(x) = 72$ **21.** $f'''(x) = 6/x^4$; $f^{(4)}(x) = -24/x^5$ **23.** $v(t) = 12t + 2$; $a(t) = 12$; $v(0) = 2$ cm/s; $v(4) = 50$ cm/s; $a(0) = a(4) = 12$ cm/s^2

25. $v(t) = 9t^2 - 8t + 8$; $a(t) = 18t - 8$; $v(0) = 8$ cm/s; $v(4) = 120$ cm/sec; $a(0) = -8$ cm/s^2; $a(4) = 64$ cm/s^2

29. Cóncava hacia arriba en $(-\infty, \infty)$; ningún punto de inflexión

31. Cóncava hacia arriba en $(-4/3, \infty)$; cóncava hacia abajo en $(-\infty, -4/3)$; punto de inflexión en $(-4/3, 425/27)$ **33.** Cóncava hacia arriba en $(3, \infty)$; cóncava hacia abajo en $(-\infty, 3)$; ningún punto de inflexión

35. Cóncava hacia arriba en $(-\infty, -5)$ y $(1, \infty)$; cóncava hacia abajo en $(-5, 1)$; puntos de inflexión en $(-5, -1248)$ y $(1, 0)$

37. (14, 26688) **39.** Ningún número crítico; ningún extremo local

41. Máximo local en $x = -5$; mínimo local en $x = 4$

43. Máximo local en $x = 0$; mínimos locales en $x = 2$ y $x = -2$

45. Máximo local en $x = -\sqrt{3}$; mínimo local en $x = \sqrt{3}$

47. Máximo local en $x = -3$; mínimo local en $x = 3$

49. Ningún número crítico; ningún extremo local **51.** Máximo local 2; mínimo local en 1 y 4; puntos de inflexión en $x = (7 + \sqrt{7})/3$ y en $x = (7 - \sqrt{7})/3$ **53.** Mínimo local en 1; puntos de inflexión en $x = 4/3$ y $x = 2$ **55.** Hay varias respuestas correctas, entre ellas $f(x) = \sqrt{x}$

57. **(a)** −96 pie/s **(b)** −160 pie/s **(c)** −256 pie/s **(d)** −32 pie/s^2 **59.** (15, 86250) **61.** 8 **63.** 10,000

65. **(a)** 15 días **(b)** 16.875%

Sección 10.3 (pág. 513)

1. Máximo absoluto en 4; mínimo absoluto en 1 **3.** Máximo absoluto en 2; mínimo absoluto en -2 **5.** Máximo absoluto en -4; mínimos absolutos en -7 y -2 **7.** Máximo absoluto en $x = 6$; mínimos absolutos en $x = -4$ y $x = 4$ **9.** Máximo absoluto en $x = 6$; mínimo absoluto en $x = 4$ **11.** Máximo absoluto en $x = \sqrt{2}$; mínimo absoluto en $x = 0$ **13.** Máximos absolutos en $x = -3$ y $x = 3$; mínimo absoluto en $x = 0$

15. Máximo absoluto en $x = 0$; mínimos absolutos en $x = -1$ y $x = 1$

17. **(a)** $200 + 20x$ **(b)** $80 - x$ **(c)** $R(x) = 16{,}000 + 1400x - 20x^2$ **(d)** 35 **(e)** $40,500 **19.** **(a)** 90 **(b)** $405 **21.** 8 pulgadas por 8 pulgadas **23.** **(a)** 54.8 mph **(b)** $73.03 **25.** **(a)** $1200 - 2x$ **(b)** $A(x) = 1200x - 2x^2$ **(c)** 300 m **(d)** 180,000 m^2 **27.** 20,000 pies^2 **29.** $1000

31. **(a)** Día 12 **(b)** 50 por ml **(c)** Día 1 **(d)** 81.365

33. 4 pulgadas por 4 pulgadas por 2 pulgadas **35.** 10 cm; 10 cm

37. Ancho = $2\sqrt{6} + 2$ pulgadas ≈ 6.90 pulgadas; longitud = $3\sqrt{6} + 3$ pulgadas ≈ 10.35 pulgadas **39.** 1 milla desde *A* **41.** Aproximadamente 269; aproximadamente $577

43. **(a)** 600 **(b)** 958 **45.** 10 **47.** 60 **49.** 5000 **51.** (c)

Sección 10.4 (pág. 523)

1. No hay punto de inflexión

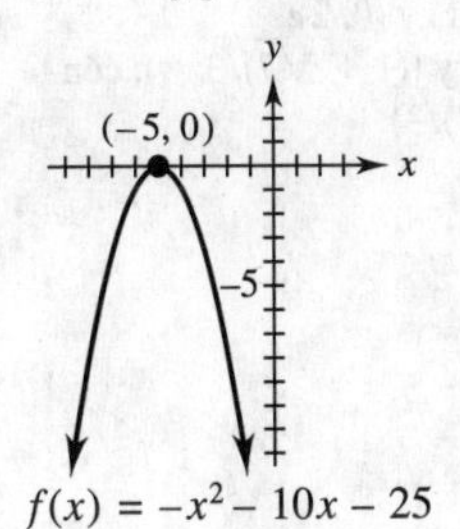

$f(x) = -x^2 - 10x - 25$

3. Punto de inflexión en $x = 1/3$

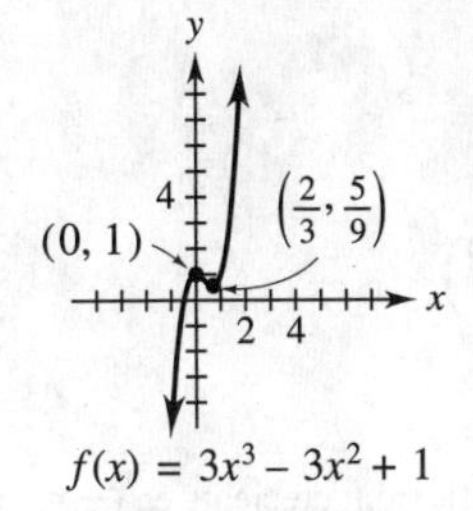

$f(x) = 3x^3 - 3x^2 + 1$

5. Punto de inflexión en $x = -3/2$

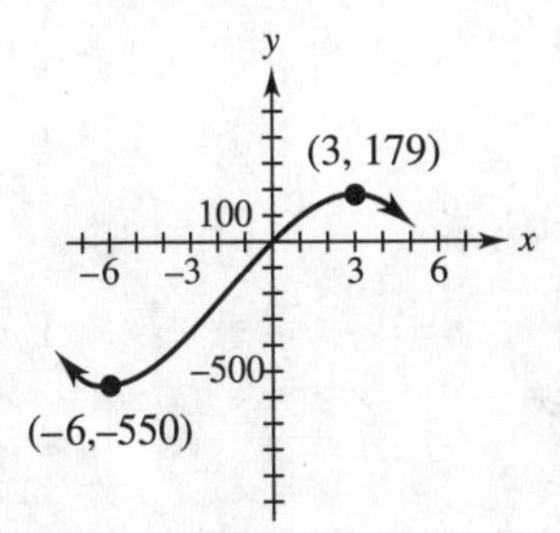

$f(x) = -2x^3 - 9x^2 + 108x - 10$

7. Punto de inflexión en $x = -7/12$

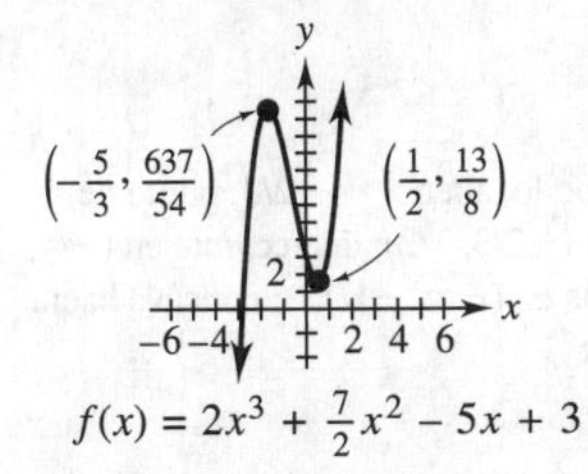

$f(x) = 2x^3 + \frac{7}{2}x^2 - 5x + 3$

9. No hay punto de inflexión

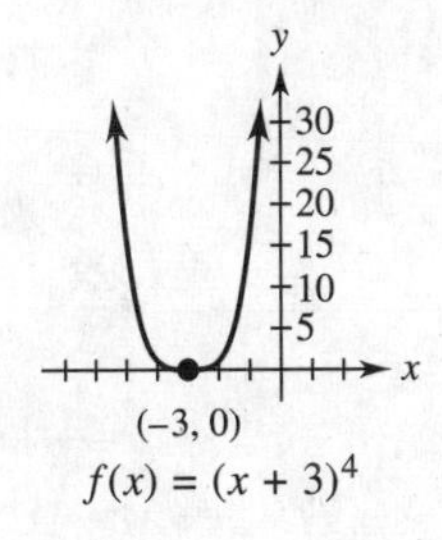

$f(x) = (x + 3)^4$

11. Puntos de inflexión en $x = -\sqrt{3}$ y $x = \sqrt{3}$

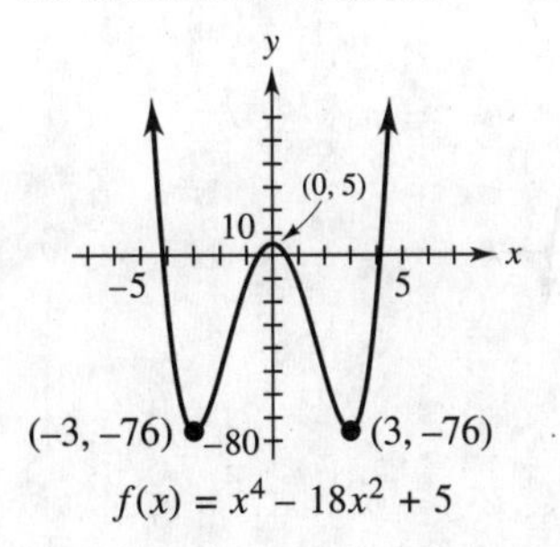

$f(x) = x^4 - 18x^2 + 5$

13. No hay punto de inflexión

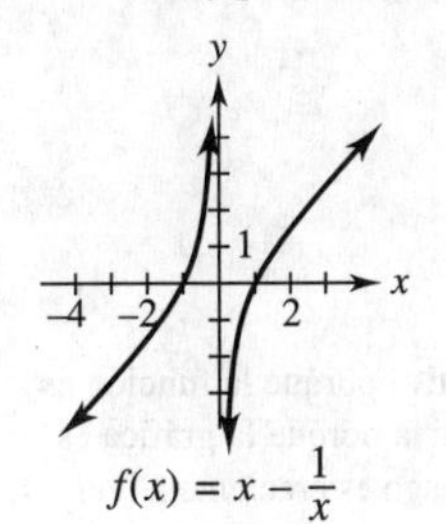

$f(x) = x - \frac{1}{x}$

15. No hay punto de inflexión

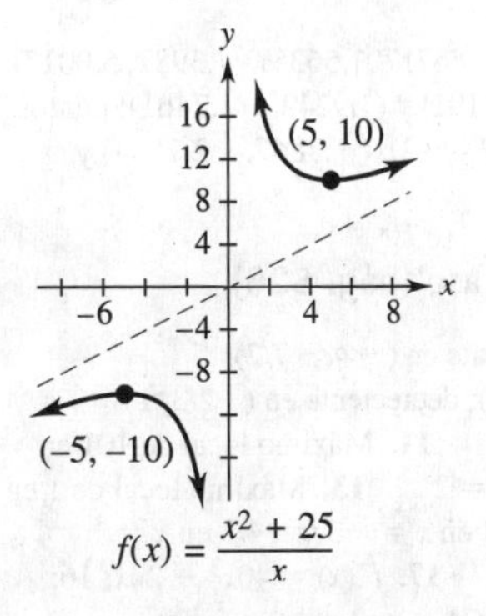

$f(x) = \frac{x^2 + 25}{x}$

17. No hay punto de inflexión

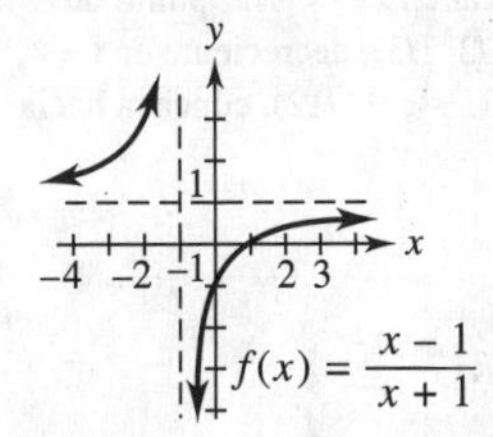

$f(x) = \frac{x - 1}{x + 1}$

Para los ejercicios 19-23, hay muchas respuestas correctas, entre ellas las siguientes.

19.

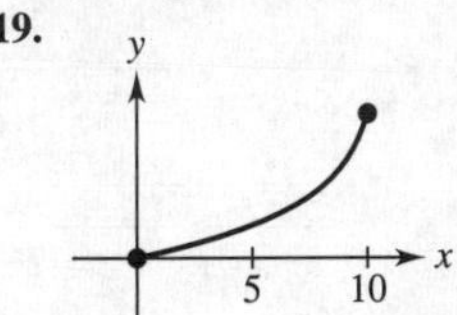

21.

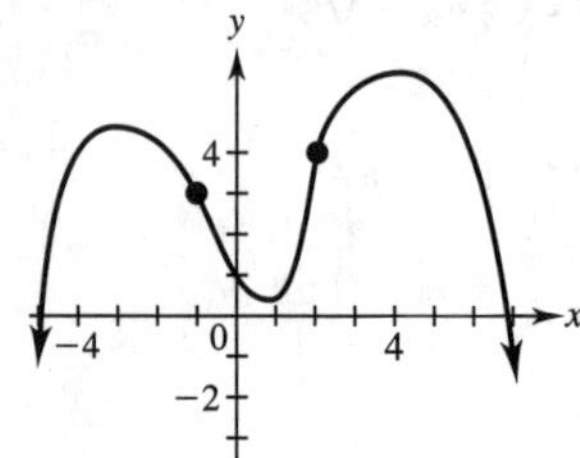

23.

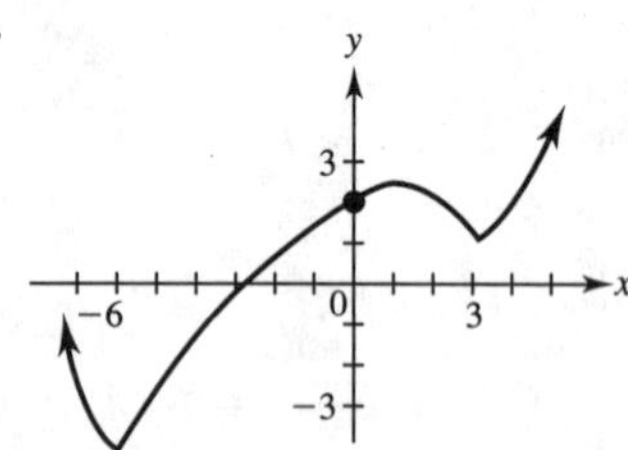

25. **(a)** La primera derivada es siempre positiva porque la función es creciente. **(b)** La segunda derivada es positiva porque la gráfica es cóncava hacia arriba. Esto significa que el riesgo es creciente a una razón cada vez más rápida. **27.** Máximo local en $(-.0241, 1.0000)$; mínimo local en $(.6908, .9818)$; punto de inflexión en $(1/3, 5351/5400)$

29. Máximos locales en $(-80.7064, 8671701.5635)$ y $(.3982, 5.0017)$; mínimos locales en $(-1.6166, -8.8191)$ y $(1.9249, -1.7461)$; puntos de inflexión en $(-60.4796, 5486563.4612)$, $(-.7847, -2.7584)$ y $(1.2643, 1.2972)$

Capítulo 10 Ejercicios de repaso (pág. 526)

5. Creciente en $(-7/2, \infty)$; decreciente en $(-\infty, -7/2)$
7. Creciente en $(-\infty, -2/3)$ y $(1, \infty)$; decreciente en $(-2/3, 1)$
9. Decreciente en $(-\infty, 3)$ y $(3, \infty)$ **11.** Máximo local de 101 en $x = -3$; mínimo local de -24 en $x = 2$ **13.** Máximo local de 1 en 1 en $x = 0$; mínimos locales de -44 en $x = -3$ y $-4/3$ en $x = 1$
15. Máximo local de $3/e$ en $x = 1$ **17.** $f''(x) = 40x^3 - 24x$; 16; -272 **19.** $f''(x) = -80e^{4x}$; $-80e^4$; $-80e^{-8}$
21. Máximo local en $x = 1/3$; mínimo local en $x = -1/2$; punto de inflexión en $x = -1/12$; creciente en $(-1/2, 1/3)$; decreciente en $(-\infty, -1/2)$ y $(1/3, \infty)$; cóncava hacia arriba en $(-\infty, -1/12)$; cóncava hacia abajo en $(-1/12, \infty)$

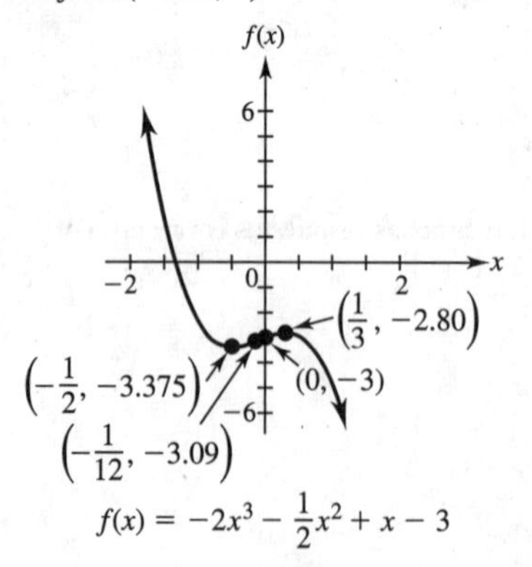

$f(x) = -2x^3 - \frac{1}{2}x^2 + x - 3$

23. Máximo local en $x = 0$; mínimos locales en $x = -1$ y $x = 2$; puntos de inflexión en $x = (1 - \sqrt{7})/3$ y $x = (1 + \sqrt{7})/3$; creciente en $(-1, 0)$ y $(2, \infty)$; decreciente en $(-\infty, -1)$ y $(0, 2)$; cóncava hacia arriba en $(-\infty, (1 - \sqrt{7})/3)$ y $((1 + \sqrt{7})/3, \infty)$; cóncava hacia abajo en $((1 - \sqrt{7})/3, (1 + \sqrt{7})/3)$

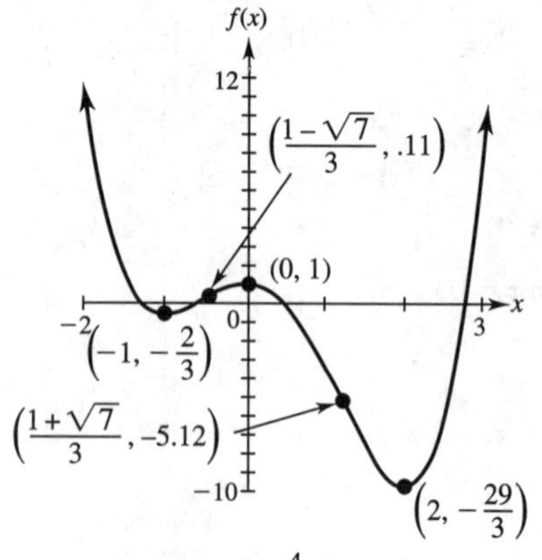

$f(x) = x^4 - \frac{4}{3}x^3 - 4x^2 + 1$

25. No hay extremos locales o puntos de inflexión; creciente en $(-\infty, -1/2)$ y $(-1/2, \infty)$; cóncava hacia arriba en $(-\infty, -1/2)$; cóncava hacia abajo en $(-1/2, \infty)$

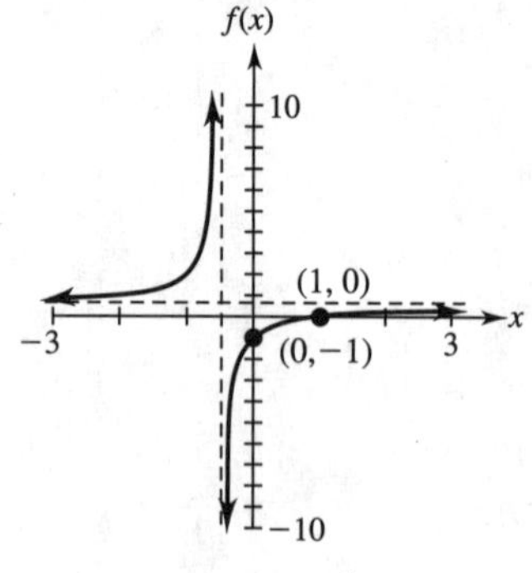

$f(x) = \dfrac{x - 1}{2x + 1}$

27. Máximo local en $x = 1/2$; mínimo local en $x = -2/3$; punto de inflexión en $x = -1/12$; creciente en $(-2/3, 1/2)$; decreciente en $(-\infty, -2/3)$ y $(1/2, \infty)$; cóncava hacia arriba en $(-\infty, -1/12)$; cóncava hacia abajo en $(-1/12, \infty)$

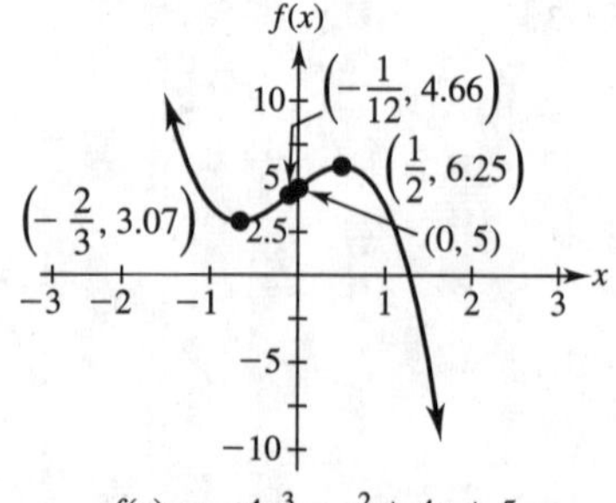

$f(x) = -4x^3 - x^2 + 4x + 5$

29. Mínimo local en $x = 0$; cóncava hacia arriba en $(-\infty, \infty)$

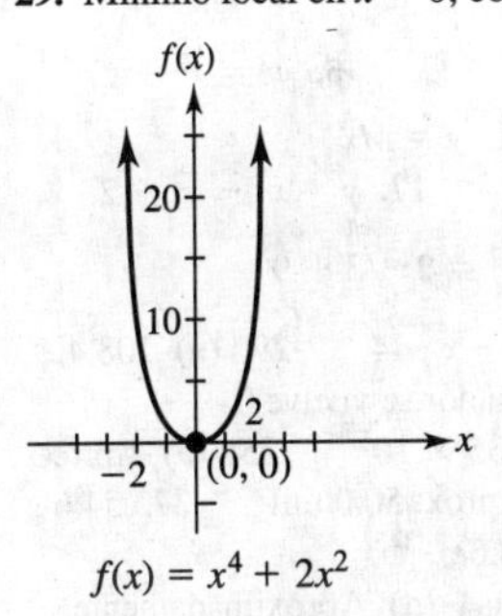

31. Máximo local en $x = -2$; mínimo local en $x = 2$; no hay puntos de inflexión; creciente en $(-\infty, -2)$ y $(2, \infty)$; decreciente en $(-2, 0)$ y $(0, 2)$; cóncava hacia arriba en $(0, \infty)$; cóncava hacia abajo en $(-\infty, 0)$

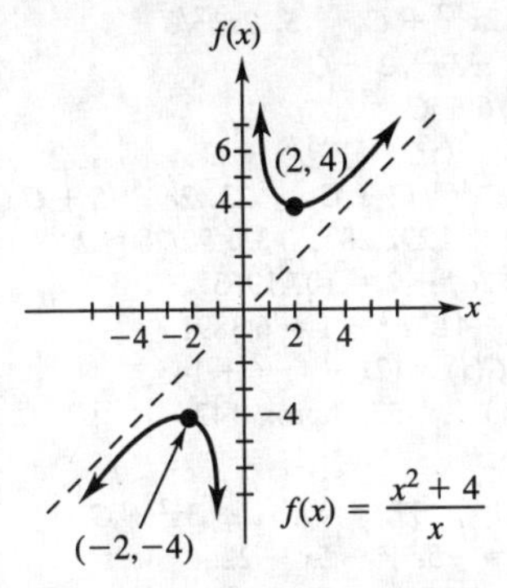

33. Máximo absoluto de 29/4 en $x = 5/2$; mínimos absolutos de 5 en $x = 1$ y $x = 4$ **35.** Máximo absoluto de 39 en $x = -3$; mínimo absoluto de $-319/27$ en $x = 5/3$ **37.** **(a)** \$2000 **(b)** \$400 **39.** 3 m por 3 m por 3 m **41.** 225 m por 450 m **43.** 126 **45.** 225 m por 225 m

Caso 10 (pág. 528)

1. $Z'(m) = -C_1m^2 + DC_3/2$ **3.** Aproximadamente 3.33
5. $Z(m^+) = Z(4) = \$11{,}400$; $Z(m^-) = Z(3) = \$11{,}300$

CAPÍTULO 11

Sección 11.1 (pág. 537)

1. Difieren sólo en una constante.
5. $5x^2 + C$ **7.** $8p^3/3 + C$ **9.** $100x + C$ **11.** $5z^2/2 - z + C$
13. $z^3/3 - 2z^2 + 2z + C$ **15.** $x^4/4 - 14x^3/3 + 10x^2 + 3x + C$
17. $4y^{3/2} + C$ **19.** $12t^{5/2}/5 + 2t^{3/2} + C$
21. $112t^{3/2}/3 + 4t^{9/2} + C$ **23.** $-12/x^2 + C$
25. $-1/y - 4\sqrt{y} + C$ **27.** $-3x^{-2} + 4\ln|x| + C$
29. $4e^{3u}/3 + C$ **31.** $-15e^{-.2x} + C$ **33.** $3\ln|x| - 8e^{-.5x} + C$
35. $\ln|t| + 2t^3/3 + C$ **37.** $e^{2u}/2 + u^2/8 + C$
39. $x^3/3 + x^2 + x + C$ **41.** $6x^{7/6}/7 + 3x^{2/3}/2 + C$
43. $f(x) = 2x^3 - 2x^2 + 3x + 1$ **45.** $C(x) = .2x^3/3 + 5x^2/2 + 10$
47. $C(x) = 2x^{3/2}/3 + 52/3$ **49.** $C(x) = x^3/3 - x^2 + 3x + 6$
51. $C(x) = .000375x^4 + .011x^3 + .022x^2 + .25x + 5.55$
53. $C(x) = 3e^{.01x} + 5$ **55.** $p = 50 - 3x/2 - x^2/3$
57. **(a)** $f(t) = -e^{-.01t} + k$ **(b)** .095 unidades

Sección 11.2 (pág. 544)

3. $(12x - 1)^3/12 + C$ **5.** $-2/[3(3t + 1)] + C$
7. $-1/\sqrt{x^2+2x-4} + C$ **9.** $2(r^3 + 3)^{3/2}/9 + C$
11. $-3e^{5k}/5 + C$ **13.** $2e^{2w^3}/3 + C$ **15.** $e^{4t-t^2}/2 + C$
17. $2e^{\sqrt{y}} + C$ **19.** $-4\ln|2 + 5x|/5 + C$
21. $(1/2)\ln|e^{2t} + 1| + C$ **23.** $-1/[8(2x^2 + 8x)^2] + C$
25. $\left(\frac{1}{r} + r\right)^2/2 + C$ **27.** $(x^3 + 3x)^{1/3} + C$
29. $(1/6)\ln|3x^2 + 12x + 8| + C$ **31.** $(x^2 + 1)^4/4 + C$
33. $(x^2 + 12x)^{3/2}/3 + C$ **35.** $(1 + \ln x)^3/3 + C$
37. $2(u - 1)^{3/2}/3 + 2(u - 1)^{1/2} + C$
39. $2(5t - 1)^{5/2}/125 + 2(5t - 1)^{3/2}/75 + C$
41. **(a)** $f(x) = .029x^4 - .601x^3 + 3.43x^2 + 3.24x + 26$ **(b)** 82.5%
43. **(a)** $f(x) = 1110\ln|x| - 3994.8$ **(b)** 1060 por 1000 personas

Sección 11.3 (pág. 553)

3. 28; 32 **5.** 8; 10 **7.** 12.8; 27.2 **9.** 2.67; 2.08
11. **(a)** 3 **(b)** 3.5 **(c)** 4 **13.** 124.5833 **15.** 74.0439
17. 1.8719 **19.** Aprox. \$83,000 **21.** Aprox. 35 litros
23. Aprox. 1300 pies **25.** **(a)** Aprox. 690 BTU **(b)** Aprox. 180 BTU **27.** **(a)** 9 pies **(b)** 2 s **(c)** 4.62 pies **(d)** Entre 3 y 3.5 segundos

Sección 11.4 (pág. 563)

1. 52 **3.** 13 **5.** 1/3 **7.** 76 **9.** 4/3
11. $5\ln 5 + (12/25) \approx 8.527$
13. $20e^{-.2} - 20e^{-.3} - 3\ln 3 - 3\ln 2 \approx 2.775$
15. $e^{10}/5 - e^5/5 - 1/2 \approx 4375.1$ **17.** 91/3
19. $447/7 \approx 63.857$ **21.** $(\ln 2)^2/2 \approx .24023$ **23.** 49
25. $1/4 - 1/(3 + e) \approx .075122$ **27.** $(6/7)(128 - 2^{7/3}) \approx 105.39$
29. Una pérdida en el primer año y medio; $\int_0^2 (6x^2 - 7x - 3)\,dx$
31. 23/3 **33.** 9.5 **35.** $e^2 + e^{-1} - 3 \approx 4.757$
37. 1 **39.** 23/6 **41.** $(e + e^3 - 2e^2)/2 \approx 4.01$
43. 19 **45.** **(a)** \$22,000 **(b)** \$62,000 **(c)** Aprox. 15.32 días
47. **(a)** $(9000/8)(17^{4/3} - 2^{4/3}) \approx \$46{,}341$ **(b)** $(9000/8)(26^{4/3} - 17^{4/3}) \approx \$37{,}477$ **(c)** Está creciendo lentamente sin cota **49.** **(a)** $f(x) \approx 109.0e^{.0198x} + 1.6$ **(b)** 119.6, que difiere del valor real en 1.0 **51.** **(a)** Aproximadamente 414 barriles **(b)** Aproximadamente 191 barriles **(c)** Decreciendo a 0
53. **(a)** $\int_0^{10} 1.2e^{.04t}\,dt$ **(b)** $30e^{.4} - 30 \approx 14.75$ miles de millones **(c)** Aproximadamente 12.8 años **(d)** Aproximadamente 14.4 años

Sección 11.5 (pág. 573)

1. \$280; \$11.67 **3.** \$2500; \$30,000 **5.** No **7.** **(a)** 8 años **(b)** Aproximadamente \$148 **(c)** Aproximadamente \$771 **9.** **(a)** 39 días **(b)** \$3369.18 **(c)** \$484.02 **(d)** \$2885.16 **11.** **(a)** 5 **(b)** Aproximadamente 15.6 toneladas **13.** 13 años

15. **(a)**

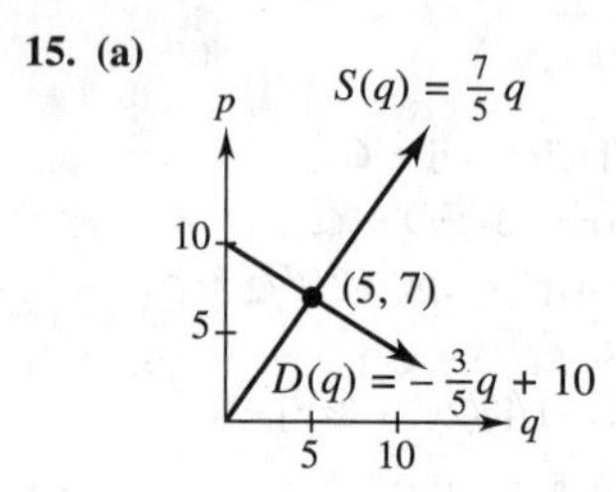

(b) (5, 7) **(c)** \$7.50 **(d)** \$17.50 **17.** \$1999.54 **19.** \$40.50

21. **(a)**

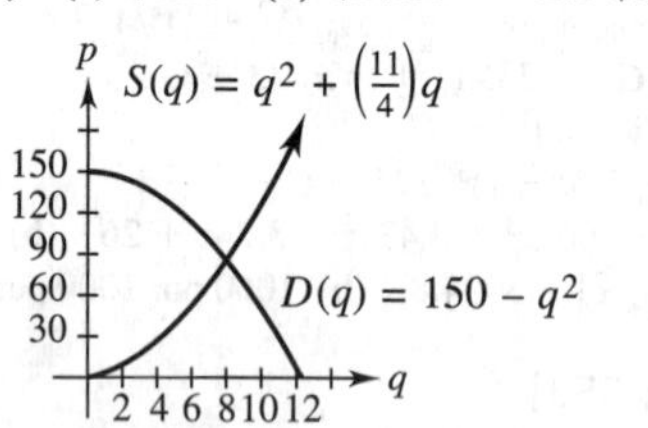

(b) (8, 86) **(c)** \$341.33 **(d)** \$429.33

23. \$5.76 millones

25. **(a)** .019; 10% de los productores de menor ingreso gana 1.9% del ingreso total de la población. **(b)** .275; 50% de los productores de menor ingreso gana 27.5% del ingreso total de la población.
(c) .819; 90% de los productores de menor ingreso gana 81.9% del ingreso total de la población.
(d)

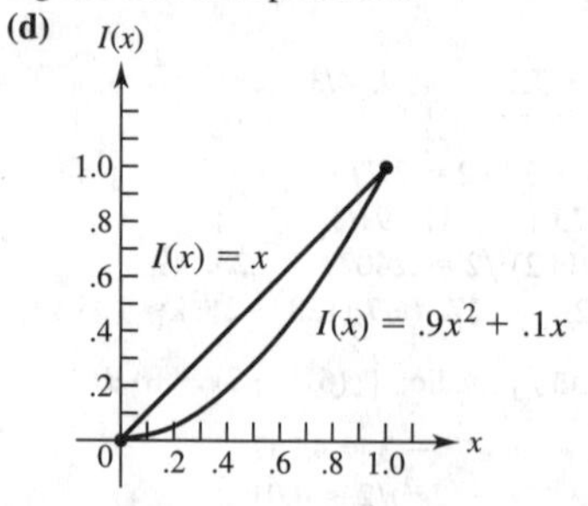

(e) .15; el monto de la desigualdad en la distribución del ingreso

27. **(a)** 10 artículos **(b)** 10 horas

Las respuestas a los ejercicios 31 y 33 pueden variar ligeramente.

31. 161.2 **33.** 5.516

Sección 11.6 (pág. 577)

1. $-4 \ln|(x + \sqrt{x^2 + 36}/6)| + C$

3. $\ln|(x - 3)/(x + 3)| + C \quad (x^2 > 9)$

5. $(4/3) \ln[(3 + \sqrt{9 - x^2})/x] + C \quad (0 < x < 3)$

7. $-2x/3 + 2 \ln|3x + 1|/9 + C$

9. $(-2/15) \ln|x/(3x - 5)| + C$

11. $\ln|(2x - 1)/(2x + 1)| + C \quad (x^2 > 1/4)$

13. $-3 \ln|(1 + \sqrt{1 - 9x^2})/(3x)| + C \quad (0 < x < 1/3)$

15. $2x - 3 \ln|2x + 3| + C$

17. $1/[25(5x - 1)] - (\ln|5x - 1|)/25 + C$

19. $x^5[(\ln|x|)/5 - 1/25] + C$

21. $(1/x)(-\ln|x| - 1) + C$

23. $-xe^{-2x}/2 - e^{-2x}/4 + C$ **25.** \$2094.71

27. Aproximadamente 15,100 microbios

Sección 11.7 (pág. 584)

1. $y = -x^2 + x^3 + C$ **3.** $y = 3x^4/8 + C$ **5.** $y^2 = x^2 + C$
7. $y = Me^{x^2}$ **9.** $y = Me^{x^3 - x^2}$ **11.** $y = Mx$
13. $y = Me^x + 5$ **15.** $-1/(e^x + C)$ **17.** $y = x^3 - x^2 + 2$
19. $y^2 = \dfrac{2 \ln|x^3 + 28|}{3} + 6$ **21.** $y^2 = 2x^3/3 + 9$
23. $y = e^{x^2 + 3x}$ **25.** $y^2/2 - 3y = x^2 + x - 4$ **29.** **(a)** 108.4 **(b)** 121.2 **(c)** No; si $x = 8$, el denominador se vuelve 0.
31. $y = 26.7e^{.02336t}$ **33.** Aprox. $\$1.35 \times 10^5$ **35.** **(a)** Aprox. 178.6 mil **(b)** Aprox. 56.4 mil **(c)** Aprox. 50.0 mil **37.** 54.6 g
39. Aprox. 10 **41.** **(a)** $T = 38 + 60.6e^{-.343t}$ **(b)** Aprox. 68.5° **(c)** Aprox. 1.44 horas **(d)** Aproximadamente 25.4 horas

Capítulo 11 Ejercicios de repaso (pág. 587)

1. $x^3/3 - 3x^2/2 + 2x + C$ **3.** $2x^{3/2} + C$ **5.** $2x^{3/2}/3 + 9x^{1/3} + C$ **7.** $2x^{-2} + C$ **9.** $-3e^{2x}/2 + C$
11. $2 \ln|x - 1| + C$ **13.** $e^{3x^2}/6 + C$
15. $(3 \ln|x^2 - 1|)/2 + C$ **17.** $-(x^3 + 5)^{-3}/9 + C$
19. $\ln|2x^2 - 5x| + C$ **21.** $-e^{-3x^4}/12 + C$ **23.** $2e^{-5x}/5 + C$
27. **(a)** Aprox. 136.97 **(b)** 148.8 **29.** 28 **33.** $72/25 \approx 2.88$
35. $2 \ln 3$ o $\ln 9 \approx 2.1972$ **37.** $2e^4 - 2 \approx 107.1963$
39. $(2/3)(22^{3/2} - 2^{3/2}) \approx 66.907$ **41.** $e^2 - 1 \approx 6.3891$
43. $C(x) = 10x - x^2 + 4$ **45.** $C(x) = (2x - 1)^{3/2} + 145$
47. 36,000 **49.** Aprox. 26.3 años **53.** Aprox. 142
55. $-\ln|(5 + \sqrt{25 + x^2})/x| + C$
57. $15[x/2 + 5 \ln|2x - 5|/4] + C$ **59.** $y = x^4/2 + 3x^2 + C$
61. $y^2 = 3x^2 + 2x + C$ **63.** $y = -5e^{-x} - 5x + 22$
65. $y = 2e^{5x - x^2}$ **67.** **(a)** $dA/dt = .05A - 1000$ **(b)** \$9487.29
69. **(a)** Aprox. 111 artículos **(b)** No exactamente, pero sí para fines prácticos
71. $.2 \ln y - .5y = -.3 \ln x + .4x + C$; $x = 3/4$ unidad, $y = 2/5$ unidad

Caso 11 (pág. 590)

1. Aproximadamente 102 años **3.** Aproximadamente 45.4 años

CAPÍTULO 12

Sección 12.1 (pág. 599)

3. 4; −22; −20; 12 **5.** 3; $\sqrt{33}$; $\sqrt{17}$; 8

9.

11.

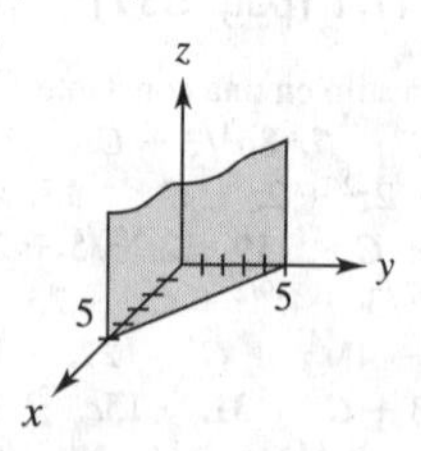

13.

15.

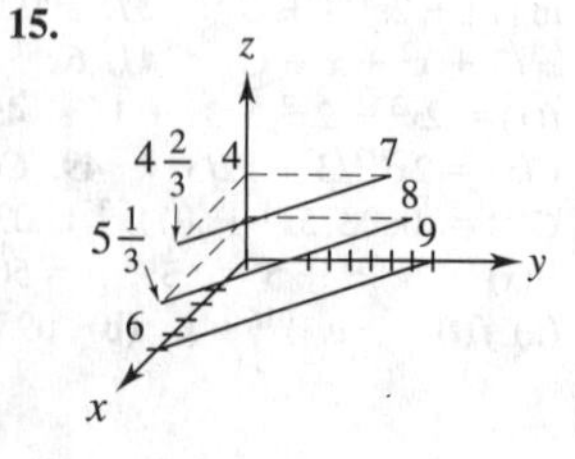

17.

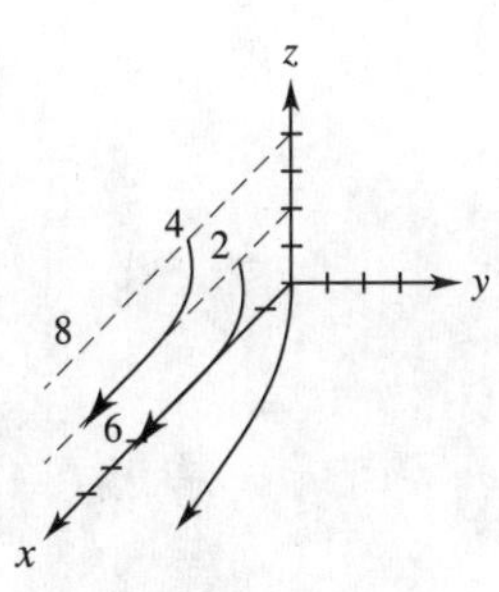

19. $y = 500^{10/3}x^{-7/3} \approx 10^9/x^{7/3}$

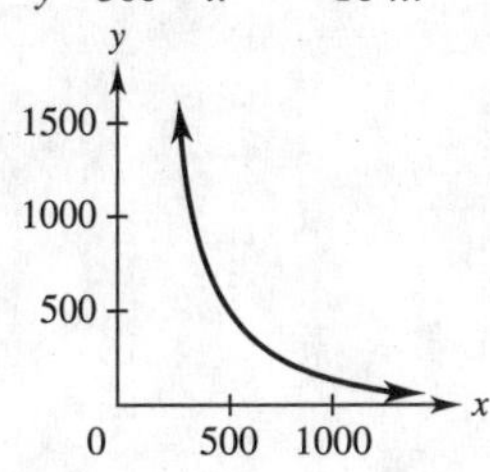

21. 1.12; la cuenta IRA crece más rápido **23.** $f(L, W, H) = L + 2H + 2W$ **25. (a)** $18x + 9h$ **(b)** $-6y - 3h$ **27.** (c) **29.** (e) **31.** (b)

Sección 12.2 (pág. 607)

1. (a) $24x^2 - 8xy$ **(b)** $-4x^2 + 18y$ **(c)** 48 **(d)** -40
3. $f_x = -2xy + 12x^3$; $f_y = -x^2$; 100; -16 **5.** $f_x = 2e^{2x+y}$; $f_y = e^{2x+y}$; $2e^3$; e^{-5} **7.** $f_x = 2/(e^{x+2y})$; $f_y = 4/(e^{x+2y})$; 2; $4/e^2$
9. $f_x = (y^3 - x^2 - 6xy^2)/(x^2 + y^3)^2$; $f_y = (6x^2y - 3xy^2 - 3y^4)/(x^2 + y^3)^2$; $-17/9$; aprox .083
11. $f_x = \dfrac{2 - 2xy}{2x - x^2y}$; $f_y = \dfrac{-x}{2 - xy}$; 3/4; 2/7
13. $f_x = 2x^2ye^{2xy} + 2xe^{2xy}$; $f_y = 2x^3e^{2xy}$; $-4e^{-4}$; $-128e^{-24}$
15. $f_{xx} = 20y^3 - 30x$; $f_{xy} = f_{yx} = 60xy^2$; $f_{yy} = 60x^2y$
17. $h_{xx} = -8y^2$; $h_{xy} = h_{yx} = -16xy + 14y$; $h_{yy} = -6 - 8x^2 + 14x$
19. $R_{xx} = \dfrac{24y}{(2x + y)^3}$; $R_{xy} = R_{yx} = \dfrac{-12x + 6y}{(2x + y)^3}$; $R_{yy} = \dfrac{-12x}{(2x + y)^3}$
21. $z_{xx} = 0$; $z_{yy} = 4xe^y$; $z_{xy} = z_{yx} = 4e^y$ **23.** $r_{xx} = -1/(x + y)^2$; $r_{yy} = -1/(x + y)^2$; $r_{xy} = r_{yx} = -1/(x + y)^2$ **25.** $z_{xx} = 1/x$; $z_{yy} = -x/y^2$; $z_{xy} = z_{yx} = 1/y$ **27.** 1; $-1/4$ **29.** $x = -4, y = 2$
31. $x = 0, y = 0$ o $x = 3, y = 3$ **33.** $f_x = 2x$; $f_y = z$; $f_z = y + 4z^3$; $f_{yz} = 1$; 3; 1 **35.** $f_x = 6/(4z + 5)$; $f_y = -5/(4z + 5)$; $f_z = -4(6x - 5y)/(4z + 5)^2$; $f_{yz} = 20/(4z + 5)^2$
37. $f_x = (2x - 5z^2)/(x^2 - 5xz^2 + y^4)$; $f_y = 4y^3/(x^2 - 5xz^2 + y^4)$; $f_z = -10xz/(x^2 - 5xz^2 + y^4)$; $f_{yz} = 40xy^3z/(x^2 - 5xz^2 + y^4)^2$
41. (a) 2.04% **(b)** 1.26% **(c)** .05%: la razón de cambio de la probabilidad para un semestre adicional de matemáticas de bachillerato; 0.003%: la razón de cambio de la probabilidad por unidad de cambio en la calificación en el examen de aptitud escolar
43. (a) \$206,800 **(b)** $f_p = 132 - 2i - .02p$; $f_i = -2p$; la razón a la que el ingreso por ventas está cambiando por unidad de cambio en el precio (f_p) o tasa de interés (f_i) **(c)** Una caída en el ingreso por ventas de \$18,800
45. (a) 46.656 **(b)** $f_x(27, 64) = .6912$ y es la razón a la que la producción está cambiando cuando la fuerza de trabajo cambia en 1 unidad de 27 a 28 y el capital permanece constante; $f_y(27, 64) = .4374$ y es la razón a la que la producción está cambiando cuando el capital cambia en 1 unidad de 64 a 65 y la fuerza de trabajo permanece constante. **(c)** La producción se incrementaría en aproximadamente 69 unidades cuando la fuerza de trabajo se incrementa en 1 unidad.
47. $.7x^{-.3}y^{.3}$ o $.7y^{.3}/x^{.3}$; $.3x^{.7}y^{-.7}$ o $.3x^{.7}/y^{.7}$
49. (a) Aprox. 5.71 **(b)** Aprox. 6.84 **(c)** $1/(a - v)$ **(d)** $b/(a - v)^2$ **51. (a)** $F_m = (gR^2)/r^2$; la razón de cambio en la fuerza por unidad de cambio en la masa; $F_r = (-2mgR^2)/r^3$; la razón de cambio en la fuerza por cambio unitario en la distancia

Sección 12.3 (pág. 615)

3. Mínimo local de -22 en $(3, -1)$
5. Mínimo local de 0 en $(-2, -2)$ **7.** Punto silla en $(-3, 4)$
9. Máximo local de 17 en (2/3, 4/3) **11.** Punto silla en $(2, -2)$
13. Punto silla en (1, 2) **15.** Punto silla en (0, 0); mínimo local de -201 en (6, 18) **17.** Punto silla en (0, 0); mínimo local de -5157 en (72, 12) **19.** Punto silla en (0, 0)
21. Máximo local de 9/8 en $(-1, 1)$; punto silla en (0, 0); (a)
23. Mínimos locales de $-33/16$ en (0, 1) y $(0, -1)$; punto silla en (0, 0); (b) **25.** Máximos locales de 17/16 en (1, 0) y $(-1, 0)$; mínimos locales de $-15/16$ en (0, 1) y $(0, -1)$; puntos silla en (0, 0), $(-1, 1)$, $(1, -1)$, (1, 1) y $(-1, -1)$; (e) **27.** $P(12, 40) = 2744$
29. $P(12, 72) = \$2{,}528{,}000$ **31.** $C(12, 25) = 2237$
33. 3 m por 3 m por 3 m **35.** 18 pulgadas por 18 pulgadas por 36 pulgadas **37.** 1000 toneladas de mineral grado A y 2000 toneladas de mineral grado B para una ganancia máxima de \$1400

Capítulo 12 Ejercicios de repaso (pág. 618)

1. 32; 156 **3.** $-6/5$; $-8/3$
7. **9.**

11. (a) $-4x + 5y$ **(b)** 3 **(c)** 5
15. $f_x = 12x^2y + 10y^4$; $f_y = 4x^3 + 40xy^3$
17. $f_x = (12y - 3x^2 + 4xy^2)/(x^2 + 4y)^2$; $f_y = (-4x^2y - 8y^2 - 12x)/(x^2 + 4y)^2$ **19.** $f_x = 2(y + 1)^2e^{2x+y}$; $f_y = (y + 1)(y + 3)e^{2x+y}$ **21.** $f_x = 3x^2y^2/(1 + x^3y^2)$; $f_y = 2x^3y/(1 + x^3y^2)$ **23.** $f_{xx} = 24xy^2$; $f_{xy} = 24x^2y - 8$
25. $f_{xx} = 8y/(x - 2y)^3$; $f_{xy} = (-4x - 8y)/(x - 2y)^3$
27. $f_{xx} = 2e^y$; $f_{xy} = 2xe^y$ **29.** $f_{xx} = (-2x^2y^2 - 4y)/(2 - x^2y)^2$; $f_{xy} = -4x/(2 - x^2y)^2$ **31.** Mínimo local en (0, 1)
33. Punto silla en (0, 2) **35.** Mínimo local en (1, 1/2); punto silla en $(-1/3, 11/6)$ **37.** $F(L, W, H) = 2LW + 2WH + 2LH$
39. (a) Mínimo local en (11, 12) **(b)** \$431

Índice de aplicaciones

Administración
Acciones, 277, 318, 319, 502
Aditivos de la gasolina, 384
Aerolíneas Southwest, 222
Agotamiento mineral, 745
Ahorros, 567, 568, 573, 588, 599
Alfombras y chales hechos a mano, 331
Alimento para plantas, 374
Amortización, 252, 253, 255, 256
Análisis de insumo-producto, 308, 311, 315, 320
Ancho de una alcantarilla, 164
Anualidad anticipada, 246, 256, 257
Anualidad ordinaria, 245, 246, 247, 249, 255, 257, 262
Arquitecto de paisajes, 91, 94, 112
Automóviles, 461
Aviones con teléfonos celulares, 135

Beneficios netos descontados, 228, 229, 230, 231, 258, 262

Calificaciones de un estudiante, 102
Camionetas de entrega, 275, 285
Capital compuesto, 236, 238, 239, 240, 258, 259
Cargos por entrega, 136, 285, 515
Cargos por renta, 102, 113, 135, 136, 147, 159, 466, 470
Cargos por servicio, 129, 136, 147, 470
Cargos por teléfono, 102
Casas construidas, 490
Centro comercial, 293
Cerdos al mercado, 163
Ciclo de vida de un producto, 524
Cobertores indios, 318
Colegiatura universitaria, 113, 136
Comerciante en oro, 320
Compañía de dulces, 306, 345, 364
Compañía de juguetes, 294
Compras, 285
Computadoras personales con CD-ROM, 409
Construcción de casas, 298, 389
Consumo de combustible, 286, 444, 408, 414
Consumo de electricidad, 240
Consumo de recursos naturales, 563, 565
Cosecha de duraznos, 514
Cosechas, 286, 345, 360, 374
Costo, 51, 57, 60, 83, 84, 95, 98, 111, 140, 143, 145, 161, 183, 278, 401, 408, 473, 503, 514, 516, 591, 616, 618
Costo del transporte, 285
Costo fijo, 123, 145, 147, 181
Costo marginal, 141, 145, 147, 148, 181, 424, 432, 436, 454, 461, 538, 588
Costo marginal promedio, 442, 444
Costo promedio, 142, 145, 147, 181, 183, 442, 444, 473, 491
Costos de mano de obra, 616
Costos de reparación, 575
Costos futuros de Medicare, 143
Crecimiento del ingreso, 127
Cría de animales, 363, 371
Cría de gansos y cerdos, 340
Cuchillería, 364, 500

Daños por incendio, 73
Demanda, 310, 311, 315, 411, 424, 454, 461, 473, 516, 543
Depósitos, 230, 248, 249, 262
Depreciación, 565
Depreciación de línea recta, 73, 113
Deuda federal, 134, 143
Deuda nacional, 198
Devaluación del dinero, 191
Dimensiones de un objeto cilíndrico, 515, 516, 527, 616
Dimensiones de una caja, 507, 509, 515, 526, 616
Dimensiones de una región rectangular, 94, 112, 163, 182, 514, 515
Distribución de petróleo, 331, 384, 385

Economía, 315, 320
Editorial de textos universitarios, 380
Elasticidad-precio de la demanda, 475
Eliminación de contaminantes, 183
Empleo, 61
Encuesta de relaciones públicas, 285
Enlatado, 373, 385
Envíos, 287, 289, 291, 319, 331, 344, 345, 346, 384
Estaciones de radio en Estados Unidos, 72

Exportaciones e importaciones de China, 83, 128
Exportaciones e importaciones de Estados Unidos, 84

Fábrica de cerámica, 320
Fábrica de muebles, 287, 289, 291, 295, 315, 318, 373
Fabricación, 330, 331, 332, 345, 346, 363, 364, 365, 373, 384, 408
Fondo de amortización, 247, 249
Función de duplicación, 210
Función producto-intercambio, 178, 180

Gabinetes de archivos, 341
Ganancia, 22, 28, 76, 84, 98, 109, 157, 161, 162, 164, 182, 401, 487, 489, 491, 503, 516, 526, 565, 616, 618
Ganancia marginal, 424, 433, 436, 437, 454, 461, 474, 600
Ganancia marginal promedio, 444, 474
Gasto, 73, 283, 410
Gastos, 474, 564, 573, 574
Gastos de Medicare, 182

Habilidades que implican repetición, 221
Honorario semanal para la compra de franquicias, 73

IBM Europa, 409
Impuesto federal sobre ingresos, 101
Impuesto por ventas, 469
Índice de precios al consumidor, 82
Inflación, 237, 240, 461, 575
Ingreso, 57, 60, 76, 83, 84, 95, 98, 145, 162, 163, 164, 183, 461, 506, 515, 574, 577, 616
Ingreso marginal, 411, 423, 433, 437, 461, 536, 538
Ingreso mensual total, 22
Intensidad del tránsito, 444
Interés, 60, 213, 230, 240, 245, 259, 262
Interés compuesto anualmente, 191, 232, 236, 239, 240, 241, 243, 245, 247, 249, 251, 255, 256, 259, 262
Interés compuesto continuamente, 197, 201, 234, 238, 745
Interés compuesto mensualmente, 236, 239, 245, 248, 249, 253, 255, 256, 257, 259, 262, 451
Interés compuesto semestralmente, 237, 239, 240, 249, 255, 258, 262
Interés compuesto trimestralmente, 233, 239, 240, 246, 249, 255, 258, 262
Interés simple, 225, 228, 230, 231, 249, 257, 258, 259, 262
Inversión, 19, 22, 49, 84, 109, 182, 239, 240, 248, 249, 259, 262, 278, 286, 318, 320, 346, 385, 387, 474, 492, 545, 588, 599

Líneas telefónicas, 316

Mantenimiento, 546, 566, 573, 574
Mezcla de dulces, 49
Mezcla de tés, 320
Millas de viajeros frecuentes, 172
Modelo de la economía americana de Leontief, 321

Oferta y demanda, 78, 79, 80, 81, 85, 112, 158, 162, 183, 278, 574
Opciones de salario, 47
Operaciones en línea de ensamble, 198

Pastelería, 364, 386, 387
Pedidos de productos, 305, 470
Pinturas, 363
Pizza, 386, 387
Plan de incentivos, 73
Precio del acero, 403
Préstamos, 278, 385
Préstamos garantizados por el gobierno para estudiantes, 123
Producción, 278, 285, 286, 309, 315, 364, 387, 389, 573, 574, 548, 599, 608
Producción de cerveza, 385
Producción de vino, 320, 387
Productividad de un trabajador, 565, 575, 589
Productividad marginal, 565, 583, 584, 605, 608
Producto de ingreso marginal, 452, 454, 461
Producto Nacional Bruto, 163, 222, 585
Profundidad de un canalón, 164
Programa de capacitación, 401, 474, 527
Propietarios de autos extranjeros, 147
Publicidad, 180, 362, 364, 402, 491, 502
Punto de equilibrio, 77, 83, 84, 95, 98, 102, 109, 111, 164, 183

Quiebra, 585

Recuerdos, 364
Reemplazo de utensilios, 278
Refrescos, 384, 527, 614
Regla de 78, 21
Reglas de zonificación, 346
Rendimiento al vencimiento, 263
Rendimientos decrecientes, 499, 502, 503
Renta de apartamento, 513
Rentas comerciales en California, 211
Restaurantes, 305, 514
Restaurantes McDonald, 410
Revistas, 345

Salarios, 553
Seguros, 345
Semilla de césped, 385
Servicio postal de Estados Unidos, 599, 616
Suministro, 588
Suministros para oficina, 318, 319
Superávit del consumidor, 572, 574, 588
Superávit del productor, 572, 574, 588
Suscriptores a TV por cable, 74, 180

Tamaño de lote económico, 46, 512, 516, 527
Tarjetas de crédito, 424, 491

Tasa de interés anual aproximada, 21
Tasa de interés efectiva, 234, 236, 239, 262
Tasa de interés real, 229, 231
Teléfonos celulares, 536
Tiempo de espera, 461
Tienda de regalos, 387
Tiendas de abarrotes, 294
Transacciones en cajero automático, 500
Tubos de ensayo, 385

Uso de energía *versus* ahorros, 134
Uso de gasolina, 401
Usuarios de internet, 192
Usuarios del servicio en línea, 27

Valor de desecho, 192
Valor futuro, 226, 230, 243, 245, 257, 258
Valor presente, 227, 230, 237, 257
Valor presente de una anualidad, 251, 253, 255
Venta de autos usados, 144
Venta de boletos, 320
Ventas, 49, 75, 82, 121, 138, 143, 144, 145, 161, 195, 197, 198, 200, 211, 278, 286, 409, 436, 459, 588, 589, 608
Ventas de un producto generadas por comerciales, 47
Viajeros en aerolíneas, 123
Vuelo, 136, 277, 316, 320, 514

Ciencias naturales
Acoplamiento de insectos, 537
Actividad animal, 318
Actividad de las lagartijas, 492
Alimento para animales, 283, 286, 343, 346
Alimentos deteriorados, 462
Anormalidad cromosómica, 197, 524

Basura radiactiva, 217
Bebés nacidos por cesárea, 134
Bióxido de carbono atmosférico, 189, 216, 221, 287
Bosques de lluvia tropical, 82

Calcio, 454
Cambio de ozono, 135, 490
Cáncer del pulmón, 436
Cirugía en pacientes externos, 218
Concentración ácida, 437
Concentración de alcohol en la sangre, 172, 490
Concentración de CFC-11, 194
Concentración de un medicamento, 402, 444, 490, 503
Consumo de oxígeno, 192, 553
Contaminación, 134, 454, 462, 565, 574
Contaminación por selenio, 491
Control del smog, 573
Crecimiento de la población, 219, 222
Crecimiento de ratas, 294
Crecimiento de un álamo, 575
Crecimiento de un eucalipto, 565
Crecimiento de un tumor, 434

Decaimiento radiactivo, 194, 461
Descarga de una planta nuclear, 604
Desove de salmones, 492
Disolvente químico, 197

Eliminación de contaminantes, 177, 179, 180
Emisión de bióxido de carbono, 102, 218, 592
Enfermedad contagiosa, 503
Epidemia de gripa, 21, 451, 490
Especies de bacterias, 315
Especies en competencia, 589
Estimación de fecha con carbono, 214, 217
Excreciones bioquímicas, 538

Factor de enfriamiento por el aire, 47
Fertilizante, 278, 569
Flujo sanguíneo, 608
Fuga de aceite, 454, 565

Golondrina ártica, 581
Grupos básicos de alimentos, 294, 306, 315

Humedad, 218

Impulsos después del estímulo de un nervio, 161
Intensidad de un sismo, 215, 218, 222
Intensidad del sonido, 218

Ley del enfriamiento de Newton, 198, 222

Medición del rendimiento cardiaco, 172
Mezcla de fertilizantes orgánicos, 390
Mezcla de soluciones, 320
Muertes causadas por SIDA, 163
Muertes por enfermedad coronaria y cáncer del pulmón, 123

Nivel de colesterol en la sangre, 425
Nivel de ozono, 111
Nivel permitido de contaminante, 218
Nutrición, 332, 345, 373

Octanaje, 22

Pacientes con SIDA, 143
Palomas mensajeras, 516
Peso promedio de bebés, 102, 113
Pez monkeyface, 223, 474

Plomo en el agua, 101, 111
Plutonio restante, 192
Población de abejas, 462
Población de ácaros, 200
Población de aves, 735
Población de bacterias, 196, 197, 424, 445, 454, 515, 585
Población de cabras, 583
Población de castores, 198
Población de hormigas, 461
Población de microbios, 492, 577
Población de moscas de la fruta, 192
Población de peces, 192, 197, 363, 454
Población de venados, 172, 575
Presión atmosférica, 197
Presión del aceite en un recipiente, 172
Profundidad de la nieve, 133
Prueba de un medicamento, 292

Radio presente, 197
Razón de infección, 588
Reacción a un medicamento, 455, 575, 577, 608
Red de alimentos, 316
Riesgo de cáncer, 21, 101

Sustancias en agua potable, 113

Temperatura, 469
Temperatura de la Tierra, 83
Tintura indicadora, 192, 585

Velocidad de las células sanguíneas, 407
Vida media, 217, 222
Vitaminas, 384
Volumen de la sangre, 437

Zona objetivo del pulso cardiaco, 143

Ciencias sociales

Accidentes, 200
Armas nucleares, 491

Calificación promedio, 346
Calificaciones de una prueba, 198
Capital designado para educación, 73
Casos de SIDA diagnosticados en Estados Unidos, 160
Cinturones de seguridad, 199, 545
Colegiaturas y gastos en universidades, 142
Condición social, 11
Consumo de carne roja, 147
Costos de salud, 133, 139

Discrepancia entre orador y público, 492

Encuesta Billboard "Hot 100", 544
Estadounidenses de más de 100 años de edad, 123, 437
Estándar de vida, 437
Estrategia en una elección, 51
Estudiantes extranjeros, 10
Estudiantes universitarios de 35 años de edad o mayores, 147
Éxito de un estudiante, 607

Familias con ambos padres, 111
Fuerza de un hábito, 462

Granjas y vacas lecheras, 73

Hechos recordados, 196
Hombres y mujeres que nunca se casaron, 111, 147

Idiomas, 218
Importaciones, 539
Impuestos personales, 133
Ingreso, 575
Ingreso del nivel de pobreza, 142
Ingreso medio por familia, 84

Jugador de baloncesto, 278

Logro educativo, 294

Multas por contaminar, 410

Niños en Estados Unidos de 5 a 13 años de edad, 142
Niños que crecen sin un padre, 219

Pago a familias con niños dependientes, 82
Pérdida de peso, 607
Peso umbral, 46
Planeación de un parque, 527
Población, 58, 192, 196, 201, 437, 461, 490, 537, 585
Productividad de un trabajador, 577, 585
Prueba estándar de inteligencia, 102

Rapidez de un cajero, 454
Recolección de dinero para la gente sin casa, 364
Recorridos, 313, 316, 320
Requisitos de un curso, 346
Robo de vehículos en Estados Unidos, 192
Rumores, 192, 199, 585

Servicios sociales, 318

Tamaño de un animal, 47
Tasas de nacimiento y muerte, 150, 306
Teléfonos nuevos, 545

Teoría de códigos, 311, 315, 316, 321
Tiempo de espera, 180
Tiempo de reacción, 69

Velocidad de aprendizaje, 469
Velocidad de mecanografiado, 198, 444
Visitantes de los parques nacionales en Estados Unidos, 211, 218

Física

Accidente del transbordador espacial Challenger, 180
Aceleración, 495, 501, 502, 555
Altura que alcanza un cohete, 182
Atracción gravitatoria, 608

BMW 733i, 554
Bombeo de agua, 82, 83
BTU, 554

Contaminantes interiores, 73

Decaimiento radiactivo, 585
Diseño de armaduras de techo, 277
Disparo de un proyectil, 109
Distancia de los planetas al Sol, 219
Distancia que recorre una pelota, 82, 425
Distancia, velocidad y tiempo, 18, 22, 94, 112, 123, 320, 402, 420
Distancias y velocidades de galaxias, 142

Expansión de un metal, 447

Factor de enfriamiento por el aire, 10

Ley del enfriamiento de Newton, 585, 586, 589

Novas, 467

Objeto en descenso, 437
Objeto lanzado hacia arriba, 95, 162, 438, 491, 502

Partícula en movimiento horizontal, 95
Porsche, 554
Presión atmosférica, 223

Récord mundial en la carrera de 100 metros, 83

Temperatura, 56, 60, 74, 81, 82, 97, 102, 110
Temperatura de horno de autolimpieza, 424
Tiempo de deslizamiento, 60
Tiempo ganador en la carrera olímpica de 5000 metros, 72
Transistores, 223

Velocidad, 109, 406, 411, 437, 444, 474, 495, 501, 502, 555
Velocidad de un avión, 287
Velocidad exacta, 561
Ventilación, 83
Volumen de una pirámide cuadrada truncada, 27, 28
Vuelo de un papalote, 102

Índice

A

Aceleración, 494
Amortización de un préstamo, 251
  fórmula para, 252
  programa, 252
Análisis
  de costos, 139
  de punto de equilibrio, 76
  insumo-producto, 308
  marginal, 431
Antiderivadas, 529
  constante de, 530
  de funciones exponenciales, 535
  de *x* a la potencia uno negativo, 535
  propiedades de, 533
  regla de diferencia para, 533
  regla de la potencia, 532
  regla de la suma, 533
  regla del múltiplo constante para, 533
Anualidad anticipada, 246
  valor futuro, 246
Anualidades, 240
  ordinarias, 242
  valor presente, 250
Anualidades ordinarias, 242
  periodo de pago de, 242
  término de, 242
  valor futuro de, 242, 244
Apéndice de programas, 625
Aplicaciones
  de maximización, 360, 506
  de minimización, 365, 506
Área
  aproximada mediante rectángulos, 547
  bajo una curva, 547
  entre dos curvas, 567
  pasos para encontrarla por integración, 562
  por integración, 560
  tabla, 646
Asíntota
  horizontal, 174
  inclinada, 523
  oblicua, 523
  vertical, 174

B

Base, 22, 200, 201, 202
  de depreciación, 113
Beneficio neto, 228
Binomios, 24
  factorización de, 30

C

Calculadora graficadora, 619
  consejos sobre su uso, 619
  determinación de valores máximo/mínimo con, 622
  programación de, 623
  resolución de ecuaciones con, 621
Calculadora, programación, 623
Cálculo
  diferencial, 529
  en varias variables, 591
  integral, 529
  teorema fundamental del, 555

Cambio
  en x, 61
  en y, 61
  total de una función, 546
Capital, 225
  compuesto, 231
Carbono-14, estimación de fecha, 214
Códigos de corrección de error, 183
Coeficiente guía de una ecuación, 270
Coeficientes de un polinomio, 24
Columna de una matriz, 271
Composición continua, 234
Composición de funciones, 445
  regla de la cadena para derivadas, 446, 447
Cóncava
  hacia abajo, 495, 496
  hacia arriba, 495, 652
Condición inicial de una ecuación diferencial, 580
Conjugado, 45
Constante
  antiderivada, 530
  de Hubble, 142
  de integración, 530
  de tasa de crecimiento, 582
Conteo de números, 1
Continuidad
  en un intervalo abierto, 465
  en un punto, 462, 463
Conversión Fahrenheit-Celsius, 75, 97
Coordenada
  x, 54
  y, 54
Costo
  fijo, 139
  marginal, 408, 431, 432
  promedio marginal, 442
  promedio por artículo, 141, 442
  sombra, 372
Costo por artículo, 139
  promedio, 141, 442
Cuadrado, completar el, 88
Cuadrantes, 54
Cuarta derivada, 493
Curva
  de aprendizaje, 195
  de olvido, 195
  isocuanta, 598
Curva(s)
  aprendizaje, 195
  área bajo, 547
  área entre, 567
  demanda, 78
  isocuanta, 598
  de nivel, 597
  oferta, 78
  olvido, 195
  pendiente de, 413
  recta tangente, 411, 413

D

Danzig, George B., 347
Degeneraciones, programación lineal, 383
Delta
  x, 61
  y, 61
Demanda
  de equilibrio, 81
  inelástica, 475
Denominador
  común, 13
  de racionalización, 45
Depreciación, 113
  de balance de doble declinación, 114
  lineal, 113
  por suma de los dígitos de años, 114
Derivada *n*ésima, 493
Derivada(s), 415
  aplicaciones de, 477
  cuarta, 493
  de función logaritmo natural, 458
  de funciones compuestas, 447
  de funciones exponenciales, 456
  de orden superior, 493
  definición de, 416
  existencia de, 420
  *n*ésima, 493
  notaciones para, 426, 493
  parcial, 600
  primera, 484
  procedimientos para encontrar, 426
  proceso de cuatro pasos para encontrar, 417
  regla de diferencia, 430
  regla de la cadena para, 446, 447
  regla de la constante para, 427
  regla de la potencia generalizada para, 449
  regla de la potencia para, 429
  regla de la suma para, 430
  regla del cociente para, 440
  regla del producto para, 439
  regla para, de una constante por una función, 585
  segunda, 492, 493
  tercera, 493

Derivadas parciales, 600
de segundo orden, 605
respecto a *x*, 601
respecto a *y*, 601
Descuento, 228, 229
bancario, 228
Desigualdades, 95
lineales, 95, 324
polinomiales, 103
propiedades de, 95
racionales, 106
resolución de, 96
sistema de, 328
valor absoluto, 98
Desigualdades con polinomios, 103
resolución de, 103
Desigualdades con valor absoluto, 98
gráfica de las soluciones, 98
resolución, 98
Desigualdades lineales, 95, 324
cotas de, 325
gráfica de, 324
sistema de, 328
Desigualdades racionales, 106
resolución de, 106
Dibujo de curvas, 517
Diferencia de dos cuadrados, 30
factorización de, 31
Diferencia de dos cubos, 30
factorización de, 31
Diferenciación, 416
Diferencial de una función, 538
Dimensiones de una matriz, 288
Discontinuidad en un punto, 462, 463
Discriminante de una ecuación cuadrática, 90
División de expresiones racionales, 33
Dominio
acuerdo sobre, 118
de una función, 117, 591
Dualidad, 365
teorema de, 369

E

e, 193, 234
Ecuación
con valor absoluto, 15
costo-beneficio, 216
Ecuación cuadrática, 86
aplicaciones de, 91
discriminante de, 90
fórmula cuadrática para resolver, 89
método de factorización para resolver, 86
método de la raíz cuadrada para resolver, 87
para completar el método del cuadrado para resolver, 88
solución real de, 86
Ecuación diferencial, 578
condición inicial de, 580
de variables separables, 580
exponencial, 188
separable, 580
solución general de, 578
solución particular de, 580
Ecuación(es) lineal(es), 70
aplicaciones de, 74
con fracciones, 13
de forma pendiente-intersección, 63
de forma punto-pendiente, 67
resumen de formas, 71
sistema de, 265, 622
sistema dependiente de, 273
sistema inconsistente de, 273
sistema independiente de, 272
Ecuación(es), 11
coeficiente guía de, 270
costo-beneficio, 216
cuadrática, 86
de primer grado, 11, 265 *Véase también* Ecuaciones lineales
diferencial, 578
en forma cuadrática, 92
exponencial, 188
gráfica de, 54
lineal, 70
logarítmica, 205
matriz, 307
primer grado, 11, 265
propiedad aditiva de, 12
propiedad multiplicativa de, 12
recta horizontal, 65
recta vertical, 70
resolución con calculadora, 624
sistemas de, 265, 621, 622
solución de, 11, 54
solución real de, 86
valor absoluto, 15
variable guía de, 270
Ecuaciones logarítmicas, 205
resolución de, 212
Eje
de una parábola, 151
numérico, 5

x, 53
y, 53
Elasticidad
de la demanda, 475
precio de la demanda, 475
unitaria de la demanda, 475
Elemento de una matriz, 271
Entero, 1
exponentes, 39
factores de, 28
Entradas de una función, 117
Equilibrio, punto de, 77
Escala de Richter, 215
Escalar, 293
Estimación de fechas de agotamiento, 589
Existencia
de derivadas, 420
de límites, 397
Exponente cero, 39
Exponentes, 22, 39
cero, 39
entero, 39
negativo, 40
propiedades de, 22, 39, 40, 41, 42
racional, 41
resumen de propiedades, 42
Exponentes negativos, 40
Exponentes racionales, 41
Expresiones racionales, 33
operaciones en, 33
propiedades fundamentales de las, 33
Extremos de funciones, 481, 609
Extremos locales de funciones, 481, 604

F
Factor(es)
de un entero, 28
máximo común, 28
Factorización, 28
binomios, 30
diferencia de cuadrados, 31
diferencia de cubos, 31
polinomios, 28
trinomio cuadrado perfecto, 30
trinomios, 29
Fechas de agotamiento, estimación, 589
Fondo de amortización, 247
Forma
estándar de maximización en programación lineal, 347
pendiente-intersección, 63
punto-pendiente, 67
simplificada de un radical, 43
triangular de un sistema lineal, 269
Fórmula
cuadrática, 88
del interés simple, 229
Fórmulas financieras, aplicaciones, 256
Fracciones complejas, 36
simplificación de, 36
Frontera de una desigualdad lineal, 325
Función
creciente, 477
de costo-beneficio, 177
de costo lineal, 140, 141
de crecimiento exponencial, 186, 193, 194
de decaimiento exponencial, 186
de demanda, 158, 433
de oferta, 158
de producción de Cobb-Douglas, 599
de producto-intercambio, 178
decreciente, 477
diferenciable, 416
máximo entero, 128
objetivo, 332
por tramos, 124
Función de producción, 598
de Cobb-Douglas, 598
Función de valor absoluto, 125
gráfica de, 126
Función de varias variables, 592
extremos de la, 609
gráfica de la, 592
trazas de la, 597
Función escalón, 128
gráfica de la, 129
Función exponencial, 185
antiderivadas de, 535
derivadas de, 456
gráfica de, 186
Función lineal, 124
aplicaciones de, 136
de costo, 140, 141
por tramos, 124
Función lineal racional, 173
gráfica de la, 174
Función logaritmo natural, 207
derivada de la, 458
Función polinomial, 164
grado *n*, 164
gráfica, 165, 167

Función(es), 116
acuerdo sobre dominio, 118
cambio total, 546
compuesta, 445
continua en un intervalo abierto, 465
continua en un punto, 462, 463
creciente en un intervalo, 477
cuadrática, 149
de costo, 140
de costo-beneficio, 177
de costo lineal, 141
de demanda, 158, 433
de dos variables independientes, 591
de oferta, 158
de producción, 598
de producción Cobb-Douglas, 598
de producto-intercambio, 178
de varias variables, 592
decreciente en un intervalo, 477
definición de, 117
diferenciable, 416
diferenciales de, 538
discontinua en un punto, 462, 463
dominio de, 117, 591
entradas de, 117
escalón, 128
evaluación, 120
exponencial, 185
extremos locales de, 481, 609
gráfica de, 124
gráfica de, con trazado de puntos, 130
inversa de, 208
inversas, 208
límite de, 392
lineal, 124
logarítmica, 200, 207
máximo entero, 128
máximo local de, 481, 500, 609
mínimo local, 481, 500, 609
notación $f(x)$ para, 120
notación para, 120
número crítico de, 480
objetiva, 332
polinomial, 164
prueba de la recta vertical, 131
racional, 172, 175
racional lineal, 173
rango de, 117, 591
salidas de, 117
tabla de valores para, 118
valor absoluto, 125
Funciones cuadráticas, 149
aplicaciones de, 157
gráfica de, 149
Funciones logarítmicas, 207
aplicaciones de, 211
derivada de, 458
inversa de, 208
Funciones racionales, 172, 175
aplicaciones de, 177
asíntotas de las, 174
de costo-beneficio, 177
lineales, 173

G

Ganancia marginal, 408
Geométrica, sucesión (progresión), 240
Grado
de un polinomio, 24, 164
de un término, 24
Gráfica(s)
cóncava hacia abajo, 495, 496
cóncava hacia arriba, 495, 496
de decaimiento exponencial, 186
de desigualdades lineales, 324
de funciones con dos variables independientes, 592
de funciones cuadráticas, 149
de funciones exponenciales, 186
de funciones polinomiales, 165, 167
de funciones racionales lineales, 174
de la función máximo entero, 129
de una ecuación, 54
de una función, 124
de una función escalón, 129
del crecimiento exponencial, 186, 193
función de valor absoluto, 126
intersección con el eje x de, 54
intersección con el eje y de, 55
lectura de, 56
punto de inflexión de, 495

H

Hubble, constante de, 142

I

Identidad
aditiva (número neutro), 3
multiplicativa (neutro multiplicativo), 3
Igual aproximadamente, 2
Indicadores de una tabla simplex, 349
Índice de un radical, 43

Infinito, 7
Ingreso marginal, 408
Integración
  área por, 560
  constante de, 530
  numérica, 552
  por sustitución, 539, 543
Integral indefinida, 531 *Véase también* Antiderivadas
Integrales
  aplicaciones de, 566
  indefinidas, 531
  signo para, 531
  tabla de, 576, 648
Integrales definidas, 550
  propiedades de, 558
Integrando, 531
Interés, 225
  compuesto, 231
  descuento, 228, 229
  no ganado, 21
  simple, 225
  tasa de, 225
Interés compuesto, 231
  fórmula para, 232
  periodos, 232
  valor presente con, 236
Intersección
  con el eje *x*, 54
  con el eje *y*, 55
  de conjuntos, 395
Intervalo, 7
  abierto, 465
  cerrado, 465
  máximo absoluto en el, 504
  mínimo absoluto en el, 504
Inverso
  aditivo, 3
  multiplicativo, 3
  propiedades, 3
Inverso aditivo, 3
  de una matriz, 290

L

Leibniz, Gottfried Wilhelm, 426
Ley
  de los rendimientos decrecientes, 498
  del enfriamiento de Newton, 198, 585
Límites de una función, 392
  existencia de, 397
  método algebraico para resolver, 393
  para polinomios, 395
  propiedades de, 394
  teorema de, 396
Línea de tiempo para inversiones, 263
Localizador gráfico de raíces, 621
Logaritmos
  comunes, 200
  con base *a*, 202
  naturales, 201
  propiedades de, 203, 212
  teorema del cambio de base para, 205
Logaritmos
  comunes, 200
  naturales, 201

M

Marginal,
  ganancia, 408
  productividad, 583
Matriz
  aumentada, 271
  cero, 290
  columna, 288
  cuadrada, 288
  de coeficientes, 307
  de demanda, 310
  de identidad, 300
  de producción, 309
  de tecnología, 308
  inversa, 300
  renglón, 288
  singular, 301
Matriz(ces), 271
  aplicaciones de, 307
  aumentada, 271
  cero, 290
  coeficiente, 307
  columna, 288
  columna de, 271
  cuadrada, 288
  de demanda, 310
  de identidad, 300
  de insumo-producto, 308
  de producción, 309
  de tecnología, 308
  dimensiones de, 288
  ecuación, 307
  elemento de, 271
  entrada de, 271
  inversa de, 300
  inverso aditivo de, 290
  multiplicación de, 296

multiplicación por un escalar de, 293
negativa de, 290
operaciones sobre renglones, 271
pivote de, 349
producto renglón y columna, 296
propiedades de, 298
renglón, 288
renglón de, 271
resta de, 291
singular, 301
suma de, 289
transpuesta, 367
vector columna, 288
vector renglón, 288
Máximo
absoluto, 504
absoluto en un intervalo, 504
aplicaciones de, 360, 506
con calculadora graficadora, 622
factor común, 28
local, 481, 500, 609
Máximo local de una función, 481, 500, 609
localización del, 610
prueba para, 611
Máximos de una función, 480, 500
Mayor
que, 6
que o igual a, 6
Menor
que, 6
que o igual a, 6
Método
algebraico para encontrar límites, 393
de eliminación para resolver sistemas lineales, 266, 269
de factorización para resolver ecuaciones cuadráticas, 86
de Gauss-Jordan para resolver sistemas de ecuaciones lineales, 279
de la raíz cuadrada para resolver ecuaciones cuadráticas, 87
de sustitución para integración, 539, 543
gráfico para programación lineal, 332
matricial para resolver sistemas lineales, 270
Método simplex, 347
aplicaciones de maximización, 360, 506
aplicaciones de minimización, 365, 506
dualidad, 365
interpretación geométrica del, 354
problemas no estándar, 374
resumen de, 353
solución básica factible, 355, 375
Mínimo
absoluto, 504
absoluto en un intervalo, 504
aplicaciones del, 506
con calculadora graficadora, 622
local, 481, 500, 579
Mínimo local de una función, 481, 500, 609
localización de, 610
prueba para, 611
Mínimos de una función, 480, 500
Modelo
de costo, 527
de Leontief, 321
lineal, 136
Modelos cuadráticos, 160
Multiplicación
de expresiones racionales, 33
de matrices, 296
de polinomios, 25

N
Negativa de una matriz, 290
nésimo término de una sucesión geométrica, 241
Newton, Isaac, 426
Nominal, tasa, 234
Notación
científica, 620
de intervalos, 7
$f(x)$, 120
Notaciones para derivadas, 426, 493
Número crítico, 480
Números
críticos, 480
entero no negativo, 1
enteros, 1
enteros no negativos, 1
irracionales, 1
naturales, 1
para contar, 1
racionales, 1
Números reales, 1
par ordenado de, 53
propiedades de los, 3

O
Octante, 593
Oferta de equilibrio, 81

Oferta y demanda, 78, 157
  curvas de, 78
  punto de equilibrio, 158
Operaciones
  en conjuntos, 397
  en expresiones racionales, 33
  en polinomios, 24
  en sistemas lineales, 268
  orden de, 4
Operaciones sobre renglones en una matriz, 271
Orden de las operaciones, 4
Origen, 53

P

Pagaré
  de descuento, 228
  de descuento simple, 228
  de interés simple, 228
Par ordenado, 53
Parábola, 150
  eje de la, 151
  vértice de la, 151
Paraboloide, 597
Parámetro, 273
PEIU, 26
Pendiente
  de rectas paralelas, 67
  de rectas perpendiculares, 67
  de una curva, 413
  de una recta, 61
  de una recta horizontal, 63
  de una recta tangente, 413
  de una recta vertical, 63
  definición de la, 62
Periodo de pago de una anualidad, 242
Periodos de composición, 232
Pi (π), 2, 549
Pirámide truncada, volumen de, 27
Pivote de una tabla simplex, 349
Plano, 593
  xy, 592
  xz, 594
  yz, 592
Plazo de un préstamo, 225
Polinomio(s), 24
  cero, 24
  coeficientes, 24
  factorización de, 28
  grado de, 24, 164
  límites de, 395
  operaciones en, 24
  término constante, 24
  término de, 24
  uso en inversiones, 263
Precio de equilibrio, 81
Presión atmosférica, 197
Primer octante, 593
Problemas
  de aplicación, resolución de, 16
  en palabras, método de solución, 16
Problemas de programación lineal no estándar, 374
  pasos para la solución, 380
Proceso de cuatro pasos para derivadas, 417
Productividad marginal, 583
Producto ingreso marginal, 452
Programa
  de derivación numérica, 643
  de integración numérica, 644
  de pago de préstamo, 632
  de préstamo balanceado, 632
  del método simplex, 639, 641
  localizador de máximos, 626
  localizador de mínimos, 626
  localizador de raíces, 626, 627
  para aproximar integrales con rectángulos, 643
  para conversión de fracciones, 625
  para elaborar tablas, 629
  para la fórmula cuadrática, 628
  Tabla de Amortización, 633, 636
Programación de una calculadora, 623
Programación lineal, 332
  aplicaciones de la, 340
  degeneraciones, 383
  forma estándar máxima, 347
  función objetivo, 332
  método gráfico, 332
  método simplex, 347
  pivote, 349
  problemas no estándar, 374
  programa del método simplex, 639, 641
  restricciones, 332
  solución gráfica, 332
  tabla simplex, 349
Propiedad
  de la raíz cuadrada, 87
  del factor cero, 86
  distributiva, 3
  fundamental de las expresiones racionales, 33

Propiedad de multiplicación
de desigualdad, 95
de igualdad, 12
Propiedad de suma
de desigualdad, 95
de igualdad, 12
Propiedad(es)
asociativa, 3
conmutativa, 3
de antiderivadas, 533
de desigualdades, 95
de identidad, 3
de igualdad, 12
de integrales definidas, 558
de la raíz cuadrada, 87
de logaritmos, 203, 212
de los exponentes, 22, 39, 40, 41, 42
de los límites, 394
de los números reales, 3
de matrices, 298
de radicales, 44
del factor cero, 86
distributiva, 3
inversa, 3
Propiedades
asociativas, 3
conmutativas, 3
de identidad, 3
de igualdad, 12
Prueba
de la primera derivada, 484
de la recta vertical, 131
de la segunda derivada, 500
Punto
crítico, 480, 611
de equilibrio, 77, 81, 158
de esquina de una región, 334
de inflexión, 495, 498
de rendimiento decreciente, 499
silla, 610

R

Racionales, expresiones, 33
Racionalización del denominador, 45
Radicales, 43
forma simplificada de los, 43
índice de, 43
propiedades de los, 44
Radicando, 43
Raíces cuadradas, 5, 41
Raíz
cúbica, 41
*n*ésima, 41
Rango
de una función, 117, 591
Razón
común de una sucesión geométrica, 241
de cambio promedio, 139, 403
instantánea de cambio, 405, 407
Razón de cambio, 402, 529, 604
comparación, 138
instantánea, 405, 407
promedio, 139, 403
Razón o tasa
de interés, 225
efectiva, 234
establecida, 234
nominal, 234
Recta horizontal, 63
ecuación de, 65
pendiente de, 63
Recta tangente a una curva, 411, 413
pendiente de, 413
Recta vertical, 63, 70
ecuación de, 70
pendiente de, 63
Recta(s)
horizontal, 63
paralela, 67
pendiente, 61
perpendicular, 67
secante, 412
vertical, 63, 70
Rectas paralelas, 67
pendiente, 67
Rectas perpendiculares, 67
pendiente de, 67
Región acotada, 334
Región de soluciones factibles, 329
punto de esquina de la, 334
Región factible, 329
acotada, 334
no acotada, 334
punto de esquina de la, 334
Región no acotada, 334
Regla de la cadena para derivadas, 446, 447
forma alternativa de la, 604
Regla de la constante para derivadas, 427
Regla de la diferencia
para antiderivadas, 533
para derivadas, 430

Regla de la potencia
  generalizada para diferenciación, 449
  para antiderivadas, 532
Regla de la potencia para derivadas, 429
  generalizada, 449
Regla de la suma
  para antiderivadas, 533
  para derivadas, 430
Regla del
  cociente para derivadas, 440
  múltiplo constante para antiderivadas, 533
Regla del producto
  para derivadas, 439
Regla para derivadas de una constante por una función, 429
Regresión exponencial, 47
Rendimiento al vencimiento, 263
Rendimientos decrecientes
  ley de, 498
  punto de, 499
Renglón de una matriz, 271
Resolución para una variable específica, 15
Resta
  de expresiones racionales, 33
  de matrices, 291
  de polinomios, 24
Restricciones, 332

S

Salidas de una función, 117
Segunda derivada, 492, 493
  notaciones, 493
Segundo orden, derivadas parciales de, 605
Semiplano, 326
Signo de integral, 531
Símbolo de radical, 43
Símbolos de orden, 6
Sistema
  coordenado cartesiano, 53
  de coordenadas cartesianas, 53
Sistema de desigualdades lineales, 328
  región de soluciones factibles, 329
  solución de, 329
Sistema de ecuaciones, 621
Sistema de ecuaciones lineales, 265, 622
  aplicaciones del, 275
  con dos variables, 265
  con tres variables, 268
  dependientes, 273
  en forma triangular, 269
  equivalente, 268
  inconsistentes, 273
  independientes, 272
  interpretación gráfica de un, 266
  método de eliminación para resolver un, 266, 269
  método de Gauss-Jordan para resolver un, 279
  método matricial para resolver un, 270
  operaciones en, 268
  solución de, 265
  sustitución hacia atrás en, 270
Sistema lineal *Véase* Sistema de ecuaciones lineales
Solución
  de un sistema de desigualdades, 328
  de un sistema de ecuaciones, 265
  de una desigualdad, 96
  de una ecuación, 11, 54
  general de una ecuación diferencial, 578
  particular de una ecuación diferencial, 580
Soluciones básicas factibles, 355, 375
  pasos para resolver, 377
Sonido umbral, 218
Sucesión (progresión) geométrica, 240
  *n*ésimo término, 241
  razón común, 241
  suma de términos, 242
Suma
  de dos cubos, 30
  de expresiones racionales, 33
  de matrices, 289
  de *n* términos de una sucesión geométrica, 242
  de polinomios, 24
Superávit
  de los consumidores, 570
  de los productores, 571
Sustitución hacia atrás, 270

T

Tabla simplex, 349
  columna pivote, 350
  final, 352
  indicadores de la, 349
  pivote de la, 349
  renglón pivote, 350
  variables básicas de la, 353, 375
  variables no básicas de la, 353
Tablas
  área bajo una curva normal, 646
  de combinaciones, 645
  de integrales, 576, 648

Tamaño de lote económico, 510
Tasa
  de interés anual, 16
  de interés anual aproximada, 21
  nominal, 234
Tasa efectiva, 234
  fórmula para, 235
Teorema
  del cambio de base para logaritmos, 205
  del punto de esquina, 335
  del valor extremo, 504
  fundamental del cálculo, 555
Teoría
  de códigos, 311
  de recorridos, 313
Tercera derivada, 493
Término constante de un polinomio, 24
Términos, 24
  de un polinomio, 24
  de una anualidad, 242
  desiguales, 24
  grado de, 24
  igual, 24
  semejantes, 24
Transpuesta de una matriz, 367
Traza
  xy, 597
  xz, 597
  yz, 597
Trazas para una función de varias variables, 597
Triada ordenada, 593
Trinomio cuadrado perfecto, 30
  factorización de, 30
Trinomios, 24
  cuadrados perfectos, 30
  factorización de, 29

V

Valor
  absoluto, 8
  al vencimiento, 226
  de desecho, 113
Valor futuro, 226
  de anualidades, un programa de, 631
  de una anualidad, 242, 244
  de una anualidad anticipada, 246
Valor presente, 227
  con interés compuesto, 236
  de un programa de anualidades, 631
  de una anualidad, 250
  fórmula para, 237
Variable
  artificial, 383
  de exceso, 374
  de holgura, 348
  dependiente, 591
  guía de una ecuación, 270
Variable(s), 11, 24
  artificial, 383
  básica, 353, 375
  básicas de una tabla simplex, 353, 375
  de exceso, 374
  de holgura, 348
  dependiente, 591
  función de dos, independientes, 591
  independientes, 591
  no básica, 353
  no básicas de una tabla simplex, 353
  resolución para una, especificada, 15
Vector
  columna, 288
  de rendimiento total, 309
  renglón, 288
Velocidad, 406
  instantánea, 406, 408
  promedio, 402
Vértice de una parábola, 151
Vida media, 214
Volumen de un cono truncado, 27

PRUEBA DE LA PRIMERA DERIVADA

Suponga que $a < c < b$ y que c es el único número crítico para una función f en el intervalo $[a, b]$. Suponga que f es diferenciable para toda x en $[a, b]$ excepto posiblemente en $x = c$.

1. Si $f'(a) > 0$ y $f'(b) < 0$, entonces hay un máximo local en c.
2. Si $f'(a) < 0$ y $f'(b) > 0$, entonces hay un mínimo local en c.
3. Si $f'(a)$ y $f'(b)$ son ambas positivas o ambas negativas, entonces no hay ningún valor extremo local en c.

PRUEBA DE LA SEGUNDA DERIVADA

Sea c un número crítico de la función f tal que $f'(c) = 0$ y $f''(x)$ existe para toda x en algún intervalo abierto que contenga a c.

1. Si $f''(c) > 0$, entonces f tiene un mínimo local en c.
2. Si $f''(c) < 0$, entonces f tiene un máximo local en c.
3. Si $f''(c) = 0$, entonces esta prueba no da información; use la prueba de la primera derivada.

INTEGRALES BÁSICAS

$$\int x^n \, dx = \frac{1}{n+1} x^{n+1} + C \qquad (\text{si } n \neq -1)$$

$$\int e^{kx} \, dx = \frac{1}{k} e^{kx} + C \qquad (\text{si } k \text{ es cualquier número real diferente de } 0)$$

$$\int \frac{a}{x} \, dx = a \ln |x| + C \qquad (\text{si } x \neq 0)$$

MÉTODOS DE SUSTITUCIÓN

Forma de la integral	***Forma de la antiderivada***
1. $\int [u(x)]^n \cdot u'(x) \, dx, \; n \neq -1$	$\frac{[u(x)]^{n+1}}{n+1} + C$
2. $\int e^{u(x)} \cdot u'(x) \, dx$	$e^{u(x)} + C$
3. $\int \frac{u'(x) dx}{u(x)}$	$\ln \lvert u(x) \rvert + C$

PRUEBA PARA VALORES EXTREMOS LOCALES

Suponga que $f(x, y)$ es una función tal que f_{xx}, f_{yy}, f_{xy} existen. Sea (a, b) un punto crítico para el cual

$$f_x(a, b) = 0 \quad \text{y} \quad f_y(a, b) = 0.$$

Sea M el número definido por

$$M = f_{xx}(a, b) \cdot f_{yy}(a, b) - [f_{xy}(a, b)]^2.$$

1. Si $M > 0$ y $f_{xx}(a, b) < 0$, entonces f tiene un máximo local en (a, b).
2. Si $M > 0$ y $f_{xx}(a, b) > 0$, entonces f tiene un mínimo local en (a, b).
3. Si $M < 0$, entonces f tiene un punto de silla en (a, b).
4. Si $M = 0$, la prueba no da información.